U0181200

葡萄酒

葡萄酒

[德] 安德里·多米内 著
葛庆 王帆 译

北 京 出 版 集 团
北京美术摄影出版社

Original title: WINE
ISBN 978-3-8331-6130-8

Special edition

Art direction: Sonja Loy, Sabine Vonderstein
Specialist advisor: Dr. Christa Hanten
Cartography: Studio für Landkartentechnik, Detlef Maiwald; Kartographie Huber, München

图书在版编目（CIP）数据

葡萄酒 /（德）安德里·多米内著 ；葛庆，王帆译. —
北京 ：北京美术摄影出版社，2021.11
ISBN 978-7-5592-0385-4

Ⅰ. ①葡… Ⅱ. ①安… ②葛… ③王… Ⅲ. ①葡萄酒
—基本知识 Ⅳ. ①TS262.61

中国版本图书馆CIP数据核字(2021)第012207号

北京市版权局著作权合同登记号：01-2018-2845

责任编辑：耿苏萌
执行编辑：李　梓
封面设计：众谊设计
责任印制：彭军芳

葡萄酒

PUTAOJIU

[德] 安德里·多米内　著
葛庆　王帆　译

出　版　北 京 出 版 集 团
　　　　北京美术摄影出版社
地　址　北京北三环中路6号
邮　编　100120
网　址　www.bph.com.cn
总发行　北京出版集团
发　行　京版北美（北京）文化艺术传媒有限公司
经　销　新华书店
印　刷　北京汇瑞嘉合文化发展有限公司
版印次　2021年11月第1版第1次印刷
开　本　889毫米×1194毫米　1/16
印　张　56.25
字　数　890千字
书　号　ISBN 978-7-5592-0385-4
审图号　GS（2018）4113号
定　价　498.00元

如有印装质量问题，由本社负责调换
质量监督电话　010-58572393

注：本书插图系原书原图

目录

法国 153

意大利 335

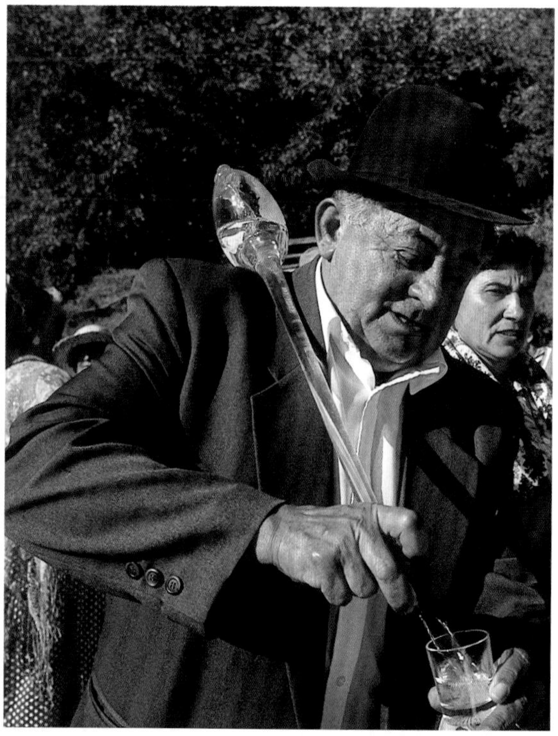

Concha y Toro
1
22000
1883
Vino de Oro

葡萄酒的历史

饮酒的乐趣

世界各地越来越多的人开始对葡萄酒产生兴趣，这种饮品也因此被赋予了新的意义。和朋友、同事或者亲人举杯共饮不再只是一种愉悦的放松方式，通过葡萄酒，还能结交朋友，丰富阅历。

如今，品葡萄酒已成为社会各阶层人士享受生活的一部分

令人欣慰的是，优质的葡萄酒不再专属于社会的上层人士。每个人，至少是大多数人，都可以接触到各种葡萄酒。爱酒人士甚至可以在品酒俱乐部举办的品酒会上品尝到特定年份的葡萄酒，或者和志同道合的朋友合买一瓶，共同探究名酒佳酿的品质和特点。

葡萄酒与宗教和上层文化息息相关，现在也日趋平民化，因为历史上从来没有如此多的优质葡萄酒流入大众市场。葡萄酒种类繁多，消费者却在挑选和比较的过程中找到了乐趣。作为一种奢侈品，葡萄酒不同于其他所有的农产品，因为其品种之多，甚至已远远超过奶酪。

挑选葡萄酒时，无论你是按照自己的喜好还是他人的建议，都会发现你对葡萄酒充满了疑问和好奇。本书详细介绍了葡萄酒的方方面面，包括某一瓶葡萄酒的最佳饮用方式、葡萄酒的窖藏潜力、葡萄品种和葡萄园、葡萄的采收和发酵、葡萄酒的制作和熟成方法、葡萄酒的起源以及葡萄酒的各个产国和产区。

了解你所饮用的葡萄酒可以增加乐趣，因为每一种葡萄酒都有自己的故事。佐餐葡萄酒的故事通常只限于葡萄的品种和产区；优质葡萄酒令人联想到某个葡萄园和代代相承的传统；而对于近些年才崭露头角的地区所出产的手工葡萄酒而言，它的故事则与酿酒师有关。如今，越来越多的人以葡萄酒为由参观某地，无论是具有古老酒庄的传统葡萄种植区，还是新兴葡萄酒产区，他们都会在欣赏美景的同时体会到别样的风土人情。

作为一种大众消费品，葡萄酒的发展离不开酿酒厂严格的卫生标准

葡萄酒的新时代

葡萄酒行业自20世纪50年代起蒸蒸日上；在那之前，无论是最佳年份的顶级葡萄酒还是低档葡萄酒，都只被当作一种酒精饮料或佐餐酒。

19世纪末至20世纪中期，葡萄酒行业一片惨淡。一系列感染引发了灾难性的根瘤蚜疫情，所有葡萄园无一幸免。而当新种植的葡萄即将丰收时，又爆发了经济危机和战争，葡萄酒销量急剧下滑。在这种情况下，葡萄园理所当然地开始追求稳定的收入和有效的防虫害措施。事实上，这成了1945年之后农业的两大主题。利用化肥、除虫剂和繁殖技术确保收成后，人们又将目光转移到酿酒的酒窖上，并在卫生和温控方面取得了惊人的成就。

然而，葡萄酒行业的标杆依然是著名酒庄出产的葡萄酒及沿袭自己传统和理念的酿酒厂出产的年份较短的葡萄酒。20世纪70年代，人们开始认同一种全新的观点，认为只有减少产量、适期采收才能酿造出优质的葡萄酒，至于现代技术则无足轻重。在良好的经济条件下，这种观点给葡萄酒行业带来了天翻地覆的变化：传统葡萄酒产区彻底翻新酒窖，而新世界则大规模兴建酒庄和酒窖。这种趋势一直延续至20世纪80—90年代。于是，越来越多的优质葡萄酒进入市场，并受到广大消费者的青睐。不仅顶级葡萄酒的需求大幅增加，普通葡萄酒的品质也逐步提升。葡萄酒类书籍的涌现更为消费者提供了详尽的信息。

同一时期，葡萄酒热潮还影响到之前并不出名的葡萄酒产国和地区，那里的葡萄酒生产商和外国投资者都对酿造出伟大的葡萄酒充满信心。

虽然结果常常不尽如人意，但是越来越多的葡萄酒生产商开始把目光投向大众市场，利用一切酿酒技术和经济手段进行工业化生产，甚至“不择手段”地批量生产葡萄酒。这种情况把葡萄酒分成了两大类，一类是机械酿制的葡萄酒，一类是提倡环保的人工酿制葡萄酒，只有后者才能保证口感的丰富和浓郁，并带来品尝的乐趣。谨以此书献给手工酿酒师和他们酿造的葡萄酒，以及不断追求美酒的葡萄酒爱好者。

在埃佩尔奈（Épernay）附近的奥特维雷（Hautvillers）村庄，许多葡萄酒生产商会在房屋外悬挂体现他们工作的标牌

葡萄酒与健康

葡萄酒像面包和奶酪一样是我们饮食中不可或缺的一部分，如果适度饮用，对我们的健康大有裨益

葡萄酒含有1000多种成分，但不是所有成分都经过详细分析。大多数成分，如维生素和矿物质，来自葡萄酒的原料——葡萄。其他成分，如酒精和甘油，属于酿酒过程中的产物。还有一些成分，如糖分和维生素C，则被部分或全部去除。

葡萄酒中最重要的成分是水，占75%～90%。这15%的差异由单宁酸、有机酸、无机盐和果胶的数量所决定。这些物质是葡萄酒的精华，每一种酒中的含量都不相同。

葡萄酒中含量第二多的是酒精。不同品种的葡萄酒酒精含量也不相同，在每一瓶葡萄酒的酒标上都会注明酒精度（% vol）。酒精度是强制标注信息，并不能反映葡萄酒的品质。酒精度11%vol的葡萄酒口感柔和舒适，而酒精度13%vol的葡萄酒则容易上头。葡萄酒的优劣取决于它的结构以及酸、残留糖分、酒精、单宁和色素等物质的比例。葡萄酒中的其他成分只占一小部分。干红葡萄酒中糖分的含量通常在0.25盎司/加仑（2克/升）以内，而贵腐甜葡萄酒中的糖分含量可高达67盎司/加仑（500克/升）。

几个世纪以来，葡萄酒不仅被视为一种奢侈品，而且是一种保健饮品。在很长一段时期内，葡萄酒还是一种基本的食材，常被用来兑水解渴。许多文章都把葡萄酒称为“最卫生的饮料”，事实上，饮用兑水的葡萄酒的确比直接喝水安全很多。

20世纪初，禁酒运动达到极盛，人们反对酗酒导致的各种直接和间接后果。迫于压力，各国政府纷纷颁布禁酒令，其中以美国的禁酒令最为著名。时至今日，北美地区和斯堪的纳维亚半岛（Scandinavian Peninsula）仍然对酒类销售实行严格的管制，在美国，所有酒标都必须标注“过

葡萄各部位酚类物质的比例

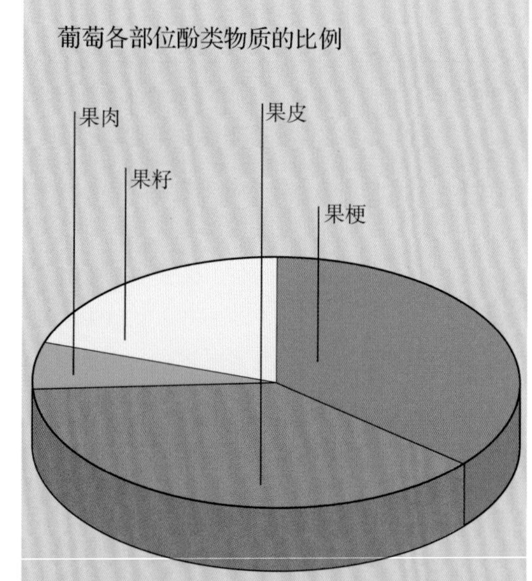

吃葡萄时果肉和果皮应该一起食用，这样可以最大限度地摄取酚类物质。从上图葡萄各部位的酚类物质含量便可看出，为什么红葡萄酒中的酚类物质含量比白葡萄酒多。在红葡萄酒的酿造过程中，准确说是在葡萄汁的发酵过程中，果皮和果肉与葡萄汁一起浸泡，酚类物质在这一阶段溶入葡萄汁中。然而，在白葡萄酒的酿造过程中，先榨汁后发酵，因此浸皮时间较短。

有规律地适量饮酒

如果你想用葡萄酒保健的话，牢记一点“不可太多，也不可太少”。适量饮酒是指根据体重和性别，每天饮用2～4杯葡萄酒。喝下同样多的酒，体重124磅（55千克）的女性血液里的酒精浓度要比体重180磅（80千克）的男性血液里的酒精浓度高。饮酒的规律性也非常重要：每天2～4杯的饮用量并不是指几天内的平均量。换言之，周一到周五滴酒不沾，周末狂饮一顿则百害而无一利。此外，葡萄酒应搭配食物，不宜空腹饮用。

度饮酒有害健康”的警示语。20世纪90年代，越来越多的人开始关注适量饮酒对健康的益处，当然也并不否认过度饮酒的危害。事实上，葡萄酒是地中海国家日常餐桌上的传统饮料，而在周六晚上的狂欢，啤酒和烈酒则更受欢迎。

法国科学家塞尔吉·雷诺德（Serge Renaud）在接受美国CBS电视台《60分钟》栏目的一次采访中，引用了一份全球性的研究报告，第一次提出了“法兰西悖论”（French Paradox）的说法。这份报告显示，虽然法国人和美国人摄入相同的脂肪量，法国由于冠心病导致的死亡率却是美国的五分之二左右。该报告还指出，一个国家的葡萄酒消费量越高，死于心脏病的人数就越少。法国、葡萄牙和意大利的心血管疾病发病率较低，英国和斯堪的纳维亚半岛的心血管疾病发病率相对较高。酒精能够促进血液循环，有规律地饮用适量的葡萄酒可以减少血液中的“坏胆固醇”（低密度脂蛋白或LDL）。但是科学研究显示，不是所有的酒精饮料都对健康有益。因此，葡萄酒的保健功能不只与酒精有关，还和酚类物质等其他成分密切相关。酚类物质可以有效地保护毛细血管和血管壁中的胶原纤维，抑制血小板凝结，防止血栓形成。酚类物质还具有较强的抗氧化功能，可以延缓冠状动脉和大脑中的细胞衰老。此外，葡萄酒还可以预防癌症和老年痴呆症。

当然，葡萄酒并不是预防疾病的唯一因素。地中海国家和美国的饮食习惯对比显示，南欧人食用新鲜蔬果、奶酪、橄榄油较多，红肉、全脂牛奶、黄油和培根油较少。这种饮食习惯正是当今营养专家所推荐的。

由此可见，有规律地饮用适量葡萄酒有助于身体健康，延长寿命。

矿物质含量（克/升）

	葡萄汁	葡萄酒
钾	1～2.50	0.7～1.50
钙	0.04～0.25	0.01～0.20
镁	0.05～0.20	0.05～0.20
钠	0.002～0.25	0.002～0.25
铁	0.002～0.005	0.002～0.02
磷	0.08～0.50	0.03～0.90
锰	0～0.05	0～0.05

一部分钾和钙会在与酒石酸一起沉淀的过程中流失并结晶，有时可以在软木塞与葡萄酒接触的部位看到。

维生素含量（毫克/升）

	葡萄汁	葡萄酒
抗坏血酸（维生素C）	38.0～95.0	0
硫胺素（维生素B_1）	0.10～0.50	0.04～0.05
核黄素（维生素B_2）	0.003～0.08	0.008～0.30
泛酸（维生素B_5）	0.5～1.00	0.4～1.20
吡哆素（维生素B_6）	0.3～0.50	0.2～0.50

葡萄酒中含有微量的维生素。有些维生素，如维生素C，只存在于葡萄汁中。而且，如果葡萄酒中含有亚硫酸盐，即使只是非常少的含量，某些维生素也会失去其功效。

酚类物质含量（克/升）

	葡萄汁	葡萄酒
花青素	0.004～0.90	0～0.50
类黄酮	微量	0～0.05
单宁	0.1～1.50	0.1～5.00

花青素是蓝色或者红色的色素，存在于红葡萄品种的果皮中。黄酮是黄色素，少量存在于白葡萄和红葡萄的果皮中。单宁以各种形式存在于葡萄的果皮、果肉和果梗中。葡萄酒的酒龄越长，单宁的含量就越多。

悠久的历史：远古世界的葡萄酒

底比斯（Thebes）纳黑特（Nakht）古墓内的埃及壁画，公元前15世纪

葡萄种植业的发展与欧洲文明，特别是地中海地区文明的发展密不可分。早在6000—7000年前，游牧民族可能就已经开始把野生葡萄发酵成葡萄酒了。当游牧民族定居下来后，葡萄、橄榄和无花果成了人类最早种植的野生水果。虽然有据可查的酿酒葡萄的种植只可追溯到公元前4000年的埃及和美索不达米亚（Mesopotamia）地区以及公元前2500年的爱琴海（Aegean）地区，但有迹象显示，早在公元前6000年的近东（Near East），简易的葡萄园就已经出现。我们已知最早的酿酒工具和容器起源于公元前5000—6000年的高加索（Caucasus）地区和公元前4000年的波斯（Persia）。

“Wine”（葡萄酒）这个单词的起源并不明确。从语言学角度讲，它源自拉丁语“vinum”，而“vinum”这个词则来自希腊语“oinos”或“woinos”。不过可以肯定的是，葡萄种植业发源于东地中海地区和高加索地区，传到古埃及后才得以发展。在法老统治下的埃及，葡萄种植和葡萄酒酿造的知识得到了广泛的传播，埃及人开始用压榨法榨取葡萄汁，这种方法沿用了几千年。

从埃及到希腊

埃及见证了葡萄酒贸易的第一次繁荣。长长的商队和迅疾的货船载着葡萄酒驶向地中海地区最重要的贸易中心。历史学家普遍认为，现代经济的基础——货币、合约、支付系统、法庭、会计程序、商业行业，甚至是时间的计量方式，都是古埃及葡萄酒贸易发展的结果。

古希腊见证了历史上葡萄酒发展的第二个高潮。克里特岛米诺斯王国与埃及有着紧密的文化和经济联系，很有可能是米诺斯把埃及和希腊第一次联系在了一起。不过，葡萄种植技术也有可能是通过小亚细亚或者色雷斯传到希腊的。无论怎样，可以确定的是，在公元前20世纪后半叶，葡萄酒是希腊文化重要的一部分。葡萄种植非常普遍，爱琴海地区的葡萄酒驰名天下。古希腊时代的波尔多—希俄斯葡萄酒远销埃及和现在的俄罗斯，萨索斯、莱斯博斯和罗德葡萄酒都享有盛名。和雪利酒一样，莱斯博斯葡萄酒也是在酵母层的保护下进行熟成，而在这个国家的其他地区，人们常常用香料、蜂蜜、松脂和其他材料来改善葡萄酒的气味和口感。古希腊哲学家和科

古埃及关于葡萄和葡萄种植的浮雕揭示了埃及法老时期葡萄酒的重要性。公元前1350年阿玛尔纳（Amarna）时期的浮雕残片，发现于赫尔莫普利斯（Hermopolis）

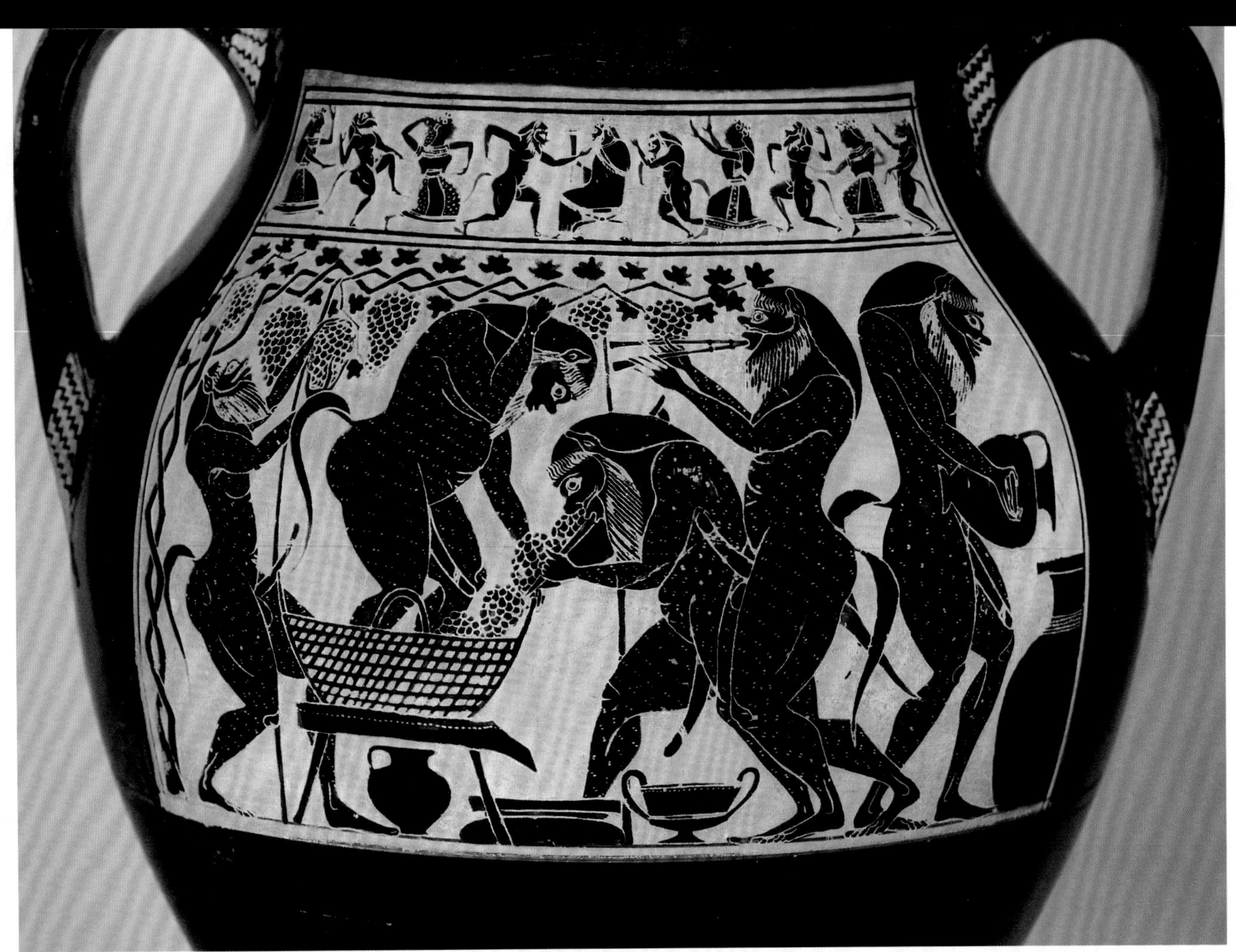

学家西奥弗拉斯塔（Theophrastus，公元前4世纪）发现了葡萄品种、气候和土壤之间的重要关系，几个世纪后，就连罗马人也知道希腊的葡萄产量虽少，却可以产出优质的葡萄酒。

葡萄酒对古希腊人非常重要，甚至被认为是酒神狄俄尼索斯（罗马神话中的巴克斯）的礼物。狄俄尼索斯是希腊神话中来自小亚细亚的一位神祇，他创造了葡萄树，并且借助自己的神力从地下引出葡萄酒泉、牛奶泉和蜂蜜泉。据说狄俄尼索斯让人类远离每日的烦恼的能力，很大程度上归功于葡萄酒醉人的特性。

早期葡萄酒贸易和经济

公元前500年，希腊人征服了地中海地区，将葡萄种植技术引入这些新殖民地：西西里岛、意大利南部和法国南部，见证了新欧洲葡萄树的发展。意大利南部是古希腊的“欧音诺特利亚”（Oinotria），即“葡萄酒之国”，也就是后来古罗马的“埃诺特利亚”（Enotria）。罗马人早在公元前300年就在意大利广泛种植葡萄树。他们不仅将葡萄种植业发展成为一个成熟的贸易行业，而且把它带到了中欧。

雅典画家阿马西斯的作品：双耳长颈瓶，约公元前530年，收藏于德国维尔茨堡大学马丁·冯·瓦格纳博物馆

意大利最重要的葡萄酒贸易中心一直是庞贝，那里的葡萄酒甚至远销波尔多地区。公元79年，庞贝毁于火山爆发，罗马人开始在各个地方栽培葡萄，就连罗马的中心区域——拉齐奥都种满了葡萄树。图密善皇帝不得不下令禁止建造新的葡萄园，这条法令执行了长达两百年。

从罗马帝国到富有的佛罗伦萨

左图：出土于赫库兰尼姆城一幅描绘宴会情景的壁画，现收藏于意大利那不勒斯国家考古博物馆

右图：出土于庞贝百年祭宅邸的壁画。画中酒神巴克斯浑身沾满了葡萄，站在维苏威火山前，祭坛前还有一条蛇。现收藏于意大利那不勒斯国家考古博物馆

罗马帝国马库斯·奥里利厄斯·普罗布斯（Marcus Aurelius Probus）皇帝为了让北部和东部的部队喝上葡萄酒，最先废除了图密善皇帝的禁酒令。他下令在摩泽尔河和多瑙河沿岸大量种植葡萄树，这为如今德国和奥地利葡萄种植区域的形成创造了良好的条件。特里尔（Trier）和波尔多原本就是罗马帝国北部殖民地葡萄酒的重要来源，现在凭借自身的优势，已成为著名的葡萄种植中心，无论是在经济还是运输方面，都可以更加便捷地为罗马帝国的边沿前哨供应葡萄酒。

在西班牙、法国南部以及罗讷河沿岸，葡萄种植业的发展可追溯至建立马赛城的希腊福西亚人。随后，罗马人在征服高卢人、凯尔特人和条顿人的过程中，大范围种植葡萄树，基本上有他们足迹的地方就会有葡萄树。他们引入新的或者改善已有的葡萄品种，传播酿酒知识以及酿造工具，如压榨机、双耳瓶和木桶。然而，马赛和大多数西班牙出产的葡萄酒并不十分出色，只有罗讷河的葡萄酒以及少量安达路西亚和伊比利亚半岛酿造的葡萄酒被销往当时的权力中心——罗马。

罗马帝国末期，瓦豪河谷、摩泽尔河谷、莱茵高、普法尔茨、勃艮第、波尔多（并非今天的吉伦特，而是更靠近内陆的地区，如贝杰哈克、罗讷河谷和里奥哈）等葡萄酒产区成为了欧洲葡萄酒行业的中心，其中大多数至今仍保持着这种地位。但是，“民族大迁徙”也在同时发生，在那样一个社会、军事动荡的年代，罗马帝国由于腐朽的享乐活动渐渐走向了消亡。

罗马帝国的瓦解使几乎整个欧洲的葡萄酒生产陷入萧条。葡萄种植业同样由于种种原因陷入困境：阿拉伯人在西班牙的长期统治（考虑到禁止饮酒是伊斯兰最重要的教义，阿拉伯人的统治还是非常宽容的），870年波尔多惨遭洗劫，加斯科涅人、撒拉森人、东哥特人、西哥特人以及维京人的一系列征战。直到7—8世纪，地处北部的德国，尤其是法国的葡萄酒贸易情况才有所好

转，而在南方的意大利和西班牙，葡萄酒贸易则需要更长的时间来恢复。

葡萄酒的衰落和复兴

罗马帝国的衰落在意大利的表现最为明显。中央集权统治逐渐被天主教会所取代，造成意大利的权力真空，使得外族可以乘虚而入：罗马先后被东哥特人、西哥特人和汪达尔人攻占，许多地区惨遭毁坏和掠夺，已经建成的经济和社会机制也失去了它们的功能。虽然葡萄种植并没有彻底从意大利消失，却从国家经济的一个重要部分沦落为一项维持生计的农业活动。

12世纪后，沿海城市热那亚和威尼斯得到了迅速发展，13—14世纪，佛罗伦萨成为欧洲的金融中心，直到那时，葡萄酒贸易才开始复苏。意大利当今最知名的一些葡萄酒世家就是在那个时期的佛罗伦萨扬名的，其中包括安东尼家族和花思蝶家族。这两个家族的财富主要来自其他产业以及他们在梵蒂冈和英国之间进行的金融贸易，他们的经验和人脉告诉他们，葡萄酒行业有利可图。

不过，他们的主要产品并不是托斯卡纳葡萄酒。例如，花思蝶家族主要经营的是不断改良的法国波尔多产区的葡萄酒，因为这些酒在英国皇室中极受欢迎。

尽管如此，葡萄种植业在托斯卡纳之乡还是受到一些影响。虽然意大利的葡萄酒行业历经几个世纪才重拾辉煌并再创佳绩，葡萄酒作为一种日常饮料和贸易商品，随着分成租佃制的兴起，逐渐变成一种利润丰厚的农产品。

庞贝秘仪山庄（Villa dei Misteri）的一幅壁画，约作于公元前50年。画中西勒诺斯正在喂两个塞提尔喝葡萄酒；一旁喝醉的酒神狄俄尼索斯躺在阿里阿德涅的大腿上

法国的崛起

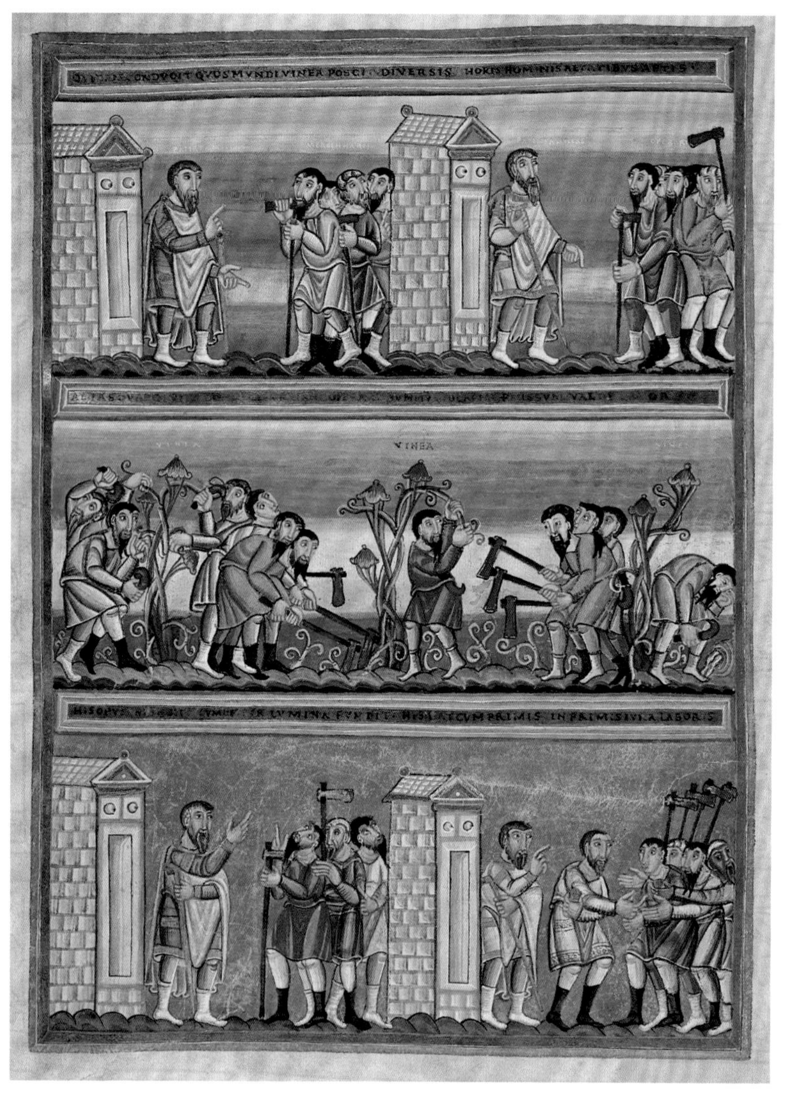

这幅11世纪《埃希特纳赫的金福音书》（*Golden Gospels of Echternach*）的微缩画展示了在葡萄园劳作的农民

法国的葡萄种植业发展与其他国家不尽相同。罗马帝国瓦解后，西哥特人、勃艮第人和法兰克人纷纷入侵。梅罗文加王朝、加洛林王朝，尤其是查理曼大帝，都大力推广葡萄栽培技术，特别是在勃艮第地区，那里世界知名的科尔登-查理曼（Corton-Charlemagne）特级葡萄园就是以查理曼大帝的名字命名的。

然而，勃艮第葡萄种植业的发展主要归功于中世纪的修道士。1113年，一位名叫伯纳德·方丹（Bernard de Fontaines）的修道士加入了夜圣乔治（Nuits-Saints-Georges）附近的熙笃修道院，他信奉禁欲主义，反对本笃会的铺张奢华。随着信徒人数的迅速增加，他建立了克莱尔沃（Clairvaux）修道院，从而获得了一些土地种植葡萄树。后来，他的继任者开始在夏布利和金丘区酿制葡萄酒，并挑选最合适的霞多丽和黑比诺作为酿酒葡萄。他们还建立了勃艮第产区葡萄园分级制度的基本结构，这种制度一直沿用至今。

中世纪的葡萄种植业也为著名的波尔多产区奠定了基础。葡萄酒在当时已经成为法国最重要的出口产品，而在欧洲的其他葡萄酒生产国，为了维持生计而种植的葡萄只是被批量加工成廉价的葡萄酒。

红葡萄酒传入德国

在德国，葡萄种植业的发展与查理曼大帝有着密不可分的关系。据说，查理曼大帝在莱茵河岸的普法尔茨发现，积雪最先从光照充足的莱茵高地区开始融化，于是下令在那里种植葡萄树。他颁布葡萄酒制作的法令，确保只有最好的葡萄品种才可用来酿造葡萄酒。他还允许人们在自家酒馆出售自酿的葡萄酒，通常会在门外悬挂几棵树枝作为标志，这种传统在今天的德国南部和奥地利仍然非常盛行。查理曼大帝对于葡萄种植会带来可观经济效益的远见以及制定相关法规的决断无疑促进了德国葡萄种植业的发展。

葡萄种植业的复苏可能是从查理曼大帝开始的，但是和勃艮第的情况一样，其发展还是归功于本笃会和熙笃会的修道士，他们才是葡萄酒酿造的真正发起者。1136年，熙笃会的修道士在莱茵高的埃伯巴赫（Eberbach）建立了一所修道院。12—13世纪，这所修道院成为欧洲最大的葡萄酒生产中心，鼎盛时期在整个欧洲大陆甚至拥有200个经销点。熙笃会还按照勃艮第地区葡萄园的模式，建立了斯坦伯格（Steinberg）葡萄园，主要种植修道士从家乡法国带回来的红葡萄品种，这个葡萄园至今闻名于世。教会如此热衷于葡萄树的种植，与其背后的经济利益密不可分。查理曼大帝允许教会向农民征收什一税（农民每年收成的十分之一），还允许他们把葡萄酒销往欧洲市场，这为教会带来了可观的收入，而且增强了教会的政治和军事权力。

在修道士的推动下，莱茵高和整个德国都种满了葡萄树。12—17世纪，75万英亩（3000平方千米）的土地用来种植葡萄树，是现如今葡萄种植面积的三倍多。葡萄酒贸易主要集中在科隆和法兰克福，那里的埃伯巴赫修道院拥有最多的葡萄酒经销点。仅科隆市的葡萄酒年产量就达到1000万升，这些葡萄酒被销往英国、斯堪的纳维亚半岛以及波罗的海国家。

西班牙和葡萄牙的崛起

与法国和德国的葡萄酒行业相比，伊比利亚半岛的葡萄酒行业较晚摆脱罗马人的控制和管理。尽管在摩尔人的统治时期，西班牙禁止销售酒精饮料，但葡萄酒的酿造和出口无疑是税收的一项重要来源。因此，西班牙商人在15世纪末进入伦敦市场后，与英国的葡萄酒贸易成了西班牙的主要经济支柱。事实上，自13世纪以来，西班牙在今天的托罗、里奥哈以及纳瓦拉等地区酿造了许多优质的葡萄酒，之所以鲜为人知是因为这些葡萄酒只在国内市场销售，而没有出口到其他国家。

葡萄酒行业在欧洲其他地方的发展为伊比利亚半岛带来了可观的收入。海洋大国威尼斯失去了对甜葡萄酒的垄断经营，英国结束了在波尔多的统治，这些极大地推动了葡萄酒贸易的发展。尤其是安达路西亚，成功凭借赋税减免和其他优惠政策吸引了众多英国商人，这种局面甚至在战争时期都未曾改变。马拉加和赫雷斯地区的葡萄酒，虽然不是欧洲的顶级好酒，却因其将不同收获期的葡萄酒混合的酿造方法而广受欢迎。

15世纪和16世纪，大航海时代的到来和美洲大陆的发现促进了西班牙的殖民统治，欧洲葡萄树第一次传入美洲大陆。殖民统治初期，西班牙征服者埃尔南·科尔特斯把葡萄幼苗带到墨西哥。16世纪中期，第一批葡萄园在今天的智利建成。南美种植酿酒葡萄的时间远早于北美。在智利、阿根廷、秘鲁和巴西的葡萄酒行业陷入长期低迷之前，南美国家生产的葡萄酒有时甚至被销回欧洲。

农业学专家柏图斯·克雷桑迪的著作《田园考》中提及的这些木雕作品完成于1303年前后，描述了传统葡萄酒酿造工艺。这些工艺至今仍在使用或者融入了现代技术。木雕中的酿酒师正在踩踏葡萄，清洗木桶

葡萄酒贸易的发展

16—18世纪，英国不仅成为世界政治与军事强国，而且推动了全球葡萄酒贸易的持续发展，特别是法国、西班牙和葡萄牙这几个传统葡萄酒强国的发展，而这在很大程度上归功于17世纪上半叶的葡萄酒大国荷兰。荷兰人最先认识到，如果进行有效的金融投资，全球市场拥有巨大的潜能，于是在全世界建立了许多殖民地。他们最终从与之交战80年的西班牙以及拥有庞大商船队（数量是法国和英国商船队总和的数倍）的葡萄牙那里抢夺了一部分葡萄酒市场。

荷兰人最先用船只在波尔图运输葡萄酒，他们还把蒸馏法引入法国的雅文邑和干邑地区。17世纪初，荷兰人排干梅多克的沼泽地，在森林中建造葡萄园。作为葡萄酒商，他们填补了英国人撤出加斯科涅时留下的空白，促进了当地葡萄酒家族的发展，如庞塔家族和莱斯托纳家族。这两个家族创建的酒庄为所有19—20世纪的一级酒庄奠定了良好的基础。

17世纪下半叶，英国和法国联合起来结束了荷兰商船队的霸权地位，它们充分利用海盗把海洋变成一个危险的地方，从而实现自己的目的。随后，西班牙王位继承战争加强了英国的势力，伦敦成为全球重要的葡萄酒乃至商业贸易中心。同时，一些英裔爱尔兰家族也逐渐成为波尔多地区新兴的资产阶级，他们不仅建立了许多葡萄园，而且开创了一种延续至今的商业模式。

英国征服世界

由于和葡萄牙的特殊关系，英国继荷兰之后也开始在葡萄牙发展葡萄酒贸易，波特酒甚至成为当时伦敦最流行的饮料。然而，葡萄牙的葡萄酒商却为进入伦敦市场付出了高昂的代价，这个高傲的民族几乎沦为英国直辖殖民地。事实上，葡萄酒贸易史上不乏这种丑陋的现象。

16—18世纪，欧洲的社会与经济发生了重大变革，一种建立在资本主义生产方式基础上的世界经济体开始出现。城市化的发展推动了新兴葡萄酒市场的诞生。伦敦控制着世界市场，巴黎统治着法国国内市场。随着关税的取消，新交通网络的建立，欧洲的消费者可以买到欧洲任何地区出产的葡萄酒，这也使他们的要求越来越高，对葡萄酒的辨别能力越来越强。

葡萄牙波尔图港口的杜罗河上行驶着几艘货船。这些船只负责从杜罗河上游的梯田式葡萄园把浅龄酒运送到加亚新城（Vila Nova de Gaia），在那里经过陈酿后作为波特酒出售

葡萄酒贸易发展迅速，先后传入南美殖民地和新世界。在北美洲，托斯卡纳贵族和英国殖民者早在17世纪就开始建立葡萄园，大量种植当地的美洲葡萄。当时还是荷兰殖民地的南非建立了大康斯坦提亚（Groot Constantia）酒庄，该酒庄在18世纪的时候因其香甜的麝香葡萄酒而享誉世界，但是好景不长，没多久就衰败了。欧洲的葡萄酒行业还出现了许多新名字，包括马德拉酒、匈牙利托卡伊酒，以及后来因为出产甜葡萄酒和利口酒而著名的西西里马沙拉地区。

《拿酒杯的女孩》，扬·维米尔作于1659—1660年，现藏于德国布伦瑞克市安东·乌尔里希公爵博物馆

德国葡萄酒的兴与衰

葡萄酒行业发展曲折。18世纪初的法国，葡萄酒贸易的持续发展导致生产过剩、销售困难、价格低廉，政府下令禁止兴建葡萄园，却以失败告终。除了德国，几乎所有其他的葡萄酒生产国都从法国的这种状况中受益。15世纪末，德国整体经济繁荣，人口增长，大城市快速发展，造就了葡萄酒行业欣欣向荣的局面。此外，温暖的天气持续了200年之久。葡萄酒产量达到历史最高值，葡萄酒消费量也相应提高：人均年消费120升葡萄酒。这种情况使德国可以与意大利和法国相提并论，并一直延续到20世纪上半叶。

然而，17世纪初，受到气候变冷以及战争的影响，葡萄酒行业迅速走向衰落。虽然葡萄酒行业的危机是在三十年战争期间爆发的，但问题的根源早已存在，而且主要归咎于德国国内原因。葡萄种植业的扩张态势过于强劲，而且，标志着中世纪封建制度瓦解的经济危机并不是由德国农民战争引起的，相反，经济危机是1524—1526年那场战争的导火索。

德国葡萄酒行业的复苏比其他国家要晚许多。战争给德国带来了巨大的创伤，而且包括葡萄种植户在内的大规模移民潮使这个本已疮痍满目的国家雪上加霜。直到17世纪末，世界范围内葡萄酒行业的复苏才影响到德国，就像赤霞珠成为20世纪波尔多地区最著名的葡萄品种一样，雷司令在那时也达到了顶峰。

葡萄酒品质的提升

雷司令葡萄开创了葡萄酒分类的先河，为德国葡萄酒行业和葡萄酒品质分级奠定了基础。据官方记载，“迟摘型”葡萄酒始于1775年的莱茵高地区。19世纪初，这种将成熟的葡萄留在枝头推迟采摘时间从而酿造贵腐甜葡萄酒的做法非常流行。“珍藏型”（Kabinett）葡萄酒也出现于18世纪。Kabinett这个词来自Cabinet-Keller（酒窖），酒庄通常会把上等葡萄酒储藏在这些酒窖中。埃伯巴赫修道院和施洛斯·弗拉德酒庄都有这样的酒窖，但是直到1779年约翰山酒庄才开始称这类葡萄酒为“珍藏型”葡萄酒。

在德国，雷司令在很长一段时间内替代了原本占主导地位的红葡萄品种。在欧洲其他国家，葡萄酒的风格也发生着变化，尤其是在波尔多地区，那里最早出产的红葡萄酒和如今出产的单宁含量丰富的葡萄酒截然不同。英国人将他们青睐的波尔多红葡萄酒称为“Claret”，正是因为这种葡萄酒颜色偏浅，口感清淡，酒精浓度低。为了满足市场的各种需求，波尔多红葡萄酒中加入了口感强劲的葡萄酒，大多数是西班牙基酒，但是这只能缓解燃眉之急，解决不了根本问题。越来越多的地区开始选择赤霞珠作为酿酒葡萄，并且在发酵过程中延长浸皮时间，这意味着酒庄无须采用混合的方法就可酿造酒体丰满、口感浓郁的葡萄酒。

18世纪，葡萄园和酒窖的改革达到了高潮：葡萄品种按照不同的特性进行划分；葡萄酒的酿造过程中加入了少量硫来防止葡萄酒氧化；拿破仑的内政部部长夏普塔尔允许在酿酒过程中添加糖分，提高葡萄酒的酒精含量。在香槟区，现代玻璃瓶和软木塞的发明使葡萄酒可以在酒瓶中进行发酵，从之前的静态酒变成如今我们所熟悉的起泡酒。

葡萄酒行业的发展最终影响到了莱茵高地区。莱茵高是雷司令之乡，盛产迟摘型和精选型葡萄酒，而且最先拥有葡萄酒过滤机和抽真空装置。19世纪中叶，意大利的基安蒂葡萄酒和巴罗洛葡萄酒也发生演变。然而，所有这些葡萄酒的知识和技术都未能阻止灾难降临欧洲，这场灾难在几年内几乎摧毁了欧洲的葡萄酒行业。

现代交通的发展使葡萄酒成为一种重要的商品，各种广告也随之涌现

黄金时代

毁灭性的根瘤蚜虫病还未席卷欧洲之前，欧洲的葡萄酒贸易已达到鼎盛。19世纪葡萄酒行业最重要的一个事件就是波尔多葡萄酒的官方分级，即按照沿用至今的一个体系，将波尔多梅多克和苏玳地区的葡萄酒进行分级。1855年世界万国博览会上，波尔多葡萄酒商会将梅多克地区的葡萄酒酒庄分为五个等级：一级酒庄、二级酒庄、三级酒庄、四级酒庄和五级酒庄，并获得了巨大成功。葡萄酒行业从此进入黄金时期。

19世纪初，越来越多宏伟的建筑如雨后春笋般出现在波尔多的葡萄酒产区，常常被称为“Château”（城堡）。从那时起，这个词就被用来指代整个葡萄酒庄园。短短两年内，波尔多地区的葡萄酒产量从2亿升上升到5亿升。与此同时，勃艮第也开始受到人们的关注。在那之前，该地区的葡萄园大多属于教会，在法国大革命期间遭到了破坏，并且，葡萄园在代代相传的过程中规模越来越小，市场影响力也越来越小。19世纪初，勃艮第葡萄酒行业开始复兴，直到1851年，巴黎开通铁路并且向法国南部延伸，南部地区具有竞争优势的口感强劲、酒体丰满的葡萄酒进入市场，对勃艮第的葡萄酒行业造成了不小冲击。

和中欧国家相比，意大利的葡萄酒行业较晚进入现代时期。意大利葡萄酒在品质和销售方面都曾面临重大危机，甚至到最后只能按桶出售。意大利很晚才开始普遍使用玻璃瓶和软木塞，而那些我们今天所熟悉的葡萄酒，如基安蒂葡萄酒、布鲁奈罗葡萄酒和巴罗洛葡萄酒，直到19世纪中期才出现。意大利葡萄酒行业的复兴与促进意大利统一的功臣们密不可分：加里波第将军说服葡萄酒生产商在酿酒过程中使用硫来防止葡萄酒发生氧化；加富尔伯爵和法莱蒂公爵夫人在法国酿酒师乌达的协助下，用内比奥罗葡萄酿造出了高贵的巴罗洛葡萄酒；在托斯卡纳，瑞卡梭利男爵酿造出了世界著名的基安蒂葡萄酒。皮埃蒙特大区创建了许多大型酿酒公司，如甘恰（Gancia）、马提尼（Martini）、科波（Coppo）和琴扎诺（Cinzano），托斯卡纳大区成立了第一批酿酒合作社，而特伦蒂诺大区的圣米歇尔则建立了一所葡萄种植学院。

在德国，德意志关税同盟极大地推动了葡萄酒行业的发展，和其他地方一样，德国的葡萄酒产量不断增长。各种葡萄种植学院、国家经营的葡萄园和研究机构出现在普鲁士和巴伐利亚，对葡萄酒的品质提升起到了至关重要的作用。1870年，葡萄种植研究院在盖森海姆建成。1860年，奥地利葡萄酒糖度测量单位的创始人奥古斯特·威廉男爵创办了克洛斯特新堡葡萄种植学院。葡萄酒生产商也在不断努力：1855年，即波尔多官方分级体系诞生的那一年，内卡苏尔姆（Neckarsulm）、费尔巴赫（Fellbach）和迈绍斯（Mayschoß）等地建立了第一批酿酒合作社。19世纪中期，德国起泡酒越来越受到消费者的青睐，这使得那些年轻、酸爽的葡萄酒也开始畅销。

作为一种奢侈品，香槟是广告宣传的早期得益者，当时的广告经常使用一些挑逗性的情色图片

18世纪，莱茵高地区的雷司令种植户开始提倡采摘感染贵腐霉菌的晚收葡萄，从而酿造出至今驰名世界的贵腐葡萄酒

灾难与新的开始

19世纪盛行对植物品种的收集、归类和移植到新环境，这使得美洲葡萄被引入欧洲，虽然人们已经知道这个品种并不适合酿造顶级葡萄酒。伴随葡萄品种的传播，1847年，白粉病传入法国，并席卷了整个欧洲。1878年和1880年又分别传入了霜霉病和黑腐病。不过，最早出现在罗讷南部的根瘤蚜虫病才是最致命的。这种黄色的小虫来自美国东海岸，当地的美洲葡萄已经可以抵御这些害虫，但是它们却在几年内对欧洲酿酒葡萄造成了毁灭性的打击，几乎摧毁了所有葡萄树。

欧洲葡萄酒行业很快意识到，根瘤蚜疫情将会成为一场大灾难。19世纪70年代，人们发现美洲葡萄对根瘤蚜虫具有免疫力，便设想把欧洲的葡萄嫁接在美洲葡萄的根茎上。1880年出现了第一批嫁接葡萄苗，但当时的损失非常惨重：仅法国就有250万公顷葡萄园被毁，在不到15年的时间里，葡萄产量下降了三分之二。1873—1885年，根瘤蚜虫病传到葡萄牙、意大利、德国、澳大利亚、南非以及美国的加利福尼亚州（简称：加州）。在接下来的几年内，只有一小部分地区免遭其害，其中包括法国南部的沿海地带、摩泽尔河部分区域、澳大利亚部分区域、中国、南美国家以及地中海个别岛屿。今天，世界上大约有85%的葡萄树嫁接在美洲葡萄树上。

对葡萄的精挑细选始于20世纪50年代

这种浅底篮是香槟区典型的葡萄采摘工具

酿酒葡萄的胜利

嫁接法系统地推广后，欧洲的酿酒葡萄开始传入北美洲和新世界，并逐步取代美洲葡萄和当地的杂交品种，这个过程至今仍在进行。与南美洲不同，北美洲直到17世纪才开始尝试种植酿酒葡萄，当时法国、德国和意大利的葡萄酒商在弗吉尼亚州、宾夕法尼亚州和佛罗里达州建立了葡萄园。不过，由于欧洲的葡萄品种无法抵御当地的病虫害，这些尝试都以失败告终。第一个欧洲种葡萄和美洲种葡萄的杂交品种是在偶然的情况下发现的。17世纪早期，欧洲酿酒葡萄传入墨西哥，但是直到淘金热开始才传入加利福尼亚州。加利福尼亚州很快就成为美国主要的葡萄酒产区，19世纪末，其葡萄酒产量已达到每年375万升。美国禁酒令颁布后，葡萄酒产量在1920—1923年急剧下滑，但是事实证明这对于加利福尼亚州和整个新世界的葡萄酒行业而言只是一次短暂的挫折。

早期，采摘葡萄和酿制葡萄酒的设备都是木质的，不易清理和携带，而且有时采摘下来的葡萄还没有运送至酿酒厂就发生了氧化。直到20世纪60年代，才开始逐渐使用先进和轻便的设备

随着欧洲殖民地的扩张，酿酒葡萄于18世纪末19世纪初传入澳大利亚。第一批殖民者定居下来后，几年内就建立了第一批葡萄园，澳大利亚葡萄酒很快在伦敦葡萄酒市场获得了成功。澳大利亚葡萄酒行业最初主要集中在维多利亚州，但是根瘤蚜虫病的入侵迫使葡萄种植户转向炎热的内陆，葡萄酒也以甜葡萄酒和利口酒为主。在那之后，南澳和新南威尔士成为澳大利亚最重要的葡萄酒产区，至今仍然如此。

20世纪初，战争和经济危机给葡萄酒行业造成了深刻的影响。20世纪20年代前，人们还推崇著名产区的葡萄酒，德国雷司令葡萄酒的售价甚至赶上了波尔多和香槟产区特定年份的葡萄酒，但是第二次世界大战之后，葡萄酒行业却开始批量生产葡萄酒。

产量与品质

第二次世界大战后，葡萄酒行业和其他行业一样，主要依靠机械化、工业化和批量生产。欧洲大多数国家仍然保持着传统的小规模商业结构，但与此同时，市场也需要采用高效、省力的办法来提高产量。德国非常擅长培养高产的葡萄品种，虽然最终酿造出来的葡萄酒极少能与经典葡萄酒抗衡。此外，对于耕地合并的误解以及化学剂的使用，使葡萄酒变得越来越单薄和清淡。

20世纪60年代，意大利也开始大规模兴建葡萄园，但结果却不尽如人意。一次“垂直品酒”显示，20世纪40—60年代的葡萄酒要比60—70年代的葡萄酒更加清新、厚重、富有活力。

20世纪70年代，勃艮第地区的酒庄也被迫开始批量生产葡萄酒，葡萄酒变得越发单薄，缺乏个性。直到20世纪80年代末90年代初浓郁厚重的黑比诺和霞多丽葡萄酒的出现，这种情况才得以改善。

20世纪最后25年，大批量生产的趋势开始转变，许多欧洲葡萄园不再种植葡萄树。1980—2000年，全世界葡萄种植面积从980万公顷下降到820万公顷，虽然减少的部分主要来自欧洲，但欧洲的葡萄种植面积仍占世界葡萄种植总面积的65%。旧世界的葡萄酒年产量仍占世界葡萄酒年产量的75%。19世纪80—90年代，世界葡萄酒年产量从330亿升下降到266亿升。

现代葡萄酒时代

加利福尼亚州纳帕谷葡萄酒行业在经历了禁酒令时期的停滞后，于20世纪60年代开始复苏，开启了葡萄酒历史的新篇章。以蒙达维家族为代表的几个家族最早认识到纳帕谷适宜种植法国的顶级葡萄品种，尤其是霞多丽和赤霞珠。在他们之后，其他葡萄酒生产商纷纷效仿。只用了10～15年时间，这些酿酒厂就可以与波尔多地区的葡萄酒大亨分庭抗礼。由于之前的葡萄酒是按产地命名的，而这些产地名在欧洲国家受到严格保护，因此，新世界的葡萄酒生产商若想让他们的葡萄酒易于辨识，只能用葡萄品种来命名他们的葡萄酒。

不锈钢酒罐最早在新世界开始使用，今天则随处可见，甚至出现在旧世界一些勇于创新的酿酒厂

新世界还率先在葡萄园和酒窖使用新技术。澳大利亚为了解决炎热气候产生的问题，在20世纪五六十年代采用不锈钢酒罐和温控技术进行发酵。大部分新建的葡萄园都采用机械种植。它们还引入先进的灌溉系统，既可以节省时间，又可以节约成本。然而，葡萄酒行业新旧世界之间的差异并不能仅用工业化的程度来衡量。

事实上，欧洲的葡萄酒生产国也广泛使用技术手段和化学药物，如人工酵母、电脑温控技术、各种发酵容器、最先进的压榨技术、真空蒸馏器、反向渗透法以及陶瓷过滤膜。旧世界不仅开发新技术，就连最具名望的酒庄也会采用这些技术。

人们常说的新旧世界之间的差异其实存在于任何一个葡萄酒生产国。按照这种差异，葡萄酒生产商可以分为两类：一类规模较小，仍然保持手工酿酒的方式；另一类规模庞大，采用工业化手段进行酿酒，每年可生产几百万加仑的葡萄酒，并且利用有效的销售手段将葡萄酒销往世界各地。但这并不意味着手工酿造的葡萄酒品质更优良。事实上，世界上许多珍贵的著名葡萄酒都是工业化生产的。然而，那些小葡萄酒生产商酿造的顶级葡萄酒因其鲜明的特性和独有的风格依然保持着魅力。

有机葡萄酒和品质革命

葡萄酒行业的工业化进程持续进行，越来越多的葡萄园和酒窖使用化学药品和现代技术，为了应对这种情况，20世纪70年代建立的酒庄开始崇尚自然、生态和生物动力法。传统葡萄酒生产商通常使用杀虫剂、杀菌剂和除草剂，这种不负责任的行为促使一些“有机”葡萄酒生产商开始采用环保手段，而不是一味追求葡萄酒的品质。从那之后，葡萄酒行业取得了长足的发展。特别是在法国和德国，相当大一部分葡萄酒是有机葡萄酒，而且欧洲大多数葡萄酒生产国的一些酒庄正是因为环保的酿造方式而成为顶级酒庄。

最近几十年，世界葡萄酒行业最大的变化是整体品质的提升。在欧洲，这一趋势开始于意大利。20世纪70年代，从美国加州和澳大利亚进口的葡萄酒取得了惊人的成功，促使意大利对国内葡萄酒行业进行了一次彻底的改革，生产商开始批量生产葡萄酒。1986年震惊全国的酒精勾兑丑闻也没有减缓意大利葡萄酒发展的脚步。意大利只用了不到10年时间就跻身世界葡萄酒强国之列，它的新酒迎合了国际口味，而传统的基安蒂和巴罗洛也重获发展。

奥地利也经历过一起严重的丑闻：1985年一些葡萄酒生产商在葡萄酒中添加乙二醇。丑闻过后，奥地利继续发展，开创了自己的品牌。与此同时，德国努力改变其葡萄酒行业极端的传统（德国葡萄酒最初很甜，后来较干，有些只有酸味），但保留了酒体丰满、口感丰富的特点。西班牙葡萄酒行业历史悠久，也展现出酿造顶尖葡萄酒的能力。

最好的时代

虽然欧洲葡萄酒整体品质达到了前所未有的高度，但葡萄酒的品种和风格却日趋统一。世界各地都在种植流行的霞多丽、赤霞珠、梅洛和长相思葡萄，而其中有些地方的气候从一开始就注定了种植的失败。人工培养酵母、不锈钢酒罐、法国橡木桶以及葡萄种植和葡萄酒酿造技术的国际交流使葡萄酒的风格更加趋于单一。

这种趋势直到最近几年才有所减缓。在美国，大众的品位发生了巨大的转变，霞多丽和赤霞珠葡萄酒不再是时尚的饮品。相反，具有地区特色的葡萄酒越来越受到青睐，尤其是源自不同产区的欧洲葡萄酒。与此同时，新世界的葡萄酒生产商也开始回归传统，酿造可以反映独特风土条件的葡萄酒。这些葡萄酒少了几分木香，口感更细致、高雅和清淡。几年或几十年后，葡萄酒世界应该会变得更加多样和有趣。

堆满酒桶的大教堂。如今，把葡萄酒储存在新橡木小桶中熟成是酿造出高品质酒的关键

正确的选择

每个人都有自己钟爱的葡萄酒。但是，葡萄酒的品质与个人喜好无关。葡萄酒也许是我们所能买到的品种最多的消费品，然而想要了解我们所买的葡萄酒却并非易事，因为从酒标上我们无法得知葡萄酒生产商是否充分发掘了葡萄园和葡萄的潜力，也无法得知他们在种植葡萄或酿造葡萄酒的过程中是否采用最天然的方式来生产优质葡萄酒，这一点甚至连所谓的“有机”葡萄酒都不能保证，但这却是真正享受葡萄酒乐趣的先决条件。

世界各地都没有制定相关法律限制葡萄酒行业使用化学药剂和某些工艺技术。事实上，这种情况越来越糟糕。立法机关对葡萄酒行业新的发展反应迟缓，导致许多葡萄酒生产商为所欲为。无论法律是否明令禁止，他们都进行各种试验。而且，大多数国家的酒标上都无须标注这些信息。

葡萄酒的这种情况比其他食品和饮料更加严重。因此，消费者必须掌握葡萄酒的相关知识，增强感官能力，这样才能充分了解我们所饮用的葡萄酒。葡萄酒的优劣对人们身体的影响是至关重要的。如果只是饮用了适量的葡萄酒就引起胃疼和头疼，那么葡萄酒中的某些成分或者酿酒工艺有可能存在问题。一瓶“好酒”不仅应该口感怡人，而且要对健康有益。

葡萄酒的多样性

对葡萄酒的认识可追溯到19世纪，当时的认识与21世纪消费者的观点截然不同。当时，葡萄酒的品种寥寥无几，葡萄酒贸易也仅限于波尔多和勃艮第地区一些大的酒庄、德国葡萄酒商以及托卡伊和波特等独一无二的顶尖葡萄酒。葡萄酒也只是由生产商销往当地市场，因此不像今天的葡萄酒那样，可以为广大消费者知晓。

如今，葡萄酒种类繁多，消费市场日益增大。几十年前，一些国家的葡萄园还只种植鲜食葡萄，现在都建立了专业的酿酒厂。交通运输的发展使葡萄酒可以便捷地运往世界各地。而且，大量的消费者愿意尝试新的葡萄酒品种，促进了葡萄酒新市场的诞生。这个市场不同于传统葡萄酒市场，因为这个市场不仅提供琳琅满目的葡萄酒，而且品种更新速度十分惊人。

随着全球化的发展，21世纪关于葡萄酒的观念不再像20世纪那样具有浪漫主义情怀，葡萄酒也不再专属于社会的上层人士，而已受到全世界人民的喜爱，并且在大多数国家成为一种广泛生产的商品，工业化程度越来越高。目前，市场上的葡萄酒纷繁复杂，但大致可分为四类。

工业技术和手工工艺

第一类葡萄酒，是目前市场上最多的一类，也是在商店里廉价出售的工业化生产的葡萄酒。它们通常来自同一条灌装线，技术含量低，酒标上的原产地不实或者只是葡萄的生产地。这些葡萄酒虽然普通，却在包装和广告上花费巨大，数量占世界葡萄酒市场的四分之三。

第二类迅速增长的葡萄酒主要面向具有品牌意识的有经验的消费者。它们遵循国际化的标准模式，紧跟市场潮流。这类葡萄酒的生产采用了一切可用的技术、自然和化学手段，品质卓越，价格不菲。

第三类葡萄酒，即真正意义上的“传统”葡萄酒，正随着消费者对葡萄酒知识的了解，经历着一次复兴。这些原酒庄装瓶的葡萄酒在采摘葡萄和酿制葡萄酒的过程中都采用了最天然的方式，凝结了酿酒师的心血和责任感。它们反映了葡萄酒产区的葡萄品种，是葡萄品种真正的“代言人”。这类葡萄酒最大的优势是容易入口，价格适中。

第四类葡萄酒是那些不只是品质出众的真正顶级好酒。这类葡萄酒产量不高，酿造过程需要精湛的技艺、热情和智慧。这些葡萄酒口感丰富，香气浓郁，单宁和果味比例均衡。它们不仅反映葡萄的品种，还能反映风土条件。世界上所有的葡萄酒产区都能酿造出这类葡萄酒，而那些传统的著名酒庄在这方面并没有多大优势。这类葡萄酒有些价格中等，没有多少收藏价值，有些作为投资商品，价格高昂。

任何一个味觉和嗅觉正常的人不仅可以饮酒，还可以品酒。而品尝葡萄酒是消费者和品酒师的区别。对于后者而言，葡萄酒不只是一种饮料，他们还希望了解葡萄酒，体验葡萄酒的各种香气和口味。接下来的几个章节会介绍葡萄酒的气味、味道和颜色，希望可以增加大家饮酒的乐趣。

葡萄酒的品种主要取决于酿酒葡萄的种类，目前，市场上的葡萄酒主要来自传统葡萄酒产区，但世界上其他地区的葡萄酒也开始受到消费者欢迎

葡萄酒的品尝

在某种程度上，品酒和饮酒截然不同。如果只是简单地饮用，关注一瓶葡萄酒整体的香味即可；但如果是品尝葡萄酒，则需要辨识影响感官的所有元素。只有当你从各个方面对葡萄酒进行剖析，如甜味、酸味、苦味和香气等，你才能真正了解那瓶酒。我们在饮酒的时候只能感知葡萄酒的味道和香气，而当我们品酒的时候，才会有意识地去探索它。

现如今，葡萄酒的种类比其他任何一种农产品都要多。因此，品尝葡萄酒是难度最大的一种食物检测活动。无论是专业品酒师的客观评价，还是非专业人士比较主观的看法，品酒的基本要求是要具备敏锐的感官能力。如果想准确地说出一款葡萄酒的优劣及原因，我们需要学会利用我们的视觉、嗅觉和味觉。

右页下图：品酒时最好把对葡萄酒的评价记在记事簿或者电脑中

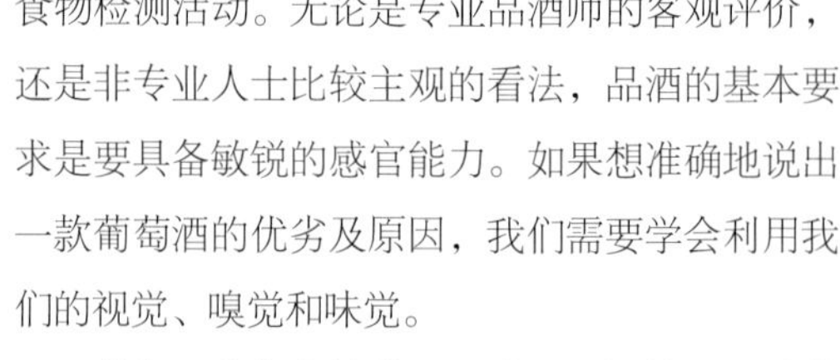

品酒时应该遮住酒标，在不知道酒名的情况下可以做出更客观的评价

首先，我们应该学习正确的品酒技巧。对葡萄酒全面的感官认知需要四个步骤：首先闻葡萄酒的香气，其次用舌头品尝葡萄酒的味道，然后体会口中的余味，最后观察葡萄酒的颜色。

过去，品尝葡萄酒通常会先评价酒的颜色。而今天，葡萄酒的颜色已经不能为我们提供可靠和有用的信息。例如，我们观察一瓶深色，近似黑色的葡萄酒，并不能看出它的颜色是人工添加的色素还是天然的颜色。同样，紫色的葡萄酒也不能代表这就是年轻的新酒。只有结合香气和味道才能真正了解葡萄酒的特性。因此，"观色、闻香、尝味"的传统品酒顺序已经过时了。

在品酒过程中，如果把现代葡萄酒行业的技术和化学手段考虑进去，那么最能提供有用信息的依次是香气、味道和颜色。

举办品酒会

举办品酒会需要一个没有其他气味的房间，一张铺上白色桌布的桌子，若干没有气味的酒杯，适中的室温（以免葡萄酒的香气挥发过快）和轻松的氛围。

"盲品"总会产生最有趣的结果。"盲品"时，酒瓶会被遮盖起来，这样品酒人不会受葡萄酒"名气"的影响，否则即便是专业的品酒师也无法保证不受其左右。

训练味觉最好的办法是专题培训。通过这些专题的品酒训练，不仅可以辨别不同葡萄酒的区别，而且可以鉴定某种葡萄酒的特性。这种品酒会需要一个集中的主题：不同地区和葡萄园同一葡萄品种酿造的葡萄酒，或者不同葡萄酒生产商生产的同一种葡萄酒，或者不同年份的同一款葡萄酒，或者用不同杯子、在不同温度下饮用的同一款葡萄酒。例如，把雷司令和赤霞珠放在一起品尝可以获得丰富的体验，除非品酒人在这之前已经对这两种葡萄酒有了深刻的印象，从而会通过脑海中的印象而不是舌头的感知来比较葡萄酒。

举办一次成功的品酒会首先要有一个明确的目标。如果想根据葡萄酒的品质来进行分级，必须进行同类比较，也就是说，选用的葡萄酒在味道方面一定要有相同的基础。同一葡萄品种酿造的葡萄酒、同种配方调配的葡萄酒以及同一年份的葡萄酒都非常适合这种品酒会。如果是为了辨别葡萄酒的产地、葡萄的品种、年份和酒庄，则应该选择葡萄种植和酿酒过程中采用自然方法的葡萄酒，它们才能真正反映葡萄酒的起源。如果不是“盲品”，例如在某个酒庄的酒窖中进行品酒，即使经验老到的品酒师也不能做到绝对的客观，其他人更容易被酒庄的声誉或者酒庄主人的口才所影响。

系统的品酒方法

如果同时品尝几瓶葡萄酒，最好提笔写下自己的感受。专业品酒会上使用的空白表格用处并不大，因为那些表格通常把颜色观察放在最前面，并且使用评分系统对葡萄酒进行排位，而这种系统对非专业人士来说很难理解。了解一款葡萄酒并对它的品质进行评价需要的是感官感受，而不是那些冰冷的数字。在这样一个技术可以随意改变葡萄酒品质的时代，只能对某批而不是某瓶葡萄酒的特性进行评论。

最能反映葡萄酒品质的是它的气味。因此，品酒的时候应该先用鼻子闻一闻，这样就可以对葡萄酒有一个大致的了解。在种植、酿造和储存过程中出现的错误都可以通过霉味、酸味和硫等其他味道体现出来。通过气味，我们还可以得知生产商是否对葡萄酒采取了保护措施（即防止葡萄酒暴露在空气中）和抗氧化处理，以及葡萄酒是储存在木桶中还是不锈钢酒罐中。最重要的是，我们还可以得知葡萄酒的香气是只反映葡萄的品种，还是也反映葡萄产区和种植土壤。

接下来品尝葡萄酒的味道。我们可以从酸和甜的平衡度及单宁的成熟度来判断葡萄酒的优劣。此外，余味、酒精度和质地也是评判葡萄酒的关键因素。

最后，根据不同的葡萄品种，葡萄酒颜色的深浅和色调可以反映出葡萄酒的品质和年龄。

如果判断一瓶葡萄酒是好酒，那么它必须“色、香、味”俱佳。如今大多数品酒会的不足之处就在于过度强调对葡萄酒的某一感官感受：例如，对白葡萄酒的评价通常只局限于它的醇香，而红葡萄酒则主要评价它的颜色。然而，要想了解一款真正伟大的葡萄酒，决不能遵循标准化的品酒模式，因为这种酒香气浓郁复杂，没有一定的专注力和经验是无法捕捉这些气味的。此外，这种顶级佳酿的颜色、香气和味道比普通的标准丰富得多，只有思想开放的品酒师才能慧眼识金。

即使是最具经验的葡萄酒专家对葡萄酒的评论也经常要打一个问号，因为那通常是带有主观性的结果。那些依赖评论家意见的品酒人和普通消费者应该铭记这一点。

首先闻葡萄酒的气味

然后深啜一口

细细体会葡萄酒的余味

最后观察颜色

葡萄酒的气味

人类的嗅觉可以清楚地辨别葡萄酒散发的各种气味。品酒师对葡萄酒的感知有三分之二是通过他的鼻子。这个器官可以捕捉浅龄酒的芳香和陈酿酒的醇香。一瓶普通的陈年红葡萄酒就有几百种气味，即使是一瓶普通的浅龄白葡萄酒，对其芳香的分析也是场嗅觉盛宴。

人类的鼻子可以分辨几千种不同的气味，但对我们的感知进行过滤、鉴别和评价的则是我们的大脑。因此，要想知道品尝的是什么葡萄酒，你的大脑中必须有这款酒的饮酒记忆，这是了解葡萄酒成分和闻香识酒的基础。此外，你还要能够把你的感知用语言描绘出来，以便交流和记忆。

嗅觉

人类的嗅觉中枢位于鼻腔顶部，即三个鼻甲最上面的嗅黏膜。嗅黏膜面积约5平方厘米（2平方英寸），上面有一千多万个嗅细胞，每个嗅细胞有10～20根嗅丝，可以吸附气味分子。大多数分子通过鼻腔直达嗅黏膜，也有一小部分由口腔进入嗅黏膜。

要想感知葡萄酒的气味，那些即使浓度很低也可以刺激我们嗅觉的挥发性分子就必须进入嗅黏膜。因此闻酒时最好深呼吸，这样葡萄酒散发出来的香味才可以充满整个鼻腔。如果呼吸非常短促，大多数的分子可能会从嗅黏膜旁匆匆而过。

葡萄酒气味中的挥发性物质比非挥发性物质的浓度低很多。要想最大限度地释放酒中的气味分子，首先应该以画圆圈的方式轻晃酒杯（酒杯中的葡萄酒不能超过容器的三分之一），然后把

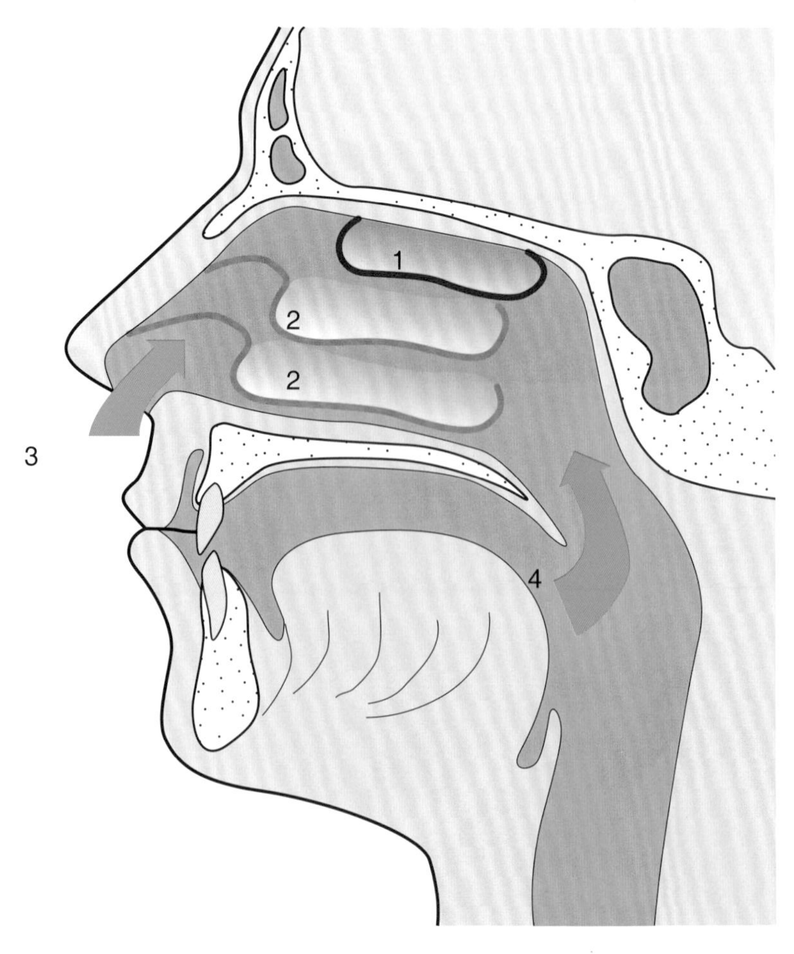

1.嗅上皮
2.鼻甲
3.气流
4.口腔

嗅上皮的剖面图
嗅细胞（图中黄色部分）位于嗅黏膜表层下方支持细胞和基细胞中间。嗅细胞上面的纤毛可以捕获气味分子。底下是结缔组织

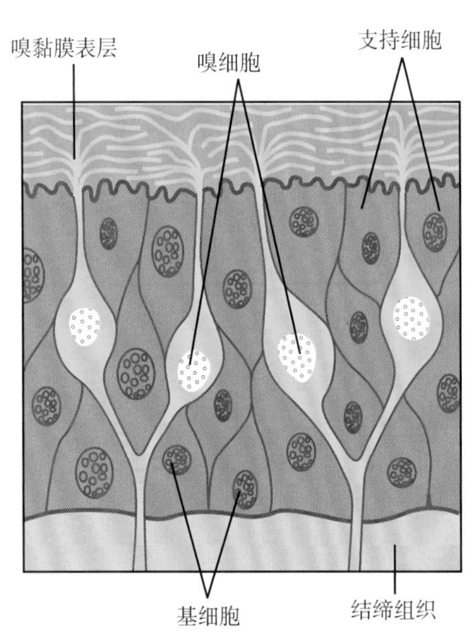

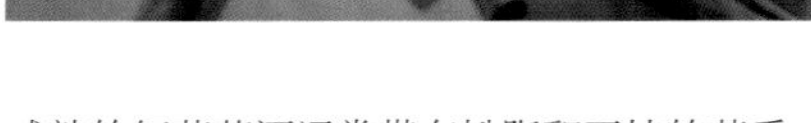

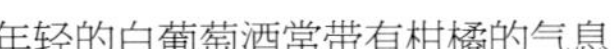

成熟的红葡萄酒通常带有松脂和玉桂的芳香

年轻的白葡萄酒常带有柑橘的气息

年轻的红葡萄酒常带有红色浆果和樱桃的香气

鼻子置入杯中，吸入葡萄酒表面的香气。每种香气都代表一种化学成分。葡萄酒的各种气味为经验老到的品酒师提供了大量的信息，包括葡萄品种、葡萄产地、酒龄，以及发酵和熟成的方式等。葡萄酒的气味千变万化，因此对这些气味进行鉴别和分析并非易事。

普通葡萄酒的芳香

葡萄酒的气味复杂多样，可以根据香气分成不同种类。首先闻到的是果香：白葡萄酒中的果香包括香蕉、香瓜、菠萝、苹果、梨、柠檬等气味，而红葡萄酒则具有草莓、樱桃、李子等气味。接下来闻到的是植物香，包括花朵、树叶、绿草和蔬菜的香味。普通葡萄酒的芳香通常分为这两大类，并且只反映酿酒葡萄的品种。不过，应该把面向大众的普通而诱人的葡萄酒和利用工业化手段特意酿造具有某种气味的葡萄酒加以区分。现代发酵技术和酶的运用可以赋予葡萄酒某种特定的香味以迎合想象出来的“大众口味”，比如在霞多丽葡萄酒中加入香蕉的气味。这种葡萄酒闻上去会有欺骗性，但是品尝和回味后就可以发现这只是个错觉。

顶级葡萄酒的醇香

有时，葡萄酒的气味不仅带有果香和植物香，而且可以反映葡萄酒的风土条件、年份、熟成方式和酒龄，专业人士便用“醇香”来形容这种气味。白葡萄酒的醇香带有蜂蜜、干草、饼干、香草、杉木和矿物质的气味；而顶级红葡萄酒的口感更为复杂，带有香料、巧克力、咖啡、烟熏和木头等气味。酒香中还有一些令人不快的气味，它们与那些芳香的气味只有细微的差别，至少化学成分是这样。这些难闻的气味包括烂白菜、肥皂、醋酸、木塞和汽油的味道。只要葡萄酒中出现浓烈的难闻气味，这瓶酒就不宜饮用。然而，酒香中略带一点怪味反而会增加其复杂性。

葡萄酒的味道

味觉分布图

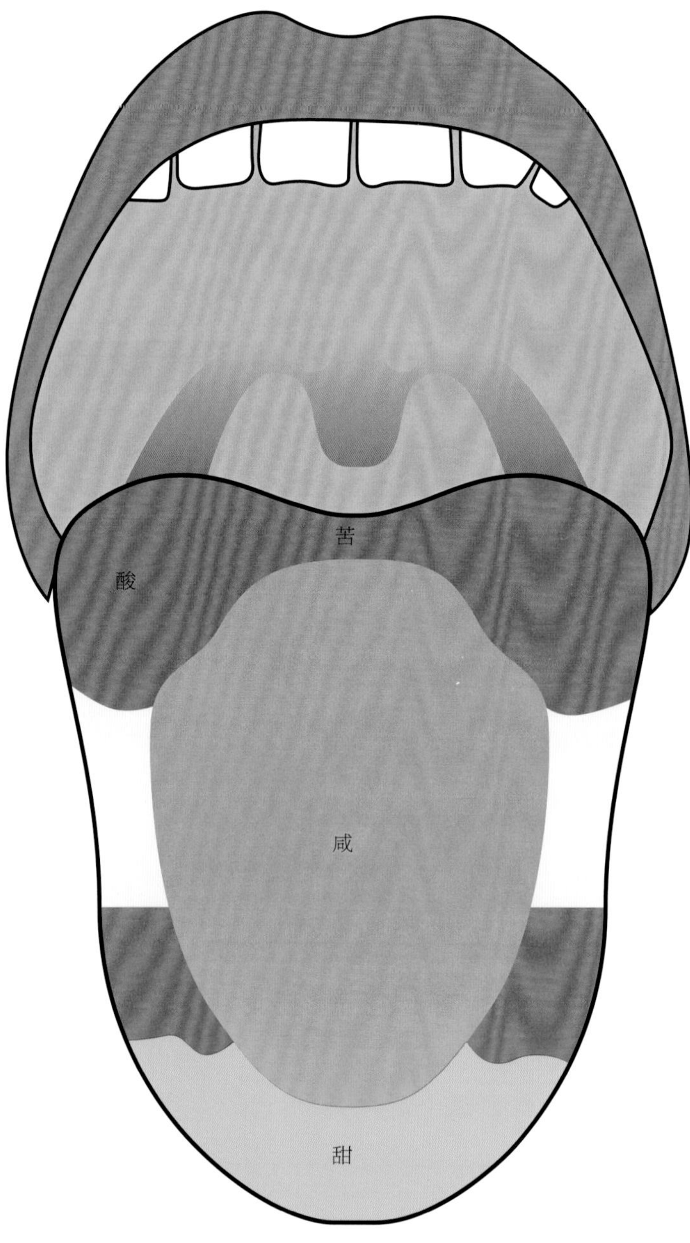

舌乳头的上皮布满了味蕾，可以产生味觉信号，舌根部位的接收能力最强

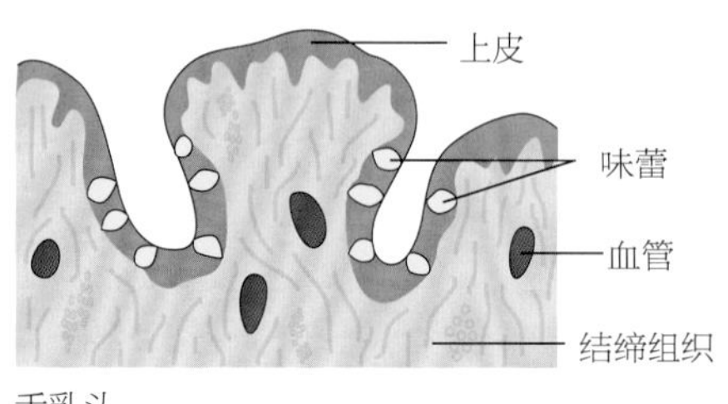

舌乳头

品尝葡萄酒有多种方式：首先用舌头品尝味道，然后通过喉咙感知香气。味蕾只能感知基本的味道。除了甜、酸、苦、咸，我们还能分辨鲜味以及其他一些味道。现在的研究发现，味觉分布并不像传统味觉图显示的那样界限分明，科学家们正在制作新的味觉分布图。人类的舌头还能感知食物的质地，即稀、稠、干、湿。不过，味道的微妙性，也就是香气的复杂性，是在葡萄酒流经喉咙后部通过嗅觉中枢感知出来的。

只有当葡萄酒中的气味分子伴随我们的呼吸进入嗅觉中枢，我们才能真正了解葡萄酒的味道。因此，喝酒时发出声响不仅不是一种无礼的举止，反而可以帮助我们充分体验葡萄酒的味道。

传统的味觉分布图展示了酸、甜、咸、苦这四种基本味觉在舌头上的分布区域。舌头还可以感知食物的质地，即稀、稠、干、湿。此外，所有的气味可以通过鼻道进入嗅觉感受器——嗅上皮。因此，经验丰富的品酒师品酒时常常会把空气吸入口腔

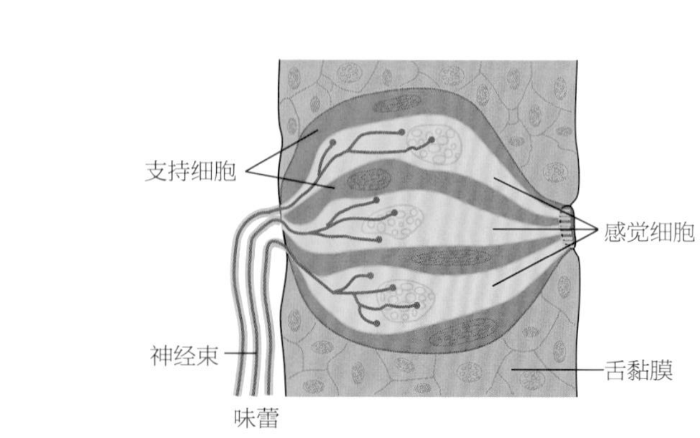

味蕾

白葡萄酒

葡萄酒流经舌头时，味蕾首先感知甜味，然后是酸味，这两种味道是白葡萄酒的基本味道。白葡萄酒中的甜味一部分来自未发酵的残糖，一部分来自酒精。甜白葡萄酒和干白葡萄酒都有酸和甜两种味道，而酸甜平衡是反映白葡萄酒酿造方式和品质的一个重要指标。简单地说，入口尖酸的白葡萄酒品质一般，这类葡萄酒通常用高产、生涩的葡萄酿制而成，酿制过程使用工业手段或化学药剂。然而，一款结构复杂的白葡萄酒必须拥有一定含量的酸。

葡萄酒中的甜味也需要由其他味道和香气来平衡。如果甜味中没有果香或者木桶和贵腐霉引起的淡淡的苦味，葡萄酒会显得单调、平淡。但是，苦味不能太重，太多的苦味说明酿酒师在酿酒过程中犯了某种错误，如用腐烂的葡萄进行发酵，榨汁时间太长，或者在降酸的过程中使用过多的碳酸钙。

舌头可以感知白葡萄酒的不同味道，而每种味道都有对应的质地。例如，质地浓稠的葡萄酒口感丰腴。不过，只有当喝下葡萄酒时捕捉到复杂的香气，才能证明这瓶酒的上乘品质。适合大众市场的中等葡萄酒只有一小部分香味：纯粹的果香、植物香或者木香。一瓶真正的优质白葡萄酒必须具有持久和丰富的醇香，不仅有果香，还有香料味、木香以及反映葡萄园风土条件的矿物香。

红葡萄酒

红葡萄酒和白葡萄酒的主要区别是单宁含量的高低。单宁存在于储存葡萄酒的橡木桶中，但主要来自葡萄的籽、皮和梗。因此，单宁是反映葡萄成熟度的重要标准，也是酿造伟大葡萄酒的基本条件。单宁不能通过嗅觉来感知，只能在口腔内细细品味。

如果单宁在口腔中产生一种令人不悦的苦涩颗粒感，表明葡萄酒的年份差，葡萄没有完全成熟就进行采摘，葡萄园遭受病虫害的侵袭，葡萄产量过高或过低，或者酿制过程中出现不当的操作（过度压榨葡萄）。而成熟的单宁口感柔和丝滑，除了涩味，还带有一点甜味，回味中弥漫了葡萄酒的果香。要想萃取成熟的单宁，必须在葡萄完全成熟的时候进行采摘，并且在酿制过程中尽可能采用轻柔的方式以充分发挥葡萄的潜力。

甜、酸、苦三种味道的平衡也是影响红葡萄酒口味的关键。红葡萄酒在熟成过程中通常没有残糖，因此酒中的甜味主要是由酒精度和可能存在的木香所决定的。葡萄酒中的酸度和苦涩的单宁含量越高，酒精度就必须越高，因为苦味和酸味会加强彼此的味道。

余味

和白葡萄酒一样，红葡萄酒真正的品质只有在吞咽的时候才能揭晓。如果吞咽时葡萄酒口感生动活泼，口腔和喉咙充满丰富的味道，香气中弥漫着黑莓、黑醋栗和李子的果香，丁香和胡椒的香料味，烟草和雪松的木香以及咖啡的焦香，并且这些气味在口中回味悠长，这瓶葡萄酒绝对是瓶顶级佳酿。这种酒在酒瓶中经过几年陈酿后，会融入果香、酒香和风土条件造就的独特风味，香气更复杂。如果余味中仍然只有简单的果香、葡萄的味道以及单薄的单宁，而没有任何新的味道，这瓶酒则较为普通。吞咽后没有余味或者余味短暂的葡萄酒显然会令品酒师有些失望。

葡萄酒在熟成的过程中，不仅气味会有所改变，其他成分，如酒精、酸和单宁也会发生变化。通常，一瓶上乘葡萄酒的余味会变得更加复杂和细腻

葡萄酒的颜色

葡萄酒的颜色在日常饮用时并不重要，因为它不会影响口感。但在品酒过程中，葡萄酒的颜色是衡量品质的一个重要因素，因为颜色和气味有着紧密的联系。天然的颜色可以反映葡萄酒的年龄、浓度、葡萄品种、酿造方式和成熟度等，而如果使用添加剂或酶，即使品质中等的葡萄酒也会呈现黑红色。

如果葡萄酒完全用葡萄酿制的话，葡萄酒的颜色则可以作为衡量品质的一个可靠标准。通常葡萄酒的颜色越深，单宁和其他物质的含量就越高。葡萄酒中的蓝色和棕色也可以准确地反映葡萄酒的酸度和成熟度。

从审美学以外的角度辨识葡萄酒的颜色需要对葡萄酒的成分有非常全面的了解。因此，在很长一段时间内，虽然颜色是品酒的一部分，却很少被认为是反映葡萄酒优劣的标准。直到颜色较深（接近黑色）的红葡萄酒开始风靡，人们才又把注意力转向葡萄酒的颜色上。由于深色红葡萄酒热卖，一些葡萄酒生产商便开始利用技术和化学手段来改变葡萄酒的颜色，而消费者对此并不知情，因此把颜色作为评判葡萄酒品质的一种标准有些夸大其重要性。

所有葡萄都含有天然的色素。这些色素主要存在于果皮中，根据不同的品种或深或浅。因此，葡萄酒的颜色取决于酿酒葡萄。但这并不代表所有黑比诺酿造的葡萄酒都是一样的，因为即使是最常见的葡萄品种也有不同的特性。植物克隆技术可以控制葡萄果实的大小和产量的高低，为葡萄质量和数量的提高奠定了基础。此外，葡萄剪枝、树冠管理以及肥料的使用都会对葡萄酒的品质，尤其是葡萄酒的颜色产生影响。葡萄酒的酿造过程也需要充分发挥葡萄的潜力，这样才

能酿造出漂亮的颜色和醉人的芳香。最后，熟成的时间和方法也会影响葡萄酒的颜色，而颜色与葡萄酒的口感和气味有着密切的关系。

白葡萄酒的颜色

白葡萄酒的酿制过程中通常没有浸皮这一程序，因此白葡萄酒看上去近似无色。然而这一感知并不完全正确。事实上，白葡萄酒的颜色从浅绿到金黄不等，这些颜色主要分布在光谱的紫外线端，人的肉眼很难识别。白葡萄的果肉和果皮一样，也存在着黄绿色素，因此即使皮汁没有一起发酵，白葡萄中也有一定数量的色素。

略带紫色或紫红的葡萄品种最有可能酿造出漂亮的颜色。其他颜色的葡萄品种，色素化学结构的差异会使葡萄酒带有绿色或逐渐呈现褐色。

神秘的深色酒

红葡萄酒中呈色物质的含量是白葡萄酒的十倍多。这些花青素只存在于葡萄的果皮中，在果实成熟的过程中受到太阳的直射而生成。因此，越是皮厚汁少的葡萄，越能酿造出迷人的颜色。而且，单宁可以稳定色素，单宁含量越高的葡萄酒颜色也越深。厚皮的葡萄品种，如赤霞珠和西拉（Syrah）可以酿造出颜色较深的红葡萄酒，而用薄皮葡萄酿造的葡萄酒颜色则偏浅。但是，只要保证葡萄园最佳的生态条件，薄皮葡萄也可以通过降低产量和树冠管理酿造出深色的葡萄酒。在葡萄酒的酿造过程中，颜色的提取主要取决于浸皮的时间和温度。发酵开始后，色素物质会受到物理、化学和生物反应的影响而发生变化，最终决定葡萄酒颜色的深浅。不过，这些条件不易掌控，很容易破坏葡萄酒的优雅。因此，颜色最深的葡萄酒不一定具有最佳的品质。然而即使这样，在大多数情况下，颜色淡如清水的葡萄酒都不会有出众的表现。

每种葡萄酒都有其独特的颜色，可以反映葡萄酒的种类和年龄

从左至右：年轻的新白葡萄酒；经橡木桶陈酿的白葡萄酒；酒体轻盈的成熟红葡萄酒，颜色呈宝石红；浓度较高的红葡萄酒，颜色呈黑红；年轻香槟，冒着优雅的气泡；成熟的佐餐葡萄酒，拥有迷人的金色

葡萄酒的陈年

即使对于古罗马诗人贺拉斯（他有节制地饮酒，而且写了16首关于葡萄酒的诗）来说，伟大的葡萄酒也总是那些陈年酒，假设在陶土罐中发酵的葡萄汁可以经受住时间的考验。相比之下，年轻的葡萄酒就会显得不够精致。葡萄酒的这种情况一直都未曾改变，2000多年后的今天，葡萄酒鉴赏家仍然钟情于陈年酒。每一年的拍卖会上都会有人高价竞拍陈年酒。然而，陈年酒是否真的物有所值还是个疑问，因为只有极少数的葡萄酒可以保存几十年，并且葡萄酒的熟成过程很容易受到外界不良因素的影响。

很少有葡萄酒可以像图中这瓶具有传奇色彩的1787年的葡萄酒一样保存几个世纪。这瓶酒曾经属于美国总统托马斯·杰斐逊

陈年潜力

我们在储存葡萄酒时要分清楚两个时间概念：一个是葡萄酒进入衰退期前的储存时间；另一个是葡萄酒达到最佳口感的储存时间。虽然科学家们都在各自的领域不断地对葡萄酒进行研究，但至今没有一个技术标准可以精确地判定葡萄酒的陈年潜力，我们只能做出大概的判断。

现代葡萄酒行业采取了大量的物理和化学手段，使得预测葡萄酒的窖藏时间越来越困难。许多葡萄酒的基本结构发生了改变，而我们没有任何相关的经验对它们进行评估。

有些葡萄酒可以储存几十年

投资期酒，即投资还未装瓶的葡萄酒，这种行为并不可取，除非你有可靠的消息来源确保葡萄酒的升值，但即使是经典名酒也不一定能够长期储存。

红葡萄酒的陈年

单宁是红葡萄酒的灵魂，也是决定红葡萄酒陈年潜力的重要因素，因为它是一种具有防腐特性的化学成分。单宁一般是在酿酒过程中通过葡萄皮、籽和梗浸泡发酵而来，也有一部分来自熟成阶段的橡木桶。红葡萄酒中单宁的质量和数量千差万别。单宁含量的多少主要取决于葡萄的品种：果皮厚的品种如赤霞珠和西拉，含有较多的这种防腐成分，因此陈年能力较强。不过，年份（干燥的夏季容易出产皮厚的葡萄，单宁含量也相应较高）和酿酒师也可以起到一定作用，因为保持低的产量、延长浸皮和陈年时间会萃取大量的单宁。单宁的质量对葡萄酒的口感非常重要，只有完全成熟的单宁才能在葡萄酒存放几年后很好地融入味道中。我们通常所说的葡萄酒陈年过程中单宁的熟成其实是单宁在逐渐减少：聚合作用改变单宁的结构，构成更大更复杂的分子，最终形成沉淀物。年轻时口感过于苦涩的葡萄酒在陈年后仍然会保持这种味道，而且会有些不协调，因为经过陈年的单宁口感会比较干。

葡萄酒收藏者普遍认为，粗糙、不平衡的红葡萄酒只要经过足够时间的陈年就可以变成伟大的葡萄酒，而事实上，这种观点十分荒谬。同样，年轻时口感就不错的葡萄酒也不适合陈年。

一瓶优质葡萄酒的成分会在陈年三四年后变得协调、完整。含有适量提取物的葡萄酒会与酒瓶内的少量氧气发生接触，逐渐形成醇香——除了原始的果香，还有香料、皮革和泥土的气味。酒精、乙醛和酸刚开始发生相互作用时会改善葡萄酒的品质，但最终会削弱葡萄酒的味道和香气。酒石酸是葡萄酒中最稳定的成分，几乎不会减少，而且会形成葡萄酒的主要香气。

外观上，葡萄酒颜色的变化可以反映陈年的过程。年轻红葡萄酒（这当然也取决于葡萄的品种）呈紫红色。色素氧化后，会和单宁一起形成沉淀。当蓝色消失后，葡萄酒会变成鲜红色并最终呈现棕红色。颜色变浅的同时化学成分也会减少。根据不同的葡萄品种、酿造方式和储存条件，化学成分的减少发生在装瓶后的几年至几十年（理想情况），最后葡萄酒会变得非常浅，香气也会消失殆尽。

白葡萄酒的陈年

白葡萄酒的陈年比红葡萄酒的陈年存在更多风险。除了甜葡萄酒，其他白葡萄酒的陈年潜力都不如红葡萄酒，因为白葡萄酒中缺乏抗氧化的单宁。各种酸对葡萄酒储存时间的影响还有待科学家进一步考证，因此，测定白葡萄酒的陈年潜力只能依靠我们过去的经验：如果不考虑葡萄品种，白葡萄酒中酒石酸和提取物含量越高，储存的年份就越长。此外，一般情况下，在装瓶前与氧气充分接触的葡萄酒，如在木桶中熟成的葡萄酒，比在酿造过程中尽可能不混入空气的葡萄酒要稳定很多。贵腐葡萄酿制的白葡萄酒通常都适合陈年，这也证明一定的氧化对延长葡萄酒储存时间的重要性。

大部分葡萄酒只能储存几年，即使适合陈年，储存的时间也在很大程度上取决于外部环境。通常情况下，甜葡萄酒比干葡萄酒储存时间长

甜葡萄酒的陈年

甜葡萄酒比干葡萄酒更适合长时间的窖藏。含糖量越高，储存时间就越长。含有少量残糖的白葡萄酒最多只能储存十年，前提是有足够的提取物。而真正伟大的甜葡萄酒，如某些苏玳甜白葡萄酒、托卡伊·阿苏（Tokaji Aszú）甜白葡萄酒以及用白诗南酿造的白葡萄酒（具有很好的陈年潜力），可以储存几十年。几十年后，这些酒仍然芳香怡人。

私人酒窖

主人和他的好友在这个用酒盒盖子装饰的舒适酒窖中享受品酒活动

爱酒人士都梦想有一个属于自己的酒窖，可以储存他们收藏多年的葡萄酒，并且让葡萄酒在阴暗湿冷的环境中达到最佳饮用状态。20世纪90年代，葡萄酒价格突飞猛涨，波尔多精品年份酒涨幅最大，其次是其他产区的优质葡萄酒，许多葡萄酒经过短短几年的陈酿后就能卖出高价。因此，收入中等的葡萄酒爱好者应该购买年轻的葡萄酒，然后自己进行储藏和陈年。

现代公寓和独栋房屋几乎都没有足够的空间储存葡萄酒，即使有，过高的温度也不利于葡萄酒的长期保存，于是便出现了“人工酒窖”。人工酒窖相当于储存葡萄酒的冰箱，价格比较昂贵。如果是很快就会饮用的葡萄酒，你可以存放在房间任何一个空闲的角落，如楼梯下方。不过，即使只储存几个星期，葡萄酒也绝不能放在锅炉或者炊具的旁边。

如果有许多需要储存几年甚至几十年的葡萄酒，储存环境必须满足温度、湿度、光照和气味方面的一些基本要求。需要记住的是，无论储存多长时间，再好的酒窖也不能把一瓶劣质葡萄酒变成美酒佳酿。

温度

葡萄酒的窖藏温度非常重要，因为温度每升高10℃，葡萄酒的生物化学反应速率就会增加一倍。如果你想把葡萄酒保存几十年，那么酒窖的温度不能超过15℃。如果你想充分发掘葡萄酒的潜力，温度则需要达到20℃。葡萄酒长期置于20℃以上的环境中会产生煮熟的果酱味。

然而，酒窖可以保持非常低的温度。葡萄酒的冰点（具体温度由酒精含量决定）比水低，但即使是酒体饱满的葡萄酒也会在-8～4℃的时候结成冰块，导致酒瓶爆裂。而在没有达到冰点前，根据葡萄酒储存时间的长短，低温会使葡萄酒中的酒石酸沉淀。不过，这些结晶完全不会影响葡萄酒的口感，只是表明葡萄酒在装瓶前没有进行冷稳定处理。

温度波动

酒窖应该保持恒定的温度，波动的温度会对葡萄酒产生很大的影响。如果温度随着季节的变化发生急剧和频繁的波动，葡萄酒就会开始“呼吸”：温度升高时，酒瓶内的液体和空气迅速膨胀；温度降低时，则会收缩。这种情况会在酒瓶内形成正压或者负压，水平放置的葡萄酒会在正压的作用下渗出酒塞，而负压会导致空气进入酒瓶，从而和葡萄酒发生我们不希望看到的氧化反应。因此，一瓶“哭泣”的葡萄酒不仅影响外观，还反映了储存过程中出现的问题。

湿度

酒窖的湿度常常得不到足够的重视。事实上，酒窖的湿度必须保持在75%~85%。如果空气中没有充足的水分，软木塞就会开始干裂，导致葡萄酒与空气发生接触。因此，储存在干燥环境中的葡萄酒通常会加速成熟，但是品质不够丰富细致。湿度高虽然可以保护软木塞，但也容易使软木塞产生霉菌。不过，只要葡萄酒没有渗入软木塞，霉菌就不会影响葡萄酒的品质。潮湿的酒窖还会损坏葡萄酒的酒标，使酒标腐烂或者脱落。现代酒标都采用了特殊的纸张，不会受潮气的影响。

光照

同大多数食物和饮料一样，葡萄酒的品质也会因为光照而发生变化。把葡萄酒储存在光线充足的环境中，几个星期后，它的颜色、味道和香气就会遭到破坏，尤其是紫外线对它的破坏最为严重。大多数葡萄酒都是装在有色的酒瓶中，这样可以过滤一部分光线，但即使是深色的酒瓶也不能阻挡某些光线侵害葡萄酒并加速其氧化过程。因此，酒窖中不能有长时间的光线进入，人工照明也只能在有需要的时候使用，并且要避免选用日光灯。此外，原装的酒盒比开放的酒架可以更好地保存葡萄酒。

气味

虽然在正常情况下软木塞可以防止葡萄酒渗漏，却不能完全阻止空气的进入。如果酒窖中存在强烈的气味，尤其是装修材料（如油漆和密封胶）、洗涤剂和清新剂的味道，它们很可能会渗入酒中，从而破坏葡萄酒的气味和口感。氯也可以影响葡萄酒的品质。氯主要存在于清洁剂和消毒剂中，可以和软木塞中的酚结合生成三氯苯甲醚，形成难闻的木塞味。

储存方式

葡萄酒应该水平放置，这样可以保持软木塞的湿度。无论是存放在木盒中、酒架上，还是陶土管和水泥管中，都不会影响葡萄酒的陈年过程。但是储存的方式与空间的大小和葡萄酒的数量有关。如果想方便寻找，葡萄酒应该装在密闭的酒盒中堆放在酒架上。

记录保存

每一瓶葡萄酒的酒标上都会标明保质期，这个日期由许多因素决定。如果收藏的葡萄酒较少，只需在每个酒盒或者酒架上贴上标签，注明酒名、年份和数量，也可以在每一瓶葡萄酒的瓶颈处挂一个小标签。如果你收藏了大量来自不同产区的葡萄酒，则应该把它们登记在酒窖管理簿上。如果你有同一年份的不同葡萄酒，酒窖管理簿还可以用来记录每次的品酒感受，追踪葡萄酒的成熟过程。现在，许多公司都开始提供专门的酒窖管理软件。

传统的酒窖以天然的泥土或者石头作为地面，湿度高，温度常年不变，为储存和陈酿葡萄酒提供了理想的条件

侍酒温度

侍酒温度对葡萄酒的味道和香气有很大的影响。虽然降低或者升高一瓶未开启的葡萄酒的温度并不会改变酒的成分，但如果温度过低的话，一瓶伟大的葡萄酒无法展现它的复杂性，一瓶起泡酒在室温下也会显得平淡无奇。葡萄酒对温度的不同要求取决于它的复杂性：葡萄酒中重要的成分对不同的温度会有不同的反应。

温度影响气味

温度越高，构成葡萄酒香气的挥发性物质就挥发得越快。因此，在一定程度上，侍酒温度取决于葡萄酒的香气。通常情况下，葡萄酒温度越低，香气挥发得越少。

大多数葡萄酒在8℃时就几乎闻不到气味了。因此，要想获得最丰富的嗅觉体验，侍酒温度既不能太低也不能太高。优质红葡萄酒的侍酒温度最高可达18℃，而一款结构复杂的白葡萄酒的侍酒温度则不能超过16℃。侍酒温度没有绝对的标准，并且必须考虑葡萄酒倒出来后的外部温度，而不能只关注第一口酒的感受。如果某个夜晚你想在壁炉旁慢慢饮用成熟的波尔多葡萄酒，最好能使葡萄酒保持较低的温度，因为一旦倒入酒杯，葡萄酒的温度很快就会升至室内温度。此外，干燥炎热的环境会加速香气分子的挥发。

冰桶是侍酒的传统工具，尤其适合白葡萄酒和起泡酒。香槟在饮用时一定要使用冰桶

如果侍酒温度过高，葡萄酒中的酒精会加速挥发，并且产生刺鼻的味道，葡萄酒的缺点也会更加明显。但是归根结底，侍酒温度由葡萄酒的品质所决定：普通葡萄酒的侍酒温度低，酒体复杂的优质葡萄酒侍酒温度高。

温度影响味道

舌乳头对不同温度反应不同，对葡萄酒的甜、酸、单宁、碳酸和酒精的感知也取决于温度的高低。因此，温度太高或者太低会彻底毁掉一款结构平衡的葡萄酒。在不同温度下，葡萄酒的口感会有所不同：较高的温度可以加强甜和酸的口感，而较低的温度则会凸显苦味和单宁的涩味。

对于没有单宁的普通白葡萄酒来说，甜和酸的含量越低，就越需要降低酒的温度。只有在低温时饮用，才能充分品尝到它们的果味，尤其是那些用高产葡萄酿制或者在密封容器中压榨而没有经过生物降酸处理的白葡萄酒。在这些葡萄酒中，碳酸保证新鲜的口感，因此需要冷冻以免显得陈腐。

碳酸不仅形成起泡酒中的气泡，而且决定了阿斯蒂（Asti Spumante）、塞克特（Sekt）、普洛塞克（Prosecco）、香槟这些酒一定要冰镇后再饮用。不过，温度还是取决于葡萄酒的品质：只有劣质起泡酒才需要非常低的温度，优质起泡酒，如年份香槟，与白葡萄酒的侍酒温度一样。

酒体丰满的顶级白葡萄酒在橡木桶中熟成时汲取了一定的单宁，因此侍酒温度和红葡萄酒差不多。温度过低不仅会加重单宁的苦涩，而且像勃艮第白葡萄酒和加州霞多丽这样的葡萄酒也需要较高的温度使复杂的香气充分散发出来，这样才能真正展现它们的魅力。

红葡萄酒的侍酒温度通常取决于单宁的含量。单宁含量越高，侍酒温度就越高。例如，陈年红葡萄酒的侍酒温度为18℃，而单宁含量较低的顶级红葡萄酒则需要稍低的侍酒温度来突出它的果香。

只有那些几乎不含单宁的红葡萄酒才需要降至较低的温度。在这种情况下，桃红葡萄酒是个更好的选择。

调整葡萄酒的温度

优质葡萄酒在酿造过程中采用柔和的压榨方式，对温度的急剧变化非常敏感，如果猛然放入极高或极低的温度中会失去平衡。因此，调整侍酒温度的正确方法是在一段时间内慢慢升温或降温。

对于一瓶伟大的红葡萄酒而言，应该先把它放在一个温度较低的房间内，在饮用前拿到客厅即可。客厅的室温应该在20℃左右，这样可以使酒杯中的葡萄酒温度迅速提高一两摄氏度，达到最佳的饮用温度。

白葡萄酒可以事先放进冰箱降温，但在饮用前要提前一段时间（时间的长短依葡萄酒品质而定）取出来，这样不会太过冰凉。如果想快速降温，可以把葡萄酒放在冰水中15～30分钟（放在冰箱里需要很长的时间）。如果是储存在14℃左右的酒窖中，复杂的白葡萄酒可以直接拿出来饮用，倒入酒杯中十分钟后香气就会完美释放。

红葡萄酒开启后可以倒入用温水冲洗的滗酒器中。如果倒入室温下的酒杯会使温度上升得更加均衡、柔和。把葡萄酒放在散热器或者其他热源旁边迅速加热并不可取，因为这样只有靠近热源的葡萄酒会升高温度，最终影响葡萄酒的整体平衡。

冰套实用而且节省空间，平时放在冰箱里，用的时候取出来即可

有机玻璃冰酒器可以使葡萄酒长时间保持最佳饮用温度。它的另一个优点是可以清楚地看到酒标

陶制冰酒器使用前放入冰水中，直到冰水浸入多孔的陶器。冷凝导致的温度下降可以冷却葡萄酒。这种冰酒器也适用于红葡萄酒

侍酒温度

葡萄酒	描述	温度
起泡酒		
干型，有果香	冰冷	4～6℃
香槟		
无年份量产	冰凉	6～9℃
年份酒	窖藏温度	12～14℃
白葡萄酒		
酒体轻盈，酸度高	冰凉	6～9℃
香气浓郁	凉	8～10℃
酒体丰满，有木头香	凉爽	14～16℃
桃红葡萄酒	冰凉	6～9℃
红葡萄酒		
酒体轻盈，果香浓郁	窖藏温度	12～14℃
酒体中等	适中温度	16℃
酒体丰满，单宁丰富，成熟	室内温度	18℃
甜葡萄酒	适中温度	12～16℃

滗酒

使用漏斗可以更容易地把葡萄酒倒入滗酒器。漏斗中的滤网可以过滤沉淀物

右页大图：
白葡萄酒也可以通过滗酒的方式改善品质，因为白葡萄酒，尤其是高贵的陈年甜葡萄酒需要与氧气充分接触

把葡萄酒从酒瓶倒入另一个玻璃容器并不只是展示葡萄酒的侍酒礼仪。事实上，滗酒有两个重要目的：一、陈年酒，主要是红葡萄酒，需要去除瓶中的沉淀物；二、浅龄酒需要和空气中的氧气发生接触，促进单宁的软化。

虽然滗酒（严格意义上讲，滗酒就是过滤葡萄酒中的沉淀物）是爱酒人士的一个传统习惯，但是把没有产生沉淀的葡萄酒暴露在空气中却备受争议。支持这种做法的人认为葡萄酒可以在滗酒器中苏醒，反对者认为过多地暴露在空气中会破坏葡萄酒的新鲜和果味。

葡萄酒倒入滗酒器后发生的化学反应还在研究中，因此，我们只能大概地解释为什么一些葡萄酒在刚打开的时候没有任何气味，但在滗酒器中放置几分钟后就香气四溢；为什么一些葡萄酒倒入滗酒器后释放香气，但很快香气又消失殆尽；为什么一些葡萄酒倒入滗酒器后反而会散发令人不悦的气味；为什么一些葡萄酒倒入滗酒器不会发生任何变化；为什么一些葡萄酒倒入滗酒器中后几分钟内就变质。

因此，判断是否滗酒这一每次开瓶都会遇到的问题需要根据葡萄酒的稳定性（要了解酿酒技术）、过去的经验以及饮酒习惯和个人喜好而定。

滗酒

从酒窖中平稳地取出葡萄酒。用光源从瓶底照亮酒瓶，这样可以看清沉淀物何时开始向瓶颈移动。根据个人喜好，可以选择蜡烛、手电筒或者其他照明工具作为光源。

滗酒器的清洗

滗酒器应该先用热水冲洗，然后擦干瓶身，最后倒立放置，沥干内部残留的水分——可以购买专门的滗酒器托架。红葡萄酒中的色素会在滗酒器的瓶壁上逐渐形成色垢，可以用活性氧清洗。活性氧存在于片剂中，例如清洗假牙的清洁片。

葡萄酒在酒窖中存放几个月或者几年后，会逐渐吸收瓶内的氧气。因此，葡萄酒一经打开就会与氧气发生反应。同时，酸和醇会结合生成酯，影响葡萄酒的香气和味道。一般而言，葡萄酒中具有稳定功能的单宁含量越低，这些变化就发生得越快。例如，陈年红葡萄酒中大部分单宁经过聚合反应后沉淀到瓶底，只能在侍酒前注入滗酒器，而不是提前几个小时。理想的滗酒办法是选用一个比酒瓶稍大一点的滗酒器，在瓶颈下方放置一个明亮的光源，然后缓慢地把葡萄酒倒入滗酒器中。当在瓶颈处看到沉淀物时，马上停止倒酒，然后开始侍酒。

浅龄酒的滗酒

年轻红葡萄酒中如果含有大量的单宁，应该尽可能多地与空气接触，并且滗酒时葡萄酒不能超过滗酒器的二分之一。半小时后，葡萄酒的气味和味道通常会发生变化：未经过滤的葡萄酒中难闻的气味会消散，香气会变得更复杂，口感中会多几分柔软，少几分苦涩。

完全成熟的红葡萄酒非常脆弱，应该直接从酒瓶倒入酒杯中。如果使用滗酒器，会使这种酒带有金属和尖酸的味道。

过去很少会对白葡萄酒进行滗酒，但现在由于葡萄酒酿造方法的改革，对白葡萄滗酒也很普遍。尤其是在木桶中发酵和熟成的霞多丽，侍酒前应该倒入滗酒器醒酒一个小时或者更长时间，这样可以消散原本存在的令人不悦的酵母味，释放被木头味掩盖的果香和植物香。

滗酒器的历史和形状

滗酒器的使用可追溯至18世纪，但当时只是从审美的角度设计滗酒器的外观，而且常常会用其他饰品加以装饰。滗酒器必须用水晶玻璃制作，这样可以更好地展示葡萄酒，方便对其进行评价。现代滗酒器的设计注重功能，因此常常采用简单的形状。理想的滗酒器应该瓶底宽大，瓶颈纤细，容量是需要滗酒的葡萄酒的两倍，这样可以使葡萄酒与空气更好地接触，还可以聚集葡萄酒表面的香气。

从上至下：
这个银质瓶盖的鸭形滗酒器内装有中龄红葡萄酒

这个现代滗酒器用于盛放年轻葡萄酒，宽阔的瓶身可以增大葡萄酒与空气的接触面积，促进香气的生成

这个经典的刻花滗酒器瓶身矮胖，瓶颈修长，主要用于盛放单宁含量丰富，需要醒酒的陈年红葡萄酒

葡萄酒杯的选择

起泡酒和香槟

在为起泡酒和香槟挑选合适的酒杯时，应该把它们当作葡萄酒而非碳酸饮料。起泡酒在瓶中形成的淡雅香气只有在酒面上方聚集后才能闻到。因此，起泡酒应该选用杯身细长、杯口收窄的郁金香型酒杯。

酒体轻盈、口感酸爽的白葡萄酒

这类葡萄酒的香气主要是果香，因此杯肚不用太宽。杯身也不能太长，因为葡萄酒中没有足够的酒精帮助香气挥发。为了减少酸味，最好选用杯口略微向外翻的酒杯，这样能使酒液流向舌尖的甜味区。

酒体丰满、在木桶中陈年的白葡萄酒

在木桶中陈年的白葡萄酒适合杯肚较宽的酒杯，因为这类葡萄酒需要与空气充分接触才能展现复杂的香气。杯身稍长，否则含量较高的酒精容易产生刺鼻的气味。此外，香气在离酒面稍远的地方混合后会更平衡。

口感醇厚、香气浓郁的白葡萄酒

这类葡萄酒需要选用比酸爽的白葡萄酒杯肚更宽、杯口更大的酒杯。但是杯身不能太长，以免复杂脆弱的香气在饮用前还没有散发出来。宽大的杯口能够引导酒液流向舌头的两侧，突出酸味。这种形状的酒杯可以充分展现这类葡萄酒的层次感。

葡萄酒杯的清洗

大部分现代的葡萄酒杯都可以用洗碗机清洗。不过我们也可以用热水加少量的清洁剂来洗涤，然后用清水冲洗，最后用无绒布擦干擦亮。玻璃杯的表面看似光滑，但是从分子层面而言，还是有一定的粗糙度，不仅葡萄酒的香气，还有清洁剂、抹布和碗柜的气味都会残留在上面。因此，葡萄酒杯决不能用带香味的清洁剂或用织物柔软剂浸泡过的毛巾清洁。酒杯上附着的油脂和口红可以用没有气味的肥皂去除。

酒体轻盈、果香浓郁的年轻红葡萄酒

这类葡萄酒的酒杯与香气浓郁的白葡萄酒使用的酒杯类似，但是容量略小，以便聚集果香。这种酒杯的杯身也不宜太长。口感平滑的红葡萄酒稍微冰镇后用这种酒杯饮用，口味极佳。

带有香料味、顺滑雅致的红葡萄酒

层次丰富、果香优雅的葡萄酒，如黑比诺，需要大的酒面充分释放它的风味。气球形的酒杯可以完美展现这类酒的香料味。略微向外翻的杯口可以削弱酸味，突出果味。

浓郁、顺滑的红葡萄酒

如天鹅绒般顺滑的深色红葡萄酒需要足够的酒面才能展现平衡的结构和浓郁的香气。因此，理想的酒杯应该具有郁金香的形状，杯肚的宽度是酒杯高度的三分之一。酒杯的大小可以根据葡萄酒的浓郁程度和酒精含量而定。例如，波美侯和圣爱美浓产区出产的梅洛葡萄酒可以选用非常大的酒杯。

单宁和提取物丰富的红葡萄酒

这类颜色很深的红葡萄酒需要与氧气大面积接触才能充分散发醇香。因此，选用杯肚宽的酒杯可以展现它们的复杂性。同时，杯身要长（看起来像被拉长过一样），这样酒精味不会太刺鼻。

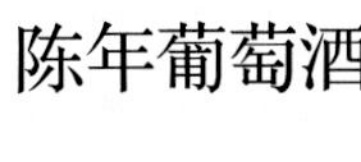

陈年葡萄酒

陈年葡萄酒比较脆弱，需要选用可以聚集香气的酒杯。由于液气比是衡量醇香浓度的重要指标，因此理想的酒杯应该杯肚大、杯口小，这样葡萄酒可以有充足的空间展现自己的风味。陈年葡萄酒不能剧烈摇晃，否则会产生难闻的金属味。

甜葡萄酒

甜葡萄酒种类繁多，没有统一的酒杯。苏玳甜葡萄酒，或者质地黏稠、香味浓郁的葡萄酒，应该选用漏斗形的酒杯，大的酒面可以充分释放复杂的香气。但是杯口要窄，这样有利于香气的保留。

侍酒

正确的侍酒可以充分发掘葡萄酒的品质，其中包括选择合适的酒杯

滗酒时手一定要稳，不能使酒瓶发生任何晃动，以免激起瓶底的沉淀物，尤其是沉淀物比较多的时候。例如，一瓶年份波特酒可能含有大量的单宁，特别是在加入白兰地之后。随着葡萄酒的成熟，单宁逐渐形成沉淀，几十年后沉淀物可多达酒瓶容量的六分之一，甚至更多。为了对这种葡萄酒进行滗酒，聪明的人类发明了滗酒装置。这个装置是一个金属托架，侍酒前若干小时可以把葡萄酒放在托架上，以便沉淀物积聚在瓶底。打开葡萄酒后，用摇杆平稳而缓慢地倾斜酒瓶，这样，澄清的葡萄酒可以流入滗酒器中而不会搅动沉淀物。

陈年葡萄酒如果和滗酒器中的空气发生过多的接触会破坏其品质，因此可以用侍酒篮代替滗酒器。侍酒篮能让葡萄酒保持卧放的状态，而不会像竖直放置那样每次倒完酒都会晃动沉淀物。同样，葡萄酒必须提前放入侍酒篮中，然后小心翼翼地打开软木塞，放置几分钟后再开始侍酒。

侍酒篮特别适合陈年的红葡萄酒，因为陈年红酒中存在沉淀物，如果使用滗酒器，葡萄酒会与空气发生接触从而影响品质

起泡酒的开启和侍酒

起泡酒，尤其是香槟，常用于节日场合。然而，这种酒非常复杂，需要在酒瓶中陈酿数年。为确保倒酒时完整地释放起泡酒的香气，开瓶时必须非常小心，因为没有什么比软木塞飞出酒瓶更能破坏起泡酒的雅致和平衡。下图中，巴黎丽兹酒店的侍酒师展示香槟开启和侍酒的最佳方式。

香槟最好在冰桶中冰至8～10℃

沿着瓶颈割开锡箔

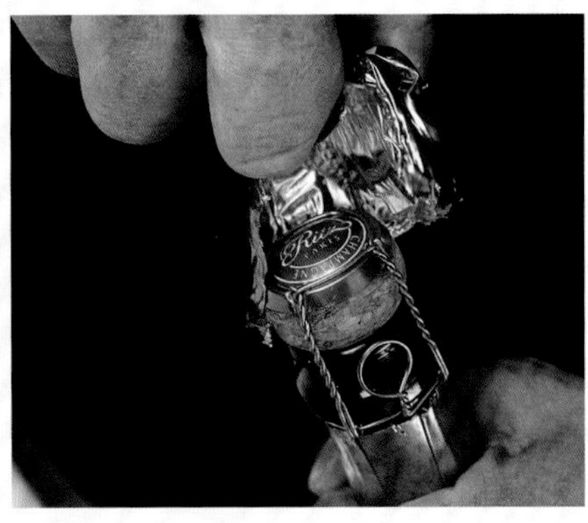

剥去锡箔，卸下铁丝套

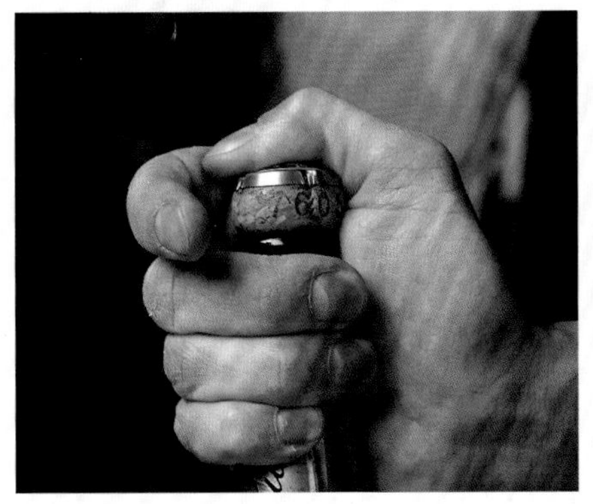

手握瓶颈，大拇指按住酒塞

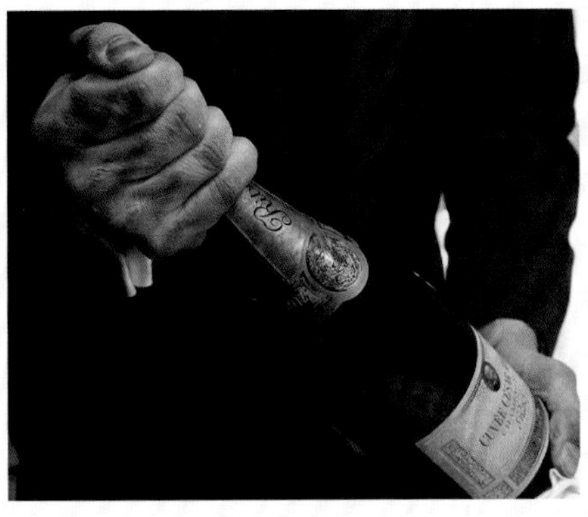

一只手握紧酒塞，另一只手握住瓶底并慢慢转动瓶身

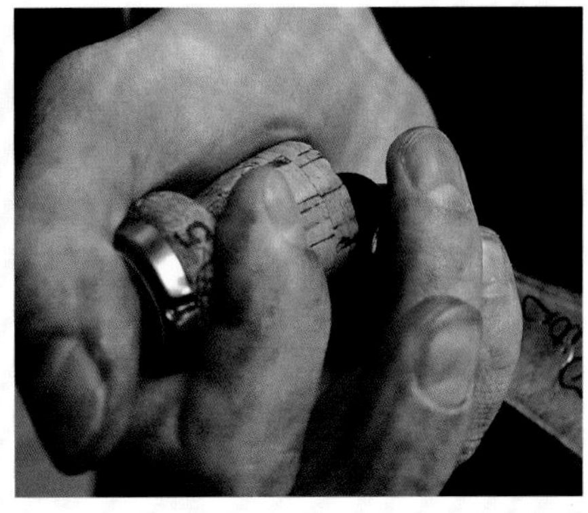

热爱香槟的人不会在拔出酒塞时让它发出“砰”的声响，因为那样会流失大量的二氧化碳和香气

四指张开托住瓶身，拇指放在瓶底的凹洞中

将香槟慢慢倒入酒杯，这样不会产生太多泡沫

一个郁金香形的透明水晶杯可以增强香槟的醇香和气泡

开瓶器

早在17世纪初期，人们就开始普遍使用软木塞封存葡萄酒，但是却对开瓶的方式一筹莫展。最原始的开瓶器是一些特殊的钳子，可以夹住露在瓶口外面的软木塞。软木塞问世一个世纪后才出现了螺旋开瓶器。这种开瓶器的设计灵感源于英国人的螺旋拔弹器，即用来清除卡在步枪枪管内的子弹的螺旋状工具。因此，开瓶器通常被认为是英国人的发明，而且至今最好的开瓶器都出自英国。

最简单的开瓶器由一个金属螺旋钻、一根轴和一个把手构成，其中最重要的部分是螺旋钻。螺旋钻必须可以轻易地旋入软木塞中，并且在拔出软木塞时不会造成软木塞的断裂。因此，最“安全”的开瓶器应该有一根6厘米长的螺旋钻，这样即使是在长期储存过程中吸收了瓶内大量氧气的软木塞也可以轻而易举地被拔出来。如果开瓶器的螺旋钻是实心的，可能会损坏软木塞，或者只能拔出软木塞的中间部分。因此，这种开瓶器通常适合开启短而硬的软木塞。软木塞发生断裂的情况可以用两片式开瓶器来解决。这种开瓶器又称“领班之友”（Butler’s Friend），它的金属片可以插入软木塞与瓶口的缝隙中，使用起来像是一对钳子，但操作过程中一定要小心谨慎。

葡萄酒的开瓶也激发了一些有创造力的人发明新的工具，其中有两种开瓶器获得了成功。一种是“侍者之友”（Waiter’s Friend），即酒刀，酒刀上有一根折叠杠杆，可以卡在瓶口，然后借助杠杆原理把软木塞拉出来；另一种开瓶器可以套在瓶颈上，先旋转上面的把手把螺旋钻旋入软木塞中，再反向旋转开瓶器中间的圆形套筒，将螺旋钻和软木塞一起拔出。

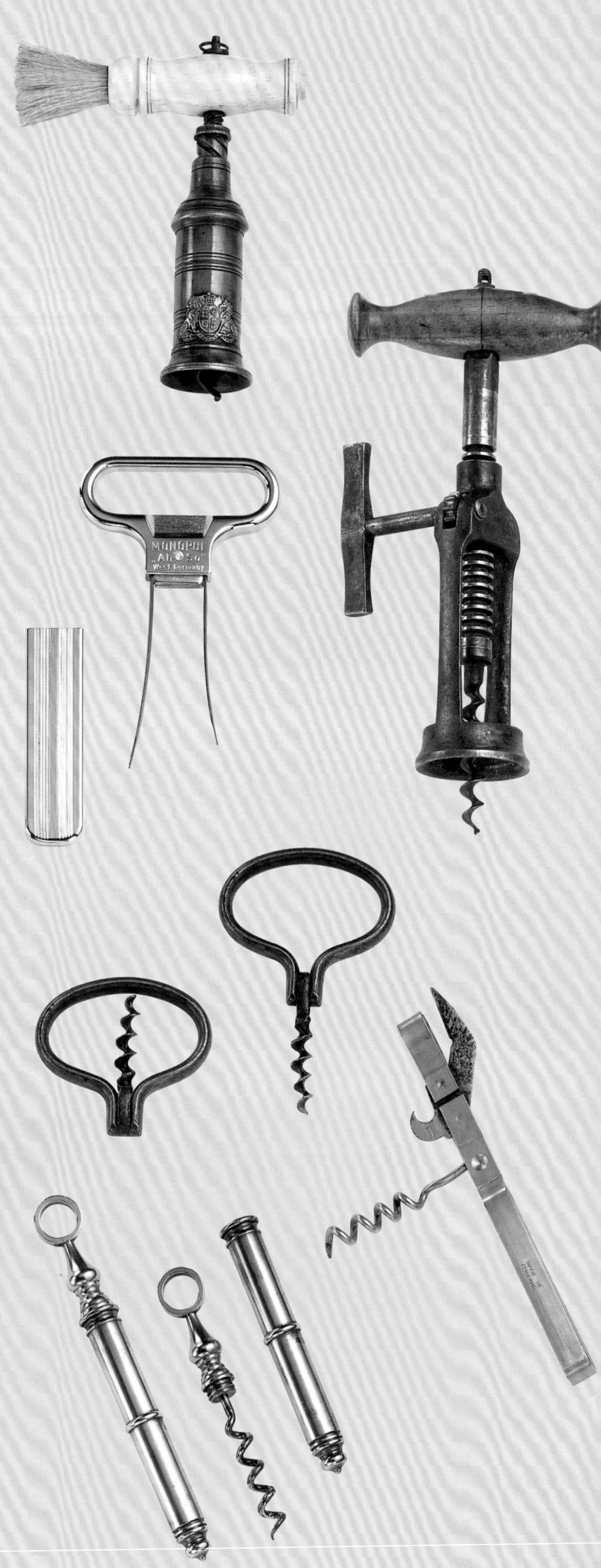

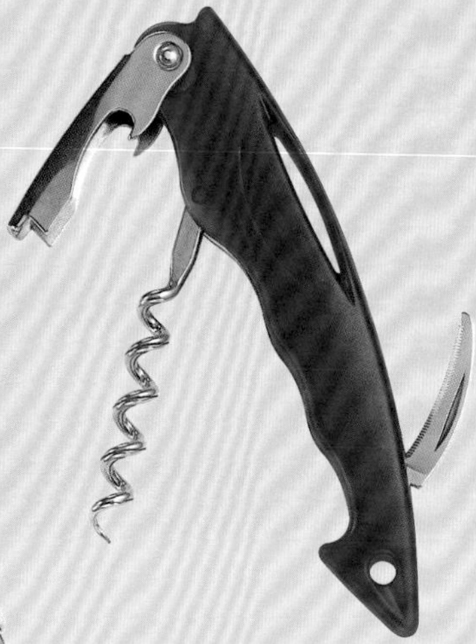

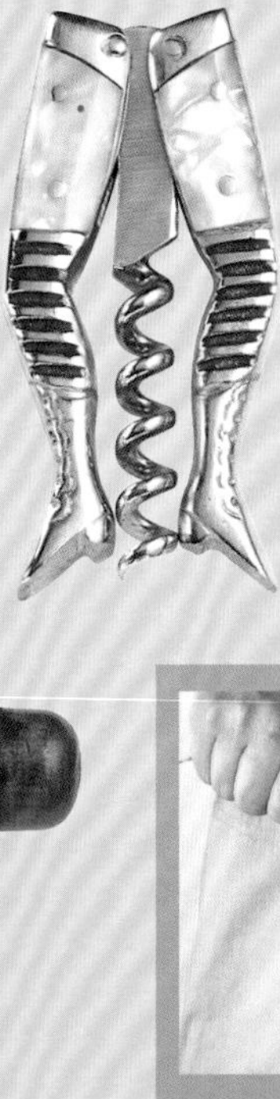

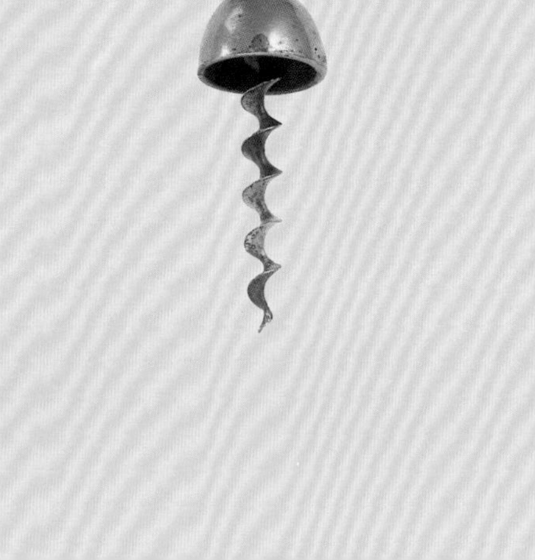

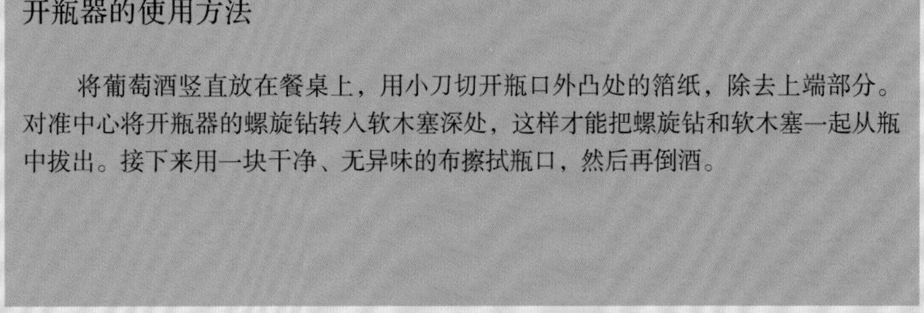

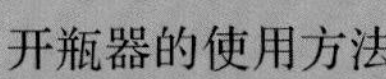

开瓶器的使用方法

将葡萄酒竖直放在餐桌上，用小刀切开瓶口外凸处的箔纸，除去上端部分。对准中心将开瓶器的螺旋钻转入软木塞深处，这样才能把螺旋钻和软木塞一起从瓶中拔出。接下来用一块干净、无异味的布擦拭瓶口，然后再倒酒。

葡萄酒和娱乐

根据传统观点，葡萄酒和食物的搭配有一套严格的原则：白葡萄酒配鱼肉，红葡萄酒配红肉；先喝干葡萄酒，再喝甜葡萄酒；先喝浅龄酒，再喝陈年酒；香槟配鱼子酱，喝葡萄酒不吃色拉，等等。虽然在过去50年中，食物的种类、烹饪和上菜方式发生了根本的变化，但食物和饮料仍然遵循着代代相传的搭配原则。

自20世纪中期，葡萄酒酿造学的发展以及技术、机器和化学药剂的改良在葡萄酒行业引发了一场革命。人们开始采用各种手段，如不锈钢酒罐、温控系统、发酵酶、人工酵母和香料等，干预甚至控制酿酒过程，从而通过人工的方式改变酒精度、单宁含量、酸度和气味等影响葡萄酒口感的各个方面。葡萄酒的发展也受到市场潮流的制约，这种情况彻底颠覆了我们对葡萄酒味道的传统认识。例如，在今天的市场上，许多顶级白葡萄酒酒体丰满，带有木头的味道，与传统白葡萄酒酸爽的口感截然不同，有时甚至连颜色也不相同。许多优质红葡萄酒在年轻的时候就拥有圆润柔顺的口感，无须陈年即可饮用。

在今天，唯一适用的搭配原则就是不遵循任何原则。现代葡萄酒纷繁复杂，不仅葡萄的种类成百上千，而且反映土壤、气候和酿酒师特点的葡萄酒品种也数之不尽，因此，教条式的搭配并不可行。

只要葡萄酒和食物的气味不会产生冲突，而是相互弥补、相互凸显，那么就可以根据自己的喜好选择搭配的食物。

葡萄酒与场合的搭配

要准备一个由不同菜肴和葡萄酒组成的菜单需要考虑很多方面。首先是场合。炎热夏季在花园举办轻松派对和与几个葡萄酒爱好者品酒交流应该选用不同的葡萄酒。如果你在错误的时间提供错误的葡萄酒，不仅会暴殄天物，甚至会破坏活动本身。因此，在下午的烧烤活动上没有用顶级的波尔多款待客人并不代表你的吝啬，因为这种葡萄酒强烈的苦涩感与味道浓重的香肠完全不协调，而且波尔多酒的浓郁香气会在高温下快速挥发。果味浓郁、口感酸爽的红葡萄酒更适合这种场合。

客人的意见也没有太多的参考价值。很少喝葡萄酒的人会觉得一瓶顶级白葡萄酒清淡如水，或者一瓶优质红葡萄酒苦涩浓重。容易上口的葡

左图：清淡的白葡萄酒搭配大虾

右图：红葡萄酒和野味是理想的搭配

葡萄酒反而更受大家的青睐。通常情况下，新手喜欢颜色浅淡的葡萄酒，如白葡萄酒和桃红葡萄酒，而难以接受颜色浓重的红葡萄酒。

在花园派对上，品酒专家会发现口感甘醇、果香馥郁的加州仙粉黛（Californian Zinfandel）葡萄酒比桃红葡萄酒更令人惊喜。勃艮第葡萄酒爱好者不会喜欢强劲的澳大利亚西拉，而来自其他国家的黑比诺葡萄酒更容易吸引他们的兴趣。优质的新世界赤霞珠或者梅洛葡萄酒甚至可以改变波尔多爱好者的喜好。如果你的客人思想开放，也许不会为你提供的一款价格不菲，但品质中庸的地区餐酒所动，在这种情况下，一瓶来自不知名产区的优质葡萄酒虽然花费不多，反而更受欢迎。

珍品佳酿应该留给特殊的场合，这不仅是对美酒品质、产地和酿酒师的尊重，还可以充分展现它们的魅力。这种葡萄酒本身就十分迷人，因此无须考虑它们和食物的搭配问题。如果你的酒窖中藏有这种葡萄酒，一定要和内行的朋友一起分享。只有和志同道合的朋友一起享用才能真正体现它们的价值并留下难忘的瞬间。

葡萄酒不仅要搭配食物，而且要搭配不同的场合。和朋友的轻松聚会适合简单欢乐的葡萄酒，而一场时尚盛宴则需要高档葡萄酒的衬托

饮酒的艺术

接下来我们会讨论饮酒的艺术。饮酒的原则取决于人类的感觉器官，如果得到系统的训练，感觉器官会发挥最佳的功能。品酒时最重要的一条原则是避免感官疲劳。嗅觉和味觉很快会对同一种食物产生迟钝的反应，但如果受到新的刺激，会恢复灵敏。因此，餐桌上的葡萄酒和菜肴必须尽可能带来不同的感官体验。例如，喝完作为开胃酒的干型香槟后不应该喝口感同样偏干的白葡萄酒，巴罗洛葡萄酒和基安蒂葡萄酒也不能同时饮用。

当然，这并不表明可以随意更改饮酒的顺序。嗅觉器官和味觉器官的负担会越来越重，因此，很少会在口感甘醇的甜葡萄酒后面饮用柔和的黑比诺葡萄酒。通常，在整个用餐过程中，葡萄酒的味道应该越来越浓郁而不是越来越清淡。根据这一点，我们可以总结出一些有用的规则：

- 无论是红葡萄酒还是白葡萄酒，先喝清淡、鲜爽的酒，再喝浓郁、强劲的酒。
- 先喝用不锈钢酒罐熟成的带有果味的葡萄酒，再喝用橡木桶熟成的葡萄酒。
- 葡萄酒越甜，越要留在后面喝。如果一定要用苏玳甜葡萄酒搭配头盘的鹅肝酱，记得在下一杯喝清淡的葡萄酒前上一盘可以清理味蕾的菜。
- 先喝在瓶中陈年的顶级葡萄酒，再喝拥有同样

经典的开胃菜：鲜爽的白葡萄酒搭配西班牙餐前小吃，一定会刺激味蕾，增进食欲

品质的年轻葡萄酒，因为后者含有更多的单宁，口感更浓重。

葡萄酒和食物的搭配

葡萄酒和食物搭配时，主要考虑葡萄酒的三个基本特性：

第一，也是最重要的一点，葡萄酒留在舌头上的味道，如甜味、酸味和苦味。

第二，葡萄酒的质地，即葡萄酒在口腔内形成的长时间的感觉，如冷、暖、滑、湿、干、糙等。

第三，葡萄酒在鼻腔内产生的香气。

食物的选择也应该从这三个方面进行分析。

对比的效果

葡萄酒和食物的味道在口腔内存留的时间最长，因此，当它们在舌尖上汇合时，可能会产生强烈的冲突。不过，这并不意味着葡萄酒和食物必须始终保持一致的味道。相反，同样的味道，尤其是苦味，反而会令人不悦。事实上，根据以下这张表，选择截然不同的葡萄酒和食物进行搭配，效果更佳。

葡萄酒	食物	备注
甜	甜	甜度较高
甜	咸	酒精度高会导致苦味
酸	酸	慎用醋
酸	咸	
苦	甜	甜度来自脂肪，而不是糖分

质地

葡萄酒的质地属于物理特性，可以通过口腔感知，并且和四种基本味道（甜、酸、咸、苦）一样，对葡萄酒和食物的搭配非常重要。葡萄酒和食物最好具有相似的质地，尤其是在有几道菜的情况下，从而达到味道的平衡。因此，浓郁的葡萄酒适合搭配口味厚重的食物，而清淡型的葡萄酒只有与清淡的菜肴搭配时才能显露它的芳香。一瓶淡雅的葡萄酒或许可以解除烤肉的油腻，但只能算是一瓶清爽的饮料而已。

同样，具有奶油质感的葡萄酒也需要搭配相同质感的食物，这样才不会显得稀薄、平淡，或者酸苦。但是，由于含有太多年轻的单宁而口感粗糙的葡萄酒绝不能搭配质地粗糙的食物，这是唯一一种和食物搭配时不能有相似质地的葡萄酒。含有干涩单宁的葡萄酒可以和肉汁甜美的烤肉搭配在一起。

香气

葡萄酒和食物搭配时，对香气没有严格的要求。如果味道和质地相辅相成，则可以随心所欲地选择喜欢的气味。香气是葡萄酒和食物中最多样，也是最易挥发的成分，可以通过鼻腔感知。与味道和质地不同，香气不会互相干扰，最差的情况，也只是一种香气掩盖另一种香气。如果葡萄酒和食物散发相同的气味，总会产生完美的结合。不过需要注意的是，葡萄酒中的香料味和果味与食物中的香料味和果味可能截然不同。越是能准确地描述出想要选择的香气，搭配的结果越令人满意。

相反的气味常常会产生意想不到的感官体验，尤其当食物中存在葡萄酒中没有的气味时，如鱼味和奶酪味。在这种情况下，食物的烹饪方式，特别是调味，起到了至关重要的作用。不过，无论你是用香草的气味（如桑塞尔葡萄酒中的气味）还是烟熏的气味［如普伊·富美（Pouilly-Fumé）葡萄酒中的气味］搭配鱼类菜肴，最终都取决于你自己。

起泡酒和香槟

起泡酒的种类几乎和静态酒一样多：口感干或甜，酒体丰满或轻盈，采用传统方法或二氧化碳注入法酿造。但是所有起泡酒都有一个共同点，那就是含有一定量的二氧化碳，正是这些二氧化碳形成了酒杯中的气泡和舌尖的刺痛感。大多数优质起泡酒（除了甜型起泡酒）都是开胃酒的最佳选择，因为酒中的碳酸会带来清爽的口感，刺激我们的味蕾。

世界上最著名的起泡酒是香槟，不过香槟的风格也千差万别。香槟在搭配食物时需要考虑两个因素：甜度和酸度。虽然大多数香槟都标识为干型，但每品脱中仍有15克的残糖。如果搭配不当，即使是上等的香槟也会显得黏稠松软。例如，和鱼子酱搭配应该选择超干型香槟。香槟也总能和开胃菜完美地搭配在一起，因为开胃菜可以缓和酸度和甜度的相互影响，但又不会掩盖香槟清爽和优雅的口感。

相比静态酒，起泡酒不仅能满足感官感受，还可以带来心理享受，尤其是香槟，因为这些葡萄酒为所有的聚会带来欢庆的气氛。在西方国家，香槟已成为庆典活动中不可或缺的饮料。不过，在选择香槟和其他起泡酒时需要考虑场合和宾客因素，否则，客人会不知所措，而主人也会被认为趋炎附势。

香槟主要用作开胃酒，而且也非常适合扮演这个角色，因为香槟的确可以增进人们的食欲。如果没有开胃菜，可以选择一款酸甜平衡的成熟起泡酒，这样能够避免强酸对空胃造成刺激。起泡酒搭配一些精选的小吃口味更佳，如青橄榄（不要太咸）、烤面包、充满异国情调的烤鱼串和烤肉串。需要注意的是，起泡酒与开胃菜和其他菜肴必须合理搭配，并且符合客人的身份。

起泡酒与美食

干型起泡酒是佐餐良伴。和清淡芳香的白葡萄酒一样，干型起泡酒因其偏酸的口感（在碳酸的作用下更强烈）而成为搭配鱼类菜肴的理想选择。尤其是生食海鲜，无论是生蚝还是日本生鱼片，都和超干型起泡酒是完美的搭配。一口阿斯蒂起泡酒可以彻底去除熏鱼的油腻味。一杯起泡酒甚至能与微辣的亚洲菜肴和谐搭配。通常，味道浓重的食物搭配酸度高的起泡酒（这种酒的甜味来自葡萄本身），而不能选择含糖量高的葡萄酒。

人们常常会在享用甜点时随意搭配一款起泡酒，其实这种做法并不正确，因为甜食会掩盖大多数起泡酒偏干的口感。如果有需要，可以选择半干型起泡酒搭配清淡、有果味，但又不太甜腻的点心。意大利阿斯蒂莫斯卡托甜葡萄酒是个不错的选择，这种葡萄酒酒精度低，气泡柔和，又融入了葡萄的果香、甜味和各种芳香，不仅可以和清淡的水果派完美搭配，还可以代替苏玳白葡萄酒搭配鹅肝酱。一瓶上等的莫斯卡托可以清理你的味蕾，让它做好准备迎接更多的美味，而即使是顶级的静态酒，也只会迅速麻痹我们的味蕾。

*具有代表性的葡萄品种：*霞多丽、黑比诺、莫尼耶比诺、白诗南、莫扎克、沙雷洛、帕雷拉达、马卡贝奥、雷司令、麝香

*具有代表性的葡萄酒：*香槟、克雷芒（Crémant）、卡瓦（Cava）、弗兰奇亚考达（Franciacorta）、塞克特、阿斯蒂

起泡酒是理想的开胃酒，可以搭配各式各样的小吃，如烤面包和橄榄等

左页大图：香槟象征庆祝和快乐。用优质葡萄酿造的陈年香槟可以贯穿全餐

左页小图：冰块上摆放着诱人的生蚝和柠檬，配以一款酸爽、年轻的超干型香槟

酒体轻盈、口感酸爽的白葡萄酒

这类葡萄酒酸度高，口感鲜爽，果香清新，嗅觉和味觉体验都比较轻柔。葡萄酒的酒精度通常低于12% vol，即使酒精度高也可以增进食欲。它们大多在不锈钢酒罐中陈年，拥有钢铁风味。根据不同的品质，这类葡萄酒可以展现出果香或者葡萄园特有的矿物气息。

在为这种葡萄酒搭配食物时，首先需要考虑的是酸度，因为它们的酸度不应该再增强。苹果酸-乳酸发酵基本上不会降低它们的酸度，而较高的苹果酸浓度有时会显得过于强烈。侍酒师通常会建议用这种葡萄酒搭配鱼类食物，因为它们的酸度可以减少鱼肉的油腻感。不过，这类葡萄酒中年轻的干型酒与鱼类菜肴搭配反而会黯然失色。

这种葡萄酒较高的酸度不会对味蕾造成过重的负担。除了鱼类菜肴，它们还可以搭配各式各样的开胃菜。白肉、禽肉以及不太甜的浓汤和沙拉也是不错的选择。

由于口感清爽，这类酸度高的葡萄酒还可以搭配某些味道浓重的地方特产，如阿尔萨斯的酸菜炖香肠和奥地利的水煮牛肉。

为了达到最佳效果，葡萄酒和菜肴的香气必须保持一致。这类葡萄酒虽然具有相似的基本特点，如酸度高、酒体柔顺，但它们的香气却千差万别。根据不同的葡萄品种，葡萄酒可能具有干草、鲜草、青椒、苹果、柑橘、桃、杏、温柏、醋栗和鲜花等气味。雷司令葡萄酒常带有清淡的花香，长相思葡萄酒具有青草气息，绿维特利纳（Grüner Veltliner）葡萄酒具有青椒味，阿尔巴利诺（Albariño）葡萄酒则具有矿物香。

葡萄酒中的这些微妙气味最好能与食物的香气和谐平衡。长相思适合与薄荷、罗勒、龙蒿、芫荽等草料味搭配；雷司令适合与果味菜肴搭配，如烤苹果。这种葡萄酒经过冰镇后口感更加鲜爽，酒精度适中，适合在户外派对和野餐时搭配烤鱼、烤羊肉、烤蔬菜和沙拉。

左页图：酒体轻盈、口感鲜爽的白葡萄酒通常与鱼类和海鲜搭配

*具有代表性的葡萄品种：*阿尔巴利诺、美陇、白诗南、长相思、雷司令、西万尼、绿维特利纳

*具有代表性的葡萄酒：*葡萄牙青酒、下海湾葡萄酒、密斯卡岱、安茹、桑塞尔、两海之间葡萄酒、马尔堡长相思、阿尔萨斯、摩泽尔

芦笋需要搭配一款香气接近的葡萄酒，如干型雷司令或桑塞尔

酒体丰满、在木桶中陈年的白葡萄酒

在橡木桶中陈年的白葡萄酒，无论从酒精含量（通常高达13%～14% vol）还是从浓郁程度，总会令人想起伟大的红葡萄酒。虽然白葡萄酒中的单宁主要来自橡木桶而非葡萄本身，但这也是白葡萄酒和红葡萄酒的关联之一。

苹果酸-乳酸发酵和酒精本身的甜味会削弱这类葡萄酒强烈的酸度。即使在年轻的时候，它们也会显示出丰满的酒体和较强的陈年潜力。这些葡萄酒的香气中带有番木瓜、番石榴和杧果等异域水果味。用霞多丽酿造的白葡萄酒具有明显的凤梨味。

挑剔的葡萄酒

虽然这类葡萄酒很受欢迎，但是“白葡萄酒的味道”和“红葡萄酒的质地”却令侍酒师很头疼，因为搭配不当会破坏葡萄酒的口感。

为这类葡萄酒选择合适的食物时，首先要考虑葡萄酒酒体丰满的特性。酒精会在口腔内得到感知，令葡萄酒口感黏稠而温暖。因此，和传统习惯不同，这类葡萄酒不适合搭配鱼类菜肴。较高的酒精度会使鱼肉吃起来油腻粗糙，而常常淋有酸味酱汁的清蒸鱼也会使白葡萄酒喝起来平淡甜腻。此外，来自橡木桶的单宁和鱼油结合会产生令人不快的味道。只有本身略甜的贝类才能中和经过橡木桶熟成后葡萄酒带有的厚重味道。

由于酒精度高，这类葡萄酒也不宜搭配咸味食物，因为盐和酒精结合会产生苦味。特别需要注意的是葡萄酒和乳酪，尤其是和蓝纹乳酪的搭配。这类葡萄酒也不适合搭配辛辣的食物，因为辣味会增强酒精的强度，反之亦然。

尽管有如此多的限制，默尔索（Meursault）葡萄酒和类似的葡萄酒却可以搭配很多种食物。

和奶酪的搭配

含有适量奶酪的食物往往是这类葡萄酒的完美搭档，因为它们不会受到葡萄酒入口黏稠和甘甜的影响，而可以保留自己的风味。此外，食物中的脂肪可以淡化葡萄酒中单宁的涩味，同时单宁也会降低食物的油腻感。可见，如果味道、质地和香气和谐平衡，葡萄酒和食物可以创造出时尚的搭配。无论这类葡萄酒拥有的是经过橡木桶陈年的加州霞多丽的强烈凤梨味、澳大利亚或新西兰长相思的异域果香，还是德国、意大利或奥地利灰比诺的浓郁香气，只要与食物的香气匹配，两者就可以完美融合。这种葡萄酒搭配食物时有一个小窍门，那就是准备一些烤坚果，因为坚果可以将葡萄酒的余味带入食物中。茴蒿、蜂蜜和香草也具备同样的作用，含有这些气味的酱汁搭配白肉，可以唤起葡萄酒中的坚果、奶油和烧烤味。

在橡木桶中发酵的顶级霞多丽与配有奶油酱汁和核桃的禽肉搭配，可以完美展现自己的风格

*具有代表性的葡萄品种：*霞多丽、长相思、赛美蓉、白比诺、灰比诺、白歌海娜

*具有代表性的葡萄酒：*科尔登-查理曼、默尔索、普里尼-蒙哈榭（Puligny-Montrachet）、格拉夫（Graves）、利穆（Limoux）以及许多新世界葡萄酒

口感醇厚、香气浓郁的白葡萄酒

充满异国风味的食物常常会使用很多原料和香料。酒体丰满、香气浓郁的白葡萄酒是理想的搭配选择

这类葡萄酒香水般的气味浓郁而独特，包含杏、梨、荔枝、杧果、茉莉、金银花、玫瑰、蜂蜜、肉桂、丁香和肉豆蔻等气味，为我们带来丰富的嗅觉和味觉体验。琼瑶浆等白葡萄酒中的这些香气主要来自葡萄果肉细胞中特殊的蛋白质。这类葡萄酒酒精度高，酸度低，使得它们更加与众不同。

理想的搭配

这类葡萄酒香气浓烈，因此不能和清淡的食物搭配。例如，牡蛎、白肉鱼、羔羊肉或者小牛肉与这类葡萄酒搭配时，会淡而无味。

这类葡萄酒入口最先感知到的味道是甜味，一部分来自少量未发酵的糖分，但主要还是由于

丰富的果味和较高的酒精度。较低的酸度还会增强黏稠的口感。

通常，这类葡萄酒应该搭配味道浓重的食物。带有甜味或者脂肪含量高的食物都是不错的选择。微辣、微咸和带有烟熏味的食物也可以与之搭配。过酸的食物会使琼瑶浆、麝香和维欧尼等酒体丰满的葡萄酒口感粗糙，因此不适合搭配这类食物。

如果葡萄酒和食物的质地相似，我们则可以根据香气，特别是果香进行搭配，这是件非常有意思的事情。

异域果香，如杧果、木瓜和番石榴的香气适合搭配琼瑶浆葡萄酒，可以存在于酱汁、色拉或者炖肉中。干果香，如杏干和葡萄干的香味，适合搭配维欧尼葡萄酒。橘皮和柑橘的味道适合搭配所有香气浓郁的葡萄酒。

味道浓重的奶酪不适合搭配红葡萄酒，但与香气浓郁的白葡萄酒是完美搭配

这类葡萄酒陈酿几年后会散发异国香气，可以有更多有趣的搭配。如果葡萄酒酸甜适中，可以搭配咖喱和酸辣酱。含有椰奶和少量辣椒的泰国菜也非常适合这种葡萄酒。例如，维欧尼和加了橙油的烤虾是完美搭配。此外，将香气浓郁的葡萄酒与融合不同民族特色的食物（如德州式墨西哥菜）进行大胆搭配为那些寻求不同味觉体验的品酒家们开辟了新的领域。

由于具有奶油质感和浓郁香气，这类葡萄酒也是奶酪的理想搭档。琼瑶浆之类的葡萄酒最适合搭配醇厚黏稠、咸度高或者辛辣的奶酪，而和大众的观点有所不同，大多数红葡萄酒并不适合，因为会使葡萄酒平淡无味。搭配此类葡萄酒唯一需要注意的是质地：葡萄酒越浓郁，奶酪就要越柔滑。

*具有代表性的葡萄品种：*琼瑶浆、麝香、维欧尼

*具有代表性的葡萄酒：*世界各地的琼瑶浆、阿尔萨斯麝香（Muscat d'Alsace）、孔德里约（Condrieu）

酒体轻盈、果香浓郁的年轻红葡萄酒

这类红葡萄酒浸皮时间短，色素、单宁和提取物含量低。它们果香浓郁，味道酸爽，酒精度低，可以增强食欲、刺激味蕾和解渴。基本上所有白色果肉的红葡萄品种都可以用二氧化碳浸泡发酵法或者在低温环境下缩短浸皮时间的方法来酿造这种葡萄酒。不过在实际生产中，葡萄酒生产商更青睐果味浓郁的葡萄品种。

期酒属于这一类葡萄酒。由于需求量大，在世界上所有葡萄酒生产国，期酒每年都以惊人的速度进入市场。无论是博若莱新酒还是西班牙新酒，都非常适合搭配当地小吃。

这类葡萄酒的味道与香气非常直接，适合搭配简单的菜肴，如许多知名的地中海美食，但不适合搭配丰盛的大餐。饮用这类葡萄酒时也需要注意场合，它们适合轻松休闲的午餐，如果在品酒会上饮用则会显得过于平淡。

通常情况下，葡萄酒不能搭配洋蓟和番茄，不过年轻的红葡萄酒除外

易于搭配

冰凉的侍酒温度会加强这类葡萄酒酸爽的口感（由于单宁含量少而更加突出）、轻盈的酒体和丰富的果香，因此味蕾需要较强的口味进行平衡。这类葡萄酒最适合搭配比较肥腻的食物，如炖肉、香肠，或是加了黄油或奶油的菜肴。这类葡萄酒既可以搭配原产地的特色美食，也可以搭配常见的大众食物，如比萨和意大利肉酱面，这些食物中番茄的甜味和酸味可以很好地平衡口感。

和人们的传统观点不同，事实上这类葡萄酒也可以搭配海鲜，尤其是油炸和炭烤的海鲜，烧烤的香气会使海鲜的味道更加丰满。稍加冰镇的博若莱和莱姆贝格是搭配海鲜的理想选择，因为它们较高的酸度会使海鲜尝起来格外鲜美。需要注意的是，搭配海鲜时要选择酒精和单宁含量都比较低的葡萄酒，因为酒精和单宁与鱼油结合会产生令人不快的鲸脂味或金属味。

右页图：口感清爽、果香丰富的红葡萄酒可以很好地搭配带有烟熏味的炭烤大虾

葡萄酒通常不能搭配洋蓟，但这类酸爽的红葡萄酒是个例外。洋蓟含有一种化学成分，可以改变味蕾的感觉，使所有东西吃起来都带有甜味，包括水。只有这种带有一定酸度的葡萄酒才能保持自己的风味。

桃红葡萄酒

桃红葡萄酒发酵时浸皮时间短，因此颜色较浅。这类葡萄酒与上文讨论的红葡萄酒的搭配原则相似，但具体情况要根据酒的酸度决定。有些桃红葡萄酒是用天然酸度较低的葡萄酿制而成，如歌海娜，即使采用干红的酿造方式也会带有甜味，因此不能像年轻红葡萄酒那样搭配食物。不过，口感鲜爽、果味浓郁的桃红葡萄酒，如德国白秋（Weißherbst）葡萄酒、奥地利西舍尔（Schilcher）葡萄酒以及西班牙和葡萄牙出产的桃红葡萄酒通常可以代替年轻的红葡萄酒，对于那些在红葡萄酒和白葡萄酒之间难以抉择的人来说是理想的选择。

*具有代表性的葡萄品种：*佳美、多赛托、科维纳、莱姆贝格、托林格

*具有代表性的葡萄酒：*博若莱、多赛托、巴多利诺（Bardolino）、瓦尔波利塞拉（Valpolicella）和期酒

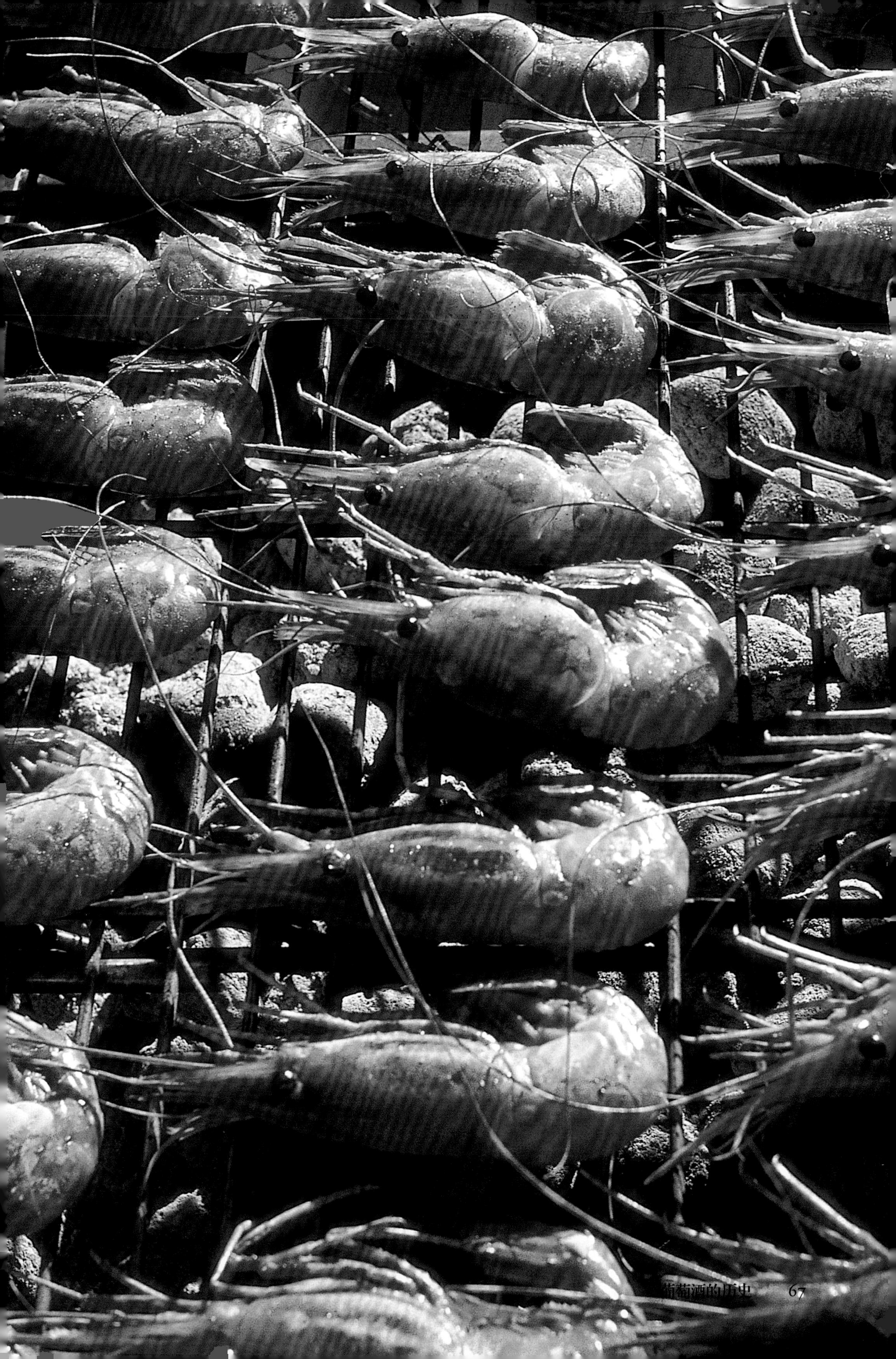

带有香料味、顺滑雅致的红葡萄酒

用果皮较薄的葡萄酿造的红葡萄酒颜色较浅，单宁含量也比用厚皮葡萄（赤霞珠和西拉等）酿造的葡萄酒要低。不过，在合适的地区，黑比诺和桑娇维赛等也可以酿造出伟大的葡萄酒。这种酒虽然口感醇厚浓郁，却也不乏雅致：颜色通透、酒体丝滑、单宁柔和。此外，这种酒的酸度和甜度都比较低，并且均衡协调。这种葡萄酒最吸引人的地方在于由葡萄品种和熟成方式决定的醇香，包括覆盆子、紫罗兰、野樱桃、李子、黑莓、烟熏、泥土、橡木、甘草和各种香料味。

这类葡萄酒的魅力在于酸度、甜度和单宁的平衡，在选择食物搭配的时候需要考虑到这一点。哲维瑞-香贝丹和布鲁奈罗的味道非常细腻，有时甚至有些脆弱，因此不能搭配味道浓重的食物。菜肴的酱汁具有决定性作用。质地柔滑、口味丰富的浓稠酱汁会使一款雅致的葡萄酒显得单薄、乏味；含有黄油、奶油或蛋黄的酱汁会在舌头上形成一层不易消去的薄膜，导致舌乳头很难感知葡萄酒淡雅的味道。这类葡萄酒的浅龄款最适合搭配配有瘦肉和清淡酱汁的春季蔬菜和新鲜香料，而更加顺滑、成熟的葡萄酒适合搭配秋季食物以及带有泥土味和烟熏味的新鲜野生蘑菇。果香浓郁的黑比诺属于少数可以搭配亚洲菜肴的红葡萄酒之一，不过菜肴不能太辛辣。黑比诺尤其可以和生姜和谐搭配。

桑娇维赛通常最适合搭配采用简单方式烹饪的菜肴（使用新鲜的香料而不是过分讲究调味品）。基安蒂和布鲁奈罗经常在酿造过程中加入一些赤霞珠来改善品质，并且在小木桶中熟成，具有浓烈的樱桃味。不过，这些葡萄酒还会散发出淡淡的橙皮味，因此可以和略带橙味的酱汁搭配。

歌海娜和比诺塔吉酿造的葡萄酒也属于这一类，不过这些酒年轻的时候太过浓烈，如教皇新堡（Châteauneuf -du-Pape）和罗讷河南区的歌海娜。这类葡萄酒即使是干红也会带有水果的甜味，适合搭配深色水果，如李子。

左页大图：这类葡萄酒与菌类搭配极佳。新酒最适合搭配香菇

左页中图：较成熟的红葡萄酒，特别是桑娇维赛，可以搭配牛肝菌

左页下图：鸡油菇的泥土味最适合搭配黑比诺

这种开胃的水果拼盘应该用稍甜的葡萄酒搭配，如带有香料味的比诺塔吉

*具有代表性的葡萄品种：*黑比诺、桑娇维赛、歌海娜、比诺塔吉

*具有代表性的葡萄酒：*勃艮第红葡萄酒、蒙达奇诺的布鲁奈罗（Brunello di Montalcino）、经典基安蒂（Chianti Classico）

浓郁、顺滑的红葡萄酒

用梅洛或者仙粉黛酿造的葡萄酒酒体丰满，是非常理想的佐餐酒。它们可以和很多食物进行搭配，也可以和其他葡萄酒同时饮用，并且适合任何场合和季节。这些葡萄酒年轻时果香馥郁，充满黑莓、黑醋栗和蔓越莓等红黑色浆果的味道。相比单宁丰富的红葡萄酒，这类酒成熟较快。在酒瓶中陈年时，浓郁的果香中会逐渐产生巧克力、可可、咖啡、雪松、烤面包和烟熏的气味。这些葡萄酒入口饱满、顺滑、柔和。由于它们采用果皮为中等厚度的葡萄酿制而成，因此单宁含量没有用赤霞珠或者西拉酿造的葡萄酒多。通常情况下，这些葡萄酒的酸度也比较低，除非是一些年份差或者用产量过高的葡萄酿造的葡萄酒。如果葡萄在成熟的时候采摘，那么葡萄酒的酒精含量会比较高，口感也更柔滑甘醇，很容易入口。

炭烤肉的味道非常浓重，可以选择一款味道同样浓郁的葡萄酒，如带有烟熏味的仙粉黛

这类葡萄酒适合搭配结构相似但味道又不会过于浓重的食物。这种葡萄酒给人的第一印象是甜、苦、酸三种味道和谐平衡，而搭配的食物也应该具有这种平衡的口感。例如，精心烹饪的炖肉浓香饱满，苦甜相间，非常适合搭配梅洛葡萄酒。如果需要增加酸味，可以通过酱汁获得，如水果酱、番茄酱或香醋。

仙粉黛葡萄酒通常带有一股果酱味，可以和食物中的许多调料进行搭配。由于果味浓郁，这种葡萄酒甚至可以搭配偏咸或者微辣的食物，而这些食物并不适合搭配其他葡萄酒。不过，如果这种酒酒精度较高，则不能搭配太辣的食物，因为辛辣的味道和较高的酒精度会让你的舌头有种灼烧感。

在橡木桶中陈年的丰满型红葡萄酒是烤肉的理想搭档

这种红葡萄酒口感柔和顺滑，具有包容的特性，因此很容易与食物进行搭配。我们有很大的空间选择带有挥发性香气的食物。带有迷迭香、百里香、薄荷和月桂等草本香以及肉桂、丁香、黑胡椒、杜松子、茴香等调料香的食物通常都适合搭配这类葡萄酒。

带有木头味的葡萄酒适合搭配烤鱼、烤肉和烤蔬菜，因为经过烘烤的橡木桶赋予葡萄酒的香气和食物中的焦糖味非常相似。

*具有代表性的葡萄品种：*梅洛、仙粉黛、蓝茨威格、圣罗兰

*具有代表性的葡萄酒：*波美侯、圣爱美浓和许多新世界葡萄酒

单宁和萃取物丰富的红葡萄酒

右页左下图：红葱头可以使肉眼牛排略带甜味，应该搭配上等波尔多葡萄酒

右页中下图：大蒜是天然的药材，也是很好的香料，可以驯服最成熟的单宁

右页右下图：轻烤的新鲜大蒜与酒体丰满的红葡萄酒是完美搭档

用厚皮葡萄酿造的红葡萄酒不仅颜色深浓，而且单宁含量高，因此酒体看似凝固一般。这类葡萄酒有黑莓、李子、黑樱桃等果香，还有一些更重的香气，如香料、巧克力、咖啡、烟草、皮革和烟熏等气味。有些葡萄酒的酒精度较高，在木桶中熟成后口感甘醇柔顺，不过单宁在口中或多或少会产生苦涩感。这类葡萄酒的味道会充满整个口腔，因为它们的苦味（单宁的作用）、甜味（酒精和甘油的作用）和酸味（酒石酸的作用）几乎会影响舌头上所有的味觉区域。

由于单宁味道独特，在为这类葡萄酒搭配食物时要格外小心。单宁含量高的葡萄酒如果酒龄过浅，很容易产生令人不悦的苦涩感。即使是陈年葡萄酒，如果年份不好（没有足够的日照使葡萄完全成熟），也会面临同样的问题，甚至在瓶中陈酿几年后，单宁也不会变得柔和。在木桶中陈年时间过长也会使这类葡萄酒口感苦涩。年轻或者过多的单宁与蛋白质结合会产生皮革的味道。正确的搭配可以减轻这种口感，而且使这种单宁成熟、酒体平衡的葡萄酒充分展现其风味。

年轻的单宁尝起来非常涩，甚至有些颗粒感，需要和食物搭配进行平衡。因此，选择的食物应该微甜、顺滑，以弥补葡萄酒在这方面的缺陷。中和过多的单宁最简单的办法是搭配用微甜的蔬菜（如洋葱、大蒜和胡萝卜）制作的炖肉。当然，炖肉也可以搭配单宁成熟的葡萄酒，不过肉汤的甜味应该更淡，而且需要加一点香料。单宁属于酚类物质，因此单宁含量高的浓郁红葡萄酒与肉类搭配时非常有利健康。

搭配平衡

这类葡萄酒酒精含量通常较高，在选择食物时应格外注意。乳脂是黄油和奶油的主要成分，会加强酒精的强度，因此搭配带有黄油或是奶油酱汁的食物前，应该查看一下酒标上的酒精度。如果酒精度高于13% vol，乳脂会破坏葡萄酒的平衡，喝起来有灼烧感。

酒精和盐结合会产生苦味，因此单宁含量高的葡萄酒不能搭配偏咸的食物，而盐的量只需能够突出香料或其他调料的味道。这类葡萄酒的甜度和酸度比较低，在搭配食物时无须考虑这一点，而应该更注重这类深色葡萄酒的微妙香气，因为这些香气才是这类葡萄酒的魅力所在。

*具有代表性的葡萄品种：*赤霞珠、西拉、丹拿、慕合怀特/莫纳斯特雷尔、添普兰尼洛、内比奥罗

*具有代表性的葡萄酒：*梅多克、艾米塔基（Hemitage）、罗帝丘（Côte Rôtie）、朗格多克-鲁西荣（Languedoc-Roussillon）、马迪朗（Madiran）、邦斗尔（Bandol）、里奥哈、澳大利亚西拉、巴罗洛、巴巴莱斯科（Barbaresco）

上等的巴罗洛葡萄酒搭配烤牛肉和意大利面可以平衡其强劲的口感

陈年葡萄酒

陈年葡萄酒，无论是从化学成分还是口感方面，都没有一个明确的定义。葡萄酒的最短窖藏时间没有相关规定，陈年后的香气和味道也没有具体要求。根据葡萄品种、年份、酿造工艺、酒精度、甜度、酸度和储存条件等因素，不同的葡萄酒拥有不同的陈年潜力。

从葡萄品种和年份来看，最先反映红葡萄酒成熟的标志是酒中的沉淀物。这些红褐色的沉淀物由单宁和色素聚合而成。沉淀物越多，葡萄酒的颜色越淡，口感越柔和。需要注意的是，单宁丰富、颜色深浓的赤霞珠比酒体顺滑的黑比诺产生的沉淀多很多。

白葡萄酒在陈年的过程中颜色也会发生改变，不过不是越来越浅，而是越来越深，这主要是因为酒中的酚类物质逐渐被氧化的结果。在木桶中发酵的葡萄酒比在不锈钢酒罐中发酵的葡萄酒陈年潜力强。

因此，我们唯一能得出的结论是：无论红葡萄酒还是白葡萄酒，优质陈年酒的香气很容易被其他味道掩盖，通常不适合用来搭配食物。

尊重陈年葡萄酒

如果你坚持要用一款陈年葡萄酒搭配食物，最好记住以下几条基本原则。随着酒龄的增长，葡萄酒的质地、味道和香气会变得越来越柔和，很容易受到影响，因此，食物的味道不能太重。酸、甜、油、辣、浓的食物都不适合与这种葡萄酒搭配，因为这些食物不仅会破坏葡萄酒的口感，甚至会彻底掩盖葡萄酒的香气。而咸味，即使只是微咸，也会很快和酒精结合产生苦味，从而破坏陈年葡萄酒的平衡结构。

品质上乘的成熟红葡萄酒通常会散发出泥土和湿树叶的气味。因此，我们可以选择具有同样气味的食物进行搭配，这样能够突显葡萄酒原本的气味和味道。黑松露是个理想的选择，可以把它融入酱汁中，或者和其他食材一起烘烤，或者只是切成薄片撒在菜肴上。

在木桶中熟成的白葡萄酒，尤其是霞多丽，陈年后会有鲜烤面包和烤坚果的香气，这些香气很容易和食物融合。陈年的雷司令比较难以搭配食物，因为这种葡萄酒带有汽油味。在这种情况下，选择具有草本味道（如拉维纪草的香味）的食物会产生非常美妙的效果。

陈年葡萄酒的醇香

开启一瓶陈年葡萄酒最令人兴奋之处在于感受它的醇香。因此，最好在用餐前先让客人品尝这种美酒，这样他们可以在没有任何干扰或者影响的情况下完全体会葡萄酒的醇香。陈年葡萄酒的侍酒温度应该在18℃左右，因为只有在较高的温度下，这种葡萄酒才能完美展现其香气。陈年红葡萄酒可以通过滗酒去除瓶中的沉淀物，不过滗酒结束后需要立即饮用，以免香气流失。

一瓶产自某个著名酒庄的年份葡萄酒，经过数十年陈年后，会融入复杂的香气，这样的葡萄酒绝对值得细细品味。你可以在享用完清淡的食物和奶酪（不能太甜）后品尝这瓶葡萄酒，当然，也可以不搭配任何食物。陈年葡萄酒之所以被称为“冥想之酒”不无道理，因为要想了解这种经过岁月历练，独特而复杂的葡萄酒，必须心无旁骛。

陈年的巴罗洛或巴巴莱斯科与黑松露意大利面是简单而经典的搭配

陈年红葡萄酒中经常会有黑松露香。你所要做的就是尽情享受

甜葡萄酒

虽然这种含有残糖的葡萄酒中不乏一些顶级佳酿，但在搭配食物方面还是受到了不公正待遇。许多菜单上都没有甜葡萄酒的身影，即使有也只是用来搭配鹅肝酱或甜点。不过，只有在少数情况下，“甜酒配甜食”才会产生满意的结果。通常在这种搭配中，葡萄酒和食物都不会展现出最佳风味。

甜葡萄酒中的甜味一部分来自未发酵的糖分，其含量可达20～100克/升，另一部分来自酒精，酒精不仅本身带有甜味，还会增强糖分的甜度。酸味是甜葡萄酒中第二强烈的味道，在搭配食物时也必须考虑这个因素。葡萄酒中的甜度即使含量较低，也会麻痹味蕾，使其他更淡的食物黯然失色。不过，酸味和甜味在一定程度上可以相互中和。

甜葡萄酒在搭配食物时几乎和所有其他葡萄酒都不相同，它的香气和风味只占次要地位，而最需要考虑的是食物中也必须带有甜味。不过，这并不意味着甜葡萄酒必须搭配甜食。事实上，甜味和咸味可以形成美妙的对比，因此，大多数味道浓重的奶酪更适合搭配甜白葡萄酒而不是红葡萄酒，如波特酒和斯蒂尔顿奶酪的经典搭配。

辛辣的亚洲菜肴不能搭配口感偏酸的葡萄酒，却可以选择一款半干型的芳香白葡萄酒。甜葡萄酒还可以搭配肥腻的食物，例如苏玳甜白葡萄酒和鹅肝酱的搭配。

甜葡萄酒和食物搭配时，除了要平衡甜味，还要考虑两者的质地。甜葡萄酒的黏稠度主要取决于酒中的糖分、甘油和酒精度，不同的黏稠度需要搭配不同的食物。稀薄的葡萄酒搭配清淡的食物，醇厚的葡萄酒搭配浓郁的食物。例如，德国雷司令酿造的贵腐精选葡萄酒适合搭配用油酥松饼制成的苹果馅饼，苏玳甜葡萄酒适合搭配千层酥。

在为甜葡萄酒和食物进行搭配时，如果既要考虑味道和质地，又要考虑复杂的香气，将会是一件非常困难的事情。根据不同的葡萄品种、酿造方式和年龄，甜葡萄酒会散发出各种香气，如橘皮、杧果、杏、温柏、无花果、葡萄干、蜂蜜和焦糖的味道。年轻的甜葡萄酒口感酸爽，可以搭配带有果味的酱汁，以使葡萄酒和食物的香气完美融合。优质甜葡萄酒的侍酒温度不能太低，否则会破坏结构的平衡。不过，如果葡萄酒比搭配的菜肴甜，则可以通过冰镇的方式达到味道的和谐。

左页图：杏仁饼干是甜葡萄酒的理想搭档

精美的甜点配以甜葡萄酒会带来意想不到的味觉享受

葡萄酒庄园

葡萄树与葡萄品种

葡萄树是多年生植物，和一年生植物不同，它可以在一个地方生长许多年——平均树龄约30年。葡萄树在年生长周期的最后阶段结出果实，但是每个生长阶段都相互关联：后面一个阶段是前面一个阶段的结果。例如，在第N年萌发的芽苞是在前一年（第N-1年）的春季和夏季形成的。如果葡萄树在第N-1年遭遇病虫害或者冰雹等恶劣气候的侵袭，不仅会减少这一年的收成，而且会影响第N年的结果。

葡萄树属于木本植物，但又具有草本植物的特点。其多年生结构包括树干、树枝和树根，储存了淀粉、碳水化合物和其他养分。这些必要的营养物质可以确保葡萄树安全越冬，为第二年的春天长出新的树叶提供能量。

葡萄树从周围的自然环境中汲取生长和结果所需的养料。树根从土壤中吸收水分和矿物质，并将它们转化成各种生长激素。初春，随着温度的上升，树液从枝蔓的修剪口流出。葡萄种植户将这种现象称为葡萄树“流泪”或“流血”，标志着生长周期的开始。

葡萄树在地面上方的木质部分由树干和两年生枝蔓构成。根据修剪的程度，枝蔓或长或短。芽苞每年都会抽生新梢，其中一些会结出果实。和所有含叶绿素的植物一样，葡萄树的叶片会进行光合作用：叶绿素在阳光的作用下，将进入叶片内部的二氧化碳转化为糖分。通过这种方式获取的养分可以在葡萄树的生长过程中生成许多不同的物质，包括几百种葡萄香气。

葡萄树在晚春时抽生新梢，出现第一批嫩叶后不久长出花苞，这些花苞会结出一串串果实

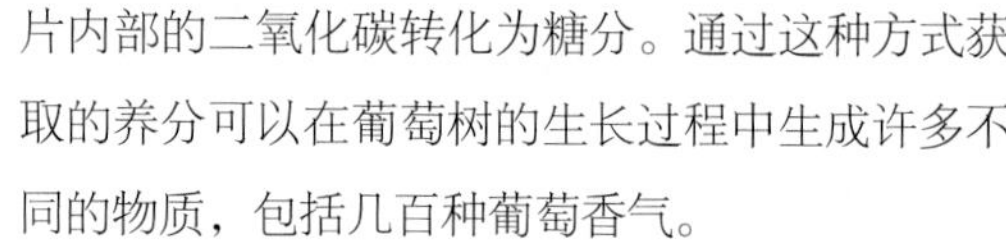

许多因素会影响葡萄的品质，进而决定葡萄酒的优劣。葡萄树生长和结果所需的养分源自空气和土壤，因此地上部和地下部都必须科学栽培，这样葡萄树才能长势喜人。

暴露在阳光下的葡萄叶数量至关重要，因为葡萄树通过叶片才能进行光合作用。葡萄种植户通常采用修剪树冠的方式平衡叶果比，从而促进光合作用。种植密度、种植方向和棚架系统也会影响这一过程。如果葡萄树的种植密度较低，如3000～4000株/公顷，可以扩大植株间距，增加照射到地面的阳光。在这种情况下，为提高产量，可以培养高大的树冠或者将棚架顶端张开，引导葡萄树长成“U”形。如果种植密度较高，如8000～10000株/公顷，虽然会对葡萄树造成一些损伤，但可以通过增加树冠厚度来解决这一问题。在这种情况下，必须通过合理的施肥控制葡萄树的长势。如果有必要，可以去除葡萄树的副梢来改善通风条件。事实上，葡萄树的种植密度越高，需要做的工作就越多，生产成本也越高。

如果对年轻葡萄树的要求不严苛且可以接受其逐年减少的产量，葡萄树很容易存活60～100年，如图中的灰歌海娜。葡萄树产量减少的同时品质会有所提升

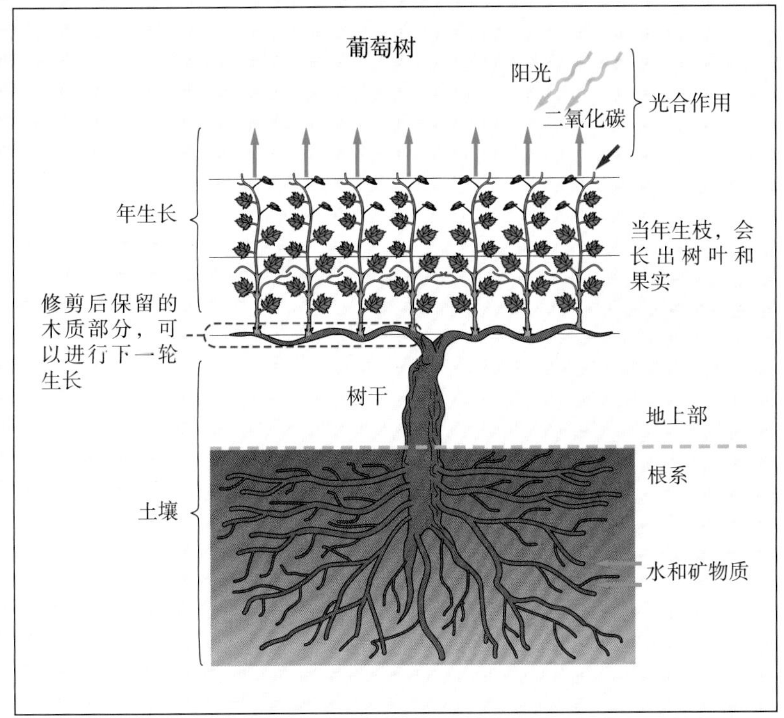

保证葡萄充分成熟，又要满足每公顷的收益。

如果一个新建葡萄园的产量过高，葡萄的品质会降低，葡萄树的根系和木质部分储存养分的过程会受到干扰，而这会对葡萄树产生长期、负面的影响。

葡萄进入转色期（葡萄转变颜色的时期）意味着生长期的结束，果实内开始聚积糖分。水分缺乏时葡萄树的生长期会自然结束，但如果这期间遭遇暴雨侵袭，会延迟生长期，从而严重影响葡萄的成熟过程。同时，较高的湿度容易诱发霉病。

另一个影响葡萄品质的因素是产量。假设两棵葡萄树拥有相同的根系、受光叶面积和养分储备，其中一棵葡萄树有八串葡萄，另一棵有四串葡萄，那么第一棵葡萄树的果实不仅糖分浓度低，而且颜色和味道也比较淡。因此，葡萄种植户必须在产量和品质之间找到一个平衡点，既要

在葡萄树的生长阶段，养分主要输向枝蔓的顶端和花序。理想情况下，葡萄树在成熟过程中停止生长，然后碳水化合物向果实和绿叶部分输送。碳水化合物在果实中转化为糖分，在绿叶中转化为葡萄糖和果糖，在木质部分则转化成淀粉

在新西兰霍克斯湾产区的葡萄园，葡萄树种植间距宽阔

老藤和葡萄质量

“vieilles vignes”（即old vines，老藤）一词越来越多地出现在酒标上，尤其是高价葡萄酒的酒标上。通常，老藤的产量较低，葡萄中的糖分和其他改善品质的成分较高。不过，对于老藤的树龄没有明确的规定：葡萄种植户一般将树龄超过40年的葡萄树称为老藤。然而，老藤并不一定代表优秀的品质。有些老藤遭受病虫害的侵袭，因此，虽然产量很低，品质却不高。也有可能葡萄园的种植面积较小，所谓的低产实际只是总产量较低，而不是每棵葡萄树的产量低。

葡萄品种

世界上有数百种葡萄，但是只有少部分具有经济价值。那些用来酿造葡萄酒的葡萄都属于酿酒葡萄，每一种葡萄都有自己的特征，如葡萄叶的形状、果实的形状以及嫩叶的颜色都有所不同，对病虫害和霜冻的抵御能力也不相同。

当然，葡萄酒爱好者主要是对用这些酿酒葡萄酿制的美酒感兴趣。不同的葡萄酒在外观、气味、口感以及酒精和酸的平衡度上存在差异。有些葡萄品种，如果过度成熟的话，会损失大量酸度，增加甜度，用这些迟摘的葡萄酿造的葡萄酒酒体会过于厚重。有些葡萄品种，如雷司令、摩泽尔、朱朗松产区的小满胜、莱昂丘的白诗南，能够很好地积累糖分，同时保持足够的酸度。

有些葡萄可以通过与众不同的气味进行辨别，如麝香和琼瑶浆。有些葡萄则颜色独特，如颜色较深的丹拿和颜色较浅的黑比诺。黑比诺需要在特定的气候条件下生长才能在成熟期达到足够深的颜色，因此并不适合在所有产区种植。有些葡萄品种则具有很强的适应能力，如霞多丽可以种植在世界各地。

然而，葡萄的品种并不是决定葡萄酒特性的唯一因素。根据不同的土壤情况、气候条件、产量大小和酿造方法，同一葡萄品种生产的葡萄酒也大相径庭。

酿酒葡萄

酿酒葡萄由果皮、果肉和果籽三个部分构成。除了在某些国家种植的染坊葡萄，即使是红葡萄，其果肉也是白色的。酚类物质存在于葡萄的果皮、果籽、果梗和果柄中。葡萄酒的香气则主要来自果皮。

根据不同的葡萄品种，这些物质在酒精发酵前或发酵过程中从葡萄融入葡萄酒中。用红葡萄酿酒时，葡萄汁和葡萄皮一起发酵，而在酿造白葡萄酒时则很少使用这种浸渍方法。葡萄果粒的大小决定了固液比的高低。果粒大的葡萄汁多皮薄，却很难获取颜色和香气。果粒的大小主要取决于葡萄的品种，但是也会受到每一棵葡萄树的活力及其吸收水分情况的影响。

有些葡萄品种，如生长在杜罗河谷的国产多瑞加，即使在秋季也非常容易辨认，因为它们的叶子会变成深红色

即使是同一葡萄品种，由于可能会发生杂交或者变异，同一地区的葡萄品质也会产生差异。如果葡萄种植户打算改变葡萄园的品种，通常有两种方法可选。第一种方法现在已不常见，称为“混合选种”（mass selection），即从葡萄种植户自己的葡萄园中选取几年内生长最好的葡萄树，剪切后作为幼枝。第二种方法是从园圃购买克隆枝。每一个葡萄品种有很多克隆枝，根据源株的特性，这些克隆枝的产量、含糖量或多或少会有不同。来自同一源株的葡萄具有相同的特点。这些葡萄树没有发生病虫害，因此基本上都可以保证健康。不过，一些葡萄种植户拒绝使用克隆枝，他们担心酿造的葡萄酒会过于统一而缺乏个性。

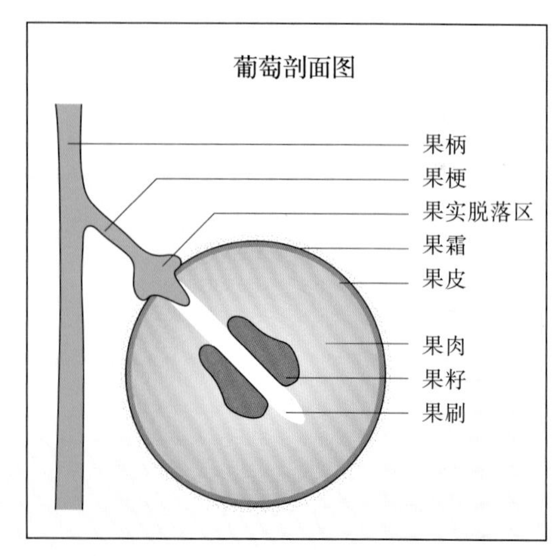

霞多丽：霞多丽是世界上分布最广的葡萄品种，原产自法国勃艮第，在那里用来酿造风格迥异的葡萄酒，如拥有矿物气息的夏布利和味道丰富而饱满的蒙哈榭。霞多丽能够适应不同的气候、土壤和酿酒工艺，是世界上最受欢迎的葡萄品种。在世界范围内，霞多丽都可以酿造简单易饮的葡萄酒，如果处理得当，还可以出产伟大的葡萄酒。此外，霞多丽是最适合酿造在橡木桶中熟成的白葡萄品种。

长相思：经常与赛美蓉混合调配，酿造出伟大的甜葡萄酒或者波尔多格拉夫干白葡萄酒。卢瓦尔（Loire）河谷地区的桑塞尔和普伊-富美产区最早开始使用长相思酿造单一品种葡萄酒，这种葡萄酒拥有黑醋栗和醋栗的香气，还混合了矿物气息的酸味。如果较早采摘，长相思会有一种草香。目前，长相思的地位仅次于霞多丽，是世界上分布第二广泛的白葡萄品种。

雷司令：又称为“Rhine Riesling”和“Johannisberg Riesling”，与霞多丽齐名，是世界上最好的白葡萄之一。雷司令的重要产区是德国的莱茵高和摩泽尔山谷。在莱茵高，这种晚熟的葡萄能生产出拥有矿物味和水果味的优质葡萄酒。雷司令成熟后仍然可以保留酸度，因此是酿造迟摘型葡萄酒和精选型葡萄酒的理想品种。不过，如果种植在炎热的地方，雷司令会失去风味。

梅洛：产量高，既适合酿造单一品种葡萄酒，也可以和其他口味更强劲、单宁更丰富的葡萄品种调配。最好的梅洛产自法国波尔多地区，尤其是圣爱美浓和波美侯，那里可以出产陈年潜力较强的顶级葡萄酒。梅洛在瑞士提契诺州、意大利北部以及东南欧地区也很普遍。梅洛果味浓郁，口感丝滑，成熟速度比赤霞珠快。用梅洛酿造的单一品种葡萄酒近年来才在国际上获得关注。目前，这种葡萄的种植范围也非常广泛。

赤霞珠：作为法国梅多克产区五大顶级酒庄的基础品种，赤霞珠是世界范围分布最广泛的红葡萄品种。优质的赤霞珠葡萄酒呈深红色，具有雪松和黑醋栗的香味，其酒体丰满、结构平衡，陈年潜力极佳。这种强劲的晚熟葡萄主要分布在温暖的地区，如美国加州、澳大利亚、南非、智利、意大利和西班牙。

黑比诺：最出色的黑比诺红葡萄酒产自法国勃艮第的中心地带金丘区，那里是黑比诺的第一大产区，香槟区是黑比诺的第二大产区。黑比诺由熙笃会僧侣带到其他地区，如法国阿尔萨斯、德国、奥地利、瑞士、意大利东北部以及东欧地区。黑比诺是最难种植的葡萄品种之一，产量低，酿造难度大。

最重要的白葡萄酒酿酒葡萄

阿尔巴利诺

阿尔巴利诺是西班牙加利西亚最好的白葡萄品种，也是欧洲最好的白葡萄品种之一。这种葡萄颗粒紧密，果小、皮厚、籽多，在气候湿润的地区产量适中。阿尔巴利诺对灰霉菌具有很强的抵抗力，但是容易感染叶部病害。阿尔巴利诺最适合种植在板岩和花岗岩质的土壤中，酿造的葡萄酒带有梨和苹果的味道，以及清淡的植被和桉木香。加利西亚下海湾地区出产的干白葡萄酒品质上乘。

玛尔维萨

玛尔维萨可能起源于小亚细亚。在古希腊，尤其是那些岛屿上，这种葡萄种植广泛，主要用来酿造醇厚、顺滑的甜葡萄酒。这些岛屿以及西西里岛北部的利帕里岛和马德拉岛至今仍在酿造这种葡萄酒。玛尔维萨也是意大利中部地区重要的种植品种，不过在那里通常用来酿造干白葡萄酒。在西班牙，玛尔维萨与里奥哈和纳瓦拉混合调配，减弱了浓郁的味道。玛尔维萨产量高，香气重，还带有一点酸味，喜欢干燥的气候，但是现在这种葡萄产量有所下降。

白诗南

白诗南起源于法国卢瓦尔河的安茹地区，具有酸度高和易受灰霉菌感染的显著特点。根据采摘年份、成熟度以及种植户的不同目的，这种葡萄可以酿造出各种类型的葡萄酒，如起泡酒、干白葡萄酒或者残糖含量高且陈年潜力强的葡萄酒。在美国加州和南非，白诗南被用来酿造各类葡萄酒。即使在炎热、高产的情况下，这种葡萄也会产生平衡的口感，通常用来调配针对大众市场的日常餐酒。

米勒–图高

1882年，来自瑞士图高的赫尔曼·米勒在盖森海姆成功种植了用雷司令和莎斯拉（Chasselas，在德国称为Gutedel）培育出的葡萄品种。米勒–图高曾被称为雷司令和西万尼的杂交品种，不过这种说法并不正确。米勒–图高属于早熟品种，喜欢潮湿的土壤，产量高，但是容易感染霉菌病或其他病害。由于酸度低，生产出来的葡萄酒柔和、圆润，而且还有淡雅的玫瑰香味（如果葡萄非常成熟，则不会出现这种味道）。米勒–图高是德国种植最广泛的葡萄品种，其他重要产地有奥地利、捷克共和国、斯拉沃尼亚、斯洛文尼亚、匈牙利和卢森堡。

琼瑶浆

琼瑶浆是特拉密葡萄家族中种植范围最广的品种。这种葡萄呈灰粉色，酿造的葡萄酒色泽金黄，具有独特的玫瑰香气。葡萄产量低、种植难度大，不过等其完全成熟后再采摘，品质非常高。因此，琼瑶浆葡萄酒的口感类似精选型或者迟摘型葡萄酒，酒精度高，质地顺滑。优质的琼瑶浆葡萄酒产自阿尔萨斯、德国、瑞士、奥地利和意大利北部地区，不过这种葡萄在东欧、美国和新西兰也种植广泛。

麝香

麝香又称为Moscat或Muskateller，是历史最悠久、品种最多样的葡萄家族之一。其中最出名的是气味浓郁的小果粒白麝香，可以酿造世界上最受欢迎的甜起泡酒——意大利阿斯蒂起泡酒。麝香种植广泛，但以产自希腊萨摩斯群岛和法国的葡萄酒最为著名。此外，麝香在西班牙、奥地利、东欧、美国、南非和澳大利亚等国家都有种植，主要用来酿造口感顺滑的甜葡萄酒。

白比诺

白比诺又称为Pinot Bianco、Weißburgunder或Clevner，是比诺家族中一个独特的品种，由黑比诺变异而来，可能是灰比诺的后裔。这种葡萄对生长环境要求很高，需要完全成熟才能展现圆润、丰满的特点。白比诺在新世界日益流行，是意大利北部、奥地利施蒂利亚州、斯拉沃尼亚、斯洛文尼亚、匈牙利和罗马尼亚的重要葡萄品种。

西万尼

西万尼曾是德国种植最广泛的葡萄品种，如今在许多地区被米勒-图高取代。如果生长条件不是最理想，西万尼会比较平庸，但酿造出来的葡萄酒酸度适中，口感突出。德国中部的法兰克尼亚是西万尼最重要的产地，不过在法国阿尔萨斯产区也可以出产优质的西万尼葡萄酒。西万尼的种植地区还包括瑞士（在瑞士被称为Johannisberger）、提洛尔南部地区以及东欧国家，特别是罗马尼亚和斯洛文尼亚。

灰比诺

灰比诺又称为Pinot Grigio、Grauburgunder或Ruländer，是黑比诺的变异品种。这种葡萄呈淡粉色，需要在深层土壤中种植。14世纪，灰比诺从法国传入匈牙利巴拉顿湖地区。在阿尔萨斯、奥地利和德国，灰比诺通常用来酿造顶级的迟摘型和精选型葡萄酒：萃取物丰富，酒体丰满，带有淡雅的香料味，酸度较低。灰比诺如今在意大利北部地区种植广泛，产量高，酿造的白葡萄酒口感清新。

扎比安奴

这种白葡萄在意大利托斯卡纳最为出名，曾是基安蒂葡萄酒的主要成分。扎比安奴（在法国被称为Ugni Blanc）口感清爽，主要用于蒸馏成干邑白兰地和雅文邑白兰地。在法国南部，扎比安奴还被用来和其他葡萄酒混合调配。这种葡萄最大的价值在于产量高，但同时又能保持适当的酸度。扎比安奴在世界范围内广泛种植，意大利阿布鲁佐地区出产的阿布鲁佐扎比安奴法定产区葡萄酒最具代表性。

赛美蓉

赛美蓉容易感染贵腐霉菌，主要用来酿造伟大的波尔多甜葡萄酒。最好的赛美蓉干型葡萄酒产自法国佩萨克-雷奥良地区。赛美蓉葡萄酒陈年潜力强，含有蜂蜜、蜜饯和巧克力的香气，经常还带有柑橘味。虽然赛美蓉在全世界广泛种植，但只有在澳大利亚猎人谷才能真正展现其特色。如今，许多葡萄酒生产商，特别是南非和美国加州的生产商，通过在木桶中发酵，成功酿造出口感丝滑、酒体丰满的赛美蓉葡萄酒。

帕洛米诺

帕洛米诺是酿造曼赞尼拉（一种西班牙雪利酒）和雪利酒的主要葡萄品种。帕洛米诺非常适应西班牙南部安大路西亚炎热干旱的土壤，特别是赫雷斯市周围的白色石灰质土壤，产量可达7000～8000升/公顷。帕洛米诺现在还被用来酿造干白葡萄酒，由于缺少必要的酸度和香味，因此通过氧化作用和酵母进行添加。这种葡萄主要种植在澳大利亚，用于生产雪利酒，并且是南非种植第二广泛的葡萄品种，用于酿造白兰地。在葡萄牙，帕洛米诺被称为Perrum。

最重要的红葡萄酒酿酒葡萄

巴贝拉

巴贝拉曾在意大利北部皮埃蒙特地区被制成日常餐酒，现在是继桑娇维赛之后意大利第二大葡萄品种。在过去20年中，巴贝拉一直是一种高品质的酿酒葡萄。如今随着降酸过程和在木桶中发酵技术的改进，巴贝拉可以酿造出酒体复杂、结构紧实、果味浓郁、陈年潜力强的红葡萄酒。不过只有产自皮埃蒙特和意大利南部地区的巴贝拉才能酿造出优质的葡萄酒，其他地方，如阿根廷和美国加州的巴贝拉则缺乏个性，酸度高。

多赛托

多赛托意为“有点甜”，是继巴贝拉和内比奥罗之后意大利北部皮埃蒙特地区第三大葡萄品种，也是成熟最早的葡萄品种。因此，这种葡萄通常种植在葡萄园最差的位置，经过较短时间的发酵后就进行装瓶销售。多赛托单宁含量高，容易产生大量的沉淀，因此在酿造的过程中需要更多的技巧。不过优质的多赛托红葡萄酒具有迷人的魅力，呈深宝石红色，散发出香甜的浆果味和温柏味以及清淡的杏仁味。

品丽珠

品丽珠又称为Bouchet或Breton，是赤霞珠的姐妹品种。品丽珠成熟较早，适合在低温地区生长，因此在法国圣爱美浓地区拥有大量种植面积（是白马酒庄的主要葡萄品种）。卢瓦尔河地区也广泛种植品丽珠，这种葡萄带有浆果味道，单宁柔和，但是酸度比赤霞珠高。品丽珠通常用于酿造小酒馆葡萄酒，尤其是在意大利东北部地区，但是最近几年也开始出产质地顺滑、口感丰富的顶级葡萄酒。

佳美

佳美葡萄全称Gamay Noir à Jus Blanc，因博若莱而声名鹊起，在这个产区的种植密度高达9000 ~ 10000株/公顷，酿造的葡萄酒果味浓郁。佳美葡萄必须手工采摘，因为这些葡萄通常采用二氧化碳浸泡法发酵，这样可以从果皮中获取丰富的果香。不过，如果是采用葡萄汁发酵，酿造出来的葡萄酒则具有很好的陈年潜力。佳美的种植范围不广，除博若莱地区外，只有在法国的卢瓦尔河地区和阿尔代什省以及瑞士长期种植。

佳丽酿

佳丽酿属于混酿品种，颜色深浓、单宁丰富。这种葡萄成熟晚，产量高，但是容易感染霜霉病和白粉病，因此在法国南部和西班牙北部里奥哈地区的种植面积逐渐缩小。不过产自老藤的佳丽酿却能酿造出风格独特的葡萄酒，因此在普里奥拉托（西班牙加泰罗尼亚地区）和朗格多克（法国西南部）仍是主要种植品种。这种葡萄在意大利撒丁岛、非洲北部的马格里布、美国加州、智利、阿根廷和墨西哥也拥有广泛的种植面积。

歌海娜

歌海娜是西班牙种植最广泛的葡萄品种，主要用来酿造桃红葡萄酒。这种葡萄对生长环境要求不高，能够适应炎热干燥的气候，虽然容易氧化，但是非常适合与其他品种进行调配，为葡萄酒提供出色的酒精度和结构。歌海娜只有在少数地区才可以酿造出优质的葡萄酒，如西班牙加泰罗尼亚的贝利奥拉特产区、法国的教皇新堡和巴纽尔斯。歌海娜还种植在法国南部地区、科西嘉岛、撒丁岛和西西里岛。在新世界，气候炎热干燥的地区都会引进歌海娜。

马尔贝克

马尔贝克曾广泛种植于波尔多地区，后来被梅洛取代地位。如今，马尔贝克主要产自法国的卡奥尔，用来酿造该地区著名的“黑葡萄酒”。如果产量适中，这种颜色深、单宁多的葡萄可以酿造出口味独特、适合陈年的红葡萄酒。马尔贝克在阿根廷也种植广泛，近些年酿造出了许多上乘的葡萄酒。但在智利，这种葡萄主要用来和其他葡萄进行调配，这和许多法国西南部法定产区的做法相同。

桑娇维赛

桑娇维赛是意大利种植最广、品质最佳的葡萄品种。这种葡萄是托斯卡纳地区布鲁奈罗产区、基安蒂产区和贵族酒产区以及翁布里亚地区蒙特法科产区和托吉亚诺产区的主要酿酒品种。在罗马涅地区，桑娇维赛还被用来生产酒体稀薄的散装酒。在气候寒冷的年份，晚熟的桑娇维赛无法完全成熟，而在温暖年份酿造的葡萄酒则酸度高，单宁柔和，风格雅致。桑娇维赛在阿根廷的种植至今不太理想，但在美国加州则展现出良好的潜质。

莫纳斯特雷尔

莫纳斯特雷尔又称慕合怀特，是继歌海娜之后西班牙第二大葡萄品种，也是地中海东部地区非常典型的一个品种。这种葡萄酿造的葡萄酒酒体轻盈、口感香醇，有浓郁的黑浆果气味。西班牙生产的莫纳斯特雷尔葡萄酒不需要陈年，但是法国南部生产的这类葡萄酒则需陈年后再饮用。莫纳斯特雷尔成熟较晚，单宁含量高，在法国罗讷河谷南岸和其他葡萄进行调配可以酿造出优质的葡萄酒，并且非常适合在邦斗尔产区生长。美国加州和澳大利亚的葡萄种植户也开始认识到这种葡萄的品质。

西拉

这种产自罗讷河谷北岸的出色葡萄品种在全世界都获得了成功。用这种葡萄酿造的葡萄酒酒体丰满，口感强劲，单宁含量高，而且香气复杂，包括紫罗兰、黑色浆果、甘草、腐殖质以及多种香料的气味。这种混合的气味很受消费者欢迎。作为一种早熟品种，西拉在普罗旺斯（Provence）和整个法国南部地区种植广泛。如今，西拉在世界各地受到越来越多的重视：西拉是澳大利亚的一个重要品种，在美国加州和南非也表现出色。

内比奥罗

内比奥罗可能是意大利最好的红葡萄品种，在皮埃蒙特、瓦尔泰利纳和伦巴第地区的种植面积超过5000公顷。内比奥罗果粒较小，酿造的巴罗洛、巴巴莱斯科和其他一些D.O.C.葡萄酒拥有丰富的香气（茶叶、玫瑰、香料和柏油的味道）、稳健的单宁结构和出色的陈年潜力。内比奥罗需要最好的种植环境，否则无法完全成熟。内比奥罗的名称源于意大利语“nebbia”，意思是“雾”，这反映了内比奥罗通常在年末采收的特性。内比奥罗在其他国家的种植结果不甚理想。

添普兰尼洛

添普兰尼洛又称Ull de Llebre、Tinta del País、Cencibel和Tinto Fino，是西班牙最名贵的葡萄品种。这种葡萄生长周期短，但是容易受到高温和病虫害的侵袭。添普兰尼洛酿造的葡萄酒颜色深重，果香浓郁，单宁柔和，在橡木桶中陈年后口感特别顺滑。添普兰尼洛是里奥哈和杜埃罗河岸（Ribera del Duero）的主要葡萄品种，用来酿造西班牙顶级的葡萄酒。添普兰尼洛在葡萄牙被称为Tinta Roriz，生产的葡萄酒也具有国际水准。

风土条件

同一葡萄品种在不同的地方可以酿造出结构和香气截然不同的葡萄酒，这就是所谓的“风土效应”。风土条件是指某个特定区域内影响葡萄酒风格的物理、化学、地理和气候等各种因素的综合。因此，风土条件表示土壤、葡萄园、气候、葡萄品种和葡萄种植户等一系列因素的相互作用。

土壤的性质由许多因素决定，其中最重要的是其形成的基础——成土母质。成土母质的成分（如花岗岩、板岩和来自中生代或者第三纪的石灰石）会对土壤的特性产生天然的影响，而物理、化学和生物因素也在风化过程中起到了至关重要的作用。不过，微生物是土壤形成过程中最辛勤的劳动者：一块活土上有几十亿真菌、藻类和细菌，只是在不同的情况下比例不同。这些菌群会影响葡萄树的生长周期以及土壤和根系间的相互作用。较大的生物如蚯蚓、蜗牛和昆虫也功不可没，它们极大地改善了土壤的透气性。

葡萄树和葡萄的风土条件取决于为它们的生长和成熟提供养分的土壤。岩石中的矿物质营养元素溶解到地下水中，然后被葡萄树吸收。当然，除了天然养分，还可以使用矿质肥料或无机肥料：氮、磷、钾、钙和镁是必不可少的微量营养素。不过，如果使用过多的矿质肥料来提高产量，风土条件就会彻底丧失。因此，在使用肥料时不能只考虑葡萄树，还需要考虑土壤和其中的微生物。要想完成这个复杂的任务，可以对土壤施用堆肥，这样不仅能为土壤提供必要的微量元素和养料，还能促进土壤中生物的活性。

一些专家认为，每块活土中都含有一定量的细菌和酵母菌。它们还附着在葡萄的果皮上，可用于葡萄的发酵。从这个角度讲，理想的风土条件应该包括葡萄自行完成发酵过程，而非使用人工酵母或细菌。

左图：土壤的成分会影响葡萄酒的风格。由板岩基岩风化形成的土壤质量非常高，如摩泽尔河雷司令葡萄园和法国南部巴纽尔斯产区的土壤

右图：更重要的是，土壤必须有活力，因为土壤中的微生物和大型生物可以促进葡萄树吸取土壤中的矿物质，充分展现风土条件

德国符腾堡州黑西格海姆（Hessigheim）的梯田葡萄园

葡萄牙杜罗产区的梯田葡萄园

法国科利乌尔镇（Collioure）海边山坡上的葡萄园

法国勃艮第产区葡萄园的围墙

地形和气候

地形也是风土条件中一个重要因素，因为坡向和供水会以各种方式影响葡萄树的生命周期，气候也是如此。大气候（如地中海气候或大陆性气候）决定葡萄产区的气候，因此也决定了葡萄树的生长期。不同地区应该种植不同的葡萄品种。例如，寒冷的地区适合种植早熟葡萄。山脉低矮时，需要考虑海拔、坡向、坡度、河道和森林等因素，其中高坡处比低坡处或者谷底不易遭受霜冻。而在气候炎热的地区，葡萄通常甜度高、酸度低，海拔较高处的葡萄结构更加平衡。地形和气候以各种方式影响葡萄的特点，从而决定葡萄酒的风格。

葡萄园内温度、光照和湿度等各种条件的综合称为小气候。这些条件都会对葡萄树产生影响，但是通过葡萄园管理和葡萄树长势控制等方法可以加以改变。

可见，风土条件是一个宽泛的概念，包含了所有影响葡萄酒品质的因素。新世界的葡萄酒生产国和出口国主要推广自己的葡萄品种，而欧洲葡萄酒生产国则以各式各样的风土条件闻名。在现代社会，保留风土条件、杜绝标准化生产尤为重要。

历史上，葡萄种植户曾根据不同的风土条件划分区域，因为他们发现，特定的区域出产特定风格的葡萄酒。这个结论通常是几代人观察的结果，而对风土条件的尊重也成为葡萄种植户所创造的一种历史文化。

葡萄种植户对于土壤、葡萄品种的选择以及葡萄种植的态度会影响葡萄酒的特性，还会强化或削弱葡萄酒的风土条件。当然，如果没有一个专业并细致的酿酒师，即使最好的风土条件也无法展现出来。

土壤的特性

土壤的特性取决于受物理、化学和生物过程改变和影响的成土母质。种植葡萄的土壤通常不能太肥沃或太深厚。事实上，葡萄树一直都种植在由古生代至第四纪各时期的岩石风化而成的土壤中。例如在法国，博若莱产区的土质为花岗岩，夏布利产区的土质为白垩泥灰岩，香槟产区的土质为形成于第三纪的白垩土，波尔多产区的土质为形成于中生代的石灰岩，巴纽尔斯产区的土质为板岩。在世界其他地区，如匈牙利的托卡伊产区，葡萄种植的土壤形成于以前的火山活动。

土壤的深度决定葡萄树根系的分布。水分充足的深层土适合种植高产葡萄，而较为干旱的浅层土通常用来种植优质葡萄。过于紧实或湿润的土壤都不利于根系的生长。

不同地区土壤中各成分的比例有所不同。地中海沿岸和澳大利亚大部分地区的葡萄园土壤以沙土为主。波尔多著名的格拉夫产区的土壤以砾石和细粒土为主。壤土由黏土和沙土构成，这两种成分的比例决定了葡萄的品质。肥沃的黏土比较紧实，不适合葡萄种植，因为黏土含量高的土壤渗水性差，天气干燥时会收缩变硬，产生裂隙，很难耕作。土壤中的有机质——植物残体、粪肥和人工添加的堆肥可与黏土结合，形成黏粒腐殖质复合体，具有较好的耐腐蚀性和耐压实性。

石灰质土壤也适合种植葡萄，这种土壤比较贫瘠，可以出产优质葡萄。根据各种成分（沙砾、黏土和石灰）的比例，石灰质土壤可分为白垩质黏土、白垩质土壤和砂质黏土。

碎石土也能够出产优质葡萄，但种植难度较大。这种土壤中的石块有利于水分的渗透，防止水分直接蒸发，使土壤保持湿润，还可以在白天吸收热量，晚上释放储存的热量，从而促进葡萄的成熟。

土壤中的化学成分包含各种微量和常量元素，如氮、磷、钾、钙、镁、铁、锰、硼等。

夏布利产区的白垩泥灰岩土壤

罗讷河沿岸的砾石土壤

勃艮第产区新的黑比诺葡萄田

德国纳肯海姆村（Nackenheim）的黏土

水土流失导致葡萄树被连根拔起

拉图酒庄的砾石和细粒土

防治水土流失

土壤面临的最大问题是水土流失以及暴雨冲刷斜坡造成的养分流失。农田整理会加剧这个问题：扩建葡萄园时移除护墙和石块会导致水流速度加快，增加水土流失。土壤本身的结构也是水土流失的原因之一。质地疏松的土壤有利于雨水的渗透，而如果土壤表层结皮，雨水就会形成径流，速度越来越快，侵蚀越来越深，将表层土和养分一起冲走。雨水冲刷后必须将泥土运回斜坡上。

黏粒腐殖质复合体可以增加土壤的稳定性。腐殖质源于堆肥和有机肥中的有机质。但是大多数葡萄酒生产国主要使用无机肥料，因此不能生成腐殖质。土壤中的生物也同样重要，它们可以提高土壤的渗透性。

土壤中固体物质之间是充满水分或者空气的孔隙，通常占土壤总容积的50%。如果大型农业机械在葡萄园内行驶，尤其是在气候潮湿的情况下，会导致土壤压缩、孔隙消失。机器越重，土壤就越紧实。因此，为保持土壤结构的稳定性，葡萄种植户应避免在潮湿的天气使用机械作业。

耕地是控制水土流失的另一种方法，但必须谨慎使用，因为在山坡上耕地可能会加速而不是防止水土流失。通常，耕地可以促进水分渗透，抑制径流形成，但如果水流速度过快，耕过的土地水土流失情况反而会更加严重。不过，耕地可以增加土壤的透气性，有利于生物的生长，提高土壤的稳定性。

在葡萄园的行间种草会促进微生物的生长，这种方法也可以防治水土流失。需要注意的是，有些品种可能会和葡萄树产生激烈的竞争，从而导致产量大幅下滑或者葡萄得不到足够的氮用于酒精发酵。因此，虽然行间种草是管理土壤最好的方法之一，但是并不适用于所有情况。归根结底，在希望的结果和环境的影响之间如何平衡取决于酿酒师的技术。

机械化种植

现代葡萄种植业最大的问题之一是使用重型机械造成的土壤压实。理想情况下，葡萄园应该用马或骡子进行耕种。上图中，马匹正在智利洛宝多（Los Boldos）酒庄的葡萄园内犁地

每天清晨，他就会扛着沉重的工具到葡萄园工作，午饭是和邻居们在简陋的石屋或者木屋内食用。所有的辛苦劳作都依靠自己的双手完成，在条件许可的情况下会使用马或牛。

和年逾花甲的葡萄种植户聊天，你可能会听到以上这般描述。对于那些逝去的岁月，他会感到遗憾吗？也许有一点，因为当时的乡村生活可能会更好。不过，过去50年机械化的发展大大减轻了他们的工作负担。

20世纪50年代，葡萄园开始使用拖拉机。随着时代的发展和地域的差异，这些机器的功能和外观发生了一系列演变。在葡萄树行间行驶的小型拖拉机适用于间距宽阔的葡萄园，常见于德国、法国南部、美国加利福尼亚州和智利。而种植间距狭窄的葡萄园，如勃艮第和香槟产区的葡萄园，通常使用跨越一两行葡萄树的跨式拖拉机。不过这种拖拉机的重心太高，操作起来具有一定的危险性：如果山坡陡峭，这些机器可能会失去控制，发生倾覆。葡萄种植户正设法克服这些困难，试图通过转移重心或者减轻重量的方式提高拖拉机的稳定性。

这种情况迫使葡萄种植户逐渐改变葡萄的种植方式，以适应机械化作业。他们行向种植葡萄树，并且引导树叶沿着金属线框生长，这样可以方便机器通行。然而，在葡萄牙杜罗河谷、德国摩泽尔河沿岸、奥地利瓦豪河谷、法国罗讷河谷北部以及任何位于山坡上的梯田式葡萄园，都不能采用机械化生产。虽然有些地方会使用直升机对葡萄树喷洒药物，但其他工作都是用传统的手工方式完成。

机械化生产的困难经常成为工业化国家葡萄酒涨价的理由，因为在这些国家，机械化生产更加合算，可以节省工人的薪水和社保开支。而在世界其他地方，如南美洲国家，劳动力仍然十分

在勃艮第，大约有100个酒庄联合生产堆肥，然后用这种专门设计的机器进行施肥

在行间距狭窄的葡萄园，跨式拖拉机可以跨越几行葡萄树进行喷洒和树冠管理作业

这种带有坚固耙齿的耙地机不用翻土就可以疏松土壤，增加透气性，在有机葡萄园非常流行

小型履带式拖拉机的重量分布更加均匀，因此不会像轮式拖拉机那样造成严重的土壤压实

廉价，因此葡萄园主要采用人工种植。

虽然现在许多种植工作都通过专业机器完成，如病虫防治、土壤耕作、叶片修剪和果实采摘，有一项工作却很难实现机械化操作，那就是葡萄藤的修剪。

土壤压实

长期使用重型机器会减小土壤的孔隙，将土壤压缩到30厘米的厚度，这会使土壤缺乏足够的透气性。不过，通过一定的方式可以避免或者至少降低这种破坏。

首先，尽量减少机械的使用，在必要的情况下也只能用机械进行喷洒作业。

其次，购买轻型机械。减少轮胎的气压也可以起到相同的作用，因为这样会增加轮胎和地面的接触面积，从而降低单位压力。使用履带式机器也可减少对土壤的损害，因为这种机器与土壤接触面积大，重量分散，而且适合在山坡上使用。

重型机械轧过的土壤透气性较差

葡萄栽培：葡萄树的修剪

葡萄树属于攀缘植物，最初依附在其他树上生长。如果任其自由生长，葡萄树会朝水平方向发展，因为葡萄藤的顶端首先开始发芽。因此，葡萄树应该经常进行修剪，以抑制四处蔓延的长势，否则葡萄树会变得脆弱，难以管理，甚至减少高品质葡萄的产量。

未经修剪的葡萄树遭受真菌侵害的风险要大很多。而且，芽苞越多，枝蔓和果穗就越多，枝蔓会越来越细，果粒也越来越小，最终导致葡萄品质的降低。不过，越来越多的葡萄种植户开始尝试“零修剪”或者“少修剪”。

修剪决定了葡萄树的留芽量，对葡萄的产量和质量至关重要。每一个芽苞会抽生一根枝蔓，而每一根枝蔓最多可结出三串葡萄。葡萄树的产果率取决于品种和芽苞的位置。

如果产量太高，葡萄树通过光合作用产生的养分不足以供应每串葡萄的生长，就会影响叶果比和葡萄的成熟。此外，由于葡萄先吸收养分，葡萄树没有足够的养分储备，本身的长势就会遭到削弱。反之，如果葡萄树上的芽苞太少，葡萄树的生命力不能完全释放，即使生长旺盛、枝蔓粗壮，果实的数量也会很少，这样不仅不会改善葡萄的品质，还会降低产量和收入。

剪枝的关键在于寻找最优产的平衡点。剪枝时必须考虑葡萄树的整体平衡，这样可以避免树叶过于浓密。控制剪口数量也至关重要，因为剪口是葡萄树感染病虫害的源头。

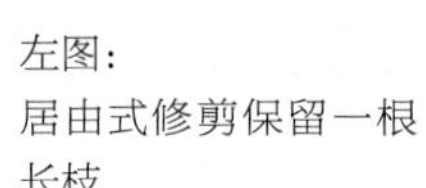

左图：
居由式修剪保留一根长枝

右图：
对葡萄树进行冬剪

在很大程度上，修剪的方式取决于具体的葡萄树品种的产果率。高产的葡萄树每一个芽苞都会结果，而低产的葡萄树上位置较低的芽苞不会结果。对前者而言，为避免产量过剩，应采用短枝修剪法；对后者而言，为确保理想的产量，应采用长枝修剪法。短枝修剪法的结果是母枝保留2～3个芽苞，主要用于高杯式（源自杯状剪枝法）、单高登式和双高登式葡萄树。长枝修剪法至少保留5个芽苞。为防止

双居由式

单居由式

葡萄树朝一侧生长，同时为来年的修剪做好准备，长枝修剪法也会保留一根双芽短枝。这种方法又称为居由式修剪，包括单居由式（一根长枝，一根短枝）和双居由式（两根长枝，两根短枝）。使用双居由式修剪法时，长枝以弓形在树干的一侧或两侧生长。

剪枝的时间会影响葡萄树发芽的时间。经验丰富的葡萄种植户会尽可能地推迟剪枝的时间，德国的一句谚语中也讲到，最佳剪枝时期是3月份，即晚春时节。在欧洲一些地区，根据传统习惯，人们通常等到1月22日圣文森特节（葡萄种植户的守护神）结束后才开始修剪葡萄树。不过可以确定的是，剪枝应该在树叶全部掉落、树液充分回流后再进行，因为只有那时葡萄树才完成了越冬所需的能量储备，准备好春天开始新一轮的生长周期。如果春季可能发生霜冻，应尽量延迟发芽时间。因此，容易遭受晚霜侵袭的地区应该最晚剪枝。这些地区应该采用长枝修剪法，因为枝蔓顶端的芽苞优先萌发。如果第一批芽苞冻死，可以用其他芽苞替代。

葡萄树的修剪还决定了主干的高度。如果采用机械采摘，最好能增加主干的高度。为确保树干向上生长并且没有剪口，在生长阶段就应将树干上的侧蔓切除。这些枝条可以烧毁，也可以粉碎后做堆肥使用。

剪枝需要花费大量时间，而且如果枝条粗壮，这个过程将会非常艰辛。因此，葡萄种植户已经开始尝试机械化操作。最先出现的是气动和电动修枝剪，这些工具可以减少剪枝所需的力量。现在，为了提高效率，一些葡萄种植户利用机器进行剪枝，就像修剪树篱一样。这比手工修剪提高了20%～30%的速度。

在劳动力匮乏的国家，如澳大利亚，葡萄种植户正尝试将剪枝工作完全机械化。最广泛使用的一个方法是：先将葡萄树上第二年会结果的部分进行修剪，然后用机器去除其他所有枝蔓，这样葡萄枝不会长得太长。对比研究显示，采用机械修剪的葡萄树的果实质量不如采用传统人工修剪的葡萄树的果实质量，主要是因为葡萄树上的果穗分布不均匀。

虽然剪枝在某种程度上可以决定葡萄的产

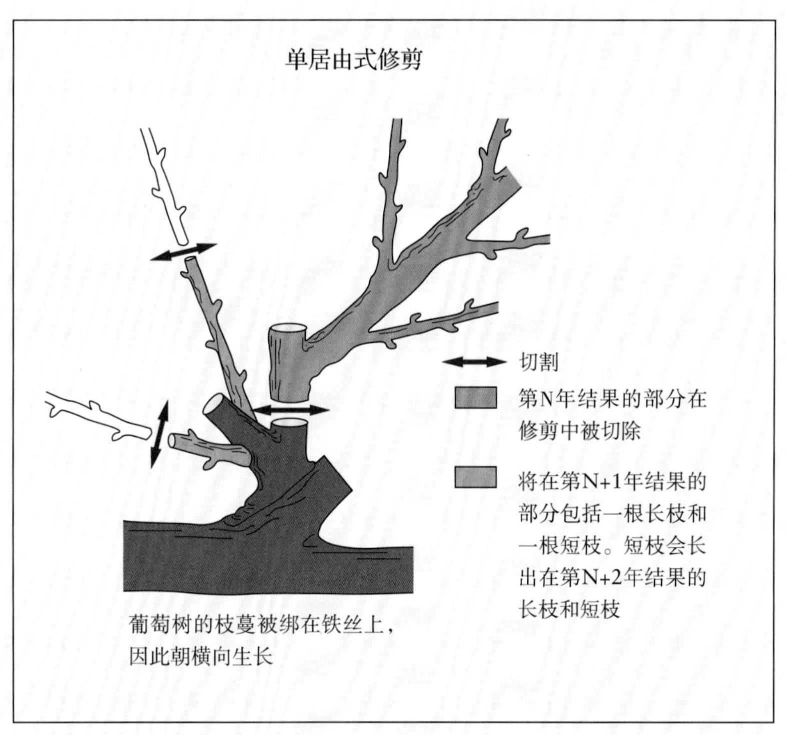

量，但无法精确控制。许多因素都会影响葡萄树的萌芽、开花和其他生长阶段。如果开花后发现葡萄树产量过高，可以去除多余的花序和果穗。

种植方法

葡萄种植户的首要目标是出产足够数量的优质葡萄以维持自己的生意。葡萄的种植方法有很多，包括传统种植法、有机种植法和生物动力种植法。这几种方法的根本区别在于对病虫害的控制手段，以及土壤管理、杂草处理、化肥使用和酿造工艺。

一些葡萄种植户（如上图中的博若莱地区）使用天然肥料和堆肥来替代化学肥料

过度开发的葡萄树和土壤

20世纪60—80年代，整个农业种植都在大量使用最新的化学药剂来控制病虫害。在葡萄种植业，葡萄种植户在葡萄树的特定生长阶段使用化学药剂，并根据药效的时间重复使用。化肥的使用同样没有任何节制，而这会破坏土壤本身的平衡，导致某些物质含量过高，如钾和硝酸盐。不过，当时的人们没有意识到或者是不愿意承认这些化学品对环境和消费者健康产生的影响，而且当时还没有可替代的产品和监管方式。此外，消费者很晚才开始重视这些问题，虽然他们早在20世纪70年代就已经对绿色的生活方式产生了兴趣。

左图：绿色有机肥的使用越来越广泛，如图中的纳帕谷。先种植各种各样的植物，然后在它们结籽之前全部犁倒

右图：在这个葡萄园中，堆肥和稻草覆盖在葡萄树周围的土壤上

综合种植法

自20世纪90年代起，越来越多的葡萄种植户开始采用综合种植法。这种方法对化学药品的使用更加谨慎。只有当病虫造成的危害达到一定程度时，葡萄种植户才会采取治理措施，并选择对环境和工作人员伤害最小的化学药品。为取得最佳效果，化学药品必须在合适的时间使用，这个时间由害虫的生命周期、葡萄树的生长阶段以及天气等因素决定。

监控葡萄园的情况对保护环境和减少化学药剂的使用至关重要。不过，收集相关信息需要花费大量时间。

葡萄种植户选择综合种植法并非出于经济利益，而是为了优化葡萄园的工作。综合种植法需要遵循施肥和土壤栽培等方面的原则，包括尽量减少氮肥的使用，将剪下的树枝切碎后用作堆肥等。

有机种植法的各种要求更加严格。防治病虫害只能采用天然材料，其中最重要的是硫和铜。不过，现在专家建议葡萄种植户减少铜的使用，因为铜被土壤吸收后会破坏生物进程。

综合种植法需要遵循的原则同样适用于有机种植。一方面葡萄种植户几乎不受任何部门的管制；另一方面现在已经有一系列明确的准则和一

生物动力种植法

生物动力种植法认为，植物（或者其他任何生物）的病害是自然平衡遭到破坏的表现。虽然这些病害需要得到控制，但最主要的目的是恢复植物与周围环境之间的平衡。当然，这个过程不能一蹴而就，就像植物种植户不能在一天内从传统种植法转变为生物动力种植法一样。

在人智学家鲁道夫·斯坦纳的影响下，生物动力农业于20世纪初首先出现在德国。鲁道夫·斯坦纳的理念适用于农业的所有分支。

角肥的原料

生物动力种植法允许使用少量的铜和硫防治病虫害。铜和硫还可以研成粉末与用石英、荨麻或者蒲公英制作的制剂混合在一起。为了活化土壤，除了堆肥，葡萄种植过程中也会使用动物的角肥。

宇宙对葡萄树的影响取决于太阳系九大行星、十二星座、太阳以及月球的位置。如果配合宇宙的律动种植葡萄树，会增强种植的效果。月球进入土象星座时适合耕土，这样有利于根部的生长，而且最好是在下午进行，可以充分利用落日的能量。如果想促进果实的生长，应该在月球进入火象星座时打理葡萄树，最好是清晨，这样可以吸收朝阳的能量。每年都出版的生物动力年历详细介绍了每天适宜的农耕作业。

按照生物动力法的观点，使用农药会引发许多问题。除草剂不仅会杀灭土壤中的生物，还会阻碍葡萄树的健康生长。葡萄树的平衡遭到破坏后会招致寄生虫和病害的侵袭，但使用化学药剂会对土壤造成更大的危害。这会减弱葡萄树的风土条件，使葡萄酒缺乏特性。

生物动力种植法并不简单，因为这种方法没有通用的操作流程。每个选择生物动力法的葡萄种植户都必须找到最适合自己葡萄园的具体方案。

套定期检查的体系，这两个方面需要很好的平衡。有机葡萄酒在几年前还饱受争议，但现在情况已截然不同。

许多国家的葡萄酒生厂商开始逐渐接受向有机种植转变的漫长过程及严格的生产规定。

动物角堆肥在使用前要先增强活力

病虫害综合治理

对蝴蝶而言，葡萄园再次成为一个安全的栖息地

病虫害综合治理的目的是确保葡萄树的健康，出产优质的酿酒葡萄或鲜食葡萄。

病虫害综合治理包括直接和间接的防治方法。综合治理的概念是指采取一切可行的经济、生态和毒理学手段控制病虫害，避免造成经济损失。

防治方法

- 葡萄栽培法：这种方法不仅可以增强葡萄树本身的抵御能力，而且可以营造葡萄园中的气候，使病虫缺乏赖以生存的条件。葡萄栽培法包括挑选适合的葡萄品种、合理使用化肥以及适时进行树冠管理。
- 物理机械法：除了使用机器除草，这个方法还包括利用光线和声音驱赶鸟类、架设防鸟网保护正在成熟的葡萄、使用塑料网套防止野生动物破坏葡萄树。
- 生物法：利用生物防治害虫。目前，葡萄种植业在进行病虫害综合治理时允许使用两种化学药剂——用于防治卷叶蛾的苏云金杆菌制剂和防治葡萄黑象甲的绿僵菌制剂。如果葡萄种植户使用的化学药剂不会伤害益虫，便可以极大地促进病虫害的自然防治。例如，选择合适的杀虫剂不会伤害梨盲走螨这种捕食螨，这样就可以不用直接控制蛛螨。
- 生物技术法：利用害虫对化学药剂或物理刺激的自然反应控制虫害。例如，黄色、白色或者红色的光盘可以用作驱鸟器。目前，生物技术防治中最具实际意义的是性信息素的使用，在葡萄种植业中，主要是指葡萄卷叶蛾的性信息素。性信息素诱捕器可以准确显示害虫的活动期，从而反映出葡萄树遭受虫害的时间。雄蛾受到模拟雌蛾性信息素的性诱剂诱惑，落入诱捕器中，被底部的黏胶困住。通过定期检查这些诱捕器，葡萄种植户可以获悉害虫的活动高峰期，从而准确推算出防治虫害的最佳时间，避免对葡萄树进行不必要的喷洒作业。性信息素不仅可以预测虫害发生的时间，还可以通过交配干扰法直接控制害虫。

葡萄园内的气味散发器持续释放出性诱剂，扰乱雄性卷叶蛾的方向感，使其无法找到雌虫进行交配，这就是所谓的交配干扰法

左图：卷叶蛾的幼虫孵化出来后就开始咬食芽苞内部，因此花还未成熟就遭摧毁

右图：杨柳秀丽（willow beauty，又称Peribatodes rhomboidaria）的幼虫会咬食葡萄树的芽苞。这些棕色的小虫将芽苞蛀空，使新枝无法生长

交配干扰法同样使用人工合成的雌性葡萄卷叶蛾的性信息素。即使这些性信息素的含量非常低，雄蛾也可以通过它们的触角感知到这些化学物质，然后追踪到释放源。在自然情况下，雄蛾会找到分泌性信息素的雌蛾。

葡萄种植户在使用交配干扰法时将人工合成的性信息素装入塑料气味散发器，然后均匀散布到种植密度为500株/公顷的葡萄园中。性信息素持续散发出来，弥漫在防治区域的整个空气中。雄卷叶蛾由于无法判断性信息素的来源而迷失方向，找不到雌蛾进行交配。因此，雌蛾只能产下未受精虫卵。这种方法可以用来控制两种卷叶蛾——女贞细卷蛾和花翅小卷蛾。气味散发器只需在第一批卷叶蛾开始活动前放置即可。交配干扰法最突出的特点是只对卷叶蛾有效，而不会伤害益虫，如捕食螨、姬蜂、草蛉、猎蝽和瓢虫。这种方法是目前最环保的病虫害防治方法。

- 化学法：病虫害综合治理也包括使用化学药剂，不过，只有当病虫害的影响超过一定限度时才可以使用杀虫剂、杀螨剂、杀菌剂和除草剂等化学药剂。对于主要的害虫，已经研究出了允许的临界值。对于真菌病害，通常需要采取预防性措施。然而，改进现有的预测手段或者开发新手段可以避免不必要的预防措施。

病虫害综合治理强调对环境的保护。因此，在几种可行的防治方法中，葡萄种植户应该优先考虑生物法和生物技术法。

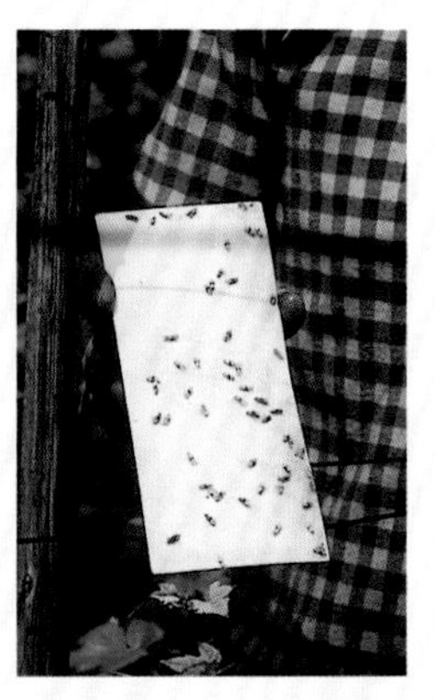

卷叶蛾粘在诱捕器底部

葡萄树的病虫害

葡萄树有许多天敌：病毒、细菌、植原体、真菌、螨类、昆虫和线虫。但幸运的是，这些病虫很少会同时出现在同一个地区。

病害

在已知的40多种葡萄树病毒中，最常见的是扇叶病毒。扇叶病毒通过线虫传播，会导致葡萄产量大幅下滑。要想防治这种病害，必须种植健康的葡萄树（效仿苗圃的操作），并且在种植新葡萄树之前，使葡萄园休耕一段时间。此外，尽可能多地切除葡萄树的根部，这样线虫没有寄生环境就会饿死。用化学药剂治理土壤中的线虫会对环境造成破坏，因此，有些国家（如德国和瑞士）明令禁止这种做法，其他国家（如法国）则采取严格的管制措施。

植原体是一种类似于细菌的微生物，会引发葡萄树的两种主要病害：皮尔斯病（对美国造成了巨大损失）和黄化病（主要出现在法国南部）。

有些真菌攻击葡萄树的树干并导致其死亡；有些真菌则侵害葡萄树的绿色部分，如树叶、枝蔓和果实。第一种真菌会引起顶枯病和埃斯卡病。为防止这种真菌传播，修剪葡萄树的时候不能留下太大的剪口，因为真菌就是从这些剪口进入葡萄树的。枯死的根茎也必须焚毁，否则会成为新的感染源。

第二类真菌病主要包括霜霉病、白粉病和灰霉病。霜霉病主要危害葡萄树的叶片，甚至会导致叶片提前脱落，从而严重影响葡萄树的光合作用，降低果实的糖分，破坏根系的养分结构。铜可以有效地防治霜霉病。常用的铜制剂有氧氯化铜和波尔多液（使用铜和石灰配制而成）。

白粉病主要危害葡萄树的叶片和果实，导致葡萄品质甚至产量下降。但不是所有的葡萄品种都容易遭受这种病害的侵袭。例如，佳丽酿比西拉和黑比诺感染白粉病的概率大很多。这种病害发生后很难治理，因此，采取预防性措施至关重要。控制白粉病通常使用硫制剂，还可使用有机药剂，但一年只能使用一两次，以免真菌产生抗药性。

灰霉病是葡萄树的第三大敌人。这种病害会对葡萄的产量和品质产生严重的影响。治理灰霉病最好的方法是通过采取预防性措施增强葡萄树的生命力，确保树冠通风良好。这些措施包括减少土壤中的氮、保持合理的株距和适时修剪树冠（去除侧枝，疏剪树叶）。

用来防治真菌病的有机药剂可以分为三类：触杀性杀菌剂（作用于表面，只能保护喷施部位）、局部内吸性杀菌剂（可以渗入喷施部位，阻止真菌的侵袭）和内吸性杀菌剂（渗入并蔓延至整棵葡萄树）。

白粉病会导致葡萄果实开裂

蔓枯病：病菌以分生孢子器在病蔓上越冬

对葡萄树喷施杀虫剂

虫害

女贞细卷蛾和花翅小卷蛾是葡萄树的两大害虫。它们每年夏季繁殖二次至三次，不同时期的幼虫会分别危害葡萄树的芽苞、花朵和果实。

对不同生长阶段的害虫需要使用不同的杀虫剂，并且选择恰当的时机进行喷洒作业。时间越准确，对环境、操作者和益虫的伤害就越小。有时，相差一两天会产生截然不同的效果。

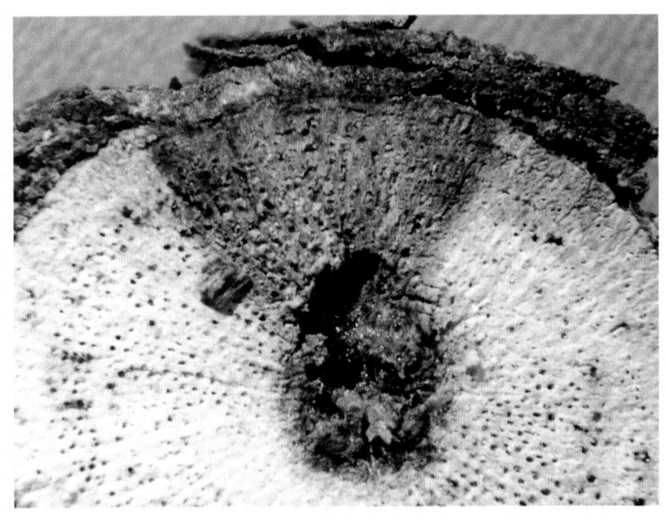

发生顶枯病的树干横截面

治理方法

化学药剂必须喷施在遭受病虫害侵袭的部位，如感染白粉病的叶片或被卷叶蛾咬食的果实。喷施的范围、化学药剂的种类、喷施的时间、喷嘴的形状以及喷洒机在葡萄园行驶的速度都会影响治理的效果。错误的喷嘴形状和过快的速度会对环境造成不必要的污染。

主要的病害

霜霉病

病原菌：葡萄生单轴霉

霜霉病是葡萄树最严重的两大病害之一。春季频繁的暴风雨会使树叶感染土壤中的真菌孢子，而温暖潮湿的气候也有利于真菌的传播。最初，叶片正面会产生浅色的圆形病斑，然后真菌开始在叶片背面生长。严重的霜霉病不仅会导致葡萄产量急剧下滑，还会影响枝蔓的成熟和葡萄的品质。所有欧洲葡萄品种都容易感染这种病害，尤其是米勒-图高、莎斯拉和葡萄牙人。

白粉病

病原菌：葡萄粉孢菌

白粉病是葡萄树另一个最严重的病害。这种病害会侵袭葡萄树所有绿色部分，尤其是生长初期的嫩枝。不过，白粉病对葡萄树果实的危害最大：情况严重时，大多数葡萄表面会产生一层灰白色粉状霉，如同撒了面粉一样。白天炎热、夜晚凉爽的天气有利于白粉病的传播。所有欧洲葡萄品种都容易发生这种病害，特别是琼州牧、埃尔布灵、科纳、托林格、西万尼和佳丽酿。用感染白粉病的葡萄酿造的葡萄酒带有异味。

灰霉病

病原菌：灰葡萄孢菌

在气候潮湿的情况下，如果葡萄汁含糖量低于62奥斯勒度，即葡萄汁比重小于1.062，葡萄幼果很容易感染灰霉病。假如果梗和果柄也发生这种病害，许多葡萄会提前掉落。灰霉病会破坏红葡萄品种中的某些色素，因此监测这种葡萄树的健康尤其重要。灰霉病还会影响葡萄树的繁殖，因为这些真菌会阻碍嫁接苗的黏合，抑制幼苗成长。不过，成熟后的葡萄感染这种病菌会变成所谓的“贵腐”葡萄，可以酿造品质出众的葡萄酒，如德国精选葡萄酒和逐粒精选葡萄酒。

蔓枯病

病原菌：葡萄生拟茎点菌

冬季剪枝时蔓枯病的症状最为明显：受害的枝蔓会出现灰斑、纵裂和许多含有分生孢子的细小洞孔。葡萄树在春季处于生长期，如果凉爽的天气减缓了枝蔓的生长，而且雨水充沛，葡萄树则极有可能感染蔓枯病。孢子主要通过雨滴传播，因此这种病害扩散缓慢。如果春季干燥温暖，蔓枯病的发病率就会很低，不必采取任何预防措施。米勒-图高很容易受这种病害的侵袭。

叶焦病

病原菌：葡萄角斑叶焦病菌

这种真菌病的名称在德语中的意思是“红色燃烧物”，源自受害红葡萄品种叶片出现的典型症状。部分枯死的叶片边缘呈红褐色，中间为黄绿色，看起来就像被烧焦一样。叶焦病主要危害生长在斜坡上的葡萄树，因此只有某些地区需要防治，如德国摩泽尔河谷和弗兰肯部分地区。雷司令特别容易感染叶焦病，因为这种葡萄种植在干燥多石、缺乏腐殖土的斜坡上，为病菌提供了理想的生存环境。在容易发生叶焦病的地区，必须尽早采取预防性措施。事实上，葡萄树只长出四五片树叶时就应该喷施药剂了。

埃斯卡病

病原菌：有许多病原菌

这种病害的发生率近年来有所提高。埃斯卡病主要危害树龄较大的葡萄树，并且会对葡萄树产生长期影响：先是叶片出现典型症状，然后葡萄树生长受阻，直到第二年，整个植株彻底死亡。埃斯卡病的确切起因还不清楚，因此目前还没有对抗埃斯卡病的方法，必须采取预防性措施降低病害发生的可能性。关于埃斯卡病中的微生物以及可行的控制办法正在研究中。

顶枯病

病原菌：顶枯菌

顶枯病由一种有害真菌引起，不仅危害葡萄树，而且侵袭杏树和黑醋栗。和埃斯卡病一样，顶枯病也会导致葡萄树死亡。感染顶枯病的葡萄树主要有两个症状：溃疡和叶片变小。人们通常认为这种病害只影响树龄超过十二年的葡萄树，但最新的研究推翻了这种观点。直接对受害的葡萄树进行治理并不可行，因此只能采取预防性措施。最近几年，顶枯病越来越常见，并且常常和埃斯卡病联系在一起。有关部门正在对这种病害的病原菌和传播方式进行专题研究。

根腐病

病原菌：蜜环菌、根腐败菌、白纹羽菌

这三种根腐病菌会导致枝蔓枯死，阻碍葡萄树生长。这些病菌单独或同时出现，对新根和老根都会产生危害。它们会在根部表皮上方或下方形成扇形菌丝体和菌丝索。葡萄树的死亡很少能归结于一个原因，因为植株可能早已遭到削弱或者破坏。葡萄园内不利的生长条件，如长期存在的地表水，就是葡萄树死亡的原因之一。这三种病菌很难确切地检测出来，因为它们需要特殊的生长条件，而且生长非常缓慢。

主要的害虫

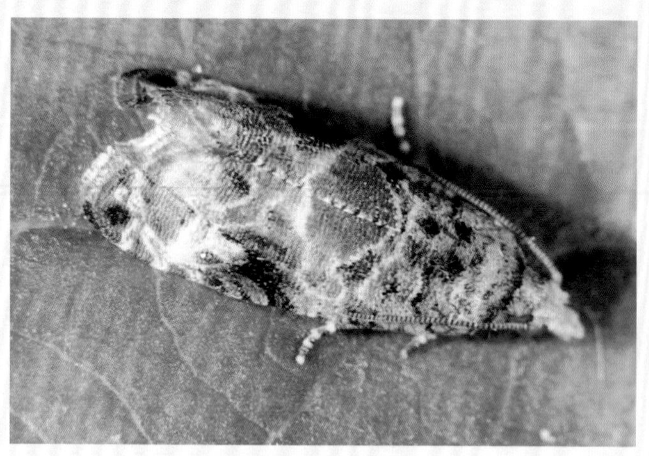

卷叶蛾（1）

卷叶蛾是葡萄树最大的天敌。女贞细卷蛾蛾体呈淡黄色，背部中间有一黑色条纹；花翅小卷蛾的翅膀具有褐色斑驳状图纹。这些卷叶蛾的幼虫是危害葡萄树的罪魁祸首。

卷叶蛾（2）

卷叶蛾将第一代卵产在花芽上。这些卵会孵化成不足2毫米长的幼虫，完成卷叶蛾的第一个生长阶段。幼虫啃噬葡萄树的花芽，并且破坏未成熟的花。

卷叶蛾（3）

第一代幼虫不仅危害花芽，还在花朵间吐丝结茧（将自己的丝和一部分花缀合成团）。一些生长成熟的幼虫钻进这些茧中，然后结茧成蛹，最后成为卷叶蛾。

卷叶蛾（4）

第二代幼虫咬食正在成熟的果实。幼虫密度大时甚至会摧毁整串果穗。遭受幼虫侵袭的果实还常常感染真菌。灰霉菌就是通过被咬的果实传染给整串葡萄，从而引发可怕的酸腐病。

葡萄叶蝉（1）

葡萄叶蝉在常绿树木的树干中越冬，第二年春季成虫再回到葡萄园。这些绿色的昆虫喜欢隐藏在叶片背面，把卵产于叶脉中。叶蝉的幼虫刚开始没有翅膀，直到幼虫期的最后阶段才长出翅芽。

杨柳秀丽

杨柳秀丽的幼虫以葡萄树的芽苞为食。这种灰棕色的毛虫将芽苞吃空，导致葡萄树无法长出新枝。杨柳秀丽会造成严重的危害，尤其是在枝蔓生长延迟的情况下。这些毛虫的外观与枝条很相似，因此不易被发现。

葡萄叶蝉（2）

叶蝉的幼虫和成虫会刺吸叶脉，造成叶片向内卷曲。受害的叶片会从边缘开始变色，然后向中间传播：白葡萄品种的叶片会变成黄色，红葡萄品种的叶片会变成醒目的红色。受害严重的叶片会因干枯而提前掉落。

葡萄黑象甲

葡萄黑象甲长约1厘米，呈灰黑色，幼虫和成虫都在土壤中越冬。幼虫以树根为食，会导致最严重的危害。成虫在春季以葡萄树的芽苞为食，之后侵害葡萄树的叶片，造成叶缘周围出现明显的症状。黑象甲啃噬树皮会对幼树的主要根茎造成严重伤害。

葡萄根瘤蚜

葡萄根瘤蚜于1860年前后由美国传入法国。1863年，这种黄色的小昆虫在英国首次出现。同一年，法国罗讷河南部地区的葡萄种植户也发现了这种之前从未见过的葡萄害虫。法国植物学家朱尔斯·普朗雄将这种害虫命名为“Phylloxera”，现在它们的学名为“Daktulosphaira vitifoliae”。19世纪末，葡萄根瘤蚜几乎侵袭了欧洲所有葡萄酒生产国。如今，这种害虫已遍布世界各地。

根瘤蚜主要危害葡萄树的树根，这会削弱葡萄树的养分供给，甚至导致植株死亡。目前，还没有化学药剂可以有效地控制这种虫害。嫁接栽培曾在过去成功防治过葡萄根瘤蚜，而且在今天仍然可行。这种方法是将易害病的葡萄品种（欧亚种葡萄）嫁接到抗蚜砧木上（冬葡萄、河岸葡萄和沙地葡萄的杂交品种）。

如今，葡萄根瘤蚜很少出现在嫁接葡萄树上，但这并不代表这种害虫已经完全消失：某些欧亚种葡萄砧木仍然会遭到根瘤蚜的侵害。美国加州在20世纪60年代使用的夹杂品种AxR1就是其中一个例子。这种砧木可以适应所有的土壤条件，并且直到很长一段时间后才显示出根瘤蚜的危害症状。现在，加州的葡萄酒生产商正为他们的疏忽遭受着巨大的损失，因为他们不得不彻底清除葡萄园，改种其他品种。

葡萄根瘤蚜的生命周期

葡萄根瘤蚜以同一棵葡萄树的叶部和根部为寄主，而不会从一棵葡萄树寄生到另一棵葡萄树。性蚜交配产下的越冬卵在葡萄树的生长初期孵化成干母。这些干母完全成熟后在叶片上形成虫瘿，并在其中产卵。孵化的幼蚜爬满枝蔓，在其他叶片上形成新的虫瘿。夏末，这些幼蚜不再向枝梢扩散，而是向根部蔓延，开始生命周期的地下阶段。它们先转移到土壤深处过冬。第二年春天，它们刺吸幼根，造成根部膨胀，最后幼虫长成产卵雌蚜。孤雌生殖一年繁衍几代根瘤型幼蚜，有些变成有翅若蚜，钻出土面后开始生命周期的地上阶段。有翅若蚜变成成蚜后，会在美洲种葡萄树上产下大小两种卵。大卵孵化为雌蚜，小卵孵化为雄蚜。雌蚜和雄蚜交配后会在树干上产下一粒卵，称为越冬卵。第二年春天，越冬卵又孵化为干母，新一轮的生命周期再次开始。

左图和中图：
根瘤蚜会在美洲种葡萄树的叶片上形成虫瘿，虫瘿内寄居了叶瘿型蚜虫、叶瘿型蚜虫的卵以及孵化的幼蚜。这些虫瘿在叶片正面有一个可供幼蚜进出的开口。它们吸食叶片的其他部分或者叶柄，形成新的虫瘿

右图：
根瘤型蚜虫以葡萄树的树根为食，会导致根部发生肿胀，从而阻碍葡萄树吸收水分和养分，最终造成树势衰弱，甚至植株死亡

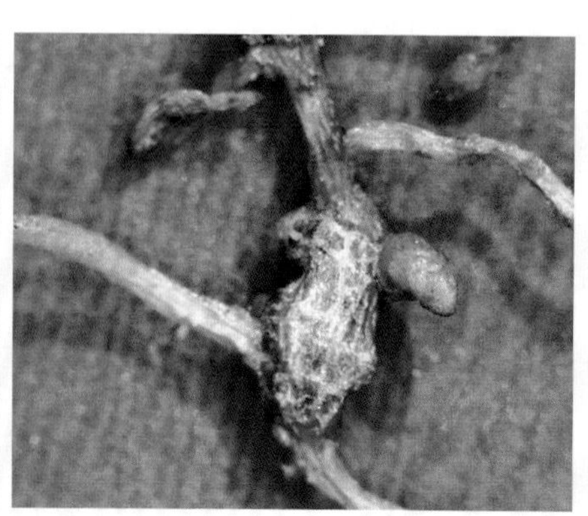

根瘤蚜的生长周期

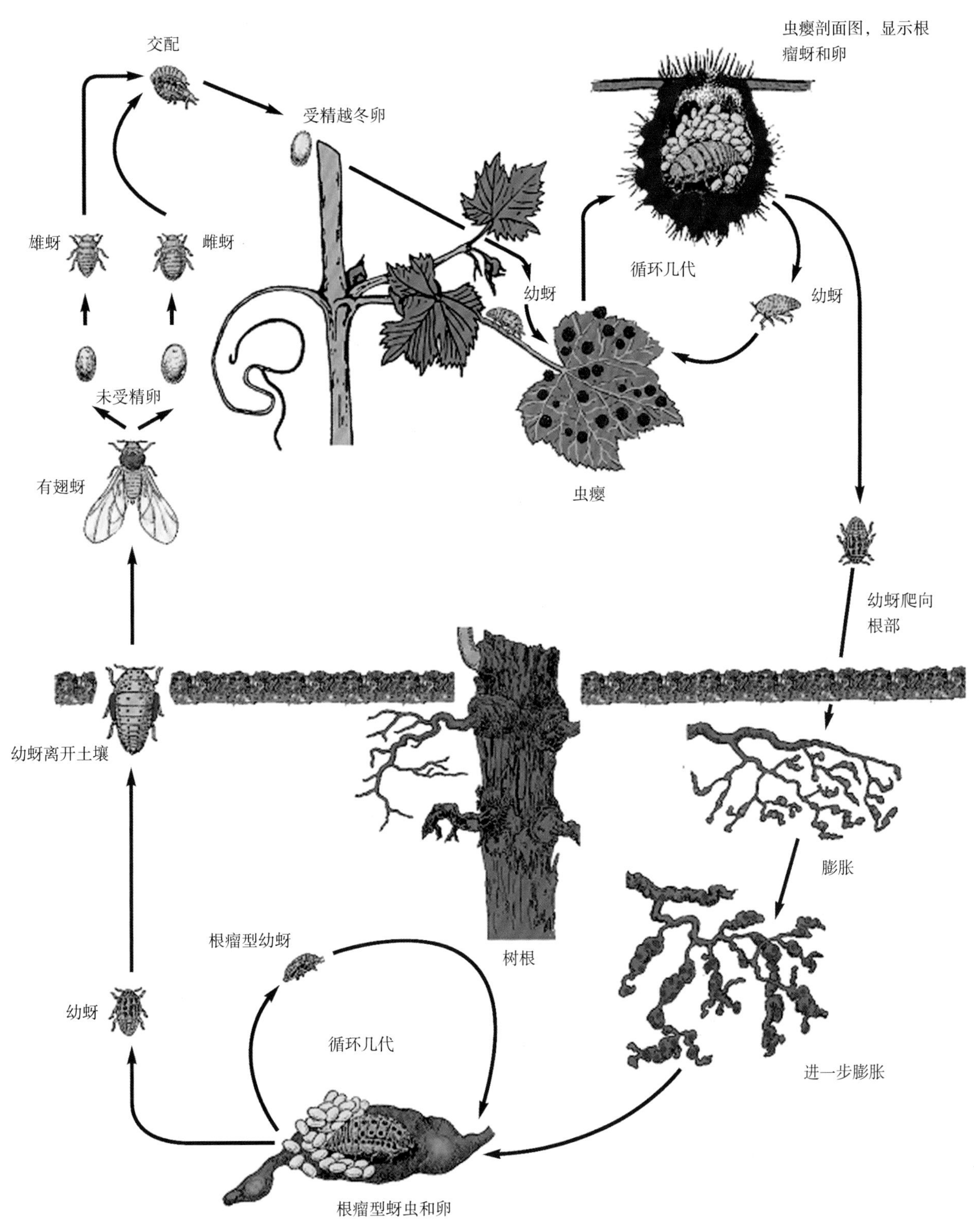

摘自韦伯（Weber）1974年的著作，有所修改

葡萄园里的一年：土壤管理及其他工作

种植新的葡萄树是葡萄园中最耗时的工作，不过当幼苗茁壮生长时，也是最有成就感的时候

杂草控制

葡萄树需要长期的精心呵护。管理葡萄树和土壤不仅对提高当年的葡萄酒品质至关重要，还会影响来年的葡萄酒品质。土壤管理包括许多不同的方法，化学除草法是其中之一。这种方法可以减少手工和机械作业，但一年内需要对土壤进行一次至两次的翻耕和疏松。这项工作可以在秋季或者春季进行，也可以在两个季节都进行。除了翻耕土壤，还可以只在株间使用除草剂，然后在行间人工或自然生草。

土壤管理最有效的方法是综合法：在葡萄树周围堆积泥土，并且根据需要翻耕株间的土壤。嫁接苗周围的泥土层可以保护葡萄树度过寒冷的冬季，但必须在第二年的春季移除，以免接穗向土壤深处生长，增加多余的树根。

除草的频率取决于杂草的密度。下过雨后，拖拉机很难驶入葡萄园进行除草作业。如果葡萄园采用长期生草，必须在每个季节进行多次刈割。不过，为防止覆草在葡萄树的生长阶段与其争夺水分和养分，有些葡萄种植户选择短期覆盖，即在冬末时使用机械或者除草剂清除杂草。

然而，没有一种方法可以适用所有情况。土壤特性、道路状况、腐蚀问题、晚霜、水分争夺和管理成本都是需要考虑的因素。虽然行间生草可以保护土壤的结构和其中的生物，但不适用于斜坡上的葡萄园，因为拖拉机的轮胎在斜坡上会发生打滑，也不适用于容易出现晚霜的地区，因为覆草

葡萄树的叶子浓密厚实，尤其是在气候潮湿的葡萄酒产区。葡萄种植户需要修剪叶片，让树干吸收更多的阳光和空气

会增加土壤湿度，导致葡萄树在春季遭受霜冻。

在陡峭的山坡上，如摩泽尔河沿岸，葡萄种植户用绳索牵引犁和其他工具。如果没有机械的辅助，根本无法维护优质葡萄园

葡萄树管理

葡萄树也需要精心管理。修理葡萄架、立柱和铁丝的最佳时间是冬季，尤其是在树形修剪之后。如果葡萄树采用长枝修剪法，则要将长枝捆绑在葡萄架的铁丝上。葡萄树开始生长后，去除多余的枝蔓，这样有利于树冠的通风和第二年的冬剪。根颈枝（直接从树干生长出来的枝蔓）也需要在同一时间或者以后去除。

如果葡萄园采用高登式修剪法，枝蔓一旦达到特定长度时就需要绑在葡萄架的铁丝以及立柱间的铁丝上。这项工作必须手工进行，同时还要修剪树冠。

在气候寒冷的地区，葡萄种植户可能会在盛夏时摘除葡萄树的部分果穗，从而确保葡萄的品质。这种方法称为“产量控制”或“绿色采摘”，主要用于红葡萄品种，以增加颜色的浓度。如果这项工作及早进行，剩余的果穗足以弥补产量的损失。

如今我们认识到，葡萄叶的管理会影响葡萄酒的品质。去除所有不结果的枝蔓可以改善葡萄的风味

葡萄的成熟

从冬末的发芽至秋初的果实成熟，葡萄树会经历一系列生长阶段，其中一些阶段特别重要。在生长初期，芽苞开始膨大，逐渐长出第一批树叶。待5～6个芽苞完全展开后，可以看出果穗的形状。葡萄树的坐果率取决于气候条件和前一年植株的健康情况，可以反映当年的产量。在北半球，葡萄树通常在5月中旬至6月中旬开花，具体时间视不同地区而定。虽然所有的花苞都会开花，但不是每个都会结果，因为有些花苞在授粉前后会出现脱落现象。葡萄树上的结果数占开花总数的百分率称为坐果率。根据葡萄品种和气候条件，坐果率从10%～50%不等。此外，根据不同的葡萄品种，幼果也会在开花后的两个星期内出现掉落现象。寒潮和降雨也会加剧落果。通常，葡萄在开花后100天进入采摘期。

在坐果期，果穗横向生长。当葡萄长成豌豆大小时，果穗会向下垂坠。有时，葡萄树可以不经授粉就发育结果，这些果实粒小无籽，成熟后糖分含量高。这种现象称为单性结实，如果大规模发生，虽然不会降低葡萄的品质，但会影响当年的产量。

进入转色期后，白葡萄品种逐渐变成半透明色，红葡萄品种则开始着色。在这个时期，枝蔓停止生长，葡萄开始新陈代谢。葡萄逐渐成熟，糖分急剧增加（光合作用的产物主要供应葡萄的生长）。与此同时，葡萄酸度下降。虽然酒石酸的含量保持不变，但由于苹果酸含量的减少，它在葡萄总酸中的比例却有所上升。

当含糖量不再增加，含酸量不再降低时，葡萄达到生理成熟。在气候较冷的地区，含糖量很难达到法定产区规定的最低值，而在较热的地区，酸度则容易过低。不过，这两种情况都可以在酿酒过程中加以纠正。

除了生理上的成熟，葡萄的成熟还包括香气和酚类物质的成熟。香气成熟是指香气或者构成香气的物质最浓郁的时候。如果要测定酚类物质是否成熟，葡萄种植户需要监测花青素和单宁的发展过程，前者决定葡萄酒的颜色，后者确保葡萄酒的结构和颜色的稳定性。葡萄成熟后，花青素的含量会达到一个最高值，然后开始下降。葡萄的采摘应该在花青素含量最高的时候进行，但是对其含量的测量花费高、难度大，因此很少采用这种方法。如果葡萄品种适合葡萄园的风土条件，一旦葡萄达到生理成熟后，香气和酚类物质通常也会马上成熟。

在欧洲一些葡萄酒产区，葡萄采摘的日期由官方决定，如果想提前采摘，必须得到相关部门的批准。具体日期由贸易协会根据在葡萄园内进行的各项测试结果决定。新世界没有这样的规定，而且欧洲也开始变得越来越灵活。例如，德国近年来放宽了政策，给予葡萄种植户更多的自由。限定采摘时间主要是为了防止种植户由于担心天气等因素而过早采摘葡萄。不过，对于延迟采摘时间则没有任何限制。根据成熟时间的先后，不同葡萄品种的采摘在葡萄园内分块进行。在一些地区，早熟白葡萄品种和晚熟红葡萄品种的采摘时间可能会相隔4～6周，用来酿造贵腐精选葡萄酒和冰酒的迟摘品种与早熟葡萄的采摘间隔会更久。

叶芽萌发

芽苞生长

这些花芽会结出果穗

开花

果实生长100天

黑比诺开始转色

转色期内的黑比诺

成熟的雷司令

感染贵腐霉的过熟葡萄

过熟

如果葡萄完全成熟后没有采摘，就会进入过熟期。最著名的过熟葡萄是感染贵腐霉的葡萄，可以酿造苏玳、托卡伊、逐粒精选和贵腐精选葡萄酒。贵腐霉也会引发灰霉病，但造成两种情况的气候条件截然不同。贵腐霉需要经过潮湿、有雾的早晨和阳光明媚的下午才可以形成。这种霉菌会蚀穿果皮，导致水分流失，糖分浓度增加。过熟的葡萄通常是在不同的阶段成串或者逐粒采摘。采摘下成熟的葡萄并进行储存也可以使其过熟。例如，在赫雷斯和马拉加地区，葡萄压榨前会放在太阳下晾晒数日。在汝拉和布尔根兰地区，用来酿造稻草酒的葡萄会铺在稻草或者芦苇上风干，直到年底再压榨。在意大利某些地区，葡萄会在架子上悬挂几个月，直到第二年的圣周时再压榨，然后用来酿造圣酒的基酒。

葡萄的采摘

德国布拉肯海姆，工人在采摘过程中休息

手工采摘

葡萄种植户可能倾向手工采摘葡萄，或者因为当地条件的限制不得不这么做。如果斜坡陡峭，树体低老，地块狭小零散，通常别无选择。如果没有这些情况，可以使用机械采摘，但很多葡萄酒生产商依然采用手工采摘的方式。

选择手工采摘的一个重要原因是将葡萄以最完美的状态运送至酿酒厂。最好用板条箱运输，这样受损葡萄渗出的果汁可以在发生氧化前流尽。如果葡萄品质优良，而且完好无损地送达酿酒厂，则可以极大地减少甚至完全避免硫的使用。

不过，即使是手工采摘的葡萄，如果在翻斗车中受到自重的挤压，并且在太阳下暴露几小时，品质也会降低。

手工采摘可以在采摘时或者采摘后直接对葡萄进行分拣，并且去除一部分葡萄的果梗。机械采摘无法做到这一点，因为机器只能把葡萄从葡萄树上摇晃下来，而不能去梗。

价格不是顶尖酒庄考虑的主要问题。即使成本高昂，为了保留传统，这些酒庄仍会选择手工采摘。通常，10～20人的小规模采摘队伍氛围非常欢乐，而且每一年的采摘工基本保持不变，因为他们喜欢在一起工作。许多葡萄种植户都不愿意放弃手工采摘，他们认为这是一年葡萄种植中的高光时刻。

负责的采摘工还会小心翼翼地去除没有成熟和破损的葡萄

搬运葡萄是一件非常辛苦的工作

只有行距足够宽阔的葡萄园才能使用机械采摘

葡萄的质量与机器采摘的速度密不可分

采摘下来的葡萄被传输到平行行驶的车内

机械采摘的要求是不能对葡萄造成损坏

无论葡萄在采摘时是否破损，从葡萄园到酿酒厂的路途都不能太远

机械采摘甚至可以完成非常辛苦的去梗工作

机械采摘

使用机械采摘是出于经济和技术原因。以法国为例，如果把工人的薪水和社会福利考虑进去，机械采摘的平均成本比手工采摘低两倍至三倍。当然，在薪水和社会福利较低的国家，两者之间的费用差距没有这么大。在一些新世界国家，如澳大利亚，由于葡萄园劳动力不足，机械采摘一直都是重要的手段。

机械采摘的一个优势是不受环境的制约。机械采摘可以在温度较低的夜间进行，当葡萄非常成熟或者天气恶劣需要尽快采摘时，机器可以夜以继日地工作。机械采摘的支持者还表示，他们不必再考虑手工采摘者的工具和食宿。

但是，如果机械采摘导致葡萄品质降低，这些优势就没有任何意义。而且，不是所有葡萄品种都适合这种方式。例如，霞多丽非常适合机械采摘，但是对于黑比诺来说，如果打算用这种葡萄酿造陈年潜力强的葡萄酒，就不宜使用机械采摘。

机械采摘的质量还取决于机器摇晃的力度和行进的速度。机器行进得越快，摇晃葡萄树的力度就越大，但是这样会对葡萄、葡萄藤和葡萄树造成伤害。

为保留葡萄的最佳品质，酿酒过程也需要做一些调整。例如，对于容易氧化的白葡萄而言，必须尽可能缩短采摘和压榨之间的时间，有时还要进行多次压榨。

有些葡萄酒（如法国香槟、起泡酒、博若莱和苏玳）的酿造过程中需要对整串葡萄进行压榨，这就无法使用机械采摘，因为机械采摘的葡萄比较零散。因此，一些产区明令禁止机械采摘，只能采用手工的方式。

葡萄的运输

葡萄采摘下来后的第一道工序是分拣，在葡萄园或者酿酒厂专门的分拣台上进行。叶片以及生涩和腐烂的葡萄都要挑拣出来。这项工作是红葡萄酒酿造过程中一个非常重要的环节，可以避免浸渍与发酵阶段的副作用，但是只有在葡萄完整无缺，即在运输过程中尽量减少损坏的情况下才有效。

如果葡萄使用机器采摘，则无须进行手工分拣。一台装置完善的采摘机不会收获干瘪或生涩的葡萄，而且机器一触碰到枝蔓，腐烂的葡萄就会掉落。机器上的螺旋叶片会将葡萄叶去除。

采摘后的葡萄直接装入拖车或者大桶、竹篮和板条箱内运送至酿酒厂。在条件允许的情况下，最好选择容量不大的浅底容器，以避免葡萄受到自身重量的挤压，流出葡萄汁发生氧化。葡萄园和酿酒厂之间的距离越远，室外的温度越高，这个措施就越重要。

不锈钢槽中安有不断旋转的螺旋，螺旋叶片将收获的葡萄向前推。白葡萄被推进压榨机，红葡萄被推进破皮去梗机

板条箱中的葡萄最好手工倾倒，以最大限度保证葡萄完好无损。大桶应该借助叉车或者起重机倾倒葡萄。有些车拥有翻斗；有些车配有阿基米德式螺旋，可以通过一根大的软管把葡萄送入酿酒厂。如果装载不多，一个带有大直径螺旋可以自动卸载的容器是理想的运输工具。

下一道工序是破皮和（或）去梗。根据不同的葡萄品种以及不同的压榨和发酵方法，这两个过程也有所不同。

在批量生产的大酿酒厂，葡萄采用大拖车运输

倾翻装置卸载拖车内的葡萄

高品质的葡萄使用小板条箱运送至酿酒厂，而且需要人工倾倒

完好无损的成串葡萄被倒入去梗机

西班牙里奥哈地区瑞格尔侯爵酒庄的葡萄要等到最佳的成熟状态才会采摘

采摘下的葡萄会用小板条箱运送到酿酒厂

在酿酒厂，工人将板条箱逐一搬到传送带上

在传送带的末端有机器将板条箱中的葡萄倒出，成串的葡萄落在分拣台上

工人检查葡萄的品质

工人把生涩和破损的葡萄去除

分拣过后，葡萄被送入去梗机

果梗和果柄通过传输带被送出酿酒厂

它们落入室外的拖车内，然后被运走

氧化

氧化是葡萄汁或者葡萄酒中的成分和氧气结合的过程，会导致液体变色并产生难闻的气味。白葡萄酒比红葡萄酒容易氧化，因为红葡萄酒中的酚类物质含量较多，可以起到抗氧化作用。

葡萄采摘下来后，需要采取以下一些措施防止氧化：

- 避免葡萄受到过度挤压而流出汁液。
- 尽量减少葡萄从葡萄园运往酿酒厂的时间。
- 避免在一天中最热的时间采摘葡萄。
- 使用干冰减少葡萄与空气的接触。干冰在融化时会形成气体保护层。
- 在葡萄酒历史中，最重要的抗氧化剂是二氧化硫，可以用于从采摘到装瓶的整个酿酒过程。

今天，葡萄酒生产商尽可能地减少二氧化硫的使用，因为过多的二氧化硫会产生一种难闻的气味。而且，所有的葡萄酒产国都已限定二氧化硫的最高使用量。

许多葡萄酒生产商会把二氧化硫粉末撒在葡萄上防止氧化。

高贵的葡萄酒和量产的葡萄酒

美酒佳酿离不开优质的葡萄，这应该成为每一个葡萄酒生产商的酿酒原则。从实际操作的角度来讲，用健康、成熟的葡萄比用破损、生涩的葡萄容易酿造出优质葡萄酒。因此可以说，葡萄酒生产始于葡萄园。获得高品质葡萄的一个关键因素是葡萄品种、砧木和土壤的互相匹配。而不同的葡萄种植方式，包括种植密度、整形修剪、树冠管理、土壤栽培以及葡萄树的年龄，也会影响最终的收成。此外，气候的变化和病虫害的侵袭对葡萄园也是极大的挑战。

葡萄酒酿造学的发展增进了生产商对葡萄酒生产的三个主要阶段——酿造、陈年和装瓶的了解与掌控。例如，清洁的环境可以防止葡萄酒酸度过高，而现在已经很少有葡萄酒会变质成醋。另外一个重要的改良是葡萄酒酿造阶段的温度调节，这使得酿酒师可以对葡萄的发酵环节进行有效控制。

葡萄酒生产商还可以利用技术手段弥补葡萄本身的缺陷。凭借丰富的经验，即使在差的年份，他们也可以酿造出优质的葡萄酒。然而，如果滥用技术，使葡萄酒酿造成为一种工业化的流程，则会产生很大的负面影响。各个国家对于这个问题态度不一，有些国家允许进行科技改良，如用橡木屑给葡萄酒增加香气，而有些国家则禁止这种行为。

采用小桶发酵可以展现小酒庄的风格，保留风土特色

我们还需要就葡萄酒、优质葡萄酒和伟大葡萄酒的基本概念达成共识。欧盟对葡萄酒的定义是：“完全或部分使用新鲜葡萄或葡萄汁，经过

酒精发酵而成的饮料。”不过，在有些国家，用其他水果制成的饮料也会被称为“葡萄酒”。

除此之外，批量生产的葡萄酒和高贵的葡萄酒之间也存在明显差异。前者只需要达到最基本的行业标准。换句话说，只要可以饮用即可。消费者希望葡萄酒品质统一，使用肥沃土壤种植的高产葡萄可以做到这一点。这种品质一般的葡萄酒主要销售给产地国，但是在高品质葡萄酒的冲击下正逐渐失去市场。20世纪60年代，尤其是在法国，这种葡萄酒被稀释后作为解渴和配餐饮料。

今天，消费者越来越关注葡萄酒的品质。整体而言，我们饮用的量在减少，但是品质在提升。这些葡萄酒不仅要具备普通葡萄酒的特点，还要反映出产地、品种和年份。如果气候条件适宜，一瓶优质葡萄酒有时会成为伟大的葡萄酒。每一位酿酒师的目标都是充分发掘葡萄的优势，同时展现它们固有的特点。现代葡萄酒酿造最大的危险是由于过度的人为干预和调整，葡萄酒显得单调和模式化。在有些葡萄酒中，酿造方法和酿酒师的工艺比风土条件还要明显。每一位酿酒师都有自己的风格，而他们的产品是否得到认可完全取决于消费者。

大型酿酒厂利用最先进的技术大规模生产葡萄酒，并尽可能每一年都保持同样的品质

葡萄的准备：比重和酒精度

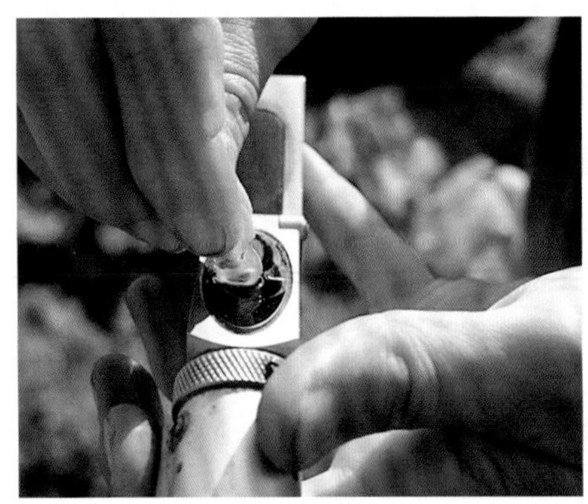

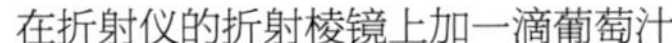

在折射仪的折射棱镜上加一滴葡萄汁

然后测出含糖量

奥斯勒比重计用来测量葡萄汁的重量

葡萄汁的含糖量通过测量比重而得出。白葡萄的含糖量通常是在压榨前测量，红葡萄的含糖量则是在浸泡或者发酵阶段测量。测定含糖量使用称重计或折射仪，以4℃下，密度为1千克/升的水作为基准。葡萄汁的含糖量越高，比重就越大。根据比重、含糖量和酒精度的换算表，酿造酒精度为1% vol的白葡萄酒需要糖分浓度为17克/升的葡萄汁，而酿造酒精度为1% vol的红葡萄酒需要糖分浓度为18克/升的葡萄汁，这是因为红葡萄汁中的固体含量更多。红葡萄汁的初次测量通常不够精准，因为这时候的葡萄还没有完全压榨。此外，葡萄各部分的含糖量并不相同。含糖量必须在发酵前测量，因为发酵开始后部分糖分会转化为酒精。当然，测试的结果还要根据葡萄汁的不同温度进行相应的调整。

在整个酿造过程中，葡萄汁和新酿成的葡萄酒要反复送往实验室里进行分析，以确定其主要成分的比例，尤其是要检查发酵过程是否正常和完全

不同的国家采用不同的测量单位，包括度、白利糖度、波美度和奥斯勒度。在后面介绍各国葡萄酒的章节中，会再次提及这些单位。

已确定的换算值——17克/升或18克/升的含糖量对应1% vol的酒精度——并非适用所有情况。现在，利用一些人工培养酵母，用含糖量为16.5克/升的葡萄汁就可以酿造出酒精度为1% vol的葡萄酒。这个看似无关紧要的因素实际上非常重要，尤其当酿酒师想要或者需要增加葡萄汁的含糖量时。根据酵母的发酵活力，葡萄汁中应加入不同含量的糖分以提高酒精度。

是否需要增加葡萄汁的含糖量取决于比重的测量结果。当然，不同葡萄酒产区的观点也不尽相同。例如，法定产区规定了葡萄采摘时的最低含糖量，这样可以避免过早采摘。

如果葡萄的天然果糖含量低，可以或多或少地进行一些补救。有些葡萄酒产区对此做出了相关规定，明确了天然含糖量的最小值以及可增加的范围。增加葡萄汁的含糖量有三种方法：

一、添加糖；

二、添加浓缩葡萄汁；

三、浓缩葡萄汁。

在欧洲，只能选择其中一种方法。不过这只是监管机构的限制，在技术和质量层面上完全可以同时使用。

浓缩葡萄汁的含糖量比普通葡萄汁的含糖量高，因此可以取代甜菜糖或者蔗糖来提高葡萄汁的含糖量。不过，这会影响葡萄汁的容量。欧洲不同地区允许的增长上限有所不同，有11%、8%

或6.5%。如果使用传统的浓缩葡萄汁，葡萄汁中所有成分的含量都会增加。还可以使用精馏浓缩葡萄汁，这种浓缩汁通过去矿化作用已去除所有其他成分，只剩下糖分。浓缩葡萄汁比发酵汁的浓度大，因此在添加的时候一定要充分搅拌。

提高葡萄汁含糖量的最新方法是对葡萄汁进行浓缩，即去除葡萄汁中的部分水分，包括加热浓缩法（蒸发水分）、冷冻浓缩法（去除冻结的冰块）和反渗透法。反渗透法是一个过滤的过程：在压力的作用下，通过半透膜将水分和葡萄汁分离。

提高葡萄汁含糖量有很多不同的方法，如果能够遵守规定，这些方法不会降低葡萄酒的品质。提高含糖量可以弥补葡萄汁自然糖分的缺失，但过度使用会破坏葡萄酒的平衡。葡萄酒生产商应该始终尊重他们的原材料。加入浓缩葡萄汁也会打破葡萄汁原始的平衡，因此法定产区更倾向于采用加糖法。

浓缩葡萄汁的方法会改变葡萄酒中各成分之间的平衡。葡萄汁中液体的比例降低，固体的比例就会增加，不仅糖的浓度有所提高，酸和不成熟单宁的浓度也会上升。虽然这些高科技的方法被广泛应用，甚至是在优秀的葡萄产区，但事实上，这些方法导致葡萄酒越来越标准化，因此有良心的葡萄酒生产商和忠实的葡萄酒爱好者不应该赞成这种做法。

葡萄酒的平衡

在酿酒之前，必须牢记一点：葡萄酒和谐的口感并非取决于酒精度，而在于各成分的均衡。因此，葡萄汁的含糖量及由其决定的酒精度必须与其他因素相协调。

对于白葡萄酒而言，酒精度和酸度的平衡至关重要。如果酸度相同，酒精度低的葡萄酒口感更鲜爽，而酒精度高的葡萄酒则平淡无味。因此，在提高白葡萄汁的含糖量时，要始终考虑葡萄汁的酸度。

对于红葡萄酒来说，由单宁产生的涩味也是平衡葡萄酒口感的重要因素。

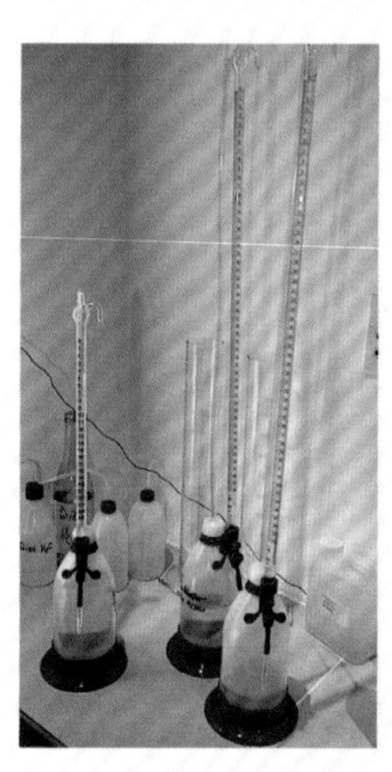

如今，许多大型酒庄自己监测各种物质在发酵过程中的变化，如酒精、酸、单宁和残糖

让-安托万·夏普塔尔和加糖法

让-安托万·夏普塔尔，加糖法的“发明者”

让-安托万·夏普塔尔（Jean-Antoine Chaptal，1756—1832）是一名化学家，在拿破仑执政期间任内政部部长。1799年，他发表了一篇影响深远的葡萄酒文章，1807年还推出了著作《葡萄酒酿造的艺术》。虽然加糖法是以他的名字命名，但并非他所发明，他只是进行了大力推广。加糖法是在酿造过程中加入蔗糖以弥补葡萄成熟度不够的问题，于19世纪初得到发展。在古代，人们在葡萄汁中添加蜂蜜以达到相同的效果，18世纪已经开始添加蔗糖。甜菜糖的使用较晚，直到19世纪下半叶才开始出现。

加糖法需要将蔗糖或甜菜糖搅拌进葡萄汁，而不能把糖直接倒进发酵罐，以防止糖分未经溶解就沉入底部。正确的做法是：先把糖加入装有一定量葡萄汁的桶中，然后搅拌至充分溶解，最后把混合液倒入发酵罐。

以前，酿酒师通常在发酵初期添加一次糖分，但现在他们改变做法，分次加糖，尤其是在酿造红葡萄酒时，这样可以延长发酵和浸渍时间，也不用担心葡萄酒变酸。加糖法特别适合颜色难以萃取的葡萄品种。红葡萄汁中的固体比较多，很难精确测量葡萄汁的重量。在这种情况下，酿酒师可以通过多次加糖（通常是两次）纠正初步测量中的错误，更加精确地增加葡萄酒的含糖量。

压榨

在酿造葡萄酒的过程中，白葡萄和红葡萄的压榨时间有所不同。白葡萄在采摘后先压榨后发酵，而红葡萄则先整串浸渍和发酵，然后进行压榨。通常，白葡萄汁含糖量高，比较黏稠，因此葡萄汁不易流出，压榨时间较长。

葡萄的压榨有许多种方法，具体的选择需要考虑成本、压榨数量、葡萄酒类型、人工数量，以及某些地区相关的法规等因素。

古老的压榨法

根据考古发现和历史记载，古代人使用木制压榨机。法国、德国、意大利和西班牙至今仍在使用的最古老的压榨机令人惊叹。19世纪之前，只有贵族和修道院才有自己的压榨机。这些工具大多采用杠杆原理进行工作，如法国金丘地区伏旧园的那台老式压榨机。普通葡萄种植户只能付费压榨他们的葡萄。直到法国大革命之后，葡萄酿酒厂才逐渐开始使用小型压榨机。

老式压榨机有一个放置葡萄或皮渣的水平槽。如果采用杠杆压榨，杠杆的一端是一块挤压葡萄的厚重木板，另一端固定在一个可以升降杠杆的螺栓上。另一种压榨机中央有一个螺栓，可以通过旋转这个螺栓将压榨机的盖子下压。不过，这些工具都不能把葡萄渣推至旁边，因此压榨过程中必须多次移除果渣，然后将这些部分压榨的葡萄堆积起来，再次压榨，直到获取所有的葡萄汁。

这种压榨机后来进行了改良。葡萄被放置在木筐中，木螺栓被铁螺栓取代，螺栓旋转系统改良后可以提高效率，减少人工操作。

这种手工操作的垂直式压榨机直到20世纪60年代仍在使用，现在被一些葡萄种植村庄和酿酒厂当作装饰品。香槟区和其他传统产区还在使用垂直压榨法，当然，这个过程已经完全机械化。

左图：这种轻柔的筐式液压压榨机今天仍在香槟区使用

右图：古代台式压榨机的工作原理是将葡萄平铺在桌上，上面放一个木头盖，然后旋转螺栓，使中间沉重的横梁下压。图中的压榨机来自里奥哈

压榨过程

压榨方式取决于葡萄酒的种类。酿造白葡萄酒时，压榨过程通常在去梗和破皮之后；酿造红葡萄酒时，发酵之后再进行压榨。压榨过程包括压榨葡萄和打碎皮渣。现代气控压榨法可以精确监控压榨程度、压榨时间和压榨力度的增加。

压榨白葡萄时，这些因素需要根据不同的葡萄品种、成熟程度和健康状况进行调整。在某些年份，葡萄汁容易榨取，因此可以缩短压榨时间，而有些年份的葡萄则需要更长的时间和更强的力度。

如果过快增加对葡萄的压力，葡萄汁来不及流出，就会形成液泡。此外，如果葡萄渣块过于破碎，会导致最后的葡萄汁浑浊、苦涩。因此，在压榨过程中最好打开压榨筒查看葡萄渣块的干燥程度，以此决定是否继续压榨。酿造红葡萄酒时，酿酒师可以在压榨过程中通过品尝已经发酵好的葡萄汁来决定何时停止压榨。这些停顿有利于压榨的成功。

在压榨开始前流出的液体称为自流汁，这些葡萄汁单宁含量低，品质高。通常，将大部分液体通过轻柔的方式分离后，对剩余的葡萄渣进行压榨，得到压榨汁。

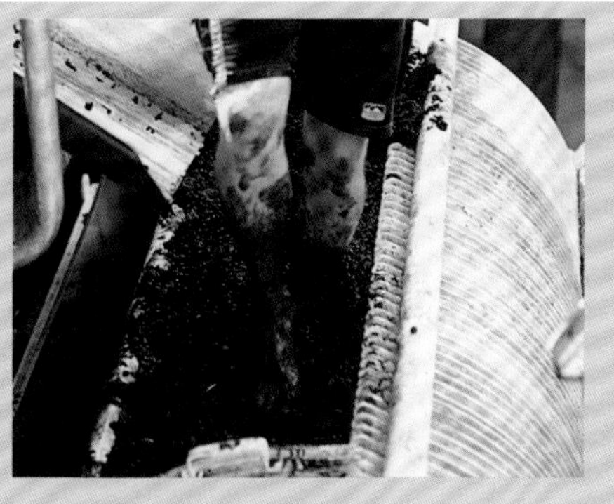

即使采用现代压榨机，葡萄仍然会用脚踩压铺开

压榨筐中装满葡萄，在液压盖的压力下榨取葡萄汁

葡萄渣用传输带从发酵罐运至压榨机，不需要使用气泵

压榨的规模取决于发酵罐所能容纳的葡萄渣数量。现代葡萄酒行业主要采用水平压榨法（通常为气控）

水平压榨法

如今，大多数酿酒厂使用水平式压榨机。这种压榨机通过冲头将葡萄汁压出旋转压榨筒的多孔筒壁。改变旋转方向会打碎压榨过程中形成的葡萄渣块。如果轻柔压榨，避免葡萄渣块频繁破碎，这种方法可以达到非常理想的效果。

轻柔压榨

气控压榨是水平压榨的最新技术。这种方法是向压榨筒中的气囊充入空气，将葡萄挤向筒壁。当气囊中的空气释放后，缓慢转动压榨筒，葡萄渣块会自然散落。这种压榨方法非常轻柔，效果甚佳。

气控压榨的另一个优点是可以进行少量压榨，而机械压榨则需要达到最小压榨量。在勃艮第金丘等法定产区数量多、压榨量小的地区，气控方法显得尤为重要。

还有一种自动压榨法，称为连续压榨，即用连续的螺旋或传输带运送葡萄穿过压榨筒，而葡萄所受的压力则越来越大。带式压榨是用两根多孔传输带挤压葡萄，这种方法比螺旋压榨轻柔，后者的工作原理类似绞肉机。在两种压榨机中，葡萄汁通过多孔筒壁流出压榨筒，在压榨筒的末端先收集自流汁，再收集压榨汁。

压榨过程结束后，通常要滤除葡萄渣。这种连续压榨法最多只能出产中等品质的葡萄酒。

酒精发酵

在发酵过程中，葡萄的糖分经酵母的作用转化成酒精，同时释放出二氧化碳和热量。酿造干型葡萄酒时，糖分需要全部转化为酒精，而酿造半干型和甜型葡萄酒时，糖分只需要部分转化为酒精。

白葡萄酒

白葡萄压榨出的葡萄汁在发酵前必须进行澄清，去除其中的悬浮物，如土壤、果柄、果皮和其他一些多余的有机物。澄清环节对葡萄酒的香气非常重要，但必须适度，以免去除重要的物质，影响葡萄汁发酵。过度澄清会减缓甚至终止发酵过程。葡萄汁的浑浊度取决于葡萄的成熟度和品质。严重感染霉菌的过熟葡萄压榨出的葡萄汁最浑浊。从采摘到压榨，对葡萄进行的所有机械操作都会导致葡萄汁产生悬浮物。因此在整个酿酒过程中，应尽量减少机械作业，并且在使用时采取最轻柔的方式。

澄清葡萄汁分为静态和动态两种。静态澄清是指把葡萄汁装入酒罐中静置12~24小时，使悬浮物自然沉降。然后，将可能还含有微小颗粒的澄清液和沉淀分离。在这个过程中，必须确保葡萄汁没有开始发酵，否则发酵时产生的气泡会阻止悬浮物下沉。因此，实际操作中会将葡萄汁低温保存或者加入二氧化硫防止葡萄汁氧化。二氧化硫还可以抑制细菌和野生酵母的生长。

人工酵母控制发酵过程。酿造不同类型葡萄酒时选用不同的酵母

将干酵母粉与少量葡萄汁在桶中混合

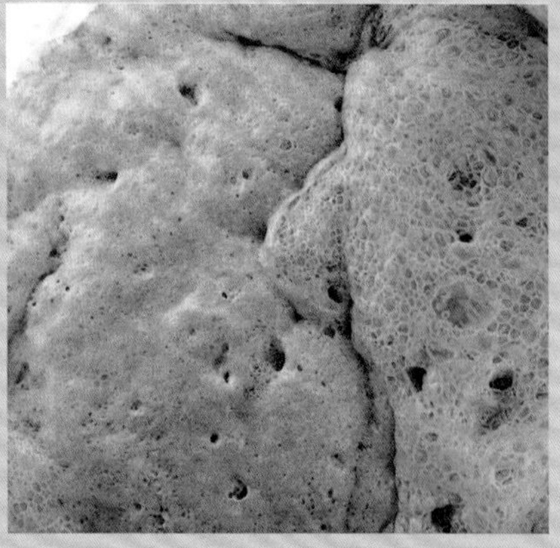

酵母菌膨胀起来，立刻开始将糖分转化为酒精

使用人工酵母的利与弊

葡萄无论种植在何地都会存在各式各样的酵母。一旦葡萄皮破裂，这些酵母就会与甜葡萄汁接触。一些葡萄酒生产商和酿酒专家认为天然酵母是葡萄酒展现真正风土特征的重要条件，但是天然酵母通常数量不足（使用化学药剂是导致天然酵母数量下降的原因之一），难以进行充分的发酵。

越来越多的葡萄酒生产商开始采取稳妥的方法，使用人工酵母，因为对它们的特性已经非常了解。人工酵母可以在发酵开始前添加，也可以在发酵进程缓慢或者停止时添加以促进发酵。人工酵母为粉末状或颗粒状，需要满足一系列标准。从技术角度看，它们必须使葡萄酒快速发酵，而且把糖分充分转化成酒精。在酿造干型葡萄酒时，酵母需要有较高的耐酒精性，以确保存活至发酵结束。否则，即使葡萄汁中仍含有糖分，发酵仍有可能在酒精度为11.5%~12% vol时终止。

选择人工酵母时还要考虑它们的气味和味道。通常无味的酵母是理想的选择，因为它们不会影响葡萄酒的香气。但是对于一些特定的葡萄品种，应选用有利于展现葡萄香气的酵母。

全世界都使用同样的酵母会使葡萄酒失去特色。因此，许多葡萄酒产区已经开始选择它们特有的酵母。不过，许多科学家认为葡萄本身比酵母对葡萄酒口感和香气的影响大得多。

温度控制

酵母易受环境温度的影响。当温度过低时，酵母菌无法充分繁殖，会减缓发酵过程。因此，如果葡萄在天气寒冷时采摘，必须对葡萄汁进行加热。酿造红葡萄酒时尤需如此，因为温度还会影响颜色的萃取。

温度过高会降低甚至完全抑制酵母的活性，这会对葡萄酒的香气产生不利影响。酒精发酵时会释放热量，因此要定期检查温度，这样温度大幅上升时可以迅速采取措施。要把升高的温度降下来比维持稳定的温度难得多。

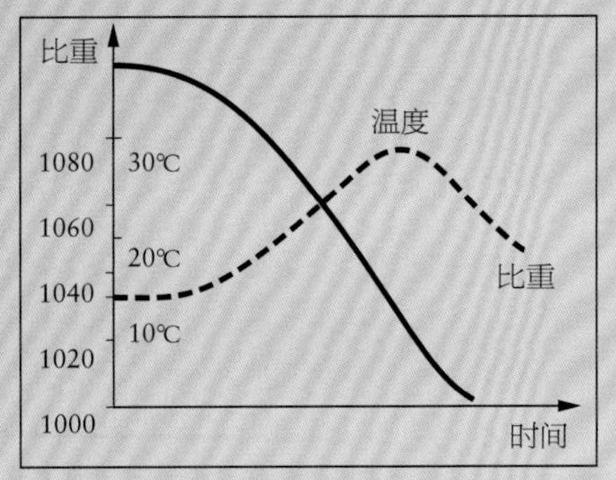

发酵曲线图：在发酵过程中，葡萄汁的密度不断降低。温度先上升，达到最高值后又开始下降

调整温度有很多种方法，其中包括对酒罐进行改装，如安装冷却装置。有些酒罐只是通过喷洒冷水降温，有些酒罐则改成双层罐壁，冷却剂在中间循环达到降温目的。除了改装酒罐，还可以将葡萄汁抽出酒罐，在专门的冷却装置中循环，然后再重新装入酒罐。

葡萄汁也可以进行动态澄清，如使用离心机澄清。澄清后，葡萄汁装入酒罐或木桶中发酵。

红葡萄酒

红葡萄酒的颜色是在浸皮过程中形成的。在这个过程中，主要存在于果皮中的由色素和单宁组成的酚类物质逐渐被萃取，构成葡萄酒的颜色。红葡萄的酒精发酵包括液体部分（葡萄汁）和固体部分（果皮、果籽和果梗）。为萃取理想的色素和单宁，葡萄汁和葡萄渣必须充分接触，否则发酵过程中产生的二氧化碳会将葡萄渣冲浮至表面，形成“酒帽”。要想使葡萄渣和葡萄汁再次发生接触，可以从酒罐底部抽取葡萄汁，浇灌在酒帽上，这种方法称为“淋皮”。另一种方法称为“踩皮”，即利用搅拌桨或搅拌杆将酒帽通过人工或机器压入葡萄汁。延长浸皮时间可以提取更多的色素和单宁，但如果浸皮时间过长，持续到酒精发酵结束之后，反而会影响葡萄酒的品质，因为在没有二氧化碳阻隔的情况下，葡萄酒会和空气中的氧气发生氧化作用。

酒精发酵结束后，取出自流酒，然后对剩余的固体物质和其他不能自动流出的物质进行压榨。根据所酿葡萄酒的类型，压榨酒可以与自流酒混合或单独存储。压榨酒单宁含量高，但品质不如自流酒。

无论是发酵白葡萄汁还是红葡萄汁，所用木桶或酒罐都不能装满，因为酒精发酵时会产生二氧化碳，如果容器太满，激烈的冒泡过程会使葡萄汁溢出容器。

温度控制对现代发酵过程至关重要。最有效的方法是在每一个酒罐上单独安装冷却装置。图中这个不锈钢酒罐通过向螺旋带中注入冰水进行降温

勃艮第传统红葡萄酒的生产

勃艮第地区最伟大的红葡萄酒都是用黑比诺酿制而成。黑比诺是一种很难酿造的葡萄品种，特别是萃取颜色的阶段。因此，葡萄酒生产商从采摘阶段就尽量避免其氧化。黑比诺全部使用手工采摘，通常装在板条箱内运输。采收的葡萄到达酒庄后会在分拣台上进行筛选，去除不合格的葡萄。然后，根据产区的等级、果梗的情况和酿酒师的风格，对所有或者部分葡萄进行去梗工序。

没有完全成熟的葡萄果梗呈青色，可以全部去除。有些酿酒师喜欢去除所有果梗，延长浸渍时间。有些酿酒师则倾向保留一部分果梗，特别是在酿造需要陈年的葡萄酒时。两种方法各有利弊。

酿酒过程中的一条黄金原则是尽量不用泵来输送葡萄，以免挤压果梗和葡萄籽，给葡萄酒带来草味和涩味。实践证明，无论是把葡萄输送至去梗机还是发酵罐，传送带都是理想的工具。通常，这一阶段会添加硫，并且为了浸泡均匀，进行初次“淋皮”。同时，糖和酸的含量也在这时进行第一次测量。

接下来是酒精发酵阶段，在这个过程中，每天都要进行“踩皮”和“淋皮”。发酵完成后，浸渍可以延续几天。这时已经不会再产生二氧化碳，因此酒帽会逐渐沉入罐底。此时还应注意尽量不要开罐，因为发酵结束后，葡萄酒很容易变酸。

左页图：比诺系列的葡萄需要用脚进行踩踏，这是最传统、最轻柔的方法。在这种最轻柔的压榨过程中，发酵一开始，就要将酒帽捣破并压入葡萄汁——这个过程称为踩皮

清空发酵罐时先放出自流酒，再对剩下的皮渣进行压榨，然后把全部或部分压榨酒与自流酒混合。接下来是澄清葡萄酒并装入酒桶。葡萄酒会在酒桶中进行苹果酸-乳酸发酵。苹果酸-乳酸发酵的时间或早或晚，在葡萄酸度较高的年份，可能要到春季才开始。

苹果酸-乳酸发酵完成后，进行第一次换桶，分离清澈的葡萄酒和酒桶底部的沉淀。在这个过程中，葡萄酒会和空气接触，使葡萄酒中的部分碳酸以二氧化碳的形式释放出去。

然后葡萄酒被换到另外一个木桶中进行熟成。根据酿酒师的品尝结果，熟成过程中可能需要多次换桶。

苹果酸-乳酸发酵

这个二次发酵过程是利用自然存在或人工添加的乳酸菌将苹果酸转化成乳酸。和酒精发酵一样，苹果酸-乳酸发酵也会释放二氧化碳，但是量少很多。苹果酸-乳酸发酵会改变葡萄酒的口味，因此不是所有葡萄酒的必经步骤。这个过程可以降低葡萄酒的酸度，改善香气，有时还会增加挥发酸的含量。经过苹果酸-乳酸发酵的葡萄酒更加稳定，因为这种发酵不会在酒瓶中再次发生。

乳酸菌还会导致葡萄酒中除苹果酸外其他成分的减少。如果糖分减少，葡萄酒的乳酸味会增强。

自然存在或人工添加的乳酸菌会改变葡萄酒的味道

因此，在酒精发酵过程中应将糖分完全转化。在压榨、发酵或熟成阶段加入二氧化硫可以抑制乳酸菌的活性，但不会过度伤害酵母菌。

大多数红葡萄酒都会进行苹果酸-乳酸发酵，白葡萄酒和桃红葡萄酒则要根据地区和类型决定。在地中海气候地区，葡萄酒酸度不足，因此要避免进行二次发酵。而在比较寒冷的地区，葡萄酒的酸度较高，如果酿造干型葡萄酒，要通过苹果酸-乳酸发酵降低酸度。不过，含有残糖的葡萄酒通常使用化学降酸的方法。在很少生产甜葡萄酒的国家，干白葡萄酒也采用苹果酸-乳酸发酵。

橡木桶和酒瓶：理想的酿酒厂

这种227升的小橡木桶是陈年优质红葡萄酒的必备工具

“如果没有资金限制，请描述你理想中的酿酒厂。”这也许是葡萄种植考试中的一道试题，或是葡萄酿造专家的论文题目。和葡萄酒生产商讨论这个话题，所有人的答案都会无一例外地包含以下要素：重力原则、精确的温度控制、足够的空间，以及功能齐全、易于清理的设备。美观也需要考虑，但不及上面这些要素重要。

理想的酿酒厂应该依山而建，共分三层。酒窖设在酿酒厂的最底层，最好是地下，这样可以充分利用土壤稳定、凉爽的温度。地面上的楼层用来放置发酵罐并进行装瓶和贴标。酿酒厂的顶层背面开门，方便运输山上收获的葡萄。

当然，现实与理想相去甚远。有时根本没有坡地，即使有坡地，也缺少必要的地理和地质条件。

白葡萄会被倒在传送带上，缓缓送入压榨机。压榨出来的葡萄汁流入下一层的酒罐中。

红葡萄会被倒在略微抬高的分拣台上，经分拣后送入末端的破皮去梗机。利用可移动的分拣台和破皮去梗机，工人可以控制葡萄落入酒罐的位置。

通过这种轻柔的方式，可以在不使用泵的情况下把白葡萄汁和红葡萄输送到下一层。这一点非常重要，因为泵会损坏果梗，使葡萄酒带有青草味。

白葡萄汁经过澄清后会流入下一层的发酵罐中。红葡萄酒会被装入酒桶，而皮渣则由传送带送入压榨机。换桶是利用压力将葡萄酒从一个容器推入另一个容器，这种方式比泵抽轻柔。

全自动酿酒厂？

理想的酿酒厂不会是全自动化的，因为酿酒师希望能够掌控酿酒的流程。

不过，几乎所有酿酒师都同意对温度进行自动化控制。发酵罐中装有温度探针和冷热水可以循环的双面墙。每一个发酵罐的温度都会显示在电子控制台的屏幕上。由于发酵进度不同，各发酵罐的读数会分别显示。操作员会为每一个发酵罐设定合适的最低温度和最高温度。例如，最低温度设为20℃，最高温度设为35℃。当罐内温度到达设定值时，电脑会自动向双面墙内注入冷水或热水。

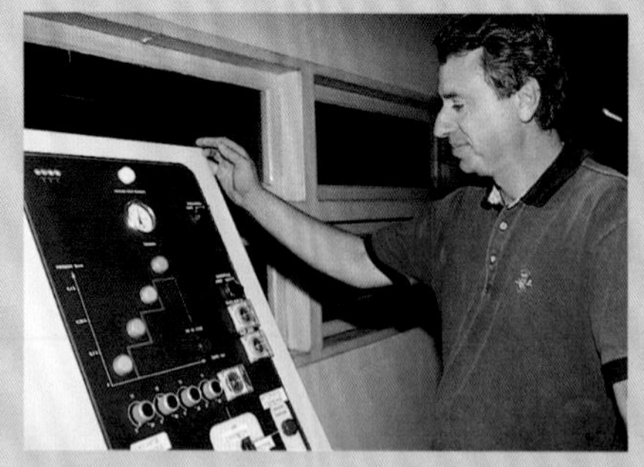

现代酿酒厂利用电子系统监控每一个发酵罐内的发酵情况

利用电脑还可以自动控制淋皮过程，如设定每8小时进行半小时的淋皮。酿酒师通常会在检查完发酵罐后设定频率和持续时间，然后相关操作就会自动进行。踩皮步骤也可以预设程序。同样，酿酒师希望可以控制频率和持续时间。因此，这些系统更像是一种技术上的支持，而不是完全的自动化控制。

保持卫生对酿酒的各个环节都十分重要，因此在现代葡萄酒酿造过程中必然会使用易清洗的不锈钢机器和设备。

酿酒厂工人的健康和安全也不容忽视。必须安装轻便梯，以便工人安全地爬到酒罐上部；地面不能湿滑，而且要易于清理；酒罐之间要有足够的空间进行清理。

最近几年，废水处理的问题引起越来越多的关注。每生产0.5升葡萄酒，就需要0.5～1升的水来清洗设备（采摘用的板条箱、软管、发酵罐和酒桶）和厂房。根据不同的生产流程，这些废水含有不同浓度的化学成分，会对河流中的生物造成伤害。许多酿酒厂开始净化这些污水，只把洁净的水排放到大自然中。不过，目前只有针对大型酿酒厂的净化系统。

因此，理想的酿酒厂应该轻柔地处理葡萄和葡萄酒，保持高标准的卫生和安全，并且绿色环保。

左图：配有组合泵系统的现代发酵罐

右图：葡萄酒酿造过程中的所有工具必须归置整齐，方便使用

下图：使用不锈钢设备可以很容易地保持酿酒厂的清洁卫生

法国橡木林

自20世纪90年代起，波尔多小橡木桶（容量为225升）的需求量大幅增加。在世界各地，越来越多的葡萄酒生产商选择这种橡木桶酿造精品白葡萄酒或者陈年顶级红葡萄酒。许多国家的橡树都可以制作这种木桶，但法国橡树被公认为最好的原材料。

一棵橡树需要经过150～230年才能长大用作木材。因此，森林资源必须进行可持续管理，才可以源源不断地提供高品质的木材。早在17世纪中叶法国就开始限制滥伐林木，到今天，法国拥有欧洲最好的橡木林。在法国1400万公顷的森林面积中，有1/3以上为欧洲有柄橡木和欧洲无柄橡木，但只有一小部分可以用来制作橡木桶。

一棵法国橡树，从森林到酿酒厂，需要经历漫长的过程。首先，林场主会把橡树卖给林务员，然后由林务员负责橡树的砍伐和商业开发。通常，制作酒桶的带皮树干会委托专门的木材商进行销售。木材商将树干切割成制作桶板的长木条，出售给制桶匠。不过有时没有中间商，制桶匠会直接购买带皮树干。

制造桶板的树干不能有任何瑕疵，直径要达到40厘米以上，可切割成1.1米长的木条（这是桶板的长度）。因此，林务员眼中的优质橡木可能与外行人眼中的好木材存在很大差异。

在法国450万公顷的橡木林中，有185万公顷属于公共财产，由国家林业局管理。剩余的部分属于私人所有。不过，法国大部分的优质橡木林都由国家管理，因为开发橡木林资金周期长，私人拥有者很难承担相关费用。

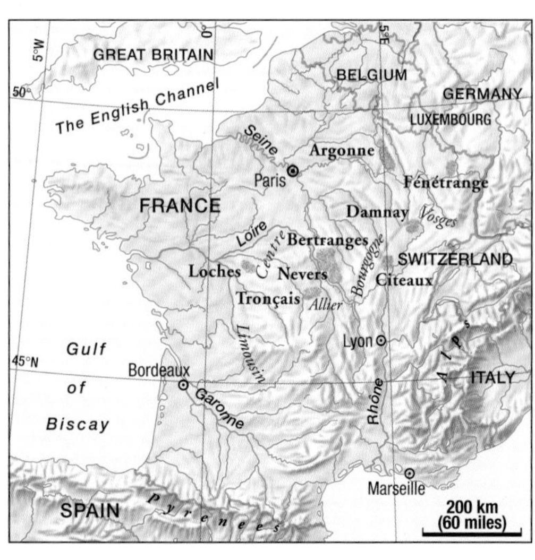

从路易十四时期开始，法国最好的橡木林都由国家管理。用来制作高品质小橡木桶的橡树都具有200年以上的树龄

木材的质量主要取决于森林种植的方法。一片森林如果采用乔林作业法，常由落下的橡树种子进行更新。不过，有时也需要一些辅助的种植手段。如果采用矮林作业法，通常用树桩的萌芽进行更新。采用中林作业法时，两种更新方法同步进行。今天，大多数橡树林都采用乔林作业法。

采用乔林作业法时，森林的上层树木几乎具有相同的树龄。在树木生长的过程中会进行一些改良：选择最好的树木作为上层林，其余的可以砍伐。一片森林经过200年的生长达到完全成熟时，最初种植的每公顷50000棵树中只有100棵还竖立其中。采用这种方法时需要考虑许多因素。例如，如果上层树木密度减小，就会有更多阳光穿过树冠，促进下层树枝的生长，从而降低木材的价值。成熟的树木会在15年内被逐渐砍伐，这样树冠可以均匀打开，促进幼苗和小树的生长。

最好的木材来自成熟的高大橡树。年轻的橡树通常存在瑕疵，只能用来制作短木材。这种下层木占整个法国橡树林的90%，因此完全成熟的参天大树仍然比较稀缺，价格也相对较高。

通常，下层橡树之间会生长一些角树和山毛榉。在25年左右一次的巡查中，这些树木以及上

层林中成熟、干枯和多余的橡树会被全部清除。这个过程会得到许多无人问津的木材，只能用作柴火。

林业局每年都会公布详细清单，列出森林中可供出售的部分，并在待售的橡树上做上标记。橡树通常成片销售。制桶匠或者他们的采购会仔细检查将要砍伐的地区，然后与林务员进行商谈。他们会评价橡树的每一个部分，并且表明自己是否有购买意向。有些制桶匠还会亲自前去购买橡木。每年的9月和10月，橡树会在拍卖会上以降价竞拍的方式出售：在拍卖会上林业局先报出建议价，然后向下叫价，最先喊停的竞拍者购得该片树林。

如果拍卖会出售的是未砍伐的橡树，林务员会在冬天砍伐。如果橡树在倒下时砸坏其他树木，林务员要对买主进行赔偿。橡树一经风干后必须马上运走，以免破坏树苗、林道和水渠。法国东部的橡树通常会在“路旁”出售，意思是树木已经砍伐。

参加拍卖会的人数取决于该片橡木林在葡萄酒生产商中的知名度。在靠近法国中部城市讷韦尔（Nevers）的特朗赛（Troncais）举办的拍卖会是制桶匠一年中最重要的日子，因为他们必须购买这片森林的橡木来满足客户需求。为确保万无一失，他们通常会亲自前去竞拍。

高大、成熟的橡木是制作酒桶的最佳选择。树木砍伐下来后在原地切割成要求的尺寸

桶板

在历史上，有许多种木材被用来制作酒桶，包括刺槐木、山毛榉木、白杨木、栗木和樱桃木。但随着时间的推移，酿酒师们发现，只有橡木和栗木制成的酒桶才能赋予储藏于其中的美酒合适的香味。橡木是最佳选择，因为经过橡木桶陈年的葡萄酒香气更加复杂，而且橡木的特性完全符合制桶匠对工艺的要求。而栗木容易招致蛀虫，现在已经很少使用。

栎属有250多种树木，但只有3种用来制作酒桶：欧洲有柄橡木、欧洲无柄橡木和美国白橡木。在法国橡木林中，有柄橡树和无柄橡树通常生长在一起。通过橡子可以轻而易举地区分这两种橡树：有柄橡树的橡子具有长果柄，而无柄橡树的橡子直接长在树枝上。法国利穆赞（Limousin）大区的橡木林中，有柄橡树占绝大多数。在那里，下层橡木之间的竞争不激烈，土壤肥沃，因此纹理疏阔，即年轮之间的距离较大，这是因为这种树木的春季生长非常旺盛，而且相比夏季生长，产生的气孔更大。在法国中部和阿列省（Allier），无柄橡树占主导地位。那里土壤不够肥沃，树木间的竞争较大，阻碍了树木的生长，因此纹理紧实，气孔较小。

对两种木材的成分研究显示，无柄橡木富含芳香物质，如香草醛和甲基-辛内酯，而有柄橡木则主要含有酚类物质，如鞣花单宁或儿茶酚单宁。

根据葡萄酒的不同类型（白葡萄酒或红葡萄酒，陈年潜力中等或强），应使用不同品种或者产地的橡木。不过对此并没有明确的准则，酿酒师可以结合自己的经验和制桶匠的意见来进行选择。因此，酿酒师通常要尝试不同制桶厂的酒桶和不同橡木制成的酒桶。酒桶制作过程中烘烤的火候也会影响酒桶融入葡萄酒中的香气。利穆赞地区的橡木制成的酒桶大部分都用来储存白兰地。

有柄橡树和无柄橡树在整个欧洲都有种植。许多制桶匠都曾希望在东欧国家找到稳定的货源，但他们发现那里许多橡木林在很长一段时间内都管理不善。法国夏朗德省（Charente）的赛甘-莫罗（Séguin-Moreau）制造商与俄罗斯的合作伙伴在俄罗斯联合建立了一家制桶厂，制作的酒桶虽然能赋予葡萄酒有趣的香气，但仍不及法国橡木桶。克罗地亚的橡木也名声斐然，但那里高品质的桶板木数量有限。

许多传统酿酒厂和酒庄都曾拥有自己的制桶厂，现在大多已经成为展览馆。只有极少数的酿酒厂和酒庄仍然自己制作酒桶

切割好的木条会在室外放置一段时间，让风吹散难闻的气味

美国白橡木结构密实，很容易制成酒桶

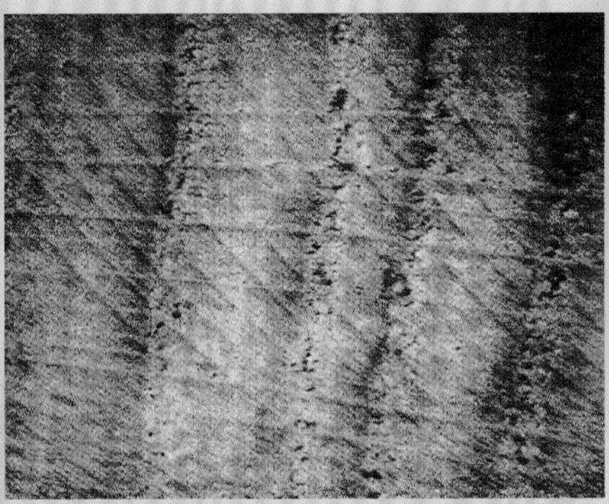
纹理疏阔的有柄橡树在法国所有的森林中都有分布。这种树木单宁丰富

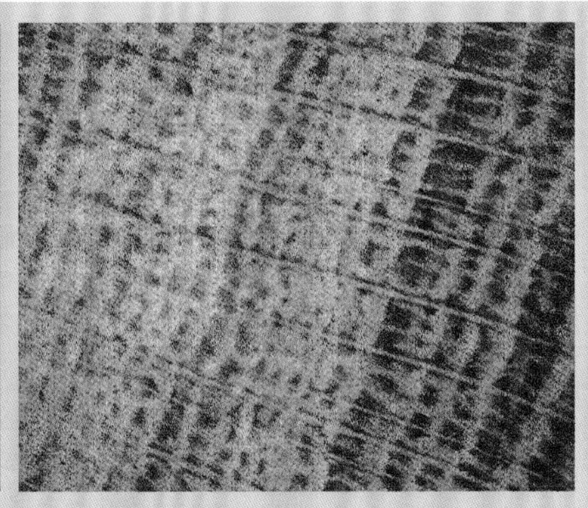
纹理紧密的无柄橡树也可以用来制作酒桶，会赋予葡萄酒香草的味道

成本的计算

制作1立方米的桶板需要5平方米的带皮树干。这个步骤由专门的木材商或者制桶匠亲自完成。为防止酒桶出现渗漏，欧洲橡木必须沿着纹理的方向切割，因此在制作过程中会产生很多浪费。而美国橡木密度高、气孔少，在切割的时候不用考虑纹理的方向。这意味着可以充分利用木材，浪费少，价钱也相应较低。

美国橡木桶的经济回报率达50%，而欧洲橡木桶的回报率只有20%~25%。在写这本书时，用法国橡木制作1立方米的桶板（可以做10个酒桶）约需2755美元，而用美国橡木制作同样数量的桶板只需1380美元。计算原料的成本需要包括储存、生产和运输的费用。

美国橡木曾在美洲大陆，甚至西班牙和葡萄牙风靡一时，最近又受到南非和澳大利亚的追捧。法国的酿酒师和酿酒专家比较苛刻，曾经抱怨美国橡木桶对葡萄酒气味的影响过大。经过细致的研究，现在美国橡木的使用更有目的性。而且，这种橡木桶价格低廉，非常具有优势。科学分析显示，相对法国橡木而言，美国橡木单宁含量较低，但芳香物质较多，特别是甲基-辛内酯。用美国橡木制作酒桶时，需要用大火候长时间烘烤。制成的酒桶只能陈酿较短的时间（6~9个月），否则橡木的味道会喧宾夺主。

酒桶的选择是酿酒过程中非常重要的一个环节，因为这会对葡萄酒最终的品质产生巨大影响。酿酒师必须确保酒桶融入葡萄酒中的香气与葡萄酒本身的特性互相协调。

左图：幸运的是，现在电动切刀可以取代斧头对木材进行劈切作业

右图：切割好的桶板要在户外堆放一段时间，其中最好的桶板需要经过3年的风吹雨打

橡木桶的制作

制桶匠的工具：锤子、扁斧、刨子、刮皮刀、撬棒和圆规

用带锯将橡木锯成长短、宽窄统一的桶板

制桶匠用铁箍将桶板围成圈

当桶板上端围成一个圆形后，制桶匠用锤子把第二个和第三个铁箍套在橡木桶上

桶板的末端仍然散开着，因此把橡木桶套在火盆上烘烤使桶板弯曲成形

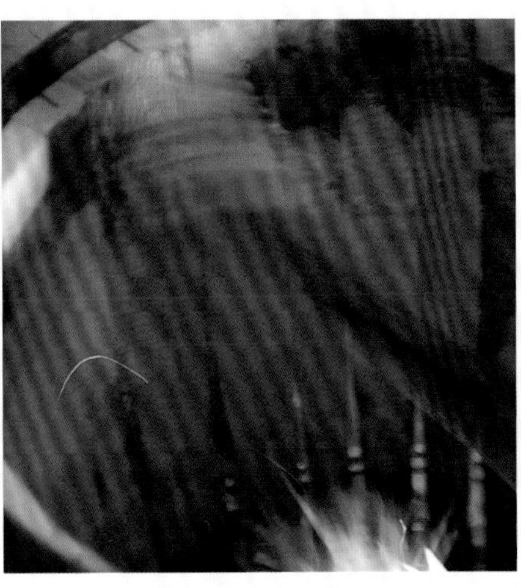

烘烤的火候和时间很重要，因为这会影响橡木桶融入葡萄酒中的香味

制桶匠在橡木桶上套一根金属丝，用撬棒将它拧紧，然后用布把桶板外侧打湿

桶板的末端在烘烤的作用下最终合拢在一起，然后套上铁箍

此时橡木桶上还没有任何的开口，因此制桶匠在橡木上开一个封塞孔

然后把橡木桶表面刨平，最后安上桶底和桶盖

橡木桶熟成

现在不用橡木桶熟成就可以为葡萄酒增加橡木的香气：在酒罐中垂直放置一组橡木条。这种经济的方式主要在新世界国家使用。

把葡萄酿成葡萄酒没有捷径，在橡木桶中熟成葡萄酒也是如此。酿酒师首先需要决定在橡木桶中进行熟成的葡萄酒的容量。有时候，只有一部分葡萄酒在橡木桶中熟成，其余部分在不锈钢酒罐中熟成，然后在装瓶前将两者充分混合。对于在橡木桶中，尤其是在新的小橡木桶中熟成的葡萄酒来说，橡木的品种和烘烤的火候可以加强葡萄酒本身的特色（由葡萄品种、气候情况和土壤条件决定）。

通常，葡萄酒的结构越丰满，越适合在橡木桶中陈年。如果把一款酒体轻盈的葡萄酒放在木桶中陈年，那之前所有的呵护和努力都会付诸东流。在橡木桶中进行熟成不仅可以为葡萄酒增添香味，还会减缓葡萄酒的氧化，促进其熟成过程。葡萄酒的各种成分相互融合，口味更加和谐。同时，这种熟成方式使葡萄酒具有更强的抗氧化性，即可以延长葡萄酒的陈年时间。橡木中的单宁还可以改善红葡萄酒中已有的单宁物质，给予白葡萄酒精致的单宁。

许多知名酒庄都会精心设计它们的酒窖

利用水压去除酒桶中的酒石酸盐和结晶

酿酒师们普遍认为，要想赋予白葡萄酒迷人而又协调的木头味，增加其酒体的丰满度，最好的办法是在橡木桶中发酵，然后和酒脚（酵母死亡后在桶底形成的白色沉淀）一起熟成一段时间。采用这种方法时，葡萄汁在澄清后需要转移到橡木桶中。一旦酒精发酵结束，需要将酒桶装满，然后封住桶口。酒桶中的酒脚需要定期搅动，这一过程称为“搅桶”。搅桶可以把进入酒桶的氧气带入桶底，避免葡萄酒产生不好的气味。搅桶的频率取决于葡萄酒的特点和酿酒师的风格，最初可以一周两次，然后逐渐减少至两周一次。不管频率如何，这个过程通常要持续三个月。三个月后，酒脚留在葡萄酒中或者对葡萄酒进行换桶。如果进行换桶，直接将葡萄酒转移到其他酒桶中，有时酿酒师会在换桶前对葡萄酒进行调配。

红葡萄酒不能在小橡木桶中进行酒精发酵，因为红葡萄酒是连同葡萄皮、籽，甚至梗一起浸泡发酵，而这些成分不容易全部转移到酒桶中，要想再转移出来更加困难。从酒罐中分离出自流酒，并且对皮渣进行压榨后，可以把葡萄汁倒回酒罐或者酒桶中进行苹果酸–乳酸发酵。对于这个过程，橡木桶的使用效果更佳，因为橡木桶可

用于从酒桶中抽样的移液管是酿酒师最重要的工具

熟成过程中需要定期抽取样液，通过品尝或实验分析来检查葡萄酒熟成的进度

通过气泵，以轻柔的方式对葡萄酒进行换桶

以促进单宁的柔化。

所有的酒桶，尤其是新桶，都会“吞噬”一部分葡萄酒，约占总量的3%～5%。也就是说，在容量为225升的波尔多小型橡木桶中熟成的葡萄酒会减少11升。但是橡木桶中不能留有空间，否则葡萄酒会变酸。因此，酿酒师需要定期把酒桶加满，这个过程称为“添桶”。熟成初期每周进行一次添桶，然后慢慢降低频率。在吉伦特省，改良过的酒桶随处可见。这种酒桶的桶口设在侧面，既可以减少葡萄酒的蒸发，也可以减少空气的进入，从而最小化添桶的需要。不过，硅胶桶塞的出现使桶口可以依然开在顶部，方便进行各项操作，监控葡萄酒的熟成过程。

橡木桶熟成的时间从3个月至18个月不等，这取决于葡萄酒的种类和葡萄酒在熟成过程中产生的挥发酸的量。如果挥发酸的含量很高，则需要缩短熟成的时间。通常，时间的长短由评价葡萄酒整体平衡的品酒师决定。过早结束熟成过程不是一个明智之举，因为橡木的香味最初非常强烈，随着时间的推移才会变得柔和。

如果想让葡萄酒散发出诱人的橡木香味，但又不希望花费高昂的木桶成本，那么将橡木条垂直悬挂于木桶上方，是一种特别经济实惠的方法。

无论是红葡萄酒还是白葡萄酒，在橡木桶中熟成都比在酒罐中熟成要付出更多的辛劳。从人工成本再加上购买酒桶的成本，不难看出在橡木桶中熟成非常昂贵。因此，酿酒师在决定使用橡木桶熟成时，不仅要考虑葡萄酒的种类，还要考虑葡萄酒的售价。只有优质的葡萄酒才值得在橡木桶中熟成，以获得更加和谐和丰富的酒体。

事实与假象

虽然葡萄酒在橡木桶中熟成会吸收芳香物质，但这并不是真正意义上的给葡萄酒“加香”。不过，在不锈钢酒罐中添加橡木屑或者放置橡木条则是另外一回事，因为这两种方法的唯一目的就是给葡萄酒增加香味，这和烹饪时添加调料是一个性质。此外，在橡木桶中熟成有利于葡萄酒一定程度地氧化或与酒脚接触，这是使用人工添加物无法达到的效果。

使用橡木屑或者橡木条的争议做法在欧洲仍然明令禁止，但是登记后可以进行相关试验。目前，实验室已经开始进行研究与测试。但在其他国家和地区，人工添加香味的方法非常普遍，用这种办法酿造的葡萄酒早已销往世界各地。不过，这种酿酒方式面临一个严重的问题：欧洲的法律规定，所有标注为“葡萄酒”的产品必须百分之百用葡萄酿制而成。但为了迎合市场需求，现代酿酒业广泛使用添加物和芳香物质，甚至包括人工培养的酵母和各种各样的酶。难道消费者不应该要求葡萄酒像其他食物和饮料那样，明确标示出添加物吗？

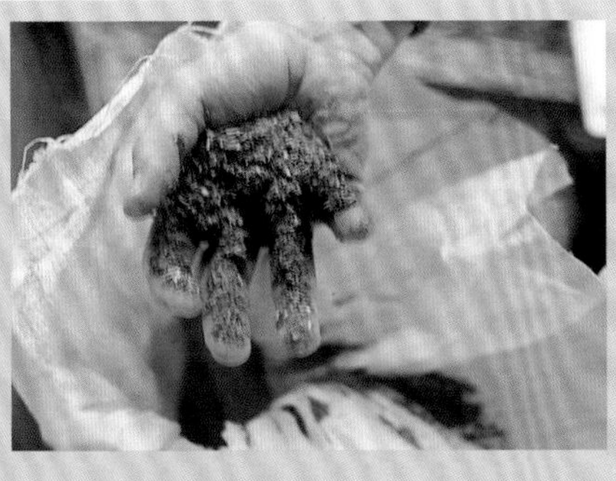
有些葡萄酒生产商为了给葡萄酒添加使用橡木桶熟成时产生的香味，以茶包的形式把橡木屑浸泡在葡萄酒中

澄清与装瓶

蛋清澄清法是一种非常传统、轻柔的方法，现在仍被广泛使用

葡萄酒在熟成的过程中会通过自然沉降达到澄清的效果，但是这种自我澄清无法保证其长期的稳定性。因此，葡萄酒生产商会使用其他物理或化学方法进行澄清。不过，操作这道工序时必须非常小心，如果强度过大，不仅会造成葡萄酒的损耗，还会影响葡萄酒的品质。因此，在澄清葡萄酒时，要在葡萄酒的稳定和结构之间找到一个平衡点，而且，增强稳定性的同时不能阻碍葡萄酒在酒瓶中的陈年。

没有一种澄清方法适用于所有葡萄酒，因此，针对不同的葡萄酒（红葡萄酒、白葡萄酒或桃红葡萄酒；干型或甜型葡萄酒；需要即饮或陈年的葡萄酒；批量生产或针对少数顾客专门酿制的葡萄酒），要分别选用合适的方法。一些伟大的葡萄酒应该直接装瓶，无须进行任何形式的澄清，而消费者也认为葡萄酒在酒瓶中陈年的过程会产生一定量的沉淀。

澄清和过滤通常在一起进行。澄清是一个物理化学过程，具体做法是将澄清剂倒入葡萄酒中，澄清剂会与导致葡萄酒浑浊的固态物质（如蛋白质和单宁）黏合在一起，形成絮状物并下沉，然后对清澈的葡萄酒进行换桶。根据葡萄酒的类型，可以选择不同的澄清剂：澄清白葡萄酒时通常使用膨润土（火山岩经过风化形成的一种黏土）或明胶；澄清红葡萄酒时使用粉末状或打碎的蛋清和明胶。澄清剂的使用量取决于葡萄酒浑浊的程度。过度澄清会破坏葡萄酒结构的稳定性，为避免这种情况，可以先用少量的葡萄酒加入澄清剂进行试验，在过滤前至少要放置30天。

一些红葡萄酒经过澄清后已经足够清澈，可以直接装瓶。但大多数葡萄酒在澄清后还要进行过滤，这样葡萄酒可以更加清澈。过滤是一个机械过程，即在压力的作用下，通过多孔隔膜分离葡萄酒中的液体和固体。最常见的过滤器包括预涂助滤剂过滤器、板框过滤器和薄

用蛋清澄清葡萄酒的第一步是把蛋打破，分离蛋黄与蛋清

把分离出来的蛋清搅拌到每一个酒桶中，这是一道花费高昂的程序

蛋清会与葡萄酒中的颗粒凝结并沉到酒桶底部，然后沉淀被清除出去

膜过滤器。

第一种过滤器是将葡萄酒反复通过几块滤板上的硅藻土助滤剂，硅藻土会经常更换。板框过滤器的滤板之间使用压缩的过滤材料，细孔的大小根据希望的过滤程度进行选择。如果非常浑浊的葡萄酒过滤得太过精细，细孔很快就会堵塞，过滤也必须停止，因此在这种情况下，通常会先进行初滤。如果在装瓶前还想去除酵母和其他菌类，需要使用薄膜过滤器或者专门的除菌过滤器。

葡萄酒过滤得越彻底就越稳定，但也会流失一些迷人的风味物质。因此，一些葡萄酒生产商会为葡萄酒鉴赏家提供未经过滤、结构完整的葡萄酒。美国葡萄酒评论家罗伯特·帕克就曾向葡萄酒生产商和消费者大力推广红葡萄酒不经澄清和过滤而直接装瓶的好处。

酒石酸盐

有时，在葡萄酒，特别是白葡萄酒的酒液中或者酒塞上可以看到一些微小的晶体。这些晶体颇似白糖，但事实上是酒石酸盐。酒石酸是葡萄中的天然物质，因此也存在于葡萄酒中。酒石酸在低温时会形成结晶，为避免酒瓶中出现这种情况，葡萄酒生产商可以在装瓶前对葡萄酒进行冷稳定处理，析出酒石酸盐。冬天酿酒厂温度足够低时，结晶会自然形成，或者可以对葡萄酒进行人工降温。

对于品质较低的葡萄酒，可以在装瓶前、装瓶中或装瓶后利用高温或者巴氏灭菌法抑制微生物的生长，防止葡萄酒浑浊。

装瓶

装瓶的设备取决于葡萄酒的产量。小型酒庄通常使用手动装瓶机逐瓶灌装葡萄酒，再用另一台打塞机压塞封口，不过仍然手工操作。有些酒庄会选择专业的装瓶服务。装瓶公司拥有先进的设备，可以保证装瓶的质量。但是这些服务缺乏灵活性，必须预约（根据装瓶公司的规模，流水线的产量为1000～10000瓶/小时）。此外，装瓶公司的过滤环节通常强度太大。

一条装瓶生产线包含一台清洗空瓶内部的清洗机、一台把葡萄酒灌装到预设水平的装瓶机和一台打塞机。装瓶完成后，进行套帽、贴标、装箱、入库，然后根据订单发货。当然，也可以在装瓶和加塞后把葡萄酒存放到酒窖中，需要的时候再取出来，经过清洗、套帽、贴标和装箱后进行销售。

虽然今天的装瓶生产线已经高度现代化，但葡萄酒装箱的工作通常还是手工完成

酒瓶

19世纪初，玻璃酒瓶已经得到广泛使用。不过，从这些酒瓶不规则的形状可以看出，它们仍然通过人工吹制而成

早在公元前4000年，埃及人就已经掌握了制作玻璃的工艺。不过，将玻璃容器及其制作方法传播到地中海地区的是腓尼基人。根据古罗马自然学家老普林尼的记载，腓尼基的苏打商贩某次正打算在一个沙滩上做饭，由于找不到支撑锅的石头，他们便用苏打块替代，结果苏打和沙子在高温下发生反应，形成了钠玻璃。这个故事可能只是个传说，但是这种用途广泛的人造材料的确是在偶然情况下发明的。

玻璃不仅具有装饰功能，而且是日常生活中重要的储存容器，虽然玻璃在古代只盛放香精油等贵重物质。玻璃可以通过吹、切、弯、磨等工艺制成任何形状，还可以做成各种颜色，而且，它可以随时熔化后重复利用。基于这些特征，罗马人大力发展玻璃制造业，并传至整个欧洲。罗马的每一个省都可以看到玻璃熔炉，有些熔炉在后罗马时期仍在使用。在很长一段时间内，玻璃易碎的特性和高昂的成本

矮子和巨人

香槟酒瓶有许多不同的尺寸。最小的是1/4瓶（185毫升），正如其法语名字“quart-avion”的意思，主要在飞机上使用。其次是半瓶（375毫升）、标准瓶（750毫升）和大瓶（1500毫升）。如下所示，不同容量的大瓶根据不同的《圣经》人物命名，但是没有人知道这种命名方法源自何人。

- 耶罗波安瓶的容量是标准瓶的4倍。耶罗波安是以色列与犹太分裂后的第一位以色列国王，公元前931—公元前910年执政。
- 玛士撒拉瓶的容量是标准瓶的8倍。玛士撒拉是《圣经》中大洪水之前的一位族长，因其969岁的寿命而闻名。
- 塞尔姆纳撒瓶的容量是标准瓶的12倍。塞尔姆纳撒因亚述国王撒缦以色而得名。
- 巴尔萨扎瓶的容量是标准瓶的16倍。巴尔萨扎是巴比伦国王，也是东方三贤之一。
- 尼布甲尼撒瓶的容量是标准瓶的20倍。尼布甲尼撒统治巴比伦10多年，在此期间，巴比伦成为东方的中心。

使之成为上层社会的专属品（平民百姓仍然用土制、皮制或木制的容器盛放液体），不过，玻璃注定会成为最普遍的容器。

16世纪，用藤罩保护的气球形玻璃酒瓶问世。17世纪中期，玻璃酒瓶遍布欧洲各地。早期的酒瓶瓶身低矮、瓶肚宽阔、瓶颈细长，后来为了便于存放，逐渐演变为现在的形状。

19世纪初，一些葡萄酒产区就已经开始使用独特的酒瓶，如莱茵河型、弗兰肯型、基安蒂型、勃艮第型、波尔多型、香槟型等酒瓶。从那时起，玻璃厂的酒瓶种类越来越丰富。如今，不仅一些法定产区拥有独具特色的酒瓶，甚至一些大型葡萄酒生产商也有自己的酒瓶。

意大利的酒瓶因其强烈的设计感而备受关注。除了一些顶级的葡萄酒产区，世界各地都在使用这种酒瓶。

选用酒瓶时需要考虑的一个重要因素是成本，因此日常餐酒都存放在普通酒瓶中。现代技术使酒瓶更加轻盈和坚固，极大地减少了运输和玻璃回收的成本。

随着消费者习惯的改变，酒瓶生产商们也越来越有创造力。由于大多数葡萄酒都在商店中销售，会与其他葡萄酒竞争市场，为了吸引眼球，一些生产商制造形状独特的酒瓶，还有一些生产商则改变酒瓶和酒标的颜色。不过，不管如何改革和创新，必须牢记：葡萄酒是原产地传统和文化的一部分，这一点应该反映在酒瓶的设计中。

现在的消费者越来越挑剔，虽然饮酒量有所减少，但对葡萄酒品质的要求却在提升。在某些场合，尤其是在餐厅里，一整瓶750毫升的葡萄酒有些太多，而半瓶375毫升又太少。因此，市场上出现了500毫升的酒瓶，但需求并不大。

目前，玻璃瓶仍是存放饮料最普遍的容器，但有些葡萄酒已经开始使用塑料瓶或利乐包包装。最常见的是“盒中袋”，即将装有葡萄酒的塑料锡纸袋（通常3～5升）放入硬纸盒中。随着葡萄酒的减少，塑料袋也会逐渐干瘪，几乎可以使剩下的酒保持密封状态。这种包装似乎要逐步取代散装酒的销售，因为“无气出酒”的设计保证葡萄酒在开启后仍可保存6个月之久。

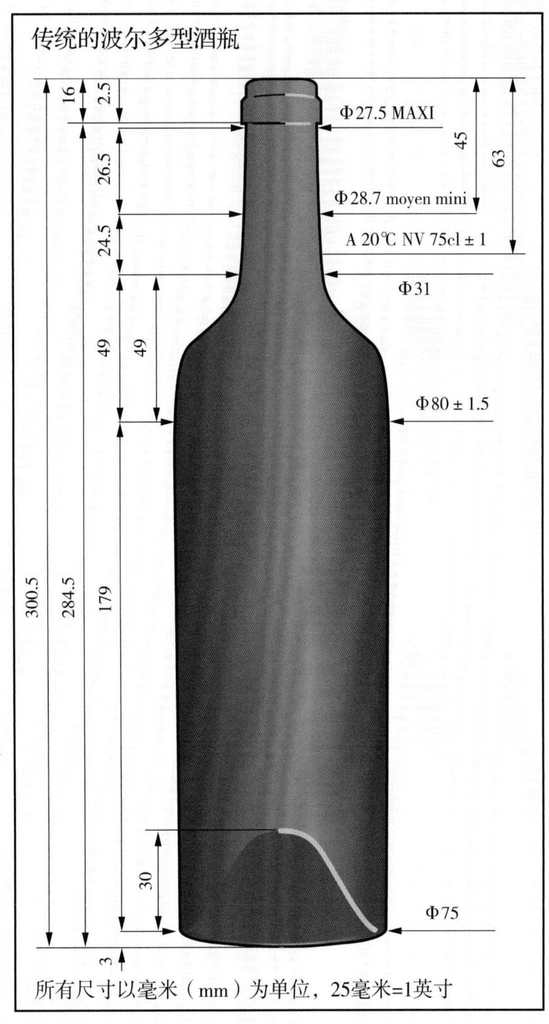

标准尺寸的瓶颈

标准的瓶颈可以确保酒塞完美的密封效果

宽挺的瓶肩可以展示高贵和典雅

略呈锥体状的瓶身沿袭了早期的波尔多瓶

深凹的瓶底有利于水平握持和倒酒

酒瓶的生产

生产玻璃酒瓶的主要材料是硅酸（玻璃中70%的成分为二氧化硅），在自然界中主要以石英砂的形式存在。完全使用石英砂也可以制作玻璃，但是温度需要超过1800℃。因此，在实际生产过程中会加入15%的碱（苏打或碳酸钾），这样可以将熔点降至1500℃。此外，还会加入10%的石灰石，防止玻璃在冷却时发生结晶。最后，加入5%的氧化铝、镁或氧化铁，它们决定了玻璃的颜色和黏度。制作过程中还会加入生产中剩余或者回收的废玻璃。每种添加材料都会经过精确称量。

这些材料在熔炉温度达到1550℃时发生熔化，同时产生大量气泡并升至液体表面，这些气泡会在澄清过程中破裂消失。之后，玻璃液流入模具的供料道，冲头有规律地进行推压，从而通过一个标准化的出料口形成一系列自动剪切的料滴。这些料滴的重量和冲头推压的节奏取决于用来制成各种形状的玻璃液的数量。此时的温度需要严格控制在1100～1300℃，否则温度下滑会导致玻璃失去黏度。

接下来是玻璃的成型过程（见右页图）。首先料滴落入雏形模中。雏形模的底部是口模，用来制作酒瓶的瓶口。其次，下压料滴，并且从口模中间的小孔吹入压缩空气，形成空心的料泡。

然后，将料泡送入成型模，再次吹入压缩空气使玻璃最后成型。这种方法称为吹-吹法。还有一种方法称为压-吹法，区别在于第一个吹制的过程由压制所替代。有些机器一分钟可生产700个玻璃酒瓶。

成型后的酒瓶温度仍然高达650℃。酒瓶的外壁温度下降很快，而内壁的冷却速度却比较缓慢。如果让酒瓶自然冷却，很容易导致破裂。因此，这些酒瓶会通过传输带进入另外一个窑炉，逐步降温。

玻璃酒瓶还需要进行去除表面瑕疵的流程。一种方法是在玻璃成型和冷却过程中向玻璃瓶表面喷洒金属氧化物。另一种方法是在冷却过程结束后，在玻璃表面镀上聚乙烯保护膜。

在生产过程的最后环节，需要对玻璃酒瓶的尺寸、形状、容量和工艺性能进行检查，然后把这些酒瓶放置在托盘上等待发货。这些托盘通常会用塑料薄膜封起来，防止灰尘、小虫，或者其他污染物进入。

虽然制作玻璃的原料是石英砂，但回收的玻璃在酒瓶生产中占很大的比例

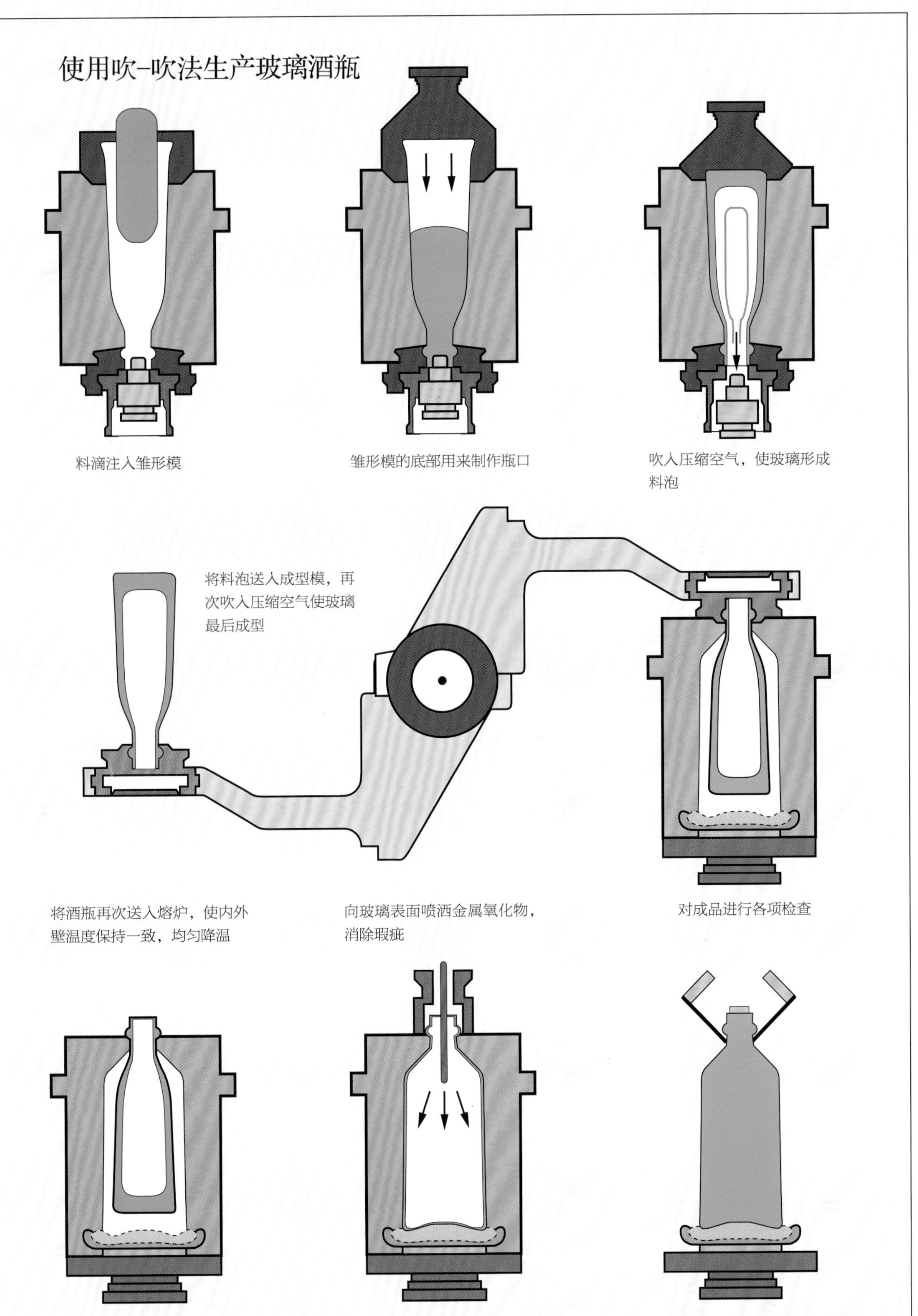
使用吹-吹法生产玻璃酒瓶
料滴注入雏形模
雏形模的底部用来制作瓶口
吹入压缩空气，使玻璃形成料泡
将料泡送入成型模，再次吹入压缩空气使玻璃最后成型
将酒瓶再次送入熔炉，使内外壁温度保持一致，均匀降温
向玻璃表面喷洒金属氧化物，消除瑕疵
对成品进行各项检查

世界葡萄酒概述

世界葡萄酒概述

从世界葡萄种植分布图可以很清楚地看出，葡萄只能在特定的条件下生长。其中最重要的是气候，尤其是气温。南半球和北半球的气候差异巨大。在南半球，7月份冬季时0℃温度线几乎在南纬50°和南纬60°之间画出一条直线，没有经过任何陆地；而在北半球，由于

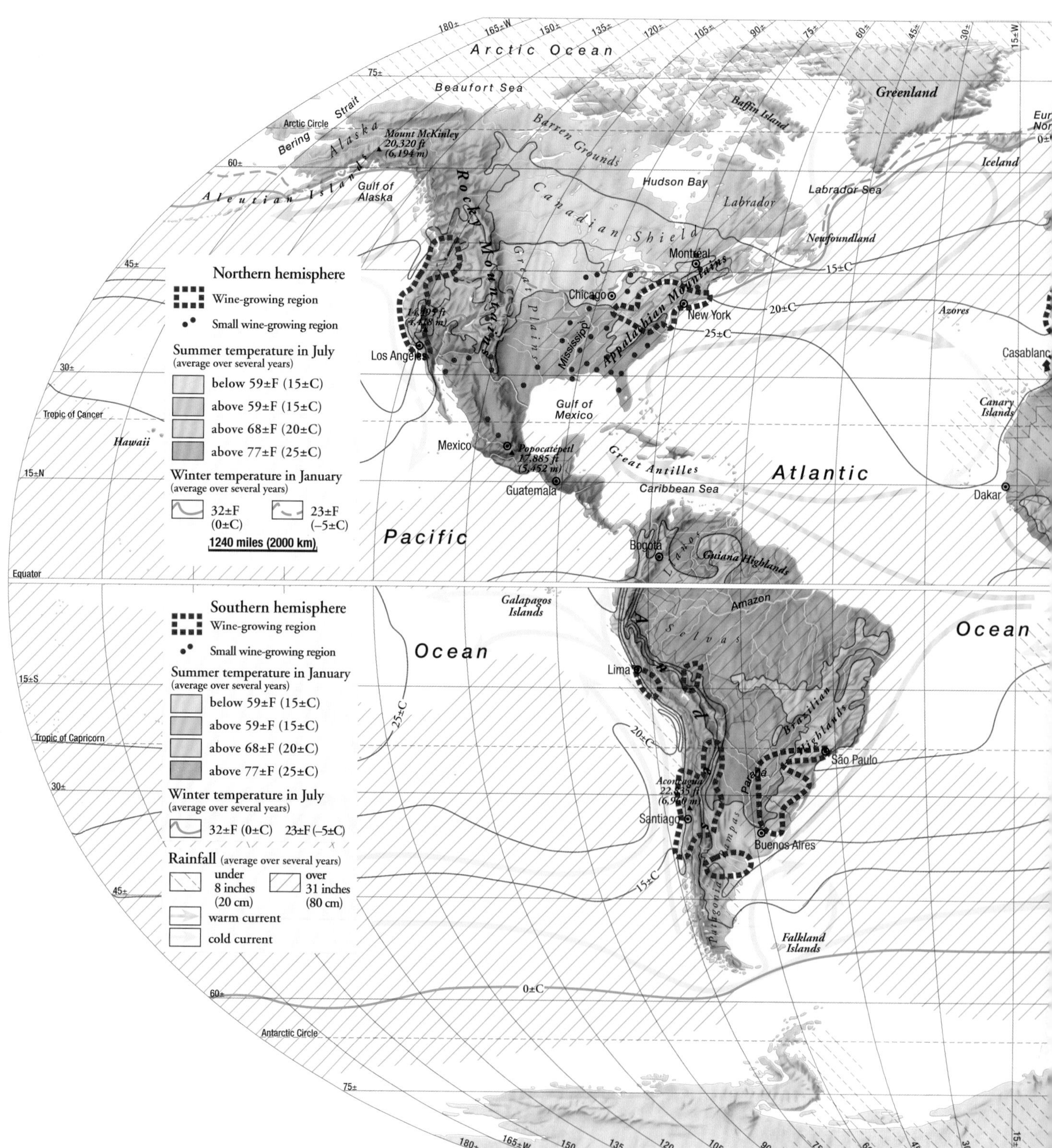

大部分陆地在夏季吸收较多的温度，并且受到墨西哥湾暖流等影响，冬季时0℃温度线穿过许多葡萄种植区。从图中我们还可以看出，葡萄适合种植在温度适中的地区。夏季时（北半球的7月，南半球的1月），在温度超过25℃的地区，葡萄树很难有良好的长势。降水量也是葡萄种植的一个重要因素。葡萄无法在年降水量小于200毫米的地区生长；但另一方面，降水量过高的地区也很难进行葡萄种植。不过，现在全世界的葡萄种植户已经找到了一些应对自然条件的方法。

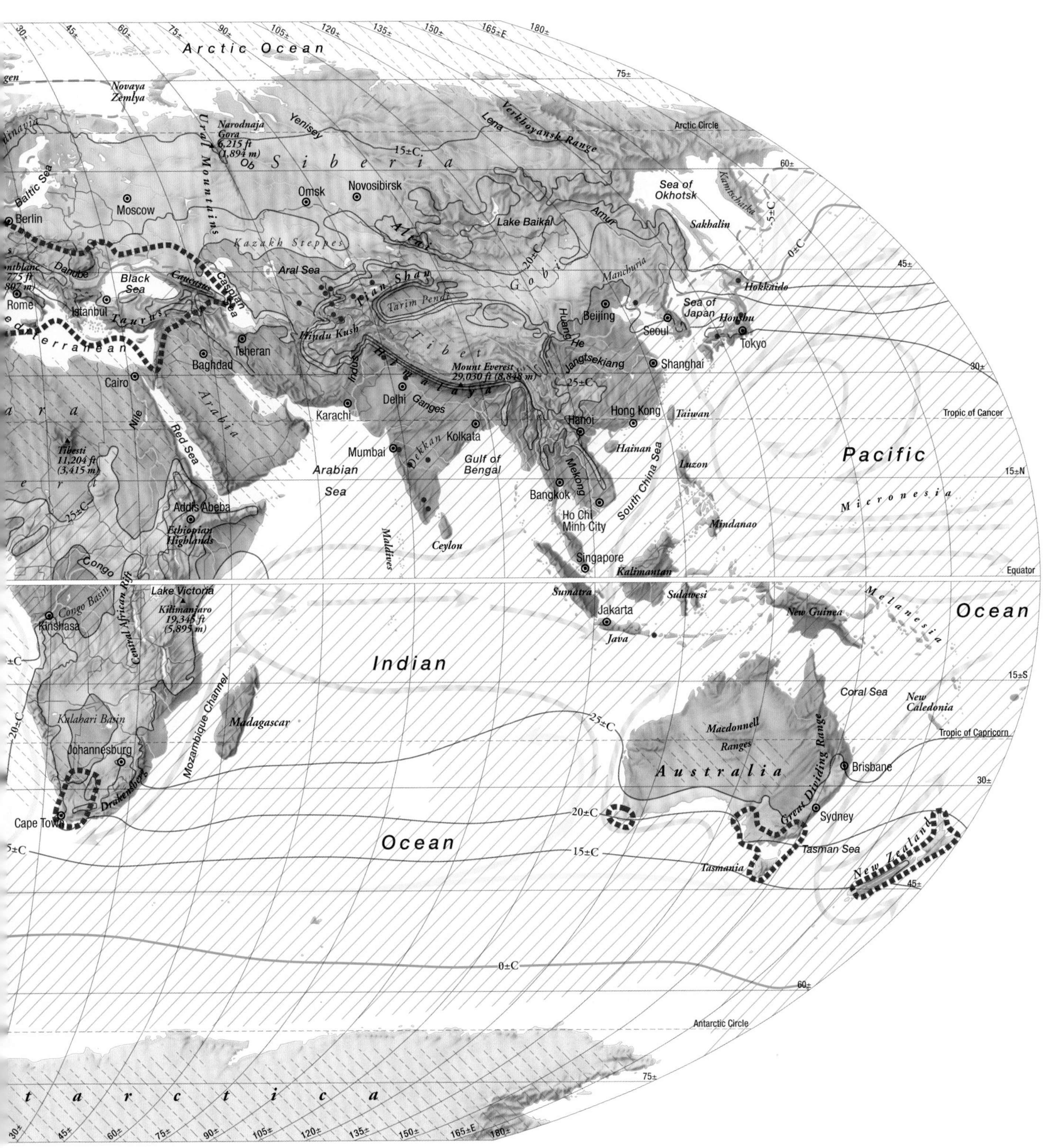

Arctic Circle
European North Sea
Reykjavik
ICELAND
Norwegian Sea
Lofoten Islands
Faeroe Islands
Shetland Islands
Orkney Islands
Hebrides
ATLANTIC
OCEAN
Gulf Stream
Glasgow
UNITED KINGDOM
IRELAND
Dublin
Birmingham
London
Thames
English Channel
North Sea
NORWAY
SWEDEN
FINLA
Gulf of Bothnia
Oslo
Stockholm
Skagerrak
Kattegat
DENMARK
Copenhagen
Gotland
Baltic Sea
Riga
Tallinn
LITHUANIA
to Russia
Hamburg
Elbe
NETHERLANDS
Amsterdam
Rotterdam
Hanover
Berlin
Poznan
Warsaw
Vistula
Essen
Cologne
Brussels
BELGIUM
GERMANY
POLAND
Oder
Rhine
Frankfurt a.Main
Luxembourg
Prague
Sudeten
CZECH REPUBLIC
Cracow
Seine
Paris
Stuttgart
Munich
Danube
Vienna
Bratislava
SLOVAKIA
Loire
FRANCE
Bern
SWITZERLAND
AUSTRIA
Budapest
HUNGARY
Bay of Biscay
Lyon
Massif Central
Mont Blanc 15,770 ft (4,807 m)
Turin
Milan
Ljubljana
SLOVENIA
Zagreb
Drava
CROATIA
Tisza
Belgrade
Garonne
Rhône
Cantabrian Mountains
Douro
Ebro
Pico de Aneto 11,170 ft (3,404 m)
Pyrenees
Zaragoza
Marseille
Genoa
Po
Apennines
BOSNIA HERZEGOVINA
Sarajevo
Save
Adriatic Sea
SERBIA-MONTENEGRO
PORTUGAL
Central Castilian Mountains
Tejo
Tajo
Lisbon
Madrid
SPAIN
Barcelona
Ligurian Sea
Corsica
Gran Sasso 9,560 ft (2,914 m)
Rome
Skopje
MACEDONIA
Tirana
ALBANIA
Olympus 9,570 ft (2,917 m)
Guadiana
Sierra Morena
Seville
Guadalquivir
Valencia
Balearic Islands
Mallorca
Sardinia
Naples
ITALY
Tyrrhenian Sea
Sierra Nevada
Malaga
Mediterranean Sea
Ionian Sea
Ionian Islands
GREEC
Palermo
Etna 10,990 ft (3,350 m)
Sicily
Rabat
Casablanca
Er Rif
Oran
Algiers
Tunis
ALGERIA
MOROCCO
TUNISIA
MALTA

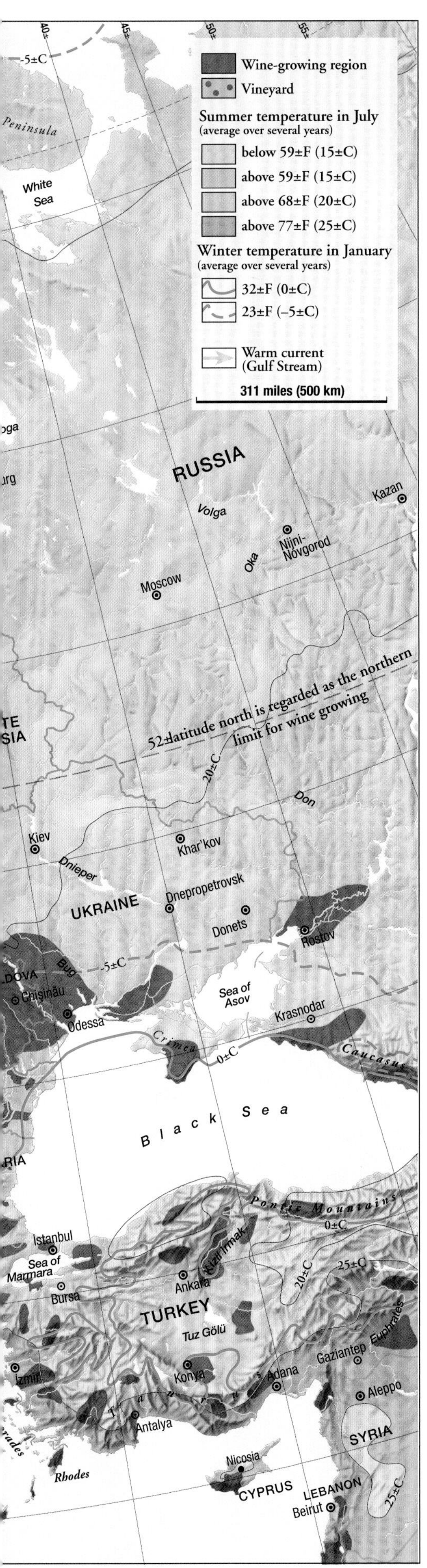

欧洲

如图所示，北纬52°是葡萄种植的最北端。然而，近年来的气候变暖使适合葡萄种植的区域向北推移了许多。最初，只有一些英国的葡萄种植户在更北的地区种植葡萄，现在就连北欧的丹麦和瑞典也开始了葡萄种植。不过，较低的平均气温、较多的降水量以及霜冻的确会影响葡萄的生长。低温会延缓葡萄的成熟，湿度高会破坏葡萄的品质，最终会使葡萄汁变得稀淡。极端的气温和降水量更会阻碍葡萄的光合作用。

河流对葡萄种植也很重要，尤其是在北欧、中欧和东欧地区。卢瓦尔河、加隆河、莱茵河、罗讷河、多瑙河和德涅斯特河是许多重要葡萄种植区的命脉，因为它们可以调节极端气候。

在西欧，大部分地区的7月份平均气温在15～20℃。欧洲传统的葡萄种植区主要集中在这个区域。适中的温度和充足的水分为酿造结构平衡、香气浓郁的白葡萄酒和具有陈年潜力的红葡萄酒提供了理想的条件。

西班牙、法国南部和意大利的许多地区温度相近。不过，地中海南部有两个重要特点是北欧地区所缺乏的：较高的气温和较强的日照。这两个因素可以使葡萄达到最佳成熟度，从而酿造出酒体丰满、口感顺滑的葡萄酒。

在东欧，夏季通常比较炎热，气温在20℃以上，而冬季也会出现严重的霜冻。从一整年看，这种情况形成了欧洲其他地区没有的极端气温。不过，巨大的昼夜温差可以改善葡萄的品质。丰满、鲜爽的顶级托卡伊葡萄酒就是产自这种条件。

北美洲与南美洲

美国几乎被0℃温度线一分为二。除了太平洋沿岸地区，这条温度线以南地区的温度都超过了25℃，因此不适合葡萄种植。微气候也许会为小部分地区提供适宜种植的条件，但有两个极端情况经常会发生：干旱和近乎热带的湿度。美国东北部地区降雨频繁，天气寒冷，很难进行葡萄种植。西海岸受到太平洋对气候的调节作用，大部分地区都适合葡萄种植，能

够出产优质的红葡萄酒。

南美大陆只有少数地区拥有种植优质葡萄的必要条件，其中最理想的区域是在安第斯山脉，那里的河流可以为葡萄园提供灌溉的水源。

安第斯山脉阿根廷部分——葡萄园海拔可达2000米——通常没有那么炎热，可以酿造出酒体平衡的葡萄酒。智利在太平洋的影响下气候温和，是全世界最适合葡萄种植的地区之一。从地图中可以看出，除乌拉圭之外，大西洋沿岸其他地区由于气候原因不适合葡萄种植。这个区域的亚热带气候通常无法出产优质葡萄酒。此外，过高的气温和湿度容易产生病虫害，只有杂交品种才可以成活。

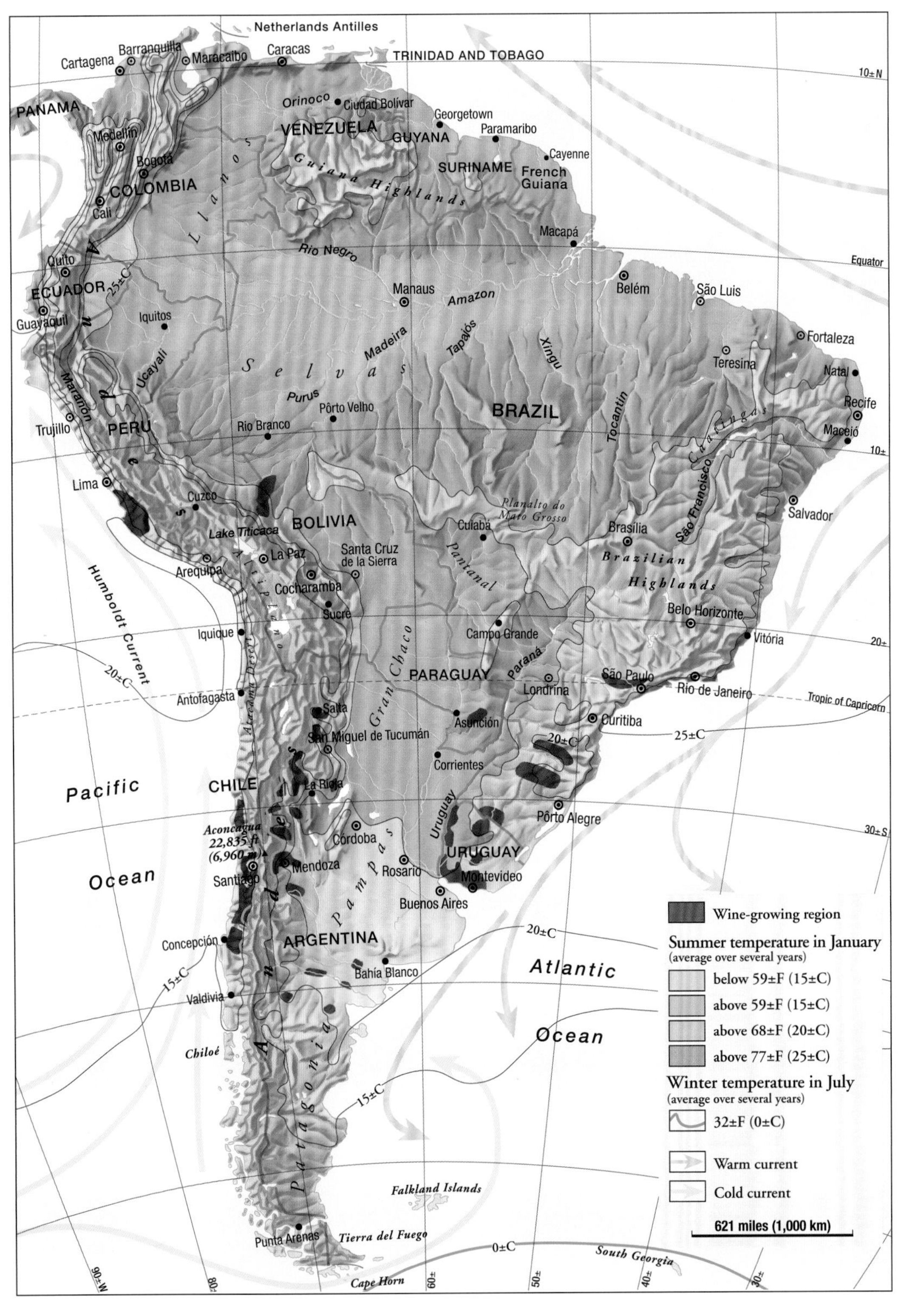

葡萄种植地区与葡萄酒生产

小果粒的黑比诺葡萄可以用来酿酒，但在世界许多地区人们把它作为鲜食葡萄种植

葡萄分为两种：一种口感甘甜，常被用来鲜食或制干；另一种皮厚不宜生食，则被用来酿酒。这种区别的原因可追溯到几千年前对品种的挑选过程。当然也有例外，有些葡萄既可鲜食也可酿酒。一些国家大面积种植鲜食葡萄和制干葡萄，甚至超过了葡萄酒生产国。过去的数据显示，土耳其拥有58万公顷葡萄园，鲜食葡萄及葡萄干产量位居全球第四；伊朗拥有27万公顷葡萄园，鲜食葡萄及葡萄干产量位居全球第六。然而，总部设在巴黎的国际葡萄与葡萄酒组织做出了改变，不再把主要生产鲜食葡萄和葡萄干的国家列入榜单。事实上，许多亚洲和北非国家拥有广泛的葡萄种植面积，却不用或很少用这些土地来种植酿酒葡萄。

世界三大葡萄酒生产国的名单很少发生变化。意大利和法国平分秋色，排名常因气候的不同而互换一二。拥有全球最大葡萄种植面积的西班牙，葡萄酒产量仍然位列第三。然而，世界十大葡萄酒产国的名单正发生着巨大的变化。最令人瞩目的是中国。中国一直以来都是鲜食葡萄和葡萄干的生产大国，现在却以惊人的速度酿造葡萄酒。阿根廷的葡萄酒产量经历了25年的低迷，现在又重新开始增长。智利的葡萄酒销售虽然存在问题，但数据显示其产量保持不断增长。澳大利亚面临着严重的持续干旱，葡萄酒产量的增速仍然遥遥领先。美国的葡萄酒行业由于消费的激增而持续繁荣。但是，这些数据并没有显示出葡萄酒品质的提升。

葡萄酒消费

虽然葡萄酒消费整体呈下降趋势，法国以每年32.6亿升的消费量领先意大利27.6亿升的消费量排名首位。紧随其后的美国，年消费量是25.4亿升，德国年消费量19.6亿升，西班牙年消费量是13.9亿升，阿根廷年消费量10.9亿升。其他国家的年消费量都不足6亿升。人均消费量排名第一的是梵蒂冈（131品脱），其次是安道尔（127品脱）、法国（118品脱）、卢森堡（111

种植面积：千公顷　　*资料来源：国际葡萄与葡萄酒组织（OIV）2006年（2005年统计）*

国家	种植面积	占世界总种植面积百分比(%)
西班牙	1180	14.78
法国	890	11.21
意大利	847	10.66
美国	399	5.02
葡萄牙	250	3.15
罗马尼亚	218	2.74
阿根廷	217	2.73
智利	191	2.40
澳大利亚	167	2.10
摩尔多瓦	147	1.85
十国总种植面积	4506	56.74
世界总种植面积	7942	100

葡萄酒产量：10万升　　*资料来源：贸易数据与分析（TDA）2007年*

葡萄酒产量			
国家	2005年	1990年	增长百分比(%)
法国	52004	65529	-20.6
意大利	50566	54866	-7.8
西班牙	34750	38658	-10.1
美国	28692	15852	+81.0
阿根廷	15222	14036	+8.4
澳大利亚	14000	4446	+214.9
中国	12366	无数据	无数据
德国	9100	8514	+6.9
南非	8410	8998	-6.4
智利	7890	3978	+98.3
十国总产量	232990	226239	+3.0
世界总产量	286175	282897	+1.2

品脱）和意大利（102品脱）。

非洲的顶端地带

非洲唯一值得一提的葡萄酒生产区域是其顶端地带。在北非马格里布地区的国家，只有山坡上适宜栽培葡萄。在赤道以南的南非国家，虽然来自南极的本吉拉洋流缓解了炎热的天气，实际上只有开普（Cape）地区才拥有种植葡萄的必要条件。

法国

法国葡萄酒产区

这种被葡萄树环绕的古老酒庄在博若莱产区乃至整个法国随处可见

多样的地质和气候条件使法国成为世界上葡萄酒品种最丰富的国家之一。几个世纪以来，不同葡萄品种已经完全适应了它们所在地区的自然环境，它们的种植方法也有所不同。

香槟区是法国最北部的葡萄酒产区，再向北的地区气温过低，葡萄难以成熟。香槟产区左临大西洋沿岸，降雨量较大，也不适宜葡萄种植。受这些气候的影响，香槟酒具有酸爽的特性。

阿尔萨斯产区气候宜人，西面的孚日山脉形成一个得天独厚的天然屏障。在这里，向阳山坡上的葡萄很容易过熟，而从平原升起的湿气又能促进贵腐菌的生长，可以酿造出该地区最伟大的葡萄酒。

夏布利是位于勃艮第北部最著名的产区。这里的葡萄种植户必须采取措施防止某些优质霞多丽葡萄园发生霜冻。在夏布利产区，由石灰岩和黏土构成的土壤赋予了闻名世界的霞多丽葡萄独特的矿物风味。和勃艮第其他产区一样，夏布利的雨水也很充沛，因此葡萄种植户通过提高种植密度来控制葡萄树的生长。这种方法也用于博若莱产区。在索恩河谷与博若莱山之间，花岗岩和泥灰质土壤为佳美葡萄提供了理想的风土条件，但是葡萄种植户修剪佳美葡萄树的方法与勃艮第其他产区修剪黑比诺葡萄树的方法完全不同。

汝拉和萨瓦产区位于法国东部的山脉上。汝拉产区不仅种植一些独特的葡萄品种，还盛产黄葡萄酒，这种酒要在一层酵母膜下陈酿6年。

卢瓦尔河谷产区位于卢瓦尔河河口，受墨西哥湾暖流的影响，气候温和潮湿。因此，在靠近卢瓦尔河河口的密斯卡岱地区，通常要提前采收葡萄。卢瓦尔河上游主要为大陆性气候，盛产优质干白葡萄酒、甜白葡萄酒和红葡萄酒。如今，品丽珠葡萄在卢瓦尔河谷产区得到广泛种植，因为在寒冷的气候中，品丽珠比赤霞珠的品质更高。

波尔多地区，尤其是梅多克，是大西洋和吉伦特河之间重要的葡萄酒产区，那里气候温和，适合种植晚熟葡萄，而且砾石土壤排水性能强，可以防止频繁的降雨危害葡萄树。法国西南产区的气候更加温暖，山脉对葡萄种植的影响更大。

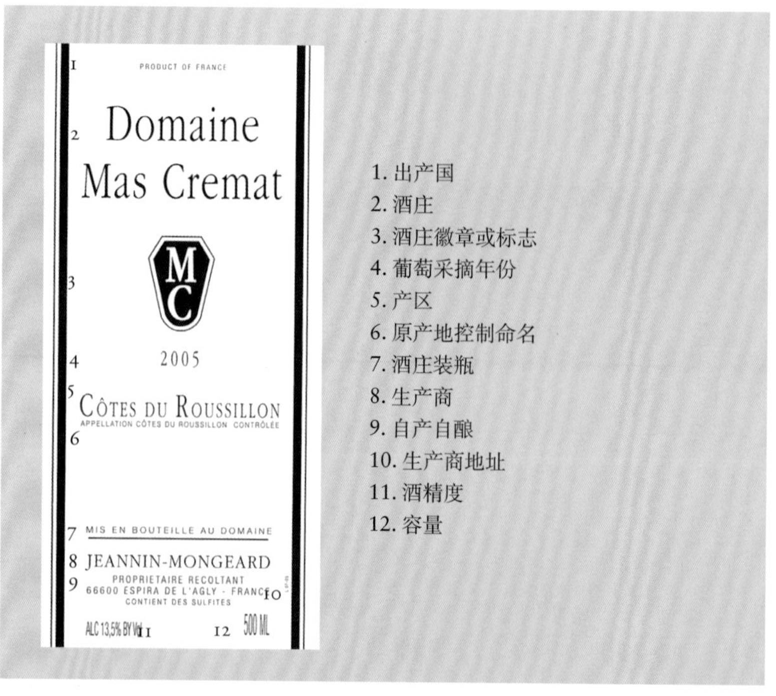

地中海沿岸的产区

大西洋对法国气候的影响一直延伸至东部和东南部的葡萄种植区，主要包括三个方面：气温、风力和降雨量。这些气候条件在罗讷河谷北部最适中，为白葡萄和红葡萄都提供了理想的生长环境。罗讷河谷地区和法国南部地区盛产西拉葡萄；而更南的地区，如教皇新堡产区，以歌海娜和慕合怀特葡萄为主。具有典型地中海风格的普罗旺斯产区北起阿尔卑斯山，南抵地中海，多样的气候条件造就了丰富的葡萄品种和葡萄酒种类。科西嘉产区不仅在地理位置上更靠近意大利，而且主要种植意大利葡萄品种，这些品种最能适应地中海气候。

朗格多克-鲁西荣产区毗邻里昂湾，是世界上最大的葡萄酒产区之一。这里日照充足，来自普罗旺斯猛烈的西北风有利于葡萄的健康生长。降低产量可以使这里的葡萄酒达到最佳的浓度。

香槟产区——传统、高贵的葡萄酒之乡

香槟富含欢腾和诱惑的气泡，是品质的象征，深受上流社会的喜爱。从太阳王路易十四到俄国沙皇，从温斯顿·丘吉尔到英国王室，从F1颁奖典礼到股票发行，这种产自法国最北部的起泡酒无处不在。和其他所有葡萄酒不同，香槟酒的产区就是它的品牌，而这代表着尊贵的地位和高昂的价格。如今，虽然西班牙卡瓦、意大利弗兰奇亚考达以及美国加州和澳大利亚的起泡酒日益崛起，而且香槟酒的产量不及世界起泡酒总产量的10%，但这个只生产起泡酒的产区仍然在世界上扮演着不可替代的角色。

香槟产区位于巴黎的东北部，在中世纪，该产区还包括今天的法兰西岛和巴黎。香槟产区的名称起源于拉丁文“campus”，指马恩河谷沿岸的葡萄园和乡村。1927年，法国原产地命名管理委员会颁布了一条法令，对香槟产区进行了严格的区域划分和限定：香槟产区主要集中在兰斯（Reims）和埃佩尔奈两个城镇。这个产区从古至今一直处于南北和东西两条贸易通道的交叉口。虽然香槟产区的酿酒历史可追溯至公元5世纪，但是专门生产起泡酒的时间却晚很多。

顶级香槟具有超强的陈年潜力

香槟今日的辉煌与培里依修士密不可分

培里依修士及其贡献

香槟酒始于17世纪，当时这种葡萄酒是用黑比诺酿制而成的淡粉色静态酒，在伦敦名流云集的沙龙里受到一定欢迎。17世纪下半叶开始，香槟经历巨大变化，发展成今天这种在瓶中发酵的起泡酒。

香槟酒的成功离不开奥特维雷修道院著名的酒窖总管培里依修士。虽然他发明的起泡酒和今天的香槟有所不同，但他在葡萄品种、种植方法和调配技术方面的改革功不可没。他是第一个充分发酵红葡萄酒的人，也是最早用红葡萄品种酿造白葡萄酒的人。此外，培里依修士还率先使用更坚固的酒瓶和软木塞封存香槟酒，并用铁丝绑住软木塞，这样可以承受更大的压力，方便起泡酒的销售和出口。

19世纪前，香槟的年产量只有几千瓶。之后，著名的凯歌香槟酒庄的寡妇庄主发明了去除沉淀的转瓶法，并且用剂量精确的再发酵液进行二次发酵，推动了香槟的工业化进程。19世纪中期，一群年轻的德国人——库克、柏林格、罗德尔和杜兹——取得了巨大的商业成功，他们将大多数本土酒商驱逐出市场，占领了兰斯及其周边地区的葡萄酒市场。他们的名字至今仍是香槟界精英的代表。

他们的成就经受住了世界大战和酒庄易主的考验。今天，几乎每四瓶香槟中就有一瓶来自酩悦·轩尼诗–路易·威登集团（Louis Vuitton Moët Hennessy，简称L.V.M.H.），该集团旗下拥有凯歌、库克、波马利、瑞纳特、酩悦、卡纳尔·迪谢纳等知名品牌。2000年，该集团的香槟销量高达3亿瓶。香槟酒空前的发展不仅取决于气候、土壤和葡萄品种等综合因素，还得益于香槟贸易的前景和制度。几个世纪以来，这种制度造就了世界上最统一的葡萄酒法定产区。

最能体现香槟产区统一性的是长期建立起来的定价体系，按照这个体系，香槟酒庄（以前几乎没有独立葡萄园）向葡萄种植户支付葡萄的价格。这个价格每年由成立于20世纪20年代、30年代初的定价委员会协商决定，并成为整个产区的标准。此外，一些葡萄种植户也开始酿造香槟，在20世纪90年代前，种植户和生产商的香槟酒在市场上都能维持相对的稳定性。不过从那之后，即使是香槟酒也未能躲过市场和经济动荡的影响。

优质香槟的酸度和甜度

香槟区的大多数葡萄树都种植在斜坡上的白垩质土壤中。这些土壤拥有理想的湿度和排水效果，较高的pH值赋予葡萄更多的酸度。此外，斜坡为葡萄的生长提供了必要的条件——充足的温度（香槟区位于法国最北部，因此葡萄缺少足够的温度和阳光，而且受海洋性多变气候的影响，葡萄的生长期较长，即使是成熟的葡萄也会含有较高的酸度），这是酿造起泡酒最重要的因素之一。虽然兰斯和埃佩尔奈产区之间的葡萄园原本有许多葡萄品种，但获得成功的只有3种：霞多丽、黑比诺和莫尼耶比诺。究其原因可能是这里的葡萄园靠近勃艮第产区（3个葡萄品种中

在潮湿的酒窖中，酒标会霉烂，但香槟不会

白垩土在香槟产区非常重要，因为这种土壤不仅会影响葡萄种植，还为酒窖提供了理想的温度，可以使葡萄酒储存100多年

仅仅是为葡萄种植户家门外的铁艺标识，奥特维雷村庄也值得一游

有2个还被用来酿造夏布利和金丘产区的优质白葡萄酒），或者是这些葡萄品种容易在寒冷的气候中成熟。

在整个香槟区，莫尼耶比诺的种植面积占葡萄种植总面积的35%以上，黑比诺的种植面积占1/3，霞多丽的种植面积占1/4。而在生产基酒[用于酿造名品香槟（cuvée de prestige）]的顶级村庄，情况则截然相反：霞多丽的种植面积最大，占总面积的2/5。虽然几乎所有的香槟都呈浅色，但葡萄园中仍然以红葡萄品种为主。不过，这些红葡萄采摘后必须马上经过一道特殊的工序进行压榨，防止颜色从葡萄皮中渗出来。因此，香槟区禁止使用机械采摘，因为机器会挤破葡萄，使葡萄不可避免地发生浸皮过程。

“二战”后，香槟区也经历了欧洲葡萄种植业普遍遇到的一个问题：单位产量不断增加。1940—1980年，香槟区的葡萄产量增加了3倍，而且虽然压榨26.5加仑葡萄汁的葡萄重量已由330磅升至350磅（压榨100升葡萄汁的葡萄重量由150千克升至160千克），但基酒越来越稀薄，导致在最终调配而成的葡萄酒中，多达3.5% vol的酒精度是由添加的糖分而非葡萄汁本身的糖分产生。

究竟是谁生产的这瓶葡萄酒？

香槟的酒标上除了一些技术参数（如图所示），通常还有一个小号数字。数字前面是两个字母，代表不同类型的生产商。

N.M.：Négociant-manipulant，购买葡萄、葡萄汁或基酒，然后自己酿酒。

R.M.：Récoltant-manipulant，自己种植，自己酿酒。

R.C.：Récoltant-coopérateur，香槟合作社的成员，用自家酒标销售合作社酿造的香槟。

C.M.：Coopérative de manipulation，合作社，将各成员的葡萄集中在一起酿造香槟。

S.R.：Société de Récoltant，葡萄种植户自发地联合酿造香槟，并非合作社。

N.D.：Négociant distributeur，购买已装瓶的香槟，然后用自家酒标销售。

R.：Récoltant，由N.M.酿造，然后用自家酒标销售。

M.A.：Marque auxiliaire，零售商贴牌销售。

香槟的酒标	
酒庄	酩悦香槟
产地	埃佩尔奈
创建年份	1743年
产区	香槟
酒名	培里侬
酒精度	12.5%
容量	750 ml
类型	干型
注册编码和生产商	
公司	酩悦香槟
地址	埃佩尔奈
国家	法国
注册商标和设计	Muselet Eparnix
年份	1990年

香槟的消费

每款香槟都有其独特之处，几乎可以满足所有的需求。不过，从购买香槟开始就要谨慎对待。如果选择正确，基本上任何场合、任何菜肴都有适合搭配的香槟。香槟是所有葡萄酒中种类最为繁多的。香槟使用不同葡萄品种以及产自不同葡萄园、不同年份的葡萄酒调配而成，因此每一瓶香槟都有其独特的风味：有的淡薄，有的丰满；有的果香浓郁，有的花香怡人；有的清爽，有的醇厚；有的偏甜，有的偏干；有的年轻，有的成熟。当然，它们也有优劣之分：有的品质出众，有的表现平庸；有的口感和谐，有的质地粗糙；有的价格高昂，有的价格低廉。即使是最常见的香槟类型——无年份极干型香槟——也存在很大差异。因此，在购买香槟时最好咨询侍酒师、酒商或是导购的意见，当然也可以根据自己的经验进行选择。

活泼、清爽的干型香槟以及大多数无年份极干型香槟和年轻的白中白香槟都是出色的开胃酒。白中白香槟适合搭配牡蛎和贝类。而搭配鱼子酱和龙虾则应该选择更加强劲的极干型香槟。极干型香槟和白中白香槟是许多鱼类菜肴的理想搭配。但如果菜肴的味道比较浓重，最好选择年份香槟或桃红葡萄酒，它们的结构更扎实，口感更复杂。强劲的干型香槟可以搭配奶酪；而对于不是特别甜的点心，建议选择甜型和半干型香槟。

香槟的最佳侍酒温度是6~9℃，因此饮用前需要进行冰镇。理想的情况下，香槟开启后应放置在装有冰块和水的冰桶中。香槟不能使用杯肚浅的酒杯，而应该选择透明、细长的郁金香形杯，杯柄也要足够长，这样可以避免使手掌的温度传递给杯中的葡萄酒。

酿酒村庄与葡萄园

香槟区和香槟酒具有独一无二的特性，是因为在过去两个世纪中，香槟区的生产商通过原产地命名和瓶内发酵法建立了一个强大的品牌形象。而每款香槟的特征，如产地、葡萄品种、生产商和年份等对香槟品质没有多大影响。

香槟首先是一个地理区域，一个法定产区，它是法国唯一一个拥有单一原产地命名的葡萄酒产区。香槟区拥有独特的风土条件和葡萄园，属于法国顶级葡萄酒产区。虽然大多数香槟是用不同年份、不同品种的基酒调配而成，但这些信息很少会出现在酒标上。不过，酒标会标注酿酒葡萄的价格信息：产自特级葡萄园的葡萄价格最高，其次是产自一级葡萄园的葡萄。

根据不同的自然条件，整个香槟区被划分为5个区域，每个区域种植不同的葡萄品种，分别为兰斯山脉（Montagne de Reims）、马恩河谷、白丘（Côte des Blancs）、赛萨讷丘（Côte de Sézanne）和奥布省（Aube）的巴尔丘（Côte des Bar）。兰斯山脉东坡和北坡的土壤以白垩土为主，表层土含有黏土、沙砾和泥灰岩；马恩河谷的表层土以泥灰岩、黏土和沙砾为主；白丘的土壤以白垩土为主，表层土含有沙砾和黏土；赛萨讷丘的土壤以白垩土为主，表层土含有沙砾、黏土和泥灰岩；巴尔丘的土壤以石灰岩为主。

在白丘区的科斯（Cuis）村庄，香槟只采用霞多丽酿造，并因鲜爽的口感而著称

特级葡萄园和一级葡萄园

香槟区有17个村庄被列为特级葡萄园：兰斯山脉9个，白丘4个，马恩河谷4个。这些葡萄园的葡萄以统一的价格出售，而且从不打折。

香槟区还有38个村庄被列为一级葡萄园，总面积达5000公顷，种植的葡萄以全价的90%～99%出售。这些葡萄园[如菲丽宝娜（Philipponnat）酒庄的歌雪园（Clos des Goisses）]的名称以及酒标上的标志很少为消费者所知。库克酒庄的美尼尔葡萄园（Clos du Mesnil）是一个著名的例子。该葡萄园位于奥热尔河畔美尼尔村（Mesnil-sur-Oger），只种植霞多丽，库克酒庄生产的一款香槟完全使用这种葡萄酿制而成。产自该地区较高海拔的葡萄所酿造的香槟口感醇厚、香气浓郁。发现这个特点的是欧仁-艾梅·沙龙（Eugène-Aimé Salon），他以自己的名字建立了一家酒庄，该酒庄用当地葡萄酿造的香槟至今仍是香槟区最好的葡萄酒之一。

白丘地区的村庄也出产只用霞多丽酿造的香槟，但大多数香槟都是混合调配而成，很少使用同一品种或同一村庄的葡萄酒酿造。那

香槟酒庄是香槟产区辉煌历史的见证

香槟区的静态酒

起泡酒在香槟区占绝大多数比例，这使人容易遗忘那里的静态葡萄酒。法定产区香槟山坡（Coteaux Champenois）不仅出产起泡酒，还出产白葡萄酒、红葡萄酒和桃红葡萄酒，而且这些葡萄酒通常会陈酿若干年。

香槟区的自然条件不适合生产口感强劲、结构复杂的葡萄酒，但是在好的年份里，还是可以酿造出酸度适中、果味浓郁的葡萄酒。知名酒庄柏林格、酩悦、瑞纳特等生产的葡萄酒就属此类。除了优质而昂贵的霞多丽白葡萄酒，特别值得一提的还有香槟山坡红葡萄酒，这些葡萄酒经过冰镇后是鱼类菜肴的理想搭档。

奥布省莱里塞镇（Riceys）出产一款静态桃红葡萄酒，这种酒完全使用来自兰斯山脉布齐镇（Bouzy）的黑比诺酿制而成，果味浓郁。香槟山坡的红葡萄酒使用安邦内（Ambonnay）、艾伊（Aÿ）和屈米耶尔（Cumières）的黑比诺进行酿制。

里有许多知名的酒庄，如凯歌、酩悦、玛姆（Mumm）、巴黎之花（Perrier-Jouët）、海德西克莫诺波勒（Heidsieck Monopole）、波马利和格力诺（Pommery & Greno）、宝禄爵（Pol Roger）和泰亭哲（Taittinger），这些酒庄都有自己的葡萄园。目前，最尊贵的香槟是名品香槟，这种酒几乎只用特级葡萄园的葡萄酿造，偶尔也会使用主要种植黑比诺（占80%以上）的葡萄园的葡萄。这类香槟包括柏林格的R.D.香槟、罗兰·百悦（Laurent-Perrier）的盛世（Grand Siècle）、路易王妃（Louis Roederer）的水晶香槟（Cristal）、瑞纳特的瑞纳特、酩悦的培里侬、杜兹的威廉·杜兹（William Deutz）、宝禄爵的温斯顿·丘吉尔（Winston Churchill）等。这些香槟用优质葡萄酒调配而成，在橡木桶中发酵或存放，并且在酒窖中熟成数月。它们结构平衡，具有较强的陈年潜力，因此非常珍贵，是香槟中的代表之作。

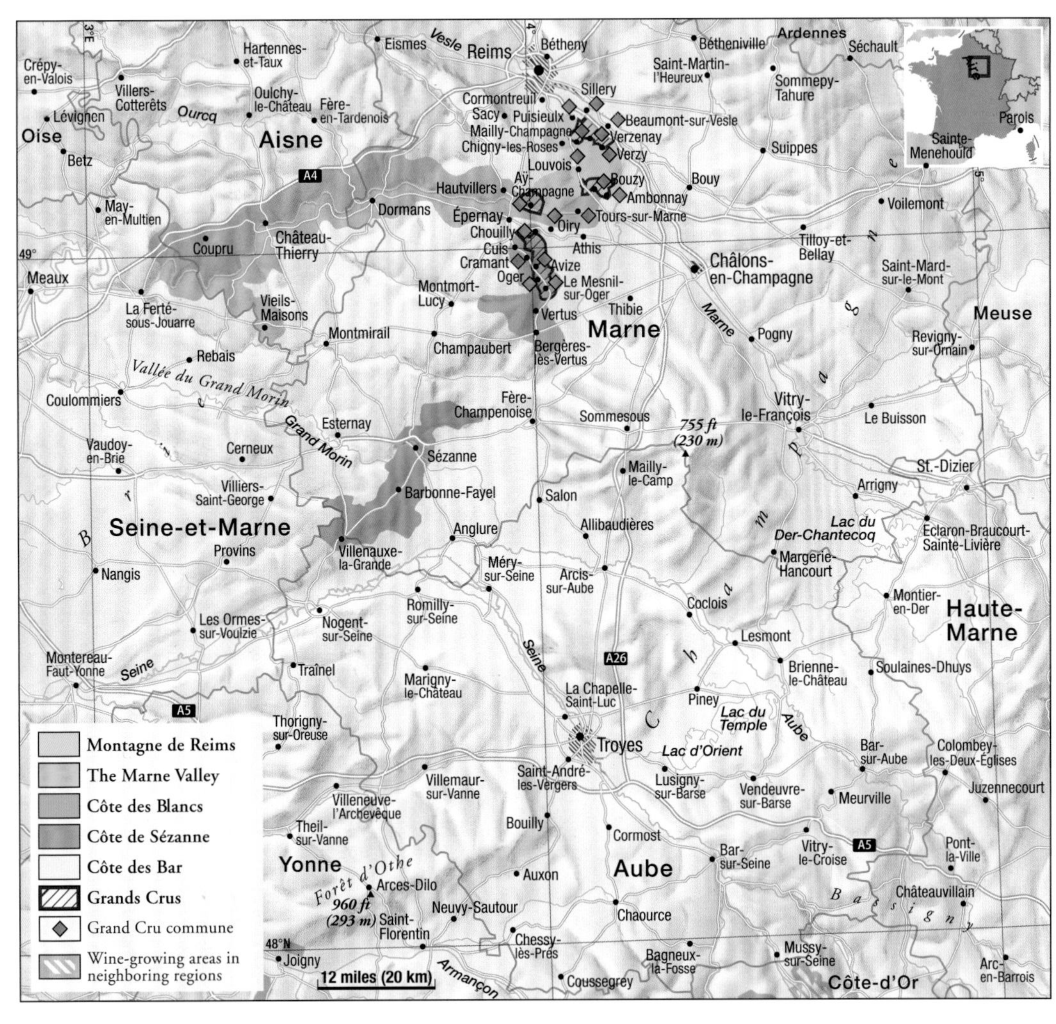

白垩酒窖

和其他所有葡萄酒产区不同，在香槟区，香槟酒的名称和一道特殊的酿造工艺联系在一起，即瓶内发酵法，又称香槟法。香槟的生产需要经过许多严格的工序，是最复杂的葡萄酒酿造方法之一。

酿造香槟的第一个规定从葡萄种植开始，即葡萄园的最高产量为100～110千克/公顷。在一些特殊的年份里，管理机构会放宽限制，但许多评论家认为太高的产量难以保证基酒醇厚的口感和平衡的结构。压榨过程中葡萄的出汁量也有严格规定，以免过度压榨造成不需要的颜色或味道渗入葡萄汁。

香槟区的葡萄必须手工采摘，一方面是为了防止机械采摘挤压葡萄，避免葡萄发酵；另一方面是为了尽可能降低葡萄汁的涩味和颜色。采摘下来的葡萄必须马上运送至大型酒庄或者合作社的压榨中心。传统的筐式压榨机仍然比现代气控压榨机具有优势，可容纳4000千克葡萄。第一批压榨出来的葡萄汁品质最佳，称为特酿汁（cuvée），通常用来酿造顶级香槟。根据规定，160千克葡萄最多只能压榨100升葡萄汁，因此4000千克葡萄可以压榨2500升葡萄汁，其中特酿汁占4/5。第二批压榨汁和第三批压榨汁酸度较低，单宁较多，只能用来酿造普通香槟。

顶级香槟的基酒储存在橡木桶中，因此有些酒庄仍然拥有自己的制桶匠

左图：兰斯地区瑞纳特酒庄的一个模型向我们展示了酒窖的原始布局

右图：白垩酒窖赋予香槟特殊的余味

香槟法

葡萄经压榨后，葡萄汁要经过沉淀和二氧化硫处理，有时还要进行澄清，然后开始发酵过程，这时候几乎所有的基酒都会发生苹果酸-乳酸发酵。大多数酒庄的发酵过程在温控不锈钢酒罐中进行，只有库克、艾尔弗雷德·格拉蒂安和柏林格等为数不多的几家顶级酒庄仍在使用橡木桶。许多酒庄的香槟只能展示部分风土特征，但可以通过在橡木桶中陈年增加复杂性。这种方法会使香槟发生微氧化作用，可以平衡口感，但不会产生霞多丽葡萄在橡木桶中发酵时所散发的香草或烟熏味。

香槟陈年一段时间后，开始最重要的酿造环节：调配。这是香槟酿造工艺的精髓所在，是每一个香槟酒庄或生产商的最高机密。大多数香槟采用霞多丽、黑比诺和莫尼耶比诺的基酒混酿而成，有时还会使用不同葡萄园，甚至不同年份的基酒（如果不是酿造年份香槟）。

调配的目的是保证每年酿造的香槟具有一致的风格。通常，加入陈年基酒可以增加香槟的平衡度和复杂度。

调配好的葡萄酒会灌入酒瓶中，并添加蔗糖和酵母的混合物，称为再发酵液，然后瓶口用皇冠盖密封。这一过程中添加糖分不是为了增加香槟的甜度，而是为了确保基酒完全发酵。在酒瓶中进行的二次发酵是香槟法的关键环节，会提高1.5% vol左右的酒精度，并释放出二氧化碳，发酵结束后瓶内压力可达4～6个大气压。

二次发酵适宜在稳定的低温下进行，这种条件常见于查尔斯·海德西克等酒庄的白垩酒窖中。部分酒窖偶尔会向游客开放。在这些酒窖中，成千上万瓶正在发酵的香槟整齐地堆放在雪白的墙壁前，成为一道壮观的风景。

酵母不仅会将糖分转化成酒精，而且会影响香槟的味道。瓶内发酵结束后，酵母逐渐开始分解，这一过程称为酵母自溶，其间会形成许多香气物质，可以增加香槟的复杂度和圆润的口感。与此同时，二次发酵过程中产生的二氧化碳会随着时间的推移与酒液更好地融为一体，因此长时间的陈年会赋予香槟细腻持久的气泡。

香槟总是给人一种奢侈的感觉，香槟产区也是如此

调味液

当香槟在瓶中达到一定的陈年时间后，需要将沉淀到瓶底的酵母残渣转移至瓶颈，这个过程称为转瓶。过去采用人工转瓶，即将香槟倒置在特殊的A字形酒架上，每隔2天轻微转动酒瓶，这样残渣可以始终倾斜地聚集在瓶颈。如今，大多数生产商使用机器转瓶代替人工转瓶，既省时又省力，不过，虽然没有足够的证据表明机器转瓶会降低香槟的品质，一些酒庄仍然选择使用人工对名品香槟进行转瓶。

普通香槟转瓶后可以准备出售，而名品香槟还要连渣倒瓶陈年一段时间，有时候甚至需要若干年。酿造香槟的最后一道程序是除渣，以前是手工进行，现在主要用机器完成。这一环节是去除转瓶过程中积聚在瓶颈的酵母残渣，具体操作是将瓶颈浸入液体冷却剂（盐水溶液）中，使沉淀物冰冻成块。打开瓶塞后，瓶内的压力会将沉淀物喷出。

为了补充在除渣过程中流失的酒液，香槟中会加入一定量的调味液，即基酒和糖浆的混合液。调味液还会决定成品香槟的甜度（干、次干、甜等）。加入调味液后用软木塞、金属盖和铁丝圈封住瓶口，贴上酒标，进行包装。一瓶香槟就诞生了，可以用于各种场合，如聚会、舞会、工作、婚礼、周年庆和生日会等。

香槟的种类

超干型香槟（Extra-brut）：又称为brut non dosé、brut nature、ultra-brut、brut zéro、brut intégral，酿造时不添加调味液，葡萄汁本身的含糖量少于2克/升。

干型香槟（Brut）：酿造时添加少量调味液，含糖量为0～15克/升。

次干型香槟（Sec）：含糖量为17～35克/升。

半干型香槟（Demi-sec）：通常作为甜葡萄酒饮用，含糖量为35～50克/升。

甜型香槟（Doux）：这种香槟非常甜，并不常见，含糖量超过50克/升。

无年份干型香槟（Brut non millésimé）：这种香槟风格多样，是各生产商的主要酒款，占香槟总产量的80%。

白中白香槟（Blanc de Blanc）：完全用白葡萄品种霞多丽酿造，口感酸爽，是理想的开胃酒。

黑中白香槟（Blanc de Noir）：完全用红葡萄品种（黑比诺或莫尼耶比诺）酿造，结构饱满，果味浓郁。

起泡酒（Crémant）：气泡比香槟少。产自克拉芒（Cramant）的起泡酒最受欢迎，其他地区的起泡酒也称为“Crémant”，注意不要混淆。

桃红香槟（Rosé）：很少用红葡萄品种通过浸皮过程酿造，而是用红、白基酒调配而成。这种香槟口感强劲、果味浓郁，适合搭配食物。

年份香槟（Millésimé）：只有各种条件都非常理想的年份才能出产。它们至少要经过3年（通常为6年）的陈酿，酒体丰满、口感醇厚，可以在酒瓶中继续存放数年。

名品香槟（Cuveé de Prestige）：这是香槟中的精品。大多数名品香槟都产自伟大的年份，并且经过多年的陈酿，其中一些更具传奇色彩。当然，这种香槟价格不菲。

Larmandier-Bernier Vieille Vigne de Cramant

果香淡雅，口感鲜爽，余味悠长

Tarlant Vigne d'Antan non greffé Chardonnay

结构平衡，口感醇厚，余味悠长

Fleury—Robert Fleury

层次丰富，酒体迷人，余味悠长

Pierre Moncuit Blanc de Blanc

富含果香和矿物香

Agrapart Minéral

富含果香和矿物香，口感浓烈

Moutard Champ Persin Grande Réserve

有淡雅的果香和奶油香，结构平衡

Drappier Grande Sendrée

口感辛辣，结构紧实，带有成熟水果的香气

Lanson Gold Label

风味独特，口感鲜爽，酒体丰满

Pol Roger Extra Cuvée de Réserve

有烟熏味，口感浓郁

Charles Heidsieck Vintage

风格雅致，酒体丰满，余味悠长

Jacquart Brut de Nominée

表现丰富，结构平衡，香味持久

Alfred Gratien Cuvée du Paradis

结构紧实，层次丰富，口感鲜爽

Laurent-Perrier Grand Siècle

优雅、迷人

Gosset Grande Réserve

风格雅致，口感鲜爽

Palmes d'Or

层次丰富，口感浓郁

Krug Grande Cuvée

结构复杂，口感细腻

Roederer Cristal

拥有多种果味和坚果味，余味悠长

Dom Pérignon

结构丰富，香气浓郁

Veuve Clicquot: La Grande Dame

结构平衡，口感强劲，香味持久

Salon

迷人的烘烤味，口感浓烈

主要的香槟生产商

生产商：Billecart-Salmon*—*******
所在地：艾伊
6公顷，非自有葡萄，年产量130万瓶
葡萄酒：Blanc de Blancs，Elisabeth Salmon，Brut Réserve，Brut Rosé
年份香槟Nicolas-François Billecart是该家族酒庄最好的产品。

生产商：Bollinger*****
所在地：艾伊
120公顷，年产量200万瓶
葡萄酒：Grande Année Brut，R.D. Extra Brut，Brut Rosé Grand Année
该酒庄由来自德国符腾堡的Jacques Joseph Placide de Bollinger创建于1829年，是为数不多仍然用橡木桶发酵香槟的酒庄之一，R.D. Extra Brut是其经典产品。

生产商：Deutz****
所在地：艾伊
30公顷，非自有葡萄，年产量140万瓶
葡萄酒：Amour de Deutz，Brut Millésimé，Brut Blanc de Blancs，Cuvée William Deutz
该酒庄原名"Deutz & Geldermann"，于1838年由来自德国Aachen的Deutz和Geldermann创建。这个家族酒庄分家后，Deutz拥有的酒庄被路易王妃集团收购。

生产商：Egly-Ouriet****
所在地：安邦内
9公顷，年产量9万瓶
葡萄酒：Brut Rosé，Brut Cuvée Spéciale，Brut Blanc de Noirs，Brut Millésimé，Coteaux Champenois
最顶尖的香槟酒庄之一，也生产优质的静态红葡萄酒。

生产商：Fleury Père et Fils***
所在地：Courtenon
14公顷，年产量25万瓶
葡萄酒：Brut Millésimé，Fleur de l'Europe，Rosé Brut，Robert Fleury
酒庄庄主Jean-Pierre和Colette Fleury早在1970年就开始提倡自然酿造法。1989年，他们首次尝试生物动力法，并推出了第一瓶用生物动力法酿造的香槟——Fleur de l' Europe。

生产商：Gosset****
所在地：艾伊
年产量120万瓶
葡萄酒：Brut Excellence，Grand Réserve，Celebris，Grand Millésimé，Grand Rosé
酒庄的香槟主要采用红葡萄品种酿制而成，结构复杂、香气浓郁。Celebris香槟带有干果和杏仁的味道。成熟的水果味和特别的奶油味使这种香槟成为出色的餐酒。

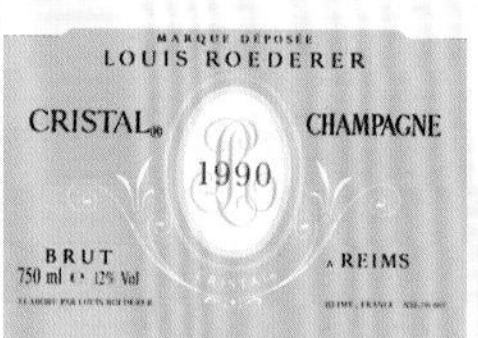

生产商：Alfred Gratien*—******
所在地：Épernay
年产量30万瓶
葡萄酒：Brut，Cuvée Paradis，Millésimé
该酒庄历史悠久，采用橡木桶发酵，出产顶级香槟。现属于Henkell & Söhnlein葡萄酒集团。

生产商：Charles Heidsieck*—******
所在地：Reims
40公顷，非自有葡萄，年产量200万瓶
葡萄酒：Brut Réserve，Charlie，Blanc des Millénaires
该酒庄拥有壮观的白垩酒窖，生产高品质香槟。1785年，Florens-Louis Heidsieck建立了一家公司。19世纪分为三家子公司：Heidsieck Monopole、Piper-Heidsieck和Charles Heidsieck。

生产商：Jacquesson****
所在地：Dizy
31公顷，年产量35万瓶
葡萄酒：Brut Perfection，Blanc de Blancs，Grand Vin Signature
该家族酒庄创建于1798年，19世纪时年产量高达100万瓶。今天，虽然产量大幅减少，但香槟的品质优良，其中年份香槟Signature具有很好的陈年潜力。

生产商：Krug*****
所在地：Reims
21公顷，非自有葡萄，年产量50万瓶
葡萄酒：Grande Cuvée，Clos du Mensil，Collection，Millésimé，Brut Rosé
该酒庄是香槟区的典范，由来自德国Mainz市的Johann-Joseph Krug创建于1843年，现在虽然隶属于L.V.M.H.集团，但仍然由这个家族管理。该酒庄出产的Blanc de Blanc和Millésimé是香槟中的精品。

生产商：Lanson—******
所在地：Reims
57公顷，年产量700万瓶
葡萄酒：Black Label，Blanc de Blancs Brut；Gold Label Millésimé，Grande Cuvée
这个伟大的酒庄创建于1760年。今天，其多个葡萄园的葡萄主要销售给Marne et Champagne集团。Black Label香槟因口感鲜爽、酒体丰满著称，Grande Cuvée属于顶级香槟。

生产商：Laurent-Perrier*—*******
所在地：Tour-Sur-Marne
63公顷，年产量900万瓶
葡萄酒：Brut，Ultra Brut，Grand Siècle，Grande Siècle Rosé
这个历史悠久的家族酒庄在经历了19世纪德国香槟的冲击后存活了下来，但是直到最近几十年在Bertrand de Nonancourt的管理下才真正获得成功。

生产商：Moët & Chandon***-*****
所在地：Épernay
770公顷，年产量3000万瓶
葡萄酒：Brut，Brut Premier Cru，Brut Impérial，Dry Impérial，Dom Pérignon
该酒庄是L.V.M.H.集团的旗舰品牌之一，出产的Dom Pérignon属于世界顶级香槟。

生产商：Mumm***
所在地：Reims
190公顷，年产量800万瓶
葡萄酒：Cordon Rouge，Cordon Rouge Millésimé，Corton Rosé，Mumm de Cramant
该酒庄由两个德国人创建于1827年，属于Allied Domecq集团，现在致力于香槟品质的提升。Cordon Rouge是举世闻名的香槟之一。

生产商：Philipponnat***-****
所在地：艾伊
16公顷，年产量60万瓶
葡萄酒：Brut Royal Réserve，Extra Brut Clos des Goisses
该酒庄以结构平衡的优质珍藏香槟而出名，其顶级的Clos des Goisses香槟用霞多丽单一品种酿制而成。

生产商：Pol Roger***-****
所在地：Épernay
185公顷，年产量160万瓶
葡萄酒：Brut Réserve，Brut Millésimé，Cuvée Sir Winston Churchill
Pol Roger家族生产的香槟具有很好的陈年潜力，其顶级特酿是温斯顿·丘吉尔的最爱。

生产商：Pommery***-****
所在地：Reims
非自有葡萄，年产量600万瓶
葡萄酒：Brut Royal，Brut Grand Cru，Springtime，Cuvée Louise
这个著名的酒庄创建于1836年，在寡妇Louise夫人的手中曾达到巅峰，如今在Paul François Vranken的经营下将要经历一场改革。

生产商：Louis Roederer****
所在地：Reims
200公顷，年产量260万瓶
葡萄酒：Brut Premier，Cristal Brut，Brut Millésimé，Brut Rosé Millésimé
该酒庄创建于1760年，生产的香槟清新雅致。其Cristal香槟深受俄国沙皇的喜爱。

生产商：Ruinart***-****
所在地：Reims
面积不详，年产量210万瓶
葡萄酒：R. de Ruinart Brut，R. de Ruinart Rosé，R. de Ruinart Millésimé，Brut Millésimé，Brut Millésimé Blanc de Blancs，Dom Ruinart Blanc de Blancs，Dom Ruinart Rosé
这个香槟区历史最悠久的酒庄，近几年成为了L.V.M.H.集团的一员。

生产商：Salon*****
所在地：Le Mesnil-sur-Oger
1.5公顷，年产量6万瓶
葡萄酒：Salon Brut Millésimé
该酒庄的年份香槟几乎被所有葡萄酒鉴赏家认为是最好的白中白香槟，只在出色的年份生产。和附近的Delamotte酒庄一样，Salon也属于Laurent-Perrier家族。

生产商：Jacques Selosse****
所在地：Avize
7.5公顷，年产量5.5万瓶
葡萄酒：Brut Initial，Extra Brut Version Originale，Grand Cru Contraste
该酒庄因其Cuvée Originale香槟而备受瞩目。酒庄庄主Jacques Selosse采用生物动力种植法，酿造的香槟可以充分体现风土条件和年份特征。

生产商：De Sousa****
所在地：Avize
11公顷，年产量10万瓶
葡萄酒：Brut Tradition，Rosé，Cuvée des Caudalies，Désirable
酒庄盛产酒体丰满的香槟，只用了短短几年时间就成为最著名的R.M.之一。

生产商：Taittinger***-****
所在地：Reims
270公顷，非自有葡萄，年产量500万瓶
葡萄酒：Réserve，Taittinger Brut Millésimé，Comtes de Champagne Blanc de Blancs
酒庄因其Comtes de Champagne香槟而享誉盛名，在葡萄酒鉴赏家眼中，产自杰出年份的Comtes de Champagne比Krug酒庄的Clos du Mesnil香槟品质更优良。

生产商：Tarlant***
所在地：Ceuilly
14公顷，年产量10万瓶
葡萄酒：Brut Tradition，Prestige Millésimé，Brut Zero，Cuvée Louis Brut
这个古老的家族酒庄如今已传承至第十二代。该酒庄采用有机种植法，出产的香槟色泽清澈、果味浓郁。在橡木桶中酿造的Cuvée Louis香槟品质出众。

生产商：Veuve Cliquot Ponsardin**-****
所在地：Reims
515公顷，年产量不详
葡萄酒：Brut Carte Jaune La Grande Dame，Vintage Reséve
该酒庄的寡妇庄主Clicquot和德国酿酒师Müller促进了香槟法的发展。他们生产的Carte Jaune是最受欢迎的香槟之一，而顶级特酿Grande Dame则气泡细腻、酒体复杂。

阿尔萨斯

阿尔萨斯拥有法国其他葡萄酒产区无法媲美的独特魅力。在莱茵河与孚日山脉之间，坐落着埃吉谢姆（Eguisheim）、利克威尔（Riquewihr）、希伯维列（Ribeauvillé）和米泰勒贝尔盖姆（Mittelbergheim）村庄。这些风景如画的村庄见证了15—16世纪葡萄酒行业的繁荣景象，当时阿尔萨斯产区的葡萄酒大量出口到欧洲其他国家。

阿尔萨斯葡萄酒不受法国法律约束，因为这块土地曾长期被德国占领，直到1945年才最终成为法国的一部分。阿尔萨斯拥有3个A.O.C.等级，分别为阿尔萨斯法定产区（A.O.C. Alsace）、阿尔萨斯特级葡萄园法定产区（A.O.C. Alsace Grand Cru）和阿尔萨斯起泡酒法定产区（A.O.C. Crémant d'Alsace）。这里的葡萄品种结构不同于法国其他产区，而更接近莱茵河对岸的德国葡萄酒产区。

阿尔萨斯的葡萄种植面积约为15200公顷，形成一条全长170千米的葡萄酒之路，北起马勒海姆（Marlenheim），南抵塔恩（Thann），包括了无数个葡萄园。阿尔萨斯每年出产12000万升或16000万瓶葡萄酒，其中只有8%是用红葡萄品种酿造，因此阿尔萨斯主要生产白葡萄酒。

在阿尔萨斯，文化、美食和葡萄酒密不可分

阿尔萨斯保留了各种传统，葡萄酒行业也不例外

土壤类型

5000万年前，孚日山脉和德国境内的黑森林原为同一山地，经沉积作用，如今被莱茵河分隔东西，而葡萄园则主要集中在西岸孚日山脉的低坡处。受孚日山脉的庇护，这里的葡萄园终年气候温和，雨水稀少。位于地堑的阿尔萨斯有着变化复杂的地质结构，土壤中包括沙砾、卵石、泥灰岩、黄土、石灰岩、黏土、板岩、花岗岩，甚至火山岩——塔恩南部的兰靳（Rangen）葡萄园就是以火山岩而闻名的。多样的土壤类型造就了风格迥异的葡萄酒。任何一个品尝阿尔萨斯葡萄酒的人很快就会发现，产自花岗岩土壤的琼瑶浆与产自页岩和石灰岩土壤的葡萄酒拥有截然不同的口感。

阿尔萨斯特级葡萄园的土壤类型也千差万别。自20世纪70年代以来，经长期讨论、仔细挑选和确认的特级葡萄园总数达51个。目前，特级葡萄园的葡萄酒只能用雷司令、麝香、灰比诺和琼瑶浆这4种葡萄酿制。不过在理论上，某些特级葡萄园现在也能种植其他葡萄品种。普通阿尔萨斯葡萄酒的最高产量为8000升/公顷（黑比诺葡萄酒为7500升/公顷），而特级葡萄酒的最高产量为5500升/公顷。

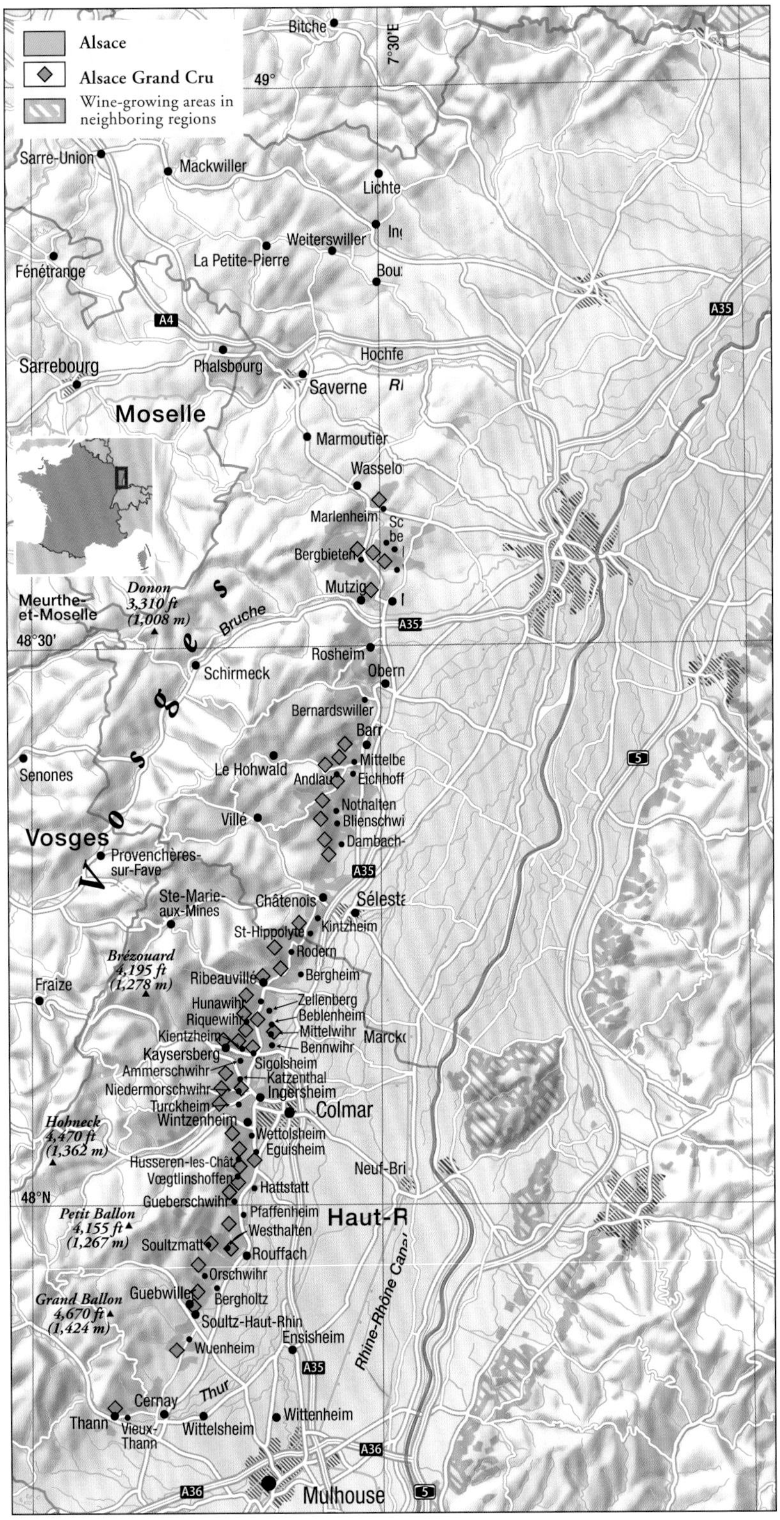

酒庄

传统的葡萄酒商在阿尔萨斯的葡萄酒行业中仍然扮演着重要的角色。这些酒商大多出现于17世纪和18世纪，当时动荡的政治局势阻碍了葡萄酒行业的发展。在那段时期，这些酒商开始向小型葡萄种植户购买葡萄、葡萄汁或者葡萄酒，从而稳定他们的地位，并自己进行葡萄酒的熟成和销售。阿尔萨斯最知名的3个酒商为婷芭克世家（Trimbach）、贺加尔（Hugel）和拜尔（Beyer），他们对阿尔萨斯的葡萄酒行业产生了深远的影响。

酿酒合作社是阿尔萨斯产区的另一个支柱。1895年，第一家合作社希伯维列成立，随后其他葡萄酒生产商纷纷效仿。如今，拥有1250公顷葡萄园的沃夫贝热（Wolfberger）合作社酿造的葡萄酒占阿尔萨斯葡萄酒总产量的1/10。人们通常会认为，规模如此庞大的合作社很难全部出产优质葡萄酒。但事实令人非常惊讶，许多酿酒合作社取得了巨大的成功。普法芬海姆合作社（Cave Vinicole de Pfaffenheim）就是一个著名的例子，该合作社出产的葡萄酒如今是阿尔萨斯最好的葡萄酒之一。

右下图：阳光和雾霭是酿造迟摘型甜葡萄酒必不可少的条件

多年来，阿尔萨斯产区1100家独立葡萄酒生产商与酒商和酿酒合作社吸引了越来越多的关注。最近几年，阿尔萨斯产区开始提倡生物动力种植法，一些顶级酒庄也开始采用这种方法酿造葡萄酒。通常，这种葡萄酒的产量比允许的最高产量少很多。

如今，红葡萄酒在阿尔萨斯产区也渐趋流行。虽然这里很早之前就开始种植黑比诺，但基本上只是用来酿造介于桃红葡萄酒和红葡萄酒之间的葡萄酒。现在一些生产商开始尝试酿造真正的红葡萄酒，他们延长发酵时间并使用橡木桶陈年。

在橡木桶中熟成葡萄酒也从前几年开始盛行。这种方法会赋予葡萄酒不同程度的橡木味道。有些黑比诺葡萄酒经过橡木桶熟成后甚至可以与顶级勃艮第红葡萄酒相媲美。现在，许多葡萄酒生产商也使用橡木桶发酵白葡萄酒。前往阿尔萨斯观光的游客随处可见在橡木桶中储存了几个月的灰比诺或西万尼葡萄酒。根据市场需求，黑比诺也被用来酿造少量的黑中白葡萄酒。

罗德恩（Rodern）是一个风景如画的葡萄酒村庄，这里的葡萄园呈棋盘式布局

起泡酒的复兴

最近几年，阿尔萨斯的甜葡萄酒——迟摘型葡萄酒和贵腐型葡萄酒（用更熟的葡萄酿制而成）——受到越来越多消费者的青睐。另一个成功的复兴是阿尔萨斯起泡酒。早在19世纪末，一些小产区就开始酿造起泡酒，但是直到1976年才得到官方认可。阿尔萨斯起泡酒主要用白比诺、灰比诺和西万尼葡萄酿造，有时还会使用霞多丽（只有阿尔萨斯产区的起泡酒才能用霞多丽酿造），但是很少会用雷司令。酿造时只采用瓶内发酵法，而且至少需要窖藏9个月。短短几年时间，阿尔萨斯起泡酒就已成为法国和其他国家的销量冠军，而且现在已占阿尔萨斯产区葡萄酒总产量的14%。

然而，另一种拥有悠久历史的葡萄酒如今却境况惨淡。20世纪早期，艾德兹维克（Edelzwicker）是一款用高贵葡萄品种调配的葡萄酒，现在却风光不再。在过去几十年中，这种葡萄酒渐渐被阿尔萨斯的生产商所抛弃，只有少数顶级酒庄（如贺加尔）如今还在生产艾德兹维克葡萄酒。

阿尔萨斯产区的七大葡萄品种

几乎所有的阿尔萨斯静态葡萄酒都使用单一葡萄品种酿造。阿尔萨斯主要有七大葡萄品种：雷司令、琼瑶浆、麝香、灰比诺、西万尼、白比诺和黑比诺（唯一的红葡萄品种）。当然，还有一些葡萄品种有时也会出现在酒标上。莎斯拉曾

经在阿尔萨斯普遍种植，现在只有几公顷的面积。这种葡萄通常用来酿造普通餐酒，因此可以与西万尼和白比诺归为一类。这3种葡萄的魅力不及雷司令、琼瑶浆、麝香和灰比诺这几个高贵的品种。灰比诺原称“Tokay d'Alsace”，但是与匈牙利同名葡萄酒没有任何关系；虽然之后又改名为“Tokay Pinot Gris”，但现在只允许使用“Pinot Gris”这个名称。

“麝香”这个名字实际上包括2个不同的葡萄品种：小果粒白麝香和奥托奈麝香。这两种葡萄通常同时用来调配葡萄酒。白比诺也是如此，真正的白比诺和欧塞瓦很少单独用来酿造葡萄酒。琼瑶浆的家族品种海利根施泰-克莱维内只能在海利根施泰村种植。而少一个“e”的Klevner通常是指白比诺葡萄。

干型或甜型葡萄酒

阿尔萨斯葡萄酒不会在酒标上标明干型或甜型。通常，西万尼、白比诺和大多数麝香葡萄酒属于干型葡萄酒，而雷司令、灰比诺和琼瑶浆葡萄酒则含有一定糖分。虽然一些酒庄（如婷芭克世家）以干型葡萄酒闻名，但很多特级葡萄园出产的葡萄酒都含有一定量的残糖，酒精度可达13% vol或14% vol。

早在几百年前，阿尔萨斯产区就开始用成熟和过熟的葡萄酿造甜型葡萄酒，但是直到最近几年才进行大规模生产。1984年，法国原产地命名管理委员会制定了相关规定，要求迟摘型葡萄酒的最低糖度为95奥斯勒度，贵腐型葡萄酒的最低糖度为110奥斯勒度。一些追求品质的生产商往往会比官方要求超出许多。

手工采摘

左图：感染贵腐霉菌的灰比诺

右图：成熟的琼瑶浆

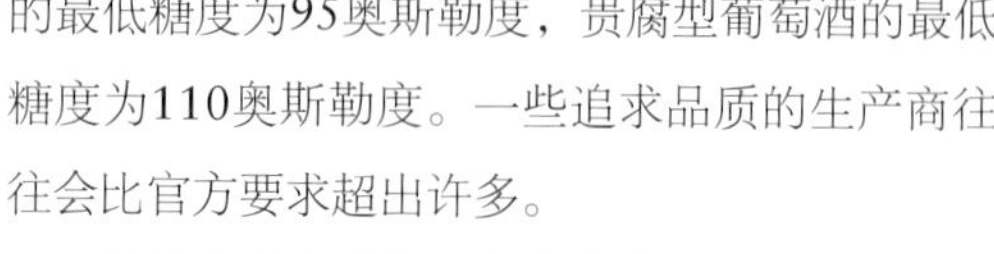

虽然向所有其他阿尔萨斯葡萄酒中添加糖分是合法的惯例，但是这两种甜葡萄酒中不允许添加任何糖分。与闻名世界的德国贵腐葡萄酒和贵腐精选葡萄酒相比，阿尔萨斯甜葡萄酒的残糖含量要低很多，因此酒精度较高，这一点与它们的竞争对手——法国苏玳甜葡萄酒十分相似。

阿尔萨斯极少出产稻草酒（用放在稻草堆上晒干的葡萄酿制而成）和冰葡萄酒（用在葡萄树上自然冰冻的葡萄酿制而成），只有少数顶级酒庄才敢于尝试酿造这两种特甜葡萄酒。

特级葡萄园和其他著名葡萄园的葡萄酒

目前为止，阿尔萨斯产区只有四种贵族葡萄（雷司令、琼瑶浆、麝香和灰比诺）才能使用“特级葡萄园”这个名称，葡萄酒产量约占总产量的3%。不过，对于特级葡萄园的划分，从1975年起就一直存在争议。有人认为，很多特级葡萄园如今规模太大，而其他一些公认为具有资格的葡萄园却未能入选。阿莫施威尔（Ammerschwihr）村庄著名的卡弗科普夫（Kaefferkopf）葡萄园直到2006年才被列为特级葡萄园。这个村庄的其他葡萄园由于和其同属一家酒庄，因此没有被列入其中。

通常，产自阿尔萨斯特级葡萄园的葡萄酒都是顶级佳酿，产自其他著名葡萄园的葡萄酒也品质优秀，还有许多产自某个著名地块的葡萄酒品质甚至高于特级葡萄园的葡萄酒。

阿尔萨斯产区51个特级葡萄园

葡萄园和村庄	地质特征
Altenberg de Bergbieten	黏质泥灰岩，含有天然石膏
Altenberg de Bergheim	石灰质泥灰岩
Altenberg de Wolxheim	石灰质泥灰岩
Brand (Turckheim)	花岗岩
Bruderthal (Molsheim)	石灰质泥灰岩
Eichberg (Eguisheim)	石灰质泥灰岩
Engelberg (Dahlenheim and Scharrachbergheim)	石灰质泥灰岩
Florimont (Ingersheim and Katzenthal)	石灰质泥灰岩
Frankstein (Dambach-la-Ville)	花岗岩
Froehn (Zellenberg)	黏质泥灰岩
Furstentum (Kientzheim and Sigolsheim)	石灰岩
Geisberg (Ribeauvillé)	石灰质泥灰岩，砂岩
Gloeckelberg (Rodern and Saint-Hippolyte)	花岗岩，黏土
Goldert (Gueberschwihr)	石灰质泥灰岩
Hatschbourg (Voegtlinshoffen and Hattstatt)	石灰质泥灰岩，黄土
Hengst (Wintzenheim)	石灰质泥灰岩，砂岩
Kaefferkopt (Ammerschwihr)	花岗岩
Kanzlerberg (Bergheim)	黏质泥灰岩，含有天然石膏
Kastelberg (Andlau)	板岩
Kessler (Guebwiller)	壤土
Kirchberg de Barr	石灰质泥灰岩
Kirchberg de Ribeauvillé	石灰质泥灰岩，砂岩
Kitterlé(Guebwiller)	火山砂岩
Mambourg (Sigolsheim)	石灰质泥灰岩
Mandelberg (Mittelwihr and Beblenheim)	石灰质泥灰岩
Marckrain (Bennwihr and Sigolsheim)	石灰质泥灰岩
Moenchberg (Andlau and Eichhoffen)	石灰质泥灰岩，冲击岩
Muenchberg (Nothalten)	火山岩
Ollwiller (Wuenheim)	壤土
Osterberg (Ribeauvillé)	泥灰岩
Pfersigberg (Eguisheim and Wettolsheim)	石灰质砂岩
Pfingstberg (Orschwihr)	石灰质泥灰岩，砂岩
Praelatenberg (Kintzheim)	花岗岩，片麻岩
Rangen (Than and Vieux-Thann)	火山岩
Rosacker (Hunawihr)	含白云石的石灰岩
Saering (Guebwiller)	石灰质泥灰岩，砂岩
Schlossberg (Kientzheim)	花岗岩
Schoenenbourg (Riquewihr and Zellenberg)	泥灰岩，含有沙砾和石膏
Sommerberg (Niedermorschwihr und Katzenthal)	花岗岩
Sonnenglanz (Beblenheim)	石灰质泥灰岩
Spiegel (Bergholtz and Guebwiller)	黏质泥灰岩，砂岩
Sporen (Riquewihr)	黏质泥灰岩，多岩土
Steiner (Pfaffenheim and Westhalten)	石灰岩
Steingrubler (Wettolsheim)	石灰质泥灰岩，砂岩
Steinklotz (Marlenheim)	石灰岩
Vorbourg (Rouffach und Westhalten)	石灰岩，砂岩
Wiebelsberg (Andlau)	石英，砂岩
Wineck-Schlossberg (Katzenthal and Ammerschwihr)	花岗岩
Winzenberg (Blienschwiller)	花岗岩
Zinnkoepflé(Soultzmatt and Westhalten)	石灰岩，砂岩
Zotzenberg (Mittelbergheim)	石灰质泥灰岩

阿尔萨斯的主要葡萄酒生产商

生产商：**Léon Beyer******
所在地：**Eguisheim**
20公顷，非自有葡萄，年产量70万瓶
葡萄酒：Comtes d'Eguisheim：Gewürztraminer，Riesling；Muscat Réserve，Riesling Les Ecailliers
Eguisheim地区从1580年就开始种植葡萄。Beyer家族于1867年建立酒庄，酿酒葡萄来自自己的葡萄园或是附近的葡萄园，出产的葡萄酒品质上乘。

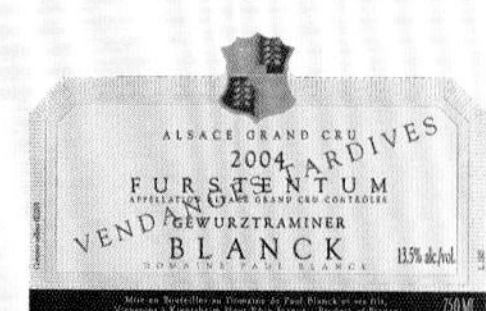

生产商：**Ernest Burn******
所在地：**Gueberschwihr**
10公顷，年产量6万瓶
葡萄酒：Goldert Clos Saint-Imer：Pinot Gris，Gewürztraminer；Riesling
这个非同寻常的酒庄生产的葡萄酒也与众不同，它们浓郁、醇厚、芳香。此外，产自Clos Siant-Imer地块（属于Goldert特级葡萄园）的顶级特酿酒以La Chapelle品牌销售。

生产商：**Cave de Pfaffenheim*—*****
所在地：**Pfaffenheim**
240公顷，年产量200万瓶
葡萄酒：Gewürztraminer Zinnkoepflé，Gewürztraminer Steinert，Muscat Goldert，Pinot，Vendanges Tardives
这是阿尔萨斯产区著名的酿酒合作社，创建于1957年，在众多竞争者中脱颖而出。该合作社拥有现代化的酿酒厂，葡萄酒风格雅致。

生产商：**Marcel Deiss*******
所在地：**Bergheim**
20公顷，年产量13万瓶
葡萄酒：Riesling Altenberg，Gewürztraminer Altenberg，Riesling Schoenenbourg，Grand Vin d'Altenberg，Pinot Burlenberg Vieilles Vignes
Jean-Michel Deiss喜欢待在葡萄园里，这为他成为葡萄酒生产商中的佼佼者奠定了良好的基础。该酒庄产量很小，但葡萄酒浓郁醇厚，即使是最普通的西万尼葡萄酒也具有优雅细腻的特性。用琼瑶浆、雷司令和灰比诺调配而成的顶级葡萄酒*Grand Vin*尤其出色。

生产商：**Dirler-Cadé*****
所在地：**Bergholtz**
17公顷，年产量10万瓶
葡萄酒：Sylvaner Vieilles Vignes，Gentil，Spiegel：Muscat，Gewürztraminer，Saering：Riesling，Gewürztraminer
该酒庄位于阿尔萨斯产区葡萄酒之路的南部，以酒体丰满、带有香料味的琼瑶浆葡萄酒闻名。酒庄通过生物动力种植法提高葡萄酒的品质。

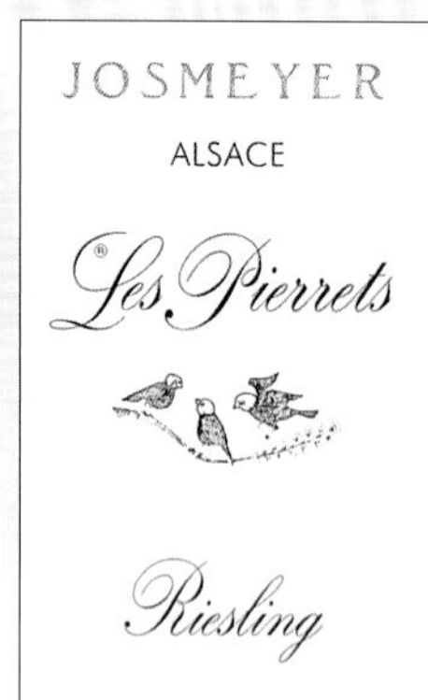

生产商：**Domaine Barmès-Buecher***—*****
所在地：**Wettolsheim**
16公顷，年产量9万瓶
葡萄酒：Riesling Hengst，Gewürztraminer Steingrubler，Pinot Gris Rosenberg
François Barmès酿造的葡萄酒独具风格。他采用天然酵母自然发酵，在不锈钢酒罐中陈年，装瓶晚，因此成熟度高、口感醇厚、酒体饱满。在橡木桶中熟成的比诺葡萄酒是阿尔萨斯产区最好的葡萄酒之一。

生产商：**Domaine Paul Blanck***—*****
所在地：**Kientzheim**
35公顷，年产量22万瓶
葡萄酒：Riesling Schlossberg，Riesling Furstentum，Pinot Gris Furstentum，Gewürztraminer Furstentum，Vendanges Tardives，Sélections de Grains Nobles，Pinot "F"，Sylvaner
该酒庄使用细长酒瓶，生产的葡萄酒品质出众。酒庄庄主Frédéric Blanck和Philippe Blanck在不锈钢酒罐中陈年雷司令和琼瑶浆葡萄酒，而红葡萄酒则在橡木桶中熟成。

生产商：**Domaine Schoffit***—*****
所在地：**Colmar**
15公顷，年产量12万瓶
葡萄酒：Riesling Clos Saint-Théobald，Gewürztraminer Clos Saint Théobald，Muscat，Chasselas Vieilles Vignes
Bernard Schoffit拥有Rangen葡萄园（阿尔萨斯产区最南端的著名特级葡萄园）的一块葡萄田——Clos Saint-Théobald，这块土地上的火山岩赋予了葡萄酒浓郁雅致的特色。

生产商：**Domaine Weinbach****—*****
所在地：**Kaysersberg**
26公顷，年产量13万瓶
葡萄酒：Gewürztraminer Furstentum，Riesling Schlossberg，Gewürztraminer Altenbourg，Riesling Cuvée Theo，Riesling Sélection de Grain Nobles，Riesling Quintessence
Colette Faller和她的几个女儿悉心打理这个宏伟的酒庄。该酒庄的Clos des Capuchins葡萄园历史悠久，可追溯至1898年。"Quintessence"这个名称虽未得到官方认可，但被*Faller*家族用来指代优质甜葡萄酒。

生产商：**Pierre Frick***—****
所在地：**Pfaffenheim**
12公顷，年产量8万瓶
葡萄酒：Sylvaner，Pinot Blanc，Muscat，Riesling Steinert，Pinot Gris S.G.N.，Gewürztraminer S.G.N.
1981年，该酒庄庄主Pierre Frick和Chantal Frick开始从有机种植法转向生物动力种植法。他们酿造的葡萄酒不添加任何糖分，可以充分反映葡萄的品种特点和风土条件。

生产商：**Rémy Gresser***—****
所在地：**Andlau**
10.5公顷，年产量6万瓶
葡萄酒：Kastelberg Riesling，Moenchberg Riesling，Brandhof Muscat，Wiebelsberg Riesling VT
该酒庄生产的葡萄酒风格优雅，酒体平衡，残糖含量少。

生产商：**Hugel***—****
所在地：**Riquewihr**
25公顷，非自有葡萄，年产量130万瓶
葡萄酒：Reihen Classic，Tradition，Jubilée，Vendange Tardive et Séléction des Grains Nobles

360年前，该酒庄力推特级葡萄园分级体系，但现在认为这种分类方法不够严谨，已经不在酒标上标示葡萄园的名称。酒庄最好的葡萄酒是Jubilée，其次是Tradition。Gentil是阿尔萨斯产区最好的混酿酒之一。

生产商：Josmeyer***-****
所在地：Wintzenheim
25公顷，非自有葡萄，年产量24万瓶
葡萄酒：Riesling Hengst，Riesling Le Kottabe，Auxerrois H，Pinot Blanc Mise du Printemps
Jean Meyer采用生物动力种植法，酿造的葡萄酒口感醇厚，带有矿物风味。该酒庄只从同样采用生物动力种植法的葡萄园购买葡萄。

生产商：André Kientzler***-****
所在地：Ribeauvillé
11公顷，年产量8万瓶
葡萄酒：Riesling Greisberge，Riesling Osterberg，Muscat Kirchberg，Pinot Gris Kirchberg，Chasselas
该酒庄位于Ribeauvillé和Bergheim之间，拥有现代化的酿酒厂。生产的葡萄酒浓郁醇厚、带有矿物风味，其中莎斯拉葡萄酒陈年潜力强，是阿尔萨斯产区少数用这种葡萄酿造成功的葡萄酒之一。

生产商：Marc Kreydenweiss***-****
所在地：Andlau
12公顷，年产量6万瓶
葡萄酒：Riesling Wiebelsberg，Pinot Gris Moenchberg，Gewürztraminer Kritt，Riesling Kastelberg，Clos du Val d'Eleon，Klevner Kritt，Pinot Blanc Kritt
该酒庄完全采用生物动力方法，知名产品包括醇厚的雷司令葡萄酒、珍贵的Clos du Val d'Eléon葡萄酒（用雷司令和灰比诺调配而成）和成熟的Kritt Klevner葡萄酒。其现代化的品酒室也享誉盛名。

生产商：Seppi Landmann****
所在地：Soultzmatt
8.5公顷，年产量6.5万瓶
葡萄酒：Riesling Zinnkoepflé，Gewürztraminer Zinnkoepflé，Pinot Gris Vallée Noble
酒庄庄主Seppi Landmann酿造的迟摘型葡萄酒和*S.G.N. Zinnkoepflé Gewürztraminer*葡萄酒名声甚至超过了他本人。这里的葡萄酒，即使是普通的雷司令、灰比诺和西万尼也能展现出酒庄的魅力。

生产商：Frédéric Mochel**-****
所在地：Traenheim
10公顷，年产量7.5万瓶
葡萄酒：Pinot Blanc，Muscat，Riesling Altenberg de Bergbieten，Riesling Cuvée Henriette
在Frédéric Mochel及其儿子Guillaume的经营下，该酒庄生产的雷司令葡萄酒口感复杂，带有矿物风味，属于阿尔萨斯产区的精品。

生产商：René Muré****
所在地：Fouffach
29公顷，非自有葡萄，年产量36万瓶
葡萄酒：Gewürztraminer Clos Saint-Landelin，Riesling，Muscat，Pinot，Vendanges Tardives，Sylvaner Cuvée Oscar
该酒庄拥有Vorbourg特级葡萄园的一块优质葡萄田，生产的葡萄酒醇厚雅致，其中包括一款口感细腻的西万尼葡萄酒。

生产商：André Ostertag***-*****
所在地：Epfig
13公顷，年产量9万瓶
葡萄酒：Riesling Muenchberg，Pinot，Pinot Gris Zellberg，Pinot Gris Muenchberg，Vendanges Tardives，Sélections de Grains Nobles
Ostertag于1985年接管这个酒庄。他打破传统，对白葡萄酒进行苹果酸-乳酸发酵，并在橡木桶中陈年。从1998年起，他又开始实行生物动力种植法。他酿造的葡萄酒丰富浓厚，风格独特。

生产商：Martin Schaetzel***-****
所在地：Ammerschwihr
7.5公顷，年产量8万瓶
葡萄酒：Schlossberg Riesling，Kaefferkopf: Riesling，Gewürztraminer，Marckrain Pinot Gris
酒庄庄主Jean Schaetzel是一名酿酒学教授，他采用生物动力种植法，酿造的葡萄酒醇厚、复杂、雅致。

生产商：Vincent Stoeffler***-****
所在地：Barr
13公顷，年产量10万瓶
葡萄酒：Lieu-dit Kronenbourg Riesling，Lieu-dit Mühlforst，Riesling VT，Kirchberg de Barr Gewürztraminer
酒庄庄主Vincent Stoeffler采用生物种植法，酿造的葡萄酒浓郁而不失细腻。

生产商：Trimibach***-****
所在地：Ribeauvillé
33公顷，非自有葡萄，年产量100万瓶
葡萄酒：Riesling Frédéric Émile，Gewürztraminer Seigneurs de Ribeaupierre，Pinot Gris，Riesling Clos Sainte-Hune
该酒庄通常生产干型葡萄酒，广泛销往各类餐厅。其产自Clos Sainte-Hune葡萄园（面积为1.2公顷）的雷司令葡萄酒具有传奇色彩。

生产商：Zind-Humbrecht****-*****
所在地：Turckheim
40公顷，年产量16万瓶
葡萄酒：Riesling Clos Saint-Urbain，Riesling Pinot Gris Clos Jebsal，Riesling Clos Windsbuhl，Riesling Herrenweg，Muscat
Léonard Humbrecht和儿子Olivier一起在他们现代化的酿酒厂里酿造出了享誉世界的葡萄酒。产自Clos Saint-Urbain葡萄园的雷司令、灰比诺和琼瑶浆是阿尔萨斯产区真正的名酒佳酿。

汝拉

汝拉产区的葡萄酒很难被归为法国顶级好酒之列，但其黄葡萄酒却是一个例外。这种葡萄酒早在中世纪就深受法国皇室青睐，现在仍被视为珍品佳酿。汝拉产区的葡萄种植面积只有1800公顷，葡萄酒产量不足1100万升，是法国规模较小的葡萄酒产区之一。而19世纪末爆发根瘤蚜虫病之前，这里曾拥有2万公顷的种植面积。汝拉的酿造中心是中世纪的小镇——阿尔布瓦，法国化学家路易斯·巴斯德在那里发现了酒精发酵的原因。

恶劣的气候

汝拉位于法国勃艮第和瑞士之间，气候恶劣，多石灰岩质山脉。这里的葡萄种植在海拔250～500米的地方，长满了每一寸有遮挡的土地。在面向西、西南或者南方的葡萄园里，土壤主要由青、红、黑泥灰岩构成；而在面向北的葡萄园里，土壤中还含有部分石灰岩和板岩。

汝拉的橡木桶陈酿技术非常特别，可以塑造和凸显干白葡萄酒的特性

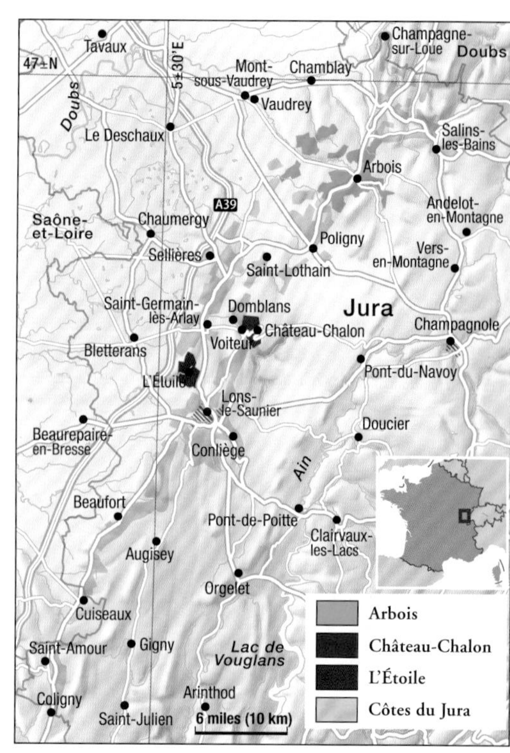

汝拉产区的气候反差明显：冬季寒冷，夏季炎热，秋季阳光充沛。当地的葡萄品种非常适应这种气候条件。汝拉的白葡萄酒和黄葡萄酒大多用萨瓦涅酿制而成。根据很多专家的说法，萨瓦涅又称为"Naturé"，与琼瑶浆有一定的联系。这种葡萄占汝拉葡萄种植总面积的15%，产量较低，只有3000～3500升/公顷，采摘时间通常持续到11月份，有时还会到12月份。颜色浅淡的红葡萄酒用普萨葡萄酿造。这种葡萄又称为"Ploussard"，以前只能用来酿造颜色较浅、口感偏甜的红葡萄酒，但现在通过延长葡萄汁的发酵时间，也可以酿造颜色较深的红葡萄酒。不过，颜色较深的红葡萄酒通常用特鲁索酿制。从勃艮第引进的霞多丽（在汝拉产区又称为"Melon d'Arbois"）和黑比诺用来酿造单一品种葡萄酒或者与本地品种混合调配葡萄酒。

独树一帜的葡萄酒

过去几十年，越来越多的葡萄酒生产商从合作社以及垄断汝拉产区大部分葡萄酒生产的亨利·玛丽酒庄脱离出来，自立门户。虽然现在的白葡萄酒果味更加丰富，红葡萄酒也越发优雅，但汝拉产区的葡萄酒依然保持着自己独特的风格：用萨瓦涅酿造的白葡萄酒以及用萨瓦涅和霞多丽调配的葡萄酒中都带有坚果、蜂蜜和水果干

的味道，而红葡萄酒中则带有黑醋栗、樱桃和动物的味道。汝拉起泡酒发展迅速，已成为该产区最著名的葡萄酒之一，汝拉香甜酒也越来越受到欢迎。汝拉香甜酒是一种利口酒，用发酵的葡萄汁和玛克白兰地（葡萄渣白兰地）混合酿制而成，并因此得名。汝拉香甜酒和稻草酒的侍酒温度应在10℃以下，萨瓦涅葡萄酒和黄葡萄酒的侍酒温度通常在14～16℃，这样可以充分展现它们浓郁的口感。同样，大多数红葡萄酒的侍酒温度不能超过16℃。

汝拉产区的黄葡萄酒是世界上最著名的黄葡萄酒，产自风景如画的夏龙堡产区

汝拉的法定产区

阿尔布瓦

美丽的中世纪小镇阿尔布瓦是汝拉主要的葡萄酒生产中心，也是1936年法国确定的第一个法定产区。阿尔布瓦的葡萄种植面积为850公顷，覆盖12个村庄，其中只有以种植普萨葡萄出名的普皮兰村（Pupillin）才能把名字标注在酒标上。目前，这个产区生产红葡萄酒、白葡萄酒、稻草酒、黄葡萄酒和起泡酒。

夏龙堡（Chôteau-Chalon）

夏龙堡是黄葡萄酒的故乡，也是唯一一个只生产这种葡萄酒的法定产区。夏龙堡的葡萄种植面积只有50公顷，覆盖4个村庄。这里的葡萄酒生产商联合成立了一个委员会，每年在采摘前检查葡萄的成熟度和生长情况，并制定最高产量。在较差的年份，如1984年，该产区的葡萄酒没有获得任何奖项。

汝拉之星（L'Etoile）

这个小产区只有80公顷的葡萄种植面积，盛产各类白葡萄酒，包括静态酒、起泡酒、黄葡萄酒和稻草酒。葡萄园分布在3个村庄的坡地上，都拥有理想的朝向。这个法定产区由于泥灰岩的土壤中布满细小的星形化石而得名。

汝拉丘（Côtes du Jura）

汝拉丘的葡萄种植面积为620公顷，几乎是整个产区的总面积，拥有约60个葡萄种植村庄。其中著名的村庄包括波利尼（Poligny）、瓦特（Voiteur）、阿尔雷（Arlay）、勒韦尔努瓦（Le Vernois）和罗塔利耶（Rotalier）。汝拉丘出产红葡萄酒、白葡萄酒、桃红葡萄酒、起泡酒、黄葡萄酒和稻草酒。

汝拉起泡酒

汝拉起泡酒于1995年建立了自己的法定产区，并且一举成名。虽然起泡酒在汝拉产区已经有200年的历史，但是直到最近几年葡萄酒生产商才真正意识到汝拉起泡酒的魅力所在，那就是鲜爽。和香槟一样，汝拉起泡酒也在瓶中进行二次发酵。基酒采用红葡萄和白葡萄一起酿制。通常，生产商还会混合黑比诺、霞多丽、特鲁索和萨瓦涅，不过也有单一葡萄品种的起泡酒。与香槟相比，汝拉起泡酒的气泡更加丰富，有青苹果和梨的味道。汝拉起泡酒取得了惊人的成功：目前，汝拉产区1/6的葡萄酒为起泡酒，而且价格适中。

汝拉香甜酒

汝拉香甜酒类似于邑产区的夏朗特皮诺（Pineau des Charentes）甜葡萄酒和雅文邑产区的加斯科涅弗洛克（Floc de Gascogne）利口酒。这个产区1991年才成立，但是汝拉香甜酒已有数百年的历史。这种葡萄酒是用经过一次发酵的红葡萄汁或者白葡萄汁以及玛克白兰地混酿而成的，残糖含量高。汝拉香甜酒必须在橡木桶中陈酿18个月才可出售。

汝拉产区的特色葡萄酒：黄葡萄酒和稻草酒

黄葡萄酒是法国特有的白葡萄酒，装瓶销售前要在一层酵母菌下陈酿6年

稻草酒曾经在世界各地许多葡萄酒产区都有生产。在引入现代酒窖技术之前，稻草酒是少数在没有贵腐霉菌的情况下酿造的适宜久存的甜葡萄酒。除了汝拉，法国的阿尔萨斯和罗讷河谷也还在生产少量稻草酒。理想情况下，阿尔布瓦、汝拉丘和汝拉之星出产的稻草酒具有超强的陈年潜力，并且带有干果和蜂蜜的味道。这种葡萄酒通常使用萨瓦涅和霞多丽酿造，不过有时也会使用红葡萄品种，主要是普萨葡萄。酿造稻草酒的葡萄采摘下来后可以置于稻草堆上风干，不过这样很容易导致葡萄腐烂。因此，汝拉产区的葡萄酒生产商将葡萄置于金属架、木框或者开孔的箱子内，然后放在最温暖的地方风干。3个月后葡萄失去大部分水分，这时再进行压榨和发酵。通常，45千克葡萄只能酿造3.5～4升葡萄酒。由于葡萄在风干过程中会发生氧化，葡萄酒的颜色会从金黄色变成琥珀色。稻草酒的酒精含量最低为18% vol，其中一部分以残糖形式存在。不过，葡萄在风干过程中酸度也会增强，因此上乘的稻草酒优雅、平衡。稻草酒通常采用半瓶375毫升灌装，是理想的开胃酒，与奶酪或者甜点搭配会带来美妙的味觉享受。

黄葡萄酒

与稻草酒不同，汝拉产区的另一大特色葡萄酒——黄葡萄酒没有明显的甜味。虽然阿尔布瓦、汝拉丘和汝拉之星都生产这种只用萨瓦涅酿造的葡萄酒，但最出名的产区是夏龙堡。黄葡萄酒的酿造方法与雪利酒的酿造方法类似，是法国独有的一种方法。年轻的黄葡萄酒经发酵后，被装入228升的旧橡木桶进行熟成。在这一过程中，葡萄酒的表面形成一层酵母保护膜，称为“voile”，不仅可以防止葡萄酒氧化，还会赋予黄葡萄酒特殊的香气和味道。此外，这种酵母会使黄葡萄酒呈现深黄至金黄色，而这正是黄葡萄酒闻名于世的原因之一。黄葡萄酒需要陈酿6年零3个月，其间会挥发掉很大一部分酒液。最后，这些酒被装入容量为620毫升的酒瓶中进行销售。由于产量低、成本高，以及陈年过程中有所损耗，黄葡萄酒价格高昂，但是适宜陈年。黄葡萄酒的酒精度为13%～15% vol，带有坚果、杏仁和烤肉的味道。优质黄葡萄酒口感酸爽，含有香料味，可以储存许多年。一款顶级葡萄酒通常可以存放几十年，而在条件良好的情况下，一些黄葡萄酒的陈年潜力可达100年之久。不过，何必要等这么久呢？黄葡萄酒也是理想的开胃酒，适合搭配贝类和咖喱菜肴。许多汝拉的传统菜肴也会使用这种葡萄酒，其中最著名的是黄葡萄酒炖鸡。黄葡萄酒搭配成熟的孔泰奶酪（汝拉的特产）是法国葡萄酒和奶酪的一个经典组合。

汝拉的主要葡萄酒生产商

生产商：Château d'Arlay*–*******
所在地：Arlay
30公顷，年产量10万瓶
葡萄酒：Côtes du Jura Trousseau，Poulsard，Chardonnay à la Reine，Vin Jaune，Vin de Paille，Macvin
这个风景如画的酒庄早在12世纪就已经开始种植葡萄树，如今在Laguiche家族的经营下已发展成为汝拉最著名的酒庄之一。该酒庄在出口方面颇具经验，生产的葡萄酒口感浓郁，具有较强的陈年潜力，其中最好的葡萄酒是用霞多丽和萨瓦涅调配而成的汝拉丘白葡萄酒。

生产商：Domaine Baud*–*******
所在地：Le Vernois
17公顷，年产量不详
葡萄酒：Côtes du Jura：Chardonnay，Poulsard，Vin Jaune，Crémant；Château-Chalon
这个传统的家族酒庄由Alain Baud和Jean-Michel Baud兄弟经营，生产的黄葡萄酒品质出众。

生产商：Domaine Berthet-Bondet***
所在地：Château-Chalon
9公顷，年产量4万瓶
葡萄酒：Côtes du Jura Traditon，Côtes du Jura Rouge，Crémant du Jura，Macvin，Vin de Paille，Château-Chalon
自1985年起，Berthet-Bondet和他的妻子Chantal就开始经营这个创立于15世纪的酒庄，生产的葡萄酒品质上乘。夏龙堡葡萄酒采用低产（3000升/公顷）的萨瓦涅葡萄酿制而成。该酒庄具有代表性的白葡萄酒Tradition采用萨瓦涅和霞多丽调配而成，带有坚果和香料的味道。

生产商：Domaine de la Pinte–*****
所在地：Arbois
30公顷，年产量10万瓶
葡萄酒：Arbois Blanc，Arbois Rouge，Poulsard，Macvin，Vin Jaune，Vin de Paille，Arbois Les Grandes Gardes
该酒庄于20世纪50年代由Roger Martin创建，现已成为汝拉产区最值得信赖的酒庄之一。酒庄采用有机种植法，萨瓦涅的种植面积为15公顷。出产的Vin de Paille和Cuvée Les Grandes Gardes红葡萄酒风格雅致。

生产商：Domaine Rolet*–*******
所在地：Arbois
65公顷，年产量35万瓶
葡萄酒：Arbois Chardonnay，Trousseau，Vieilles Vignes Poulsard，Arbois Rosé，Crémant du Jura，Vin de Paille，Macvin，Vin Jaune
该酒庄创建于"二战"末期，生产的葡萄酒品质稳定。除了干白葡萄酒、稻草酒和黄葡萄酒，酒庄还酿造至少陈年18个月以上的特鲁索红葡萄酒，并使用20年树龄的老藤葡萄酿制口感强劲、果味浓郁的普萨葡萄酒。

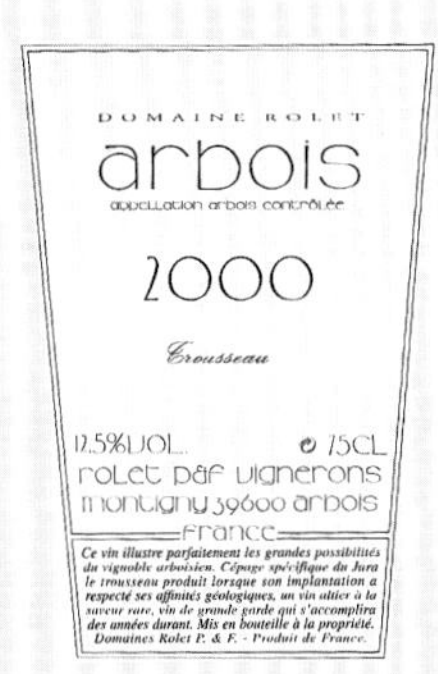

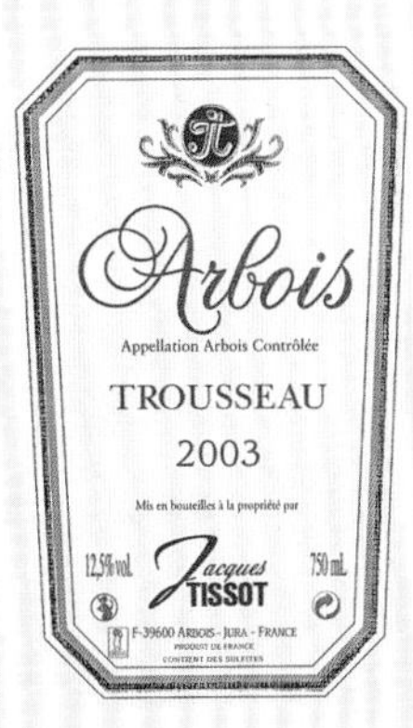

生产商：Frédéric Lornet*–******
所在地：Montigny-lès-Arsures
16公顷，年产量7万瓶
葡萄酒：Arbois Trousseau，Chardonnay，Savagnin，Vin Jaune，Vin de Paille，Macvin
酒庄的葡萄园以老藤葡萄树为主，生产的白葡萄酒（如萨瓦涅）陈年潜力强，带有矿物风味，红葡萄酒（如口感强劲的特鲁索）品质出众。

生产商：Jean Macle*****
所在地：Château-Chalon
12公顷，年产量4万瓶
葡萄酒：Château-Chalon，Côtes du Jura Blanc，Côtes du Jura Rosé，Crémant du Jura，Macvin
该酒庄创建于1850年，现在由第六代和第七代传人经营。出产的夏龙堡黄葡萄酒产自面积仅有4公顷的葡萄园，因其细腻和复杂的特点成为该产区之最。

生产商：Pierre Overnoy*–******
所在地：Pupillin
4公顷，年产量1.5万瓶
葡萄酒：Vin Jaune，Arbois Savagnin，Chardonnay，Poulsard
1968年，Pierre Overnoy从他父母手中继承了这个酒庄。他和他的战友Emmanuel Houillon尽可能采用天然的酿酒方式：使用天然酵母发酵葡萄汁，并且不对成品进行过滤。

生产商：Jacques Puffeney*–******
所在地：Montigny-lès-Arsures
7公顷，年产量3万瓶
葡萄酒：Arbois Blanc，Arbois Trousseau，Poulsard，Savagnin Vieilles Vignes，Vin Jaune
该酒庄历史悠久，采用橡木桶陈年，生产的白葡萄酒（萨瓦涅）和红葡萄酒果香浓郁，黄葡萄酒带有香料味。

生产商：André and Mireille Tissot****
所在地：Montigny-lès-Arsures
34公顷，年产量13万瓶
葡萄酒：Vin Jaune，Arbois Blanc，Chardonnay，Vin de Paille，Pinot，Crémant du Jura Brut，Savagnin
在过去短短几年中，该酒庄已发展成一家享誉盛名的酒庄，其一大特色是在橡木桶中陈年的风格雅致的比诺红葡萄酒。酒庄采用有机种植法。

生产商：Jacques Tissot–*****
所在地：Arbois
30公顷，年产量12万瓶
葡萄酒：Arbois Traditon，Vin de Paille，Trousseau，Poulsard，Crémant du Jura，Macvin，Poulsard Rosé，Château-Chalon，Savagnin Vendanges de Novembre
游览阿尔布瓦绝不能错过该酒庄壮观的酒窖。这个酒窖位于小镇的中心，不仅储存了品质优良的黄葡萄酒以及大量红葡萄酒和白葡萄酒，而且还是一间品酒室。

勃艮第

勃艮第地区以及这里出产的葡萄酒创造了葡萄酒世界的神话。许多葡萄酒鉴赏家都非常肯定地宣称夜丘（Côte de Nuits）出产的黑比诺是世界上最伟大的红葡萄酒，它们层次丰富、酒体饱满、风格雅致。此外，虽然霞多丽是世界上分布最广泛的酿酒葡萄，但夏布利和伯恩丘（Côte de Beaune）的霞多丽仍然以其个性与完美而成为全球顶尖之作。勃艮第有光鲜的一面，当然也有不足之处。勃艮第的葡萄园零星分散，因此葡萄酒的品质参差不齐，甚至价格高昂的葡萄酒也是如此。如果随意选购，这里的葡萄酒比其他产区的葡萄酒更有可能令人失望。

历史

勃艮第葡萄酒生产的历史可追溯至公元2世纪。不过，据说凯尔特人早在罗马人入侵前就已经开始酿造葡萄酒。勃艮第地区在中世纪的酿酒史对整个欧洲的葡萄酒发展至关重要。

587年，贡特拉姆国王向圣本尼基努斯修道院捐赠了一处葡萄园；630年，勃艮第阿马杰公爵又向贝茨修道院捐赠了几处葡萄园，从而开启了修道院经营葡萄园的历史。910年，克鲁尼修道院在马孔内区建立。接下来的几个世纪内，这个修道院不仅发展成神权的中心，而且获得了金丘的许多葡萄园。

1098年，熙笃会在勃艮第第戎附近的熙笃创立。修道士们开始在各修道院中系统地推广葡萄种植，并且修建伏旧园来探索、改良葡萄种植。随着熙笃会的扩张，葡萄种植也在欧洲迅速传播。

中世纪末发生的两大事件对勃艮第葡萄酒行业的影响延续至今。1395年，勃艮第公爵菲利普二世颁布法令，禁止勃艮第地区种植佳美葡萄，并全部以黑比诺替代，奠定了黑比诺今天的统治地位。1443年，菲利普三世的内政大臣尼古拉斯·罗兰及其妻子共同建立了伯恩济贫院，在那里举行的一年一度的葡萄酒拍卖会至今仍是勃艮第葡萄酒市场的重要风向标。

法国大革命后，《拿破仑继承法》规定土地平均分配给所有继承人，这意味着每个庄园主拥有的土地越来越少。1851年，第戎和巴黎之间开通铁路，为勃艮第葡萄酒打开了巨大的消费市场，同时低廉葡萄酒（通常使用佳美酿造）的需求也在增加。1861年，人们初次尝试对优质葡

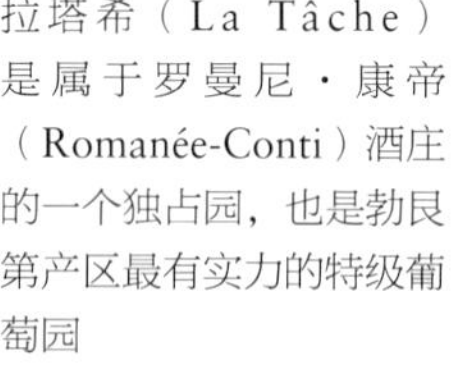

拉塔希（La Tâche）是属于罗曼尼·康帝（Romanée-Conti）酒庄的一个独占园，也是勃艮第产区最有实力的特级葡萄园

萄酒进行分级。19世纪70年代根瘤蚜疫情暴发后，勃艮第地区对嫁接葡萄的排斥比其他任何地区都强烈。不过，20世纪初，疫情得到了缓解。1935年创立的法国原产地命名体系（A.O.C.）和逐渐推行的原酒庄装瓶制度为今日勃艮第葡萄酒的成功奠定了基础。

地质、地形与气候

风土条件是勃艮第葡萄酒享誉全球的基本因素，是指葡萄园的整体自然环境，包括土壤、地形和气候特征等。勃艮第的风土条件无一例外地都包含石灰质土壤。在夏布利，侏罗纪晚期形成的石灰质土壤为霞多丽提供理想的种植条件。金丘地区的土壤由石灰岩、黏土和泥灰岩构成，是侏罗纪时期石灰岩高原被侵蚀的结果。这解释了为什么一小片区域内的葡萄酒可以反映出多种不同的风土条件。夏隆内丘和马孔内的石灰岩层比较分散，而且含有更多黏土和沙砾。勃艮第风土条件中最重要的是岩石层良好的排水能力和黏土基层的保水能力。

勃艮第葡萄园的地形情况远没有其他地区的地形情况重要。陡坡、向南这些优质葡萄园所需要的因素在勃艮第位居其次。例如，金丘大多数特级葡萄园都位于面朝东方的缓坡之上。这些葡萄园的海拔在200～400米，葡萄园的海拔越高，出产的葡萄酒越轻盈。

勃艮第属于大陆性气候，冬季和春初寒冷，夏季炎热，但是没有南部葡萄酒产区那样持久。与气候温和的地区相比，勃艮第四季分明，因此这里的黑比诺集细腻、强劲、优雅和浓烈于一身，是世界其他产区的黑比诺所无法媲美的。

图中的酒庄属于宝尚父子公司，坐落于伯恩的老城区

前景

除了具有传奇色彩的夏布利和金丘产区，近些年在勃艮第涌现出越来越多的中档葡萄酒产区。例如，产自马孔内、夏隆内丘和上丘（Hautes Côte）的葡萄酒就属上乘。但是与此同时，这些葡萄酒的价格也开始上涨，甚至与顶尖产区的葡萄酒不分上下。因此，虽然勃艮第的葡萄种植面积不足3万公顷，但酿造顶级葡萄酒的潜能还远未耗尽。

勃艮第的葡萄酒地理

勃艮第最北端是约纳省（5300公顷）的夏布利和欧塞尔产区。夏布利因其强劲、雅致的霞多丽葡萄酒而成为高品质的代名词，这里还拥有顶级的特级葡萄园和一级葡萄园。欧塞尔丘（Côtes d'Auxerre）出产清淡的白葡萄酒和红葡萄酒，其中香气浓郁的伊朗西（Irancy）干红葡萄酒格外出色。金丘省的沙第永内（Châtillonnais）与欧塞尔在同一纬度，位于其东部40千米外，这里出产的勃艮第法定产区葡萄酒比较普通，不过有些起泡酒却令人非常惊喜。夏布利东南100千米之外是勃艮第的中心地区——金丘。金丘南北绵延50千米，占地9300公顷，几乎囊括了勃艮第所有的特级葡萄园和一级葡萄园。夜丘位于金丘北部，主要生产结构复杂、口感细腻的黑比诺葡萄酒，基本上不酿造白葡萄酒。伯恩丘位于金丘南部，生产的黑比诺葡萄酒结构扎实、酒体强劲，其霞多丽葡萄酒独具特色：口感圆润、果香浓郁、含有矿物风味，是酒中佳品。在金丘的西部，有很多类似金丘的山坡，整体被称为上丘，在夜丘范围内的部分称为上夜丘（Hautes-Côtes de Nuits），在伯恩丘范围内的部分称为上伯恩丘（Hautes Côtes de Beaune）。这里的葡萄酒比较清淡、坚实。

伯恩丘南部与索恩-卢瓦尔省（Saône-et-Loire，10300公顷）接壤，紧邻该省的夏隆内丘。夏隆内丘出产的顶级葡萄酒（红葡萄酒和白葡萄酒）可以和金丘的葡萄酒相媲美，但价格却便宜许多。这里虽然没有特级葡萄园，但是一大批值得信赖的一级葡萄园足以证明该产区的品质。夏隆内丘有一个奇特的村庄——布哲宏村（Bouzeron），只生产阿里高特葡萄酒。库朔（Couchois）是夏隆内丘西侧的一个小葡萄酒产区，生产的葡萄酒较为普通。夏隆内丘东部几英里外是马孔内，出产怡人、典型的霞多丽葡萄酒，但偶尔品质也比较粗糙。普伊-富赛村（Pouilly-Fuissé）及其周边地区出产的葡萄酒品质优良，红葡萄酒大多采用黑比诺和佳美混酿而成。马孔内最南端毗邻罗讷省的博若莱产区。

Châtillonnais
Tonnerrois
Chablis
Auxerrois
Bourgogne Irancy
Vézelay
Côte de Nuits
Hautes Côtes de Nuits
Côte de Beaune
Hautes Côtes de Beaune
Côte Chalonnaise
Mâcon
Mâcon Villages
Saint-Véran
Pouilly-Fuissé, Pouilly-Loché and Pouilly-Vinzelles
Wine-growing areas in neighboring regions

16 miles (25 km)

勃艮第的A.O.C.体系和品质金字塔

与波尔多的分级体系一样，勃艮第的分级体系也是法国葡萄酒的典范。1935年法国成立国家原产地命名管理委员会，第二年，立法机关在19世纪中期制定的分级体系的基础上明确了勃艮第原产地命名需要涵盖的内容：葡萄品种、传统种植方法、葡萄酒最低与最高酒精度，以及葡萄酒的类型。

这是勃艮第三块相邻的葡萄田，但是它们的朝向、坡度和海拔等自然条件却千差万别。三块葡萄田出产的同一种葡萄，使用不同的酿造工艺会生产出三种香气截然不同的葡萄酒

产区分级

原产地命名根据品质进行分级，分为地区级、村庄级、一级葡萄园和特级葡萄园。在地区级和村庄级法定产区中还有进一步的分级。最基础的地区级A.O.C.是“勃艮第”，所有用勃艮第葡萄酿造的葡萄酒以及博若莱十个村庄出产的佳美红葡萄酒都可以在酒标上标注这个名称。此外，“勃艮第”后面还可以增加其他标示。例如，勃艮第阿里高特必须是用阿里高特单一葡萄品种酿造的白葡萄酒。勃艮第帕斯-图-格兰斯（Bourgogne passé-tout-grains）是佳美和黑比诺的混酿酒，黑比诺葡萄必须超过1/3。大约54%的勃艮第葡萄酒属于地区级葡萄酒。

村庄级葡萄酒指的是标注具体酿酒村庄的葡萄酒，占勃艮第葡萄酒总产量的34%。一级葡萄园葡萄酒占10%左右。特级葡萄园仍然只有金丘的32个葡萄园和夏布利的7个葡萄园。1861年，朱尔斯·拉瓦勒博士（Dr. Jules Lavalle）首次起草了系统的分级制度，并得到伯恩地区农业委员会的官方认可。20世纪30年代并入原产地命名体系的特级葡萄园在很大程度上反映了当时的分级。特级葡萄园有最严格的产量上限，它们肩负着维护勃艮第声誉的重任。特级葡萄园出产的葡萄酒只占勃艮第葡萄酒总产量的2%。

图中酒庄的彩色屋顶是勃艮第建筑的一大特色

产量上限

这是勃艮第最重要的品质标准。由于当地的气候条件，特别是黑比诺反复无常的特性，要想酿造顶级葡萄酒，必须保持适中的产量。但是原产地命名体系对最高产量的规定留有余地，这对提升勃艮第的声誉没有任何益处。事实上，现在有越来越多的一级葡萄园和特级葡萄园葡萄酒出现在市场上，但其实它们非常稀薄。

葡萄品种

勃艮第是出产单一品种葡萄酒最优秀的地区，这里的人们通过充分挖掘一种葡萄的特点，酿造出了变化万千的葡萄酒。理想状态下，葡萄的风土特征应该在葡萄酒中体现出来。勃艮第的葡萄，尤其是两大葡萄品种，不仅容易受到土壤和微气候的影响，还会受到人类文化成就的影响。

黑比诺在秋季会展现出迷人的色彩

黑比诺

黑比诺很难种植和压榨，而且熟成这种葡萄酒需要一定的天赋和敏感度。黑比诺的起源尚无定论，不过在勃艮第，这种葡萄的种植可追溯至公元前4世纪。黑比诺有许多变异品种，足以证明几个世纪前人们就已经开始种植比诺家族的葡萄了。

黑比诺初春就已发芽，因此很容易受到晚霜的影响。要想这种葡萄均匀地成熟而且拥有浓郁的香气，需要一个长期气候稳定的生长季，炎热和潮湿都不利于它的生长。

这种果粒小而紧实的葡萄非常脆弱，不仅容易感染灰霉病，还容易感染各种病菌：真假霉菌都会令葡萄种植户担惊受怕。虽然葡萄栽培技术培养了一些抗病性较强的克隆品种，但通常可以酿造高品质葡萄酒的都是比较脆弱的品种。勃艮第约有50种黑比诺克隆品种获准种植。但是具有强烈传统意识的葡萄种植户会完全依据或参考马撒拉选种法进行种植。这些克隆品种在健康和成熟度上都有所改进。

左图和右图：
霞多丽容易种植，但是只有在特定的区域才能出产优质的葡萄酒

黑比诺需要种植户精心的呵护。勃艮第的黑比诺种植户有时会通过修剪枝条来控制单株葡萄树的生长和产量。葡萄叶也需要悉心呵护，因为葡萄树必须拥有足够多健康的叶片进行光合作用，但同时枝叶不能太过茂盛，否则会阻碍葡萄与空气的接触。

老葡萄树可以结出高品质的果实，因为它们的根系深而广，可以确保充足的养分，并且产量较低。黑比诺不仅难以种植，而且即使是在最好的年份，也不易酿造。事实上，没有任何一种葡萄像黑比诺这样难以萃取满意的颜色和单宁含量。通常，用黑比诺酿制而成的葡萄酒颜色浅淡、结构简单，不过，延长浸皮时间、降低发酵温度或者过度压榨葡萄可以加深葡萄酒的颜色，但同时也会使葡萄酒混入绿色的发酵物质和苦涩的味道。有些酿酒厂使用自动旋转发酵罐，有些仍然坚持人工浸泡酒帽。有些酿酒厂会在酒精发酵前通过低温浸渍的方法萃取颜色和细腻的单宁，有些则在酒精发酵结束时进行高温浸渍，也有一些酿酒厂会同时使用两种工艺。黑比诺酿造过程中最没有争议的问题是木桶的使用。传统的勃艮第酒桶容量为228升，是酿造优质黑比诺的不二之选。当然，木桶的选择会赋予葡萄酒多样的风格，包括木材的种类、烘烤的程度和新木材的比例。不同的风土特征和酿酒师也会造就不同的黑比诺葡萄酒。

霞多丽

勃艮第是否是霞多丽的原产地尚存在争议。在马孔内产区，有一个村庄也叫“霞多丽”，不过据说这个村庄是因霞多丽葡萄而得名。虽然澳大利亚葡萄酒酿造专家费迪南德·雷格纳发现霞多丽和勃艮第葡萄家族在基因上存在相似之处，但是没有证据表明两者之间有直接关系。霞多丽也许是在16世纪传入勃艮第，不过可以肯定的是，直到19世纪中叶，勃艮第才开始大面积种植霞多丽，取代原先的阿里高特葡萄。

和勃艮第主要的红葡萄品种不同，霞多丽容易种植。与黑比诺相比，这种葡萄不易感染霉菌，但是由于发芽较早，容易受晚霜的影响。霞多丽即使高产也可以拥有优良的品质。霞多丽的采摘时间非常重要。如果延迟采摘，会降低霞多丽的酸度，从而导致葡萄酒圆润肥厚。

葡萄酒酿造专家热衷于霞多丽的多面性。即使产地稍逊一筹，借助现代技术，也可以酿造出口感鲜爽、果香浓郁的白葡萄酒。

采用传统方式酿造的霞多丽葡萄酒，无论是否在木桶中陈年，都呈金黄色，果香馥郁、酒体丰满。几乎所有顶级葡萄酒都采用木桶发酵，经过第一次换桶后，在连续数周反复搅拌酵母的情况下，最终呈现强劲、饱满、芳香和复杂的特点。

佳美

在勃艮第，佳美和黑比诺之间的竞争可以追溯至14世纪。佳美产量高，果粒大，皮薄汁多，因此通常用来批量生产结构简单的葡萄酒。在博若莱地区，由于产量低，佳美仍然可以展现出当地的风土条件。除了博若莱，勃艮第只有马孔内和夏隆内丘会用佳美与黑比诺进行调配。

阿里高特

过去几个世纪内，阿里高特（可能是勃艮第的本土葡萄品种）是混酿白葡萄酒的重要品种。这种高产的葡萄酸度较高，但在成熟的年份和理想的地区可以拥有出众的果香。阿里高特简单，甚至有一些平淡，非常适合酿造起泡酒和经典的基尔酒（一种用黑醋栗甜酒调制而成的开胃酒）。夏隆内丘的布哲宏村是唯一一个采用阿里高特酿酒的村庄级A.O.C。

在勃艮第，用石墙围起来的葡萄园被称为“clos”

夏布利

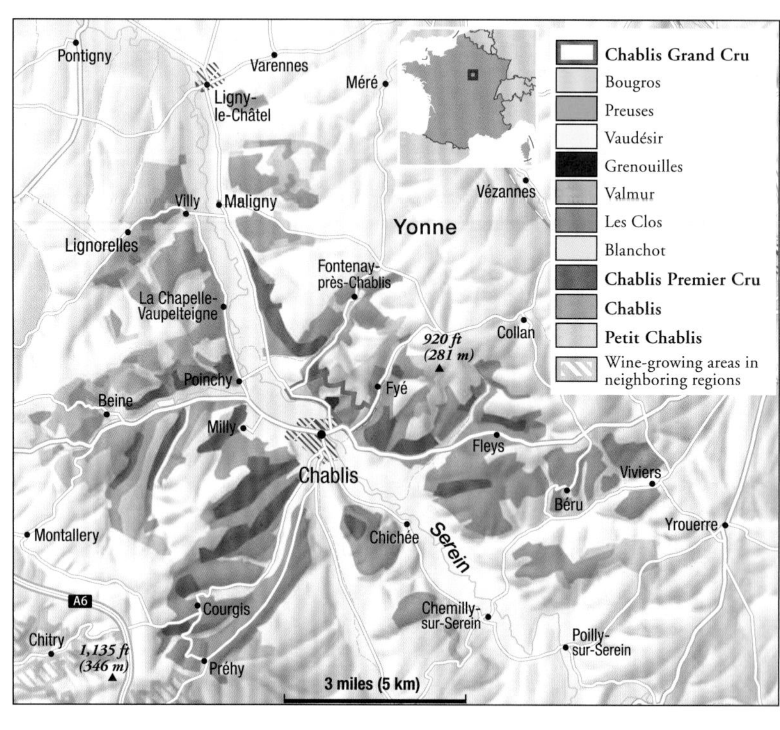

夏布利产区过去50年的历史是葡萄种植与媒体宣传关系的典型教材。20世纪50年代，夏布利的葡萄园面积约为500公顷，20世纪70年代，葡萄园面积也只有750公顷，但之后种植面积迅速扩大，今天已达到4500公顷。在这个发展过程中，媒体起到了至关重要的作用。20世纪80年代初，媒体把夏布利描绘成体现法国典型生活的干白葡萄酒之乡。

夏布利几乎比其他所有主要葡萄酒产区都容易遭受霜冻。葡萄种植户直到5月都有可能面临晚霜的侵袭，这会对葡萄的嫩芽造成巨大的伤害。1957年和1961年的两次霜冻给夏布利的葡萄园带来了沉重的打击，尤其因为当时即使是特级葡萄园也只能以低廉的价格出售葡萄酒。从那之后人们开始采取两种方法对付霜冻。最直接的方法是对葡萄园加热，即在葡萄园行间放置油汀。第二种方法是以冻抗冻，即在温度降至冰点时，给葡萄树洒水，这样葡萄树上会结一层薄冰，对嫩芽起到保护作用。两种方法各有利弊，因此即使这两种方法都能很好地保护夏布利的葡萄园，甚至能促进葡萄树的生长，它们的使用仍然引起激烈的争论。

正是夏布利与霜冻的对抗使之成为媒体的焦点。一方面，这种不确定性吸引了全世界葡萄酒鉴赏家的兴趣；另一方面，葡萄种植户截然不同的态度又为这个事件添油加醋。

左图和右图：
夏布利葡萄酒兄弟会参加葡萄采摘开始前的庆典活动“葡萄采摘节”

夏布利及其周边村镇的地质情况是夏布利葡萄酒类型和分级的重要因素。夏布利地区位于巴黎盆地一块形成于上侏罗纪时代的石质土地之上。巴黎盆地的另一端延伸至英格兰南部地区，靠近启莫里阶村庄，那里由石灰岩、黏土和牡蛎化石构成的土壤就是以启莫里阶命名的。夏布利所有的特级葡萄园和一级葡萄园都是这种土壤。几年前，在夏布利发现了形成于较晚时期的石灰层，土质比启莫里阶差，只能出产小夏布利级葡萄酒。虽然关于这种分级标准众说纷纭，但是夏布利高品质的葡萄酒的确产于启莫里阶土壤。当然，在夏布利这样一个拥有边际气候的地区，决定葡萄园优劣的不仅有土壤条件，还有微气候特征。

夏布利这个安静的小镇位于勃艮第北部地区，只有2500个居民，因葡萄酒而享誉世界。图中是夏布利古老的城门

关于夏布利葡萄酒的陈年也存在许多争议。Feuillette，一种容量为132升的木桶，具有非常重要的历史意义。但是在过去几十年中，使用木桶发酵和陈年造成了葡萄酒的变色。不锈钢酒罐和温控发酵技术的引入是维持夏布利品质的两个重要科技创新。20世纪80年代在全球趋势的影响下，227升的小橡木酒桶再次风靡。相对于伯恩丘的葡萄种植技术而言，在木桶中发酵和搅拌酵母没有那么多争议。许多葡萄酒生产商使用不锈钢酒罐发酵葡萄酒，当苹果酸-乳酸发酵结束后再把葡萄酒换入橡木桶中。木桶陈年的支持者认为木桶可以减弱夏布利葡萄酒尖酸的味道，丰富其香气，而不锈钢酒罐的支持者明显忽略了橡木桶可以反映地区类型的特点。

过去20年间，夏布利的葡萄种植在许多方面都有所进步。全世界对葡萄酒的热情高涨，导致葡萄酒需求增加，而技术的支持（包括机器采摘）提高了葡萄酒厂的利润。虽然这并不能彻底解决夏布利的所有问题——气候危害的风险仍然无法估量——夏布利的葡萄种植户至少为避免灾难打下了良好的基础。夏布利于12世纪就开始在熙笃会的推广下种植葡萄，连续几个世纪为巴黎提供葡萄酒，16世纪受到英国葡萄酒鉴赏家的关注，1770年在伦敦佳士得首次获得成功，因此我们有理由相信，这样一个葡萄酒产区会拥有美好的未来。虽然那些“伪夏布利酒”在其他国家曾风靡一时，但真正的夏布利葡萄酒绝不会被挤出市场。夏布利的葡萄种植户已经向百慕大最高法院提起上诉，以保护夏布利葡萄酒的品牌名声。

优质夏布利拥有黄绿色的气泡、迷人的香气、丰满的酒体，可以带来丰富的味觉享受。相比之下，年轻的夏布利含有更多的矿物气息，显得有些稀薄。特级葡萄园出产的葡萄酒可以很好地展现夏布利的所有特点。一级葡萄园的葡萄酒虽然能体现夏布利的风格，但是由于缺乏个性，常不令人满意。在过去20年中，一级葡萄园进行了大规模的扩张。新的葡萄园负责出产中档葡萄酒，但是相对高的产量也存在弊端。甚至在某些年份，小夏布利葡萄园的产量比一级葡萄园的产量都低。即使是低档的夏布利葡萄酒，品质也千差万别。

夏布利的主要葡萄酒生产商

生产商：**Jean-Marc Brocard*****-*****
所在地：**Prehy**
120公顷，非自有葡萄，年产量120万瓶
葡萄酒：Bourgogne blancs；Sauvignon de Saint-Bris，Chablis：Domaine Sainte-Claire Viellies Vignes，Chablis Premier Cru：Beauregard，Côte de Jouan，Montée de Tonnerre；Chablis Grand Cru：Bougros，Les Clos；Domaine de la Boissonneuse
所有葡萄酒都在不锈钢罐中熟成，最能展现风土条件中的矿物特征。酒庄现在开始尝试生物动力种植法，这样可以提高葡萄酒的浓度。目前，Julien Brocard在11公顷的Domaine de la Boissonneuse葡萄园进行试验。

生产商：**La Chablisienne*****-*****
所在地：**Chablis**
1200公顷，非自有葡萄，年产量620万瓶
葡萄酒：Chablis；Vieilles Vignes，Chablis Premier Cru：Beauroy，Fourchaume，Les Lys；Chablis Grand Crus：Les Clos，Grenouilles，Bourgogne rouge Epineuil；Crémant de Bourgogne
欧洲最好的酿酒合作社之一。无论是小夏布利产区的新酒，还是Château Grenouilles葡萄园的特级佳酿，都酒体纯净、风格显著、品质优良。

生产商：**Vincent Dauvissat*******
所在地：**Chablis**
12公顷，年产量7.5万瓶
葡萄酒：Petit Chablis，Chablis，Chablis Premier Cru：La Forest，Sechet，Vaillons，Chablis Grand Cru：Les Clos，Les Preuses
葡萄酒口感醇厚、结构均衡、余味持久，在橡木桶中发酵后更加复杂。

生产商：**Daniel-Etienne Defaix*****-****
所在地：**Milly**
25公顷，年产量18万瓶
葡萄酒：Chablis，Chablis Premier Cru：Côte de Lechet，Les Lys，Vaillon；Chablis Grand Cru Blanchot，Bourgogne rouge
Daniel Defaix热衷于酿造酒体丰满、陈年潜力强的葡萄酒，因此对老葡萄树情有独钟。

生产商：**Domaine Barat*****
所在地：**Milly**
17公顷，年产量9万瓶
葡萄酒：Chablis，Chablis Premier Cru Côte de Lechet，Les Fourneaux
Michel Barat的葡萄酒年轻时比较平淡，瓶内陈酿两年后结构丰满、个性鲜明。

生产商：**Domaine Billaud-Simon******
所在地：**Chablis**
20公顷，年产量14万瓶
葡萄酒：Chablis；Chablis Premier Cru：Fourchaume，Mont de Milieu，Montée de Tonnerre，Chablis Grand Cru：Blanchots Les Clos，Les Preuses，Vaudésir
Mont de Milieu和Blanchot葡萄园的葡萄酒在木桶中进行熟成。

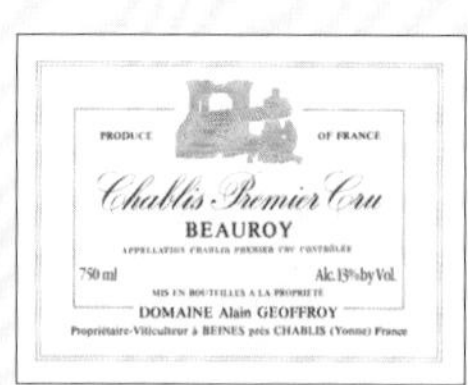

生产商：**Domaine Bernard Defaix*****-***
所在地：**Milly**
25公顷，年产量19万瓶
葡萄酒：Petit Chablis，Chablis Vieilles Vignes；Chablis Premiers Crus：Les Vaillons，Les Lys，Côte de Lechet Réserve
Sylvain Defaix和Didier Defaix酿造的葡萄酒口感鲜爽，富含矿物风味，具有典型的夏布利葡萄酒特征。他们还通过精确计算木桶熟成的时间来增加葡萄酒的复杂性。

生产商：**Domain William Fèvre******-*****
所在地：**Chablis**
47公顷，年产量30万瓶
葡萄酒：Chablis Grand Cru：Les Clos，Preuses，Bougros，Vaudésir，Valmur；Premiers Crus：Montée de Tonnerre，Fourchaume，Vaillons，Montmains；Chablis
夏布利产区最重要的酒庄之一。自从酒庄被Joseph Henriot收购、并入Bouchard Père et Fils公司后，葡萄酒品质大幅提升。

生产商：**Domaine Long-Depaquit*****-****
所在地：**Chablis**
65公顷，年产量30万瓶
葡萄酒：Chablis；Chablis Premier Cru：La Forêt，Les Lys，Montée de Tonnèrre，Les Vaillons，Vaucoupin，Chablis Grand Crus：Blanchot，Bougros，Les Clos，La Moutonne Monopole，Les Preuses，Vaudésir
酿酒师Gérard Vullien是这个一流酒庄的功臣？酒庄的葡萄酒通常需要陈年，尤其是特级园La Moutonne出产的葡萄酒。这个葡萄园位于特级园Vaudésir 和 Les Preuses之间，拥有理想的微气候，葡萄酒品质上乘。

生产商：**Domaine Pinson*****
所在地：**Chablis**
11公顷，年产量7.5万瓶
葡萄酒：Chablis，Chablis Premier Cru：Vaillons，La Forêt，Vaugiraut，Chablis Grand Cru Les Clos
过去几年内，酒庄的葡萄酒在浓度和表现力方面取得了可喜的进步。

生产商：**Domaine Raveneau*******
所在地：**Chablis**
7.5公顷，年产量4万瓶
葡萄酒：Chablis Premier Cru：Butteaux，Chapelot，Montée de Tonnerre，Vaillons；Chablis Grand Cru：Blanchot，Les Clos，Valmur
从葡萄种植到葡萄酒酿造，Jean-Marie和Bernard Raveneau力求充分展现葡萄酒的风土特点。酒庄通过降低葡萄产量、利用天然酵母发酵以及使用老木桶陈年而酿造出独特复杂、适合陈年的葡萄酒。

生产商：**Jean-Paul & Benoît Droin******
所在地：**Chablis**
20公顷，年产量14万瓶
葡萄酒：Chablis，Chablis Premier Cru：Fourchaumes，Montmains，Vaillons，Vosgros，Chablis Grand Cru：

Blanchot, Les Clos, Grenouilles
Jean-Paul Droin经验丰富，擅长使用橡木桶酿造陈年葡萄酒。他酿造的葡萄酒清澈、平衡，具有矿物气息。

生产商：**Alain Geoffroy****–****
所在地：**Beines**
42公顷，非自有葡萄，年产量45万瓶
葡萄酒：Chablis，Chablis Vieilles Vignes；Chablis Premier Cru：Beauroy，Fourchaume，Chablis Grand Cru：Les Clos，Vaudésirs
Alain Geoffroy是夏布利的领军人物之一，他酿造的葡萄酒鲜爽、均衡，适合陈年，最近几年品质又得到了很大提升。

生产商：**Corinne & Jean-Pierre Grossot******
所在地：**Fleys**
18公顷，年产量9.5万瓶
葡萄酒：Chablis；Chablis Premier Cru：Côte de Troems，Fourchaume，Les Fourneaux，Mont de Milieu，Vaucoupin
夏布利最认真的酒庄之一，葡萄成熟度高、产量合理，葡萄酒充分体现风土条件。

生产商：**Thierry Hamelin*****–****
所在地：**Lignorelles**
37公顷，非自有葡萄，年产量24万瓶
葡萄酒：Petit Chablis；Chablis，Chablis Vielles Vignes；Chablis Premier Cru：Vau Ligneau，Beauroy
Thierry Hamelin凭借自己的勇气和追求在小夏布利地区建立了功能强大的酒窖，而且扩张了葡萄园。他的葡萄酒都在不锈钢酒罐中酿造，清澈、强劲，富含矿物气息。

生产商：**Michel Laroche*****–*****
所在地：**Chablis**
100公顷，非自有葡萄，年产量200万瓶
葡萄酒：Chablis，Chablis Premier Cru：Fourchaume，Vaillons，Vau de Vey，Chablis Grand Cru：Blanchots，Les Clos，Réserve de l'Obédiencerie
在Michel Laroche富有远见的推动下，这个建于150年前的小酒庄已经发展成一个极具特色的国际葡萄酒生产商，出产正常产量的清澈葡萄酒和控制产量的优质葡萄酒。部分特级酒在木桶中进行陈年。

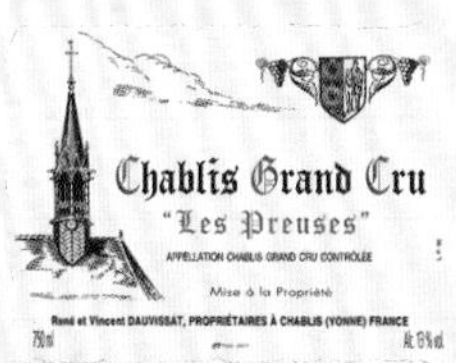

PAR
Ghislaine & Jean-Hugues
Goisot

生产商：**Christian Moreau & Fils****–****
所在地：**Chablis**
12公顷，年产量不详
葡萄酒：Chablis，Chablis Grand Cru：Blanchot，Valmur，Vaudésir，Les Clos Clos des Hospices
Fabien Moreau是一位出色的葡萄酒酿造专家，2002年起全面接管这个家族酒庄，2003年凭借Clos des Hospices特级葡萄园的葡萄酒，首次大获成功。

生产商：**Gilbert Picq*****–****
所在地：**Chichée**
13公顷，年产量8万瓶
葡萄酒：Chablis，Chablis Vieilles Vignes，Chablis Premier Cru：Vaucoupin，Vosgros
Didier Picq和他的弟弟Pascal仅仅花费几年时间就把家族生意推到顶峰。他们的葡萄酒结构丰满、香气浓郁，陈年几年后会展现出明显的苔藓、菌类和蜂蜜的味道，深受葡萄酒鉴赏家青睐。

生产商：**Olivier Savary*****
所在地：**Maligny**
17公顷，年产量12万瓶
葡萄酒：Petit Chablis，Chablis，Chablis Premier Cru Fourchaume
Olivier Savary和Francine Savary通过他们高品质的葡萄酒提升了酒庄的知名度。他们的夏布利葡萄酒，特别是一级葡萄酒，都是结构丰满的白葡萄酒，风格独特，陈年潜力强。

欧塞尔

欧塞尔地区是19世纪巴黎重要的葡萄酒来源地。直到约纳河和塞纳河航道受到铁路的冲击，欧塞尔的时代才宣告结束。今天，这个拥有1300公顷种植面积的地区虽然失去了昔日的光辉，但葡萄酒品质不减。欧塞尔出产的大多数酒体轻盈的霞多丽和黑比诺都使用"勃艮第"或"勃艮第欧塞尔丘"（Bourgogne Côtes d'Auxerre）为酒标。勃艮第阿里高特葡萄酒也享有盛名。最近几年，凭借风土条件这一资本，欧塞尔地区葡萄酒生产商的知名度越来越高，这使得那些可以将村庄名列在地区名后面的葡萄酒获得更多市场。因此，除了常见的产地名"勃艮第欧塞尔丘"，我们在酒标上还可以看到希特利（Chitry）、库朗日拉维勒斯（Coulanges-la-Vineuse）、埃皮诺侬（Epineuil）、茹瓦尼（Joigny）、托内尔（Tonnerre）和弗泽莱（Vézelay）等村庄名。有时，酒标上也会出现勃艮第–圣雅克丘（Bourgogne Côte-Saint-Jacques），圣雅克丘是欧塞尔北部的一个著名葡萄园。显然，所有这些努力都是为了有一天获得独立的法定产区名称。

伊朗西就是一个成功的例子。这个拥有125公顷种植面积的村庄已被列为村庄级A.O.C.。伊朗西以启莫里阶土壤为主，出产颜色浓重、香气淡雅的红葡萄酒，通常使用单一的黑比诺酿制而成，不过也可以加入恺撒（César）进行调配。成熟的恺撒单宁含量丰富，可以使伊朗西的葡萄酒具备较强的陈年潜力。圣布里斯长相思（Sauvignon de Saint-Bris）葡萄酒在多年前被列为优良地区餐酒，但是现在这种用单一品种酿造的芳香、圆润的白葡萄酒也已晋升为A.O.C.级葡萄酒。

生产商：**Domaine Colinot*****
所在地：**Irancy**
10公顷，年产量5.5万瓶
葡萄酒：Bourgogne Irancy（Palottes，Les Mazelots，Côte du Moutier，Cuvée Vieilles Vignes）
Irancy地区的开拓者。许多葡萄酒都采用70年的恺撒老藤葡萄混酿而成。

生产商：**Domaine Goisot******
所在地：**Saint-Bris-Le-Vineux**
24公顷，年产量15万瓶
葡萄酒：Sauvignon des Saint-Bris，Bourgogne：Aligoté；Côtes d'Auxerre "Corps de Garde"
出产勃艮第白葡萄酒最知名的酒庄之一。所产白葡萄酒个性鲜明、风格雅致；红葡萄酒通常在中世纪圆顶酒窖中使用橡木桶陈年。

多变的夜丘葡萄酒

夜丘区拥有许多得天独厚的优势，这在世界葡萄酒产区中并不多见。首先，夜丘拥有优质的侏罗纪时期石灰质土壤。其次，理想的气候条件虽然给葡萄种植带来一定的难度，却赋予葡萄最迷人的香气，而这是区别于其他产区葡萄品种最大的特征。此外，那里的人们似乎天生就懂得如何种植葡萄和管理酒窖。夜丘区的红葡萄酒最为出名，这并不是因为低产的白葡萄酒品质不佳，而是因为这里的土壤最能表现黑比诺的特点，因此葡萄种植户不愿意“浪费”一寸土地去种植其他品种。

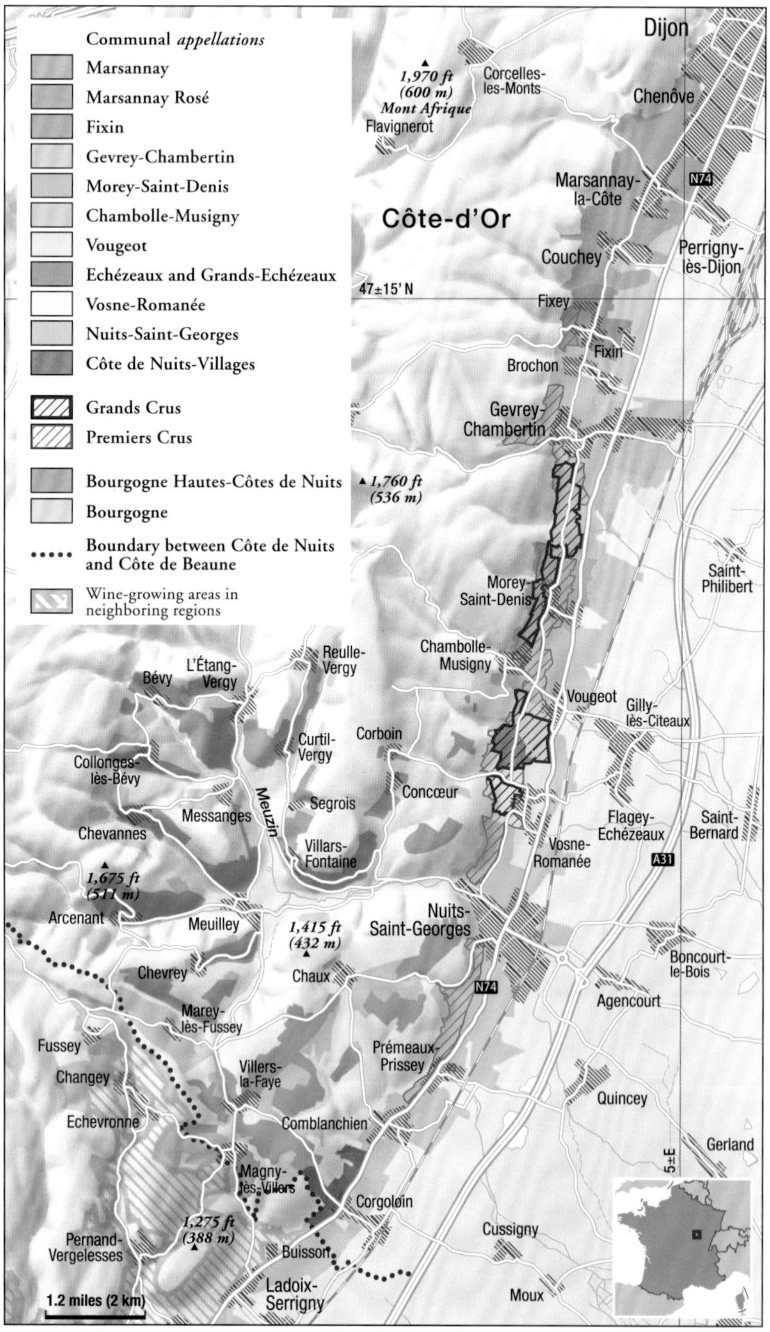

地理上，夜丘区的精华集中在距中心地带半小时车程的范围内。外缘是一些名气较小的村庄，如北部的马沙内（Marsannay）和菲尚（Fixin），南部的贡布隆香村（Comblanchien）和科尔若卢安村（Corgoloin）。夜丘的中心地带有许多著名村庄，那里的特级葡萄园都以各自的村庄名命名：哲维瑞–香贝丹、摩黑–圣丹尼（Morey-St-Denis）、香波–穆西尼（Chambolle-Musigny）、依瑟索（Echézeaux）、沃恩–罗曼尼（Vosne-Romanée）。这些村庄和葡萄园构成一个和谐的整体，生活和工作在那里完美融合。

夜丘区的村庄和葡萄园被一些小峡谷分隔，峡谷中有许多出色的一级葡萄园，如哲维瑞的拉沃–圣雅克（Lavaux St-Jacques）。通常，夜丘区的特级葡萄园位于坡度平缓、土壤贫瘠、朝向东方的半山坡上，村庄级A.O.C.葡萄园则集中在山坡脚下。根据土壤情况，有些一级葡萄园位于特级葡萄园之上，有些则位于特级葡萄园和村庄级A.O.C.葡萄园之间。图中国道的另一边是勃艮第地区级A.O.C.葡萄园。

菲尚（左图）和夜圣乔治（右图）盛产结构紧实、适合陈年的红葡萄酒

夜丘的魅力在于其多变的葡萄酒。探寻葡萄酒中不同村庄甚至不同葡萄园的风土特征有趣而不失挑战。不过，葡萄种植和酒窖技术造成的风格差异也非常重要。虽然风土条件与葡萄酒之间存在密不可分的关系，酿酒师关于陈年的观念也会对葡萄酒产生影响。然而，酿酒师可以通过压榨和熟成的方法来加强风土条件赋予葡萄酒的结构。例如，许多酿酒师就把著名葡萄酒专家盖伊·阿卡在20世纪80年代提出的技术创新（在酒精发酵前进行冷浸渍）成功运用到自己的酿酒过程中。其他一些酿酒师反对这项技术，但他们的葡萄酒依然出色。要想酿造出伟大的黑比诺葡萄酒，最重要的条件是精神上的专注和保持低产的经济实力。

法定产区

村庄级A.O.C.：

红葡萄酒的最高产量为40升/100平方米
白葡萄酒的最高产量为45升/100平方米

Marsannay：种植面积为188公顷，覆盖Marsannay-la-Côte、Chenôve 和 Couchey三个村庄；10%的葡萄酒为白葡萄酒；盛产桃红葡萄酒（最高产量与白葡萄酒一样）。

Fixin：种植面积为97公顷，覆盖Fixin和Brochon两个村庄；基本上只生产红葡萄酒；葡萄酒颜色深浓，单宁丰富。

Gevrey-Chambertin：种植面积为398公顷，覆盖Gevrey和Brochon两个村庄；拥有26个一级葡萄园（86公顷）；只生产红葡萄酒；葡萄酒酒体饱满，香味浓郁，陈年潜力强。

Morey-Saint-Denis：种植面积为90公顷；拥有20个一级葡萄园（44公顷）；基本上只生产红葡萄酒；葡萄酒比Gevrey葡萄酒精致，比Chambolle葡萄酒强劲。

Chambolle-Musigny：种植面积为153公顷；拥有24个一级葡萄园（61公顷）；只生产红葡萄酒；葡萄酒香气浓郁，口感顺滑，风格雅致。

Vougeot：种植面积为18公顷，其中3公顷出产白葡萄酒；拥有4个一级葡萄园（11.5公顷）；葡萄酒与伏旧园葡萄酒风格相似。

Vosne-Romanée：种植面积为149公顷，覆盖Vosne和Flagey两个村庄；拥有15个一级葡萄园（57.5公顷）；只生产红葡萄酒；葡萄酒带有明显香料味，结构平衡，风格雅致。

Nuits-Saint-Georges：种植面积为293公顷，覆盖Nuits-Saint-Georges和Premeaux两个村庄；拥有41个一级葡萄园（143公顷）；基本上只生产红葡萄酒；葡萄酒结构紧实。

Côte de Nuits-Villages：种植面积为161公顷，覆盖Fixin、Brochon、Remeaux、Comblanchein和Corgoloin五个村庄；基本上只生产红葡萄酒；品质比勃艮第红葡萄酒优良，但是不如拥有产地名的葡萄酒。

特级葡萄园：

最高产量为35升/100平方米

Chambertin：14公顷，位于Gevrey。

Chambertin-Clos de Bèze：又称Clos de Bèze，13.9公顷，位于Gevrey。

最高产量为37升/100平方米

Chapelle-Chambertin：4.8公顷，位于Gevrey。

Charmes-Chambertin/Mazoyères-Chambertin：29.1公顷，位于Gevrey。

Griotte-Chambertin：2.7公顷，位于Gevrey。

Latricières-Chambertin：7.1公顷，位于Gevrey。

Mazis-Chambertin：8.4公顷，位于Gevrey。

Ruchottes-Chambertin：3.3公顷，位于Gevrey，葡萄酒酒体厚重、饱满，酒香浓郁。

最高产量为35升/100平方米

Clos Saint-Denis：6.2公顷，位于Morey。

Clos de la Roche：16公顷，位于Morey。

Clos des Lambrays：8.2公顷，位于Morey。

Clos de Tart：7.5公顷，位于Morey。

年轻时淡薄，陈年后果香浓郁、口感丝滑的葡萄酒

Bonnes-Mares：15公顷，覆盖Chambolle和Morey两个村庄，葡萄酒含有香料味，酒体柔和，香味浓郁。

Musigny：9.9公顷，其中0.6公顷出产白葡萄酒，位于Chambolle，红葡萄酒结构平衡。

Clos de Vougeot：50公顷，位于Vougeot。

Echézeaux：31.8公顷，位于Flagey。

Grands-Échezeaux：8.6公顷，位于Flagey，葡萄酒酒体柔和丰满，果香浓郁。

Richebourg：7.06公顷，位于Vosne，葡萄酒酒体饱满，果香浓郁。

Romanée-Conti：1.65公顷，位于Vosne。

La Romanée：0.75公顷，位于Vosne。

Romanée-Saint-Vivant：9.27公顷，位于Vosne，葡萄酒酒体醇厚、饱满、复杂、迷人，完美展现黑比诺的特色。

La Grande Rue：1.65公顷，位于Vosne，葡萄酒结构平衡，风格雅致。

La Tâche：5.5公顷，位于Vosne，勃艮第地区矿物风味最强的葡萄酒之一，具有香料味。

罗曼尼·康帝酒庄——法国神祇

罗曼尼·康帝酒庄（Domaine de la Romanée-Conti，简称D.R.C.），是享誉盛名的顶级酒庄，其知名度甚至高于波尔多地区的柏图斯（Pétrus）酒庄和木桐（Mouton）酒庄。罗曼尼·康帝对葡萄酒品质的追求是任何一家传统的葡萄酒庄都无法比拟的，它是勃艮第产区唯一一家经营多个葡萄园，却只生产特级葡萄酒的酒庄。罗曼尼·康帝酒庄满园珠玉，粒粒精华。

罗曼尼·康帝酒庄的历史最早可以追溯到圣维望（Saint-Vivant）修道院，当时该修道院拥有位于沃恩和弗拉吉（Flagey）的五个优良葡萄园。1584年，修道院出售了这个在当时名为Le Cros de Cloux的葡萄园。直到1651年在其附近发现罗马废墟后，这个勃艮第最著名的葡萄酒园才正式更名为“罗曼尼”。1760年康帝亲王购得这片土地。随后，法国大革命爆发，这片土地被革命政府没收。在1794年的拍卖会上，“罗曼尼·康帝”这个名字被首次提及，并从此闻名于世。

如今的酒庄主要由雅克-玛利·迪沃-布洛谢于19世纪后30年建立。在那期间，他收购了李其堡（Richebourg）、依瑟索、大依瑟索（Grands Echézeaux）和拉塔希的部分葡萄田。1911年，维兰家族继承了该酒庄并一直经营至今。

奥贝尔·德·维兰非常清楚文化和历史传统对于罗曼尼·康帝酒庄的重要性

伏旧园是勃艮第葡萄酒王国的起源。如今，伏旧园的历史建筑属于品酒小银杯骑士协会，主要用来举办各类活动

20世纪30年代，罗曼尼·康帝酒庄收购了拉塔希酒庄的其他部分，1963年收购了蒙哈榭的三块葡萄田，又于1988年买下了圣维望之前一直被租用的葡萄田。1942年，埃德蒙·高丁·德·维兰将酒庄一半的股权卖给他的朋友，葡萄酒商亨利·勒华，获得了管理和资金的大力支持。除了股权，勒华还获得了除英国和美国外所有国家的独家经销权，这也导致了他和维兰家族的不断争吵。自1975年起，罗曼尼·康帝酒庄由拉卢·比兹·勒华和奥贝尔·德·维兰共同管理，直到1993年，拉卢由其姐姐的儿子查尔斯·罗奇接替，而查尔斯在一起事故中意外身亡后由其弟亨利接位。

罗曼尼·康帝酒庄的土壤仅有60厘米深，其间散布大量的石灰岩，45%～50%为黏土。这种土壤为葡萄种植提供了理想的条件：石灰岩具有良好的排水性，而黏土则起到保持水分的作用。然而，酒庄的北边有严重的水土流失情况，同时在拉塔希南边也有类似情况。早在1886—1887年，康帝亲王就将索恩河谷的壤土运送至酒庄，当时至少运了800车。

罗曼尼·康帝酒庄非常重视土壤管理。对于这种规模的酒庄而言，完美的葡萄种植、葡萄产量的控制（平均约为25升/100平方米），以及葡萄酒酿造过程中精益求精的工艺都至关重要。然而，怎样保护得天独厚的自然环境始终是关键所在。因此，早在20世纪80年代，酒庄就开始采用有机种植法，并一直沿用至今。

在罗曼尼·康帝酒庄，文化和历史传统得到了充分的尊重和保存，因为直到1945年根瘤蚜虫病暴发，几乎摧毁了酒庄所有的葡萄树，酒庄才开始在拉塔希种植嫁接葡萄。

伏旧园：勃艮第产区的缩影

伏旧园占地50公顷，被一堵长达800多米的石墙所包围，是勃艮第最大的特级葡萄园，出产的葡萄酒具有特殊的象征意义。伏旧园代表了勃艮第的过去和现在。1110年，熙笃会的修士在伏旧村附近得到一些土地，创建了这个葡萄园，成为他们在葡萄种植方面第一个重要成就。通过收购和捐赠，他们不断扩大葡萄园，不仅在葡萄园中央建立了一个酒庄，而且于1330年围起了石墙。

伏旧园是人们所知的第一个实验性葡萄园。熙笃会的修士们在这里研究微气候、葡萄的生长条件、黑比诺葡萄品种、土壤类型等。风土条件这个概念即源于此。据说，熙笃会的修士为了深入了解土壤间的区别，甚至品尝了土壤的味道。

伏旧园的土壤非常独特，每隔几米就有不同之处。黏土和石灰石的比率、土壤深度、当地的气候，这些条件在大多数特级葡萄园内都基本一致，但在伏旧园则千差万别。总体而言，海拔高处的土壤以石灰石为主，而低坡处的土壤以排水性能差的黏土为主。

伏旧园马赛克式的葡萄田对熙笃会的研究起到了一定帮助。他们用不同地块的葡萄混酿的葡萄酒品质优良。

脱离教会给伏旧园带来了全新的面貌。

如今，约有65～82人共有这个葡萄园。由于伏旧园臭名昭著的遗产争夺问题，拥有者的准确记录无法保存。不过可以肯定的是，伏旧园被分割成诸多块，不可能像葡萄园的建立者所认为的那样酿造葡萄酒，即通过融合葡萄园所有或部分气候条件和土壤情况赋予葡萄酒复杂度。今天，压榨过程中的葡萄大多来自同一葡萄田。每年约有40种葡萄酒以伏旧园的酒标在市场上销售，但许多葡萄酒并没有达到特级葡萄园的标准。因此，今天的伏旧园不仅是勃艮第自然生长环境的缩影，更是其社会和经济生活的写照——利弊并存。

伏旧园是面积最大的特级葡萄园，但其采取勃艮第典型的葡萄园产权分割方式，拥有65～82位所有人，因此每一位所有人拥有的面积较小

不过，出产优质葡萄酒的伏旧园完全配得上特级葡萄园的称号。虽然没有大依瑟索的异域香料味，也没有穆西尼的优雅细腻，但它们结构独特、口感复杂，充分展现了黑比诺葡萄的特性。

伏旧园出色地反映了勃艮第的全貌，因此这个葡萄园历经900年之后依然享有尊贵的地位。

李其堡是沃恩-罗曼尼村庄最知名的特级葡萄园之一，出产的红葡萄酒浓郁强劲，适宜陈年

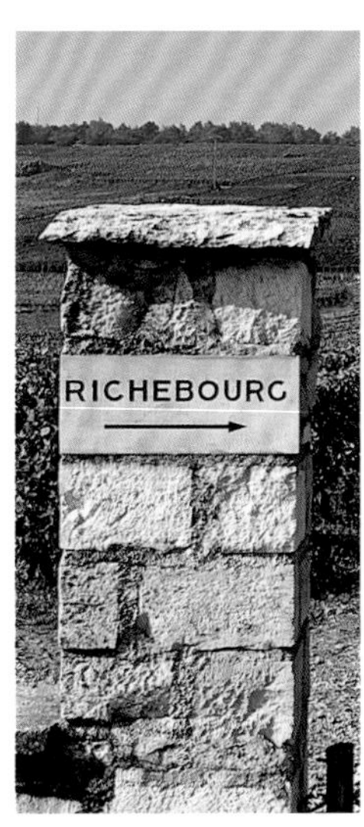

夜丘的主要葡萄酒生产商

生产商：Château de la Tour****
所在地：Vougeot
5.5公顷，年产量2.8万瓶
葡萄酒：Clos de Vougeot
伏旧园内最大的酒庄。葡萄酒强劲浓郁，适合陈年。与伯恩丘的Domaine Pierre Labet酒庄拥有同一位庄主。

生产商：Clos de Tart*****
所在地：Morey-Saint-Denis
7.5公顷，年产量2.5万瓶
葡萄酒：Grand Cru Clos de Tart
勃艮第地区唯一一家由Mommessin家族独资经营的酒庄。在Sylvain Pitiot的管理下，葡萄酒年复一年地展现出复杂的口感和雅致的风格。

生产商：Domaine Bertagna****
所在地：Vougeot
21公顷，年产量8.5万瓶
葡萄酒：Vougeot Premier Cru Les Crâs；Grand Cru：Corton-Charlemagne，Saint-Denis，Chambertin
在Eva Reh-Siddle的经营下，Bertagna最近几年成功跻身最佳酒庄之列。风土条件杰出，葡萄酒品质上乘。

生产商：Domaine Charlopin****
所在地：Gevrey Chambertin
16公顷，年产量10万瓶
葡萄酒：Marsannay；Fixin；Gevrey Chambertin：Clos de la Justice，Vieilles Vignes；Morey-Saint-Denis；Chambolle-Musigny；Vosne-Romanée；Grand Cru：Bonnes Mares，Charmes-Chambertin，Clos Saint-Denis，Clos de Vougeot，Echézeaux，Mazis-Chambertin
Philippe Charlopin酿造的葡萄酒如同他本人一样，强劲有力、神秘莫测。他一直致力于酿造风格独特的葡萄酒来扩大酒庄的规模，其中包括复杂优雅的Echézeaux。

生产商：Domaine Bruno Clair****
所在地：Marsannay
23公顷，年产量11万瓶
葡萄酒：Marsannay Blanc，Rosé，Rouge；Morey-Saint-Denis En la Rue de Vergy Blanc；Rouge，Savigny-lès-Beaune Les Dominode；Gevrey Chambertin Premier Cru：Cazetiers，Clos du Fonteny，Clos Saint-Jacques；Grand Cru：Corton-Charlemagne，Chambertin Clos de Bèze
浓郁强烈的红葡萄酒需要长时间陈年，而用霞多丽和黑比诺酿造的Marsannay Blanc葡萄酒以及Marsannay Rosé在年轻时就可以展现出迷人的魅力。

生产商：Domaine Confuron-Cotétidot**–*******
所在地：Vosne-Romanée
11公顷，年产量3.5万瓶
葡萄酒：Gevrey-Chambertin：Champs-Chenys，Premier Cru：Lavaux Saint-Jacques，Les Petites Chapelles；Chambolle-Musigny；Vosne-Romanée and Premier Cru Les Suchots；Nuits-Saint-Georges and Premier Cru；Grand Cru：Clos de Vougeot，Echézeaux
酒精发酵开始前进行冷浸渍处理的开拓者，其他方面都采用传统的酿造方法。葡萄酒富含萃取物。部分葡萄酒在新橡木桶中陈年，备受瞩目。

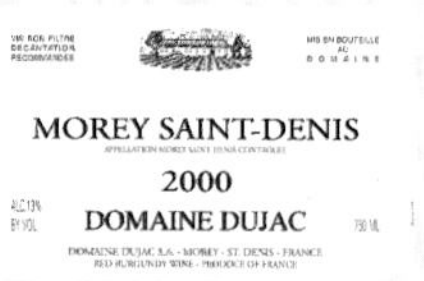

生产商：Domaine Dugat-Py*****
所在地：Gevrey-Chambertin
10公顷，年产量3.8万瓶
葡萄酒：Gevrey-Chambertin：Les Evocelles，Couer du Roy Vieilles Vignes；Premier Cru：Corbeau，Fonteny，Perrière，Lavaux Saint-Jacques，Petite Chapelle；Grand Cru：Chambertin，Charmes-Chambertin，Mazis-Chambertin
Bernard Dugat酿造的葡萄酒浓郁、强劲、均衡、优雅。

生产商：Domaine Dujac*–******
所在地：Morey-Saint-Denis
12.7公顷，年产量7万瓶
葡萄酒：Morey-Saint-Denis：Blanc，Rouge，Premier Cru Les Monts Luisants；Chambolle Musigny Grand Cru：Bonnes Mares，Clos de la Roche，Clos Saint-Denis，Echézeaux
红葡萄酒含有花香和果香，现在也有淡雅的木香，单宁柔和。酒庄的葡萄是整串压榨。现在酒庄也使用非自有葡萄酿酒，品质优良。

生产商：Domaine René Engel****
所在地：Vosne-Romanée
7公顷，年产量4万瓶
葡萄酒：Vosne Romanée and Premier Cru Aux Brûlées；Grand Cru：Clos de Vougeot，Echézeaux，Grands Echézeaux
Philippe Engel和Frédéric Engel亲自监督葡萄酒生产的每一个细节。葡萄酒带有香料味，风格优雅，适合陈年。

生产商：Domaine Henri Gouges****
所在地：Nuits-Saint-Georges
14.5公顷，年产量5万瓶
葡萄酒：Bourgogne Blanc，Rouge；Nuits-Saint-Georges blanc Premier Cru Les Perrières；Nuits-Saint-Georges and Premier Cru：Les Chaignots，Les Vaucrains，Les Saint-Georges
红葡萄酒强劲有力，带有少许木香，需要长时间陈年；部分白葡萄酒用黑比诺的杂交品种和白葡萄酿制而成。

生产商：Domaine Jean Grivot****
所在地：Vosne-Romanée
14.5公顷，年产量6万瓶
葡萄酒：Vosne-Romanée and Premier Cru：Les Beaumonts，Les Brûlées，Les Chaumes，Les Suchots，Les Reignots；Nuits-Saint-Georges and Premiers Crus Les Boudots，Les Pruliers，Les Roncières；Grand Cru：Richebourg，Clos de Vougeot，Echézeaux
细腻的红葡萄酒在瓶中经过足够的陈年后会充分展现风土特征。

生产商：Domaine Anne Gros**–*******
所在地：Vosne-Romanée
6.5公顷，年产量3万瓶
葡萄酒：Bourgogne Hautes-Côtes de Nuits blanc，Vosne-Romanée Les Barreaux，Chambolle-Musigny Premier Cru La Combe d'Orveau，Grand Cru：Clos de Vougeot（climat Le Grand Maupertui），Richebourg
出产伟大的葡萄酒，很好地表现风土条件，陈年潜力强。

生产商：Domaine des Lambrays****–*****
所在地：Morey-Saint-Denis
10.5公顷，年产量4.5万瓶
葡萄酒：Puligny-Montrachet；Morey-Saint-Denis and Premier Cru；Grand Cru Clos des Lambrays（Monopole）
新庄主Freund家族为充分开发这个长久以来被忽视的特级葡萄园，最终物色到了一名杰出的酒庄经理Thierry Brouin。

生产商：Domaine Leroy*****
所在地：Vosne-Romanée
22公顷，年产量4万瓶
葡萄酒：Vosne-Romanée，Premier Cru Beaumonts，Aux Brulées；Volnay Premier Cru Santenots；Grand Cru：Chambertin，Musigny，Clos de La Roche，Richebourg，Clos de Vougeot
这是一个充满传奇色彩的酒庄。和生物动力种植法、最低产量以及古老的酿酒技术一样，Lalou Bize-Leroy对酒庄产生了巨大的影响。

生产商：Domaine Méo-Camuzet****–*****
所在地：Vosne-Romanée
15公顷，非自有葡萄，年产量6.5万瓶
葡萄酒：Hautes-Côtes de Nuits blanc；Vosne-Romanée and Premier Cru：Les Chaumes，Au Cros Parantoux；Grand Cru；Richebourg，Clos de Vougeot，Échezeaux，Corton
葡萄酒单宁柔和、含量高，年轻时即可展现丰富的果香。现代与传统技术相结合。

生产商：Domaine Denis Mortet*****
所在地：Gevrey-Chambertin
11公顷，年产量5.5万瓶
葡萄酒：Bourgogne Rouge；Marsannay Les Longeroies；Gevrey-Chambertin：Combe-du-dessus，En Motrot，Au Vellé，En Champs Vieilles Vignes and Premier Cru：Les Champeaux，Lavaux Saint- Jacques；Chambolle-Musigny Premier Cru Aux Beaux Bruns；Grand Cru：Chambertin，Clos de Vougeot
在Denis Mortet的经营下，每一个葡萄园都有自己鲜明的特色。他全身心地投入葡萄种植和酿造过程中，出产的葡萄酒口感醇厚、结构均衡、酒体复杂，带有香料味，充分展现风土条件。现在由他的儿子Arnaud接任他的工作。

生产商：Domaine de la Romanée-Conti*****
所在地：Vosne-Romanée
25公顷，年产量9.5万瓶
葡萄酒：Grand Cru：Echézeaux，Grands-Echézeaux，Richebourg，Romanée-Conti（Monopole），Romanée-St-Vivant，La Tache（Monopole），Montrachet
酒庄的葡萄酒名副其实，果香与木香、结构丰满与柔和几乎达到完美平衡，充分展现风土特征。

生产商：Domaine Georges Roumier****–*****
所在地：Chambolle Musigny
12公顷，年产量3.5万瓶
葡萄酒：Chambolle-Musigny and Chambolle-Musigny Premier Cru：Les Amoureuses，Les Cras；Grand Cru：Ruchottes-Chambertin，Bonnes Mares，Musigny

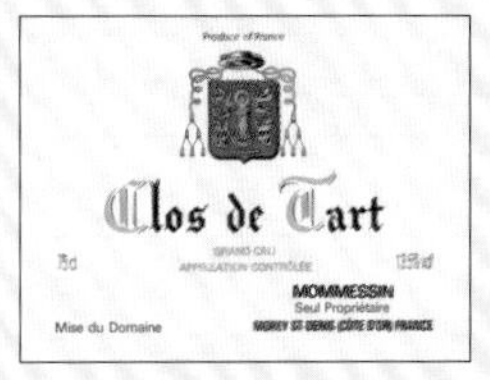

Christophe Roumier给这个知名酒庄带来了新的局面，他把果香和木香完美融入葡萄酒中，出产的葡萄酒以优雅而著称。

生产商：Domaine Armand Rousseau****
所在地：Gevrey-Chambertin
14公顷，年产量6.5万瓶
葡萄酒：Gevrey-Chambertin and Premier Cru Les Cazetiers，Clos Saint-Jacques，Lavaux Saint-Jacques；Grand Cru：Chambertin，Chambertin Clos de Bèze，Ruchottes Chambertin，Charmes-Chambertin，Mazis-Chambertin，Clos de la Roche
葡萄酒品质出众，传统、强劲、浓郁。

生产商：Domaine Jean Trapet***–****
所在地：Gevrey-Chambertin
14公顷，年产量6.5万瓶
葡萄酒：Gevrey-Chambertin and Premiers Crus Clos Prieur，Petite Chapelle；Grand Cru：Chambertin，Chapelle-Chambertin，Latricières-Chambertin
Jean-Louis Trapet拯救了这个走向衰落的名庄并再创辉煌。他酿造的特级葡萄酒果味丰富、口感顺滑。他自1998年起就开始使用生物动力种植法。

生产商：Domaine de la Vougeraie***–*****
所在地：Premeaux
37公顷，年产量15万瓶
葡萄酒：Clos Vougeot，Vougeot：Les Evocelles；Premier Cru Les Cras；Clos Prieuré，Clos Blanc de Vougeot；Musigny
Boisset夫妇是勃艮第葡萄酒商的领军人物，他们把所拥有的葡萄园全部整合在一起。酒庄最初在Pascal Marchand的努力下表现卓越，现在由Pierre Vincent担任酿酒师。

生产商：Joseph Faiveley***–*****
所在地：Nuits-Saint-Georges
120公顷，非自有葡萄，年产量90万瓶
葡萄酒：Mercurey：Premier Cru Clos du Roy；Gevrey-Chambertin Premier Cru Les Cazetiers；Chambolle-Musigny Premier Cru La Combe d'Orveau；Nuits-Saint-Georges Premier Cru：Les Damodes，Les Porets；Grand Cru：Chambertin Clos de Bèze，Mazis-Chambertin，Latrizières-Chambertin，Musigny，Clos de Vougeot，Echézeaux，Corton Clos de Faively
这个著名的酒庄现在由Erwan Faiveley管理，采用传统方法酿造优质勃艮第葡萄酒的同时，也在进行现代技术的尝试。

生产商：Nicolas Potel***–****
所在地：Nuits-Saint-Georges
6.5公顷，部分非自有葡萄，年产量15万瓶
葡萄酒：Nuits-Saint-Georges Premiers Crus：Damodes，Vaucrains，Pruliers；Grands Crus：Charmes-Chambertin，Chambertin Clos de Bèze，Clos Vougeot；Pommard Premiers Crus：Rugiens，Jarolliéres；Volnay Premiers Crus：Champans，Pitures；Beaune Premier Cru Grèves
1997年Nicolas Potel创建了自己的公司。他与许多顶级葡萄酒生产商关系密切，采用耗时的自然酿造法，所产葡萄酒品质卓越。酒庄现已出售给Labouré Roi。

伯恩丘产区：霞多丽的天下

伯恩丘的葡萄种植面积为3000公顷，是夜丘葡萄种植面积的两倍。和夜丘不同，伯恩丘盛产霞多丽白葡萄酒，只有稍差的地方才以红葡萄酒为主。虽然科尔登是伯恩丘甚至整个勃艮第地区最大的特级葡萄园，拥有98公顷的黑比诺，但伯恩丘最负盛名的葡萄酒都产自该地区南部的蒙哈榭村。科尔登–查理曼的白葡萄酒以及普里尼、夏山（Chassagne）和默尔索的一级葡萄酒和村庄级葡萄酒也受到全世界品酒师的赞许。霞多丽白葡萄酒风格独特，连黑比诺都黯然失色。通常，伯恩丘的黑比诺葡萄酒结构坚实，但是缺少夜丘黑比诺的那份精致。

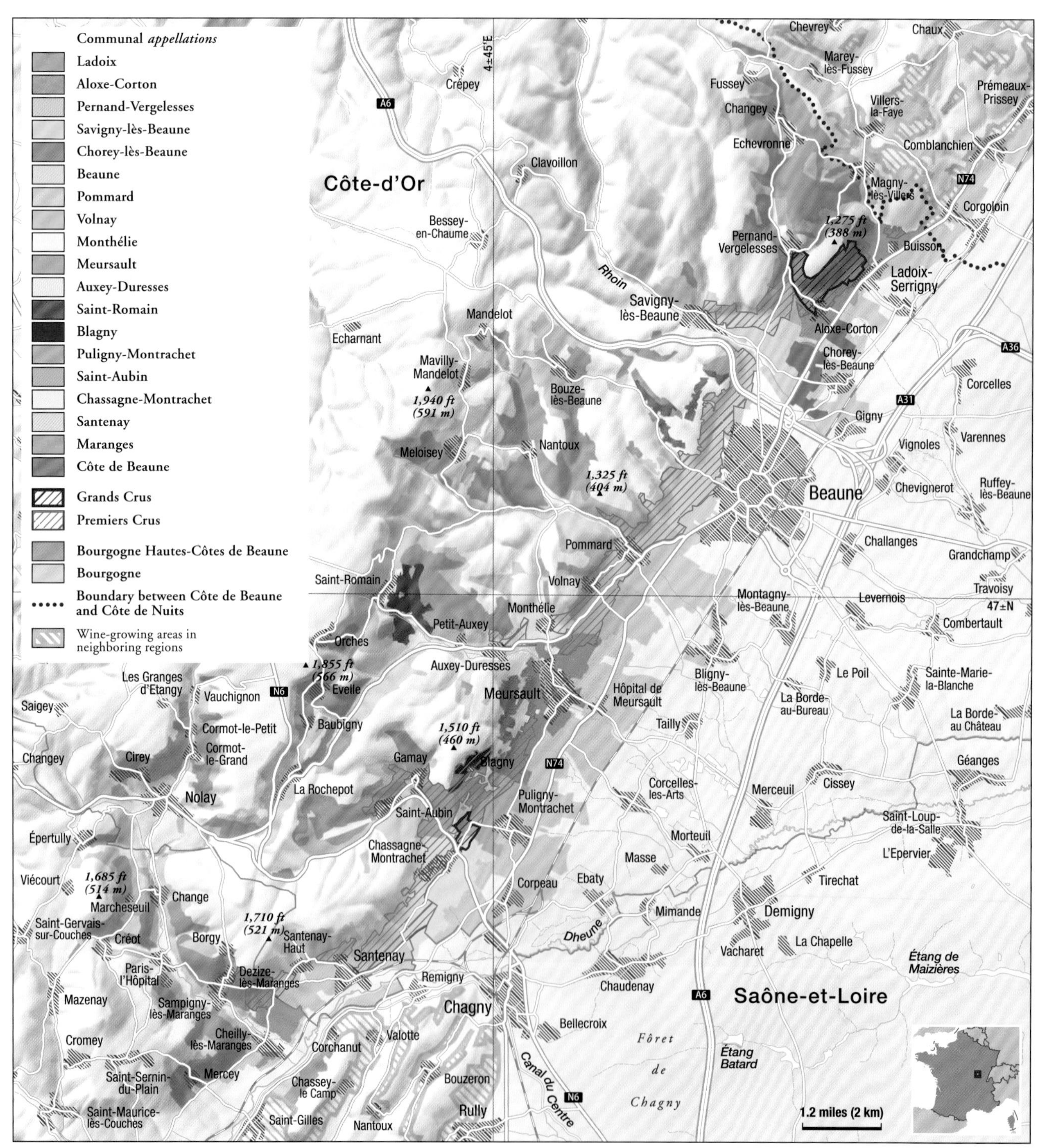

法定产区

村庄级A.O.C.：

红葡萄酒的最高产量为40升/100平方米
白葡萄酒的最高产量为45升/100平方米

Ladoix：种植面积为89公顷，位于Ladoix-Serrigny村庄，拥有7个一级葡萄园（14公顷）；85%的葡萄酒为红葡萄酒；红葡萄酒果味浓郁，白葡萄酒口感鲜爽。

Aloxe-Corton：种植面积为127公顷，覆盖Aloxe-Corton和Ladoix-Serrigny两个村庄，拥有15个一级葡萄园（37公顷）；基本上只生产红葡萄酒；红葡萄酒颜色深浓，口感强劲，适合陈年。

Pernand-Vergelesses：种植面积为127公顷，位于Pernand-Vergelesses村庄，拥有5个一级葡萄园（57公顷）；75%的葡萄酒为红葡萄酒；红葡萄酒强劲有力，白葡萄酒口感柔和，带有香料味。

Savigny-lès-Beaune：种植面积为352公顷，位于Savigny-lès-Beaune村庄，拥有22个一级葡萄园（144公顷）；90%的葡萄酒为红葡萄酒；红葡萄酒酒香丰富，果香怡人，白葡萄酒口感鲜爽。

Chorey-lès-Beaune：种植面积为134公顷，位于Chorey-lès-Beaune村庄，95%的葡萄酒为红葡萄酒；葡萄酒果香迷人，风格雅致。

Beaune：种植面积为414公顷，位于Beaune村庄，拥有41个一级葡萄园（332公顷）；90%的葡萄酒为红葡萄酒；红葡萄酒强劲有力，白葡萄酒柔顺优雅。

Pommard：种植面积为313公顷，位于Pommard村庄，拥有28个一级葡萄园（125公顷）；只出产红葡萄酒；红葡萄酒口感强劲、香味浓郁，需要陈年。

Volnay：种植面积为226公顷，覆盖Volnay和Meursault两个村庄，拥有35个一级葡萄园（144公顷）；只出产红葡萄酒；红葡萄酒芳香、优雅、细腻，是伯恩丘最好的红葡萄酒之一。

Monthélie：种植面积为120公顷，位于Monthélie村庄，拥有11个一级葡萄园（31公顷）；90%的葡萄酒为红葡萄酒；和Volnay葡萄酒非常相似，较为质朴。

Meursault：种植面积为364公顷，位于Meursault村庄，拥有17个一级葡萄园（132公顷）；基本上只出产白葡萄酒；霞多丽馥郁顺滑，有强烈的木头味。

Auxey-Duresses：种植面积为135公顷，位于Auxey-Duresses村庄，拥有9个一级葡萄园（32公顷）；75%的葡萄酒为红葡萄酒；红葡萄酒平衡柔和，白葡萄酒和Meursault葡萄酒风格相似。

Saint-Romain：种植面积为83公顷，位于Saint-Romain村庄；55%的葡萄酒为白葡萄酒；葡萄酒口感清淡。

Blagny：种植面积为7公顷，覆盖Meursault和Puligny-Montrachet两个村庄，拥有6个一级葡萄园；只出产红葡萄酒；红葡萄酒酒体轻盈，果香浓郁。

Puligny-Montrachet：种植面积为208公顷，位于Puligny-Montrachet村庄，拥有16个一级葡萄园（100公顷）；基本上只出产白葡萄酒；白葡萄酒风格雅致，带有矿物气息。

Saint-Aubin：种植面积为145公顷，位于Saint-Aubin村庄，拥有29个一级葡萄园（98公顷）；55%的葡萄酒为白葡萄酒；白葡萄酒风格雅致、果香浓郁，红葡萄酒结构平衡、口感柔和。

Chassagne-Montrachet：种植面积为305公顷，位于Puligny-Montrachet村庄，拥有54个一级葡萄园（159公顷）；60%的葡萄酒为白葡萄酒；白葡萄酒比Puligny-Montrachet葡萄酒酒体宽广，红葡萄酒强劲有力，陈年后更加均衡。

Santenay：种植面积为325公顷，覆盖Santenay 和Remigny 两个村庄，拥有12个一级葡萄园（124公顷）；90%以上的葡萄酒为红葡萄酒；红葡萄酒单宁强劲。

Maranges：种植面积为180公顷，覆盖Cheilly-lès-Maranges、Dezize-lès-Maranges和Sampigny- lès-Maranges三个村庄，拥有7个一级葡萄园（100公顷）；基本上只出产红葡萄酒；红葡萄酒单宁丰富。

Côte de Beaune：种植面积为25公顷，位于Beaune村庄；60%的葡萄酒为红葡萄酒。

Côte de Beaune-Villages：种植面积为44公顷，覆盖14个村庄；基本上只出产红葡萄酒；红葡萄酒结构坚实。

特级葡萄园：

红葡萄酒的最高产量为35升/100平方米
白葡萄酒的最高产量为40升/100平方米

Corton：种植面积为100.4公顷，覆盖Aloxe-Cortin、Ladoix-Serrigny和Pernand-Vergelesses三个村庄；基本上只出产红葡萄酒，有2.4公顷的葡萄园出产白葡萄酒；红葡萄酒颜色深浓、口感强劲、果香浓郁，含有丰富的单宁和酸，陈年潜力强。

Corton-Charlemagne：种植面积为51公顷，覆盖Aloxe-Corton、Ladoix-Serrigny和Pernand-Vergelesses三个村庄；基本上只出产白葡萄酒；白葡萄酒口感醇厚、结构坚实，具有矿物香。

Montrachet：种植面积为6.2公顷，覆盖Puligny-Montrachet和Chassagne-Montrachet两个村庄。

Chevalier-Montrachet：种植面积为7.2公顷，位于Puligny-Montrachet村庄；白葡萄酒香气复杂，陈年后会展现浓郁的酒香，而且口感醇厚强劲，是勃艮第最好的白葡萄酒。

Bâtard-Montrachet：种植面积为11.4公顷，覆盖Puligny-Montrachet和Chassagne-Montrachet两个村庄；比Montrachet葡萄酒酒体宽广、厚重。

Bienvenues-Bâtard-Montrachet：种植面积为3.69公顷，位于Puligny-Montrachet村庄；比Bâtard-Montrachet葡萄酒优雅；由15人共有。

Criots-Bâtard-Montrachet：种植面积为1公顷，位于Chassagne-Montrachet村庄。

伯恩丘的气候不像夜丘那样多变。和夜丘相比，这里的葡萄种植区域更加宽广，遍布整个山脉。两个特级葡萄园并不相邻，而是位于伯恩丘的南北两端。科尔登的底层为火山岩，表层为贫瘠的土壤，而在西南部种植霞多丽的高地，土壤中富含白垩土。

查理曼，这片面积为50公顷的土地，总会令人想起查理曼大帝，他曾指定这里最好的葡萄田专门为其酿造葡萄酒。科尔登的黑比诺生长在泛红的土壤上，这种土壤富含铁和石灰岩。科尔登葡萄种植面积达100公顷，因此在酒标上，“科尔登”后面通常会加上葡萄园的名字。蒙哈榭被称为“秃山”，其神奇之处在于贫瘠的土壤、坚硬的底层石灰岩和理想的微气候可以完美地融合在一起。蒙哈榭向南和向东南的葡萄园阳光和温度都非常充沛，因此当其他产区的葡萄无法达到最佳成熟度时，这里的霞多丽仍然可以充分成熟。

伯恩济贫院拍卖会

1443年8月4日，菲利普三世的内政大臣尼古拉斯·罗兰和他的妻子德莎琳创建了今天的伯恩主宫医院。13世纪起，这种医院出现在欧洲许多地方，它们主要具备两个功能：收治贫穷的患者和为旅行者提供住宿。和其他这类医院一样，伯恩主宫医院也以售卖葡萄酒为生。随着时间的推移，曾经对主宫医院的救助行为产生过怀疑的人悔过自新，并且向医院捐赠葡萄园，这些葡萄园几乎遍布伯恩丘区所有村镇。

夜丘区德·拉·荷西园（Clos de la Roche）的两块葡萄田和玛兹-香贝丹（Mazis-Chambertin）的部分葡萄田也属于济贫院。今天的伯恩济贫院包括主宫医院和慈善医院，共拥有61公顷葡萄园，生产37种葡萄酒。每一瓶特酿酒都以所出产葡萄田的捐赠者命名，只有两个村庄的葡萄园例外，这两个村庄全部都是一级葡萄园和特级葡萄园。伯恩丘的葡萄酒商们保持着历史的传统，每年11月的第三个星期日参加伯恩济贫院举行的新酒拍卖会，这个传统从1859年起延续至今。伯恩济贫院拍卖会为期三天，周六晚上在伏旧园开始，周一早上在默尔索村结束。盛会的高潮是在主宫医院举行的庆祝活动。在那里，特酿葡萄酒通常以高于市场价的价格被拍走。拍卖价与市场价之间的差额是衡量勃艮第经济情况和国际知名度的重要标准。从2005年开始，伯恩济贫院拍卖会由佳士得拍卖行承办，从而向私人竞拍者敞开了大门。

这座建于15世纪初的伯恩济贫院是那个年代少数完好保存至今的非宗教建筑

拍卖所得款项（如2006年拍得3789646欧元）仍然捐给医院，不过那座医院已于1971年搬入新楼。伯恩济贫院出产的葡萄酒品质大多优良或上乘，因为济贫院以一丝不苟的工作为葡萄种植奠定了良好的基础。葡萄园由20多个种植户打理，他们的日常工作包括为控制产量对葡萄树进行剪枝和施干粪肥。葡萄酒的酿造过程也由伯恩济贫院监控。红葡萄酒通常萃取充分，在混合了压榨酒后，单宁的干涩口感会减弱，葡萄酒结构

在拍卖会开始前的周六，葡萄酒专家们会前往伯恩济贫院的酒窖为葡萄酒估价

更加均衡。白葡萄酒在木桶中发酵，拍卖当天残糖量仍然比较高。之后，葡萄酒要在竞买人的酒窖中熟成，这个过程会直接影响葡萄酒最终的品质，因此酒标上济贫院的徽章并不能保证葡萄酒的品质。判断葡萄酒优劣的关键因素是酒标右下方经销商的名称。一些经销商为了提高自己的形象会在那个位置使用“伯恩济贫院”。

在过去的拍卖会中，蜡烛一旦熄灭，报价就会被接受。这种形式被称为“à la bougie”，2005年起彻底退出了历史舞台。今天，竞拍者可以通过互联网出价

夜圣乔治也有一个济贫院，拥有12公顷的一级葡萄园，现在主要维持一家养老院。新酒的拍卖会于每年圣枝主日（复活节前的星期日）前的星期日举行，虽然葡萄酒口碑相传，但拍卖会主要是一个地方性的活动。

伯恩济贫院的特酿酒

特酿酒的命名方式为：葡萄园名称+捐赠人姓名+酒桶数，其中酒桶的数目每年都不相同。2002年共拍卖696桶葡萄酒，576桶是红葡萄酒，120桶是白葡萄酒。下面是最重要的一些葡萄园出产的葡萄酒，排名先后按每桶（228升）葡萄酒的价格高低而定。

红葡萄酒：

Clos de la Roche：Cyrot-Chaudron，2桶
Clos de la Roche：Georges Kriter，2桶
Mazis-Chambertin：Madeleine Collignon，17桶
Corton：Docteur Peste，30桶
Corton：Charlotte Dumay，30桶
Volnay-Santenots：Gauvain，13桶
Volnay-Santenots：Jéhan de Massol，30桶
Pommard：Raymond Cyrot，22桶
Beaune：Dames hospitalières，30桶
Beaune：Guigone de Salins，30桶
Pommard：Billardet，30桶
Pommard：Suzanne Chaudron，19桶
Beaune：Rousseau Deslandes，30桶
Beaune：Nicolas Rolin，30桶
Beaune：Brunet，19桶
Volnay：Muteau，12桶
Auxey-Duresses：Boillot，9桶
Beaune：Clos des Avaux，25桶
Beaune：Cyrot-Chaudron，21桶
Beaune：Hugues et Louis Bétault，25桶

白葡萄酒：

Bâtard-Montrachet：Dames de Flandres，4桶
Corton-Charlemagne：Francois de Salins，6桶
Corton Vergennes：Paul Chanson，4桶
Meursault-Genevrières：Philippe le Bon，7桶
Meursault Charmes：Grivault，9桶
Meursault-Genevrières：Baudot，24桶
Meursault Charmes：Bahèzre de Lanlay，15桶
Meursault：Humblot，10桶
Meursault：Goureau，9桶
Meursault：Loppin，11桶
Pouilly-Fuissé：Françaises Poisard，21桶

伯恩丘与生态葡萄酒

在很长一段时间内，“生态”这个概念，尤其是和葡萄酒联系在一起时，常常令人感到困惑，甚至怀疑。但是20世纪90年代，在勃艮第地区，尤其是伯恩丘，情况发生了巨大的变化。随着生态浪潮的掀起，人们不再只是宣传笼统的概念，而是意识到，为了保证葡萄酒的品质，必须做出改变。安娜-克劳德·乐弗拉维是勃艮第第一家顶尖白葡萄酒酒庄的女主人，她在20世纪90年代初曾大胆预言：“如果我们不好好打理我们的土壤，十年后勃艮第将找不到出色的土壤、葡萄园和葡萄酒！”

这句话听起来有些夸张，但实际问题更加严重。凭借各种化学手段和高科技管理，全世界都在生产葡萄酒。而勃艮第依靠的是纯天然的风土条件。但是，如果过度施肥，采用不当的化学和物理方法，或者受到侵蚀，即使是拥有风土特征的土壤也会很快沦为工业化的标准土壤，失去特色。

这是勃艮第新一轮生态浪潮开始的原因。人们认为，采用自然种植法甚至生物动力法不仅可以酿造出更具风土特点的葡萄酒，还能够保护勃艮第的独特性。生态法可以维持或者提高葡萄酒的品质，而且采取这种方法可以计算并管理经济风险。例如，乐弗拉维酒庄花费多年时间比较传统种植法和生物动力种植法，如今这个酒庄已经彻底摒弃传统种植方法。

加拿大人帕斯卡·马赫将传统工艺与生态技术相结合，打造出玻玛村（Pommard）的顶级酒庄

由于这场浪潮是由顶级的酒庄发起，因此势头凶猛。拉卢·比兹·勒华的一家先锋性酒庄甚至在与罗曼尼·康帝酒庄争夺第一的位置。接下来是乐弗拉维酒庄、拉芳酒庄（Domaine des Comtes Lafon）和勃艮第其他一些知名酒庄，它们都加入了生态种植的阵营。

勃艮第生态种植者的成功离不开他们对每一项种植工作的完美追求。通常，降低产量可以保证葡萄的品质（在传统种植法中也是如此），还可以提高葡萄树抵抗真菌侵袭的能力。此外，生态种植要求对采摘的葡萄精挑细选。土壤管理也至关重要。平衡的土壤可以强壮葡萄树，引导树根的生长，改善葡萄树的新陈代谢。土壤的生态系统必须完整，这样养分和矿物质才会发生分解并被树根吸收。只有在这些情况下，风土条件才具有实际意义。

毋庸置疑，手工采摘葡萄是最好的方法

上丘

被称为“上丘”的葡萄种植区位于金丘北部的山坡上。霞多丽和黑比诺在500米的海拔高度比在250~300米的海拔高度成熟难度大。不同的海拔高度导致1~1.5℃的温度差，也就意味着葡萄的采摘较往常推迟一周。上丘的村庄最出名的是覆盆子和蓝莓。

1961年，上夜丘和上伯恩丘两个地区都被列为勃艮第产区的次产区。葡萄主要种植在向东的山坡上，可以避免大风的侵袭，土壤中富含石灰石。不过，这两个产区的潜力至今仍然没有被充分挖掘。由于“上丘”容易让人联想到享有盛名的“上梅多克”，因此该地区的葡萄酒在海外很有市场。

金丘北部是另一个迷人的葡萄酒产区

为了给土壤提供最好的养料，伯恩丘的酒庄甚至建立了一家生产堆肥的合作社，Groupement d'Étude et de Suivi des Terroirs，简称G.E.S.T.。据土壤学家克劳德·鲍顾昂称，制作堆肥需要20%的马粪、20%的牛粪以及40%剁碎的树叶和果渣。和葡萄酒的发酵一样，堆肥的发酵也需要严格监控，这样堆肥既不会营养过剩（需要控制葡萄产量），又能促进土壤微生物的活性。

安娜-克劳德·乐弗拉维采用生物动力种植法来保证优质白葡萄酒的风土特征

这种堆肥含有天然酵母，对后面的酒精发酵也有帮助。目前，已经有超过80个酒庄加入了G.E.S.T. 合作社，其中包括大名鼎鼎的路易亚都（Louis Jadot）酒庄。

上夜丘和上伯恩丘的主要葡萄酒生产商

生产商：Les Caves des Hautes-Côtes*–***
所在地：Beaune
470公顷，年产量190万瓶
葡萄酒：Bourgogne Blanc，Aligoté；Bourgogne Rouge，Passetoutgrains；Hautes-Côtes de Nuits，Hautes-Côtes de Beaune，Gevrey-Chambertin，Beaune，Pommard；Crémant，Château de Bligny
该合作社位于伯恩南部，拥有先进的酿酒设备，出产的葡萄酒酒体纯净、价格合理。

生产商：Domaine François Charles–*****
所在地：Nantoux
11公顷，年产量6万瓶
葡萄酒：Hautes-Côtes de Beaune：Blanc，Rosé；Aligoté，Meursault；Beaune Premier Cru Les Epenots，Pommard，Volnay
酒庄现在由Pascal Charles管理。红葡萄酒因口感均衡、香气浓郁而出名，但需要在酒瓶内陈酿数年。

生产商：Domaine Lucien Jacob***
所在地：Echveronne
14公顷，年产量7万瓶
葡萄酒：Bourgogne Aligoté；Hautes-Côtes de Beaune Rouge，Savigny and Premier Cru，Beaune；Crémant de Bourgogne
Lucien Jacob出产的葡萄酒品质卓越。

生产商：Domaine Henri Naudin-Ferrand*–******
所在地：Magny-lès-Villers
22公顷，年产量13.5万瓶
葡萄酒：Bourgogne：Aligoté，Vieilles Vignes，Hautes-Côtes de Beaune Blanc，Rosé；Rouge Côte de Nuits Villages Vieilles Vignes，Crémant
Claire Naudin的父亲把酒庄打造成上丘的一流酒庄，Claire Naudin的管理也非常出色。

生产商：Domaine Claude Nouveau–******
所在地：Change
13公顷，年产量4万瓶
葡萄酒：Bourgogne Aligoté，Santenay；Hautes-Côtes de Beaune Rouge，Maranges and Premier Cru La Fussière，Santenay and Premier Cru Grand Clos Rousseau
Claude Nouveau生产的白葡萄酒口感清新，红葡萄酒则强劲浓郁。

伯恩丘的主要葡萄酒生产商

生产商：**Domaine Marquis d'Angerville******

所在地：**Volnay**

13公顷，年产量5.5万瓶

葡萄酒：Pommard；Meursault Premier Cru Santenots：Volnay Premier Cru：Clos des Ducs，Frémiets

葡萄酒结构平衡、口感浓郁，需要陈年后才能展现复杂的香气。

生产商：**Domaine du Comte Armand***—******

所在地：**Pommard**

8公顷，年产量4万瓶

葡萄酒：Auxey-Duresses；Volnay；Pommard Premier Cru Clos des Épeneaux，Volney Premier Crus Les Fremiers

红葡萄酒颜色深浓、结构复杂。一级葡萄园Clos des Épeneaux的葡萄会根据葡萄树的年龄分别压榨，之后再酿造成理想的基酒。酒庄采用自然种植法。

生产商：**Domaine d'Auvenay*******

所在地：**Meursault**

4公顷，年产量0.7万瓶

葡萄酒：Auxey-Duresses Blanc，Meursault Les Narvaux，Puligny Montrachet Premier Cru Les Folatières，Grand Cru：Chevalier-Montrachet，Bonnes Mares，Mazis-Chambertin

Lalou Bize-Leroy全权拥有的酒庄，出产的葡萄酒口感浓郁、酒质清澈。

生产商：**Domaine Simon Bize******

所在地：**Savigny-lès-Beaune**

22公顷，年产量9万瓶

葡萄酒：Savigny-lès-Beaune，Grands Liars and Premiers Crus Marconnets and Vergelesses，Corton- Charlemagne

Patrick Bize酿造的红葡萄酒和白葡萄酒都风格雅致。

生产商：**Domaine Jean-Marc Boillot******

所在地：**Pommard**

11公顷，年产量5万瓶

葡萄酒：Meursault，Puligny-Montrachet，Grand Cru Bâtard-Montrachet；Pommard Premier Cru：Jarollières，Rugiens，Volnay and Volnay Premier Cru

Jean-Marc Boillot拥有许多一级葡萄园。葡萄酒口感醇厚。

生产商：**Domaine Bonneau du Martray*******

所在地：**Pernand-Vergelesses**

11公顷，年产量5.5万瓶

葡萄酒：Grand Cru：Corton-Charlemagne，Corton Rouge

整个酒庄位于Montagne de Corton之上，其极具陈年潜力的Corton-Charlemagne正处于最佳状态。稀有的Corton红葡萄酒也品质出众。

生产商：**Domaine Chandon de Briailles******

所在地：**Savigny-lès-Beaune**

14公顷，年产量5.5万瓶

葡萄酒：Pernand-Vergelesses Premier Cru，Savigny-lès-Beaune，Grand Cru：Corton Blanc，Corton Clos du Roi

在女庄主的管理下，酒庄的葡萄酒愈发浓郁、细腻。

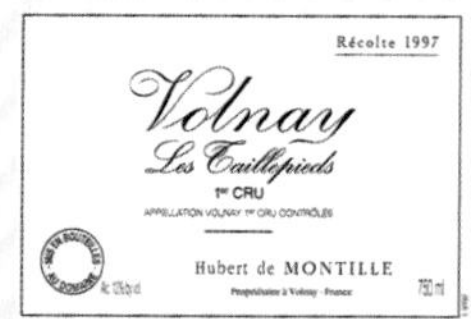

生产商：**Domaine Coche-Dury****—******

所在地：**Meursault**

10.5公顷，年产量4.5万瓶

葡萄酒：Bourgogne Aligoté，Meursault and Meursault Premier Cru：Perrières，Rougeots；Volnay Premier Cru

Jean-François Coche-Dury是勃艮第为数不多的白葡萄酒大师。他通常会把葡萄酒存放在橡木桶中熟成两年，然后不经过滤进行换桶。他酿造的红葡萄酒品质也属上乘。

生产商：**Domaine Marc Colin******

所在地：**Saint-Aubin**

20公顷，年产量13万瓶

葡萄酒：Saint-Aubin Premier Cru Les Combes，Chassagne-Montrachet and Premier Cru Les Caillerets，Grand Cru Montrachet；Saint-Aubin Premier Cru Santenay Vieille Vigne

Marc Colin酿造的葡萄酒，无论是红葡萄酒还是白葡萄酒，都酒质清澈、口感细腻。

生产商：**Domaine Germain Père & Fils******

所在地：**Chorey-lès-Beaune**

17公顷，年产量8.5万瓶

葡萄酒：Pernand-Vergelesses Blanc，Meursault；Chorey-lès-Beaune；Beaune Premier Cru；Les Cent Vignes，Les Cras，Les Teurons

Jacques Germain成功经营几个一级葡萄园。红葡萄酒口感强劲、香气浓郁，陈年潜力强。

生产商：**Domaine Michel Lafarge******

所在地：**Volnay**

10公顷，年产量5万瓶

葡萄酒：Meursault；Beaune Premier Cru：Les Grèves，Les Teurons；Pommard Premier Cru Les Pézerolles Volnay vendages sélectionées and Premier Cru：Clos du Château des Ducs

葡萄酒酒体平衡，品质一流。一级葡萄酒拥有较强的陈年潜力。

生产商：**Domaine des Comtes Lafon*******

所在地：**Meursault**

14公顷，年产量6万瓶

葡萄酒：Meursault and Meursault Premier Cru：Les Charmes，Les Perrières，Les Genevrières；Grand Cru Montrachet；Volnay Premier Cru：Champans，Santenots du Milieu

凭借生物动力种植法、完全成熟的葡萄和精湛的酿酒技术，Dominique Lafon年复一年地酿造出伟大的白葡萄酒和芳香、浓郁的红葡萄酒。1999年，酒庄在马孔内建立了一个姐妹酒庄。

生产商：**Domaine Leflaive*******

所在地：**Puligny-Montrachet**

24公顷，年产量12万瓶

葡萄酒：Puligny-Montrachet and Premier Cru：Les Combettes，Les Folatières，Les Pucelles；Grand Cru：Chevalier-Montrachet，Montrachet

采用生物动力种植法后，Anne-Claude Leflaive的知名酒庄出产的葡萄酒可以充分展现风土特征。

生产商：Domaine de Montille****

所在地：Volnay
7.5公顷，年产量3万瓶
葡萄酒：Puligny-Montrachet Premier Cru Les Caillerets；Pommard Premier Cru：Les Grands Épenots，Pézerolles，Rugiens；Volnay Premier Cru：Les Mitans，Taillepieds
Pommard和Volnay葡萄酒中几乎没有添加任何糖分，表现出色。葡萄酒年轻时雅致，陈年后丰富。

生产商：Domaine Jacques Prieur***-*****

所在地：Meursault
21公顷，年产量9万瓶
葡萄酒：Meursault Premier Cru Les Perrières；Grand Cru：Chevalier-Montrachet，Montrachet；Volnay Premier Cru：Clos des Santenots；Beaune Premier Cru
自从Antonin Rodet公司购得该酒庄部分股份后，Martin Prieur和酿酒师Nadine Gublin创造出了葡萄酒界的奇迹。

生产商：Domaine Rapet***-****

所在地：Pernand-Vergelesses
18公顷，年产量8万瓶
葡萄酒：Aloxe-Corton，Beaune，Pernand-Vergelesses and Premiers Crus Île de Vergelesses，Clos Villages，Caradeux，Grand Cru：Corton，Corton-Charlemagne
酒庄的葡萄酒，尤其是霞多丽葡萄酒近来广受赞誉。

生产商：Domaine Roulot****

所在地：Meursault
10公顷，年产量5.5万瓶
葡萄酒：Bourgogne Blanc，Mersault and Premiers Crus Perrières and Charmes
Jean-Marc Roulot的两个一级葡萄园非常出色。

生产商：Domaine Sauzet****

所在地：Puligny-Montrachet
9公顷，非自有葡萄，年产量12万瓶
葡萄酒：Puligny-Montrachet and Premier Cru：Les Combettes，Grand Cru：Bâtard-Montrachet，Bienvenues-Bâtard- Montrachet
葡萄酒透澈雅致，含有浓郁的果香和清淡的木香，风土特征显著。

生产商：Domaine Tollot-Beaut****

所在地：Chorey-lès-Beaune
24公顷，年产量13万瓶
葡萄酒：Grand Cru Corton-Charlemagne; Chorey-lès-Beaune, Savigny-lès-Beaune and Premier Cru, Beaune and Premier Cru: Clos du Roi, Grèves, Aloxe-Corton
Tollot家族的年轻一代进一步提升和稳定了这家知名酒庄的水准。

生产商：Maison Bouchard Père & Fils**-*****

所在地：Beaune
130公顷，非自有葡萄，年产量60万瓶
葡萄酒：Meursault Premier Cru：Pommard Premier Cru Rugiens；Beaune Premier Cru：Grèves，Vigne de l'Enfant Jésus；Grand Cru：Montrachet，Chevalier-Montrachet，Corton，La Romanée

在Joseph Henriot的努力下，葡萄酒品质稳定。

生产商：Maison Champy**-****

所在地：Beaune
12.5公顷，部分非自有葡萄，年产量45万瓶
葡萄酒：Bourgogne Signature，Beaune and Premier Cru，Auxey-Duresse，Chorey-es-Beaune，Savigny and Premier Cru，Penand-Vergelesses，Pommard，Meursault Saint-Roamin，Chambolle-Musigny，Nuits-Saint-Georges；Grand Cru：Clos de Vougeot，Corton，Corton-Charlemagne，Échezeaux；Chablis，Premier Cru，Grand Cru
该酒庄建于1720年，是伯恩丘区的第一家酒庄。自1990年起，在Henri & Pierre Meurgey和Pierre Beuchet的经营下，酒庄重获新生。葡萄酒风土条件突出，招牌葡萄酒Bourgogne Signature品质出众。

生产商：Maison Joseph Drouhin***-*****

所在地：Beaune
61公顷，年产量24万瓶
葡萄酒：Chablis，Beaune Blanc Premier Cru；Grand Cru：Montrachet Marquis de Laguiche，Corton-Charlemagne；Beaune and Premiers Crus；Volnay Premier Cru Grand Cru：Musigny，Bonnes Mares，Clos de Vougeot，Grands Echézeaux
白葡萄酒风格雅致，红葡萄酒果香怡人。

生产商：Maison Louis Jadot***-*****

所在地：Beaune
144公顷，非自有葡萄，年产量800万瓶
葡萄酒：Meursault Premier Cru Perrières，Puligny-Montrachet Premier Cru；Grand Cru：Chevalier-Montrachet Les Demoiselles，Corton-Charlemagne；Gevrey-Chambertin；Nuits-Saint-Georges，Beaune，Santenay；Grand Cru：Chapelle-Chambertin，Musigny，Bonnes Mares，Clos de la Roche
酒庄由三个美国人共有，拥有众多顶级葡萄园。具有代表性的黑比诺葡萄酒柔顺、浓郁，陈年潜力强。

生产商：Maison Olivier Leflaive***-****

所在地：Puligny-Montrachet
12公顷，非自有葡萄，年产量80万瓶
葡萄酒：Saint-Aubin，Saint-Romain，Santenay，Rully，Puligny-Montrachet Premier Cru Champ Gain，Meursault Premiers Crus Les Charmes；Grand Cru：Criots-Bâtard-Montrachet；Pommard Premier Cru，Volnay Premier Cru Champans
1984年至今，Olivier Leflaive一直独立经营自己的酒庄。白葡萄酒个性鲜明，红葡萄酒品质优秀。

生产商：Pierre Morey****

所在地：Meursault
10公顷，年产量4.5万瓶
葡萄酒：Meursault and Premier Cru Perrières，Grand Cru Bâtard-Montrachet；Pommard and Premier Cru Les Grands Épenots
酒庄采用生物动力种植法。白葡萄酒果香浓郁。

夏隆内丘葡萄酒

夏隆曾经是高卢地区凯尔特人重要的商栈，其港口也是葡萄酒的转运站。索恩河流域的墓穴中已出土2万多个罗马时代的酒罐。在地质方面，夏隆内丘的岩层露头不像金丘那样连续完整，因此，这里的葡萄园并非呈一条带状分布。夏隆内丘没有特级葡萄园，但是有5个村庄级A.O.C.，其中四个拥有一级葡萄园。北部地区的布哲宏村、吕利村（Rully）和梅克雷村（Mercurey）的地质情况与伯恩丘相似，南部地区主要为石灰石质土壤。中部地区的基辅依村（Givry）和南部地区的蒙塔尼村（Montagny）各有一个村庄级A.O.C.。夏隆内丘的葡萄大部分种植在海拔300～350米的高度，因此不同区域的微气候起着至关重要的作用，而且葡萄的采摘通常比金丘区晚几天。年份不好的时候，这里的霞多丽和黑比诺很难成熟，而在好的年份，出产的葡萄酒可以和北部著名产区的葡萄酒相媲美，但是价格却低廉许多。因此，夏隆内丘区在过去十年内赢得了良好的口碑，有一部分原因是优质的勃艮第葡萄酒现在供不应求。

利基市场

历史上，夏隆内丘区占据着两个小众市场。首先，夏隆内丘是佳美葡萄的原产地。今天，佳美约占夏隆内丘葡萄种植总面积的1/8，主要用来和品质中庸的黑比诺混合酿造勃艮第巴斯特红葡萄酒。其次，夏隆内丘是重要的起泡酒产区。这里的霞多丽和黑比诺酸度高，非常适合酿造勃艮第起泡酒。

如今，夏隆内丘的葡萄酒似乎开始出现两极分化的现象。中低端价位的葡萄酒趋于标准化生产，而知名酒庄和金丘区的酒庄处境相同，它们不得不把葡萄酒留给熟客，生客即使出高价也很难购买。许多葡萄酒生产商对于勃艮第的产区等级有一种宿命论的观点，而这似乎成了他们的借口。例如，为了保持低产量的规定，除了以风土条件为理由外，他们还经常推脱说该产区的黑比诺容易氧化。除梅克雷村外，夏隆内丘区规定所有村庄级A.O.C.的产量控制在5～10升/100平方米。

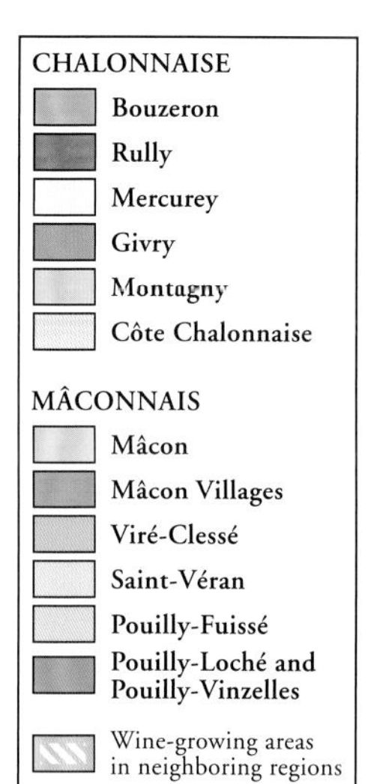

左图：索恩河畔夏隆镇（Chalon-sur-Saône）的葡萄种植村庄出产独具特色的勃艮第葡萄酒

夏隆内丘的法定产区

Bouzeron Aligoté：种植面积为61公顷，土壤贫瘠，唯一出产阿里高特葡萄的村庄级A.O.C.。

Rully：种植面积为306公顷，轻质土壤，葡萄早熟，65%的葡萄酒为白葡萄酒。

Mercurey：种植面积为649公顷，90%为黑比诺；葡萄酒的最高产量和金丘区的葡萄酒相同：红葡萄酒的最高产量为40升/100平方米，白葡萄酒的最高产量为45升/100平方米。

Givry：种植面积为219公顷；85%的葡萄酒为红葡萄酒，堪比Volnay红葡萄酒，15%为白葡萄酒，以特殊的甘草香而著名。

Montagny：种植面积为258公顷；所有葡萄园都是一级葡萄园，只种植霞多丽葡萄，在英国十分流行。葡萄酒鉴赏家皮埃尔·普朗曾评价这里的白葡萄酒“清爽怡神”。

Bourgogne Côte Chalonnaise：种植面积为428公顷，75%的葡萄酒为白葡萄酒。

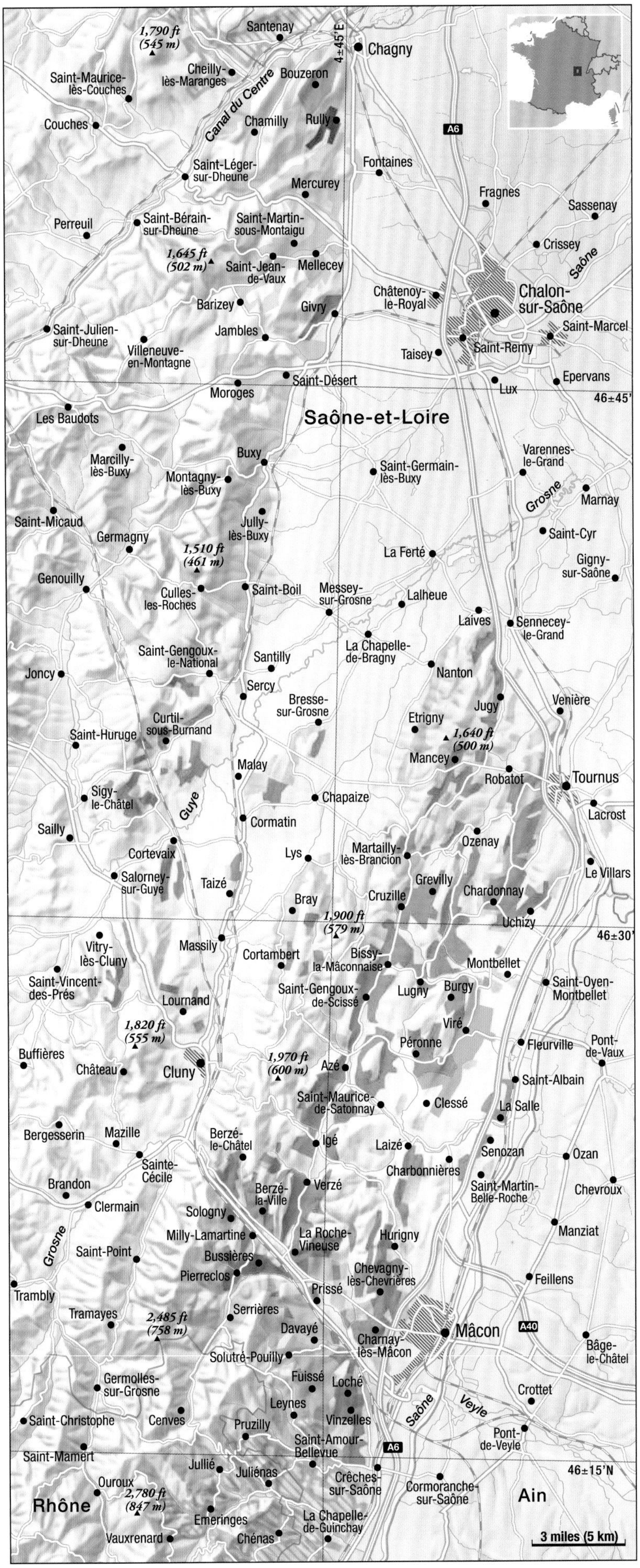

勃艮第起泡酒

勃艮第法定产区A.O.C.起泡酒诞生于1975年，但是在很长一段时间内，这种葡萄酒一直受到排斥，因为人们认为，只有香槟才是起泡酒。

直到香槟市场开始蓬勃发展时，勃艮第起泡酒才逐渐获得认可。勃艮第许多地区都非常适合出产起泡酒，其中夏隆内丘区和上丘区酿造的酸度较高的起泡酒最为出名。夏隆内丘区是起泡酒的历史中心，这里的人们很早就发现霞多丽和黑比诺可以用来调配葡萄酒，如果再加入阿里高特会增添精致的香料味。因此，索恩河–卢瓦尔河畔拥有勃艮第地区酿造起泡酒的最佳条件。

在上丘区，许多葡萄酒都展现出起泡酒般的迷人魅力。夏隆内丘区在行政上属于金丘，是生产起泡酒的宝地。在约纳河流域也有一些热衷于起泡酒生产的酒庄。

20世纪90年代中期，起泡酒销量低迷，但随后需求大增。如今，起泡酒的年产量将近1600万瓶。

虽然起泡酒的产量上限为65升/100平方米，显得有些宽松，但制定的法规条例旨在从一开始就使A.O.C.起泡酒具有高昂的价格。根据规定，葡萄必须手工采摘。331磅葡萄只能压榨出100升果汁。按照传统方法，一次发酵结束后，基酒要在酒瓶中利用酵母进行至少9个月的二次发酵。优质起泡酒的发酵时间更长。

起泡酒也是通过换桶去除沉淀物。勃艮第起泡酒的含糖量通常较低。

马孔内葡萄酒

不同大小、不同年龄的酒桶用来改善葡萄酒的品质

勃艮第地区从马孔内开始往南属于法国南部文化。在这块50千米×15千米的土地上，葡萄园夹杂在草原和耕地之间，遍布石灰石质山坡。在气候方面，马孔内比勃艮第大多数地区日照多，霜冻和冰雹少。从历史上来讲，马孔内的葡萄种植注重本土市场，野心不足。

马孔内的北部地区以混合农业和合作社（马孔内70%的葡萄酒由合作社酿造）为主，而南部地区拥有大量的专业葡萄酒生产商和私人酒庄。索鲁特（Solutré）和维尔基松（Vergisson）岩石的构造与金丘的岩石构造相同，都源自侏罗纪时期的石灰石，这是马孔内葡萄种植的标志。离这些出色的霞多丽种植区域不远的地方，有一块和博若莱地区一样的花岗岩土壤。这两块土壤之间没有明显的界限。例如，产自博若莱圣阿穆尔（Saint-Amour）产区的霞多丽也可能属于马孔内的圣维朗（St-Véran）产区。马孔内的红葡萄酒主要用佳美酿造，很少达到优质水平。马孔内2/3的葡萄种植面积为霞多丽。这里没有特级葡萄园和一级葡萄园，只有地区级A.O.C.和村庄级A.O.C.。不过，一些村庄的葡萄酒生产商一直在生产优质的霞多丽白葡萄酒，虽然由于现有法规或者分级制度的影响，这些葡萄酒往往以低廉的价格出售。

马孔内产区的酿酒能力一直遭受质疑。由于鲜为人知，马孔内3/4的白葡萄酒都是以勃艮第的名义出售。造成这种情况的一个重要原因是合作社大多都把葡萄酒交给葡萄酒经销商销售，但是这些经销商并不会推销葡萄酒的品牌。直到今天，马孔内也只有一半的葡萄酒会标注原产地的名称。不过，最近几年一些合作社已经开始自己推广葡萄酒。

马孔内即将进入扩张阶段，但不是数量上的增加，而是品质的提升。普伊-富塞（Pouilly-Fuissé）产区的葡萄酒已经在国际上迅速获得声誉和认可。即使是最近才小有名气的村庄级A.O.C.圣维朗也在勃艮第的蓬勃发展中受益良多。1999年这里建立了第三个村庄级A.O.C.，维尔克莱塞（Viré-Clessé）。

如今，马孔内出现了可喜的迹象：葡萄酒生产商在改善葡萄酒的品质方面更加大胆。例如，他们比较抵触Jean Thévenets酒庄的甜葡萄酒（这些葡萄酒最终未能获得A.O.C.），而希望马孔和马孔村的地区级A.O.C.在机械化生产价廉物美的霞多丽之余，能够生产更多优质的马孔内葡萄酒，在市场上拥有一席之地。

右页图：普依-富塞地区以索鲁特岩石为主，那里的一个地下史前博物馆陈列着旧石器时代索鲁特文化（索鲁特岩石就是以此命名）的产物，值得一游

法定产区

Mâcon/Pinot-Chardonnay Mâcon：种植面积为69公顷。

Mâcon Supérieur：种植面积为880公顷；葡萄酒酒精度较高。

Mâcon Villages/Mâcon+村庄名：种植面积为3048公顷，覆盖43个村庄。村庄名只能用于白葡萄酒。红葡萄酒和桃红葡萄酒的最高产量为55升/100平方米，白葡萄酒的最高产量为60升/100平方米。

Viré-Clessé：1999年首次出售葡萄酒。

Pouilly-Fuissé：种植面积为746公顷。

Pouilly-Louché：种植面积为29公顷；

Puilly-Vinzelles：种植面积为50公顷。霞多丽葡萄酒带有坚果味，酒体顺滑，最高产量为50升/100平方米。

St-Véran：种植面积为558公顷；最高产量为55升/100平方米。

夏隆内丘的主要葡萄酒生产商

生产商：**Stéphane Aladame***–******
所在地：**Montagny**
6公顷，年产量3.5万瓶
葡萄酒：Montagny Premier Cru：Les Coères，Les Burnins；Crémant
从1992年起，这个年轻的酒庄因其结构平衡的白葡萄酒而享誉盛名。

生产商：**Clos Salomon***–******
所在地：**Givry**
8.5公顷，年产量4.5万瓶
葡萄酒：Givry Premier Cru
早在1375年，Givry的葡萄酒就获得Avignon市教皇法庭的青睐。在Ludovic du Gardin的管理下，这个古老的酒庄重获昔日辉煌。红葡萄酒结构丰富、风格独特。

生产商：**Domaine René Bourgeon***–******
所在地：**Givry**
9公顷，年产量万瓶
葡萄酒：Givry Blanc Clos de la Brûlée；Bourgogne，Givry Villages，Givry La Baraude
René Bourgeon已经将这个采用生物动力种植法的酒庄交给儿子Jean-François和女婿Christophe Zaninot管理。葡萄酒依然保持优秀的品质。

生产商：**Domaine Brintet*****
所在地：**Mercurey**
13公顷，年产量7万瓶
葡萄酒：Mercurey Blanc：Vieilles Vignes；Premier Cru：Les Crêts；Mercurey：La Charmée，La Perrière，Les Crêts，La Levrière，Rully
夏隆内丘最有前途的酒庄之一，短短几年内就可以酿造出浓郁的葡萄酒。

生产商：**Domaine Vincent Dureuil-Janthial***–******
所在地：**Rully**
14公顷，年产量8.5万瓶
葡萄酒：Rully：blanc，rouge，Premiers Crus；Nuits Saint-Georges，Bourgogne
从父亲手中接过酒庄后，年轻的酿酒师很快推出了具有现代风格的红葡萄酒和白葡萄酒。

生产商：**Domaine Jacqueson******
所在地：**Rully**
11公顷，年产量6万瓶
葡萄酒：Rully Premier Cru：La Pucelle，Grésigny；Rully Les Chaponnières
Henri Jacqueson和Paul Jacqueson通过多年的努力证明，Rully不仅适合出产白葡萄酒，而且适合出产红葡萄酒。这里的红葡萄酒结构复杂，具有香料味。

生产商：**Domaine Joblot******
所在地：**Givry**
13公顷，年产量6.5万瓶
葡萄酒：Givry Blanc and Premier Cru Servoisine；Givry Rouge and Premier Cru：Servoisine，Cellier aux Moines
Jean-Marc和Vincent Joblot两兄弟成功酿造出果味浓郁、带有木香的红葡萄酒。

生产商：**Domaine Emile Juillot*****
所在地：**Mercurey**
11.5公顷，年产量4.5万瓶
葡萄酒：Bourgogne Côte Chalonnaise blanc，Mercurey and Premier Cru La Cailloute；Mercurey Château Mipont，Mercurey Premier Cru：Champs Martins，Les Combins，Les Croichots
Jean-Claude Theulot的红葡萄酒因结构坚实、酿造精细而闻名。

生产商：**Domaine Michel Juillot*****
所在地：**Mercurey**
30公顷，年产量18万瓶
葡萄酒：Mercurey Blanc，Grand Cru Corton-Charlemagne；Mercurey and Premier Cru：Les Champs Martins，Grand Cru Corton-Perrières
Michel Juillot是Mercurey法定产区的拥护者，对这个产区的复兴做出了卓越的贡献。如今，他的儿子Laurent采用现代的酿酒方式。

生产商：**Domaine François Lumpp******
所在地：**Givry**
6.5公顷，年产量3.5万瓶
葡萄酒：Givry Blanc Premier Cru Crausot and Petit Marole；Givry and Premier Cru：Clos du Cras Long，Clos Jus，Crausot
Isabelle Lumpp和François Lumpp的白葡萄酒和红葡萄酒因口感细腻而备受关注。

生产商：**Domaine du Meix-Foulot*****
所在地：**Mercurey**
20公顷，年产量5.5万瓶
葡萄酒：Bourgogne Aligoté，Mercurey Blanc and Rouge；Mercurey Premier Cru：Les Biots，Clos du Château deMontaigu，Les Velys
该酒庄采用传统的种植方式，产量低，葡萄酒结构复杂、口感细腻。

生产商：**Domaine de Villaine******
所在地：**Bouzeron**
20公顷，年产量11万瓶
葡萄酒：Bouzeron，Rully Les Saint-Jacques；Mercurey Les Montots，Bourgogne
Aubert de Villaine是罗曼尼·康帝酒庄的共同所有人及管理者之一。他的这个酒庄采用生物动力种植法，酿造的阿里高特葡萄酒陈年潜力强。

生产商：**Maison Antonin Rodet**–******
所在地：**Mercurey**
125公顷，非自有葡萄，年产量700万瓶
葡萄酒：Série Cave Privée，Rully Château de Rully，Givry Château de la Ferté，Mercurey Château de Chamirey
酒庄的生意蒸蒸日上。越来越多的酿酒葡萄来自夏隆内丘以外的其他地方，在国外市场表现优秀。

马孔内的主要葡萄酒生产商

生产商：**Château Fuissé*****—****
所在地：**Fuissé**
30公顷，年产量20万瓶
葡萄酒：Pouilly-Fuissé：Les Clos，Les Combettes，Vieilles Vignes
在Jean-Jacques Vincent的酒庄，霞多丽的新鲜与香料味是最重要的因素。根据不同的年份，他会部分或完全限制苹果酸–乳酸发酵过程，以使葡萄酒达到最佳平衡。

生产商：**Domaine de la Bongran******—*****
所在地：**Clessé**
15公顷，年产量6万瓶
葡萄酒：Viré-Clessé，Domaine Gillet，Cuvée Levroutée，Cuvée Botrytis
Jean Thévenet生产的葡萄酒能够反映出当地特殊的微气候情况。部分葡萄采摘时间晚，残糖含量高。

生产商：**Domaine Cordier Père & Fils******
所在地：**Fuissé**
14公顷，年产量9万瓶
葡萄酒：Saint-Véran，Pouilly-Fuissé，Métertière，Vignes Blanches，Vers Cras
Roger Cordier和Christophe Cordier的霞多丽葡萄酒因口感浓郁而出名，有时残糖的香气会使其表现完美。

生产商：**Domaine des Deux Roches*****
所在地：**Davayé**
34公顷，非自有葡萄，年产量33万瓶。
葡萄酒：Saint-Véran，Les Cras，Les Terres Noires，Pouilly Fuissé；Mâcon, Mâcon Villages，Mâcon Pierreclos
Jean-Luc Terrier和Christophe Collovray酿造的霞多丽葡萄酒香气浓郁复杂，含有矿物、木头和水果的气息。红葡萄酒也品质优秀。

生产商：**Domaine J.A. Ferret******
所在地：**Fuissé**
15公顷，年产量4万瓶
葡萄酒：Pouilly-Fuissé：Tête de Cru Les Perrières，Tête de Cru Le Clos，Hors-Classe "Les Ménétières" Hors-Classe Tournant de Pouilly
Pouilly-Fuissé地区的著名酒庄。使用老藤葡萄酿造的葡萄酒带有蜂蜜香和清淡的木头香。

生产商：**Domaine Guffens-Heynen*******
所在地：**Vergisson**
4公顷，年产量2万瓶
葡萄酒：Mâcon Pierreclos and Le Chavigne，Pouilly-Fuissé：La Roche
酒庄使用古老的工具压榨葡萄（使用的压榨机可追溯至17世纪），酿造的葡萄酒带有木香和水果香，酸度较高。

生产商：**Domaine Guillot-Broux*****
所在地：**Cruzille**
16公顷，年产量9万瓶
葡萄酒：Mâcon Chardonnay Les Combettes，Mâcon Grévilly Les Genièvrières；Mâcon Cruzilly，Mâcon Grévilly Rouge

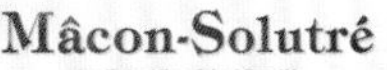

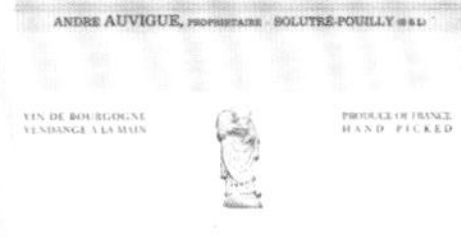

Jean-Gérard Guillot-Broux在优质的葡萄园采用生物法种植葡萄。红葡萄酒酒体结实，霞多丽白葡萄酒颜色金黄，带有榛子味。

生产商：**Domaine René Michel et ses Fils*****—****
所在地：**Clessé**
15公顷，年产量8万瓶
葡萄酒：Viré-Clessé：Cuvée traditionelle，Vieilles Vignes Blanc；Mâcon Rouge
René Michel和他的三个儿子使用人工迟摘的老藤葡萄，在大多数年份进行无糖发酵。

生产商：**Domaine Saint-Denis******
所在地：**Lugny**
5公顷，年产量3万瓶
葡萄酒：Bourgogne Rouge，Mâcon Chardonnay，Mâcon Lugny，Passerillés de Novembre
Hubert Laferrère热衷于自然种植法，使用天然酵母发酵，因此酿造的葡萄酒结构平衡，风格显著。

生产商：**Domaine Jacques et Nathalie Saumaize*****—****
所在地：**Vergisson**
7公顷，年产量3.5万瓶
葡萄酒：Saint-Véran：En Crèches，Vieilles Vignes，Poncelys；Pouilly-Fuissé：La Roche，Vieilles Vignes
酒庄的优质葡萄酒带有矿物和木头的香气。

生产商：**Domaine Saumaize-Michelin*****
所在地：**Vergisson**
9公顷，年产量5万瓶
葡萄酒：Saint-Véran：En Crèches Vieilles Vignes，Pouilly-Fuissé：Vignes Blanches，Clos de la Roche，Les Ronchevats；Mâcon rouge Les Bruyères Tradition
Roger Saumaize是Vergisson村庄最好的酿酒师之一。他酿造的白葡萄酒具有矿物、香料和烘烤的味道。

生产商：**Domaine Vessigaud*****—****
所在地：**Pouilly**
11公顷，年产量8万瓶
葡萄酒：Mâcon-Fuissé，Mâcon-Charnay，Pouilly-Fuissé
Pierre Vessigaud采用自然种植法，致力于生产伟大的葡萄酒。白葡萄酒品质上乘。

生产商：**Domaine du Vieux Saint-Sorlin******
所在地：**La Roche-Vineuse**
10公顷，非自有葡萄，年产量10万瓶。
葡萄酒：Viré-Clessé，Saint-Véran，Pouilly-Fuissé：Bourgogne Rouge
Oliver Merlin在酿造过程中大量使用木桶，葡萄酒品质出众。

生产商：**Maison Auvigne****—****
所在地：**Charnay-lès-Mâcon**
5公顷，非自有葡萄，年产量27万瓶
葡萄酒：Mâcon Solutré；Saint-Véran，Pouilly-Fuissé：Les Chailloux，Vieilles Vignes，Hors Classes
Jean-Pierre Auvigne使用附近葡萄园的葡萄酿酒。

博若莱

博若莱新酒可能是最家喻户晓的法国葡萄酒。每年11月的第三个星期四，从东京到洛杉矶，世界各地都会欢庆博若莱新酒的上市。博若莱新酒节原本只是一个当地的庆祝活动（在里昂的酒吧中开售），现在已经成为世界性的葡萄酒节日。

博若莱地区无疑在这种浪潮中收获颇丰，但是由于新酒名声显赫，导致其他葡萄酒种类一直较少。事实上，这个夹在里昂和马孔之间的狭长地带所出产的葡萄酒可以与北部著名的勃艮第葡萄酒相匹敌。然而令人遗憾的是，博若莱的顶级葡萄酒多年来都不及法国其他产区的葡萄酒出名，也正因为这个因素，顶级博若莱葡萄酒比同级别的勃艮第葡萄酒便宜许多。

历史上，博若莱从不属于勃艮第地区。当博若莱北部区域并入索恩-卢瓦尔省后，博若莱才成为勃艮第的一部分，至少在行政上受其管理。不过，博若莱大部分地区属于罗讷省，罗讷省的首府是里昂。然而，根据葡萄酒法律规定，整个博若莱地区都属于勃艮第。

博若莱最重要的葡萄品种佳美在14世纪时曾占据金丘最好的地理位置，这让勃艮第公爵菲利普二世大为恼火。1395年，他下令将勃艮第的佳美全部铲除，改种黑比诺。然而，佳美在博若莱和马孔内幸存了下来，尤其是博若莱北部地区的晶状土壤可以完美展现佳美的魅力。除去最新认定的黑尼耶（Régnié），博若莱有9～10个产区可以给佳美葡萄酒贴上勃艮第的标签。在博若莱的其他产区，只有产量较低的霞多丽和黑比诺葡萄酒才能在酒标上使用勃艮第的字样。

博若莱是位于里昂西北部一个风光旖旎的产区。葡萄种植区域散布在最美丽的村庄间

博若莱最著名的风磨坊（Moulin-à-Vent）酒庄因这个古老的磨坊得名

河流与山脉之间的产区

博若莱产区从里昂一直延伸至马孔，长约55千米，宽约15千米，拥有2.3万公顷种植面积，葡萄酒产量为1400万升，其中一半作为博若莱新酒出售。除了酒庄和酒商，合作社在博若莱也起着重要的作用：19家合作社出产的葡萄酒产量占总产量的1/3。博若莱的葡萄种植区域覆盖了博若莱山的缓坡，最高海拔可达450米。博若莱南部地区的土壤以中生代的泥灰土和石灰石为主。最东部地区的土壤为冲积土。首府城市维尔法兰士北部最好的土壤为古生代的天然晶体。这些晶体中含有花岗岩和板岩，后者在分解过程中会产生矿物质，而矿物质会影响葡萄酒的香气。

博若莱产区南抵里昂山，北达著名的索鲁特岩石，西接卢瓦尔省，东临索恩河，葡萄园坐落在向东的山坡上。

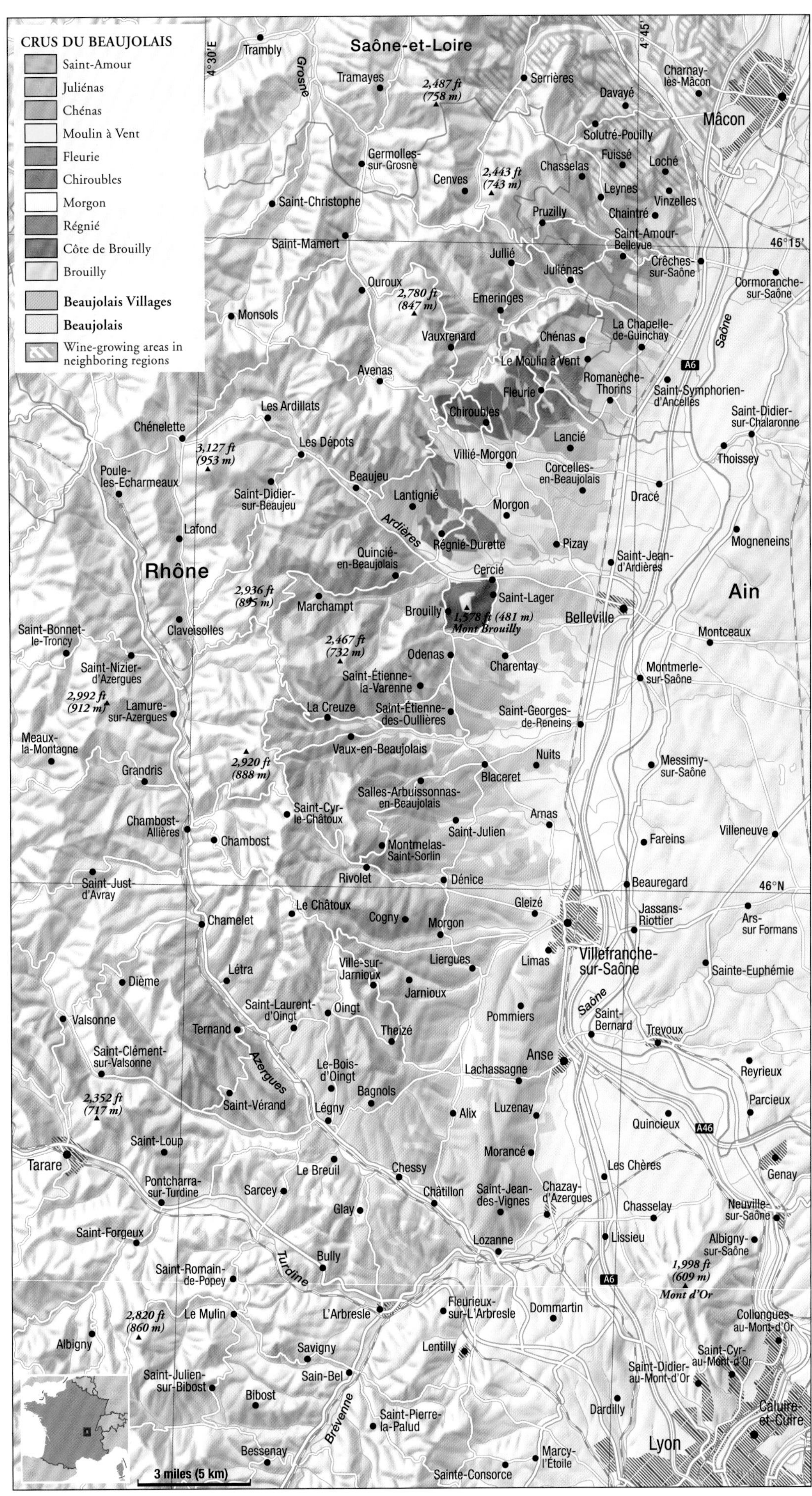
CRUS DU BEAUJOLAIS
Saint-Amour
Juliénas
Chénas
Moulin à Vent
Fleurie
Chiroubles
Morgon
Régnié
Côte de Brouilly
Brouilly
Beaujolais Villages
Beaujolais
Wine-growing areas in neighboring regions
4°30'E
4°45'
46°15'
46°N
Saône-et-Loire
Rhône
Ain
Trambly
Grosne
Tramayes
2,487 ft (758 m)
Serrières
Charnay-lès-Mâcon
Davayé
Mâcon
Solutré-Pouilly
Germolles-sur-Grosne
Fuissé
Loché
Chasselas
2,443 ft (743 m)
Cenves
Leynes
Vinzelles
Saint-Christophe
Pruzilly
Chaintré
Saint-Amour-Bellevue
Saint-Mamert
Jullié
Crêches-sur-Saône
Juliénas
Cormoranche-sur-Saône
Ouroux
2,780 ft (847 m)
Emeringes
Monsols
La Chapelle-de-Guinchay
Vauxrenard
Chénas
Saône
Le Moulin à Vent
A6
Avenas
Fleurie
Romanèche-Thorins
Saint-Symphorien-d'Ancelles
Les Ardillats
Chiroubles
Saint-Didier-sur-Chalaronne
Chénelette
Lancié
3,127 ft (953 m)
Les Dépots
Villié-Morgon
Thoissey
Poule-les-Echarmeaux
Corcelles-en-Beaujolais
Beaujeu
Saint-Didier-sur-Beaujeu
Lantignié
Dracé
Morgon
Lafond
Ardières
Régnié-Durette
Pizay
Mogneneins
Quincié-en-Beaujolais
Saint-Jean-d'Ardières
Cercié
2,936 ft (895 m)
Saint-Lager
Marchampt
Brouilly
1,578 ft (481 m)
Mont Brouilly
Belleville
Saint-Bonnet-le-Troncy
Claveisolles
Montceaux
2,467 ft (732 m)
Odenas
Charentay
Saint-Nizier-d'Azergues
Saint-Étienne-la-Varenne
Montmerle-sur-Saône
2,992 ft (912 m)
Lamure-sur-Azergues
La Creuze
Saint-Étienne-des-Oullières
Saint-Georges-de-Reneins
Meaux-la-Montagne
Vaux-en-Beaujolais
Nuits
2,920 ft (888 m)
Messimy-sur-Saône
Grandris
Blaceret
Salles-Arbuissonnas-en-Beaujolais
Saint-Cyr-le-Châtoux
Arnas
Chambost-Allières
Chambost
Saint-Julien
Fareins
Villeneuve
Montmelas-Saint-Sorlin
Saint-Just-d'Avray
Rivolet
Dénice
Beauregard
Le Châtoux
Gleizé
Jassans-Riottier
Chamelet
Cogny
Morgon
Ars-sur Formans
Liergues
Limas
Villefranche-sur-Saône
Ville-sur-Jarnioux
Dième
Létra
Sainte-Euphémie
Jarnioux
Saint-Laurent-d'Oingt
Oingt
Pommiers
Valsonne
Saône
Saint-Bernard
Trevoux
Ternand
Theizé
Saint-Clément-sur-Valsonne
Anse
Azergues
Le-Bois-d'Oingt
Lachassagne
Reyrieux
Bagnols
2,352 ft (717 m)
Saint-Vérand
Parcieux
Légny
Alix
Luzenay
Quincieux
A46
Saint-Loup
Tarare
Morancé
Les Chères
Genay
Le Breuil
Chessy
Pontcharra-sur-Turdine
Sarcey
Châtillon
Saint-Jean-des-Vignes
Chazay-d'Azergues
Chasselay
Neuville-sur-Saône
Glay
Saint-Forgeux
Lissieu
Albigny-sur-Saône
Lozanne
Turdine
Bully
Saint-Romain-de-Popey
1,998 ft (609 m)
A6
Mont d'Or
Fleurieux-sur-L'Arbresle
L'Arbresle
Le Mulin
Dommartin
2,820 ft (860 m)
Collonges-au-Mont-d'Or
Albigny
Lentilly
Savigny
Saint-Cyr-au-Mont-d'Or
Saint-Didier-au-Mont-d'Or
Saint-Julien-sur-Bibost
Sain-Bel
Bibost
Dardilly
Caluire-et-Cuire
Brévenne
Saint-Pierre-la-Palud
Lyon
Bessenay
Marcy-l'Étoile
3 miles (5 km)
Sainte-Consorce

博若莱的葡萄种植户仍然很重视他们的“mâchon”传统，即第二顿早餐

美食地区

博若莱人最喜爱的食物来自勃艮第和里昂，不过虽然这里的烹饪工艺并非一流，当地的一些美食却别有风味，其中包括陶罐派、香肠（主要是内脏肠）、红酒炖牛肉和红酒汁鸡蛋。香肠往往是丰盛早餐的一部分。在博若莱的葡萄酒产区，葡萄种植户有享用“mâchon”，即“第二顿早餐”的传统，尤其是在葡萄采摘的季节。如今，“第二顿早餐”已经没有这么丰盛，只是被清晨在葡萄园工作的种植户当作点心。通常，食物篮里会有干香肠、熏火腿、农民自制的面包，当然还有一瓶博若莱葡萄酒以及不可或缺的博若莱山奶酪。这种农民自己用羊奶或牛奶制作的奶酪在博若莱和里昂很受欢迎。博若莱葡萄酒是这些特色美食的理想搭配，而且食物越香浓，葡萄酒就可以越清淡、越年轻。不过，经过陈年的顶级博若莱也可以搭配上等的肉食和野味。只是这些葡萄酒的侍酒温度应该比浅龄博若莱、村庄级博若莱和博若莱新酒的侍酒温度高，约为16℃。对于果味浓郁、单宁含量低的葡萄酒，理想的侍酒温度是12~14℃，否则它们会失去优质博若莱葡萄酒的特色——丰富的果香。

根据不同的土壤情况，博若莱的法定产区共分为三种类别。

博若莱大区和博若莱优级法定产区

面积最大的产区，包含整个南半部地区以及东部地区，覆盖72个村庄。葡萄种植面积约为10500公顷，最高产量为6600升/公顷，酒精度最低为10% vol，其中博若莱优级葡萄酒的酒精度至少达到10.5% vol。每年产自67万公顷葡萄园的葡萄酒总产量中，只有1%是博若莱优级葡萄酒，用霞多丽酿造的白葡萄酒也只有70万升。

布雷沙尔老爹是博若莱葡萄酒的先驱之一

博若莱村庄法定产区

这个级别的产区包括博若莱中部和北部地区的38个村庄，其中大多数可以用村庄的名字命名葡萄酒。葡萄种植面积为6100公顷，最高产量为6000升/公顷，酒精度大于10% vol。葡萄酒年产量为3500万升，霞多丽白葡萄酒约占1%。

博若莱特级村庄法定产区

布鲁伊山和马孔内之间的狭长地带是花岗岩和板岩构成的山坡，适合出产顶级葡萄酒。最高产量为5800升/公顷，酒精度至少达到10% vol。这些特级村庄从南向北包括：布鲁伊（1320公顷）、布鲁伊丘（Côte de Brouilly，320公顷）、黑尼耶（490公顷）、墨贡（Morgon，1155公顷）、希露博（Chiroubles，365公顷）、弗勒利（Fleurie，870公顷）、风磨坊（Moulin-à-Vent，655公顷）、谢纳（Chénas，270公顷）、朱丽娜（Juliénas，610公顷）和圣阿穆尔（315公顷），共约6370公顷，葡萄酒年产量为3500万升。

佳美葡萄和完整葡萄浸渍

在博若莱产区，皮黑汁白的佳美葡萄是绝对的王者，几乎占据全部的种植面积。博若莱还有少量黑比诺以及用来酿造白葡萄酒的霞多丽和阿里高特，只占总种植面积的1%。因此，博若莱是法国乃至世界最重要的佳美葡萄产区。

佳美属于早熟、高产的葡萄品种。如果葡萄种植户想要酿造高品质的葡萄酒，必须控制佳美的长势。首先，增加种植密度，提高植株间的竞争；博若莱地区的种植密度通常为55000-80000/公顷。其次，通过严格的修剪降低葡萄产量。在博若莱村庄和特级村庄产区，种植户习惯采用高杯式修剪法，即把葡萄树修剪成高脚杯的形状。在博若莱大区产区，葡萄种植户还会使用居由式修剪法，即把树枝固定在横向铁丝上。佳美的修剪和酿造过程要求对葡萄进行手工采摘，通常在9月中旬开始，持续三周时间。

墨贡村庄的葡萄酒生产商马塞尔·拉皮尔（Marcel Lapierre）对酿酒有自己的想法。他采用轻柔的台式压榨法，在酿酒过程中不添加硫，生产的博若莱葡萄酒品质一流

在黑板上精确地记录下葡萄酒的酿造进程

里昂山坡（Coteaux du Lyonnais）

自16世纪起，在靠近博若莱的山丘上，从里昂向西延伸至罗讷河河口，葡萄树生长旺盛。但是，19世纪晚期的一场葡萄根瘤蚜虫病打破了这一良好的形势。今天，这一产区的葡萄种植面积仅有375公顷，葡萄酒产量为230万升，除了少量的阿里高特和霞多丽白葡萄酒，几乎全是佳美红葡萄酒。红葡萄酒的最低酒精度为10% vol，白葡萄酒为9.5% vol。1984年，里昂山坡获得法定产区的命名，整个产区变得更加活跃。如今，这里最好的葡萄酒可以与附近的博若莱葡萄酒相媲美，其中圣贝尔（Saint-Bel）合作社出产的葡萄酒品质最佳，不过其他十几家独立的葡萄酒生产商也有不俗的表现。

陈年与否——有时，这是个问题

虽然博若莱的夏季常常炎热干燥，但是葡萄汁的酒精度最多只会提高2% vol。此外，佳美葡萄几乎不含天然糖分，产量过高时甚至完全没有。博若莱葡萄酒的独特魅力在于其浓郁、迷人的香气，包括紫罗兰、玫瑰、百合等花香和樱桃、覆盆子、红醋栗、黑莓等果香。虽然这些香气在浅龄葡萄酒中更加纯正，但是这个产区的许多葡萄酒都具备足够扎实的结构，可以陈酿好几年。例如，产自墨贡、谢纳和风磨坊等特级村庄的葡萄酒就以陈年潜力强而著称。令人惊讶的是，博若莱特级村庄的陈酿酒与勃艮第葡萄酒在口味与香气上都非常接近。

朱丽娜村庄以其结构均衡的特级葡萄酒闻名于世

果实的秘密

在博若莱，为保证将葡萄完好无损地运送至酒窖，葡萄种植户使用板条箱盛放葡萄，而且每个板条箱中的葡萄重量不超过80千克。这是采用二氧化碳或完整葡萄浸渍法的基本要求，虽然这个方法可以进行一些变通，但其基本原则保持不变。具体的操作是将完整的葡萄装入酒罐或木桶中，底层的葡萄受到挤压破裂，继而流出汁液开始发酵。发酵过程中会产生二氧化碳，混入空气。在缺氧的情况下，剩余的葡萄开始细胞内发酵，这可以使葡萄汁从果皮中吸收大量香气。

根据酿造的葡萄酒风格，4～10天后排出葡萄汁，压榨残渣，然后将自流汁和压榨汁混合在一起，进行最后的发酵环节。浸渍时间越短，葡萄酒中的单宁就越少。在发酵过程中，温度至关重要。新酒的最佳发酵温度为20℃，而特级酒的发酵温度最好控制在30℃。与大多数红葡萄酒一样，博若莱葡萄酒也会经历生物酸转化过程，这个过程会降低葡萄酒中较高的酸度，稳定葡萄酒的结构。

朱丽娜同业会位于村庄脚下的城堡中

博若莱的主要葡萄酒生产商

生产商：Château des Jacques***
所在地：Romanèche-Thorins
36公顷，年产量25万瓶
葡萄酒：Beaujolais Villages Blanc，Moulin-à-Vent
这个精致的小酒庄属于勃艮第的路易亚都世家，出产的博若莱白葡萄酒品质出众。Moulin-à-Vent葡萄酒效仿勃艮第的陈年方法。

生产商：Château de Pizay**-***
所在地：Pizay-en-Beaujolais
58公顷，年产量50万瓶
葡萄酒：Beaujolais Rouge，Morgon，Régnié，Brouilly Beaujolais Blanc
该酒庄的历史可追溯至公元11世纪，其特色产品是用霞多丽酿造的白葡萄酒。

生产商：Château Thivin***-****
所在地：Odenas
26公顷，年产量14万瓶
葡萄酒：Beaujolais Villages，Brouilly，Côte de Brouilly
自1877年起，这个迷人的城堡酒庄就由Geoffray家族经营，曾经是法国作家Colette的最爱。现在的庄主Claude Geoffray和 Evelyne Geoffray继续致力于生产Côte de Brouilly地区最上乘的葡萄酒之一。

生产商：Domaine Emile Cheysson**-****
所在地：Chiroubles
26公顷，年产量10万瓶
葡萄酒：Chiroubles，Chiroubles Cuvée Prestige
酒庄由Emile Cheysson于1870年创立，采用7～8天完整葡萄浸渍的标准做法，生产的葡萄酒是博若莱地区的典范。

生产商：Domaine Michel Chignard***-*****
所在地：Fleurie
8公顷，年产量3.5万瓶
葡萄酒：Fleurie，Fleurie Cuvée les Moriers
该酒庄的Fleurie葡萄酒采用老藤葡萄酿造，是博若莱产区最知名的葡萄酒之一。

生产商：Domaine du Clos du Fief***-****
所在地：Juliénas
13公顷，年产量8万瓶
葡萄酒：Beaujolais Villages，Saint-Amour，Juliénas Juliénas Cuvée Prestige
该酒庄现在由第三代传人Michel Tête经营，出产的葡萄酒陈年潜力强。Juliénas Cuvée Prestige葡萄酒堪称典范。

生产商：Domaine Paul et Eric Janin****
所在地：Romanèche Thorin
10公顷，年产量5万瓶
葡萄酒：Beaujolais Villages，Moulin-à-Vent，Séduction
Janin家族盛产酒体丰满的葡萄酒。此外，他们的葡萄酒口感细腻、果香浓郁。

生产商：Domaine Dominique Piron**-****
所在地：Villié-Morgon
26公顷，非自有葡萄，年产量40万瓶
葡萄酒：Morgon，Moulin-à-Vent，Brouilly，Régnié，Beaujolais-Villages，Morgon Côte du Py
酒庄采用长达15天的完整葡萄发酵法，生产的葡萄酒品质上乘。葡萄树的平均树龄高达40年，赋予葡萄酒醇厚的口感。

生产商：Domaine Jean-Charles Pivot**-***
所在地：Quincié-en-Beaujolais
12公顷，年产量9万瓶
葡萄酒：Beaujolais-Villages
酒庄采用老藤葡萄酿造的博若莱村庄级葡萄酒果香浓郁、口感强劲。

生产商：Domaine Ruet****
所在地：Cercié-en-Beaujolais
16公顷，年产量8万瓶
葡萄酒：Régnié，Brouilly，Beaujolais-Villages，Morgon
这个1926年成立的家族酒庄目前由Jean-Paul Ruet经营，酿造的葡萄酒果香四溢。

生产商：Domaine des Terres Dorées****
所在地：Charnay-en-Beaujolais
20公顷，年产量10万瓶
葡萄酒：Beaujolais Cuvée à l'Ancienne，Beaujolais Blanc
酒庄庄主Jean-Paul Brun采用传统方法酿造红葡萄酒，不添加任何糖分，这在博若莱地区非常少见。

生产商：Georges Duboeuf**-****
所在地：Romanèche-Thorins
10公顷，非自有葡萄，年产量1800万瓶
葡萄酒：Fleurie Clos des Quatre Vents，Brouilly Château de Pierreux，Beaujolais-Villages，Régnié Séléction Georges Duboeuf
酒庄庄主Georges Duboeuf被誉为“博若莱之王”。20世纪60年代，他将博若莱的地位提升到前所未有的高度。他生产的特酿酒在博若莱地区堪称一流。

生产商：Denise et Hubert Lapierre***-****
所在地：La Chapelle-de-Guinchay
7.5公顷，年产量4万瓶
葡萄酒：Chenas，Moulin-à-Vent，Moulin-à-Vent Vieilles Vignes Chenas Vieilles Vignes，Chenas Fût de Chêne
酒庄创立于1970年，出产的顶级佳酿Chenas Fût de Chêne使用树龄80年以上的老藤葡萄酿造。

生产商：Marcel Lapierre****
所在地：Villié-Morgon
10公顷，年产量2万瓶
葡萄酒：Morgon，Beaujolais
Marcel Lapierre采用不加硫的做法，用充分成熟的葡萄酿造出品质非凡的佳美葡萄酒，在当地轰动一时。

生产商：Laurent Martray****
所在地：Odenas
10公顷，年产量2万瓶
葡萄酒：Brouilly Cuvée Vieilles Vignes，Brouilly Cuvée Corentin，Côte de Brouilly
作为这家创立于1987年的酒庄的庄主，Laurent Martray只生产两种特酿酒，其中Cuvée Corentin使用老藤葡萄酿制而成。他的酿造过程，从采摘到换桶，所有环节都手工完成。

卢瓦尔河谷产区：酒庄与葡萄种植

宽广、绵长的卢瓦尔河谷构成了法国最辽阔的葡萄酒产区。这个地区始于中央高原和奥弗涅，经过宽阔的中游河谷（两岸坐落着许多雄伟的城堡，是著名的旅游胜地），一直延伸至大西洋沿岸布列塔尼的南部边界。从中央高原的高地开始，葡萄园随处可见，不过这些葡萄园没有法定产区的称号。在卢瓦尔河主河道及其支流的沿岸，向阳的斜坡上种满了葡萄树，为葡萄的成熟提供了理想的条件。这个产区的葡萄种植面积高达5万公顷，比罗讷河谷产区的种植面积略大一点，相当于波尔多产区葡萄种植面积的一半。

据推测，卢瓦尔河流域的葡萄种植始于公元100年前，但是根据文字记载，只有上游地区，或者确切地说，只有奥弗涅地区于公元5世纪开始种植葡萄。11世纪，荷兰人发现卢瓦尔河谷出产葡萄酒，他们通过海路将葡萄酒运到苏格兰低地。同样，普瓦图和安茹地区的葡萄酒在当时的英国也极受欢迎，但是随着波尔多葡萄酒的盛行，卢瓦尔河谷产区的葡萄酒在很长一段时间里都销声匿迹了。

由于幅员辽阔，卢瓦尔河谷的风土条件及出

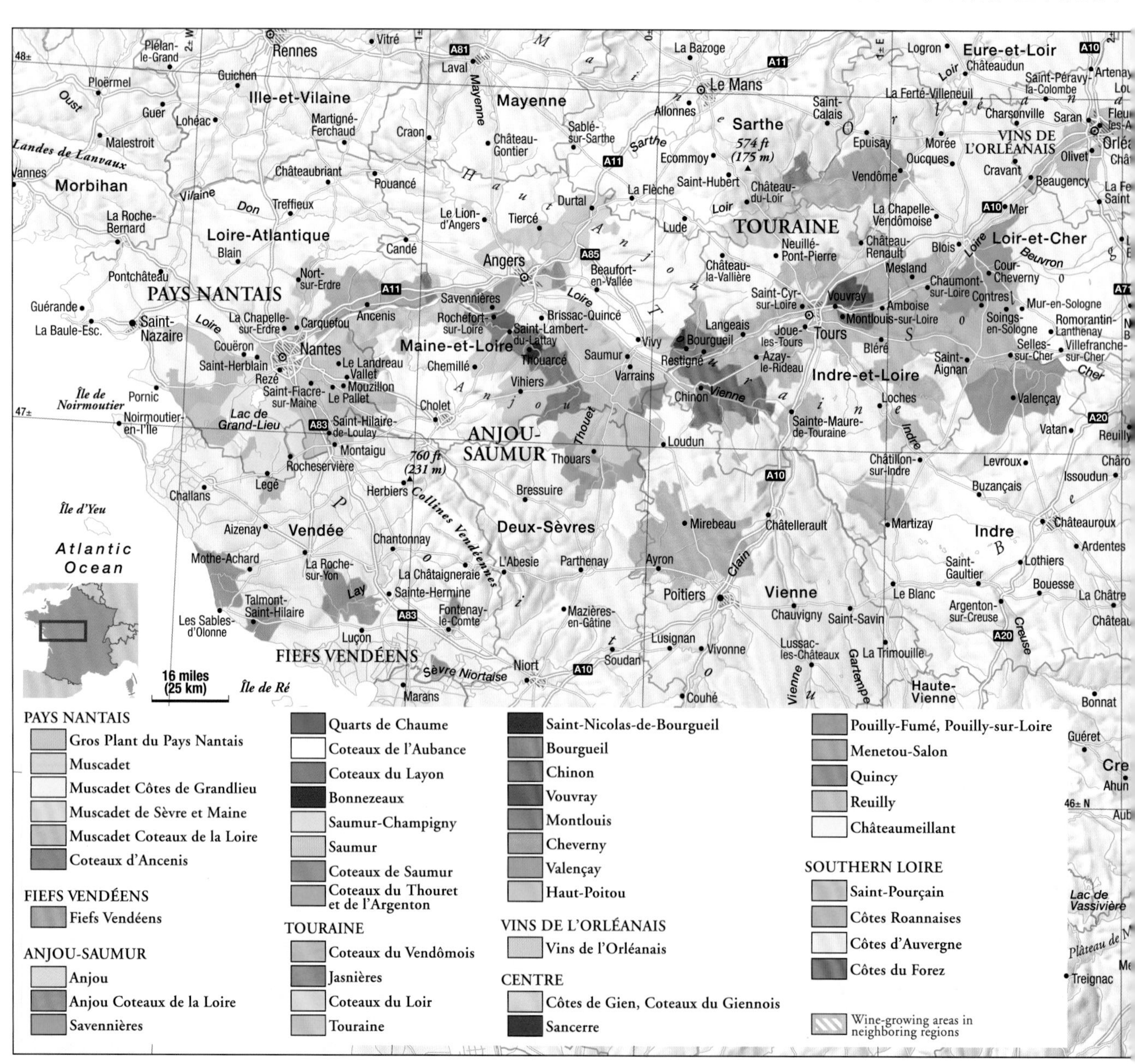

卢瓦尔河畔的索米尔地区盛产起泡酒和雅致的红葡萄酒

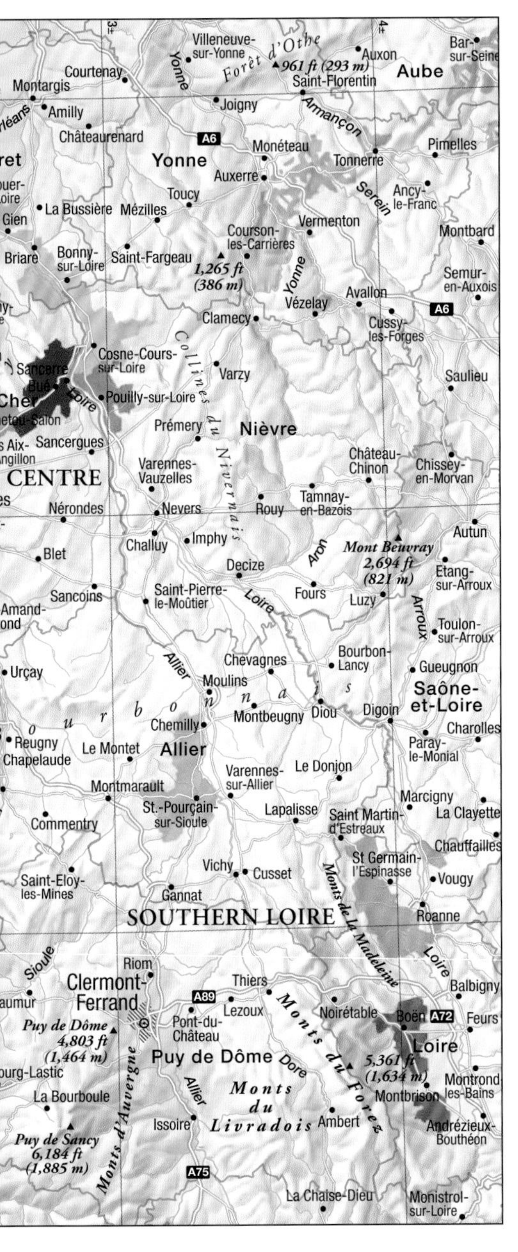

产的葡萄酒千差万别。中央高原和桑塞尔地区虽然与靠近河口的密斯卡岱葡萄酒产区位于同一条河流流域，但是前者属于大陆性气候，与后者温和的大西洋气候截然不同。虽然香槟区、阿尔萨斯以及德国葡萄酒产区的地理位置更加靠北，但是法国大西洋气候地区仍以卢瓦尔河为最北分界线。这里的天气情况远远没有南部地区稳定，相邻年份间的差异也比罗讷河谷和朗格多克地区明显。

七大产区

卢瓦尔河谷可分为7大葡萄酒产区。第一个是位于卢瓦尔河西岸的南特（Pays Nantais）产区，盛产密斯卡岱和大普隆（Gros Plant）葡萄酒。这里的葡萄园主要分布在卢瓦尔河以南，一直延伸至大西洋。第二个产区是位于“法国花园”（指卢瓦尔河谷）入口处的安茹-索米尔，这里是风格多变的白诗南葡萄之乡。与之毗邻的是盛产品丽珠葡萄的都兰产区，包括布尔戈伊（Bourgeuil）、希农（Chinon）和布洛瓦（Blois）地区。奥尔良市周围的村庄构成了一块规模不大的独立产区，出产优良地区餐酒，从这里经过吉昂可以进入长相思的产地——桑塞尔和普伊。卢瓦尔河上游产区只出产优良地区餐酒，包括圣普尔坎（Saint-Pourçain）、侯安丘（Côte Roannaise）、弗雷丘（Côte de Forez）和奥弗涅丘（Côte d'Auvergne）。

虽然卢瓦尔河谷的葡萄酒品种繁多，但它们都具有清新、细腻的特点，这主要归功于保存在葡萄中的天然酸，由于北部气温较低，即使在完全成熟的情况下葡萄也能保留较高的酸度。不过，卢瓦尔河谷依然能够出产适合各种场合的葡萄酒：白葡萄酒、桃红葡萄酒、红葡萄酒、起泡酒和微起泡酒。桃红葡萄酒既有简单的，也有雅致的；红葡萄酒既有酒体轻盈、果味清淡的，也有结构复杂、适合陈年的；白葡萄酒既有层次少、易入口的，也有香气浓郁、口感丰富的；起泡酒既有粗犷的，也有精致的。

武弗雷的窑洞是理想的葡萄酒酒窖

如果说没有任何一款卢瓦尔河葡萄酒可以与著名的勃艮第、香槟或波尔多葡萄酒相媲美，那这主要归咎于巴黎人。在巴黎，几乎所有小酒馆、小食店或餐厅都供应价廉物美的卢瓦尔河谷葡萄酒——密斯卡岱、长相思、品丽珠或佳美葡萄酒。虽然这些葡萄酒销量喜人，但是和世界其他葡萄酒产区一样，并不能鼓励葡萄酒生产商追求品质。尽管如此，卢瓦尔河产区仍然拥有风格独特的葡萄酒，酿酒葡萄主要有三种。

三种默默无闻的“天才”葡萄

排在首位的是“多才多艺”的白诗南葡萄，在这里又被称为“Pineau de la Loire”。这里几乎所有的葡萄酒，包括清淡的干型葡萄酒、醇厚的甜型葡萄酒，甚至浓烈的利口酒，都含有白诗南。白诗南在法国卢瓦尔河谷以外的产区并不常见，但是在南非（在当地被称为“Steen”）、加州和南美地区却得到了广泛种植。令人称道的是，用白诗南酿造的卢瓦尔河谷甜葡萄酒能够随着年份增长改善口感，其中武弗雷（Vouvray）和莱昂丘产区出产的1874年和1893 年甜葡萄酒至今仍受人追捧。

品丽珠（在波尔多地区常被人戏称为赤霞珠的兄弟葡萄）被用来酿造单一品种的卢瓦尔河谷红葡萄酒，这种酒结构复杂、风格雅致，陈年潜力强，虽然口感比波尔多葡萄酒清淡，但是品质仍属上乘。

还有一个不可不提的葡萄是地位特殊的长相思。尤其是在桑塞尔和普伊地区，人们用它来生产强劲而又细腻的葡萄酒，比起用它酿制的普通波尔多白葡萄酒而言，品质优秀许多。

右页图：卢瓦尔河谷产区拥有许多历史悠久的葡萄园，但该地区如今生产的优质葡萄酒比历史上任何时期都多

CLOS
DE LA
SAVENNIÈRES-COULÉE DE SERRANT
1996

在河与海之间：白葡萄酒加鱼！

“密斯卡岱”（Muscadet）这个名称与麝香葡萄（Muscat）或者麝香葡萄酒（Muscatel）没有任何关系。密斯卡岱指的是古老的勃艮第白葡萄品种勃艮第香瓜，这种葡萄由荷兰人引入卢瓦尔河，后来在勃艮第几乎销声匿迹了。如今，密斯卡岱约有11000公顷的种植面积，分布在卢瓦尔河下游和大西洋海岸之间，这片区域地势平坦，偶有平缓的起伏，在海洋气候的影响下，冬季温和，夏季潮湿。密斯卡岱可以酿造出酒体轻盈、果味浓郁的白葡萄酒，是海鲜的理想搭档。这种葡萄没有显著的风格，但是具有一个重要的优点：与其他许多品种相比，密斯卡岱耐寒早熟。通常，南特产区在9月20日之前就能完成采摘，而在同纬度其他地区，随之而来的秋季常有雨水相伴。

酒脚上的密斯卡岱

为了增加葡萄酒的复杂度，酿酒师将最好的葡萄酒留在酒罐或木桶中与酵母一起陈酿，然后再取出装瓶。这种方法会赋予葡萄酒少许酵母味、深度以及由于没有经过换桶或接触空气而保留的发酵过程中产生的部分气泡。在密斯卡岱地区，这样酿制而成的葡萄酒会在酒标上标注“Sur Lie”，意思是“在酵母或酒脚之上”。

没有人比圣·尼可洛家族酒庄的庄主蒂埃里·麦肯更能证明菲耶弗-旺代产区的潜力了

右页图：普雷伊勒酒庄酿造的密斯卡岱葡萄酒拥有极强的陈年潜力

毗邻大西洋的地区很少在葡萄采摘季节遇上理想的天气，但是这种天气适合葡萄种植

普通大区级法定产区出产的密斯卡岱葡萄酒只能在酒标上标注“Muscadet”，而不能使用“Sur Lie”。“Sur Lie”只能用于三个高品质产区的葡萄酒，这些产区都成立于1995年密斯卡岱地区被重新分级之后，包括卢瓦尔河山坡、塞夫尔曼恩和格兰里奥丘。卢瓦尔河山坡的密斯卡岱葡萄园位于南特地区东部，在昂斯尼镇附近的卢瓦尔河两岸。塞夫尔曼恩是其中最大的法定产区，正如其名，葡萄园分布在塞夫尔和曼恩这两条河流（分别位于南特市南部和东部）流域。这个产区几乎只种植密斯卡岱。格兰里奥丘产区成立最晚，葡萄酒主要产自格兰里奥河附近，这里还是一个有趣的鸟类自然保护区。

在南特地区，另一种清新的白葡萄酒采用大普隆（在当地又称为“Folle Blanche”）葡萄酿制而成。这个地区的少量红葡萄酒产自昂斯尼山坡和菲耶弗-旺代产区，主要使用佳美和赤霞珠酿造，口感和果味比较清淡。不过，从1998年开始，位于滨海布朗的圣·尼可洛酒庄不断向世人证明，这个毗邻大西洋的地区绝对有实力生产酒体丰满、结构复杂和风格独特的葡萄酒，特别是这里开始采用自然方式种植葡萄并降低产量后。

南特产区的主要葡萄酒生产商

生产商：Château de la Preuille***
所在地：Saint-Hilaire-de-Loulay
37公顷，年产量25万瓶
葡萄酒：Muscadet sur lie，Gamay de Loire
Philippe Dumortier和Christian Dumortier是为数不多的Muscadet-Landes葡萄酒酿造师。他们还酿造容易入口的红葡萄酒，但他们最好的产品是用不同葡萄园的密斯卡岱生产的葡萄酒。

生产商：Château la Ragotière***-****
所在地：Vallet-la-Regrippière
68公顷，年产量50万瓶
葡萄酒：Muscadet de Sèvre et Maine sur lie：Collection Privé 'M'
Couillaud兄弟酿造的法定产区葡萄酒和地区餐酒品质出众。他们主要出产白葡萄酒。

生产商：Domaine Chéreau-Carré***-****
所在地：Saint-Fiacre-sur-Maine
65公顷，年产量40万瓶
葡萄酒：Muscadet Sèvre et Maine sur lie；Château du Coing de Saint Fiacre：Comte de Saint-Hubert，Grande Cuvée，Tradition Millénaire；Château Oiselinerie de la Ramée，Château de la Gravelle Grande Cuvée
该酒庄是南特产区最著名的葡萄酒生产商。酒庄庄主Véronique Günther-Chéreau酿造的密斯卡岱葡萄酒种类繁多、品质出众。

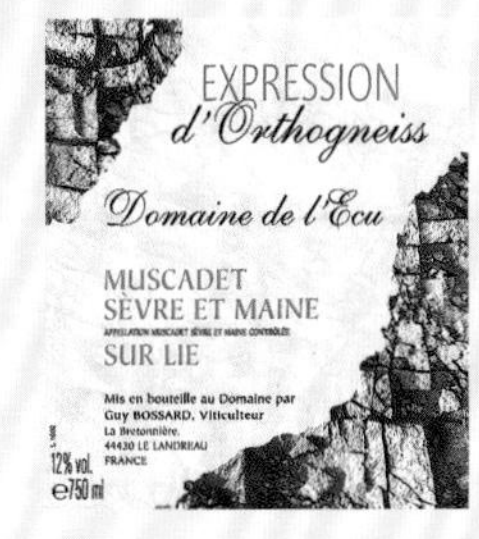

生产商：Domaine de L'Écu****
所在地：Le Landreau
21公顷，年产量12万瓶
葡萄酒：Muscadet Sèvre et Maine Sur Lie Expressions：de Gneiss，d'Orthogneiss，Granite；Brut Ludwig Hahn，Gros Plant du Pays Nantais
酒庄庄主Guy Bossard提倡生物动力种植法，同时配合精细的酿造工艺。他生产的Muscadet-Cuvées是当地最好的葡萄酒之一。

生产商：Domaine de la Louvetrie***-****
所在地：La Haye-Fouassière
45公顷，年产量25万瓶
葡萄酒：Muscadet Sèvre-et-Maine：Fief du Breil，Amphibolite Nature
Jo Landron在自家的两个酒庄——Domaine de la Louvetrie和Château de la Carizière采用生物动力种植法，生产的密斯卡岱葡萄酒或清爽或复杂。

生产商：Domaine Saint-Nicolas***-****
所在地：Brem-sur-Mer
96公顷，年产量18万瓶
葡萄酒：VDQS Fiefs Vendéens；Les Clous，Maria，Hauts des Clous，Plante Gâte，Grande Pièce，Poiré，VdT Soleil de Chine
Thierry Michon的葡萄园毗邻大西洋，1998年之后，他改用生物动力法种植葡萄，酿造出一系列令人着迷的葡萄酒。这些优质葡萄酒最早向世人证明了Fiefs Vendéens产区的巨大潜力。

修道院山坡上的生物动力葡萄酒

前银行家尼古拉斯·乔利是法国最杰出的生物动力种植法倡导者，他向人们展示了如何运用生物动力种植法提升葡萄酒的品质和表现力

与法国其他产区的葡萄种植户相比，卢瓦尔河谷的种植户对生物种植法，更准确地说，生物动力种植法——更加钟情。其中的代表人物是萨维涅尔镇（Savennières）赛宏河坡（Coulée de Serrant）葡萄园园主，尼古拉斯·乔利。12世纪，在一个能够俯瞰卢瓦尔河谷的陡峭山坡上，熙笃会的僧侣开垦了这片面积为7公顷的葡萄园。在过去800年间，葡萄园的名望与日俱增，曾有两位法国国王以及约瑟夫皇后先后拜访此地，对这里的葡萄酒赞不绝口。

赛宏河坡葡萄园出产的干白葡萄酒是世界上风格最独特的干白葡萄酒之一。20世纪70年代末，尼古拉斯·乔利刚接管酒庄的时候，盲目听信当地农业部门的意见，根据传统方法在葡萄园里喷洒化肥。但短短两年后，乔利就发现土壤质量急剧下降，本地动植物大量减少。一次偶然的机会，他接触到鲁道夫·斯坦纳有关生物动力种植法的文章。首次试验的结果非常鼓舞人心，因此，从1984年开始，乔利在其12公顷的葡萄园内全部采用生物动力种植法，并取得了巨大的成果。葡萄园的生物平衡逐渐恢复，乔利酿制的葡萄酒也慢慢拥有独特的风格和浓郁的口感。1997年，他根据自己多年的栽培经验和研究成果，出版了一本通俗易懂的指南。如今，乔利已成为公认的生物动力种植法的代言人。

生物动力种植法的本质是宇宙和地球之间的交流。几个世纪前，人们就已经知道这种说法，但近年来由人智学的创始人斯坦纳对其进行重述和解释后，才被世人所理解和接受。根据乔利的理论，活土及其中的微生物是健康、优质的葡萄种植体系的基础。他将四种自然条件分别与葡萄树的不同部分结合起来：矿物质和树根、水和树叶、阳光和花朵、温度和果实。对植物而言，重力和阳光之间存在两极性，重力向下，而阳光促使它向上生长。如果种植户了解这种两极性，就能分辨出能让根系深深扎入土壤的强大重力以及使葡萄树向上生长的动力。由于花期较短，植物会等到阳光充足、温度适中的时候再开花，从而保证果实的品质。

通过研究气候和葡萄园的地理位置，生物动力种植法的支持者不但延长了葡萄树的寿命，还增强了它们的特征。“采用生物动力法酿造的葡萄酒品质不一定上乘，但可以真实地反映当地的风土条件。”乔利说。当葡萄园使用化肥和杀虫剂、酿酒厂使用人工酵母和酶制剂的时候，那些构成葡萄园或整个法定产区特征的重要物质就遭到了破坏，而生物动力法则主张葡萄树与风土条件的所有因素的相互配合。为了防止风土条件和葡萄酒的缓慢稀释，乔利使用各种顺势疗法（homeopahtic method）制剂，以促进葡萄树健康生长并在葡萄园中建立自然平衡。如果参考月亮和其他重要行星的运行规律，这些方法可以实现最优化。玛利亚·桑（Maria Thun）研究星座和行星的作

卢瓦尔河谷的起泡酒

卢瓦尔河谷是最重要的起泡酒产区之一。起泡酒主要来自索米尔、武弗雷和蒙路易（Montlouis）地区，那里的凝灰岩山洞为瓶内发酵提供了理想的条件。对于葡萄种植户来说，当坏天气影响葡萄的成熟时，酿制起泡酒是个不错的选择，可以有效利用葡萄。目前，卢瓦尔河谷每年生产1400万瓶起泡酒。在索米尔地区，起泡酒在葡萄酒总产量中占主导地位，甚至在武弗雷地区也占到了40%。1975年，卢瓦尔河起泡酒（Crémant de Loire）法定产区成立，该产区借鉴香槟区的生产方法。

中央高原的葡萄酒产区

卢瓦尔河上游地区共有五个V.D.Q.S.级别的种植区，出产的葡萄酒仅在当地具有影响力，很少在法国其他地方或国际市场出现。

距离蒙吕松镇（Montluçon）北部60千米的沙托梅朗（Châteaumeillant）产区有着悠久的葡萄种植历史。目前，沙托梅朗的葡萄种植面积仅为90公顷，除了黑比诺和灰比诺，主要种植佳美葡萄，盛产颜色浅淡、口感鲜爽的灰葡萄酒。此外，沙托梅朗还出产香味浓郁、口感圆润的红葡萄酒。圣普尔桑（Saint-Pourçain）产区位于西乌尔（Sioule）河畔穆兰区（Moulins）南部，在其600公顷的葡萄园内，主要种植佳美和黑比诺，出产的红葡萄酒口感怡人，果味复杂。当地的白葡萄酒主要采用长相思、霞多丽、阿里高特和本地品种特利莎酿制而成。侯安丘产区包括20多个分布在罗阿讷镇（Roanne）卢瓦尔河两岸的村庄，葡萄种植面积为205公顷，主要种植佳美。最好的红葡萄酒来自雷奈松（Renaison）、圣昂德雷达普雄（Saint-Andréd'Apchon）和维莱蒙泰（Villemontais）村庄。

奥弗涅丘产区位于纵贯克莱蒙费朗市（Clermont Ferrand）的中央高原的边缘地带，拥有425公顷葡萄种植面积，共分为5个区域。这里的佳美主要用于酿制干型桃红葡萄酒和果味浓郁、偶尔酒体丰满的红葡萄酒，其中尚蒂尔格（Chanturgue）、沙托盖（Châteaugay）和布德（Boudès）出产的葡萄酒品质上乘。5个产区中的最后一个是弗雷丘，葡萄种植面积仅有120公顷，主要分布在圣艾蒂安（Saint-Étienne）西北部的卢瓦尔河谷周边的山坡上。位于特雷兰（Trelins）的合作社Les Vignerons Foréziens是推动当地葡萄酒行业发展的主要力量。

用已经有很多年了，并且取得了显著的成就。这里最出名的生物动力葡萄酒产品包括赛宏河坡酒庄的葡萄酒、予厄酒庄（Domaine Huet）的武弗雷葡萄酒、达格诺（Daguenau）酒庄的普伊-富美葡萄酒、勒桦酒庄（Domaine Leroy）的勃艮第葡萄酒以及阿尔萨斯马克·来登万（Marc Kreydenweiss）酒庄的雷司令和琼瑶浆葡萄酒，它们不随波逐流，充分展示自己的特色。而且，这些葡萄酒品质出众，声名远扬，使得越来越多的法国种植户开始接受生物动力法的观点。

僧侣岩酒庄（Château de la Rocheaux-Moines）拥有著名的赛宏河坡葡萄园，采用生物动力种植法，出产的白葡萄酒品质出众

优良地区餐酒

优良地区餐酒全称“Vin Délimité de Qualité Supérieure”，简称V.D.Q.S.，等级介于地区餐酒和法定产区葡萄酒之间，用以标明品质优良的葡萄酒。该等级的葡萄酒大多会在一段时间后升级为A.C.，这也是今天仅有17个V.D.Q.S.产区的原因。V.D.Q.S.葡萄酒允许种植的葡萄品种、产地、最高产量和酿酒方法都与A.C.葡萄酒有着同样严格的规定，只是缺乏A.C.葡萄酒的声望，因此葡萄种植户们都希望他们的葡萄酒等级能够更上一层楼。对于消费者而言，这些葡萄酒十分具有吸引力，因为它们品质优秀，价格合理。

桃红葡萄酒之乡的甜葡萄酒之星

卢瓦尔河谷产区拥有古老的城墙和浪漫的风景，魅力无穷

从南特向上游行走，就能来到安茹-索米尔地区，这里的葡萄种植面积高达17400公顷，葡萄酒种类繁多。安茹位于这片地区的西部，在昂热城（Angers）附近，凭借价格合理、甜度适中的桃红葡萄酒，在法国市场上享誉盛名，但近来它的市场份额急剧下降。葡萄根瘤蚜灾难发生之前，这里几乎只种植白葡萄品种。灾难过后，白葡萄的种植比例下跌到20%，直到最近才又开始增长。

安茹桃红葡萄酒是一款朴实无华的葡萄酒，采用本地的果若葡萄酿制而成。果若的种植面积约为4000公顷，但正逐渐被品丽珠和佳美取代。目前，品丽珠几乎占据安茹红葡萄种植总面积的1/3，以安茹解百纳（Cabernet d'Anjou）这款高酸微甜的桃红葡萄酒出名。品丽珠还可以用来酿造当地的一些顶级红葡萄酒，其中以安茹村庄（昂热东南部的法定产区）为名出售的葡萄酒口感强劲、结构丰盈。

安茹地区真正的特产是用白诗南酿造的白葡萄酒。白诗南主要生长在昂热附近朝南的片岩山坡上，这里曾经盛产萨维涅尔甜葡萄酒，但现在以干型葡萄酒为主。安茹的两个葡萄园赛宏河坡（占地7公顷）和僧侣岩都具有独立法定产区的称号，出产的葡萄酒酒体醇厚、口感复杂、历久弥香，被认为是世界上最好的白葡萄酒之一。不过，白诗南最适合用来酿制甜葡萄酒，安茹共有4个甜葡萄酒法定产区。位于卢瓦尔河左岸的安茹村庄级法定产区也出产醇香的甜葡萄酒，并以“奥本斯山坡”（Coteaux de l'Aubance）的酒标出售，与之相当的干葡萄酒是安茹白（Anjou Blanc）。地位最高、面积最大的甜葡萄酒产区是莱昂丘，位于与之同名的卢瓦尔河支流沿岸的陡峭山坡上，距卢瓦尔河畔罗谢福尔（Rochefort-sur-Loire）南部约50千米。近年来，许多天才的生产商呕心沥血，酿造的休姆（Chaume）产区和村庄级法定产区葡萄酒足以与莱昂丘博内祖（Bonnezeaux）和卡德-休姆（Quarts de Chaume）产区知名度更高的葡萄酒相媲美。

索米尔位于安茹-索米尔产区的东部，情况与安茹截然不同。在这里，白垩质的凝灰岩取代了页岩，成为决定葡萄酒特质的主要因素。红葡萄品种与白葡萄品种的种植面积相当，但红葡萄酒，尤其是用品丽珠酿造的索米尔-尚皮尼红葡萄酒（Saumur-Champigny Rouge），因果香浓郁、结构平衡、风格雅致而品质出众、名声显赫。白葡萄酒主要采用白诗南酿制而成，具有细腻的酸味和优良的陈年能力，其中干白葡萄酒以索米尔白（Saumur Blanc）或者索米尔-尚皮尼为名出售，甜白葡萄酒以索米尔山坡（Coteaux de Saumur）为名出售。在市场销售方面，主角既不是白葡萄酒也不是红葡萄酒，而是索米尔起泡酒（Saumur Mousseux），其酿酒葡萄为白诗南和霞多丽，偶尔也使用长相思。

天堂美酒

安茹-索米尔出产世界顶级的甜葡萄酒。虽然这些葡萄酒成名于15世纪，在16—17世纪又被荷兰人发扬光大，但在最近几十年里它们无所作为，被世人所忽略。目前，情况有所改善，一个原因是人们又开始对甜葡萄酒产生兴趣，另一个原因是生产商品质意识的觉醒，他们已经做好准备迎接挑战和风险。卢瓦尔河甜葡萄酒的基本原料是白诗南，虽然它的另一个名称为“卢瓦尔比诺”（Pineau de la Loire），但是与勃艮第的比诺品种并无关联。白诗南是卢瓦尔河谷的本土品种，从公元9世纪开始就在安茹地区种植。根据成熟度的不同，白诗南可以用来酿造各种类型的葡萄酒。在差的年份里，白诗南的含糖量最高为170克，酒精度最高为10% vol，因此只适合酿造干白葡萄酒和起泡酒。如果天气条件较为理想，白诗南的含糖量可达190～260克，至少有一部分可以用于酿制半干型葡萄酒或者甜型葡萄酒。

几乎没有一个地区的建筑能像卢瓦尔河谷产区的建筑这样精致。在这里，连酒窖都设计巧妙，建造精细

上普瓦图（Haut Poitou）

中世纪时期，以普瓦捷城（Poitiers）为中心的普瓦图地区的葡萄酒比勃艮第葡萄酒更出名。它们从拉罗谢尔（La Rochelle）港口被运往英格兰，这种情形一直持续到13世纪，当时普瓦图落入法国之手，英国商人的船只再也无法驶入港口。今天，位于索米尔南部的上普瓦图拥有480公顷葡萄园，出产的各种葡萄酒（长相思、佳美、赤霞珠等）已获得V.D.Q.S.等级的称号。长相思最先由诺伊维尔（Neuville）的酿酒合作社复兴，而现在，弗雷德里克·布罗歇（Frédéric Brochet）正凭借自己的葡萄酒引领该地区的发展。

在特殊的年份，白诗南的含糖量甚至高达500克，几乎全部用于酿制甜葡萄酒。它们的酒精度可达30% vol，在武弗雷、蒙路易和奥本斯山坡以及莱昂丘的博内祖和卡德-休姆，这种情况十分常见。卢瓦尔河及其支流区域的微气候为葡萄的生长提供了理想的条件。葡萄果实中较高的含糖量可以通过两种方法获得：一种方法是在炎热、干燥的秋季将葡萄制成葡萄干，这个过程称为“passerillé”；另一种方法是使葡萄感染贵腐霉菌。在卢瓦尔河谷产区，第一种方法仅在1947年和1989年这样收成非常理想的年份使用过。第二种方法则使用广泛。秋季清晨的薄雾、午后的阳光和夜晚的凉爽非常适合贵腐霉菌的生长。贵腐霉菌会穿透葡萄表皮，留下孔隙，使果汁蒸发，糖分浓度升高。葡萄的采摘分几个阶段进行，只有完全成熟的果实才会被采摘下来。一些生产商会将不同批次的葡萄分开酿造和装瓶，而其他人则努力实现最大限度的协调和平衡，将不同时间酿造的葡萄酒混合调配。通常，葡萄

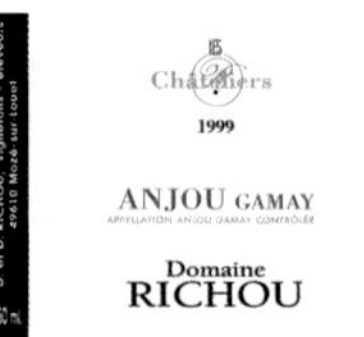

汁在较低的温度下发酵，糖分转化为酒精的过程持续两个月。一旦葡萄酒的酒精度达到理想水平（半干型葡萄酒的理想酒精度为12～13% vol，甜葡萄酒为13～14% vol），发酵过程将会停止。虽然这样会使大量糖分残留在葡萄酒内，但用白诗南酿造的“moelleux”（一种没有用感染贵腐霉菌方法酿造的口感圆润的甜葡萄酒）从不显得黏稠，因为这种葡萄较强的酸度赋予了它们鲜爽的口感。酿造后的前两年，这些葡萄酒果味浓郁，5～8年后，它们的香气变得复杂，散发出杏和蜂蜜的气味。品质出众的年份酒可以存放数十年，会变得越来越复杂和协调。可惜的是，它们太过诱人，人们总忍不住早早地开瓶品尝。

安茹-索米尔和上普瓦图的主要葡萄酒生产商

生产商：Château Bellerive***-****
所在地：Rochefort-sur-Loire
12公顷，年产量3万瓶
葡萄酒：Quarts de Chaume Clos de Chaume，Quarts de Chaume Quintessence
酒庄庄主Serge Malinge和Michel Malinge的葡萄园坐落在Quarts de Chaume产区的中心位置，具有酿造红葡萄酒的理想条件。出产的葡萄酒协调、平衡。

生产商：Château Pierre Bise****-*****
所在地：Beaulieu-sur-Layon
53公顷，年产量15万瓶
葡萄酒：Coteaux du Layon Beaulieu，Chaume，Quarts de Chaume，Savennières
在好的年份，酒庄庄主Claude Papin酿造的甜葡萄酒足以与法国顶级甜葡萄酒媲美，但价格却亲民许多。Papin是风土哲学方面的专家。

生产商：Château de Fesles****
所在地：Thouarcé
35公顷，年产量18万瓶
葡萄酒：Bonnezeaux，Coteaux du Layon；Anjou，Savennières
在几年的时间里，Bernard Germain不仅带领该酒庄重建辉煌，而且在另外两家酒庄——La Guimonière和La Roulerie也酿造出了高品质的甜葡萄酒。

生产商：Château du Hureau****
所在地：Saumur
20公顷，年产量11万瓶
葡萄酒：Saumur-Champigny Grande Cuvée，Lisagathe，Saumur Blanc
Philippe Vatan的葡萄园主要为黏土和白垩质土壤，为出产颜色深浓、结构平衡的红葡萄酒提供了理想条件。酒庄还出产一款品质出众的白诗南葡萄酒。

生产商：Château La Roche-aux-Moines -Coulée de Serrant*****
所在地：Savennières
14.5公顷，年产量5万瓶
葡萄酒：Savennières：Coulée de Serrant，Becherelle，Roche aux Moines
尼古拉斯·乔利绝对是萨维涅尔的明星，同时还是法国生物动力种植法的带头人。他酿制的葡萄酒品质出众。

生产商：Château de Villeneuve****
所在地：Sousay-Champigny
28公顷，年产量14万瓶
葡萄酒：Saumur Cormiers；Saumur-Champigny Vieilles Vignes
酒庄庄主Jean-Pierre Chevalier是一位出色的酿酒师，率先改善品丽珠的浓度、果味、质感和特色。

生产商：Château Yvonne****
所在地：Parnay

7公顷，年产量2万瓶
葡萄酒：Saumur，Saumur-Champigny
Françoise Foucault证明了自己在酿酒方面的天赋，并推出了一些优质的白诗南葡萄酒。

生产商：Clos Rougeard*****
所在地：Chacé
10公顷，年产量2万瓶
葡萄酒：Saumur-Champigny：Les Poyeaux，Bourg；Saumur Blanc Brezé
Foucault兄弟酿造的红葡萄酒和白葡萄酒以及精选的甜葡萄酒是安茹地区最好的葡萄酒之一。

生产商：Philippe Delesvaux*—*******
所在地：Saint-Aubin-de-Luigne
14.5公顷，年产量5万瓶
葡萄酒：Anjou Rouge，Anjou Villages，Coteaux du Layon：Sélection de Grains Nobles，Le 20
在安茹地区，Philippe Delesvaux在酿造干白葡萄酒、干红葡萄酒和甜葡萄酒方面的能力几乎无人可及。他的杰作Sélection葡萄酒有力地证明了这一点。

生产商：Domaine de Bablut***
所在地：Brissac
50公顷，年产量28万瓶
葡萄酒：Coteaux de l'Aubance，Anjou Villages Château de Brissac
Christophe Daviau在酒庄经营上十分大胆。他的红葡萄酒Anjou Villages品质优秀，但他最擅长的还是白葡萄酒，尤其是半干型白葡萄酒。

生产商：Domaine des Baumard****
所在地：Rochefort-sur-Loire
37公顷，年产量14万瓶
葡萄酒：Coteaux du Layon Le Paon，Savennières Clos du Papillon，Trie Spéciale，Quarts de Chaume
Florent Baumard不仅是莱昂丘甜葡萄酒方面的专家，而且酿制的萨维涅尔干葡萄酒也品质出众。Trie Spéciale葡萄酒口感强劲，具有矿物味。

生产商：Domaine du Closel*—*******
所在地：Savennières
17公顷，年产量6万瓶
葡萄酒：Savennières：Cuvée Spéciale，Clos du Papillon
酒庄盛产干型葡萄酒、半干型葡萄酒和迟摘型萨维涅尔葡萄酒，海拔最高的葡萄园是Clos du Papillon。

生产商：Domaine du Collier****
所在地：Chacé
6公顷，年产量2万瓶
葡萄酒：Saumur，Saumur-Champigny
结束了在Clos Rougeard酒庄的学徒生涯后，Antoine Foucault开始崭露头角，酿造出了优质白葡萄酒和顶级红葡萄酒。

生产商：Domaine René-Noël Legrand—******
所在地：Varrains
15公顷，年产量6万瓶
葡萄酒：Saumur，Saumur-Champigny：Les Terrages，Les Lizières，Les Rogelins
酒庄现任庄主是卢瓦尔河谷产区的创立人之一，近年来，他生产的葡萄酒品质逐步提升，广受赞誉。

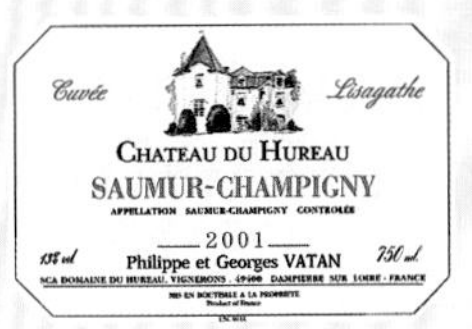

COTEAUX du LAYON
SAINT LAMBERT
LES BONNES BLANCHES
2004

生产商：Domaine de Montgilet—******
所在地：Juigné-sur-Loire
37公顷，年产量15万瓶
葡萄酒：Anjou，Anjou-Villages，Coteaux de l'Aubance，Vin de Pays
细腻的白诗南甜葡萄酒是Lebreton兄弟的代表作。他们还酿造口感鲜爽的干白葡萄酒和结构坚实的红葡萄酒，部分葡萄酒带有木头香。

生产商：Domaine Ogereau****
所在地：Saint-Lambert-du-Lattay
24公顷，年产量7万瓶
葡萄酒：Anjou-Villages，Anjou Sec Prestige，Coteaux du Layon：Saint Lambert，Saint Lambert Prestige
Vincent Ogereau酿造的红葡萄酒和白葡萄酒十分完美。部分葡萄酒在橡木桶中陈年，但水果的香味和优雅的风格都完整地保存了下来。

生产商：Domaine Jo Pithon****
所在地：Saint-Lambert-du-Lattay
15公顷，年产量6万瓶
葡萄酒：Anjou，Savennières，Coteaux du Layon，Quart de Chaume
Jo Pithon是一位白诗南葡萄酒大师。他酿造的甜葡萄酒口感细腻、香气浓郁，现在他凭借优质的干葡萄酒再次脱颖而出。

生产商：Domaine des Roches Neuves****
所在地：Varrains
20公顷，年产量12万瓶
葡萄酒：Saumur Blanc Insolite，Saumur-Champigny，Terres Chaudes，Vieilles Vignes，Marignale
Thierry Germain不惜冒巨大的风险等到葡萄完全成熟后再进行采摘。他采用新橡木桶陈年顶级特酿酒，赋予红葡萄酒浓郁的果味、复杂的口感和顺滑的质地。Insolite葡萄酒品质出众。

生产商：Domaine des Sablonettes*—******
所在地：Rablay-sur-Layon
13公顷，年产量3.5万瓶
葡萄酒：Anjou，Anjou Villages；Coteaux du Layon Rablay
Joel Menard和Christine Menard擅长酿造各种葡萄酒：桃红葡萄酒、红葡萄酒和干白葡萄酒。不过他们的代表作是甜葡萄酒，尤其是Champ du Cygne葡萄酒。

生产商：Domaine de la Sansonnière****
所在地：Thouarcé
7公顷，年产量2万瓶
葡萄酒：Anjou：La Lune，Fourchades；Rosé d'Anjou；Coteaux du Layon Les Blanderies
Marc Angeli采用生物动力种植法，酿制的葡萄酒色泽清透、果味浓郁、口感复杂。

生产商：Maison Bouvet-Ladoubay—******
所在地：Saumur
部分非自有葡萄，年产量270万瓶
葡萄酒：Saumur brut：Saphir，Trésor，Instinct；Nonpareils：Anjou Cabernet Sauvignon，Cabernet Franc
这家成立于1851年的起泡酒公司凭借浓郁、芳香的红葡萄酒引起了轰动，但其生产的Instinct葡萄酒证明了它仍然是起泡酒的顶级生产商。

“法国的花园”

都兰拥有著名的卢瓦尔城堡，同时也被誉为“法国的花园”。在都兰1.4万公顷的葡萄园内，每年约有一半葡萄酒被打上“都兰”的标签装瓶出售，其中红葡萄酒和白葡萄酒数量相当。一大部分葡萄酒，尤其是佳美，在葡萄采摘下来后不久就进入市场，以期酒进行销售。都兰的土壤主要为白凝灰岩，常用于建造最好的卢瓦尔城堡。大多数葡萄树种植在卢瓦尔河沿岸，也有少量种植在卢瓦尔河支流——图尔城（Tours）东部的谢尔河（Cher）一带。都兰的生态气候比较多样，适合种植各种葡萄。白葡萄品种中，除了常见的白诗南，还有阿尔布瓦、长相思、灰比诺和霞多丽，其中长相思的种植面积最广。红葡萄品种主要包括品丽珠、赤霞珠、马尔贝克、黑比诺、佳美、黑诗南和果若。当地最好的葡萄酒源自品丽珠，这种葡萄在卢瓦尔河谷地区又被称为布莱顿，从波尔多经过布列塔尼传到都兰。它在原产地就已经充分证明了自己的品质，用其酿造的单一品种葡萄酒仅在都兰生产。

如果不将索米尔地区算在内，都兰产区从布尔戈伊开始，面朝上游。都兰多元的风土条件赋予了品丽珠不同的特质。冲积土壤出产的品丽珠葡萄酒清淡易饮。海拔较高的地方以黏土和白垩土为主，出产的葡萄酒结构复杂、单宁丰富。在阳光充足、土壤贫瘠的地区，葡萄酒品质出众。年份好的葡萄酒单宁成熟、圆润，即使经过几十年陈酿，口感依然优雅、复杂。

布尔戈伊和希农

最好的品丽珠葡萄酒来自布尔戈伊、希农和布尔戈伊圣尼古拉（Saint-Nicolas-de-Bourgeuil）产区。其中，布尔戈伊圣尼古拉产区位于最西端，葡萄种植面积最少，为1000公顷。这个产区的土质较轻，主要出产果味浓郁、无须陈年的红葡萄酒和桃红葡萄酒，这些葡萄酒在法国十分受欢迎。紧邻布尔戈伊圣尼古拉东部的是布尔戈伊，都兰地区最著名的产区。布尔戈伊在卢瓦尔河北岸拥有1400公顷葡萄园，每一块土地上都种植了品丽珠。这里的土壤基层为白垩土，上面覆盖了沙子和砾石，盛产卢瓦尔河谷地区结构最稳定、单宁最丰富的红葡萄酒。

卢瓦尔河谷产区的许多酒庄正在逐渐复兴

在卢瓦尔河的另一边，希农产区沿着其支流维埃纳河（Vienne）分布，葡萄种植面积为1800公顷，是三个产区中最大的一个。根据不同的土壤类型，葡萄酒的风格也有所不同。在地势较高、土壤中含有白垩质凝灰岩的葡萄园，如克拉旺（Cravant）周边地区，葡萄酒醇厚、强劲；在靠近河流的葡萄园，葡萄酒酒体轻盈。

如果让酒神巴克斯选择，他很可能会选武弗雷葡萄酒

红葡萄酒之乡的白葡萄酒

虽然都兰产区以红葡萄品种品丽珠为主，但并不只是出产红葡萄酒。这里也种植白诗南，而且在卢瓦尔河两岸用来酿造各种葡萄酒，包括干白葡萄酒、甜白葡萄酒和起泡酒。除了盛产干白葡萄酒的小产区雅思涅（Jasnières），武弗雷和蒙路易也十分引人注目。武弗雷的葡萄种植面积为1800公顷，是都兰最重要的白葡萄酒产区，也是最大的白诗南产区。在武弗雷，60%的葡萄用于酿造静态酒，剩余的40%用于酿造起泡酒。当地的凝灰岩石酒窖独一无二。在葡萄压榨和窖藏技术尚不发达的年代，酒窖里凉爽的环境为葡萄酒的二次发酵提供了理想的条件。

都兰的主要葡萄酒生产商

生产商：Domaine Philippe Alliet*****
所在地：Cravant-les-Coteaux
17公顷，年产量8万瓶
葡萄酒：Chinon Vieilles Vignes，Chinon Coteau de Noiré
该酒庄出产的红葡萄酒在法国同等价位的葡萄酒中品质最佳。凭借Coteau de Noiré和Chinon葡萄酒，Philippe Alliet证明了Chinon可以不只是一款柔和的葡萄酒。酒庄是整个产区葡萄酒行业的典范。

生产商：Domaine Yannick Amirault**-*******
所在地：Bourgueil
19公顷，年产量8万瓶
葡萄酒：Bourgueil：LesQuartiers，La Petite Cave；Saint-Nicolas-de-Bourgueil：Les Graviers and Vieilles Vignes，Les Malgagnes
Yannick Amirault的葡萄园只种植赤霞珠。他对土壤的精心管理以及对葡萄成熟度的完美掌控赋予了每个葡萄园独特的风格。出产的葡萄酒风格雅致。

生产商：Domaine Bernard Baudry****
所在地：Chinon
25公顷，年产量11万瓶
葡萄酒：Chinon：Les Granges，Crois Boissée，Les Grézeaux，Clos Guillot
Chinon地区的顶级生产商，出产的一款用白诗南酿造的白葡萄酒虽然产量较小，但品质非凡。

生产商：Domaine de Bellivière****
所在地：Lhomme
11公顷，年产量3.5万瓶
葡萄酒：Coteaux du Loir：Vieilles Vignes Eparses；Jasnières
Eric Nicolas擅长将葡萄树，特别是老葡萄树的特质表现在葡萄酒中：在不同的年份，葡萄酒或干或甜。葡萄酒特色鲜明。

生产商：Domaine François Chidaine****
所在地：Montlouis
20公顷，年产量12万瓶
葡萄酒：Montlouis：Choiselles，Demi-sec Les Tuffeaux，Clos Habert，Brut Méthode Traditionelle
François Chidaine对他的葡萄园倾注了无限的热情和心血，而他的付出也得到了回报。他酿造的葡萄酒色泽通透，其中Les Tuffeaux富含矿物气息。

生产商：Domaine Couly-Dutheil***
所在地：Chinon
90公顷，非自有葡萄，年产量60万瓶
葡萄酒：Chinon：Clos de l'Écho，Crescendo，Clos de l'Olive，Chinon Blanc，Saumur-Champigny
这家大公司已由年轻一代的Bertrand和Arnaud接手。通过综合种植、精挑细选和现代销售技术，他们继续将公司享誉75年的Chinon葡萄酒发扬光大。

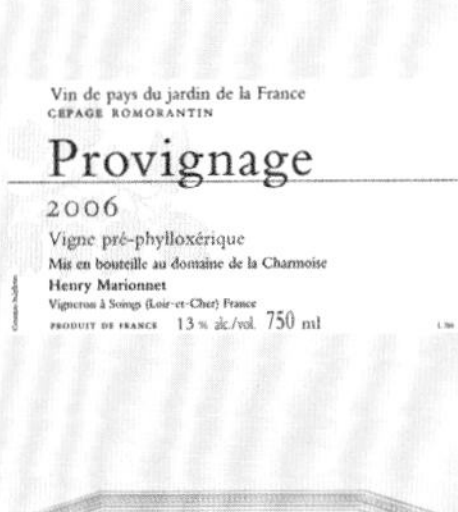

生产商：Domaine Huet*-*******
所在地：Vouvray
35公顷，年产量15万瓶
葡萄酒：Vouvray：Le Haut-Lieu Sec，Le Mont Moelleux，Clos du Bourg Moelleux，Le Mont Sec，Clos du Bourg Demi-sec
酒庄采用生物动力种植法，生产的Vouvray葡萄酒品质一流。无论是干葡萄酒、半干葡萄酒还是甜葡萄酒，都具有浓郁、持久的果香以及丰富的矿物香。

生产商：Domaine Charles Joguet-******
所在地：Sazilly
40公顷，年产量20万瓶
葡萄酒：Chinon：Terroir，Jeunes Vignes，Clos de la Cure，Les Varennes du Grand Clos，Clos du Chêne Vert，Clos de la Dioterie
多年来，Charles Joguet一直致力于推动Chinon产区葡萄酒行业的发展。他退休后，Chinon产区的葡萄酒品质有所下降，只有Clos de la Dioterie和Clos du Chêne始终保持不变。如今，人们再一次开始关注品质。

生产商：Domaine Henri Marionnet*-*******
所在地：Soings
60公顷，年产量37万瓶
葡萄酒：Touraine：Domaine de la Charmoise Sauvignon，Rosé，Gamay，M，Première Vendange；Vinifera：Sauvignon，Chenin，Provignage，Gamay，Cot
凭借用长相思和佳美酿造的清透、浓香、迷人的葡萄酒，Henri Marionnet在国际市场上享誉盛名。在获得了一个建立于1851年、出产Provinage的葡萄园后，他一直用砧木进行试验，推出了一些独一无二的葡萄酒。

生产商：Domaine du Clos Naudin**-*******
所在地：Vouvray
12公顷，年产量6万瓶
葡萄酒：Vouvray：Sec，Demi-sec，Moelleux，Brut Réserve，Méthode traditionnelle，Réserve
Philippe Foreau通过瓶内熟成静态酒，酿造出无与伦比的顶级起泡酒。他酿造的半甜葡萄酒和甜葡萄酒经久耐存，在产区内堪称一流。

生产商：Domaine de la Taille-aux-Loups****
所在地：Montlouis-sur-Loire
25公顷，年产量12万瓶
葡萄酒：Montlouis：Sec，Demi-sec，Moelleux Cuvée des Loups，Brut Tradition，Vouvray sec Clos de Venise
Jacky Blot向葡萄酒行业证明了Montlouis葡萄酒毫不逊色于卢瓦尔河对岸的Vouvray葡萄酒。他最近酿造的Vouvray葡萄酒已经能与他最杰出的Montlouis葡萄酒相媲美了。

燧石和醋栗

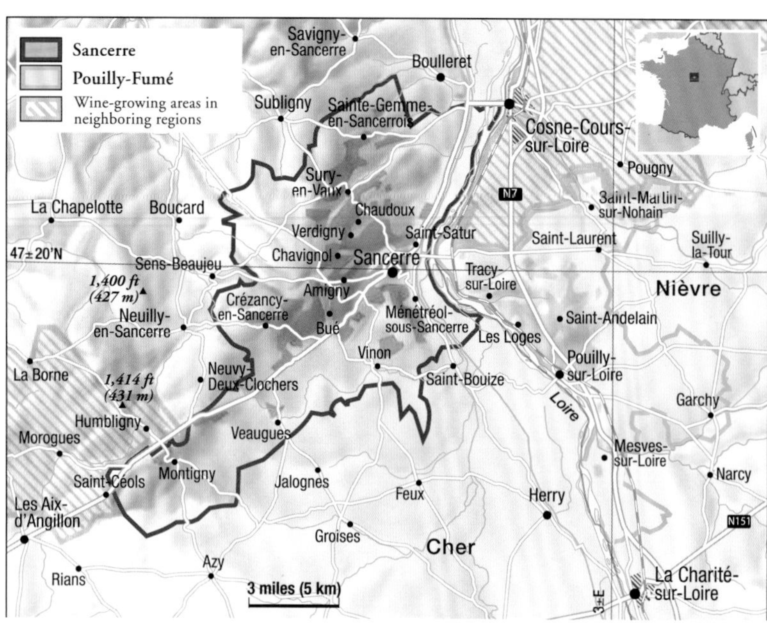

卢瓦尔河上游是苏维浓的重要产地，确切地说，是长相思（白苏维浓），而不是灰苏维浓、紫苏维浓、黄苏维浓或青苏维浓，青苏维浓又称为苏维浓纳斯，是弗留利托凯的变种。在南美洲，弗留利托凯仍然以苏维浓的名称出售。由于这个庞大家族中的大多数葡萄品种地位不高或者完全没有地位，长相思也常常被人们忽视。20世纪70—80年代，用长相思酿造的桑塞尔白葡萄酒（桑塞尔是这一地区主要法定产区之一）几乎风靡全球，与当时同样流行的灰比诺难分上下。如今，人们对桑塞尔白葡萄酒的狂热已经不复存在，但长相思葡萄仍然受到世界各国葡萄酒产区的青睐。除了卢瓦尔河谷和波多尔地区，长相思还扩散到了奥地利施蒂利亚、意大利弗留利（Friuli）、美国加利福尼亚州、澳大利亚、南美洲和南非等地区。

长相思的浓郁香味与众不同。尚未成熟或采摘较早的葡萄具有典型的青草味。

在卢瓦尔河上游的桑塞尔、普伊-富美、梅讷图-萨隆（Menetou-Salon）和勒伊（Reuilly）产区的葡萄园里，长相思即使不与其他葡萄品种混酿也能展现出复杂和细腻的特征，这在别处十分罕见。

桑塞尔和普伊

桑塞尔是一个古老、迷人的葡萄酒产区，坐落在卢瓦尔河上方的山顶上，是上述四个产区中最著名的一个。桑塞尔产区由桑塞尔镇及其周边的14个村庄组成，葡萄种植面积为2600公顷。19世纪晚期葡萄根瘤蚜虫病暴发前，这里主要种植黑比诺和佳美葡萄。之后，白葡萄酒受到青睐，而用黑比诺酿造的酒体轻盈、果味浓郁的红葡萄酒逐渐失宠。如今，红葡萄酒仅占葡萄酒总产量的1/3。

桑塞尔产区为长相思的种植提供了三种不同的风土条件，大部分葡萄酒是用不同区域出产的葡萄调配而成。在最西端，土壤主要为黏土和白垩质泥灰土，出产的葡萄酒最为浓烈。在桑塞尔镇周围可以找到著名的燧石，它的气味类似刚刚点燃的火柴。这两个地区的中间地带以砾石和石灰土为主，出产的葡萄酒最雅致。长相思果味浓郁、口感直爽，适合在不锈钢酒罐中陈酿，而很少使用木桶。在卢瓦尔河的另一边，卢瓦尔河畔普伊出产的长相思葡萄酒虽然不及桑塞尔的长相思有名，但更受葡萄酒鉴赏家的赞赏。

“普伊-富美”这个法定产区名只能用于长相思白葡萄酒。这个名字常常与勃艮第马孔内的

桑塞尔附近的布西葡萄园（Clos de la Poussie）尽收眼底

普伊-富塞村庄混淆，后者主要出产霞多丽葡萄酒。与桑塞尔相比，普伊的山脉更柔美，葡萄酒的口感更圆润温和，香气中少了几分浓烈。普伊的顶级葡萄酒偶尔使用橡木桶陈年，比桑塞尔葡萄酒更复杂、更耐存。

桑塞尔西部的产区也盛产长相思。梅讷图-萨隆、昆西（Quincy）和勒伊位于卢瓦尔河最大的转弯处。由于距离河道较远，人们常常把它们归为另一个中心。在桑塞尔和布尔日镇（Bourges）的中间地带坐落着梅讷图-萨隆产区，同桑塞尔一样，这里也出产红葡萄酒和白葡萄酒。梅讷图-萨隆的长相思葡萄酒与卢瓦尔河沿岸著名产区的葡萄酒同样出众，但价格却便宜许多。

昆西和勒伊产区离谢尔河中央流域的布尔日较远，出产的葡萄酒更为粗犷。在昆西，长相思的种植面积约为100公顷。在勒伊，红葡萄和白葡萄品种的种植面积大致相等。当地的佳美葡萄酒通常作为地区餐酒出售。

巴黎人喜爱的葡萄酒

在桑塞尔北部，有两个位于卢瓦尔河沿岸的葡萄酒产区。一个是奇恩山坡（Coteaux du Giennois）产区，具有V.D.Q.S.级别，主要种植卢瓦尔河上游常见的长相思、黑比诺和佳美。另一个是奥尔良（Orléans）产区，曾经是重要的葡萄酒中心，但几个世纪以来，这里出产的葡萄酒仅在巴黎出售，葡萄种植面积已经缩减至100公顷。与这一地区的其他产区不同，奥尔良主要种植勃艮第的葡萄品种，如莫尼耶比诺（也在法国香槟区大面积种植）、赤霞珠、霞多丽和灰皮诺。

卢瓦尔河上游地区的主要葡萄酒生产商

生产商：**Domaine Henri Bourgeois****-****
所在地：**Chavignol**
60公顷，年产量50万瓶
葡萄酒：Pouilly-Fumé Sancerre：Grande Réserve，Les Baronnes，La Chapelle des Augustins，Jadis
家族酒庄，采用最新酿酒技术，出产的桑塞尔和普伊葡萄酒风格鲜明。

生产商：**Domaine Pascal Cotat******
所在地：**Sancerre**
2公顷，年产量1.4万瓶
葡萄酒：Sancerre：Chavignol La Grand Côte，Cuvée Spéciale，Les Mont Damnés
Pascal Cotat的葡萄酒在桑塞尔地区堪称一流。采用预售方式销售。

生产商：**Domaine Didier Dagueneau*******
所在地：**Saint-Andelan**
11公顷，年产量5万瓶
葡萄酒：Pouilly-Fumé：Silex，En Chailloux，Pur-Sang
用长相思调配的Silex和Pur Sang葡萄酒使该酒庄声名远扬，它们是世界上长相思葡萄酒的典范。

生产商：**Domaine Masson-Blondelet*****
所在地：**Pouilly-sur-Loire**
21公顷，年产量11万瓶
葡萄酒：Pouilly-Fumé：Les Angelots，Villa Paulus，Tradition Cullus，Sancerre

Jean-Michel Masson的葡萄酒具有清新的果香和稳定的品质。

生产商：**Domaine La Moussière*******
所在地：**Sancerre**
48公顷，年产量30万瓶
葡萄酒：Sancerre Blanc，Rouge：La Moussière，Generation XIX；Edmond
Alphonse Mellot及其儿子Alphonse技术超群，只使用自有葡萄酿酒。凭借新的灵感和现代技术，他们的葡萄酒品质出众。

生产商：**Domaine Henry Pellé****-****
所在地：**Morogues**
40公顷，年产量30万瓶
葡萄酒：Menetou-Salon：Morogues，Clos des Blanchais；Sancerre La Croix au Garde
Henry Pellé酿造的Clos des Blanchais葡萄酒证明了梅讷图的长相思绝不逊色于桑塞尔的长相思。

生产商：**Domaine Vincent Pinard*****-****
所在地：**Bué**
15公顷，年产量10万瓶
葡萄酒：Sancerre Blanc：Florès，Nuance，Harmonie；Sancerre Rouge and Charlouise
无论是在不锈钢酒罐或橡木桶中发酵，Vincent Pinard酿造的红葡萄酒和白葡萄酒都拥有醇厚的口感和成熟的果香。Charlouise品质出众，是产区内最好的红葡萄酒之一。

波尔多：酿酒工业重地

波尔多不仅是著名的葡萄酒产区，还是优质葡萄酒的象征，是整个葡萄酒世界的标杆。波尔多的葡萄种植面积高达12.3万公顷——甚至超过许多国家的葡萄种植总面积。这里的葡萄酒年产量将近6.4亿升或8.5亿瓶，因此波尔多是法国乃至全世界最大、最成功的法定产区。虽然使波尔多扬名世界的顶级葡萄酒只占当地葡萄酒总产量的5%，但是其声名远播，不仅当地的葡萄酒行业从中受益，而且从意大利到美国加州，从澳大利亚到奥地利，从智利到德国，整个葡萄酒行业都以波尔多的风格和品质为导向，将其作为基准。

波尔多的葡萄种植历史在罗马诗人奥索尼乌斯的诗篇《多尔多涅》中有所记载。公元4世纪，奥索尼乌斯定居于今天的圣爱美浓地区，并且自己酿造葡萄酒。波尔多附近的朗德省（Landes）在更早时候是否已有葡萄栽培无从查证，但由于老普林尼和斯特拉波对此都未提及，史学家们推测葡萄种植很晚才传到该地，晚于普罗旺斯和罗讷河谷。罗马人当时只是把波尔多当

作将葡萄酒出口英国的贸易中心。

据推测，波尔多产区的主要葡萄品种是由罗马兵团从今天的阿尔巴尼亚传入的，但最新的研究显示，这种推测有待考证。如今我们都知道，赤霞珠包含品丽珠和长相思的遗传基因，因此更有可能的是，作为两个品种的杂交或自然突变品种，赤霞珠出现的时间较晚。另一个不成立的理论认为，波尔多的葡萄种植始于古老的比图里卡葡萄。这种葡萄因比图里卡的高卢部落而得名，随着时间的推移它的名称逐渐演变成“Vidure”（vigne dure），意思是“坚韧的葡萄树”，在格拉夫地区今天仍有种植。

中世纪早期有关波尔多地区葡萄种植的资料也寥寥无几。据史料记载，波尔多先后被加斯科涅人、撒拉森人、汪达尔人和西哥特人占领，870年又被维京人洗劫一空，不过在这个过程中葡萄种植从未停止。但是，直到1152年葡萄种植才迎来真正的成功，那年阿基坦的埃莉诺嫁于诺曼底公爵，即金雀花王朝的亨利国王，此人后来成为英国国王亨利二世。由于享有税收优惠，加斯科涅（Gascony）地区成了英国王室和伦敦社会最重要的葡萄酒供应中心，因此当其对手拉罗谢尔的出口港口被法国接手时，波尔多仍在英国葡萄酒贸易中占有举足轻重的地位。

从波亚克镇（Pauillac）的拉图酒庄望去，吉伦特省地域辽阔

波尔多因陈年潜力较强的葡萄酒而出名

当代波尔多的发展

当时，葡萄酒并非产自波尔多现在的心脏地带梅多克（17世纪之前这里是沼泽地带，不适合葡萄种植），而是产自以砾石土壤为主的格拉夫以及加亚克（Gaillac）和贝尔热拉克（Bergerac）的上游地区。当时的葡萄酒清淡单薄（因此在英国被称为“claret”，源自拉丁语“vinum clarum”），与我们今天饮用的强劲、色深、耐存的红葡萄酒无法相提并论。14世纪之前，英国的葡萄酒几乎都来自加斯科涅。1453年百年战争结束，加斯科涅被法国吞并，给这种辉煌的葡萄酒出口画上了句号。虽然与英国的贸易联系没有被完全切断，但是其他市场开始变得重要起来。17世纪，荷兰成为世界强国，在波尔多的葡萄酒贸易中取代了英国的地位。

荷兰人凭借庞大的舰队在世界贸易中控制了更大份额，他们从所有葡萄种植区，尤其是葡萄牙和法国的波尔多进口葡萄酒。17世纪初，他们还利用设计巧妙的排水系统将梅多克的沼泽抽干，并采用硫化方法储存葡萄酒。这为几个世纪后酿造出优质葡萄酒奠定了基础。许多知名酒庄，如红颜容（Haut-Brion）、拉图、拉菲（Lafite）和玛歌（Margaux）也都是在这个时期建立的。

不过，荷兰对海洋的控制时间不长。18世纪，英国人重回波尔多，建立贸易公司，如巴顿嘉斯蒂（Barton & Guestier），该公司直到现在还一直掌握着波尔多地区葡萄酒行业的命运。不久，一群德国移民借鉴了英国人的成功之道。

贸易公司及它们东奔西走的葡萄酒经纪人于19世纪早期首次尝试给酒庄分级，旨在稳定起伏不定的葡萄酒市场。他们的努力只针对梅多克和苏玳地区，1855年完成对酒庄的分级并于同年在巴黎博览会成功展示。波尔多的黄金时期就此拉开序幕。

20世纪的骚动

虽然波尔多在建立酒庄分级体系后声名大噪，但是20世纪危机重重。首先是葡萄根瘤蚜病，这场灾害几乎摧毁了当时所有的葡萄树。在短暂的恢复过程中，向德国、英国和比利时的葡萄酒出口重新启动，原产地名称保护法出台，紧接着第一次世界大战和经济危机爆发，导致俄罗斯和美国等重要的国外市场崩溃。

直到20世纪50年代，葡萄酒销售才开始稳步上升，梅多克产区达到全盛时期。格拉夫和圣爱美浓的葡萄酒分别于1953年和1955年进行分级（只有波美侯葡萄酒至今仍无正式等级），而且由于需求激增，波尔多地区的顶级葡萄酒价格一路飙升。个别葡萄酒商从其他地方收购葡萄酒，在一定程度上弥补了接踵而来的葡萄酒短缺。1973年这种欺诈行为被发现，成为一大丑闻，价格再次暴跌。与此同时，波尔多地区面临着越来越多来自新世界的竞争。在顶级比赛中，美国加州和澳大利亚的葡萄酒多次击败波尔多最好的葡萄酒。这些葡萄酒包括澳大利亚的葛兰许埃米塔日（Grange Hermitage）和产自波尔多人经营的加州克罗杜维尔（Clos du Val）酒庄的葡萄酒。这些国际竞争对手的葡萄酒和吉伦特美酒拥有同样的烈度和浓度，但口感更佳，因此更胜一筹。

这种新型葡萄酒在葡萄酒大师罗伯特·帕克的强烈推荐下，成为整个国际市场的标准。为了满足新的要求，梅多克、格拉夫、圣爱美浓和波美侯等产区的酒庄开始更新酿酒设备。葡萄种植在单宁结构和品种组成方面都发生了变化，梅洛变得越来越重要。波尔多已经成为技术创新的温

波尔多的葡萄品种

虽然波尔多不同地区的风土条件千差万别，但是出产的葡萄酒有共同的准则：只使用少数几种葡萄进行酿造。红葡萄品种是生产商的首选，占种植总面积的85%，过去15年间，这一比例还在升高。

红葡萄酒酿酒葡萄

赤霞珠：世界上酿造红葡萄酒最好的葡萄品种之一，波尔多地区的明星葡萄，可能是由品丽珠和长相思培育而来。赤霞珠最大的特点在于其酚类物质含量丰富，但果味不会被单宁完全遮盖。用赤霞珠酿造的葡萄酒颜色深红，口感强劲，结构饱满，带有雪松和黑醋栗的气味。如果葡萄尚未成熟或产量过高，会有青辣椒的味道。

品丽珠：长期以来一直被视为长相思的兄弟品种，但最新研究发现，品丽珠是长相思的母体。品丽珠葡萄酒具有怡人的浆果味，和长相思葡萄酒相比酒体淡薄，单宁含量高，但也因此酸度更高。

梅洛：这种葡萄成熟早、产量高，因此不仅适合单独酿造，也适合与单宁含量较高、口感更浓烈的葡萄酒调配。在波尔多地区，最好的梅洛葡萄酒出自圣爱美浓和波美侯产区，果香浓郁、口感柔顺。这种葡萄酒的熟成时间比赤霞珠短。

小维多：这种葡萄属于晚熟品种，因此不易陈年。用小维多酿造的葡萄酒颜色深浓，单宁含量丰富。但这种葡萄在梅多克产区使用较少。

马尔贝克：这种红葡萄品种曾经在波尔多地区分布广泛，后来被梅洛取代，现在在卡奥尔（Cahors）仍有种植。用马尔贝克酿造的葡萄酒比较粗朴，但是非常适合与其他品种混酿。

白葡萄酒酿酒葡萄

赛美蓉：这种葡萄容易感染贵腐霉菌，用来酿造波尔多地区顶级甜葡萄酒。最好的赛美蓉干白葡萄酒产自佩萨克-雷奥良（Pessac-Léognan）。用赛美蓉酿造的葡萄酒具有较强的陈年潜力，成熟后带有蜂蜜、蜜饯和巧克力的香气，同时往往还保留着清新的柠檬味。

长相思：尚未成熟或采摘过早时，这种葡萄会散发出典型的青草味。优质的长相思葡萄酒会产生黑醋栗或醋栗的气味，果香浓郁，酸度适中。完全成熟或过熟后，长相思会变得比较复杂，带有成熟的水果味，甚至会与熟透的雷司令相似。20世纪，法国人曾认为雷司令只是长相思的变体品种。

床。一些现代技术如浓缩器和真空蒸发已经被波尔多最知名的酿酒厂采用。许多酒庄甚至开始使用它们一直批评的新世界的方法，例如使用橡木条而不是在昂贵的橡木桶中陈酿葡萄酒。

左图：梅多克地区典型的砾石土壤

右图：木桐-罗斯柴尔德酒庄（Château Mouton-Rothschild）是世界上最著名的酒庄之一

得天独厚的风土条件

梅多克葡萄酒出色的表现主要归功于吉伦特温和气候的影响

即使荷兰人必须把波尔多大块地区（后来成为最成功的地带）的水抽干才能种植葡萄，波尔多仍然拥有酿造优质葡萄酒的优越自然条件。波尔多位于赤道和北极的正中间，气候条件均衡，适合出产口感强劲、结构复杂的葡萄酒，还可以赋予葡萄酒精致、典雅的特质。波尔多濒临大西洋，受墨西哥湾暖流影响，这里气候温和，温度适中。大西洋沿岸的阿基坦地区拥有广阔的森林，可以保护波尔多免受海洋风暴的袭击。霜冻是香槟和勃艮第产区葡萄种植户最大的天敌，但在波尔多只有1991年发生过一次。不过，六月份的气候不太稳定，会影响葡萄树的开花。在差的年份，漫长干热的夏季和变化多端的秋季使葡萄成熟如同买彩票一样难以预测。

根据不同的土壤条件，地域辽阔的波尔多可以划分为三个独立的区域。波尔多共拥有54个不同等级的法定产区，其中一些是在法定产区制度的颁布初期成立的，另一些则是近几十年才成立的。1911年法国通过一项保护法定产区的法律，明确规定只有吉伦特省出产的葡萄酒才能以波尔多葡萄酒的名义出售。这项规定旨在遏止之前频繁发生的波尔多葡萄酒与烈酒勾兑的现象，不过这种事情仍会发生，1973年就出现过类似丑闻。

大多数葡萄酒（40%的葡萄酒总产量和70%的白葡萄酒）以大区级法定产区波尔多、优级波尔多或者波尔多起泡酒的名称销售。这些酒标意味着葡萄酒的产区没有更高或者更细分的等级。

两海及其之间的葡萄园

其余的法定产区大体可以分为三个区域。第一个是加伦河和吉伦特河左岸一条狭长的沙砾地带，位于波尔多市南北两侧。这个区域包括波尔多北部的梅多克产区和西南部的格拉夫产区。前者的土壤主要由沙砾构成，贫瘠、排水性能好，几乎只种植红葡萄品种。后者的冲积土壤不仅出产甜葡萄酒（有盛产甜葡萄酒的苏玳法定产区），而且适合酿造细腻浓郁的红葡萄酒和干白葡萄酒。

夹在加伦河和多尔多涅河之间的是两海之间产区，这是一个形成于第三纪的高原，覆盖着厚厚的黏土和砾石。这里出产芳香、清新、圆润的葡萄酒，有时也出产酒体丰满的红葡萄酒。

最后一个区域位于多尔多涅河右岸，在这里我们会发现许多品质不一、完全独立的产区。右岸的土质与两海之间相似。产自波美侯砾石土壤的葡萄酒与产自弗龙萨代（Fronsadais）或圣爱美浓石灰质黏土的葡萄酒风格迥异。

上述三个区域又有所细分，每个区域都有自己独特的划分系统。其中最合理的是第一个区域的梅多克。梅多克地区分为南部的上梅多克和北部的梅多克两部分。上梅多克离波尔多较近，包括声名显赫的村庄级法定产区玛歌、利斯塔克（Listrac）、穆利斯（Moulis）、圣朱利安（Saint-Julien）、波亚克和圣爱斯泰夫（Saint-Estèphe）。格拉夫没有这样的划分。不过格拉夫最北端有一个可与梅多克村庄级法定产区媲美的碧莎里奥南（Pessac-Léognan）产区，最南端是苏玳法定产区。

两海之间产区的划分与第一个区域大抵相同。多尔多涅河右岸区域较为复杂。这里拥有一系列独立的法定产区，虽然这些产区的知名度参差不齐，但是没有进行官方等级划分。西北部是布尔（Bourg）和布拉伊（ Blaye）产区，东南部是弗龙萨克（Fronsac）、卡农-弗龙萨克（Canon-Fronsac）和利布尔讷（Libournais）产区，其中利布尔讷又被分为波美侯、圣爱美浓以及一系列卫星产区。东部还有一个法定产区卡斯蒂永丘（Côtes-de-Castillon）。

等级关系

拉菲酒庄的酒桶储藏在葡萄园地下酒窖中

1855年官方对酒庄的分级是波尔多葡萄酒成功之路上的里程碑之一。早在1787年，托马斯·杰弗逊在访问期间就已经尝试对梅多克的酒庄进行分级，他将拉图、拉菲、玛歌和红颜容四家酒庄列居榜首（它们现在仍然是顶级酒庄）。然而，直到1855年的巴黎万国博览会才为一流酒庄的正式分级提供了契机。波尔多商会（当时利布尔讷产区不属于该商会，因此没有参与分级）受邀起草名单。这项工作得到了波尔多交易所葡萄酒经纪人的帮助，他们为了自己的需求很早之前就已经开始对酒庄进行分级。与勃艮第不同的是（那里的修道院对葡萄园的分级已进行了几个世纪），波尔多的葡萄酒经纪人在为酒庄分级时不仅考虑风土条件，还结合人为因素，确切地说，是酒庄的声誉及其葡萄酒在市场上的长期均价。他们将酒庄分为五个等级，从一级酒庄到五级酒庄。这项工作虽然艰难，但极具开拓性，因此葡萄酒经纪人对酒庄的评价至今仍然有效，几乎没有发生变化。唯一一次修订是木桐酒庄1973年加入杰弗逊最先提名的一级酒庄行列，成为第五位成员。波尔多分级体系现在共包括87家酒庄。

红颜容酒庄是格拉夫产区唯一一家一级酒庄。梅多克产区共有60家酒庄在列（4家一级酒庄、14家二级酒庄、14家三级酒庄、10家四级酒庄和18家五级酒庄），苏玳和巴萨克（Barsac）产区共有26家酒庄在列。在所有酒庄中，只有苏玳的滴金酒庄（Château d'Yquem）被列为优等一级酒庄。20世纪30年代，梅多克产区的其他444家酒庄被评为中级酒庄，位于列级酒庄之下。1972年官方对名单进行修订，如今中级酒庄共有322家，出产的葡萄酒几乎占梅多克葡萄酒总产量的50%。

自1945年起，一级酒庄——木桐酒庄每年都会邀请不同的知名设计师为其设计酒标

树立典范

当然，梅多克的成功招来了其他产区的一片羡慕，而分级制度是其商业成功的原因之一。不过，直到1936年，多尔多涅河右岸的圣爱美浓才开始尝试类似的分级，这在某种程度上归咎于法国葡萄酒行业在之前的150年间所经受的危机。直到第二次世界大战后，1954—1955年，圣爱美浓才正式实行分级制度。与梅多克相比，圣爱美浓的分级体系简单许多。首先，他们将各产区分为圣爱美浓法定产区和圣爱美浓特级法定产区。然后，对后者进行细分。第二个等级中有75家酒庄为列等特级，还有11家酒庄级别更高，为一级列等特级。

事实上，真正位于酒庄排名之首的只有两家酒庄——白马酒庄（Château Cheval Blanc）和奥松酒庄（Château Ausone），它们在一级列等特级酒庄中属于A组，而其余9家只能屈居B组。除了简单明了，圣爱美浓的分级体系还有另外一个优点，即每十年会修订一次，而梅多克的酒庄分级原则上不允许改动，这就是为什么虽然木桐酒庄的葡萄酒品质出众，但仍然花了几十年时间才被定为一级酒庄。圣爱美浓的定期审核制度促使葡萄酒生产商努力工作，以保证出产的葡萄酒匹配上自己的等级。梅多克的一些等级酒庄时常会让我们失望，如果单从这方面来看，梅多克产区缺乏这样的激励机制。

各法定产区规定的最高产量

法国分级体系的一个重要特点是会对各法定产区的每公顷最高产量做出规定。根据各法定产区名声的大小，允许的最高产量会产生或多或少的浮动。

波尔多地区级法定产区的最高产量是5500升/公顷或6500升/公顷，其中优级波尔多的最高产量是5000升/公顷。不过，多年来一直都存在提高上限的可能性，因此地区级波尔多红葡萄酒和白葡萄酒可以达到6800升/公顷或7800升/公顷，优级波尔多可以达到6600升/公顷。

最重要的法定产区所设定的最低和最高产量分别如下：梅多克5000升/公顷和6600升/公顷；上梅多克4800升/公顷和6600升/公顷；村庄级法定产区（波亚克等）4700升/公顷和6600升/公顷；格拉夫最低产量和最高产量都为5000升/公顷，佩萨克-雷奥良的红葡萄酒最低产量为4500升/公顷，白葡萄酒最低产量为4800升/公顷，最高产量都为6600升/公顷；苏玳和巴萨克2500升/公顷和2800升/公顷；两海之间6000升/公顷和7500升/公顷；波尔多首丘（Premières Côtes de Bordeaux）红葡萄酒的最低和最高产量为5000升/公顷和6600升/公顷，白葡萄酒的最低和最高产量为5000升/公顷和5500升/公顷；波美侯4200升/公顷和6000升/公顷；弗龙萨克4700升/公顷和6500升/公顷；布尔丘（Côtes de Bourg）红葡萄酒的最低和最高产量为5000升/公顷和6000升/公顷，白葡萄酒的最低和最高产量为6000升/公顷和7500升/公顷。

工匠酒庄

在梅多克产区，中级酒庄葡萄酒常常优于许多五级或四级酒庄，有时甚至比更高级别的酒庄还要出色。为给予生产商更大的自由空间，1989年又增设了一个类别：工匠酒庄（Cru Artisan）。这种酒庄通常是指将酿酒当作副业的工匠所经营的酒庄。如今，工匠酒庄出产的葡萄酒总是物美价廉。

梅多克和格拉夫地区的干型葡萄酒

梅多克
3700万瓶，127家中级酒庄，113家工匠酒庄，5家合作社
生产多个系列的红葡萄酒，大多数清淡易饮，其他品种则比较圆润，需要在酒瓶中陈年更长时间。梅洛葡萄酒柔顺、均衡。

圣爱斯泰夫
830万瓶，5家列级酒庄，43家中级酒庄，25家工匠酒庄及其他酒庄，1家合作社
葡萄酒以丰富、强劲的单宁著称，单宁与酸味融合在一起，使葡萄酒具有较强的陈年潜力。葡萄酒成熟后会散发出特有的泥土气息。

波亚克
810万瓶，18家列级酒庄，16家中级酒庄，7家工匠酒庄及其他酒庄，1家合作社
葡萄酒结构平衡、酒体丰满，含有强劲的单宁，经过长时间陈年后会展现另外一种特质——雅致和细腻。

圣朱利安
600万瓶，11家列级酒庄，8家中级酒庄，11家工匠酒庄及其他酒庄
葡萄酒的香气和口感都非常协调细腻，但同时拥有坚实的单宁和优良的结构，赋予葡萄酒较强的陈年潜力。

利斯塔克-梅多克
480万瓶，29家中级酒庄，12家工匠酒庄及其他酒庄，1家合作社
葡萄酒单宁丰富，年轻时口感干涩，但较高的梅洛含量使其在成熟后变得饱满顺滑。

穆利斯-梅多克
400万瓶，31家中级酒庄，13家工匠酒庄及其他酒庄
葡萄酒品种繁多，或柔和或饱满，或单宁丰富，存放十几年后会达到最佳口感。

玛歌
900万瓶，21家列级酒庄，25家中级酒庄，38家工匠酒庄及其他酒庄
葡萄酒以优雅著称，年轻时散发怡人果味。顶级葡萄酒的单宁在长期陈年后仍不会减弱，使葡萄酒精致无比。

上梅多克
3000万瓶，5家列级酒庄，140家中级酒庄，116家工匠酒庄及其他酒庄，5家合作社
产区拥有多家著名酒庄，出产的葡萄酒中赤霞珠含量较高，强劲、坚实、芳香。存放数年后，会产生复杂的酒香，均衡协调。

佩萨克-雷奥良
900万瓶，15家列级酒庄：6家生产红白两种葡萄酒，7家只生产红葡萄酒，2家只生产白葡萄酒；41家其他酒庄
4/5为红葡萄酒，风格雅致，香气浓郁，偶尔带有花香和特殊的烟熏味，酒体丰满、结构良好，陈年潜力强。1/5为芳香的干白葡萄酒，口感圆润、余味悠长、经久耐存。

格拉夫
2400万瓶，400家酒庄
红葡萄酒散发出成熟的红莓味，饱满、细腻、均衡，陈年潜力强。白葡萄酒占总产量的1/8，香气浓郁，鲜爽与圆润并存，而且陈年时间越久，特点越鲜明。

梅多克：一分为二的葡萄园海洋

梅多克是位于吉伦特河左岸的一条狭长地带，从波尔多一直延伸至大西洋，长约80千米，宽约10千米。和附近的其他产区以及竞争对手相比，梅多克知名度更高，这主要归功于当地的列级酒庄。梅多克拥有1.6万公顷的葡萄园，葡萄酒年产量为9000万升。

17世纪之前，梅多克还是一片沼泽，大部分地区需要搭乘船只才能抵达。随着荷兰排水专家的到来，波尔多的贵族开始在平坦的砾石土壤上种植葡萄。不久，梅多克被分为北部的梅多克法定产区和南部的上梅多克法定产区，该划分一直沿用至今。上梅多克产区大量的酒庄记录了18世纪以来酒庄庄主的财富，证明了这里是一个出产顶级葡萄酒的地区。

北部梅多克产区的葡萄酒产量占总产量的1/3，葡萄园共有650位主人，其中1/3自行销售葡萄酒。这里没有列级酒庄，但是约有130家中级酒庄，生产的葡萄酒占该地葡萄酒总产量的一半以上。受各种风土条件的影响，梅多克产区的葡萄酒不像上梅多克产区的葡萄酒那样坚实、复杂、陈年潜力强，但常常展现出极大的魅力，适合在年轻时饮用。

处于上游地区的上梅多克产区情况大不相同。上梅多克产区拥有最著名的列级酒庄以及知名的村庄级法定产区圣爱斯泰夫、波亚克、圣朱利安、利斯塔克、穆利斯和玛歌。虽然这个区域的葡萄园面积占梅多克地区整个葡萄园面积的2/3，但由于上述几个产区的特殊情况，只有4600公顷的葡萄园属于上梅多克产区。这里的葡萄酒年产量为2500万升，8%来自少数几家列级酒庄，70%来自140家中级酒庄。

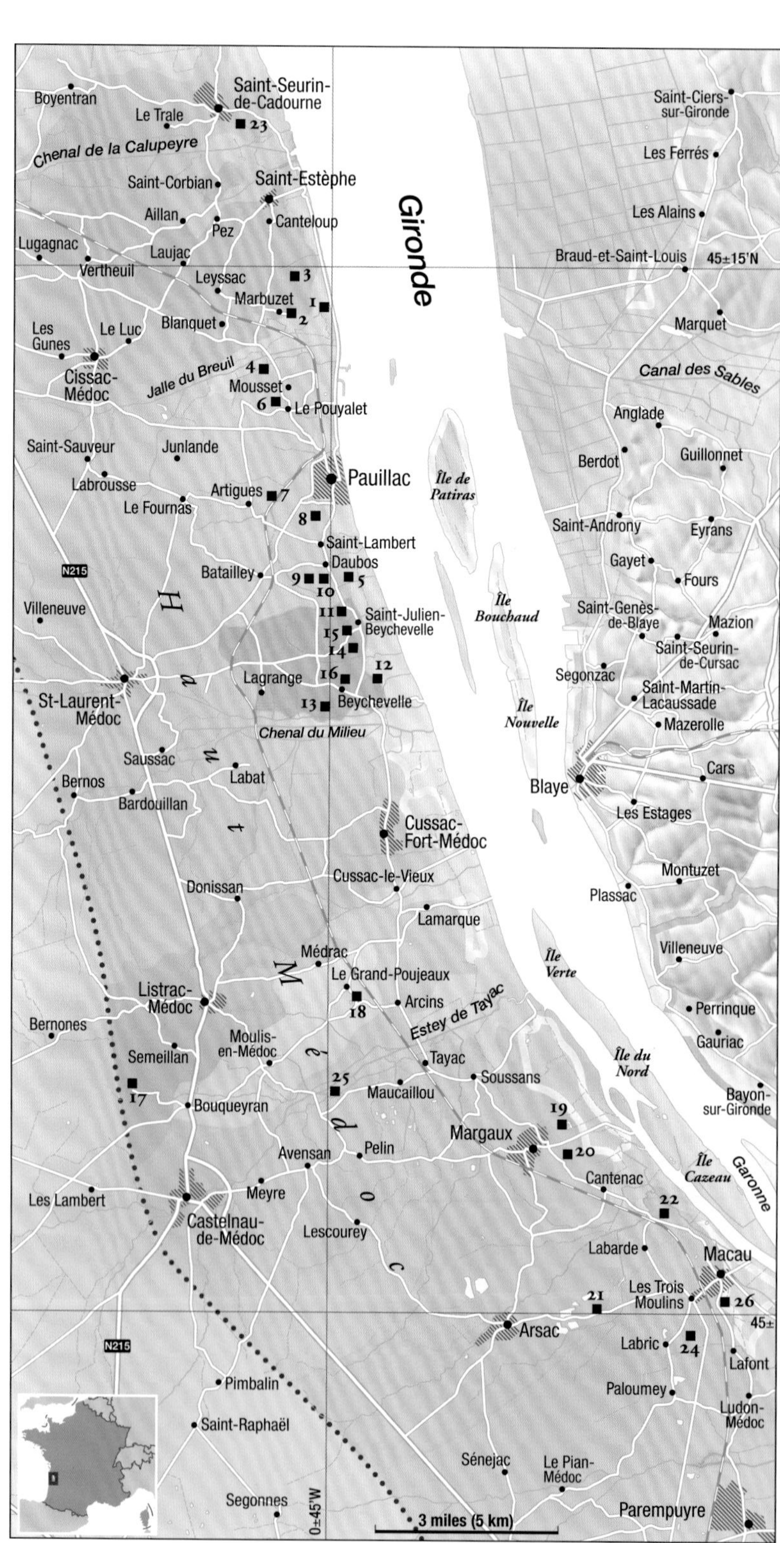

赤霞珠的王国

梅多克、上梅多克和村庄级法定产区是赤霞珠——波尔多最知名的红葡萄品种真正的故乡。这种晚熟葡萄可以适应各种气候和地理条件，因此在吉伦特这片能让根系向纵深发展的砾石土壤上酿造出了结构复杂的伟大葡萄酒。

波亚克的碧尚女爵酒庄（Château Comtesse de Lalande）

	Médoc
	Saint-Estèphe
■ 1	Cos d'Estournel
■ 2	Haut-Marbuzet
■ 3	Montrose
	Pauillac
■ 4	Lafite-Rothschild
■ 5	Latour
■ 6	Mouton-Rothschild
■ 7	Grand-Puy-Lacoste
■ 8	Lynch Bages
■ 9	Pichon Longueville-Baron
■ 10	Pichon Longueville Comtesse de Lalande
	Saint-Julien
■ 11	Léoville-Las-Cases
■ 12	Ducru-Beaucaillon
■ 13	Gruaud-Larose
■ 14	Léoville Barton
■ 15	Léoville Poyferré
■ 16	Beycheville
	Listrac-Médoc
■ 17	Mayne Lalande
	Moulis-en-Médoc
■ 18	Poujeaux
	Margaux
■ 19	Margaux
■ 20	Palmer
■ 21	Monbrison
■ 22	Siran
	Haut-Médoc
■ 23	Sociando-Mallet
■ 24	Cantemerle
■ 25	Citran
■ 26	Maucamps
	Côtes and Premières Côtes de Blaye
	Côtes de Bourg
	Bordeaux and Bordeaux Supérieur
••••	Limit of Bordeaux A.C.s

当然，赤霞珠还需要充足的日照，否则葡萄酒会带有青辣椒荚的味道，而且单宁粗硬苦涩，不会在陈酿过程中变得柔和。赤霞珠葡萄酒中丰富的单宁来自厚皮的小葡萄，这需要酿酒师在平衡混酿酒的口感时掌握更高的技术。基于这个原因，梅多克的种植户和生产商还使用其他四种葡萄：梅洛、品丽珠、马尔贝克和小维多。这些葡萄以不同的比例与赤霞珠调配，不过，小维多的种植面积正在逐渐减少。赤霞珠含量高的葡萄酒需要长时间的熟成才能达到均衡，充分展现其香味。现在的消费模式不断变化，消费者越来越倾向快速、早熟的葡萄酒，这些也在一定程度上改变了梅多克葡萄酒的结构。梅多克提高了梅洛的比例，尤其在那些出产口感清淡、结构简单的葡萄酒产区。

在梅多克最著名的酒庄中，赤霞珠仍占主导地位，得以延续自己的荣耀。消费者争相购买梅多克知名酒庄的葡萄酒，尤其是20世纪90年代，价格再次疯涨至惊人水平。这种情况对酒庄而言未尝没有风险，特别是当酒商赚取大部分利润时。

中级酒庄、工匠酒庄和农艺酒庄

虽然每个人似乎都只关心列级酒庄，但最近几十年真正发展的是中级酒庄，其次是工匠酒庄和农艺酒庄。列级酒庄的葡萄酒产量只占总产量的23%，而中级酒庄葡萄酒所占的比例几乎高达50%，工艺酒庄和农艺酒庄约占11%。剩余部分来自酿酒合作社。

“中级酒庄”这个名称可能早已存在，但直到19世纪才首次在波尔多地区用于商业用途。起草1855年酒庄分级名单的经纪人同样将这个地区的葡萄酒分为不同的种类：农艺葡萄酒、工匠葡萄酒、优级工匠葡萄酒、一级工匠葡萄酒、中级葡萄酒、一级中级葡萄酒和优级中级葡萄酒。

用社会分级来描述葡萄酒的等级有其历史原因。一位观察家在18世纪时就已发现，如果有两块土地，一块属于名人，另一块属于农民，产自第一块土地的葡萄酒往往可以卖出更高的价格。

20世纪20—30年代的经济危机以及连年的歉收促使444家酒庄被列为中级酒庄，其中99家被评为优级，6家被评为超优级。由于许多中级酒庄的葡萄酒品质不尽如人意，2003年重新进行了评级，之前的中级酒庄中几乎有一半被排除在外。78家酒庄起诉新的分级体系并获得胜诉，导致现在只允许存在中级酒庄这一等级（没有优级或特优级之分），使这个分级更加不可靠。

波尔多自己的分级

碧尚男爵酒庄（Château Pichon Longueville-Baron）及其先锋酿酒厂

一直以来，波尔多地区的优势都在于酒庄和酒商自己进行的葡萄园和葡萄酒分级。在其他很多地方，妒忌和曲解的平均主义不允许这种分级，但在波尔多，人们敢于评估葡萄酒的优劣，并且以此作为整个地区主要的营销手段。最终，列级酒庄使波尔多成为世界上最知名的葡萄酒产区，所有酒庄，无论分级与否，都从中受益。

1855年巴黎博览会之际，拿破仑三世要求波尔多地区的商会挑选出最好的酒庄代表该地参展。这项工作被委托给葡萄酒经纪人公会，而其实他们很早之前就已经开始对酒庄进行分级，只是并非以官方形式进行。他们的体系以酒价为评定基础，只适用于梅多克的酒庄、苏玳和巴萨克的甜葡萄酒酒庄以及格拉夫的红颜容酒庄。多尔多涅河右岸的葡萄酒不在该体系之列，因为它们的葡萄种植区由利布尔讷商会赞助，这个商会后来才发展起来。

事实上，波尔多地区葡萄酒等级划分的历史可以追溯到更早之前。早在1730年，波尔多莎桐湾（Quai des Chartrons，最知名的酒庄都在这里设立办事处）的经纪人已经拟定出这种名单。不过，早期的名单与普通消费者关系不大，因为当时葡萄酒都是以桶装形式出口，在伦敦调配之后再卖给消费者。17世纪末，红颜容酒庄的主人阿诺·德·庞塔对自己的葡萄酒在这个体系中的价格很不满意，因此以酒庄的名义直接向英国市场销售。不久，红颜容便成为最抢手、最昂贵的葡萄酒。

红颜容酒庄的成功促使波尔多的酒庄将兴趣转向有潜力出产相同品质葡萄酒的地区。它们最终锁定了梅多克平坦的山顶，那里的玛歌、拉菲和拉图酒庄已经展现出成功的迹象。玛歌酒庄属于莱斯托纳家族，他们当时已经和庞塔家族联姻结盟。18世纪初玛歌成为波尔多第二大酒庄，在伦敦引起轰动。几年后，拉菲和拉图也声名鹊起。可见，波尔多葡萄酒行业现今的领头羊在300年前就已经确立了自己的坚固地位。

经受时间考验的稳固体系

18世纪，梅多克的其他酒庄发展起来，并且走上了分级之路。一些比较可靠的分级制度开始流传，包括托马斯·杰弗逊制定的那份名单，他将前面提及的四家酒庄列为最好的酒庄。然而，直到1855年官方分级的出台，这些分级才成为规定。令人惊讶的是，这份名单至今几乎没有发生任何改动。虽然有些酒庄合并，有些分家，有些易主，有些酿酒师换人，有些彻底消失，但是1855年的分级体系如今依然有效。

波尔多葡萄酒行业曾多次尝试修正、废除或者用其他分级制度替代原来的分级体系，但都以失败告终。这并不代表波尔多分级体系没有缺点，其缺点过去有，现在仍然有。首先，梅多克、圣爱美浓和格拉夫产区的分级体系差别巨大，给消费者带来了许多困惑。然而，梅多克分级体系最大的不足在于其持久与稳定。就连木桐这样的顶级酒庄为了跻身一级名庄之列，都花了几十年的时间。另一方面，20世纪70年代玛歌产区的许多酒庄遭受长期重创，但即使这样它们的地位也没有受到丝毫威胁。许多梅多克体系的评论家认为，定期对分级体系进行修订不仅可以为消费者提供更优质的产品和更精准的信息，还能够激励酒庄永不松懈，努力保持高水准。

即使只是将各分级体系标准统一，并且将这些体系推广至尚未分级的那些产区，如波美侯，消费者也肯定会将其视为一种进步。这会使各地的一级酒庄互相较量，但波尔多的酒庄十分惧怕这种提议，并辩解称，不同产区的葡萄酒不能用对抗的形式进行评价：它们没有优劣，只有不同。这个理由成了它们的遮羞布，然而其中的逻辑使波尔多眷恋不已的整个分级体系显得荒谬可笑。但不管怎样，是它们开创了产区分级体系的先河（虽然使用同一地区的葡萄，但波亚克的等级高于上梅多克，而上梅多克又高于波尔多），而这成为葡萄酒立法的基础。

顶级葡萄酒甚至在包装时也要小心对待

酒庄保存每个年份的葡萄酒以作参考

“三重唱”的力量

梅多克南部地区有许多建于18—19世纪的雄伟酒庄。上梅多克的北部地区虽然没有如此富丽堂皇的建筑，但却因大量顶级葡萄酒而大放异彩——梅多克60家列级酒庄中有34家位于这里的三个产区：18家位于波亚克，11家位于圣朱利安，5家位于圣爱斯泰夫。

梅多克曾是一片沼泽，大部分地区无法由陆路抵达，圣爱斯泰夫和波亚克的港口作为仅有的出入口发挥着至关重要的作用。特别是在危机时期，波亚克为无法在波尔多停靠的商船提供了很好的替代码头。

18世纪之前，圣爱斯泰夫称为“圣爱斯泰夫-凯隆”（Saint-Estèphe de Calon），其中“calon”一词的意思是“树木”，著名的凯隆世家（Calon-Ségur）酒庄的名字中也有这个词。圣爱斯泰夫位于三个产区最北部。这里从罗马时代起就开始酿造葡萄酒，13世纪时葡萄酒行业得到长足发展。不过，该地没有知名的一级酒庄。所有列级酒庄的葡萄酒产量总和也只占总产量的20%，这一比例在梅多克所有村庄级法定产区中是最低的。与之形成鲜明对比的是，中级酒庄的葡萄酒产量占54%，其中不乏许多知名酒庄，如飞龙世家（Phélan-Ségur）、奥德碧丝（Ormes des Pez）、丽兰拉杜（Lilian Ladouys）、图德培（Tour de Pez），甚至德碧丝（Pez）。

宝嘉龙酒庄（Château Ducru-Beaucailloux）位于吉伦特河畔的圆丘之上，是圣朱利安产区的二级酒庄

梅多克最好的列级酒庄所售的限量版大瓶装葡萄酒是抢手的收藏品

陈年之后显特色

与南部的邻近产区相比，圣爱斯泰夫的葡萄园比较分散。在1250公顷的种植面积中，最好的地块分布在三个互不相连的地区周围：南部的爱士图尔（Cos d'Estournel）酒庄、东部的玫瑰（Montrose）酒庄以及北部的凯隆世家酒庄。虽然葡萄酒千变万化的风格源自含铁或白垩质的底层土壤，但当地土壤的主要成分为含硅酸盐的沙砾。

圣爱斯泰夫风土条件的一个突出表现是葡萄酒颜色深浓。这里的葡萄酒通常比波亚克或圣朱利安的葡萄酒浓郁，而其厚重的单宁极富挑战性。年轻时，这些葡萄酒口感干涩，主要是因为酒中带有明显的酸味。但与波亚克或圣朱利安的葡萄酒相比，较高比例的梅洛可以改善这种味道。

波亚克与圣爱斯泰夫南部接壤，虽然葡萄种植面积略少，为1215公顷，但是这一产区的名声却远在其他产区之上，因为这里的葡萄酒会展现出纯粹的高贵气息。该地唯一一个位于吉伦特河沿岸的村庄从路易十五时期起才开始系统地种植葡萄，但即便如此，这个村庄拥有5家一级酒庄中的3家（拉菲、拉图和“新成员”木桐），以及其他15家列级酒庄。就酒庄总数而言，其数量只少于玛歌。

黑醋栗、薄荷和雪松

波亚克葡萄酒年产量中84%都来自那些知名酒庄，剩余的葡萄酒则来自16家中级酒庄和工匠酒庄。与圣爱斯泰夫一样，波亚克也具有多样的土壤类型，例如，可以赋予拉菲酒庄的葡萄酒细腻的口感，但这并不是波亚克特有的风格。这体现了产区体系的一个局限，其针对的是行政管理范围，并不总能反映真正的风土边界。这也是拉

菲酒庄被特许在附近的圣爱斯泰夫产区经营葡萄园的原因之一。

总体而言，波亚克的土壤贫瘠深厚，主要成分是含铁的砾石。最好的酒庄坐落在被称为高原的两个平坦山顶上，拉图和两个碧尚酒庄位于曾属于圣朱利安的圣兰伯特（Saint-Lambert）村庄，木桐和拉菲酒庄位于北部的博雅乐（Le Pouyalet）村庄。在葡萄品种的比例上，波亚克葡萄酒中赤霞珠的含量是所有波尔多葡萄酒中最高的，通常为60%～80%，只有少数情况下会低于50%，例如碧尚女爵葡萄酒。

品丽珠和梅洛在葡萄酒中的比例较少，而小维多的比例较高，有时会占到10%。正是葡萄品种的特殊组合确保了波亚克能够出产酒体坚实、结构平衡、口感强劲的葡萄酒。这些葡萄酒具有较强的陈年潜力，浓郁的香气体现了赤霞珠特有的黑醋栗、薄荷和雪松味道。

毗邻波亚克南部的圣朱利安出产的葡萄酒没有这么强劲，但却协调、均衡。圣朱利安的葡萄种植面积只有900公顷，是北部三大法定产区中最小的一个，出产的葡萄酒堪称梅多克最现代的葡萄酒。

全面均衡

虽然圣朱利安龙船村（Saint-Julien-Beychevelle）没有一级酒庄，但是却有5家二级酒庄、2家三级酒庄和4家四级酒庄。这11家酒庄的葡萄酒产量高达总产量的85%。其他酒庄几乎只生产优质的中级葡萄酒和工匠葡萄酒，因此你几乎可以闭上眼睛在圣朱利安购买葡萄酒。

和波亚克一样，这里最好的酒庄也分为两组，分别位于两座小山之上。一组位于圣朱利安村，包括三个乐夫（Léoville）酒庄和大宝（Talbot）酒庄，另一组以龙船村为中心，包括宝嘉龙酒庄、拉露斯（Gruaud-Larose）酒庄和龙船酒庄。两座小山由水道和沟渠相隔。和梅多克的情况一样，最好的酒庄也都紧邻这些沟渠和水道。

在圣朱利安的大酒庄中，赤霞珠的种植比例为65%—70%，梅洛为25%—30%，品丽珠只占很小一部分。

在波尔多潮湿的酒窖中，葡萄酒通常可以储存几十年

在拉菲酒庄的圆形酒窖中，所有酒桶到中心位置的距离大致相同

梅多克地区的主要葡萄酒生产商

梅多克

生产商：**Château Potensac******

所在地：**Ordonnac**

57公顷，年产量30万瓶

葡萄酒：Médoc

该酒庄250年前由Delon家族接管，在过去20年间，它已发展成梅多克最值得信赖的葡萄酒生产商，其产品颜色深浓、口感圆润，具有特殊的雪松味和较强的陈年潜力。

生产商：**Château Rollan de By******

所在地：**Begadan**

40公顷，年产量22万瓶

葡萄酒：Médoc，Haut-Condissas

Jean Guyon于1989年购买了一块葡萄田，在此基础上他不仅建立了一个大酒庄，而且打造出一款凭借品质、果味和浓度赢得国际认可的葡萄酒。特酿酒Haut-Condissas品质出众。

上梅多克

生产商：**Château Sociando-Mallet***-*****

所在地：**Cadourne**

75公顷，年产量12万瓶

葡萄酒：Haut-Médoc Cru Bourgeois，Demoiselle

中级酒庄中的超级明星，品质稳定。葡萄酒果味浓郁、口感甘醇。

波亚克

生产商：**Château Grand-Puy-Lacoste******

所在地：**Pauillac**

55公顷，年产量19万瓶

葡萄酒：Pauillac Cinquième Cru Classé

赤霞珠的混酿比例为70%，出产的葡萄酒结构坚实，陈年潜力强，近年来口感越发圆润。

生产商：**Château Lafite-Rothschild*******

所在地：**Pauillac**

90公顷，年产量25万瓶

葡萄酒：Pauillac Premier Cru Classé，Moulin des Carruades

该酒庄经常被称为波亚克的玛歌酒庄。赤霞珠的混酿比例为70%，出产的葡萄酒口感细腻。通常情况下，这里最好的年份与波尔多最好的年份不会同时出现。

生产商：**Château Latou*******

所在地：**Pauillac**

65公顷，年产量40万瓶

葡萄酒：Pauillac Premier Cru Classé，Les Forts de Latour

波亚克地区的顶级酒庄，赤霞珠的混酿比例高达75%，出产的葡萄酒坚实、丰满、耐久存。该酒庄被认为是品质最始终如一的一级酒庄，主要是因为其葡萄园临近吉伦特河。18世纪末，托马斯·杰弗逊将这里的葡萄酒描述成波尔多最好的葡萄酒之一。副牌酒Les Forts de Latour的品质不比正牌酒Grand Vin逊色多少。

生产商：**Château Lynch-Bages***-*****

所在地：**Pauillac**

95公顷，年产量42万瓶

葡萄酒：Pauillac Cinquième Cru Classé

该酒庄由爱尔兰移民建立于17世纪，葡萄园分散在波亚克南部。许多葡萄树都拥有较高的树龄，为出产酒体饱满、口感顺滑、香味浓郁的美酒奠定了基础。

生产商：**Château Mouton-Rothschild*******

所在地：**Pauillac**

82公顷，年产量30万瓶

葡萄酒：Pauillac Premier Cru Classé，Pauillac Le Petit Mouton de Mouton-Rothschild，Bordeaux Blanc Aile d'Argent

该酒庄直到1973年才跻身一级酒庄之列。其葡萄园的土壤为深达数米的贫瘠砾石层，含有丰富的铁和硅酸盐。赤霞珠和品丽珠的种植比例高达90%，非常容易受不同年份间的气候变化影响。

生产商：**Château Pichon-Longueville***-*****

所在地：**Pauillac**

73公顷，年产量24万瓶

葡萄酒：Pauillac Deuxième Cru Classé

该酒庄是两个碧尚酒庄中较出名的一个，简称为"Pichon Baron"，产区南部与圣朱利安接壤。两个碧尚酒庄年复一年地相互竞争，不相上下。不过，这里的赤霞珠混酿比例为65%（20世纪80年代这一比例为75%），出产的葡萄酒酒体更加坚实丰满。

生产商：**Château Pichon-Longueville Comtesse de Lalande***-*****

所在地：**Pauillac**

85公顷，年产量40万瓶

葡萄酒：Pauillac Deuxième Cru Classé，La Réserve de la Comtesse

该酒庄葡萄酒中梅洛的含量高达35%，而赤霞珠的含量只有45%，这一比例最近几十年一直没有改变。因此，这里的葡萄酒比该产区常见的葡萄酒更加柔和、协调。

生产商：Château Pontet-Canet****
所在地：Pauillac
79公顷，年产量48万瓶
葡萄酒：Pauillac Cinquième Cru Classé, Pauillac Château Les Hauts de Pontet
该酒庄南与木桐酒庄毗邻，20世纪80年代以来发展迅速。出产的葡萄酒带有烟草味，被认为是波亚克的一流佳酿，年份好时可以与更有名的酒庄相媲美。

圣爱斯泰夫

生产商：Château Calon-Ségur***-****
所在地：Saint-Estèphe
94公顷，年产量40万瓶
葡萄酒：Saint-Estèphe Troisième Cru Classé
该酒庄风土特征显著，最近几年再次成为关注的焦点。

生产商：Château Cos d'Estournel*****
所在地：Saint-Estèphe
65公顷，年产量20万瓶
葡萄酒：Saint-Estèphe Deuxième Cru Classé, Les Pagodes de Cos
该酒庄现在由Jean-Guillaime Prats经营，是圣爱斯泰夫无可争议的明星酒庄，一些评论家甚至认为该酒庄优于很多一级酒庄。使用60%赤霞珠和40%梅洛酿造的葡萄酒酒体强劲但又圆润协调。

生产商：Château Haut-Marbuzet****
所在地：Saint-Estèphe
58公顷，年产量30万瓶
葡萄酒：Saint-Estèphe
该酒庄葡萄酒中梅洛的比例为40%，口感顺滑、单宁柔和。酒庄庄主Henri Dubosq利用完美的熟成工艺，生产的葡萄酒品质甚至高于许多列级酒庄葡萄酒。

生产商：Château Lafon-Rochet****
所在地：Saint-Estèphe
42公顷，年产量24万瓶
葡萄酒：Saint-Estèphe Quatrième Cru Classé
Michel Tesseron的酒庄位于该产区最有吸引力的地方，他酿造的葡萄酒丰满、复杂、雅致，品质始终如一。

生产商：Château Montrose***-*****
所在地：Saint-Estèphe
68公顷，年产量33万瓶
葡萄酒：Saint-Estèphe Deuxième Cru Classé, La Dame de Montrose
该酒庄赤霞珠的混酿比例高达65%，出产的葡萄酒结构坚实、经久耐存。在好的年份，用完全成熟的葡萄可以酿造出品质一流的葡萄酒。

圣朱利安

生产商：Château Branaire-Ducru***-****
所在地：Saint-Julien

50公顷，年产量26万瓶
葡萄酒：Saint-Julien Quatrième Cru Classé
Patrick Maroteaux不断提高酒庄葡萄酒的品质，他的招牌酒细腻均衡，同时又具有圣朱利安的特色。

生产商：Château Ducru-Beaucaillou***-****
所在地：Saint-Julien
50公顷，年产量21万瓶
葡萄酒：Saint-Julien Deuxième Cru Classé
该酒庄的葡萄园遍布整个产区，其中最大的葡萄田夹在Beychevelle酒庄的两块葡萄田之间。这里的葡萄酒通常风格雅致、单宁强劲，但在稍差的年份里缺乏一些均衡度和甜度。

生产商：Château Gruaud-Larose****-*****
所在地：Saint-Julien
82公顷，年产量45万瓶
葡萄酒：Saint-Julien Deuxième Cru Classé, Saint-Julien Sarget de Gruaud-Larose
20世纪80—90年代，该酒庄的葡萄酒品质达到巅峰。这个几乎独占一整块地的大型葡萄园是梅多克地区最著名的葡萄园之一。

生产商：Château Léoville Barton*****
所在地：Saint-Julien
50公顷，年产量23万瓶
葡萄酒：Saint-Julien Deuxième Cru Classé, La Réserve de Léoville Barton
最近几年，酒庄在Anthony Barton的经营下达到顶峰。葡萄酒年轻时浓郁、诱人，成熟后协调、均衡。

生产商：Château Léoville Las Cases*****
所在地：Saint-Julien
97公顷
葡萄酒：Saint-Julien Deuxième Cru Classé
该酒庄其实应被列为一级酒庄。产自传奇年份如1982年、1985年以及20世纪90年代下半叶的葡萄酒需要经过几十年才能充分展现它们的魅力。

生产商：Château Léoville-Poyferré***-*****
所在地：Saint-Julien
80公顷，年产量45万瓶
葡萄酒：Saint-Julien Deuxième Cru Classé, Château Moulin Riche
在好的年份，这里的葡萄酒可与Léoville Las Cases酒庄的葡萄酒齐名，不过该酒庄的发展更快。其酿酒厂被视为完美技术的典范，得到酿酒大师Michel Rolland的监督指导。

生产商：Château Talbot****
所在地：Saint-Julien
102公顷，年产量55万瓶
葡萄酒：Saint-Julien Quatrième Cru Classé
该酒庄位于圣朱利安西部，占地100公顷。梅洛的混酿比例较过去大幅增加，出产的葡萄酒口感强劲。

纯粹的细腻

宝玛酒庄（Château Palmer）完全使用现代化酿酒技术

在波尔多地区北部，波尔多市、玛歌产区以及邻近地区之间的葡萄种植区域十分广阔。

玛歌、利斯塔克和慕利斯是上梅多克最南端的三个村庄级法定产区，自然条件与波亚克、圣朱利安和圣爱斯泰夫相似。这里的土壤表层为沙土和砾石，底层为石灰石，由于靠近吉伦特，气候稳定。在被称为高原的小圆丘上，土壤以深厚的砾石层为主，排水性能强，为葡萄树提供了优越的生长条件。

利斯塔克梅多克（Listrac-Médoc）和慕利斯梅多克（Moulis-en-Médoc）位于上梅多克最西端。这两个产区都没有列级酒庄，但却拥有许多优秀甚至一流的中级酒庄。利斯塔克位于慕利斯北部，葡萄种植面积约为670公顷，其中三个地区——南部的枫和（Fonréaud）、北部的弗卡斯（Fourcas）以及利斯塔克本身最适合种植葡萄。一些葡萄园海拔高达122米，为整个梅多克之最。

葡萄品种

这些地区的土壤虽然有相似之处，但也存在巨大差异。弗卡斯拥有该产区最好的酒庄，其土壤是富含硅酸盐的砂土，这种土壤有利于赤霞珠的成熟，并且会赋予葡萄酒强劲的口感。而其他地区以石灰石构成的土壤更适合梅洛的生长。在这里，赤霞珠和梅洛的种植比例为2：1或1：1，其中梅洛的比例呈小幅上升趋势，用这种葡萄酿造的葡萄酒口感柔和、果香怡人。

面积略小的慕利斯位于利斯塔克东南部，种植的葡萄品种与利斯塔克相同：赤霞珠占50%~70%，梅洛占20%~50%。这里的葡萄园互不相连，散布在整个产区。一些知名的中级酒庄［尤其是宝捷（Poujeaux）和忘忧堡（Chasse-Spleen）］可与邻近产区很多列级酒庄相媲美。

产自慕利斯沙质土壤的葡萄与玛歌的葡萄以及产自波亚克石灰石土壤的葡萄非常相似。毋庸置疑，上梅多克南部名声最显赫的当数玛歌产区，包括阿尔萨克（Arsac）、拉巴德（Labarde）、康特纳克（Cantenac）、迪仙（Issan）和苏桑（Soussans）村庄。玛歌的葡萄种植面积高达1400公顷，不仅是梅多克最大的葡萄种植区，而且列级酒庄的数量也最多。虽然这里出产的葡萄酒中赤霞珠的含量可达60%~75%，但是与其他产区的葡萄酒相比，口感更细腻、香味更浓郁，而且风格雅致，常被誉为波尔多的勃艮第葡萄酒。这种特殊的品质来源于该地风调雨顺的气候（对面吉伦特的狭长岛屿遮挡了偶尔会从河口湾吹来的凛冽北风）和石灰岩或泥灰岩上面贫瘠的砾石土壤。

左图：玛歌产区的力士金酒庄（Château Lascombes）在建筑界是一颗璀璨的明珠，但在酿酒方面，还在探寻自己的风格

右图：年轻的克莱尔·维拉尔将忘忧堡发展成为慕利斯最好的酒庄之一

不过，即使这个产区声名显赫，也未能幸免20世纪70年代的那场危机。当时，欧洲葡萄酒行业一味追求数量而忽视质量，梅多克爆出葡萄酒掺假丑闻，再加上之前过高的市场价格，最终导致葡萄酒市场崩溃。经过多年的积累，如今该产区的葡萄酒已重现昔日的辉煌。

利斯塔克、慕利斯和玛歌的主要葡萄酒生产商

利斯塔克

生产商：**Château Clarke******

所在地：**Listrac-Médoc**

56公顷，年产量25万瓶

葡萄酒：Listrac Cru Bougeois，Le Merle Blanc

该酒庄于1973年由Edmond de Rothschild男爵建立，如今出产的葡萄酒品质更高，并且已成为利斯塔克最好的酒庄之一。

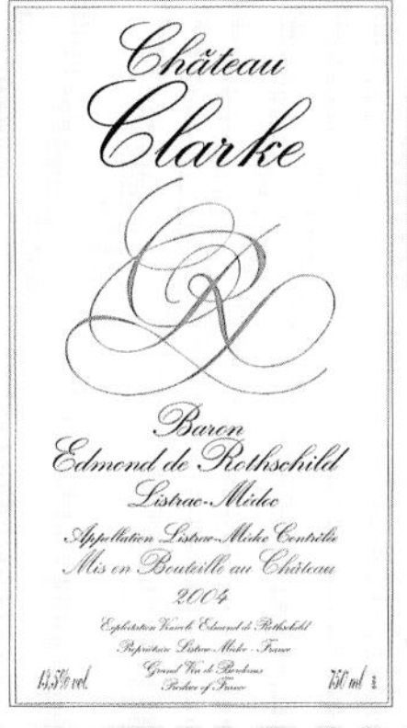

生产商：**Château Mayne Lalande*****–*****

所在地：**Listrac**

20公顷，年产量10万瓶

葡萄酒：Listrac Cru Bougeois，Château Malbec Lartigue，Château Myon de l'Enclos，La Grande Réserve du Château Mayne Lalande

该酒庄由Bernard Lartigue创建于1991年，采用橡木桶陈年，出产的葡萄酒果香浓郁，带有雪松味。

玛歌

生产商：**Château Brane-Cantenac******

所在地：**Margaux**

90公顷，年产量40万瓶

葡萄酒：Margaux Deuxième Cru Classé

自1996年起，特别是2000年之后，Henri Lurton一直致力于恢复该酒庄葡萄酒的品质。

生产商：**Château d'Issan******

所在地：**Cantenac**

30公顷，年产量17万瓶

葡萄酒：Margaux Troisième Cru Classé

在Emmanuel Cruse的经营下，这家出色的酒庄酿造的葡萄酒不断赢得美誉。浓郁的果香、丰满的酒体、细腻的单宁以及恰到好处的木香打造出了一款经典的玛歌葡萄酒。

生产商：**Château Margaux*******

所在地：**Margaux**

99公顷，年产量39万瓶

葡萄酒：Margaux Premier Cru Classé，Margaux Pavillon Rouge，Pavillon Blanc

该产区唯一的一级酒庄。葡萄酒拥有独一无二的典雅、深度和结构，陈年潜力强。

生产商：**Château Palmer*****–*****

所在地：**Margaux**

51公顷，年产量24万瓶

葡萄酒：Margaux Troisième Cru Classé，Alter Ego

几十年来，该酒庄以一贯的品质和柔顺的口感享誉盛名，从1998年起，它对北部边界的一级酒庄造成了严峻的挑战。

生产商：**Château Rauzan-Ségla******

所在地：**Margaux**

50公顷，年产量20万瓶

葡萄酒：Margaux Deuxième Cru Classé，Ségla

这家成名于17世纪的酒庄如今由拥有香奈儿品牌的Wertheimer家族经营。葡萄酒时尚、雅致。

生产商：**Château Siran*****–*****

所在地：**Margaux**

40公顷，年产量16万瓶

葡萄酒：Margaux Cru Bourgeois

该酒庄属于中级酒庄，在玛歌产区众多列级酒庄中占据一席之地。这里的葡萄酒结构坚实，主要是由较高的小维多含量和当地的风土条件所致。

慕利斯

生产商：**Château Chasse-Spleen******

所在地：**Moulis-en-Médoc**

85公顷，年产量60万瓶

葡萄酒：Moulis Cru Bourgeois，Haut-Médoc L'Ermitage de Chasse-Spleen，Bordeaux Blanc

该酒庄是慕利斯两家顶级酒庄中名气较大的一个，赤霞珠的种植比例占75%。在理想的年份，出产的葡萄酒浓郁醇厚，堪称一流。

生产商：**Château Poujeaux*****–*****

所在地：**Moulis-en-Médoc**

50公顷，年产量24万瓶

葡萄酒：Moulis Cru Bourgeois，Château La Salle de Poujeaux

该酒庄优质葡萄酒中赤霞珠的含量只占一半。这些葡萄酒酒体平衡、易于入口，但是已经缺乏昔日的浓度和深度。

砾石土质的格拉夫产区

格拉夫产区拥有波尔多地区最古老的葡萄园。在地理位置上，加伦河和吉伦特河左岸著名的冲击砾石区也属于格拉夫（意为“砾石”），但是出于酿酒方面的原因，只有靠近波尔多市以及加伦河上游的葡萄园才可以使用格拉夫的产地名称。格拉夫产区位于波尔多市南部，向南绵延50千米，葡萄种植面积约5000公顷，是波尔多面积较小的产区之一（波尔多的总面积将近123000公顷）。格拉夫区2/3的面积种植红葡萄品种，1/3种植白葡萄品种，是唯一一个同时出产红葡萄酒、白葡萄酒和甜葡萄酒的产区。格拉夫的地理区域划分比波尔多市北部的梅多克简单许多。这里只有一个格拉夫大法定产区（3400公顷），其中包括塞龙（Cérons）产区和位于最北端成立不久的佩萨克-雷奥良产区。格拉夫南部是两个甜葡萄酒产区，苏玳和巴萨克。

虽然格拉夫法定产区现在只能用于干白葡萄酒，但优级格拉夫的酒标可用于苏玳-巴萨克或者塞龙产区之外的甜葡萄酒。佩萨克-雷奥良出产的红葡萄酒和白葡萄酒品质都很出众。格拉夫与梅多克拥有相似的卵石和沙砾土壤，但这里的地势起伏更加明显，造成一系列不同的微气候。最好的葡萄园都散布在海拔较高的林地。19世纪末，格拉夫拥有10万公顷葡萄园，但随着城市化的进程，葡萄种植面积已缩减至5000公顷。这里的红葡萄酒主要使用赤霞珠、品丽珠和梅洛（梅多克也以这些葡萄品种为主）酿造，与梅多克葡萄酒非常相似。不过，该产区真正的明星品种是赛美蓉和长相思，用来酿造干白葡萄酒、塞龙甜葡萄酒以及苏玳和巴萨克甜葡萄酒。长相思常用来酿造果味浓郁的白葡萄酒。如果提前采摘，这种葡萄还会带有青草味，只有完全成熟或者过熟时才能散发出更加复杂、更加成熟的水果味。

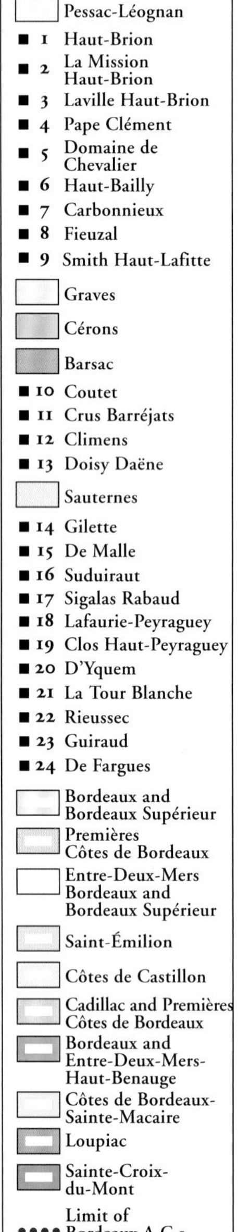

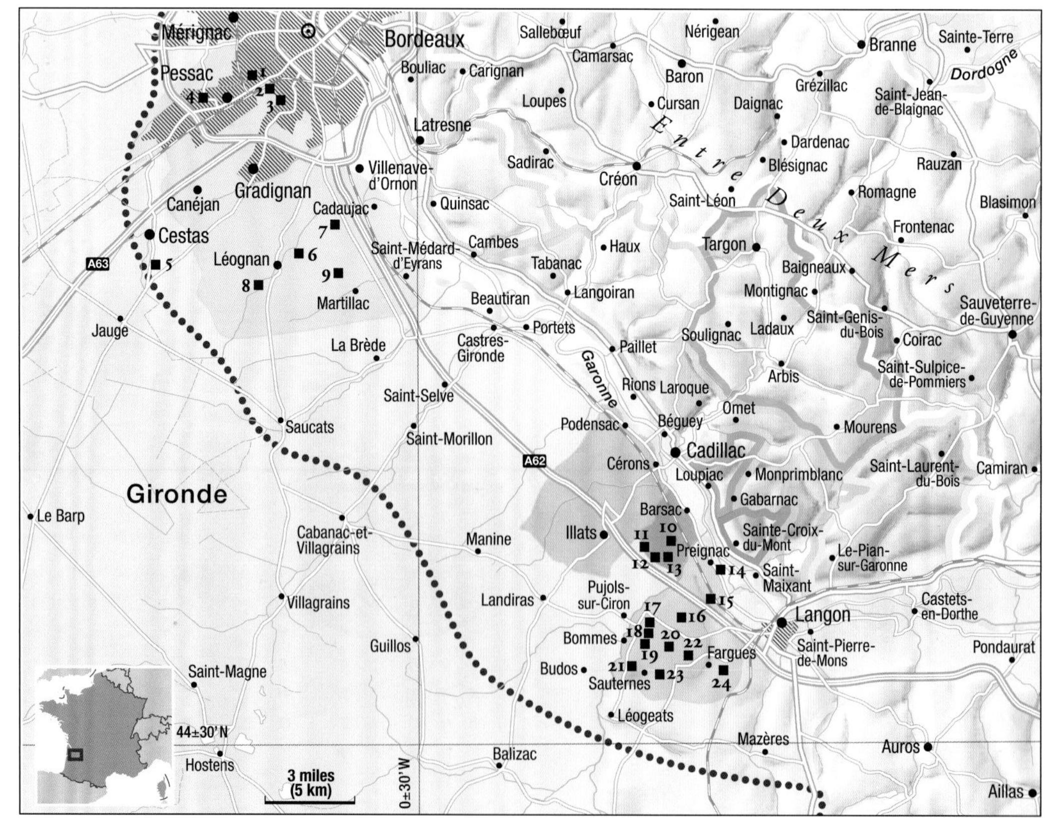

格拉夫的主要葡萄酒生产商

生产商：**Château de Chantegrive*****
所在地：**Podensac**
88公顷，年产量56万瓶
葡萄酒：Graves Blanc，Graves Rouge，Graves Blanc Caroline，Cérons
该酒庄的红葡萄酒采用橡木桶发酵，口感醇厚、果味成熟，其中最著名的是Caroline。

生产商：**Château Crabitey***-*****
所在地：**Portets**
27公顷，年产量15万瓶
葡萄酒：Graves Blanc，Graves Rouge
在Arnaud de Butler的经营下，酒庄的红葡萄酒品质得到了极大的改善。

生产商：**Château Respide Médeville***-*****
所在地：**Toulenne**
12公顷，年产量7万瓶
葡萄酒：Graves Blanc，Graves Rouge
Langon附近最出名的是苏玳葡萄酒，但是该酒庄证明了这里也能出产优质红葡萄酒。红葡萄酒中赤霞珠和梅洛的比例为60：40。

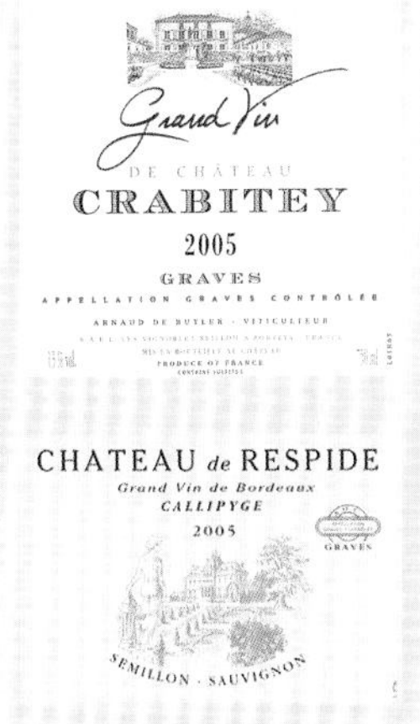

生产商：**Vieux Château Gaubert***-*****
所在地：**Portets**
25公顷，年产量12万瓶
葡萄酒：Graves Blanc，Graves Rouge
Haverlan家族酒庄的主打产品是白葡萄酒，主要使用赛美蓉酿造，在橡木桶中发酵。这里的红葡萄酒也颇具吸引力。

生产商：**Villa Bel Air*****
所在地：**Saint-Morillon**
46公顷，年产量28万瓶
葡萄酒：Graves Blanc，Graves Rouge
Château Lynch-Bages的庄主Jean-Michel Cazes于1990年建立这座酒庄，出产的红葡萄酒因圆润的口感和浓郁的果味而闻名。葡萄酒中赤霞珠和梅洛的含量各占一半。

有些列级酒庄的赛美蓉种植比例高达50%。这种葡萄被认为是世界上最优秀的葡萄品种之一，一方面是因为它容易感染贵腐霉菌（非常适合酿造苏玳顶级甜葡萄酒），另一方面是因为它具有惊人的陈年潜力。不同的葡萄酒产区不仅有不同的混酿组合，而且陈酿工艺也存在差异。有人反对使用新木桶，因为它们会使葡萄酒变得粗糙，丧失细腻的特质。而有人认为，用优质橡木桶酿造的白葡萄酒无疑比用不锈钢酒罐酿造的白葡萄酒品质更佳，后者的新鲜果味很快就会消失殆尽。

从波尔多往南，葡萄园中赛美蓉的种植比例不断增加，白葡萄酒中的糖分也越来越高。塞龙是格拉夫南部的一个小法定产区，出产的葡萄酒虽然没有苏玳葡萄酒含糖量高，但是依然有显著的醇香和甜味。波当萨克（Podensac）、伊拉特（Illats）和塞龙等村庄也出产红葡萄酒，但白葡萄酒更加重要，其中半干葡萄酒使用优级波尔多的酒标，甜葡萄酒使用塞龙的酒标。

左图：于细节处见经典——修道院红颜容酒庄（Château La-Mission Haut-Brion）的痰盂

右图：红颜容酒庄是波尔多最古老的知名酒庄之一

后起之秀：佩萨克-雷奥良

葡萄酒殿堂——骑士酒庄的酿酒厂

佩萨克-雷奥良位于格拉夫北部，1987年才成为格拉夫最重要的法定产区。自19世纪中期起，酒庄的数量，尤其是波尔多市附近地区的酒庄数量开始锐减。梅里尼亚克（Mérignac）的酒庄数量由22家跌至1家，佩萨克由12家跌至4家，塔朗斯（Talence）由19家跌至3家。在波尔多地区的这个传说中的葡萄酒发源地，葡萄种植面临着彻底消失的危险。不过品质的改善足以弥补数量的减少，这里拥有波尔多两个代表性的酒庄——红颜容酒庄和克莱蒙教皇（Pape Clément）酒庄。此外，其他在1959年获得分级的酒庄也具有稳定和出众的品质。

红白联盟

佩萨克-雷奥良也是波尔多唯一一个同时出产优质白葡萄酒和红葡萄酒的顶级产区。迅速建立的名声和由此不断增加的收益使这里的葡萄种植面积不再减少，某些时候甚至还有所增加。佩萨克-雷奥良的形象很快得到提升，是因为它将1959年格拉夫列级酒庄的葡萄酒纳入自己的系统，因此这些酒庄现在拥有两个法定产区命名。

该产区的分级体系既适用于红葡萄酒，也适用于白葡萄酒。红葡萄酒和白葡萄酒都被列级的酒庄包括宝斯高（Bouscaut）、卡波涅斯（Carbonnieux）、骑士（Chevalier）、马拉蒂克-拉格维尔（Malartic-Lagravière）、奥利维尔（Olivier）和拉图-马蒂亚克（La Tour Martillac）。在歌欣（Couhins）、歌欣乐顿（Couhins-Lurton）和拉维尔红颜容（Laville Haut-Brion）等酒庄，只有白葡萄酒得到分

波尔多地区最古老的酒庄

1299年，一个贵族家庭中最小的儿子贝特朗·德·哥特被任命为波尔多大主教，他的哥哥赠予他一座佩萨克的酒庄，该酒庄如今位于波尔多市内。仅仅6年之后，他便被选为教皇，于是将酒庄命名为克莱蒙教皇，波尔多历史最悠久的酒庄因此成名。虽然该酒庄曾多次面临灾难（主要来自法国大革命和20世纪的城市化），但其葡萄酒生产从未中断。克莱蒙教皇酒庄的葡萄种植面积不足30公顷，其中90%为红葡萄品种（赤霞珠占60%，梅洛占40%），并不算一个大酒庄，而且近年来其他一些列级酒庄出产的葡萄酒品质更优良。尽管如此，克莱蒙教皇的品质在近些年保持稳定，20世纪90年代红葡萄酒达到顶峰，很少有葡萄酒可以超越。

和克莱蒙教皇酒庄相比，红颜容酒庄距波尔多市更近，是波尔多第二古老的酒庄。这里出产的葡萄酒始终保持优秀的品质。自17世纪建立以来，红颜容一直是波尔多为数不多的一流酒庄之一。它是唯一一家在梅多克1855年分级体系和1973年分级体系修订中被列为一级酒庄的格拉夫酒庄。红颜容酒庄的葡萄园位于波尔多市郊，这里的气候适宜葡萄种植。为保持一贯的高品质，酒庄近年来开始采用最新的酿酒工艺。

红颜容酒庄对面的修道院红颜容酒庄也得益于红颜容特殊的气候条件和土壤情况。该酒庄20年前就归红颜容的主人所有，因此这里的葡萄酒由同样的团队采用同样精湛的工艺酿造而成。

佩萨克—雷奥良的修道院红颜容酒庄是对面红颜容的姐妹酒庄

级；而在佛泽尔（Fieuzal）、高柏丽（Haut-Bailly）、红颜容、修道院红颜容、克莱蒙教皇、史密斯拉菲特（Smith-Haut Lafite）和拉图红颜容（La Tour Haut-Brion）酒庄，只有红葡萄酒得到分级。卡多亚克（Cadaujac）、卡内让（Canéjan）、格拉迪尼昂（Gradignan）、雷奥良、马蒂亚克、梅里尼亚克、佩萨克、圣梅达尔代朗（Saint-Médard-d'Eyrans）、塔朗斯和维勒纳夫-多尔农（Villeneuve-D'Ornon）地区的葡萄种植面积约为1300公顷，其中3/4为红葡萄品种，1/4为白葡萄品种，不过红葡萄中赤霞珠的比例通常不会超过60%。有时，葡萄酒中只含有少量的赤霞珠。例如在丽嘉红颜容（Les Carmes de Haut-Brion）酒庄出产的混酿酒中，赤霞珠的比例只有10%，品丽珠为40%，而梅洛的比例高达50%。

佩萨克-雷奥良的主要葡萄酒生产商

生产商：Château Carbonnieux***-****
所在地：Léognan
90公顷，年产量44万瓶
葡萄酒：Pessac-Léognan Cru Classé Blanc，Rouge；La Tour Léognan，Le Sartre
格拉夫产区面积最大的酒庄之一，其红葡萄酒和白葡萄酒都有分级。虽然白葡萄酒更为知名，但红葡萄酒也具有同样的水准。

生产商：Château De France***-****
所在地：Léognan
39公顷，年产量22万瓶
葡萄酒：Pessac-Léognan Blanc，Rouge
酒庄拥有优越的地理位置，在Arnaud Thomassin的经营下，出产的红葡萄酒和白葡萄酒酒体清澈、口感复杂。

生产商：Château Haut-Bailly****
所在地：Léognan
28公顷，年产量12万瓶
葡萄酒：Pessac- Léognan Cru Classé
该酒庄的葡萄酒始终保持出众的品质。红葡萄酒是雷奥良最好的葡萄酒之一，其中赤霞珠的混酿比例为65%。

生产商：Château Haut-Brion*****
所在地：Pessac
46公顷，年产量27万瓶
葡萄酒：Pessac-Léognan Rouge Premier Cru Classé，Pessac-Léognan Blanc，Bahans Haut-Brion，Les Plantiers du Haut-Brion
波尔多地区最好的酒庄之一，生产的红葡萄酒和白葡萄酒品质出众。

生产商：Château La Louvière***-****
所在地：Léognan
48公顷，年产量25万瓶
葡萄酒：Pessac-Léognan Blanc，Rouge，Pessac-Léognan L de Louvière Blanc，Rouge，Bordeaux Rosé L de Louvière，Pessac-Léognan Le Louvetier Blanc，Rouge
该酒庄属于André Lurton，出产的红葡萄酒和白葡萄酒难分伯仲。

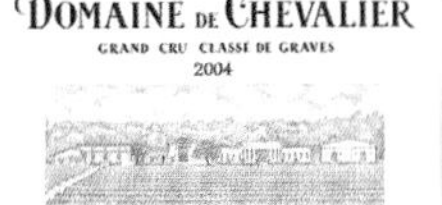

生产商：Château Malartic-Lagravière****
所在地：Léognan
44公顷，年产量15万瓶
葡萄酒：Pessac-Léognan Cru Classé
1803年，Pierre de Malartic买下该酒庄。1998年，酒庄易主，并开始复苏，出产的红葡萄酒和白葡萄酒细腻、典雅。

生产商：Château La Mission Haut-Brion****-*****
所在地：Pessac
21公顷，年产量10万瓶
葡萄酒：Pessac-Léognan Cru Classé，La Chapelle de la Mission
该酒庄曾是红颜容酒庄的劲敌，与其仅一路之隔。如今两家酒庄同属一人，品质相当。

生产商：Château Pape Clément****-*****
所在地：Pessac
32.5公顷，年产量16万瓶
葡萄酒：Pessac-Léognan Cru Classé
波尔多最古老的酒庄，20世纪90年代后半期出产了一系列品质卓越的红葡萄酒。白葡萄酒品质也很优良，其中赛美蓉和长相思的混酿比例相当。

生产商：Château Smith Haut-Lafitte****
所在地：La Brède
55公顷，年产量20万瓶
葡萄酒：Pessac-Léognan Cru Classé
该酒庄不仅出产品质卓越的红葡萄酒和白葡萄酒，而且建立了一家豪华的酒店，提供各种葡萄和葡萄酒产品。

生产商：Domaine de Chevalier****
所在地：Léognan
37公顷，年产量20万瓶
葡萄酒：Pessac-Léognan Cru Classé Blanc，Rouge；L'Esprit de Chevalier Blanc，Rouge
该酒庄18世纪时就已成为雷奥良的一流酒庄。在Olivier Bernard的经营下，这里出产的白葡萄酒和红葡萄酒都在该法定产区享有盛名。

滴金酒庄和邻近酒庄的甜葡萄酒

苏玳产区的葡萄园靠近巴萨克村和苏玳村

右页图：苏玳产区一名传统的葡萄种植户

滴金酒庄是苏玳产区无可争议的顶尖生产商

加伦河畔朗贡（Langon）小镇北部的山地主要出产甜白葡萄酒，这和世界上所有其他葡萄酒产区都不相同，唯一例外的是奥地利布尔根兰州的塞温克尔（Seewinkel）。

18世纪和19世纪，甜葡萄酒是波尔多地区真正的明星葡萄酒，这很可能是它们能够与梅多克的酒庄同时进行分级的原因。在1855年的分级体系中独占鳌头的是优等一级酒庄滴金酒庄，因此与其他所有一级酒庄相比，滴金酒庄享有非常独特的地位。苏玳产区还有其他酒庄获得分级，包括9家一级酒庄和7家二级酒庄。附近的巴萨克产区也有2家一级酒庄和7家二级酒庄在列。

苏玳产区的特别之处在于清晨的雾霭和午后充沛的阳光之间的相互作用。在寒冷的西隆河（Cirons）与较为暖和的加伦河的交汇处，这种相互作用为贵腐霉菌的生长提供了理想的气候条件。贵腐霉菌会刺穿葡萄的表皮，从而导致水分的蒸发以及糖分、酸度和萃取物的浓度增加。对红葡萄品种而言，贵腐霉菌会破坏表皮的色素，但对白葡萄品种来说，这种情况可以酿造出色泽金黄、适宜陈年的甜白葡萄酒。底层为黏质白垩土的砾石土壤是赛美蓉葡萄达到过熟的理想条件，如果葡萄没有过熟，贵腐霉菌将无法生长。

最早青睐苏玳地区葡萄园的是波尔多莎桐湾的荷兰酒商，他们将这些葡萄酒发展到了前所未有的高度。19世纪末和20世纪上半叶的危机导致出产甜葡萄酒的酒庄数量开始减少，但随着新一代葡萄酒爱好者的增加以及20世纪80年代一系列杰出年份的出现，这一下降趋势得以终止。

艰苦的付出

即使拥有最优越的气候条件，优质甜葡萄酒的生产商也必须在葡萄园中辛勤劳作，而其他种类的葡萄酒则无须如此。严格控制产量是重中之重，一棵葡萄树最多只能出产一两杯葡萄酒，以保证葡萄的成熟度和浓度。收获期间的天气也必须给力，否则所有的努力都会付诸东流。滴金酒庄海拔86米，是苏玳产区海拔最高的地方。亚历山大·德·吕尔·萨吕斯（Comte Alexandre de Lur Saluces）伯爵从1968年起就开始经营这家酒庄，他向世人展示了创造葡萄酒传奇品质的奥秘。滴金酒庄常年雇用50人在其100公顷的葡萄园工作，每公顷产量不超过800升。这里的葡萄园不喷洒杀虫剂，每隔三四年用马粪施一次肥。不过，葡萄园会定期犁地，冬季会大面积修剪树枝，夏季会清除葡萄周围的叶片，以让葡萄接触到最多的阳光。进入收获期后，雇用的季节性工人多达120人，在至少三周的时间内，他们要进

行10～11次采摘（在贵腐霉菌繁殖迅速、均匀的年份，采摘次数会有所减少），每次只摘取感染贵腐霉菌的葡萄。葡萄汁经过三个阶段的压榨并在新橡木桶中发酵后，需在橡木桶中陈酿三年之久，其间每三个月进行一次换桶。年份差时，滴金酒庄不出产任何葡萄酒，如最近的1992年。年份好时，酿造的美酒香气馥郁，散发出蜂蜜、坚果、杏和橘皮蜜饯的气息，唇齿间还能感受到其强劲的力量、饱满的酒体和香甜的味道。

不是苏玳产区所有的酒庄（其他甜葡萄酒产区的酒庄更少）都能承受或者愿意承受这种代价。因此，许多酒庄在贵腐霉菌不多的年份会采摘过熟但没有感染贵腐霉菌的葡萄。用这些葡萄酿造的葡萄酒与贵腐葡萄酒一样价格不菲，但品质有时不及高级精选酒，在国际市场上甚至达不到德国或澳大利亚精选葡萄酒的标准。因此过去十年间，越来越多的生产商借鉴新世界的冷冻萃取法。这种方法是将葡萄提前一个夜晚存放在冷冻室内进行冷冻。压榨葡萄时，只有成熟且未冰冻的葡萄会流出汁液——数量不多但萃取物浓郁丰富。当然，这种葡萄酒的甜味和真正意义上的贵腐甜葡萄酒无法相比，它们更接近加拿大或加利福尼亚的冰酒，这主要是因为它们缺乏只有贵腐霉菌才能赋予的特有味道，如异域香味或甘油味，这些味道只有经过长期陈酿后才会充分展现。这些使用最先进的技术酿造的葡萄酒果味浓郁，年轻时口感怡人，但是无法达到采用自然方式酿造的成熟葡萄酒的伟大。

用来密封酒桶的木块

右页上图：感染贵腐霉菌的葡萄，用来酿造苏玳甜葡萄酒

葡萄的采摘分多次进行，每次只采摘感染贵腐霉菌的葡萄。剩余的葡萄需要更多的时间过熟

苏玳的主要葡萄酒生产商

生产商：Château Clos Haut-Peyraguey****
所在地：Bommes
17公顷，年产量3.7万瓶
葡萄酒：Sauternes Premier Cru Classé，Sauternes Château Haut-Bommes
该酒庄的葡萄园紧临滴金酒庄。20世纪90年代出产的葡萄酒有着非同寻常的浓度，但是需要较长陈年时间展现它们的魅力。

生产商：Château De Fargues****-*****
所在地：Fargues-de-Langon
15公顷，年产量1.2万瓶
葡萄酒：Sauternes
该小酒庄属于Alexandre de Lur Saluces私人拥有，出产的葡萄酒品质不逊于滴金酒庄。

生产商：Château Gilette****-*****
所在地：Preignac
4.5公顷，年产量7000瓶
葡萄酒：Sauternes
该小酒庄生产的葡萄酒具有丰富的果味和异域的醇香，品质稳定。

生产商：Château Lafaurie-Peyraguey***-*****
所在地：Bommes
40公顷，年产量7.5万瓶
葡萄酒：Sauternes Premier Cru Classé
该酒庄成立于17世纪，级别在滴金酒庄之下。葡萄园比较分散，几乎全部种植赛美蓉。

生产商：Château Raymond-Lafon****-*****
所在地：Sauternes
18公顷，年产量2万瓶
葡萄酒：Sauternes
该酒庄位于滴金酒庄附近，虽然没有分级，但是凭借品质出众的葡萄酒奠定了自己仅次于列级酒庄的地位。

生产商：Château Rieussec****-*****
所在地：Fargues-de-Langon

75公顷，年产量9万瓶
葡萄酒：Sauternes Premier Cru Classé，Sauternes Clos Labère
苏玳最知名的酒庄之一，属于拉菲集团。

生产商：Château Sigalas Rabaud****-*****
所在地：Bommes
14公顷，年产量3万瓶
葡萄酒：Sauternes Premier Cru Classé
该酒庄地位尊贵，和滴金酒庄一样拥有适宜贵腐霉菌生长的理想条件。如今，这座17世纪的酒庄属于Cordier葡萄酒公司所有，被认为是该地区最好的酒庄之一。

生产商：Château Suduiraut****-*****
所在地：Preignac
88公顷，年产量13万瓶
葡萄酒：Sauternes Premier Cru Classé
该酒庄的葡萄酒以细腻的口感出名，这在一定程度上归功于其淡雅的酸味。葡萄酒中常散发出异域水果和无花果的味道。

生产商：Château La Tour Blanche****
所在地：Bommes
42公顷，年产量6万瓶
葡萄酒：Sauternes Premier Grand Cru Classé，Sauternes Les Charmilles de Tour Blanche，Bordeaux Blanc Sec Isis，Bordeaux Blanc Osiris，Bordeaux Rouge Cru du Cinquet
直到20世纪80年代末期，该酒庄的葡萄酒才跻身苏玳产区顶级葡萄酒之列。

生产商：Château d'Yquem*****
所在地：Yquem
103公顷，年产量9.5万瓶
葡萄酒：Sauternes Premier Cru Supérieur Classé，Ygrec
滴金酒庄自1785年起就归Lur-Saluces家族所有，但是该家族现在只持有少数股权。如今，在Pierre Lurton的管理下，酒庄庄主Comte Alexandre得以延续葡萄酒的传奇品质。

甜上加甜

凭借葡萄酒出色的品质，滴金酒庄享有特殊地位已达150多年之久

虽然苏玳是整个波尔多尤其是格拉夫地区甜葡萄酒品质的象征，但它不是唯一出产半甜或甜葡萄酒的法定产区。巴萨克与苏玳北部接壤，出产的甜葡萄酒可以标注自己或者更知名的苏玳产区的原产地名称。古岱酒庄（Château Coutet）的葡萄酒就是如此。不过，这一规则只适用于巴萨克产区的葡萄酒，苏玳产区的葡萄酒则不能使用巴萨克的原产地命名。其他出产甜葡萄酒的地区还包括加伦河左岸的塞龙以及右岸的卢皮亚克（Loupiac）、卡迪亚克（Cadillac）和圣十字峰（Sainte-Croix-du-Mont）。

在英国统治时期，巴萨克一直是该地区的一流村庄和主要港口（苏玳葡萄酒也从这里装运），出产的葡萄酒在当时的格拉夫南部享有盛誉。虽然巴萨克和苏玳拥有相同的命名体系，而且1855年苏玳的分级体系中有10家巴萨克酒庄，其中包括克里蒙（Climens）和古岱一级酒庄，但今天巴萨克的名声已被苏玳产区赶超。如今，巴萨克产区列级酒庄的葡萄酒产量仍占总产量的30%，并且受到许多鉴赏家的赞誉，但和最好的苏玳葡萄酒相比，口感偶尔略显清淡。

巴萨克北部是塞龙地区，生产两种不同的甜葡萄酒：一种是甜度中等的精选酒，主要以优级格拉夫的名称销售；另一种是以塞龙的名称销售的甜葡萄酒。即使是葡萄酒专家也对塞龙地区知之甚少，因此第二种葡萄酒只占总产量的20%也就不足为奇。此外，作为甜葡萄酒产区，塞龙正逐渐被苏玳和巴萨克排挤出局。除了甜葡萄酒，这里还出产干白葡萄酒和红葡萄酒，标注格拉夫的名称，而苏玳和巴萨克的少量干白葡萄酒则以自己的酒标进行销售。

如果晚秋时节阳光充沛，酒庄将迎来丰收的一年

加伦河右岸

加伦河右岸的村庄与苏玳和巴萨克海拔相同，也盛产甜葡萄酒。在某种程度上，它们得益于和对面产区相似的气候条件，但是地形却和苏玳及其周边地区存在很大差异。加伦河右岸地势起伏较大，冲击土和由海洋形成的石灰石高原交替分布，葡萄园坐落在陡峭的山坡上。这里最有名的法定产区当数卢皮亚克，葡萄种植面积达360公顷，大多数面朝南方，具备过熟和感染贵腐霉菌的优越条件。赛美蓉种植比例高达70%～80%，看似非常适合出产优质甜葡萄酒，但实际上葡萄酒的风格与果味浓郁的精选酒相似，在浓度和结构上与巴萨克或苏玳葡萄酒截然不同。卡迪亚克法定产区包括卡迪亚克镇（13世纪时由英国人建立）及周边的村庄，主要出产口感清淡的葡萄酒。在理想的情况下，这些葡萄酒果味浓郁、香气怡人，但缺乏表现力。事实上，作为波尔多首丘（只用于干葡萄酒的原产地

命名，而卡迪亚克则用于甜葡萄酒）产区的一部分，卡迪亚克没有资格拥有法定产区的称号，但是1973年的法规不这样认为。就潜力而言，加伦河右岸最好的甜葡萄酒产自圣十字峰，该法定产区位于苏玳、巴萨克和西隆河支流的正对面，葡萄种植面积为600公顷。

圣十字峰山坡陡峭，与苏玳明显不同，不过与卢皮亚克或卡迪亚克相比，葡萄感染贵腐霉菌的可能性更大。即使这里的葡萄酒在结构和陈年潜力上相对不足，但是在酒精含量和甜度上，它们与知名的竞争对手不分上下。这里的干白葡萄酒和红葡萄酒通常也以波尔多或优级波尔多的酒标装瓶销售。

巴萨克、卢皮亚克和圣十字峰的主要葡萄酒生产商

生产商：Château Climens*****
所在地：Barsac
29公顷，年产量4万瓶
葡萄酒：Barsac Premier Cru Classé, Cyprès de Climens
该酒庄是巴萨克的滴金酒庄。有时知名度较低产区的一级酒庄排名会高于苏玳产区赫赫有名的酒庄。海拔较高的葡萄园出产的葡萄酒在陈年过程中会散发出浓郁的异域果香。

生产商：Château Closiot—******
所在地：Barsac
8公顷，年产量1.8万瓶
葡萄酒：Barsac: Château Closiot, Passion de Closiot, Château Camperos
Françoise Sirot与其丈夫Bernard（一位知名的比利时葡萄酒专栏记者）酿造出了一系列酒体平衡的甜葡萄酒。他们属于苏玳产区新一代的葡萄酒生产商，敢于尝试不同的均衡度。

生产商：Château Coutet****
所在地：Barsac
38.5公顷，年产量6万瓶
葡萄酒：Barsac Premier Cru Classé
该酒庄以知名度更高的邻近产区的原产地名称来销售自家葡萄酒。虽然产量较高，但香气浓郁，适宜久存。

生产商：Château Doisy Daëne****
所在地：Barsac
15公顷，年产量4万瓶
葡萄酒：Sauternes Cru Classé
该酒庄曾经只使用赛美蓉酿酒，如今长相思在葡萄酒中的比例已达到20%。这些葡萄酒由酒庄庄主的儿子Denis Dubourdieu酿造，他喜欢香气浓郁的风格。

生产商：Château de Myrat*—******
所在地：Barsac
22公顷，年产量4万瓶
葡萄酒：Barsac Cru Classé
该酒庄曾经有过一段艰难时期，到20世纪90年代后半期才恢复之前的优秀品质。

生产商：Château la Rame*—******
所在地：Sainte-Croix du-Mont
20公顷，年产量10万瓶
葡萄酒：Sainte-Croix-du-Mont
Yves Armand知道如何在杰出的年份赋予珍藏甜葡萄酒卓越的甜度和复杂度。年份稍差时，特酿酒Traditon香味清新、结构均衡。

生产商：Cru Barrejats****
所在地：Pujols-sur-Ciron
5公顷，年产量6000瓶
葡萄酒：Sauternes
十年来，Mireille Daret和Philippe Anurand用满腔的激情和精湛的技术取得了非凡的成就。他们酿造的葡萄酒精致、卓越。他们属于年轻一代的酿酒师，为苏玳和巴萨克开创了新的局面。

生产商：Domaine du Noble****
所在地：Loupiac
15公顷，年产量5.5万瓶
葡萄酒：Loupiac
卢皮亚克葡萄酒享有盛名，虽然缺乏优质苏玳葡萄酒的浓郁和甘甜，但是果香怡人、风格雅致。该酒庄出产的这种葡萄酒品质出众，被视为物美价廉的佳酿。

右岸

在波尔多地区，右岸是指多尔多涅河北部的整个区域。多尔多涅河与另一条河流一起汇入波尔多下游不远处的吉伦特河。

位于加伦河北岸的格拉夫地区被划分为梅多克和格拉夫两个区域，同样，右岸也被切割成两个各具特色的区域。一个是东南部的利布尔讷和加伦河沿岸的弗龙萨代；另一个是西北部的布尔和布拉伊，其中部分地区位于玛歌正对面的吉伦特沿岸。波尔多这一带的葡萄种植面积占整个产区种植面积的1/4，其中利布尔讷和布拉伊的种植面积最大，分别为1.1万公顷和5000公顷。

早在古罗马时期，右岸就开始葡萄种植。4世纪，诗人奥索尼乌斯（法国的一家知名酒庄就是以他的名字命名）曾声称，即使是在不朽之城罗马，他的葡萄酒也备受追捧。几个世纪后，查理曼大帝在弗龙萨克流连忘返；中世纪时，波美侯和圣爱美浓成为通往天主教朝圣圣地圣地亚哥-德孔波斯特拉（Santiago de Compostela）的必经之路。英法百年战争结束后，葡萄酒贸易在吉伦特河右岸发展起来，多尔多涅河成了一条运输要道，沿着这条河，可以将贝尔热拉克的红葡萄酒运往英格兰。

布尔丘产区的葡萄园坐落在吉伦特河右岸

然而，其17世纪和18世纪葡萄酒行业的发展要比梅多克产区逊色许多。1855年的分级也与利布尔讷擦肩而过，圣爱美浓直到20世纪中期才拥有自己的分级，而该地区第二大著名的波美侯产区至今仍无分级。

不平等的伴侣——梅洛和品丽珠

圣爱美浓和波美侯以及两产区内各酒庄出产的葡萄酒种类繁多，而这主要归功于当地多元的风土条件和微气候，例如柏图斯酒庄的土壤为白垩土。此外，不同葡萄品种的混合进一步丰富了葡萄酒的种类。与梅多克地区形成鲜明对比的是，喜欢温暖气候的赤霞珠在混酿酒中只占很小的比例。

不同葡萄品种的成熟方式不同，因此在圣爱美浓地区，梅洛在混酿酒中的比例约为50%～70%〔个别情况下高达80%，如卓龙梦特酒庄（Château Troplong Mondot）出产的葡萄酒〕，品丽珠占剩余的20%～50%，而在顶级波美侯葡萄酒中，梅洛的比例甚至更高。可见，调配艺术的发祥地并非酿酒厂，而是葡萄园，在那里，种植户必须栽培最适合的葡萄品种。在砾石或沙质的土壤上，品丽珠表现非凡，梅洛则在肥沃的土壤中长势良好。

梅洛老藤

两个产区内不同葡萄品种种植比例差异巨大，原因之一就是不同葡萄品种在各种风土条件之下表现各异。以圣爱美浓产区为例，在奥松和卡农嘉芙丽（Canon La Gaffelière）酒庄种植的葡萄品种中，品丽珠和梅洛各占一半，但在其他酒庄，如白马酒庄，品丽珠占主导地位，比例最高可达60%。在波美侯产区，梅洛的种植比例甚至高达90%以上，如卓龙（Trotanoy）和柏图斯酒庄（酒评家认为，近年来柏图斯酒庄几乎只种植梅洛），有的只占65%～70%，略高于圣爱美浓，如康赛隆（La Conseillante）、乐王吉（L'Evangile）和列兰（Nenin）酒庄。

为了找出两者的完美比例，最初，不同土壤上出产的葡萄都是分开酿造和陈年，这样酿酒师就有机会根据自然条件进行调整。无论葡萄园条件如何，年份差时，酿酒师可以提高早熟的梅洛在葡萄酒中的比例，而在炎热的秋季过后，他们又可以增加晚熟的品丽珠的比例。

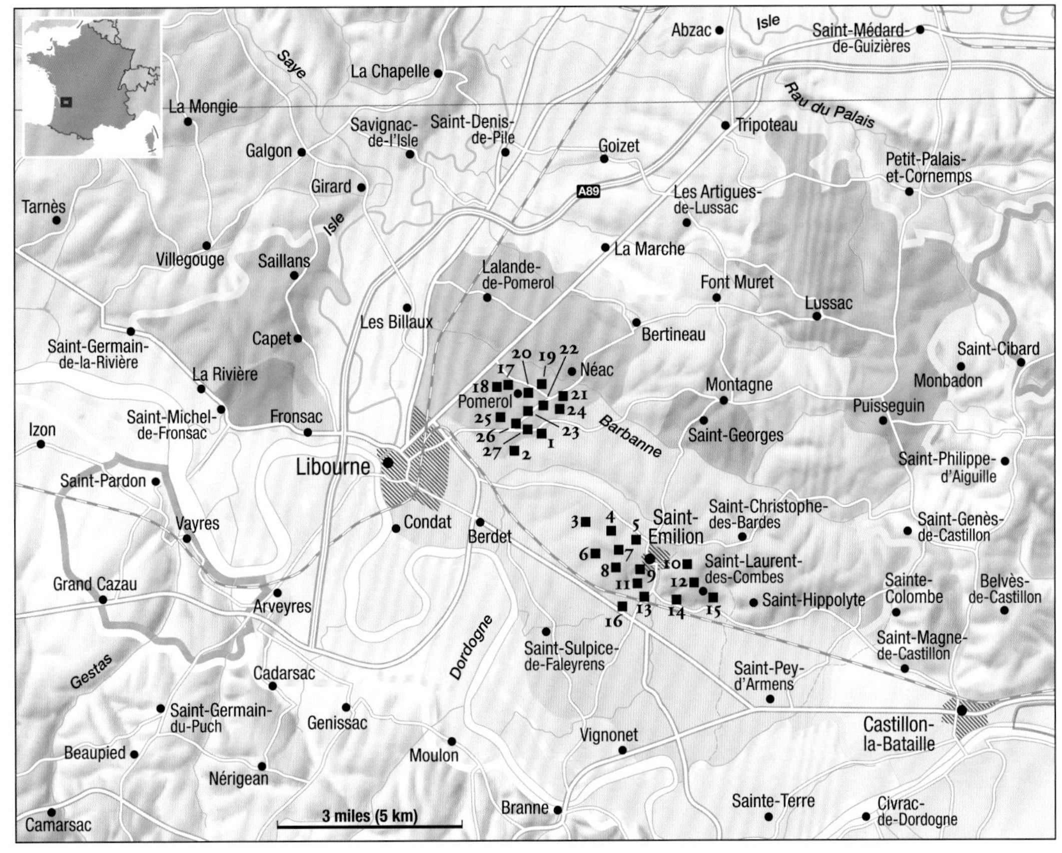

Saint-Émilion
- 1 Cheval Blanc
- 2 Figeac
- 3 Grand Mayne
- 4 Beau-Séjour Bécot
- 5 De Valandraud
- 6 Angelus
- 7 Beauséjour
- 8 Madelaine
- 9 Ausone
- 10 Troplong Mondot
- 11 Belair
- 12 La Mondotte
- 13 La Gaffelière
- 14 Pavie
- 15 Tertre Roteboeuf
- 16 Canon La Gaffeliève

Lussac-Saint-Émilion

Montagne-Saint-Émilion

Saint-Georges-Saint-Émilion

Puisseguin-Saint-Émilion

Pomerol
- 17 L'Eglise-Clinet
- 18 Clinet
- 19 La Fleur Pétrus
- 20 Lafleur
- 21 Gazin
- 22 Pétrus
- 23 Vieux Château Certan
- 24 L'Evangile
- 25 Le Pin
- 26 Petit Village
- 27 La Conseillante

Lalande-de-Pomerol

Fronsac

Canon-Fronsac

Bordeaux and Bordeaux Supérieur

Graves-de-Vayres

Entre-Deux-Mers Bordeaux and Bordeaux Supérieur

Côtes de Castillon

Bordeaux-Côtes de Francs

红葡萄酒之乡——利布尔讷

在位置更加偏北的地区，红葡萄和白葡萄都有种植，而利布尔讷几乎只种植红葡萄品种。在梅多克和格拉夫格产区，赤霞珠具有至高无上的地位，但在这里，品丽珠和梅洛才是主角。不同的混酿方法以及多元的风土条件将各个产区区别开来，这些产区围绕利布尔讷镇构成一个半圆。利布尔讷镇的东北郊是波美侯的葡萄园，面积不足830公顷，归180家酒庄所有。

圣爱美浓位于利布尔讷东南方，与利布尔讷镇中心相隔一定距离，葡萄种植历史可追溯至古罗马时代。圣爱美浓和圣爱美浓特级葡萄园两个法定产区不仅占地最广，而且凭借它们的分级制度，名声最大。距离它们几步之遥的是一圈“卫星”产区，包括波美侯的拉朗德-波美侯（Lalande-de-Pomerol）以及法定产区名中冠有“圣爱美浓”的蒙塔涅（Montagne）、吕萨克（Lussac）、圣乔治（Saint-Georges）和普瑟冈（Puisseguin）。在利布尔讷的东端和东南端，有两个不太知名的产区，分别是卡斯蒂永丘和弗兰克丘（Côtes de Francs）。它们形成了吉伦特省与多尔多涅的边界，约有4000公顷葡萄园。

卡斯蒂永-拉巴泰尔（Castillon-La-Bataille）是卡斯蒂永丘的主要市镇，与法国，尤其是波尔多地区有着深厚的历史渊源。利杜瓦尔河（Lidoire）与多尔多涅河的交汇处曾是英法百年战争决定性战役的战场，法国在这场战争中获胜，终结了英国对加斯科涅的统治。

弗兰克丘和卡斯蒂永丘作为法定产区的历史并不长，两者分别于1967年和1989年获得独立法定产区的称号。弗兰克丘还采用波尔多常见的品种出产少量（不到总产量的1%）的白葡萄酒和甜葡萄酒，这也是整个利布尔讷地区唯一生产多种葡萄酒的产区。

毋庸置疑，卡斯蒂永丘和弗兰克丘的真正优势是红葡萄酒。与市场上以波尔多标签出售的红葡萄酒相比，这里的红葡萄酒口感更丰富，结构更复杂，当然，价格也比利布尔讷地区其他知名产区的红葡萄酒昂贵得多。

梅洛之都——圣爱美浓

圣爱美浓拥有许多庄严的古建筑，是一座文化古镇。圣爱美浓坐落在一座石灰岩山上，这里的酒窖与在其中陈年的葡萄酒一样传奇

迷人的圣爱美浓小镇是波尔多葡萄酒之旅不容错过的目的地。圣爱美浓毗邻多尔多涅河谷，位于波尔多东部不到40千米处。狭窄的小巷在古老的石屋间曲折蜿蜒，直达高地，那里的教堂雄伟壮丽，俯瞰所有的葡萄园。虽然在外人眼中圣爱美浓是白玉霓葡萄的同义词，但与整个利布尔讷地区一样，这个多尔多涅河之上的小镇只出产红葡萄酒，而且红葡萄酒的品质在当地堪称一流。

虽然这一地区的边界线不足35千米，但一排排的葡萄树几乎完全覆盖了5500公顷的葡萄园，使这里成为波尔多地区最密集的单作区。在这里，从事葡萄酒行业的商家约有一千户，其中400多户规模较小，只进行葡萄种植。一些专家将这个产区分为了17个区域，每个区域都有自己独特的风土条件和葡萄酒种类，但只有其中四五个较为出名。当地最重要的区域当数以石灰石构成的高地，石灰石层之上是平坦的沙质黏土层。第二重要的区域是丘地，也就是高地的斜坡。高地经腐蚀作用形成了丘地的土壤，斜坡的角度和方向错综复杂，但土壤构成差别不大。第三重要的区域是位于西北部的砾石区，与波美侯接壤。第四重要的区域是位于圣爱美浓镇西部和东部的沙质高地。最后一个区域是多尔多涅河平原的冲积砾石层，位于小镇南部。

声名鹊起的历史古镇

自3世纪起，波尔多这一地区就开始葡萄酒生产，因此可能在整个波尔多产区中拥有最悠久的酿酒历史。最早种植葡萄树的是罗马军团，他们占领了圣爱美浓和附近的波美侯。在小镇的不远处，诗人奥索尼乌斯曾亲自种植葡萄，并第一个记录下了当地的葡萄种植文化。

8世纪，一位名为爱美浓的布列塔尼隐士定居在小镇附近的山洞中，小镇因此而得名。凭借崇高的人格，他吸引了众多信徒。在接下来的几个世纪中，信徒们将他居住的山洞建造成了一座壮观的岩石教堂。直到今天，这座教堂的规模和气势仍然让人叹为观止。当年，人们挖掘了无数洞穴，由于洞穴内条件理想，因此被当作酒窖使用，而从洞穴内挖掘出的石灰石则被村民用来建造房屋。这些米白色的房屋如今赋予了小镇独特的魅力。

12世纪末，英格兰国王约翰——亨利二世的儿子、狮心王查理（Richard the Lionheart）的弟弟，特许圣爱美浓组建自己的协会，即茹拉德，该协会至今仍然存在。虽然这样的协会不再具备市议会的职能，而更多扮演的是葡萄酒联合会的角色，但它绝不只是民间组织那么简单。无论是过去还是现在，它都是圣爱美浓葡萄酒行业的重要监督机构。早期的时候，经协会认证的酒桶被用来盛放高品质的葡萄酒，并打上葡萄酒商的标签，而那些不具备这种品质标签的葡萄酒则会被销毁。

圣爱美浓随后经历的战争掩盖了葡萄酒的光芒。在英法百年战争和法国革命中，圣爱美浓一次次成为军事冲突的目标，这也许是圣爱美浓花费很长时间才赶上梅多克和格拉夫的原因之一。

复杂的分级

虽然圣爱美浓早在1884年就成立了葡萄酒协会并于1936年获得了法定产区的命名，但直到20世纪50年代才评出最好的酒庄。1951年，茹拉德协会引进新的葡萄酒品质控制体系，这一体系在1954年形成独立的分级制度，比梅多克晚了近一个世纪。与梅多克不同，圣爱美浓的葡萄酒分级制度每隔10年就会修订一次。新的体系共包括五个等级，在此基础上设立了两个独立法定产区：圣爱美浓和圣爱美浓特级葡萄园。令人吃惊的是，名声更大的圣爱美浓特级葡萄园法定产区每年出产的葡萄酒约为1600万升，比普通法定产区年产量高出60%。特级产区本身又进一步划分为四个等级：普通特级、列等特级和一级列等特级，其中一级列等特级包含A和B两个级别。仅有两个酒庄能够达到A级（奥松和白马），而B级则包括12个酒庄，分别是金钟（L'Angélus）、博塞贝戈（Beau-Séjour-Bécot）、博塞（Beauséjour）、宝雅（Belair）、卡农、飞卓（Figeac）、富尔泰（Clos Fourtet）、嘉芙丽、玛德莱娜（Magdelaine）、柏菲玛凯（Pavie-Macquin）、卓龙梦特和老托特（Trottevieille）。

这些酒庄的葡萄酒各具特色，一方面是因为种植葡萄的土壤条件千差万别，另一方面是因为混酿过程中三大主要葡萄品种所占的比例大相径庭，不过精确的比例往往难以直接通过地理位置划分。因此，无论是位于高原还是丘地的顶级酒庄，都既有梅洛和赤霞珠或品丽珠均衡的葡萄酒，也有以梅洛为主的葡萄酒。通常，波美侯出产的葡萄酒中梅洛的含量较高，而在圣爱美浓与波美侯交界的地区，赤霞珠或品丽珠的比例反而更高。例如，在白马酒庄的葡萄酒中，品丽珠的含量高达60%，在柏菲酒庄附近的丘地以及飞卓酒庄的波美侯边界，赤霞珠的含量较高。

卡农嘉芙丽酒庄坐落在圣爱美浓的山坡脚下，占地近20公顷。在斯蒂芬·冯·尼庞尔格的管理下，酒庄发展飞速，出产的葡萄酒如今在整个产区家喻户晓

轨道上的卫星

虽然圣爱美浓的酒庄风格迥异，但与周边的卫星产区相比，它们的葡萄酒还是存在一些共同点：结构更复杂、特色更鲜明、口感更浓郁、陈年潜力更强。

圣爱美浓共有四个卫星产区，分别是蒙塔涅、圣乔治、吕萨克和普瑟冈，都位于北部和东北部。这些产区可以在酒标的产区命名中加注“圣爱美浓”。

从地形上来说，四个产区都与圣爱美浓相似，但在风土条件方面，这里的土壤更加清凉和潮湿，而且由于距离多尔多涅河更远，气候的调节作用也较小。此外，酿酒葡萄品种也存在显著差别。

梅洛几乎一枝独秀，在混酿酒中的比例高达90%。虽然这里出产的葡萄酒无法与附近知名产区的葡萄酒相匹敌，但它们的性价比更高。部分葡萄酒甚至以波尔多或者优级波尔多的酒标出售，因此价格更加优惠。

圣爱美浓的主要葡萄酒生产商

生产商：Château I'Angélus*****
所在地：**Saint-Émilion**
24公顷，年产量7万瓶
葡萄酒：Saint-Émilion Premier Grand Cru Classé B, Saint-Émilion Carillon de l'Angélus
Hubert de Boüard的酒庄品质稳定，几乎可以达到A级。酒庄坐落在高地边缘地带，地理位置优越。凭借赤霞珠、品丽珠与梅洛的平衡比例以及精湛的酿酒技术，酒庄出产的红葡萄酒是波尔多最好的红葡萄酒之一。

生产商：**Château Ausone*****
所在地：**Saint-Émilion**
7公顷，年产量2.2万瓶
葡萄酒：Saint-Émilion Premier Grand Cru Classé A
酒庄位于古罗马诗人Ausonius的别墅旧址之上，葡萄树平均树龄达50年。凭借自然和宇宙哲学，Alain Vauthier近年来成功带领酒庄再创历史新高。

生产商：**Château Beau-Séjour-Bécot****
所在地：**Saint-Émilion**
16.5公顷，年产量6万瓶
葡萄酒：Saint-Émilion Premier Grand Cru Classé B
Bécot家族生产以梅洛为主的葡萄酒，陈年的时间越久，葡萄酒就越微妙复杂。

生产商：**Château Beauséjour****
所在地：**Saint-Émilion**
7公顷，年产量3.5万瓶
葡萄酒：Saint-Émilion Premier Grand Cru Classé B

该酒庄盛产以梅洛为主要原料的葡萄酒。葡萄酒结构稳定，口感细腻。

生产商：**Château Belair****-*****
所在地：**Saint-Émilion**
12.5公顷，年产量6万瓶
葡萄酒：Saint-Émilion Premier Grand Cru Classé
20世纪90年代初以来，酒庄的潜力得到了充分开发。葡萄酒复杂、圆润、浓郁，具有独特的细腻口感。

生产商：**Château Canon****
所在地：**Saint-Émilion**
21公顷，年产量7万瓶
葡萄酒：Saint-Émilion Premier Grand Cru Classé B
重建酒窖后，我们也许可以期待酒庄再现昔日的卓越品质。

生产商：**Château Canon la Gaffelière****-*****
所在地：**Saint-Émilion**
19.5公顷，年产量6.5万瓶
葡萄酒：Saint-Émilion Grand Cru Classé, Saint-Émilion Grand Cru La Mondotte
Stephan von Neipperg是符腾堡贵族的后代，在右岸地区经营了多家酒庄。他的弟弟负责管理位于德国Schwaigern镇家族城堡旁的酒庄。数年来，酒庄一直维持高品质并成功跻身于圣爱美浓特级酒庄的精英之列。酒庄在一块面积为4公顷的土地上全部种植梅洛，用以酿造出众的Mondotte葡萄酒。

生产商：Château Cheval-Blanc***
所在地：Saint-Émilion**
37公顷，年产量15万瓶
葡萄酒：Saint-Émilion Premier Grand Cru Classé A
该酒庄地跨圣爱美浓和波美侯，不远处就是著名的柏图斯酒庄。在这里，60%的葡萄品种为品丽珠，而不是常见的梅洛。酒庄出产的葡萄酒在波尔多地区堪称传奇，即使在收成不好的年份里，依然能保持稳定的品质。

生产商：Château Corbin Michotte*-****
所在地：Saint-Émilion**
7公顷，年产量3.5万瓶
葡萄酒：Saint-Émilion Grand Cru
任何一个喜欢优雅芳香的圣爱美浓葡萄酒的人都会爱上酿酒专家Boidron的风格。

生产商：Château Figeac**-*****
所在地：Saint-Émilion**
40公顷，年产量15万瓶
葡萄酒：Saint-Émilion Premier Grand Cru Classé B
该酒庄三分之一的葡萄园都种植赤霞珠，这在圣爱美浓的知名酒庄中非常少见。经过精心努力，如今酒庄又重回顶级酒庄之列。

生产商：Château la Gaffelière*-****
所在地：Saint-Émilion**
22公顷，年产量11万瓶
葡萄酒：Saint-Émilion Premier Grand Cru Classé B, Clos La Gaffelière
自罗马时代起，人们就在山丘脚下种植葡萄。20世纪90年代中期以来，圣爱美浓山坡脚下的优越位置再次得到了充分开发，出产的葡萄酒果味浓郁，木香清新，单宁成熟柔和。

生产商：Château la Couspade*-****
所在地：Saint-Émilion**
7公顷，年产量3.5万瓶
葡萄酒：Saint-Émilion Grand Cru
Jean-Claude Aubert的酒庄从来不是一个重量级的选手，但是凭借酒体均衡、结构复杂的葡萄酒，保持了特级酒庄的地位。

生产商：Château Pavie**-*****
所在地：Saint-Émilion**
37公顷，年产量9.5万瓶
葡萄酒：Saint-Émilion Premier Grand Cru Classé B
和Monbousquet酒庄一样，该酒庄也在经历一场伟大的复兴。酒庄主人Gérard Perse意志坚定，严格遵循由著名酿酒师Michel Rolland制定的最为苛刻的品质标准。

生产商：Château Pavie-Macquin**-*****
所在地：Saint-Émilion**
15公顷，年产量6万瓶
葡萄酒：Saint-Émilion Grand Cru Classé B
该酒庄在葡萄园倾注了巨大心血，已经成功晋升为B级。出产的葡萄酒单宁浓郁，陈年潜力强。

生产商：Château le Tertre Roteboeuf**-*****
所在地：Saint-Émilion**
6公顷，年产量2.6万瓶
葡萄酒：Saint-Émilion Grand Cru
十几年来，François Mitjavile酿造的葡萄酒一直都是整个产区内最浓郁、最奢华、最强劲的葡萄酒之一。在下一次的分级体系修订中，酒庄足以被评为一级列等特级酒庄。

生产商：Château Rol Valentin**
所在地：Saint-Émilion**
7.5公顷，年产量2.3万瓶
葡萄酒：Saint-Émilion Grand Cru
前职业足球运动员Eric Prisette投身到特级酒庄的竞争中，酿造出浓郁而优雅的葡萄酒。

生产商：Château Troplong Mondot**-*****
所在地：Saint-Émilion**
30公顷，年产量10万瓶
葡萄酒：Saint-Émilion Grand Cru Classé
该酒庄位于圣爱美浓的最高处，出产的葡萄酒带有香料、甘草和水果的味道，单宁柔和，结构稳定，但需要较长时间才能完全展现它们的魅力。

生产商：Trottevieille*-****
所在地：Saint-Émilion**
10公顷，年产量5万瓶
葡萄酒：Saint-Émilion Grand Cru B
自2000年以来，Castéja家族的酒庄发展飞速，并且凭借2005年口感复杂的佳酿取得了令人瞩目的突破。

生产商：Château Valandraud**-*****
所在地：Saint-Émilion**
9公顷，年产量1.5万瓶
葡萄酒：Saint-Émilion Grand Cru
在几年的时间里，Jean-Luc Thunevin成功推出了产区内最昂贵、最流行的葡萄酒之一。

生产商：Clos Fourtet**
所在地：Saint-Émilion**
20公顷，年产量8万瓶
葡萄酒：Saint-Émilion Premier Cru Classé, Domaine des Martialis
酒庄出产的葡萄酒口感醇厚、单宁细腻、余味悠长。

生产商：Clos de L'Oratoire**
所在地：Saint-Émilion**
10公顷，年产量5万瓶
葡萄酒：Saint-Émilion Grand Cru Classé
Stephan von Neipperg经营的另一家酒庄，出产的葡萄酒常常比Canon La Gaffalière酒庄更加出色。这些葡萄酒具有细腻的果香，夹杂了雪松木的清香，年轻时单宁结构坚实。

波美侯：功臣柏图斯

波美侯地势平坦。与其他具有多元地貌的产区不同，占地800公顷的波美侯沿着利布尔讷旧港口向北延伸，一马平川。当地唯一引人注目的是高耸的教堂塔楼。这里没有真正的村庄，顶多就是一些小村落，零星分布着150多家酒庄，其中部分知名酒庄的面积甚至不足10公顷。

800公顷的葡萄种植面积不算多，因为波美侯的葡萄酒产量在波尔多所有红葡萄酒产区中最低。但是看看这些名字：柏图斯、卓龙、克里奈（Clinet）、嘉仙（Gazin）、康赛隆！世界上没有几个产区能像波美侯这样拥有如此多的著名酒庄。不过在梅多克、格拉夫甚至邻近的圣爱美浓忙于建立名声的数个世纪里，波美侯却动静全无。虽然葡萄种植的历史可以追溯到很久以前，但波美侯的葡萄酒行业发展并不总是一帆风顺。直到20世纪初，比利时人和荷兰人才开始对这里的葡萄酒产生兴趣。20世纪50年代，柏图斯及其附近的酒庄才凭借一款葡萄酒逐渐获得关注，这款酒是目前世界上最昂贵的单一品种葡萄酒。波美侯大器晚成的另一个原因是，所有为争取葡萄酒分级而付出的努力总是徒劳而终。真正为波美侯赢得声望的是一些传奇人物。

老塞丹酒庄（Vieux Château Certan）出产优质的波美侯葡萄酒

让-皮埃尔·莫艾克斯无疑是其中之一。他不仅帮助波尔多的数家酒庄建立名声，还成功打造了美国加利福尼亚州的多明纳斯（Dominus）酒庄。另一位传奇人物是来自波美侯邦巴斯德酒庄（Château Le Bon Pasteur）的酿酒师——米歇尔·罗兰，他为波美侯乃至整个波尔多地区以及西班牙南部和偏远地区的葡萄酒行业发展做出了杰出贡献。

柏图斯酒庄拥有世界上最抢手的一款葡萄酒

风土特征

虽然梅洛在圣爱美浓地位甚高，但它在波美侯的分量更重。以波美侯的代表酒庄柏图斯为例，在其11公顷的葡萄园中，仅有0.4公顷用于种植品丽珠。几十年来，其余的土地全部种植梅洛。而在20世纪50年代初期，品丽珠还占30%。柏图斯酒庄的葡萄园位于产区东北部的海拔最高处。这里的风土条件十分特别：土壤表层为黏土，底层为含铁量较高的石灰土。黏土赋予葡萄酒浓郁、圆润和饱满的品质，甚至让人忽略了酒中丰富的单宁；土壤中的铁元素为葡萄酒带来松露的香味，陈年时间越久，香味就越明显。上等的波美侯主要包括高度现代化的红葡萄酒。即使是新酒，也能让人回味无穷，而且它们的陈年潜力不逊于优质的梅多克葡萄酒。最好的红葡萄酒通常色深、柔顺、丰满、醇厚，年轻时具有黑莓味和香料味，随着陈年过程的进行，会散发出怡人的松露香。

波美侯背后的荒野

在柏图斯酒庄的山丘周围，聚集着大大小小的知名酒庄，那里的土壤中不仅含有黏土，还有大量的沙子和碎石。这些酒庄出产的葡萄酒所缺乏的不是复杂的结构，而是使柏图斯及其周边酒庄脱颖而出的丰满和浓郁的品质。在与波美侯北部接壤的拉朗德波美侯地区，这一情况更加突出。虽然这里的葡萄品种和最高产量与波美侯相似，但和圣爱美浓的卫星产区一样，出产的葡萄酒浓度和表现力都要逊色一筹。当然，这里也有例外。在杰出的年份，产自一流酒庄的葡萄酒足以与波美侯的葡萄酒相媲美。

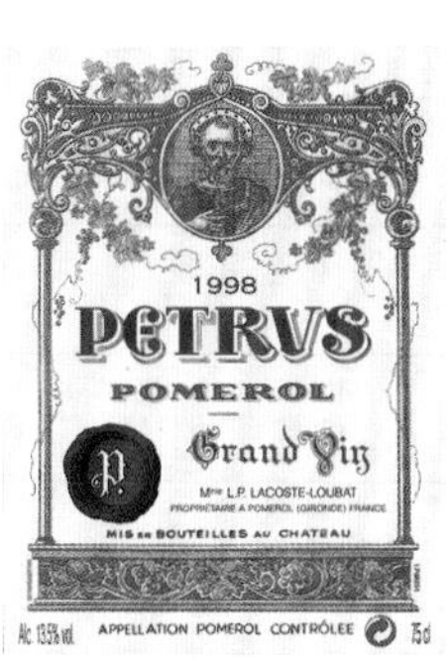

波美侯和拉朗德波美侯的主要葡萄酒生产商

生产商：Château Bon Pasteur****
所在地：Pomerol
6.7公顷，年产量3.5万瓶
葡萄酒：Pomerol
凭借精益求精的态度，Michel Rolland在自己的酒庄酿造出酒体丰满、口感辛香、风格雅致的波美侯葡萄酒。

生产商：Château La Conseillante****-*****
所在地：Libourne-Pomerol
12公顷，年产量5.5万瓶
葡萄酒：Pomerol
酒庄出产的葡萄酒颜色深浓、果味浓郁，口感醇厚又不失细腻。

生产商：Château l'Église-Clinet****-*****
所在地：Libourne-Pomerol
6公顷，年产量1.2万瓶
葡萄酒：Pomerol，La Petite Église
出产少量价格高昂、品质一流的葡萄酒，即使在年轻时，也相当饱满复杂。

生产商：Château l'Évangile****-*****
所在地：Libourne-Pomerol
14公顷，年产量6万瓶
葡萄酒：Pomerol
酒庄出产的葡萄酒与众不同，具有紫罗兰的香味和良好的结构。90年代的葡萄酒系列品质卓越。

生产商：Château Le Gay***-****
所在地：Libourne-Pomerol
10.5公顷，年产量2.8万瓶
葡萄酒：Pomerol
在Catherine Péré-Vergé的管理下，酒庄在葡萄酒的风格和多样性方面取得了重大突破，同时保留了出色的结构。

生产商：Château Lafleur*****
所在地：Mouillac
4.5公顷，年产量2万瓶
葡萄酒：Pomerol
自1998年起，这座小酒庄已经发展成为产区内的一流酒庄。这与酒庄独特的风土条件息息相关，优越的地理位置非常适合葡萄（梅洛和赤霞珠各占一半）的生长。酒庄的成功也离不开精湛的酿酒技术。

生产商：Château Pétrus*****
所在地：Libourne-Pomerol
11.4公顷，年产量3万瓶
葡萄酒：Pomerol
酒庄是波美侯的典范，也是Jean-Pierre Moueix缔造的王国。出产的葡萄酒几乎全部用梅洛酿制而成，一直被认为是世界上最昂贵的单一品种葡萄酒。虽然梅洛的含量较高，但葡萄酒仍然具有丰盈的结构和出众的陈年潜力。

生产商：Château Le Pin***-****
所在地：Libourne-Pomerol
2公顷，年产量8000瓶
葡萄酒：Pomerol
该酒庄的葡萄酒曾风靡一时，饱满、迷人，但价格不菲。

生产商：Château Tournefeuille***-****
所在地：Neac
18公顷，年产量6.5万瓶
葡萄酒：Lalande de Pomerol，La Cure
酒庄的葡萄酒具有诱人的果味和细腻的香料味，还夹杂着一丝咖啡的味道，口感平衡，堪称典范。

生产商：Château Trotanoy****-*****
所在地：Libourne-Pomerol
7.2公顷，年产量2.6万瓶
葡萄酒：Pomerol
Moueix家族的第二大酒庄，出产的葡萄酒果味浓郁、结构复杂。

生产商：Vieux Château Certan****-*****
所在地：Libourne-Pomerol
14公顷，年产量5.5万瓶
葡萄酒：Pomerol
酒庄邻近柏图斯酒庄，出产的葡萄酒强劲、坚实、细腻，具有香料味。赤霞珠比例的增加赋予了葡萄酒出众的陈年潜力和独特的风格。

右岸的其他产区

除了圣爱美浓和波美侯，多尔多涅河与吉伦特河右岸还有不少其他法定产区。与那两个闻名世界的产区一样，在这里，梅洛也是红葡萄酒中的主角，仅有少数例外情况。这些葡萄酒的独特魅力、怡人果香和圆润口感都归功于梅洛，更不用说它们在商业上取得的巨大成功。

在圣爱美浓东部的卡斯蒂永丘和弗兰克丘，生产商们早在20世纪80年代就开始实施更为严格的措施以提升品质，例如，保证种植密度不低于5000棵/公顷，同时降低产量。他们很快成功酿造出了第一批口感更醇厚、果味更浓郁的葡萄酒。如今，新一代的生产商已经崛起，他们深知如何在前人的基础上继续发展，并且正在不断出产丰盈、复杂的葡萄酒。右岸的其他小产区也同样如此。

17世纪黎塞留公爵时期，弗龙萨克和卡农-弗龙萨克享有非常重要的地位，出产的葡萄酒被用作凡尔赛宫廷御酒。如今在利布尔讷西北部这块风景如画的土地上，两个产区正重现往日的辉煌。它们的葡萄种植总面积约为1420公顷，包括几座山脉及其山谷、山峰和一些陡坡，风土条件随着地形而发生变化。卡农-弗龙萨克的底层土是石灰岩。不过，这些葡萄酒具有一个共同的特点——酒体丰满刚劲，同时还有浓郁的浆果、松露和香料的气息。

自古罗马时代起（古罗马人最先在附近的山坡种植葡萄树），吉伦特河畔布尔（Bourg-sur-Gironde）就是重要的港口。阿基坦受英国统治时期，大量葡萄酒从这里装船出港。在这个被誉为“吉伦特河上的小瑞士”的地方，村庄、农场和城堡大多位于山顶之上，俯瞰常年都是棕色的吉伦特。当地共有15个酿酒村庄，葡萄种植面积超过4000公顷，土壤大多为泥质石灰岩或者黏质沙土和砾石。土壤下层的岩石为坚硬的石灰石，过去常被人们采挖。在制作混酿酒时，酿酒师常常会选择马尔贝克，这种葡萄会赋予葡萄酒甘草的味道。

17世纪，布拉伊的葡萄酒行业经历了一次繁荣发展，生产了大量用于酿造法国干邑白兰地的普通白葡萄酒。受这段历史的影响，当地人偏爱白葡萄品种（200公顷），常常只用长相思或者与赛美蓉混酿葡萄酒。红葡萄品种的种植面积为4800公顷，由于梅洛的比例通常都较高，出产的葡萄酒极具魅力，性价比也很高。

弗龙萨克和卡农-弗龙萨克产区最好的葡萄园拥有温和的微气候，为葡萄种植提供了理想的条件。从这里可以看到壮观的多尔多涅河

布尔丘、卡斯蒂永丘、弗兰克丘、弗龙萨克/卡农-弗龙萨克和布拉伊首丘的主要葡萄酒生产商

布尔丘

生产商：Château Falfas*-******
所在地：Bayon
22公顷，年产量12万瓶
葡萄酒：Côtes de Bourg，Tradition，Le Chevalier de Falfas
这家美丽的酒庄建立于16世纪，在面朝吉伦特河的一个山坡葡萄园内采用生物动力种植法。酒庄的顶级葡萄酒Le Chevalier de Falfas具有典型的甘草味，酒体浓郁，单宁坚实，陈年潜力强。

生产商：Château Haut-Mâco***
所在地：Tauriac
49公顷，年产量30万瓶
葡萄酒：Côtes de Bourg，Cuvée Jean-Bernard，Clairet，Crémant
Jean Mallet与Bernard Mallet两兄弟凭借口感圆润、香味精致、结构平衡的红葡萄酒为酒庄建立了名声。

生产商：Château Roc de Cambes**-*******
所在地：Bourg-sur-Gironde
10公顷，年产量4.5万瓶
葡萄酒：Côtes de Bourg
在吉伦特河右岸最著名的山坡上，种植着树龄超过30年的葡萄树，葡萄果香诱人、口感浓郁。François Mitjavile用这些葡萄酿造出了酒体丰满、芳香四溢的优质葡萄酒。

生产商：Château Macay*-******
所在地：Samonac
36公顷，年产量不详
葡萄酒：Côtes de Bourg，L'Original，Les Forges de Macay
该酒庄由一位苏格兰军官建立，如今在Eric Latouche和Bernard Latouche的经营下，采用自然种植法，葡萄酒的品质大幅提升。

卡斯蒂永丘

生产商：Château d'Aiguilhe****
所在地：Saint-Phillippe d'Aiguilhe
42公顷，年产量11万瓶
葡萄酒：Côtes de Castillon
Stephan von Neipperg接手酒庄以来，葡萄酒的结构和酒体达到了前所未有的水平。

生产商：Domaine de l'A****
所在地：Sainte-Colombe
4公顷，年产量不详
葡萄酒：Côtes de Castillon
Stéphane de Derencourt为Pavie-Macquin等酒庄提供生物动力种植法指导。他自己酿造的一款葡萄酒果味怡人、口感柔顺。

弗兰克丘

生产商：Château Puygueraud***
所在地：Saint-Cibard
30公顷，年产量20万瓶
葡萄酒：Bordeaux Côtes de France
Thienpont家族从1938年开始经营这座酒庄，为整个产区的发展做出了贡献。即使是在收成不好的年份里，酒庄的品质依然可靠。

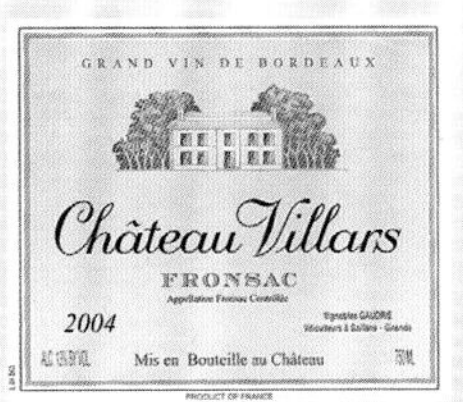

弗龙萨克/卡农-弗龙萨克

生产商：Château Fontenil****
所在地：Saillans
9公顷，年产量4.5万瓶
葡萄酒：Fronsac，Le Défi de Fronsac
酿酒大师Michel Rolland和Dany Rolland将酒庄推向了顶峰。他们酿造的Défi葡萄酒产自一块面积为2公顷的葡萄田，是现代红葡萄酒的典范。

生产商：Château Moulin Haut-Laroque****
所在地：Saillans
15公顷，年产量6万瓶
葡萄酒：Fronsac
年复一年，Jean-Noël Hervé向人们展示了弗龙萨克葡萄酒的最高水准。凭借成熟度完美的葡萄和精湛的萃取技术，酒庄出产的葡萄酒具有复杂的结构和细腻的单宁。

生产商：Château Villars*-******
所在地：Saillans
30公顷，年产量20万瓶
葡萄酒：Fronsac
勤劳的Thierry Gaudrie酿造的葡萄酒具有浓郁的果味、细腻的香料味、成熟的单宁和圆润的口感。

布拉伊首丘（Premi è res Côtes de Blaye）

生产商：Château Haut-Bertinerie*-******
所在地：Cubnezais
61公顷，年产量40万瓶
葡萄酒：Premières Côtes de Blaye
葡萄树采用“U”形的修剪方式，结出的果实成熟度更佳，此外，葡萄酒在新橡木桶中熟成，这些都为Bantegnies家族酿造优质的红葡萄酒和白葡萄酒奠定了基础。

生产商：Château les-Jonqueyres****
所在地：Saint-Paul
15公顷，年产量5.5万瓶
葡萄酒：Premières Côtes de Blaye
Pasca Montaut和Isabelle Montaut最早向人们展示了充满个性的布拉伊葡萄酒。他们酿造的Côtes de Bourg Clos Alphonse Dubreuil品质出众。

生产商：Château Peybonhomme-les-Tours-*****
所在地：Cars
64公顷，年产量42万瓶
葡萄酒：Premières Côtes de Blaye
Jean-Luc Hubert在酒庄采用有机种植法。他酿造的红葡萄酒口感均衡，品质稳定。在布尔丘的Château de Grolet酒庄，他生产的葡萄酒更为浓郁。

两海之间

多尔多涅河右岸与加伦河左岸是波尔多极富盛名的葡萄酒产地，在那里你可以找到世界上最著名的葡萄酒。但这并不意味着两条河流之间不出产葡萄酒。事实完全相反，这片位于加伦河与多尔多涅河交汇处的“两海之间”区域盛产葡萄酒。密集的葡萄园上点缀着风景如画的村庄、美轮美奂的城堡和伟大的历史建筑。但是，两海之间产区鲜为人知，顶多只有法国人将那里的白葡萄酒视为各类海鲜的优秀搭档。造成这一局面的主要原因在于这片三角地带（距离波尔多越远，地势就越开阔）出产的大部分葡萄酒并不以自己的法定产区名称出售，而是使用“波尔多”或者“优级波尔多”的酒标。波尔多大约40%的红葡萄酒和高达70%的白葡萄酒使用这两个名称装瓶出售。相当一部分葡萄酒并非由生产商亲自加工，而是由合作社代劳，然后数以百万计的葡萄酒带着知名生产商的标签进入市场。两海之间共有6个产区，种植面积从100公顷到2500公顷不等，由于知名度不高，出产的优质葡萄酒难以在众多的普通波尔多红葡萄酒和白葡萄酒中脱颖而出，而那些知名葡萄酒看起来品质更高。

地势开阔平坦的两海之间地区出产越来越多的优质红葡萄酒和白葡萄酒

渴望认同的六个法定产区

在6个法定产区中，最大的是两海之间法定产区。虽然梅洛、赤霞珠和品丽珠占据了两条河流之间的大片土地，但只有白葡萄酒才能使用“两海之间”的酒标。酿酒葡萄主要包括赛美蓉、长相思和密思卡岱以及少量的白梅洛、鸽笼白、莫扎克和白玉霓。这里的葡萄酒普遍品质不高，然而格雷齐拉克、萨迪拉克（Sadirac）、穆隆（Moulon）和克雷翁（Créon）等地的部分酒庄却能出产优质的红葡萄酒和白葡萄酒，而且价格仅是梅多克和利布尔讷地区知名法定产区同类产品的1/2或者1/3。

第二大法定产区是波尔多首丘。该产区长达60千米，宽度仅为5千米，起始于加伦河与多尔多涅河汇合处，仿佛是两海之间的一道东南走向的屏障。

中世纪时期，波尔多首丘是波尔多最知名的葡萄酒产区之一，出产的葡萄酒几乎与加伦河对岸的格拉夫齐名。波尔多首丘北部地区主要出产红葡萄酒，南部地区出产甜白葡萄酒，整个产区拥有3个甜葡萄酒产区——卢皮亚克、卡迪亚克和圣十字峰。

波尔多首丘的东南部毗邻2个较小的法定产区，分别是位于加伦河沿岸的波尔多丘-圣马凯尔（Côtes de Bordeaux Saint-Macaire）和上伯诺日首丘（Premières Côtes Haut-Benauge）。圣马凯尔产区只出产甜白葡萄酒，没有什么市场影响力。这里的葡萄酒除了甜味毫无特色，因此大多数葡萄酒以波尔多和优级波尔多的名称出售，以提高销量。

上伯诺日首丘的情况也是如此，因此人们不禁质疑立法者为何要设立2个独立的法定产区。如果当地的白葡萄酒使用两海之间的产区名出售，而红葡萄酒使用波尔多首丘的产区名出售，将对生产商和消费者都更有利。

两海之间产区两端各有一个小法定产区。

一个是西北端位于利布尔讷正对面的韦雷-格拉夫（Graves de Vayre），葡萄种植面积为500公顷，土壤为沙质多砾土，出产以梅洛为主要原料的红葡萄酒，酒体轻盈。虽然这里盛产红葡萄酒，但大多数葡萄酒以波尔多法定产区的名称出售。相比之下，位于波尔多地区东端的圣福瓦-波尔多（Sainte-Foy-Bordeaux）法定产区更自信。该产区与洛特-加伦省（Lot-et-Garonne）接壤，距离贝尔热拉克仅20千米，出产的红葡萄酒和甜白葡萄酒都使用小镇自己的法定产区命名。不过，总而言之，这些小产区难以证明自己的实力。

两海之间以及其他波尔多法定产区的主要葡萄酒生产商

生产商：Château Bonnet**-****
所在地：Branne-Grézillac
270公顷，年产量150万瓶
葡萄酒：Bordeaux：Réserve，Rosé；Entre-Deux-Mers：Château Guibon Blanc，Rouge，Château Grossombre Rosé，Rouge
André Lurton几乎在波尔多各地都拥有酒庄，葡萄酒总产量达450万瓶。他的帝国中心位于两海之间产区，那里不仅是著名的旅游景点，而且出产的珍藏葡萄酒经常在盲品过程中击败名声更大的产区，其性价比更是从未被超越。Lurton家族还在佩萨克-雷奥良拥有2家酒庄——Couhins-Lurton和Cruzeau。

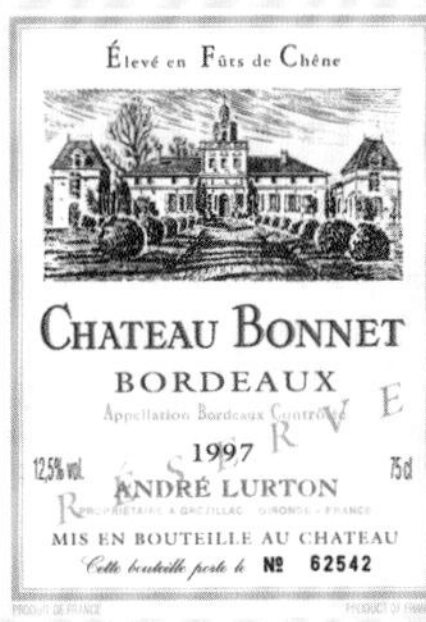

生产商：Château de Chelivette***-****
所在地：Sainte-Eulalie
10公顷，年产量1.6万瓶
葡萄酒：Premières Côtes de Bordeaux，Cuvée Elisabeth，Bordeaux Supérieur，Cru de Manoir
近年来，该酒庄品质稳步提升，并且引进了现代化酿酒工艺。葡萄酒具有明显的桶内陈年特征。

生产商：Château Mongiron**-****
所在地：Nérigean
5公顷，年产量3.6万瓶
葡萄酒：Bordeaux，Bordeaux Supérieure
年轻的Jean-Michel Quéron生产三款各具特色的特酿酒。La Fleur Mongiron品质出众，最具代表性。

生产商：Château De Reignac***-****
所在地：Saint-Loubès
77公顷，年产量40万瓶
葡萄酒：Bordeaux，Bordeaux Supérieur
酒庄以实际行动证明了即使是在默默无闻的地区，只要拥有远大志向，就能酿造出品质卓越的红葡萄酒。

生产商：Château Reynon***-****
所在地：Beguey
36公顷，年产量23万瓶
葡萄酒：Cadillac，Premières Côtes de Bordeaux，Bordeaux Sec Vieilles Vignes
该酒庄是酿酒学教授Denis Dubourdieu拥有的最好一家酒庄，他在这里酿造波尔多白葡萄酒、波尔多首丘红葡萄酒以及一款珍贵优质的卡迪亚克葡萄酒。他同时还是加伦河对岸Clos Floridène和Château Cantegril两家酒庄的主人。

生产商：Château Thieuley**-****
所在地：Créon
80公顷，年产量70万瓶
葡萄酒：Bordeaux，Premières Côtes de Bordeaux，Cadillac Liquoreux，Bordeaux Supérieur Francis Courselle
酒庄出产的葡萄酒种类丰富，这在整个波尔多地区都十分少见。顶级产品Bordeaux Supérieur Francis Courselle完美融合了果香和木香。

生产商：Château Tour de Mirambeau**-****
所在地：Naujan-et-Postiac
90公顷，年产量65万瓶
葡萄酒：Bordeaux Supérieur，Entre-Deux-Mers
酒庄的梅洛葡萄酒以优级波尔多的酒标出售，品质优秀、价格低廉。Jean-Louis Trocard在利布尔讷地区拥有一系列其他酒庄，其中最知名的是圣爱美浓的特级酒庄Château Franc La Rose和波美侯的Clos de la Vieille Église。

生产商：Domaine de Courteillac***
所在地：Ruch
27公顷，年产量15万瓶
葡萄酒：Bordeaux，Bordeaux Supérieur，Antholien
酒庄出产的红葡萄酒和白葡萄酒品质可靠。

西南产区：挥之不去的波尔多阴影

要想从葡萄种植的角度来准确定义法国西南部，还得靠直觉。毕竟，从地理上来说，波尔多也属于西南产区，但波尔多并不愿意与它的“穷邻居”有过多的联系，而坚持自己作为一个独立葡萄酒产区的地位。贝尔热拉克和卡奥尔的种植户也有同样的想法，反对将他们的产区划分到西南产区名下。不过，这样的地方情感完全可以忽略不计，因为地理位置已经决定了大致方向。

历史贸易中心

从葡萄种植方面来看，西南产区与卢瓦尔河谷、波尔多或罗讷河谷并无差别。从历史上来说，它具有十分重要的意义：西南产区覆盖了从波尔多到比利牛斯山边缘的整个上游区域以及遥远的法国中央高原。早期，这里统称为高地地区，现在这个词仅指代阿让北部的内地以及加亚克和卡奥尔附近的图卢兹市。当时，这里出产的葡萄酒在加伦河和多尔多涅河装船出海，运送至英格兰和荷兰。

高地地区的酿酒历史比吉伦特河沿岸早得多，但在发展过程中遭遇了严重的挫折。最早是拉罗谢尔港口被关闭，来自北欧的船只无法进入；随后，得益于英国皇室给予的众多税收优惠政策，波尔多地区的葡萄酒行业开始蓬勃发展。

从罗马时代起，波尔多市就是该地区最主要的葡萄酒贸易中心。不幸的是，在历史长河中，这个港口扮演的角色更多的是阻碍内地发展的绊脚石，而非通向世界的门户。波尔多市民一次又一次地将自己的葡萄酒全部运送出去，其他地区的人们甚至连看一眼的机会都没有，等轮到他们的时候，大量的葡萄酒已经变质。

右页图：多尔多涅地区的河流、村庄和葡萄园美不胜收，是法国最浪漫的风景之一

下图：贝尔热拉克无法与贸易中心波尔多抗衡，但它位于古老镇中心的葡萄酒协会为它带来了新鲜的血液

历史沉浮

尽管如此，贝尔热拉克、卡奥尔、加斯科涅和加亚克的生产商们仍坚持不懈地为自己的产品开拓市场。中世纪时期，修道院为葡萄种植业的发展做出了巨大贡献。17世纪，荷兰人开始对葡萄园产生兴趣，他们对淡薄的白兰地和浓郁的甜葡萄酒有很大的需求。贝尔热拉克人决定投其所好，从而为在18世纪名声大震的蒙巴齐亚克（Monbazillac）甜白葡萄酒奠定了基础。

虽然波尔多设置的贸易壁垒早已消除，但吉伦特附近的地区在国际市场上确立了至高无上的地位，因此内地的其他所有产区不得不接受不公平的待遇。20世纪40年代，一小部分先锋开辟新的葡萄园并为自己打造谦逊的形象，比泽酒农（Vignerons de Buzet）合作社就是其中的代表之一。但是，直到最近的一二十年，这片地区，尤其是波尔多附近的独立生产商才逐渐迎头赶上并推出了一些杰出的产品，赢得了世界各地葡萄酒爱好者的青睐。对他们而言，法国西南部已经成为出产优质葡萄酒的宝地。

从一到五

西南产区的气候条件和葡萄品种与波尔多地区有着共同的特点。和吉伦特省一样，高地的大部分地区都属于大西洋气候，仅有中央高原是大陆性气候。这里最常见的葡萄品种是赤霞珠、品丽珠、梅洛、赛美蓉和长相思，不过，近年来许多本地葡萄品种也得到了发展。

西南产区大致分为5个次产区，每个次产区包括一系列种植区和法定产区。与波尔多最近的是阿基坦边区（Bordure Aquitaine），覆盖了从朗贡到阿让的加伦河北岸和右岸区域。马尔芒德（Marmande）是与格拉夫和牛肉产区巴扎代（Bazadais）接壤的地区的中心，主要出产果味怡人的白葡萄酒和酒体丰满的红葡萄酒。再往北是杜拉斯丘（Côtes du Duras），西临两海之间，曾经盛产柔和的白葡萄酒，现在的主打产品是长相思干白葡萄酒和用波尔多品种酿造的红葡萄酒。最后是比泽，主要是指阿让和马尔芒德之间的加伦河左岸地区，出产以赤霞珠和梅洛为原料的浓烈红葡萄酒。

距离波尔多市仅有几英里之遥的是与阿基坦边区北部毗邻的贝尔热拉克，那里拥有蒙巴齐亚克和佩夏蒙（Pécharmant）等法定产区。贝尔热拉克法定产区始于吉伦特省最东端的圣福瓦产区，出产的白葡萄酒与波尔多极为相似。贝尔热拉克丘是贝尔热拉克旗鼓相当的对手，也出产甜白葡萄酒。西南产区的这一地区又进一步划分为7个区域，分别是出产优质红葡萄酒的佩夏蒙、蒙哈维尔（Montravel，凭借2001年份酒奠定了自己的红葡萄酒地位），出产芳香白葡萄酒的上蒙哈维尔以及甜白葡萄酒产区蒙巴齐亚克、鲁塞特（Rosette）、索西涅克（Saussignac）和蒙哈维尔丘。

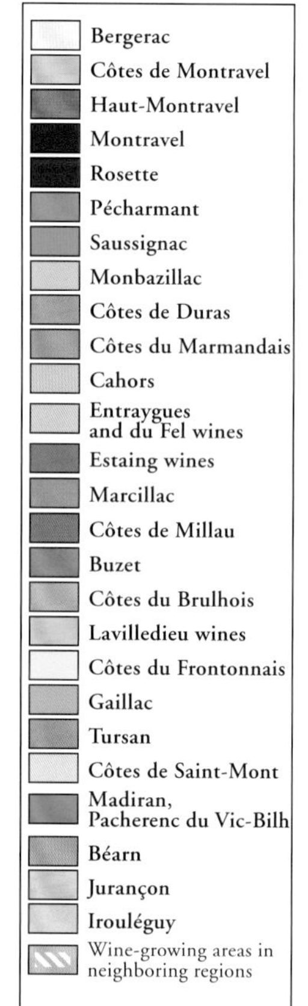

从加斯科涅到中央高原

朗德省和加斯科涅之间的南部地区盛产来自比利牛斯的葡萄酒。马迪朗村庄的葡萄酒已成为法国葡萄酒的一颗新星，其独特的风格归功于丹拿葡萄。朱朗松位于波城（Pau）西南部，出产的甜葡萄酒和干葡萄酒被认为是法国西南产区品质最好的葡萄酒。伊卢雷基（Irouléguy）位于巴斯克（Basque）地区，出产的葡萄酒品质优秀，而规

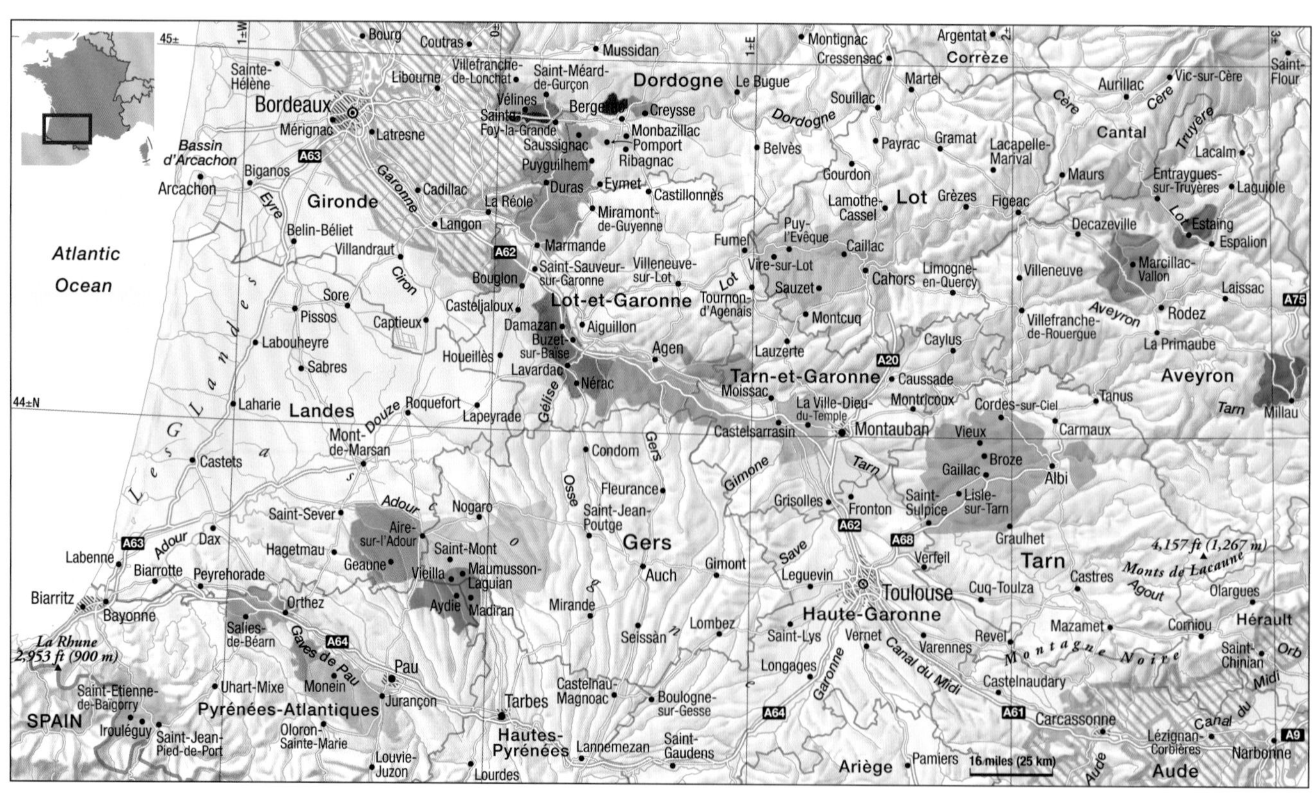

模较小的贝阿恩（Béarn）仍在努力确立自己的地位。

继续往北面和东面走，就到了马迪朗和圣蒙丘（Côtes-de-Saint-Mont）地区，那里出产的红葡萄酒口感强劲，酿酒葡萄为本地的丹拿。此外，图尔桑（Tursan）和帕夏尔-维克-比勒（Pacherenc du Vic-Bilh）主要生产白葡萄酒，后者的甜白葡萄酒更为出名。

图卢兹既是工业城市又是大学城，其北部和西北部地区覆盖了卡奥尔、加亚克以及周边的法定产区。卡奥尔主打以马尔贝克为原料的红葡萄酒；加亚克出产的葡萄酒种类繁多。

在遥远的中央高原甚至也有一小部分葡萄酒产区，它们构成了法国西南部与朗格多克和罗讷河谷的东部边界。阿韦龙省（Aveyron）最有名的葡萄酒是马西亚克（Marcillac），最早由罗德兹（Rodez）北部著名的孔克（Conques）修道院的僧侣在10世纪酿制。马西亚克法定产区成立于1990年。在这个气候适宜的山谷中，160公顷的土地用来种植朴实的费尔莎伐多葡萄，当地人称之为“Mansoi”，用它酿造的红葡萄酒十分独特，具有覆盆子等水果的香味以及辛辣的单宁，通常无须陈年就可饮用。

北部的乐跃谷（Lot Valley）是法定产区昂特赖格（Entraygues）和勒菲（Le Fel）的所在地，那里的葡萄树种植在狭长的梯田里，每块梯田约为20公顷。昂特赖格白葡萄酒采用白诗南酿造，这种葡萄一般生长在含有硅和花岗岩的肥土上，勒菲红葡萄酒的原料则是来自片岩土的费尔莎伐多、赤霞珠和品丽珠。

乐跃谷稍往前就是埃斯坦（Estaing）。埃斯坦于1965年被评为V.D.Q.S.产区，仅拥有15公顷葡萄园，土壤为片岩和泥质石灰土。白葡萄酒采用白诗南和少量莫扎克酿造，桃红葡萄酒和红葡萄酒采用佳美、费尔莎伐多、赤霞珠和品丽珠酿造。

继续东进，就到了米约镇（Millau）附近的米约丘（Côtes de Millau）法定产区。产区共有50公顷葡萄园，分布在塔恩河畔。同样，这里的生产商用白诗南和莫扎克酿造清新、简单的白葡萄酒，而用佳美、西拉和赤霞珠酿造无须陈酿即可饮用的桃红葡萄酒和红葡萄酒。

在波城南部，小满胜和大满胜（Gros Manseng）被用来酿造朱朗松葡萄酒。葡萄树的高度超过2米，种植户为它们精心搭起了篱架

朱朗松是一款口感平衡的甜葡萄酒，略带酸味。国王亨利四世出生时曾用这种葡萄酒进行洗礼。此外，还有一款朱朗松干葡萄酒

古老的葡萄酒和时代的变迁

贝尔热拉克是波尔多地区规模最大、名声最响的法定产区。虽然这里出产红葡萄酒、白葡萄酒和甜葡萄酒，但为人所熟知的只有红葡萄酒，不过古镇本身却被一圈甜葡萄酒产区所包围。

贝尔热拉克从罗马时代开始种植葡萄，中世纪的时候是修道院活动的主要场所。由于颜色浓郁、酒精含量高，长久以来，贝尔热拉克的葡萄酒被用于改善波尔多红葡萄酒的品质。不过，当荷兰人取代英国人成为这片地区的贸易商后，他们对甜葡萄酒的巨大需求促使贝尔热拉克开始转变发展方向。今天，市场上的贝尔热拉克A.C.红葡萄酒与常见的波尔多A.C.红葡萄酒非常相似，很容易混淆。但是，贝尔热拉克丘的红葡萄酒口感更强劲、单宁更丰富。部分圆润的白葡萄酒也使用贝尔热拉克丘的酒标。

最好的红葡萄酒来自位于贝尔热拉克地区东北角的佩夏蒙法定产区。该产区拥有430公顷坐落在朝南山坡上的葡萄园，那里以砾石、黏土和石灰石为主的土壤富含铁元素，赋予葡萄酒坚实稳定的结构。和顶级贝尔热拉克丘葡萄酒一样，当地最好的葡萄酒也在木桶中陈年，并且经过一段时间的熟成后，单宁柔和，酒香复杂而优雅。

果味浓郁、风格雅致的甜葡萄酒

左图：定期加满酒桶可以防止葡萄酒氧化

右图：无微不至的照顾才能让葡萄树远离病虫害

与盛产红葡萄酒的贝尔热拉克东部不同，3个蒙哈维尔法定产区的名称曾经只能用于白葡萄酒，直到2001年，经桶内熟成、结构优良的红葡萄酒才能在酒标上出现蒙哈维尔的字眼。蒙哈维尔法定产区覆盖了该地区的南半部，出产口感清新、果味怡人的葡萄酒，酿酒葡萄主要为长相思。北半部的蒙哈维尔丘出产以赛美蓉为主要原料的柔和葡萄酒。上蒙哈维尔位于最东部，是蒙哈维尔最小的产区，也是第3个独立的法定产区。这里的白垩质土壤赋予赛美蓉更高的浓度，但由于酸度的存在，出产的葡萄酒口感平衡。

甜葡萄酒早在荷兰的全盛时期就已经声名远播，是当地知名的特产。就在贝尔热拉克镇西北部的小产区鲁塞特几乎被人们遗忘的时候，蒙巴齐亚克和索西涅克开始崭露头角。漫长的危机过后，蒙巴齐亚克历经千辛万苦恢复往日的光彩。赛美蓉成了这里的主角，加尔德奈特河（Gardonette）和多尔多涅河交汇处的特殊气候对葡萄园也十分有利。不过，这里利用贵腐霉菌生产葡萄酒的做法不如苏玳地区普及，因此葡萄酒比较清淡，但或许更为雅致。

阿基坦边区

与贝尔热拉克相比，阿基坦边区的西部地区距离波尔多更近。确切地说，马尔芒德丘（Côtes du Marmande）可以简单地视作格拉夫在南部地区的延续以及两海之间地区在北部的延伸。马尔芒德丘的葡萄种植面积为1650公顷，主要出产酒体丰满、口感平衡的红葡萄酒和桃红葡萄酒，葡萄品种不仅包括常见的波尔多品种，还有费尔莎伐多、佳美、西拉、马尔贝克和本地品种阿布修。白葡萄的种植面积很小，品种与格拉夫的相近。

右页图：传统的田园生活。雷蒙特家族在古阿贝（Domaine Cauhape）酒庄提供优质朱朗松葡萄酒供人们品尝

比泽法定产区成立于1973年，位于靠近加伦河左岸的地区，南部与雅文邑接壤。比泽的黏土和部分砾石土壤上盛产红葡萄酒，酿酒葡萄为以梅洛为主的波尔多品种。近年来，比泽酒农合作社做出了巨大努力，生产了各种各样的特酿酒，并使用橡木桶进行陈年。

阿基坦边区的最后一个产区介于南部的马尔芒德丘和北部的贝尔热拉克之间。与马尔芒德一样，该产区的西端与吉伦特接壤，也种植波尔多葡萄。过去，赛美蓉是这里的主角，出产的葡萄酒圆润柔顺。如今，葡萄酒生产的重点转向了白葡萄酒，酿酒葡萄也已经由气味更芬芳的长相思所取代。红葡萄酒主要由赤霞珠、品丽珠、梅洛以及少量马尔贝克（在当地称为“Cot”）酿造，每种葡萄酒需要单独陈年，产品品质各有千秋，既有清淡简单的葡萄酒，也有在桶内熟成的口感浓烈、单宁丰富的葡萄酒。

比利牛斯的阴影之下

布拉纳酒庄（Domaine Brana）位于圣让-皮耶德波尔（Saint-Jean-Pied-de-Ports）附近，那里的葡萄园是伊卢雷基产区最壮观的景色之一

加伦河和比利牛斯山之间的村庄也许是因为雅文邑白兰地而出名，也可能是因为美食特产，不过，当地的葡萄酒的确功不可没。从东北部的阿让到西南部的波城分布着一系列的法定产区，它们在法国西南产区位居前列。

排在首位的是马迪朗产区。这里的葡萄种植历史可追溯至罗马时期。12世纪，加斯科涅为英国皇室所有，马迪朗在此时期发展迅速，葡萄酒经由阿杜尔河（Adour）和巴约讷市（Bayonne）运往北欧。

19世纪，马迪朗仍然拥有1400公顷葡萄园。到了1950年，葡萄种植面积已缩减至50公顷，而此时距离马迪朗成为法定产区不过两年的时间。葡萄酒行业的低迷促使人们重新审视。不断有新酒庄成立，出产的葡萄酒展现了优秀的品质。即便如此，马迪朗的灵魂依然濒临灭亡。因此原产地命名管理委员会规定，单宁丰富的本地品种丹拿的比例只能在40%~60%，同时建议增加更为流行的赤霞珠和费尔莎伐多的含量。

这成了葡萄酒生产商的最后一根救命稻草。年轻的阿兰·布鲁蒙接手了正在走下坡路的蒙图酒庄（Château Montus），成为改革的先锋。他在酒庄的砾石土壤上种满了当时不受青睐的丹拿葡萄。他严格控制产量，规定葡萄酒需经过3周的发酵和长时间的新木桶陈年，反复在酒窖内进行换桶，最终驯服了丹拿。1985年，当他首次将各种葡萄酒分开熟成的时候，一颗新星在葡萄酒行业冉冉升起。蒙图酒庄的顶级特酿在盲品中甚至击败了最有名的波尔多葡萄酒，从而打开了马迪朗葡萄酒的市场。

新的陈年方法

自那以后，许多生产商开始追随阿兰的步伐。不过，并非每个人都满足于用传统方法陈年桀骜不驯的葡萄品种。帕特里克·迪库尔诺决心研究新的方法，最终发明了微氧化技术。微氧化技术是通过酒桶内的陶瓷探针向葡萄酒中输入特

查尔斯·奥尔斯（Charles Hours）和亨利·雷蒙杜（Henri Ramonteu）是朱朗松的两位“火枪手”

定剂量的氧气，甚至可以在苹果酸—乳酸转化过程开始前进行。这种方法可以促进单宁软化，缩短陈酿时间。评论家认为这是对葡萄酒的操控，会削弱葡萄酒的陈年潜力。但是，他们的评论未能阻止这一方法的成功推广。今天，世界各地成千上万的酿酒厂都在采用这一技术。

马迪朗的活力注定会唤醒沉睡的美人——帕夏尔-维克-比勒。这款葡萄酒的原料包括满胜、库尔布、长相思、赛美蓉以及本地品种阿芙菲雅。干白葡萄酒香味非同寻常，但是用于酿造顶级甜白葡萄酒的葡萄通常在十月到新年这段时间里采摘，这种顶级葡萄酒色泽金黄，口感浓郁，足以与朱朗松和苏玳葡萄酒相媲美。

与马迪朗相邻的是圣蒙产区。那里的葡萄酒主要采用当地品种酿造，红葡萄酒口感辛香、结构轻巧，白葡萄酒芳香馥郁、品质出众。几乎所有的葡萄酒都是由一家高品质的合作社营销。此外，不远处还有一款名气较小的葡萄酒——图尔桑，也包括红、白两种葡萄酒。

自葡萄根瘤蚜灾害过后，蒙德马桑（Mont-de-Marsan）南部的丘陵地区就开始种植白葡萄品种巴洛克，用这种葡萄酿造的葡萄酒粗犷、干涩、酒精含量高。随着满胜和长相思的加入，葡萄酒的清新度和复杂度都更胜从前，赢得了更多人的喜爱。

贝阿恩：不只是调味酱

除了闻名世界的贝阿恩调味酱，加斯科涅与比利牛斯山之间的丘陵还出产优质的葡萄酒。贝阿恩法定产区拥有210公顷葡萄园，90%位于贝洛克（Bellocq）隐蔽的山坡上，这里的桃红葡萄酒和红葡萄酒口感强劲，都采用丹拿酿造，并且以贝阿恩的酒标出售。这里还生产品丽珠葡萄酒，以贝阿恩-贝洛克的双重酒标出售。不过，贝阿恩产区真正有分量的葡萄酒当属朱朗松。

贝阿恩的山丘延绵起伏，葡萄园都坐落在海拔300～400米的朝南坡地上。虽然春季阴冷多雨，秋季却漫长晴朗。如果温暖的南风吹过比利牛斯山，种植户可以等到11月末、甚至12月再采摘葡萄。只有这时，小满胜才能展现它真正的魅力。这些小果粒的葡萄颜色逐渐加深，果皮开始起皱，浆果变干。受昼夜温差的影响，接下来葡萄会进入自然干缩的阶段，产生过熟现象。

这些葡萄可以酿造出伟大的甜葡萄酒，而且酸度恰到好处，赋予葡萄酒均衡、鲜爽的口感。但是，如此高品质背后的代价是低产，在收成不好的年份，种植户甚至难以维持生计。因此，种植户倾向于种植小满胜的近亲——更加饱满的大满胜，库尔布也有一定种植比例。不过，由于这两种葡萄在收成差的年份里都无法完全成熟，种植户萌生了酿造干朱朗松的想法。1975年，朱朗松干葡萄酒法定产区成立。

这一地区最后一个葡萄酒产区位于波城另一边。这里是伊卢雷基的所在地，葡萄种植面积仅有200公顷，大多位于泰兹谷（Tize）和阿拉多谷（Arradoy）的坡地之上，出产优雅的红葡萄酒、芳香的桃红葡萄酒和优质的白葡萄酒。

阿兰·布鲁蒙在博卡塞酒庄（Château Bouscassé）拥有一座宏伟的城堡，它是新马迪朗的象征。在一群具有奉献精神的种植户和酿酒师的努力下，马迪朗含有丰富单宁的红葡萄酒终于重现昔日辉煌

西南产区的主要葡萄酒生产商

贝尔热拉克

生产商：**Château Bélingard****-****
所在地：**Sigoulès**
88公顷，年产量50万瓶
葡萄酒：Bergerac Sec, Bergerac Rouge, Côtes de Bergerac, Côtes de Bergerac Prestige Sélection parcellaire, Monbazillac; Cuvée Blanche de Bosredon
Laurent de Bosredon凭借Monbazillac Blanche de Bosredon葡萄酒名声大噪。酒庄的其他顶级葡萄酒同样被冠以他祖母的名字。干白葡萄酒和红葡萄酒如今在浓度上有所提升。

生产商：**Château Laulerie*****-****
Domaine de Gouyat
所在地：**Saint-Méard-de-Gurçon**
42公顷，年产量35万瓶
葡萄酒：Bergerac Sec, Montravel, Bergerac Rouge, La Cuvée, Côtes de Bergerac
Serge Dubard的这两座酒庄种植的红葡萄和白葡萄品种各一半，出产的红葡萄酒和白葡萄酒都品质优秀。其中，红葡萄酒La Cuvée经6年陈酿而成，品质出众、风格独特。

生产商：**Château Monestir La Tour****-****
所在地：**Monestir**
40公顷，年产量不详
葡萄酒：Saussignac, Bergerac Blanc, Rosé Rouge, Emily, La Tour
满怀激情的荷兰实业家Philip de Haseth-Möller在得力助手的协助下成功实现了酒庄的崛起。

生产商：**Château Tirecul la Gravière******-*****
所在地：**Monbazillac**
9.2公顷，年产量1.7万瓶
葡萄酒：Monbazillac, Cuvée Madame, Vin de Pays de Périgord Blanc Sec
在蒙巴齐亚克著名的Côte Nord上， Bruno Bilanchini从几处葡萄园中精选葡萄用来酿造著名的甜葡萄酒。他的传统混酿酒（50%密斯卡岱、45%赛美蓉和5%长相思）具有丰富的层次和独特的个性。酒庄的Cuvée Madame是世界上最好的甜葡萄酒之一。

生产商：**Château Tour des Gendres******-*****
所在地：**Ribagnac**
50公顷，年产量30万瓶
葡萄酒：Bergerac Sec: Moulin des Dames, Anthologia, Cuvée des Conti; Bergerac Rouge: Classique, Moulin des Dames, Anthologia; Côtes de Bergerac La Gloire de mon Père
Luc de Conti向葡萄酒行业证明了贝尔热拉克理想的风土条件能够赋予葡萄酒非凡的品质，而这也离不开自然种植法以及辛勤付出和酿酒天赋。

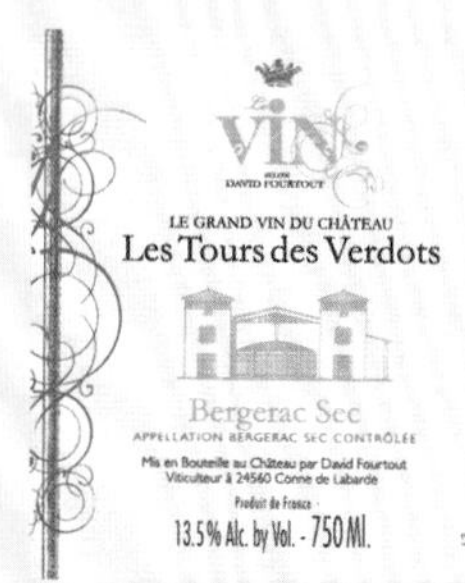

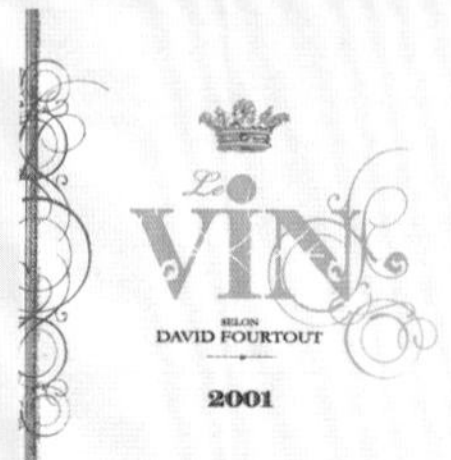

生产商：**Vignobles des Verdots****-****
所在地：**Conne de Labarde**
33公顷，年产量17万瓶
葡萄酒：Bergerac Sec: Clos de Verdots, Les Tours de Verdots, Le Vin; Côtes de Bergerac: Clos de Verdots, Les Tours de Verdots, Les Verdots selon David Fourtout, Monbazillac
第四代酿酒师David Fourtout致力于酿造伟大的葡萄酒。他的每一款作品都很优秀，其中Les Verdots和白葡萄酒Le Vin堪称顶级。

比泽

生产商：**Les Vignerons du Buzet****-***
所在地：**Buzet-sur-Baise**
1990公顷，年产量1300万瓶
葡萄酒：Buzet Blanc, Rosé, Rouge; Baron d'Ardeuil, Grand Réserve, Cuvée Jean-Marie Hébrard, Château de Gueyze
数十年前，这家合作社就已经是比泽地区的先锋之一。即使今天，这里出产的葡萄酒仍然出类拔萃。

马尔芒德丘

生产商：**Domaine Elian da Ros******
所在地：**Cocumont**
16公顷，年产量4.5万瓶
葡萄酒：Côtes du Marmandais: Chante Coucou, Clos Bacqueys, Vignoble d'Elian
在阿尔萨斯的Zind-Humbrecht酒庄工作数年后，Elian da Ros接手了这座家族酒庄。他满怀激情，利用专业知识管理葡萄园和酿酒厂，很快向世人展示了品质出众的马尔芒德葡萄酒。酒庄的红葡萄酒酒体丰满、单宁丰富、果味怡人、口感浓郁，令人回味无穷。

圣蒙丘

生产商：**Plaimont****-****
所在地：**Saint-Mont**
2500公顷，年产量3400万瓶
葡萄酒：Côtes de Saint-Mont Blanc, Rouge: Château de Sabazan, Château Saint-Gô, Le Faite; Madiran: Château Viella Village, Arte Benedicte, Plénitude; Pacherenc du Vic-Bilh: Collection, de la Saint-Sylvestre; Vins de Pays des Côtes de Gascogne: Colombelle, Prestige de Gascogne
André Dubosc是该合作社的领军人物，他白手起家，在20世纪70年代创立了圣蒙丘法定产区。凭借本土葡萄品种和用鸽笼白酿造的芳香、清爽的白葡萄酒，合作社在国际市场上取得了巨大成功。

伊卢雷基

生产商：**Domaine Arretxea*****-****
所在地：**Irouléguy**
8.5公顷，年产量3.6万瓶
葡萄酒：Irouléguy: Haitza, Hegoxuri
Michel Riouspeyrous孤注一掷，采用自然方法酿造浓郁的伊卢雷基葡萄酒，并获得了成功。

生产商：**Domaine Brana********-******

生产商：**Domaine Brana*****-****
所在地：**Saint-Jean-Pied-de-Port**
39公顷，年产量15万瓶
葡萄酒：Irouléguy Blanc，Rosé；Cuvée Harri Gorri
Jean Brana在父亲Étienne（该法定产区的伟大先锋之一）开垦的梯田葡萄园里采用生物动力种植法，他生产的葡萄酒口感均衡。他的姐姐采用蒸馏法酿造出品质一流的Poire William白兰地。

朱朗松

生产商：**Clos Lapeyre******
所在地：**La Chappelle de Rousse**
12公顷，年产量6万瓶
葡萄酒：Jurançon Sec，Jurançon，Sélection，Vent Balaguer
Bernard Larrieu的葡萄园很可能是朱朗松产区最美的葡萄园，仿佛是一个神奇的葡萄梯田露天剧场。出产的葡萄酒香气浓郁，橡木桶的使用又增添了几分变化和细腻。

生产商：**Clos Uroulat******
所在地：**Monein**
16公顷，年产量8万瓶
葡萄酒：Jurançon Sec Cuvée Marie，Jurançon
Charles Hours是朱朗松的灵魂人物。目前，他在女儿Marie的协助下，专注于生产两款葡萄酒——干葡萄酒和甜葡萄酒。年复一年，这两款葡萄酒始终是产区内口感最平衡、品质最出众的葡萄酒之一。

生产商：**Domaine Bru-Baché*****-****
所在地：**Monein**
8公顷，年产量4万瓶
葡萄酒：Jurançon Sec，Casterrasses，L'Éminence，Quintessence
Claude Loustalot得到了他叔叔Georges Bru-Baché的真传。他用小满胜酿制的甜葡萄酒保持着一贯的高品质。

生产商：**Domaine Cauhapé******-*****
所在地：**Monein**
40公顷，年产量24万瓶
葡萄酒：Jurançon Sec：Sève d'Automne，Noblesse du Petit Manseng；Jurançon，Noblesse du Temps，Quintessence du Petit Manseng，Folie du Janvier
Henri Ramonteu是西南产区第一个完全采用自然种植法的人。他的朱朗松甜葡萄酒品质出众、风格各异。干白葡萄酒芳香、细腻。

马迪朗

生产商：**Alain Brumont*****-*****
所在地：**Maumusson-Laguian**
140公顷，年产量78万瓶
葡萄酒：Madiran：Torus，Château Montus Prestige，Château Bouscassée Vieilles Vignes，La Tyre；Pacherenc du Vic-Bilh Sec and Doux：Vendemiaire
Brumont是现代马迪朗的创始人，他在Montus酒庄建立了一座酒厂，采用最先进的酿酒技术。他还拥有另一家酒庄Bouscassé。2个酒庄的葡萄酒品质旗鼓相当。

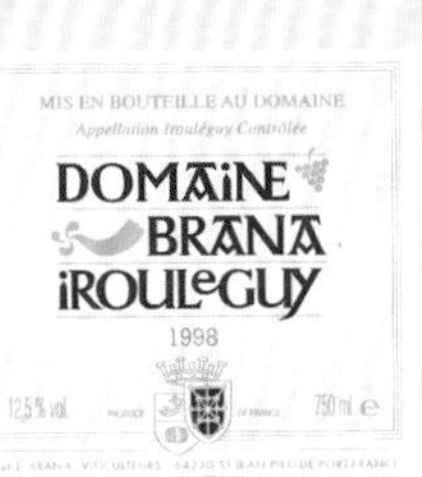

生产商：**Chapelle Lenclos*****
所在地：**Maumusson-Laguian**
22公顷，年产量16万瓶
葡萄酒：Madiran：Domaine Mouréou，Chapelle Lenclos；Pacherenc du Vic-Bilh
Patrick Ducourneau是微氧化技术的发明者，他将这一技术最先应用到自己的两款红葡萄酒上。除了宣传这项获得国际认可的技术，他还经营一家自己的酒庄，生产结构坚实的马迪朗葡萄酒。

生产商：**Château d'Aydie******
所在地：**Aydie**
55公顷，部分非自有葡萄，年产量60万瓶
葡萄酒：Madiran：Château d'Aydie，Odé d'Aydie；Pacherenc du Vic-Bilh；Château d'Aydie，sec Cuvée Frédéric Laplace
多年来，Laplace家族为马迪朗的声誉做出了重大贡献。酒庄最近几年生产的葡萄酒口感更浓郁，单宁更成熟。微氧化技术在这里也得到了应用。Maydie葡萄酒充分展现了丹拿成熟果实的优点。

生产商：**Château Laffitte-Teston*****-****
所在地：**Maumusson-Laguian**
41公顷，年产量18万瓶
葡萄酒：Madiran：Joris Laffitte，Tradition，Vieilles Vignes；Pacherenc du Vic-Bilh Doux Rêve d'Automne sowie sec，Cuvée Ericka
Jean-Marc Laffitte是马迪朗产区最具天赋的生产商之一。在其现代、精美的酒窖里，他生产出了一款名为Ericka的干型葡萄酒，这种葡萄酒采用老藤葡萄酿造，酒体浓郁、酸度细腻，具有柠檬的香味。

生产商：**Domaine Berthoumieu*****-****
所在地：**Viella**
26公顷，年产量18万瓶
葡萄酒：Madiran：Tradition，Charles de Batz；Pacherenc du Vic-Bilh Sec and Doux
Didier Barré是这座家族酒庄的第六代传人。除了赤霞珠含量高于平常水准的经典马迪朗葡萄酒，他还用丹拿老藤葡萄酿造了一款品质出众的特酿酒Charles de Batz。

生产商：**Domaine Labranche-Laffont*****-****
所在地：**Maumusson**
19公顷，年产量12万瓶
葡萄酒：Madiran：Tradition，Vieilles Vignes；Pacherenc du Vic-Bilh Sec and Doux
Christine Dupuy的酒厂和她的起居室一样个性。她的葡萄酒也独具风格，果味怡人、口感均衡。

生产商：**Domaine Laffont******
所在地：**Maumusson**
3.8公顷，年产量不详
葡萄酒：Madiran：Tradition，Erigone，Hecate；Pacherenc du Vic-Bilh
Pierre Speyer是比利时狂热的葡萄酒爱好者，对马迪朗一见钟情。他的激情在奢华大气的红葡萄酒中展露无遗，这些葡萄酒带有巧克力、浆果和黑醋栗树叶的味道，它们的浓郁、甘醇以及优雅的酒桶香让人无法抗拒，是西南产区最好的葡萄酒之一。

高地地区：大西洋与地中海之间

今天的高地地区比之前小了许多，共有5个法定产区，分别位于阿让的东部以及加伦河、塔恩河和中央高原之间的图卢兹的北部和东北部。与阿尔比接壤的加亚克位于最东部，是5个产区中最大的一个，被认为是高卢地区最古老的葡萄种植中心之一。在整个中世纪时期，该产区的葡萄酒经塔恩河和加伦河运往大西洋，然后再从那里转运至英格兰。直到19世纪初期，加亚克仍然延续了将深色红葡萄酒与波尔多浅色红葡萄酒混合的传统。

然而，古老的荣耀未能得以延续。虽然产区内4200公顷的葡萄园拥有理想的条件，适合多种葡萄种植，但近几十年来，只有少数生产商酿造出优质葡萄酒。大部分生产商出产的葡萄酒种类繁多，虽然产区法规要求混合酿造，但多数葡萄酒仍然使用单一品种酿制。就白葡萄品种而言，波尔多地区的明星品种大多与莫扎克、昂登以及兰德乐等本地品种一起种植。在红葡萄品种方面，赤霞珠、品丽珠和梅洛的认可度最高，费尔莎伐多（当地人称之为Braucol）也很受青睐，佳美和西拉也受到越来越多人的追捧。

上图：卡奥尔附近的拉格泽特酒庄（Château Lagrezette）属卡地亚集团总裁阿兰·多米尼克·佩兰所有

右页图：罗伯特·普莱吉奥雷斯酿制的非传统加亚克葡萄酒非常成功

在塔恩河与加伦河的交汇处有一个V.D.Q.S.产区——拉维莱迪厄（Lavilledieu）。该产区成立于1947年，葡萄种植面积65公顷，土壤为贫瘠、多砾的冲积土。品丽珠、佳美和西拉的种植面积占总面积的1/4，剩下的土地主要种植内格瑞特和丹拿。拉维莱迪厄出产的葡萄酒果香浓郁，冷冻后风味更佳。

沿着加伦河往下游走几英里就到了弗隆东丘（Côtes du Frontonnais）产区。在那里，波尔多红葡萄品种和本地品种内格瑞特的种植面积达2000公顷。该产区的桃红葡萄酒和红葡萄酒芳香可口，带有紫罗兰、甘草和黑醋栗的味道。特酿酒产量较小，但口感复杂、酒体丰满，具有很好的陈年潜力。

布鲁瓦丘（Côtes du Brulhois）与弗隆东丘情况类似。该产区位于阿让西部，面积较小，从20世纪30年代开始走向衰落，直到1965年才在一家合作社的带领下逐渐复兴。现在，产区内有200公顷葡萄园，主要种植丹拿、赤霞珠、梅洛、马尔贝克和费尔莎伐多。

卡奥尔的深色葡萄酒

位于乐跃谷的卡奥尔是高地地区最北端，也是最有意思的产区。几个世纪前，卡奥尔出产的深色葡萄酒是法国最出名、最受追捧的特级葡萄酒。加斯科涅在英国皇室统治下时，这里的葡萄酒行业蓬勃发展。一桶桶葡萄酒沿洛特河运送至波尔多，然后出海到英格兰。虽然波尔多的生产商诡计多端，但始终未能阻止深色葡萄酒走向成功。卡奥尔的黄金时期大约在1720年，当时，葡萄种植面积猛增至40000公顷。与法国其他产区一样，卡奥尔的葡萄园也惨遭葡萄根瘤蚜的肆虐，而嫁接葡萄的错误选择最终导致葡萄园走向毁灭。

第一次世界大战后，大众葡萄酒开始盛行。为了谋生，葡萄种植户只能种植高产的杂交品种。这段时期，卡奥尔的深色葡萄酒几乎被人们遗忘。直到1947年，才有一些葡萄种植户重新对独具特色的马尔贝克葡萄产生兴趣。10年后，卡奥尔开始复兴，人们又能品尝到具有浓郁浆果、甘草和草药味的深色葡萄酒。这种葡萄酒结构稳定，单宁丰富，适合陈年。

高地地区的主要葡萄酒生产商

卡奥尔

生产商：**Château du Cèdre******
所在地：**Vire-sur-Lot**
25公顷，年产量12万瓶
葡萄酒：Cahors：Le Cèdre，Le Prestige，GL
该酒庄出产的红葡萄酒颜色深浓、结构紧凑。酒庄有2公顷的土地种植维欧尼。

生产商：**Château Lagrezette*****-*****
所在地：**Caillac**
64公顷，年产量36万瓶
葡萄酒：Cahors：Dame d'Honneur，Moulin Lagrezette，Le Pigeonnier
卡地亚集团总裁Perrin是首批尝试酿酒的巴黎名人。多年来波尔多著名的酿酒专家Michel Rolland一直为其提供咨询服务，酒庄的葡萄酒品质迅速提升。

生产商：**Clos Triguedina*****-*****
所在地：**Puy-l'Évêque**
59公顷，年产量34万瓶
葡萄酒：Cahors：Tradition，Prince Probus，New Black Wine
卡奥尔产区最知名的酒庄之一。在年份好的时候，酒庄的Probus特酿酒品质非凡，堪称产区之最。

生产商：**Primo Palatum******
所在地：**Morizes**
年产量4.5万瓶
葡萄酒：Cahors，Madiran，Graves，Bordeaux，Côtes du Roussillon，Minervois；Jurançon Sec，Sauternes，Limoux，Vin de Pays d'Oc.
酿酒专家Xavier Copel在其位于波尔多的公司实行新标准。他从大西洋和地中海之间拥有理想风土条件的优秀葡萄种植户手中收购葡萄酒，然后用精湛的技艺进行熟成。

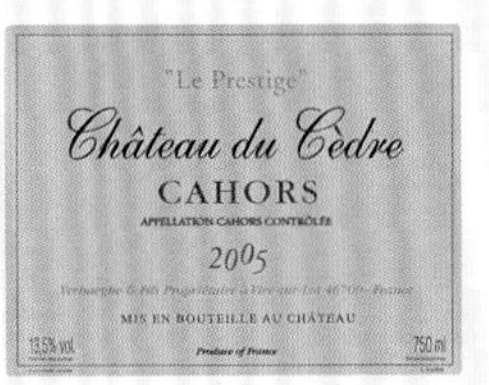

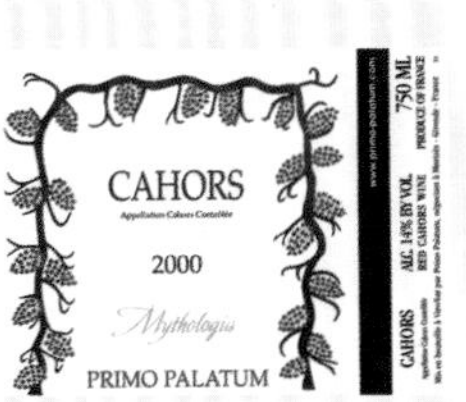

弗隆东丘

生产商：**Château Bellevue La Forêt*****
所在地：**Fronton**
112公顷，年产量80万瓶
葡萄酒：Côtes du Frontonnais：Ce Vin，Prestige，Allégresse，Cuvée d'Or，Optimum
该酒庄规模较大，出产的葡萄酒柔和、爽口，果香怡人。

生产商：**Domaine Le Roc*****-*****
所在地：**Fronton**
25公顷，年产量10万瓶
葡萄酒：Côtes du Frontonnais：Classique Réserve，Don Quichotte，La Soignée
Ribes兄弟使用内格瑞特和赤霞珠酿酒，出产的葡萄酒果味浓郁、口感圆润。酒庄最出众的葡萄酒是Cuvée Don Quichotte。

加亚克

生产商：**Domaine Casses Marines*****-*****
所在地：**Vieux**
13.6公顷，年产量7万瓶
葡萄酒：Les Greilles，Peyrouzelles，Rasdu，Grain de Folie Doucé，Mysterre，Préambule；Délire d'Automne，Graal；Vin de Table Zacmu
该酒庄的葡萄园位于石灰岩高地上，采用有机种植法，出产的葡萄酒香甜诱人。干白葡萄酒和红葡萄酒果香清新、品质优秀。

生产商：**Domaine Robert Plageoles*****-*****
所在地：**Cahuzac-sur-Vère**
23公顷，年产量85万瓶
葡萄酒：Gaillac：Ondenc，Muscadelle，Vin d'Autan，Mauzac Vert，Mauzac Roux，Mauzac Nature
Robert Plageoles采用加亚克传统葡萄品种酿造风格独特的葡萄酒，现在他的儿子Bernard延续了这一传统。

罗讷河谷和萨瓦

拉斯多（Rasteau）酒庄以酒体丰满的红葡萄酒和天然甜葡萄酒而闻名

两个世界的葡萄酒

罗讷河谷是法国最早种植葡萄的地区。福西亚人早在公元前600年建立马赛时就已经知道罗讷河谷非常适合葡萄栽培并在那里种下了葡萄树。罗马统治时期，罗马人从高卢人那里学会了改良技术，葡萄栽培迅速传播至罗讷河谷中心及北部地区。高卢部落于公元71年开始在罗帝丘和艾米塔基种植葡萄。

然而，勃艮第公爵抑制了罗讷河谷葡萄酒行业的发展。他希望将自己的葡萄酒销往伦敦和巴黎这两个最重要的市场，因此向罗讷河谷征收高额的运输税，甚至禁止他们使用当时唯一的运输通道索恩河。这种情况一直从14世纪持续到16世纪。17世纪，陆地交通得到改善；19世纪，第一条铁路建成通车。直到此时，罗讷河谷葡萄酒才在巴黎迎来了自己的春天。

第二次世界大战后，罗讷河谷的形象急剧下跌。法国在北非地区的前殖民地曾是廉价葡萄酒的产地，出产的葡萄酒主要用来提升混酿酒的色泽和酒精度。由于这些葡萄酒产量的减少，波尔多地区许多酒庄开始用罗讷河谷的葡萄酒作为替代品，而这一行为毫无疑问与法律背道而驰。桶装葡萄酒的滞销未能促使罗讷河谷的生产商改善葡萄酒的品质。消费者购买到的葡萄酒大多是价格低廉、简单可口的红葡萄酒。直到20世纪80年代，罗讷河谷的生产商才意识到产区的巨大潜力，因为这里拥有独特的风土条件和优质的葡萄品种。

南北气候

与莱茵河、多瑙河、卢瓦尔河、杜罗河、加伦河以及摩泽尔河一样，罗讷河也是世界上最重要的葡萄酒河流之一。即使在它位于瑞士瓦莱州的上游地区，也分布着众多知名酒庄。在其位于法国境内的主要流域，河谷从里昂向南一直延伸200千米，一侧是阿尔卑斯山，另一侧是法国中央高原。整个罗讷河谷布满了陡峭的葡萄园和大片的葡萄树，是法国最多元的葡萄酒产区之一。罗讷河谷包括163个市镇，分属6个省份，葡萄种植面积达5万公顷。这里出产法国产量最大的红葡萄酒——罗讷河谷红葡萄酒（Côtes du Rhône Rouge）。从更广义的层面来看，罗讷河谷还包括一系列边缘地区，如迪瓦（Diois）、旺度丘（Côtes du Ventoux）、提卡斯丹丘（Coteaux du Tricastin）、加尔谷地（Costières du Gard）和吕内尔麝香（Muscat de Lunel）等。

葡萄酒的多元化主要取决于特殊的地理条件。罗讷河谷北部的葡萄树种植在陡峭的花岗岩山坡上，这里为大陆性气候，天气凉爽；而在南部广袤的沙质冲积平原上，夏季炎热，冬季温暖宜人。受气候条件的影响，罗讷河谷北部主要生产单一品种葡萄酒，在欧洲，大部分位于北部的葡萄种植区情况都是如此；而南部则以特酿酒为主。

罗讷河谷最重要的资源是这里的红葡萄和白葡萄品种，虽然它们经常被世人所忽略，但仍是世界上最好的葡萄品种之一，而且在原产地以外的地区也能酿造出品质卓越的葡萄酒。在众多葡萄品种中，最让罗讷人自豪的是西拉。早在罗马时期，人们就已经认识到这种深色小果粒葡萄的特殊品质。如果成熟条件理想，用西拉酿造的葡萄酒会展现浓郁的果味、丰富的单宁、复杂的结构和出众的陈年潜力，这与现代消费者所喜爱的结构稳定、口感平衡的葡萄酒形象十分吻合。单一品种西拉葡萄酒在罗讷河谷北部的罗帝丘、艾米塔基、圣约瑟夫（Saint-Joseph）和克罗兹-艾米塔基（Crozes-Hermitage）等地区都有生产，同时，西拉在罗讷河谷南部的种植面积也在不断扩大。

西拉（左图）是罗讷河谷产区酿造红葡萄酒的明星品种，而玛珊、瑚珊和维欧尼（右图）等是酿造白葡萄酒的主要品种

塞居勒（Séguret）是法国最美丽的村庄之一，也是顶级罗讷红葡萄酒的产地之一

新世界的
罗讷河谷葡萄品种

早在法国人认识到西拉的真正价值之前，澳大利亚人就将它们称为“Shiraz”的葡萄视为招牌葡萄品种。20世纪70—80年代，澳大利亚人凭借西拉在国际市场上取得了前所未有的成功。澳大利亚的顶级葡萄酒奔富葛兰许（Penfolds' Grange）曾经仅用西拉单一品种酿造，即使在今天，这种葡萄酒也只加入了少量赤霞珠。用这种罗讷河谷葡萄品种酿造的葡萄酒在很长一段时间内一直使用艾米塔基的名称出售，由此可见澳大利亚人对他们最喜爱的葡萄品种的原产地的认识。澳大利亚人的成功不仅鼓舞了罗讷河谷的葡萄种植户，还促进了其他地区的西拉种植。过去20年间，大批美国加州和南非的葡萄园开始种植西拉，而在法国，西拉已经成为朗格多克许多葡萄园的主角。

罗讷河谷产区仅次于西拉的红葡萄品种是高产的歌海娜，它在澳大利亚和加利福尼亚州也有广泛种植。与西拉不同，歌海娜的原产地并非罗讷河谷，而是阿拉贡，主要分布在地中海沿岸和罗讷河谷南部。有些人急于将歌海娜定义为毫无特色的普通葡萄，却忘记了教皇新堡和一些村庄级法定产区的顶级红葡萄酒正是采用歌海娜酿制而成。在那些地区，歌海娜的产量被控制在较低水平。近年来，西班牙的普里奥拉托产区向人们展示了歌海娜葡萄酒的浓郁与圆润。慕合怀特也是一个需要充足阳光的晚熟品种，主要用于酿造单宁丰富的葡萄酒。这种葡萄在罗讷河谷南部和新世界较为炎热的地区越来越受欢迎。除了上述三种葡萄，罗讷河谷南部主要的红葡萄品种还包括口感柔顺、果味浓郁的神索和颜色深红、酒精度高的佳丽酿。而罗讷河谷北部则以优质白葡萄品种为主。维欧尼单一品种葡萄酒具有浓郁的蜂蜜、杏和桃的香气，品质出众。

近年来，白葡萄品种满胜和瑚珊在新世界逐渐流行，并吸引了一大批葡萄种植户和生产商成立粉丝俱乐部，俱乐部成员称自己为“罗讷河谷游骑兵”。在罗讷河谷，这两种葡萄常用于酿造艾米塔基的顶级葡萄酒。它们还与克莱雷、白

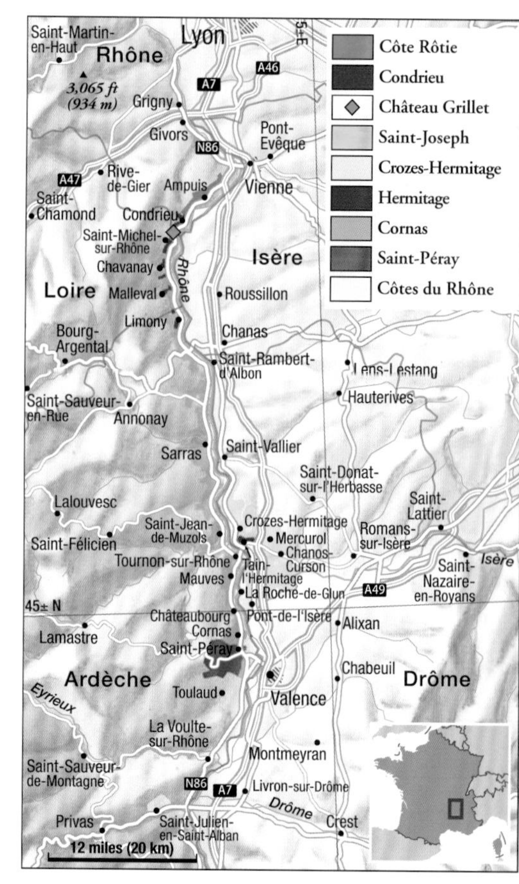

左图：西拉的嫩枝必须被绑在葡萄架上

右图：泰恩·艾米塔基（Tain l'Hermitage）的莎普蒂尔（Chapoutier）酒庄仍沿用传统的踩皮方法

歌海娜、古诺瓦兹、布布兰克等品种混合酿造罗讷河谷南部村庄级和优良村庄级法定产区的白葡萄酒。

村庄级、优良村庄级和地区级法定产区

罗讷河谷独特的法定产区命名体系既是其优势，也是其劣势。品质金字塔的底层主要是地区级法定产区罗讷河谷红葡萄酒，大多来自罗讷河下游。上面一层是罗讷河谷村庄级产区葡萄酒，主要产自德龙省（Drôme）、加尔省（Gard）和沃克吕兹省（Vaucluse）的95个村庄，其中18个具有A.C.等级的村庄可以在酒标上加注村庄名称。金字塔顶层是优良村庄级产区，包括吉恭达斯（Gigondas）和罗帝丘等，从它们的酒标上已经看不出它们属于罗讷河谷产区。

西拉和维欧尼的种植区域

公元121年，维埃纳作为罗马部队驻防城市而成立，今天，在其境内的罗马竞技场遗址上仍能看到罗讷河谷。维埃纳位于罗讷河谷法定产区的最北端。在狭窄的山谷内，葡萄藤爬满了陡峭的花岗岩山坡。这里以大陆性气候为主，夏季炎热。梯田葡萄园能够充分利用阳光，但常年不休的风会带走不少热量。在这个纬度的地区，冬季通常比较寒冷。冷热交替赋予了当地葡萄酒浓郁的芳香和优雅的结构。

罗讷河谷北部地区出产的葡萄酒基本上以当地优良村庄级法定产区的名称销售。这里共有8个优良村庄级产区，而南部只有5个。这里没有地区级法定产区。除了维埃纳镇附近出产的小部分餐酒外，罗讷河谷最北部的优质葡萄酒也使用优良村庄级法定产区的酒标。这就是罗帝丘，西拉葡萄酒之乡。虽然官方允许西拉葡萄酒中最高可含20%的白维欧尼，但几乎没有生产商这样做。

虽然罗帝丘的葡萄种植历史可追溯至罗马时代甚至更早，但罗帝丘（意为“烧焦的山坡”）的名称直到19世纪才首次出现。20世纪50年代之前，罗帝丘还不为人所知，而且数个世纪以来，这里的葡萄种植面积一直在200公顷左右徘徊。当地葡萄种植的一大特色是金字塔形的葡萄架，这是在狭窄的梯田上唯一可行的方法。

马塞尔·吉佳乐绝对有理由笑口常开——其位于昂皮村（Ampuis）的酒窖中贮满了“液体黄金”

罗讷河谷北部的优良村庄产区

孔德里约位于罗帝丘正南方，是一个规模不大的白葡萄酒产区，主要种植维欧尼葡萄。这座集行政和商业于一体的市镇的名称意思是“溪流之地”。这里的白垩质土壤底层为岩石，上层为片岩和云母，赋予了维欧尼葡萄酒微妙的口感和复杂的结构。陡峭的山坡通风良好，对于容易腐烂的维欧尼而言是一大优势。虽然部分品质卓越的孔德里约年份酒适合陈年，但这种葡萄酒最好在年轻时饮用，既能闻到它的果香，又能在唇齿间感受它的浓郁。北部最大的法定产区是圣约瑟夫，葡萄种植面积达990公顷，分布在50千米长的河岸线上。这里还是最早出产红葡萄酒和白葡萄酒的地区之一，满胜和瑚珊逐步取代了维欧尼的地位。该产区出产的红葡萄酒口感醇厚，果味浓郁，且价格合理；相比之下，白葡萄酒逊色许多。在坦耶-艾米塔基镇附近，葡萄园都位于罗讷河左岸。这里的艾米塔基山占地面积134公顷。许多海外的西拉葡萄酒都以艾米塔基的名称销售。克罗兹-艾米塔基的名声不如坦耶-艾米塔

基，葡萄种植面积为1200公顷，出产西拉单一品种红葡萄酒和满胜与瑚珊混酿的白葡萄酒。艾米塔基朝南的花岗岩山坡出产的葡萄酒结构稳定、口感浓郁，适合陈年；而克罗兹的葡萄酒产自较为平坦的砾石土或黄土地，口感清淡许多。

罗讷河谷北部还有科纳斯（Cornas）和圣佩赖（Saint-Péray）两个产区，都位于罗讷河谷右岸，与瓦朗斯（Valence）隔河相望。圣佩赖曾经因起泡酒而闻名，近年来出产的静态白葡萄酒也小有名气。不过，由于葡萄种植面积仅有60公顷，圣佩赖很难树立真正的市场影响力。

科纳斯的葡萄种植面积如今已经超过100公顷。这里曾是白葡萄酒产区，但现在仅生产西拉红葡萄酒。与罗帝丘相比，红葡萄酒较为清淡，但个性十足。

葡萄酒专家让-吕克·科伦坡在其位于莱吕谢（Les Ruchets）的葡萄园研制出了一款罗讷河谷北部地区典型的现代葡萄酒，即使在较差的年份里，这种葡萄酒也有出色的表现

罗讷河谷北部的主要葡萄酒生产商

生产商：**M. Chapoutier*****-*****
所在地：**Tain l'Hermitage**
160公顷，年产量300万瓶
葡萄酒：Condrieu, Hermitage Blanc De Lorée, Côte Rôtie de la Mordorée, Hermitage: Le Pavillon, Monier de la Sizeranne, Crozes-Hermitage, Châteauneuf-du-Pape La Bernardine
Michel Chapoutier酿造的艾米塔基葡萄酒和罗帝丘葡萄酒堪称顶级。他还在罗讷河谷南部和澳大利亚拥有酒庄。

生产商：**Jean-Louis Chave******
所在地：**Mauves**
15公顷，年产量4.8万瓶
葡萄酒：Hermitage Blanc, Rouge; E. Catelain, Vin de Paille
Jean-Louis是艾米塔基德高望重的葡萄酒大师，拥有产区内最大的葡萄园。酒庄出产的白葡萄酒具有优雅的蜂蜜、香草和花朵气味，口感清新、饱满。红葡萄酒也毫不逊色。

生产商：**Yann Chave*****-****
所在地：**Mercurol**
16.5公顷，年产量8万瓶
葡萄酒：Crozes-Hermitage Blanc: Cuvée, Le Rouvre; Rouge: Tradition, Tête de Cuvée, Hermitage
2001年，Yann Chave接手了这座由他父亲Bernard和母亲Nicole成立于1970年的酒庄。酒庄主要生产克罗兹红葡萄酒，其中Tête de Cuvée极为出色。近年来，该酒庄的葡萄酒品质大幅提升。2003年这里新建了一座酒窖。

JEAN-LUC COLOMBO

2005
LA LOUVÉE
CORNAS
SYRAH

生产商：**A. Clape******
所在地：**Cornas**
7公顷，年产量3万瓶
葡萄酒：Cornas, Saint-Péray, Côtes du Rhône
Auguste Clape在儿子Pierre Marie的协助下经营着这座面积为6公顷的酒庄。部分葡萄酒陈年时间已超过60年。

生产商：**Jean-Luc Colombo******-*****
所在地：**Cornas**
12公顷，非自有葡萄，年产量50万瓶
葡萄酒：Cornas, Côtes du Rhône; Hermitage, Saint-Joseph
Colombo对于罗讷河谷产区而言就如同Rolland对于波尔多产区，他们都是充满灵感的葡萄酒专家。他的公司出产一系列法定产区葡萄酒。

生产商：**Laurent & Dominique Courbis*****-****
所在地：**Châteaubourg**
26公顷，年产量12万瓶
葡萄酒：Cornas: Eygats, La Sabarotte, Champelrose, Saint-Joseph
Laurent Courbis被认为是该地区最优秀的酿酒师。他酿造的Cornas Cuvées颜色深浓、香气复杂、酒体浓郁、单宁细腻。

生产商：**Yves Cuilleron*****-*****
所在地：**Chavanay**
31公顷，年产量15万瓶
葡萄酒：Condrieu: Chaillets, Vertige, Ayguets; Saint-Joseph Blanc: Lyceras, Saint-Pierre; Rouge:

L'Amarybelle, Les Sérines; Côte Rôtie: Bassenon, Terres Sombres
你也许会对这里成熟的维欧尼着迷，但圣约瑟夫红葡萄酒和罗帝丘葡萄酒的潜力也在不断上升。

生产商：Delas*-*******
所在地：Saint-Jean de Muzols
12公顷，年产量150万瓶
葡萄酒：Condrieu: Clos Bucher, Vin de Pays Viognier; Côte Rôtie: Seigneur de Maugiron; Hermitage: Marquise de la Tourette; Crozes-Hermitage: Tour d'Albon; Saint-Joseph
该酒庄成立于1835年，1993年由Champagne Roederer接手。1999年之后酒庄多次获得大笔投资，凭借出色的红葡萄酒重新赢得在罗讷河谷产区的商业地位。

生产商：Domaine Colombier****
所在地：Mercurol
16公顷，年产量7万瓶
葡萄酒：Crozes-Hermitage, Hermitage Blanc and Rouge
近年来，Florent Viale一直在努力成为产区内最优秀的酿酒师。

生产商：Domaine Combier*-******
所在地：Pont de L'isère
20公顷，年产量10万瓶
葡萄酒：Crozes-Hermitage: Blanc, Rouge, Clos de Grives
该酒庄的葡萄酒酒体浓郁、结构平衡，这在很大程度上归功于酒庄多年来采用的有机种植法。

生产商：Domaine Alain Graillot****
所在地：Pont de L'isère
20公顷，年产量10万瓶
葡萄酒：Crozes-Hermitage: Blanc, Rouge, La Guirade
该酒庄盛产西拉葡萄酒，这些葡萄酒具有独特的水果香气。

生产商：Pierre Gaillard*-******
所在地：Malleval
16公顷，年产量10万瓶
葡萄酒：Jean Elise, Condrieu: Côte Rôtie; Rose Pourpre, Côte Brune et Blonde, Saint-Joseph: Les Pierres, Clos de Cuminaille
Pierre Gaillard曾在Guigal酒庄工作多年，并出色地完成了自己的工作。他在葡萄发酵前先对它进行冷浸渍，然后在32℃的温度下进行发酵，同时频繁挤压。他酿造的Condrieu Jeanne Elise酒体丰富、味道甘醇，为顶级之作。

生产商：Jean-Michel Gérin*****
所在地：Ampuis
10公顷，年产量4万瓶
葡萄酒：Condrieu, Côte Rôtie: Les Grandes Places, Champin Le Seigneur
该酒庄是Gérin家族的瑰宝，他们在Ampuis地区已有500年的酿酒历史。最近出产的La Landone又是一个葡萄酒典范。

生产商：E. Guigal*-*******
所在地：Ampuis
65公顷，年产量550万瓶

葡萄酒：Condrieu, Hermitage: Blanc, Rouge, Côte Rôtie: Château d'Ampuis, La Landonne, Côte Brune La Turque, Côte Blonde La Mouline, Saint-Joseph Vignes de l'Hospice, Côtes du Rhône, Gigondas, Tavel, Châteauneuf-du-Pape
Guigal毫无疑问是罗讷河谷北部最神奇、最优秀的酿酒师和酒商。他的酒庄是法国最现代化的酒庄之一。2001年，Guigal又收购了两家知名酒庄，分别是Jean-Louis Grippat和Domaine de Vallouit。

生产商：Paul Jaboulet Aîné*-*******
所在地：Tain de L'Hermitage
100公顷，非自有葡萄，年产量220万瓶
葡萄酒：Hermitage: Blanc Chevalier de Sterimberg, La Chapelle, Crozes-Hermitage, Côtes Rôtie Les Jumelles, Cornas, Saint-Joseph, Châteauneuf-du-Pape, Gigondas, Vacqueyras, Côtes du Rhône, Tavel
酒庄出产的Hermitage La Chapelle是罗讷河谷产区最顶级的葡萄酒之一。目前，酒庄归瑞士人Jean-Jacques Frey所有，人们已渐渐遗忘它曾经的失败。

生产商：Jean-Paul & Jean-Luc Jamet****
所在地：Ampuis
7公顷，年产量3万瓶
葡萄酒：Côte Rôtie, Côte Brune
Jean-Paul和Jean-Luc Jamet只种植西拉并用它酿造出优秀的罗帝丘葡萄酒。葡萄酒需在小橡木桶中陈年20个月。

生产商：André Perret*-******
所在地：Chavannay
11公顷，年产量5万瓶
葡萄酒：Condrieu, Clos Chanson Coteau Chéry, Saint-Joseph: Les Grisières
虽然该酒庄的代表作是孔德里约，但圣约瑟夫葡萄酒也具有浓郁的果味和复杂的结构。

生产商：Georges Vernay*****
所在地：Condrieu
16公顷，年产量10万瓶
葡萄酒：Condrieu: Coteau de Vernon, Les Chaillés d'Enfer, Côte Rôtie
Christine Vernay进一步提高了孔德里约和红葡萄酒的品质，尤其是罗帝丘葡萄酒。她至今仍在追求更高的品质。

生产商：François Villard*-*******
所在地：Saint-Michel-sur-Rhône
10公顷，年产量8万瓶
葡萄酒：Condrieu: Grand Vallou, Deponcius; Côte Rôtie, Saint-Joseph
短短几年时间，这位曾经当过厨师的年轻人便推动了罗讷河谷北部葡萄酒行业的发展。酒庄出产的红葡萄酒和白葡萄酒都品质一流。

生产商：Les Vins de Vienne****
所在地：Seyssuel
18公顷，年产量25万瓶
葡萄酒：Vin de Pays des Collines Rhodanéenes: Sotanum, Taburnum; Côtes du Rhône and Villages, Condrieu, Côte Rôtie, Hermitage, Cornas, Vacqueyras, Gigondas
Yves Cuilleron、Pierre Gaillard和François Villard三位好友帮助维埃纳附近历史悠久的Seyssuel地区实现了复兴。他们还成立了一家小型的贸易公司，凭借敏锐的市场嗅觉，已经开始生产并出售少量的优质葡萄酒。

罗讷河谷南部

布鲁内尔家族的先辈们绝对没有想到他们的卡迪酒庄（Château La Gardine）能达到今天的成就

一路南行至瓦朗斯和蒙特利马尔（Montélimar）地带，天气明显变热，沿途的风景和小镇也更具地中海风情。提卡斯丹是普罗旺斯的门户，其松露、水果和薰衣草久负盛名。与罗讷河谷北部陡峭的梯田葡萄园不同，这里的葡萄园大多地势平缓。罗讷河谷南部大部分产区出产的葡萄酒以地区级法定产区罗讷河谷为名出售。虽然夏季炎热干燥的气候为葡萄提供了理想的生长和成熟条件，但潜在的威胁依然存在，狂暴而又难以预测的密斯脱拉风就是其中之一。

传统的红、白葡萄共有13个品种，在葡萄酒中的比例各不相同，白葡萄品种偶尔也会用来酿造红葡萄酒。毫无疑问，红葡萄是这里的主角，歌海娜、慕合怀特和西拉的种植比例高达70%。在白葡萄品种中，80%以上为白歌海娜、克莱雷、玛珊、瑚珊、布布兰克和维欧尼。在波尔多地区，各种葡萄必须在发酵结束后才能混合，而在这里，不同的葡萄采摘下来后就能混合发酵。近年来，二氧化碳浸渍法得到了广泛应用。当地的一大特色是酿酒合作社扮演了非常重要的角色，而罗讷河谷北部的大酒庄却未能在这里占有市场。

罗讷河谷的甜葡萄酒

罗讷河谷南部的两款天然甜葡萄酒——博姆-德沃尼斯麝香（Muscat BeaumesdeVenise）和拉斯多是少有的珍品，仅在南罗讷和朗格多克-鲁西荣生产。“天然甜葡萄酒”的名称具有误导性，因为酒中的糖分不是自然发酵的结果，而是由于糖转化为酒精的过程被人为地终止。这两款分别来自著名产区博姆-德沃尼斯和拉斯多的甜葡萄酒甜味和酿酒技术相同，但酿酒葡萄截然不同。博姆-德沃尼斯麝香的酿酒葡萄为小果粒白麝香，14世纪时由教皇引入法国南部，具有典型的麝香味；拉斯多则是由这里的经典红葡萄品种酿制而成，更接近深红色或棕色的波特酒。

完善的等级制度

除了地区级法定产区，罗讷河谷南部还有5个优良村庄级法定产区，另有6000公顷多的区域被划分为罗讷河谷村庄级法定产区。与北部不同，南部不存在专门的白葡萄酒产区，仅在教皇新堡、利哈克（Lirac）和瓦给拉斯（Vacqueyras）有少量生产。桃红葡萄酒占有更高的地位，主要以吉恭达斯、利哈克、瓦给拉斯和塔维尔（Tavel，只生产桃红葡萄酒）的名称装瓶出售。吉恭达斯坐落在登山爱好者的天堂——蒙米拉伊花边山脉（Dentelles de Montmirail）的山脚，是继教皇新堡之后罗讷河谷南部最著名的产区。吉恭达斯面积为1200公顷，地势较高、气候较暖的区域主要为白垩和沙质土壤，地势较低区域的土壤则肥沃多砾，受不同风土条件的影响，出产的葡萄酒风格大相径庭。上乘的葡萄酒颜色深厚，果味浓郁，口感强劲，单宁适中，酒精含量高。

在邻近的瓦给拉斯，产地划分十分相似。瓦给拉斯与吉恭达斯面积接近，土壤中含有壤土、白垩和砾石。这里的葡萄酒生产规模相对较小，口感更为细腻，与吉恭达斯和教皇新堡的葡萄酒有明显区别。

另外两个优良村庄产区坐落在罗讷河右岸。凭借良好的排水性能，紧邻罗讷河岸的石灰岩丘陵为葡萄生长提供了理想的条件。这里与罗讷河东岸拥有同样悠久的葡萄种植历史，但利哈克和

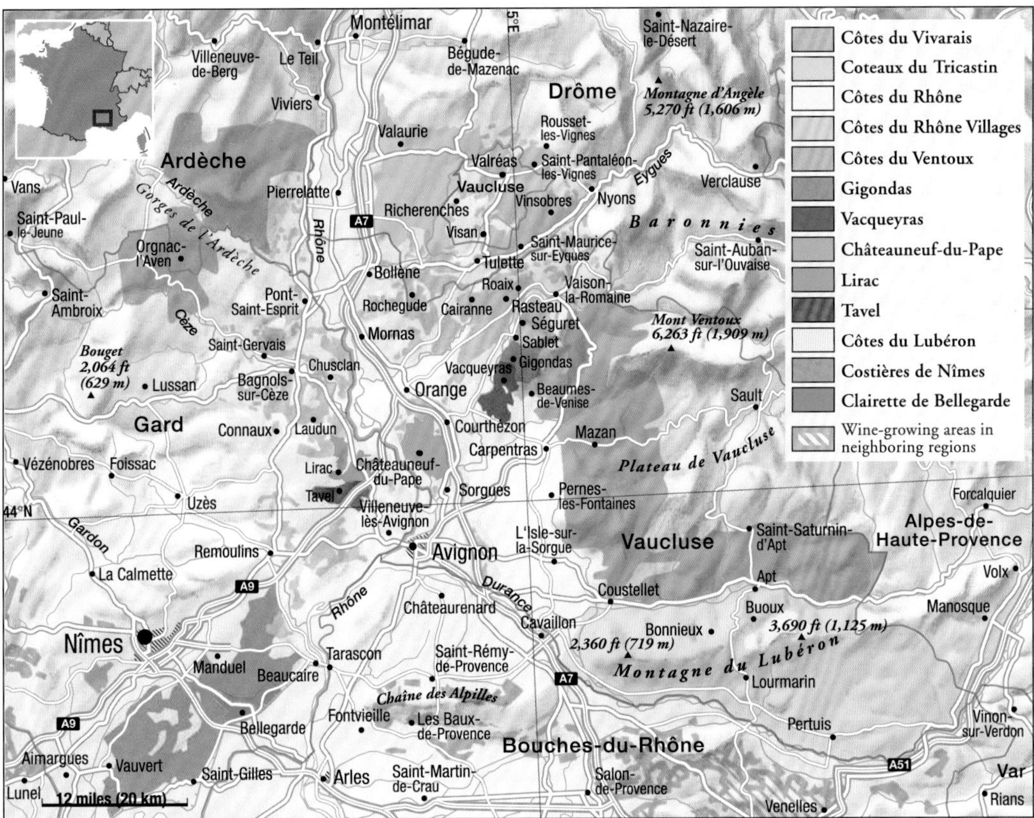

塔维尔率先在二战后迎来了缓慢发展。由于一位酒庄主从美国引进了带有葡萄根瘤蚜的幼苗，利哈克成为了法国最早被葡萄根瘤蚜侵袭的地区之一（1863年）。尽管根据葡萄酒法规，这两个产区不属于罗讷河谷法定产区，但仍有部分周边区域在罗讷河谷产区的范围内。其中，最北部的迪瓦出产迪镇起泡酒（Crémant de Die，曾被称为“Clairette de Die”，采用克莱雷葡萄酿制）和一种用麝香葡萄经一次发酵而成的起泡酒。距离迪瓦不远的是提卡斯丹丘，那里的葡萄酒行业近年来发展迅猛，主要出产红葡萄酒，酿酒葡萄为罗讷河谷南部常见的品种。虽然葡萄酒果味怡人、口感柔和，但缺乏鲜明的特色。在旺度山（Mont Ventoux）的南侧，有一片名为旺度丘的产区。旺度丘于1973年获得独立法定产区的命名，共包括51个村庄，是罗讷河谷最大的产区之一，主要出产白葡萄酒、桃红葡萄酒和红葡萄酒，葡萄酒中葡萄品种的比例与旺度山西侧产区略有不同。

罗讷河谷法定产区的等级

r代表红葡萄酒，rs代表桃红葡萄酒，w代表白葡萄酒

A——罗讷河谷法定产区（r，rs，w）

B——不标注村庄名的罗讷河谷村庄级法定产区（r，rs，w），葡萄酒来自德龙省、加尔省和沃克吕兹省的95个村庄。

C——标注村庄名的罗讷河谷村庄级法定产区。德龙省、加尔省和沃克吕兹省的16个村庄，分别是加尔省的许斯克朗（Chusclan：r，rs）、洛丹（Laudun：r，rs，w）和圣热尔韦（St.-Gervais：r，rs，w）；德龙省的罗谢居德（Rochegude：r，rs，w）、圣莫里斯（St.-Maurice：r，rs，w）、圣庞塔莱翁莱维盖（St.-Pantaléon-les-Vignes：r，rs，w）、鲁塞莱维盖（Roussets-les-Vignes：r，rs，w）和万索布雷（Vinsobres：r，rs，w）；沃克吕兹省的博姆-德沃尼斯（r，rs，w）、凯拉纳（Cairanne：r，rs，w）、拉斯多（r，rs，w）、罗艾（Roaix：r，rs，w）、萨布莱（Sablet：r，rs，w）、塞居勒（r，rs，w）、瓦尔雷阿（Valréas：r，rs，w）和维桑（Visan：r，rs，w）。

D——罗讷河谷北部和南部的15个优良村庄级法定产区，名称中不含“罗讷河谷”，分别是北部的罗帝丘（r）、孔德里约（w）、格里叶堡（Château Grillet：w）、圣约瑟夫（r，w）、克罗兹-艾米塔基（r，w）、艾米塔基（r，w）、科纳斯（r）和圣佩赖（w，起泡酒）以及南部的教皇新堡（r，w）、吉恭达斯（r，rs）、瓦给拉斯（r，rs，w）、利哈克（r，rs，w）和塔维尔（rs）。

村庄级法定产地

凭借得天独厚的风土条件和生产商精湛的酿酒技术，凯拉纳在罗讷河谷的村庄级法定产区中首屈一指

罗讷河谷葡萄酒行业最大的进步当数南罗讷村庄级法定产区的发展。在95个村庄中，16个可以在法定产区的后面加注村庄名称，种植面积占到了总面积的一半以上，出产的葡萄酒品质尤为出众。

村庄级法定产区大多坐落在罗讷河左岸，在缓缓向阿尔卑斯山脉延伸的低矮山坡上，分布着13个产区；另外3个村庄级产区则位于罗讷河右岸的高原和山丘之上。

地区级法定产区允许的最高产量为5200升/公顷，普通村庄级法定产区为4500升/公顷，而可以在酒标上添加自己名称的村庄级法定产区的最高产量仅为4200升/公顷。根据规定，红葡萄酒中必须包含50%以上的歌海娜和至少20%的西拉或者慕合怀特；白葡萄酒中，克莱雷、维欧尼、布布兰克、玛珊、瑚珊以及白歌海娜等主要葡萄品种的含量至少要达到80%。与欧洲其他葡萄酒产区不同，这里的桃红葡萄酒可含有20%以上的白葡萄品种。除了许斯克朗，其他所有村庄级法定产区的红葡萄酒、白葡萄酒和桃红葡萄酒都可在酒标上使用村庄名。

名气最小的村庄级法定产区全部位于罗讷河右岸的塞兹河畔巴尔尼奥尔（Bagnols-sur-Cèze）地区。它们分别是洛丹、许斯克朗和圣热尔韦，其中仅洛丹的种植面积就达到了总面积（630公顷）的2/3。这里的土壤干燥、沙质且多砾（仅在圣热尔韦能找到带有黄土层和黏土层的石灰质土壤），出产的葡萄酒口感细腻优雅，生产和销售主要由合作社完成。

当然，这些地区也有一些杰出的酒庄出售自制的葡萄酒，但它们大多标注普通村庄级法定产区或地区级法定产区罗讷河谷的名称。

左岸

可以在酒标上标注村庄名的著名村庄级法定产区集中在左岸的德龙省和沃克吕兹省。最北的村庄级法定产区分布在风景迷人的阿尔卑斯山山麓，包括鲁塞莱维盖、圣庞塔莱翁莱维盖、瓦尔雷阿、万索布雷、维桑和圣莫里斯。

在这些产区中，万索布雷是当之无愧的最佳葡萄酒产地。万索布雷位于瓦尔雷阿附近教皇领地的边缘，是最大的村庄级法定产区，以果味浓郁、单宁含量低的红葡萄酒闻名。这里的丘陵土壤含有黏土和石灰岩成分，出产的葡萄酒口感醇厚，果味和单宁平衡。瓦尔雷阿、万索布雷和邻近的维桑都十分有名，圣庞塔莱翁和鲁塞却是默默无闻。凯拉纳、罗艾、拉斯多和罗谢居德处于中心位置。近年来，凯拉纳和罗谢居德出产了一些优秀的葡萄酒，它们的产品也是村庄级法定产区中品质最为稳定的。两个产区都位于阿尔卑斯山靠近罗讷河谷的地带，背靠蒙米拉伊花边山脉和旺度山，其交界处的土壤肥沃，十分适合生产口感浓厚、单宁丰富的红葡萄酒。这些葡萄酒品质卓越，可与更具名望的产区的葡萄酒相媲美。

与之紧邻的是最后3个村庄级法定产区——

吉恭达斯北部的塞居勒和萨布莱以及瓦给拉斯南部的博姆-德沃尼斯，它们坐落在蒙米拉伊花边山脉的山坡上。萨布莱山有一个十分独特的现象，部分区域为100%的沙质土壤，葡萄仿佛种植在沙滩之上，而在紧实的沙土之下布满了大大小小的孔穴。这里出产的葡萄酒较为柔和细腻，为了使口感更浓厚，生产商在葡萄酒中增加了慕合怀特的比例。

塞居勒是一座拥有悠久历史的浪漫村庄，同时也是一个保护区。这里同样出产口感柔和的葡萄酒，但与萨布莱葡萄酒相比，其表现力和特色都稍逊一筹。博姆-德沃尼斯绝对是村庄级法定产区中的一颗耀眼明星，出产的红葡萄品质出众，麝香葡萄酒更是声名远播。

当地的酿酒合作社是公认最好的村庄级合作社。在杰出的年份，合作社生产的特酿酒可与附近瓦给拉斯的顶级葡萄酒媲美，甚至与上等吉恭达斯不相上下。

萨布莱（“sable”意指沙子）因其由沙土构成的山丘和葡萄园而得名

吉恭达斯始终如一的品质被当地的葡萄种植户引以为傲

罗讷河谷南部的主要葡萄酒生产商

生产商：**Cave Coopérative Cairanne***—****
所在地：**Cairanne**
1200公顷，年产量370万瓶
葡萄酒：Côtes du Rhône：Les Grandes Vignes；Côtes du Rhône Villages Cairanne：Cuvée Antique，Cuvée des Voconnes，Temptation；Cairanne Blanc：Grande Réserve，Cuvée Passion；Vin de Pays de la Principauté d'Orange
该合作社出售一系列品质优秀和出众的葡萄酒，其顶级特酿为Antique，品质上乘。

生产商：**Château d'Aquéria*****—****
所在地：**Tavel**
65公顷，年产量40万瓶
葡萄酒：Lirac Blanc，Rosé，Rouge；l'Héritage，Tavel
该酒庄不仅以口感强劲的罗讷河谷桃红葡萄酒闻名，还出产上乘的红葡萄酒。Cuvée Héritage葡萄酒品质出众。

生产商：**Château de la Canorgue*****
所在地：**Bonnieux**
30公顷，年产量10万瓶
葡萄酒：Côtes du Lubéron Blanc，Rosé，Rouge and Cuvée Vendange de Nathalie
Jean-Pierre Margan是罗讷河谷南部有机葡萄种植的先驱。他的葡萄酒品质稳定，红葡萄酒陈年潜力强。

生产商：**Château Signac*****—****
所在地：**Bagnols-sur-Cèze**
38公顷，年产量20万瓶
葡萄酒：Côtes Rhône Villages：Come d'Enfer，Terra Amata
教皇新堡La Nerthe酒庄的主人Alain Dugas数年前购入了这家处在低谷的酒庄，并重现了其昔日的辉煌。如今，该酒庄的葡萄酒已经达到了La Nerthe酒庄的水准。

生产商：**Château du Trignon*****—****
所在地：**Gigondas**
65公顷，年产量25万瓶
葡萄酒：Côtes du Rhône，Cuvée Bois des Dames，Gigondas，Sablet，Rasteau
该地区少数能够生产具有稳定品质的吉恭达斯、萨布莱和拉斯多葡萄酒的生产商之一。酒庄的Cuvée Bois des Dames同样优秀。

生产商：**Clos du Joncuas—F. Chastan*****—****
所在地：**Gigondas**
29公顷，年产量12.5万瓶
葡萄酒：Gigondas：Rosé，Clos Joncuas，Vacqueyras La Font de Papier，Séguret Domaine de la Garancière
Dany Chastan与其父亲Fernand共同经营这座酒庄。她向世人证明了采用有机种植法同样可以出产优质的葡萄酒，她本人也是罗讷河谷的顶级酿酒师之一。

生产商：**Domaine Brusset******
所在地：**Cairanne**
87公顷，年产量40万瓶
葡萄酒：Côtes du Rhône Villages Cairanne：Coteaux des Travers，Vendange Chabrille，Cuvée Hommage；Gigondas：Le Grand and Le Hauts de Montmirail；Côtes du Ventoux
酒庄地位显赫，出产的葡萄酒，尤其是吉恭达斯，达到了非常高的水准。

生产商：**Domaine de Cabasse*****—****
所在地：**Séguret**
20公顷，年产量8万瓶
葡萄酒：Sablet Les Deux Anges，Séguret Rosé，Séguret Rouge，Cuvée Garnacho，Cuvée de la Casa Bassa，Les Deux，Gigondas
瑞士生产商Alfred Haeni在购得这座酒庄后迅速将其打造成该产区最好的酒庄之一。他曾经在神索葡萄的砧木上嫁接西拉，至今仍在不断尝试新的种植方法和酿酒工艺。

生产商：**Domaine Didier Charavin****—****
所在地：**Rasteau**
54公顷，年产量8万瓶
葡萄酒：Côtes du Rhône Blanc，Rosé，Rouge；Côtes du Rhône Villages Rasteau：Cuvée Prestige，Cuvée de Parpaioune，Rasteux Vin Doux Naturel：Doré，Rouge
酒庄原名"Domaine Papillon"，以其口感浓郁、结构坚实的拉斯多红葡萄酒闻名，明星产品是Cuvée de Parpaioune。

生产商：**Domaine les Goubert****—****
所在地：**Gigondas**
23公顷，年产量9万瓶
葡萄酒：Gigondas：Cuvée Florence，Sablet，Beaumes-de-Venise，Séguret
Jean-Pierre Cartier管理着位于吉恭达斯、塞居勒、博姆和萨布莱的共40座葡萄园。他最好的葡萄酒Cuvée Florence采用歌海娜和西拉酿制而成。这款葡萄酒一半在新橡木桶中陈酿，一半在不锈钢酒罐陈酿，一年后混合装瓶。

生产商：**Domaine Gourt de Mautens******—*****
所在地：**Rasteau**
14公顷，年产量3万瓶
葡萄酒：Côtes du Rhône Villages Blanc，Rouge
短短几年内，Jérome Bressy就跻身罗讷河谷的精英之列。他的秘诀在于不竭的激情、严格的纪律和非凡的天赋。

生产商：**Domaine de l'Oratoire Saint Martin******
所在地：**Cairanne**
23公顷，年产量12万瓶
葡萄酒：Côtes du Rhône Blanc，Rosé，Rouge，Côtes du Rhône Villages Cairanne Haut-Coustias，Cairanne：Réserve des Seigneurs，Cuvée Prestige，Haut-Coustias

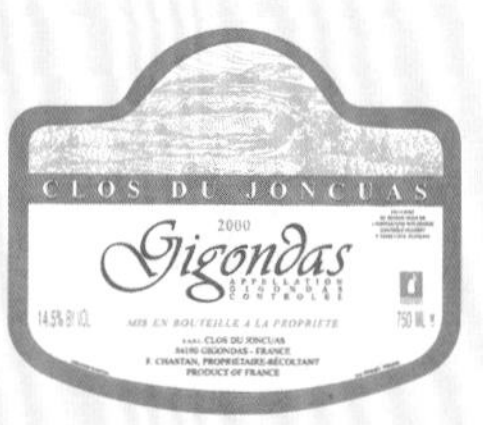

Alary家族在凯拉纳的酿酒历史已有300年。Frédéric Alary和Françoise Alary酿造的葡萄酒，特别是特酿红葡萄酒，具有始终如一的出色品质。

生产商：**Domaine de Piaugier*****-*****
所在地：**Sablet**
26公顷，年产量11万瓶
葡萄酒：Côtes du Rhône Villages Blanc，Rouge，Sablet Montmartel
酒庄经过瓶内陈年的葡萄酒口感厚重浓烈。

生产商：**Domaine de la Réméjean*****-*****
所在地：**Sabran**
35公顷，年产量15万瓶
葡萄酒：Côtes du Rhône：Arbousiers，Chèvrefeuilles；Côtes du Rhône Villages：Églantiers，Genévriers
Ouahi Klein和Rémy Klein分别来自阿尔萨斯和摩洛哥，两人合力酿制的特酿酒品质出众，以地区级和普通村庄级法定产区的名称出售。Églantiers葡萄酒与知名产区的上乘葡萄酒齐名。

生产商：**Domaine Marcel Richaud******
所在地：**Cairanne**
40公顷，年产量12万瓶
葡萄酒：Côtes du Rhône Villages Cairanne：Blanc，Rouge，L'Esbrescade
Marcel Richaud熟练掌控葡萄的最佳成熟度，酿制的葡萄酒口感圆润细腻。

生产商：**Domaine Dominique Rocher*****-*****
所在地：**Cairanne**
15公顷，年产量7.5万瓶
葡萄酒：Côtes du Rhône Villages，Cairanne，Monsieur Paul
这家年轻的酒庄出产的葡萄酒风格时尚，其中Monsieur Paul特酿酒品质出众。

生产商：**Domaine Sainte-Anne*****-*****
所在地：**Saint-Gervais**
31公顷，年产量12.5万瓶
葡萄酒：Côtes du Rhône，Côtes du Rhône Villages，Saint-Gervais
该酒庄最先向世人展示了罗讷河右岸村庄级法定产区的最高水准。

生产商：**Domaine de la Soumade*****-*****
所在地：**Rasteau**
27公顷，年产量17万瓶
葡萄酒：Côtes du Rhône Villages Rasteau：Cuvée Confiance，Prestige，Rasteau Vin Doux Naturel：Rouge，Doré
该酒庄的两款顶级特酿红葡萄酒和Vin Doux红葡萄酒在整个罗讷河谷南部地区数一数二。Cuvée Confiance风格雅致，丝毫不逊于罗讷河谷北部产区的葡萄酒。

生产商：**Domaine Viret******
所在地：**Saint-Maurice-sur-Eyges**
30公顷，年产量11万瓶
葡萄酒：Côtes du Rhône Villages Saint-Maurice：Maréotis，Colonnades，Emergence，La TriLoGie
Philippe Viret与父亲André采用生物动力种植法，只花了很短的时间就打造了一座知名酒庄。

生产商：**Mas de Libian*****-****
所在地：**Saint-Marcel-d'Ardèche**
17公顷，年产量不详
葡萄酒：Côtes du Rhône Blanc，Rouge；Côtes du Rhône Villages Rouge，La Calade
这家迷人的酒庄位于罗讷河右岸，年轻的酿酒师夫妇Hélène Thibon和Alain Macagno在这里生产独具一格的高品质葡萄酒。

生产商：**Montirus****-****
所在地：**Sarrians**
54公顷，年产量22万瓶
葡萄酒：Vacqueyras Blanc，Rosé，Rouge；Montirius；Clos Montirius；Gigondas
在Christine Saurel和Eric Saurel的共同努力下，这座古老的家族酒庄采用生物动力种植法，并出产果味细腻、结构平衡、口感复杂的葡萄酒。

生产商：**Tardieu-Laurent******-*****
所在地：**Lourmarin**
年产量9万瓶
葡萄酒：Côtes du Rhône，Côtes du Lubéron，Côtes du Rhône Villages Rasteau，Gigondas，Châteauneuf-du-Pape，Condrieu，Hermitage，Côte Rôtie
Michel Tardieu和Dominique Laurent酿造的精选葡萄酒品质非凡，堪称典范。

生产商：**Les Vignerons Beaumes-de-Venise***-****
所在地：**Beaumes-de-Venise**
1200公顷，年产量600万瓶
葡萄酒：Muscat de Beaumes-de-Venise：Carte Or，Bois Doré；Vacqueyras，Côtes du Rhône Villages；Beaumes-de-Venise：Terroir du Trias，Carte Noire；Notre Dame d'Aubune Blanc，Rosé，Rouge；Côtes du Rhône：Cuvée des Tocques：Côtes du Ventoux：Cuvée Spéciale，Cuvée des Tocques
罗讷河谷南端最知名的合作社，凭借博姆-德沃尼斯红葡萄酒和麝香葡萄酒脱颖而出。

教皇酒：教皇新堡

迄今为止，整个罗讷河谷名声最响、面积最大、地位最高的法定产区是教皇新堡，拥有3000公顷葡萄园，覆盖5个村镇——教皇新堡、库尔泰宗（Courthézon）、贝达里德（Bédarrides）、奥朗日（Orange）和索尔格（Sorgues），主要种植红葡萄品种。1157年，圣殿骑士团在以昆塔斯·费边·马克西马斯领导的古罗马人和高卢阿洛布罗基部落的决战场遗址（公元前121年）上定居，并将这块土地命名为“Castrum Novum”。1323年，公认的葡萄种植业推动人教皇约翰二十二世在圣殿骑士团的旧址上建造了一座城堡，作为教皇夏日的行宫。酒庄现在的名字起源于19世纪。虽然历史悠久，二战前酒庄的葡萄酒几乎只在勃艮第出售，近年来才声名鹊起。

教皇新堡在各方面都非常特殊。产区位于一座石头山之上，视野开阔，山坡的土壤为沙质黏土，环绕四周的是一片被红色鹅卵石覆盖的平原，风景如诗如画。这里还有沙质的肥沃土壤。葡萄园的所有权比较分散，这就意味着大部分混酿酒采用来自各个不同葡萄园的葡萄酒调配而成，从而保证葡萄酒的平衡并最大限度地降低葡萄成熟度的风险。

产区允许种植的葡萄品种多达13种，其中最常见的是歌海娜、神索、慕合怀特、西拉、蜜斯卡丹、古诺瓦兹、克莱雷和布布兰克。不少顶级种植家认为歌海娜是最复杂的葡萄品种。慕合怀特产量不高，未成熟时果粒硬实，出产的葡萄酒陈年潜力强。近年来，西拉的种植面积不断扩大，但受罗讷河谷南部炎热气候的影响，精细度和复杂度都不如北部的西拉。最近几十年里，酿酒工艺也发生了巨大的变化。过去，红葡萄酒需与皮渣一起放置2～3个月后再在橡木桶内陈酿5～10年，而现在分别只需两周和两年时间。同时，生产商也开始尝试二氧化碳浸渍法，但这对于以强度和浓度著称的葡萄酒来说意义不大。

虽然教皇的夏日行宫游客如织，但教皇新堡仍保留了那份宁静。教皇新堡葡萄酒正在重现昔日的辉煌

独特的红葡萄酒

博卡斯特尔酒庄（Domaine Beaucastel）坐落在一片覆盖大颗红卵石的土地之上，这里的红葡萄酒酿造方法与众不同。酒庄主佩兰兄弟沿袭了祖传配方。根据配方，葡萄经过压榨后，皮渣立即被加热到80°C，从而能更有效地提取单宁。在出色的年份，这种葡萄酒极具特色，但在较差的年份，它们则显得单宁过重，结构过强。不过，博卡斯特尔葡萄酒的风格正在悄然改变，这说明他们不再像以前那样严格地按照配方进行加热。虽然与皮渣接触的时间大幅缩短，教皇新堡的许多酒庄仍在使用传统的酿酒方法。除了黑洞山（Chateau Mont-Redon）等酒庄，大木桶和老混凝土酒罐在其他酒庄十分少见，普通酒桶仍然是主流，但白葡萄酒是个例外，因为最好的白葡萄酒需在小橡木桶中发酵。

教皇新堡的主要葡萄酒生产商

生产商：Château de Beaucastel****—*****
所在地：Courthézon
100公顷，产量33万瓶
葡萄酒：Châteauneuf-du-Pape Blanc，Rouge；Roussane Vieilles Vignes，Côtes du Rhône Coudoulet de Beaucastel，La Vieille Ferme
不管通过加热皮渣来酿造教皇新堡红葡萄酒的方法看起来有多怪异，在好的年份里，这款酒的品质无可争议。但是，该酒庄最好的产品是教皇新堡白葡萄酒。酒庄同时出售优质Côtes du Rhône和Perrin & Fils葡萄酒。

生产商：Château la Gardine***—****
所在地：Châteauneuf-du-Pape
50公顷，年产量22万瓶
葡萄酒：Châteauneuf-du-Pape Blanc，Rouge：Tradition，Cuvée Les Générations
Brunel家族采用精湛的橡木桶熟成技术，出产的葡萄酒风格现代、口感平衡。

生产商：Château Mont Redon***—****
所在地：Châteauneuf-du-Pape
145公顷，年产量64万瓶
葡萄酒：Châteauneuf-du-Pape Blanc，Rouge；Côtes du Rhône：Blanc，Rosé，Rouge，Lirac
产区内规模最大、品质最稳定的酒庄之一，曾经拥有Château Cantegril酒庄。近年来，Abeille和Fabre家族用现代化的不锈钢系统取代了传统的混凝土酒罐和木桶。

生产商：Château la Nerthe****—*****
所在地：Châteauneuf-du-Pape
90公顷，年产量17.5万瓶
葡萄酒：Châteauneuf-du-Pape：Cuvée des Cadettes，Blanc Clos de Beauvenir
该酒庄最早在葡萄根瘤蚜灾害后种植上述13个葡萄品种。前巴黎税务顾问Alain Dugas于1900年接手酒庄，不断更新技术，并系统地减少歌海娜的种植面积，增加西拉和慕合怀特的比例。

生产商：Château Rayas****
所在地：Châteauneuf-du-Pape
25.5公顷，年产量不详
葡萄酒：Châteauneuf-du-Pape Blanc，Rouge，Cuvée Pignan
酒庄庄主还经营Château des Tours和Château de Fonsalette两家酒庄，出产的葡萄酒是产区内最流行的葡萄酒之一，其中Rayas结构精细、品质出众，陈年潜力强。

生产商：Clos du Mont-Olivet***—****
所在地：Châteauneuf-du-Pape
40公顷，年产量20万瓶
葡萄酒：Châteauneuf-du-Pape：Blanc，Rouge，Cuvée du Papet；Côtes du Rhône
酒庄的葡萄酒与酒庄一样传统。酒入口的一瞬间，味蕾就能捕捉到木头、真菌和皮革的香味。酒庄的顶级葡萄酒是Cuvée du Papet。

生产商：Domaine de la Janasse****—*****
所在地：Courthézon
50公顷，年产量15万瓶
葡萄酒：Châteauneuf-du-Pape Blanc，Rouge，Tradition，Chaupin，Vieilles Vignes，Côtes du Rhône：Le Chastelet，Les Garrigues
自从年轻的Christophe Sabon接手了酒庄，葡萄酒的品质一直稳定在较高水准，包括3款教皇新堡特酿酒和罗讷河谷精选酒。酒庄的白葡萄酒同样出色。

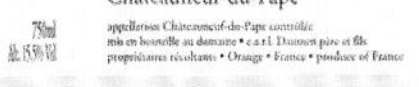

生产商：Domaine de Marcoux****
所在地：Orange
19公顷，年产量4万瓶
葡萄酒：Châteauneuf-du-Pape Blanc，Rouge；Côtes du Rhône
Catherine Armenier和Sophie Armenier两姐妹采用生物动力种植法，出产的红葡萄酒颜色深浓、单宁细腻、风格雅致。

生产商：Domaine de la Mordorée***—****
所在地：Lirac
55公顷，年产量28万瓶
葡萄酒：Châteauneuf-du-Pape，Lirac Cuvée de la Reine des Bois，Lirac Blanc，Tavel，Côtes du Rhône Blanc，Rosé，Rouge
虽然该酒庄并不在法定产区名录之下，但曾经一度是这里最好的生产商之一。酒庄的特酿红葡萄酒品质优秀。

生产商：Domaine du Pegaü***—*****
所在地：Châteauneuf-du-Pape
21公顷，年产量9万瓶
葡萄酒：Châteauneuf-du-Pape：Cuvée Laurence，Da Capo，Cuvée Réservée
Paul及其女儿Laurence一起经营该酒庄，从1989年才开始销售自己的葡萄酒。酒庄的白葡萄酒在旧木桶中短暂发酵，红葡萄酒在混凝土酒桶中发酵，不进行任何澄清和过滤。葡萄酒口感强劲、酒体丰满。

生产商：Domaine Pierre Usseglio****
所在地：Châteauneuf-du-Pape
21公顷，年产量6万瓶
葡萄酒：Châteauneuf-du-Pape：Blanc，Rouge，Cuvée de Mon Aïeul
近年来，Jean-Pierre和Thierry Usseglio酿造的葡萄酒酒体更丰满，风格更雅致。

生产商：Domaine Vieux Télégraphe****
所在地：Bédarrides
70公顷，年产量22万瓶
葡萄酒：Châteauneuf-du-Pape Blanc，Rouge；Vieux Mas des Papes
这座属于Brunier兄弟（他们还拥有位于教皇新堡中心的Domaine de la Roquette酒庄）的酒庄离教皇新堡镇有些距离。最好的葡萄酒产自教皇新堡海拔最高的La Crau镇的顶级葡萄园。酒庄遵循传统的酿制方法，产量较低。

生产商：Domaine de Villeneuve****
所在地：Orange
8.4公顷，年产量2.9万瓶
葡萄酒：Châteauneuf-du-Pape
Philippe和Marie自1993年开始经营这座酒庄并采用生物动力种植法。酒庄出产一款优质的单一品种葡萄酒，复杂而又精致。

生产商：Vielle Julienne***—*****
所在地：Orange
31公顷，年产量不详
葡萄酒：Châteauneuf-du-Pape：Vieilles Vignes，Blanc，Côtes du Rhône Villages Vieilles Vignes
酒庄隐藏于一座小农舍后面，出产的葡萄酒堪称一流。无论是普通葡萄酒还是特酿葡萄酒，都具有同样上乘的品质，甚至远远高于大多数竞争对手，这种情况十分少见。

萨瓦产区的葡萄酒

法国东部的阿尔卑斯山地区由萨瓦省和上萨瓦省组成，曾经是一个独立的王国，领土一直延伸到现在的意大利。与之接壤的奥斯塔山谷（Aosta Valley）的双语历史可追溯至此。这里独特和孤立的地理位置注定了出产的葡萄酒在别处十分罕见。葡萄种植面积约为1600公顷，其中2/3为白葡萄品种，主要分布于日内瓦河与布尔歇湖之间的罗讷河谷、南部的尚贝里（Chambéry）和伊泽尔河谷以及北部和东北部的小块土地。法国的种植区大多面积辽阔、种植密度高，而这些位于山谷的葡萄园却比较零散。不过，这里有一个大法定产区——萨瓦葡萄酒产区，涵盖了所有葡萄酒系列。除此之外，还有克雷皮（Crépy）、塞塞勒（Seyssel）、萨瓦起泡酒、萨瓦微起泡酒以及一个专指胡塞特葡萄酒的特殊法定产区。

这里的葡萄酒特别之处在于本土葡萄品种的多样性，而这主要归功于当地以前特殊的政治地位。仅白葡萄品种贾给尔的种植面积就达到了1000公顷，以高产和中性为特征。扛起品质大旗的是红葡萄蒙德斯和白葡萄胡塞特，即使是种植面积不断攀升的佳美和霞多丽在它们旁边也相形见绌。

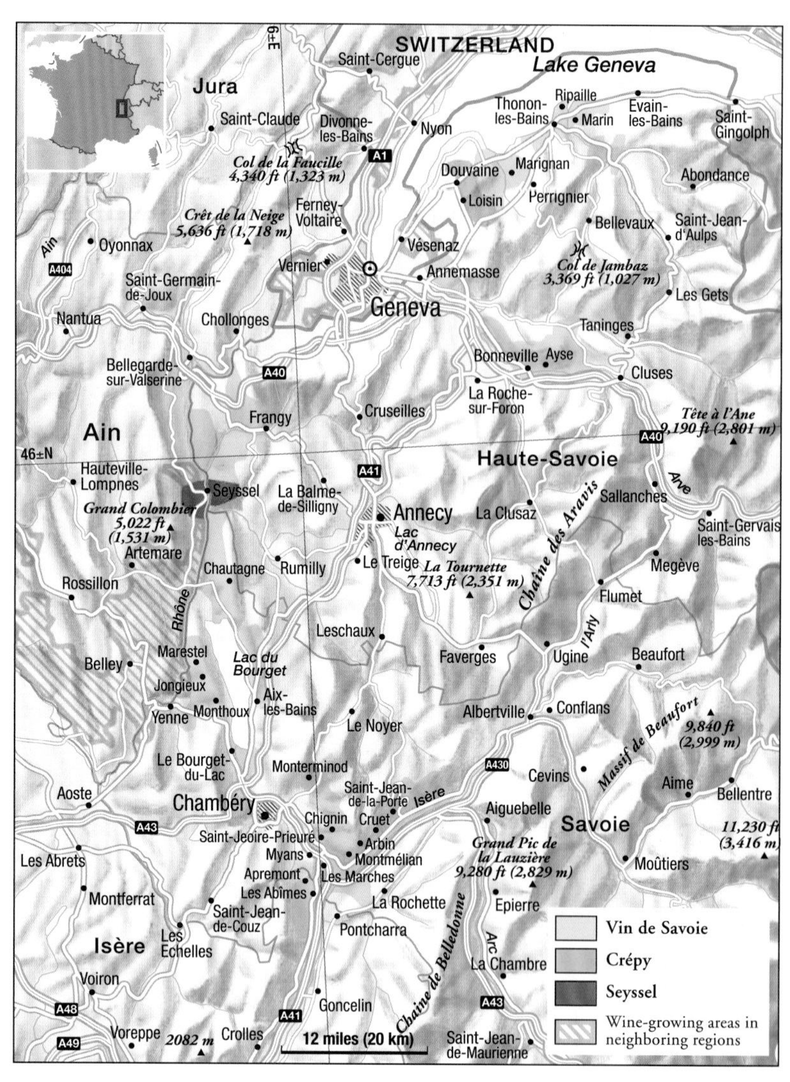

阿尔卑斯山地区不同寻常的葡萄品种赋予了萨瓦葡萄酒独特的风格

独特的本地葡萄

蒙德斯色深汁多，略带辛辣味，酿造的葡萄酒总能带来惊喜。这种葡萄可能与意大利北部的莱弗斯科葡萄有所关联甚至相同。不幸的是，蒙德斯现在的种植面积仅有200公顷，已经逐渐被更易种植的佳美取代。与之地位相当的白葡萄品种是胡塞特，又名“Altesse”，是一种晚熟品种，可能与匈牙利的富尔民特葡萄有关或相同。凭借较高的酸度和较强的陈年潜力，胡塞特葡萄酒位居法国顶级葡萄酒之列，在萨瓦葡萄酒产区名下享有独立的法定产区名称，地位得到法律的认可。低产的单一品种胡塞特葡萄酒也能以村庄级法定产区的名称销售。如酒标中不含村庄名，则说明葡萄酒中霞多丽的比例达到了50%。

在瑞士和阿勒曼尼（Alemanni）地区更普及的莎斯拉葡萄不仅是日内瓦河（莎斯拉在日内瓦河的小产区克雷皮拥有独立的法定产区）附近葡萄园的主角，还是布尔歇湖北部塞塞勒产区最主要的品种。这两个地区都出产酒体轻盈、果味怡人的葡萄酒和起泡酒，不过，起泡酒一般以萨瓦起泡酒和萨瓦微起泡酒的酒标出售。

整个地区大部分产品以萨瓦葡萄酒的名称销售，某些产品的酒标会加入村庄名。能使用这种命名的红葡萄酒（通常是单一品种）包括佳美、蒙德斯、灰比诺、品丽珠、赤霞珠等。一部分白葡萄酒也在许可范围内，包括阿里高特、胡塞特、贾给尔、霞多丽和白蒙特斯。

比热（Bugey）产区与萨瓦产区西部接壤，虽然从行政和地理上来说都不属于古王国，但葡萄品种与萨瓦类似。同样相似的还有它们的葡萄酒，唯一不同的是这里不出产莎斯拉葡萄酒。在比热地区，村庄级法定产区包括蒙塔尼厄（Montagnieu）、曼尼科（Manicle）、玛楚拉兹（Machuraz）、大维里厄（Virieu-le-Grand）和塞尔东（Cerdon），其中塞尔东还有一个独立的起泡酒和微起泡酒法定产区。

主要的葡萄酒生产商

生产商：Patrick Charlin***—****
所在地：Groslée
5公顷，年产量4万瓶
葡萄酒：Bugey：Montagnieu：Brut and Altesse，Pinot Noir，Pressurage de Novembre
Patrick Charlin的起泡酒和胡塞特葡萄酒非常成功。比诺葡萄酒品质不大稳定，主要取决于葡萄的种植地点。

生产商：Château de la Violette**—***
所在地：Les Marches
8公顷，年产量8万瓶
葡萄酒：Abymes，Apremont，Roussette de Savoie，Vin de Savoie Rouge
Daniel Fustinoni的葡萄园2/3种植贾给尔，但他的品质提升之路并未因此而变得平坦。尽管如此，他仍然不断推出优质的村庄级产区白葡萄酒。

生产商：Domaine de Manicle & Virieu**—***
所在地：Murs
10公顷，年产量6.5万瓶
葡萄酒：Roussette Virieu，Manicle Blanc，Manicle Rouge，Mondeuse
该酒庄出产的葡萄酒在法国享誉盛名。红葡萄酒Manicle值得一试。

生产商：Domaine du Prieuré Saint-Christophe***
所在地：Fréterive
6.5公顷
葡萄酒：Mondeuse Cuvée Prestige，Roussette de Savoie
作为萨瓦产区的先驱之一，Michel Grisard是本地红葡萄品种蒙德斯和白葡萄胡塞特方面的专家。他酿造的胡塞特葡萄酒充分证明了这种葡萄酒能在酒桶中长期陈年。蒙德斯葡萄酒浓郁醇厚，适宜久存。

生产商：Louis Magnin***—****
所在地：Arbin
6公顷，年产量3.5万瓶
葡萄酒：Roussette de Savoie，Arbin Mondeuse Vieilles Vignes，Chignin-Bergeron
自1978年，Béatrice Magnin和Louis Magnin开始将自己的产品推向市场。他们酿造的胡塞特白葡萄酒Chignon-Bergeron和红葡萄酒Arbin品质出众。

生产商：André & Michel Quénard***—****
所在地：Chignin
22公顷，年产量15万瓶
葡萄酒：Abymes，Chignin，Chignin-Bergeron，Chignin-Gamay，Chignin-Mondeuse
Quénard父子采用佳美和蒙德斯酿造的红葡萄酒堪称一流。白葡萄酒，尤其是Chignin-Bergeron Les Terrasses，也展示了稳定的优良品质。

生产商：Raymond Quénard***
所在地：Chignin
6公顷，年产量5万瓶
葡萄酒：Chignin Blanc，Chignin-Bergeron，Chignin Rouge，Chignon Gamay，Chignin Mondeuse
Raymond Quénard的王牌是他的百年葡萄园。除了蒙德斯葡萄酒，他还是白葡萄酒方面的专家。通过系统的酸转化，他酿制的白葡萄酒口感柔和圆润。

生产商：Charles Trosset***
所在地：Arbin
3.5公顷，年产量2.5万瓶
葡萄酒：Arbin Mondeuse
该酒庄生产的蒙德斯葡萄酒是萨瓦产区最浓烈、最复杂的蒙德斯之一。

普罗旺斯：不只是海洋和阳光

普罗旺斯不仅拥有丰富多样的水果和蔬菜，而且还出产品质一流的葡萄酒

普罗旺斯具有一种神奇的吸引力，单凭名字就能激发人们对阳光、蓝天、碧水、岩石、海湾、松树、百里香和薰衣草浓郁芳香的向往，迫切渴望放松身心，享受自然。但是，只有专业人士才会将普罗旺斯视为理想的葡萄酒王国。

公元前6世纪，来自黎凡特海岸的腓尼基人和来自小亚细亚的希腊福西亚人最早将葡萄树带到这里。公元前154年，罗马人建立了罗马行政区，将这里的一个小庄园作为养老金赐予有功的罗马老兵，其中部分人开始种植葡萄。在罗马殖民的始发地弗雷瑞斯和马赛建有大型陶器厂，生产的双耳细颈酒罐将普罗旺斯葡萄酒送到了遥远的皇家军团手里。到了中世纪，与其他地方一样，修道院成为推动葡萄种植业发展的主力。

最早前往普罗旺斯度假的游客是18世纪的北欧贵族。19世纪，蔚蓝海岸成为富人和权贵最热门的冬季度假胜地。1936年，人民阵线政府开始向公众推行带薪假期，从此蔚蓝海岸一年四季游客如织。旅游业的发展对普罗旺斯，尤其是普罗旺斯的葡萄酒行业，产生了重大影响。第二次世界大战后，夏季旅游十分火爆，沿海的酒店如雨后春笋般拔地而起，吸引了成千上万渴望与阳光亲密接触的游客。度假饮食同样打上了普罗旺斯的烙印，蔬菜沙拉、西红柿、炖菜、烤鱼、羊排以及蒜蓉蛋黄酱等十分受欢迎。普罗旺斯的冰镇桃红葡萄酒是这些菜肴的绝佳搭配。

一连串的灾难（根瘤蚜疫情、战争和经济危机）过后，普罗旺斯的生产商与其他地区的同行们一样开始转向大规模生产，并且主要种植佳丽酿、神索和歌海娜等红葡萄品种。粗犷的红葡萄酒显然更适合北方的工业城市，而与夏日的地中海气候不那么协调。但是，如果快速压榨或者与皮渣短暂浸渍后就进行换桶，同样的葡萄也能出产口感清新、单宁较少的桃红葡萄酒，冰镇后风味更佳。

这种情况一直延续至今，桃红葡萄酒占到了普罗旺斯葡萄酒总产量的4/5。对于生产商而言，有什么成就能比在丰收后半年内卖光所有的

右页图：普罗旺斯的葡萄酒含有浓郁的草药、鲜花和水果的香味

过去与现在的移民

普罗旺斯的葡萄酒行业主要受两个因素影响。首先是“黑脚”的涌入。“黑脚”指1962年后由于气候原因而离开阿尔及利亚并定居在普罗旺斯和法国南部的法国人。他们努力营造新生活，不少人投身到葡萄酒行业。早在干燥炎热的阿尔及利亚，他们就积累了丰富的葡萄种植经验，因此对温度控制等重大创新持接受的态度。

自1980年起，其他移民也对葡萄酒行业产生了兴趣。除了普罗旺斯迷人的风景外，他们来这里定居的另一个原因是对葡萄酒的热爱，他们先前对著名的波尔多和勃艮第葡萄酒的狂热就是很好的证明。凭借专业的技术和雄厚的资金，他们修复并重建了不计其数的酒庄，为普罗旺斯今天的品质飞跃奠定了基础。这些移民中不仅有来自其他地区的法国人，还有德国人、英格兰人、苏格兰人、荷兰人、瑞典人、丹麦人、瑞士人和美国人。他们对自然酿酒的研究投入了极大的心血，在他们的努力下，葡萄酒的品质和表现力都得到了提升。

葡萄酒并在下一个丰收季来临之前喝完更伟大呢？现金流很快得到补充，酒厂的工作也能维持在令人满意的较小规模。大多数酒庄和合作社都不愿意错失这样的机会。

然而，桃红葡萄酒的品质起伏不定，因此未能像主流葡萄酒那样给人留下深刻印象。不过，越来越多的优质桃红葡萄酒正出现在市场上，有的经过短暂压榨制成优雅的浅色葡萄酒，有的经过其他方法制成口感更浓、颜色更深的葡萄酒。

此外，另一趋势在普罗旺斯悄然兴起。那就是越来越多的酒庄推出高品质的红葡萄酒。白葡萄酒的生产规模较小，品质也较为一般。在普罗旺斯，有4个小产区早已声名远播且排名前列，分别是邦斗尔、卡西斯（Cassis）、贝莱（Bellet）和帕莱特（Palette），它们出产的葡萄酒品质稳定、层次丰富。

雷蒙德·德·维尔纳夫怀着满腔热情重建了罗奎福特酒庄

邦斗尔最勤劳的生产商——亨利·德·圣-维克多伯爵及其儿子埃里克

普罗旺斯多样的葡萄品种为这种发展提供了有利条件。除了上述3种葡萄，这里还种植西拉、慕合怀特、赤霞珠、维蒙蒂诺、赛美蓉、长相思和玛珊。大部分生产商都酿造两个档次的葡萄酒：一种是简单、实惠的日常餐酒，普通消费者主要从马赛、艾克斯（Aix）和尼斯（Nice）等地直接驾车过来购买；另一种是面向行家和蔚蓝海岸酒店的特酿酒，价格较为昂贵。在满足了本地人、酒店以及游客的需求后，普罗旺斯和科西嘉岛余下能够用于出口的顶级葡萄酒已经所剩无几。如果你想品尝这些顶级葡萄酒，最好直接前往它们的产地。科西嘉岛的情况亦是如此（见314页），那里的葡萄酒同样迷人。

西蒙酒庄（Château Simone）葡萄酒的品质与酒庄的华丽外观相得益彰

左下图：在邦斗尔产区，葡萄采收仍然主要由人工完成

右下图：普罗旺斯被称为“restanque”的平坦梯田

普罗旺斯地区艾克斯山坡和莱博

贝尔湖湖畔的白垩质悬崖上坐落着普罗旺斯最古老的殖民地遗址

普罗旺斯地区艾克斯成为一座艺术和文学的殿堂不过是近几十年的事。15世纪，好国王雷内、普罗旺斯伯爵和“最后的吟游诗人”都在此居住，他们使艾克斯市和这里的葡萄酒声名大噪。300年后，法国革命爆发，随之而来的是艰苦的岁月。马赛试图取代艾克斯，艾克斯则竭尽全力保全自己的地位。今天，这座“大学城”再次吸引人们的眼球，主要是因为它的一个著名节日。为了庆祝这个节日，艾克斯会生产一种特酿酒。

艾克斯山坡：小产区，微气候

除了帕莱特小法定产区，艾克斯市的其他地区不生产葡萄酒。18世纪时，情形完全不同：艾克斯的葡萄种植面积高达2.3万公顷，而现在仅有4200公顷，主要分布在西南部、西部和北部地区。东部的圣维克多山与普罗旺斯丘接壤。

艾克斯的最北端是迪朗斯河（Durance）。这里的河谷以沙质黏土为主，葡萄园面积辽阔。在艾克斯海拔300米以上的地方，微气候非常特别，比普罗旺斯其他地区都要凉爽许多，因而也推迟了葡萄的成熟期。虽然对生产商而言，风险增加，但出产具有独特结构和芳香的葡萄酒的概率也提高了。最早在这里进行探索的生产商是乔治·布鲁奈特，他是梅多克三级酒庄拉拉贡（La Lagune）的前任庄主。自1989年起，拉维莱特酒庄（Château Revelette）的主人、接受过加州培训的德国生产商彼得·费希尔凭借一款优质葡萄酒引领这个地区的发展。这款葡萄酒采用西拉和赤霞珠酿制而成，可储存10年之久。这一地区的其他红葡萄酒一般能陈酿3～5年。

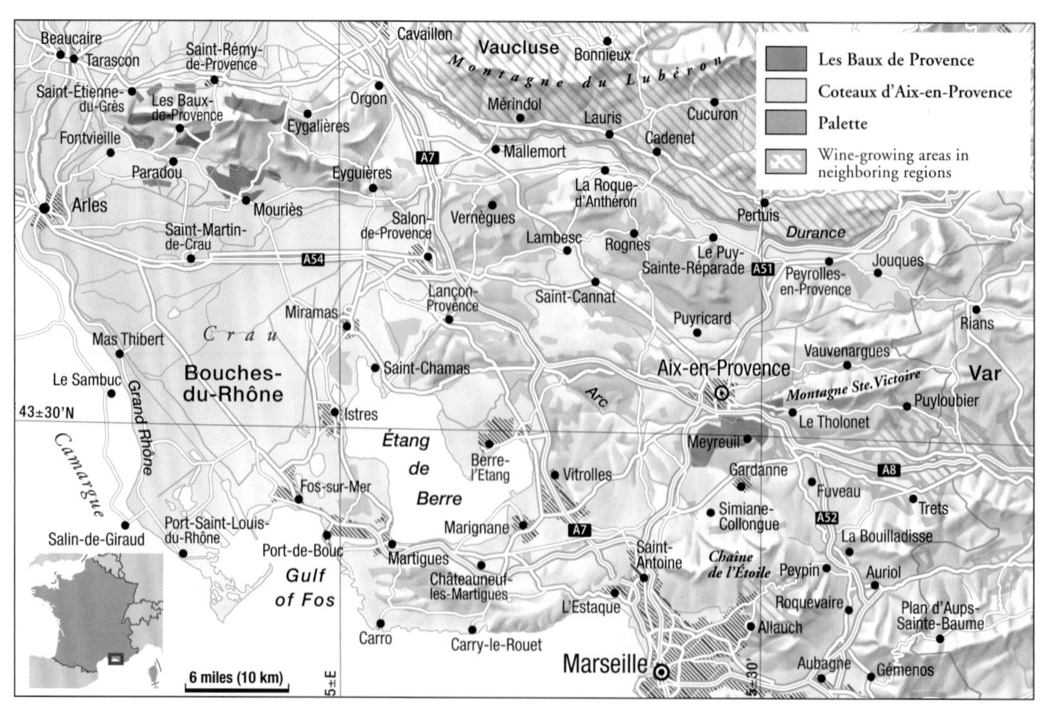

新一代红葡萄酒

在艾克斯山坡，知名红葡萄酒的酿酒葡萄多为西拉和赤霞珠。无论是在艾克斯山坡还是普罗旺斯丘，波尔多的超级巨星葡萄在普罗旺斯没有了明显的大西洋风格。这里的气候适合种植晚熟品种赤霞珠，葡萄的植物芳香和单宁也被浓郁的黑莓果香所取代。当赤霞珠与西拉混合时，芳香和果味呈现出典型的南方特征。

其他地区，如圣卡纳（Saint-Cannat）和朗贝斯克（Lambesc）等，海拔在200～300米，保留了温和的地中海气候，葡萄成熟时间较晚。葡萄酒的酸度略有增强，为桃红葡萄酒添加了几分平衡和鲜爽。在这里，桃红葡萄酒的产量占到了葡萄酒总产量的一半以上，50%以上的原料为黑歌海娜。当地的白葡萄品种包括克莱雷、白玉霓、侯尔、赛美蓉和白歌海娜，酿造的白葡萄酒具有一种炎热地区所缺乏的怡人清新的口感。所有酒庄都出产红葡萄酒、白葡萄酒和桃红葡萄酒，品质通常分为两个等级。

贝尔湖周围的葡萄园拥有温和的气候和较高的湿度，因此葡萄成熟较早，出产的葡萄酒圆润协调。朗松（Lançon）村庄附近的石灰石悬崖属于规模达1000公顷的佳丽沙那酒庄（Château Calissane）。在悬崖上能找到某个村庄防御工事的遗迹，公元前4世纪由凯尔特人在罗马人征服这片区域之前修筑。这里的葡萄树种植在橄榄树和杏树的旁边。根据产量、筛选和酿制方法的不同，出产的葡萄酒大致分为两种，一种果味和芳香浓郁，另一种醇厚、复杂，充分展现了当地的风土特征，尤其是在瓶内陈酿4～5年后。

孔雀是拉维莱特酒庄的吉祥物

在农舍的庭院里试饮马斯德圣母（Mas de la Dame）酒庄的葡萄酒

普罗旺斯地区莱博

阿尔皮勒山脉无疑是普罗旺斯最迷人的风景之一。布满裂缝的白垩质悬崖与碧蓝的天空形成鲜明对比。松树和野生草本植物随处可见。在阿维尼翁（Avignon）南部和卡玛格（Camargue）东北部有一片仅由6个村庄构成的地带，曾属于艾克斯山坡，那里的气候比艾克斯山坡更湿热，因此葡萄成熟更早。年日照时数在2700～2900小时，足以保证葡萄的最佳成熟度。此外，强劲的密斯脱拉风可以有效抑制葡萄树的病虫害。最早对这片特殊土地进行开发的是诺尔·米其林（Noël Michelin）。作为著名轮胎家族企业的后代，他将自己乃至全世界的种植经验带到这里。1968年以来，他根据合理的生态原则建立了白土酒庄（Domaine des Terres Blanches），并将其建设成为法国最好的生态酒庄之一，从而掀起了一股新的潮流。产区的土壤为多石的白黏土，面积为330公顷，仅由14家酒庄构成，其中大多数采用自然种植法。2家酒庄采用生物动力法，4家

赤霞珠之争

莱博地区葡萄酒行业的发展源于一位移民的到来，他就是建筑师埃洛瓦·杜巴克。1974年，埃洛瓦·杜巴克接手了祖母位于阿尔皮勒山脉北部的避暑山庄，并将其发展成为特瓦隆酒庄（Domaine de Trévallon）。他在酒庄里种下了他最钟爱的赤霞珠和西拉，两者的种植面积相等。通过自然方法和产量的大幅降低，他采用年轻葡萄树的果实酿制而成的一款红葡萄酒在国际上引起了轰动，并在莱博触发了一场激烈的争论——到底多大比例的赤霞珠最能代表当地的特色。虽然特瓦隆酒庄的手工酿制葡萄酒对莱博葡萄酒名誉的贡献比其他所有葡萄酒加起来还大，但为了获得法定产地命名，种植者协会的大多数成员投票通过了一项规定，即赤霞珠在葡萄酒中的比例不得超过15%。因此，当莱博成为独立法定产区的时候，特瓦隆酒庄的1995年份酒仅能使用罗讷河口地区餐酒（Vin de Pays de Bouches-du-Rhône）的酒标，即使酒庄的年份酒（1995年后的葡萄酒）品质一直在提升并最好地体现了当地杰出的风土条件。酒庄的白葡萄酒产量较低，但可口怡人，主要由玛珊和瑚珊经瓶内发酵酿制而成，品质远远超过了莱博地区其他遵循艾克斯山坡要求的白葡萄酒。

埃洛瓦·杜巴克的父亲是一名雕塑家，而他也以阿尔皮勒山脉多石的土壤为原料创造出了自己的艺术作品

采用生物法。

1995年，当地酒庄获得独立法定产区命名，开始遵循十分重要的自律原则。通过更高的种植密度、更严格的树形修剪、更低的产量以及至少12个月的红葡萄酒陈酿时间，它们树立了行业标杆。桃红葡萄酒的产量被限制在总产量的1/5，而在普罗旺斯丘这一比例为4/5。

为了实现典型的普罗旺斯风格，红葡萄酒的酿酒葡萄都要经过精挑细选，以歌海娜和西拉为主，慕合怀特和赤霞珠为辅。普罗旺斯地区莱博法定产区拥有高品质的葡萄酒、壮观的村庄和阿尔皮勒山脉以及豪华的餐厅，这些都为该地区的名声和市场需求提供了保障。

独特的帕莱特产区

自1850年由鲁吉耶家族接管以来，西蒙酒庄在普罗旺斯甚至整个法国都享有特殊的地位。酒庄面积达17公顷，占整个帕莱特法定产区的1/5。由于名声显赫，酒庄在1948年获得A.C.等级。在艾克斯的东南边界上坐落着蒙泰居山，朝北的山坡气候较为凉爽。16世纪，艾克斯大卡莫（Grands Carmes d'Aix）修道院的僧侣们开始种植葡萄，并在山体内挖掘了一座拱形的酒窖。他们还建造了酒庄的主体部分，后继者在此基础上又增加了尖耸的塔楼和侧翼。在鲁吉耶家族的管理下，这些建筑保存完好，同时保留下来的还有十几个“旧世界”的葡萄品种，它们与歌海娜、慕合怀特、神索、克莱雷、白玉霓和白歌海娜等都是当时葡萄园的主角。酒庄的很多葡萄树树龄都在50年或50年以上，由于地处朝北的山坡，葡萄成熟较为缓慢。目前，酒庄主要考虑的是如何完好地保存和延续传统。酒庄最与众不同的当数白葡萄酒。这些葡萄酒经过桶内发酵后，要在橡木桶内陈酿至下一个年末。存放数十年后，葡萄酒会呈现出烘烤和坚果的味道，风格优雅。酒庄的红葡萄酒单宁丰富，毫不逊色于白葡萄酒，两者都走在时尚的前沿。近年来，帕莱特法定产区的葡萄园面积已经扩大至42公顷。

在普罗旺斯的酒庄中，就葡萄酒的陈年潜力而言，没有一家能与西蒙酒庄的帕莱特红葡萄酒和白葡萄酒相媲美。经过40年陈酿后，酒庄的白葡萄酒妙不可言

普罗旺斯地区艾克斯和莱博的主要葡萄酒生产商

生产商：**Château Bas****-***
所在地：**Vernègues**
70公顷，年产量45万瓶
葡萄酒：Coteaux d'Aix：Alvernègues，Pierre du Sud，Cuvée du Temple：Blanc，Rosé，Rouge
酒庄建于一座罗马神庙旁，由于前厨师长George von Blanquet的贡献，正在逐步复兴。1995年以来，酒庄的Cuvées du Temple葡萄酒品质不断提升。

生产商：**Château de Beaupré*****
所在地：**Saint-Cannat**
40公顷，年产量20万瓶
葡萄酒：Coteau d'Aix：Château de Beaupré Blanc，Rosé，Rouge；Collection du Château Blanc，Rouge
1980年，Émile Double男爵在酒庄旁建立了第一个葡萄园和酒窖。今天，他的直系后裔仍在经营这座酒庄。酒庄的Collection系列葡萄酒在橡木桶中熟成，陈年潜力强。

生产商：**Château Calissane****-****
所在地：**Lançon-Provence**
100公顷，年产量60万瓶
葡萄酒：Coteau d'Aix：Cuvée du Château，Cuvée Prestige，Clos Victoire：Blanc，Rosé，Rouge
Jean Bonnet成功地将这座毗邻贝尔湖、占地1000公顷的古老酒庄打造成一流的酒庄。葡萄酒品质出众，划分为三个等级。顶级葡萄酒为Clos Victoire Rouge，是普罗旺斯最好的红葡萄酒之一。

生产商：**Château Revelette*****-****
所在地：**Jouques**
25公顷，年产量12万瓶
葡萄酒：Coteau d'Aix：Blanc，Rosé，Rouge；Grand Vin：Blanc，Rosé，Rouge
Peter Fischer酿制的Peacock葡萄酒芳香浓郁、果味细腻，是酒庄的代表作。他还采用有机种植法和加州的酿酒技术，生产的葡萄酒（尤其是红葡萄酒）品质卓越，具有较强的陈年潜力和广阔的市场。

生产商：**Château Romanin****
所在地：**Saint-Rémy-de-Provence**
57公顷，年产量18万瓶
葡萄酒：Les Baux de Provence：Château Romanin：Blanc，Rosé，Rouge；La Chapelle de Romanin，Cuvée Le Coeur
酒庄目前为Château Montrose酒庄的前主人——Charmolüe家族所有，数年前就采用生物动力种植法，人们对其迎来实质性的突破寄予了厚望。

生产商：**Château du Seuil*****
所在地：**Puyricard**
52公顷，年产量25万瓶
葡萄酒：Coteau d'Aix Blanc；Le Grand Seuil：Rosé，Rouge；Le Grand Seuil Prestige
这座位于普罗旺斯地区艾克斯北部的宏伟酒庄最早凭借芳香的白葡萄酒树立声望，不过酒庄的红葡萄酒同样品质出众。

生产商：**Château Simone******
所在地：**Meyreuil**
17公顷，年产量8万瓶
葡萄酒：Palette：Blanc，Rosé，Rouge
该酒庄是葡萄酒行业的典范，出产的白葡萄酒至少可陈放30年，堪称传奇。

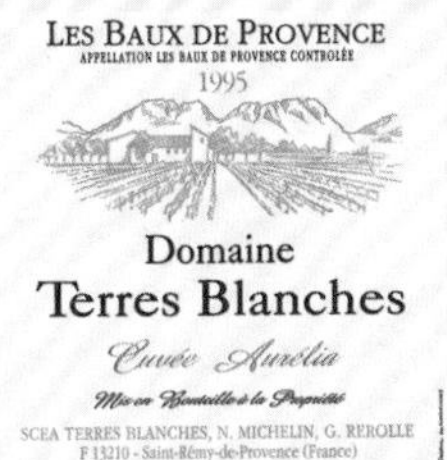

生产商：**Domaine des Béates****-***
所在地：**Lambesc**
52公顷，年产量20万瓶
葡萄酒：Coteau d'Aix：Les Matines：Blanc，Rosé，Rouge；Béates：Rosé，Rouge；Terra d'Or
自2002年Michel Chapoutier通过生物动力种植法带领酒庄取得首捷后，Perrat家族一直在摸索一条属于自己的道路。

生产商：**Domaine d'Eole*****-****
所在地：**Eygalières**
26公顷，年产量8万瓶
葡萄酒：Coteau d'Aix：Tradition Rosé，Cuvée Caprice；Tradition Rouge，Cuvée Léa
自酒庄于1993年成立以来，Christian Raimont一直使用有机方法种植葡萄。酒庄出产的Cuvée Léa葡萄酒采用歌海娜和西拉酿制而成，口感鲜爽、风格雅致，是整个产区最优质的葡萄酒之一。

生产商：**Domaine Hauvette*****-****
所在地：**Saint-Rémy-de-Provence**
12公顷，年产量4万瓶
葡萄酒：Coteau d'Aix Blanc；Les Baux de Provence：Rosé，Rouge
热衷于养马的Dominique Hauvette在自己的小酒庄内采用有机方法，从葡萄种植到葡萄酒灌装都亲力亲为。酒庄出产的红葡萄酒浓郁而复杂。

生产商：**Domaine Terres Blanches*****-****
所在地：**Saint-Rémy-de-Provence**
35公顷，年产量14万瓶
葡萄酒：Coteau d'Aix Blanc；Les Baux de Provence：Rosé，Rouge；Cuvée Aurélia
1968年，米其林轮胎家族后代Noël Michelin在这里创立了法国第一个有机酒庄。品质出众的Cuvée Aurélia葡萄酒采用西拉、歌海娜和赤霞珠调配而成，只在杰出的年份出产。

生产商：**Domaine de Trévallon******-*****
所在地：**Saint-Étienne-du-Grès**
17公顷，年产量6.5万瓶
葡萄酒：Vin de Pays des Bouches-du-Rhône：Blanc，Rouge
酒庄享有莱博地区最好的风土条件。Eloi Durrbach生产的葡萄酒品质一流，但不属于法定产区葡萄酒。白葡萄酒产量仅为5000瓶。

生产商：**Mas de la Dame*****-****
所在地：**Les Baux de Provence**
58公顷，年产量24万瓶
葡萄酒：Les Baux de Provence：Rosé du Mas；Cuvée de la Stéle，Coin Caché
这座田园般的酒庄由两位女性经营，她们采用有机种植法，将酒庄打造成为顶级酒庄。白葡萄酒品质上乘。

普罗旺斯丘和瓦尔山坡

位于圣维克多山脚下的雷谢米尔酒庄（Domaine Richeaume）采用综合种植法

艾克斯、土伦（Toulon）和弗雷瑞斯三个地点粗略地勾勒出了普罗旺斯主要的葡萄种植区。整个种植区呈一个巨大的三角形，其中法定产区占24500公顷，更不用说其他出产各种地区餐酒的区域。早在古代的时候，普罗旺斯就开始大规模种植葡萄，这里的气候为葡萄生长提供了优厚的条件。夏天，温度可达30℃以上，尤其是在内陆地区。不过，密斯脱拉风让葡萄保存了一份清新，也使葡萄树能够健康生长，因为很少有真菌和其他病害可以忍受这种干燥的寒风。降雨量较少，主要集中在春季和秋季。种植户最担心的是暴风雨和冰雹，因为短短几分钟内，他们的辛劳付出的收获就可能化为乌有。连绵的丘陵赋予了当地多元的地形，气候条件也随之有所不同。

这里的地质主要由古生代的结晶岩基层和后来的石灰石构成。阿尔卑斯山西部以石灰石为主，而东部以岩石基层为主，今天仍可看到火山活动留下的痕迹。岩石构成了莫勒（Maures）、埃斯特雷尔（Esterel）和塔内龙（Tanneron）的主要山峦。在西部，石灰石沉积层是邦斗尔和卡西斯地区以及艾克斯附近圣维克多山的主要特征。

1977年，瓦尔省的葡萄种植区获得普罗旺斯丘法定产区的称号。当时，只有布里尼奥勒镇（Brignoles）的合作社成员未能从该产区名获利，他们仅在1993年获得了瓦尔山坡（Coteaux Varois）法定产区的命名。瓦尔山坡产区包括28个村庄，葡萄种植面积为2150公顷，桃红葡萄酒占到总产量的2/3，红葡萄酒占1/4，剩余的为白葡萄酒。如今，越来越多的私人酒庄开始关注品质。

在瓦尔山坡的姐妹产区，有关种植区域的讨论从未停止，人们认为应该进一步细分2万公顷的葡萄园。根据地理位置，普罗旺斯丘被暂时划分为五个区域。

- 沿海地区：圣拉斐尔（Saint-Raphael）与耶尔（Hyères）之间的沿海地带。
- 高地地区：洛尔格（Lorgues）和德拉吉尼昂（Draguignan）周边的山陵地区。
- 内谷地区：从维多邦（Vidauban）一直延伸到位于莫勒山脉背后的土伦的山谷。
- 盆地地区：卡西斯和邦斗尔法定产区附近的博塞（Beausset）盆地。
- 圣维克多山：北部圣维克多山和南部奥雷利昂山（Monts Auréliens）山脚下的葡萄园。圣维克多山在这些地区中最早得到官方认可。

就形象和葡萄酒品质而言，被画家保罗·塞尚反复绘画过的圣维克多山现在几乎是普罗旺斯丘的代名词。

浅色列队：拉隆代勒莫勒（La-Londe-des-Maures）附近圣安德烈酒庄（Domaine Saint-André）的葡萄酒检测

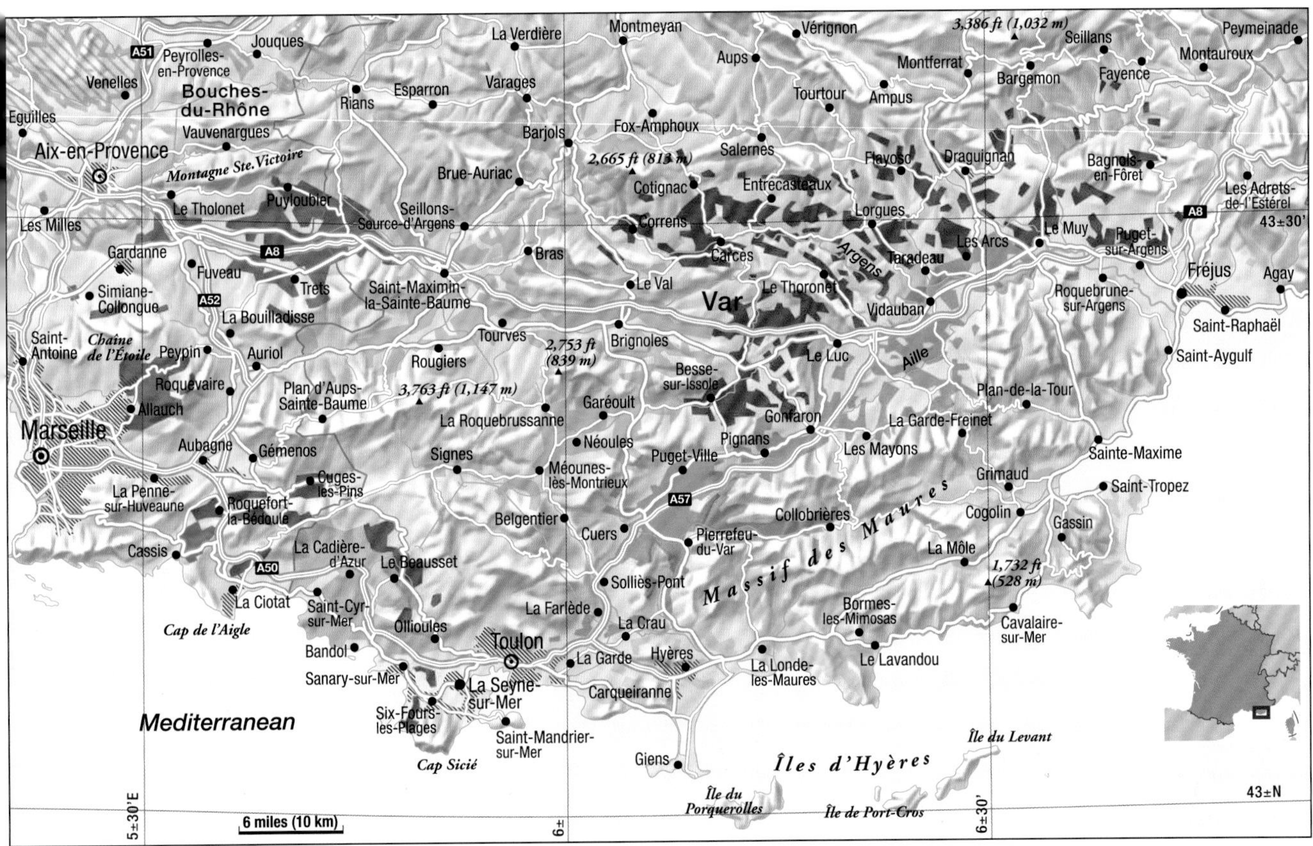

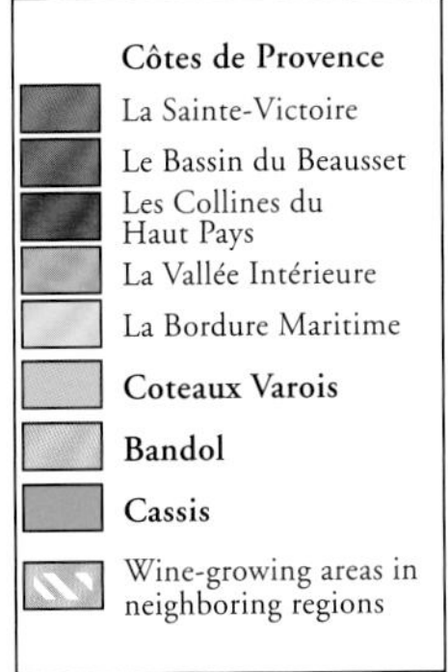

葡萄酒风格与葡萄品种

桃红葡萄酒是普罗旺斯生产商重要的经济来源，主要使用黑歌海娜和神索酿制而成，前者果味清新，后者花香怡人、口感浓郁。如果桃红葡萄酒像白葡萄酒一样采用立即压榨的方法，葡萄酒的颜色会比较浅淡，香味清幽但十分雅致。如果采用放血法的酿造工艺，葡萄汁将与葡萄皮一起浸泡，直到萃取出满意的颜色。然后，葡萄酒将直接装瓶，而不经过压榨环节。在这种情况下，葡萄酒呈现出紫色的光泽，并释放出红色小水果的香味。堤布宏葡萄是当地的特产，酿造的葡萄酒颜色较浅，但酒体丰满、口感浓烈。

普罗旺斯的罗马历史及其与意大利相近的地理位置在葡萄品种中也有较为明显的体现。扎比安奴在普罗旺斯十分常见，这种葡萄在这里称为白玉霓。除了用于酿制可口的白葡萄酒以及给传统的轻度氧化克莱雷增添少许酸度，白玉霓不太适合用于其他用途。利古里亚（Liguria）的维蒙蒂诺凭借四溢的芳香和活泼的结构重新吸引了人们的目光。赛美蓉种植广泛，在桶内发酵后，可酿造出风格雅致的葡萄酒。近来，部分种植户开始尝试长相思和玛珊等品种。

普罗旺斯的红葡萄酒更为有趣。红葡萄品种较为广泛，以西拉和慕合怀特为主，但也有大量的赤霞珠已经栽培了一个多世纪。黑歌海娜和古老的佳丽酿进一步丰富了红葡萄品种。虽然现代技术得到了运用，但传统风格仍然是红葡萄酒的主要特征。经过多年陈酿后，它们会散发出多重的香味。通常，这些葡萄酒可以存放5年，但顶级特酿的陈年潜力往往能达10年之久。

皮埃尔凡山坡（Coteaux de Pierrevert）

在普罗旺斯的最北端，马诺斯克（Manosque）小镇周围有一片地区从葡萄酒划分来说属于罗讷河谷，该地区在1999年凭借260公顷的葡萄种植面积成功获得了A.C.等级。普罗旺斯阿尔卑斯山脚下的气候较为凉爽，因此出产的葡萄酒口感清新。当地还出产桃红葡萄酒和白葡萄酒，但最出色的依然是红葡萄酒。尤其是当西拉的比例合理时，红葡萄酒的品质格外出众。

邦斗尔

马格德莱娜酒庄（Clos Sainte-Magdeleine）坐落在法国最高的悬崖——卡纳尔岬角（Cap Canaille）脚下，出产最好的卡西斯葡萄酒之一

邦斗尔是世界上最特殊的地区之一，各种条件加在一起造就了独一无二的葡萄酒。其朝海的山坡不受寒冷北风的影响，为葡萄种植提供了理想的条件。福西亚人在今天的马赛定居下来后，随即对这里的种植条件产生了兴趣。邦斗尔位于地中海欧洲部分的前沿地带，而地中海的葡萄种植可追溯至公元前6世纪。但是，这块小小的土地之所以这么早开始种植葡萄主要是因为邦斗尔的天然海港。

邦斗尔的名声归功于一种葡萄——慕合怀特。慕合怀特产自加泰罗尼亚，那里的慕维多镇（Murviedro）和马塔罗镇（Mataró）分别靠近瓦伦西亚（Valencia）和巴塞罗那（Barcelona），在国际上，慕合怀特又常被称为马塔罗。慕合怀特是一个特别晚熟的品种，在西班牙南部种植广泛，但尚未给人们带来出色的产品。但法国南部的情况则截然不同。在这里，慕合怀特是教皇新堡的一个葡萄品种，有关它的最早文字记录可追溯至17世纪，它也正是从教皇新堡传播到了普罗旺斯。在葡萄根瘤蚜灾害爆发前，慕合怀特曾是这里的主要葡萄品种之一，与歌海娜和神索在邦斗尔地区建立了稳固的地位。

邦斗尔的崛起取决于慕合怀特的一种特殊品质，那就是它源自白垩质土壤的丰富而细腻的单宁，这也赋予了葡萄酒非凡的陈年能力。正是由于这一点，慕合怀特成为18世纪需求最大的出口葡萄酒之一。当时，每年有超过600万升的葡萄酒从邦斗尔运送至世界各地，酒桶上打上了大大的“B”字，出口量比目前的总产量还高。

邦斗尔从一开始就是幸运的，因为这里拥有尽心竭力的生产商，他们对自己的葡萄酒和酒庄充满信心，而每个伟大产区的诞生都离不开这样的人。在葡萄根瘤蚜肆虐后，葡萄园的重建缓慢而艰难，但生产商们埋头苦干，并在1941年荣获了法定产区命名。他们自发地建立了严格的规定，要求慕合怀特的最低含量为50%，最大产量为4000升/公顷。此外，新种的葡萄树至少要经过8个收获季后结出的果实才能用于酿制红葡萄酒，而且葡萄酒必须在橡木桶内陈酿18个月。这些标准比后来成立的所有法定产区的标准都要严格，为邦斗尔红葡萄酒的广阔前景奠定了坚实的基础。

为了在邦斗尔的土地上获得完美的成熟度，慕合怀特需要进行树枝修剪。早在其他地区的种植户发现这种方法可以控制产量和提升品质之前，滨海圣西（Saint-Cyr-sur-Mer）、蓝色卡蒂埃（La Cadière d’Azur）、卡斯特雷特（Le Castellet）、博塞等葡萄酒村庄及其周边地区就

在这个延伸至地中海的海角之上有一座葡萄园，这里的卡西斯葡萄酒不时会散发出碘的味道

普遍采用这种做法。尽管有几乎创纪录的日照时数（3000小时/年）和受庇护的葡萄园，如果不修剪树枝，慕合怀特很难成熟，酒精度也无法达到12.5%，这样的果实就毫无品质可言。

邦斗尔未能避免桃红葡萄酒的问题。在这片1500公顷的产地上，相当一部分葡萄被用来酿造桃红葡萄酒。但无论邦斗尔的桃红葡萄酒展示了多么独特的风格，也无论它与其他桃红葡萄酒相比口感多么浓烈、余味多么悠长，在一瓶成熟的红葡萄酒面前它依然像个小孩。

在法国南部，慕合怀特因其浓郁的果香常常使人联想到黑莓而受到青睐。但在邦斗尔产区，这种香味时常伴随着辣椒、香料甚至肉的味道，隐约展示了慕合怀特葡萄酒真正的特征，通常经过8年后，这种特征才会变得愈加明显。之后，慕合怀特会散发皮革和木头的气味，同时还夹杂着成熟浆果、甘草、香草和香料的复杂味道，不过，这些葡萄酒会继续展现令人惊叹的优雅和协调。

由于严格的自律和奉献精神，产区内50家酒庄和4家合作社的平均水准都很高。而且你不难发现，与其他地区一样，更高品质的邦斗尔葡萄酒离不开人们在葡萄园和酒厂内的辛勤劳作以及投资，其中包括从特殊的葡萄园和古老的葡萄树精挑细选的葡萄。自20世纪80年代末以来，越来越多的生产商开始大幅增加慕合怀特在特酿红葡萄酒中的比例，或者干脆只使用精选的慕合怀特葡萄酿制另一种特酿酒，一批品质非凡的葡萄酒因此而诞生。邦斗尔的生产商十分注重橡木桶的使用。为避免掩盖葡萄酒中的天然单宁，大部分生产商仍使用老旧的大木桶，年份酒是个例外。10月份慕合怀特成熟的时候，其他地区也许会出现恶劣的天气，但在邦斗尔，阳光依然充足。

左图：让-皮埃尔·高森及其家族十分信赖慕合怀特

右图：热爱自然和动物的劳伦·布南鉴别邦斗尔葡萄酒的香味

卡西斯是普罗旺斯最珍贵的白葡萄酒，与地中海的鱼类菜肴完美搭配

卡西斯和贝莱

沿海港口小镇卡西斯坐落在法国最高悬崖卡纳尔岬角脚下，葡萄种植面积185公顷，风土条件丝毫不逊于邦斗尔。但是，与邦斗尔相比，当地的生产商更倾向于白葡萄酒，产量高达葡萄酒总产量的3/4，酿酒葡萄主要有白玉霓、克莱雷、赛美蓉和玛珊。这里的白葡萄酒大气、清爽、特征鲜明，具有杏仁、白花、桃、杏的香味，甚至还有异国水果荔枝和杧果的果香，摇晃时偶尔能散发出一丝碘的味道。

在面朝大海的梯田上，葡萄树长势旺盛。1936年，普罗旺斯生产商对品质的高度关注为他们赢得了第一个法定产区。卡西斯剩余的1/4产量是口感清淡（葡萄采摘后立即压榨）的桃红葡萄酒，采用歌海娜、神索和佳丽酿酿造。这里的红葡萄酒十分少见。

贝莱是尼斯市的法定产区，位于高地之上，年产量仅有10万瓶，但目前的葡萄种植面积已经超过了40公顷。产区内的11家独立酒庄和唯一的一家合作社出产的白葡萄酒芳香浓郁，主要采用侯尔以及少量其他南方品种和霞多丽酿制而成。当地的两个本土品种布拉盖和福拉与歌海娜和神索调配时，可酿制出优雅迷人的红葡萄酒。贝莱的桃红葡萄酒清新怡人。

邦斗尔、卡西斯和普罗旺斯丘的主要葡萄酒生产商

生产商：Château de Bellet★★★-★★★★
所在地：Nice
8公顷，年产量2万瓶
葡萄酒：Bellet：Blanc，Rosé，Rouge；Rouge Baron "G"
酒庄由Ghislaine de Charnacé经营，多年来一直在贝莱产区处于领先地位。酒庄的葡萄酒风格独特。

生产商：Château de Fontcreuse★★★
所在地：Cassis
23公顷，年产量11万瓶
葡萄酒：Cassis：Blanc，Rosé
这片土地在远古时代就开始种植葡萄。酒庄的白葡萄酒芳香怡人，酿酒葡萄为白玉霓、克莱雷和玛珊，桃红葡萄酒大多使用歌海娜酿造。

生产商：Château Jean-Pierre Gaussen★★★-★★★★
所在地：La Cadière-d'Azur
12公顷，年产量10万瓶
葡萄酒：Bandol：Blanc，Rosé，Rouge；Longue Garde
Jean-Pierre Gaussen的葡萄酒口感浓烈，曾以"Domaine de la Noblesse"的酒标出售。这些葡萄酒，特别是Longue Garde，是邦斗尔产区最出色的葡萄酒之一。

生产商：Château des Launes★★★
所在地：La Garde Freinet
15公顷，年产量5.2万瓶
葡萄酒：Côtes de Provence：Blanc，Rosé，Rouge，Grand Réserve，Cuvée Prestige
该酒庄坐落在Maures悬崖脚下，自1981年以来，来自德国的Handtmann家族采用自然种植法，不断提升葡萄酒的品质。酒庄的白葡萄酒采用侯尔酿造，果味浓郁；红葡萄酒采用歌海娜、西拉和赤霞珠酿造，口感均衡。

生产商：Château de Pibarnon★★★★-★★★★★
所在地：La Cadière-d'Azur
48公顷，年产量22万瓶
葡萄酒：Bandol：Blanc，Rosé，Rouge
自1977年Henri de Saint-Victor伯爵发现并购买这座酒庄后，在他儿子Eric的努力下，酒庄已成为现代邦斗尔的典范。朝海的梯田葡萄园以蓝色的石灰质泥灰土为主，与滴金酒庄的土质相似。酒庄出产的葡萄酒几乎完全采用慕合怀特酿制而成，优雅、复杂、醇厚，具有出色的陈年潜力。

生产商：Château Pradeaux★★★★
所在地：Saint-Cyr-sur-Mer
21公顷，年产量6万瓶
葡萄酒：Bandol：Rosé，Rouge
在酒庄庄主Cyril Portalis坚持不懈的努力下，出产的葡萄酒成为传统邦斗尔的代表，具有较强的陈年能力。

生产商：Château de Roquefort★★★★
所在地：Roquefort-la-Bédoule
23公顷，年产量13万瓶
葡萄酒：Côtes de Provence：Blanc，Rosé；Rouge Les Mures，Rubrum Obscurum
自1995年由Raimond de Villeneuve接管以来，这座家族酒庄已成为普罗旺斯最迷人的酒庄之一。酒庄最好的产品是红葡萄酒和独具特色的Sémiramis桃红葡萄酒。

生产商：Château Sainte-Anne★★-★★★
所在地：Sainte-Anne-d'Evenos
25公顷，年产量7.5万瓶
葡萄酒：Côtes de Provence and Bandol：Blanc，Rosé，Rouge，Cuvée Mourvèdre
Françoise Dutheil de la Rochère采用有机方法生产的葡萄酒品质出众。酒庄的旗舰产品是慕合怀特特酿酒。

生产商：Château Sainte-Marguerite★★★
所在地：La Londe-des-Maures
26公顷，年产量12万瓶
葡萄酒：Côtes de Provence：L'Esprit and Cuvée Prestige：Blanc，Rosé，Rouge；Cuvée Symphonie：Blanc，Rouge
该酒庄被Jean-Pierre Fayard收购后，出产的葡萄酒果味浓郁、风格雅致。桃红葡萄酒Saint-Pons采用老藤葡萄酿制而成，品质卓越。

生产商：Château de Selle★★★-★★★★
所在地：Taradeau
58公顷，年产量15万瓶
葡萄酒：Côtes de Provence：Blanc，Rosé，Rouge，Longue Garde
作为Ott家族的核心酒庄，这里出产的橡木桶熟成桃红葡萄酒Coeur de Grain和口感强劲的红葡萄酒享誉盛名。Ott家族在La Londe-des-Maures地区还拥有Clos de Mireille酒庄，生产的白葡萄酒同样出色。

生产商：Château Vannières★★★★
所在地：La Cadière-d'Azur
32公顷，年产量16万瓶
葡萄酒：Côtes de Provence：Rosé，Rouge；Bandol：Rosé，Rouge
酒庄坐落在Le Beausset盆地，其出生于勃艮第的主人Eric Boisseaux在这里生产出了更加独特、柔和、优雅的邦斗尔葡萄酒。这些葡萄酒品质稳定，具有出色的陈年潜力。

生产商：Clos Sainte-Magdeleine★★★-★★★★
所在地：Cassis
12公顷，年产量6万瓶
葡萄酒：Cassis：Blanc，Rosé
这座田园般的酒庄坐落在卡西斯湾，自1920年起归Zafiropulo家族所有，其葡萄园位于卡纳尔悬崖之下。酒庄的白葡萄酒果味浓郁，主要原料为玛珊、克莱雷、白玉霓和少量长相思；桃红葡萄酒采用立即压榨的方式酿造。

生产商：Domaine Bunan★★-★★★★
所在地：La Cadière-d'Azur
64公顷，年产量34万瓶
葡萄酒：Bandol：Blanc，Rosé，Rouge；Moulin des Costes，Château La Rouvière，Mas de la Rouvière，Domaine de Bélouvé；Côtes de Provence
Bunan家族是邦斗尔的先驱之一，他们自1961年起开始

重组和扩建酒庄。酒庄的邦斗尔红葡萄酒品质非凡，陈年潜力强。

生产商：Domaine de la Courtade*—******
所在地：Île de Porquerolles
30公顷，年产量13万瓶
葡萄酒：Côtes de Provence：Alycastre and La Courtade：Blanc，Rosé，Rouge
阿尔萨斯人Richard Auther在这座田园般的小岛上生产出了口感复杂的葡萄酒，其中一款红葡萄酒采用慕合怀特酿制而成，品质卓越。

生产商：Domaine du Deffends***
所在地：Saint-Maximin
14公顷，年产量7万瓶
葡萄酒：Coteaux Varois：Le Champ du Sesterce Blanc，Rosé，Rouge，Le Clos de la Truffière
20世纪70年代以来，Jacques Lanverson和Suzel Lanverson通过踩皮的方式，用赤霞珠和西拉在酒庄坚硬的白垩质土壤上生产出了浓郁而不失优雅的红葡萄酒。

生产商：Domaine Gavoty*—******
所在地：Cabasse
25公顷，年产量17万瓶
葡萄酒：Côtes de Provence：Tradition；Cuvée Clarendon：Blanc，Rosé，Rouge
该酒庄由Pierre Gavoty及其女儿经营，在过去的几年里凭借口感细腻、适宜久存的白葡萄酒和优质的桃红葡萄酒建立了良好的声誉。

生产商：Domaine Lafran-Veyrolles*—******
所在地：La Cadière-d'Azur
10公顷，年产量3.5万瓶
葡萄酒：Bandol：Blanc，Rosé；Rouge Classique，Longue Garde
Claude Jouve-Férec夫人和她的酿酒师Jean-Marie Castell一起大幅提升了这座传统酒庄的品质。

生产商：Domaine des Planes***
所在地：Roquebrune-sur-Agens
27公顷，年产量11万瓶
葡萄酒：Côtes de Provence：Blanc，Elegance；Rosé Cuvée Tibouren，Rouge Cuvée Réservé
Ilse Rieder和Christophe Rieder通过自然方法酿造了一系列怡人的单一品种葡萄酒。酒庄的赛美蓉、堤布宏和慕合怀特葡萄酒尤为出众。

生产商：Domaine Richeaume****
所在地：Puyloubier
22公顷，年产量8万瓶
葡萄酒：Côtes de Provence：Blanc，Rosé，Rouge；Tradition，Columelle，Syrah
这座田园般的酒庄坐落在圣维克多山脚下，采用生态种植法。如今，Hennig Hoesch的儿子Sylvain是他的得力助手，生产的红葡萄酒在该地区顶级葡萄酒之列。

生产商：Domaine Saint-André de Figuière*—******
所在地：La Londe-des-Maures
45公顷，年产量15万瓶
葡萄酒：Côtes de Provence：Blanc，Rosé，Rouge；Grand Cuvée，Réserve

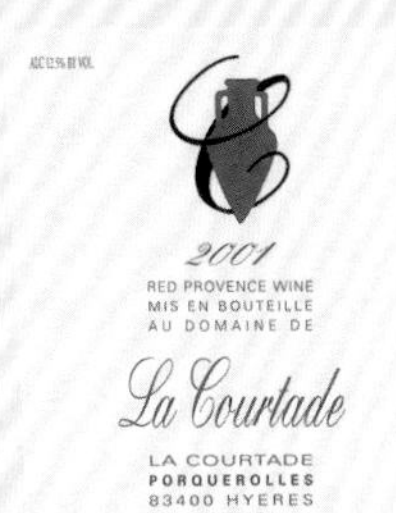

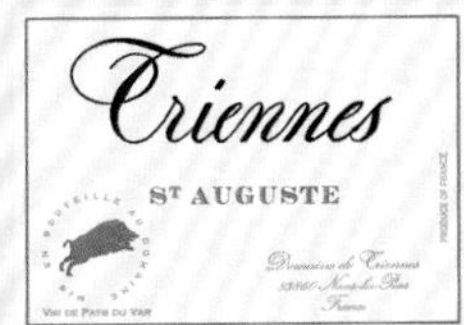

Alain Combard最初在夏布利产区从事酿酒工作，之后来到这里，并成为一名有机葡萄酒生产商。无论是他的白葡萄酒，还是桃红葡萄酒和红葡萄酒，都口感细腻，可与勃艮第葡萄酒相媲美。Réserve葡萄酒品质最佳。

生产商：Domaine Sorin*—******
所在地：Saint-Cyr-sur-Mer
12公顷
葡萄酒：Bandol：Rosé，Rouge；Côtes de Provence：Blanc，Rosé，Rouge
Luc Sorin将其在勃艮第学习的酿酒工艺大胆运用到普罗旺斯。他擅长酿造果香怡人和单宁细腻的浓郁红葡萄酒。

生产商：Domaine Tempier****
所在地：Le Castellet
30公顷，年产量12万瓶
葡萄酒：Bandol Rouge：Cuvée Spéciale，La Migona，La Tourtine，Cabassaou
该酒庄是邦斗尔产区的核心企业之一。在这里，Lucien Peyraud的儿子们坚定不移地开拓事业。通过自然栽培、高比例的慕合怀特以及风土条件的选择，他们生产的葡萄酒品质出众，堪称经典。

生产商：Domaine de la Tour de Bon*—******
所在地：Le Beausset
12公顷，年产量4万瓶
葡萄酒：Bandol：Blanc，Rosé，Rouge，Saint-Ferréol
自从Agnes Henry-Hocquard离开巴黎并接管这座由她父亲在上世纪70年代购买的酒庄后，酒庄的葡萄酒变得更加芳香、浓郁和个性。

生产商：Domaine de Triennes—******
所在地：Nans-les-Pins
41.5公顷，年产量26万瓶
葡萄酒：Vins de Pays du Var：Chardonnay，Viognier Sainte-Fleur，Les Auréliens，Merlot，Syrah，Cabernet Sauvignon，Sainte-Auguste
1990年，Domaine de la Romanée-Conti酒庄的Aubert de Villaine和Domaine Dujac酒庄的Jacques Seysses携手合作，在普罗旺斯从事葡萄酒酿造。到目前为止，他们最成功的葡萄酒是Viognier和Cuvée Saint-Auguste。

生产商：Les Maîtres Vignerons de Saint-Tropez—*****
所在地：Gassin
840公顷，年产量不详
葡萄酒：Côtes de Provence：Carte Noire，Château de Pampelonne，Domaine Pouverel，Château Farambert：Blanc，Rosé，Rouge
Les Maîtres Vignerons de Saint-Tropez的7家酒庄和Cave Saint-Roch-les-Vignes的200名种植户联合成立了一个知名协会，共同销售他们的葡萄酒。顶级葡萄酒是Château de Pampelonne酒庄出产的红葡萄酒。

科西嘉岛

科西嘉岛是世界上最古老的葡萄酒产区之一。6000年前，美丽岛（科西嘉岛的别名）上就长有野生葡萄。公元前565年，福西亚人在东海岸定居并开始种植葡萄。公元前238年，罗马人统治了科西嘉岛。

随着罗马帝国的崩溃，科西嘉岛及其迷人的海岸变得动荡不安，葡萄园也开始荒废。当比萨在1020年取得科西嘉岛的统治权时，葡萄种植业才重返该岛。13世纪末，比萨败给热那亚，自此热那亚开始了长达450年的统治。极具商业头脑的热那亚人垄断了科西嘉岛的葡萄酒，葡萄酒行业成为岛上最重要的产业并在16世纪引入相关法规。科西嘉岛人不断起来反抗侵占，最终导致热那亚于1768年将科西嘉岛卖给法国。

但这并未给葡萄酒行业带来任何改变。相反，出生于阿雅克肖镇的拿破仑·波拿巴允许岛上的居民免税出售葡萄酒。1850年前后，科西嘉岛上的葡萄种植面积达到了2万公顷，从事葡萄种植的人数占总人口的3/4。40多年后，葡萄根瘤蚜疫情席卷了这里的葡萄园。灾难接踵而至，第一次世界大战夺去了大部分男人的性命，许多人逃离该岛，葡萄种植业遭受了致命一击。

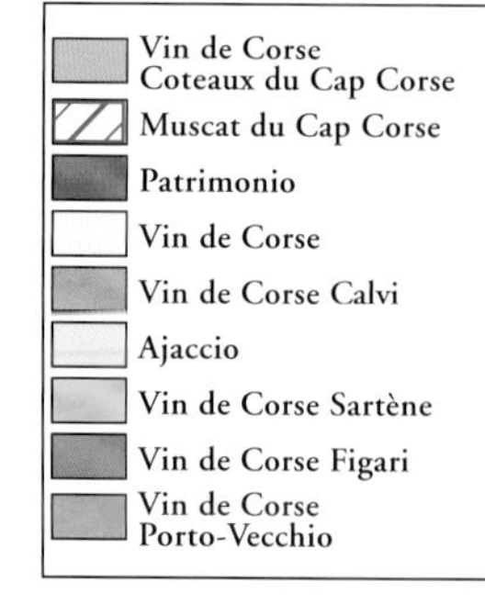

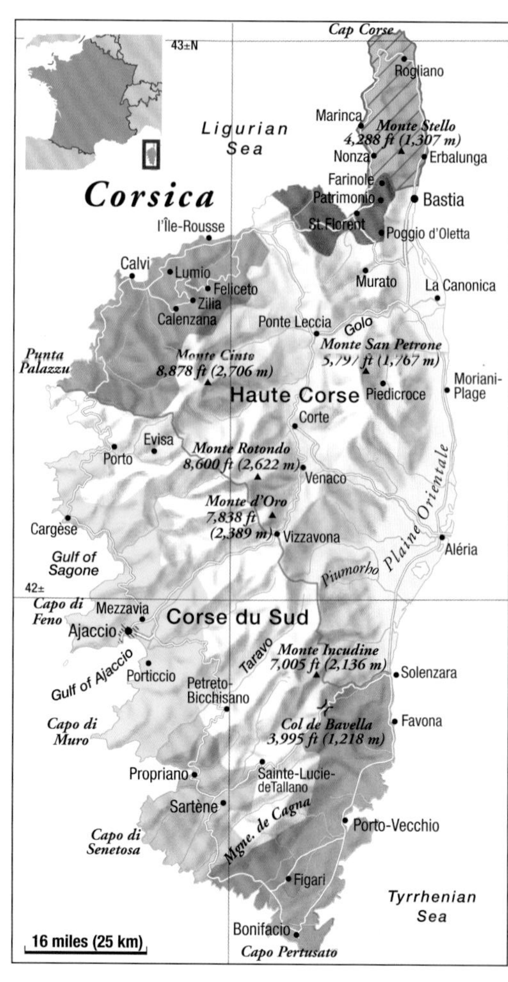

20世纪60年代，阿尔及利亚法国人给科西嘉岛带来了新的希望。他们扩大葡萄种植面积，到1976年，葡萄种植面积达2.7万公顷，葡萄酒产量为1.9亿升。随后，科西嘉岛迎来了另一个巨变——新一代的葡萄酒生产商开始追求品质和传统葡萄品种。同时，欧盟启动了葡萄树清理项

科西嘉岛的9个葡萄酒产区

帕特里莫尼奥（Patrimonio）
科西嘉岛最古老的法定产区，于1968年获得命名，土壤为罕见的白黏土。产区内的小酒庄出产的葡萄酒极具特色，红葡萄酒主要采用涅露秋酿造，白葡萄酒采用维蒙蒂诺酿造。白葡萄酒果香更浓郁，余味更悠长。

阿雅克肖（Ajaccio）
继帕特里莫尼奥之后第二个法定产区，于1984年获得命名。产区的土壤为花岗岩，主要种植本地品种夏卡雷罗。自2000年起，当地规定夏卡雷罗的种植比例不得低于60%。这里的桃红葡萄酒常使用大量的维蒙蒂诺，口感更加浓厚。

科西嘉
该产区名可用于岛上所有的分级产区，但使用该名称的日常葡萄酒大多来自东部的平原。红葡萄酒和桃红葡萄酒常采用涅露秋和夏卡雷罗酿造，白葡萄酒至少需含有75%的维蒙蒂诺。

科西嘉卡尔维（Vin de Corse Calvi）
古罗马著名哲学家塞内加（Seneca）高度赞扬了这里的葡萄酒。今天，在卡尔维小镇附近再也找不到这些葡萄酒，但在它们的家乡——巴拉涅（Balagne）地区的西北部依然能找到。巴拉涅被誉为"科西嘉岛的托斯卡纳"。

科西嘉角
19世纪具有重要地位的产区，葡萄种植面积达2300公顷。今天，仅有30公顷的葡萄园种植优质的维蒙蒂诺。

科西嘉菲加里（Vin de Corse Figari）
产区位于科西嘉岛的南端，是最古老的葡萄种植区之一。产区主要为花岗岩土壤，出产的葡萄酒浓烈粗犷。

科西嘉波多维奇欧（Vin de Corse Porto Vecchio）
出产浓郁的红葡萄酒、强劲的白葡萄酒和怡人的桃红葡萄酒。

科西嘉萨尔泰讷（Vin de Corse Sartène）
该产区的红葡萄酒结构粗犷，常带有红色浆果的香味；白葡萄酒则细腻芬芳。

科西嘉角麝香（Muscat du Cap Corse）
虽然产区早在16世纪就享誉盛名，但用小果粒白麝香酿造的天然甜葡萄酒直到1993年才获得法定产区命名。这里的葡萄酒常散发出柠檬香，冰镇后用作开胃酒或餐酒。

目，科西嘉岛的葡萄种植面积锐减。从1978年至1998年，科西嘉岛的葡萄酒总产量从18975万升降到3840万升，降幅达80%；A.C.级葡萄酒的产量从670万升到910万升。与此同时，A.C.产区的面积接近3100公顷，而当时的总种植面积为7000公顷。在A.C.产区，葡萄园禁止进行灌溉，酿酒过程中也严禁加糖。红葡萄酒占到了总产量的50%，白葡萄酒10%，桃红葡萄酒40%。

在科西嘉岛，约有5300公顷的葡萄园比较集中，而其他种植区都规模不大，各具特色。在地质方面，科西嘉岛由片岩、片麻岩、沙质泥灰岩、黏土、白垩土和花岗岩构成。周围的地中海白天吸收太阳的热量，夜间再释放出来。但常年不休的西洛可风缓和了夏日的炎热，帕特里莫尼奥产区就是典型代表。

科西嘉岛约有20个葡萄品种，包括神索、白玉霓、西拉、佳丽酿、歌海娜和梅洛等。但是，法定产区的生产商和葡萄酒爱好者最钟情三个品种。

- 白葡萄维蒙蒂诺：在科西嘉岛又被称为马尔瓦西，在普罗旺斯被称为侯尔。酿造的葡萄酒酒精含量高，具有丰富的花香和芬芳。
- 红葡萄涅露秋：与桑娇维赛一样，酿造的葡萄酒颜色深浓、酒体丰满。
- 红葡萄夏卡雷罗：阿雅克肖主要的本地品种，酿造的红葡萄酒酒体轻盈，香气中带有野生草本植物的味道，口感中带有一丝胡椒味。夏卡雷罗常与其他品种混合调配，这样可以更加圆润。

最好的帕特里莫尼奥葡萄酒之一来自距离巴斯蒂亚（Bastia）不远的利西亚酒庄（Domaine Leccia）

科西嘉岛的主要葡萄酒生产商

生产商：Clos Capitoro***
所在地：Porticcio
50公顷，年产量不详
葡萄酒：Clos Capitoro，Cuvée Jean Bianchetti
Jacques Bianchetti为这座位于阿雅克肖法定产区的传统家族酒庄带来了稳定的高品质葡萄酒。

生产商：Domaine Antoine Arena****
所在地：Patrimonio
11公顷，年产量4万瓶
葡萄酒：Patrimonio，Muscat de Cap Corse；Grotte di Sole
Antoine Arena是白葡萄酒专家，无论是酿造干葡萄酒、甜葡萄酒还是天然甜葡萄酒，他都非常在行。他的顶级葡萄酒在各方面都很出众。

生产商：Domaine Comte Peraldi*-******
所在地：Mezzavia
50公顷，年产量19万瓶
葡萄酒：Ajaccio：Blanc，Rosé，Rouge；Clos du Cardinal
规模最大、声誉最高的酒庄之一，出产的葡萄酒都是精心之作。酒庄的Clos只使用夏卡雷罗酿造，并且在橡木桶中熟成，品质卓越。

生产商：Domaine Leccia****
所在地：Poggio-d'Oleta
22公顷，年产量9万瓶
葡萄酒：Patrimonio：Blanc，E Croce：Rosé，Rouge，Petra Bianca；Muscat de Cap Corse
酒庄的所有产品都品质上乘，红葡萄酒Nielluccio Petra Bianca集浓郁、圆润和芳香于一体。

生产商：Domaine Maestracci***
所在地：Muro
27公顷，年产量12万瓶
葡萄酒：Vin de Corse Calvi：Clos Reginu and E Prove：Blanc，Rosé，Rouge
Maestracci酿造不同风格的两个葡萄酒系列，其中E Prove更优质，尤其是红葡萄酒。

生产商：Domaine de Torraccia***
所在地：Porto Vecchio
42公顷，年产量21万瓶
葡萄酒：Vin de Corse Porto-Vecchio：Blanc，Rosé，Rouge，Oriu
1964年，Christian Imbert开始在科西嘉岛南部建造这座酒庄，他的葡萄酒Oriu是科西嘉岛的顶级红葡萄酒之一。

朗格多克和鲁西荣

法国南部革命

在罗讷与西班牙边境之间，一股改革之风吹遍了从事葡萄种植的朴实村庄。法国南部的生产商没有效仿著名的波尔多和勃艮第，而是潜心研究属于自己的超级葡萄酒。今天，世界各地的葡萄酒爱好者争相购买来自朗格多克和鲁西荣明星酒庄的葡萄酒，而这绝非偶然。

归根结底，在普罗旺斯地区之外，法国的葡萄栽培历史可追溯至2000年前的纳博讷镇（Narbonne）并非历史偶然。贫瘠的山坡、干燥的气候和创纪录的年日照时数，为葡萄种植提供了卓越的自然条件，出产的葡萄酒健康、芳香、浓郁。

法国最南端的葡萄种植业在罗马统治时期迎来了第一个顶峰。当时，来自纳博讷斯高卢（Gallia Narbonensis）的双耳细颈葡萄酒瓶十分有名，甚至在罗马也享有良好的声誉，它们最

海滨胜地巴纽尔斯（Banyuls）的背后是比利牛斯山脉陡峭的山麓，葡萄种植户们已经在那里耕种了几个世纪，形成了独特的葡萄园建筑

远出口到了日耳曼。随着罗马帝国的覆灭，葡萄种植业逐渐失去了它的跨地区影响力。尽管9世纪以来遍地开花的修道院继续种植葡萄，但在中世纪时期，所有的葡萄酒都只在当地出售。17世纪末，随着塞特（Sète）港口、南运河和多条国道的建成，基础设施得到巨大改善，葡萄酒行业才迎来了转机。当时，用于强化和保存葡萄酒的白兰地市场需求非常之大。由此带来的结果是，当地很大一部分葡萄酒都是蒸馏而成。在平原地区，人们开始种植口感更浓、产量更高的葡萄品种，如阿拉蒙和佳丽酿。在海拔较高的村庄，生产商更关注品质，他们在多石的山坡上种植歌海娜和慕合怀特。独立合作社和酒庄名声的建立可追溯到这一时期。

19世纪，法国北部城市快速的工业化发展导致市场发生了重大变革。工人阶级成为新的消费者，对他们来说，葡萄酒不仅是一种食物，更能给他们带来快乐。铁路的建成使得交通更加便利。葡

萄酒行业利润丰厚，法国南部的人们几乎放弃了其他所有作物。凭借46万公顷的葡萄园，朗格多克成为世界上最大的葡萄酒产区。在这里，口感更强劲、颜色更深浓的葡萄酒不会被单独装瓶，而是用于改善较淡薄的葡萄酒的品质。在经历了葡萄根瘤蚜灾害、经济危机和两次世界大战后，朗格多克的生产商仍坚持批量生产。直到过量生产造成了严重的后果，当地的葡萄酒行业才迎来姗姗来迟的变革。

自1970年起，产区的结构开始发生变化。在灌溉便利的平原上，利润更丰厚的水果和蔬菜作物逐步取代了葡萄。然而，凡是历史悠久并且葡萄酒品质非凡、风格独特的地区，都会被授予A.C.级别——法国产区的最高级别。为了获得这份殊荣，生产商必须选择更好的葡萄品种，展示他们对品质的重视。因此，他们开始在片岩、花岗岩和白黏土上种植像西拉、慕合怀特和黑歌海娜等香味浓郁的红葡萄品种，而白葡萄品种主要包括瑚珊、玛珊、侯尔和维欧尼。出于对传统的尊重，生产商将这些葡萄品种相互调配，也与表现力较弱的古老品种混酿，用以生产复杂、平衡的葡萄酒。

独具一格的地区餐酒

20世纪80年代中期，葡萄酒行业再遭重创，于是一部分人带头成立了生产商协会（1987年）。他们创立了“欧可地区餐酒”（Vin de Pays d'Oc）这个名称，既体现地区特色又保证品质。他们拥护国际主流葡萄品种和被评为地区餐酒等级的肥沃葡萄园，这些葡萄园拥有更高品质但更严格的产量控制。通过现代酿酒工艺，特别是温控技术，他们开始生产能够满足市场和消费者需求的单一品种葡萄酒，现在，他们的产品与市场更加贴合。最初，协会仅有200名成员，每年生产2000万升地区餐酒。到2007年，协会成员超过了1000家酒庄，每年有5亿升的葡萄酒被打上欧可地区餐酒的标签，超过了销售限制。这种趋势仍在延续。在葡萄种植方面，朗格多克-鲁西荣是全球最具魅力的产区之一，将法国和外国投资者吸引到了地中海沿岸地区。

虽然鲁西荣和朗格多克逐渐开始成立法定产区，但20世纪80年代早期，仅有少数酒庄有能力生产优质葡萄酒，顶级葡萄酒更是遥不可及。限制当地葡萄酒行业发展的主要障碍是生产商的观念。长时间的批量生产使葡萄酒生产商产生了根深蒂固的自卑感，法国南部也缺乏健康的葡萄酒

葡萄树生长在该地区最好的地理位置

文化。此外，生产商对波尔多和勃艮第的一流葡萄酒知之甚少，没有人敢去想象顶级的南部葡萄酒是什么样子。

伟大葡萄酒的兴起

随后，不可思议的事情发生了。20世纪80年代初期，朗格多克一款名为多玛士卡萨克（Mas de Daumas Gassac）的葡萄酒将梅多克各种列级酒庄葡萄酒推下神坛，而它仅仅是一款1978年才进入市场的地区餐酒。最早挖掘该地区巨大潜力的是艾梅·吉伯特，他原是一位来自米约的皮革制造商，他使用最多的是波尔多的赤霞珠葡萄。

毋庸置疑，红葡萄酒是地中海生活的基本特征之一。葡萄树“高杯式”的修剪方式可追溯至罗马时期

很快，在这场观点和品质的改革中出现了另一个强有力的象征——旋风般的人物奥利维尔·朱利安，他在1985年给法国南部带来了重大变革。也许他看起来并不能向世人证明朗格多克可以出产顶级葡萄酒。在他20岁的时候，他还是蒙彼利埃（Montpellier）葡萄酒酿造学专业的大一学生。当一个租赁葡萄园的机会出现时，他果断下手并很快着手建造自己的酿酒厂。奥利维尔与当时的其他先锋人物有两个共同特征：远大的梦想和空瘪的口袋。怀着对这片贫瘠土壤和古老

时，他们降低产量，增加新种葡萄树的密度，精选葡萄园址。此外，第一批先锋开始将葡萄酒分开装瓶。

从那以后，朗格多克和鲁西荣推出了具有独特地中海风格的杰出葡萄酒。即便如此，在挑选朗格多克和鲁西荣葡萄酒的时候，你首先需要明白你在寻找什么。通常，根据不同的树龄、风土条件、酿酒和陈年过程中的花费，酒庄的葡萄酒品质也参差不齐。就像购车者能够接受汽车制造商在生产豪华车的同时还生产小型和中型的家庭用车，葡萄酒爱好者也不得不接受这里的顶级生产商除了酿制不断创造国际神话的特酿酒之外，还生产价格合理的日常餐酒，而这也是有利的一面。

葡萄园的敬仰，这位年轻的生产商酿造了浓度、烈度和表现力都非凡的特酿酒。其他先锋人物，如塔斯达尼酒庄（Château des Estanilles）的米歇尔·路易松，通过保持最低产量和使用橡木桶陈年，进一步开发了西拉在贫瘠土壤上的潜力。

事实上，一场不知从何而来的灵感风暴突然席卷了整个产区，并从未减弱。一开始，只有少部分生产商意识到他们的葡萄园和风土条件给予了他们莫大的机会，后来，越来越多的人发现了这种优势。他们掌握了伟大的葡萄酒的酿制方法，即严格遵循列级酒庄的标准，同

玫瑰是报警指示器。和葡萄树一样，它们也会遭受霉菌的侵袭，但更早出现病害症状，因此种植户能及早在葡萄园中实施预防性喷洒作业

朗格多克山坡

葡萄树、松树和分散的民宅构成了朗格多克独特的风景

朗格多克拥有广袤的葡萄园，葡萄种植面积高达30万公顷，其中最大的法定产区是朗格多克山坡。从尼姆（Nîmes）南部到纳博讷，朗格多克山坡沿着地中海绵延130千米，延伸至内陆50千米，共覆盖168个村庄和无数葡萄园，葡萄种植面积达9000公顷。除了历史、政治结构、阳光、风以及较为干燥的气候，这些村庄的共同点就是红葡萄品种。它们针对佳丽酿采取过强硬的措施。虽然佳丽酿仍然是种植最广泛的品种，但它在朗格多克山坡的比例被限制在40%。而在圣狼峰，这一比例为10%。在三个主要品种——歌海娜、慕合怀特和西拉中，西拉已经声名显赫。由于成熟早、颜色深、香味浓，西拉在贫瘠的山地上产出的果实更加饱满和温润。有时西拉酿制的葡萄酒格外浓郁，并且带有地中海矮灌丛的味道。

单一品种西拉葡萄酒（酿酒葡萄全部为西拉，但尚未得到官方认可）的成功甚至影响到了地区餐酒。与此同时，歌海娜和慕合怀特受到越来越多顶级生产商的关注。慕合怀特种植难度高，只有在合适的土地上才能产出令人满意的果实，不过什么样的土地才算合适仍有待研究。黑歌海娜容易破损和氧化，但在教皇新堡和加泰罗尼亚的普里奥拉托产区所展示的潜力引起了生产商的重视。

为了合理地将朗格多克山坡多样的地质和地理分级，人们先后进行了两次尝试。第一次将朗格多克山坡分为12个产区（见右页地图），不考虑面积因素，而以各地的自然特征和早期声誉为划分依据，其中有8个产区集中分布在一个村庄。在这些产区中，皮纳特匹格普勒（Picpoul-de-Pinet）是个特例，只出产由生长在托湖一带的匹格普勒酿造的白葡萄酒。圣乔治多尔克（Saint-Georges d'Orques）位于蒙彼利埃周边，曾经是有名的葡萄酒产区，现在凭借浓郁优雅的红葡萄酒再次获得世人的关注。由于强烈的品质意识和生产商的紧密团结，圣狼峰已成为这些地区的首领。规模较小的蒙特佩鲁（Montpeyroux）十分受欢迎。克拉普（La Clape）也出产优质葡萄酒，偶尔也能推出品质一流的产品。其他几个地区分别是索米耶尔（Terres de Sommières）、拉尔扎克（Terrasses du Larzac）、蒙彼利埃砂岩（Grès de Montpellier）和贝济耶（Terrasses de Béziers）。

经过多年的尝试，朗格多克山坡法定产区于2007年正式更名为朗格多克法定产区，涵盖整个朗格多克-鲁西荣地区。这一举措旨在稳定葡萄酒品质，并且通过品牌葡萄酒扩大市场。

朗格多克-克莱雷特

朗格多克-克莱雷特于1948年获得法定产区命名，在佩泽纳（Pézénas）和克莱蒙耶罗尔（Clermont-l'Hérault）之间的11个村庄里，与其同名的克莱雷特葡萄已经有数百年的种植历史。最初，克莱雷特用于酿制一种与雪莉酒相似的葡萄酒，后来作为苦艾酒的原料。直到最近几年，现代酿酒工艺才将克莱雷特截然不同的一面开发了出来——口感清新、果香怡人，散发出干果、茴香和杏仁的味道。克莱雷特的种植面积仅有60公顷。

福热尔

福热尔（Faugères）产区位于贝济耶北部15千米处，人口稀薄，森林茂密。1982年福热尔获得法定产区命名时面积为5000公顷，但仅有1950公顷种植了葡萄。福热尔是朗格多克唯一一个具有单一土质的法定产区，土壤由片岩构成，适合出产高品质的红葡萄酒。在塔斯达尼酒庄的榜样作用下，越来越多的酒庄开始转向特酿酒，这些葡萄酒含有高比例的西拉，使用橡木桶陈年，因复杂、浓郁和优雅的特性而受到人们的追捧。2004年以来，除了出产具有细腻果味和花香的桃红葡萄酒，福热尔还推出了白葡萄酒。

圣希尼昂

圣希尼昂（Saint-Chinian）地处密内瓦（Minervois）和福热尔之间，与福热尔同一年获得法定产区命名。圣希尼昂面积为3200公顷，中心地带是与产区同名的小镇，位于一条明显的地质界线上。产区一分为二，南部为石灰质黏土土壤，盛产酒体丰满、单宁丰富的红葡萄酒；北部覆盖了埃斯皮努斯山（Monts de l'Espinouse）的山麓，土壤主要为片岩。20世纪80年代，贝尔卢（Berloup）和罗克布兰（Roquebrun）的一系列酒庄和合作社生产出了优质葡萄酒；90年代中期，一群年轻的公司凭借细腻、复杂和浓郁的红葡萄酒引起了轰动。部分古老的酒庄由下一代接手。与福热尔一样，除了桃红葡萄酒，圣希尼昂白葡萄酒在2004年获得了法定产区命名。

塔斯达尼酒庄的主人米歇尔·路易松最早向世人展示了西拉在朗格多克所能呈现的魅力

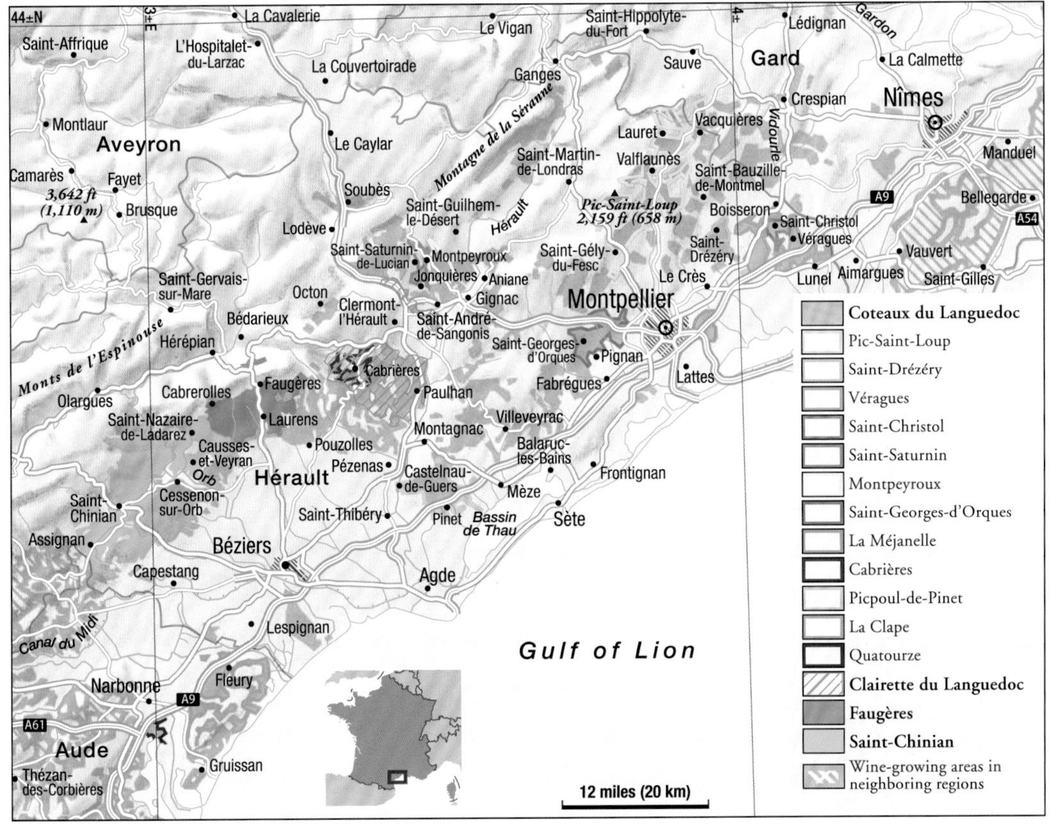

密内瓦

密内瓦法定产区东临纳博讷，西接卡尔卡松（Carcassonne），北抵黑山，南至南运河。从黑山流出的4条河流冲刷出了广阔的梯田，土壤不是特别肥沃，主要为石灰岩，同时还夹杂了砾石、沙子和板岩。产区的葡萄种植面积为4500公顷，其中45个村庄属于奥德省（Aude），16个属于埃罗省（Hérault）。

产区的中心地带包括多石的艾贺杜波（Argent Double）、以褐色泥灰土为主的奥德巴龙（Balcons de l'Aude）、伟大的葡萄酒村庄洛尔（Laure）以及知名葡萄酒产区利维涅（La Livinière）。1998年，利维涅与包括西朗（Siran）在内的5个相邻村庄成为密内瓦最早获得官方认可的法定产区。平原上贫瘠的土壤赋予了红葡萄酒丰满的酒体。向着美丽的科讷（Caunes）村庄前行，土壤的主要成分变成了页岩和著名的粉红色大理石。这里的气候受到大西洋的影响，葡萄酒的口感更为清爽。在密内瓦的古都附近，气候干燥寒冷，主要为白垩质土壤，出产的葡萄酒别具一格。

在东部，葡萄园延绵35千米直至贝济耶，地中海气候的影响更为明显。猛烈的海风时常吹到塞尔（Serres）、莫雷（Mourels）以及最炎热、最干燥的塞斯（Terrasses de la Cesse）地区，因此这里的葡萄酒较为强劲、浓烈。

1990年，生产商开始改进品质，他们将产量降至4500升/公顷，佳丽酿的比例控制在40%以下。黑歌海娜和西拉成为混酿酒的主角。传统葡萄品种神索的地位得到了保留，主要用于增加红葡萄酒和桃红葡萄酒细腻的口感。采用老藤葡萄、经踩皮方法酿制而成的神索葡萄酒口感出众，回味无穷。

虽然密内瓦也出产桃红葡萄酒和白葡萄酒，其中一些葡萄酒主要采用玛珊和瑚珊酿造，口感怡人，但这里最出名的还是红葡萄酒。越来越多的合作社和酒庄开始推出在桶内熟成的优质葡萄酒，这些葡萄酒大多酒体丰满、果味细腻，并且带有香料味。

利穆

在奥德河的上游——卡尔卡松往南25千米的地方，起泡酒的历史可追溯至1544年。圣-希莱尔（Saint-Hilaire）修道院的僧侣们在1531年发明了二次发酵，他们酿造的本笃会甜葡萄酒比香

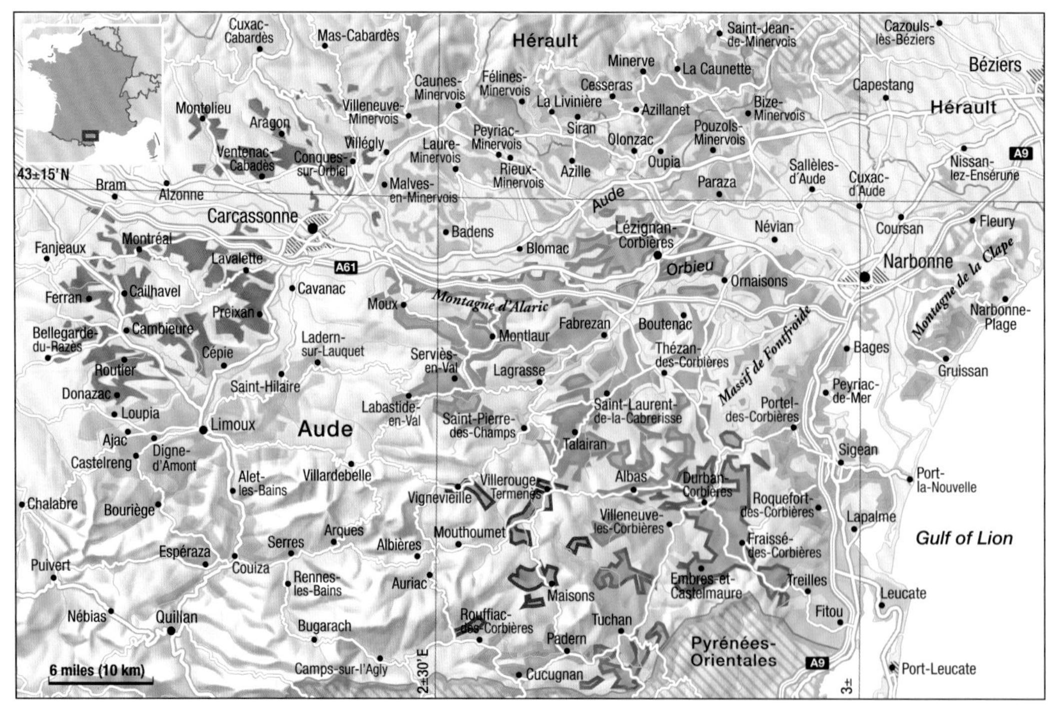

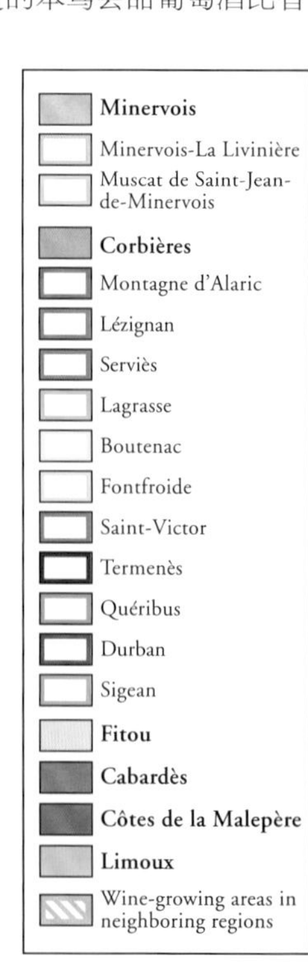

槟酒早了150年。当地的葡萄品种布兰克特，在其他地方被称为莫扎克，是重要的功臣之一，因为它的糖分不会全部发酵。葡萄酒被装入酒桶或酒瓶后，其中的酵母会在春天复苏并将残糖转化为酒精，这一过程中会产生碳酸。这种传统方法仍在使用，但从19世纪末开始，利穆主要采用香槟法来生产起泡酒。

虽然利穆早在1938年就因起泡酒被授予法定产区的称号，但这里的生产商却未能获得应有的名声。自1991年起，利穆成立了利穆起泡酒（Crémant de Limoux）法定产区，霞多丽在这里脱颖而出。起泡酒产区推出了一些优质的葡萄酒，价格也相对较低。

利穆取得的成就远不止于此。在超过14000公顷的葡萄园内，除了布兰克特，还有其他葡萄品种。考虑到当地的气候受大西洋影响，种植户开始种植长相思等波尔多品种以及其他用于酿造地区餐酒的品种。其中，最成功的是霞多丽。大合作社瑟达克（ Sieur d'Arques）不惜代价筛选葡萄园的位置，并最终根据风土条件将利穆分为4个气候截然不同的区域，其中一个为特级产区，生产的葡萄酒具有较强的陈年潜力。品质出众的葡萄酒为生产商赢得了利穆法定产区的称号，但只用于干白葡萄酒，这些葡萄酒采用莫扎克、白诗南和霞多丽酿造，在橡木桶内进行陈年。2004年，利穆的红葡萄酒也获得了认可，酿酒葡萄包括大西洋和地中海的品种。

森特勒酒庄（Clos Centeilles）的午餐。前书商丹尼尔·多姆格和他的妻子帕特丽夏·博耶在这里展示了神索葡萄酒细腻优雅的特性

卡巴德

卡巴德（Cabardès）产区位于卡尔卡松西北部，与密内瓦毗邻，因此受大西洋气候影响十分强烈。产区的生产商将地中海和波尔多葡萄品种相结合，酿造红葡萄酒和桃红葡萄酒。在600公顷的葡萄园里，最突出的品种是歌海娜、西拉、赤霞珠和梅洛。这里的红葡萄酒口感怡人、果味浓郁、结构坚实，而且最好的特酿酒具有更高的浓度、更好的结构以及耐人寻味的单宁。桃红葡萄酒占总产量的1/10。

马勒佩尔

马勒佩尔（Malepère）产区位于卡尔卡松西南部的山丘之上，距离利穆产区不远。产区拥有440公顷葡萄种植面积，虽然地处南部，但仍受到寒冷潮湿的大西洋气候影响。与卡巴德产区一样，这里也种植地中海和波尔多葡萄品种，品丽珠与赤霞珠和梅洛混合调配，此外还有西拉、歌海娜和神索。马勒佩尔盛产果味清新、芳香浓郁、怡人优雅的红葡萄酒和桃红葡萄酒。

科比埃和菲图

科比埃产区葡萄园内的典型小屋，为种植户遮风挡雨

科比埃（Corbières）产区呈一个巨大的矩形，覆盖了从纳博讷到卡尔卡松以南3000平方千米的面积。产区西部的山丘海拔较高，那里的气候寒冷，不适合种植葡萄。在产区东部，山丘绵延至勒卡特（Leucate）和巴热（Bages）潟湖以及地中海。产区的南部边界是岩石峭壁，峭壁顶上坐落着格里布斯（Quéribus）城堡和佩尔佩图斯（Peyrepertuse）城堡。产区拥有12500公顷的葡萄园，土壤和气候多元化，其中土壤类型包括片岩、石灰岩、砂岩、泥灰岩和多石的冲击土。

由于濒临地中海，科比埃主要为地中海式气候，但某些地区还会受到大西洋的影响，这取决于海拔的高度和靠西的程度。1990年，根据这些不同的风土特征，科比埃被划分为11个区域，如地图所示：希昂（Sigean）、德班（Durban）、格里布斯、特纳（Termenès）、圣维克多、冯福洛（Fontfroide）、拉格拉斯（Lagrasse）、塞尔维耶（Serviès）、阿拉里克山（Montagne d'Alaric）、莱济尼昂（Lézignan）和布特纳克（Boutenac）。布特纳克是第一个得到官方认可的产区，并被允许在科比埃法定产区后面添加自己的名称。

科比埃的种植户在成千上万亩的土地上重新种植了歌海娜、西拉和慕合怀特以及少量的白歌海娜、侯尔、玛珊和瑚珊等白葡萄品种。他们成功掌控了佳丽酿，这种葡萄过去常被用来批量生产葡萄酒。他们保留了低产、优质的老藤葡萄树，开发了适合佳丽酿的酿酒方法。从20世纪60年代中期开始，在朗格多克-鲁西荣产区普遍使用的方法逐步被佳丽酿的二氧化碳浸渍法取代。

在二氧化碳浸渍法过程中，经人工筛选的葡萄会被完整放入充满二氧化碳的酒罐里，因此果实进行皮内发酵，由此产生的酒精会最大限度地萃取果皮内的物质。如果6~8天后提前终止发酵并压榨果实，虽然可以获取理想的颜色和香味，但葡萄酒会缺乏足够的结构和单宁。用这种方法酿造的佳丽酿口感更加怡人，商业价值也更高，但会具有一丝动物的味道。

然而，科比埃的生产商有能力延长浸渍的时间，萃取更多的物质，酿造出酒体浓厚、单宁细腻的葡萄酒。这样的佳丽酿经久耐存，具有香料味，随着时间的增加，还会散发出野味和丛林味。

佳丽酿的另一个优势是，当它与歌海娜和西拉（偶尔也与慕合怀特）混酿的时候，出产的葡萄酒风格独特，是科比埃产区的典型代表。20世纪80年代末期，科比埃的生产商凭借优质的葡萄酒不断赶超其他南部产区。他们自我感觉甚好，认为已经征服佳丽酿。但是，葡萄酒协会内部之间的矛盾不断消耗着他们的能量，顷刻之间，科比埃就落到了后面。除了科比埃，朗格多克的每个角落都能找到具有浓郁果味和强劲口感的红葡萄酒。近年来，随着科比埃的特酿酒打开了新的局面，这种境况才有所缓解。

神索是桃红葡萄酒的重要原料，可以赋予葡萄酒清淡的颜色和浓郁的花香。科比埃的干白葡萄酒值得一提。在朗格多克-鲁西荣地区，科比埃的生产商最先发现了白歌海娜的独特品质，尤其是它的地中海特色。他们对口感和余味同样重视，而不是盲目地模仿北部葡萄酒的酸度。

在利穆附近，许多葡萄园周边都生长着鸢尾花

菲图

虽然菲图的葡萄酒能以科比埃的酒标装瓶出

售，但菲图也有自己的故事。1948年，I.N.A.O.在暗示过朗格多克和鲁西荣的生产商之后，向菲图授予了该地区第一个干红葡萄酒法定产区。I.N.A.O.的原话是：“超越了大众葡萄酒和甜葡萄酒，最高荣誉等待着你。”不过，在当时很难找到这样的优质红葡萄酒，因为所有的生产商都一窝蜂地转向了更有利可图的里韦萨特（Rivesaltes）甜葡萄酒。20世纪80年代初期，一场危机袭来，菲图这才开始发力。如今，在面积仅为2500公顷的葡萄园内，每年出产的葡萄酒达900万瓶。

菲图是一个奇怪的产区，由两块位于科比埃相距仅10千米的飞地组成。在科比埃法定产区的名称下，菲图的生产商生产桃红葡萄酒和白葡萄酒，有时也生产红葡萄酒。其中一块飞地海区菲图（Fitou Maritime）远远地延伸到了科比埃东部的山丘，并与地中海接壤，土壤主要为贫瘠、多石的黏土。地中海带来的潮湿气候有利于葡萄成熟，并为难以种植但品质优异的慕合怀特提供了理想条件。这块飞地包括菲图、卡夫（Caves）、特莱雷（Treilles）、巴拉马（La Palme）和勒卡特5个村庄。另一块飞地为上科比埃菲图（Fitou de Hautes-Corbières），位于科比埃的中心地带。卡斯卡泰尔（Cascatel）、维勒纳夫科比埃（Villeneuve-les-Corbières）、居尚（Tuchan）和德班4个村庄的列级葡萄园是这里仅有的葡萄种植区。上科比埃菲图荒凉、多山，各种各样的地中海草本植物、灌木丛和兰花在这里繁荣生长。片岩土壤为西拉的种植提供了优良的条件。在菲图的两个地区内，葡萄种植面积合计2500公顷，夏季酷热，雨水稀少。今天，菲图共有4家合作社和32家酒庄。虽然生产商们热衷于引进新品种，但古老的佳丽酿和黑歌海娜仍然是菲图最大的特色。

1982年以前，在朗格多克和鲁西荣尚未大量出产优质葡萄酒的时候，口感浓烈而粗犷的红葡萄酒在英国、比利时和丹麦十分流行，这种葡萄酒至少要经过9个月的熟成，在大酒桶中熟成的时间甚至更长。1982年之后，菲图开始了谨慎的改革。随着二氧化碳浸渍法的使用，佳丽酿的口感更加怡人，而西拉或慕合怀特的加入带来了更细腻的单宁和更浓郁的香味。新的小酒桶赋予葡萄酒更加丰满的酒体和雅致的风格。同时，法国南部其他地区与菲图之间的竞争愈加激烈，菲图的巨大商业优势逐渐消失。

在利穆的狂欢节上，人们尽情地享用世界上最古老的起泡酒

失宠的佳丽酿在科比埃荒凉而干燥的土地上得到了庇护，酿造出具有出色陈年潜力的浓郁红葡萄酒

朗格多克的主要葡萄酒生产商

生产商：**Abbaye Sylva Plana****-***

所在地：**Alaignan du Vent**

31公顷，年产量13万瓶

葡萄酒：Faugères：La Closerie，Le Songe de l'Abbé

Henri Ferdinand和Nicholas Bouchard是位于Côtes de Thongue的著名酒庄Domaine Deshenrys的所有者，他们接管了这座前修道院酒庄并与Cédric Guy合作，出产的红葡萄酒酒体丰满，带有香料味。

生产商：**Abbaye de Valmagne****-***

所在地：**Villveyrac**

65公顷，年产量20万瓶

葡萄酒：Vins de Pays d'Oc；Coteaux du Languedoc：Blanc，Rosé，Rouge

多年来，这座壮丽的修道院出产的葡萄酒一直保持优良的品质。目前，酒庄采用自然方法，酿造的Cuvée Turenne颜色深浓、口感醇厚。

生产商：**Borie de la Vitarèle*****-****

所在地：**Causses et Veyran**

13公顷，年产量3.7万瓶

葡萄酒：Coteaux du Languedoc Les Terres Blanches；Saint-Chinian：Les Schistes，Les Crés；Vin de Pays La Combe；Lou Festéjaïre

自从1990年酒庄成立以来，Cathy Planès和Jean-François Izard取得了巨大进展。红葡萄酒口感浓烈，葡萄园不同的风土条件赋予它们不同的风格。

生产商：**Château Cazal Viel****-****

所在地：**Cessenon-sur-Orb**

83公顷，年产量60万瓶

葡萄酒：Saint-Chinian：L'Antenne，Cuvée des Fées，Larmes des Fées

年轻活力的Laurent Miquel促进了酒庄的品质提升。他还向其他酿酒师提供建议，并且出售一系列以他的名字命名的葡萄酒。

生产商：**Château des Estanilles******

所在地：**Lenthéric**

34公顷，年产量20万瓶

葡萄酒：Coteaux du Languedoc Blanc；Faugères Rosé；Rouge：Tradition，Prestige，Château

Michel Louison是年轻一代的榜样。他是第一个挖掘西拉在法国南部潜力的人。他酿造的白葡萄酒同样出色。

生产商：**Château de Lascaux*****

所在地：**Vacquières**

40公顷，年产量20万瓶

葡萄酒：Coteaux du Languedoc：Blanc，Rosé，Rouge；Pic Saint-Loup

该酒庄于1984年由Jean-Benoît Cavalier开始经营，主要种植西拉和歌海娜，出产的由维欧尼、玛珊、瑚珊和侯尔酿造的白葡萄酒是朗格多克最优质的白葡萄酒之一。

生产商：**Château Mansenoble*****-****

所在地：

25公顷，年产量11万瓶

葡萄酒：Vins de Pays，Corbières Rouge，Réserve

短短几年内，Guido Jansegers就凭借精湛的技术、敏锐的嗅觉和满腔的热情酿造出品质卓越的科比埃红葡萄酒。

生产商：**Château Saint-Martin de la Garrigue*****-****

所在地：**Montagnac**

60公顷，年产量30万瓶

葡萄酒：Picpoul-de-Pinet，Coteaux du Languedoc，Bronzinelle

短短几年时间，Umberto Guida和Gregory Guida就成为这座壮丽酒庄的代名词，他们酿造的白葡萄酒清新芳香，红葡萄酒风格独特，陈年潜力强。

生产商：**Château la Voulte-Gasparets*****-****

所在地：**Boutenac**

55公顷，年产量23万瓶

葡萄酒：Corbières

酒庄拥有得天独厚的风土条件，多年来一直出产最具科比埃特色的顶级葡萄酒。

生产商：**Clos Bagatelle****-****

所在地：**Saint-Chinian**

55公顷，年产量25万瓶

葡萄酒：Vins de Pays；Saint-Chinain：Rosé，Rouge；Mathieu，La Gloire de Mon Père，Muscat de Saint Jean de Minervois

自1623年起，Simon家族就居住在这座位于圣希尼昂镇边界的庄园里。过去40年，酒庄出产的葡萄酒具有紧致的酒体，如今新一代的酒庄主人开始赋予他们的葡萄酒果味和结构。

生产商：**Clos Centeilles******

所在地：**Siran**

14公顷，年产量5万瓶

葡萄酒：Minervois Rouge：Capitelle，Campagne，Vin de Pays

由于酒庄古老的葡萄树和贫瘠的土壤，以及Daniel Domergu和Patricia Boyer-Domergue的付出，这里的葡萄酒具有细腻的口感和独特的风格。

生产商：**Domaine Jean-Michel Alquier******

所在地：**Faugères**

12.5公顷，年产量5万瓶

葡萄酒：Faugères

Jean-Michel Alquier将歌海娜、西拉和慕合怀特混合调配，并且使用橡木桶陈年，酿造出品质卓越的红葡萄酒。他的白葡萄酒细腻优雅，酿酒葡萄为玛珊和瑚珊。

生产商：**Domaine d'Aupilhac******

所在地：**Montpeyroux**

23公顷，年产量12万瓶

葡萄酒：Coteaux du Languedoc Montpeyroux，Vin de Pays

Sylvain Fadat最早将优质佳丽酿装瓶出售，并且在过去几年中酿造了一系列品质出众的葡萄酒。

生产商：**Domaine Baillat*****-****

所在地：**Montlaur**

14公顷，年产量5万瓶

葡萄酒：Corbières

Christian Baillat融合了奥地利和法国的葡萄酒文化。他坚定不移地追求完美，并且将自己的葡萄酒分为三个等级。几乎所有葡萄酒都口感鲜爽。

生产商：**Domaine Leon Barral*****-****
所在地：**Cabrerolles**
27公顷，年产量9.5万瓶
葡萄酒：Faugères
Didier Barral一直兢兢业业，将这座家族酒庄打造成了福热尔的顶级酒庄之一。

生产商：**Domaine Bertrand-Bergé******
所在地：**Paziols**
33公顷，年产量9万瓶
葡萄酒：Fitou
Jerôme Bertrand酿造的菲图葡萄酒品质卓越，其中最优秀的是由其曾祖父创制的Cuvée Jean Sirven。

生产商：**Domaine Borie de Maurel*****
所在地：**Félines Minervois**
27公顷，年产量15万瓶
葡萄酒：Minervois Blanc，Rosé，Rouge，Belle de Nuits，Maxime，La Livinière，Sylla
酒庄勇于进行各种尝试，出产了一系列由各种葡萄酿制而成的优质红葡萄酒。最好的产品是使用单一品种西拉酿造的Sylla葡萄酒。

生产商：**Domaine Canet-Valette******
所在地：**Cessenon-sur-Orb**
18公顷，年产量8万瓶
葡萄酒：Saint-Chinian
Marc Valette是圣希尼昂地区新生代的领袖之一，他酿造的红葡萄酒口感醇厚，具有香料和水果的香味，余味悠长，陈年潜力强。

生产商：**Domaine Clavel*****-****
所在地：**Assas**
40公顷，年产量20万瓶
葡萄酒：Coteaux du Languedoc
凭借特酿酒Copa Santa，Pierre Clavel成为了朗格多克追求葡萄酒品质的先锋之一。他酿造的Vins de Copians口感怡人。

生产商：**Domaine de l'Hortus*****-****
所在地：**Valflaunes**
55公顷，年产量40万瓶
葡萄酒：Coteaux du Languedoc，Pic-Saint-Loup，Grande Cuvée，Clos Prieur
1980年，Jean Orliac在攀登圣狼峰时发现了这座酒庄。他结合自然方法和现代技术，将酒庄发展成为圣狼峰最好的酒庄之一。

生产商：**Domaine Navarre*****-****
所在地：**Roquebrun**
13公顷，年产量2.5万瓶
葡萄酒：Saint-Chinian
Thierry Navarre酿制的产自片岩土壤的红葡萄酒口感复杂，具有广阔的前景。

生产商：**Domaine Rimbert*****-****
所在地：**Berlou**
20公顷，年产量9万瓶
葡萄酒：Saint-Chinian：Le Travers de Marceau，Mas au Schiste；Coteaux du Languedoc Blanc，Vin de Table：Le Chant de Marjolaine，Carignator 1er
1996年，Jean-Marie Rimbert在Berlou地区的片岩山坡上建立了这座酒庄。在这里，他推出了酒体丰满、果味浓郁、风格鲜明的葡萄酒，其中有两款完全采用佳丽酿酿制而成。

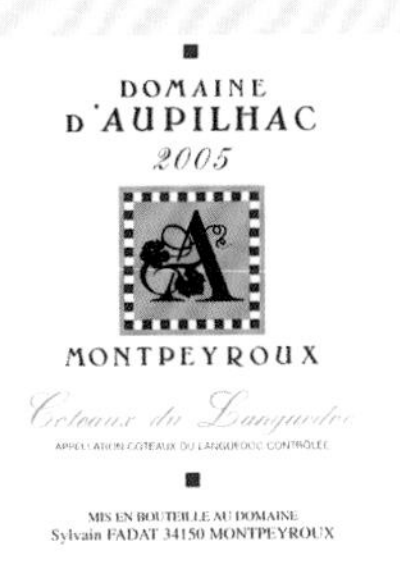

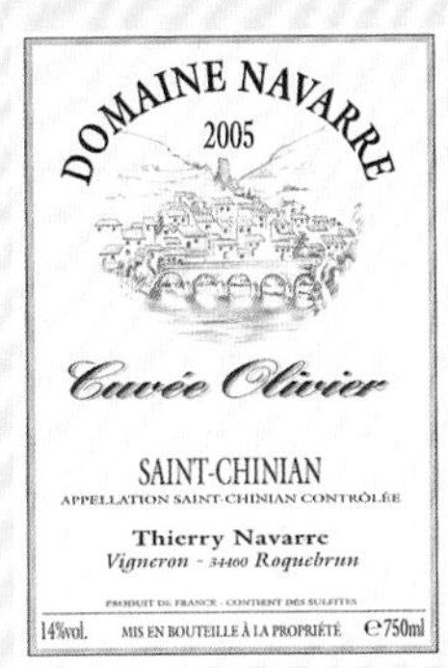

生产商：**Domaine Jean-Baptiste Senat*****-****
所在地：**Trausse-Minervois**
16公顷，年产量5万瓶
葡萄酒：Minervois
1996年，Jean-Baptiste和Charlotte Senat从巴黎退学并接管了这座位于密内瓦的家族酒庄。凭借老藤葡萄（其中大部分为歌海娜）、辛勤的工作和独特的理念，他们正在创造奇迹。

生产商：**Mas Champart******
所在地：**Bramefan**
16公顷，年产量4万瓶
葡萄酒：Saint-Chinian
1976年以来，Isabelle Champart和Matthieu Champart逐步重建了酒庄。他们摒弃了劣等葡萄树，种植了新苗，出产的葡萄酒果味浓郁、口感均衡。

生产商：**Mas de Daumas-Gassac******-*****
所在地：**Aniane**
50公顷，年产量20万瓶
葡萄酒：Vin de Pays
凭着1978年的红葡萄酒，Aimé Guibert最早展示了朗格多克的潜力。从那之后，他的红葡萄酒越来越细腻、圆润、醇厚，而他的白葡萄酒芳香浓郁，品质一流。酒庄的红葡萄酒和白葡萄酒都具有较强的陈年潜力。

生产商：**Mas Jullien******-*****
所在地：**Jonquières**
17公顷，年产量6万瓶
葡萄酒：Les Etats d'âmes；Coteaux du Languedoc
Olivier Jullien是一位温和的革命者。他酿造的葡萄酒超越了时尚，是朗格多克现在和未来的经典。

生产商：**Mas de Martin******
所在地：**Saint-Bauzille-de-Montmel**
20公顷，年产量8万瓶
葡萄酒：Coteaux du Languedoc，Vin de Pays
Christian Mocci具有很强的平衡意识，通过生物动力种植法，他成功酿造了Ultreia等优质葡萄酒。

生产商：**Prieuré de Saint-Jean de Bébian******
所在地：**Pézenas**
33公顷，年产量10万瓶
葡萄酒：Coteaux du Languedoc，Prieuré
曾任《法国葡萄酒评论》杂志编辑的Chantal Lecouty和Jean-Claude Le Brun将这座传奇的酒庄进行了全面翻修。如今，酒庄的葡萄酒具有现代的风格，红葡萄酒和白葡萄酒都品质优秀。

生产商：**Société Coopérative Vinicole de Castelmaure****-****
所在地：**Embres-et-castelmaure**
300公顷，年产量不详
葡萄酒：Corbières
在20年的时间里，总裁Patrick de Marien和主管Bernard Pueyo将这座位置偏远的小合作社发展成了一家生意兴旺、具有开创性的新公司，出产的葡萄酒品质提升迅速。

鲁西荣丘和村庄级法定产区

鲁西荣是欧洲极少数拥有多元地貌的地区。在海拔2784米的卡尼古峰下有一处海滨胜地，鲁西荣就坐落在距离沙滩50千米的地方。比利牛斯山脉地质多样，包括片岩、花岗岩、片麻岩、黏土、白垩土和砾石等。从面朝地中海的山坡上向下俯瞰，壮观的景色一览无遗。最高的葡萄园海拔达到600米，但只建在具有明显地中海气候的地方。这里的日照更加强烈，年平均气温为15℃，平均每三天就有西北风吹过，对葡萄树的生长十分有利。

这样的环境非常适宜种植红葡萄品种。即使是在20世纪60年代佳丽酿处于顶峰的时候，这里的种植户就采取了一项很有远见的举措，开始种植“改良”品种，比如果味浓郁、口感圆润的黑歌海娜，颜色深浓、层次复杂且地位快速上升的西拉，以及难种但精妙的慕合怀特。

1977年，鲁西荣丘（Côtes du Roussillon）被授予法定产区命名，葡萄酒生产商的辛勤付出得到了肯定，这比科比埃、密内瓦和朗格多克山坡都要早许多，它们直到1985年才获得法定产区命名。鲁西荣丘法定产区的葡萄种植面积约为7700公顷，分布在东比利牛斯省（Pyrénées Orientales）的125个村庄内。产区的北部为丘陵地带，土壤主要为片岩、花岗岩和白垩土，出产的红葡萄酒被授予更高的级别——鲁西荣丘村庄级法定产区（Côtes du Roussillon Villages）葡萄酒。卡拉玛尼（Caramany）、法兰西-拉图尔（Latour-de-France）以及最近的勒柯尔德（Lesquerde）和托塔韦（Tautavel）4个村庄都拥有自己的法定产区。自20世纪90年代中期起，

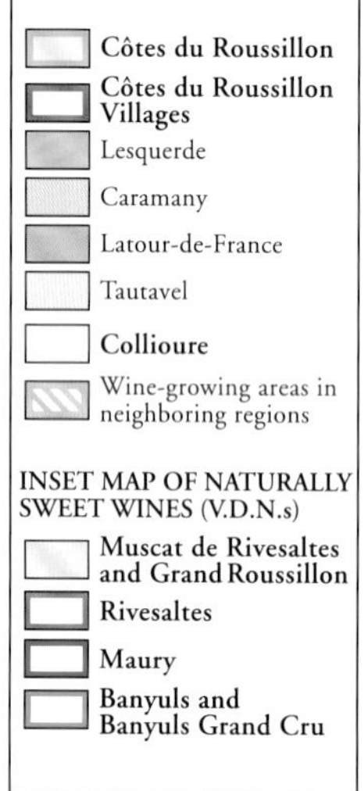

仅有托塔韦［包括邻近的村庄万格罗（Vingrau）在内］出产了能够真正体现当地优秀风土条件的葡萄酒。在另外三个村庄级法定产区，合作社占主导地位，但生产的葡萄酒仅有一小部分能达到人们的期望。即使在村庄级产区，白葡萄酒和桃红葡萄酒也只能使用鲁西荣丘的酒标。

在鲁西荣更偏南的地方，地质条件十分多元，葡萄园大多平坦开阔。阿斯普尔（Aspres）地区的天然梯田非常独特，主要由冲积土和磨平的卵石构成。在这里，生产商们致力于酿造优质的葡萄酒。2004年，他们获许在鲁西荣丘法定产区后面加上阿斯普尔的名称，用以特指结构坚实、至少陈酿12个月的红葡萄酒。

鲁西荣盛产红葡萄酒，不过近年来，桃红葡萄酒的地位也有所上升。过去20年间，酿酒厂严格遵循现代葡萄酒酿造要求，尤其是温度控制（在炎热的南方非常重要）已经成为行业规范。

除了少数专门出产白葡萄酒的地方，在法国南部的大部分地区，白葡萄酒的比例都较低，仅占总产量的7%。大多数白葡萄酒不过是容易入口的烈酒，酸度很低，只有极少数酒庄能酿造出可口怡人的白葡萄酒。最好的酿酒师会选择老藤葡萄，产量低，但酒的浓度高。葡萄需要在成熟之前采摘，这样酿制而成的白葡萄酒特点鲜明，矿物丰富，品质上乘。

与其他顶级葡萄酒一样，这些葡萄酒成功的秘密在于选择理想的葡萄种植位置，即需要区分不同的风土条件。与朗格多克一样，这项工作在鲁西荣也处于探索阶段。虽然最早的纯片岩葡萄酒早在1984年就装瓶出售，而且许多酒庄和合作社已经有意识地在特别的土壤上种植特定的葡萄品种，但这是一项旷日持久的事业，直到近年来才有生产商鼓起勇气将产自不同风土条件的葡萄酒分开装瓶出售。

在科比埃石灰石堡垒的南部，片岩土壤赋予了红葡萄酒复杂的香味和细腻的单宁

科利乌尔

科利乌尔（Collioure）是鲁西荣沿海胜地中的瑰宝。自从1905年以马蒂斯为首的野兽派画家发现并迷上这座渔港充满传奇色彩的阳光后，当地的中世纪城堡和如诗如画般的教堂无数次得到盛赞。布拉瓦海岸（Costa Brava）位于法国的一端，比利牛斯山脉深深地插入地中海。希腊人最先将这些山坡开垦成梯田，种上葡萄。科利乌尔产区目前的葡萄种植面积为330公顷。

在这片区域，歌海娜成熟完全，酿造出的著名自然甜葡萄酒以附近的巴纽尔斯（详见以下两页）的名称出售。1971年，传统浓郁的干红葡萄酒获得了自己的法定产地命名。

这里的葡萄园土壤贫瘠，日照充足，还有海风带来的湿气，因此出产的葡萄酒酒体丰满，结构复杂。葡萄酒的最大产量为4000升/公顷。

虽然科利乌尔葡萄酒曾经只是存储在大酒罐里的乡村烈酒，但现在已经发展成为法国南部最受欢迎的葡萄酒之一。最好的科利乌尔葡萄酒仍然酿自黑歌海娜。不过随着1982年西拉和慕合怀特获得许可后，当地也开始出产具有典型南部风格的红葡萄酒，它们颜色深浓、口感辛香、风格雅致，常在橡木桶中陈年。此外，在480公顷的葡萄园上，当地的3家合作社以及20余家酒庄出产了一种浓烈的桃红葡萄酒，颜色与覆盆子相近，是烤鱼的绝佳搭配。

科利乌尔海岸最好的白葡萄酒由灰歌海娜和白歌海娜采用直接压榨的方式酿制而成，在2003年获得了法定产区命名。

天然甜葡萄酒：巴纽尔斯、莫里和里韦萨特

自中世纪以来，科利乌尔和西班牙布拉瓦海岸之间的岩石海岸地区就开始出产独具一格的葡萄酒

卡尼古雄壮的山峰和铁矿石自古就吸引了利古里亚人、伊比利亚人、希腊人和罗马人。希腊人大约在公元前600年抵达了鲁西荣海岸，并引进了葡萄种植。法国的维尔梅耶海岸（Côte Vermeille）的片岩梯田和布拉瓦海岸十分适合葡萄种植，出产的葡萄酒口感浓厚、糖分丰富，深受罗马人喜爱。公元1世纪，普林尼对鲁西荣的浓烈葡萄酒赞不绝口。

1276年，海梅征服了巴利阿里群岛（Balearics）、鲁西荣和蒙彼利埃，为他的小儿子缔造了马略卡王国，但他的小儿子热衷于和平、艺术和工艺。在马略卡王国时期，鲁西荣的葡萄酒行业再次繁荣。9年之后，在佩皮尼昂（Perpignan）南部圣殿骑士团的酒庄里，知名的医生兼学者阿诺德根据一张阿拉伯配方成功地将酒精从葡萄酒里蒸馏出来。他将这种具有兴奋功效的蒸馏酒命名为白兰地，并用来进行试验。他发现，通过向葡萄酒中添加白兰地可以阻止发酵，从而保留部分天然糖分并避免醋的生成。这就是天然甜葡萄酒（vin doux naturel，简称V.D.N.）的由来。这种方法被称为终止发酵，用这种方法酿造的葡萄酒经久耐存，在中世纪取得了巨大成功。

1695年，法国国王路易十四吞并了鲁西荣后，将葡萄酒引入凡尔赛的行宫，伏尔泰也成为了里韦萨特麝香（Muscat de Rivesaltes）甜葡萄酒的忠实粉丝。

在天文学家兼政治家弗朗索瓦·阿拉戈的努力下，鲁西荣悠久而有趣的历史被转化成有利的优势，独具特色的天然甜葡萄酒得到了法律认可。1936年，法定产区成立，对葡萄种植面积、葡萄品种、葡萄成熟度、产量、酿造方法以及最少陈年时间做出了明确规定。鲁西荣最干燥、最炎热的山坡和梯田都用于出产天然甜葡萄酒，葡萄汁中的糖分含量至少需达到252克/升，对应的酒精度为14.4% vol。这么高的成熟度不仅归功于充足的日照，还归功于产量的限制——3000升/公顷甚至更低。发酵开始后，酿酒师密切监控糖分转化为酒精的过程，选择正确的时间向葡萄汁中加入纯净无味的蒸馏酒，这会决定葡萄酒最终的特征。发酵终止的时间越早，剩余的糖分就越多；时间越晚，葡萄酒口感就越干。根据规定，葡萄酒中的残糖必须在50～125克，最终的酒精和糖分含量总和需保持在21.5%。因此，这一过程中添加的蒸馏酒为5%～10%，酒精度在16%～18.5% vol。鲁西荣出产的天然甜葡萄酒占法国总产量的90%。

允许用来酿造天然甜葡萄酒的4个品种包括麝香、马卡贝奥、马尔瓦西和歌海娜，更准确地

说，是黑歌海娜，而不是白歌海娜和灰歌海娜。其中，黑歌海娜具有特殊的地位，因为它赋予顶级巴纽尔斯、莫里（Maury）和里韦萨特葡萄酒与众不同的特征。在酿造普通葡萄酒时，蒸馏酒直接添加到葡萄汁中，而在酿造上等葡萄酒时，蒸馏酒泼洒在葡萄之上，然后与葡萄一起浸渍数天，有时候浸渍的时间会长达2～4周。在此期间，酒精含量增加，压榨开始前果皮中会释放出色素、芳香物质和单宁，部分酒精流失。

传统的巴纽尔斯、莫里和里韦萨特葡萄酒都在大酒桶中陈年，在这个过程中，酿酒师会将它们暴露在空气中发生氧化。

为了加快芳香物质的释放，部分葡萄酒有时会被装在容量为600升的大酒桶或者细颈玻璃瓶中，然后放置在室外，经历昼夜、冬夏的巨大温差。在熟成的初级阶段，传统天然甜葡萄酒的香味和口感让人联想起煮熟的水果、新鲜的无花果、桃子和糖渍樱桃。随之而来的是梅干、葡萄干、无花果干和杏干等干果的味道。当熟成进行到第七年时，葡萄酒会散发出烘焙食物的香味，如甜面包干、烤坚果和焦糖。再接下来，就变成了可可、咖啡和烟草的味道。最后，经过15～20年的熟成，葡萄酒会出现陈旧的味道，与陈年白兰地、干雪莉酒和黄葡萄酒的味道相似，让人不禁想起绿色核桃外壳的香味。

1975年后，甜葡萄酒又增添了一名新成员——年份酒，在巴纽尔斯常称为“Rimage”。这种葡萄酒通常较早装瓶，呈深红色，醇厚浓郁。它们的香味主要为成熟的鲜樱桃味，同时夹杂着一丝浆果的味道，糖分中的甜味隐藏着丰富的单宁。年份酒的陈年过程与优质红葡萄酒一样，甜味会逐渐变淡。

天然甜葡萄酒的原料也可以是白葡萄品种（或者是白葡萄和黑歌海娜的组合）。经过10年甚至更长时间的熟成后，它们会散发出杏干和橘皮的味道，如果原料中包含部分麝香葡萄，还会有一丝松木树脂味。从名声和品质来看，用马卡贝奥和黑歌海娜酿造的甜葡萄酒远不如里韦萨特麝香葡萄酒。这是一款用亚历山大麝香和小果粒白麝香酿造的葡萄酒，前者果粒较大，后者果粒较小，颜色金黄。里韦萨特麝香采用白葡萄酒的酿造工艺，在低温环境下酿制而成，香味浓郁新鲜，与柠檬或者桃子的味道相近，有时也带有一丝金雀花、茴香和八角的气味。未成熟的麝香葡萄颜色通常都比较浅淡。麝香葡萄酒在朗格多克的密内瓦-圣让（St-Jean-de-Minervois）、弗龙蒂尼昂（Frontignan）、吕内尔（Lunel）和米勒瓦（Mireval）以及罗讷河谷的博姆-德沃尼斯（Beaumes-de-Venise）等地也有生产。除了鲁西荣地区，唯一的深色天然甜葡萄酒来自拉斯多。

传统上，巴纽尔斯葡萄酒在容量为600升的大酒桶中露天陈年，由此而产生的氧化作用有助于展现它们复杂的芳香

冰镇至12～15℃后，巴纽尔斯、莫里和里韦萨特葡萄酒是非常可口的开胃酒。虽然它们香味浓郁，但不会掩盖后面葡萄酒的味道。它们能与鹅肝和鸭肉完美地搭配，与山羊奶酪和蓝纹奶酪一同进食也是不错的选择。作为甜葡萄酒，它们常与蛋糕一起搭配。它们与巧克力甜点的组合非常经典，尤其是年轻年份酒或者巴纽尔斯干葡萄酒。一旦它们散发出成熟的香味，品酒家们会把它们当作消化剂，并细细品味它们令人惊叹的复杂口感。

鲁西荣的主要葡萄酒生产商

生产商：**Cave Coopérative de Maury***—****
所在地：**Maury**
1500公顷，年产量55万瓶
葡萄酒：Côtes de Rousillon and Villages; Maury, Chabert de Barbaira
为了让产自片岩土壤的天然甜葡萄酒获得官方认可，这家酿酒合作社已经付出了几十年的努力。除了采用传统方法陈年的葡萄酒，合作社的年份酒品质也在稳步提升。

生产商：**Celliers de Templiers****—*****
所在地：**Banyuls-sur-Mer**
980公顷，年产量110万瓶
葡萄酒：Collioure; Banyuls: Rimage, Président Henri Vidal
由5家合作社合并而成，每年都生产一些顶级的巴纽尔斯葡萄酒。子公司La Cave de l'Abbé Rous销售Mas Cornet品牌的葡萄酒，其中包括一款果味浓郁的科利乌尔葡萄酒和一款口感复杂的巴纽尔斯葡萄酒Mise Tardive。

生产商：**Clos des Fées******—*****
所在地：**Vingrau**
25公顷，年产量7万瓶
葡萄酒：Côtes du Roussillon Villages, Le Clos des Fées, La Petit Sibérie
Hervé Bizeul曾先后担任过侍酒师、出版商、葡萄酒电视记者，后转行成为一名葡萄酒生产商。他对葡萄园选址有敏锐的判断力，已经建立了自己的酒庄。自1998年酒庄成立以来，他的葡萄酒一直保持醇厚的酒体和强劲的结构。

生产商：**Clot de l'Oum******
所在地：**Bélesta-de-la-Frontière**
18公顷，年产量3.5万瓶
葡萄酒：Côtes du Roussillon Villages
Eric Monné和Leia Monné生产的三款红葡萄酒品质非凡，酿酒原料为产自片麻岩、花岗岩和片岩土壤的老藤葡萄。

生产商：**Coume del Mas****—****
所在地：**Banyuls-sur-Mer**
10公顷，年产量2万瓶
葡萄酒：Collioure, Quadratur; Banyuls, Quintessence
受巴纽尔斯杰出风土条件的吸引，酿酒专家Philippe Gard进行了大胆尝试。他白手起家，创立了自己的酒庄。通过艰辛的付出、深厚的专业知识和满腔的热情，他很快酿造出了三款出众的葡萄酒。

生产商：**Domaine Boudou*****—****
所在地：**Rivesaltes**
83公顷，年产量不详
葡萄酒：Vin de Pays: Muscat Sec, Côtes du Roussillon Villages, Rivesaltes; Muscat de Rivesaltes
Véronique和Pierre两姐弟曾经将全部精力集中在甜葡萄酒之上，现在，酒庄改变路线，主要出产诱人的干葡萄酒和现代甜葡萄酒。

生产商：**Domaine Cazes Frères****—*****
所在地：**Rivesaltes**
160公顷，年产量80万瓶
葡萄酒：Côtes du Roussillon, Côtes du Roussillon Villages, Rivesaltes, Aimé Cazes; Muscat de Rivesaltes
20世纪80年代初期以来，André Cazes和Bernard Cazes两兄弟不断推动鲁西荣地区的发展。今天，他们与子女一起经营酒庄，并且采用生物动力法。酒庄最好的产品是天然甜葡萄酒。

生产商：**Domaine Fontanel*****—****
所在地：**Tautavel**
35公顷，年产量17.5万瓶
葡萄酒：Côtes du Roussillon; Côtes du Roussillon Villages, Prieuré, Rivesaltes, Muscat
Pierre Fontanel与妻子Marie-Claude脚踏实地地从事葡萄酒生产。他们的特酿红葡萄酒与众不同，最出色的当数Prieuré，结构优良，带有香料味。

生产商：**Domaine Gardiès******
所在地：**Vingrau**
45公顷，年产量13万瓶
葡萄酒：Côtes du Roussillon Villages, La Torre, Les Falaises; Rivesaltes
自从1990年接手这座家族酒庄以来，Jean Gardiès不断创造奇迹。他酿造的在橡木桶内陈年的混酿红葡萄酒是鲁西荣地区最好的红葡萄酒之一。

生产商：**Domaine Gauby*******
所在地：**Calce**
40公顷，年产量8万瓶
葡萄酒：Vin de Pays Blanc: Vieilles Vignes, Côtes du Roussillon: Les Calcinaires; Côtes du Roussillon Villages: Vieilles Vignes; Muntada
Ghislaine Gauby和Gérard Gauby不断追求完美，订立了新的标准。他们精心选择葡萄园址，细心照料葡萄树，只使用优质的葡萄，并且掌握精湛的橡木桶熟成工艺。酒庄出产的红葡萄酒和白葡萄酒层次复杂，口感鲜爽，矿物气息浓郁。

生产商：**Domaine la Casenove******
所在地：**Trouillas**
50公顷，年产量12万瓶
葡萄酒：Côtes du Roussillon, Amiral François Jaubert, Vin de Pays, Rivesaltes
这座家族酒庄已有400余年的历史。酒庄主人Étienne曾经是一名优秀的摄影记者，现在已成为一名杰出的葡萄酒生产商。他酿造的葡萄酒特色鲜明。

生产商：**Domaine Marcevol****—***
所在地：**Arboussols**
10公顷，年产量2.7万瓶
葡萄酒：Vin de Pays Blanc, Côtes du Roussillon: Tradition, Prestige
来自北加泰罗尼亚的Guy Predal与来自卡奥尔的Pascal Verhaeghe联手，凭借辛勤的工作和坚定的信念，他们

成功酿造出了果味怡人、口感清爽的葡萄酒。

生产商：Domaine du Mas Crémat***—****
所在地：Espira d'Agly
30公顷，年产量9万瓶
葡萄酒：Vin de Pays, Côtes du Roussillon, Muscat de Rivesaltes
Cathérine Jeannin与其子女酿造的鲁西荣葡萄酒带有勃艮第风味。

生产商：Domaine Piquemal***—****
所在地：Espira d'Agly
58公顷，年产量28.5万瓶
葡萄酒：Côtes du Roussillon, Côtes du Roussillon Villages, Muscat de Rivesaltes, Vins de Pays
凭借不懈的努力、专业的知识和卓越的远见以及儿子Franck的帮助，Picquemal家族酿造出了一系列耐人寻味的葡萄酒。使用橡木桶陈年的麝香葡萄酒口感怡人。

生产商：Domaine Olivier Pithon***—****
所在地：Calce
15公顷，年产量3万瓶
葡萄酒：Côtes du Roussillon Blanc, Côtes du Roussillon Villages
在其位于安茹地区的兄长Jo的带领下，Olivier Pithon开始接触葡萄种植和葡萄酒酿造。如今，他在鲁西荣运用自己丰富的经验生产出了口感新鲜、果味浓郁的葡萄酒。

生产商：Domaine de Rancy***—****
所在地：Latour de France
18公顷，年产量1.5万瓶
葡萄酒：Côtes du Roussillon Villages, Rivesaltes
在Jean-Hubert和Brigitte Verdaguer的经营下，这座家族酒庄主要生产迷人的陈年葡萄酒和独具特色的村庄级红葡萄酒。

生产商：Domaine de la Rectorie****
所在地：Banyuls-sur-Mer
23公顷，年产量11万瓶
葡萄酒：Collioure, Banyuls, Vin de Pierre
Marc Parcé和Thierry Parcé充分利用巴纽尔斯和科利乌尔的风土条件，在与合作伙伴的共同努力下，酿造的葡萄酒品质不逊于鲁西荣丘和莫里葡萄酒。

生产商：Domaine Le Roc des Anges****
所在地：Tautavel
20公顷，年产量4万瓶
葡萄酒：Vin de Pays, Côtes du Roussillon Villages Vieilles Vignes
Majorie Gallet的红葡萄酒强劲而不失细腻，白葡萄酒采用老藤葡萄酿制而成，矿物气息浓郁。

生产商：Domaine Sarda Malet****
所在地：Perpignan
45公顷，年产量215万瓶
葡萄酒：Côtes du Roussillon: Réserve, Terroir de Mailloles, Rivesaltes, Muscat
凭借稳定的高品质，Suzy Malet的酒庄享誉国际。自从她的儿子Jérôme也加入她的事业后，葡萄酒的品质得到了提升，酒庄也逐步发展成为当地最好的酒庄之一。

Domaine Olivier Pithon
Vin de Pays des Côtes Catalanes
Cuvée Laïs
2006
mis en bouteille au domaine
13%vol. Olivier Pithon - 66600 Calce - France 750 ml

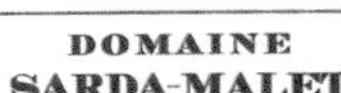

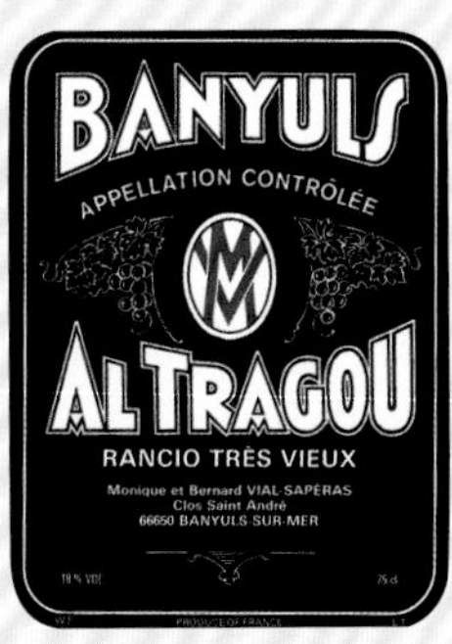

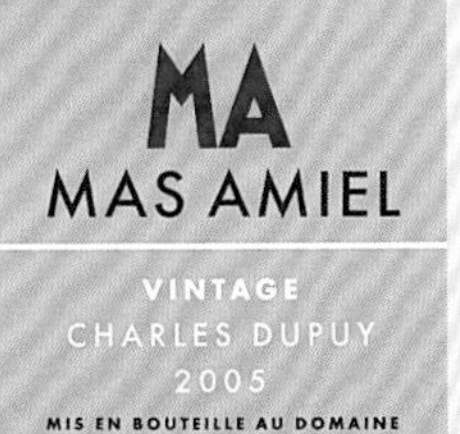

生产商：Domaine des Schistes***—****
所在地：Estagel
50公顷，年产量12.5万瓶
葡萄酒：Vin de Pays, Côtes du Roussillon Villages: Tradition, Les Terrasses; Rivesaltes; Maury Vintage
酒庄位于科比埃南部山脚下，由Jacques Sire及其儿子Michel Sire经营，出产的葡萄酒品质逐年提升。自1999年起，酒庄还推出优质的莫里葡萄酒。

生产商：Domaine de la Tour Vieille***—****
所在地：Colioure
13公顷，年产量5.2万瓶
葡萄酒：Collioure, Puig Oriol, Banyuls: Vendanges, Mémoire d'automne
酒庄历史悠久的葡萄园位于科利乌尔和巴纽尔斯，在Christine Campadieu和Vincent Cantié的经营下，出产的葡萄酒充分展现了当地的风土特征。

生产商：Domaine Vial Magnères****
所在地：Banyuls-sur-Mer
13公顷，年产量3万瓶
葡萄酒：Collioure, Banyuls, Gaby Vial 1993, Al Tragou; Ranfio Seco
怀着满腔热情，Bernard Saperas打理着古老的片岩葡萄园。他酿制的巴纽尔斯葡萄酒与众不同。同时，他还开创了Côte Vermeille地区白葡萄酒的风格，重新引进了一种淡色干雪莉酒Ranfio Seco。

生产商：L'Étoile**—*****
所在地：Banyuls-sur-Mer
141公顷，年产量18.2万瓶
葡萄酒：Collioure, Banyuls: Blanc Doux Paillé; Macéré Tuilé, Select Vieux
Côte Vermeille地区最古老的合作社，同时也是采用氧化方式陈年巴纽尔斯葡萄酒的基地。干葡萄酒系列品质不一。

生产商：Mas Amiel***—*****
所在地：Maury
160公顷，年产量30万瓶
葡萄酒：Côtes du Roussillon, Côtes du Roussillon Villages Carrerades; Maury, Maury Vintage, Charles Dupuy
在Olivier Decelle的管理下，酒庄进入新的发展时期。酒庄的新产品不仅包括优质的干葡萄酒，甜葡萄酒的风格和品质同样出色。

生产商：Vignobles Jean et Bernard Dauré**—****
所在地：Cases-de-Pine
134公顷+90公顷+6公顷，年产量75万+22万+2万瓶
葡萄酒：Côtes du Roussillon Villages, Talon Rouge, Muscat de Rivesaltes, Vin de Pays, Collioure, Banyuls, Rivesaltes
Estelle Dauré目前经营着家族酒庄Château de Jau、Les Clos de Paulilles、Mas Christine，以及位于智利的Viña del Nuevo Mondo，她对工作的热情和女人的直觉对她的事业很有帮助。她的科利乌尔葡萄酒品质出众，巴纽尔斯葡萄酒口感浓烈复杂。

意大利

意大利葡萄酒历史

意大利是欧洲最重要，也是最古老的葡萄酒生产国之一。最近的考古发现，尽管希腊人在公元前6世纪才从自己的殖民地马赛将葡萄栽培引进到法国，但公元前8世纪伊特鲁里亚人就已经在意大利系统地种植葡萄树。虽然没有确凿的证据，但我们可以推测意大利人甚至在更早的时候就开始尝试葡萄种植。随着罗马帝国的兴起，先进的葡萄种植和酿酒技术传遍了西欧和中欧。罗马人还将葡萄酒贸易发展为高盈利的经济活动。维苏威火山口脚下的庞贝古城逐渐发展成古代世界上最重要的葡萄酒贸易城市。79年维苏威火山爆发摧毁了这座城市，但同时也为其成为罗马帝国的葡萄酒中心奠定了基础。葡萄酒行业的发展最终导致意大利于公元前186年全面禁止酒神节（罗马人为膜拜酒神举行的一个节日），不过违反的人比遵守的人还多。之后，基督教兴起，并于公元4世纪成为罗马国教。在宗教受到狂热追崇的背景下，葡萄酒消费量大幅下降。

476年，西罗马帝国的衰败预示着意大利重大变革时期的来临。大规模的迁徙所产生的动荡打破了人们长久以来和平安宁的生活。葡萄种植与葡萄酒酿造，特别是美酒的酿造也急剧减少。随着贸易中心热那亚、佛罗伦萨和威尼斯等地葡萄酒市场的重新崛起，以及当地居民生活水平的提高，来自波尔多、勃艮第、莱茵河和多瑙河的葡萄酒利润颇丰。意大利今天的一些知名葡萄酒庄创立于13、14世纪，其中包括安东尼酒庄和花思蝶酒庄。前者以丝绸贸易起家，后者从事波尔多地区与英国王室间的商品贸易，同时代表教皇在伦敦征收税款。

巴罗洛是皮埃蒙特的顶级佳酿，也是意大利熟成时间最长的葡萄酒

各产区葡萄酒生产数据

产区	葡萄种植面积（公顷）（2006年）	葡萄酒产量（10万升）（2004年和2006年平均数据）
阿布鲁佐	37407	3429
阿普利亚	105601	7785
巴斯利卡塔	6224	238
卡拉布里亚	12716	503
坎帕尼亚	28100	1908
艾米利亚—罗马涅	61266	6844
弗留利—威尼斯朱利亚	19513	1172
拉齐奥	29252	2390
利古里亚	1942	84
伦巴第	24030	1116
马尔凯	19187	1181
莫利塞	6282	365
皮埃蒙特	55118	3182
撒丁岛	25600	909
西西里岛	31131	7074
特伦蒂诺—上阿迪杰	15084	1161
托斯卡纳	62501	2975
翁布里亚	13757	1060
奥斯塔山谷	726	21
威尼托	72460	7715
总计	730439	51111

佛罗伦萨市不仅有举世闻名的文化与艺术，还有同样著名的托斯卡纳葡萄酒

虽然意大利商人和银行家在葡萄酒进口中获得了丰厚利润，但是意大利的葡萄种植却只是贫苦农民维持生计的一种劳作。在修道院的努力下，一些地区的葡萄种植传统才得以保存。这种衰退的趋势一直持续到19世纪才在皮埃蒙特和托斯卡纳出现转机。法国葡萄酒酿造专家帮助意大利开发了一些新的葡萄品种，如巴罗洛、布鲁奈罗和基安蒂。在之后的150年中，这些葡萄酿造的葡萄酒都成为世界闻名的美酒佳酿。意大利著名的葡萄酒学校和酿酒厂，如甘恰、琴扎诺和波拉都建立于19世纪这个时期。

在意大利，葡萄根瘤蚜的肆虐几乎使意大利蓬勃发展的葡萄酒行业陷入停滞，而20世纪的两次世界大战也同样阻断了其发展进程。在二战后的艰难岁月中，人们开始采用高产的种植方式，并且选择高产而不是高质的葡萄品种。这种趋势还得到了法国葡萄酒行业的支持。随着法国前殖民地阿尔及利亚葡萄酒供应的减少，意大利廉价葡萄酒的市场需求不断增长。

转变与困难

意大利提高葡萄产量的情况反映在粮食短缺的战后岁月里，葡萄酒不再是一种奢侈品，而是重要的食物之一。人们大量消费葡萄酒的行为一直持续到20世纪60年代，人均年消费量由最初的110升下降至60升。

与此同时，葡萄种植出现了巨大的转变，人们开始重视葡萄的品质。不过，在20世纪80年代中期，一些不负责任的生产商曾通过添加甲醇来“改善”廉价酒的质量，短短几周内，20多人死于饮用受污染的葡萄酒。这一丑闻震惊全国。

随着托斯卡纳地区推出一款全新的葡萄酒——超级托斯卡纳（Supertuscan）餐酒，意大利的葡萄酒行业开始出现了转机。超级托斯卡纳餐酒使用的是在意大利并不常见的赤霞珠、梅洛、霞多丽和西拉四种法国葡萄品种混酿而成，通常在新的小橡木桶中熟成。20世纪70—80年代，新一代的葡萄种植户和生产商前往法国和新世界寻找灵感，并在意大利本土尝试新方法。

不久之后，皮埃蒙特的巴罗洛和巴贝拉葡萄酒也开始了现代化进程，目的是生产颜色更深、

意大利最知名的红葡萄酒以皮埃蒙特产区的巴罗洛村庄命名，这里山坡上种植的内比奥罗葡萄成熟度非常高

果味更浓的葡萄酒以满足国际市场的口味需求。这个进程刚开始只影响到酿酒工艺，自20世纪90年代开始对葡萄园进行改革。破旧过时的葡萄园被现代化优质种植系统所取代。

此外，意大利葡萄酒立法在一定程度上顺应了国际市场的新情况和新要求，增加了I.G.T.（Indicazione Geografica Tipica）葡萄酒，即地区餐酒。由于生产法规的调整，一系列之前的餐酒也可以在标注特定产区后作为优质葡萄酒销售。

最后，意大利的葡萄酒生产商开始认识到大量未曾使用的本土葡萄品种的价值并加以开发，他们的第一步是改善葡萄的品质。这意味着巨大的机遇与挑战，因为人们已经对赤霞珠、西拉等国际葡萄品种失去了兴趣。意大利葡萄酒的爱好者更注重葡萄酒产区和本地葡萄品种的特性。

意大利葡萄酒分级制度

尽管科西莫三世·德·梅第奇早在1716年就划定了基安蒂的区域，并且授予卡尔米尼亚诺（Carmignano）红葡萄酒为第一个有约束力的法定产区葡萄酒，但是意大利葡萄酒分级体系的法规直到1963年才制定。该法规主要目的是为指定产区和葡萄酒提供法律保护，至今仍然有效。依照欧洲标准，该法规将葡萄酒分为两大类——日常餐酒（Vini da Tavola，简称V.D.T.）和高品质的法定产区葡萄酒（Denominazione di Origine Controllata，简称D.O.C.），并对第二种葡萄酒的葡萄种类、生产地区、葡萄种植和酿酒方法都做了明确规定。在该法规通过三年后，意大利为托斯卡纳的圣吉米格纳诺维奈西卡（Vernaccia di San Gimignano）白葡萄酒建立了第一个D.O.C.产区，之后又陆续建立了300多个D.O.C.产区。

佛罗伦萨西部，卡尔米尼亚诺的晨雾

错失良机

D.O.C.产区数量不断增加，但可供区分各产区葡萄酒品质的标准却很少，这使得批评之声越来越多。幸好市场早有基于价格的明确区分，否则优质葡萄酒将被等同于一般量产葡萄酒。因此，意大利在葡萄酒品质金字塔的顶端创建了一个新的级别，用来标明那些质量得到控制和保证的葡萄酒，称为保证法定产区葡萄酒（Denominazione di Origine Controllata e Garantita，简称D.O.C.G.）。这些葡萄酒必须遵守更严格的生产规定，允许的最高产量更低，陈年的时间更长。这个等级被授予一些意大利最著名的葡萄酒，如巴罗洛、巴巴莱斯科、布鲁奈罗、基安蒂和蒙达奇诺贵族葡萄酒（Vino Nobile di Montalcino）。然而，当它出现在知名度稍低的葡萄酒酒标上时，如罗马涅阿尔巴纳（Albana di Romagna）、阿斯蒂起泡酒和圣吉米格纳诺维奈西卡，就错失了建立真正品质等级的重要机会。

意大利最重要的D.O.C.G.葡萄酒

D.O.C.G.葡萄酒	产区	主要葡萄品种
阿斯蒂	皮埃蒙特	莫斯卡托
巴巴莱斯科	皮埃蒙特	内比奥罗（单一品种）
巴罗洛	皮埃蒙特	内比奥罗（单一品种）
蒙达奇诺布鲁奈罗	托斯卡纳	桑娇维赛（单一品种）
卡尔米尼亚诺	托斯卡纳	桑娇维赛、赤霞珠
基安蒂	托斯卡纳	桑娇维赛
经典基安蒂	托斯卡纳	桑娇维赛
弗兰奇亚考达	伦巴第	霞多丽、黑比诺
蒙特法科萨格兰蒂诺	翁布里亚	萨格兰蒂诺
图拉斯	坎帕尼亚	艾格尼科（单一品种）
托吉亚诺珍藏红葡萄酒	翁布里亚	桑娇维赛
特级瓦尔泰利纳	瓦尔泰利纳	内比奥罗
圣吉米格纳诺维奈西卡	托斯卡纳	维奈西卡
蒙特普尔恰诺贵族葡萄酒	托斯卡纳	桑娇维赛

此外，随着官僚作风与自由放任之风并行兴起，生产法规很快成了众多顶级生产商眼中的障碍。想要创新的生产商意识到，他们努力改善葡萄酒品质的方法，如改变葡萄酒调配比例，在过分严格的法规下是行不通的。曾有生产商想完全使用桑娇维赛酿造经典基安蒂，而不是按照规定使用红葡萄和白葡萄混酿，但这种方法是现行法律所不允许的。同样，想在新的小橡木桶中熟成巴罗洛和布鲁奈罗，或是希望使用一些弗留利的本土葡萄品种都是不可行的。

然而，意大利的生产商把新葡萄酒定位为餐酒。由于品质优异、营销巧妙，他们的葡萄酒售价高于大多数法定产区的优质葡萄酒。为此，20世纪90年代立法者修改了法律，提出更灵活的D.O.C.和D.O.C.G.产区定义，且缩短了之前橡木桶陈年时间。于是，许多超级餐酒可以作为地区餐酒销售，并在酒标上标注原产地和年份。其他葡萄酒则被重新归类为D.O.C.葡萄酒。意大利的葡萄酒共分为四个等级：

- 日常餐酒，酒标上没有产地、年份等信息。
- 地区餐酒，酒标上标有产地、葡萄品种、具体葡萄园和年份等信息。
- 法定产区葡萄酒。
- 保证法定产区葡萄酒，标有更多的信息：riserva（较长的木桶陈酿时间）；superiore（酒精含量或最高产量）；classico（产自种植区域的历史中心）；vigna/vigneto（单一葡萄园葡萄酒）。意大利的葡萄酒政策制定者最终认识到“G”在保证葡萄酒品质中的重要性，并授权D.O.C.G.联盟监督从葡萄种植到葡萄酒装瓶的整个过程（监督对象甚至包括非联盟成员），但该法案引发了激烈的辩论和争议。

主要D.O.C.和 D.O.C.G.葡萄酒的产区和产量

资料来源：罗马意大利葡萄酒产区保护联盟联合会（Federdoc）2007年数据

葡萄酒	产区	产量（10万升）
阿斯蒂起泡酒或阿斯蒂莫斯卡托	皮埃蒙特	530
阿斯蒂巴贝拉	皮埃蒙特	250
奥特莱堡—帕维赛	伦巴第	500
巴多利诺	威尼托	250
普洛塞克	威尼托	360
索阿维	威尼托	590
瓦尔波利塞拉	威尼托	380
特伦蒂诺	特伦蒂诺	430
南蒂罗尔	上阿迪杰	240
弗留利格拉夫	弗留利	380
佩森提尼丘陵	艾米利亚—罗马涅	250
兰布鲁斯科	艾米利亚—罗马涅	400
罗马涅桑娇维赛	艾米利亚—罗马涅	180
经典基安蒂	托斯卡纳	270
基安蒂	托斯卡纳	880
维蒂奇诺	马尔凯	220
弗拉斯卡蒂	拉齐奥	140
阿布鲁佐蒙特普尔恰诺	阿布鲁佐	800
萨利切萨伦蒂诺	阿普利亚	100

圣吉米格纳诺的塔楼是中世纪意大利人对权力追求的象征

未来葡萄品种

意大利的葡萄园拥有最多的葡萄品种。除了占种植面积一半以上的13种常见葡萄（参见第343页表格），以及其他几十种经济效益不错的葡萄，这里还有几百个葡萄品种，它们隐蔽在几公顷的葡萄园中，以待开发并酿成优质葡萄酒。

意大利的白葡萄与红葡萄在数量上不相上下，但除了少数例外，其最好的葡萄酒都使用红葡萄酿造。意大利最出名的两种葡萄是桑娇维赛和内比奥罗（虽然它们的种植面积不足意大利葡萄种植总面积的百分之一，而且只能种植在少数地区）。

内比奥罗

皮埃蒙特大区的顶级葡萄酒巴罗洛和巴巴莱斯科都使用内比奥罗酿造而成。这种葡萄还用来生产其他单一品种葡萄酒以及D.O.C.和D.O.C.G.混酿酒，如加蒂纳拉（Gattinara）、盖梅（Ghemme）、罗埃洛（Roero）和伦巴第的瓦尔泰利纳。内比奥罗又被称为Spanna、Picutener和Chiavennasca，生长在气候凉爽地区，产量远远低于其他葡萄品种。这种葡萄颗粒较小，酿造的葡萄酒颜色深、单宁多。内比奥罗葡萄酒还具有许多独特的个性，如酒体呈深宝石红色，带有茶叶、香料、玫瑰甚至焦油的气味。葡萄酒年轻时单宁含量高，口感苦涩，但陈年后会变得柔和诱人。

迄今为止，现代葡萄酒生产大多只局限于十几个葡萄品种。然而，意大利的葡萄园拥有许多尚未开发的本土古老品种，这些葡萄现在引起了越来越多葡萄酒生产商的兴趣

桑娇维赛及其法国合作伙伴

作为意大利排名第二的顶级红葡萄品种，桑娇维赛造就了许多著名葡萄酒，如托斯卡纳的布鲁奈罗、经典基安蒂和贵族葡萄酒。这种葡萄在蒙特法科地区的翁布里亚及临近的阿布鲁佐的马尔凯南部也能酿造出风格独特的葡萄酒。罗马涅也广泛种植桑娇维赛。然而，相对于托斯卡纳酒体复杂的高品质葡萄酒，这里的桑娇维赛葡萄酒（产自山坡高处葡萄园的葡萄酒除外）大多都是清淡香甜的日常餐酒。

桑娇维赛很可能起源于托斯卡纳，在伊特鲁里亚人时期传入意大利。桑娇维赛葡萄酒的独特之处在于其强烈的酸度和复杂的单宁结构，但也因此缺乏赤霞珠葡萄酒的强劲和紧凑。为了弥补在低温条件下这种晚熟品种的缺点（低温会导致其酸度过高、单宁生涩），人们通常将桑娇维赛和其他葡萄品种混酿来赋予葡萄酒理想的颜色、果香、甜度和柔和度。经典基安蒂葡萄酒曾经混有一定比例的白葡萄，但这种配方已不再使用。如今的经典桑娇维赛葡萄酒加入了少量的卡内奥罗或科罗里诺（Colorino），与加入法国葡萄品种的混酿酒并驾齐驱——口感顺滑、果香浓郁的法国梅洛葡萄酒近年来深受人们的最爱。

除了与桑娇维赛混合酿造外，法国赤霞珠和梅洛在意大利也自成一家。由于葡萄根瘤蚜灾害，梅洛于19世纪末被引进到意大利东北部地区。事实上，一直到战后梅洛都是意大利最普遍的品种。随着托斯卡纳葡萄酒革命的到来，这两个葡萄品种再次成为人们关注的焦点。西施佳雅（Sassicaia）是意大利最伟大的赤霞珠葡萄酒，证明了这种葡萄适合在意大利生长。因品质优良而蜚声国际的超级托斯卡纳葡萄酒就是以赤霞珠为主要酿酒原料。

另一方面，过去几十年间梅洛一直被用来生产普通的日常餐酒。直到20世纪80年代末和90年代初，梅洛葡萄酒才开始在托斯卡纳和弗留利销售，

这也体现出该顶级品种的潜力：色泽浓郁、果味丰富、口感醇厚。托斯卡纳的许多生产商都更偏向用梅洛而不是赤霞珠来和桑娇维赛混酿。当然，葡萄酒的优劣还取决于葡萄园的情况和酿酒师的水准。

巴贝拉和其他葡萄品种

自20世纪90年代起，意大利生产商开始采用越来越多的本土葡萄品种进行酿酒。皮埃蒙特的巴贝拉葡萄酒在欧洲取得了惊人的成就。原本酸爽的巴贝拉葡萄酒并不入流，经过不断改进，现已发展成酒体醇厚、口感辛香的高品质红葡萄酒。此外，南部的主要品种如艾格尼科、黑曼罗、普米蒂沃、黑达沃拉和托雅葡萄也获得了一些关注。弗留利北部是个例外，这里只有三个出色的红葡萄品种，莱弗斯科、匹格诺洛和斯奇派蒂诺得以幸存，并在最近的几十年里被用于生产高品质葡萄酒。最后，再加上科维纳——威尼托顶级佳酿阿玛罗尼（Amarone）的基酒，意大利就真正成为了葡萄酒宝库，其在未来几十年里继续激发伟大的创造力。

命运不同的白葡萄酒

白葡萄酒与红葡萄酒的形象完全不同。在意大利只有少数气候区适合生产优质白葡萄酒。高品质的桑娇维赛葡萄酒是产量最高的红葡萄酒，而产量最高的白葡萄酒大多品质中庸。所有的扎比安奴葡萄酒都风味清淡。上阿迪杰和弗留利是意大利最好的两个白葡萄酒产区。这里出产的葡萄酒使用国际品种长相思或霞多丽以及本土品种琼瑶浆或丽波拉盖拉酿造，独具特色。仅次于这些品种的是灰比诺和普洛塞克，前者是特伦蒂诺山区和威尼托开阔地区的主要出口商品，后者产于威尼托东部地区，不过，这些白葡萄酒品质起伏很大。皮埃蒙特有三种葡萄酒，分别为阿内斯（Arneis）、柯蒂斯（Cortese）和陈年甜白葡萄酒白莫斯卡托（Moscato Bianco）。马尔凯的维蒂奇诺葡萄酒也具有自己的风格，而意大利中部的两种葡萄酒——奥维多（Orvieto）和弗拉斯卡蒂通常过于中性。

西西里的葡萄酒生产商证明了意大利最普遍的葡萄品种之一——卡塔拉托在炎热的气候下也可以酿造出果味浓郁的葡萄酒。

毫无疑问，葡萄酒的未来在于独特的葡萄品种，如桑娇维赛，而不是那些几乎遍布世界的国际品种。桑娇维赛是托斯卡纳红葡萄酒卓越品质的关键，但在其他地区还尚待开发

葡萄品种和种植面积 单位：千公顷

资料来源：意大利国家统计局2003年数据

葡萄品种	1990年	2000年	变化幅度
桑娇维赛	86.2	69.7	-19%
白卡塔拉托	65	43.2	-33%
托斯卡纳扎比安奴	58.5	42.5	-27%
蒙特普尔恰诺	31	29.8	-4%
巴贝拉	47.1	28.3	-40%
梅洛	31.9	25.6	-20%
罗马涅扎比安奴	21.3	20	-6%
黑曼罗	31.4	16.8	-47%
白莫斯卡托	13.5	13.3	-2%
霞多丽	6.2	11.8	+90%
卡尔卡耐卡	13	11.6	-11%
黑达沃拉	14.2	11.4	-20%

意大利西北部：阿尔卑斯山、亚平宁山和波河

皮埃蒙特的阿尔巴雷托德拉托雷镇（Albaretto della Torre）与远处白雪皑皑的阿尔卑斯山

意大利西北部包括奥斯塔山谷、皮埃蒙特、利古里亚和伦巴第四个地区。这四个地区的地形和气候差异巨大。

皮埃蒙特位于阿尔卑斯山西侧，其多样的丘陵地貌和土壤非常适合葡萄种植，特别是朗格山的石灰质泥灰岩土为出产优质葡萄酒提供了理想条件。这里拥有世界上最好的红葡萄品种之一——内比奥罗，并且出产当今最盛行的起泡酒之一——阿斯蒂。

大陆性气候

虽然皮埃蒙特最著名的葡萄酒产区阿尔巴（Alba）的纬度与波尔多相同，但是这两个地区的气候条件相差甚远。波尔多温和的海洋性气候特别适合葡萄种植，而皮埃蒙特则以大陆性气候为主。不同于意大利的典型气候特征，皮埃蒙特夏季短暂干燥，秋季漫长多雾，冬季则非常寒冷。

因此，只有受河谷调节作用影响的地区以及光照充足的朝南斜坡适宜种植葡萄。奥斯塔山谷同时享有这两个条件，精致的红葡萄品种在阿尔卑斯山上可以茁壮生长。每年的6月份左右，这里温暖干燥，陡峭的葡萄园充分吸收每一缕阳光。位于伦巴第与瑞士边境处的瓦尔泰利纳拥有相似的自然条件，内比奥罗在这里表现出色。

亚得里亚海岸

伦巴第的其他地区毗邻广袤多雾的波河平原，面朝亚得里亚海。由于亚得里亚海对气候的影响，这里的情况截然不同。即使在意大利北部也能拥有地中海的气候条件，因为大面积的水域如伊塞奥湖和加尔达湖起到了调节温度的作用。然而大多数的伦巴第葡萄酒都产自伦巴第平原对面，利古里亚亚平宁山脉北麓的奥特莱堡-帕维赛（Oltrepo Pavese）。

生长在利古里亚西北地区最南端的葡萄树拥有充足的热量和阳光。虽然可以为面朝大海的葡萄园提供理想的生长条件，但由于工作条件过于艰苦，都没有得到充分利用。

新人新酒

一股清新之风吹遍了整个意大利西北部地区。这个地区过去20年的发展，特别是巴罗洛地区的发展完全可以称为一场酿酒业的革命。这场革命始于葡萄园。大批年轻生产商在20世纪70—80年代访问法国并获得启发，他们决定通过夏季剪枝来降低产量，从而使葡萄树可以在秋季产出完全成熟且果汁浓郁的葡萄。

他们还对酿酒工艺进行了大刀阔斧的改革。许多生产商用温控不锈钢发酵罐和橡木桶替代普通木桶（曾经经常用来长时间陈年巴罗洛葡萄酒）来陈年葡萄酒。改革之初因循守旧的生产商批评这种发酵和浸渍时间较短且在新桶中陈年的做法，不过大多数生产商都引进了一项甚至几项创新技术，并且在20世纪80—90年代酿造出了许多品质卓越的葡萄酒。

宝乐山庄（Podere Rocche dei Manzoni）的现代葡萄酒在橡木桶和不锈钢酒罐中陈年

新方法，全品种

巴巴莱斯科、朗格、罗埃洛和蒙费拉托的生产商逐步效法巴罗洛橡木桶陈年的做法。巴罗洛的成功也有助于改善其他葡萄品种酿酒的成果：在橡木桶中陈年的巴贝拉成为国际质级葡萄酒；果味浓郁的多赛托更加受到人们的青睐；此外，吉诺林诺、弗雷伊萨和法国进口品种也都表现不俗。

虽然白葡萄酒获得了比之前更多的关注，但仍不如红葡萄酒成功。嘉维（Gavi）和罗埃洛阿内斯（Arneis des Roero）葡萄酒味道过于中性，难与德国、法国等国外葡萄酒竞争。阿斯蒂起泡酒和阿斯蒂莫斯卡托都完全采用白莫斯卡托酿造，但前者产量较大并远销世界各地，而后者则主要面向意大利餐厅。

布拉凯多是皮埃蒙特的一个罕见品种，用于生产具有浓郁覆盆子味的淡红色起泡酒

伦巴第的发展

奥斯塔山谷和利古里亚生产的葡萄酒主要面向国内市场，那里的葡萄酒生产商也开始尝试新的酿酒方法，而伦巴第的部分地区已经获得了成功，尤其是弗兰奇亚考达。伊塞奥湖的生产商在瓶内发酵起泡酒，品质堪比香槟。然而，静态白葡萄酒和红葡萄酒（大部分由当地品种与国际品种混酿而成）还未获得成功。虽然最近的发展似乎表明意大利西北部地区前景非凡，但有时过高的定价政策给它蒙上了一定的阴影。

西北部地区的葡萄品种

意大利西北部地区拥有许多本土葡萄品种，这些葡萄最近几十年才被大众消费者所了解，其中多赛托如今在皮埃蒙特和利古里亚很受欢迎。这种早熟、完美的葡萄品种酿造的红葡萄酒果味浓郁、酸度较低，并且具有独特的樱桃和辣椒味，适宜在两三年内饮用。

皮埃蒙特的其他红葡萄品种至今一直处于被低估的状态，如被酿造成起泡酒或半起泡酒的弗雷伊萨、色淡味浓的吉诺林诺、派勒维佳、露诗、科罗帝纳、伯纳达、维斯琳娜以及与麝香类似的布拉凯多。

奥斯塔山谷不仅有小奥铭、普莱弥塔和小胭脂红，还有本土红葡萄品种，但这些葡萄酿造的优质葡萄酒并未得到国际关注。伦巴第也是如此，除了本地的格罗派洛，这里还使用来自特伦蒂诺、威尼托、艾米利亚–罗马涅等邻近地区的品种酿造葡萄酒，包括司棋亚娃、玛泽米诺、科维纳和兰布鲁斯科。

利古里亚有两个出色的白葡萄品种：维蒙蒂诺（在撒丁岛、托斯卡纳及法国也有种植）和本土的皮加图（酿造的葡萄酒果味浓郁）。其他白葡萄缺乏个性，皮埃蒙特的柯蒂斯、阿内斯和法沃里达尤其如此。酸度高的厄柏路丝只适合生产起泡酒和甜葡萄酒。奥斯塔山谷还有灰比诺和本地特有的白莫吉卡斯。在伦巴第，来自周边地区威尼托的卡尔卡耐卡拥有一定的知名度。

奥斯塔山谷：阿尔卑斯山脚下的特色产区

奥斯塔山谷下游多纳斯镇（Donnas）的葡萄园

葡萄酒生产随罗马军团传入这个具有重要战略意义的山谷。罗马人控制了从奥古斯都将军城（今天称为奥斯塔）开始的阿尔卑斯关口，并开始进行葡萄种植。奥斯塔山谷是一个非常独特的葡萄种植地，长期以来一直造成法国、意大利和瑞士的紧张关系。位于悬崖峭壁上的壮观狭长葡萄园是欧洲最高的葡萄园，海拔达1300米。独特的地理位置赋予了众多本土葡萄品种与众不同的品质，并且造就了山谷中最具个性的葡萄酒。

自古以来，葡萄酒生产商就受益于多拉巴尔泰河沿岸的特殊气候条件。这个马蹄形的山谷位于瓦莱州和法国阿尔卑斯山之间，四周高山海拔达4000米，是欧洲最受庇护、最干燥的地区之一。这里冬冷夏热，巨大的昼夜温差赋予生长季的葡萄浓郁的果香。许多高海拔地区适合出产酸度平衡的白葡萄酒，而位于中央山谷的朝南梯田葡萄园（山谷中的最佳地理位置）还适合出产酒体饱满的红葡萄酒。

罗马时期后，意大利僧侣继续在这里生产葡萄酒。他们对奥斯塔山谷的贡献不仅在于保留了梯田葡萄园，而且在于将劳动密集型的山地葡萄种植延续到20世纪。有些僧侣功成名就，他们的葡萄酒也销售到附近地区。其中包括唐·奥古斯托，他使用灰比诺干葡萄酿造出具有传奇色彩的努斯马尔瓦西（Malvoisie de Nus）葡萄酒。虽然20世纪奥斯塔山谷的葡萄种植面积从3000公顷减少至500公顷，但人们相信这个山谷已经迎来了转机。由于国家的财政援助，该地区2400个葡萄酒生产商对葡萄酒生产重新燃起了热情和雄心。

品种和特色

约3/4的本地酒厂现已恢复D.O.C.地位，并以“Valle d’Aosta”或“Vallee d’Aoste”的法定产区名称销售葡萄酒（双语酒标是从9世纪流传下来的传统，当时奥斯塔山谷属于法国的萨瓦地区）。该D.O.C.有27种法定葡萄酒和22个法定葡萄品种，其中用本土葡萄品种酿造的葡萄酒最为迷人。

在白葡萄品种中，小奥铭（在邻国瑞士的瓦莱州也有种植）和白莫吉卡斯酿造的葡萄酒最具特色。后者用于生产著名的萨勒白莫吉卡斯（Blanc de Morgex et de La Salle）。这种葡萄酒原产于欧洲最高的山坡葡萄园，因此有“冰川葡萄酒”之称。该酒的生产商大多为本地合作社成员，他们仅有15公顷左右的葡萄园，葡萄树主要采用低棚架的种植方式。白莫吉卡斯具有很强的抗根瘤蚜能力，是欧洲少数几个没有嫁接美国砧木的葡萄品种。陡峭的梯田气候条件独特，出产的葡萄酒颜色浅淡、口感鲜爽，具有微小的气泡以及柑橘的鲜香和草药的气味。

在其他白葡萄品种中，香巴味莫斯卡托脱颖而出。这种葡萄可以酿造干型葡萄酒，也可以用

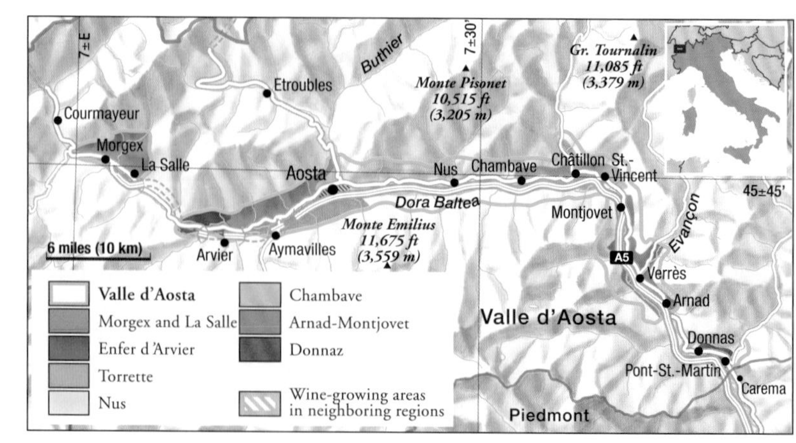

其葡萄干酿造甜葡萄酒。这里还有米勒-图高、白比诺、灰比诺和霞多丽葡萄酒。

小胭脂红葡萄

本土的小胭脂红葡萄既可用于生产单一品种的葡萄酒，也会和其他红葡萄品种进行混酿。这种葡萄酿造的葡萄酒占安佛达乐维尔（Enfer D'Arvier）产区葡萄酒总产量的85%，具有浓郁的浆果味以及一些胡椒和香料味。努斯地区的托雷特（Torrette）葡萄酒需在橡木桶中陈酿六至八个月。这种葡萄酒的酿酒原料70%为小胭脂红，剩余30%为富美、奈拉特、薇安、多赛托、佳美和黑比诺。

多拉巴尔泰河谷的中下游种植着细腻的内比奥罗。内比奥罗在600米的高地与少量弗雷伊萨、奈拉特或薇安混合酿造多纳斯葡萄酒。这种葡萄酒在木桶中陈酿两年，风味纯朴、果香浓郁、口感酸爽。虽然与皮埃蒙特著名的内比奥罗葡萄酒相比，多纳斯结构较轻，但经过3～5年的瓶内陈年后，也可以变得优雅高贵。

当然，除了奥斯塔山谷的高山，国际葡萄品种如霞多丽、赤霞珠、梅洛和西拉等也生长在许多梯田葡萄园中。这些品种偶尔可以酿造出优质葡萄酒，但大多数情况下生产的葡萄酒品质一般。渴望在奥斯塔山谷品尝到珍品佳酿的人们都会在这里的酿酒厂和餐厅有所收获。

奥斯塔山谷被瓦莱州阿尔卑斯山、勃朗峰和格雷晏阿尔卑斯山围绕。该地区有一条主要贸易路线靠近这里重要的葡萄园，由芬尼斯（Fenis）城堡守卫

奥斯塔山谷的木制六口酒杯，称为“Grolla dell'Amicizia”

奥斯塔山谷的主要葡萄酒生产商

生产商：**Costantino Charrère****-****
所在地：**Aymavilles**
20公顷，非自有葡萄，年产量30万瓶
葡萄酒：Premetta，Vin de La Sabla，Les Fourches，Les Crêtes di Costantino Charrère，Chardonnay Cuvée La Frissonière les Crêtes，Petite Arvine Champorette，La Tour：Fumin，Pinot Noir，Syrah
除建立于1955年的家族酒庄外，Charrère还经营着配有最先进设备的Les Crêtes酒厂。Charrère生产奥斯塔山谷所有的D.O.C.葡萄酒，是该地区最重要的生产商之一。

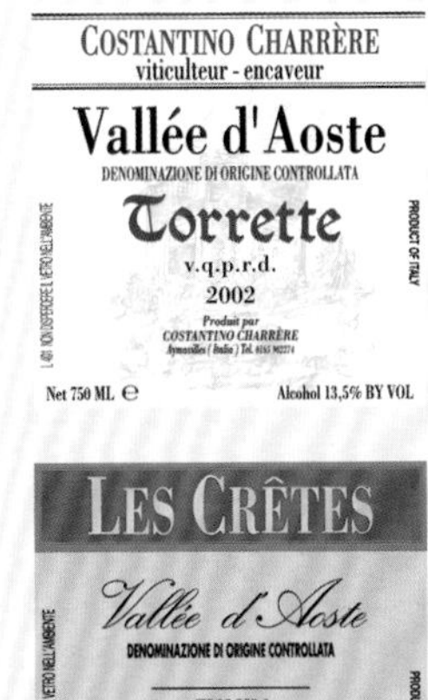

生产商：**Cooperativa Crotta di Vegneron****
所在地：**Chambave**
35公顷，年产量30万瓶
葡萄酒：Nus Malvoisie Passito，Linea Superiore：Chambave Supérieur，Nus Supérieur，Fumin；Linea Tradizione：Chambave Muscat，Cornalin；Linea Monovarietali：Pinot Noir；Linea La Ô：Chambave Muscat
该合作社出产一些优质葡萄酒。Chambave Moscato和Müller-Thurgau一直保持较高的品质。

生产商：Fondazione Institut Agricole Régional***
所在地：Aosta
7公顷，年产量5万瓶
葡萄酒：Gamay，Pinot Noir，Petit Rouge，Müller-Thurgau，Pinot Gris，Trésor du Caveau，Sang des Salasses
该研究所拥有自营葡萄园，出产奥斯塔山谷最好的红葡萄酒和白葡萄酒。

皮埃蒙特

伟大的过去、美好的未来——位于拉梦罗村的顶级酒庄艾里奥·阿力塔（Elio Altare）

皮埃蒙特以出产两种顶级红葡萄酒——巴罗洛和巴巴莱斯科而著称。巴罗洛常被誉为“王者之酒，酒中之王”，这反映出其几百年的历史。然而，这两种葡萄酒都直到19世纪下半叶才出现，它们的现代形式更是晚至20世纪70年代末才形成。尽管如此，皮埃蒙特拥有悠久的酿酒历史。阿尔卑斯山和亚平宁山脉为整个地区的葡萄种植提供了理想的气候条件，尤其是库内奥（Cuneo）、阿斯蒂、亚历山德里亚（Alessandria）、朗格和蒙费拉托等省。

希腊人或伊特鲁里亚人

究竟是希腊人还是伊特鲁里亚人把葡萄种植引入到了皮埃蒙特，至今没有答案。不过，把葡萄藤攀附在其他树上或者柱子上的悠久传统为伊特鲁里亚人提供了证据。罗马人对皮埃蒙特葡萄酒的评价不是很高；老普林尼没有把皮埃蒙特葡萄酒列为最好的意大利葡萄酒，虽然他在《自然史》中提到“uvea spinea ... quae sola alitur nebulis”（攀爬的葡萄藤……这是唯一可以承受迷雾的葡萄品种），可能就是指今天的内比奥罗。随着罗马帝国的衰落，皮埃蒙特成为主要运输通道。在经济动荡时期，葡萄酒生产主要由僧侣进行；直到13世纪，皮埃蒙特葡萄酒才出现生机。1268年，“Nibiol”首次出现在文献记载中，从中可以看出内比奥罗是特别适合该地区气候的本土品种。拉梦罗村（La Morra，位于巴罗洛地区北部）的编年史中有一份1512年的文献提及了“Nebiolum”。1758年，阿尔巴镇通过一项法令，禁止进口和使用其他葡萄酒产区的葡萄酒进行调配，并且规定了葡萄的收获日期。除了内比奥罗，皮埃蒙特的主要葡萄品种还包括玛尔维萨和莫斯卡托。

内比奥罗干型葡萄酒的故乡——格林扎纳-加富尔（Grinzane Cavour）

卡米洛·加富尔是一位政治家，有“意大利统一之父”之称。19世纪，在他的倡议下，第一款干型内比奥罗葡萄酒问世。1850年，为了帮助其位于格林扎纳（Grinzane，靠近阿尔巴）的葡萄酒厂和朋友朱丽叶塔·法莱蒂的酒厂，加富尔聘请法国酿酒师路易斯·乌达根据波尔多的方法酿造出了一种干型红葡萄酒。这款酒体丰满的干红葡萄酒被命名为巴罗洛，从问世之初即享有尊贵的地位。加富尔是一位成功的政治家，他与萨伏伊王室和都灵宫廷里的贵族们都有来往，因此很好地推广了自己的新酒。1896年，巴罗洛成为意大利最好的葡萄酒之一。在此之前，多米奇奥·卡瓦扎通过发酵所有的糖分也成功酿造出了干型内比奥罗葡萄酒，这种葡萄酒被命名为巴巴莱斯科，有时比声名更大的巴罗洛更受欢迎。19世纪后期根瘤蚜虫疫情摧毁了皮埃蒙特大多数葡萄树，但内比奥罗得以幸免。

小生产商与大酒庄

虽然内比奥罗葡萄酒享有盛名，但产量较低，只占皮埃蒙特葡萄酒总产量的3%。这体现出该品种对土壤和气候的要求很苛刻。出于经济考虑，生产商往往更青睐本地早熟的多赛托和高产的巴贝拉。

与托斯卡纳相反，皮埃蒙特的葡萄园所有权非常分散。在很长一段时间内，许多生产商都没有足够的资本进行产品质量的改进。与意大利其他地区不同的是，这里的葡萄种植户一开始就具有一定的自由度，但由于他们仍然受到租赁制度的限制，因此并没有获得经济上的独立。他们在自己小块的葡萄田中拥有很高的自主权，但高额的税收使他们仍然过着贫苦的生活。虽然葡萄种植自古以来就是混合耕种的一部分，但没有人拥有足够的资源和土地来维持一个独立的葡萄酒生产体系。即使在今天，皮埃蒙特最大的酒庄巴塔

朗格山地区，特别是流经阿尔巴镇的塔纳罗河（Tanaro）附近经常白雾弥漫

希（Batasiolo）也只拥有112公顷的葡萄园。葡萄种植户被迫将产品卖给酿酒厂，这些酒厂一直到20世纪80年代都以低廉的价格收购葡萄、葡萄汁甚至浅龄酒。

经过近几十年的发展，优质葡萄酒获得了更大的利润空间，使得个体葡萄酒生产商的状况有所好转。在19世纪，只有少数大地主和富裕的资本家才能够建立自己的酒庄，其中包括巴罗洛的巴拉勒酒庄（Barale，创立于1870年）和阿尔巴的皮欧凯萨酒庄（Pio Cesare，创立于1881年）。而近几十年的发展为更多的生产商提供了生机。

巴罗洛一马当先

皮埃蒙特产区的成功归功于巴罗洛。巴罗洛葡萄酒曾经只受到少数人的追捧，如今凭借更加现代的产品，与超级托斯卡纳一同成为意大利葡萄酒行业品质复兴的象征。获得新生的还有其他一些葡萄酒，包括巴贝拉、多赛托、阿尔巴内比奥罗（Nebbiolo d'Alba）和罗埃洛。即使是曾经名声显赫，后来几乎被人遗忘的皮埃蒙特北部的加蒂纳拉和盖梅也改善了品质并打开了新的市场。

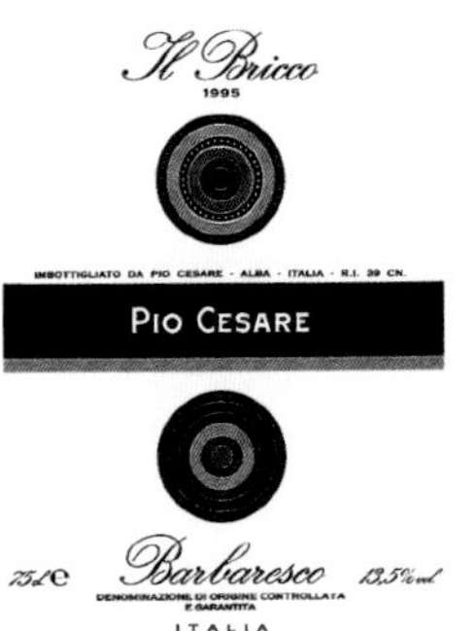

1999—2000年，巴罗洛和巴巴莱斯科（还有巴贝拉）在美国的需求量大增，价格也随之上涨。随后，经过一段艰难时期，巴罗洛的价格趋于稳定，虽然昂贵但却合理。

皮埃蒙特北部：卡雷马和加蒂纳拉

皮埃蒙特北部大多数的D.O.C.产区集中在诺瓦拉省西北部肥沃的塞西亚河谷周围。在这里，葡萄园、田野和草地相间排列，葡萄树种植在最好的土地上

皮埃蒙特北部地区的内比奥罗葡萄园像一条珍珠项链，分布在塞西亚河谷沿岸。博卡（Boca）和布拉马特拉（Bramaterra）是罗萨山麓最北端的D.O.C.产区。布拉马特拉、加蒂纳拉、塞西亚河岸（Coste della Sesia）、莱索纳（Lessona）、盖梅、西扎诺（Sizzano）、法拉（Fara）和纳瓦雷西丘陵（Colline Novaresi）连接着塞西亚河下游的两岸。在狭窄的冰碛山丘上，规模较小的葡萄园海拔200～300米，一面朝伦巴第平原平缓蔓延，另一面则爬上了陡峭的阿尔卑斯主山脉。不同葡萄园的朝向、高度和微气候条件差异巨大。在某些地区，潮湿的天气和弥漫的大雾是葡萄种植的主要问题。葡萄园间的土壤也千差万别，有石灰岩也有火山岩。

加蒂纳拉和盖梅

加蒂纳拉是皮埃蒙特阿尔卑斯山脚下最著名和最大的葡萄酒产区，主要种植斯帕那（内比奥罗的当地名称）。这里分布广泛的火山岩土壤，出产的葡萄酒结构复杂，花香和果香浓郁，并且与巴罗洛一样具有出色的陈年潜力，是其强劲的竞争对手。顶级加蒂纳拉葡萄酒通常由内比奥罗单一品种酿造，虽然1991年的D.O.C.G.法规允许生产商添加10%的维斯琳娜和伯纳达以赋予葡萄酒柔和的口感。在当今缩短陈年时间的流行趋势下，加蒂纳拉葡萄酒在木桶中陈酿一到两年时间便可获得理想的效果。

盖梅属于诺瓦拉省（Novara），位于塞西亚谷东侧。1997年，盖梅约85公顷的葡萄园获得D.O.C.G.命名。内比奥罗可以混合最多25%的维斯琳娜和伯纳达，优质盖梅葡萄酒具有柔滑苦甜的口味。

斯帕那葡萄酒

在塞西亚西岸的山脉以及科萨托镇（Cossato）北部坐落着另外四个出产斯帕那葡萄酒的D.O.C.产区。布拉马特拉占地30公顷，产自火山土壤的葡萄酒虽然酒体不够丰满，但却拥有优雅的紫罗兰和玫瑰香。按规定，这种葡萄酒需要混入至少30%的科罗帝纳、伯纳达或维斯琳娜，增加水果的酸味。

莱索纳村仅有8公顷的葡萄园，斯帕那生长在贫瘠的石灰质土壤中。斯帕那可以酿造单一品种葡萄酒，也可与维斯琳娜和伯纳达混合酿造醇厚强劲的葡萄酒。博卡产区拥有15公顷葡萄园，出产的葡萄酒单宁强劲，最初具有紫罗兰和野生浆果的味道，随后散发出茶叶和香料的气味。新晋D.O.C.产区塞西亚河谷主要采用伯纳达、维斯琳娜和科罗帝纳酿造葡萄酒。

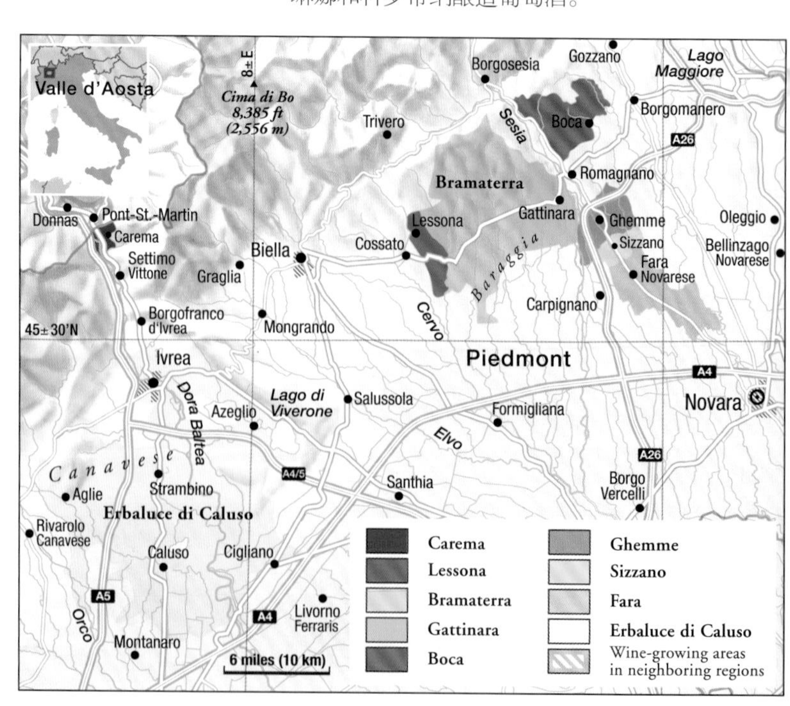

皮埃蒙特北部的主要葡萄酒生产商

生产商：**Antoniolo*****-****
所在地：**Gattinara**
20公顷，年产量6万瓶
葡萄酒：Gattinara Vigneto Osso San Grato，San Francesco；Coste della Sesia：Nebbiolo Juvenia
该酒庄创建于1949年，出产的单一葡萄园葡萄酒Gattinara Osso San Grato是该地区最好的葡萄酒之一。

生产商：**Ciech*****
所在地：**Aglié-San Grato**
17公顷，年产量9万瓶
葡萄酒：Erbaluce di Caluso，Spumante，Caluso Passito
Lodovico Bardesono和Remo Falconieri的酒庄是Caluso地区为数不多的知名酒庄，出产的起泡酒品质一流。

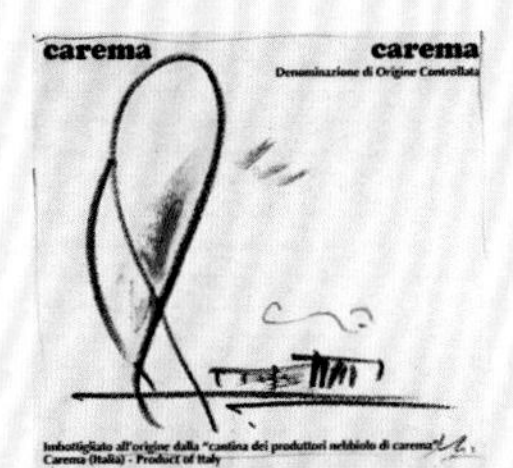

生产商：**Luigi Ferrando & Figlio*****-****
所在地：**Ivrea**
4.5公顷，年产量3万瓶
葡萄酒：Erbaluce di Caluso，Cariola，Caluso Passito，Carema Etichetta Nera，Canavese Rosso Montodo，Cariola Brut
该酒庄在Carema和Caluso地区拥有规模较小的葡萄园，出产酒体复杂的内比奥罗和厄柏路丝葡萄酒。

生产商：**Nervi*****
所在地：**Gattinara**
30公顷，年产量8万瓶
葡萄酒：Gattinara Vigneto Molsino，Coste della Sesia Spanna，Amore
Bocciolone家族经营着Gattinara产区最大的酒庄之一。除了品质卓越的单一品种葡萄酒Gattinara，他们还生产一款优质的混酿酒Amore。

生产商：**Travaglini******
所在地：**Gattinara**
39公顷，年产量24万瓶
葡萄酒：Gattinara，Gattinara Riserva Numerata
在Le Colline酒庄关闭后，该酒庄成为这个产区最顶尖的酒庄。Riserva Numerata葡萄酒连续多年证明了即使在皮埃蒙特北部地区，内比奥罗也能够酿造出品质一流的葡萄酒。

厄柏路丝卡卢索（Erbaluce di Caluso）产区毗邻奥斯塔山谷和阿尔卑斯山，冬季时常雪花飞舞

在西扎诺（40公顷）和法拉（22公顷）等D.O.C.产区，内比奥罗只占葡萄产量的30%～60%，因此这里的葡萄酒单宁含量低，成熟快。

罗萨峰

内比奥罗在奥斯塔山谷被称为“Picutener”。这里陡峭的冰碛砾石土梯田葡萄园高达700米，历史可追溯到罗马时期。即使在那个年代，葡萄产量也很低，因为这里气候严酷，土壤贫瘠多石。卡雷马（Carema）D.O.C.产区占地40公顷，以卡雷马村命名，生产的葡萄酒含有干枯玫瑰和焦油的香气，反映出这里独特的风土条件。这种葡萄酒酸度较高，至少需要陈酿五年。

甘醇的黄金葡萄酒

在卡纳韦塞（Canavese）的冰碛土上和工业城镇伊夫雷亚（Ivrea）的近郊种植着厄柏路丝。这种葡萄颜色淡、酸度高，只有生长在阳光充足的地方才能够完全成熟。用完全成熟的厄柏路丝酿造的葡萄酒呈稻草黄色，含有酵母、面包和干草的香气以及香料的余味。厄柏路丝的天然酸度使其成为起泡酒的理想基酒。不过它最大的优势是酿造甜葡萄酒帕赛托（Passito）。这种葡萄酒的酿酒原料必须来自最好的葡萄园，而且完全成熟后才可采摘。此外，葡萄在压榨前须在通风良好的房间内风干数月，葡萄酒也需要使用小木桶陈酿数年。最终，这种精致甜美的厄柏路丝葡萄酒会散发出浓郁的干果、橘皮和榛子的香气。

阿斯蒂和蒙费拉托

阿斯蒂莫斯卡托已有500年历史

蒙费拉托和著名的朗格在史前时代都曾是亚得里亚海上的岛屿，这两个地区拥有相同的地质构造，但沉积物有所不同，这对葡萄种植来说至关重要：阿尔巴南部的土壤主要是石灰石和泥灰岩，而阿斯蒂、亚历山德里亚和阿奎（Acqui）等城镇周围的山丘则以沙质土壤为主。

现代饮品

蒙费拉托南部主要生产莫斯卡托葡萄酒。早在500年前这里就已经开始种植白莫斯卡托，微气候赋予了葡萄酒迷人的香气，包括菩提花、白桃、杏、鼠尾草、肉豆蔻、香橙花等气味。阿斯蒂起泡酒年产量7千万瓶，是意大利产量第二的优质葡萄酒。阿斯蒂莫斯卡托的年产量为1千万

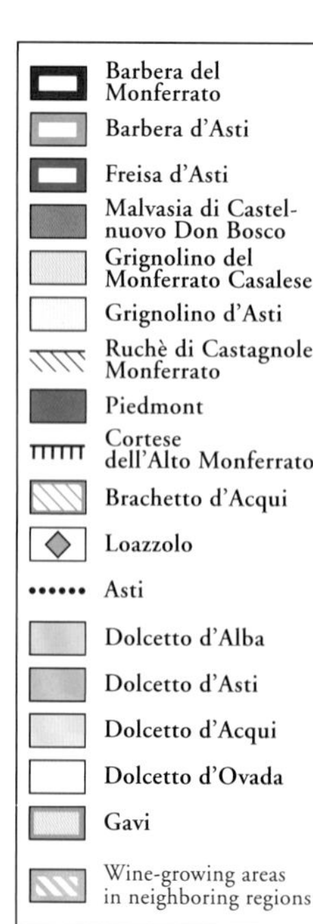

阿斯蒂和蒙费拉托的主要葡萄酒生产商

生产商：Caudrina****
所在地：Castiglione Tinella
25公顷，年产量15万瓶
葡萄酒：Asti La Selvatica，Moscato d'Asti La Caudrina，La Galeisa，Barbera d'Asti La Solista，Montevenere，Piemonte Chardonnay Mej
Romano Dogliotti和他的顾问Guilano Noè酿造的莫斯卡托和巴贝拉葡萄酒品质出众，是皮埃蒙特最好的葡萄酒之一。

生产商：Guiseppe Contratto***-****
所在地：Canelli
55公顷，年产量28万瓶
葡萄酒：Barolo Cerequio Tenuta Secolo，Asti De Miranda，Barbera d'Asti，Solus Ad，Spumante Brut Riserva Guiseppe Contratto，Piemonte Chardonnay La Sabauda
这个传统的酿酒厂于1994年被Bocchino Grappa收购。在新主人的管理下，葡萄酒始终保持稳定的品质。

生产商：Peiro Gatti***-****
所在地：Santo Stefano Belbo
7.5公顷，年产量6万瓶
葡萄酒：Piemonte Moscato，Moscato d'Asti，Langhe Freisa La Violetta
Pietro Gatti是历史最悠久的阿斯蒂生产商之一，因其阿斯蒂莫斯卡托葡萄酒而出名。

生产商：Elio Perrone***-****
所在地：Castiglione Tinella
11公顷，年产量12万瓶
葡萄酒：Moscato d'Asti Clarté，Sourgal，Barbera d'Asti Grivò，Dolcetto d'Alba Guilin
Stefano Perrone多年来一直生产芳香四溢的阿斯蒂莫斯卡托起泡酒。

生产商：Paolo Saracco****-*****
所在地：Castiglione Tinella
35公顷，年产量36万瓶
葡萄酒：Moscato d'Asti，Moscato d'Autunno，Langhe：Bianco Graffagno，Chardonnay Bianch del Luv and Prasuë
出产最优质的阿斯蒂莫斯卡托葡萄酒。酿造的各种霞多丽葡萄酒也是皮埃蒙特同类葡萄酒中的佼佼者。

生产商：La Spinetta-Rivetti*****
所在地：Castagnole Lanze
100公顷，年产量40万瓶
葡萄酒：Moscato d'Asti：Bricco Quaglia，Biancospina；Barbera d'Alba：Ca' di Pian，Vigneto Gallina；Monferrato Rosso Pin，Barbaresco Vursu Vigneto：Gallina，Starderi，Valeirano；Piemonte Chardonnay Lidia
这个家族在20世纪80年代由于出产的单一葡萄园莫斯卡托以及用内比奥罗、巴贝拉和赤霞珠混酿的红葡萄酒而备受关注。近年来的单一葡萄园巴巴莱斯科和巴罗洛也很出色。

瓶，是意大利深受欢迎的开胃酒。

这两种在1994年获得D.O.C.G.命名的起泡酒都使用白莫斯卡托单一品种酿造，酿酒工艺为查马法（在压力罐中进行发酵）。查马法可以保存三分之一的天然糖分，因此起泡酒口感甘甜，最低含糖量达50克/升。

康特拉多（Contratto）或甘恰等酒庄也生产瓶内发酵的起泡酒，瓶内发酵法在19世纪皮埃蒙特生产大量起泡酒时非常流行。生产阿斯蒂起泡酒的大生产商通常从6000多家葡萄种植户那里收购葡萄，而只生产莫斯卡托的酒庄完全采用自己种植的葡萄。阿斯蒂起泡酒的酒精度不低于7% vol，二氧化碳压力高于3巴，而阿斯蒂莫斯卡托的酒精度只有4.5%～6.5% vol，二氧化碳压力也低于1.7巴。由于阿斯蒂莫斯卡托的酒精度较低，因此口感比阿斯蒂起泡酒甘甜，而且较低的二氧化碳含量带来了不同的味觉体验。

洛阿佐洛（Loazzolo）地区的一些生产商擅长使用部分风干的葡萄酿造帕赛托葡萄酒。这种甜葡萄酒拥有玫瑰、紫罗兰、甜瓜和薄荷的香气，稀有而昂贵。

另一种采用白莫斯卡托酿造的静态酒产自亚历山德里亚省的斯特雷维镇（Strevi）。这种葡萄酒酒精度为10% vol，香气怡人，但还没有获得D.O.C.命名。

布拉凯多葡萄酒使用同名红葡萄品种酿造，拥有玫瑰和草莓的香气，口感圆润甘甜。这种葡萄酒主要产自阿奎镇附近，1996年获得D.O.C.G.命名，之后一直备受青睐。淡红色的布拉凯多葡萄种植面积共有160公顷，每年出产约100万瓶葡萄酒。

阿尔巴和阿斯蒂：巴贝拉和其他葡萄品种的兴起

虽然皮埃蒙特产区的美誉主要归功于内比奥罗，但当地人最常饮用的却是巴贝拉葡萄酒。这里约一半的葡萄园都种植巴贝拉，几十年来，其产量最高，但葡萄酒品质最差。早在13世纪，巴贝拉就已经出现在蒙费拉托。根瘤蚜虫害爆发后，巴贝拉嫁接在美国砧木上，产量很高，从此之后这种葡萄才成功进入皮埃蒙特葡萄园。灾害过后，生产商无心再关注葡萄酒品质，巴贝拉几乎在所有土壤上都大获丰收。

20世纪80年代中期，巴贝拉陷入甲醇丑闻。无良生产商用甲醇"提炼"最廉价的巴贝拉葡萄酒，导致20人死亡。当这种葡萄的名声跌至谷底时，以贾科莫·波罗那为代表的一些追求品质、富有创新精神的生产商开始用这种受到不公正指责的葡萄酿造葡萄酒。他们调整葡萄酒的酸度并使用橡木桶进行陈年，神奇地将这种酸度高的葡萄转化成香气浓郁、结构复杂、陈年潜力强的葡萄酒。波罗那的游赛龙干红葡萄酒（Bricco dell'Uccellone）是第一款使用这种方法酿制的巴贝拉葡萄酒。

浓缩的优雅：贾科莫·波罗那凭借其酿造的游赛龙干红葡萄酒最早向世人展示了巴贝拉的伟大品质

在这两座小镇周围有许多小型家庭酿酒厂，它们用最原始的方法进行葡萄种植。许多酿酒厂向大生产商或传统酒商出售葡萄或者葡萄酒

巴贝拉的成功

阿尔巴的生产商不仅在推行巴罗洛的现代化生产，他们还开始对巴贝拉进行新的尝试。该地区大部分葡萄园都种植着巴贝拉。出色的风土条件和先进的生产技术为巴贝拉的成功提供了保障。阿尔巴巴贝拉（Barbera d'Alba）是重要的D.O.C.法定产区，出产酒体饱满、具有国际风格的红葡萄酒。自20世纪90年代初起，老藤巴贝拉葡萄就被用来生产果味浓郁、单宁丰富的葡萄酒，其中最优质的可以存放许多年。

弗雷伊萨、吉诺林诺和露诗

阿斯蒂和蒙费拉托的两个本土葡萄——弗雷伊萨和吉诺林诺在根瘤蚜虫灾害中幸存了下来。然而，这两个品种由于种植难度高、产量低，并没有受到生产商的青睐。

吉诺林诺葡萄酒色泽浅淡、口感新鲜清爽，甚至还受到萨瓦王室的欢迎。顶级吉诺林诺葡萄酒产自蒙费拉托北部干燥疏松的土壤，具有玫瑰、坚果和白胡椒的味道，酒体丰满、单宁丰富。

与其相反，弗雷伊萨从来都是一个默默无闻的葡萄品种。虽然它在皮埃蒙特的种植历史可追溯至1799年，但用它酿造的具有微小气泡和较低陈年潜力的葡萄酒从未获得广泛关注。目前，阿斯蒂拥有2000公顷的弗雷伊萨葡萄园。这里以及都灵东部的小片区域基耶里弗雷伊萨（Freisa di Chieri）法定产区，生产用橡木桶陈年的口感浓郁的弗雷伊萨葡萄酒。

卡斯塔尼奥莱蒙费拉托（Castagnole Monferrato）种有100公顷的露诗，使这种原产地不明的葡萄免于灭绝。露诗葡萄酒果香浓郁、口感顺滑，而且单宁丰富，具有较强的陈年潜力。

巴贝拉葡萄酒的主要生产商

生产商：Marchesi Alfieri*—*****
所在地：San Martino Alfieri
25公顷，年产量8.5万瓶
葡萄酒：Barbera d'Asti：La Tota，Alfiera；Montferrato：Il Bianco dei Marchesi，Il Rosso dei Marchesi，Piemonte Grignolino Sansoero
酒庄出产的巴贝拉葡萄酒果味浓郁，品质卓越。

生产商：Bava*—*****
所在地：Cocconato
57公顷，部分非自有葡萄，年产量60万瓶
葡萄酒：Barbera d'Asti Stradivario，Arbest and Piano Alto；Monferrato Bianco Alteserre，Giulio Cocchi Spumate Brut，Gavi Cor de Chasse，Malvasia di Castelnuovo Don Bosco，Moscato d'Asti Bass Tuba
该知名酒庄出产顶级葡萄酒Barbera Stradivario和Piano Alto。

生产商：Alfiero Boffa，Vigne Uniche****
所在地：San Marzano Oliveto
15公顷，年产量10万瓶
葡萄酒：Barbera d'Asti：Collina della Vedova；Moscato d'Asti，Dolcetto，Spumante
酒庄出产的五款单一葡萄园巴贝拉葡萄酒证明了Nizza Monferrato和Costigliole d'Asti两镇之间拥有优越的风土条件。

生产商：Braida Di Giacomo Bologna**—*****
所在地：Rocchetta Tanaro
46公顷，年产量50万瓶
葡萄酒：Barbera d'Asti：Bricco dell'Uccellone，Ai Suma，Bricco della Bigotta；Langhe Bianco Il Fiore di Serra dei Fiori，Pinot Nero del Monferrato Il Baciale，Barbera La Monella，Moscato d'Asti Vigna Senza Nome
酒庄出产的单一葡萄园巴贝拉葡萄酒品质一流。

生产商：Cascina La Barbatella****
所在地：Nizza Monferrato
4公顷，年产量1.5万瓶
葡萄酒：Barbera d'Asti La Vigna dell'Angelo，Monferrato Bianco Noë，La Vigna di Sonvico
较低的产量、对葡萄的精心呵护以及现代化的酿酒工艺确保酒庄出产品质一流的葡萄酒，如由赤霞珠和巴贝拉混酿而成的Vigna di Sonvico。

生产商：Cascina Castlet***
所在地：Costiglione d'Asti
20公顷，年产量18万瓶
葡萄酒：Barbera d'Asti：Passum and Policalpo；Moscato Passito Avié
该酒庄使用部分风干的葡萄酿造一种名为Passum的干型巴贝拉葡萄酒。

生产商：Andrea Oberto*—*****
所在地：La Morra
16公顷，年产量10万瓶
葡萄酒：Barolo：Vigneto Rocche；Barbera d'Alba：Vigneto Boiolo，Giada；Dolcetto d'Alba：Vantrino Albarella，San Francesco，Langhe Rosso Fabio

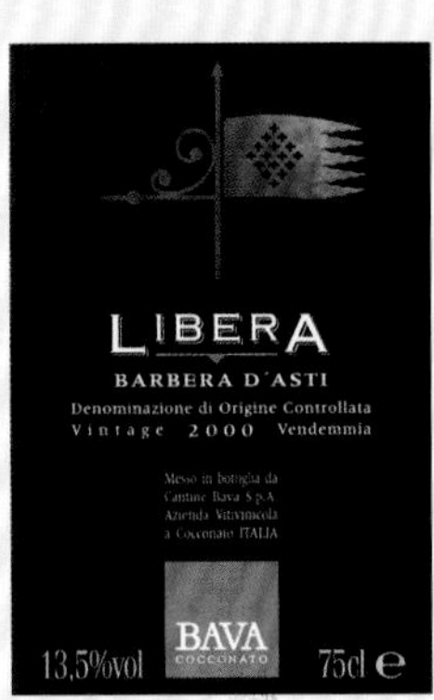

该酒庄其实属于巴罗洛产区，但其最出色的葡萄酒是名为Giada的阿尔巴巴贝拉，其次是露诗葡萄酒和三款多赛托葡萄酒。

生产商：La Tenaglia—*****
所在地：Serralunga Di Crea
13公顷，年产量5.5万瓶
葡萄酒：Chardonnay，Oltre，Grignolino del Monferrato，Barbera del Monferrato，Chiaro di Crea，Barbera d'Asti：Bricco Crea，Emozione，Giorgio Tenaglia
酒庄位于Serralunga di Crea，距离巴贝拉的生产中心较远。在好的年份，这里可以出产上乘的阿斯蒂巴贝拉和霞多丽。

生产商：Tenuta Garetto*—*****
所在地：Agliano Terme
18公顷，年产量13万瓶
葡萄酒：Barbera d'Asti Superiore Favà，In Pectore，Tra Neuit e Dì，Piemonte Chardonnay Diversamente
Allessandro Garetto非常年轻时就接手了家族生意并一心一意酿造葡萄酒。如今酒庄已跻身最好的阿斯蒂巴贝拉生产商之列。

生产商：Villa Terlina*****
所在地：Agliano d'Asti
6公顷，年产量2.5万瓶
葡萄酒：Barbera d'Asti Gradale，Barbera d'Asti Monsicuro
Paolo Alliata和Bettina Eickelberg在他们贫瘠的土壤上酿造出口感浓郁、表现丰富的葡萄酒。

生产商：Vinchia E Vaglio Serra—*****
所在地：Vinchio
320公顷，年产量15万瓶
葡萄酒：Barbera d'Asti：Vigne Vecchie，V.V. Bricco Laudana；Barbera del Monferrato Vivace，Cortese del Monferrato Dorato，Grignolino d'Asti，Chardonnay d'Asti，Chardonnay Frizzante
在很长一段时间内，该合作社的成员一直向当地最知名的酒厂提供酿造顶级葡萄酒的优质原材料。然而，自从他们开始装瓶并销售阿斯蒂巴贝拉后，这种葡萄酒无可争议地成为该地区最好的葡萄酒之一。

前往贾科莫·波罗那的百来达（Braida）酿酒厂参观的游客可以看到现代化的装修和崭新的橡木桶

阿尔巴、朗格和罗埃洛

罗埃洛的葡萄酒吧——为生活提供小乐趣

朗格的丘陵占地约2000平方千米，毗邻都灵平原、库内奥平原、蒙费拉托和利古里亚阿尔卑斯山。这里独特的地质构造形成于第三纪。海洋沉淀物形成的灰白石灰质泥灰土富含铁、钾、磷、铜、锰、镁等矿物质和微量元素，造就了独特的风土条件。意大利国王翁贝托一世认识到朗格土壤的巨大潜力，于1881年在阿尔巴建立了一所专注于葡萄酒生产的农业学院。

塔纳罗河左岸

罗埃洛地处阿尔巴西北部塔纳罗河西岸，为朗格丘陵的延伸段，可能与阿尔卑斯山最后一座山峰同时期形成。与朗格丘陵不同的是，罗埃洛的山脉几乎相互平行。这里的土壤主要由冰河时期的沉积土构成。罗埃洛出产皮埃蒙特最知名的葡萄，并且种植范围广泛，甚至覆盖塔纳罗河东岸，酿造的葡萄酒以阿尔巴内比奥罗的法定产区名称销售。在很长一段时间内，当地葡萄酒生产商用内比奥罗酿造一种仅适合浅龄时饮用的甜葡萄酒。不过，罗埃洛最终引入了产量限制、温控发酵和橡木桶陈年。如今，较知名的酒厂都可以提供巴罗洛葡萄酒的替代产品。这种葡萄酒虽然不如巴罗洛葡萄酒结构复杂、陈年潜力强，但至少价格优惠。

罗埃洛越靠北地区的葡萄酒酒体越轻盈，口感越清淡。北部地区的沙质土壤能够出产结构均衡的葡萄酒，这种葡萄酒在16—17世纪深受都灵贵族阶层的喜爱。由于罗埃洛的葡萄酒风格独特，因此1985年人们单独建立了内比奥罗和阿内斯法定产区。

朴实的多赛托

为了充分利用条件欠佳的土地，皮埃蒙特的生产商在凉爽的斜坡上种植多赛托。这种酸度低的葡萄品种比敏感的内比奥罗早四周成熟，不仅降低了遭遇秋雨破坏的风险，而且可以避开高峰期组织采摘。多赛托餐酒酒体柔和轻盈、果味浓郁，适合年轻时饮用。被忽视多年后，多赛托现在有7个D.O.C.产区，其中一半以上都生产阿尔

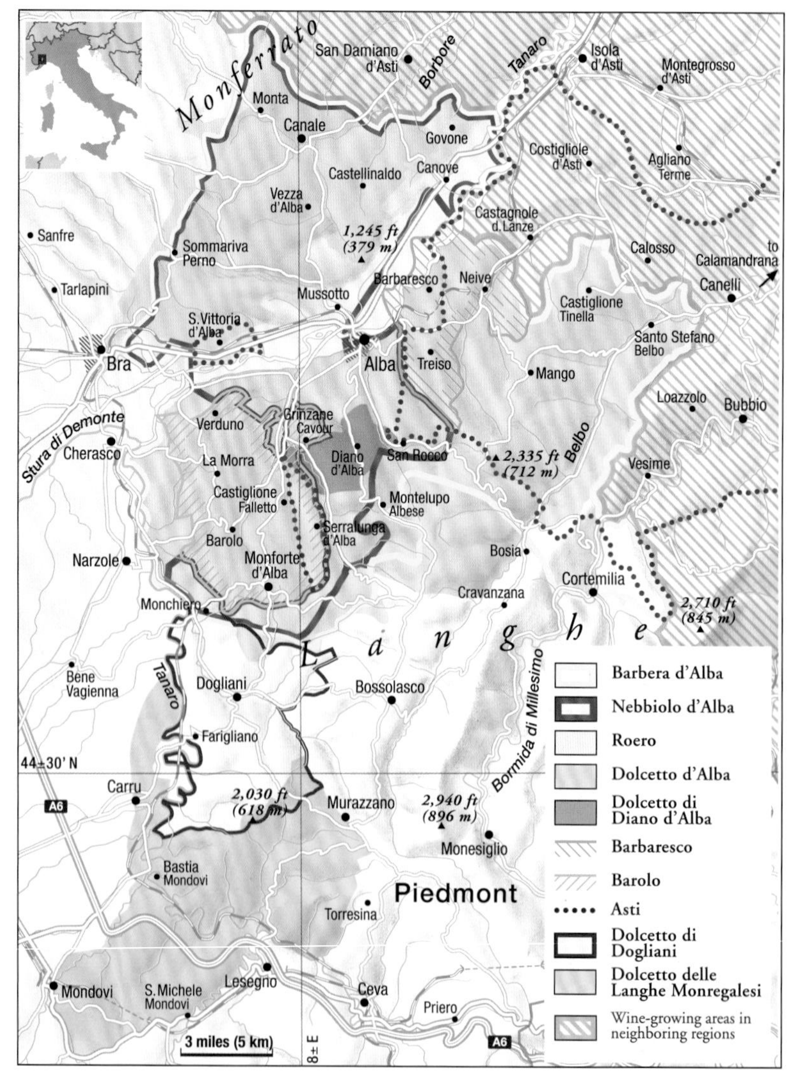

巴多赛托（Dolcetto d’Alba）。

阿尔巴蒂亚诺（Diano d’Alba）地区生产的多赛托葡萄酒是这类葡萄酒中的佼佼者。这里的多赛托种植在地理位置最优越的朝南斜坡上，而不是条件稍差的地区。此外，这里还有严格的生产规定：产量不得超过5600升/公顷，酒精度必须高于12% vol。

另一个多赛托D.O.C.产区是多利亚尼（Dogliani），这里可能是多赛托真正的故乡。随着品质的不断提升，如今多利亚尼多赛托葡萄酒酒体复杂、果香浓郁、余味悠长。

多赛托是最迷人的红葡萄酒之一，果香丰富，可以在浅龄时饮用。最好的多赛托色泽浓郁

芳香珍品

除了备受推崇的巴贝拉，罗埃洛和朗格地区还种植了其他特色品种等待人们去发现，如韦尔杜诺（Verduno）和萨卢泽西丘（Colline Saluzzesi）两个D.O.C. 产区的派勒维佳。这种葡萄在13—16世纪是库内奥省最流行的品种之一。派勒维佳葡萄酒具有洋葱皮般的鲜红色泽和白胡椒的香气，有时与内比奥罗和巴贝拉混合调配。据说这种葡萄酒具有催情的效果。

阿尔巴及周边的主要葡萄酒生产商

生产商：**Claudio Alario*****-******
所在地：**Diano d’Alba**
10公顷，年产量4万瓶
葡萄酒：Dolcetto di Diano d’Alba，Barbera d’Alba Valletta，Nebbiolo d’Alba，Langhe
该酒庄出产最好的阿尔巴蒂亚诺葡萄酒以及上等的单一葡萄园巴贝拉。

生产商：**Ceretto*****-******
所在地：**Alba**
100公顷，年产量80万瓶
葡萄酒：Barbaresco Bricco Asili，Barolo Bricco Roche，Monsordo Langhe：Chardonnay，Cabernet，Pinot，Dolcetto d’Alba Rossana
Ceretto家族经营着La Bernadina的三个酿酒厂，其中两个生产单一葡萄园巴罗洛和巴巴莱斯科葡萄酒。

生产商：**Pio Cesare*****-*******
所在地：**Alba**
45公顷，部分非自有葡萄，年产量37万瓶
葡萄酒：Barolo，Barolo Ornato，Barbaresco Il Bricco，Nebbiolo d’Alba，Dolcetto d’Alba，Barbera d’Alba Fides，Moscato d’Asti，Il Nebbio，Gavi，Langhe Chardonnay Piodilei
这是一个位于阿尔巴中心地区的传统酿酒厂，出产的单一葡萄园巴罗洛和巴巴莱斯科葡萄酒口感浓郁、风格现代。

生产商：**Corregia******-*******
所在地：**Canale**
20公顷，年产量12万瓶
葡萄酒：Barbera d’Alba Bricco Marun，Nebbiolo d’Alba La Val del Preti，Roero，Roero Arneis
出产高品质的巴贝拉葡萄酒。

生产商：**Carlo Deltetto****-******
所在地：**Canale**
15公顷，年产量12万瓶
葡萄酒：Barbera d’Alba，Dolcetto d’Alba，Gavi，Roero Madonna dei Boschi，Roero Arneis San Michele
该酒庄出产顶级的Arneis葡萄酒，其Roero和Barbera d’Alba葡萄酒也有很好的口碑。

生产商：**Fontanafredda***-******
所在地：**Serralunga d’Alaba**
70公顷，年产量600万瓶
葡萄酒：Barolo La Delizia，Lazzarito，Barbaresco，Dolcetto d’Alba
该酒庄归一家银行所有，在首席酿酒师Danilo Drocco的管理下，出产优质的单一葡萄园巴罗洛葡萄酒。

生产商：**Prunotto*****-******
所在地：**Alba**
55公顷，部分非自有葡萄，年产量65万瓶
葡萄酒：Barolo：Bussia，Cannubi；Barbaresco：Montestefano，Rabajà
该酒庄现在属于佛罗伦萨的安东尼家族，出产高品质的巴罗洛葡萄酒Bussia和巴巴莱斯科葡萄酒Montestefano。

生产商：**Punset*****-******
所在地：**Neive**
20公顷，年产量5万瓶
葡萄酒：Barbaresco，Barbaresco Campo Quadro，Barbera d’Alba Superiore Vigneto Zocco，Dolcetto d’Alba Campo Re，Langhe Rosso Dualis
Marina Marcarino采取有机种植法。出产皮埃蒙特的顶级葡萄酒Campo Quadro和Campo Re。

巴罗洛：独特的组合

巴罗洛是最受欢迎、也是最有名气的意大利葡萄酒。巴罗洛因阿尔巴南部15千米处的一个小镇而得名。这个小镇拥有许多气势恢宏的城堡。在晴朗的日子里，从城堡可以看到远处高耸入云的阿尔卑斯山峰。但是到了秋季，塔纳罗河谷浓雾弥漫（该地区最知名的葡萄内比奥罗在意大利语中就是“雾”的意思），将朗格丘陵和罗埃洛产区分隔开来。

内比奥罗只生长在巴罗洛镇的南部地区，因为那里提供了最佳的成熟条件。石灰质泥灰土保证了葡萄酒的圆润丝滑

巴罗洛的名声主要归功于朱丽叶塔·法莱蒂侯爵夫人及其酿酒师路易·乌达。他们最早使用内比奥罗葡萄汁进行发酵，酿造出强劲、优雅的干型葡萄酒，展现出阿尔巴地区的巨大潜力。内比奥罗是一种种植难度很高的葡萄品种，需要非常充足的日照。这种葡萄早在20世纪就占据了巴罗洛、卡斯蒂利奥内（Castiglione）、法莱托（Falletto）、塞拉伦加（Serralunga）、拉梦罗和阿尔巴蒙福特（Monforte d'Alba）等地最佳的朝南斜坡。内比奥罗的特殊品质，加上有利于其发挥最大潜力的葡萄园共同缔造出了当今意大利最伟大的红葡萄酒。

优质土地

内比奥罗在托尔顿地质期的石灰质泥灰土上能发挥最大的潜能。这些最优质的土壤分布在阿尔巴三座山脉南向和西南向的山坡上。巴罗洛地区共有11个城镇，葡萄种植面积仅为1300公顷，而法国的波尔多拥有10万公顷的葡萄种植面积。这里最好的葡萄园集中在5个核心城镇：巴罗洛、拉梦罗、卡斯蒂利奥内、法莱托、阿尔巴塞拉伦加和阿尔巴蒙福特，而在韦尔杜诺（Verduno）、格林扎纳加富尔、阿尔巴蒂亚诺（Diano d'Alba）、凯拉斯科（Cherasco）、诺维罗（Novello）和罗迪（Roddi）仅覆盖了小部分地区。

托尔顿和海尔微地质期

虽然巴罗洛各地区形成的时期相同，但土壤类型却有很大差异。西部拉梦罗、巴罗洛和诺维罗的石灰质泥灰土比其他地区更紧实、新鲜和肥沃，出产的葡萄酒口感更圆润、果味更浓郁。地质学家认为该区域形成于托尔顿地质期。东部的卡斯蒂利奥内、塞拉伦加和蒙福特被确定始于海尔微时期。这里的土壤含有较高比例的风化红砂岩或石英砂，比较贫瘠，出产的葡萄酒口感更浓烈、层次更分明、单宁含量更高、陈年潜力更强。

内比奥罗对不同的土壤和气候条件都非常敏感。这很好地解释了为什么在巴罗洛最负盛名的葡萄园的低坡处，种植的是多赛托而不是内比奥罗，因为内比奥罗在那里无法成熟。土壤中的不同化学成分也会影响葡萄酒的特性。例如，拉梦罗村的土壤中含有大量的锰和镁，因此这里的葡萄酒具有浓郁的酒香和甘草味。而在对面的山丘上，表层土壤中铁含量较高，导致葡萄酒口感较为苦涩。在温暖的年份，塞拉伦加和蒙福特可以出产顶级佳酿，但在气候较冷的年份，葡萄酒中的酸度和单宁含量都比较高，因此口感苦涩、品质不佳。

巴罗洛和巴巴莱斯科过去和现在的顶级葡萄园	
巴罗洛	
拉梦罗	希瑞奇奥、布鲁纳特、洛奇、阿波利纳、拉塞拉
巴罗洛	卡努比
阿尔巴塞拉伦加	阿廖内、弗兰西亚、维那·瑞安达、奥纳托
卡斯蒂利奥内法莱托	菲亚斯科、布希亚、蒙普里瓦托、洛奇、拉扎瑞托
巴巴莱斯科	
内华	加利纳、圣斯特凡诺
巴巴莱斯科	阿斯丽、瑞芭哈、玛蒂内加、圣洛伦佐

巴罗洛和巴巴莱斯科过去和现在的一些顶级葡萄园

混酿酒与酒庄/单一葡萄园葡萄酒

虽然人们早就知道内比奥罗的品质取决于葡萄园的条件，但经过一个世纪的探索他们意识到这些酒庄和葡萄园出产的葡萄酒应该分别装瓶。原因如下：首先，与法国和德国不同，意大利从来没有酒庄或葡萄园的分级制度。即使在今天，这里最知名的葡萄酒产区也没有一个完善的制度划分出顶级葡萄园。在过去，这种情况导致了知名产区的名称一直被滥用。其次，就巴罗洛而言，不同地区的葡萄风格差异巨大，因此人们结合不同产地葡萄的优缺点进行混酿，期待得到完美的巴罗洛葡萄酒。该地区葡萄园的所有权比较分散，没有生产商可以用一个葡萄园的葡萄生产足够的葡萄酒，这个因素也促进了混酿葡萄酒的操作。

此外，这种模式非常适合该地区的大酒庄。它们过去加工过大量葡萄，并自行销售。其中一些最知名的酒庄，如普鲁诺托（Prunotto）和布鲁诺贾科萨（Bruno Giacosa），随着时间的推移，对每个葡萄园的特点都有非常详细的了解，因此它们能够选出最好的葡萄供应商。

美食家的天堂——巴罗洛葡萄酒搭配松露

巴罗洛的历史与现状

巴罗洛城堡建于公元11世纪，当时撒拉森人多次入侵今天的阿尔巴地区。这座城堡后来一直归法莱蒂侯爵所有，直到1970年才被知名的巴罗洛镇购买。今天，这个城堡内有一个酒窖和两个博物馆

传统的巴罗洛葡萄酒通常采用当地精选的葡萄汁混酿而成。20世纪60年代，为了酿造口感更圆润的葡萄酒，生产商开始尝试酒庄或单一葡萄园装瓶。由于巴罗洛和巴巴莱斯科不同葡萄园生产的葡萄品质相差很大，有人提出应当给予最好的葡萄园应得的认可。阿尔弗雷多·普鲁诺托与其酿酒师贝佩·科拉和雷纳托·拉蒂，以及葡萄酒评论家路易吉·韦罗内利（法国产区分级制度的支持者）是这次运动的倡导者。事实上，早在20世纪50年代韦罗内利就已经试图说服普鲁诺托和科拉生产单一葡萄园葡萄酒。1961年是一个特殊的年份，这一年，朗格地区出现了第一批酒庄和单一葡萄园葡萄酒。雷纳托·拉蒂在拉梦罗村附近的阿巴齐亚修道院（Abbazia dell'Annunziata）建造了一座酿酒厂，他很快就跟上这股浪潮并进行了大量研究以寻找该地区最适合的葡萄园。拉蒂根据研究成果绘制出一份地图，至今仍是关于巴罗洛酒庄以及它们品质潜能最全面的记录。

混合酿造或单独装瓶

20世纪60年代，其他生产商和酒商也开始尝试这种方法，其中包括布鲁诺·贾科萨、赛拉图兄弟、安杰罗·嘉雅、冷泉（Fontanafredda）酒庄和巴巴莱斯科酒庄联盟（Produttori di Barbaresco）合作社。在之后的几十年，几乎所有的生产商都加入到这股浪潮中，试图提升他们传统葡萄酒的声望和价格。酒庄装瓶还发展到其他产区，如托斯卡纳。

如今，一些高品质巴罗洛葡萄酒仍然采用不同葡萄园的葡萄进行混酿，但顶级葡萄酒大多都单独装瓶，其余的葡萄酒则以普通的D.O.C.酒标出售。在收成较差的年份，酒标上可以省去酒庄名，这进一步提高了酒庄和单一葡萄园葡萄酒的地位。

产量降低

这一趋势导致20世纪90年代酒庄和单一葡萄园葡萄酒价格虚高。巨大的商业成功促使许多葡萄酒生产商使用单一葡萄品种酿酒，即使这些葡萄几乎不可能生产出高品质葡萄酒。虽然大多数生产商和消费者的注意力仍然集中在葡萄园，但一些勇于创新的酒庄已经开始着眼于新的品质标准。它们在冬季和夏季进行大量剪枝，使产量远低于法定最大产量，而与法国顶级酒庄的产量相当。

酿酒革命

随着葡萄种植技术的发展，酿酒工艺也发生了改变。和皮埃蒙特其他地区一样，巴罗洛的葡萄酒生产商传统上使葡萄汁和酒脚在一起熟成三四个星期，这样酿造而成的葡萄酒结构丰满、陈年潜力强。葡萄一旦经过压榨，将在大橡木桶中进行充分发酵，然后陈酿数年。只有在好的年份，饱满、几乎过熟的内比奥罗才能经受得起这个过程。

在较差的年份，果皮、果籽和果梗会释放出大量的单宁，但葡萄酒缺乏足够的果味来平衡生涩的口感。如果葡萄酒在橡木桶中熟成时间过久，果味早已褪去，成熟的单宁酸会使葡萄酒变得苦涩而强劲。

以拉梦罗村伊林奥特（Elio Altare）酒庄为代表的新生代生产商效法波尔多和勃艮第同行们的

巴罗洛葡萄酒因陈年潜力强而闻名

做法，把发酵期缩短至48～72小时，或最多8～10天。他们发现，如果发酵时适当加热，只需几小时就可以萃取满意的颜色和足够的单宁。发酵开始阶段萃取的单宁有一个很大的优势，口感不仅不会苦涩，反而甘醇圆润。采用这种革命性方式酿造的葡萄酒在橡木桶中陈年后会具有非常柔和的单宁和香料味，香气怡人。有人说用现代方式酿造的葡萄酒之所以口感复杂也是因为使用了非D.O.C.G.葡萄品种，但这种说法并未得到证实。

右图：1990年，奇亚拉·博斯基从恩里科·佩拉手中接管了一家传统酒庄，成为巴罗洛地区第一位女生产商。最初，她与其他创新者一起合作，但后来独树一帜，生产浓郁优雅的葡萄酒

法律规定

有关巴罗洛和巴巴莱斯科葡萄酒生产的法律也有所调整。如今，葡萄酒只能使用内比奥罗单一品种酿造，就连和巴贝拉混酿的传统做法也不再允许。葡萄产量不得超过8吨/公顷，不过追求品质的生产商认为限制的力度依然不够。法律还规定巴罗洛在木桶中的熟成时间为两年，巴巴莱斯科为一年，这两种葡萄酒还需要在酒瓶中陈酿一年后方可投入市场进行销售。传统主义者质疑现代葡萄酒的陈年潜力，但现在15年过去了，第一批年份酒已经证明了用新方法酿造的巴罗洛和巴巴莱斯科陈年后都拥有出色的表现。

布鲁诺·贾科萨是一位传统的生产商，他坚持长时间发酵和浸渍，对橡木桶不感兴趣

关于酿造技术的争论始终没有结束。传统的葡萄酒生产商也在不断提升葡萄酒的品质，因此许多用传统方式酿造的优质葡萄酒可以与用现代方式酿造的顶尖葡萄酒相媲美。巴罗洛葡萄酒在国际上的成功对所有巴罗洛生产商，无论是坚持传统的还是追求现代化的，都是一种很好的证明。1967年，该地区内比奥罗的种植面积仅有645公顷，到1990年，种植面积增长了一倍多，达1307公顷，此后种植面积继续增长，2006年高达1800公顷，这使内比奥罗处于不利的位置。内比奥罗是一个晚熟品种，需要充足的时间，特别是秋季的微气候使其强烈、粗糙的单宁完全成熟。这种葡萄受年份及单宁质量的影响远大于其他葡萄品种。无论是用现代方法还是传统工艺酿造，巴罗洛和巴巴莱斯科葡萄酒都是意大利最出色的葡萄酒，也是陈年潜力最强的葡萄酒之一，可以存放许多年。

下图：伊林奥特对新木桶持谨慎态度，他并没有完全抛弃传统可靠的大木桶

巴巴莱斯科

如果说巴巴莱斯科在20世纪60年代之前一直处于巴罗洛的阴影之下，但这并非因为其品质，而是由于消费者的阶层。巴罗洛葡萄酒在一定程度上是为贵族和上流社会生产的。巴巴莱斯科产区包括与其同名的村庄以及邻近的特雷伊索村（Treiso）、内华村（Neive）和圣洛可赛诺德艾尔维奥村（San Rocco Seno d'Elvio）。该产区最大的问题是消费者中既没有国王或贵族，也没有政府官员，因此得不到足够的关注。

一个独立地区

内华城堡（Castello di Neive）位于内华村中心，酒庄主人委派巴罗洛干型葡萄酒的创始人路易·乌达酿造葡萄酒。1862年，酒庄出产的葡萄酒征服了伦敦的葡萄酒专家，不过当时内华村并不属于巴巴莱斯科地区。直到1933年，它才和周围的知名村庄联系在一起。

前景光明的葡萄酒产区——巴巴莱斯科

在19世纪最后的10年里，阿尔巴葡萄酒酿造学校的校长、酿酒师多米齐欧·卡瓦扎推动了巴巴莱斯科葡萄酒的发展。他还用巴巴莱斯科的内比奥罗葡萄酿造干红葡萄酒。在1894年成立的葡萄酒生产商合作社中，卡瓦扎的工作堪称典范。此外，他创建的巴巴莱斯科酒庄联盟至今仍是该产区最佳生产商之一。

巴巴莱斯科产区现在的边界划定于1966年，葡萄种植面积为680公顷，年产量约300万瓶。在乔瓦尼·嘉雅（Giovanni Gaja）和布鲁诺·贾科萨的努力下，巴巴莱斯科的葡萄酒再次受到欢迎。约20年后，安杰罗·嘉雅为巴巴莱斯科带来了国际性的突破。另一个重要人物是贾科萨，他证明了巴巴莱斯科和巴罗洛都具有较强的陈年潜力。

在今天的这个D.O.C.G.产区中，最好的葡萄园位于海拔180～320 米的地方。这种相对较低的海拔是巴巴莱斯科葡萄酒和巴罗洛葡萄酒有所差异的原因。一方面，巴巴莱斯科温暖的微气候使葡萄成熟得更早，含糖量更低。另一方面，在较差的年份，种植户在天气变化之前就可以收获全部或至少部分葡萄，因此不同年份的葡萄不会产生巨大差异。巴巴莱斯科的石灰质泥灰土与拉梦罗和巴罗洛的托尔顿阶土壤类似，但它们在矿物成分上有所不同。这里的土壤含有铜和锌而没有锰，因此出产的葡萄酒和巴罗洛产区的葡萄酒香气不同。

20世纪60年代，巴巴莱斯科的生产商也开始尝试单一葡萄园装瓶，当然这里也存在传统酿酒法与现代酿酒法之争，但是不如巴罗洛产区那样激烈。巴巴莱斯科产区之后也修订了D.O.C.法规，将木桶陈酿的时间减少了一年。

左图：安杰罗·嘉雅古老的酒窖中堆满了木桶

右图：在巴巴莱斯科的中心区域之一——内华村，这样的酒铺主要出售本地葡萄酒，这为到访的游客提供了很好的购物机会。这些酒铺经常会有连酿酒厂都售完的佳酿

优雅与强劲

巴巴莱斯科葡萄酒有时会显得结构和力度不足，但其酒精度、单宁含量和酸度的平衡以及紫罗兰和新鲜浆果等浓郁的香气可以弥补这个缺点。巴巴莱斯科葡萄酒的陈年潜力远不如巴罗洛葡萄酒，最长可陈年10～15年，而在5～10年就可达到最佳成熟度。

产自温度和湿度都较高地区的葡萄酒香气浓郁、风格优雅。这些地区的葡萄园大多较小，如巴巴莱斯科的阿斯丽和瑞芭哈（即使在一般的年份，这两个葡萄园也能够出产酒体复杂、果味怡人的葡萄酒）。相比而言，产自内华村顶级葡萄园的葡萄酒强劲有力、结构饱满，年轻时比较粗糙，口感与巴罗洛葡萄酒相似。它们需要经过长时间的木桶和酒瓶陈年才能充分发挥潜力。加利纳是内华村最好的葡萄园，其附近的葡萄园也享有盛名。内华村再往南是特雷伊索村，那里的个体小酒庄生产的葡萄酒单宁含量较高。

在巴罗洛取得成功时，批评者经常指责巴巴莱斯科的生产商不够专注，也不够重视品质。然而，最近几年情况发生了很大变化。巴巴莱斯科涌现出一小批生产商，他们的葡萄酒完全可与巴罗洛葡萄酒相媲美。巴巴莱斯科的未来一片光明。

安杰罗·嘉雅是意大利最富创新精神的葡萄酒生产商

安杰罗·嘉雅，巴巴莱斯科

人们喜欢称呼他为“民族的安杰罗”，因为他是皮埃蒙特甚至整个意大利的酿酒大师。他的单一葡萄园葡萄酒苏里圣洛伦佐（Sori San Lorenzo）、苏里蒂丁（Sori Tildin）和罗斯海岸（Costa Russi）都是意大利最昂贵的葡萄酒，让巴巴莱斯科熠熠生辉。但自1996年起，他的葡萄酒开始使用朗格D.O.C.的酒标，不再标注D.O.C.G.。从那之后，嘉雅在巴巴莱斯科葡萄酒中混入了巴贝拉。

嘉雅家族是巴巴莱斯科最早生产葡萄酒的家族之一，安杰罗的父亲乔瓦尼早在20世纪50—60年代就收购了该产区最大的酒庄，并将其从混合品种种植转向单一品种种植。安杰罗在他家乡巴巴莱斯科注定要成为葡萄酒行业的领导者。由于他与生俱来的创新精神和独特的营销才能，安杰罗在很短的时间内就建立了卓越的国际声誉。他从法国带回许多提升品质的方法，如温控发酵、早期生物酸转化、新橡木桶陈年和产量控制。此外，他还在巴巴莱斯科优秀的葡萄园种植赤霞珠和霞多丽，这也导致他与父亲之间的激烈争论。安杰罗成立了葡萄酒进口公司，收购了巴巴莱斯科城堡和这里最好的葡萄园，还经营着位于托斯卡纳马雷马（Maremma）的歌玛达（Ca Marcanda）酒庄，他的这些举措都获得了巨大成功。直到20世纪90年代大量皮埃蒙特生产商在国际上崭露头角，嘉雅的声誉才有所下降。

巴罗洛和巴巴莱斯科葡萄酒的主要生产商

生产商：Elio Altare—Casina Nuova*****
所在地：La Morra
8公顷，年产量5万瓶
葡萄酒：Barolo：Vigneto Arborina；Barbera d'Alba，Dolcetto d'Alba，Langhe：Vigna Larigi，Vigna Arborina；Langhe La Villa
该酒庄的Arborina葡萄酒证明了即使名气不大的葡萄园也可以出产高品质葡萄酒。酒庄缩短浸渍时间，延长橡木桶熟成时间，因此葡萄酒果香浓郁、单宁成熟。

生产商：Azelia—Luigi Scavino***-*****
所在地：Castiglione Falletto
13公顷，年产量5.7万瓶
葡萄酒：Barolo，Barolo Bricco Fiasco，Barbera d'Alba Bricco Punta，Dolcetto d'Alba Bricco Oriolo
位于Montelupo Albese的多赛托葡萄园和位于Fiasco的巴罗洛葡萄园都会精心挑选葡萄并进行木桶陈年，因此出产的葡萄酒品质一流。

生产商：Michele Chiarlo**-****
所在地：Calamandrana
104公顷，部分非自有葡萄，年产量110万瓶
葡萄酒：Barbaresco Rabajà，Barolo：Cannubi，Cerequio，Rocche di Castiglione；Barbera d'Asti Valle del Sole，Dolcetto d'Alba，Gavi Fornaci di Tassarolo，Gavi di Gavi Rovereto，Barilot，Countacc
近年来该酒庄专注于生产优质巴罗洛、巴巴莱斯科和巴贝拉葡萄酒。

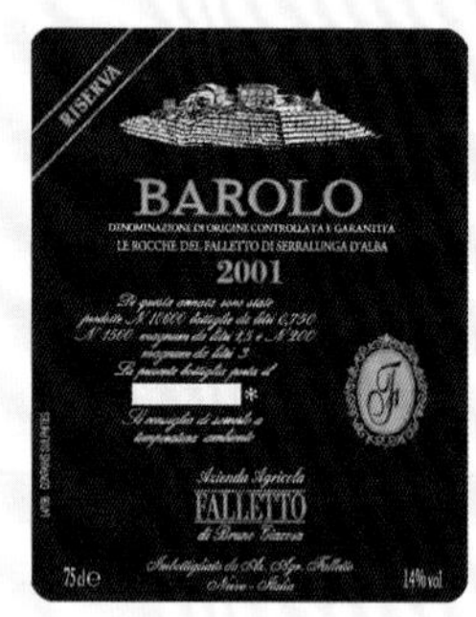

生产商：Domenico Clerico*****
所在地：Monforte D'Alba
21公顷，年产量8.5万瓶
葡萄酒：Barbera d'Alba，Barolo：Ciabot Menti Ginestra，Per Cristina，Pajana，Briccotto Bussia；Langhe Arte，Langhe Freisa La Ginestrina
酒庄生产该产区两款最好的单一葡萄园巴罗洛葡萄酒。内比奥罗和巴贝拉的混酿酒Arte也品质出众。

生产商：Aldo Conterno****-*****
所在地：Monforte D'Alba
24公顷，年产量16万瓶
葡萄酒：Barolo：Vigna Colonello，Vigna Cicala，Granbussia，Bussia，Soprana，Romirasco；Barbera Conca Tre Pile，Langhe：Favot，Bianco Printanié，Chardonnay
Conterno结合传统与现代酿酒法的优点，出产的单一葡萄园巴罗洛葡萄酒堪称经典。

生产商：Giacomo Conterno****-****
所在地：Monforte D'Alba
14公顷，年产量4万瓶
葡萄酒：Barolo；Cascina Francia，Monfortino；Barbera d'Alba，Dolcetto d'Alba，Langhe Freisa
Giovanni Conterno坚守传统，Monfortino葡萄酒是其代表作。

生产商：Paolo Conterno***-****
所在地：Monforte D'Alba
7公顷，年产量4万瓶
葡萄酒：Barolo Ginestra，Dolcetto d'Alba，Barbera d'Alba Ginestra
酒庄出产的葡萄酒口感均衡，在该产区享有盛誉。

生产商：Conterno-Fantino****
所在地：Monforte D'Alba
13公顷，年产量9万瓶
葡萄酒：Barolo：Vigna del Gris，Sori Ginestra；Barbera d'Albi Vignota，Langhe Rosso Monprà，Langhe Chardonnay Bastia
推荐葡萄酒：单一葡萄园巴罗洛葡萄酒Ginestra以及内比奥罗和巴贝拉各50%的混酿酒Monprà。

生产商：Giovanni Corino****
所在地：La Morra
15公顷，年产量5.5万瓶
葡萄酒：Barolo：Vigneto Rocche，Vigna Giachini；Barbera d'Alba Vigna Pozzo，Barbera d'Alba，Dolcetto d'Alba
Renato和Giuliano酿造的单一葡萄园巴罗洛葡萄酒和巴贝拉葡萄酒Pozzo享有盛名。

生产商：Erbaluna——S.&A. Oberto***
所在地：La Morra
7.5公顷，年产量4万瓶
葡萄酒：Barbera d'Alba，Dolcetto d'Alba，Nebbiolo Langhe，Grignolino Langhe，Barolo Vigna Rocche
这个皮埃蒙特最知名的有机酒庄拥有一座出色的葡萄园，出产的巴罗洛葡萄酒品质卓越。

生产商：Gaja*****
所在地：Barbaresco
86公顷，年产量30万瓶
葡萄酒：Barbaresco：Costa Russi，Sorì San Lorenzo，Sorì Tildin；Barolo Sperss，Langhe Darmagi，Barbera Sitorey，Dolcetto Langhe Cremes，Sito Moresco，Langhe Chardonnay：Gaja & Rey and Rossj-Bass
意大利葡萄酒行业的先锋（详见上页）。

生产商：Bruno Giacosa*****
所在地：Neive
22公顷，部分非自有葡萄，年产量50万瓶
葡萄酒：Barbaresco：Santo Stefano，Gallina，Basarin；Barolo：Falletto，Villero，Collina Rionda，Rocche di Castiglione Falletto；Nebbiolo d'Alba Valmaggiore，Roero Arneis，Spumante Giacosa
Giacosa每年都会精选上等的葡萄酿造巴巴莱斯科葡萄酒Santo Stefano和传统的单一葡萄园巴罗洛葡萄酒。这里的起泡酒品质一流。

生产商：Elio Grasso****-*****
所在地：Monforte D'Alba
14公顷，年产量7万瓶
葡萄酒：Barbera Langhe Vigna Martina，Barolo：Ginestra Casa Matè，Barolo Gavarini Vigna Chiniera，Dolcetto d'Alba Gavarini Vigna dei Grassi，Langhe Chardonnay
Grasso在20世纪80年代末凭借出色的葡萄酒成为皮埃蒙特的知名生产商。

生产商：Giuseppe Mascarello & Figlio**-****
所在地：Monchiero
12公顷，年产量5万瓶
葡萄酒：Barolo：Monprivato，Bricco，Villero，Codana；Barbaresco Macarini，Barbera d'Alba，Dolcetto d'Alba：Bricco，Pian Romualdo
该酒庄出产不同品质的葡萄酒，在杰出的年份用传统方法酿造顶级葡萄酒Monprivato。

生产商：Vigna Rionda—G. Massolino & Figli***-****
所在地：Serralunga D'Alba
16公顷，年产量9万瓶
葡萄酒：Barolo：Vigna Rionda，Parafada，Margheria；Barbera d'Alba，Dolcetto d'Alba Barilot，Piria，Moscato d'Asti，Chardonnay Langhe
Vigna Rionda是最好的巴罗洛葡萄园之一， 出产的葡萄酒品质一流。

生产商：Moccagatta***-*****
所在地：Barbaresco
11公顷，年产量5万瓶
葡萄酒：Barbaresco：Bric Balin，Cole；Barbera d'Alba Vigneto Basarin，Langhe Chardonnay Bric Buschet
这家现代化的酒庄凭借单一葡萄园巴巴莱斯科葡萄酒和霞多丽葡萄酒享有盛名。

生产商：Monfalletto-Cordero di Montezemolo**-****
所在地：La Morra
27公顷，年产量12万瓶
葡萄酒：Barolo：Monfalletto，Enrico VI，Chardonnay Langhe Elioro，Barbera d'Alba，Dolcetto d'Alba，Pinot Nero
这个传统酒庄因其巴罗洛葡萄酒Enrico VI而成名。如今新的主人开始尝试现代化酿酒法。

生产商：Ada Nada****
所在地：Treiso
10公顷，年产量4.5万瓶
葡萄酒：Barbaresco-Lagenweine，Barbera d'Alba Vigna d'Pierin，Dolcetto Autinot，Langhe Nebbiolo Altavilla
该酒庄的葡萄园位于陡峭的斜坡之上，出产的葡萄酒结构坚实、风格雅致。

生产商：Fratelli Oddero**-*****
所在地：La Morra
62公顷，年产量20万瓶
葡萄酒：Barbaresco，Barolo：Mondoca di Bussia，Rocche di Castiglione，Vigna Rionda；Langhe：Furesté，Chardonnay；Collaretto，Barbera d'Alba，Dolcetto d'Alba
单一葡萄园巴罗洛葡萄酒，特别是Rionda葡萄酒体现了传统与现代的完美结合。

生产商：Armando Parusso***-*****
所在地：Monforte D'Alba
20公顷，年产量11万瓶
葡萄酒：Barolo：Bussia Vigna Munie，Bussia Vigna Rocche；Dolcetto d'Alba，Barbera d'Alba Ornati，Langhe Bricco Rovella Bianco，Rosso
Marco Parusso和Tiziana Parusso是朗格地区现代主义酿酒师的代表人物。在他们生产的葡萄酒中， 巴罗洛葡萄酒Bussia Rocche和红葡萄酒Bricco Rovella最为出色。

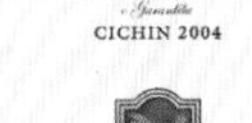

生产商：E. Pira & Figli****
所在地：Barolo
3.5公顷，年产量1.5万瓶
葡萄酒：Barolo，Barolo Cannubi
该酒庄由Chiara Boschis经营。其优秀的单一葡萄园葡萄酒Cannubi备受关注。

生产商：Poderi Rocche Dei Manzoni***-****
所在地：Monforte D'Alba
45公顷，年产量25万瓶
葡萄酒：Barolo：Vigna d'la Roul，Vigna Big；Bricco dei Manzoni
Valentino Migniori坚持采用现代方法酿酒，生产的单一葡萄园巴罗洛葡萄酒风格优雅，瓶内发酵的起泡酒也品质出众。

生产商：Albino Rocca****-*****
所在地：Barbaresco
12公顷，年产量6.5万瓶
葡萄酒：Dolcetto d'Alba Vignalunga，Barbera d'Alba Gepin，Barbaresco：Vigneto Loreto and Brich Ronchi；Langhe Bianco La Rocca
Loreto葡萄园出产顶级的巴巴莱斯科葡萄酒。

生产商：Luciano Sandrone****-*****
所在地：Barolo
40公顷，9.5万瓶
葡萄酒：Barolo Cannubi Boschis，Barolo，Dolcetto d'Alba，Barbera d'Alba：Nebbiolo d'Alba Valmaggiore
Sandrone因其单一葡萄园巴罗洛葡萄酒Cannubi Boschi在国际上享有盛誉。

生产商：Paolo Scavino*****
所在地：Castiglione Falletto
20公顷，年产量9万瓶
葡萄酒：Barolo：Bric del Fiasc，Cannubi，Rocche dell'Annunzata；Barbera Carati
Enrico Scavoni酿造的Barolo del Fiasco葡萄酒具有传奇色彩，其在橡木桶中陈年的巴贝拉葡萄酒是同类葡萄葡萄酒的标杆。

生产商：Mauro Veglio***-****
所在地：La Morra
11公顷，年产量6.5万瓶
葡萄酒：Barolo Castelleto，Barolo Vigneto Arborina，Gattera，Rocche，Barbera d'Alba Cascina Nuova，L'Insieme
年轻的Mauro及其妻子Daniela从附近的Elio Altare酒庄学到许多酿酒技术。他们生产的橡木桶陈年葡萄酒品质可靠。

生产商：Roberto Voerzio*****
所在地：La Morra
10公顷，年产量4.5万瓶
葡萄酒：Barolo：La Serra，Cerequio，Brunate；Barbera d'Alba Vignasse，Vignaserra，Dolcetto d'Alba Priavino，Langhe Chardonnay Fossati e Roscaleto
酒庄的顶级葡萄酒包括La Serra、Cerequio、Vignaserra和Vignasse。

皮埃蒙特白葡萄酒

除了起泡酒的主要原料莫斯卡托，柯蒂斯是皮埃蒙特唯一用来大量生产白葡萄酒的葡萄品种。柯蒂斯生长在蒙费拉托的丘陵地带、亚历山德里亚的北部和南部，以及嘉维附近的山上，那里出产意大利人最喜欢的一种白葡萄酒——嘉维，又称为嘉维柯蒂斯（Cortese di Gavi）。

嘉维柯蒂斯

维托里奥·索尔达蒂是一位雄心勃勃的业余生产商，在20世纪50年代首次证明嘉维可以不只是一款普通的佐餐酒。他很快意识到产量限制和葡萄酒品质之间的关系。在拉斯柯卡（La Scolca）酒庄获得成功后，索尔达蒂专注于温控发酵和瓶内陈年。为了纪念这款葡萄酒的价值，他将之称为“嘉维的嘉维”（Gavi di Gavi）。这款葡萄酒在国际上迅速成名，并且于1998年获得法律认可，被授予D.O.C.G.等级。如今，“嘉维的嘉维”被称为“嘉维柯蒂斯”。

产量也许有点高

柯蒂斯的法定最高产量达9.5吨/公顷，即葡萄汁几乎为7000升/公顷。如果加上意大利允许的上浮20%的量（生产商总是利用这一点），每公顷的产量将超过8000升。10.5% vol的最低酒精度一方面反映了该地的气候条件（由于葡萄园相对凉爽，葡萄汁含糖量通常较低），另一方面也体现了葡萄园的高产量。葡萄树的最低种植密度为3300株/公顷，即葡萄的产量至少为3千克/株。顶级品种的产量通常不足1千克/株。

注重品质的生产商试图通过葡萄园内的工作弥补短暂的生长期，如提高种植密度、进行夏季修剪，最重要的是，降低每株葡萄树的产量，但这会带来葡萄晚收的风险。当葡萄的潜力充分发挥时，嘉维的颜色介于稻草黄和金黄之间，香气中散发出异域水果以及杏和苹果的味道，入口略带杏仁味。

一些生产商使用他们的顶级葡萄酿造单一葡萄园葡萄酒，并且对葡萄酒进行橡木桶陈年。橡木桶陈年会带来细腻、香甜的气味和口感，可以平衡嘉维的酸度。然而，大多数用柯蒂斯酿造的葡萄酒通常都比较清淡。

阿内斯白葡萄酒与该地区的优质红葡萄酒不相上下。虽然它具有怡人的芳香，但缺乏成为伟大葡萄酒的品质和潜力

罗埃洛和朗格的阿内斯

在塔纳罗北部的丘陵上，两个本土白葡萄酒品种——阿内斯和法沃里达正逐渐引起人们的关注。长久以来，这两个品种只被用来混酿红葡萄酒或作为鲜食葡萄，因此一直没有受到重视，甚至濒临灭绝，直到一些具有创新精神的生产商开始对它们加以利用。今天，在布鲁诺·贾科萨和赛拉图的努力下，阿内斯的种植面积再次达到500公顷。在罗埃洛和朗格，这个品种甚至于1989年获得 D.O.C. 地位。阿内斯可以出产截然不同的葡萄酒，根据所使用的生产技术，目前市场上有两种阿内斯葡萄酒：第一种略带杏仁味和酸度；第二种较为复杂，具有浓郁的花朵、苹果、桃和坚果的香气。

品质源自葡萄园

法沃里达和霞多丽

罗埃洛和朗格的另一个本土品种法沃里达也似乎完全被人遗忘，几乎让位于霞多丽。在整个皮埃蒙特，法沃里达的种植面积仅有150公顷。只有一些生产商培育这个品种，并且生产口感酸爽、果味浓郁的葡萄酒。在橡木桶中发酵时，它们往往散发出甜美的香气和香料味。

消费者的喜爱促使霞多丽空前崛起。这种受欢迎的葡萄主要生长在曾经种植多赛托或本地白葡萄品种的葡萄园里。如今，霞多丽已成为皮埃蒙特许多大酒庄不可或缺的一个品种，酿造的葡萄酒享有D.O.C.等级，并以皮埃蒙特和朗格法定产区的名称销售。这种著名的葡萄酒通常效仿法国和美国加利福尼亚的模式，在小橡木桶中发酵和陈年。

瓶内发酵的干白起泡酒也值得一提。它们在皮埃蒙特没有D.O.C.地位。只有个体生产商和酿酒厂才会生产这种葡萄酒，但它们往往能达到出色的品质。这些葡萄酒的原料通常购于邻近的伦巴第，不过葡萄酒只在皮埃蒙特的酿酒厂酿造并进行瓶内发酵。

棚架种植（正如你在卡雷马产区看到的一样）仅在山区使用。这里的葡萄易受霜冻

嘉维葡萄酒的主要生产商

生产商：Castellari Bergaglio***-****
所在地：Gavi
12公顷，年产量7万瓶
葡萄酒：Gavi di Gavi Fornaci Rolona，Gavi di Gavi Roverto Vigna Vecchia，Pilin
多年来，Marco Bergaglio一直致力于生产品质卓越的嘉维，其橡木桶陈年的白葡萄酒获得了突破性成功。

生产商：La Scolca***
所在地：Gavi
50公顷，年产量 35万瓶
葡萄酒：Gavi Villa Scolca，Gavi di Gavi，Soldati La Scolca Spumante Brut
早在20世纪50年代，Vittorio Soldati就开始生产嘉维。1966年，他酿造的Etichetta Nerra推动了整个产区的发展。他还生产出色的起泡酒。

生产商：Tenuta san Pietro***
所在地：Tassarolo
15公顷，年产量10万瓶
葡萄酒：Gavi：San Pietro，Bricco del Mandorlo，Vigneto La Gorrina
Maria Rosa Gazzinga的酒庄是嘉维地区历史最悠久的酒庄之一。葡萄酒酒体轻盈、口感均衡。

利古里亚

维蒙蒂诺、皮加图、罗塞思和在当地被称为奥梅斯科的多赛托等葡萄品种种植在城镇附近，如里维埃拉（Riviera）西部山区的特廖拉（Triora）

橙子和柠檬花体现了利古里亚与周边地区截然不同的气候。利古里亚位于热那亚湾，坐落在西滨海阿尔卑斯山脉南麓，独特的地理位置使这个半月形的海岸地区几乎成为寒冷的意大利北部一块热带飞地。利古里亚阿尔卑斯山脉海拔高达2500米，与利古里亚亚平宁山脉一起遮挡了寒风。此外，海洋可以存储并缓慢释放太阳的热量，因此这里的年平均气温甚至高于托斯卡纳。

然而，利古里亚的地形严重阻碍了农业的发展。即使为了最基本的农业耕种，当地人也必须砍伐地中海灌木林并在斜坡上挖凿阶梯。因此几个世纪以来，利古里亚形成了独特的耕作景观，并一直保存至今。

传统的葡萄种植

利古里亚的葡萄酒生产一直遵循传统，或者更准确地说，葡萄酒行业在利古里亚无足轻重，人们都不屑去改变它的现状。无论是20世纪60年代的产量增长，还是20世纪70—80年代的技术革新，都没有对这里产生任何影响。利古里亚是意大利保留本土葡萄品种最多的地区。据最新统计，这里有100多个葡萄品种，有些品种只有几公顷的种植面积。因此，每个葡萄园的废弃都可能意味着一些珍贵品种的灭亡。

五渔村

位于拉斯佩齐亚城（La Spezia）北部雷万特海岸（Riviera del Levante）的陡峭悬崖，名字与当地一款白葡萄酒有关。这款白葡萄酒由本土品种博斯科、阿巴罗拉和维蒙蒂诺酿造，口感略咸，与当地美味的鱼类佳肴是完美的搭配。

当地生产商还会使用相同的葡萄品种混酿一种甜葡萄酒夏克特拉（Sciacchetra）。这种葡萄酒曾经在利古里亚和其他地区享有盛名，但现在产量很小。

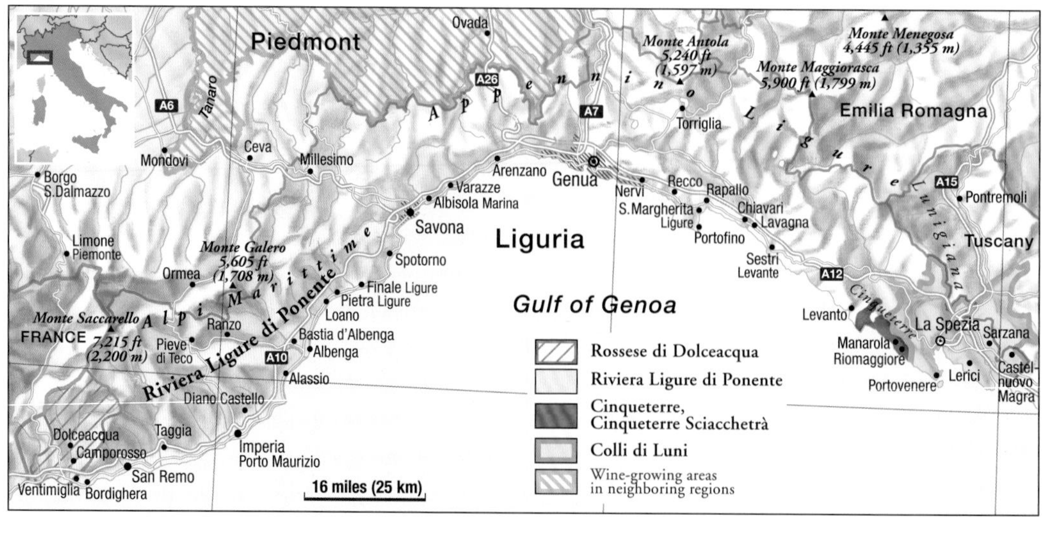

利古里亚的主要葡萄酒生产商

生产商：**Maria Donata Bianchi*****–****
所在地：**Diano Castello**
2.5公顷，年产量2万瓶
葡萄酒：Riviera Ligure di Ponente：Vermentino，Pigato；Eretico：Vermetino，Pigato
Emanuele Trevia是利古里亚现代酿酒技术的先驱，生产的白葡萄酒酒体强劲、结构平衡。

生产商：**Bruna*****
所在地：**Ranzo**
5.5公顷，年产量3.7万瓶
葡萄酒：Riviera Ligure di Ponente：Pigato Le Russeghine，Pigato Villa Torrachetta，Rossese Le Russeghine，Pigato U Baccan
酒庄的特色是皮加图葡萄和采用精选的成熟皮加图酿造的U Baccan葡萄酒。

生产商：**Cascina Feipu Dei Massaretti*****
所在地：**Bastia d'Albenga**
4.5公顷，年产量4.5万瓶
葡萄酒：Riviera di Ponente：Pigato，Rossese；Russu du Feipu，Due Anelli
Agostino Parodi通过辛勤的努力用脆弱的皮加图葡萄酿造出高品质的葡萄酒。

生产商：**Tommaso e Angelo Lupi*****–****
所在地：**Pieve di Teco**
14公顷，年产量15万瓶
葡萄酒：Riviera Ligure di Ponente：Pigato，Vermentino，Ormeasco；Vignamare
该酒庄与Donato Lanati合作出产十分纯净的葡萄酒。Lanati是皮埃蒙特公认的最好的酿酒师，他师从Giacomo Tachis。

生产商：**Terre Rosse*****
所在地：**Finale Ligure**
4.5公顷，年产量2.5万瓶
葡萄酒：Vermentino，Pigato，L'Acerbina，Le Banche，Solitario，Passito Terre Rosse
葡萄园的土壤中含有一种红色的矿物元素，出产的葡萄酒中也包含这种元素。这里还有一些濒临灭绝的葡萄品种，如露玛希娜（Lumassina）。

地中海香草花园

利古里亚一些追求品质的生产商至今都在致力于用维蒙蒂诺和皮加图酿造风味独特的葡萄酒。皮加图是利古里亚的特色品种，可能是由古希腊人引进。该品种主要种植在阿尔本加镇（Albenga）以及兰佐镇（Ranzo）附近的达罗夏山谷（Val d'Arroscia），面积不足200公顷。

在阳光普照的土地上，皮加图会具有野生香草和花卉的独特香味。较低的产量和理想的气候条件保证了这种葡萄在一般的年份也可以出产酒精含量高、结构紧凑的葡萄酒。

维蒙蒂诺是利古里亚最知名的白葡萄品种，在热那亚和法国边境之间的波嫩特里维埃拉利古里亚（Riviera Ligure di Ponente）产区以及拉斯佩齐亚和托斯卡纳之间的鲁尼丘（Colli di Luni）产区享有D.O.C.地位。虽然没有皮加图复杂，但维蒙蒂诺也具有地中海香草的香味，口感柔和，带有清淡的柠檬味和怡人的香料味。

五渔村的西端是风景如画的岩石海岸。这里陡峭的葡萄园延伸到亚平宁山脉的山脚下

利古里亚红葡萄酒

文蒂米利亚（Ventimiglia）、博尔迪盖拉（Bordighera）和圣雷莫（San Remo）的山上出产的多尔切阿库瓦罗塞思（Dolceaqua Rossese）葡萄酒颜色呈宝石红色，口感纯朴。但只有少数生产商成功用罗塞思酿造出葡萄酒。这种葡萄酒具有干玫瑰花、森林水果和清淡的杏仁味。在萨沃纳省（Savona）的阿尔本加地区，罗塞思主要用来生产色浅味淡的日常餐酒，以波嫩特里维埃拉利古里亚D.O.C.产区的名称装瓶出售。

多赛托在皮埃蒙特被称为奥梅斯科。如果使用橡木桶陈年，奥梅斯科可以酿造出更加品质出众的葡萄酒。托斯卡纳最知名的品种——桑娇维赛偶尔也被种植在利古里亚东部的鲁尼丘D.O.C.产区。

伦巴第

凭借其大都市米兰，伦巴第成为意大利的工业中心和人口最稠密的地区。作为一个农业区，这里广泛种植水稻、玉米、小麦和葡萄。从阿达（Adda）狭窄的阿尔卑斯山谷的瓦尔泰利纳、加尔达湖西岸、曼图亚（Mantua）附近的波河平原、帕维亚（Pavia）南部的丘陵到贝加莫（Bergamo）和布雷西亚（Brescia）的斜坡，葡萄园随处可见。伦巴第虽然出产大量的葡萄酒，但优质葡萄酒却寥寥无几。日常和散装葡萄酒在米兰拥有巨大的市场，阻碍了该地区优质葡萄酒的发展，甚至影响了生产风格的统一。当地葡萄酒主要为其他地区的起泡酒提供基酒，而且直到最近数十年，弗兰奇亚考达等小产区才成功树立起自己的形象。

伦巴第受阿尔卑斯山大陆气候和地中海气候的影响，夏季炎热，冬季寒冷，空气湿度高，土壤新鲜肥沃，因此只有波河平原少数地区适合葡萄种植。不过，丘陵和高山地带几乎属于地中海气候且得到阿尔卑斯山的庇护，为葡萄种植提供了优越的条件。

现代起泡酒

今天，伦巴第最负盛名的产区无疑是弗兰奇亚考达，这里已连续数年生产意大利最好的干型起泡酒，其中一些享有D.O.C.G.地位。最近几十年，伊塞奥湖周围的山坡上成立了80家采用香槟酿造法的酒厂，形成了名副其实的起泡酒行业。由于立法的变化，该地区的静态酒一些品质卓越，也拥有独立的D.O.C.命名。静态酒的年产量仅有数百万瓶，难以在国际市场上产生影响。相比之下，香槟的年产量已高达2.7亿瓶。

切拉蒂卡是一种产自布雷西亚北部的淡红色葡萄酒，由司棋亚娃、巴贝拉、玛泽米诺和杂交特泽尔1号（品丽珠和巴贝拉的杂交品种，仅在意大利种植）混酿而成。除当地人以外，没有人知道切拉蒂卡葡萄酒以及卡普里亚诺德尔科莱（Capriano del Colle）和博蒂奇诺（Botticino）法定产区。而产自加尔达湖南岸扎比安奴葡萄的中性白葡萄酒——卢加纳（Lugana）知名度略高。

左图：将葡萄酒瓶口向下斜放，每天晃动酒瓶以使酵母沉淀物聚集于瓶颈处。在洛伦佐法科里（Lorenzo Faccoli）酒厂，这些都通过手工完成

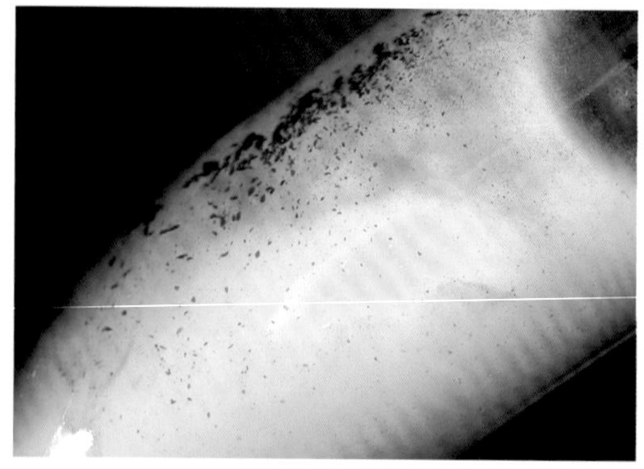

右图：弗兰奇亚考达葡萄酒采用瓶内发酵法酿造。这种起泡酒需要和酒脚一起熟成数年，贮存期结束后再去除酵母沉淀物

坐落在瓦尔泰利纳葡萄园斜坡上的农庄

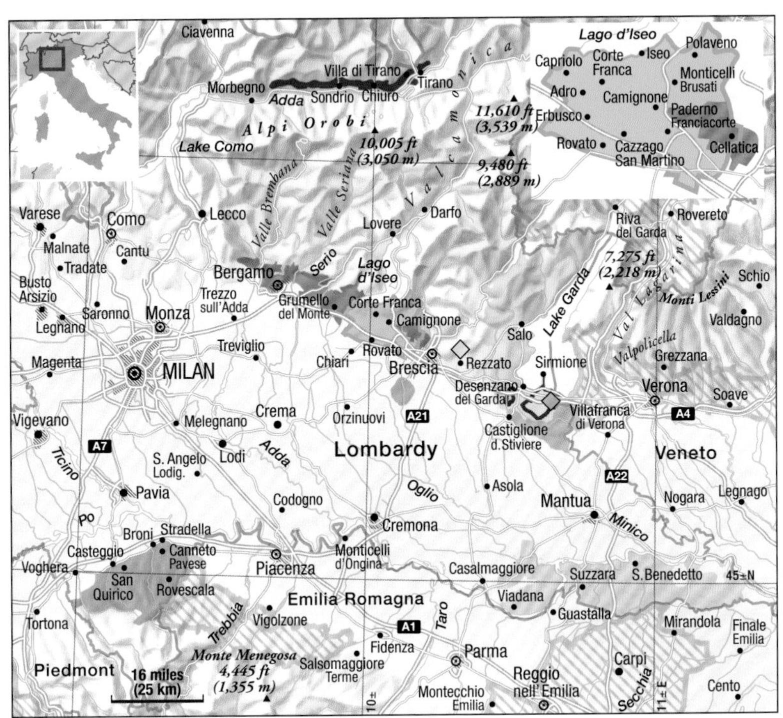

山上的内比奥罗

瓦尔泰利纳地区过去主要向邻近的瑞士格劳宾登州（Grisons）供应散装酒。主要的葡萄品种是内比奥罗，在这里又称为查万纳斯卡。但是，在狭窄陡峭的阿达谷山坡上，葡萄往往不能完全成熟。虽然雷蒂亚阿尔卑斯山脉和勒蓬廷阿尔卑斯山脉阻挡了大量雨水和寒冷北风，但只有南部山坡上的梯田为葡萄种植提供了充足的条件。

南部梯田出产的葡萄酒最低酒精度为12％vol，自1998年以来就被列为D.O.C.G.等级，并且和特级瓦尔泰利纳D.O.C.葡萄酒一样，也可以在酒标上标注萨塞拉（Sassella）、格鲁梅洛（Grumello）、因弗诺（Inferno）和瓦尔杰拉（Valgella）这些葡萄园名称。由于用瓦尔泰利纳内比奥罗酿造的葡萄酒通常

弗兰奇亚考达——意大利香槟

弗兰奇亚考达位于贝加莫和布雷西亚之间的伊塞奥湖南端，其名称可能源自“francae curtes”，即中世纪时当地本笃会享有的“免税”特权。直到20世纪中叶，这里仅生产供当地消费的普通葡萄酒。

1961年，吉多·贝鲁奇的酿酒师劝说他生产起泡酒，从此弗兰奇亚考达崛起成为“意大利香槟”。20世纪70年代，酒庄的巨大成功吸引米兰的实业家纷纷投资该地区的起泡酒行业。贝鲁奇的酿酒厂每年用产自奥特莱堡和特伦蒂诺的葡萄酒生产400多万瓶起泡酒。继他之后，本地生产商开始采用香槟法重点酿造瓶内发酵的起泡酒，主要葡萄品种包括比诺系列和霞多丽。

1995年，弗兰奇亚考达成为意大利第一款也是唯一（至今仍是）一款被授予D.O.C.G.等级的瓶内发酵起泡酒，而且，不同于其他D.O.C.G.白葡萄酒，如罗马涅阿尔巴纳、阿斯蒂和圣吉米格纳诺维奈西卡，弗兰奇亚考达实至名归。

弗兰奇亚考达通常由霞多丽、白比诺、黑比诺和不超过15％的灰比诺酿造，并且至少与酒脚一起熟成18个月，如果是年份弗兰奇亚考达，熟成时间长达30个月。

顶级弗兰奇亚考达起泡酒口感呈干型。生产过程中不需要添加糖分，因为该地区的温度明显高于法国的香槟区。将基酒存储在橡木桶中可以赋予弗兰奇亚考达丰满的酒体、浓郁的芳香以及其他微妙的味道。除了普通的白起泡酒，该地区也生产桃红起泡酒和弗兰奇亚考达特色酒萨滕（Satèn）。萨滕白中白起泡酒通常比普通起泡酒瓶陈时间长，而且二氧化碳含量低。

较为酸苦，生产商们开发出了一种阿玛罗尼风格的稻草酒，被称为斯福扎托（Sfursat或Sforzato）。为了浓缩葡萄的含糖量，在压榨和发酵前，葡萄需要进行短时间的风干。以这个名称销售的少量真正卓越的葡萄酒酒精度较高，口感醇厚、香料味浓郁。

博斯克（Ca'del Bosco）是最早开发弗兰奇亚考达潜力的酒庄之一

波河对岸

奥特莱堡·帕维赛是帕维亚南部的山区，拥有1.7万公顷葡萄园，就其规模和产量而言，是伦巴第最重要的葡萄种植区。然而，这里生产的葡萄酒一半都出售给邻近的皮埃蒙特地区作为起泡酒的基酒。这种商业关系促使人们从早期就开始进行批量化的葡萄酒生产。奥特莱堡-帕维赛的葡萄种类繁多，包括霞多丽、长相思、灰比诺、意大利雷司令、莱茵雷司令、黑比诺、赤霞珠、巴贝拉、伯纳达和本土品种，但这并没有促进当地高品质葡萄酒的生产。不过在近几十年来，该地区不仅注重了生产起泡酒，而且也生产本土红葡萄酒。

伦巴第拥有少数特色葡萄酒，其中包括布达富柯（Buttafuoco），一种偶尔微微起泡的红葡萄酒，由科罗帝纳、巴贝拉和拉雅混酿而成。这些品种还用来生产犹大之血（Sangue di Giuda），一种果香浓郁的起泡酒。

伦巴第的主要葡萄酒生产商

生产商：**Bellavista******
所在地：**Erbusco**
200公顷，年产量100万瓶
葡萄酒：Franciacorta Gran Cuvée：Rosé，Brut，Pas Opérée，Satèn，Riserva Vittorio Moretti，Terre di Franciacorta Bianco：Ucellanda，Convento dell'Annunciata，Rosso；Casotte，Solesine
Vittorio Moretti家族在弗兰奇亚考达居住了几个世纪。他们的酒庄已成为当地最好的酒庄之一，因著名的起泡酒和出色的白葡萄酒而闻名。30%的基酒在橡木桶中发酵。

生产商：**Guido Berlucchi****
所在地：**Borgonato**
80公顷，非自有葡萄，年产量450万瓶
葡萄酒：Spumante Cuvée Impériale：Brut，Max Rosé，Millésimato，Franciacorta Antica Cantina Fratta Millesimato
该酒厂从Oltrepò和Trentino购买葡萄和基酒。Cuvée Impériale是意大利最知名的高品质起泡酒。

生产商：Ca'dei Frati***–****
所在地：**Sirmione**
68公顷，年产量 55万瓶
葡萄酒：Lugano Vigna I Frati，Lugana Brolettino，Riviera del Garda Bresciano Chiaretto，Tre Filer，Vigna Pratto
Piero Dal Cero的酒庄因木桶陈年的Lugana Brolettino扬名。今天，Pratto红葡萄酒也已成为伦巴第最好的葡萄酒之一。

生产商：Ca'del Bosco*****
所在地：**Erbusco**
150公顷，年产量 150万瓶
葡萄酒：Franciacorta：Brut，Millesimato，Dosage Zero，Cuvée Anna Maria Clementi；Terre di Franciacorta Chardonnay，I.G.T. Sebino Maurizio Zanella，Pinero，Elfo
20世纪80年代，Maurizio Zanella、Angelo Gaja和Giacomo Bologna是意大利葡萄酒行业的主要革新者。从那时起，Maurizio Zanella继续扩大并完善自己的酒厂。今天，他的起泡酒、红葡萄酒和白葡萄酒都在全国享有盛名，如以生产者命名的Sebino Maurizio Zanella红葡萄酒以及Elfo和Pinot Pinero。

生产商：**Cavalleri**–****
所在地：**Erbusco**
37公顷，年产量25万瓶
葡萄酒：Franciacorta：Brut，Collezione Brut，Crémant，Pas dosé，Rosé，Rosé Collezione，Rosso

Vigna Tajardino; Terre di Franciacorta: Rampaneto, Seradina IGT Merlot del Sebino Corniole
该酒庄出产的五款起泡酒拥有完美的气泡、细腻的酵母味和奶油的醇香，完全可以与法国香槟媲美。

生产商：**Ricci Curbastro & Figli****-****
所在地：**Capriolo**
25公顷，年产量20万瓶
葡萄酒：Franciacorta: Extra Brut, Satèn; Terre di Franciacorta: Bianco, Chardonnay, Rosso, Vigna Bosco Alto, Vigna Santella del Grom; Pinot Nero Sebino, Brolo del Passoni Chardonnay Passito Sebino, Grappa
近年来，Riccardo Ricci Curbastro的家族酒庄已发展成为弗兰奇亚考达地区的顶级酒庄之一。这里的起泡酒和Bosco Alto白葡萄酒都享有重要的地位。

生产商：**Contadi Gastaldi*****-****
所在地：**Adro**
60公顷，年产量40万瓶
葡萄酒：Franciacorta: Satèn, Pinodisé, Rosé, Brut, Pas Dosé; Terre di Franciacorta Bianco
在成立后的短短几年内，Vittorio Moretti的第二家酒庄就因优质起泡酒而声名鹊起。

生产商：**Enrico Gatti*****-****
所在地：**Erbusco**
17公顷，年产量10万瓶
葡萄酒：Franciacorta Brut, Terre di Franciacorta: Bianco, Rosso; Gatti Rosso, Gatti Bianco
20世纪70年代初，酒庄代理商Gatti购买了Erbusco的土地并开始种植葡萄。他的女婿Enzo Balzarini随后将其发展成为弗兰奇亚考达地区最好的酒庄之一。不过，酒庄的名声却并非源自起泡酒，而是红葡萄酒Gatti Rosso。

生产商：**Monte Rossa******
所在地：**Cazzago San Martino**
50公顷，年产量24万瓶
葡萄酒：Franciacorta: Brut Cabochon, Extra Brut Millesimato, Brut Satèn, Brut Rosé; Terredi Franciacorta Ravellino
最近几年，该传统酒厂持续提高葡萄酒的品质，如今已跻身弗兰奇亚考达地区顶级酒庄之列。

生产商：**Nino Negri****-***
所在地：**Chiuro**
38公顷，部分非自有葡萄，年产量120万瓶
葡萄酒：Valtellina: Superiore, Inferno, Sassella Le Botti d'oro, Sfursat 5 Stelle; Chiavennasca, Vergiano, Vigneto Ca Brione, Vigneto I Grigioni
这家瓦尔泰利纳最知名的酒厂属于Italiano Vino集团。在出色的年份，Sfursat 5 Stelle葡萄酒醇厚而复杂。

生产商：**Provenza****-***
所在地：**Dezenzano del Garda**
85公顷，年产量80万瓶
葡萄酒：Lugana: Brut Charmat Sebastian, Brut Metodo Classico Ca'Maiöl, Fabio Contato Riserva, Garda Classico: Chiaretto, Tenuta Maiolo, VdT Sol Dorè
该酒厂属于Contato家族，由四家历史悠久的酒庄并购而成。虽然这是当地最大的酒庄，但葡萄酒并不是批量生产（批量生产在这里很常见）。起泡酒口感鲜爽细腻，其中Ca'Maiöl在酵母中陈酿36个月。

生产商：**Conti Sertoli Salis-Salis 1637*****
所在地：**Tirano**
60公顷，部分非自有葡萄，年产量30万瓶
葡萄酒：Valtellina: Superiore Sassella, Inferno, Grumello, Sforzato Canua, Superiore Conte della Meridiana
自20世纪90年代初，该传统酒庄一直生产瓦尔泰利纳最现代、最优雅的葡萄酒。Saloncello和Torre della Sirena餐酒品质非凡。

生产商：**Stefano Spezia*****
所在地：**Mariana Mantovana（Mantua）**
2公顷，年产量3万瓶
葡萄酒：Lambrusco Etichetta Rossa, Ancellotta Barrique, Ancellotta Frizzante, Rosso Spezia Merlot
Spezia证明了兰布鲁斯科在伦巴第可以成为一款优质的葡萄酒。酒庄的特色产品包括瓶内发酵的红起泡酒和木桶陈年的Ancellotta，一种浓郁、醇厚、辛香、复杂的葡萄酒。

生产商：**Tenuta Mazzolino****-****
所在地：**Corvino San Quirico**
22公顷，年产量8万瓶
葡萄酒：Noir, Corvino, Oltrepò Pavese; Barbera, Bonarda, Riesling italico Guarnazzola, Pinot Camarà
酒庄位于波河平原对面Oltrepò的山坡之上，在皮埃蒙特酿酒师Giancarlo Scaglione的协助下，用黑比诺酿造出了该地区最好的葡萄酒之一。

生产商：**G. & G.A. Uberti*****-****
所在地：**Erbusco**
24公顷，年产量12.5万瓶
葡萄酒：Franciacorta: Brut Francesco I, Extra Brut Comari del Salemi, Magnificentia; Terre di Franciacorta: Bianco dei Frati Priori and Maria Medici, Rosso dei Frati Priori
该酒庄葡萄酒品质卓越。最好的产品是白葡萄酒Bianco dei Frati Priori和起泡酒Extra Brut Comari del Salemi。

生产商：**Bruno Verdi****-****
所在地：**Canneto Pavese**
8公顷，年产量10万瓶
葡萄酒：Barbera Campo del Marrone, Bonarda Possession di Vergomberra, Buttafuoco, Sangue di Giuda, Pinot Nero, Moscato Volpara, Vergomberra Brut
酒庄由Verdi家族的第七代继承人经营，生产超高品质的红葡萄酒。除单一品种葡萄酒巴贝拉、伯纳达和黑比诺外，所有红葡萄酒都由科罗帝纳葡萄调配而成。科罗帝纳通常用来量产葡萄酒，但在这里酿造的葡萄酒带有浓郁的果味和香气。

意大利东北部：哈普斯堡帝国和威尼斯之间

维罗纳（Verona）每年4月举办葡萄酒展，被誉为意大利葡萄酒之都。此外，这里每年还有许多其他与葡萄酒相关的活动，尤其是在Bottega del Vino——这座城市最知名的葡萄酒吧

这一区域面积辽阔，包括特伦蒂诺、上阿迪杰（南蒂罗尔）、弗留利-威尼斯朱利亚、威尼托和艾米利亚-罗马涅。北部为阿尔卑斯山脉，南部为亚平宁山脉，中部为波河平原，东部为亚得里亚海沿岸地区。适合葡萄种植的土壤类型与这些地质结构一样复杂：阿尔卑斯山谷贫瘠多孔的土壤由含有高比例石灰岩的冰碛岩和砾石组成；阿迪杰河谷的冲积平原土壤肥沃；阿尔卑斯山麓南端冰碛丘陵上的土壤贫瘠干燥，并夹杂着冰川砾石；沿海地带和波河平原（曾经几乎完全被亚得里亚海淹没）的土壤为海洋沉积物，主要是钙质泥灰岩和砂岩。与阿尔卑斯山相比，亚平宁山脉的山脚受侵蚀较少，土壤以石灰砾石、砂岩、泥灰岩和黏土为主。众多的河流以及河流沉积物为山谷提供了肥沃的土壤。

意大利东北部的气候同样变化多端。虽然特伦蒂诺-上阿迪杰属于凉爽的阿尔卑斯大陆性气候，但是阿迪杰河谷及其支流上的梯田每年日照时间长达2000小时，平均温度为17℃，非常适合葡萄种植。而波河平原属于地中海气候。西部地区气候适宜，加尔达湖岸长满了典型的南部植被棕榈树和柏树。多洛米蒂山和阿尔卑斯山的海拔高处为典型的山区气候，昼夜温差显著。不过，高达3000米的山峰阻挡了北部的霜冻，特别是在春季，极大地延长了葡萄的生长期。因此，需要较长生长期和成熟期的葡萄品种可以种植在弗留利的海拔高处，这里几乎不会受到海洋的影响。阿尔卑斯山南部气候恶劣，暴雨经常夹杂着冰雹，能摧毁所有的葡萄园。

西尔维奥·伊曼摒弃弗留利的传统，通过混合不同葡萄品种酿造出独特的葡萄酒。他赋予这些葡萄酒与众不同的名称，虽然以I.G.T.等级装瓶，但它们品质优秀

葡萄园里的多样性

该地区多样的土壤和气候特征给本土和引进葡萄品种的种植以及这些葡萄的酿造带来了巨大的挑战。国际品种梅洛与当地品种如玛泽米诺或匹格诺洛一起种植，酒精含量高的阿玛罗尼与鲜爽清淡的白葡萄酒和精致的甜葡萄酒同时生产。然而，这种多样性不只是自然条件的结果。提洛尔人、哈普斯堡人、威尼斯人、近代法国人、伊特鲁里亚人、罗马人和伊利里亚人都在这里留下了他们的足迹，并对葡萄种植产生了深远影响。

各地区葡萄酒生产的发展也不同步。上阿迪杰很早就开始注重葡萄酒的品质，这主要归功于合作社和大型酿酒厂的努力，而临近的特伦蒂诺省当时仅有几家大生产商和50家小酒庄。20世纪80年代，弗留利的生产商集中精力生产果香馥郁、酒体轻盈的现代白葡萄酒，这种葡萄酒正好填补了意大利市场的空缺。今天，该地区的优势是产自丘陵地带口感强劲、结构均衡的白葡萄酒。弗留利拥有地理位置最优越的葡萄园以及繁多的白葡萄品种和本地红葡萄品种。

意大利北部截然不同的葡萄种植景观：左图为特伦蒂诺的梅佐伦巴多，右图为上阿迪杰的莱姆伯格

质量还是数量

威尼托向我们展现了完全不同的情景。这里是意大利最高产的葡萄酒产区之一，也是北欧传统国际葡萄酒贸易中心之一。维罗纳市的周边地区，如瓦尔波利塞拉、索阿维和巴多利诺，既生产高品质葡萄酒，也大规模生产普通葡萄酒，因为这里的葡萄树不仅种植在自然条件得天独厚的山坡上，而且也分布在阿迪杰河肥沃的冲积平原上。过去20年间，凭借口感强劲的阿玛罗尼红葡萄酒和风格独特的甜葡萄酒等产品，威尼托西部已经建立了良好的声誉。

威尼托东部拥有许多大型酒庄，普洛塞克的成功带动了它们的发展。这些酒庄生产I.G.T.普洛塞克，但品质并不总是令人满意。位于科内利亚诺（Conegliano）和瓦尔多比亚德尼（Valdobbiaddene）之间的普洛塞克D.O.C.产区的酒庄如今专注于生产品质可靠的起泡酒。

艾米利亚-罗马涅的葡萄酒品种多样，包括艾米利亚大量爽口的兰布鲁斯科和顶级生产商生产的高品质干红起泡酒以及罗马涅的简单罗马涅桑娇维赛和博洛尼亚（Bologna）、法恩莎（Faenza）或拉文纳（Ravenna）东南山区的顶级佳酿。

就葡萄品种而言，意大利东北部最具发展潜力。这里对葡萄品种系统化的改进和利用可以为日益同化的全球葡萄酒市场注入宝贵的灵感

地区葡萄品种

国际葡萄品种在意大利东北部建立了稳固的地位。自19世纪后期根瘤蚜虫病暴发后，这里就开始种植梅洛（弗留利）、赤霞珠、品丽珠和黑比诺（上阿迪杰），有时这些葡萄品种可以产出优质的葡萄酒。灰比诺已成为意大利最受欢迎的葡萄酒。大多数新建葡萄园里都种有霞多丽和灰比诺，而比较常见的意大利品种是桑娇维赛和扎比安奴（主要分布在艾米利亚-罗马涅）。

意大利东北部的其他葡萄品种都属于地区品种。最受欢迎的是特伦蒂诺-上阿迪杰的司棋亚娃（在德国被称为托林格）。勒格瑞、泰罗德格和玛泽米诺在数量上并不占优势，但它们酿造的优质红葡萄酒广受追捧。

科维纳是酿造瓦尔波利塞拉、巴多利诺和阿玛罗尼的主要原料，与罗蒂内拉和科维诺尼葡萄广泛种植在威尼托。波河平原以兰布鲁斯科的家族品种为主，如格拉斯巴罗莎、马拉尼、马埃斯特里、萨拉米诺、明德里科和索巴拉。其他值得一提的红葡萄品种包括拉波索（威尼托）、红梗莱弗斯科（弗留利）、匹格诺洛（弗留利）、斯奇派蒂诺（弗留利）和塔泽灵（弗留利）。

威尼托分布最广的白葡萄品种是卡尔卡耐卡，种植面积达1.3万公顷，是索阿维白葡萄酒的主要成分。来自德语区的白葡萄品种，如雷司令、米勒-图高、绿维特利纳、科纳、西万尼和琼瑶浆，在上阿迪杰、特伦蒂诺和弗留利非常常见。特伦蒂诺的本土品种包括诺西奥拉、黄莫斯卡托和玫红莫斯卡托。本地品种阿尔巴纳是第一个用来酿造D.O.C.G.葡萄酒的白葡萄品种，在艾米利亚-罗马涅生长旺盛。弗留利的葡萄品种包括弗留利托凯、维多佐、丽波拉盖拉、皮科里特和维托斯卡。

特伦蒂诺

特伦蒂诺应该感谢伊特鲁里亚人而不是罗马人在这个地区种植葡萄。甚至可以说，在意大利以及其他国家传播葡萄种植的罗马人是从意大利北部的伊特鲁里亚人那里学到了葡萄种植技术和酿酒工艺，包括使用木桶作为发酵和储存容器。和邻近省份上阿迪杰一样，特伦蒂诺的葡萄酒生产主要集中在阿迪杰河及其支流地区。葡萄园占地9000公顷，部分位于肥沃的冲积平原，部分坐落在由冰碛砾石构成的贫瘠山坡上。特伦蒂诺盛产用霞多丽和占主导地位的灰比诺酿造的葡萄酒。其山区土质可以赋予白葡萄酒浓郁的果香和鲜爽的口感。

用霞多丽和比诺品种酿造的特伦托（Trento）起泡酒的叠放具有艺术感

玛泽米诺和泰罗德格

玛泽米诺和泰罗德格在特伦蒂诺历史悠久。玛泽米诺是意大利北部不太知名的本土葡萄品种之一。这种抗病能力强的晚熟品种可以酿造丰满、芳香的葡萄酒，但它经常被用作微起泡酒的基酒。玛泽米诺只有在合适的土壤条件下才能充分发挥潜力，如特伦蒂诺D.O.C.产区伊塞拉村（Isera）和诺米村（Nomi）的黑色玄武岩。伊塞拉玛泽米诺（Isera Marzemino）是一款优雅的葡萄酒，带有淡淡的杏仁味，曾在莫扎特的歌剧《唐·乔瓦尼》中受到高度赞扬。

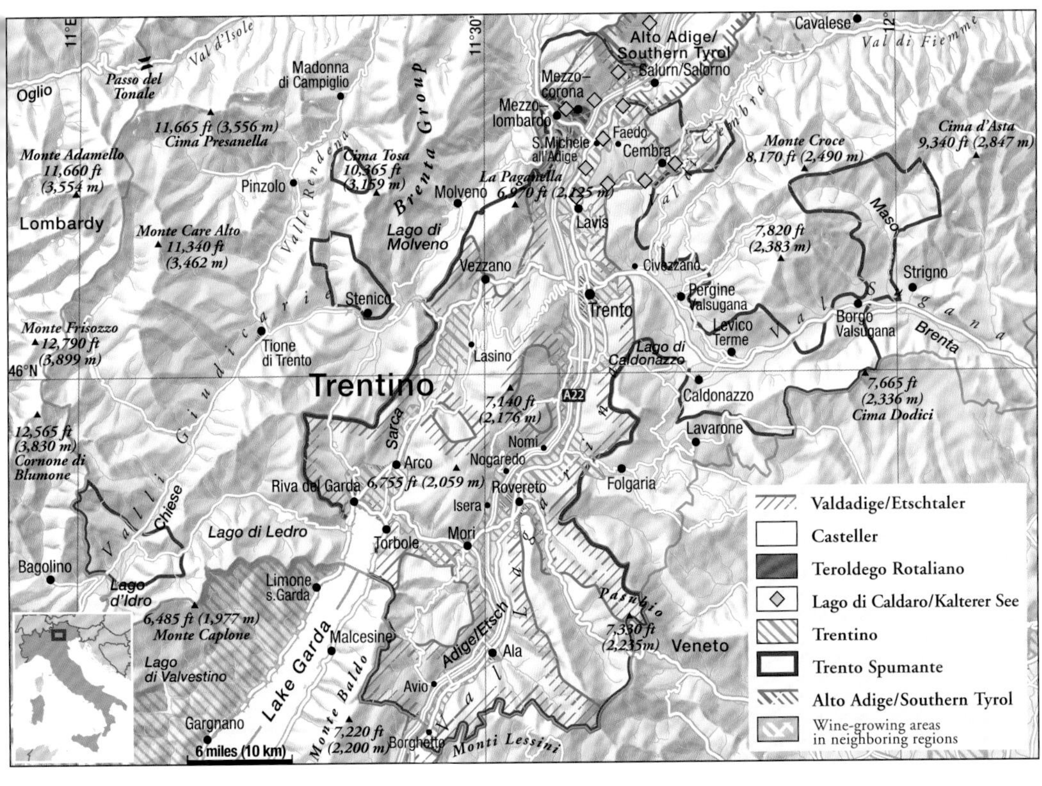

特伦蒂诺是一个迷人的葡萄酒产区，大部分地区位于阿迪杰河谷，四周的高山可以保护葡萄树免受恶劣气候的侵害

现代白葡萄酒和红葡萄酒

勃伦纳（Brenner）高速公路两侧绵延着数英里的葡萄酒产区，主要采取高棚架的种植方式，可以保护葡萄免受过多热量、腐烂和病虫的侵害。这种种植方式也可以将合适的杂交品种培育成酿造顶级葡萄酒的原料。不过葡萄种植户通常没有此意。他们把葡萄出售给合作社，再由合作社酿成供日常消费的各种葡萄酒。

该地区的几十家生产商已经证明，斜坡上土壤稀薄、昼夜温差显著的葡萄园可以出产芳香四溢的白葡萄酒。20世纪90年代，除了本地品种，这里也种植了少量国际红葡萄品种，如梅洛、品丽珠和赤霞珠。不过，在相对较凉爽的气候中，品丽珠和赤霞珠难以充分成熟。与白葡萄酒一样，大多数红葡萄酒也以特伦蒂诺法定产区加葡萄品种的方式命名。瓦达迪杰（Valdadige）法定产区面积较广，主要出产简单的葡萄酒。通常，特伦蒂诺法定产区的灰比诺葡萄酒比那些毫无特色的I.G.T.葡萄酒品质要高许多。

依山而傍的梅佐伦巴多

泰罗德格是意大利唯一生长在平地而非斜坡上的葡萄品种，如果种植在不太肥沃的土壤中，会展现更大的潜力。泰罗德格几乎只分布在特伦蒂诺梅佐科罗纳（Mezzocorona）和梅佐伦巴多附近的罗塔利亚诺（Rotaliano）砾石冲积平原上，出产的红葡萄酒色泽深浓、香气复杂。由于品质优秀，这种葡萄酒赢得了属于自己的D.O.C.命名——泰罗德格罗塔利亚诺（Teroldego Rotaliano）。然而，D.O.C.法规允许的最高产量为12500升/公顷，难以达到现代品质标准。罗塔利亚诺最好的泰罗德格生产商将产量限制在4000～5000升/公顷。在橡木桶中熟成的年份酒，醇厚而复杂，这在特伦蒂诺省非常少见。这些葡萄酒含有甘草、李子、樱桃和紫罗兰的香味，口感强劲，适宜储存。

本地品种还包括红葡萄司棋亚娃和白葡萄诺西奥拉，加尔达湖北部多湖区山谷的圣酒就是用诺西奥拉酿制而成。除本地品种外，这里主要种植国际葡萄品种。白葡萄品种以霞多丽和灰比诺为主，而红葡萄品种以赤霞珠和梅洛为主。

从酒商到品质酒庄——圣米歇尔（San Michele）的安德里齐（Endrizzi）

特伦托法拉利酒厂的旧广告牌展示了起泡酒生产的不同阶段，包括葡萄种植、橡木桶陈年、瓶内发酵和除渣等。这些步骤基本上一直延续至今

起泡酒

位于上阿迪杰边界的阿迪杰圣米歇尔葡萄酒酿造学院、德国莱茵高的盖森海姆葡萄酒酿造学院以及加利福尼亚州萨克拉门托（Sacramento）的戴维斯大学都是世界上一流的葡萄酒研究机构。圣米歇尔葡萄酒酿造学院为特伦蒂诺服务。该学院科学家们的想法往往可以由阿迪杰山谷的生产商直接在葡萄园和酿酒厂里投入实践。

然而，直到20世纪90年代，当大型合作社意识到高品质葡萄酒的重要性时才出现了真正的品质革命。一些曾以生产出口散装酒为主的酿酒厂成功采取了相关措施，提高了葡萄酒的品质。

从经济角度看，起泡酒行业是特伦蒂诺葡萄酒行业最重要的部分。特伦蒂诺每年生产1000万瓶起泡酒，其中一些品质一流。大部分起泡酒采用罐内发酵法酿造，在意大利被称为查马法。也有一些酒厂采用瓶内发酵法，是20世纪初法拉利（Ferrari）酒厂从香槟区引进的一种方法。部分标注“特伦托D.O.C.”的起泡酒在意大利和国际市场上都享有盛名。特伦蒂诺瓶内发酵的起泡酒还可以采用另一个独立的法定产区名称。然而，与弗兰奇亚考达不同的是，它们没有D.O.C.G.等级。“特伦托D.O.C.”很容易与静态酒的法定产区“特伦蒂诺D.O.C.”相混淆。

上阿迪杰

上阿迪杰（南蒂罗尔）与奥地利北蒂罗尔在历史和文化上有着密切的联系。自第一次世界大战以来，上阿迪杰就属于意大利领土的一部分，并且与特伦蒂诺形成了一个自治区。这个意大利最北部的省份，大部分葡萄园都位于阿迪杰河谷及其支流地区，特别是源于北部博尔扎诺（Bolzano）的伊萨尔科河。

上阿迪杰的精华地区是一块位于北部博尔扎诺和南部奥拉（Ora）之间的阿迪杰河谷之上的梯田。这是上阿迪杰自然条件最优越的葡萄种植区。在泰尔拉诺（Terlano）、梅拉诺（Merano）、圣马达莱娜（Santa Maddalena）、马宗（Mazzon）以及阿迪杰河左岸也有规模较小的优质葡萄酒产区。

上阿迪杰与德国和奥地利葡萄种植模式的紧密联系以及双语制度，反映出了与蒂罗尔和德语区的长期联系。这里有18个葡萄品种，其中包括典型的德国品种，如雷司令、西万尼、米勒-图高、琼瑶浆、科纳和托林格。此外，地名大多采用意大利语和德语双语标注。这里还效仿德国的采摘方式，如逐串精选，并且已被列为D.O.C.规定之一。法律将上阿迪杰90%的葡萄酒定义为高品质葡萄酒，这意味着这里的高品质葡萄酒与德国一样稀少。即便如此，上阿迪杰已成为意大利最注重品质的地区之一。

上阿迪杰红葡萄酒

酿酒厂和合作社

和皮埃蒙特等其他地区不同，上阿迪杰的品质革命并非源于私人酒庄和小酒厂，而是由规模较大的酿酒厂和合作社发起。这场改革自20世纪80年代中期起就彻底改变了上阿迪杰的葡萄酒酿造方法。合作社加工了上阿迪杰地区2/3的葡萄，由于促进了品质改革而在整个过程中占据主导地位。它们以品质而非数量为标准对生产商成员进行薪酬支付，单独酿造来自优质低产区域的葡萄酒，并且在酒厂中尝试使用不锈钢酒罐和橡木桶，这些都已成为省内外葡萄酒生产商的典范。

停止销售大量廉价简单的司棋亚娃葡萄酒是该地区的成功所在。司棋亚娃过去产量较高，但口感较差。然而，近几十年来，更精细的加工使这种葡萄的品质脱颖而出，酿造的葡萄酒具有鲜红的色泽和紫罗兰的香气，陈酿数年后可以完美展现其魅力。现在，司棋亚娃葡萄酒通常以葡萄品种的法定产区名称销售。

葡萄品种

在面积越来越大、产量越来越高的葡萄园里过度种植司棋亚娃几乎导致琼瑶浆消失匿迹。琼瑶浆是意大利最古老、最知名的葡萄品种之一。有证据表明，早在公元1世纪末，这种香气浓郁的葡萄就已经出现在上阿迪杰的特勒民村（Tramin）附近。自20世纪90年代以来，市场对琼瑶浆的需求持续上升，特别是在意大利和上阿迪杰，如今琼瑶浆的种植面积达400公顷。位于特勒民北部的索尔村（Söll），因其公认的地区特色，无可争议地成为上阿迪杰最佳葡萄种植区之一。生产商们凭借纯净、清新的白葡萄酒在国内外享有良好声誉。消费者对结构坚实、口感浓厚的白葡萄酒的青睐促使许多酒庄使用小橡木桶进行陈年，不过大木桶也再次风行，因为在保留葡萄酒果味特色的同时，大木桶可以赋予葡萄酒最高的复杂度。

今天的上阿迪杰因为用法国霞多丽和长相思以及本地威斯堡格德酿造的白葡萄酒而取得巨大成功。人们对本地品种出产的红葡萄酒的兴趣已经显著上升，而对赤霞珠和梅洛的关注大幅减弱。葡萄园进行重整后，甚至司棋亚娃都有可能出产酒体轻盈、果味怡人的夏日美酒。

这里最优质的红葡萄品种是本地的勒格瑞，最近几年经历了一次复兴。这种葡萄曾经主要用于生产一种名不见经传的桃红葡萄酒，在很短的时间内，其酿造的葡萄酒口感变得强劲辛辣，且以色泽、单宁和陈年潜力见长。如今勒格瑞日益受到葡萄酒鉴赏家的青睐。当然，严格限制产量仍然是品质的关键。在很长一段时间里，人们认为只有具有砾石沙质土壤的格里斯（Gris，博尔扎诺的一个地区，种植着最好的勒格瑞葡萄）才能出产优质葡萄酒。然而，越来越多的生产商发现这个观点毫无根据，并且证明，上阿迪杰其他地区也可以出产卓越的勒格瑞红葡萄酒。

具有田园风情的乔治巴龙维德曼（Georg Baron Widmann）酒庄位于歌塔希（Cortaccia），现在销售自己的顶级葡萄酒

种植户对葡萄园进行喷水，冻结的冰块可以防止葡萄树受到霜冻

葡萄酒之湖的两位创新者

就在几年前，人们谈论的上阿迪杰葡萄酒之湖很可能不是指卡尔达罗湖，而是指数量庞大但品质低劣的同名葡萄酒。几十年来，这些葡萄酒大量销往与上阿迪杰接壤的国家。如今，在酒厂老板阿洛伊斯·拉格德和卡特琳合作社老板路易斯·拉夫的努力下，这种情况已经得到改变。

坐落在马格雷（Magré）的罗文刚（Löwengang）城堡是拉格德酒厂的生产中心。该酒厂成立于1855年，直到几年前一直位于博尔扎诺的郊区。酒厂前四代人专注于购买葡萄并进行酿造，现任老板阿洛伊斯·拉格德做了一个彻底性的转变，致力于收购最好的葡萄园和传统酒厂。目前，凭借卡尔达罗湖畔的罗密伯格（Römigberg）以及马格雷的罗文刚和希施斯普（Hirschprunn），拉格德已成为上阿迪杰顶级酒庄的所有者。此外，他不仅在自己的葡萄园中引进现代、自然的种植方法，还鼓励供应商（大多数葡萄依然从别处购买）注重质量而不是数量。

阿洛伊斯·拉格德的先辈主要从事葡萄酒贸易，他却致力于扩大葡萄园。自然种植法使罗文刚成为该地区当今最好的酒庄之一

传统方法和现代技术

罗文刚酒庄在20世纪70—80年代对老酒厂进行了升级，之后又新建了一座酿酒厂，开始了新一轮的现代化改革。新酒厂的最大生产能力超过300万升，整个酿造环节分别在四层进行，总高度达15米，因此葡萄和葡萄汁几乎可以完全由重力输送，而无须使用泵作业。如今，这座酒厂已成为上阿迪杰最现代的酒厂之一。

虽然拉格德酒厂的许多红葡萄酒不再使用泵抽取，但是和过去一样，酒帽仍然自动压入葡萄汁中。把优质葡萄酒放入木桶中陈年以增强其复杂性和结构，也是拉格德的标准做法。这里生产的罗文刚霞多丽是上阿迪杰最早使用橡木桶发酵的葡萄酒。

然而，对这个充满活力的公司来说，最有价值的资产仍然是它的葡萄园，这些葡萄园出产的葡萄被酿造成各种优质葡萄酒。除了哈伯霍夫（Haberlehof）、坦海姆霍夫（Tannhammerhof）、斑鹏（Benefizium Porer）和林登堡（Lindenburg），最近酒厂又新增了一个顶级葡萄园，这里种植着意大利最好的赤霞珠。

拉格德公司的最大成就是几年前收购的希施斯普酒庄。阿洛伊斯·拉格德在该酒庄引进生物动力种植法，这种方法类似于他的同事和朋友迈克尔·冯·恩岑斯伯格在马宁科（Manincor）酒庄采用的方法。

生产现代葡萄酒的古老建筑焕然一新

地位稳固的合作社

卡特琳合作社成立于1960年，当时只有28个生产商，短短几十年内，它已发展成意大利北部葡萄酒生产的主导力量之一。今天，其300个成员在阿皮亚诺（Appiano）和萨洛尔诺（Salorno）等地区经营着300公顷的葡萄园。

在路易斯·拉夫的领导下，酒厂采用最先进的酿酒法。最重要的是，这里已经开始关注葡萄园的工作，几乎完全杜绝化学药剂的使用。以前不受限制的化学品现已被保留益虫的政策所替代，这与单独酿造和灌装产自顶级葡萄园的葡萄酒一样，是卡特琳合作社理念的一部分。

由于在提高品质方面做出的努力，合作社早在20世纪80年代就推出了许多优质葡萄酒，包括康奈尔（Cornell）系列（尤其是用赤霞珠和梅洛混酿的红葡萄酒以及桶内发酵的霞多丽）和普拉蒂姆（Praedium）单一品种葡萄酒。

不锈钢酒罐陈年的果味葡萄酒和木桶陈年的葡萄酒也显示了同样精湛的酿造工艺。拉夫鼓励自己的生产商严格控制葡萄产量，因此，特别是产自北方气候区的红葡萄酒展现出了非同寻常的浓度和复杂度。

拉夫不仅具备精湛的酿酒技术，而且在自己的拉法（Lafòa）酒庄也展现了出色的营销能力。拉法庄园分别对赤霞珠和长相思葡萄酒进行灌装。这两款上阿迪杰葡萄酒已经成功达到国际水准，甚至可以与法国优质葡萄酒媲美。

卡尔达罗湖和湖畔的葡萄园

左图：路易斯·拉夫——该地区顶尖合作社卓有远见的领导人

右图：阿洛伊斯·拉格德——高瞻远瞩的葡萄酒生产商

位于上阿迪杰歌塔希的葡萄园海拔高度在250～500米

特伦蒂诺-上阿迪杰的主要葡萄酒生产商

特伦蒂诺

生产商：**Endrizzi****-****
所在地：**San Michele All'Adige**
16.5公顷，部分非自有葡萄，年产量29万瓶
葡萄酒：Trento Masetto Brut；Trentino；Traminer Aromatico，Chardonnay，Cabernet Collezione，Teroldego Rotaliano，Dulcis in Fundo
酒庄的前身为葡萄酒批发商，在Paolo Endrici和Christine Endrici的精心管理下，成功转型为高品质的葡萄酒生产商。

生产商：**Ferrari-Fratelli Lunelli******
所在地：**Trento**
102公顷，部分非自有葡萄，年产量450万瓶
葡萄酒：Trento：Maximum Brut，Rosé，Riserva del Fondatore
该地区规模最大的起泡酒厂，部分在酒瓶内发酵的葡萄酒品质一流。

生产商：**Foradori******-*****
所在地：**Mezzolombardo**
25公顷，年产量20万瓶
葡萄酒：Granato，Karanar，Teroldego Rotaliano Vigneto Morei；Trentino：Pinot Bianco，Chardonnay，Myrto
Elisabetta Foradori已经将这个古老的家族酒庄发展成为特伦蒂诺产区首屈一指的酒厂，为进一步开发西西里岛酿酒业的潜力，她开始创办合资企业。她酿造的三款泰罗德格葡萄酒，尤其是Granato，品质上乘。

生产商：**La Vis*****-****
所在地：**Lavis**
1350公顷，年产量550万瓶
葡萄酒：Trentino Ritratti：Chardonnay，Cabernet Sauvignon，Pinot Nero，Rosso Vigneti delle Dolomiti
曾为一些著名的特伦蒂诺葡萄酒提供基酒，现已具备独立生产的能力。Cantina Valle di Cembra和Casa Girelli酒庄均属于该公司。

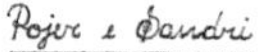

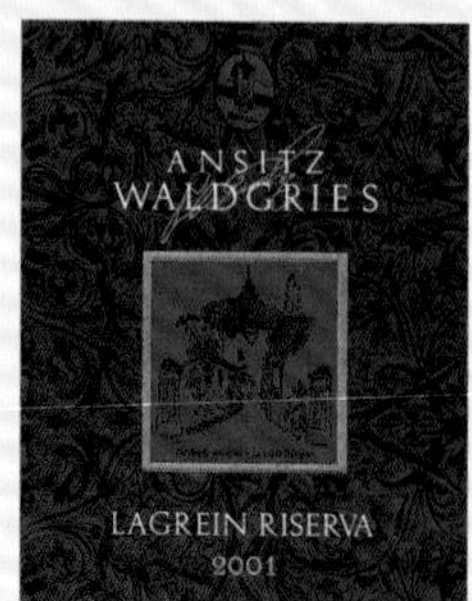

生产商：**Pojer & Sandri*****-****
所在地：**Faedo**
24公顷，年产量25万瓶
葡萄酒：Trentino：Müller-Thurgau，Nosiola，Sauvignon，Rosso and Bianco Fayé，Essenzia Vendemmia Tardiva，Spumante Cuvée Brut
Mario Pojer和Fiorentino Sandri胸怀大志，他们因生产的红葡萄酒、白葡萄酒和渣酿白兰地而出名，旗下的Rosso Fayè是特伦蒂诺地区最好的红葡萄酒之一。

生产商：**San Leonardo******
所在地：**Borghetto**
20公顷，年产量16.5万瓶
葡萄酒：Trentino：Merlot，Cabernet，San Leonardo，Villa Gresti
Carlo Guerrieri Gonzaga用赤霞珠、品丽珠和梅洛酿造的San Leonardo葡萄酒深受波尔多葡萄酒的影响。这也因此成为颇具争议的话题：有人将其奉为特伦蒂诺产区最顶级的红葡萄酒，也有人视之为毫无灵魂可言的平庸饮品。

上阿迪杰

生产商：**Ansitz Altgries*****
所在地：**Bolzano**
5公顷，年产量6万瓶
葡萄酒：Alto Adige：Lagrein Dunkel Riserva，Rosenmuskateller Passito
这座Plattner家族的酒庄创建于12世纪，拥有一个博物馆。

生产商：**J. Hofstätter******
所在地：**Tramin**
55公顷，部分非自有葡萄，年产量72万瓶
葡萄酒：Alto Adige：Blauburgunder Barthenau，Lagrein Steinraffler，Cabernet Sauvignon Yngram，Gewürztraminer Kolbenhof
这个注重传统的酒庄在质量和产量上都是Alois Lageder酒庄最强劲的竞争对手。Foradori家族的五个优质葡萄园分散在阿迪杰河流域，海拔高达600米。酒庄生产的

Blauburgunder BarthenauVigna S. Urbano葡萄酒是行业标杆。

生产商：**Kellereigenossenschaft Bozen****–****
所在地：**Bolzano**
130公顷，年产量110万瓶
葡萄酒：Alto Adige：St. Magdalener Huck am Bach，Lagrein Collection Baron Eyrl，Lagrein Perl，Lagrein Tabe
在并购了Gries和St. Magdalena酒厂后，Kellerei Bozen酒庄于2001年正式成立。酒庄生产的30余种葡萄酒品质均属上乘，其中最出色的当属勒格瑞葡萄酒。

生产商：**Kellereigenossenschaft Girlan****–****
所在地：**Girlano**
270公顷，年产量65万瓶
葡萄酒：Südtiroler：Blauburgunder Trattmannhof，Vernatsch Fass Nr. 9，Weissburgunder Plattenriegl
Girlano地区的第二大酿酒合作社，数年前就已证明司棋亚娃葡萄不仅能出产酒体单薄的卡尔达罗湖葡萄酒，还能酿制适宜陈年的复杂红葡萄酒。

生产商：**Kellereigenossenschaft Kurtatsch*****–*****
所在地：**Cortaccio**
200公顷，年产量90万瓶
葡萄酒：Alto Adige：Cabernet Freienfeld，Merlot Brenntal，Cabernet/Merlot Soma，Chardonnay Eberlehof，Lagrein Fohrhof，Grauvenatsch Sonntaler
酒庄的250名成员在历史悠久的葡萄种植村庄Cortaccio拥有数座最好的葡萄园。Soma是一种效仿波尔多葡萄酒的混酿酒。

生产商：**Alois Lageder/Ansitz Hirschprunn****–*****
所在地：**Magré**
31公顷，部分非自有葡萄，年产量120万瓶
葡萄酒：Südtiroler Chardonnay and Cabernet Löwengang，Cabernet C.O.R. Römigberg，Pinot Grigio Benefizium Porer，Pinot Bianco Haberlehof，Sauvignon Lehenhof，Hirschprunn I.G.T. Mitterberg Bianco Contest，Etelle and Dornach，Rosso Corolle
Alois Lageder是上阿迪杰地区葡萄酒行业的巨头之一，在收购了Hirschprunn酒庄并在Magré建立了现代化酒厂之后，他的地位得到了进一步巩固。

生产商：**Manincor*****–*****
所在地：**Caldaro**
35公顷，年产量10万瓶
葡萄酒：Alto Adige：Terlaner Classico，Moscato Giallo，Cuvée Sophie，Lieben Aich，Pinot Noir Mason di Mason
Michael Graf Enzenberg的新酒厂气势恢宏，出产的葡萄酒风格独特。

生产商：**Josef Niedermayr****–*****
所在地：**Girlano**
15公顷，部分非自有葡萄，年产量35万瓶
葡萄酒：Südtiroler：Sauvignon Naun Barrique，Lagrein aus Gries Blacedelle and Riserva，Aureus，Euforius
该酒庄在很长一段时间内并不起眼。幸运的是，在酿酒大师Lorenz Martin的努力下，酒庄凭借勒格瑞、黑比诺和赤霞珠葡萄酒开始崭露头角。

生产商：**Schreckbichl/Colternzio******–*****
所在地：**Girlano**
320公顷，年产量120万瓶
葡萄酒：Alto Adige：Cabernet Sauvignon Lafòa，Lagrein Cornell，Cabernet/Merlot Cornelius，Sauvignon Praedium Prail，Chardonnay Praedium Pinay，Pinot Nero Praedium St. Daniel
该合作社共有310名成员，在Luis Raifer的带领下，已发展成为上阿迪杰地区最杰出的葡萄酒生产商之一。合作社对葡萄品质要求严格，生产的葡萄酒分为三个级别，最高级别以Cornell的名称销售。

生产商：**Tiefenbrunner castell Turmhof*****–****
所在地：**Cortaccio**
22公顷，部分非自有葡萄，年产量80万瓶
葡萄酒：Alto Adige：Gewürztraminer，Lagrein，Chardonnay Castel Turmhof，Rosenmuskateller Linticlarus
该酒庄的Feldmarschall von Fenner葡萄酒采用米勒-图高酿造，在国际上享有盛名。最好的葡萄酒以Linticlarus的名称销售。

轻柔地对待葡萄

缓步下山

传统的葡萄采摘方法

弗留利-威尼斯朱利亚

弗留利-威尼斯朱利亚产区，简称弗留利，比意大利大多数地区更能反映过去的不同民族、文化和政治对意大利的影响。早在四万多年前的石器时代，这片狭长的土地就已经有人类居住。青铜器时代，威尼托和喀斯特（Karst，在当地称为Carso）高原的文化就已高度发达。长期以来，不同的种族在这个地区暂居，有些在3000年前就开始种植葡萄。

15世纪，一场特殊的政治变革对弗留利的文化和葡萄种植产生了深远影响。1420年，威尼斯征服了弗留利西部，建都乌迪内（Udine），哈普斯堡王朝则控制了戈里齐亚（Gorizia）周围的东部地区，以日欧河（Judrio）为界。直至今日，日欧河仍然是弗留利、弗留利东丘（Colli Orientali）和科利奥（Collio）种植区的分界线。弗留利的西部地区盛产红葡萄，东部地区盛产白葡萄，这也反映了当时两个王国对葡萄酒的不同偏好。西部地区阳光充足，年平均气温为15℃，对红葡萄品种的种植十分有利；受阿尔卑斯山脉与亚得里亚海之间气流频繁运动的影响，东部地区昼夜温差较大，为白葡萄的生长提供了理想的气候条件，并且可以增强白葡萄的香味。

弗留利在地理上被划分为两个面积相近的部分。

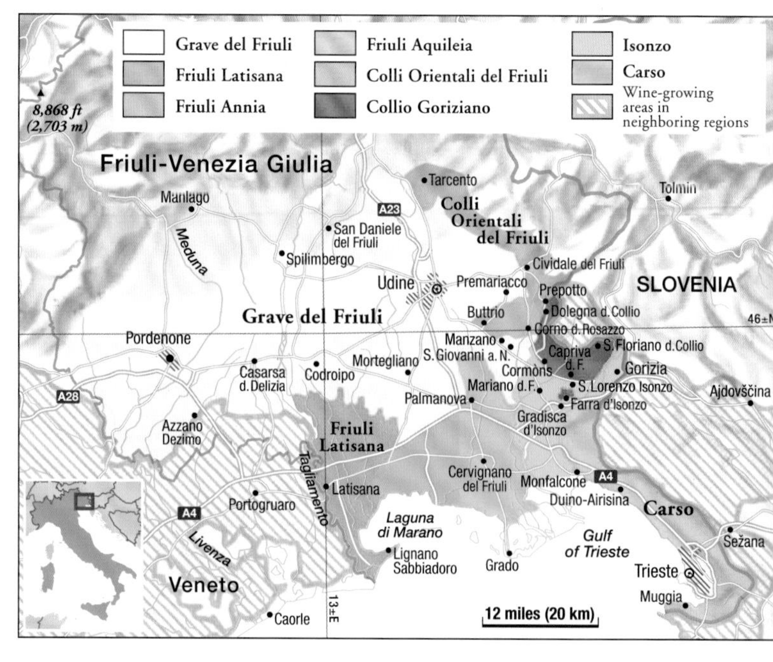

弗留利的最北部（阿尔卑斯山脉和山麓）并不适宜种植葡萄。相比之下，南部的平原和山丘为葡萄种植提供了理想的土壤条件：冰碛丘陵的土壤干燥，矿物质含量低；火山沉积土壤富含矿物质和微量元素；冲积平原的土壤干燥、多石；沿海地带的土壤含有沙子、泥炭和丰富的石灰。中心地带的山陵被形成于始新世的泥灰岩和砂岩覆盖，赋予葡萄酒浓郁复杂的口感。

弗留利的葡萄种植结构清晰明了。八个葡萄种植区排列有序，某些特殊的葡萄品种都有指定的D.O.C.产区。最大的种植区是弗留利格雷夫（Grave del Friuli），位于塔利亚门托河的冲积平原上。弗留利格雷夫南部是沿海地带的葡萄种植区——弗留利拉迪萨纳（Friuli Latisana）、最新成立的弗留利安尼亚（Friuli Annia）和弗留利阿奎利亚（Friuli Aquileia）。位于山区的弗留利东丘和科利奥拥有优质的土壤和理想的气候条件，在过去20年间以品质上乘的葡萄酒享有盛名。科利奥南部与伊松佐（Isonzo）产区接壤，伊松佐东南部又与喀斯特高原相邻，喀斯特高原一直延伸到斯洛文尼亚边境。

卢西斯（Russiz Superior）酒庄的酿酒厂位于山体的隧道中，马可·费鲁伽家族将中世纪传统与现代化葡萄酒生产完美地结合在一起

红—白—红的流转

虽然弗留利现在是世界著名的白葡萄酒产区，但在几十年前，红葡萄酒才是这里的主角。1965年，80%的葡萄酒都是由深色葡萄（主要是根瘤蚜虫灾害后兴起的梅洛）酿制而成。20世纪70—80年代，随着消费者对白葡萄酒的需求上升，弗留利的葡萄酒生产商们才开始种植霞多丽、灰比诺、长相思和本土品种弗留利托凯。在欧盟财政补贴的支持下，大约2000公顷的混合栽培区被改造成专门的白葡萄种植基地，许多本地品种被国际品种取代。与此同时，酿酒厂采用不锈钢酒罐以及能够温控发酵的冷却设备，这标志着容易氧化的传统酿酒方法走向终结。弗留利葡萄酒在国内和国际市场上大获全胜。浓烈芳香的白葡萄酒迎合了当时人们的品位，价格也开始水涨船高。

20世纪90年代，弗留利红葡萄酒卷土重来，再一次赢得赞誉：最先是波尔多混酿葡萄酒，紧跟其后的是单一品种的梅洛葡萄酒（除了名字，这种葡萄酒与战后时期酸甜口味的梅洛葡萄酒没有任何共同点），最终，几乎销声匿迹的本地葡萄酒也迎来了转折点。

一旦本地葡萄可以酿制出独具特色而又表现出色的葡萄酒，并且在国际市场上脱颖而出，它们就有望成为弗留利地区未来酿酒业的主流。被寄予厚望的红葡萄品种包括红梗莱弗斯科、斯奇派蒂诺、匹格诺洛和塔泽灵，白葡萄品种有弗留利托凯、丽波拉盖拉、维多佐和皮科里特。

乌迪内和戈里齐亚之间的产区

弗留利东丘产区的山陵延绵呈半月形，环绕首府乌迪内，构成了整个地块（包括科利奥）的西北翼，在出产红葡萄酒方面具有巨大潜力。这里的山丘，尤其是面朝亚得里亚海的向南山坡，很适合种植高品质的梅洛、赤霞珠、斯奇派蒂诺、莱弗斯科和匹格诺洛。用这些葡萄酿造的单一品种葡萄酒或混酿酒（通常使用橡木桶陈年），单宁与果味完美结合，强劲又不失优雅。在出色的年份，它们能跻身意大利顶级葡萄酒之列。

相对而言，向北山坡的气候要冷得多，特别适合出产浓烈、迷人的白葡萄酒。这种葡萄酒需要在橡木桶中陈年，酒精含量高。甜白葡萄酒皮科里特是当地的特产，但就品质而言，稍逊于甜度较低的维多佐。维多佐源自弗留利东丘西北部的独立D.O.C.产区拉曼多多罗（Ramandolo）。

弗留利最好的白葡萄酒来自科利奥产区。许多科利奥生产商在斯洛文尼亚拥有葡萄园，而且欧盟的特殊条例允许他们使用科利奥标签进行销售。科利奥的主要葡萄品种包括长相思、霞多丽以及本土的丽波拉盖拉。这些葡萄酸度较高，因此酿造的葡萄酒（占弗留利白葡萄酒总产量的85%）在橡木桶中陈年后仍可以保持酸爽的口感，是意大利为数不多的具有国际品质的白葡萄酒。

在戈里齐亚附近的卡帕瑞瓦德尔弗留利（Capriva del Friuli）村庄，精耕细作的葡萄园是当地葡萄酒生产商远大抱负的最好见证。他们在南坡上种植优质红葡萄品种，在北坡上种植纯正的白葡萄品种

弗留利平原和喀斯特

科利奥和弗留利东丘让弗留利的葡萄酒名声大震，但在其他产区，葡萄酒行业的发展过程却全然不同。格雷夫、阿奎利亚、拉迪萨纳和安尼亚出产制作精良、口感怡人的日常红葡萄酒。喀斯特地区种植的葡萄表现力丰富，但酿造的葡萄酒却与国际品味大相径庭。伊松佐约有10多位葡萄酒生产商已经成功转型为地区乃至国家性的葡萄酒精英。

弗留利格雷夫产区拥有6000公顷葡萄园，葡萄酒产量占弗留利总产量的2/3，但面积只占弗留利的1/3。格雷夫西起利文扎（Livenza）平原，沿着威尼托边界的塔利亚门托河以及日欧河一直延伸至科利奥和弗留利东丘的山陵。格雷夫这个名称源自“gravelly soils”，意指冲积平原上的砾石土壤。格雷夫南部和西部的石灰质土壤十分肥沃，只适合大规模的葡萄种植和基酒的生产，而在塔利亚门托山谷和冲积地段，冰碛土壤贫瘠多石，出产的葡萄酒就极具吸引力。

弗留利-格雷夫产区的白葡萄酒口感清爽、特色鲜明，酿酒葡萄产自冰川沉积层土壤

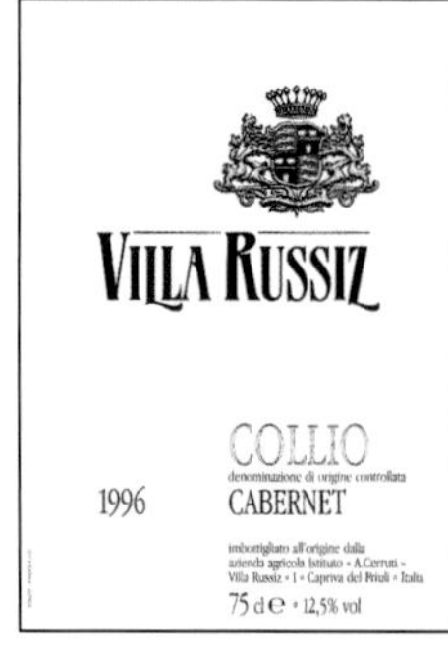

沿海地区

阿奎利亚、安尼亚和拉迪萨纳三个D.O.C.产区分布在格拉多镇（Grado）和威尼托边界之间的海岸线上。阿奎利亚地处最东边，以罗马卫城命名，卫城遗址如今是当地的旅游景点之一。这个产区的土壤深厚肥沃，盛产酒体轻盈、不宜陈年的葡萄酒。作为最年轻的D.O.C.产区，安尼亚值得谈论的内容不多，因为它的成立是政治的结果。拉迪萨纳的葡萄园分布广泛，每年都有大量的葡萄被催熟，酿造的葡萄酒也平庸乏味。但在部分地区，富含矿物的壤质土有时也能出产优质的葡萄酒。

伊松佐位于科利奥南部，那里的境况稍好。伊松佐地势平坦，以坚硬的石灰质土壤为主（尤其是在南部地区），过去一直被人们所忽视。与此同时，伊松佐北部的生产商们用实践证明，砂质多石的土壤出产的红葡萄酒和白葡萄酒也可以在弗留利的高品质葡萄酒中占有一席之地。

喀斯特位于一片贫瘠的高原之上，为石灰质土壤。在这片不同寻常的土地上，波拉葡萄在凛冽的东风中顽强生长。虽然气候寒冷，喀斯特的酿酒历史已有数百年之久，葡萄品种主要包括玛尔维萨和丹拉诺（莱弗斯科的变种）。丹拉诺丹宁含量高，经陈酿后方能饮用，只有经验丰富的饮酒者才懂得欣赏它的魅力。能用这种葡萄酿造出美酒的生产商可谓凤毛麟角。最后，值得一提的是喀斯特的罕见品种——维托斯卡白葡萄，不过，外地人很难接受它过于浓郁的香气。

皮科里特和维多佐

弗留利用本土品种皮科里特酿造并命名的甜葡萄酒是意大利北部最好的葡萄酒之一。皮科里特曾是这片土地上最有名的葡萄品种之一，在18世纪末得到广泛种植。从19世纪中期开始，皮科里特葡萄酒受到澳大利亚、法国、英格兰、俄罗斯和托斯卡纳皇室的青睐。但是，这款能与滴金酒庄的葡萄酒相媲美的甜葡萄酒未能在20世纪续写传奇。目前，皮科里特的种植面积仅有200公顷，年产量约为10万瓶。皮科里特香味浓郁，混合了花卉、蜂蜜、无花果、苹果和梨的气味。虽然皮科里特非常抢手、价格昂贵，但它的质量还有待考究。

维多佐是弗留利地区第二大甜葡萄品种，酿造的葡萄酒醇厚怡人，尤其是在拉曼多罗产区。葡萄园位于伯纳迪亚山的山坡上，海拔高达370米，充足的日照和巨大的昼夜温差赋予维多佐清新的香气。维多佐产量不高，每公顷的葡萄酒产量很少能超过3000升。与皮科里特相比，维多佐的地位和名声略逊一筹，因而价格也较为便宜。

弗留利-威尼斯朱利亚的主要葡萄酒生产商

生产商：**Borc Dodòn******–*****
所在地：**Villa Vicentina Udine**
8.5公顷，年产量8500瓶
葡萄酒：Cabernet Franc/Cabernet Sauvignon Uis Neris，Refosco dal Pedunculo Rosso
酒庄庄主Denis Montanar数年来一直采用生物动力种植法。其红葡萄酒是弗留利葡萄酒中的佼佼者。

生产商：**Dorigo******–*****
所在地：**Buttrio**
32公顷，年产量15万瓶
葡萄酒：C.O.F. Ronc di Jury：Chardonnay，Sauvignon，Pinot Nero，Pignolo；Picolit Vigneto Montsclapade
20世纪80年代，酒庄引进现代葡萄园管理技术：提高种植密度，采用居由式修剪法。

生产商：**IL Carpino******
所在地：**Oslavia**
15公顷，年产量6万瓶
葡萄酒：Il Carpino Collio：Ribolla Gialla，Sauvignon，Malvasia，Chardonnay，Vigna Runc：Chardonnay，Sauvignon
酒庄将葡萄产量严格控制在法定最高产量的一半，精心挑选酿酒葡萄，使用木桶发酵，因此白葡萄酒口感丰满、风格独特。

生产商：**Livio Felluga*****–****
所在地：**Cormòns**
135公顷，年产量65万瓶
葡萄酒：C.O.F.：Friulano，Pinot Grigio，Sauvignon，Refosco，Picolit；Merlot Riserva Rosazzo Sossò，Terre Alte
出产的Merlot Sossò是一款口感清新的白葡萄酒。

生产商：**Marco Felluga/Russiz Superiore*****–****
所在地：**Gradisca/Capriva**
180公顷，年产量82万瓶
葡萄酒：Collio：Chardonnay，Pinot Bianco，Pinot Grigio，Sauvignon；Molamatta，Carantan；Russiz Superiore Collio：Pinot Bianco，Rosso degli Orzoni
不仅在Gradisca地区拥有酒厂，而且在Capriva、Buttrio和Chianti Classico地区建有酒庄。

生产商：**Ronco del Gnemiz******–*****
所在地：**San Giovanni al Natisone**
16公顷，年产量3.8万瓶
葡萄酒：C.O.F.：Ribolla Gialla，Sauvignon，Chardonnay，Picolit，Verduzzo，Rosso del Gnemiz，Schiopettino
推荐产品：Chardonnay、Rosso del Gnemiz、Sauvignon、Pinot Grigio和Müller-Thurgau葡萄酒。

生产商：**Josko Gravner*****–*****
所在地：**Gorizia**
17.5公顷，年产量4万瓶
葡萄酒：Ribolla Collio，Breg，Rosso Gravner，Ruino
酒庄用大陶罐取代橡木桶。虽然出产的经过氧化、口感浓郁的葡萄酒不符合弗留利的大众口味，但仍然是意大利最好的葡萄酒之一。

生产商：**Vinnaioli Jermann*****–****
所在地：**Farra d'Isonzo**
95公顷，年产量65万瓶
葡萄酒：Vinnae，Vintage Tunina，Where the Dreams have no End，Capo Martino，Chardonnay，Pinot Bianco，Engelwhite，Cabernet，Traminer Aromatico，Pinot Grigio，Sauvignon，Tocai Italico
酒庄生产的葡萄酒享有极高的地位。

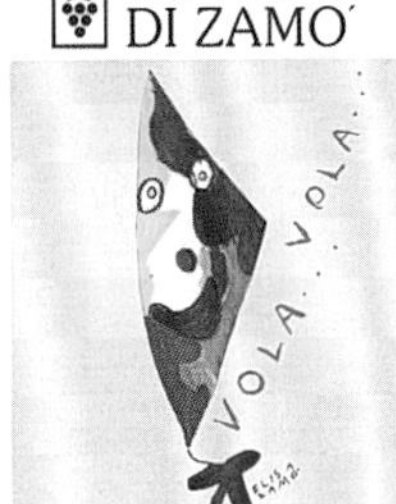

生产商：**Livon*****–****
所在地：**San Giovanni al Natisone**
110公顷，年产量60万瓶
葡萄酒：C.O.F. Pinot Grigio，Braide Grande，Refosco Riûl；Collio：Chardonnay Tre Clâs，Masarotte，Sauvignon Gravalunga，Picolit Cumins
酒庄的葡萄园拥有当地最佳的地理位置。

生产商：**Miani-Enzo Pontoni*******
所在地：**Buttrio**
11.5公顷，年产量1.2万瓶
葡萄酒：C.O.F.：Friulano，Ribolla Gialla，Sauvignon，Merlot；Miani Rosso
采用梅洛、托凯和莱弗斯科老藤葡萄酿造的葡萄酒在弗留利地区堪称一流。

生产商：**Mario Schiopetto*****–****
所在地：**Capriva**
30公顷，年产量20万瓶
葡萄酒：Collio：Friulano，Pinot Bianco，Sauvignon，Malvasia Istriana；Merlot，Rivarossa，Blanc des Rosis，Ribolla Gialla
酒庄庄主Mario Schipetto成功投资了一家现代化酒厂，并在Collio和Colli Orientali新建了三个葡萄园。

生产商：**Borgo del Tiglio/Nicola Maferrari******–*****
所在地：**Cormons**
8公顷，年产量3万瓶
葡萄酒：Collio：Friulano Ronco della Chiesa，Sauvignon，Chardonnay；Collio Bianco，Collio Rosso，Rosso della Centa，Studio
酒庄生产的白葡萄酒品质比以往更胜一筹。

生产商：**Vie de Romans—S. Gallio******
所在地：**Mariano del Friuli**
40公顷，年产量14.5万瓶
葡萄酒：Isonzo：Chardonnay Ciampagnis Vieris and Vie di Romans，Pinot Grigio Dessimis，Friulano，Flors de Uis
Sauvignon Piere和Sauvignon Vieris葡萄酒品质出众。

生产商：**Le Vigne di Zamò*****–****
所在地：**Manzano**
45公顷，年产量25万瓶
葡萄酒：Series Abazzia di Rosazzo，Vigne dal Leon，Villa Belvedere
葡萄酒由Colli Orientali的三座酒庄灌装，是弗留利最好的葡萄酒之一。

生产商：**Villa Russiz******
所在地：**Capriva**
35公顷，年产量21万瓶
葡萄酒：Collio：Malvasia Istriana，Pinot Bianco，Pinot Grigio，Friulano，Sauvignon，Sauvignon de la Tour，Merlot Collio，Gräfin de la Tour，Graf de la Tour
酒庄不仅生产高品质的葡萄酒，而且设有孤儿院。

生产商：**Zidarich*****–****
所在地：**Duino-Aurisina**
6公顷，年产量1.3万瓶
葡萄酒：Carso：Vitovska，Malvasia，Terrano，Prulke
酒庄庄主Benjamin Zidarich不种植流行的葡萄品种。他从父亲手里继承了葡萄园，主要种植丹拉诺、维托斯卡和玛尔维萨。他的酒厂里没有现代化的酿酒设备，却有大量的木桶用来发酵和陈酿葡萄酒。

威尼托西部

和西西里、阿普利亚一样，威尼托也是意大利最多产的葡萄酒产区之一。威尼托约有40个葡萄品种（其中1/4用于生产D.O.C.葡萄酒），葡萄酒年产量达8亿升，占意大利优质葡萄酒总产量的1/5。但是，威尼托东部和西部的葡萄酒在名声和品质上存在着巨大的差异。西部省份维罗纳出产的索阿维、瓦尔波利塞拉和巴多利诺葡萄酒在意大利大受欢迎，其阿玛罗尼也是意大利最好的红葡萄酒之一；而东部的布雷甘泽（Breganze）、贝利奇丘（Colli Berici）、厄噶尼丘（Colli Euganei）、皮亚韦（Piave）和利森-帕拉玛吉诺（Lison-Pramaggiore）地区的葡萄酒一直都默默无闻。普洛塞克是东部唯一的高品质葡萄酒。

威尼托的葡萄种植区从加尔达湖开始，沿着阿尔卑斯山脚一直延伸到威尼斯的亚得里亚海泻湖，再到弗留利的边界。葡萄园位于阿尔卑斯山的向南斜坡上，因此不受寒冷北风的影响。土壤类型包括加尔达湖的冰碛砾石土（主要是残留的白云岩），以及平原上的沃土和冲积层。

在威尼托，高产的卡尔卡耐卡是最主要的白葡萄品种，同时也是索阿维和甘贝拉纳（Gambellara）葡萄酒的主要原料。只有在较为贫瘠的土地上，卡尔卡耐卡才能充分吐露芬芳，

酿造出具有细腻的柠檬和杏仁香味的白葡萄酒。红葡萄品种主要包括科维纳·维罗纳斯、科维诺尼和罗蒂内拉，其中科维纳葡萄酒是瑞奇奥托（Recioto，由瓦尔波利塞拉葡萄酒衍生出的一种甜葡萄酒）的基酒。此外，这里还种有国际上常见的霞多丽、赤霞珠和梅洛葡萄。

就数量而言，索阿维无疑是威尼托最著名和最重要的葡萄酒。索阿维主要由卡尔卡耐卡酿制而成，有时会加入霞多丽、白比诺或者扎比安奴。卡尔卡耐卡的种植面积达6500公顷，大多分布在阿迪杰河的冲积平原上，但由于土壤肥沃，产量难以控制。但是，索阿维周边的经典产区和蒙特福特-达尔波内镇（Monteforte d'Alpone）的火山土中出产的索阿维葡萄酒口感清新柔和，带有杏仁的香味。

与索阿维白葡萄酒相对应的红葡萄酒是产自维罗纳北部山谷的瓦尔波利塞拉。和索阿维一样，瓦尔波利塞拉产区也分为两个部分。卡利亚诺境内圣皮耶特罗周边的经典区、富曼恩和内格拉尔出产的葡萄酒口感醇厚，酿酒葡萄来自海拔150～450米的葡萄园。1968年，阿迪杰河山谷被划入这一区域，出产的大众葡萄酒在欧洲的大型超市均有销售。

瓦尔波利塞拉葡萄采摘后，有一部分会放在木

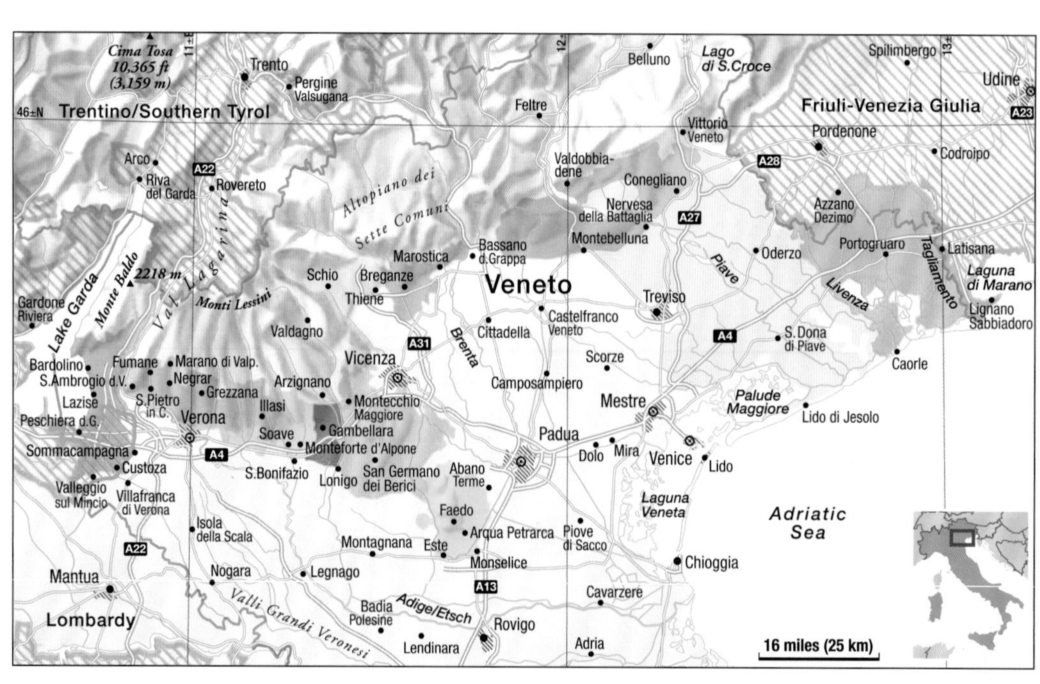

昆塔雷利酒庄

昆塔雷利（Quintarelli）酒庄位于内格拉尔的山丘上，葡萄园面积将近12公顷，大部分属于瓦尔波利塞拉经典区，土壤贫瘠，主要由火山玄武岩构成。葡萄树种植整齐，通风良好，能有效地防御腐烂和疾病，因此大幅降低了对农药的需求。

昆塔雷利早在20世纪80年代就开始试验新葡萄品种，将品丽珠、长相思、桑娇维赛、内比奥罗、科罗帝纳、卡尔卡耐卡、绍林和托斯卡纳扎比安奴等加入传统的瓦尔波利塞拉家族——科维纳、罗蒂内拉和莫林纳拉。该酒庄使用一部分新品种酿造瓦尔波利塞拉葡萄酒，并且按照阿玛罗尼的做法创造了一种称为"阿尔泽罗"（Alzero）的品丽珠餐酒。

昆塔雷利酿造葡萄酒的秘诀在于葡萄的风干。在人工采摘的时候，工人就把生涩和腐烂的葡萄清除干净，再次筛选后，才将葡萄铺放在平整的板条箱内。在漫长的风干过程中，根据通风、湿度和温度的情况，灰霉菌开始滋生。昆塔雷利已经熟练掌握通过控制贵腐霉菌来防止过早氧化，保证葡萄酒充分熟成。

内格拉尔是瓦尔波利塞拉地区的酿酒村庄

2月上旬，葡萄中四分之三的水分已经蒸发，这时需要进行压榨和浸渍。大约20天后，在天然酵母的作用下，酒精发酵开始，这一过程将持续45~50天。瑞奇奥托和阿玛罗尼需要在斯洛文尼亚橡木桶中陈酿7年，阿尔泽罗则先要在法国橡木桶中陈酿30个月，然后再在斯洛文尼亚橡木桶中陈酿30个月。在陈酿的过程中，残留的糖分会进一步发酵，葡萄酒的酒精含量可达14%~15%，香味也更加浓郁。待到装瓶的时候，阿玛罗尼和阿尔泽罗几乎已经不含糖分，只有产自最好年份的瑞奇奥托仍然能保持较高的残糖量。珍藏阿玛罗尼和珍藏瑞奇奥托都是难得的珍品，即使在最好的年份，使用最好的橡木桶酿酒，每桶也只能出产2500瓶葡萄酒。

在昆塔雷利，即使普通的瓦尔波利塞拉葡萄酒也会得到精心呵护。经过7天的浸渍和发酵后，将葡萄酒装入酒罐中陈酿至4月，然后抽出葡萄酒并淋洒在果渣上。残糖会使葡萄酒进行二次发酵，这一过程将在斯洛文尼亚橡木桶中持续6年。

架上风干，等到12月或1月的时候再进行压榨。由于含糖量高，葡萄汁不会充分发酵。用这种方法酿造的甜葡萄酒称为瓦尔波利塞拉–瑞奇奥托（Recioto della Valpolicella）。不过，当地的天然酵母可以把干葡萄中的大量糖分转化为酒精。20世纪50年代，人们系统地研究了这种现象，浓烈的阿玛罗尼红葡萄酒应运而生，生产工艺也得到了完善。目前，阿玛罗尼主要采用现代酿造方法，有时也在木桶中陈年。20世纪90年代后半期，市场需求不断扩大，阿玛罗尼的产量翻了一番，价格也一路攀升。许多葡萄酒爱好者将阿玛罗尼视为意大利顶级葡萄酒之一，与巴罗洛和蒙达奇诺的布鲁奈罗齐名。

在瓦尔波利塞拉葡萄酒中，约有1/3都是在上世纪70—80年代开发的。当时，生产商改进了利帕索酿酒法，将发酵后的瓦尔波利塞拉葡萄酒加入瑞奇奥托或阿玛罗尼发酵压榨后的酒渣中，从而利用剩余糖分和酵母进行二次发酵，这样酿造而成的葡萄酒比一次发酵的瓦尔波利塞拉更加浓烈。多年来，利帕索一词的使用一直存在争议，但现在种植区内的所有生产商都有权使用。

在威尼托中性白葡萄酒中，科斯多佐白葡萄酒（Bianco di Custoza）和卢加纳D.O.C.白葡萄酒占主导地位。产区从维罗纳的西南部一直延伸到加尔达湖，葡萄酒的味道以索阿维的卡尔卡耐卡和托斯卡纳扎比安奴葡萄为主。

紧邻科斯多佐的是巴多利诺产区。虽然巴多利诺葡萄酒与瓦尔波利塞拉采用相同的葡萄酿制而成，但口感较为清淡。巴多利诺淡红酒在市场上作为桃红葡萄酒出售。

上等的瑞奇奥托和阿玛罗尼通常在瓦尔波利塞拉圣安布罗吉（Sant'Ambrogio di Valpolicella）附近的加格纳格（Garganago）村庄装瓶

威尼托东部

在威尼托，除了维罗纳省，其他地区的优质葡萄酒屈指可数。虽然威尼托东部葡萄种植广泛，但高品质的葡萄酒却难得一见。少有的一些名酒佳酿也只是几个特立独行的生产商努力的结果。威尼托东部从甘巴尔德拉（Gambardella）开始，两条狭长地带向东延伸：第一条经由贝利奇丘和厄噶尼丘向南延伸至波河三角洲，第二条从布雷甘泽起沿着阿尔卑斯山边缘到科内利亚诺（Conegliano），东面与弗留利接壤。甘巴尔德拉位于维琴察省（Vicenza），在葡萄酒界的地位与索阿维相当。那里除了一家在所有重要产区拥有生产中心和股份的著名酒厂外，仅有一家小生产商偶尔能引起人们的关注。在贝利奇丘和厄噶尼丘，阿尔卑斯山麓与亚得里亚海之间的冰碛土和火山土为出产高品质葡萄酒提供了非常卓越的条件，已经有一部分生产商成功地酿造出酸爽的白葡萄酒和醇厚的红葡萄酒。但令人费解的是，这两个地方并不为世人所熟知。在这里，国际品种霞多丽、白比诺、长相思和托凯与红葡品种赤霞珠和梅洛一样常见。莫斯卡托葡萄酒——费欧起泡酒（Fior d'Arancio）是厄噶尼丘的特产，颜色呈厚重的金黄色，散发诱人的蜂蜜和异国果香，甜味明显却又与酒味完美融合，是威尼托最令人难忘的甜葡萄酒之一。

成熟的扎比安奴葡萄是否足以证明索阿维生产商的荣耀

普洛塞克

普洛塞克葡萄适合酿造中性爽口的起泡葡萄酒。关于其发源地，业内一直存在争议。有些人认为普洛塞克来自乌迪内附近的一座同名小村庄，与当地的一种弗留利葡萄格雷拉相似；也有人认为它源自达尔马提亚（Dalmatia）。

普洛塞克起泡葡萄酒的诞生可以说是大自然的杰作。由于在发酵过程中受冬季冰冻的影响，到春天的时候，普洛塞克葡萄酒中仍残存一些二氧化碳和糖分。19世纪，安东尼奥·卡佩尼与三位合伙人一起成立了一家公司，打算生产香槟但未能如愿，不过，他们酿造的烈酒科内利亚诺-瓦尔多比亚德尼普洛塞克（Prosecco di Conegliano-Valdobbiadene）取得了巨大成功。现在，他们每年出产约5000万瓶D.O.C.级和1.2亿瓶I.G.T.级普洛塞克葡萄酒。如果这种采用酒罐发酵的葡萄酒经一个月储藏后再装瓶，且瓶压不小于三个大气压，就能合法地打上“Spumante”的标签，即“起泡酒”。如果瓶压达不到标准，就只能使用“Frizzante”的标签，表示“微起泡酒”或“半起泡酒”。普洛塞克起泡酒的价格无疑高于半起泡酒，但从品质上来说，两者之间的差别有时候并不明显。卡蒂兹（Cartizze）产区的普洛塞克葡萄酒通常残糖含量较高，价格也较昂贵，但品质却往往不如威尼托其他产区的普洛塞克葡萄酒。

卡蒂兹山区也出产优质的普洛塞克葡萄酒

普洛塞克葡萄酒需要使用金属网套，以防酒塞突然爆开

普洛塞克葡萄酒在加压的不锈钢酒罐中产生细腻的气泡

威尼托的主要葡萄酒生产商

生产商：**Allegrini***—*******
所在地：**Fumane**
90公顷，年产量90万瓶
葡萄酒：Valpolicella Classico：Amarone，Recioto Giovanni Allegrini
酒庄推动了瓦尔波利塞拉产区葡萄酒行业的发展，生产的葡萄酒品质上乘。酿酒葡萄主要来自位于Sant'Ambrosio的La Grola葡萄园以及海拔最高的La Poja葡萄园。

生产商：**Roberto Anselmi***—*******
所在地：**Monteforte d'Alpone**
70公顷，年产量55万瓶
葡萄酒：Capitel Croce，Recioto I Capitelli，Cabernet Realda
酒庄采用橡木桶陈年，出产的一款甜葡萄酒品质出众。在上世纪80年代，该酒庄是当地葡萄酒生产商的灵感源泉。

生产商：**Ca'La Bionda***—*******
所在地：**Marano di Valpolicella**
20公顷，年产量11万瓶
葡萄酒：Amarone della Valpolicella，Recioto，Valpolicella Classico Superiore
Castellani家族已经有四代人在瓦尔波利塞拉中心的山区种植葡萄。自Allessandro接管酒庄以来，葡萄酒品质不断改善，口感清爽，带有矿物气息。

生产商：**Ca'Lustra***—******
所在地：**Faedo di Cinto Euganio**
35公顷，年产量15万瓶
葡萄酒：Cabernet Vigna Girapoggio，Chardonnay Vigna Marco，Sauvignon del Veneto，Spumante Fior d'Arancio
酒庄拥有最好的花岗岩土壤，葡萄酒口感顺滑圆润。

生产商：**Romano dal Forno*******
所在地：**Cellore d'Illasi**
25公顷，年产量4.5万瓶
葡萄酒：Valpolicella Superiore，Amarone，Recioto
葡萄酒颜色深浓、口感醇厚。虽然葡萄酒在新橡木桶中陈酿很长时间，但木头味不会掩盖其他气味。阿玛罗尼葡萄酒地位非凡，经常提前售罄。

生产商：**Roccolo Grassi**—******
所在地：**Mezzane di Sotto**
12公顷，年产量3.2万瓶
葡萄酒：Soave Superiore La Broia，Valpolicella Superiore Roccolo Grassi，Amarone Roccolo Grassi，Recioto Valpolicella，Recioto Soave
酒庄年轻、现代，其Roccolo Grassi葡萄园令人流连忘返。出产的葡萄酒雅致、圆润，带有木头味，Recioto Valpolicella品质尤为出众。

生产商：**Maculan***—*******
所在地：**Breganze**
35公顷，部分非自有葡萄，年产量80万瓶
葡萄酒：Prato di Canzio；Breganze：di Breganze，Rosso Brentino and Marchesante，Cabernet，Cabernet Palazotto，Cabernet Fratta and Ferrata，Chardonnay Ferrata，Sauvignon Ferrata，Torcolato，Acini Nobili
酒庄仿照法国模式，对部分葡萄田进行密集种植。部分葡萄酒品质出众。Acini Nobili甜葡萄酒独具特色，但只能在人工气候室内繁殖贵腐霉菌。

生产商：**Masi/Boscaini**—******
所在地：**Sant'Ambrogio/Marano**
360公顷，部分非自有葡萄，年产量350万瓶
葡萄酒：Masi：Amarone：Mazzano，Recioto Classico：Mezzanella，Casal dei Ronchi Serego Alighieri，Soave Classico，Bardolino Classico，I.G.T. Veronese：Brolo di Campofiorin，Rosso Osar，Toar
除了普通葡萄酒，酒庄的产品几乎囊括当地所有的顶级葡萄酒，包括利帕索葡萄酒——Brolo di Campofiorin和Toar，这种酒的酿酒葡萄已经濒临灭绝。

生产商：**Leonildo Pieropan******
所在地：**Soave**
32公顷，年产量30万瓶
葡萄酒：Soave Classico：Vigneto Calvarino，Vigneto La Rocca
单一品种葡萄酒La Rocca（100%卡尔卡耐卡）和Calvarino葡萄酒（70%卡尔卡耐卡，30%索阿维扎比安奴）凭借醇厚的口感和浓郁的果香而赢得称赞。

生产商：**Giuseppe Quintarelli******
所在地：**Negrar**
15.5公顷，年产量6万瓶
葡萄酒：Amarone，Recioto Classico，Valpolicella Classico Superiore Monte Paletta（Rosso Ca' del Merlo），Alzero Cabernet Franc
瓦尔波利塞拉地区的神话。

生产商：**Serafini & Vidotto***—******
所在地：**Nervesa della Battaglia**
25公顷，年产量11.5万瓶
葡萄酒：Montello e Colli Asolani：Prosecco，Chardonnay，Cabernet，Merlot；Rosso dell'Abbazia，Pinot Nero
Rosso d'Abbazia葡萄酒充分证明威尼托东部也能出产特色鲜明的葡萄酒。

生产商：**Fratelli Speri***—******
所在地：**San Pietro in Cariano**
60公顷，年产量35万瓶
葡萄酒：Valpolicella Classico，Amarone，Recioto
酒庄将大部分葡萄出售给附近的酒厂生产瓦尔波利塞拉地区最著名的特酿酒。酒庄自己酿造的葡萄酒也属于酒中精品。

生产商：**Fratelli Tedeschi***—******
所在地：**San Pietro in Cariano**
40公顷，部分非自有葡萄，年产量40万瓶
葡萄酒：Valpolicella Classico Superiore Capitel delle Lucchine，Amarone del la Fabriseria，Capitel Monte Olmi，Recioto Classico Monte Fontana，Vin de la Fabriseria San Rocco，Capitel San Rocco delle Lucchine，Soave Classico Monte Tenda
酒庄生产的Amarone、Reciote和Capitel Monte Olmi葡萄酒在瓦尔波利塞拉地区堪称一流。

因为温暖的微气候，除了维斯派罗（Vespaiolo）和格罗派洛等本地葡萄品种，赤霞珠在布雷甘泽低矮的丘陵和砾石土上也能生长得良好

葡萄园革命

布雷甘泽葡萄酒产区位于阿尔卑斯山脚下的小镇附近，之所以能享有今日的地位和名声，主要归功于马库拉（Maculan）酒庄。20世纪80年代末，马库拉酒庄对葡萄园进行了改革，放弃高产和高大的传统种植体系，按照法国方法栽培新的葡萄树，种植密度高达1万棵/公顷。酒庄采用居由式剪枝法（由一位法国科学家于19世纪创立，并以他的名字命名），将葡萄树修剪得极为低矮。改革还不止如此，葡萄经采摘后，被贮藏在一个结构特殊且极其潮湿的人工气候室内，直到长出在葡萄园内无法自然生成的贵腐霉菌。

在蒙特罗和阿索拉尼丘（Montello e Colli Asolani）产区，塞拉菲尼和维多托（Serafini & Vidotto）酒庄引进类似的现代化酿酒技术并取得了成功，将20世纪70年代该地区最负盛名的生产商孔特·嘉斯帕里尼的维内佳祖（Venegazzù）酒庄远远地甩在身后。

普洛塞克产区起始于阿索拉尼丘较远的一

侧。根据科内利亚诺-瓦尔多比亚德尼普洛塞克葡萄酒的规定，无论酿酒葡萄产自何地，都可以从这两个小镇中任选一个作为葡萄酒的原产地。这一规定旨在维护葡萄酒的品质，同时也给予生产商们一定的自主空间。

广袤的皮亚韦平原以及与弗留利北部接壤的威尼斯泻湖地区完善了威尼托东部的酿酒业。这里出产的葡萄酒面向大众消费者，没有出众的特色。此外，奥内拉·马龙（Ornella Molon）、孔特·克拉图（Conte Collalto）、瑞克斯坦格（Rechsteiner）、薇拉圣地（Villa Sandi）等酒庄已向世人证明，即使是在皮亚韦肥沃的土地上，通过严格的产量控制和精心的酿造工艺，也能出产品质优秀的葡萄酒。他们生产的赤霞珠和梅洛的混酿酒让人印象深刻，但当地的拉波索葡萄酒，因其酸度较高，仅受到本地人的喜爱。

艾米利亚-罗马涅

温馨舒适的葡萄酒吧是意大利文化的重要组成部分

如果伦巴第和米兰是意大利的头部，艾米利亚-罗马涅则毫无疑问是意大利的腹部。从亚平宁山脉北部到波河平原东南部，这片土地上分布了15万座农场，主要种植小麦和甜菜。农业生产的高度机械化以及农药的合理使用，使这里的农作物产量远远高于意大利的其他地区。

从地形上说，这个地区由平原和亚平宁山构成。平原上河流众多，蜿蜒流入亚得里亚海，形成了大面积的冲积土。波河平原上的气候非常潮湿，常常会出现浓雾。这里夏季炎热潮湿，冬季寒冷多雨。山区主要包括托斯卡纳-艾米利亚亚平宁山的北部山脉。这里土壤更为贫瘠（有些地区为卵石，有些则是红壤土），而且由于空气流通良好，湿度相对较低。

艾米利亚-罗马涅的葡萄酒年产量超过6亿升，是意大利第四大葡萄酒产区，仅次于西西里、阿普利亚和威尼托。葡萄园大多坐落在土壤肥沃的平原上，产量极高，几乎所有的葡萄园都隶属于合作社。该地区葡萄种植面积为2.7万公顷，比整个德国葡萄种植面积的1/4还大，主要出产价格合理的普通葡萄酒。

起泡酒与静态酒并存

在帕尔玛（Parma）、摩德纳（Modena）、雷焦（Reggio）及周边地区，人们普遍认为嘶嘶作响的起泡酒才是搭配当地重口味美食——油腻的猪肉特色菜的最佳选择。不仅兰布鲁斯科葡萄酒可以展现不同程度的气泡，巴贝拉和其他葡萄酒也能拥有欢腾的气泡。这里出产的兰布鲁斯科葡萄酒可口怡人，销往世界各地。此外，部分酒庄还酿造少量的高品质的干型兰布鲁斯科。在卡维留里（Cavicchioli）、梅第奇爱梅塔（Medici Ermete）和克莱托查理（Cleto Chiarli）等知名

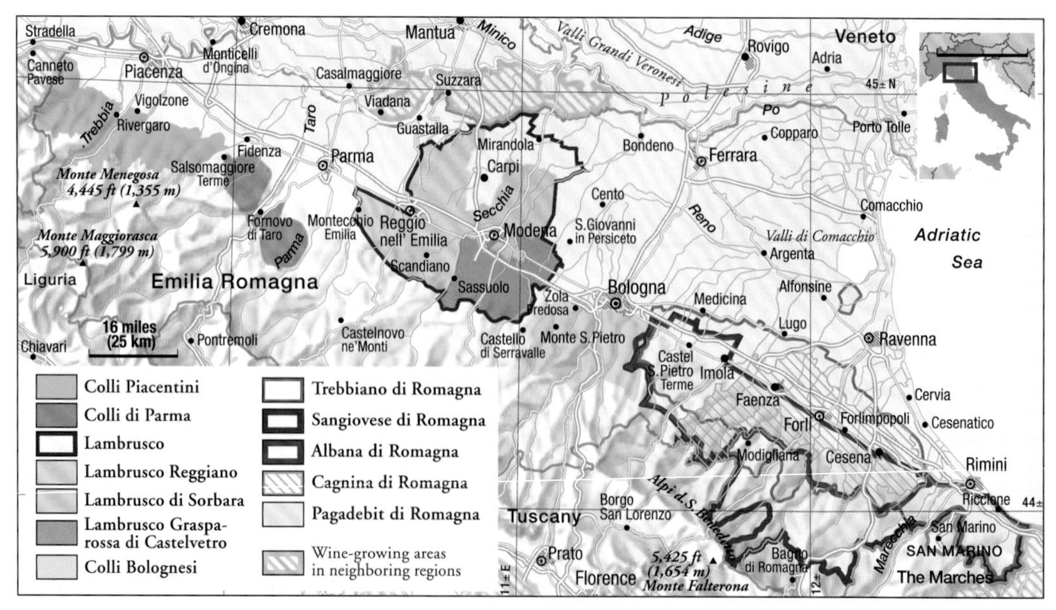

艾米利亚-罗马涅的主要葡萄酒生产商

生产商：**Castelluccio******
所在地：**Modigliana**
12公顷，年产量8.7万瓶
葡萄酒：Ronco della Simia，Ronco delle Ginestre，Ronco dei Ciliegi，Le More，Lunaria
虽然Gian Matteo Baldi离开了酒庄，但葡萄酒的品质并未受到影响。此前，他负责桑娇维赛葡萄酒的开发。

生产商：**Umberto Cesari****-****
所在地：**Castel San Pietro Terme**
100公顷，非自有葡萄，年产量90万瓶
葡萄酒：Sangiovese Riserva，Liano，Albana Passita，Colle del Re，Trebbiano，Vigneto del Parolino
采用赤霞珠和桑娇维赛混酿的Liano葡萄酒品质出众。

生产商：**Fattoria Zerbina-Germiniani*****-****
所在地：**Faenza**
30公顷，年产量19万瓶
葡萄酒：Sangiovese di Romagna：Ceregio，Pietramora，Torre di Ceparano；Albana di Romagna Scacco Matto，Marzeno di Marzeno

酒庄的顶级葡萄酒Albana Passito Scacco Matto已经获得D.O.C.G. 等级。

生产商：**La Stoppa******
所在地：**Rivergaro**
30公顷，年产量15万瓶
葡萄酒：Bianco Ancarano, Sauvignon Colli Piacentini, Chardonnay Spumante Brut, Rosso Ancarano Frizzante; Colli Piacentini: Malvasia, Gutturnio, Barbera; Macchiona, Alfeo, Stoppa, Buca delle Canne
Elena Pantaleone的葡萄酒不仅品质卓越，而且具有当地特色。

生产商：**La Tosa-Pizzamiglio*****-****
所在地：**Vigolzone**
13公顷，年产量11万瓶
葡萄酒：Colli Piacentini：Valnure，Sauvignon，Malvasia Sorriso di Cielo，Gutturnio Vignamorello，Cabernet；Luna Selvatica
酒庄采用Nure Valley地区的传统葡萄品种酿酒，出产一部分艾米利亚顶级葡萄酒。

酒庄的引领下，这种干型兰布鲁斯科逐渐获得国际认可。罗马涅位于该地区的东部，毗邻亚得里亚海并一直延伸到马尔凯，这里的招牌葡萄酒是静态的干型葡萄酒。意大利的第一款D.O.C.G.级白葡萄酒来自罗马涅阿尔巴纳产区。罗马涅的桑娇维赛葡萄酒虽然在品质上不及托斯卡纳的桑娇维赛葡萄酒和赤霞珠葡萄酒，但至少在本地非常成功。罗马涅南部山区出产的葡萄酒最令人惊喜，那里的生产商追求品质并成立了一个联合组织。艾米利亚-罗马涅的其他D.O.C.产区，如博洛涅斯丘（Colli Bolognesi）、帕尔玛丘（Colli di Parma）和皮亚琴蒂尼丘（Colli Piacentini），也出产品质优良的葡萄酒，这些酒通常比较清淡、多泡，或多或少带些甜味。

传奇的香醋

摩德纳的传统香醋和艾米利亚-罗马涅的传统香醋是扎比安诺葡萄给人类的最好馈赠。香醋的平均年产量不足1万升，其原料为浓缩的扎比安诺葡萄汁，至少需要在木桶中陈酿12年。市场上出售的香醋一般为100毫升装，只需数滴就能给菜肴增添细腻高雅的味道。

兰布鲁斯科

和普洛塞克一样，兰布鲁斯科是一个葡萄品种，确切地说，它包括40多个变种。传统的兰布鲁斯科葡萄酒品质出众，与近几十年来风靡比萨店的低档葡萄酒截然不同。但可惜的是，葡萄酒合作社任由其降格成了黏甜的古怪葡萄酒，为了扩大市场份额，他们甚至采用铝罐包装。

目前，传统高品质兰布鲁斯科葡萄酒正在回归。一些小生产商以索巴拉兰布鲁斯科（Lambrusco di Sorbara）、卡斯特尔韦特罗兰布鲁斯科（Lambrusco di Castelvetro）和圣十字萨拉米诺兰布鲁斯科（Lambrusco di Salamino di Santa Croce）的名称出售干型葡萄酒，而这些葡萄酒才是当地美食的绝佳搭档。

马尔凯

马尔凯的北端是罗马涅和那里知名的沙滩，南端是广阔的阿布鲁佐。马尔凯几乎与周边地区拥有相同的葡萄品种、土壤、气候和葡萄酒种类，这是马尔凯的葡萄酒行业过去一直没有受到关注的原因之一。由于毗邻度假胜地里米尼（Rimini）和里乔内（Riccione），马尔凯的葡萄酒一直销量很大，但这也无形之中降低了人们对高品质葡萄酒开发的热情：既然一切都很顺利，为什么还要投资那么多的精力和资金？几十年来，维蒂奇诺白葡萄酒是唯一在这片土地之外获得成功的产品，它采用的包装——双耳瓶是米兰营销专家的天才之作，与葡萄酒的品质相比，酒瓶本身或许对葡萄酒的名声影响更大。

最近几十年，马尔凯开始更多地关注红葡萄酒的品质，主要包括蒙特普尔恰诺和桑娇维赛红葡萄酒。这里的葡萄园覆盖了亚得里亚海岸腹地上大片的山区，部分葡萄园甚至紧邻海边，如首府安科纳（Ancona）南部的悬崖地块。沿海地区与内陆的亚平宁和阿布鲁佐山谷气候差异显著。内陆地区更加寒凉，对白葡萄品种的生长非常有利，因此出产的白葡萄酒比沿海地区更加鲜爽怡人。

碧海蓝天，琼浆玉露

科内罗红葡萄酒（Rosso Conero）是马尔凯最知名、顶级的红葡萄酒，它产自安科纳附近的沿海地区。这种葡萄酒通常只用蒙特普尔恰诺葡萄酿造，其中的上品有时会加入少量的桑娇维赛。近几年，科内罗葡萄酒生产商展现了这一地区的巨大潜力，部分木桶陈酿的葡萄酒甚至可以与托斯卡纳顶级红葡萄酒相媲美。他们也曾向托斯卡纳的酿酒大师们请教，其中包括安东尼酒庄的首席酿酒师贾科莫·塔基斯。

20世纪90年代，科内罗发展成一款品质一流的葡萄酒，价格也相当昂贵。南部的皮切诺红葡萄酒（Rosso Piceno）与其旗鼓相当，主要采用桑娇维赛和蒙特普尔恰诺调配而成，但口感不如科内罗浓烈、复杂。

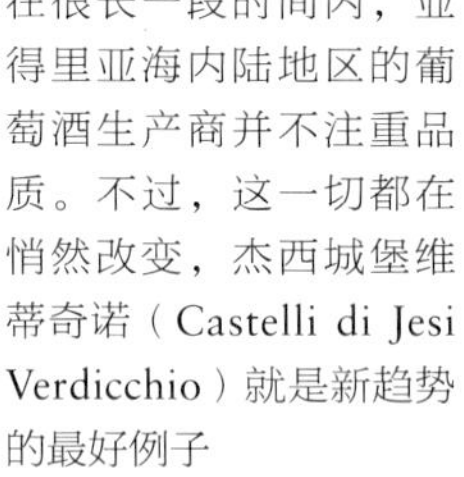

在很长一段时间内，亚得里亚海内陆地区的葡萄酒生产商并不注重品质。不过，这一切都在悄然改变，杰西城堡维蒂奇诺（Castelli di Jesi Verdicchio）就是新趋势的最好例子

马尔凯的主要葡萄酒生产商

生产商：Fazi Battaglia***
所在地：Castelplanio
350公顷，年产量300万瓶
葡萄酒：Verdicchio dei Castelli di Jesi：Le Moie，San Sisto
这家酿酒厂是当地品质最稳定的生产商之一。

生产商：Le Caniette****
所在地：Ripatransone
13公顷，年产量5万瓶
葡萄酒：Falerio Lucrezia，Veronica，Rosso Piceno Morellone，Rosso Bello，Rosso Piceno Riserva Nero di Vite，Sibilla Passerina
Raffaele Vagnoni以红葡萄酒Nero di Vite和Morellone出名，这两款葡萄酒采用桑娇维赛和蒙特普尔恰诺混酿而成，在马尔凯甚至整个意大利堪称一流。

生产商：Garofoli-******
所在地：Loreto
50公顷，部分非自有葡萄，年产量200万瓶
葡萄酒：Verdicchio Castelli di Jesi：Serra del Conte，Macrina，Serra Fiorese，Podium；Rosso Conero：Piancarda，Agontano；Kòmaros，Grillo，Guelfo Verde
科内罗红葡萄酒和维蒂奇诺葡萄酒都很出色。

生产商：Cocci Grifoni***
所在地：Ripatransone
45公顷，年产量40万瓶
葡萄酒：Falerio Colli Ascolani San Basso，Rosso Piceno Superiore Le Torri，Vina Messieri，Il Grifone
Cocci Grifoni家族采用本地葡萄生产了一系列优质的葡萄酒，Il Grifone是其中最好的红葡萄酒。

生产商：Lanari****
所在地：Varano
13公顷，年产量4万瓶
葡萄酒：Rosso Conero，Rosso Conero Fibbio
酒庄庄主Luca Lanari和酿酒师Giancarlo Soverchia配合默契，用蒙特普尔恰诺葡萄酿造出了品质一流的红葡萄酒Fibbio。

生产商：Umani Ronchi*-******
所在地：Osimo
230公顷，部分非自有葡萄，年产量450万瓶
葡萄酒：Verdicchio Castelli di Jesi；Rosso Conero：Cùmaro，San Lorenzo，Rosso Piceno，Montepulciano d'Abruzzo，Maximo，Pelago，Tajano
该酒庄独占鳌头，最大的功臣是Giacomo Tachis。酒庄生产顶级的红葡萄酒Cùmaro和San Lorenza，以及优质的维蒂奇诺白葡萄酒。

维蒂奇诺的新貌

白葡萄酒的主角是来自两大D.O.C.产区——杰西城堡（Castelli di Jesi）和马泰利卡（Matelica）的维蒂奇诺，几乎占葡萄酒总产量的80%。过去，这款浓烈、粗犷的葡萄酒与高雅清新不沾边，但自从马尔凯生产商停止使用带皮发酵和戈维尔诺工艺（在已经发酵的葡萄酒中加入干葡萄再次发酵），维蒂奇诺逐渐转变成一款果香怡人、浓度适中的白葡萄酒。近来，马尔凯也陆续推出了在木桶中发酵的口感更强劲的葡萄酒。

梅特鲁-贝查洛（Bianchello del Metauro）、玛查拉特斯丘（Colli Maceratesi）、阿索兰尼丘-法莱利奥（Falerio dei Colli Ascolani）、阿尔巴莫罗-拉奎马（Lacrima di Morro d'Alba）和塞拉佩特朗纳-维奈西卡（Vernaccia di Serrapetrono）等法定产区即使在意大利也默默无闻，将来也很难在家乡之外受人关注。因此，马尔凯葡萄酒行业的命运掌握在极少数产区的生产商手中。几十年前，当地知名生产商背井离乡的事实也许可以在一定程度上解释当前的境况：20世纪20年代，蒙达维家族移居海外，从60年代开始在加州的纳帕谷从事葡萄酒酿造，如今已发展成为世界葡萄酒生产商巨头之一。

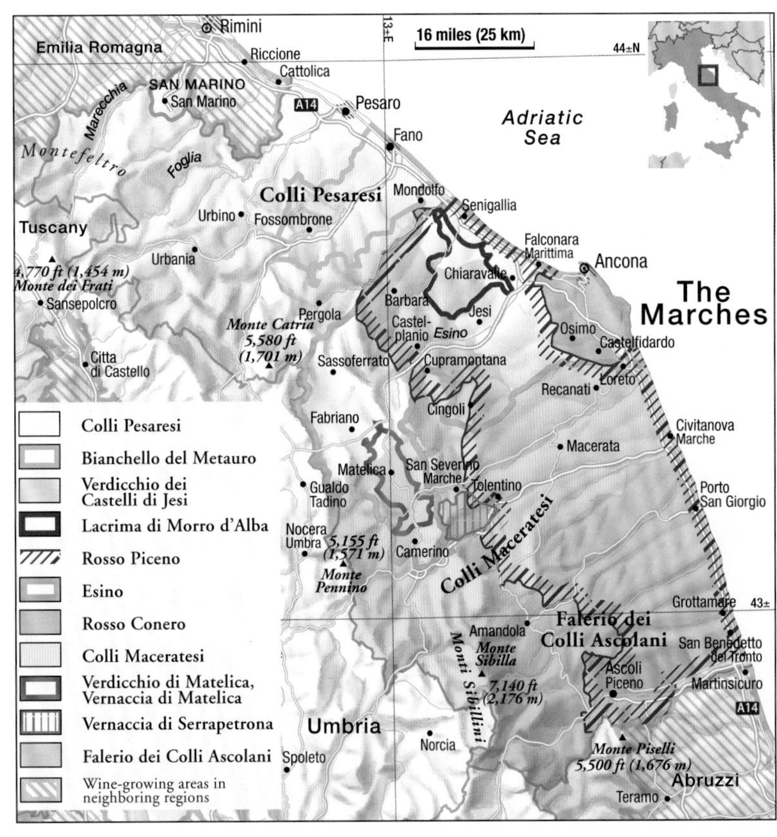

意大利中部：托斯卡纳

意大利中部不能仅从地理方面来定义。大都市博洛尼亚和阿布鲁佐是否分别是北部和南部城市，抑或两者均为中部城市，更多的是一个政治和社会问题。意大利贫穷的南方总是遭到富裕之地北方的厌弃，尽管过去北方从南方牟利，这在一定程度上对其贫穷负有责任。毋庸置疑，马尔凯、托斯卡纳和翁布里亚都属于意大利中部。拉齐奥则较为复杂，虽然这里的葡萄酒具有鲜明的南方特色，但根据翁布里亚（该地主要的葡萄酒产区分布在罗马周围）的情况，它又可以划分到中部。此外，虽然阿布鲁佐的地形、气候和葡萄酒都与马尔凯地区接近，但由于历史和社会的原因，它经常被归属为南部。

得天独厚的种植条件

整个意大利中部几乎都拥有葡萄种植的理想自然条件。无论是亚平宁山脉东部的山麓还是西部的斜坡，或者是沿着第勒尼安（Tyrrhenian）海岸自锡耶纳（Siena）一路向南延伸的火山地带，这片地区的土壤和气候都非常适合出产香味浓郁、口感强劲的葡萄酒。各个产区内的气候更多的是由海拔而不是纬度来决定：在较高的地区，如位于佛罗伦萨和阿雷佐（Arezzo）之间的宝米诺（Pomino），气候比北部人口稠密的波河谷要寒冷许多。通常，葡萄和橄榄种在山坡上，而粮食作物和水果则种在平原上，这就意味着葡萄园大多分布在白垩质火山土上，在意大利，这正是种植葡萄的理想场所。

力宝山路（Nippozano）酒庄的葡萄园位于鲁菲纳（Rufina）地区

葡萄品种和葡萄酒种类

如果在这些土壤上种植合适的葡萄品种，出产优质葡萄酒的概率会大幅提升。在本地红葡萄品种中，最耀眼的明星是桑娇维赛，它是酿造经典基安蒂、蒙达奇诺的布鲁奈罗和蒙特普尔恰诺贵族葡萄酒的主要原料；进口葡萄品种中，赤霞珠、梅洛和西拉表现最佳。再加上塞立吉洛和蒙特普尔恰诺等品种，意大利中部的红葡萄酒行业具有巨大的潜力。

白葡萄品种方面有些不尽如人意。除了托斯卡纳的维蒂奇诺和维奈西卡以及霞多丽和长相思等少数优质品种，这里的白葡萄品种以平庸的托斯卡纳扎比安奴为主。有些评论家甚至认为意大利中部不适合出产高品质的白葡萄酒。

苍白的历史

虽然托斯卡纳葡萄酒在过去的20年间引起过轰动，但同样拥有卓越自然条件和优质葡萄树的意大利中部其他地区却未能像它们的邻居一样崛起。拉齐奥、马尔凯和翁布里亚过去和现在都盛产白葡萄酒，但这些葡萄酒却没有在国际市场上引起共鸣。虽然万事开头难，但希望仍然存在：马尔凯的科内罗红葡萄酒已经给消费者留下了深刻的印象，翁布里亚的托吉亚诺和蒙特法科萨格兰蒂诺鼓舞了当地的生产商。此外，安东尼世家的萨拉酒庄（Castello della Sala）激励了奥维多的生产商酿造出优质的白葡萄酒。

托斯卡纳葡萄酒之所以能取得巨大成功，主要归功于热情的葡萄酒爱好者和专家们的共同努力。他们有的来自意大利北部，有的来自国外，都是为了开拓新的事业而相聚托斯卡纳。由于缺乏经验，他们雇佣专业的酿酒师，并且引进现代化的葡萄园管理技术和酿酒工艺。

华丽转身

后起之秀联合佛罗伦萨的改革先锋，一起对当地最杰出的葡萄酒基安蒂进行改革。他们创造了一个新的葡萄酒种类——超级托斯卡纳，并成功将它打造成为整个意大利的典范。他们的这些行为是因为不满D.O.C.的硬性规定阻碍了葡萄酒品质的提升以及新品种和新方法的试验。最终，当局接受了这一既成事实，他们解除了对窖藏周期的限制，允许使用小橡木桶陈年以及添加国际葡萄品种。同时，D.O.C.和D.O.C.G.的等级名单迎来了新成员——I.G.T.。过去的几年间，意大利中部葡萄酒将视线转向了尚未充分开发但品质优秀的种植区，如马雷马和莫瑞里诺（Morellino）以及马尔凯和翁布里亚的部分地区。

左图：格雷夫（Greve）地区的威马乔（Vignamaggio）酒庄出产顶级托斯卡纳葡萄酒

右图：传统又不失时尚——佛罗伦萨的Cantinetta Antinori餐厅

无处不在的桑娇维赛

地区品种

意大利中部的葡萄品种相对较少，但它拥有世界上最好的红葡萄品种之一——桑娇维赛。这种在罗马涅和基安蒂地区被称为桑娇维赛的葡萄，在蒙达奇诺称为布鲁奈罗，在蒙特普尔恰诺称为普鲁诺阳提。不过，关于这些品种究竟是独立的克隆株系还是亚种，人们一直存在争议。

在质量和数量方面，马尔凯和阿布鲁佐的蒙特普尔恰诺红葡萄只能屈居第二，出产的葡萄酒虽然圆润柔和，但复杂度远不及上等的桑娇维赛葡萄酒。基安蒂产区种有少量卡内奥罗、黑玛尔维萨和科罗里诺，过去它们被用来增加桑娇维赛葡萄酒的颜色、香气和味道，但随着赤霞珠和梅洛的崛起，它们的地位已经不保。无论是单独酿造还是混合调配，赤霞珠和梅洛都极大地丰富了托斯卡纳葡萄酒品种；赤霞珠葡萄酒，尤其是酒王西施佳雅，在国际上也享有盛名。这里的白葡萄品种以托斯卡纳扎比安奴为主，虽然在法国（当地称之为白玉霓）通常用于酿造蒸馏酒，但难以成为品质的标志。这种葡萄曾经在基安蒂用来中和桑娇维赛葡萄的涩味和粗犷，只能生产中性清淡的葡萄酒。

托斯卡纳唯一值得关注的本地葡萄酒是圣吉米格纳诺维奈西卡，这也是第一个获得D.O.C.G.地位的白葡萄酒。托斯卡纳沿海地带的新维蒙蒂诺葡萄酒显示出了巨大的发展空间。来自马尔凯的维蒂奇诺葡萄酒风格独特。翁布里亚（奥维多D.O.C.）和拉齐奥（弗拉斯卡蒂D.O.C.）广泛种植扎比安奴，虽然这两个地区确实还存在简单、平淡的日常餐酒，但越来越多的生产商倾向于用格莱切托（Grecchetto）和坎蒂亚玛尔维萨（Malvasia di Candia）生产果味浓郁、结构简单的优质白葡萄酒。

托斯卡纳及其葡萄酒

托斯卡纳是意大利最常见的优质葡萄酒——基安蒂的故乡，这种著名红葡萄酒主要产自佛罗伦萨与锡耶纳、阿雷佐与比萨之间的丘陵地区。托斯卡纳的葡萄园面积达6万公顷，约有一半的葡萄可以用来酿造优质葡萄酒。除了基安蒂，这些葡萄酒还包括蒙达奇诺布鲁奈罗、蒙特普尔恰诺贵族酒、圣吉米格纳诺维奈西卡、天娜（Tignanello）和西施佳雅等。

一直以来，山寨都是一个令人头疼的问题。托斯卡纳的一些产区名声赫赫，引得不少人觊觎，因此不得不采取措施防止他人假冒和利用它们的名称。例如，卡尔米尼亚诺于1716年被授予原产地的命名，是世界上最古老的受保护法定产区之一。

托斯卡纳丰富的葡萄酒种类取决于多样的风土条件：北部和东部为亚平宁山脉，中部为丘陵，南部是火山岩，西部是沿海省份利沃诺（Livorno）和格罗塞托（Grosseto）。托斯卡纳2/3以上的面积被丘陵和山脉覆盖，数千年来，这里的自然环境为葡萄种植提供了理想的条件。

伊特鲁里亚人完善了葡萄种植和酿造，他们的成就为罗马人树立了典范。在中世纪，佛罗伦萨贵族与葡萄酒的关系最为紧密，不过他们的角色更多的是酒商而不是生产商。今天著名的酒庄，如安东尼和花思蝶，自13世纪和14世纪起就与托斯卡纳葡萄酒联系在了一起。

罗马文物依然能充分证明佛罗伦萨古代的荣耀。周边丘陵出产的红葡萄酒包括卡尔米尼亚诺和宝米诺

锡耶纳是真正意义上的托斯卡纳葡萄酒之都。贵族酒、布鲁奈罗以及大部分的经典基安蒂都产自附近省份

葡萄酒旅游的起源

作为莱昂纳多、米开朗基罗和其他艺术家的赞助人，托斯卡纳贵族不仅与葡萄酒有着密切联系，与当地的艺术史更是有着深厚的渊源。这笔保存在意大利文化古城里的艺术遗产使托斯卡纳很早就成为热门的旅游胜地。当意大利其他产区还在后知后觉的时候，葡萄酒旅游已经开始在托斯卡纳盛行，完善的旅游基础设施带来了丰厚的利润。

虽然传统葡萄种植文化多姿多彩，但在第二次世界大战之后，受农村移民的影响，葡萄酒行业遭受了灾难性的打击，托斯卡纳乃至整个意大利几乎与其他国家完全脱节。直到20世纪70年代，佛罗伦萨的大酒庄才慢慢地开始寻找新出路。

葡萄园改革

葡萄酒行业出现转机的最大功臣主要是来自意大利北部或海外富裕城市的居民。为了追求安静的田园生活，他们在托斯卡纳定居，出于对葡萄酒的热爱或为了投资收益，他们开始种植葡萄。大部分人都毫无经验，因此不得不雇佣专业的酿酒师。他们追求品质，并借鉴了其他国家的种植方法和酿酒工艺，如引进法国葡萄品种、温控发酵法和桶内陈年技术。他们摆脱了历史和传统的束缚，开创了新一代的顶级葡萄酒。

这些按照国际标准酿造的新葡萄酒不可避免地与官僚的D.O.C.规定产生冲突。多年来，D.O.C.的制度甚至对各种无关紧要的细节都有着呆板的规定：特定葡萄酒的混酿比例已经明显过时；桶内熟成经常要经历数年；最高产量的限制太过宽松。从基安蒂的中心地区开始，这场“革命”席卷了托斯卡纳所有的葡萄酒产区，甚至蔓延到了亚平宁山脚下博格利（Bolgheri）和鲁菲纳山陵附近的沿海葡萄园以及盛产当地最著名的

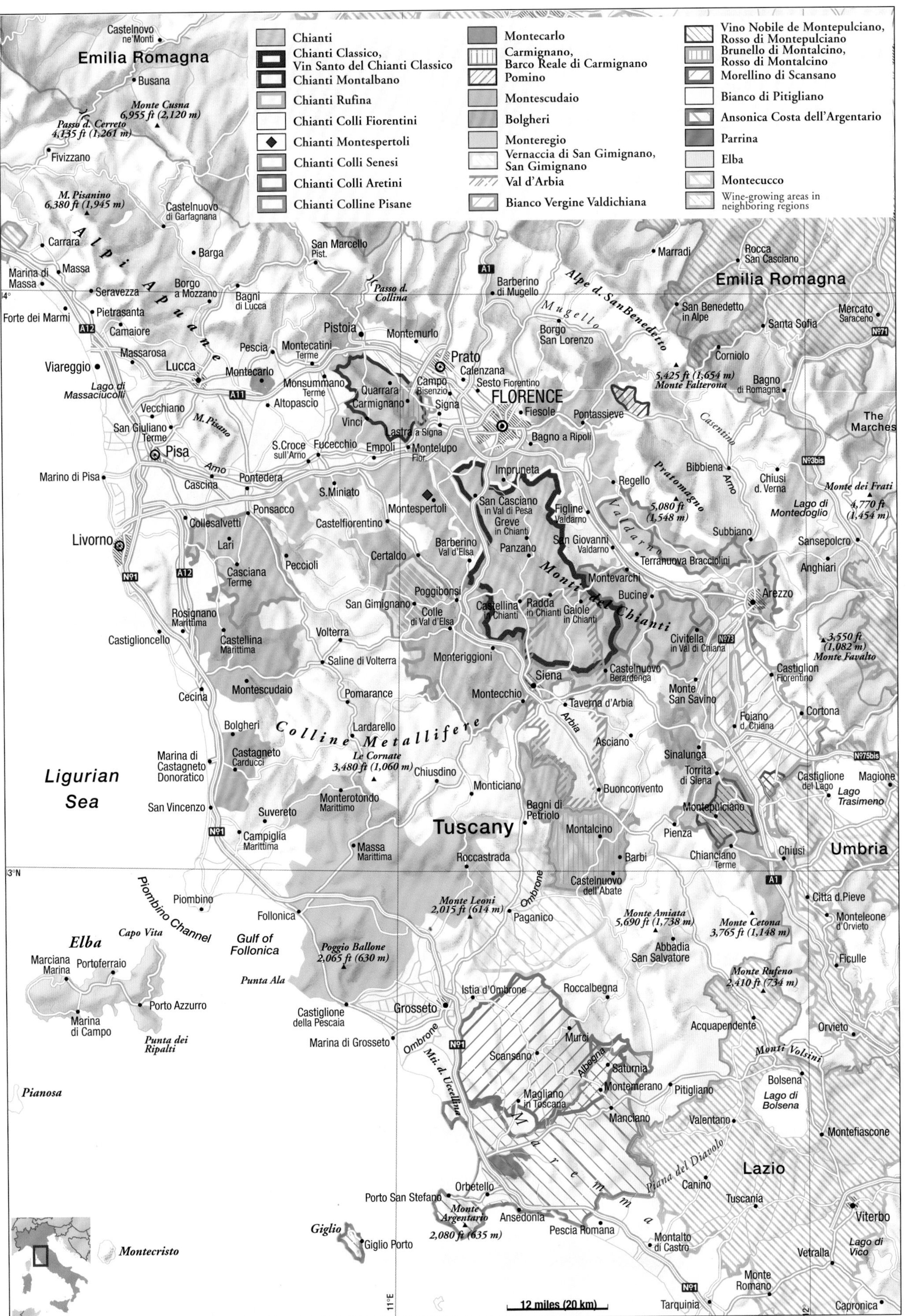

Chianti
Chianti Classico, Vin Santo del Chianti Classico
Chianti Montalbano
Chianti Rufina
Chianti Colli Fiorentini
Chianti Montespertoli
Chianti Colli Senesi
Chianti Colli Aretini
Chianti Colline Pisane
Montecarlo
Carmignano, Barco Reale di Carmignano
Pomino
Montescudaio
Bolgheri
Monteregio
Vernaccia di San Gimignano, San Gimignano
Val d'Arbia
Bianco Vergine Valdichiana
Vino Nobile de Montepulciano, Rosso di Montepulciano
Brunello di Montalcino, Rosso di Montalcino
Morellino di Scansano
Bianco di Pitigliano
Ansonica Costa dell'Argentario
Parrina
Elba
Montecucco
Wine-growing areas in neighboring regions
Emilia Romagna
Castelnovo ne'Monti
Busana
Monte Cusna 6,955 ft (2,120 m)
Passo d. Cerreto 4,135 ft (1,261 m)
Fivizzano
M. Pisanino 6,380 ft (1,945 m)
Castelnuovo di Garfagnana
Alpi Apuane
Carrara
Massa
Marina di Massa
Seravezza
Barga
Borgo a Mozzano
Bagni di Lucca
San Marcello Pist.
Passo d. Collina
Forte dei Marmi
Pietrasanta
Camaiore
Viareggio
Massarosa
Lucca
Lago di Massaciuccoli
Pescia
Montecatini Terme
Pistoia
Montemurlo
Prato
Calenzana
Campo Bisenzio
Sesto Fiorentino
FLORENCE
Fiesole
Montecarlo
Monsummano Terme
Altopascio
Quarrara
Carmignano
Signa
Lastra a Signa
Vinci
Vecchiano
San Giuliano Terme
M. Pisano
Pisa
Arno
S.Croce sull'Arno
Fucecchio
Empoli
Montelupo Fior.
Marino di Pisa
Cascina
Pontedera
S.Miniato
Pontassieve
Bagno a Ripoli
Impruneta
Barberino di Mugello
Mugello
Borgo San Lorenzo
Alpe d. San Benedetto
Marradi
Rocca San Casciano
Emilia Romagna
San Benedetto in Alpe
Santa Sofia
Mercato Saraceno
Corniolo
5,425 ft (1,654 m) Monte Falterona
Bagno di Romagna
The Marches
Casentino
Bibbiena
Pratomagno 5,080 ft (1,548 m)
Chiusi d. Verna
Monte dei Frati 4,770 ft (1,454 m)
Lago di Montedoglio
Sansepolcro
Anghiari
Subbiano
Regello
Figline Valdarno
San Giovanni Valdarno
Valdarno
Terranuova Bracciolini
Montevarchi
Bucine
Arezzo
Montespertoli
San Casciano in Val di Pesa
Greve in Chianti
Panzano
Castelfiorentino
Barberino Val d'Elsa
Certaldo
Collesalvetti
Ponsacco
Livorno
Lari
Peccioli
Casciana Terme
Poggibonsi
San Gimignano
Colle di Val d'Elsa
Castellina in Chianti
Radda in Chianti
Gaiole in Chianti
Monti del Chianti
Civitella in Val di Chiana
3,550 ft (1,082 m) Monte Favalto
Castiglion Fiorentino
Rosignano Marittimo
Castiglioncello
Castellina Marittima
Volterra
Saline di Volterra
Monteriggioni
Siena
Castelnuovo Berardenga
Monte San Savino
Cortona
Foiano d. Chiana
Cecina
Montescudaio
Pomarance
Montecchio
Taverna d'Arbia
Arbia
Asciano
Sinalunga
Torrita di Siena
Bolgheri
Colline Metallifere
Lardarello
Le Cornate 3,480 ft (1,060 m)
Chiusdino
Castagneto Carducci
Marina di Castagneto Donoratico
Ligurian Sea
Monticiano
Buonconvento
Castiglione del Lago
Magione
Lago Trasimeno
Montepulciano
San Vincenzo
Monterotondo Marittimo
Suvereto
Campiglia Marittima
Tuscany
Bagni di Petriolo
Montalcino
Pienza
Chianciano Terme
Chiusi
Umbria
Massa Marittima
Roccastrada
Barbi
Castelnuovo dell'Abate
Ombrone
Città d.Pieve
Piombino
Piombino Channel
Follonica
Gulf of Follonica
Monte Leoni 2,015 ft (614 m)
Paganico
Monte Amiata 5,690 ft (1,738 m)
Monte Cetona 3,765 ft (1,148 m)
Monteleone d'Orvieto
Elba
Capo Vita
Marciana Marina
Portoferraio
Poggio Ballone 2,065 ft (630 m)
Abbadia San Salvatore
Ficulle
Punta Ala
Monte Rufeno 2,410 ft (734 m)
Porto Azzurro
Marina di Campo
Punta dei Ripalti
Castiglione della Pescaia
Istia d'Ombrone
Roccalbegna
Grosseto
Acquapendente
Orvieto
Marina di Grosseto
Ombrone
Mti. d. Uccellina
Murci
Scansano
Albegna
Saturnia
Monti Volsini
Pianosa
Montemerano
Pitigliano
Bolsena
Lago di Bolsena
Magliano in Toscana
Manciano
Valentano
Montefiascone
Maremma
Piana del Diavolo
Lazio
Canino
Orbetello
Porto San Stefano
Monte Argentario 2,080 ft (635 m)
Ansedonia
Tuscania
Viterbo
Giglio
Giglio Porto
Pescia Romana
Montalto di Castro
Lago di Vico
Vetralla
Montecristo
Monte Romano
Tarquinia
Capronica
12 miles (20 km)

红葡萄酒布鲁奈罗和贵族酒的蒙达奇诺和蒙特普尔恰诺地区。这些新葡萄酒不仅暗示着一股清新之风正在吹遍传统的原产地，而且还带来了全新的产地名称。在此之前，不少高品质葡萄酒因为含有赤霞珠成分或者没有按规定熟成而不得不作为餐酒出售。现在，它们都可以在酒标上标注D.O.C.或I.G.T.。甚至经典基安蒂的生产限制也进行了调整，单一品种葡萄酒以及含有赤霞珠和梅洛成分的葡萄酒得到了许可。经典基安蒂还被授予D.O.C.G.等级，从而与其他法定产区的基安蒂区分开来。

但是，托斯卡纳的葡萄酒行业仍然面临着一项重大的任务，即葡萄园的全面整修。在现代D.O.C.法规中不再享有任何地位的白葡萄品种占比依然过高，即使在知名的葡萄园中，次等和古老的葡萄树数量还是过多。许多葡萄园疲于应付各种病虫害，因此产量无法满足需求。如今，酒庄从外部秘密购进葡萄酒几乎已经是公认的事实。

在许多地区，人们已经开始对葡萄园和葡萄树进行改革。经典基安蒂产区在上世纪80年代启动的综合研究项目已经取得成果并运用到实践之中。在过去几年间，改革的中心逐渐转移到沿海地区和托斯卡纳南部。一些地区，如博格利、蒙泰斯库达伊奥（Montescudaio）以及位于近海岸沼泽平原边缘的斯堪萨诺莫瑞里诺（Morellino di Scansano），如今都已成为托斯卡纳大酒庄的投资对象。

柏树是托斯卡纳的绿色标志

右页图：位于贝拉登加新堡（Castelnuovo Berardenga）的费尔西纳酒庄（Fattoria di Felsina）的葡萄园

阿雷佐是古玩发烧友的乐园

超级托斯卡纳

意大利的葡萄酒法律不同于欧洲其他国家。即使是最琐碎的细节，都有法律明文规定，这就阻碍了托斯卡纳和皮埃蒙特早期优质葡萄酒的发展。

葡萄种植户和生产商更倾向于用赤霞珠、霞多丽、西拉和梅洛等法国品种进行尝试，因为它们比耗时耗力的桑娇维赛和扎比安奴成功率更高。生产商们采用新木桶储存葡萄酒，而不是让葡萄酒在陈旧的大木桶内随着时间腐坏。法国和美国加利福尼亚的酿酒方法更为快捷简单，而且能够提升葡萄酒的浓度、酒体和优雅度，延长寿命，增添芬芳。

意大利具有创新精神的生产商想要在这条路上走得更远，却不得不降低高品质葡萄酒的身价作为普通餐酒出售。20世纪70年代初，最先进入市场的新型葡萄酒是西施佳雅和天娜，尤其是天娜（酿酒葡萄为桑娇维赛和赤霞珠，混合比例4：1）为卡玛天娜（Camartina）、维格内罗（Vigorello）、格里菲（Grifi）、西艾皮（Siepi）、巴里费克（Balifico）、卡布利奥伊勒波歌（Cabero Il Borgo）、蒙特维廷（Monte Vertine）和康维奥（Convivio）等著名葡萄酒铺平了道路。

其他葡萄酒为桑娇维赛单一品种葡萄酒，包括圣马蒂诺（San Martino）、卡帕尼勒（Cappanelle）、赛普莱诺（Cepparello）、贝加罗（Percarlo）；或者主要（或全部）由赤霞珠酿造，如康帕利（Campora）、索拉亚（Solaia）、萨马尔科（Sammarco）、尼莫（Nemo）、奥纳亚（Ornellaia）。被意大利当局冷漠拒绝的葡萄酒却迅速受到市场的追捧。在很短一段时间内，所谓的简单葡萄酒开始收获荣誉，这促使一部分品质葡萄酒生产商进行反思。20世纪80年代中期，其他产区也吸取托斯卡纳的经验教训，几乎每座酒庄都至少有一款新的顶级餐酒，美国评论家热情地将其称为“超级托斯卡纳”。

詹尼·农齐安特是格雷夫地区威马乔酒庄的庄主

仅仅过了10年，争议便不复存在：当局在许多地区建立了新的D.O.C.产区，根据实际情况修改了生产规定，并批准了I.G.T.的分类。此前许多被视作异类的餐酒今天都可以在D.O.C.或者I.G.T.名下找到。

在蒙达奇诺和经典基安蒂D.O.C.G.产区，消费者自从领略到了托斯卡纳桑娇维赛的独特之处后，对超级托斯卡纳的兴趣急剧下降。

基安蒂的改革

20世纪70—80年代，托斯卡纳新一代的酒庄主们壮志踌躇，一心只想生产品质上等、历久弥香的红葡萄酒。他们中的一部分人将希望寄托在法国葡萄和葡萄酒上，而另一部分人则青睐本地的桑娇维赛。历史、策略和品质都足以代表这两部分人的两家公司分别是艾玛酒庄（Castello di Ama）和费尔西纳酒庄，前者距离基安蒂地区的佳奥利（Gaiole）南部数千米，后者位于经典基安蒂地区的边缘小镇贝拉登加新堡。

艾玛的成功之路

1977年，为了追求优质的葡萄栽培，一些罗马家族决定购买坐落在蒙蒂（Monti）村庄的一座被人忽视的酒庄。蒙蒂村庄位于佳奥利南部，是经典基安蒂最好的地区之一。他们资金充足，但是缺乏酿酒经验，因此他们雇佣马可·帕兰蒂担任酿酒师，而马可也不负众望，向世人证明了他的非凡才能。酒庄主人西尔瓦诺·福尔米利具有清晰的战略构想，而且在葡萄酒刊物行业人脉宽广。

艾玛酒庄在经典基安蒂的基础上开发了一系列混酿酒，每种葡萄酒都独具特色。酿酒原料基本上为传统的托斯卡纳葡萄：圣洛伦佐采用桑娇维赛和卡内奥罗酿造；除了这两种葡萄，贝拉维斯塔（Bellavista）中还含有少量玛尔维萨；而卡斯西亚（Vigneto La Casuccia）则创新地混合了桑娇维赛、卡内奥罗和法国品种梅洛。

左图：卡提布诺酒庄（Badia a Coltibuono）和布罗利奥酒庄（Castello di Brolio）等一批最具盛名的古老酒庄位于经典基安蒂地区西南部的佳奥利

右图：位于贝拉登加新堡的费尔西纳酒庄完美地融合了悠久的葡萄酒传统和现代化技术

梅洛，走向荣耀

显而易见，梅洛已经在托斯卡纳肥沃的土地上占有一席之地。1985年，第一款梅洛单一品种餐酒问世。这款葡萄酒连同1987年的产品一起跻身于托斯卡纳最好的红葡萄酒之列，并且在全球所有著名的梅洛葡萄酒中脱颖而出，甚至超过了柏图斯酒庄、里鹏（Le Pin）酒庄和加利福尼亚的葡萄酒。

在法国，除了少数情况，梅洛主要用来为波多尔的顶级葡萄酒增添浓郁的果味和柔和的口感。在艾玛和其他托斯卡纳酒庄，梅洛展现出极高的单宁，带来丰富、复杂的嗅觉和味觉体验。梅洛甚至可以在陈年过程中轻松地从木桶中吸收大量的物质，提升香味和口感。

马可·帕兰蒂每年都会向公众推出不少上等或者顶级的葡萄酒。无论是灰比诺葡萄酒还是霞多丽葡萄酒，又或者是经典基安蒂葡萄酒，都是当地最优质的产品。

新技术

在多灾多难的1992年，帕兰蒂创造了一个新的奇迹。当著名的安东尼公司未能出产出一瓶顶级葡萄酒，而只能将口感强劲的圣克里斯蒂娜（Santa Cristina）推向市场的时候，帕兰蒂却凭借另一款梅洛葡萄酒阿帕瑞塔（l'Apparita）大获全胜，这款葡萄酒甚至能与1988年以来传奇的前辈们相媲美。

葡萄酒行业的奇迹离不开葡萄的严格筛选和种植、精心的酿酒工艺以及平衡的陈年过程。尽管浓缩设备的使用仍然存在争议，但现代窖藏技术还是推动了葡萄酒行业的进步。

风土特色

费尔西纳酒庄坐落在经典基安蒂产区南端的贝拉登加新堡镇。与艾玛酒庄相比，这里生产的葡萄酒与当地风土条件的联系更为紧密，而在艾玛酒庄，葡萄品种已经再次削减。费尔西纳酒庄由商人多梅尼科·保基亚里于1966年购得，并由他的女婿朱塞佩·莫佐科林及其朋友弗兰克·巴纳贝系统建立，后者是意大利著名的酿酒师和生产商。

酒庄坐落在基安蒂山平坦的山脚下，一直延伸至翁布罗内谷，占地350公顷，仅1/7的土地用于种植葡萄。酒庄的地质构成反映了它的边境地理位置：土壤主要为蓝灰色的泥灰岩、肥沃的冲积土和海洋沉积物。多样的土壤赋予费尔西纳葡萄酒复杂的口感和丰富的种类。

费尔西纳的经典基安蒂葡萄酒特别出名，即使普通葡萄酒也不例外。由于在熟成过程中巧妙地利用了小号和中号木桶，生产的葡萄酒口感格外丰富。兰斯（Rancia）是莫佐科林最钟爱的葡萄园。在这片夹杂了沙土和沃土的石英质泥灰土地上，最老的葡萄树已有35年。葡萄园的更新换代格外谨慎，最好的幼苗依附老葡萄树生长，从而实现了统一的品质提升。

桑娇维赛和赤霞珠

在出色的年份，兰斯葡萄酒是整个产区最好的葡萄酒之一，但费尔西纳真正的明星是两款I.G.T.单一品种葡萄酒：用桑娇维赛酿造的芳塔罗洛（Fontalloro）和用赤霞珠酿造的拉洛大师（Maestro Raro）。这两款葡萄酒都在橡木桶进行陈年，结构平衡、果味浓郁、风格雅致，并且历久弥香。

艾玛酒庄的酒窖

莫佐科林和巴纳贝也没有忽视白葡萄酒。桶内发酵的霞多丽葡萄酒伊思丝蒂（I Sistri）最初缺乏结构和特性，但凭借1991年份酒，成功地晋级为托斯卡纳同类葡萄酒中的上等佳酿。当品质越来越高的时候，良好的性价比也就能更好地吸引消费者，这一点对于普通葡萄酒尤为重要。

20世纪90年代初，莫佐科林购买了锡纳伦加镇（Sinalunga）的法内特拉酒庄（Castello di Farnetella），该酒庄位于经典基安蒂地区之外，靠近蒙特普尔恰诺贵族酒产区。20世纪80年代初，当地的桑娇维赛种植密度上升，葡萄园开始采用现代种植技术。此外，年轻的黑比诺和赤霞珠葡萄树依附老葡萄树生长，葡萄酒品质也随着微酿酒技术的使用而改善。今天，这些葡萄酒甚至能与邻近的D.O.C.G.葡萄酒相竞争。在基安蒂西耶纳丘（Chianti Colli Senesi）产区，海拔较高的葡萄园还在生产具有典型当地特色的葡萄酒。

意大利流行之星：基安蒂家族

“基安蒂”一词13世纪起就与拉达（Radda）、佳奥利和卡斯特利纳（Castellina）周围的山丘联系在一起，常用来指一种白葡萄酒。直到20世纪30年代，基安蒂产区才开始不断扩张，覆盖了托斯卡纳的一大片区域。基安蒂葡萄酒的混酿品种19世纪才确定，在那之前，基安蒂（当时是指一种红葡萄酒）主要由卡内奥罗酿造，混合少量桑娇维赛或玛尔维萨。

酿酒配方

贝蒂诺·里卡索利1861年开始担任意大利总理，是托斯卡纳贵族之后，同时也是里卡索利酒业公司的所有人。他研发了传统基安蒂葡萄酒配方——70%桑娇维赛、15%卡内奥罗、10%白葡萄（如扎比安奴和玛尔维萨等）以及5%其他品种。添加白葡萄可以中和年轻桑娇维赛的浓烈。这种葡萄酒采用戈维尔诺工艺酿造，即将一部分葡萄留出并风干，然后加入到发酵好的葡萄酒中开始二次发酵。一方面，葡萄酒的酒精度进一步提高，口感更加丰满圆润；另一方面，二氧化碳使葡萄酒更为清新鲜爽。不过，这种混酿酒品质并非上等。

“黑公鸡”是经典基安蒂葡萄酒的标志。经典基安蒂产区由大公科西莫三世·德·梅第奇于1716年首次划定

在7个基安蒂产区中，鲁菲纳规模最小，但是潜力巨大

基安蒂产区

基安蒂的葡萄酒年产量达7500万升，拥有意大利官方认可的最多的优质葡萄酒。但是，荣耀背后隐藏着一个矛盾的现实。所有打上“基安蒂”标签的葡萄酒有着共同的基础，即桑娇维赛。在广袤的产区内，风土特征和气候条件千差万别，葡萄酒的种类也纷繁复杂，这令消费者感到困惑。因此，基安蒂产区被划分为8个次产区，这些产区名须标注在酒标上（没有地理后缀的“基安蒂”名称依然合法）。其中，最重要的产区是经典基安蒂。20世纪80年代中期，经典基安蒂获得了D.O.C.G.地位，并且受到了区别对待。以该产区为中心，四周分布着基安蒂鲁菲纳、基安蒂佛罗伦萨丘（Chianti Colli Fiorentini）、基安蒂阿莱蒂尼丘（Chianti Colli Aretini）、基安蒂西耶纳丘、基安蒂比萨丘（Chianti Colline Pisane）、基安蒂蒙达巴诺（Chianti Montalbano）和基安蒂蒙特斯佩托利（Chianti Montespertoli）产区。

穷亲戚，富亲戚

品质传统最为悠久的葡萄酒来自基安蒂鲁菲纳产区。在某些情况下，它们甚至超越了许多经典基安蒂葡萄酒。基安蒂鲁菲纳产区横跨阿尔诺河谷蓬塔谢韦镇（Pontassieve）的山坡，同时也是前宝米诺（Pomino）地区的一部分（今天，宝米诺也是原产地名称之一）。葡萄园最高可达900米，大多数都属于出产顶级葡萄酒的花思蝶和安东尼家族。凉爽的气候加上出色的白垩质泥灰土，位于高处的葡萄园为生产优雅、复杂的葡萄酒提供了理想的条件。

佛罗伦萨丘的葡萄酒主要产自阿尔诺河谷和经典基安蒂之间的丘陵，结构和香味都比较简单。一部分来自附近时尚之都佛罗伦萨的企业家们实现了梦想，建立了属于自己的酒庄。在外部顾问的协助下，他们在新的葡萄园中生产出风格显著、品质出众的基安蒂葡萄酒。阿莱蒂尼丘的企业家对阿雷佐镇的周边地区进行投资，唤醒了产区内生产商的品

D.O.C.规定以及基安蒂葡萄酒的特征

基安蒂和经典基安蒂均享有D.O.C.G.地位，但从上世纪90年代末开始，两者使用独立的原产地名称。经典基安蒂年产量超过2600万升，是意大利优质葡萄酒产量最多的产区之一。经典基安蒂葡萄酒的酒精度至少须达到12% vol，最高产量不得超过7.5吨/公顷，而普通基安蒂葡萄酒的酒精度只需达到11.5% vol，最高产量为9吨/公顷。其他基安蒂葡萄酒的最高产量为8.5吨/公顷，最低酒精度为11.5%～12% vol。

所有基安蒂葡萄酒都可以使用桑娇维赛、卡内奥罗、托斯卡纳扎比安奴、黑玛尔维萨等品种酿造。1984年，基安蒂地区的白葡萄酒比例大幅降低；1995年，桑娇维赛单一品种基安蒂葡萄酒得到批准。目前，梅洛和赤霞珠在基安蒂葡萄酒中的比例可达20%。过去，熟成时间十分漫长，在此过程中大木桶常常难以得到妥善保管，而现在人们大多采用225升的小橡木桶陈年。

在没有标注原产地的基安蒂葡萄酒中，有一款精选酒，产量低于珍藏酒，桶内陈年的时间没有明确规定。

质意识。西耶纳丘与蒙塔奇诺布鲁奈罗、蒙特普尔恰诺贵族酒等更出名的产区共享某些区域，仅有一小部分生产商使用这一原产地名。

蒙达巴诺包括较小的卡尔米尼亚诺产区，因此注定只能生存在另一个高级葡萄酒的阴影之下——在任何情况下，出产的葡萄酒都只能屈居第二。巴可贵族（Barco Reale）葡萄酒的出现使得这一情况更加糟糕，尽管已经获得了D.O.C.G.地位，但如今卡尔米尼亚诺却不得不处理棘手的形象问题。

比萨丘的基安蒂被认为是基安蒂家族中口味最清淡的葡萄酒，当地的酿酒师正在开发皮埃蒙特和特伦蒂诺蕴藏的潜力。

除了名声和品质都已经巩固的经典基安蒂以及独立的基安蒂鲁菲纳，基安蒂地区能给消费者留下深刻印象的葡萄酒并不多。上世纪80年代末，位于基安蒂边缘地带的生产商试图在使用“基安蒂”这一名称时强调他们与经典基安蒂的联系，而经典基安蒂的生产商则极力争取自己的D.O.C.G.地位，将自己与其他产区区别开来。事实上，是时候重新审视基安蒂家族的定义了。

花思蝶酒窖中的基安蒂历史

在基安蒂，葡萄酒和树林如影相随

卡尔米尼亚诺——科西莫的遗产

卡尔米尼亚诺葡萄酒产自佛罗伦萨西部阿尔诺河北岸的阿尔巴诺山北部山坡上。在法律的约束下，卡尔米尼亚诺的原产地名称受到了第一份划分基安蒂区域的文件的保护，该文件由科西莫三世·德·梅第奇于1716年签署。因此，卡尔米尼亚诺葡萄酒是意大利最早被授予法定原产地名称的葡萄酒，卡尔米尼亚诺也可能是世界上第一个享有法律保护的法定产区。

几个世纪后，卡尔米尼亚诺成为最早正式与法国品种赤霞珠混合的托斯卡纳葡萄酒，而其他地区的生产商很久之后才开始进行类似的尝试。

卡尔米尼亚诺葡萄酒很早就享有D.O.C.G.地位，其酒精度至少须达到12.5% vol，并且必须在橡木桶中陈酿21个月以上，珍藏酒至少需要陈酿两年。

顶级生产商酿造的卡尔米尼亚诺颜色深浓，口感复杂，陈年潜力强。其他种类的葡萄酒，如桃红葡萄酒和甜葡萄酒，只能归为D.O.C.等级，虽然部分甜葡萄酒的陈酿时间达4年之久。

除了基安蒂蒙达巴诺（在当地，部分生产商将其视为二等酒），这一地区还有另一款D.O.C.等级的品质葡萄酒——卡尔米尼亚诺巴克贵族葡萄酒。这种葡萄酒主要由桑娇维赛和卡内奥罗混酿而成，最低酒精度仅为11% vol，熟成过程也没有明确的时间限制。

巅峰时期的经典基安蒂

格雷夫是经典基安蒂产区核心地带最古老的葡萄种植中心之一

在中世纪及之后短暂的时间内，“基安蒂”指的是拉达、佳奥利和卡斯特利纳三个村庄，它们在政治和军事上都是一个整体。1716年，科西莫三世·德·梅第奇（1670—1723年）颁布法令，将格雷夫村纳入该地区。1932年后，圣卡夏诺瓦尔迪佩萨（San Casciano Val di Pesa）和巴尔贝里诺瓦尔德尔萨（Barberino Val d’Elsa）的部分地区以及南部的卡斯德尔诺沃贝拉登卡（Castelnuovo Berardenga）也被先后划入基安蒂。即使周围的葡萄种植区域也被归入基安蒂，但它的中心地区仍然保持不变。基安蒂的乡村拥有托斯卡纳产区最优美的风景。基安蒂名声显赫，一方面是因为它的葡萄酒——葡萄园占其总面积的1/10，另一方面是因为它邻近佛罗伦萨和锡耶纳这两个艺术中心。

转型中的葡萄园

20世纪60—70年代，许多葡萄园扩大种植，最大限度地提高产量和改进工作方法，但却忽视了品质。事实证明，它们为此付出了沉重的代价：这个时期出产的基安蒂葡萄酒与早年的葡萄酒相比，明显逊色许多，甚至不如近些年酿造的葡萄酒。

这些都是沉痛的教训。20世纪70年代末，经典基安蒂产区率先在意大利进行改革。当其他地区还在盘算如何创造盈余的时候，这里已经广泛种植新的国际葡萄品种，采取先进的熟成技术和现代的营销手段。这些努力最初只在餐酒领域有所成效。当时，意大利制定了严格的生产法规来保护优质葡萄酒，而其中许多葡萄酒早已名不副实。这导致一部分餐酒的品质甚至高于当地享有著名原产地命名的葡萄酒。几年后，当局终于决定根据餐酒的品质标准重新制定经典基安蒂产区的生产法规。此外，葡萄种植户也再次燃起了对本地品种桑娇维赛的兴趣。

最佳风土条件

桑娇维赛葡萄在成熟过程中需要非常温暖干燥的条件，而经典基安蒂产区恰恰能满足这些要求。坐落在山腰上的葡萄园为葡萄树提供了理想的方位和海拔高度（250～500米）。疏松的蓝灰色白垩质泥灰土壤以及风化的砂岩排水性能良好，即使在强降雨天气，葡萄园也不会过于潮湿。波尔多品种赤霞珠和梅洛在这样的风土条件下也表现得很出色。

Chianti Classico
San Casciano in Val di Pesa
Greve in Chianti
Tavarnelle Val di Pesa
Barberino Val d'Elsa
Poggibonsi
Castellina in Chianti
Radda in Chianti
Gaiole in Chianti
Castelnuovo Berardenga
Chianti
Chianti Colli Fiorentini
Chianti Colli Senesi
Chianti Colli Aretini

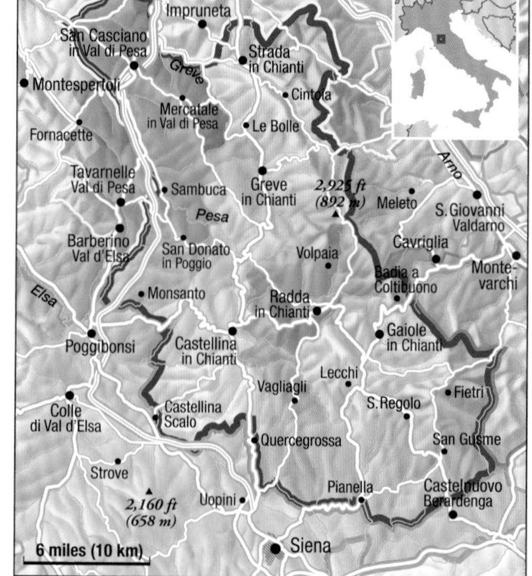

血液中流淌着红葡萄酒的贵族

1180年，乌戈和安东尼正式成为康比亚特酒庄（Castello di Combiate）的主人。一个世纪后，这个家族迁至佛罗伦萨并开始从事丝绸贸易。1385年，该家族的后代，乔瓦尼·皮耶罗，在酿酒师协会当起了学徒。自此，安东尼家族的葡萄种植传统得到了延续。1895年，该家族成立了安东尼世家酒庄（Marchesi Antinori）商行，达到家族事业的一个小顶峰。1898年，家族在圣卡夏诺瓦尔迪佩萨建造了酒窖。安东尼世家酒庄之所以能够声名显赫，最大的功臣是其前首席酿酒师贾科莫·塔基斯。他的超凡杰作包括西施佳雅、天娜（主要使用桑娇维赛酿造）和索拉雅（主要酿酒葡萄为赤霞珠）等。此外，酿酒师伦佐·科塔瑞拉也在翁布里亚的萨拉酒庄酿造出了意大利最好的霞多丽葡萄酒之一。

皮耶罗·安东尼是这座具有600多年历史家族酒庄的现任庄主

自14世纪以来，银行业贵族花思蝶家族一直在葡萄酒生产和销售领域十分活跃。今天，花思蝶家族在经典基安蒂和基安蒂鲁菲纳产区都拥有酒庄，垄断了宝米诺产区的葡萄酒行业，还在马雷马产区建立了新葡萄园，这些成就使其成为意大利规模最大、品质最高的葡萄酒生产商之一。花思蝶家族最知名的产品包括基安蒂鲁菲纳、宝米诺和麓鹊（Luce della Vita）葡萄酒。其中，麓鹊葡萄酒是花思蝶酒庄与美国加州的蒙达维公司创建的合资企业的杰作。葡萄酒行业被认为是适合贵族从事的行业，许多贵族家庭也因此纷纷涉足。吉恩蒂尼·安东尼是鲁菲纳瑟瓦皮亚娜（Selvapiana）酒庄庄主。19世纪时，安东尼家族还拥有巴地亚阿柯蒂布安诺（Badia a Coltibuono）修道院，今天，修道院属于他们的另一支从事银行业的家族后代——斯图基·普里内蒂。普里内蒂通过联姻与托斯卡纳最有权势的梅第奇家族结成了联盟。

里卡索利男爵的后代在澳大利亚经历过一段不那么成功的插曲后再次成为布罗利奥酒庄庄主，与风都酒庄（Castello di Fonterutoli）的马泽家族一起进行管理。里卡索利家族还拥有卡基安诺酒庄（Castello di Cacchiano）。

过去，桑娇维赛强烈的酸度常给人留下过于尖锐、生涩的印象，因此，在发酵过程中会加入白葡萄以中和单宁。现代经典基安蒂主要使用或只使用桑娇维赛酿造，口感纯粹和谐。作为一款年轻的葡萄酒，它花香浓郁，拥有清淡的香料味，陈年后会呈现出皮革和烟草的味道；它的单宁含量适中，含有肉桂香，而微酸的口感更为其增添了几分复杂。现代经典基安蒂能与大多数的托斯卡纳菜肴搭配，如意大利面、野味、羊肉和牛肉。

经典基安蒂产区最好的葡萄酒来自格雷夫南部、拉达和卡斯特利纳北部中等海拔的葡萄园，以及从南部的佳奥利一直延伸到卡斯德尔诺沃和阿尔比亚谷（Arbia）的山区。格雷夫潘扎诺（Panzano）的孔卡多罗（Conco d'Oro）葡萄园拥有最好的风土条件。

黑公鸡

传统酒庄以及来自北部和海外的酒庄为基安蒂和托斯卡纳其他葡萄酒带来了新的机遇，但是在最近几十年的发展过程中，主角却是黑公鸡。黑公鸡是经典基安蒂商会的标志，该商会将当地的葡萄酒生产商联合起来，并帮助经典基安蒂获得了D.O.C.G.地位。商会还在托斯卡纳核心地区开展了葡萄园革新运动。20世纪80年代，一项名为“基安蒂2000”的长期研究项目成立，主要研究最好的葡萄品种、无性繁殖以及系统的种植方法。一部分新葡萄园已经将研究成果付诸实践，对经典基安蒂产区50%的老葡萄树进行了更新换代。

里卡索利家族经营了很长时间的布罗利奥酒庄被认为是世界上最古老的酒庄。19世纪，贝蒂诺·里卡索利男爵在这里研究出基安蒂葡萄酒的配方

托斯卡纳北部的主要葡萄酒生产商

生产商：**Agricola san Felice****-****

所在地：**Castelnuovo Berardenga**

200公顷，年产量100万瓶

葡萄酒：Chianti Classico: Riserva Il Grigio, Poggio Rosso, I.G.T. Toscana Vigorello, Brunello di Montalcino Campogiovanni

经典基安蒂产区南部最大的酒庄，隶属于德国安联（Allianz）集团，出产优质及顶级葡萄酒。该酒庄的单一葡萄园葡萄酒Chianti Poggio Rosso是产区最好的葡萄酒之一。

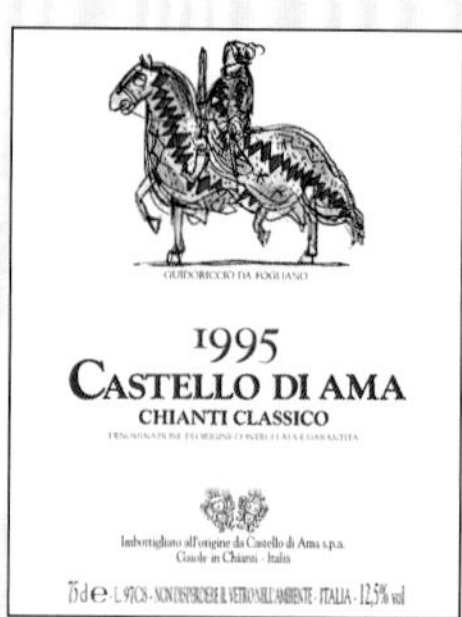

生产商：**Badia a Coltibuono****-****

所在地：**Gaiole**

70公顷，年产量100万瓶

葡萄酒：Chianti Classico, Chianti Classico Riserva, I.G.T. Toscana Sangioveto, Chianti Cetamura, Trappoline Bianco, Sella del Boscone, Chardonnay, Vin Santo del Chianti Classico

Stucchi Prinetti家族的Sangioveto和Chianti Classico葡萄酒品质一流。

生产商：**Capannelle*****-****

所在地：**Gaiole**

16公顷，年产量6万瓶

葡萄酒：Capanelle: Riserva, Barrique, Chardonnay, 50 : 50

Rosetti是公认的桑娇维赛专家。他酿造的一款桑娇维赛和梅洛（来自蒙特普尔恰诺的Avignonesi葡萄园）各占50%的混酿酒以及一款西拉红葡萄酒成为行业标准。1997年，酒庄易主，由J. Sherwood 所有。

生产商：**Castello di Ama*****-*****

所在地：**Gaiole**

90公顷，年产量30万瓶

葡萄酒：Chianti Classico: Vigneto San Lorenzo, Vigneto La Casuccia; I.G.T. Toscana: Merlot, Chardonnay, Pinot Grigio, Pinot Nero, Vin Santo

这家位于经典基安蒂产区南部的一流酒庄在上世纪80年代经历了激烈的竞争。

生产商：**Castello di Fonterutoli*****-*****

所在地：**Castellina**

110公顷，年产量70万瓶

葡萄酒：Chianti Classico Castello di Fonterutoli, I.G.T. Toscana: Siepi, Poggio alla Badiola; Morellino di Scansano Belguardo

多年来，Mazzei家族使用桑娇维赛和赤霞珠混酿的葡萄酒Concerto一直是最好的超级托斯卡纳葡萄酒之一。由于基安蒂珍藏酒的问世，这种葡萄酒已经停产。梅洛和桑娇维赛的混酿酒Siepi是新酒中的佼佼者。该酒庄有时还帮助附近的La Brancaia酒庄酿造葡萄酒。

生产商：**Castello di Monsanto*****-*****

所在地：**Barberino Val d'Elsa**

72公顷，年产量40万瓶

葡萄酒：Chianti Classico Riserva Il Poggio, I.G.T. Toscana: Nemo, Tinscvil, Chardonnay, Sangiovese, Vin Santo

Fabrizio Bianchi酿造的Poggio葡萄酒是第一款单一葡萄园基安蒂葡萄酒。他的杰作Tincsvil可以与天娜葡萄酒相媲美。Nemo是一款成功的赤霞珠葡萄酒。

生产商：**Le Cinciole******

所在地：**Greve/Panzano**

11公顷，年产量4万瓶

葡萄酒：Chianti Classico, Chinati Classico Riserva Il Petresco

Luca Orsini和Valeria Vigano主要使用来自佛罗伦萨南部丘陵卓越而朴实的桑娇维赛酿造葡萄酒。

生产商：**Collelungo******

所在地：**Castellina**

11公顷，年产量3万瓶

葡萄酒：Chianti Classico, Chianti Classico Riserva, Campocerchio

该酒庄出产的葡萄酒充分展示了Castellina村附近葡萄园的风土条件。酿酒师Alberto Antonini成功将葡萄的品质在葡萄酒中体现出来。

生产商：**Corzano & Paterno******

所在地：**San Casciano Val di Pesa**

11公顷，年产量5万瓶

葡萄酒：Chianti Terre di Corzano, Chianti Riserva Tre Borri, Il Corzano, Aglaia Chardonnay, Passito di Corzano

在Alyosha Goldschmidt的经营下，酒庄生产的葡萄酒具有典型的当地特色。Passito di Corzano葡萄酒也品质出众。

生产商：**Fattoria di Felsina*****-*****

所在地：**Castelnuovo Berardenga**

122公顷，年产量47万瓶

葡萄酒：Chianti Classico Vigneto Rancia; I.G.T. Toscana: Fontalloro, Maestro Raro, I Sistri; Vin Santo

该酒庄位于经典基安蒂产区边境，在Giuseppe Mazzocolin的指导下，出产一流的基安蒂、霞多丽和赤霞珠葡萄酒。

生产商：**Fattoria la Massa******-*****

所在地：**Greve**

27公顷，年产量9万瓶

葡萄酒：Rosso IGT, Giorgio Primo IGT

Motta的经典基安蒂葡萄酒系列，尤其是Giorgio Primo，具有丰富的水果和雪松香味，是20世纪90年代中期以来意大利最伟大的葡萄酒之一。

生产商：**Fattoria San Giusto a Rentennano*****-*****

所在地：**Gaiole**

28公顷，年产量6万瓶

葡萄酒：Chianti Classico, I.G.T. Toscana: Percarlo, La Ricolma, Vin Santo del Chianti Classico

多年来，该酒庄在Luca Martin di Cigala、Francesco Martin di Cigala和Elisabetta Martin di Cigala的共同经营下一直是经典基安蒂产区最好的酒庄之一，出产的基安蒂年份酒性价比较高。Percarlo葡萄酒使用桑娇维赛单一品种酿造。

生产商：**Fattoria Selvapiana*****-****

所在地：**Pontassieve**

60公顷，年产量18万瓶

葡萄酒：Chianti Rufina: Riserva, Vigneto Bucerchiale; Borro Lastricato, Vin Santo

Francesco Giuntini-Antinori在该产区拥有数座最好的葡萄园和一座酒窖，生产的基安蒂鲁菲纳葡萄酒陈年潜力强，有些已经陈年数十载。

生产商：**Fontodi*****-****
所在地：**Greve**
70公顷，年产量30万瓶
葡萄酒：Chianti Classico，Chianti Classico Vigna del Sorbo，I.G.T. Toscana Flaccianello della Pieve，Pinot Bianco Meriggio，Pinot Nero Casa Via，Syrah Casa Via，Vin Santo，Solstizio
20世纪80年代，Manetti酿造的桑娇维赛单一品种葡萄酒Flaccianello della Pieve取得了巨大成功。90年代，他开始采用西拉和黑比诺酿造葡萄酒。

生产商：**Isole e Olena*****-*****
所在地：**Barberino Val d'Elsa**
50公顷，年产量20万瓶
葡萄酒：Chianti Classico，I.G.T. Toscana Cepparello，Collezione DeMarchi: Cabernet，Syrah，Vin Santo
Paolo De Marchi是最早对葡萄园进行现代化改革的人之一。他的努力得到了回报，酒庄出产的桑娇维赛、赤霞珠甚至西拉葡萄酒都赢得了国际声誉。Vin Santo葡萄酒同样品质出众。

生产商：**Marchesi Antinori*****-****
所在地：**Florence**
1800公顷，部分非自有葡萄，年产量1800万瓶
葡萄酒：Chianti Classico: Pèppoli，Badia a Passignana Riserva，Tenute del Marchese; Vino Nobile di Montepulciano La Braccesca，Brunello di Montalcino Pian delle Vigne，I.G.T. Toscana Tignanello and Solaia，Bolgheri Guado al Tasso
几十年来，该酒庄一直是这个产区最好的生产商之一。

生产商：**Marchesi Frescobaldi*****-****
所在地：**Florence**
1000公顷，部分非自有葡萄，年产量670万瓶
葡萄酒：Chianti Rufina: Castello di Nipozzano Riserva，Montesodi; I.G.T. Toscana Mormoreto and Lamaione，Chianti Rémole，Ablaze，Brunello di Montalcino Riserva Castelgiocondo，Pomino Bianco Il Benefizio，Pomino Rosso，Luce della Vita，Lucente，Dazante
该酒庄是托斯卡纳产区出产葡萄酒种类最多的酒庄之一，但是不生产经典基安蒂。

生产商：**Monte Vertine*****-****
所在地：**Radda**
9公顷，年产量5万瓶
葡萄酒：Le Pergole Torte，Montevertine，Il Sodaccio，M，Bianco di Montevertine，Pian del Ciampolo，Thea di Maggio
Sergio Mannetti酿造的葡萄酒在20世纪80年代大受追捧。他对桑娇维赛情有独钟，并且只使用本地品种卡内奥罗或科罗里诺与其混酿。

生产商：**Podere Il Palazzino*****-****
所在地：**Gaiole**
12公顷，年产量7万瓶
葡萄酒：Chianti Classico，Chianti Classico Grosso Sanese，Rosso del Palazzino
20世纪80年代，Sderci推出Rosso Sanese葡萄酒，今天，它仍然是该酒庄的招牌葡萄酒。

弗罗纳利家族于1913年收购了鲁菲诺（Ruffino）酒庄，并对自己的圣特丹（Santedame）、诺佐勒（Nozzole）、扎诺（Zano）和马尔齐（Marzi）等酒庄进行了大笔投资。这些酒庄都是基安蒂产区最优秀、最知名的酒庄

生产商：**Poggerino*****-****
所在地：**Radda**
7公顷，年产量3万瓶
葡萄酒：Chianti Classico，Chianti Classico Riserva Bugialla，I.G.T. Toscana Primamateria，I.G.T. Rosato di Toscana Aurora
在酿酒大师Nicolò d'Afflitto的帮助下，Lanza家族将Chianti Riserva Bugialla打造成了当地最优雅的葡萄酒之一。

生产商：**Riecine****-****
所在地：**Gaiole**
8公顷，年产量3万瓶
葡萄酒：Chianti Classico Riserva，I.G.T. Toscana La Gioia，Bianco di Riecine
在酿酒师Sean O'Callaghan的帮助下，该酒庄出产的La Gioia桑娇维赛葡萄酒品质出众。

生产商：**San Vincenti******
所在地：**Gaiole**
8公顷，年产量3万瓶
葡萄酒：Chianti Classico，Chianti Classico Riserva，Stignano
Roberto Puccis的葡萄园十分独特，土壤多石。在这里，酿酒师Carlo Ferrini酿造的葡萄酒品质出众，具有矿物气息。

生产商：**Tenuta Capezzana*****-****
所在地：**Carmignano**
95公顷，年产量46万瓶
葡萄酒：Carmignano: Villa di Capezzana，Riserva; Ghiaie della Furba，Barco Reale，Chianti Montalbano，Trebbiano di Toscana，Chardonnay，Tremisse，Vin Santo Riserva，Vin Ruspo
除了两款卡尔米尼亚诺葡萄酒，该酒庄的顶级葡萄酒还包括用赤霞珠和梅洛混酿的Ghiaie della Furba。

生产商：**Vecchie Terre di Montefili*****-*****
所在地：**Greve**
13公顷，年产量6.5万瓶
葡萄酒：Chianti Classico，Anfiteatro，Bruno di Rocca，Vigna Regis
Roccaldo Acuti和他的酿酒师Vittorio Fiore生产的顶级葡萄酒包括经典基安蒂、桑娇维赛葡萄酒Anfiteatro以及用赤霞珠和桑娇维赛混酿的Bruno di Rocca。

“圣酒”不圣

在鲁菲纳产区的瑟瓦皮亚娜酒庄附近，葡萄被悬挂起来风干

“Vin Santo”，即圣酒，是意大利一种类似雪利酒的甜葡萄酒。圣酒的原产地是托斯卡纳，但是在意大利中部和特伦蒂诺北部都有大量生产。通常，圣酒由白葡萄酿造，主要品种为数十年前在基安蒂地区广泛种植的托斯卡纳扎比安奴和玛尔维萨。现在，圣酒偶尔也会使用桑娇维赛和其他红葡萄酿造，这样的葡萄酒常在名称后再加上“鹧鸪之眼”（Occhio di Pernice）。圣酒的酿造过程与稻草酒类似，不过如今人们已经不再将葡萄放在稻草上风干，而是晾挂在通风良好的房间内或木栅栏上。葡萄几乎变为葡萄干后才能进行压榨，这样葡萄汁的浓度和甜度会非常高，经发酵后，酒精度可达15%～16% vol，并且仍残留未发酵的糖分。

阁楼内的二次发酵

经发酵后，木桶内装入半满的新酒，然后密封。过去，木桶的主要材料为意大利栗木，但20世纪80年代以来，法国橡木得到了广泛应用。木桶一般贮藏在酒庄建筑物的阁楼里。在接下来的几年里，剩余的糖分将在酵母的作用下在炎热的夏季再次发酵。酷暑和严冬之间的巨大温差会赋予葡萄酒坚果、杏、蜂蜜、香料和花卉等丰富的香味，而这些香味也是优质圣酒的标志。熟成过程须持续2～6年，时间不同，得到的葡萄酒也不同，D.O.C.制度对此都有具体的规定。圣酒包括与菲诺（Fino）雪利酒类似的干白葡萄酒以及半干葡萄酒和甜葡萄酒。

圣吉米格纳诺维奈西卡

托斯卡纳也有少数杰出的白葡萄酒，包括霞多丽、白蒙特卡洛（Montecarlo Bianco）以及来自沿海地区的维蒙蒂诺。不过，唯一知名的白葡萄酒源自锡耶纳东北部的一座小城——圣吉米格纳诺，当地的特色古塔是热门的旅游景点。13世纪以来，这里就开始种植维奈西卡，尤其是它的白葡萄品种。“维奈西卡”一词指的是一大群互不相干的品种，既有白葡萄也有红葡萄。从撒丁岛一直到遥远的北方和上阿迪杰的大片土地上，维奈西卡随处可见。尽管共享一个名字，人们认为圣吉米格纳诺的维奈西卡与这个种群内的其他品种并无联系，而是本地的特有品种。

1966年，圣吉米格纳诺维奈西卡成为意大利最早获得D.O.C.等级的优质葡萄酒，这一举措使得这种并不流行的葡萄逃脱了被扎比安奴和玛尔维萨永远取代的命运。圣吉米格纳诺葡萄酒的香气和味道都比托斯卡纳普通混酿白葡萄酒丰富许多，当这成为显而易见的事实时，也充分证明了其D.O.C.地位当之无愧。尽管独一无二，圣吉米格纳诺维奈西卡葡萄酒却不曾取得真正的成功：国内和国际口味都逐渐转向了托斯卡纳红葡萄酒。圣吉米格纳诺葡萄酒使用不锈钢酒罐发酵，结构也较为简单，只能耐心等待市场的接受。虽然上世纪90年代它被授予D.O.C.G.地位，但境况没有发生实质性的改变。

原产地名称圣吉米格纳诺同时被授予桃红葡萄酒、红葡萄酒和圣酒，它对当地产业的影响十分明显。在一部分生产商的努力下，这个名称下的红葡萄酒（许多桑娇维赛葡萄酒与强度适中的基安蒂葡萄酒相似）品质得到了改善。

圣吉米格纳诺是维奈西卡葡萄之乡，同时也是旅游胜地

种类繁多

在托斯卡纳，几乎每个对自己的名声负责的D.O.C.产区对本土的圣酒都有着自己的定义。在某些产区，圣酒指的是白卡内奥罗单一品种葡萄酒，而在其他产区则是桑娇维赛和黑玛尔维萨的混酿酒。阿普安尼丘–坎蒂亚（Candia di Colli Apuani）、卡尔米尼亚诺和伊特鲁里亚中心丘（Colli dell' Etruria Centrale）产区的圣酒包括红、白两种葡萄酒；卢凯西丘（Colline Lucchesi）只包括红葡萄酒；而宝米诺、圣吉米尼亚诺和阿尔巴谷只包括白葡萄酒。托斯卡纳三个著名的产区——基安蒂、经典基安蒂和蒙特普尔恰诺创立了自己的圣酒原产地名称，开发了多个品种，包括干型葡萄酒、半甜葡萄酒、鹧鸪之眼和珍藏酒。不过，大部分托斯卡纳圣酒出售时都不使用D.O.C.名称。

葡萄酒的品种多如牛毛，葡萄酒的品质也千差万别。在托斯卡纳，无论葡萄、风土条件和酿酒工艺如何，几乎每个生产商都会酿造这种传统的葡萄酒。由于木桶质量参差不齐，并且葡萄酒严禁挪动，在长达数年的陈酿过程中，葡萄酒很可能产生短暂存在的酸类物质、霉菌以及多余的香味，因此圣酒的酿造过程极为苛严，仅有少数人能够熟练掌控。只有20多家生产商能酿造出优质圣酒，这些葡萄酒足以与其他国家的任何一种甜葡萄酒或加强葡萄酒相媲美。但是，托斯卡纳人习惯了饭后来一杯加了硬杏仁饼的圣酒，这似乎是圣酒唯一正确的饮法。

蒙塔奇诺莫斯卡德洛

麝香葡萄家族只生长在意大利的最北部和最南部。作为世界上最古老的葡萄品种之一，这个家族的很多成员可以用来酿造阿斯蒂起泡酒和潘泰莱里亚（Pantelleria）甜葡萄酒。在特伦蒂诺（上阿迪杰），它们以雅致的香味知名；而在洛阿佐洛（Loazzolo），它们凭借浓郁的异国风情脱颖而出。只有在布鲁奈罗葡萄酒和蒙塔奇诺红葡萄酒（Rosso di Montalcino）的家乡蒙塔奇诺小镇，麝香葡萄才能以莫斯卡德洛（Moscadello）的身份在意大利中部找到一席之地。多年来，它一直被世人所忽视，直到20世纪80年代末，几家大规模的布鲁奈罗生产商对它产生了兴趣，才被用来酿制酒体轻盈的甜葡萄酒。

与其巨大商业成功形成鲜明对比的是，这种葡萄酒的年产量并不高，仅为15万升，而这还是各类葡萄酒的总产量，其中包括半甜型静态莫斯卡德洛、甜起泡酒和文德米亚塔迪瓦（Vendemmia Tardiva），后者的酿酒葡萄采摘时间较晚，且与圣酒和气候较冷的葡萄酒产国的甜葡萄酒较为相似。

圣酒是托斯卡纳传统的待客酒，种类繁多，有的像利口酒，有的像干葡萄酒。顶级圣酒的陈酿时间达10年之久，口感复杂诱人

另一款桑娇维赛葡萄酒

布鲁奈罗葡萄酒产区大部分都在蒙塔奇诺小镇。蒙塔奇诺位于翁布罗内河谷和阿比亚河谷之间高达600米的山脉最北端，距离锡耶纳南部约40千米。蒙塔奇诺是托斯卡纳保存最为完好的小镇之一，狭窄的中世纪建筑随处可见，陡峭的街道蜿蜒其中。近年来，蒙塔奇诺的旅游业不断升温。

正如大部分托斯卡纳红葡萄酒一样，蒙塔奇诺布鲁奈罗也采用桑娇维赛酿制而成。不过，与基安蒂和贵族酒不同的是，它不是混酿酒。优质布鲁奈罗口感浓烈，年轻时单宁生硬甚至有些粗糙，在木桶和酒瓶内熟成一段时间后，酒香变得十分美妙，具有香料味、野味和甜烟草味。

多元的风土条件

蒙塔奇诺气候干燥但温和，具有典型的地中海风格。阿米亚塔山高达1738米，耸立于南部丘陵地带，为整个地区遮风挡雨。同时，由于海拔较高，巨大的昼夜温差有利于丰富葡萄酒的香味。在风调雨顺的年岁里，高处的葡萄园总能出产品质卓越的葡萄，酿造出的葡萄酒也风格雅致、香气浓郁。但是，在较差的年份里，薄皮的桑娇维赛很难成熟，容易遭受霉菌的侵袭。与东北部相比，蒙塔奇诺西南部和德尔阿贝特新堡（Castelnuovo dell'Abate）的气候更加温暖，出产的葡萄酒更醇厚，矿物含量更高。

这里的土壤条件千差万别，因此出产的葡萄酒也风格迥异。蒙塔奇诺山山脚的土壤为多石、肥沃的黏质石灰土，而山上的土壤多为沙质。阿米亚塔山周围的土壤为火山凝灰岩。

根据自然条件的巨大差异不难推断出，在过去，同一款葡萄酒的酿酒原料可能来自不同的风土条件。通过混酿，各种葡萄可以取长补短，相得益彰。近年来才有一部分大酒庄开始尝试单一葡萄园葡萄酒，不过只有极少数有所成就。

直到20世纪60年代，锡耶纳南部的蒙塔奇诺才因当地的布鲁奈罗葡萄酒而出名。从那以后，葡萄种植面积增加了数倍

布鲁奈罗的过去与现在

蒙塔奇诺的葡萄种植最早可追溯至罗马人和伊特鲁里亚人。有关布鲁奈罗的最早文字记载出现在14世纪末，但是，它究竟指的是何种葡萄酒至今尚不明确。没有证据能够证明18世纪前就有桑娇维赛红葡萄酒，而现在意义上的布鲁奈罗直到19世纪末才出现。布鲁奈罗的存在主要归功于费鲁奇奥·碧安帝-山迪。即使在战后，布鲁奈罗的名称也只有碧安帝-山迪家族使用，指代依格雷坡（Il Greppo）酒庄生产的葡萄酒。

虽然蒙塔奇诺20世纪30年代就成立了酿酒合作社，但今天人们耳熟能详的布鲁奈罗葡萄酒却直到50年代末60年代初才开始崭露头角。70年代，蒙塔奇诺的葡萄园面积仅为65公顷，布鲁奈罗在当时十分罕见，因此也就物以稀为贵了。80年代，布鲁奈罗获得了最高荣耀——D.O.C.G.等级，但事实证明，其中有关生产的法律条文太过死板。根据规定，布鲁奈罗至少须在木桶内陈酿四年，珍藏酒则要在此基础上再多加一年，并且在第五年的1月1日前不得出售。此外，由于高产

左图：橄榄是许多托斯卡纳生产商的第二作物

右图：班菲酒庄（Castello Banfi）——蒙塔奇诺的葡萄酒王国

的除梗葡萄采摘时间较早，静置时间较短，因此酿造的葡萄酒比较淡薄，只有加入年轻葡萄酒才能增添少许清新和果香。从90年代中期开始，规定得到了改进。窖藏时间缩短至两年，小橡木桶陈酿得到许可，出售时间也得以提前。

寒冷地区的年轻葡萄树出产的布鲁奈罗葡萄还可以用来酿造D.O.C.等级的蒙塔奇诺红葡萄酒。过去几年间，人们对这种葡萄酒的兴趣超过了昂贵的布鲁奈罗。约有一半的葡萄酒以“蒙塔奇诺红葡萄酒”的名称提前出售。

国际需求的上涨促使布鲁奈罗的产量不断扩大。在40年间，葡萄种植面积从100公顷增加到了2000公顷。蒙塔奇诺新兴的D.O.C.产区圣安蒂莫（Sant Antimo）凭借赤霞珠和梅洛葡萄酒而声名大噪。

谱写传奇的家族

布鲁奈罗的历史与碧安帝-山迪家族紧密联系在一起。大约150年前，克莱门特·山迪发现有些葡萄树的果实比较紧密，于是在他的依格雷坡酒庄中尝试单独种植桑娇维赛。这类葡萄树结出的葡萄果皮非常厚，酿造的葡萄酒也比该酒庄的其他桑娇维赛葡萄酒更有表现力。在接下来的几十年中，他不断完善种植技术。最终，他的孙子费鲁奇奥在酒庄里种满了这种葡萄树，1888年，第一瓶“布鲁奈罗”诞生。

当时，只有出色的年份才能出产布鲁奈罗。葡萄汁必须与果皮和果梗浸泡很长一段时间，以增加葡萄酒的酸度和单宁。由于新葡萄树的产量较低，葡萄酒也更浓厚。为了使葡萄酒更加均衡，碧安帝-山迪将葡萄酒装入斯洛文尼亚大橡木桶陈酿数年。这样，葡萄酒能够充分熟成，散发出细腻、轻盈的干玫瑰香，口感丝滑怡人。

酒庄的酒窖中依然珍藏有罕见的1888年和1891年的葡萄酒以及20世纪最好年份的葡萄酒。这些珍品接受定期的检查并更换软木塞，这项服务面向全球的布鲁奈罗收藏家。

可惜的是，依格雷坡酒庄的名声在最近几年里大幅下滑。葡萄园的更新换代一再推迟，酒窖中的木桶也已经老化，酒庄未能延续过去的高品质。尽管如此，碧安帝-山迪布鲁奈罗的名声并未受到影响。但是在内行的消费者眼里，今天的依格雷坡酒庄出产的葡萄酒已经无力与蒙塔奇诺的其他顶级葡萄酒竞争了。

蒙特普尔恰诺的酒中贵族

山区小镇蒙特普尔恰诺因其迷人的风景和丰富的历史文化而闻名，它的酿酒传统也源远流长

蒙特普尔恰诺是托斯卡纳南部最热门的旅游景点之一。从远处看，这座中世纪小镇仿佛是一幅美丽的风景画：历史悠久的古建筑保存完好，其中大多数还隐藏着不少艺术瑰宝。蒙特普尔恰诺坐落在死火山蒙特波利齐亚诺（Monte Poliziano）之上，并因此而得名。从小镇可以俯瞰特拉西梅诺湖和以白牛闻名的基亚纳谷。在蒙特普尔恰诺，桑娇维赛被称为普鲁诺阳提，当地有一款与基安蒂类似的混酿酒，称为蒙特普尔恰诺贵族葡萄酒，简称贵族酒（Nobile）。

贵族酒产区于1980年获得D.O.C.G.命名，种植面积较小，只有东部和东南部的1500公顷允许生产贵族酒和红葡萄酒。在布鲁奈罗，约有200座酒庄分布在小镇周边，而蒙特普尔恰诺仅有40余座酒庄。这里的土壤主要由黄沙和黏质砂岩构成，受火山土壤性质的影响，在经典基安蒂产区出产最高品质葡萄酒的石灰土在这里却不见踪影。与蒙塔奇诺一样，这里的气候比托斯卡纳中部温暖许多，有时夏季十分炎热。因此，在干旱的年份，只有特拉西梅诺湖边的葡萄园能够出产优质的葡萄，即使少量水分也能促进葡萄的生长和成熟。

贵族酒是一款桑娇维赛葡萄酒，凭借高贵的品质于18世纪获得认可，成名时间远早于布鲁奈罗。但是，随着布鲁奈罗的问世，它渐失光彩

贵族酒

蒙特普尔恰诺的葡萄种植历史可追溯至中世纪，并深受政治和军事的影响。在锡耶纳与佛罗伦萨的边境之争中，虽然蒙特普尔恰诺在地理上更靠近锡耶纳，但它最终还是选择归属佛罗伦萨，并在梅第奇家族的打造下成为一个艺术中心。当时，葡萄酒行业十分繁荣，富人和贵族从中获得了巨大的收益。16世纪，罗马教皇保罗三世和西克斯图斯五世称赞贵族酒是意大利“完美无瑕的葡萄酒”。

“贵族酒”的名称究竟是源于参与葡萄酒贸易的精英商人阶层还是采收的优质果实尚不清楚。17世纪，贵族酒仍被奉为“葡萄酒之王”，但事实上已经开始走下坡路了。

20世纪，蒙特普尔恰诺一位名叫阿达莫·法内蒂的酒庄庄主仿效布鲁奈罗酿造了一款高品质葡萄酒，并命名为“贵族酒”，至此，贵族酒迎来了复兴。唐克雷迪·碧安帝-山迪为法内蒂提供了技术支持和新产品的营销策略。

法内蒂仿效里卡索利制定的经典基安蒂配方酿造自己的新酒：基本原料为桑娇维赛，混合20%的卡内奥罗、20%的其他红葡萄以及10%的白葡萄。通常，贵族酒比基安蒂酒体更丰满、酒精含量更高，造成这一现象的主要原因是蒙特普尔恰诺的气候更适宜葡萄生长。

贵族酒果味比较浓郁，有时还散发出独特的花香——内行称为紫罗兰香，余味介于基安蒂和布鲁奈罗之间。贵族酒是基亚纳牛排的最佳搭档。

荣耀之上

从1989年开始，贵族酒在酿造过程中不再加入白葡萄，品质也因此得到提升。今天的贵族珍藏酒很少是桑娇维赛单一品种葡萄酒，会添加少量赤霞珠或梅洛用以提高浓度、丰富香味。经过最近几十年的改善，贵族酒已经能够与基安蒂和布鲁奈罗的新型葡萄酒匹敌。贵族酒的最大产量为5600升，陈酿时间非常漫长——至少需要两年，珍藏酒则需要三年。继布鲁奈罗之后，贵族酒的法定陈酿时间也缩减了一半。将最后的瓶内陈酿时间也计算在内，今天的贵族酒可以在葡萄采摘之日起两年后（珍藏酒需要三年）的元旦开始出售。

由于萃取物最小含量的增加以及葡萄酒酸度的降低，葡萄酒的整体品质得到了提升。20世纪80年代末以来，一批酿酒师怀着满腔热情投入了新型优质葡萄酒的研发之中。他们期待通过精心挑选葡萄树以及密集种植收获更优秀的果实，并将目光转向了更轻柔的压榨技术和泵送设备，高度强调保持发酵桶和木桶卫生的重要性。

贵族酒口感国际化的趋势也很明显，这样有助于提高它在国际市场上的身价。此外，法式大酒桶的使用以及国际知名品种赤霞珠、梅洛和西拉的加入使得许多酒庄可以凭借贵族酒取得更大的成功。但是，在此过程中，贵族酒的区域特征以及单个品种的特殊品质未能得到完美展现。

与蒙塔奇诺的二等酒体系相似，蒙特普尔恰诺的普通葡萄酒可以称为蒙特普尔恰诺红葡萄酒。这种酒更加清淡鲜爽，酿酒原料主要来自年轻的葡萄树，可以较早饮用。不过，蒙特普尔恰诺红葡萄酒的口感差异巨大。例如，虽然由于陈酿时间较短，口感更为清新活泼，但市场上的蒙特普尔恰诺红葡萄酒在浓度和强度上并不逊于贵族酒。有时，这些葡萄酒甚至能比昂贵许多的贵族酒更好地诠释桑娇维赛的香气和味道。尽管如此，市场对贵族酒的需求仍然最大，而且，越来越多的酒庄开始以自己的酒标出产珍藏酒之外的产品。

文艺复兴时期的宫殿组成了蒙特普尔恰诺大广场，这里是伟大诗人和人文学家波利齐亚诺的故乡。他还是洛伦佐·德·梅第奇的大臣

沿海地区的葡萄酒生产

多年来，位于利沃诺和格罗塞托之间的托斯卡纳沿海地区的酿酒业一直是一片空白，仅有少数人种植葡萄，与托斯卡纳中部的D.O.C.葡萄酒相比，他们的产品相形见绌。而事实上，沿海地区的气候非常适合出产优质红葡萄酒。但除了几个小岛，其他地方并无种植葡萄的传统。阿尔诺河三角洲以及沿海平原地区的耕地已经被其他农作物占领，而山麓上覆盖了茂密的森林和地中海沿岸典型的灌木。

博格利的砾石

托斯卡纳沿海地区的土壤主要为肥沃的沙质土，与比萨丘和蒙泰斯库达伊奥山区的土壤类似，出产的葡萄酒酒体轻盈、果味浓郁，顶级红葡萄酒陈年潜力强。博格利是利沃诺省的一座小城，这里的多砾白垩质土壤被称为“西施佳雅”，为葡萄生长提供了理想的条件。当今意大利最出名的葡萄酒——马里奥·因奇萨·德拉·罗切塔侯爵的西施佳雅，自第二次世界大战之后就在这里生产，而这绝非巧合。西施佳雅采用赤霞珠和少量品丽珠酿造，使用法国大酒桶陈年，是20世纪80年代意大利品质葡萄酒的典范。

皮耶尔马里奥·梅莱蒂·卡瓦拉里采用赤霞珠和桑娇维赛酿造的格拉达马可葡萄酒备受推崇。目前，他拥有一座梅洛葡萄园

梅洛和桑娇维赛

博格利地区迄今仅出产了口感较淡的D.O.C.葡萄酒——博格利桃红葡萄酒，但是，它的巨大潜力被人们口口相传。西施佳雅的生产商因奇萨·德拉·罗切塔侯爵及其酿酒师贾科莫·塔基斯很快就发现，他们的产品被无数人模仿，其中包括安东尼兄弟之一的洛多维科。他与来自纳帕谷的著名酿酒师安德烈·柴里斯契夫一起在圣圭托（San Guido）酒庄附近建造了一座加利福尼亚风格的酒庄。他采用赤霞珠和梅洛酿造的杰作奥纳亚和马赛多（Masseto）一经推出就受到了国际消费者的热捧。

与此同时，在博格利附近的中世纪小镇卡斯塔涅托卡杜奇（Castagneto Carducci），来自布雷西亚的皮耶尔马里奥·梅莱蒂·卡瓦拉里一直专注于桑娇维赛的开发。他只向他的格拉达马可（Grattamacco）红葡萄酒中加入少量赤霞珠，便使香味和口感更加圆润。此外，安东尼世家酒庄凭借一款名为探索大道（Guardo al Tasso）的赤霞珠葡萄酒跻身托斯卡纳沿海地区优质葡萄酒生产商之列。

20世纪90年代，这一运动蔓延至沿海小镇切奇纳（Cecina）后面的缓坡地区。在当地紧实的红色沙质土壤下，有一层砾石，与西施佳雅相似。蒙泰斯库达伊奥位于切奇纳的腹地，虽然没有得到大自然的同等眷顾，但依然能出产可贵的醇厚红葡萄酒。和托斯卡纳的其他沿海地区一样，在海风的影响下，这里气候温和，四季变化也不如经典基安蒂等地区明显。

边缘地区

厄尔巴岛的气候同样受海风控制，在干旱的年月里，葡萄园可能颗粒无收。与托斯卡纳大陆一样，自伊特鲁里亚时期起，这里就开始种植葡萄。不过，目前仅有少数生产商有能力酿造优质葡萄酒，如岛上的特产阿利蒂科（Aleatico）甜红葡萄酒。

在托斯卡纳沿海地区的北部，阿尔卑斯山阿普安段的山脚下坐落着鲁尼丘。这里的白维蒙蒂诺葡萄酒果味浓郁、口感平衡。而白葡萄酒阿普安尼丘-坎蒂亚几乎在其他地区鲜有人知。产自卢卡城（Lucca）周围山区的卢凯西（Lucchesi）葡萄酒也境遇相同。

左图：奥纳亚将加利福尼亚风格带到了博格利，并在20世纪80年代末凭借梅洛葡萄酒马赛多引起了轰动

右图：西施佳雅出产的赛马在世界赛场上所向披靡

白葡萄酒的原产地都比较靠近内陆，但这片地区最优质、最出名（至少是在行家眼里）的白葡萄酒应该是来自蒙特卡罗（Montecarlo）。在这里，生产商用其他优质葡萄品种搭配中性的扎比安奴，酿造出极具当地风土特色的葡萄酒。

纯种马，纯种酒

西施佳雅在托斯卡纳掀起了“超级餐酒”的浪潮。法国大酒桶的采用以及法国葡萄品种的不断引入将葡萄酒的品质推向新高。虽然它的名字总是与意大利近代酿酒业的发展紧密联系在一起，这款来自博格利的红葡萄酒的历史甚至比意大利一些最著名的D.O.C.葡萄酒的历史还要久远。

第二次世界大战后，马里奥·因奇萨·德拉·罗切塔侯爵从罗马搬到了位于博格利的乡村酒庄圣圭托，西施佳雅的历史就此展开。作为一名法国迷和国际赛马饲养家，他与在波尔多地区拥有数座顶级酒庄的罗斯柴尔德家族关系甚好，并成功地将赤霞珠籽苗运到了博格利。

20世纪60年代，因奇萨的侄子皮耶罗·安东尼、首席酿酒师贾科莫·塔基斯以及法国酿酒师埃米尔·佩诺德对他的试验产生了兴趣。根据他们的提议，因奇萨又建造了一座葡萄园，并于1968年出产了第一批3000瓶葡萄酒。

马里奥·因奇萨·德拉·罗切塔——西施佳雅的创始人

1970年前后，在安东尼的桑娇维赛餐酒天娜声名鹊起的同时，西施佳雅也开始名扬天下。西施佳雅的成功主要归功于贾科莫·塔基斯，他改良了酿造工艺和陈酿方法，使西施佳雅足以与加利福尼亚和法国同类型的葡萄酒相媲美。

在马里奥之子尼科洛的管理下，生产开始扩大。葡萄园由原来的1.6公顷扩张到了30公顷，年产量增加到了将近20万瓶，西施佳雅顺理成章地成为了意大利产量最高的顶级葡萄酒。今天，圣圭托酒庄的葡萄园划分为四个区块，分别是西施佳雅、卡斯蒂利翁切洛（Castiglioncello）、诺瓦（Aia Nuova）和奎而西欧纳（Quercione）。除了卡斯蒂利翁切洛的海拔高达350米，其他葡萄园的海拔均低于100米。

20世纪80年代以来，格拉达马可、奥纳亚、探索大道和特里齐奥（Tenuta Terriccio）等葡萄酒也证明了托斯卡纳沿海地区具备葡萄酒生产的实力。

托斯卡纳的新宝地

在托斯卡纳甚至整个意大利尚在发展的地区中，最有意思的当数马雷马。马雷马位于南部沿海地区，腹地一直延伸至阿米亚塔山和布鲁奈罗。长久以来，这里的自然公园和畜牧业远比葡萄酒出名。现在，它是整个托斯卡纳西南部葡萄酒产区的代名词。

马雷马的主角是红葡萄桑娇维赛，在知名法定产区斯堪萨诺莫瑞里诺有广泛种植。斯堪萨诺莫瑞里诺位于格罗塞托的沿海平原和火山丘陵的边界之间，以黏质板岩土壤为主，虽然知名度不高，但潜力无限。

独特的葡萄组合

莫瑞里诺葡萄酒表现力丰富，除了当地的风土条件，最大的原因就在于许多古老葡萄园内独特的葡萄品种组合。除了主角桑娇维赛，这里还有歌海娜、希列格罗、卡内奥罗和黑玛尔维萨，它们的加入使当地的葡萄酒香气更复杂、口感更柔顺、果味更浓郁。此外，也有部分酒庄种植了赤霞珠、梅洛或者霞多丽等主要用于酿造优质超级托斯卡纳的葡萄品种。

一直默默无闻的马雷马，特别是莫瑞里诺地区，逐渐得到了托斯卡纳北部和基安蒂地区更知名酒庄和生产商的青睐。他们投资新的葡萄园，引进最新技术，规避前辈们所犯的错误。

他们投资的理由显而易见。托斯卡纳葡萄酒在过去20年中取得了巨大的成就，这意味着有限的种植面积难以满足市场对基安蒂和布鲁奈罗等葡萄酒的需求，更何况葡萄树的活力正在逐渐衰退，产量开始减少。托斯卡纳南部地区正好提供

马雷马从沿海地区一直延伸至托斯卡纳最南端的腹地。它的巨大潜力吸引了不少投资者

马雷马地区的未来

过去几年中，位于马雷马边界处的斯堪萨诺莫瑞里诺产区吸引了大量的投资客，他们或购置土地建造葡萄园，或直接买入葡萄园创办企业，其中还有不少是托斯卡纳葡萄酒行业中响当当的人物。这些大生产商包括来自卡斯特利纳的路易吉・切基、凤都酒庄的主人马泽家族、蒙特普尔恰诺波利齐亚诺酒庄的主人费德里科・卡莱蒂以及来自瑞士的维德马尔夫妇，他们的布兰凯亚（Brancaia）酒庄与凤都酒庄合作密切。

佛罗伦萨的花思蝶酒庄是马雷马的新生产商之一。继麓鹊酒庄（与来自加利福尼亚纳帕谷的蒙达维家族合作建立）在蒙塔奇诺取得成功后，他们在斯堪萨诺种植了100公顷葡萄树，主要为桑娇维赛和梅洛，而在此之前，花思蝶酒庄已经拥有位于托斯卡纳中部和布鲁奈罗的1000公顷葡萄园。

过去，生产商对格罗塞托东南部的斯堪萨诺莫瑞里诺地区毫无兴趣，而如今这里投资客云集

埃里克・班蒂（Erik Banti）、普皮勒（Le Pupille）和莫里斯（Moris Farms）等酒庄在过去的数十年中一直默默地生产优质葡萄酒，如今，它们也参与了这场异常狂热的运动。生产商投资马雷马的另一个动机是，这里的土地不仅适合种植葡萄而且价格便宜，葡萄种植业也尚未充分开发。

这里的宁静和与世隔绝也许将很快终结：经典基安蒂和蒙塔奇诺的著名生产商在马雷马投入了大量资金。专家认为，几乎延伸到布鲁奈罗南部的蒙特库科（Montecucco）法定产区最具潜力，可以出产贵族酒。

了一个良机，他们可以使用托斯卡纳原产地名称（尤其是I.G.T.托斯卡纳）生产新的葡萄酒，而无须借用知名度相对较低的阿普利亚和西西里岛原产地名称。

但是，投资的风险也不容忽视。大片地区需要重新种植葡萄树，根据以往的经验，前几年收获的葡萄无法出产高品质的葡萄酒。另一方面，马雷马仅有少数葡萄园有潜力达到托斯卡纳中部的水平，大部分都逊色许多。

在托斯卡纳南部的其他原产地，生产商也面临着葡萄园品质参差不齐的问题。马萨・马里蒂马（Massa Marittima）的山坡之上已经建立了D.O.C.产区蒙特丽娇（Monteregio），那里至少还有优质的桑娇维赛、赤霞珠和希列格罗葡萄酒。在帕瑞纳（Parrina）产区，情况又有所不同，产自格罗塞托平原的白葡萄酒、红葡萄酒和桃红葡萄酒几乎鲜为人知。阿根塔略海岸安索尼卡（Ansonica Costa dell'Argentario）是一个全新、高产的法定产区，但是，如果不成立法定产区，它的境况也许会更好。

托斯卡纳南部唯一一款享有地区级知名度的白葡萄酒是皮蒂利亚诺白葡萄酒（Bianco di Pitigliano），酿酒原料为扎比安奴、格雷克和玛尔维萨，主要销往罗马。虽然托斯卡纳南部在近年来成为基安蒂的大酒庄和其他投资客的新宠，

传统和现代总是相伴而行：部分酒庄仍使用篮筐装运葡萄，用细颈大瓶储存葡萄酒；而在周边地区，也有大型酿酒公司种植流行的葡萄品种，建造高科技的酒窖

但是，说那里有许多公司能生产优质葡萄酒有些言过其实。如果严格检查生产商们迄今所取得的成就，我们不得不反思，我们是否有足够的理由对这种狂热的商业行为持乐观态度。

托斯卡纳南部的主要葡萄酒生产商

生产商：**Avignonesi***-******
所在地：**Montepulciano**
114公顷，年产量70万瓶
葡萄酒：Nobile di Montepulciano，Rosso di Montepulciano，Vignola，Marzocco，Pinot Nero，Merlot，Grifi，50：50，Aleatico，Vin Santo，Vin Santo Occhio di Pernice
凭借桑娇维赛和赤霞珠的混酿酒Grifi、单品种梅洛葡萄酒Desiderio、具有国际竞争力的甜葡萄酒Vin Santo Occhio di Pernice以及霞多丽葡萄酒Marzocco，Falvo兄弟在当地葡萄酒行业引领潮流。

生产商：**Castello Banfi**-******
所在地：**Montalcino**
850公顷，部分非自有葡萄，年产量1100万瓶
葡萄酒：Brunello di Montalcino Poggio all'Oro，Rosso di Montalcine Centine，Summus Castello Banfi，Col di Sasso，Collalto，Pinot Nero Belnero，Merlot Mandrielle，Tavernelle，Chardonnay Fontanelle
这座美国独资酒庄生产的葡萄酒多年来品质始终如一。

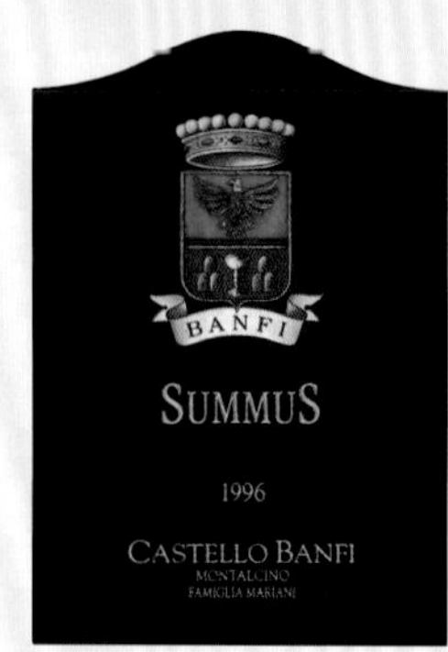

生产商：**Ciacci Piccolomini d'Aragona***-******
所在地：**Montalcino**
160公顷，年产量13万瓶
葡萄酒：Brunello di Montalcino Vigna Pianrosso，Rosso di Montalcino Vigna della Fonte，I.G.T. Toscana Ateo，I.G.T. Sant'Animo Rosso Fabius
近年来，酒庄的产品质量呈上升趋势，最好的产品为单一葡萄园葡萄酒。布鲁奈罗和餐酒Ateo（含15%赤霞珠）的品质旗鼓相当。

生产商：**Andrea Costanti****-*******
所在地：**Montalcino**
10公顷，年产量4万瓶
葡萄酒：Brunello di Montalcino，Rosso di Montalcino，Vermiglio
该酒庄是蒙塔奇诺的历史巨人之一。葡萄园的南方和西南方朝向以及源自始新世的泥灰质黏土为桑娇维赛提供了理想的种植条件。葡萄酒大多风格雅致、果味浓郁。酒庄出产的橄榄油同样出色。

生产商：**Croce di Mezzo***-******
所在地：**Montalcino**
6公顷，年产量3万瓶
葡萄酒：Brunello di Montalcino，Rosso di Montalcino，Rosso della Croce
Paolo Nanetti和Fiorella Vannoni的酒庄最近才开始生产在平均水平以上的优质葡萄酒。

生产商：**Fattoria dei Barbi e del Casato**-******
所在地：**Donatella**
54公顷，年产量35万瓶
葡萄酒：Brunello di Montalcino Vigna del Fiore，Rosso di Montalcino，Vin Santo，Bruscone dei Barbi，Brusco dei Barbi
Francesca Colombini-Cinelli的酒庄是一座名副其实的农场，既饲养猪羊又生产葡萄美酒。他的产品经常出现在餐厅的菜单上。酒庄最早采用Biondi-Santi的想法，将当地葡萄酒称为"布鲁奈罗"。

生产商：**Eredi Fuligni****-*******
所在地：**Montalcino**
8公顷，年产量5万瓶
葡萄酒：Brunello di Montalcino Riserva Vigneti dei Cottimelli，Brunello di Montalcino，Rosso di Montalcino Ginestreto，Fuligni San Jacopo
Fuligni家族采用大型木桶进行熟成，生产的蒙塔奇诺布鲁奈罗品质一流。

生产商：**Grattamacco***-******
所在地：**Castagneto Carducci**
7.5公顷，年产量5万瓶
葡萄酒：Grattamacco Rosso，Grattamacco Bianco
自2002年起，该酒庄已租赁给Claudio Tipa，租期为12年。

生产商：**Gualdo del Re****-******
所在地：**Suvereto**
30公顷，年产量6万瓶
葡萄酒：Val di Cornia Rosso Gualdo del Re，Val di Cornia Rosso & Bianco Esordio，Federico Primo，Rennero，Strale Pinot Bianco，Vermentino Valentina
在酿酒师Barbara Tamburini的协助下，酒庄庄主Nico Rossi和Maria Teresa Cabella生产杰出的葡萄酒。单一品种赤霞珠葡萄酒Federico Primo和梅洛葡萄酒Rennero均属于意大利顶级葡萄酒。

生产商：**Lisini***-******
所在地：**Montalcino**
16公顷，年产量5万瓶
葡萄酒：Brunello di Montalcino Ugolaia，Rosso di Montalcino
在著名酿酒大师Franco Bernabei的指导下，酒庄出产的葡萄酒精致优雅，酒香混合了果味和花香。

生产商：**Montepeloso******
所在地：**Suvereto**
6公顷，年产量2万瓶
葡萄酒：Val di Cornia Rosso，Gabbro，Nardo
Facio Chiarelotto一直坚定不移地追求高品质。用桑娇维赛和赤霞珠混酿的Gabbro和Nardo均属于意大利最浓郁的红葡萄酒。

生产商：**Casanova di Neri***-******
所在地：**Montalcino**
45公顷，年产量20万瓶
葡萄酒：Brunello di Montalcino Cerretalto，Tenuta Nuova，Rosso di Montalcino
Giacomo Neri位于蒙塔奇诺的公司主要生产来自精选葡萄园的葡萄酒。Neri正致力于研究不同木材在葡萄酒陈年过程中的表现，并选择了新的法国大橡木桶。这些酒桶的使用为他口感复杂、果味浓郁的葡萄酒增添了一丝香草味和柔和的单宁，最重要的是，葡萄酒的余味变得更加强劲悠长。

生产商：**Poderi Boscarelli*****—*****
所在地：**Montepulciano**
13公顷，年产量8万瓶
葡萄酒：Vino Nobile di Montepulciano，Rosso di Montepulciano
Paolo di Ferrari Corradi及其后代酿造的Riserva del Nocio被一致认为是最好的贵族酒。酒庄出产的贵族酒以及Boscarelli品质始终如一。

生产商：**Poggio Antico****—****
所在地：**Montalcino**
32公顷，年产量12万瓶
葡萄酒：Brunello di Montalcino，Rosso di Montalcino，Altero
酒庄的葡萄园位置极佳，且在过去的几年中得到了进一步的开发。这里还有托斯卡纳最好的餐厅之一。

生产商：**Poliziano******—*****
所在地：**Montalcino**
140公顷，年产量60万瓶
葡萄酒：Nobile di Montepulciano：Vigna Asinone and Caggiole；Rosso di Montepulciano，Bianco Valdichiana，Elegia，Ambra，Le Stanze，Vin Santo
凭借赤霞珠葡萄酒Le Stanze和Riserva Nobile Asinone，Federico Carletti成为蒙特普尔恰诺地区最优秀的生产商之一。最近，酒庄又多了一位新成员——来自Lhosa酒庄的优质Morellino葡萄酒。这里的葡萄酒风格现代，即使是普通葡萄酒品质也非同一般。

生产商：**Salicutti******—*****
所在地：**Montalcino**
4公顷，年产量1万瓶
葡萄酒：Brunello di Montalcino，Rosso di Montalcino
凭借品质出众的1995年布鲁奈罗葡萄酒，有机种植家Francesco Leanza超越了当地所有的精英葡萄酒生产商。

生产商：**San Guido—Incisa Della Rocchetta******—*****
所在地：**Bolgheri**
90公顷，年产量40万瓶
葡萄酒：Sassicaia，Guido Alberto
酒中极品西施佳雅产自该酒庄。

生产商：**Santa Restituta******—*****
所在地：**Montalcino**
15公顷，年产量4.5万瓶
葡萄酒：Brunello di Montalcino Sugarile，Rosso di Montalcino，Chiesa di Santa Restituta，Vin Santo
几年前，这个著名的布鲁奈罗酒庄被Angelo Gaia收购。顶级桑娇维赛葡萄酒Chiesa di Santa Restituta和单一葡萄园葡萄酒Brunello Sugarile均属于托斯卡纳南部最好的葡萄酒之列。

生产商：**Vasco Sassetti*****—****
所在地：**Castelnuovo dell'Abate**
葡萄酒：Brunello di Montalcino，Rosso di Montalcino
Sassetti经营着该地区极具前途的酒庄以及一家肉店和一家广受欢迎的酒店Bassomondo。

生产商：**Sassotondo******—*****
所在地：**Sovana**
11公顷，年产量3万瓶
葡萄酒：Franze Rosso Toscana，Sassotondo Rosso，San Lorenzo Rosso
在托斯卡纳的最南端，Carla Benigni Ventimiglia和她的酿酒师Attilio Pagli采用塞立吉洛、阿利坎特和桑娇维赛酿造优质葡萄酒。

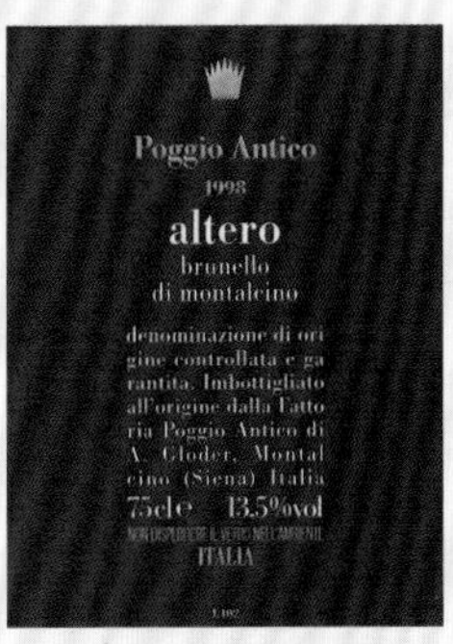

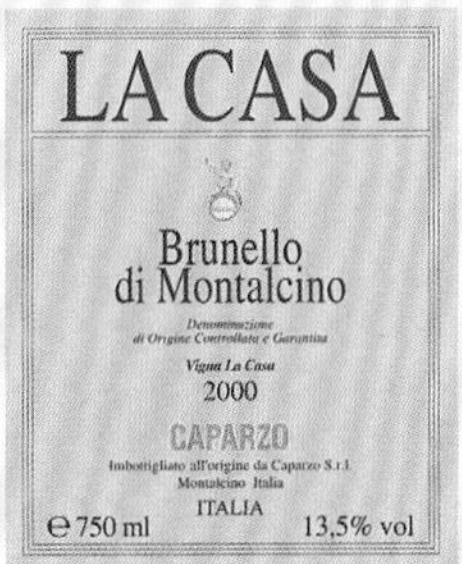

生产商：**Michele Satta******
所在地：**Castagneto Carducci**
30公顷，年产量16万瓶
葡萄酒：Bolgheri Bianco，Rosso Diambra，Bolgheri Rosso Piastraia，I.G.T. Toscana Cavaliere Sangiovese，Costa di Giulia Bianco，Il Giovane Re Viognier
Michele Satta采用自然法种植葡萄。

生产商：**Tenuta Caparzo****—****
所在地：**Montalcino**
150公顷，年产量37万瓶
葡萄酒：Brunello di Montalcino La Casa，Rosso di Montalcino La Caduta，Chianti Classico，I.G.T. Toscana Ca' del Pazzo，I.G.T. Sant'Antimo Le Grance
酒庄的木桶陈酿单一葡萄园葡萄酒Brunello La Casa是当地最好的葡萄酒之一，赤霞珠和桑娇维赛的混酿酒Ca'del Pazzo也品质出众。

生产商：**Tenuta Ghizzano*****—****
所在地：**Peccioli**
16公顷，年产量7万瓶
葡萄酒：Chianti Colline Pisane，Veneroso，Nambrot，Vin Santo San Germano
自14世纪以来，酒庄一直为Venerosi Pasciolini家族所有，第一瓶Veneroso年份酒一经上市就获得盛誉。单一品种梅洛葡萄酒Nambrot品质上乘。

生产商：**Tenuta dell'Ornellaia*****—*****
所在地：**Bolgheri**
91公顷，年产量60万瓶
葡萄酒：Ornellaia，Masseto，Poggio alle Gazze，Le Volte，Serre Nuove
在加利福尼亚的酿酒大师André Tchelistcheff的帮助下，Ludovico Antinori成立了这家酒庄，重点培育梅洛。酒庄凭借混酿酒Ornellaia和单一品种梅洛葡萄酒Masseto而扬名。Serre Nuove是酒庄的一款二等酒，但十分迷人。

生产商：**Castello di Terriccio*****—****
所在地：**Castellina Marittima**
50公顷，年产量25万瓶
葡萄酒：Rondinaia，Lupicaia，Tassinaia，Saluccio，Con Vento
得益于葡萄园提供的理想生长条件，前障碍赛马骑手Gain Annibale Rossi的葡萄酒品质出众。

生产商：**Tenimenti Angelini—Val di Suga*****—****
所在地：**Montalcino**
170公顷，年产量83万瓶
葡萄酒：Brunello di Montalcino Vigna del Lago and Spuntali，Rosso di Montalcino
该酒庄是最好的布鲁奈罗酒庄之一，20世纪90年代中期与另外两家酒庄——Tenuta Trerose和San Leonino一起被Angelini集团收购。

翁布里亚

翁布里亚和意大利中部的其他地区一样，被它的邻居托斯卡纳遮盖了锋芒。旅游手册将翁布里亚描述为意大利的“绿色心脏”，在这里仅有奥维多镇较为人们所熟悉。翁布里亚的优质葡萄酒年产量为1800万升，约为葡萄酒总产量的1/5，其中2/3产自奥维多。

奥维多和经典奥维多的酿酒葡萄为中性的本地品种，包括托斯卡纳扎比安奴、韦德罗、格莱切多和白卡内奥罗。大多数时候，它们只是可口的日用餐酒。过去，翁布里亚倾向于酿造甜葡萄酒或者中等甜度的葡萄酒，但是现在更多的是口感浓烈的产品，对于口味较重的菜肴来说，它们是理想的搭配。

桑娇维塞的前途一片光明

虽然奥维多的葡萄酒主要由三家合作社酿造，但是从20世纪80年代开始，一部分中小型企业依靠全新的理念和杰出的产品逐渐崛起。其中，安东尼世家的萨拉城堡利用意大利现代种植技术生产的霞多丽葡萄酒芝华露（Cervaro）在众多餐酒中脱颖而出。

安东尼世家位于托斯卡纳的酒庄久负盛名，为他们在翁布里亚打开局面提供了一臂之力，接下来他们很快凭借自己的实力赢得了同行的尊重并树立了独立的品牌形象。与此同时，奥维多地区其他几家公司也在朝着同样的方向努力，其中就包括当地最大的合作社，这也进一步加快了安东尼世家发展的进程。

红白之战：托吉亚诺

奥维多的主导地位意味着翁布里亚在整体上是个白葡萄酒产区，但在这里最先获得国际认可的却是红葡萄酒托吉亚诺。托吉亚诺由乔治·伦加罗蒂发明，主要采用桑娇维赛酿造，获得了D.O.C.荣誉。20世纪70年代，这款原产地邻近翁布里亚首府佩鲁贾（Perugia）的小镇葡萄酒声名远播到了海外。此外，瑞芭思（Rubesco）葡萄酒在国际市场上受到了狂热追捧。

虽然托吉亚诺珍藏酒在1992年荣升至D.O.C.G.地位，但它的成功却只是昙花一现。作为唯一的托吉亚诺生产商，20世纪90年代，伦加罗蒂却任由这款葡萄酒停滞不前，托吉亚诺的声誉一落千丈。尽管如此，伦加罗蒂还是意大利葡萄酒评选大赛（意大利最重要的葡萄酒比赛之一）的创始人和托吉亚诺地区一家葡萄酒博物馆的赞助人，他的巨大成就仍然极大地促进了翁布里亚葡萄酒行业的发展。

左图：阿西西（Assisi）是翁布里亚著名的朝圣地，位于苏巴修山（Monte Subasio）的西侧，紧邻托吉亚诺、蒙特法科和阿托蒂伯尔尼丘（Colli Altotiberini）葡萄酒产区

右图：奥维多最出名的是白葡萄酒，大约一半采用扎比安奴作为酿酒原料，通过搭配韦德罗、玛尔维萨和格莱切多来提升葡萄酒的表现力

翁布里亚的新产区

在翁布里亚，尤其是台伯河上游的北部以及佩鲁贾附近区域，新的产区陆续建立起来。凭借用本土品种萨格兰蒂诺和桑娇维赛酿造的干红和甜红葡萄酒，蒙特法科产区都给人们留下了深刻的印象。其中，蒙特法科萨格兰蒂诺葡萄酒已经荣升为D.O.C.G.等级，它的口感浓烈而饱满，酒香厚重而辛辣。其甜葡萄酒版本蒙特法科萨格兰蒂诺帕赛托（Sagrantino di Montefalco Passito）是当地的特产。此外，以桑娇维赛、梅洛、赤霞珠、扎比安奴、格莱切多和霞多丽为酿酒原料的高品质红葡萄酒和白葡萄酒使用特拉西梅诺丘（Colli del Trasimeno）和佩鲁贾丘（Colli Perugini）的酒标出售。马尔塔尼丘（Colli Martani）和阿梅里尼丘（Colli Amerini）等几个较为年轻的新产区同样出产独特优质的葡萄酒。除了经典奥维多葡萄酒，蒙特法科萨格兰蒂诺葡萄酒无疑将是未来发展的主要推动力。许多新开发的葡萄园已经开始出产葡萄，它们的主人正在向托斯卡纳的经典葡萄酒发起挑战。

如果这股势头持续发展，那么，虽然紧邻托斯卡纳，翁布里亚的葡萄酒行业将前途无量。

翁布里亚的主要葡萄酒生产商

生产商：**Castello della Sala—Antinori****–****
所在地：**Ficulle**
140公顷，年产量30万瓶
葡萄酒：Orvieto Classico，Cervaro della Sala，Muffato della Sala，Pinot Nero Vigneto Consola
该酒庄由佛罗伦萨安东尼世家投资，出产意大利中部最好的霞多丽葡萄酒之一。

生产商：**Lungarotti*****
所在地：**Torgiano**
280公顷，年产量280万瓶
葡萄酒：San Giorgio，Torgiano：Torre di Giano Riserva Il Pino，Chardonnay：Vigna I Palazzi，di Miralduolo；Buffaloro，Castel Grifone，Solleone，Falò，Vin Santo
尽管偶尔出产一些不起眼的新葡萄酒，这座曾经的一流酒庄的支柱产品是经典红葡萄酒Rubesco Riserva Monticchio和San Giorgio。Rubesco Riserva Monticchio仅在特殊年份装瓶出售；San Giorgio采用赤霞珠以及托斯卡纳品种桑娇维赛和卡内奥罗混酿而成。

生产商：**Palazzone******
所在地：**Orvieto**
23公顷，年产量13万瓶
葡萄酒：I.G.T. Umbria Grechetto L'Ultima Speranza，Orvieto Classico：Campo del Guardiano；I.G.T. Umbria Rubbio

Giovanni Dubini建立了当地最杰出的酒庄之一。

生产商：**Tenuta le Vellette*****
所在地：**Orvieto**
100公顷，年产量35万瓶
葡萄酒：Orvieto Classico：Velico，Amabile；Calanco，Rosso di Spicca
Bottai家族的经典奥维多以醇厚和表现力见长。Velico葡萄酒采用橡木桶发酵。

生产商：**Arnaldo Caprai******–*****
所在地：**Montefalco**
150公顷，年产量75万瓶
葡萄酒：Sagrantino di Montefalco，Rosso di Montefalco
Marco Caprai进行了大额的投资，他的葡萄酒大多表现力强，甚至能在国际市场上占有一席之地。顶级葡萄酒Sagrantino 25 Anni是意大利最伟大的葡萄酒之一。

生产商：**Barberani*****
所在地：**Baschi**
55公顷，年产量30万瓶
葡萄酒：Orvieto Classico：Secco Castagnolo，Amabile Pulicchio，Muffa Nobile；Calcaia，Pomaio，Polvento，Grechetto
Barberani和酿酒师Maurizio Castelli创作了一系列出色的作品。他们的艰辛付出换来了口感清新、品质一流的葡萄酒。

拉齐奥

很少有人知道，在“不朽之城”罗马分布着大面积葡萄园。人们对弗拉斯卡蒂（Frascati）和阿尔巴尼丘（Colli Albani）等名字都不陌生，但它们与罗马之间并无必然联系。无论如何，这片土地上3万公顷的在产葡萄园绝不容忽视。拉齐奥没有能与其他产区竞争的优秀D.O.C.葡萄酒，仅有的优质弗拉斯卡蒂（拉齐奥地区最大的D.O.C.）葡萄酒产量也不高。不过，这里确实存在一批以品质为本的生产商，而且数量还在增加，他们生产的红葡萄酒具有很强的竞争力。

在古代，城市周围的农场既生产谷物又供应葡萄酒。罗马的招牌葡萄酒费勒年（Falernian，通常为红葡萄酒）采用本地品种阿米尼亚酿造，不过现在可能已经灭绝了。罗马作家贺拉斯、维吉尔、马提雅尔和老普林尼都曾用文字记录下它的人气和种类。费勒年也有白葡萄酒版本，从淡薄型到丰满型，从甜型到干型，无所不有。

主角白葡萄酒

在拉齐奥，85%以上都是白葡萄酒，主要采用托斯卡纳扎比安奴和玛尔维萨混酿而成。罗马南部的葡萄园一直延伸到城市内部，那里生产的弗拉斯卡蒂是意大利最受欢迎的优质葡萄酒之一。在很长一段时间内，由于这种甜白葡萄酒的生产商盲目推崇传统和客户忠实度，欧洲超级市场的货架上摆满了弗拉斯卡蒂，导致弗拉斯卡蒂身价一落千丈。

当地的另一款人气白葡萄酒是“蒙蒂菲阿斯科尼就是它！就是它！！就是它！！！”（Est! Est!! Est!!! di Montefiascone），酿酒原料为扎比安奴和玛尔维萨，产地为靠近奥维多的维泰博（Viterbo）。这个古怪的名字来源于一段逸事。当时，一位德国主教在前往罗马的途中，命令教士先行一步寻找住处并找到能让人脱口而出“就是它”的顶级葡萄酒。据说，教士十分喜爱蒙特菲阿斯科尼的白葡萄酒，因此，他一连写了三遍“就是它”。20世纪90年代，这是一款流行的出口葡萄酒，但是今天，它几乎已经从意大利餐厅的酒单上消失了。

自20世纪80年代末起，当地酒庄，尤其是伐勒科（Falesco），开始花费大量精力酿造真正的高品质葡萄酒。博赛纳湖畔的气候温和，加上火山岩质的土壤，为出产上乘的白葡萄酒提供了理想的条件。

在拉齐奥其余的优质葡萄酒产区，阿尔巴尼丘、拉努维尼丘（Colli Lanuvini）、马里诺（Marino）、扎加罗洛（Zagarolo）的D.O.C.葡萄酒，以及来自罗马城堡（Castelli Romani）、柯里（Cori）、韦莱特里（Velletri）和切尔维特里（Cerveteri）等地区的白葡萄酒，都具有和弗拉斯卡蒂相似的特征。部分生产商正在对霞多丽、长相思等进口品种进行试验，但到目前为止，极少有人能成功生产出在国际甚至国内市场上具有竞争力的产品。

红葡萄酒的一线生机

并非把所有的精力都放到历史悠久的白葡萄酒上，拉齐奥的未来就能一片光明。事实上，近年来人们对赤霞珠和梅洛等进口红葡萄品种付出的努力已经获得了回报。早在20世纪初，就已经有一部分法国品种被引进到

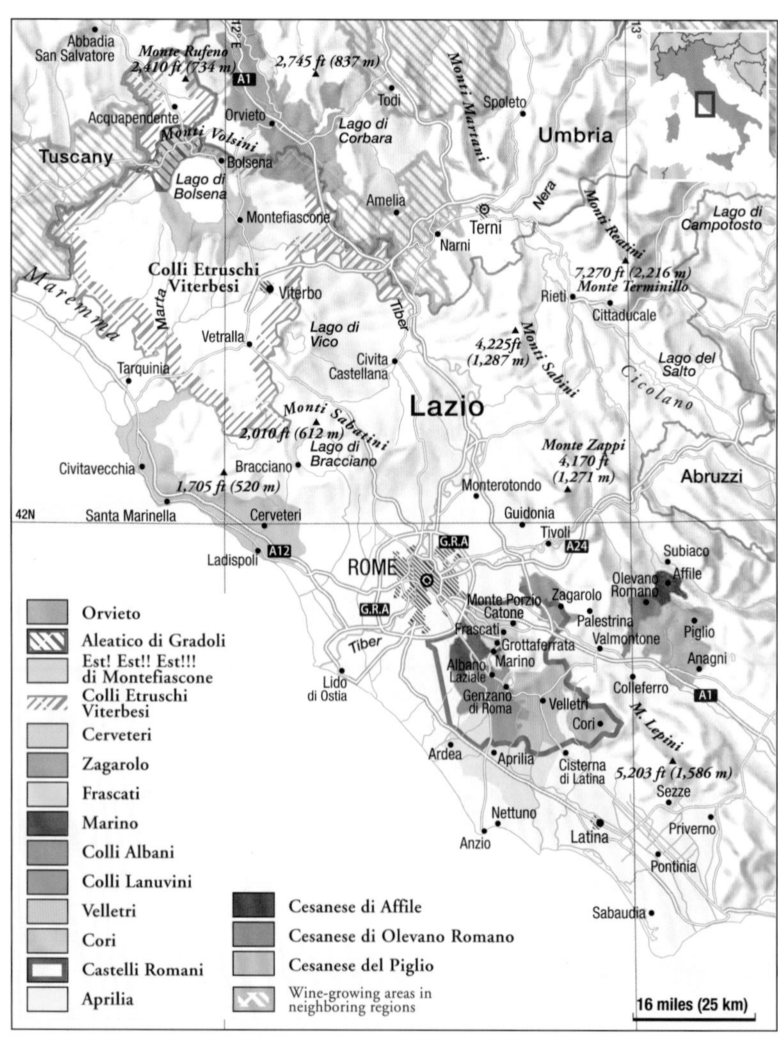

拉齐奥的主要葡萄酒生产商

生产商：Castel de Paolis***-****
所在地：Grottaferrata
10公顷，年产量7.5万瓶
葡萄酒：Frascati：Vigna Adriana，Selve Vecchie；Muffa Nobile，Moscato Rosa Rosathea，I Quattro Mori
20世纪90年代初以来，Giulio Santarelli一直在向世人证明弗拉斯卡蒂的卓越品质。在他新组建的葡萄园中种有梅洛、赤霞珠、西拉、长相思和维欧尼，生产的葡萄酒也非常出色。

生产商：Colacicchi***-****
所在地：Anagni
5公顷，年产量1.8万瓶
葡萄酒：Torre Ercolana，Romagnano Bianco，Romagnano Rosso
来自罗马的葡萄酒商Trimani家族在20世纪80年代买下了这座古老的酒庄，并竭尽全力恢复它的实力。在Giacomo Tachis和Attilio Scienza的指导下，酒庄出产了拉齐奥地区最好的红葡萄酒之一Ercolano，这款葡萄酒采用赤霞珠和梅洛混酿而成，搭配少量切萨内赛。

生产商：Colle Picchioni–P. Di Mauro***-****
所在地：Marino
13公顷，年产量11万瓶
葡萄酒：Marino Colle Picchioni Oro，Colle Picchioni Rosso Vigna del Vassallo，Vignole
Paola di Mauro是拉齐奥地区最早致力于优质葡萄酒生产的生产商之一。她的顶级红葡萄酒，如Vigna del Vassallo，都采用60年树龄的法国葡萄树果实酿制而成。在杰出的年份，Colle Picchioni Oro是整个地区最好的白葡萄酒之一。

生产商：Falesco****
所在地：Montecchio
370公顷，非自有葡萄，年产量260万瓶
葡萄酒：Est! Est!! Est!!! di Montefiascone，Poggio dei Gelsi，Vendemmia Tardiva，Montiano
Riccardo Cotarella（他的弟弟是安东尼世家酒庄的首席酿酒师）不仅是顶级葡萄酒Est! Est!! Est!!! di Montef-jascone的少数生产商之一，还是许多意大利酒庄的顾问。酒庄的顶级葡萄酒是红葡萄酒Montiano。

这里。在罗马丘（Colli Romani）的一些葡萄园里，甚至能找到树龄达70年的葡萄树，用它们的果实酿造出的为数不多的葡萄酒品质卓越。梅洛、赤霞珠甚至西拉都可以出产陈年潜力强的复杂葡萄酒，这充分说明了拉齐奥具备生产优质红葡萄酒的潜力，与白葡萄酒的传统优势形成了鲜明对比。

长久以来，带有胡椒味的本地红葡萄品种切萨内赛只能出产结构简单、果味怡人的日常餐酒。现在，在不同的D.O.C.产区，它被用来酿造优质红葡萄酒。虽然到目前为止产品的数量不多，但它们预示了新发展趋势的到来。与附近的翁布里亚不同，拉齐奥在提升葡萄酒品质的过程中遇到了重重困难，因而未能充分开发它现有的潜力。尽管如此，这个位于罗马大门之外的葡萄酒产区似乎正在反思。除了部分大酒庄推向市场的普通葡萄酒，还有一部分酒庄身体力行，力图复兴。他们自称为“Le Vigne del Lazio”，并联合了30余家注重品质的大小生产商。他们的产品充分证明了，拉齐奥拥有的不仅仅是弗拉斯卡蒂。

宏伟的酒庄大门提醒着人们罗马南部和东部葡萄酒曾经享有盛誉

意大利南部及岛屿：复苏

有人认为，意大利南部的起始边界为罗马或者那不勒斯。但是，从葡萄酒行业的角度来看，南部边界的标志为亚得里亚海沿岸的阿布鲁佐和意大利半岛第勒尼安海沿岸的坎帕尼亚。因此，意大利南部包括了莫利塞、阿普利亚、巴斯利卡塔、卡拉布里亚以及西西里岛和撒丁岛。

文化和朝代的更迭在意大利南部留下了深刻的印痕：希腊人、阿尔巴尼亚人、阿拉伯人、西班牙人、伊特鲁里亚人和罗马人以及梵蒂冈、霍亨斯陶芬和波旁王朝都曾统治过这里。古时候，葡萄种植的头号功臣是希腊人。后来，维苏威和埃特纳（Etna）的山坡、阿普利亚和坎帕尼亚的丘陵成为共和党人及罗马帝国最大的葡萄酒供应地。

意大利南部的纬度决定了高温和干旱，但出乎意料的是，南部的寒冷天气也十分频繁。这里的气候条件和土壤类型都非常极端。从阿普利亚沿海的肥沃地带开始（海洋性气候）一直到巴斯利卡塔和西西里岛山脉阴冷、多岩石的乡村，风土条件千差万别，葡萄品种纷繁复杂，不过大多数都为本地品种。其中，艾格尼科、黑达沃拉、蒙特普尔恰诺等红葡萄品种潜力巨大，不少来自新世界的生产商对它们产生了浓厚的兴趣。

富裕地区和贫困地区

在阿布鲁佐，蒙特普尔恰诺和扎比安奴几乎垄断了当地的葡萄园。其他品种踪迹难寻。在这片意大利南部最北的土地上，葡萄酒行业却带来了丰厚的利润。这里出产的葡萄酒价格实惠、口感怡人，在国内和国际市场上都大受欢迎。

在巴斯利卡塔，葡萄酒品种并不多。卓越的艾格尼科掩盖了所有其他品种的光芒，但葡萄酒行业并未因此走向繁荣。卡拉布里亚的酿酒历史最为悠久，但这里仅有少数品种可以在国际市场上激起波澜。

阿普利亚的情况截然不同。这里平原辽阔，出产的葡萄酒多数海运出国或与来自意大利北部品质稍逊的葡萄酒混合。到20世纪70年代，整个地区的葡萄酒生产几乎完全转向了味美思（vermouth）葡萄酒。

在卡拉布里亚，仿佛时间都已经静止

从陶尔米纳（Taormina）小镇眺望，可以将埃特纳火山的壮观景象尽收眼底。山脚下是一片广袤的葡萄种植区，虽然土壤条件十分理想，却还未出产过高品质的葡萄酒

西西里岛已经向高品质葡萄酒生产迈进了一大步。多年来，西西里岛仅出产马沙拉（Marsala）白葡萄酒，但从20世纪90年代初，桶内发酵的霞多丽、优质的本地红葡萄酒、来自潘泰莱里亚岛和伊奥利亚群岛（Eolian）的异域风情甜葡萄酒，向人们证明了西西里岛已经迎来了一个新的时代。在阿普利亚，中小型生产商在追求卓越品质的道路上勇往直前；但在西西里岛，包括科沃在内的大公司早已认识到了凭借高品质葡萄酒树立品牌的可能性和必要性。

阿布鲁佐的大部分葡萄园位于亚得里亚海内陆山区，这里气候温和

改变的迹象

在意大利南部也能找到北部常用的种植方法和酿酒工艺。虽然其他地方对赤霞珠和霞多丽的需求十分巨大，但南部对这些国际主流品种却一直反应迟钝，除了小部分顶级西西里岛葡萄酒，大部分葡萄酒仍只采用本地品种酿造。

在坎帕尼亚和撒丁岛情况尤其如此，好在当地旅游业发达，因此不愁没有市场。但是，在撒丁岛、巴斯利卡塔和卡拉布里亚，葡萄酒行业的发展落后于南部的其他地区。西西里岛发展最快，在不到10年的时间里，葡萄酒的品质有口皆碑，并引来了无数模仿者和竞争者。因为红葡萄酒品种繁多且风格鲜明，阿普利亚也给人留下深刻的印象。一方面，过去不为人所知的生产商凭借惊人的葡萄酒品质而获得了关注；另一方面，对北部葡萄酒公司的投资已经产生了正面效应。意大利南部证明了它有能力与北部的著名产区并驾齐驱。

地区葡萄品种

阿普利亚、坎帕尼亚和西西里岛的葡萄园的最大价值在于它们尚未发现或开发的葡萄品种。当阿普利亚地位卑微的普米蒂沃葡萄在加利福尼亚以仙粉黛的名字大放异彩时，人们才意识到这些地区埋没了许多优质葡萄。

即使在意大利南部，霞多丽、赤霞珠和梅洛等国际品种也和意大利明星品种巴贝拉、桑娇维赛和扎比安奴一样成功在此生根发芽。在红葡萄品种中，蒙特普尔恰诺、艾格尼科、黑曼罗和黑达沃拉是高品质葡萄酒的主要原料。由于当地气候温暖，它们颜色明快，酒精含量也相对较高。今天，一部分杰出的葡萄酒证明了条件理想的土地上能孕育出合理的单宁结构和雅致的风格。此外，红葡萄品种还包括阿普利亚的普米蒂沃、托雅和派迪洛索以及卡拉布里亚的加格里奥波和西西里岛的马斯卡斯奈莱洛等。这些都是让人耳目一新的本地原产葡萄。

阿普利亚洛科罗通多（Locorotondo）附近的圆顶石头小屋

白葡萄品种毫不逊色。莫斯卡托和玛尔维萨与上文提到的国际品种一样，也能酿造出复杂优质的甜葡萄酒。

南部最好的白葡萄品种应该是菲亚诺（Fiano），但可惜的是，在坎帕尼亚，仅有极少数葡萄园种植。相比之下，格雷克（注意不要与翁布里亚的格莱切多混淆）面积较广，但也只在卡拉布里亚有少量种植，主要用于酿造甜葡萄酒。

采用坎帕尼亚另外两种白葡萄——法兰娜和白莱拉酿造的果味怡人、酒体轻盈的葡萄酒为游客们所熟知。西西里岛的尹卓莉亚和格莱卡尼卡以及撒丁岛的维蒙蒂诺虽然没有那么出名，但同样能出产优质葡萄酒。

南部的其他本地品种，如博比诺、弗拉斯特拉、阿斯品诺、狐狸尾、卡塔拉托和格里洛等，通常用于酿造简单粗烈的葡萄酒。它们的潜力还有待开发。

阿布鲁佐和莫利塞

斯坎诺（Scanno）杂乱分布的房子使这里看起来像一个玩具村落

虽然阿布鲁佐是知名红葡萄酒阿布鲁佐蒙特普尔恰诺的原产地，但它在意大利的知名度并不高。阿布鲁佐是意大利最高产的地区之一，西临拉齐奥，北接翁布里亚和马尔凯，南抵莫利塞省。阿布鲁佐拥有亚平宁山脉最高的山——大萨索山，最高峰为2912米。

从地理和葡萄种植的角度看，阿布鲁佐与邻近的马尔凯关系密切。除了地貌和气候相似，来自阿布鲁佐的葡萄品种蒙特普尔恰诺在马尔凯也有所种植。

但是，从政治和社会的角度看，阿布鲁佐应该属于长期落后的南部——这也是当地葡萄酒行业一直无力与意大利北部和中部竞争的原因。在雄伟的亚平宁山脉，600米以下的山坡上都种满了葡萄树。与亚得里亚海沿岸的葡萄园相似，这里的葡萄园虽然地处南部，气候却稳定温和。充足的阳光加上凉爽的气候，使出产的葡萄酒口感丰富却又不至于太过浓厚。

扎比安奴和蒙特普尔恰诺

阿布鲁佐的葡萄品种十分单一。多年来，这里的白葡萄品种仅有扎比安奴，红葡萄品种仅有蒙特普尔恰诺。直到近几十年，塞立吉洛、帕斯琳娜、梅洛、赤霞珠和雷司令等葡萄品种才勉强在这里立稳脚跟。白葡萄酒中占主导地位的是阿布鲁佐扎比安奴。

在阿布鲁佐，仍然有一小部分生产商坚持用老藤葡萄酿造葡萄酒，但是产量已经大幅降低，而且这种葡萄酒的独特香味也未能迎合大众品味。广泛种植的红葡萄阿布鲁佐蒙特普尔恰诺出产的葡萄酒酸度低，单宁柔和，更符合国际潮流。

蒙特普尔恰诺葡萄酒和托斯卡纳红葡萄酒差异显著，虽然两者都比较醇厚，但蒙特普尔恰诺却不及桑娇维赛雅致和耐存。不过，优质的阿布鲁佐蒙特普尔恰诺酒香与众不同，单宁恰到好处，是野味的理想搭配。

山坡上的葡萄园出产的阿布鲁佐蒙特普尔恰诺口感圆润，海岸附近的平原地区则出产大量的普通葡萄酒

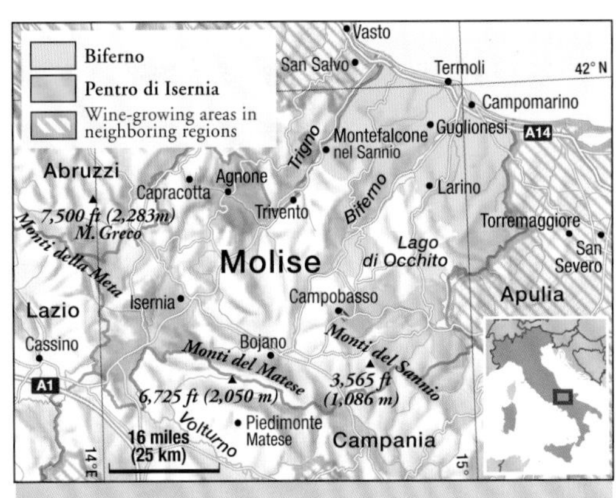

其他葡萄酒类型

切拉索洛（Cerasuolo）是用蒙特普尔恰诺酿造的桃红葡萄酒，果香怡人。不过颜色较深且酒精含量高，不适合夏季饮用。

近年来，阿布鲁佐的葡萄酒行业也一改往日的单调，变得丰富起来。在阿布鲁佐的最北部，与马尔凯毗邻的孔特罗圭拉镇（Controguerra）周围建立了一个新的D.O.C.产区。此后，在生产商们的共同努力下，阿布鲁佐成立了第一个D.O.C.G.产区——泰拉莫丘（Colline Teramane）。与托斯卡纳和其他产区一样，这里的葡萄酒品质检测和评定规则十分严格，原因是为了让消费者更容易接受较高的价格。蒙特普尔恰诺葡萄酒简单均衡，品质优秀，价格合理，市场定位非常成功。虽然生产商们付出了不少努力，但树立起更有价值的品牌形象仍需时日。此外，随着外部投资的到来，葡萄酒行业的前景值得期待。

莫利塞

莫利塞是意大利第二小的葡萄酒产区，虽然产量很高，但优质葡萄酒十分少见。20世纪80年代，比费诺（Biferno）和伊塞尼亚本特罗（Pentro di Isernia）被授予D.O.C.产地名称，而最新的I.G.T.名称也只不过是国家级的水平。但是，这并不代表莫利塞不具备生产顶级葡萄酒的潜力。

在丘陵地区，海拔600米以下的地方都种有葡萄，气候主要为大陆性气候，仅在朝海一面的山坡上为地中海气候。这里的葡萄品种与阿布鲁佐相似，越来越多的生产商对格雷克、菲亚诺、艾格尼科等来自坎帕尼亚的品种进行试验。大部分的葡萄酒只供国内消费，而出口葡萄酒几乎全部由合作社负责销售。

阿布鲁佐的主要葡萄酒生产商

生产商：Barone Cornacchia***
所在地：Torano Nuovo
42公顷，年产量32万瓶
葡萄酒：Controguerra Cabernet Villa Torri，Montepulciano d'Abruzzo Poggio Varano & Vigna La Coste，Trebbiano d'Abruzzo
多年来，Cornacchia家族一直是阿布鲁佐地区最优秀的生产商之一。

生产商：Gianni Masciarelli***–****
所在地：San Martino sulla Marrucina
140公顷，年产量110万瓶
葡萄酒：Montepulciano d'Abruzzo Villa Gemma，Chardonnay Marina Cvetic，Trebbiano d'Abruzzo Marina Cvetic，Villa Gemma Bianco
酒庄出产当地最好的葡萄酒之一。新建的葡萄园种植密度达8000株/公顷，具有发展潜力。

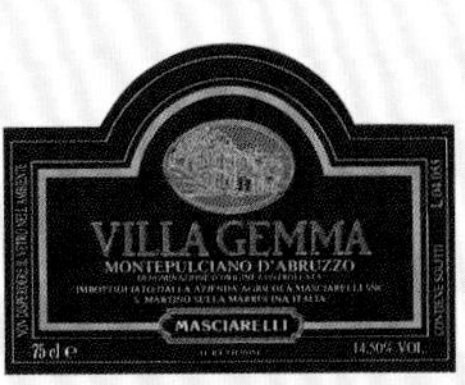

生产商：Tenuta Cataldi Madonna***
所在地：Ofena
24公顷，年产量23万瓶
葡萄酒：Montepulciano d'Abruzzo，Cerasuolo Pié delle Vigne，Trebbiano d'Abruzzo，Malandrino，Pecorino，Vigna Cona Rosso
酒庄的特产是蒙特普尔恰诺桃红葡萄酒，白葡萄酒简单清爽。

生产商：La Valentina***
所在地：Spoltore
30公顷，年产量21万瓶
葡萄酒：Montepulciano d'Abruzzo，Montepulciano d'Abruzzo Spelt，Trebbiano d'Abruzzo
Sabatino di Properzio对酒庄进行了大额投资，葡萄酒的品质因此大幅提升。

阿普利亚

阿普利亚经常被喻为意大利的酒窖。阿普利亚的葡萄种植面积达10.5万公顷，约为意大利葡萄种植总面积的1/8。葡萄酒产量达7亿～8亿升，居意大利之首，部分葡萄园的葡萄产量甚至达到了40吨/公顷，是优质葡萄规定最高产量的四倍到五倍。因此，阿普利亚仅有少数葡萄酒享有D.O.C.地位就不足为奇。这里高产的葡萄大多加工成工业酒精或浓缩葡萄汁（RCGM）。欧洲当局为清理葡萄园提供资金使得情形更加严重，生产商们非但没有设法为葡萄园开发新的用途，反而抛弃了种植在山上的高品质老葡萄树。虽然20世纪80年代期间有5万多名生产商转行，阿普利亚的葡萄酒行业并未因此而消亡。

无论是从气候还是本地葡萄品种来说，阿普利亚的条件都十分理想。即使在罗马时代，这里生产的葡萄酒和其他农产品都享有很高的口碑。在罗马时代早期，阿普利亚受希腊文化影响十分明显。时至今日，当地的方言仍然有希腊语的痕迹。

与被亚平宁山脉覆盖、荒芜多石的周边地区不同，阿普利亚拥有广阔、肥沃的沿海平原和低矮的内陆丘陵。

原产地阿普利亚

和意大利的其他地方一样，阿普利亚的优质葡萄酒也来自位置偏僻但土壤排水性良好的地区，如蒙特城堡（Castel del Monte）大区的所在地穆尔杰高原。里维拉（Rivera）和特尔伊文托（Torrevento）等一批优秀生产商在葡萄酒地图上印上了这些原产红葡萄酒的名字。在超过25个的D.O.C.产区中，萨利切萨伦蒂诺和曼杜利亚普米蒂沃（Primitivo di Manduria）在葡萄酒品质和市场适应性方面做出的进步最引人注目。究竟哪些葡萄品种能起到关键作用？黑曼罗分布最广泛，用于生产D.O.C.葡萄酒阿莱齐奥（Alezio）、布林迪西（Brindisi）、莱韦拉诺（Leverano）和萨利切萨伦蒂诺。黑曼罗（意思是“苦涩的黑”）酿造的葡萄酒通常颜色深浓，单宁含量高，口感强劲甚至有些粗烈。

普米蒂沃葡萄种植面积大，酿造的红葡萄酒酒体丰满，但在阿普利亚很少能完美展现它的魅力。在加利福尼亚，普米蒂沃的名声更高，品质更佳，当地人将它称为仙粉黛；在美国，用它酿造的葡萄酒果味浓郁，偶尔也能拥有雅致的风格和较强的陈年潜力。起初，人们误认为仙粉黛源自普米蒂沃，但后来证实，当仙粉黛首次在意大利出现的时候，它已经在美国东北部和加利福尼亚牢牢地扎根了。最有可能的情况是，仙粉黛产自巴尔干（Balkan）半岛，并在再次引进到旧世界之前就被带到了美国。

托雅葡萄在阿普利亚的优质葡萄中排名第三，从它的名字可以看出希腊文化对当地的影响。托雅是蒙特城堡大部分红葡萄酒的原料。蒙特城堡位于阿普利亚北部，是一座八边形的城堡，由霍亨斯陶芬王朝的统治者腓特烈二世于13世纪建造。除了这种口感浓郁、适宜久存的红葡萄酒，蒙特城堡的上乘D.O.C.葡萄酒还使用艾格尼科、黑比诺、霞多丽、白比诺和长相思等品种酿造。

奥斯图尼（Ostuni）古城具有浓厚的非洲风情，在布林迪西的西北部有一片与其同名的葡萄酒产区，主要生产口感清淡的干型葡萄酒

意大利的葡萄酒巨头，包括安东尼世家、詹尼·卓林和帕斯克等，都在南部进行投资并成功销售了自己的产品。自此，阿普利亚成为了意大利酒架上的长青标志。

阿普利亚的主要葡萄酒生产商

生产商：Agricole Vallone**—****
所在地：Lecce
170公顷，年产量62万瓶
葡萄酒：Brindisi：Rosso Vigna Flaminio，Rosato Vigna Flaminio；Graticciaia Rosso，Salice Salentino：Vereto，Rosso
酒庄的特产是仿效Patriglione酿造的Graticciaia葡萄酒。

生产商：Candido***
所在地：Sandonaci
160公顷，年产量200万瓶
葡萄酒：Duca d' Aragona，Cappello di Prete，Salice Salentino：Bianco Vigna Vinera，Rosso，Rosato Le Pozzelle；I.G.T. Salento Chardonnay Casina Cucci
酒庄最好的葡萄酒大多用黑曼罗酿造；黑曼罗的焦油香和果香以及浓郁的口感充分展示了它的巨大潜能。

生产商：Leone de Castris**—****
所在地：Salice Salentino
250公顷，年产量250万瓶
葡萄酒：Five Roses，Salice Salentino：Rosso Donna Lisa，Bianco，Rosato & Rosso Maiana，Sauvignon Vigna Case Alte Bianco，Messapia Bianco，Aleatico Negrini
除了桃红葡萄酒，酒庄的红葡萄酒和白葡萄酒也享有盛名。

生产商：Felline****
所在地：Manduria
140公顷，年产量120万瓶
葡萄酒：Primitivo di Manduria，Salento Rosso Alberello，Vigna del Feudo
Perrucci家族生产杰出的红葡萄酒，包括高品质的普米蒂沃。

DONNA
MARZIA
primitivo
CONTI ZECCA

生产商：Rosa di Golfo—D. Calò***
所在地：Alezio
40公顷，年产量18万瓶
葡萄酒：I.G.T. Salento：Rosa del Golfo，Quarantale，Portulano，Bianco Bolina
酒庄最初以桃红葡萄酒闻名，现在也生产出色的红葡萄酒和白葡萄酒。

生产商：Masseria Monaci**—***
所在地：Copertino
36公顷，年产量65万瓶
葡萄酒：Copertino Rosso Eloquenzia，I Censi Salento Rosso，Sant Brigida Salento Bianco，Simposia Salento Rosso
作为阿普利亚最著名的葡萄酒顾问，Severino Garofano将自己几十年的经验都奉献给了这座家族酒庄。

生产商：Conti Zecca***—****
所在地：Leverano
320公顷，年产量150万瓶
葡萄酒：Leverano：Malvasia Vigna del Saraceno，Rosato Vigna del Saraceno；Rosso Vigna del Saraceno；Salice Salentino：Rosso Cantalupi，Rosato，Bianco；Cantalupi，I.G.T. Salento Donna Marzia Bianco/Rosato/Rosso
该酒庄出产的Leverano、Salice Salentino和I.G.T. Salento葡萄酒一直以优秀的品质而出名。

坎帕尼亚

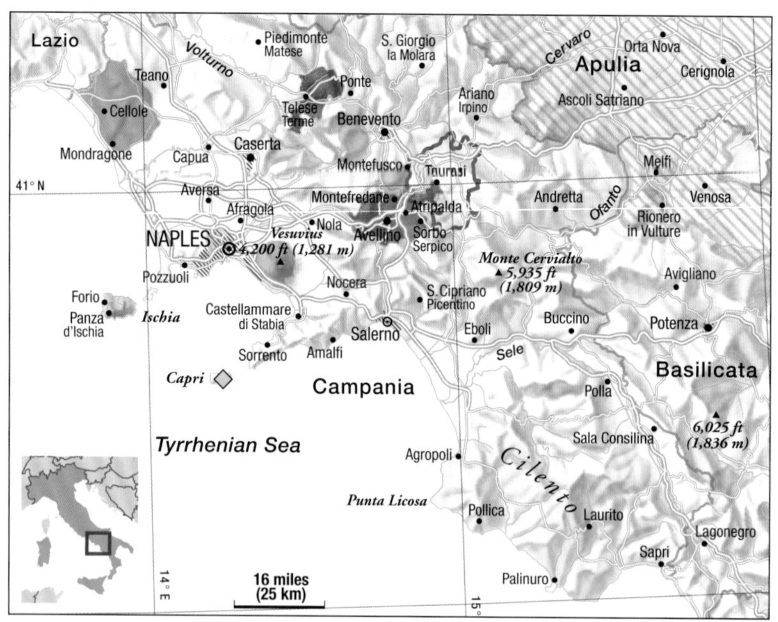

坎帕尼亚位于意大利西南部第勒尼安海的海岸线上，其广阔的沿海平原上坐落着沉积岩丘陵和火山丘陵，其中最出名的是那不勒斯东南部的维苏威火山。坎帕尼亚拥有3万公顷葡萄园，在整个意大利排名第九，仅次于撒丁岛。这里的葡萄酒年产量约为2亿升，仅有不足6%享有D.O.C.等级。

大约3000年前，意大利的葡萄酒行业在今天的坎帕尼亚诞生。希腊移民者在这里建立了他们的“Oinotria”，即“葡萄酒之国”，后来，拉丁文“Enotria”被用来统称意大利所有的葡萄种植区。希腊人将他们的酿酒经验如数传授给土著居民伊特鲁里亚人，而罗马人将这片地区发展成葡萄酒交易中心。79年，维苏威火山的爆发改写了坎帕尼亚的历史。庞贝古城被摧毁，罗马帝国最大的葡萄酒商业海港从此灰飞烟灭，罗马人被迫在其他地区重新系统地发展葡萄酒行业。

特色葡萄酒

坎帕尼亚为地中海气候，附近的海洋和山脉像一道天然屏障将高温挡在门外，为本地的红葡萄和白葡萄品种提供了理想的生长环境。其中，阿韦利诺省（Avellino）和贝内文托省（Benevento）尤其适合葡萄种植。在坎帕尼亚，地位最高的葡萄酒是图拉斯，它的珍藏版已经被授予D.O.C.G.等级。上乘的图拉斯红葡萄酒采用艾格尼科和少量其他品种混酿而成，口感浓郁，陈年潜力强，不亚于意大利北部和中部的顶级红葡萄酒。坎帕尼亚最知名的葡萄酒都福格雷克（Greco di Tufo）和阿韦利诺菲亚诺（Fiano di Avellino）最近获得了D.O.C.G.等级。具有柑橘香和杏仁味的格雷克产自都福村（当地人将格雷克与法兰娜和白莱拉混酿），菲亚诺产自阿韦利诺，这两款葡萄酒都值得一尝。

果味怡人的夏季葡萄酒

阿韦利诺地区有一种被罗马人称赞为“蜜蜂葡萄”的上等菲亚诺，既鲜爽又浓郁，融合了桃子和坚果的香味。因此，与意大利中部和北部的中性白葡萄酒或者伊斯基亚岛和卡普里岛及其沿海地区出产的果味怡人却结构简单的夏季葡萄酒白莱拉和法兰娜相比，菲亚诺要复杂许多。

人们试图复兴当地曾经盛极一时的葡萄酒，如法莱诺（Falerno）、莱泰雷（Lettere）、阿斯品诺和基督之泪（Lacryma Christi）等，他们的努力与其说是为了促进葡萄酒行业的发展，不如说是为了保留这些葡萄酒种类。虽然他们付出了

艾格尼科——意大利南部的顶级葡萄品种

用艾格尼科，尤其是火山土上出产的艾格尼科酿造的葡萄酒酒体丰满、颜色深浓、香气馥郁。年轻时，艾格尼科葡萄酒呈宝石红色，随着时间的推移，逐渐变为红褐色。上等的艾格尼科葡萄酒散发出樱桃和紫罗兰的香味，细细品味之下又有微妙的香料味。最出名的艾格尼科葡萄酒当数图拉斯，产自坎帕尼亚大区阿韦利诺镇的北部山区。孚图艾格尼科产自邻近地区巴斯利卡塔一座同名死火山的山坡，也是一款品质出众的葡萄酒。近年来，塔布诺（Taburno）地区证实了自己具有生产杰出葡萄酒的能力。与其他品种调配时，艾格尼科可以提升混酿酒最终的品质，如非出口葡萄酒马斯科法莱诺（Falerno del Massico）、比费诺、蒙特城堡、奇伦托（Cilento）、索洛帕卡（Solopaca）、维苏威（Vesuvio）和高蒂—圣安卡达（Sant'Agata de'Goti）。

古时候的那不勒斯是这片地区的中心城市。现在，这里的酿酒师认识到，要想达到先辈们的高度，他们仍然有很长一段路要走。基督之泪葡萄酒曾经盛极一时，而现在几乎已经被人遗忘。在维苏威的山坡上，基督之泪葡萄酒仍在生产，产品包括红葡萄酒、桃红葡萄酒、白葡萄酒、强化酒和起泡酒，但大多数时候，它们品质平庸

不少心血，但很有可能最终这些葡萄酒与它们的祖先并无太多共同之处。

近年来，比较受人关注的葡萄酒大多产自欧洲最美的海岸线——阿马尔菲海岸。在那里，人们在陡峭的山坡上建立葡萄园，或者在坎帕尼亚北部卡塞塔（Caserta）和阿韦利诺之间的高蒂-圣安卡达和索洛帕卡法定产区种植葡萄。

与意大利南部其他地区一样，坎帕尼亚的葡萄种植业也受到了当地社会和经济条件的制约，复杂的原产地命名制度对其也是一种束缚。尽管如此，仍有一小部分生产商经过不懈的努力得到了回报。总体而言，坎帕尼亚的葡萄酒行业活跃度较低；此外，与西西里岛和阿普利亚不同，大额投资在这里十分少见。

坎帕尼亚的主要葡萄酒生产商

生产商：Casa d'Ambra Vini d'Ischia*—******
所在地：Forio
7公顷，部分非自有葡萄，年产量32万瓶
葡萄酒：Biancolella Tenuta Frassitelli & Vigna di Piellero，I.G.T. Ischia；Cimentorosso Forastera，Arime
凭借用白莱拉和弗拉斯特拉酿造的口感清新、果味怡人的白葡萄酒，酒庄赢得了良好的声誉。酒庄还有一款杰出的桶内发酵白葡萄酒Arime，酿酒原料为本地品种。

生产商：Feudi di San Gregorio*—*******
所在地：Sorbo Serpico
300公顷，年产量350万瓶
葡萄酒：Campanaro，Taurasi，Fiano di Avellino Pietracalda，Falanghina，Greco di Tufo Cutizzi，Serpico
可能是坎帕尼亚最好的生产商，酿造的一系列红葡萄酒和白葡萄酒品质出众。

生产商：Montevetrano****
所在地：San Cipriano Picentino
6公顷，年产量3万瓶
葡萄酒：Montebetrano
酒庄主人是Silvia Imparato，酿酒师为Riccardo Cotarello。

生产商：Ocone—Agricola del Monte—*****
所在地：Ponte
36公顷，年产量24万瓶
葡萄酒：Aglianico Del Taburno：Vigna Pezza la Corte and Diomede，Falanghina del Taburno Vigna del Monaco
酒庄生产优质和顶级葡萄酒，其中艾格尼科葡萄酒最为出色。

生产商：Terradora di Paolo***
所在地：Montefusco
150公顷，年产量100万瓶
葡萄酒：Campo Re，Greco di Tufo Loggioa della Serra，Terre degli Angheli，Aglianico Irpinia，Taurasi Fatica Contadina
酒庄特别注重本地葡萄品种的开发。

生产商：Villa Matilde**
所在地：Cellole
62公顷，产量54万瓶
葡萄酒：Falerno del Massico：Bianco Vigna Caracci，Rosso，Vigna Camarato，Cecubo，Piedirosso
酒庄所有葡萄酒都品质出众。

卡拉布里亚和巴斯利卡塔

孚图艾格尼科葡萄酒在其产地中心巴里莱（Barile）的岩穴中陈酿

卡拉布里亚与附近的巴斯利卡塔一样，是意大利实力较弱的地区。20世纪60—70年代，卡拉布里亚劳动力流失的影响极为严重，因此难以实现经济繁荣。

虽然卡拉布里亚的葡萄种植面积达1.3万公顷，但由于受山区地形限制，整体农业效率低下，当地的葡萄酒行业也没有展现出经济发展的潜力。尽管如此，卡拉布里亚与意大利南部其他地区一样，具备种植优质葡萄的基本条件。古时候，卡拉布里亚的葡萄酒享有盛名，这块区域属于希腊移民者的“葡萄酒之国”也绝非巧合。在卡拉布里亚的许多地区，葡萄园的高海拔弥补了南部炎热气候的不足，本地葡萄品种也大有前途。卡拉布里亚是加格里奥波葡萄（又名黑蒙托尼克）的原产地，用它酿造的葡萄酒单宁含量丰富，是当地大多数D.O.C.红葡萄酒的基酒。在这些D.O.C.葡萄酒中，最著名的当数产自西拉山的奇罗（Cirò）。仅有少数生产商能够将这种酸涩的葡萄酒打造成具有平衡口感的优秀产品。生产商偶尔也会采用法国大酒桶进行陈年，酿造的葡萄酒会呈现浓醇的红色和辛辣的口感，而且，如果条件理想，葡萄酒还会具有较强的陈年潜力。

不知名的原产地

波利诺山脉的朝南山坡是同名D.O.C.葡萄酒的生产地，这种葡萄酒使用加格里奥波酿造，由当地合作社独家销售。萨乌托（Savuto）产区具有很大的开发潜力。在这里，加格里奥波被用来与桑娇维赛混酿，如果葡萄园的海拔高度理想，出产的葡萄酒则细腻、复杂。这片地区最好的产品只来自少数几个生产商。卡拉布里亚的其他D.O.C.产区，如拉美齐亚（Lamezia）、卡普里族图岛-圣安娜（Sant'Anna di Isola Capo Rizzuto）和梅丽莎（Melissa）等，还没有推出具有吸引力的优质葡萄酒或者在地方上知名的产品；这些产区只是为了满足政客的雄心而设立。

即使是卡拉布里亚最好的甜葡萄酒比安科格雷克（Greco di Bianco）也未能给消费者留下深刻印象。比安科格雷克产自比安科镇（如果把意大利比喻为一只靴子，那么比安科就在这只靴子的鞋尖），主要用部分风干的葡萄酿造。仅有一小部分生产商可以酿造出上等的比安科格雷克，这种葡萄酒颜色呈琥珀色，果味细腻，口感辛香。比安科格雷克的例子证明了卡拉布里亚的实力，也令人更加感叹这样的地区竟然缺乏真正顶级的葡萄酒。

冬季时，必须将结果枝正确绑扎，从而保证果实良好生长

年轻柔韧的柳条可以当作绑带，不过这一方法已经被现代黏合材料所取代

为了避免狂风侵袭，应将分枝绑扎在葡萄树中间的铁丝架上

现在，种植户放弃了传统的打结法，而采用机械固定

4月末，老枝上的嫩芽成长为嫩枝

冬季修剪对树枝的健康生长至关重要

巴斯利卡塔——火山上的葡萄酒

巴斯利卡塔产区的葡萄种植面积达8000公顷，是上阿迪杰的两倍，但仅有10%出产优质葡萄酒。巴斯利卡塔是内陆山区，仅在沿海东南部地势较为平坦，整个地区只有一个法定产区——孚图艾格尼科。巴斯利卡塔生产的葡萄酒大部分海运到意大利北部和其他国家销售。当地的地下酒窖在整个意大利都是独一无二的。在巴里莱（巴斯利卡塔的中心城镇）以黄土为主的地区，酒窖最深可达12米。过去，生产商利用酒窖挤压葡萄和储藏葡萄酒。当地的传统葡萄种植方法也是一大特色，种植户将葡萄树绑在一起形成金字塔的形状。专家分析，这种方法比现代的铁丝架更有利于高品质葡萄成熟。

在巴斯利卡塔北部有一座死火山——孚图山，斜坡上出产的艾格尼科正成为意大利南部最受欢迎的葡萄酒之一。孚图艾格尼科颜色深沉、香味浓郁、单宁厚重，是意大利顶级葡萄酒之一。

卡拉布里亚和巴斯利卡塔的主要葡萄酒生产商

生产商：D'Angelo**-****
所在地：Rionero in Vulture（Basilicata）
60公顷，部分非自有葡萄，年产量30万瓶
葡萄酒：Aglianico del Vulture；I.G.T. Basilicata：Rosso Canneto
除了各种艾格尼科葡萄酒，酒庄还出产一款霞多丽和白比诺的混酿酒Vigna dei Pini。

生产商：Fattoria San Francesco**-***
所在地：Cirò（Calabria）
40公顷，年产量25万瓶
葡萄酒：Cirò Rosso Classico：Ronco dei Quattro Venti，Superiore Donna Madda
酒庄的头号产品Quattro Venti是最早使用法国大酒桶陈酿的Cirò葡萄酒。

生产商：Librandi***-****
所在地：Cirò Marina（Calabria）
230公顷，部分非自有葡萄，年产量200万瓶
葡萄酒：Gravello，Cirò Rosso Duca San Felice，Critone，Le Passule
酒庄的顶级葡萄酒包括：Gravello，酿酒原料为加格里奥波和赤霞珠；Magno Megonio，酿酒原料为麦格罗科（Magliocco）；白葡萄酒Mantonico。

生产商：Odoardi**-***
所在地：Cosenza（Calabria）
95公顷，年产量30万瓶
葡萄酒：Savuto Superiore；Scavigna：Vigna Garrone；Valeo
D.O.C.葡萄酒Savuto和Scavigna仍然是它们原产地的唯一杰出代表。

生产商：Paternoster**-***
所在地：Barile（Basilicata）
20公顷，部分非自有葡萄，年产量13万瓶
葡萄酒：Aglianico del Vulture：Barigliott，Clivus，L'Antico，Il Moscato
酒庄出产一款名为Barigliott的微起泡酒，酿酒原料为艾格尼科，另有一款起泡红葡萄酒L'Antico。酒庄以稳定的品质闻名。

撒丁岛

Cannonau di Sardegna, Malvasia di Cagliari, Monica di Cagliari, Moscato di Cagliari,
Vermentino di Gallura
Moscato di Sorso-Sennori
Alghero
Nuragus di Cagliari
Giro di Cagliari
Vernaccia di Oristano
Mandrolisai
Carignano del Sulcis

撒丁岛不仅保存着意大利最古老的葡萄酒文化，还有最多元的葡萄品种和葡萄酒种类。撒丁岛的葡萄种植面积达3万公顷，但近年来已经大幅减少，葡萄酒年产量约为9000万升。不过，仅有阿尔盖罗（Alghero）和加卢拉维蒙蒂诺（Vermentino di Gallura）等少数几个产区产量较大。一系列D.O.C.葡萄酒的年产量通常在1万～2万升。

几个世纪以来，撒丁岛受到了各种文化影响：拜占庭人、阿拉伯人和加泰罗尼亚人等都曾在这里定居，即使在今天，西班牙对撒丁岛葡萄种植的影响依然明显。这笔文化遗产在撒丁岛最重要的红葡萄品种中也有所体现，如卡诺娜（在西班牙称为歌海娜）、佳丽酿和维蒙蒂诺。

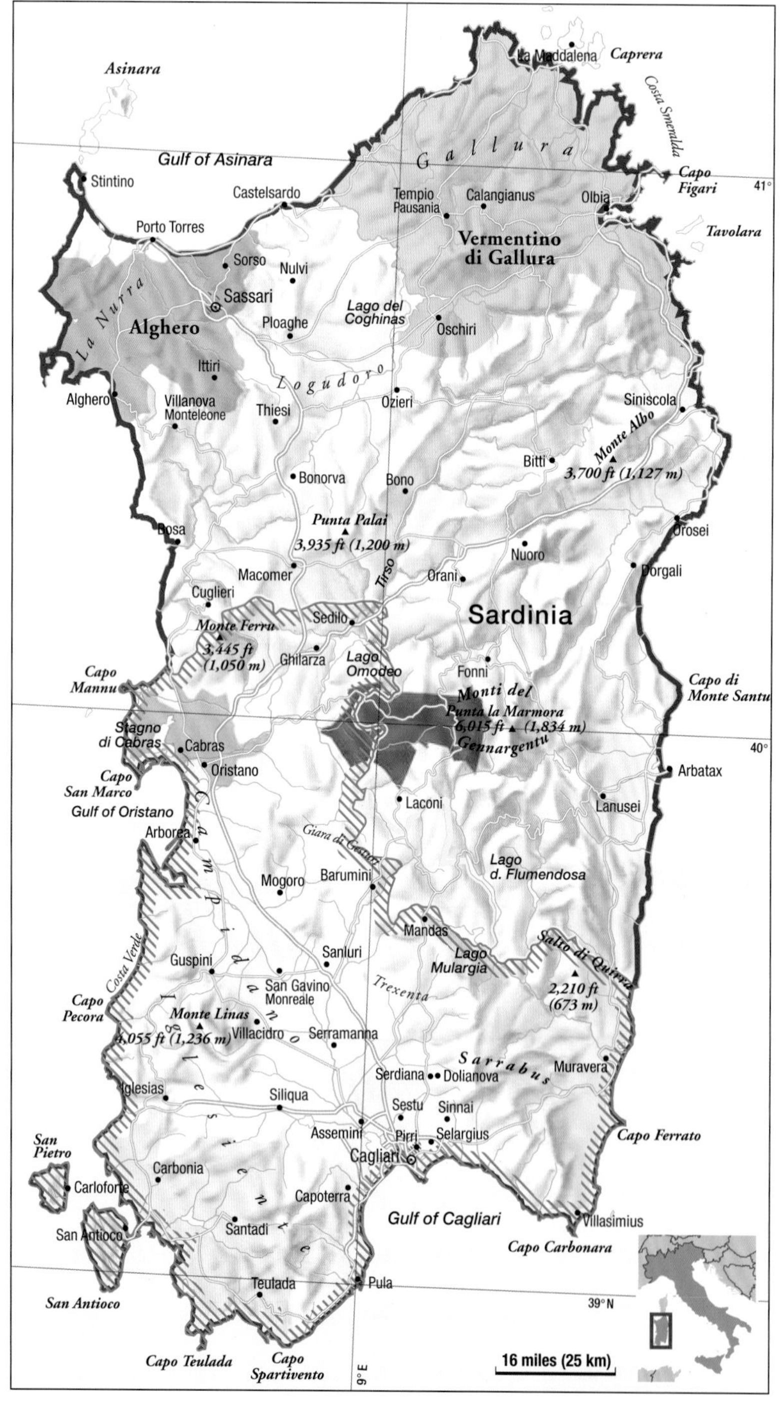

卡诺娜：默默无闻的葡萄酒

虽然卡诺娜具有生产高品质葡萄酒的潜力，但尚未受到国际专家的足够重视。这种葡萄仅在法国南部和新世界得到正确种植。已经有业内人士开始抱怨，一些享有盛名的超级托斯卡纳之所以能如此浓郁，是因为加入了较高比例的卡诺娜（卡诺娜在托斯卡纳海岸被称为阿利坎特，这个名字更能反映出它的西班牙血统）。

卡诺娜酿造的葡萄酒酒体丰满，香气复杂，单宁适中，酒精含量高，陈年潜力强。此外，这种葡萄酒非常适合与其他葡萄酒，如赤霞珠调配。在西班牙和法国南部，佳丽酿被误认为是一种只适合量产或混酿的普通葡萄，但是，撒丁岛的生产商用它酿造出迷人的葡萄酒，香味持久、口感圆润。其中，上等的葡萄酒以D.O.C.产区苏尔奇斯佳丽酿（Carignano del Sulcis）的名称出售。

在这片阳光充裕的土地上，北端的加卢拉省出产一种果味清新怡人的白葡萄酒维蒙蒂诺，偶尔带有异域风情的香味，是当地鱼类佳肴的完美搭配。这种葡萄在利古里亚区和法国南部（当地称之为侯尔）都有种植，只要种植户严格控制产量，收获的葡萄就能酿造出口感浓郁的葡萄酒。

阳光小岛上的甜葡萄酒

除了从欧洲大陆引进的国际知名葡萄品种，撒丁岛也有自己的本土品种，只不过很少有业外人士知晓它们的名字。这些品种包括帕斯凯尔、凯帝露、涅杜马努等。此外，岛上还有一款名气略低的浓香红葡萄酒——莫尼卡（Monica），以D.O.C.名称卡利亚里莫尼卡（Monica di Cagliari）或者撒丁岛莫尼卡（Monica di Sardegna）装瓶出售。在这里，玛尔维萨主要用来酿造一种加强甜葡萄酒，深受内陆消费者喜爱。这种与雪利酒相似的加强甜葡萄酒以及口感强劲的干白葡萄酒以奥利斯塔诺维奈西卡（Vernaccia di Oristano）命名，这里的维奈西卡与托斯卡纳的圣吉米格纳诺维奈西卡并无关联，在意大利，“维奈西卡”一词泛指各种红葡萄酒和白葡萄酒。

在撒丁岛面积最大、产量最高的D.O.C.产区阿尔盖罗，优质红葡萄酒、白葡萄酒和桃红葡萄酒的产量正在逐步提高。阿尔盖罗大部分葡萄酒都是由当地葡萄品种混酿而成。

虽然不乏优质的葡萄品种和葡萄酒，撒丁岛葡萄酒在国际市场上依然不具备影响力，最主要的原因就是当地的葡萄酒行业结构不合理。在撒丁岛，葡萄酒行业仍然由几家大合作社操控，仅有少数生产商在国内市场上树立了品牌。当地的葡萄酒仍然维持着自产自销的模式。

孔蒂尼（Contini）酒庄的维奈西卡

传统服饰依然受到人们的推崇

撒丁岛的主要葡萄酒生产商

生产商：**Argiolas****-*****
所在地：**Serdiana**
200公顷，年产量200万瓶
葡萄酒：Turriga，Angialis，Nuragus di Cagliari Sèlegas，Vermentino di Sardegna Costamolino，Monica di Sardegna Perdera，Cannonau di Sardegna Costera，Serralori，Alasi
酒庄通过Turriga葡萄酒证明了卡诺娜的潜力，Turriga采用佳丽酿和红玛尔维萨（Malvasia Rossa）酿造，并且在法国橡木桶中陈酿18个月。

生产商：**Attilio Contini****-****
所在地：**Cabras**
80公顷，部分非自有葡萄，年产量40万瓶
葡萄酒：Vernaccia di Oristano Riserva，Nieddera Rosso，Pontis，Cannonau di Sardegna，Antico Gregori，Elibaria，Karmis，Vermentino di Sardegna
20世纪80年代，酒庄领导了撒丁岛上的葡萄酒品质改革。

生产商：**Cantina Sociale Santadi****-****
所在地：**Santadi**
600公顷，年产量170万瓶

葡萄酒：Terre Brune，Latinia，Villa di Chiesa，Carignano del Sulcis Riserva Rocca Rubia，Cala Silente，Vermentino di Sardegna Villa Solais，Monica di Sardegna Antigua，Nuragus di Cagliari Pedraia，Carignano del Sulcis Tre Torri
多年来，该合作社的部分产品一直都是撒丁岛上的顶级葡萄酒，其中红葡萄酒Terre Brune尤为出众。鞠躬尽瘁的酿酒师Giacomo Tachis功不可没。

生产商：**Tenuta Sella & Mosca*****
所在地：**Alghero**
500公顷，非自有葡萄，年产量700万瓶
葡萄酒：Alghero Marchese di Villamarina，Vermentino di Sardegna la Cala，Alghero Le Arenarie，Anghelu Ruju，Cannonau di Sardegna Riserva，Alghero，Torbato Terre Bianche，Monteluce，Rubicante，Tanca Farrà，Aliante，Spumante Brut di Torbato，Oleandro，Vermentino di Gallura Monteoro
这座百年酒庄是撒丁岛最活跃的酒庄之一。红葡萄酒Alghero Villamarina多次获得意大利葡萄酒行业的最高荣誉。酒庄的最新产品是一款由佳丽酿、赤霞珠和梅洛混酿而成的葡萄酒。

西西里岛

西西里是一座充满矛盾的岛屿。因为阿普利亚的存在，它的葡萄酒产量和种植面积在整个意大利都位居前列。西西里的葡萄种植面积为13万公顷，葡萄酒年产量达8亿升。与意大利南部其他地区相比，西西里岛率先发现了自己在顶级葡萄酒生产方面的潜力。这里的自然条件无与伦比：日照充足、气候温暖、降水稀少，为葡萄成熟提供了最好的条件。此外，岛上土壤贫瘠，出产的葡萄酒表现力强，而在海拔900米的高山上，出产的葡萄酒风格雅致、香味浓郁。

西西里岛的葡萄酒和农产品在早期的希腊移民中就享有盛名。腓尼基人最早将葡萄树传入了西西里岛，希腊人将最新的技术和格莱卡尼卡等葡萄品种连同他们的众神和神话一起带到了这里。据说，女诗人萨福被驱逐出家乡莱斯博斯岛流放到西西里岛之后，在这里种植葡萄。后来，罗马人认为西西里岛葡萄酒是对著名白葡萄酒费勒年的巨大改进。

几个世纪后，在阿拉伯的统治下，西西里岛的葡萄种植业没有遭遇过重大变故。虽然《古兰经》提倡禁酒，但新的统治者不仅对葡萄酒酿造持宽容态度，甚至还引进了蒸馏技术。在整个中世纪，修道士成为蒸馏这些神奇的"生命之水"的主力军并积累了巨大财富，因此西西里岛的酿酒传统得以在经历了几个世纪的社会和政治变革后流传下来，这在整个意大利都十分罕见。

这也是西西里：秋季当赤霞珠葡萄园展现出第一抹红色时，马东尼山早已被积雪覆盖

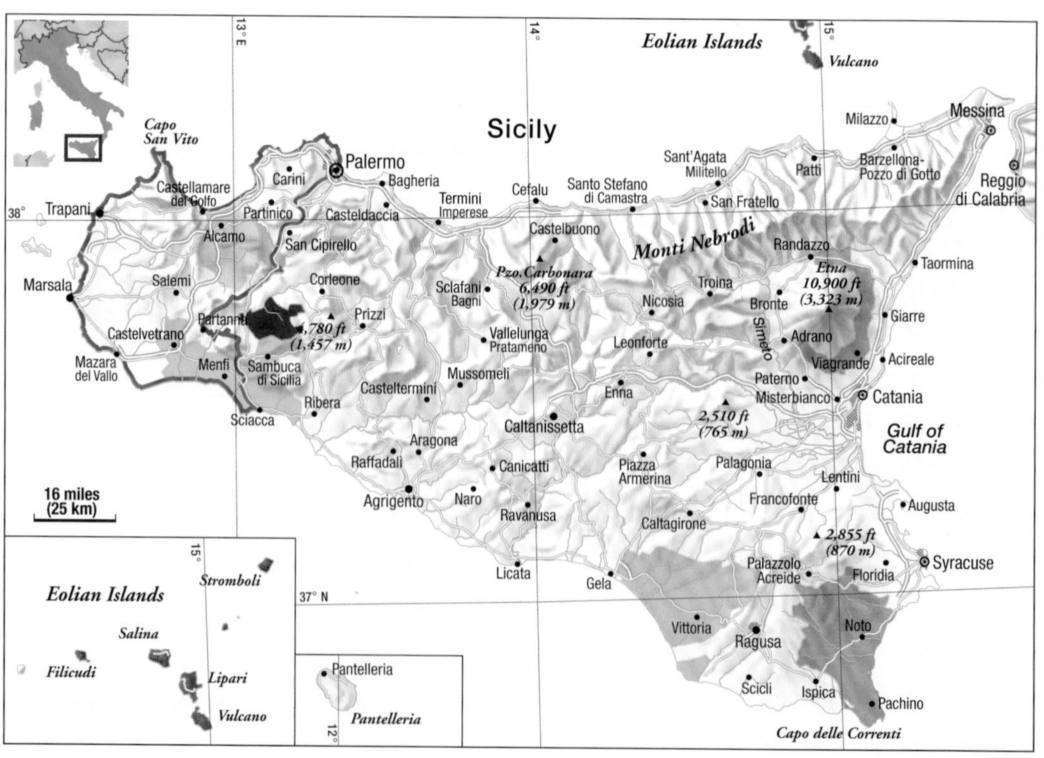

危机

西班牙统治时期，西西里岛的葡萄酒行业开始走下坡路，大批的粮食作物取代了葡萄树。直到18世纪末，英国人约翰·伍德豪斯发现马沙拉可以取代昂贵的雪利酒后，西西里岛的葡萄酒行业逐步复兴。不幸的是，虽然西西里是个孤岛，但仍然未能逃脱葡萄根瘤蚜虫的肆虐，马沙拉的名声也开始下滑。如今，岛屿西部的特拉帕尼（Trapani）是西西里岛最大的葡萄种植省，年产量达数千万升；同时，它也是最知名的马沙拉法定产区的所在地。在西西里岛南部的沿海地区，仍保留着大片葡萄园，而在东部，除了埃特纳火山附近，其他地方都主要种植鲜食葡萄。

在西西里岛，一部分优质葡萄酒并非产自主岛，而是来自东北部的伊奥利亚群岛（包括火山岛斯特龙博利）以及位于西西里岛和突尼斯之间的潘泰莱里亚岛。这里出产各种甜葡萄酒；在利帕里岛，主要的酿酒原料为玛尔维萨，而潘泰莱里亚岛主要采用泽比波，这种葡萄又称为亚历山大麝香。这些甜葡萄酒深受意大利葡萄酒行家的喜爱，并在国际市场上崭露头角。

卡洛·豪纳最先点燃了复兴传统的火花。20世纪80年代，他凭借利帕里玛尔维萨（Malvasia delle Lipari）引起了轰动，这款葡萄酒的原料为本地的玛尔维萨和黑柯林托。但是，由于那里的葡萄园条件独特，其他生产商并未纷纷仿效。

潘泰莱里亚莫斯卡托（Moscato di Pantelleria）葡萄酒的品质正在不断改善，马沙拉地区的一些生产商已经开始对其进行投资。目前，帕赛托甜葡萄酒和加强甜葡萄酒均为意大利顶级甜葡萄酒。

1834年，塔斯卡·德·阿尔梅里特家族买下了雄伟的雷加利（Regaleali）酒庄。今天，它已成为意大利管理最好的私人酒庄之一

马沙拉——一款有着曲折历史的甜葡萄酒

红葡萄酒和白葡萄酒的投资

20世纪90年代爆发了红葡萄酒和白葡萄酒的真正革命。除了对赤霞珠和霞多丽的成功尝试，革命拥护者大力开发本地品种并证实了它们的巨大潜力，而此前它们只用来量产价格低廉的无名葡萄酒。白葡萄品种尹卓莉亚（又称为安索尼卡）、卡塔拉托和格莱卡尼卡获得了青睐。而格里洛葡萄仅在极少数情况下用来酿造马沙拉。

白葡萄酒阿尔卡莫（Alcamo）来自西西里岛最大的D.O.C.产区（面积超过2万公顷），它证明了即使是高产的葡萄品种，只要严格控产、细心培育，同样能酿造出可口、圆润的干白葡萄酒。

红葡萄品种黑达沃拉（又称为卡拉贝斯）展现了较大的潜力。20世纪90年代中期生产的黑达沃拉葡萄酒颜色深沉、口感浓郁，品质丝毫不输于意大利大陆生产的艾格尼科葡萄酒。过去几年中，部分采用弗莱帕托和马斯卡斯奈莱洛酿造的优质葡萄酒走向了市场。弗莱帕托是产自西西里岛东南部的维多利亚瑟拉索罗（Cerasuolo di Vittoria）的酿酒原料，果香与樱桃接近，酿造的红葡萄酒常给人留下果味香甜、阳光明媚的印象。由于具备南部葡萄酒酸爽的特征，它是2005年以前西西里岛最早获得D.O.C.G.等级的葡萄酒。90年代前，西西里岛的优质葡萄酒主要产自10多家公司，包括大型酒庄以及位于西西里岛西南部曼菲（Menfi）地区最大的合作社赛托索里（Settesoli）。今天，约有500余家优质葡萄酒生产商争夺市场份额。未来，西西里岛的酿酒业和旅游业仍然有很大的开发潜力。

西西里的马沙拉

马沙拉为西西里葡萄酒行业的成功做出了巨大贡献。马沙拉是一种加强葡萄酒，由一位英国年轻人偶然发明。1770年，来自利物浦的商人之子约翰·伍德豪斯在今天的马沙拉港品尝到当地的一种葡萄酒，发现它足以与当时在英国家喻户晓的西班牙雪利酒和葡萄牙马德拉酒相媲美。经过长期的准备和三年的反复试验之后，伍德豪斯将第一批马沙拉葡萄酒运往英格兰。

网罩可以防止晚熟的马沙拉葡萄遭受鸟类啄食

1800年起，海军上将尼尔森每年为他的舰队订购500桶葡萄酒，马沙拉随即迎来了真正的突破。最初，葡萄原料供应充足、价格便宜，但突如其来的成功使得葡萄供不应求。因此，伍德豪斯将资金借给种植户建立新的葡萄园，而作为回报，他获得了葡萄和基酒的长期价格保障。

伍德豪斯的成功引来不少人竞相效仿。1812年，本杰明·英厄姆在伍德豪斯位于马沙拉的酒庄附近新建了一座规模更大、技术更先进的酒庄；1833年，商人文森佐·佛罗里奥成为第一个加入这个利润丰厚行业的西西里岛人，他通过第三方买下了伍德豪斯酒庄和英厄姆酒庄之间的土地，建立了自己的酒厂，并且将生产的葡萄酒定义为“马德拉风格”。

坐落在森布卡（Sambuca）的朴奈达（Planeta）酒庄是西西里岛的顶级生产商之一，这主要归功于其用法国葡萄酿造的单一品种葡萄酒

一个世纪以来，西西里岛的葡萄酒行业一直沐浴在马沙拉成功的荣耀之中，但到了20世纪，它已经不可逆转地开始走下坡路。在葡萄根瘤蚜虫灾害、强劲对手澳大利亚葡萄酒的崛起（炎热、干燥的澳大利亚内陆开始生产加强葡萄酒）、生产过剩和价格走低等一系列打击之下，马沙拉葡萄酒的品质逐步下滑。很快，欧洲市场上只能找到添加人工香味的马沙拉葡萄酒，消费者失去了兴趣。

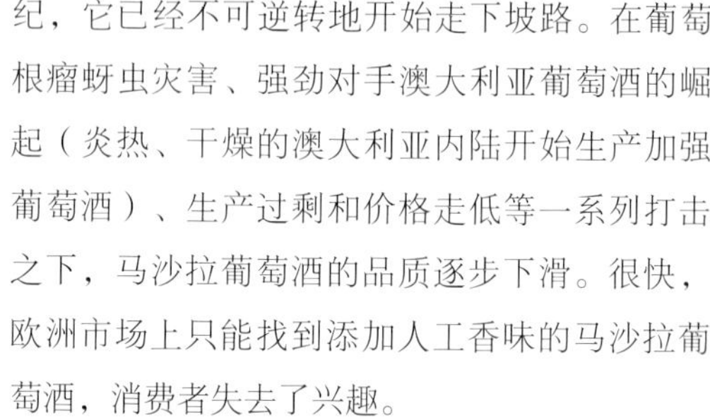

直到20世纪80年代，一部分生产商开始尝试恢复传统马沙拉葡萄酒的名望，其中包括马可·巴托利。但是，在西西里岛葡萄酒行业已经转向干白葡萄酒和红葡萄酒的情况下，马可·巴托利的追随者甚至不足六个。今天，仍有少数公司生产高品质的马沙拉。顶级马沙拉葡萄酒会在酒标上标注优质（Fine）、超级（Superiore）和珍藏（Vergine）等，酒精度均在18% vol以上，进入市场前须在木桶中陈酿4～10年。品质优良的马沙拉呈琥珀黄或棕色，具有浓郁的蜂蜜香或典型的雪利酒香，是理想的开胃酒，也可以搭配甜点；品质上乘的马沙拉香味复杂丰富，甚至让人觉得它的负面形象不可思议。

塔斯卡酒庄主要采用西西里岛的本土葡萄品种酿造葡萄酒

西西里岛的主要葡萄酒生产商

生产商：Abbazia Sant'Anastasia****
所在地：Castelbuono
65公顷，年产量80万瓶
葡萄酒：Santa Anastasia Rosso，Passomaggio，Baccante，Zurrica，Litra
酒庄位于Palermo省，采用本地和法国葡萄品种酿造优质葡萄酒。

生产商：Marco de Bartoli—Vecchio Samperi***—****
所在地：Marsala
25公顷，年产量6万瓶
葡萄酒：Vecchio Samperi Riserva 20 Anni Solera，Moscato Passito di Pantelleria Bukkuram，Marsala Superiore：Oro Vigna La Miccia，Riserva 20 Anni Solera；Josephine Doré，Zibibbo，Vigna Verde，Grappoli del Grillo，Rosso di Marco
Marsala Vecchio Samperi可谓典范：作为一款非加强葡萄酒，它的酒精含量和浓度均得益于过熟的葡萄，口感醇厚，陈酿时间长达30年。

生产商：Calatrasi—Terre di Ginestra*—***
所在地：San Cipirello
350公顷，部分非自有葡萄，年产量800万瓶
葡萄酒：Terre di Ginestra：Bianco，Rosso；Tenuta Calalbaio Olmobianco，Tenuta Calalbaio Rubilio，Pelavet di Ginestra，D' Istinto：Syrah，Cataratto/Chardonnay，Sangiovese/Merlot，Sangiovese
Maurizio Miccichè管理着这家知名酒庄，他还在阿普利亚和突尼斯拥有酿酒厂。Terre di Ginestra、Accademia del Sole 2001和Distinto系列葡萄酒物美价廉。

生产商：Cantine Florio***
所在地：Marsala
非自有葡萄，年产量300万瓶
葡萄酒：Marsala Superiore：Secco Ambra，Riserva Targa 1840，Baglio Florio，Vergine Terre Arse；Morsi di Luce
传统的马沙拉酒庄，为Cinzano集团所有，主要生产清透、复杂的马沙拉葡萄酒。酿酒师是Carlo Casavecchia。

生产商：COS***
所在地：Vittoria
25公顷，年产量13万瓶
葡萄酒：Cerasuolo di Vittoria，Frappato di Vittoria，Vignalunga，Ramingallo，Le Vigne di C.O.S.：Rosso，Bianco；Aestas Siciliae
酒庄的明星产品是霞多丽和赤霞珠。

生产商：Cusumano***—****
所在地：Partinico
200公顷，年产量170万瓶
葡萄酒：Alcamo Bianco Nadaria，Benuara Sicilia Rosso，Nadaria Inzolia Sicilia Bianco，Nadaria Nero d'Avola，Nadaria Syrah，Noa Sicilia Rosso，Sagana Sicilia Rosso
年轻的Cusumano兄弟胸怀大志，在他们的领导下，酒庄凭借优质的产品和专业的营销迅速成长为西西里岛的顶级生产商之一。

生产商：Donnafugata**—****
所在地：Marsala
170公顷，年产量200万瓶
葡萄酒：Contessa Entellina，I.G.T. Sicilia，Donnafugata：Bianco，Rosso，Rosato；Vigna di Gabri，Chiarandà del Merlo，Tancredi，Damaskino，Moscato di Pantelleria，Lighea，Passito di Pantelleria Ben Ryé，Opera Unica，Milleunanotte
酒庄主要生产干型葡萄酒，重点开发白葡萄品种。最好的产品是使用橡木桶陈年的霞多丽葡萄酒Chiarandà del Merlo。

生产商：Duca di Salaparuta**—***
所在地：Casteldaccia
100公顷，部分非自有葡萄，年产量950万瓶
葡萄酒：Corvo：Bianco，Rosso，Glicine，Novello，Spumante Brut；Terre d'Agala，Colomba Platino，Bianca di Valguarnera，Duca Enrico，Portale d'Aspra
酒庄生产的红葡萄酒Duca Enrico是西西里岛第一款受到高度评价的葡萄酒。如今，酒庄又恢复了昔日的光辉。

生产商：Planeta****
所在地：Sambuca di Sicilia
350公顷，年产量180万瓶
葡萄酒：La Segreta：Bianco，Rosso；Alastro，Chardonnay，Santa Cecilia，Merlot，Cabernet
酒庄出产采用法国葡萄酿造的单一品种葡萄酒（包括西西里岛最好的霞多丽之一）以及采用本地葡萄和法国葡萄调配的混酿酒。

生产商：Settesoli*—***
所在地：Menfi
6500公顷，年产量1500万瓶
葡萄酒：Settesoli：Bianco，Rosato，Rosso，Feudo dei Fiori，Bonera，Soltero Ross，Chardonnay Sicilia，Nero d'Avola/Cabernet，Nero d'Avola/Merlot，Porto Palo Bianco
西西里岛最大的酿酒合作社，主要生产普通的日常餐酒以及高品质的单一葡萄酒和混酿葡萄酒。

生产商：Spadafora***—****
所在地：Palermo
90公顷，年产量20万瓶
葡萄酒：I.G.T.Sicilia：Di Vino Bianco，Don Pietro Rosso，Schietto Rosso，Incanto，Vigna Virzi：Rosso，Bianco：Bianco d'Alcamo
酒庄中的楷模，品质稳定。较为出色的产品包括红葡萄酒Schietto和甜葡萄酒Incanto。

生产商：Tasca d'Almerita—Regaleali***
所在地：Sclafani Bagni
400公顷，年产量300万瓶
葡萄酒：Cabernet，Chardonnay，Regaleali：Bianco，Rosso，Rosato，Rosso del Conte，Nozze d'Oro，Villa Tasca，Conti d'Almerita Crèmant，Almerita Brut
酒庄树立了西西里岛本土葡萄品种的标准。采用黑达沃拉酿造的Rosse del Conte与白葡萄酒Nozze d'Oro堪称经典，两者都具有较强的陈年潜力。酒庄还生产优质的赤霞珠和霞多丽葡萄酒，酿酒原料来自新建的葡萄园。

德国

德国酿酒业

最早成功在摩泽尔河和莱茵河沿岸系统进行葡萄种植的是罗马人。戴克里先皇帝最初想把特里尔城作为中转站，将罗马的葡萄酒贩至不列颠各省。但很快人们就清楚地认识到在当地酿酒收益更丰厚。戴克里先的继任者普罗布斯将葡萄种植技术引入摩泽尔河地区，不久莱茵河和摩泽尔河两岸的坡地上、普法尔茨的山地里以及黑森山道（Hessische Bergstraße）、法兰克尼亚和符腾堡都种满了葡萄树。800年左右，查理曼大帝开始鼓励人们将葡萄按品质优劣进行分类，以确定最佳的葡萄种植地，他还通过法律来保护酿酒商和贸易商。

莱茵高埃伯巴赫修道院的“宝藏”

Ahr
Mittelrhein
Mosel · Saar · Ruwer
Rheingau
Nahe
Rheinhessen
Hessische Bergstraße
Pfalz
Baden
Württemberg
Franconia
Saale · Unstrut
Saxony
Wine-growing areas in neighboring countries

1000年左右，修道院是葡萄酒生产的主力。来自勃艮第熙笃会的修士们于12世纪在莱茵高地区建立了埃伯巴赫修道院，此后这里成为欧洲最大、最著名的酿酒中心。很快德国葡萄酒就在欧洲大受欢迎。16世纪的文件记载表明，当时葡萄种植面积达30万公顷，是当今德国种植面积的3倍；而人均葡萄酒年消费量为120升，几乎是现在的5倍。

但不久灾难降临。中欧地区急剧恶化的气候加上欧洲大陆的纷飞战火使葡萄种植遭到了彻底的破坏。直到17世纪末，经济开始复苏，这种情况才得以终止。

虽然埃伯巴赫修道院的修士们最早在德国葡萄园里种植法国品种黑比诺，但一个完全不同的白葡萄品种很快征服了摩泽尔河和莱茵河两岸——雷司令。通过细心选育，雷司令成为这个地区的主要葡萄品种。

19世纪下半叶，受到来自法国的葡萄根瘤蚜虫病的影响，德国葡萄酒行业损失惨重。葡萄根瘤蚜虫病带来了灾难性的后果，葡萄种植面积减少至过去的1/3。而两次世界大战和其间爆发的经济危机使得葡萄酒行业直到20世纪50年代才迎来真正的复苏。

批量生产与产品质量

20世纪60年代，德国葡萄酒行业迎来了发展的最佳时刻。90年代初，葡萄种植面积已超过10万公顷。同时葡萄酒产量从5000升/公顷上升至1万升/公顷：仅仅30年间，葡萄酒产量翻了1倍多。

这一切源于葡萄种植方法的改良、机械化的生产、系统化的病虫害防治以及更多抵抗力强、产量高的葡萄品种的种植。葡萄酒行业将重心放在出口贸易上并大力发展大规模生产：甜型或半甜型的白葡萄酒圣母之乳（Liebfraumilch）成了德国葡萄酒在英美市场上的代名词。

德国的葡萄酒法律制定于1971年，20世纪90年代被修订。但是这部法律对于德国葡萄酒知名度的提高却成效甚微。因为法律中没有对葡萄园进行分级，当小型的顶尖葡萄园与那些无法生产优质葡萄酒的大葡萄园在法律中地位相等时，消费者就无法区分市场上大量葡萄酒的优劣了。德国的知名生产商们建议引入法国式的葡萄园分级体系，不过也有一些独立经营的生产商对这个建议持批评态度，他们酿造的葡萄酒在各自区域里首屈一指，但在那些被认为值得进行分级的地区没有自己的葡萄园。

20世纪90年代葡萄酒品质的提高离不开个体生产商的努力。他们开始酿造能满足公众更高期盼的葡萄酒。得益于先进的酿酒工艺和优良的葡萄品种，德国白葡萄酒，不论是干白还是甜白，国际声誉都获得了提升。最近，生产商们开始种植红葡萄品种，并且酿造色泽更深浓、层次更复杂、口感更醇厚的红葡萄酒，而这一趋势前景大好。

位于葡萄园里的莱茵石城堡（Burg Rheinstein）骄傲地俯视河对岸的小镇阿斯曼斯豪森（Assmannshausen）。莱茵石城堡修建于900年左右，用作海关和货物收税站

摩泽尔装饰板上的酒神女祭司

葡萄酒产区的葡萄种植面积和葡萄酒产量

2005年数据，资料来源：德国葡萄酒协会（DWI）和德国葡萄酒百科全书（Eno-Verlag出版社出版）

葡萄酒产区	2001年葡萄种植面积 公顷	1990/2000年平均年产量 百升
阿尔	544	38958
巴登	16004	1314750
法兰克尼亚	6072	448544
黑森山道	436	29443
中部莱茵	465	24317
摩泽尔	9080	860764
纳赫	4119	310637
普法尔茨	23363	2211782
莱茵高	3106	202865
莱茵黑森	26228	2442837
萨勒-温斯图特	658	30192
萨克森	411	18730
符腾堡	11515	1194791
共计	102001	9128610

葡萄酒法律和葡萄酒种类

Vinothèque葡萄酒产自中部莱茵的拉岑伯格（Ratzenberger）酒庄。陈年佳酿像在图书馆或档案馆一样被细心保存着

经典和特选

20世纪90年代末期，德国的葡萄酒法律中增添了两个新的等级：经典和特选。作为对原有品质等级的补充，它们对葡萄酒味道的说明更加精准，从而使消费者能更容易地定位和挑选葡萄酒。经典葡萄酒酒体饱满、没有甜味，且必须用产地的葡萄品种酿造，产量不能超过6000升/公顷。每个种植区约有1～8种葡萄酿造出的葡萄酒能达到这个等级。此外，残糖含量不能超过15克/升，或者不能超出酸含量的2倍。酒精度要比同一地区相应的品质等级高1% vol。特选葡萄酒的要求则更为严格：残糖含量不能超过9克/升或酸含量的2倍；而特选雷司令的残糖含量不能超过12克/升或者酸含量的1.5倍。

根据德国葡萄酒法律，德国葡萄酒可分为4个等级：日常餐酒、地区餐酒、特定产区优质酒（简称Q.b.A.）和谓称优质酒（Qualitätswein mit Prädikat或Prädikatswein，简称Q.m.P.）。大多数葡萄酒都属于后两种。与法国葡萄酒法律不同的是，德国葡萄酒法律没有根据地区对葡萄酒进行分级，而只是按照葡萄汁中的含糖量，将Q.m.P.细分为6类，包括珍藏、迟摘、精选、逐粒精选、贵腐精选和最特别的冰酒。

根据德国葡萄酒法律，只有日常餐酒、地区餐酒和Q.b.A.葡萄酒可添加额外的糖分。每个等级葡萄酒中的最低含糖量会根据葡萄产地不同而略有不同，含糖量的多少用奥斯勒度表示。此外，最终的葡萄酒还要标明最低酒精度。日常餐酒和地区餐酒的酒精度不能超过15% vol。

比重计用于测定葡萄汁的重量，从而计算出其含糖量

要区分不同种类的德国葡萄酒，首先需要的是由普福尔茨海姆（Pforzheim）的物理学家费迪南·奥斯勒（1774—1852年）发明的比重计。这种类似温度计的仪器是一个下端放置了汞或铅的空心玻璃管，玻璃管上标有刻度。当比重计放入水中时（比重为1），比重计排开液体的重量应等于浸入的比重计的重量。如果葡萄汁的比重因溶入其中的杂质而有所改变，比重计就会下沉得浅一些。因此，比重计能称出1升葡萄汁和1升水的重量差，这样就能计算出葡萄汁的含糖量。比重为1.050的葡萄汁的含糖量为50奥斯勒度，相对最终葡萄酒的酒精度是6% vol。

20世纪70年代，德国的生产商和消费者都喜爱迟摘型葡萄酒，当然市场上也充斥着廉价的所

葡萄园、集合葡萄园和次产区

根据德国葡萄酒法律的定义，葡萄园或单一葡萄园通常是指占地至少8公顷、拥有特定名称以及明确地理范围和边界的葡萄园。德国葡萄酒法律规定，单一葡萄园出产的葡萄酒口味必须保持一致。

从19世纪中期开始，葡萄园都按照古老的乡村地名来命名，不过最初只有产自大酒庄的顶级葡萄酒才能这样命名——特别是迟摘型和精选型葡萄酒。1971年葡萄酒法律颁布以后，这种命名方式成为了通则。

葡萄酒法律还定义了集合葡萄园（字面意思为大葡萄园，由若干单一葡萄园组成）和次产区（由若干集合葡萄园组成）。但是仅从酒标上无法区别这些更大的葡萄园和单一葡萄园，消费者也无法知道酒标所指的是哪种原产地。长久以来德国的葡萄酒法律广受诟病，因为它不像法国那样以地理区域为基础对葡萄酒的品质进行分级。

谓的谓称优质酒，这种葡萄酒在酿造过程中添加了未发酵的葡萄汁。

但是请不要将这些葡萄酒与著名的贵腐酒相混淆。贵腐酒的原料是受到贵腐霉菌感染的过熟葡萄，它的酿造从18世纪开始，到20世纪上半叶已担负起了德国著名葡萄酒的美誉，其中最负盛名的贵腐酒当数莱茵高和摩泽尔河地区的雷司令。与之相反的是，20世纪60—70年代流行的甜葡萄酒从某种程度上说是葡萄种植产业化的结果，由于德国气候偏冷，因此如果不添加糖分，葡萄酒会单薄酸涩。

甜味：少即是好

20世纪70年代中期，全世界的葡萄酒爱好者越来越青睐余味干爽的葡萄酒（最初是产自阿尔萨斯的艾德兹维克混酿酒）。追求品质的德国生产商们开始酿造自己的干型或者超干型葡萄酒，这些葡萄酒几乎不含残糖，也不用未发酵的葡萄汁进行“改良”，因为未发酵的葡萄汁不适合摩泽尔、纳赫和莱茵高地区的酸性葡萄酒。与这些德国葡萄酒相比，产自南部的干型葡萄酒口感更加均衡柔和。

不久，生产商们回想起高品质葡萄酒的真正标准应是醇厚、协调。如今消费者可以接受少量的残糖，于是贵腐酒变得越来越受欢迎。生产商们试图酿造更具“国际”风格的葡萄酒。勃艮第的葡萄品种不断增加，甚至霞多丽也进入了德国葡萄园。生产商们还在橡木桶熟成和酸转化上进行各种尝试。

这种发展趋势的结果是顶尖的德国生产商酿造出了风格各异的葡萄酒，与某一葡萄园或地区的特征相比，生产商的个人风格更能决定葡萄酒的特点。与此同时，日益先进的酿酒工艺使普通葡萄酒的风味更为一致。

因此，德国葡萄酒的种类更加丰富，并且能在国际市场上占据一席之地。如今德国不仅拥有来自北部产区的果香浓郁的经典雷司令以及最顶级的贵腐酒，强劲、均衡的干白葡萄酒和复杂、浓郁、圆润的红葡萄酒也能与它们并驾齐驱了。

1. 商标和葡萄园名称
2. 葡萄采摘年份
3. 葡萄品种名称
4. Q.m.P.的谓称等级
5. 口味类型
6. 原产地类别
7. 等级：Q.m.P.（或者Q.b.A.、日常餐酒、地区餐酒）
8. 产区
9. 官方检测号码
10. 装瓶公司（如果是酒庄装瓶，则标注生产商的名称和地址）
11. 生态监测办公室电话
12. 容量
13. 酒精度
14. 生产商的徽标

正如葡萄酒是酿酒师的创作一样，酒标的设计通常委任给经验丰富的艺术家

酒标

德国的葡萄酒酒标上必须标注某些信息，而更多的信息，生产商可自行加入。必须标注的信息包括葡萄酒的等级（日常餐酒、地区餐酒、Q.b.A或Q.m.P.）、产区、生产商名称、葡萄酒的装瓶地、容量和酒精度。优质葡萄酒还必须提供官方检验号码和批号，以便对装瓶信息进行精确识别。谓称优质酒的谓称等级也必须出现在酒标上。

生产商可自己选择标注的信息包括确切的原产地、多达两种的葡萄品种名称、酿酒年份、葡萄园名称、口味类型（干型、半干型、甜型等），以及酿酒商和装瓶商是否相同。

贴有品牌标签的葡萄酒可能只会标注酒名、葡萄园名和酿造年份，但根据德国葡萄酒法律，还必须贴有附加酒标，并且标注必要信息。

主要的葡萄品种

德国是雷司令葡萄最重要的产地，也是葡萄培育之乡。大量的葡萄品种都在这里培育，如20世纪推广至其他国家的米勒-图高和施埃博。然而在这些葡萄品种中，目前只有雷司令和米勒-图高拥有大量的种植面积。另外两个葡萄品种——黑比诺和丹菲特只占整个德国葡萄种植面积的5%，而其他葡萄品种的种植比例不超过1%。

12种种植范围最广的葡萄品种（2005年）		
品种	种植面积（公顷）	占葡萄种植总面积的百分比
雷司令	20794	20.4%
米勒-图高	14346	14.1%
黑比诺	11660	11.4%
丹菲特	8259	8.1%
西万尼	13296	5.3%
葡萄牙人	4818	4.7%
科纳	4235	4.2%
灰比诺	4211	4.1%
白比诺	3335	3.3%
托林格	2543	2.5%
黑雷司令	2459	2.4%
巴克斯	2205	2.2%

雷司令及其杂交品种

最新的基因研究表明，雷司令是白高维斯与琼瑶浆的杂交品种。有证据显示，自11世纪起，德国就开始种植雷司令，但直到17世纪、18世纪才拥有广泛的种植面积。雷司令在阴凉的气候下表现最佳，出产的葡萄酒香气浓郁、酸甜均衡。雷司令和霞多丽被认为是所有白葡萄品种中最具独特特点的葡萄。作为晚熟品种，雷司令酿造的葡萄酒既适合年轻时饮用，也可以经过长期陈酿后成为复杂、醇厚的甜葡萄酒。雷司令在成熟过程中仍可保持酸度，因此是酿造迟摘型和精选型葡萄酒的理想原料。

雷司令比其他任何葡萄品种更能反映产地特点，并将这些特点表现在酿造的葡萄酒中。无论生长在哪里，摩泽尔的片岩层，莱茵高的黏土和黄岩坡地，莱茵黑森低矮的红砂岩层，巴登、阿尔萨斯还是奥地利瓦豪的原岩层，各地区的雷司令差别显著。有些葡萄酒散发矿物风味或果香，而Q.m.P.葡萄酒则会有蜂蜜的味道。顶级Q.m.P.葡萄酒颜色呈黄色和金黄色，或是淡黄色中透出一点绿色。这些葡萄酒果香怡人，包括苹果、桃、葡萄柚和其他柑橘类水果的味道。就口感而言，品质上乘的雷司令酸度强劲、酒体丰满（高浓度的萃取物有时能弥补其酒精含量低的缺点），而且风味几乎总是那么强烈。

过去几十年，雷司令在新世界的种植面积越来越广。美国加利福尼亚、澳大利亚、新西兰和其他各国的葡萄酒生产商们都试图效仿莱茵河、摩泽尔河和多瑙河地区的同行们。世界第二大雷司令种植区位于一些苏联等周边国家境内。虽然人们对那里的葡萄种植一无所知，但是那里出产的葡萄酒，除了少数几种之外，都相当令人失望。通常，那些地区的气候太过温和，葡萄无法达到最佳品质。中欧外围地区的雷司令葡萄酒都比较平淡无趣。有时所谓的雷司令葡萄酒根本就不是由雷司令葡萄酿造，如澳大利亚著名的猎人谷雷司令（Hunter Valley Riesling）最初是用赛美蓉酿造而成。

欧洲也存在这种混淆，不仅因为真正的雷司令有各种名称，如在奥地利被称为“Rheinriesling”，还因为所谓的威尔士雷司令（即国外雷司令，在意大利被称为意大利雷司令）事实上是一个完全不同的葡萄品种，与著名的雷司令葡萄毫无共同之处。

至少在德国与雷司令葡萄同样受欢迎的米勒-图高是雷司令和皇家玛德琳的杂交品种，于1882年由来自瑞士图高州（Thurgau）的赫尔曼·米勒在德国盖森海姆培育成功。这种早熟葡萄需要肥沃的土壤且产量很高，因此，如果想用米勒-图高酿出好酒，就必须大幅降低其产量。通常，米勒-图高葡萄酒酸度适中，口感柔和圆润。用未完全成熟的米勒-图高酿造的葡萄酒带有淡淡的麝香葡萄的芳香，经过两三年的陈酿后，这种香味会逐渐消失。

科纳葡萄由托林格和雷司令在1929年（公认的时间是1969年）杂交而成。这种葡萄抵抗力强、产量高，因此今天在德国所有的葡萄酒产区都能看到它的身影。科纳酿造的葡萄酒与雷司令类似，但品质不及后者。

就产量而言，西万尼是20世纪50年代德国的主要葡萄品种，因为它是第一种能确保稳定产量的葡萄。后来在很多地区西万尼被雷司令、科纳和米勒-图高所取代，但是现在人们对西万尼的兴趣又与日俱增。西万尼葡萄酒酒香清淡、酸度适中、口感浓郁。

1916年，格奥尔格·施埃将一种野生葡萄与雷司令杂交培育出了以他名字命名的施埃博葡萄（在奥地利被称为苗种88号）。普通施埃博葡萄酒平淡无奇，但是这种葡萄可以用来酿造细腻甘醇的精选葡萄酒。

巴克斯是西万尼、雷司令和米勒-图高的杂交品种。这种葡萄高产、多汁，酿造的葡萄酒常带有一丝麝香味，有时它的味道与雷司令极为相似。

德国最出色的白葡萄酒由灰比诺酿造，其中品质最佳的葡萄酒口感浓郁，富含萃取物和香料味。灰比诺果皮呈灰红色，是黑比诺的直系后裔。

位居第二的红葡萄酒

德国最受欢迎的红葡萄品种是黑比诺。在它的家乡法国，黑比诺被称为“Pinot Noir”，在所有红葡萄品种中声誉最高。德国最优质的黑比诺葡萄酒产自阿尔、巴登、普法尔茨和莱茵高地区。

葡萄牙人由奥地利传入德国。这种产量稳定的早熟葡萄可以酿造自然爽快的葡萄酒，也可以酿造口感醇厚、果香浓郁的葡萄酒。葡萄牙人常被用来生产白秋葡萄酒（一种桃红葡萄酒）。

丹菲特是和风斯丹与埃罗尔德乐贝的杂交品种，酿造的葡萄酒以强劲的酸度和辛辣的果味而闻名。最初人们培育丹菲特是为了增强其他葡萄的色泽，但它逐渐发展成一个独立的葡萄品种并且备受欢迎。这种葡萄还可用于酿造德国起泡酒。

托林格是符腾堡葡萄种植户最喜欢的葡萄品种，用它酿造的葡萄酒呈淡红色，果香浓郁、酸度明显。由于成熟太晚，托林格在德国其他地区的种植面积较少。

黑雷司令其实与雷司令没有任何关系，它是一种勃艮第葡萄，在法国被称为莫尼耶比诺。黑雷司令和黑比诺有些相似，只是它的色泽更深沉、味道更浓烈。

采用老藤葡萄酿造的雷司令葡萄酒口感醇厚，风土特征显著，生态种植的雷司令尤其如此

白葡萄酒的酿造

这本中世纪的印刷物展示了酿造葡萄酒最重要的3个环节：首先采摘葡萄，其次用脚踩踏，最后用台式压榨机进行压榨

曾经，酿酒是如此的简单，只需在葡萄园里把葡萄放进大桶中挤压，然后在压榨间里用筐式压榨机榨出葡萄汁，接下来在巨大、古老的发酵桶里，酵母开始让葡萄汁发酵。如果葡萄很健康，就可以压榨出清澈干净的葡萄汁，并且酿造出体现葡萄品种和产地特点的优质葡萄酒。但不是所有事情都可以进展得那么顺利，因此人们想出各种方法来加快发酵进程，其中有些方法学自国外，那里的人们长久以来一直对葡萄园和酿酒工艺的改革进行各项研究。这些早期的成功使人们无比信任高科技方法的价值。现在，泵、导管、温控不锈钢发酵罐、离心机、错流过滤机、人工酵母、细菌、酶以及通过蒸发和渗透工作的浓缩机等在酿酒厂随处可见。与此同时，葡萄园还引进了各种先进设备，包括树枝修剪机、葡萄采摘机等。

技术带来的福祉

葡萄汁必须经历一段漫长的加工过程，大酒厂中尤其如此。首先，葡萄汁会被放入分离器中过滤，可能还会进行巴氏灭菌以确保没有任何残留的野生酵母或“外来”酵母。其次，葡萄汁中会加入来自澳大利亚或美国的异域芳香酵母进行发酵，这样能加强最初的果香。接着就由含有特定细菌或酶的发酵剂开启葡萄汁的酸转化过程。最后，再对葡萄酒进行一次微过滤，就可以无菌装瓶了。

这样生产出来的葡萄酒虽然没有瑕疵，但缺乏独特性。它们清透纯净，但在香气和风味上毫无特点可言。

尊重葡萄

20世纪90年代上半叶，因为大规模生产的需要，人们不断地提高机械化水平并大量使用化学助剂、酶和生香酵母，而顶级生产商却开始考虑葡萄酒的真正品质。现在的原则是尽可能轻柔地处理葡萄，只在必要时才使用机器。其中一个

符腾堡布拉肯海姆酒庄里一套银色的不锈钢酒罐

哈尔蒂（Haarti）酒庄的酿酒厂位于摩泽尔河畔的皮斯波特（Piesport）

普法尔茨的科勒-鲁布希特（Koehler-Ruprecht）酒庄的橡木桶和发酵桶

如图，摩泽尔河畔皮斯波特的葡萄园位于陡峭的山坡上，采摘作业仍通过手工完成

例子就是对葡萄进行整颗压榨，而不事先去皮或挤压。如今人们甚至又开始将葡萄汁静置一段时间，以赋予葡萄酒更坚实的结构和更强的陈年潜力，而这已不再代表一种无可救药的保守态度。

如果葡萄酒中需要添加未发酵的葡萄汁，发酵过程会被加压、冷却和过滤等方式中断，这样就能保留某一葡萄品种特有的香气。但是最主要的新发展是用橡木桶对白葡萄酒和红葡萄酒（特别是用勃艮第葡萄酿造的葡萄酒）进行陈酿。在本书撰写期间，德国的生产商们不断进取的心态备受称赞，因为在德国所谓的白葡萄酒的标准酿造模式早已过时。

酸葡萄

德国是世界最北的葡萄酒生产国，年平均气温低于意大利、西班牙和法国大部分地区，日照也更少。南方的葡萄汁和葡萄酒因为酸度低而需要额外酸化，而德国的生产商们却更可能要与过高的酸度做斗争。

现代酿酒技术用两种方法处理葡萄汁或葡萄酒中的酸度：通过加入碳酸钙脱酸和生物降酸。葡萄酒中的酸主要包括苹果酸和酒石酸，因此在第二种方法中，需要用酶和细菌把凌厉的苹果酸分解成乳酸和二氧化碳，这一过程也被称为苹果酸-乳酸发酵。

事实上，德国白葡萄酒最大的优势是酸度适中：适宜含量和恰当种类的酸可以赋予葡萄酒清爽的口感，提高它的陈年潜力。较之化学脱酸、生物降酸的优点在于在此过程中受到影响的只有苹果酸。虽然生物降酸的潜在弊端是转化过程中会产生不必要的牛奶或黄油味，但现在通过使用特别的酶可以避免这个问题。

不过，当大酒厂用苹果酸-乳酸发酵的方法使葡萄酒更圆润、更“国际”时，顶尖的生产商们又开始另寻他途。在他们看来，酸含量高是早收造成的，因此要想酿造出浓郁、圆润的葡萄酒，秘诀只有一个：等葡萄完全成熟后再采摘。

机械化浓缩

葡萄酒生产商们一直试图浓缩葡萄汁，特别是葡萄汁里的糖分，因为其在发酵时会产生酒精。法国的生产商采用放血法，即从酿造红葡萄酒的破皮葡萄中提取少量葡萄汁，然后再加入连皮发酵的葡萄酒中，这样葡萄酒的色泽更浓烈、口感更丰富。

在奥地利和一些地中海国家，浓缩葡萄酒的方法是在采摘后将葡萄风干一段时间，而德国葡萄酒法律禁止这种做法。这样生产出来的稻草酒通常比较甜，或者像意大利的阿玛罗尼葡萄酒一样拥有较高的酒精度。

机械化浓缩起源于法国，已有15年的历史，主要包括两种方法：在25～30℃，用真空蒸发器去除葡萄汁里的水分；或者用反渗透法让葡萄汁在高压下通过半透膜，半透膜上不同大小的孔径可以截留不同的分子，这种方法可以过滤葡萄酒中的流体分子和发酵过程中产生的多余物质，如挥发酸。

机械化浓缩的优势显而易见。例如，如果某年风调雨顺，但在收获之前突降大雨，那么用这种方法可以去除葡萄汁里多余的水分。如果细菌可能会危害酒质，用这种方法也可以进行修复。但不置可否的是机械化浓缩也存在缺点：首先，粗暴地处理葡萄汁或成酒明显有违大生产商所重视的轻柔酿酒原则；其次，葡萄汁的浓度因年份和产地而不同，而机械浓缩会让葡萄酒变得越来越相同，结果产自不同地区或不同葡萄园的葡萄酒风格越来越接近。

德国的葡萄酒法律不会自降水准允许这些方法用于所有葡萄酒，因此生产商也不会坐等葡萄达到规定的天然糖分含量，他们只要轻松地酿造那些葡萄汁比重含量高的精选型和逐粒精选型葡萄酒即可。

摩泽尔

摩泽尔河谷

摩泽尔河谷是全世界最令人难忘的葡萄酒产区之一。洪斯吕克山脉和埃菲尔（Eifel）地区之间的摩泽尔河向西北方汇入莱茵河，两岸的陡峭斜坡上几乎种满了葡萄树。摩泽尔出产的葡萄酒可能是德国最有特色的葡萄酒，这里的雷司令果香怡人，无论是干型还是甜型都无可匹敌。

摩泽尔河谷出产美酒的原因在于其独特的地理位置和陡坡上理想的微气候，那里的每一颗葡萄都沐浴在阳光下。摩泽尔河上游主要是介壳灰岩，中下游地区多泥质板岩，底层为泥盆纪岩石，这里的土壤能储存太阳辐射的热量。此外，河面对温度也有调节作用。因此，摩泽尔地区的温度可以促进葡萄成熟，而温和的气候又能让雷司令充分释放香气。

在这些坡地葡萄园里工作非常艰巨，有些葡萄园甚至相当陡峭。通常，葡萄树种植在不易接近的窄长梯地里，完全无法开展机械作业。最近几十年，人们在摩泽尔河下游修建了小型单轨铁路，用于把工人送往最高处的葡萄园，但是单轨也无法改变高的劳动强度。比起那些处于水平位置的葡萄园，这些葡萄园里所投入的劳动力是5倍甚至10倍之多。尽管如此，摩泽尔的葡萄酒产量也是在整个德国位居首位，高达13500升/公顷，但除了某些顶级葡萄酒，摩泽尔的葡萄酒均价也是整个德国最便宜的。

在教产还俗期间，随着大的教会酒庄被解散，摩泽尔河谷成为德国最有影响力的葡萄酒交易地区。今天，德国最大的酿酒厂中有6家位于这里。

主要的单一葡萄园

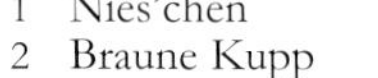

1 Nies'chen
2 Braune Kupp
3 Kupp
4 Bockstein
5 Rausch
6 Würtzberg

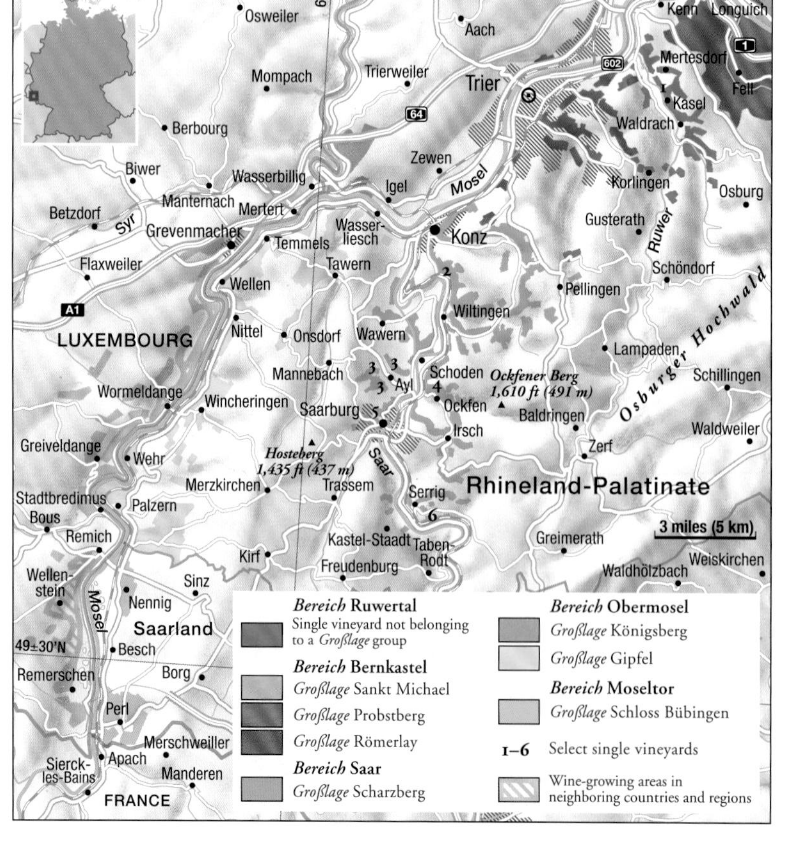

雷司令和埃尔布灵

那些一提及摩泽尔河谷就只想到雷司令的人大概忘了雷司令在这里的种植比例只占50%。米勒-图高的种植比例约为15%。古老的本土葡萄品种埃尔布灵曾是最受欢迎的起泡酒基酒原料，最近人们又开始重新审视它的价值，其种植比例仍占10%。

在摩泽尔河上游，特别是在卢森堡边境和特里尔之间的地区，可能起源于罗马的埃尔布灵一直在与雷司令相抗衡，虽然它的胜算并不大。如今埃尔布灵通常被用来酿造清新、爽快的干型Q.b.A.葡萄酒，这些葡萄酒已成为当地的特色。

特里尔是摩泽尔河上游地区的葡萄种植中心。这里的教区酒庄、腓特烈·威廉中学（Friedrich Wilhelm Gymnasium）酒庄和联合医院（Vereinigte Hospitien）酒庄采用古老的酿酒工艺，与大型现代化的德国起泡酒厂相比，反而显得耳目一新。

萨尔河谷

萨尔河下游位于摩泽尔地区最南端，与南部的莱茵黑森或者北部的普法尔茨几乎同一纬度，但是人们却多把它当作北方葡萄酒产区。萨尔的葡萄酒通常酸度较高，在年份好的时候，这里也能出产当地最雅致的葡萄酒。萨尔的雷司令口感鲜爽，原因在于其葡萄园的结构：相比更靠近北部的摩泽尔河

中游地区，这些葡萄园坡度缓和，而且鲜少朝向南方，因此接收的热量和阳光少很多。

与著名的摩泽尔河谷不同，这里的葡萄园分布较散。维庭根沙兹堡（Wiltinger Scharzhofberg）葡萄园的葡萄酒享誉盛名，但是请不要将它与沙兹堡集合葡萄园（Großlage Scharzberg）的葡萄酒混为一谈，德国葡萄酒法律喜欢用这些术语混淆消费者。维庭根葡萄园统一的朝南坡向、残留的片岩泥盆纪土壤、巨大的温差和古老的葡萄树，这一切都确保了出产的葡萄酒酒香浓郁、层次丰富，是特别出色的精选葡萄酒。

萨尔堡劳施（Saarburger Rausch）地区的红黏土中混杂着片岩，这里的葡萄果香雅致，足以弥补糖分高的缺陷。塞里希乌尔兹堡（Serriger Würtzberg）、奥克芬波克斯坦（Ockfener Bockstein）、维庭根布劳恩库普（Wiltinger Braune Kupp）和艾尔库普（Ayler Kupp）等葡萄园都能出产高品质的葡萄，但是由于1971年德国葡萄酒法律给予单一葡萄园过高的地位，这些葡萄园的地位被削弱，艾尔库普葡萄园就是其中一个例子。直到现在，只有少数生产商充分利用这些葡萄园。

乌沃河谷

乌沃河下游与萨尔河下游只相距11.5公里/千米左右，但是这两个地区的葡萄酒却大相径庭。乌沃是摩泽尔地区最小的葡萄酒产区，在寒冷的年份，这里出产的葡萄特别酸，有时还会给葡萄酒带来紧绷的口感。这种年份生产商会酿造干型葡萄酒。但是无论年份的好坏，乌沃葡萄酒都具有明显的果香。最好的葡萄酒产自翠绿阿兹伯格（Grünhäuser Abtsberg）、卡索瑟霍夫堡（Karthäuserhofberg）和卡泽尔神龛（Kaseler Nies' chen）葡萄园，那里的土壤大多是灰色和红色的片岩。在出产顶级葡萄酒的酒庄中，有几家甚至蜚声海外，其中包括卡索瑟霍夫、卡洛斯穆赫兰（Karlsmühle）和翠绿酒庄。

左图：萨尔河畔的奥克芬（Ockfen），这里的黏质片岩土壤适合出产口感浓郁、果香雅致的葡萄酒

右图：这个位于萨尔河畔的葡萄园小屋告诉我们，曾经生产商们只能步行至自己的葡萄园，小屋既是他们在葡萄园里过夜的落脚处，天气糟糕时也可用来遮风避雨

乌沃河畔的翠绿酒庄还保留着优良的传统

甜葡萄酒

德国的甜葡萄酒，特别是传奇的冰酒，是全球紧俏的招牌酒。精选、逐粒精选和贵腐精选级别的甜葡萄酒可与世界其他任何地方的甜葡萄酒相媲美，如法国的苏玳和匈牙利的托卡伊。

德国的秋季寒暖交替迅速，因此摩泽尔河谷以及莱茵河与美因河两岸的葡萄园特别适合出产逐粒精选和贵腐精选葡萄酒。不过，酿造冰酒的葡萄必须采自位置更低洼而且更寒冷的葡萄园。

酿造高品质Q.m.P.葡萄酒的首要条件是延迟葡萄的采摘时间，直到葡萄内累积的糖分含量在发酵过程中也不能全部转换成酒精为止。逐粒精选和贵腐精选葡萄酒离不开灰霉菌，这种真菌会促进贵腐霉菌感染葡萄，而冰酒则是寒冷夜晚的产物。

在适当的气候条件下，贵腐霉菌的破坏力会转变成优势。它的孢子能穿透被感染葡萄的果皮，随着葡萄不断成熟，果皮将越来越薄，因此当这些原本就富含萃取物的葡萄果肉中的水分蒸发后，剩下的物质不仅甜度和酸度较高，而且香气和风味更浓郁。

虽然已经干得像葡萄干一般，但是在采摘达到“贵腐”状态的葡萄时仍需非常细致。通常每串葡萄只有少量符合条件的果实，因此在秋季时，葡萄种植户往往要在葡萄园内巡视数次。由于德国的天气，采摘的过程无法像滴金酒庄著名的苏玳那样多达8个阶段，但是完全有可能分2个、3个或4个阶段。

冰酒：夜间大冒险

虽然现代技术和机械结构的浓缩机基本上已取代了古老的酿酒工艺，但是每年都用过熟或者感染贵腐霉菌的葡萄来酿造葡萄酒是不可行的。然而，对于冰酒这种甜葡萄酒来说，年份间的差异至关重要。酿造冰酒的葡萄不需要感染贵腐霉菌，但在采摘和压榨时必须冻结，只有这样，从果肉中榨出的果汁才能保持冰晶的状态，而其他榨出的果汁都是流状液体。

葡萄完全冻结的理想温度应比冰点（0℃）低7～8℃，甚至10℃或12℃。因此当冬天到来的时候，为了酿造冰酒而保留几串葡萄的生产商会随时做好采摘的准备。一旦夜间的气温低至这个魔法般的温度，他们就会召集自己的采摘队，

酿造冰酒的葡萄在夜间采摘

寒冷的早晨，气温-16℃

冻结的葡萄

塑料可以保护葡萄树上的葡萄

葡萄运送至酿酒厂时依然保持冰冻的状态

压榨前手工挑选葡萄

伊贡米勒酒庄的世界之最

摩泽尔产区的大多数生产商都无法为自己的葡萄酒卖出一个好价钱，因此只能诉诸批量生产。但是萨尔地区的伊贡·米勒先生却可以把他的好酒拍卖至每半瓶1000~2000欧元的高价。

小米勒先生经营伊贡米勒酒庄已经有些年头了，当德国著名的葡萄酒作家将他的干型葡萄酒称为“一场灾难”时，小米勒先生并不为所动。事实上他已不再生产任何干型葡萄酒了，现在他酿造的某些顶级甜葡萄酒都被视为瑰宝，特别是金色瓶盖的逐粒精选和贵腐精选葡萄酒，还有一款冰酒也无可匹敌。

伊贡米勒酒庄每年只有5%的葡萄酒在特里尔的摩泽尔顶级酒庄联盟年度拍卖会上竞拍。但是从成交价为230欧元的最低等级珍藏葡萄酒到高达2400欧元的贵腐精选葡萄酒，只需几瓶就能占酒庄销售总额的一大部分。这些数据刷新了年轻葡萄酒的世界纪录，而且米勒先生一瓶1959年的贵腐精选陈酒最近拍出了6650欧元的高价。

米勒先生的葡萄酒因出众的品质和高昂的价格而闻名世界。当然，米勒先生也深知这些价格不受生产商左右，只是一种流行的市场现象，取决于诸多因素，因此无法仅用葡萄园的知名度和葡萄酒的高品质来解释。

在日出之前借助灯光采收葡萄。

感染贵腐霉菌的葡萄中的酸含量会随着葡萄的不断成熟而降低，但是冰酒的酿酒葡萄不同，健康的葡萄酸度非常高，而且如同葡萄里的糖分以及香气和风味物质，会因果汁的结晶而浓缩。特别是在更靠北的地区，如摩泽尔河谷、萨尔河谷和莱茵河中游，这里的冰酒具有明显的果酸味，而其他的大多数地区的冰酒口感更丰满、圆润。除了常见的味道，真正的优质冰酒富含萃取物，酸度、甚至甜度较高，并且具有蜂蜜、玫瑰、柑橘和异域水果的香味。

卡尔冯舒伯特（C. von Schubert）酒庄位于乌沃河畔的梅尔斯特多夫（Mertesdorf），其用翠绿阿兹伯格葡萄园中的葡萄酿制的冰酒是最知名的德国甜葡萄酒之一

不冒险，无所得

许多葡萄品种都适合酿造贵腐酒或冰酒，如施埃博或雷司令。当它们用来生产简单的干型优质葡萄酒时根本不值一提，但是加工成Q.m.P.葡萄酒后，会带来意想不到的风味。酿造甜葡萄酒的最佳葡萄品种是雷司令。它是少数在成熟时仍保留适当酸度的葡萄品种，这种酸度能赋予葡萄酒清爽的口感和坚实的结构。

不过，其中也隐藏了巨大的风险：燕八哥喜欢吃甜葡萄、暴雨可以瞬息之间摧毁葡萄园。此外，酿酒厂需要大量劳动力，产量却很小，这让冰酒的生产成本相当地高。因此，逐粒精选和贵腐精选葡萄酒与冰酒一样都价格不菲就不足为奇了。一些高级酒的爱好者乐意花大笔钱买上半瓶好酒，经过多年的等待后，再细细品尝。

摩泽尔顶级酒庄协会和伯恩卡斯特协会

20世纪早期，特里尔市的市长创建了摩泽尔顶级酒庄协会（Großer Ring）。该协会只由摩泽尔地区协会和德国顶级酒庄协会（V.D.P.）的会员构成，在每年举办的拍卖会上，提供产自摩泽尔、萨尔和乌沃产区的Q.m.P.葡萄酒。一些位于摩泽尔地区顶尖酒厂之列却不属于V.D.P.成员的酒庄创立了另一个类似的组织——伯恩卡斯特协会（Bernkasteler Ring）。迄今为止最高的成交价仍然是在摩泽尔顶级酒庄协会的年度拍卖会上创造。

摩泽尔河中游和下摩泽尔

摩泽尔河中游

摩泽尔河中游（特里尔葡萄园也位于这里）是摩泽尔产区中最知名的地区，也是最受欢迎的旅游景点。河流在狭窄河谷中蜿蜒流淌，经过特里滕海姆（Trittenheim）、皮斯波特、采尔廷根（Zeltingen）和特拉本-特拉尔巴赫（Traben-Trarbach）。放眼望去，几英里的山坡上葡萄园星罗棋布，这一壮观的景象也成为摩泽尔河谷在全世界的代表形象。

摩泽尔中游的土壤为红色和灰色的片岩，山坡多朝南向或西南向，因此生产的雷司令酒体丰满、口感均衡。与摩泽尔河上游地区相比，这里的葡萄酒更加浑厚，有时也非常强劲。不过，摩泽尔河中游顶级葡萄园出产的葡萄酒各具特色。特里滕海姆药草园（Apotheke）的雷司令坚实又雅致。皮斯波特金滴园（Goldtröpfchen）的雷司令更为强劲，虽然这个葡萄园的成名归功于葡萄酒法律，它的扩大也是因为合并了一些价值不高的地块。布劳讷贝格悠芙-日晷园（Brauneberger Juffer-Sonnenuhr）是知名葡萄园之一，即使在潮湿凉爽的年份里，其干燥的土壤上也能生产出品质出众的葡萄酒。

虽然科斯特纳保林斯霍夫贝格（Kestener Paulinshofberger）葡萄园的潜力还未被充分发掘，但是出产的葡萄酒几乎与悠芙-日晷园的葡萄酒不相上下。德国最昂贵的葡萄园——当然也是世界最昂贵的葡萄园之一——是贝恩卡斯特尔医生园（Bernkasteler Doctor），这里的葡萄酒风格雅致。著名的日晷园共跨3个地区，即卫恩（Wehlen）、采尔廷根和贝恩卡斯特尔-屈斯（Bernkastel-Kues）的西北角，其中卫恩村囊括了大部分顶尖葡萄园。红色砂岩土质的乌尔齐希香料园（Ürziger Würzgarten）和爱德纳修士园（Erdener Prälaten）出产的葡萄酒也与众不同，这两个葡萄园把雷司令的优雅、强劲和辛辣完美地融合在了一起。

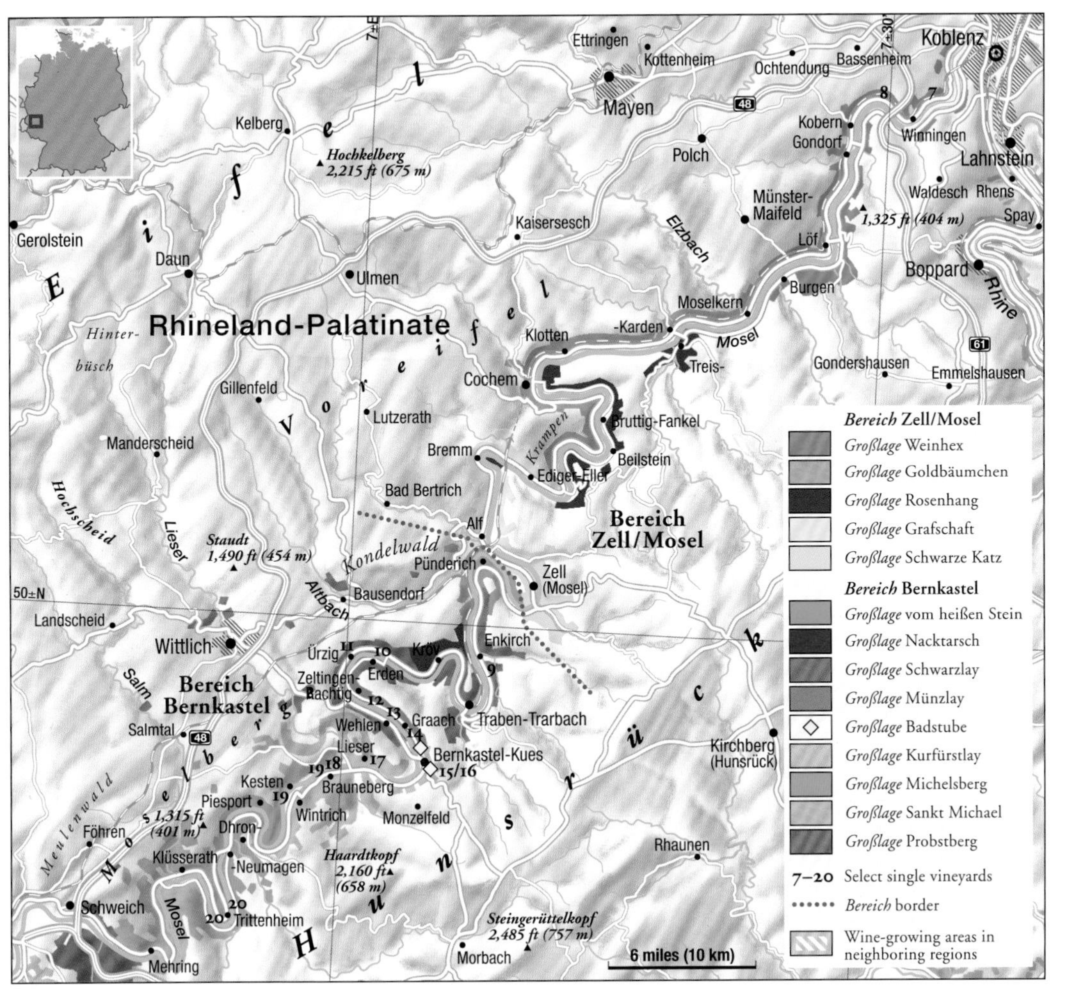

主要的单一葡萄园

7 Im Röttgen
8 Uhlen
9 Batterieberg
10 Treppchen
11 Würzgarten
12 Sonnenuhr
13 Sonnenuhr
14 Dompropst
15 Graben
16 Doctor
17 Niederberg-Helden
18 Juffer-Sonnenuhr
19 Paulinshofberger
20 Apotheke

只需看一眼克勒夫镇（Kröv）陡峭的葡萄园就能知道它们非凡的潜力，虽然这里的纳克阿什集合葡萄园（Nacktarsch Großlage）或多或少给它们带来了一些负面影响

产自温宁根顶尖的乌尔伦葡萄园的几款雷司令是摩泽尔地区口感最清爽的葡萄酒，而且具有一种独特的矿物气息

右页图：在如香料园般陡峭的葡萄园里，种植户通过安装滑轮组把设备运上山，再将收获的葡萄运下山

下摩泽尔

在摩泽尔河与莱茵河的交汇处，景色美不胜收。虽然这里的河道不及科赫姆（Cochem）、采尔（Zell）、贝恩卡斯特尔和皮斯波特之间的河道蜿蜒，但是两岸的山坡更陡峭、更崎岖，而且风景更令人神往。摩泽尔河中游和下游交界处的布雷默卡尔蒙特（Bremmer Calmont）是整个德国最陡峭的葡萄园，温宁根（Winningen）的科伯恩（Kobern）、乌尔伦（Uhlen）和罗特根（Röttgen）葡萄园的陡峭程度紧随其后。

摩泽尔河下游又被称为“梯田摩泽尔”，这一名称来源于河谷两岸狭长的灰棕色石质梯田。这些梯田在冬季看起来格外令人生畏，从这个角度放眼望去绵延不绝。数不尽的梯田填满了每一条狭窄的通道，占用了每一寸土地，几乎不留一丝空间给葡萄树。因此，这里的种植作业要艰难许多。

虽然与布劳讷贝格、卡塞尔（Kasel）、特里尔和萨尔堡的葡萄园相比，下摩泽尔的葡萄园更靠北，但出产的葡萄酒却酸度较低、口感圆润。一方面，这是因为梯田朝向正南，而且摩泽尔河宽阔的河面具有良好的气候调节作用；另一方面，这里的土壤贫瘠多石，可以提供葡萄生长所需要的一切养分。

为了能与摩泽尔河上游和中游地区著名的葡萄酒产区并驾齐驱，这里最好的葡萄酒生产商和美食家们一同组成了下摩泽尔联盟。这个联盟每年夏季都会举办美食和文化盛会来吸引游客。

回归高品质

下摩泽尔拥有摩泽尔河谷最陡峭的葡萄园，这个地区是摩泽尔葡萄酒产区的一颗明珠。虽然下摩泽尔潜力非凡，但20世纪70年代摩泽尔地区盛行的是甜葡萄酒，这种葡萄酒在德国北部和英语国家特别受欢迎。尽管摩泽尔销往市场的葡萄酒中50%是干葡萄酒，另外30%是半干葡萄酒，但决定摩泽尔葡萄酒形象的仍然是甜葡萄酒。

过去10年中，萨尔堡和温宁根最知名的生产商已赢得了高品质雷司令爱好者的青睐。他们用产自维庭根、皮斯波特、贝恩卡斯特尔和乌尔齐希顶级葡萄园的果实酿造葡萄酒。优质的产区、优质的雷司令葡萄，所产的葡萄酒当然不负众望。其中的秘诀在于，这些葡萄园里的葡萄树都有100多年的历史，葡萄酒的产量保持在4000～5000升/公顷，而不是通常的10000～13000升/公顷。这场新酿酒运动最初由摩泽尔河中游的生产商发起，如今各地区都在争相效仿。

摩泽尔地区的主要葡萄酒生产商

生产商：**Fritz Haag*****-******

所在地：**Brauneberg**

6公顷，年产量5万瓶

葡萄酒：Riesling Brauneberger Juffer，Brauneberger Juffer-Sonneuhr

酒庄主Wilhelm Hagg凭借Brauneberger Juffer-Sonnenuhr葡萄园出产的雷司令而闻名世界。现代化的酒窖中主要使用不锈钢设备酿酒。

生产商：**Reinhold Haart*****-******

所在地：**Piesport**

8公顷，年产量4.5万瓶

葡萄酒：Riesling，Weißburgunder（Piesporter：Kreuzwingert，Domherr，Goldtröpfchen；Wintrich Ohlingsbert）

Theo Haart成功的秘诀在于用现代技术轻柔地处理最优质的葡萄。他酿造的干型浅龄葡萄酒酸度明显，贵腐酒果香浓郁、口感甘醇。

生产商：**Heymann-Löwenstein******

所在地：**Winningen**

15公顷，年产量10万瓶

葡萄酒：Riesling，Müller-Thurgau，Weißburgunder（Winning: Röttgen，Uhlen）

Reihard Löwenstein从1992年才开始经营自己的葡萄园，但已经建立了良好的声誉。他的酿酒原料产自Uhlen、Kirchberg、Stolzenberg和Röttgen的陡峭片岩梯田，主要用来酿造干型葡萄酒。这些葡萄酒强劲辛辣，与摩泽尔雷司令果味精致的特点形成了鲜明对比。

生产商：**Carl A. Immich******

所在地：**Batterieberg，Enkirch**

5公顷，年产量3万瓶

葡萄酒：Riesling（Enkirch：Steffensberg，Batterieberg）

该酒庄占地4公顷，曾为德国第三大私人酒庄。这里的酒窖始于1200年，至今仍保存完好，酿造的雷司令酒体纯净、果香怡人。

生产商：**Karlsmühle****-*****

所在地：**Mertesdorf**

14公顷，年产量6.5万瓶

葡萄酒：Riesling and Weißburgunder from the Lorenzhöfer Felslay and Mäuerchen vineyards, also from the Kasler Nies' chen and Felsnagel vineyards

20世纪80年代，Peter Geiben被视为"明日之星"。他的葡萄酒产自Felslay和Mäuerchen单一葡萄园，具有精妙的风味和强烈的酸味。

生产商：**Karthäuserhof******

所在地：**Trier-Eitelsbach**

19公顷，年产量15万瓶

葡萄酒：Riesling，Weißburgunder（Eitelsbacher：Karthäuserhofberg）

这个历史悠久的酒庄目前由Christoph Tyrell经营，他的乌沃葡萄酒醇厚强劲，陈年潜力强。

生产商：**Heribert Kerpen*****-*****

所在地：**Wehlen**

7公顷，年产量5万瓶

葡萄酒：Riesling（Wehlen：Sonnenuhr；Graach：Dompropst，Himmelreich）

Heribert Kerpen拥有数块摩泽尔地区最好的葡萄田，已跻身当地最佳生产商之列。产自Sonnenuhr葡萄园的贵腐酒品质非凡。

生产商：**Reichsgraf von Kesselstatt*****-*****

所在地：**Wehlen**

36公顷，年产量48万瓶

葡萄酒：（Graach：Josephshöfer，Dompropst；Bernkastel：Doctor；Wehlen：Sonnenuhr；Piesport：Goldtröpfchen；Wiltingen：Scharzhofberg；Kasel：Nies'chen）

这个位于乌沃河畔Marienlay城堡的传统酒厂属于起泡酒巨头Günther Reh家族所有，现在由Annegret Reh-Gartner经营。它的名声源自特级葡萄酒Palais Kesselstatt。

生产商：**R. & B. Knebel*****-******

所在地：**Winningen**

5.5公顷，年产量3万瓶

葡萄酒：Riesling，Weißburgunder，Kerner（Winningen：Hamm，Röttgen，Uhlen）

Reinhard Knebel和Beate Knebel夫妇致力于酿造干型摩泽尔雷司令，并取得了极大的成功。Beate Knebel在其丈夫死后继续经营该酒庄。产自Hamm和Röttgen葡萄园的葡萄酒口感细腻、酒香浓郁，与众不同的特点使它们在Q.m.P.葡萄酒中脱颖而出。

生产商：**Dr. Loosen*****-******

所在地：**Bernkastel**

18公顷，年产量不详

葡萄酒：Riesling，Müller-Thurgau，（Treppchen，Prälat，Sonnenuhr，Himmelreich）

该酒庄的葡萄酒在酒香、浓度、萃取物含量以及酒精度方面都与常见的果香浓郁的摩泽尔葡萄酒不同。酿酒原料全部来自拥有100多年历史的葡萄树，并且大多数都没有进行嫁接。与许多其他酒庄所不同，这里的贵腐葡萄酒和干型葡萄酒都享誉盛名。

生产商：**Markus Molitor*****-*****

所在地：**Wehlen**

35公顷，年产量25万瓶

葡萄酒：Riesling，Weißburgunder，Spätburgunder（Zelting：Sonnenuhr；Wehlen：Sonnenuhr；Bernkastel：Badstube；Ürzig：Würzgarten；Graach：Dompropst，Himmelreich；Traben-Trarbacher）

该酒庄是摩泽尔地区最值得信赖的葡萄酒生产商之一，以干型和半甜型雷司令闻名。

生产商：Egon Müller*****
所在地：Scharzhof und Le Gallais，Wiltingen
9公顷，年产量7.5万瓶
葡萄酒：Riesling（Scharzhofberg，Wiltinger Braune Kupp）
该酒庄的贵腐酒几乎在每年的葡萄酒拍卖会上都能创造新的最高价。产自著名Scharzhofberg葡萄园的葡萄只用于酿造Q.m.P.葡萄酒。

生产商：Dr. Pauly-Bergweiler***-****
所在地：Bernkastel
16公顷，年产量12万瓶
葡萄酒：Riesling，Spätburgunder，Müller-Thurgau（Bernkastel，Ürzig，Brauneberg，Graach，Erden，Zeltingen）
Peter Pauly拥有当地最好的葡萄园。几十年来，他一直在努力提高酒庄的知名度。这里的葡萄酒在非常现代化的酒厂中酿造，使用不锈钢酒罐发酵，只有部分葡萄酒会在木桶中陈酿。

生产商：Joh. Jos. Prüm***-****
所在地：Wehlen
14.5公顷，年产量12万瓶
葡萄酒：Riesling（Wehlen：Sonnenuhr；Zeltingen：Sonnenuhr；Graach：Himmelreich；Bernkastel：Badstube）
Manfred Prüm是摩泽尔地区最知名也是最具争议的生产商之一。批评者认为他的浅龄酒不合常规，而雷司令的爱好者则认为他的葡萄酒陈年潜力强。

生产商：S. A. Prüm****
所在地：Wehlen
18公顷，年产量12.5万瓶
葡萄酒：Riesling（Bernkastel；Wehlen：Sonnenuhr；Graach）
20世纪90年代初，Reinhold Prüm一直在酿造高品质的摩泽尔雷司令。其中最好的葡萄酒产自Wehlen Sonnenuhr、Graacher Domprobst和Graacher Himmelreich3个葡萄园，口感多为微甜到甜。

生产商：Willi Schaefer*****
所在地：Graach
4公顷，年产量2.8万瓶
葡萄酒：Riesling（Graach：Himmelreich，Dompropst；Wehlen：Sonnenuhr）
大多数时候，该酒庄产自Graacher Domprobst葡萄园的雷司令葡萄酒，无论是迟摘型还是逐粒精选型，都属于这一地区的上品。

生产商：Schloss Lieser****
所在地：Lieser
8公顷，年产量不详
葡萄酒：Riesling from（Lieser Niederberg-Helden）
自从接手该酒庄后，Thomas Haag将长久以来被人忽视的Niederberg-Helden葡萄园发展成摩泽尔河中游地区最好的葡萄园之一。这里的葡萄酒果香优雅，有一种特别的柑橘味。

生产商：Selbach-Oster***-****
所在地：Zeltingen
17公顷，年产量12万瓶
葡萄酒：Riesling（Zeltingen：Sonnenuhr，Schlossberg；Graach：Dompropst；Wehlen：Sonnenuhr；Bernkastel）
Selbach家族不仅经营着知名的出口贸易，还管理着自己的酒庄，并且在Bernkastel和Zeltingen地区拥有诸多顶级葡萄园。他们轻柔地处理葡萄、重视最关键的酿酒环节，因此生产的葡萄酒可以完美地展现风土特征。

生产商：Van Volxem***-****
所在地：Wiltingen
33公顷，年产量16万瓶
葡萄酒：Riesling（Wiltingen：Scharzhofberg，Volz，Gottesfuß；Kanzem：Altenberg；Wawern：Goldberg）
如果以前不是，至少从20世纪初开始，Roman Niewodniczanski的酒庄一直都是摩泽尔地区最好的酒庄之一。几经沉浮后（酒庄曾在几年内数次易主），这个传统的酒庄终于稳定了下来。

生产商：Geheimrat J. Wegeler Erben****-*****
所在地：Bernkastel-Kues
14公顷，年产量11万瓶
葡萄酒：Riesling，Müller-Thurgau（Bernkastel：Doctor；Kasel：Nies'chen；Wehlen：Sonnenuhr）
在巨大的拱形酒窖里，不锈钢酒罐中生产的雷司令酒体清透；甚至普通的雷司令也果香怡人、口感均衡。迟摘型和精选型葡萄酒品质上乘。

生产商：Dr. F. Weins-Prüm****-*****
所在地：Wehlen
4公顷，年产量4万瓶
葡萄酒：Riesling（Wehlen：Sonnenuhr，Graach：Himmelreich，Dompropst；Erden：Prälat）
Hubert Selbach在接手家族酒庄之前是个银行家，他一直低调地管理着自己的产业，并在业内拔得头筹。他采用传统的方法，酿造的葡萄酒具有浓郁的香气和风味。

生产商：Forstmeister Geltz-Zilliken****-*****
所在地：Saarburg
11公顷，年产量6.5万瓶
葡萄酒：Riesling（Saarburg：Antoniusbrunnen，Saarburger Rausch，Saarburger Bergschlösschen；Ockfen：Bockstein）
Hans-Joachim Zilliken的酒窖内景在摩泽尔地区堪称壮观。酒窖四周岩石的岩脉含有水分，因此酒窖特别潮湿，为葡萄酒的陈酿提供了理想的环境。这里的葡萄酒优雅、轻盈，更高品质的精选葡萄酒也是如此。

阿尔

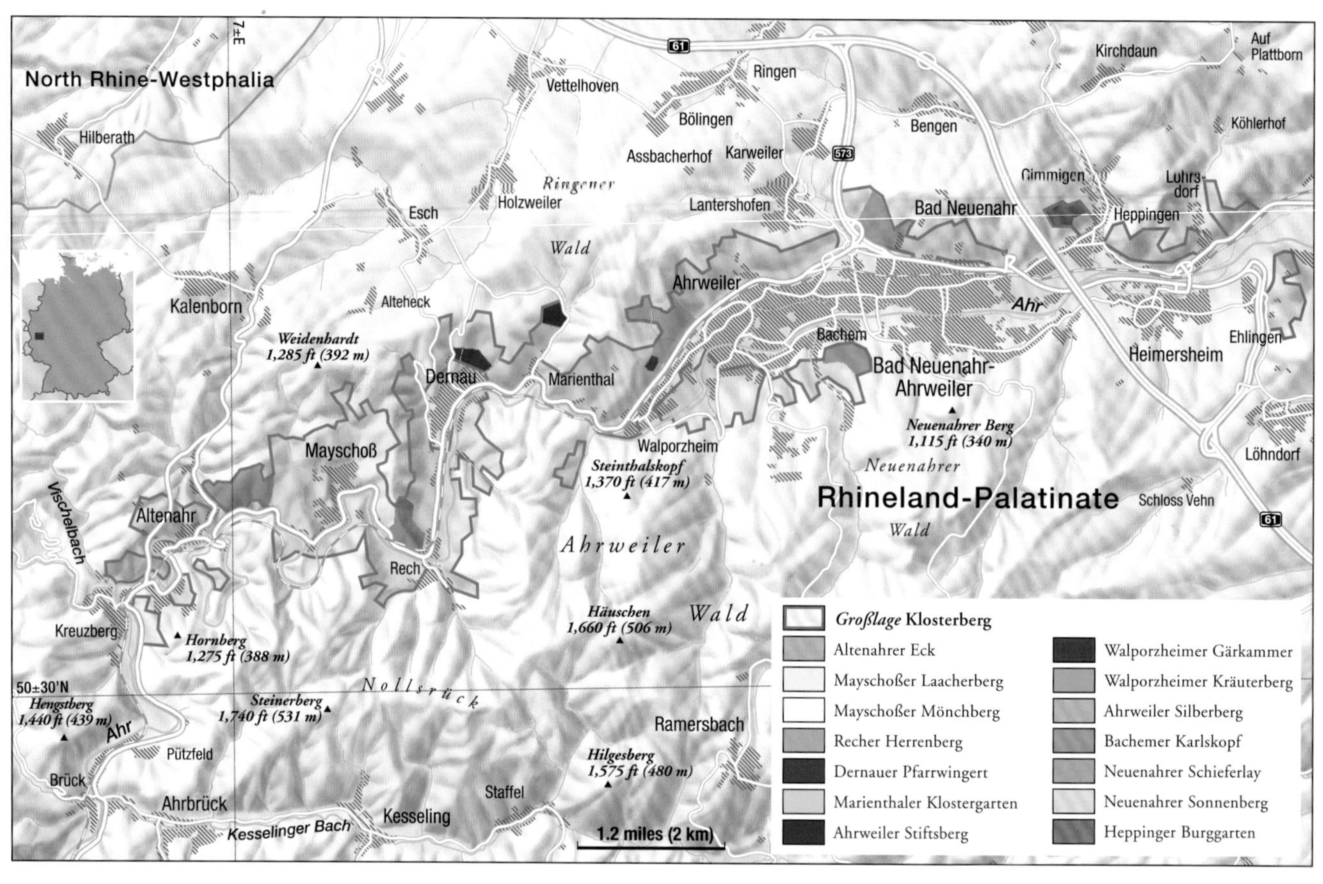

红葡萄酒之岛

德国北部的阿尔河谷被形象地称为“红葡萄酒之岛”。阿尔河从科布伦茨市（Koblenz）和莱茵河左岸的伯恩市（Bonn）之间穿过，并流经埃菲尔的火山地带。这个德国最小的葡萄酒产区拥有绿树成荫的山坡、风景如画的村落以及历史悠久的阿魏勒（Ahrweiler）和诗情画意的迈绍斯等小镇。阿尔河谷长约30千米，葡萄种植面积不超过540公顷。

早在8世纪时，人们就已经在阿尔河谷中部的片岩和玄武岩土壤以及阿尔河下游的砾石土壤上种植葡萄了。和莱茵河河畔的情况一样，来自法国的僧侣们也在这里种植他们家乡的红葡萄品种。与德国几乎所有其他产区不同的是，阿尔的黑比诺成功击败了雷司令，并站稳了脚跟。

即使在今天，这个地区的主角仍然是红葡萄品种，其中仅黑比诺就占据了辛齐希（Sinzig）和阿尔特纳尔（Altenahr）之间葡萄园面积的2/3。其他红葡萄品种包括葡萄牙人（不过它的产量微乎其微）和蓝比诺（近年来种植比例不断提高）。雷司令的种植比例不超过10%，而在其他产区比例较高的米勒-图高等品种几乎踪影难觅。

全球最北端的红葡萄酒

阿尔河谷的地理位置偏北，是全世界条件最苛刻、气候最恶劣的葡萄酒产区之一。不过，既然红葡萄的成熟需要大量阳光，为什么它们在阿尔能茁壮生长呢？答案在于陡峭坡地与片岩土壤的完美组合。葡萄园朝南的一面可以充分接收阳光的照射，而片岩土壤可以将热量储存起来供给娇嫩的葡萄树。与此同时，狭长的河谷和树木繁茂的山坡能为葡萄园积聚热量，当寒风肆虐时还能为葡萄园提供有效的保护。

阿尔的地形与德国其他葡萄酒产区不同，但几十年来，这里也只出产酒体单薄、颜色浅淡的葡萄酒，口味通常不是太甜就是太酸。虽然葡萄酒的产量屡刷纪录，有时高达1万升/公顷，但品质实在不值一提。

不过毫无疑问的是，这个地区仍然有出产美酒的巨大潜力。与南部葡萄园相比，这里的葡萄酒也许质地不够圆润或者酒精含量不够高，但是

敏感的黑比诺在阿魏勒长势良好

其浓郁的香气和果味却能满足挑剔的味蕾。特别是口感顺滑的干型黑比诺葡萄酒，如果能在橡木桶中陈酿一段时间，效果会更佳，虽然这个方法耗时耗力。

酿造这种美酒的前提条件包括准确的选址［阿尔河中游位于巴特诺伊纳尔（Bad Neuenahr）和阿尔特纳尔之间的地带最佳］、适宜的气候、理想的季节、葡萄园和酿酒厂细心的工作以及对产量的严格控制。当然，要劝说大多数生产商做到这些并不容易，不过也有小部分生产商愿意尝试，并且在过去几十年间，不止一次向大家证明阿尔也可以出产上好的勃艮第红葡萄酒。虽然很遗憾但是我们也能够理解，年复一年这些生产商的葡萄酒都在短时间内销售一空。

为品质而努力

维纳·尼克是首先认识到提高葡萄酒品质必要性的人之一。早在20世纪80年代，当他的同行们对这些用葡萄牙人或黑比诺酿造的酒体单薄、毫无特点的甜葡萄酒感到心满意足时，土生土长的德尔瑙人尼克已心存高远。当对20世纪70年代的红葡萄酒行业有所了解之后，他大为震惊。在他看来，这些葡萄酒的酿造方法太过简单，采用过多技术，熟成时间过快，存储条件太差，没有办法进行陈酿。而最重要的是，他不喜欢这些葡萄酒的风味。

巴特诺伊纳尔-阿魏勒镇的矿泉疗养地也是德国最著名的红葡萄酒产区中心

虽然无数例子都已向他展示优质红葡萄酒的口感和外观（当时德国从国外进口了大量高级葡萄酒），但是要找到正确的道路并不是一件容易的事。早在1983年尼克就开始尝试用橡木桶陈酿葡萄酒，但由于经验不足并且对这一领域涉足未深，他屡遭挫折，因为他酿造的葡萄酒仍然不具备消除新木桶味的结构。

幸运的是，尼克并不是一个人在战斗。20世纪80年代中期，一些同行开始向他学习，到90年代初期，阿尔河谷地区已有12位生产商在为生产高品质葡萄酒而努力。

为了收获优质的葡萄从而酿造色泽更深浓、口感更清爽的葡萄酒，生产商们首先对葡萄园进行改革：移植大量的葡萄克隆品种；针对新要求改变葡萄种植方法；清理葡萄树周围；每棵葡萄树只保留10～12串果实；每公顷的产量严格控制在5000升，甚至4000升或3000升；秋季采摘时分3～4次挑选最好的葡萄。这些方法很快就被认真的生产商们所采用。

虽然尼克不在乎诸如“自然”和“生物”这样的字眼，但是从很大程度上他的做法与注重生态的生产商的方法有着异曲同工之妙。因为他最关注的是如何在葡萄园里栽种出最好的葡萄，同时把对环境的危害降至最低。

革命性的转变也发生在酒厂中。人们抛弃传统的酿酒法，在木桶中陈酿葡萄酒，基本的原则就是尽量少用现代化技术。如今，当高科技设备在其他各地都已是酿酒的基本工具时，这里的创新者却放弃使用，他们解释说：“要去除红葡萄酒中悬浮的任何杂质，一个粗滤器就已足够。”

这些孜孜不倦的生产商们在1988年和1990年向大家证明，他们的新方法可以获得成功，当然那时天公作美也是原因之一。现在这种新方式早已被广泛采纳。除了麦尔-尼克（Meyer-Näkel）酒庄之外，多泽霍夫（Deutzerhof）、克罗伊茨贝格（Kreuzberg）、阿德诺尔（Adeneuer）、尼尔斯（Nelles）、吉斯托登（Stodden）、松纳贝格（Sonnenberg）和其他几个酒庄都树立了坚实的信誉。德国北部终于有了真正的红葡萄酒。

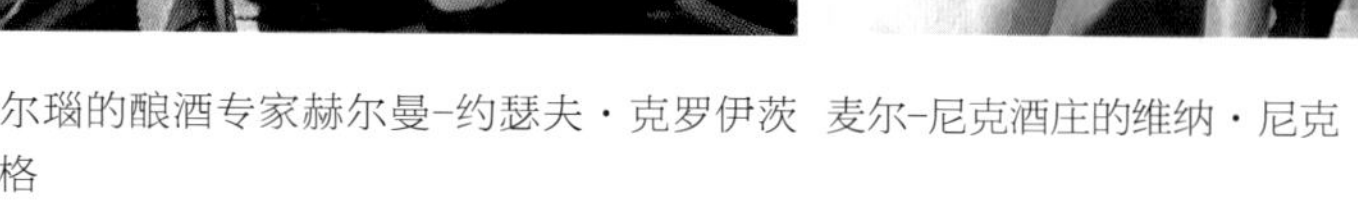
德尔瑙的酿酒专家赫尔曼-约瑟夫·克罗伊茨贝格

麦尔-尼克酒庄的维纳·尼克

迈绍斯镇多泽霍夫酒庄的沃尔夫冈·赫勒

迈绍斯的多泽霍夫酒庄一直保持高品质的水准

阿尔河谷的主要葡萄酒生产商

生产商：J. J. Adeneuer***
所在地：Bad Neuenahr-Ahrweiler
10公顷，年产量9万瓶
葡萄酒：Spätburgunder，Frühburgunder，Portugieser，Dornfelder
Adeneuer家族于1714年购买了小型葡萄园Gärkammer，并且从1984年起一直在当地的葡萄酒行业中保持领先地位。酒庄采用综合种植方法，严格控制葡萄产量，出产的红葡萄酒（只出产红葡萄酒）口感醇厚、香味怡人。

生产商：Deutzerhof Cossmann-Hehle****-*****
所在地：Mayschoss
7公顷，年产量5万瓶
葡萄酒：Spätburgunder，Frühburgunder，Dornfelder，Portugieser，Riesling，Chardonnay（Altenahr and Heimersheim），Caspar C，Grand Duc Select，Catharina C
自从成为Cossman家族酒庄的一员后，曾经的税务咨询师Wolfgang Hehle就专注于葡萄酒的酿造，并引入新的理念。现在他所酿造的使用橡木桶陈酿的黑比诺葡萄酒一直都是阿尔地区最好的葡萄酒之一。以雷司令为原料的贵腐精选葡萄酒和冰酒也品质上乘。

生产商：H. J. Kreuzberg***-****
所在地：Dernau
8公顷，年产量4.5万瓶
葡萄酒：Spätburgunder，Frühburgunder，Portugieser，Dornfelder，Riesling（Dernau：Pfarrwingert；Bad Neuenahrer：Schieferlay，Sonnenberg），Spätburgunder Devon
Kreuzberg兄弟凭借巧妙的劳动分工和大胆的酿酒试验将酒庄发展成为阿尔地区最著名的酒庄之一。他们所有的红葡萄酒都在橡木桶中陈酿，其中的上品使用小橡木桶陈酿。产自Pfarrwingert和Schieferlay葡萄园的黑比诺和精选酒果味成熟、结构精致。

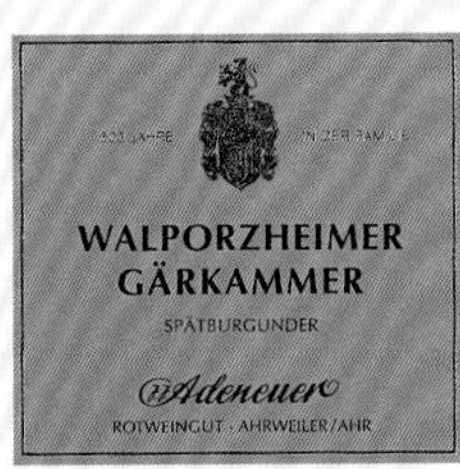

1479 N
WEINGUT·NELLES

生产商：Meyer-Näkel****-*****
所在地：Dernau
15公顷，年产量12万瓶
葡萄酒：Spätburgunder，Frühburgunder，Dornfelder，Riesling from（Dernau，Bad Neuenahr），"S"，"G"，Blauschiefer，Illusion
在各种高品质葡萄酒中，经橡木桶长时间陈酿的最佳。Werner Näkel的秘诀包括自然种植法、葡萄的严格筛选以及将最好的葡萄酿成最纯正的葡萄酒。酒庄的招牌酒是Spätburgunder Illusion和Burgunder Selection "S"。

生产商：Nelles****
所在地：Heimersheim
5公顷，年产量5万瓶
葡萄酒：Spätburgunder，Frühburgunder，Portugieser，Domina，Riesling，Grauburgunder（Heimersheim，Bad Neuenahr），Triumvirat：Albus，Clarus，Ruber，B，Futura
酒庄的酒标上特别标注了1479年，这是其在文献记载中最早出现的时间，可见该家族历史悠久。无论是在葡萄园还是酿酒厂，酒庄都采用轻柔的方法。顶级葡萄酒在橡木桶中进行陈酿，以"Triumvirat"的名称灌装销售。

生产商：Jean Stodden***
所在地：Rech
6公顷，年产量5万瓶
葡萄酒：Spätburgunder，Frühburgunder from vineyards in Bad Neuenahr and Ahrweiler as well as a small proportion of Riesling
该酒庄是阿尔地区的精英，这主要归功于其排名第一的黑比诺葡萄酒。"JS"系列的葡萄酒也品质出众。

中部莱茵

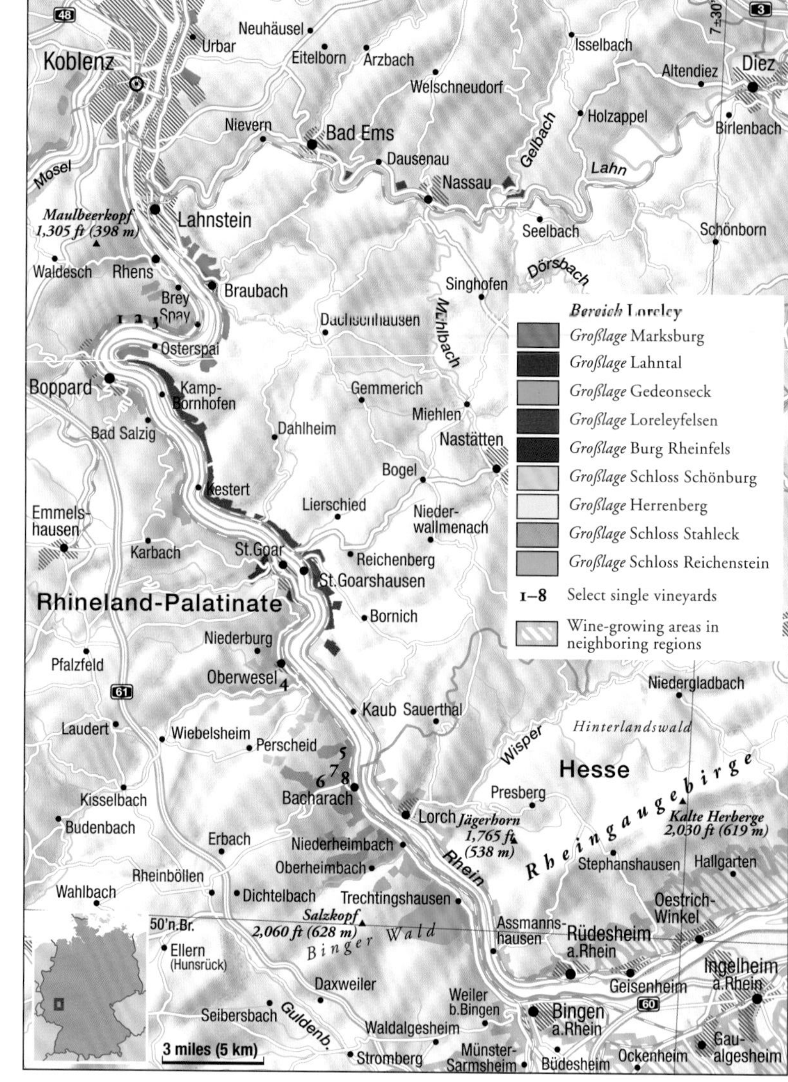

主要的单一葡萄园

1 Mandelstein
2 Feuerley
3 Ohlenberg
4 Bernstein
5 Hahn
6 St. Jost
7 Wolfshöhle
8 Posten

最早在七丘山山脚下开辟葡萄园的是古罗马人，很久之后法兰克人扩展了这些种植区。他们建立的很多城镇迄今都与葡萄酒有关，如Königswingert，即今天的柯尼希斯温特，那里著名的旅游景点龙岩古堡遗址附近仍种有葡萄。当年海斯特巴赫修道院的熙笃会修士们在奥伯尔多伦多夫和尼德多伦多夫的葡萄园种植葡萄，现在只剩下了一片废墟。这里的葡萄园占地24公顷，沿着莱茵河向科布伦茨绵延50千米，但只有右岸朝南的山坡上才能成功种植葡萄。最知名的酿酒村庄是哈默施泰因和洛伊特斯多夫。德意志之角对岸的埃伦布赖特施泰因和拉恩河下游地区也种植葡萄，特别是在魏内尔和奥伯恩多夫两地。

在科布伦茨和拉恩施泰因（Lahnstein）南部，不仅有浪漫的莱茵河，还有位于山坡上的葡萄园，其中一些地势非常陡峭，但出产的葡萄酒比偏北地区的葡萄酒更胜一筹。不过，板岩斜坡上的古老梯田很难抵达，在这些地方种植葡萄的成本又过高，因此已被废弃使用了。

中部莱茵产区最大的葡萄园博帕德哈姆（Bopparder Hamm）沿着莱茵河左岸绵延6千米，坡向全部朝南。从莱茵河的转弯处至圣戈阿斯豪森（St. Goarshausen），右岸陡峭的葡萄园为雷司令葡萄的成熟提供了适宜的条件，而左岸最好的葡萄园则在莱茵岩城堡（Burg Rheinfels）以及凯斯特尔特（Kestert）对面。只有在这里，

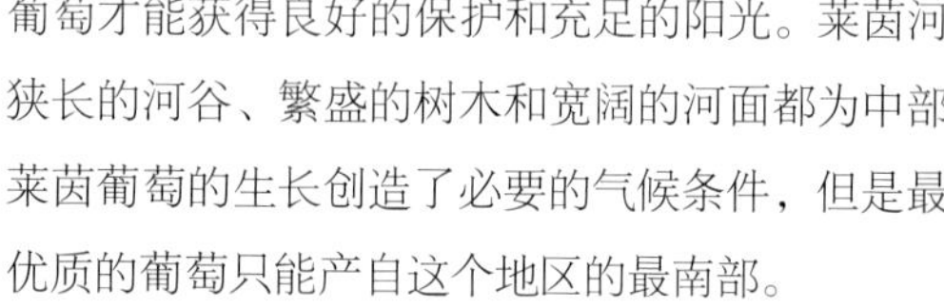

葡萄才能获得良好的保护和充足的阳光。莱茵河狭长的河谷、繁盛的树木和宽阔的河面都为中部莱茵葡萄的生长创造了必要的气候条件，但是最优质的葡萄只能产自这个地区的最南部。

莱茵河右岸的更远处是中部莱茵与莱茵高的葡萄园。洛希豪森村（Lorchhausen）最早开始种植莱茵高葡萄，从这里能看到中部莱茵最受游人喜爱的巴哈拉赫镇（Bacharach）。这个小镇位于莱茵河左岸，毗邻宾格布鲁克（Bingerbrück）。

硬币的另一面

在中部莱茵与图高（Thurgau）接壤的地区，相比葡萄园而言，游客们对堡垒、古堡、浪漫小镇以及神秘的罗蕾莱女妖更感兴趣，正是这些成就了一个世界级的旅游胜地。旅游业也许给中部莱茵的生产商们带来了收益（他们无须努力就能拥有稳固的市场），但是却对葡萄酒造成了不良影响：既然游客们饮酒时不会在意品质的优劣，为何还要费心去酿造高品质的葡萄酒呢？但是这些都已成为过去式，现在德国的起泡酒生产商以更低的价格从意大利和西班牙购买基酒，而消费者也不会再上当受骗，去买那些产自20世纪70—80年代的劣等葡萄酒。

约有十几位生产商也感受到了时代的变迁。他们在莱茵河弯道处和下游河谷的向南陡坡上精心种植葡萄，覆盖博帕德、上韦瑟尔（Oberwesel）、巴哈拉赫和施提格（Steeg）以及莱茵河右岸的考布（Kaub）等村镇。这些地区3/4的葡萄园中种植雷司令，出产的葡萄酒口感酸爽。

虽然中部莱茵在20世纪曾是重要的葡萄酒产区，1900年左右拥有2000公顷葡萄园，但现在只有460公顷，而且人们还在为这里的葡萄酒扬名天下而努力。

巴哈拉赫是莱茵河畔知名的葡萄酒产地，拥有出色的葡萄园和酒庄

左页图：在位于巴哈拉赫的这种陡峭葡萄园里耕地需要技巧和力量

中部莱茵的主要葡萄酒生产商

生产商：Fritz Bastian****
所在地：Bacharach
5.5公顷，年产量3万瓶
葡萄酒：Riesling，Spätburgunder，Portugieser，Scheurebe（Bacharach：Heyles'en Werth，Posten）
Bastian家族经营着德国唯一的岛上葡萄园Heyles'en Werth。这里最好的葡萄酒包括产自Posten葡萄园酸度较高的葡萄酒以及具有蜂蜜和鲜花味的迟摘型和精选型葡萄酒。

生产商：Toni Jost，Hahnenhof***-****
所在地：Bacharach
12公顷，年产量10万瓶
葡萄酒：Riesling，Spätburgunder（Bacharach：Hahn；Rheingau：Wallufer Walkenberg）
Peter Jost的迟摘型和精选型葡萄酒口感醇厚圆润；甜葡萄酒也品质出众。顶级葡萄酒是产自Bacharacher Hahn和Wallufer Walkenberg葡萄园的Jodokus、Devon“S”和Großen Gewächse。

生产商：Martina & Dr. Randolf Kauer***-****
所在地：Bacharach
4公顷，年产量2万瓶
葡萄酒：Riesling（Bacharach：Kloster Fürstental；Urbar：Beulsberg）
酒庄采用生态种植法，出产干型和半干型雷司令。Randolf Kauer的主要工作是在盖森海姆研究院教书，他也是德国最著名的葡萄生态种植专家之一。

TONI JOST
HAHNENHOF

ECO VIN
WEINGUT
DR. RANDOLF KAUER

2006
Riesling Kabinett trocken
Bacharacher Wolfshöhle
MITTELRHEIN

WALTER PERLL
MITTELRHEIN
2000er
Bopparder Hamm Mandelstein
RIESLING SPÄTLESE
Halbtrocken
PRODUCE OF GERMANY
750 ml

生产商：Heinrich Müller***-****
所在地：Spay
6公顷，年产量5.5万瓶
葡萄酒：Riesling，Grauburgunder，Kerner，Spätburgunder（Boppard：Hamm，Feuerlay，Mandelstein）
德国最古老的葡萄酒公司之一。

生产商：August Perll***-****
所在地：Bacharach
6公顷，年产量9万瓶
葡萄酒：Riesling，Spätburgunder（Boppard：Feuerlay，Mandelstein，Fässerlay，Ohlenberg）
最好的雷司令产自Mandelstein和Feuerlay葡萄园。

生产商：Ratzenberger****
所在地：Steeg
8公顷，年产量5.5万瓶
葡萄酒：Riesling，Spätburgunder，Müller-Thurgau（Bacharach：Posten，Kloster Fürstental；Steeg：St. Jost）
酒庄对雷司令葡萄进行整串压榨、低温发酵和大木桶陈酿，生产的葡萄酒纯净、浓郁。

生产商：Florian Weingart***-****
所在地：Spay
6公顷，年产量8.5万瓶
葡萄酒：Riesling，Müller-Thurgau，Grauburgunder（Feuerlay，Ohlenberg，Engelstein）
这是Spay地区最后3个全职进行葡萄种植的家族之一。他们用产自Bopparder Hamm葡萄园的雷司令葡萄酿造的葡萄酒如玻璃般剔透。

莱茵高

罗森艾克（Roseneck）是吕德斯海姆最知名的斜坡葡萄园

***Bereich* Johannisberg**

- *Großlage* Burgweg
- *Großlage* Steil
- *Großlage* Erntebringer
- *Großlage* Gottesthal
- *Großlage* Mehrhölzchen
- *Großlage* Deutelsberg
- *Großlage* Honigberg
- *Großlage* Heiligenstock
- *Großlage* Steinmächer
- *Großlage* Daubhaus
- Single vineyard not belonging to a *Großlage* group
- 1–25 Select single vineyards
- Wine-growing areas in neighboring regions

和摩泽尔一样，莱茵高也是德国蜚声海内外的葡萄酒产区。很早以前罗马人就在莱茵河河畔开辟了自己的葡萄园，而且据说查理曼大帝也认为吕德斯海姆镇（Rüdesheim）的陡坡适宜种植葡萄，因为他发现这里的积雪每年都较早融化。

莱茵高地区长约30千米，拥有3100公顷葡萄园，是德国较小的葡萄酒产区。事实上，就其范围而言，莱茵高并不小，因为属于官方认定的莱茵高的葡萄园中最远的罗贝格（Lohrberg）毗邻法兰克福。大部分葡萄园都大量种植雷司令（莱茵高的雷司令种植比例最高，为78%），其他主要品种包括黑比诺和米勒-图高。目前莱茵高的年均产量约为8000升/公顷，与德国其他葡萄酒产区高达10000～12000升/公顷产量形成了鲜明对比。

从巴塞尔（Basel）开始直至汇入北海的这段莱茵河，只有在威斯巴登（Wiesbaden）和吕德斯海姆两地之间是自东向西流淌，河流右岸的葡萄园为雷司令的成熟提供了理想条件：葡萄树朝向南方，陶努斯山的第一高峰为葡萄园抵挡了北方的寒风，而半英里宽的河面又能反射更多的阳光。

独一无二的一级葡萄园

研究显示，莱茵高的土壤与德国其他大面积种植雷司令的产区存在显著区别，如多为片岩和壳灰岩的摩泽尔河谷。在莱茵高，莱茵河河畔以石灰质土壤为主，其中含有沙子、黄土、砾石，偶尔还有砂岩。吕德斯海姆陡峭葡萄园的土壤与莱茵高中部埃尔特维勒（Eltville）和约翰山之间的平坦地区不同，而中部的土壤又不同于霍赫海姆（Hochheim）和威克（Wicker）平缓的美因河坡地。

众所周知，土壤会影响葡萄酒的风格。莱茵高的葡萄酒没有摩泽尔雷司令的怡人果香，也没有法国阿尔萨斯和奥地利雷司令的强劲口感，却更能体现不同葡萄品种的个性。自从20世纪60—70年代单薄甘甜的流行口味过后，知名的生产商们加入了“卡尔塔葡萄酒协会”，开始酿造具有自身特点的葡萄酒。20世纪90年代中期，卡尔塔葡萄酒协会与莱茵高的V.D.P.协会合并，因为在后者这个更具威望的组织里，他们的目标更易实现。

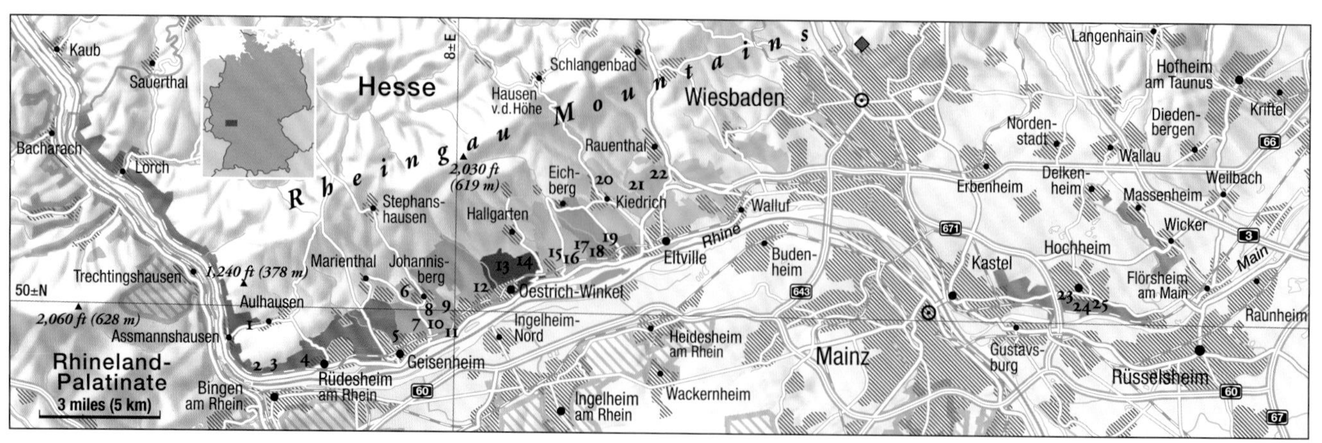

什么是V.D.P.?

V.D.P.是“Verband Deutscher Qualitäts und Prädikatsweingüter”的简称，即德国顶级酒庄协会，成立于20世纪初，总部设在纳赫河河畔的巴特克罗伊茨纳赫（Bad Kreuznach）。该协会原名“Verband Deutscher Naturweinversteigerer”，即德国天然葡萄酒拍卖协会，1971年德国葡萄酒法律颁布后，协会从此更名，因为葡萄酒法律不允许在销售葡萄酒时使用“天然”这种词汇。最初协会的成员必须定期拍卖葡萄酒，但随着时间的推移，拍卖活动在协会中退居次位。如今，V.D.P.的其他目标变得更为重要：V.D.P.通过定期的品酒会和检查来执行其制定的有关品质要求的各种条例；V.D.P.成员会共同销售他们的产品，并将它们推向国外市场。

今天，V.D.P.共有196个成员，葡萄种植面积为4000公顷，占德国葡萄种植总面积的4%。协会成员以中小型酒庄为主，只有12家葡萄酒公司拥有或管理超过50公顷的葡萄园。V.D.P.的成员必须保证不加入其他任何集合葡萄园，只销售经过数月陈酿的高品质葡萄酒，并且手工采摘达到精选等级或以上的葡萄。此外，V.D.P.提倡在可以出产优质葡萄酒的陡坡进行葡萄种植。

近年来V.D.P.最重大的计划是在德国建立“Erstes Gewächs”或“Grosses Gewächs”等级，相当于法国的一级葡萄园。2002年

V.D.P.的分级

协会通过一条法令，规定这一等级只能授予产自最佳葡萄园的顶级干型葡萄酒，并且使用专门的酒标。但是V.D.P.对于大多数葡萄园的评级却相对自由，并由此受到批评，而V.D.P.的创始人之一也因此离开了这个组织。

V.D.P.对于干型葡萄酒的限制对于摩泽尔地区的葡萄酒有特别的保留，因为摩泽尔地区因高品质的甜葡萄酒而闻名。既然甜葡萄酒也可能被列为一级葡萄酒，摩泽尔的生产商也接受了新的条例。

埃伯巴赫修道院的酒窖和约翰山酒庄庭院里的骑士塑像都是长达一个世纪酿酒传统的象征

主要的单一葡萄园
1 Höllenberg
2 Berg Schlossberg
3 Berg Roseneck
4 Berg Rottland
5 Rothenberg
6 Hölle
7 Kläuserweg
8 Schloss Johannisberg
9 Hasensprung
10 Klaus
11 Jesuitengarten
12 St. Nikolaus
13 Lenchen
14 Doosberg
15 Engelmannsberg
16 Nussbrunnen
17 Wisselbrunnen
18 Marcobrunn
19 Hohenrain
20 Gräfenberg
21 Baiken
22 Rothenberg
23 Domdechaney
24 Kirchenstück
25 Hölle

埃伯巴赫修道院

莱茵高产区注重葡萄酒品质的传统由来已久，也因为其高品质的葡萄酒而闻名。早在12世纪，来自勃艮第的熙笃会修士们修建了至今仍在莱茵高享誉盛名的埃伯巴赫修道院，正是因为他们，莱茵高的葡萄种植在接下来的几个世纪里才有了如此巨大的发展。埃伯巴赫修道院后来成为了最重要的酒庄以及全欧洲的葡萄酒贸易中心。修道院著名的宝藏、古老的压榨机以及用来举办当地盛大的品酒会和拍卖会的修士宿舍，都已成为莱茵高地区葡萄酒行业的焦点。

修道院的中心，也是当年修道院葡萄种植所取得成就的象征，是模仿法国“clos”而建的一个用墙与四周相隔的葡萄园。在这个如今被称为“斯坦伯格”的葡萄园里，葡萄种植的历史可追溯至1232年，但葡萄园四周的围墙直到1766年才全部建成。今天的斯坦伯格以及约翰山的斜坡都被德国的葡萄酒法律赋予了特殊的地位，可以直接出现在酒标上而无须注明村庄名称。

斯坦伯格不是一个温暖的葡萄园，因此出产的葡萄酒没有那么醇厚，在气候不佳的年份甚至会有苦涩的酸味。但是当年份好的时候，特别是在可以收获到用于酿造高品质精选酒甚至冰酒的葡萄时，斯坦伯格的葡萄酒能充分展现它们丰富的表现力、浓郁的芳香和辛辣的味道。

科隆酒店位于风景如画的阿斯曼斯豪森，这里是莱茵高的边界，也是顶级红葡萄酒的产地

左图：1775年秋天，约翰山酒庄意外延误了葡萄采摘时间，而传说这成为迟摘型葡萄酒的由来

右图：位于厄斯特利希-温克尔（Oestrich-Winkel）的弗尔拉德酒庄的塔楼。在新的管理制度下，弗尔拉德再次酿造出了高品质的莱茵高葡萄酒

埃伯巴赫修道院在拿破仑时期被教产还俗，现在是埃尔特维勒附近的黑森（Hesse）国有葡萄园的一部分，这里仍然在生产葡萄酒。此外，阿斯曼斯豪森镇的红葡萄酒酒庄（出产莱茵高地区家喻户晓的优质黑比诺葡萄酒）、黑森山道本斯海姆（Bensheim）的酒庄以及美因河河畔的霍赫海姆的酿酒业，都是莱茵高这个虽小但是著名德国葡萄酒帝国的一部分。

约翰山和其他酿酒古堡

莱茵高另一家知名酒庄约翰山与本笃会息息相关。约翰山原本只是一座建于12世纪初的修道院，历经数百载风雨后到1716年只剩下一片废墟。富尔达王子修道院买下了这片废墟，对它进行拆除后修建了现在的这座城堡，从远处的约翰山单一葡萄园就能看到。现在约翰山不仅是莱茵高的地标，还是著名的建筑丰碑。

约翰山是莱茵高地区历史最悠久的酒庄之一，也是最早在18世纪初建立雷司令单一品种葡萄园的酒庄，而当时莱茵河河畔所有其他葡萄种植地区都还在种植红葡萄，或者红白葡萄混合种植。一个世纪后，酒庄的财产在拿破仑统治期间被教产还俗。1815年维也纳会议后，梅特涅家族接管了约翰山，他们的后人至今仍居住在这里。而曾经属于约翰山的地产现归欧特克公司所有。

莱茵高的酿酒历史源自修士们专业的葡萄种植能力和古老贵族的个人喜好。申博恩（Schönborn）、弗尔拉德（Vollrads）和克尼普豪森（Knyphausen）的贵族们以及黑森的王子们和莱因哈特斯豪森酒庄（Schloss Reinhartshausen）的普鲁士王子们与修士们一样，为莱茵高成为知名的葡萄酒产区做出了积极的努力。

长久以来，莱茵高在德国葡萄酒行业的显著地位也反映在不断改良的葡萄园和酿酒工艺上。莱茵高最早使用葡萄酒过滤器，最早发明迟摘型葡萄酒，最早选用感染贵腐霉菌的葡萄，还拥有全世界最著名的葡萄种植学校之一——盖森海姆研究院。

虽然莱茵高拥有辉煌的历史和享誉世界的知名度，例如20世纪初期莱茵高的葡萄酒在整个欧洲都价格不菲，甚至比波尔多红葡萄酒、香槟和勃艮第葡萄酒更昂贵，但是第二次世界大战结束后的几十年里，莱茵高也和德国其他葡萄酒产区一样遭遇了巨大的认同危机，葡萄酒的品质也深受影响。甚至著名的修道院酒庄和古堡酒庄都难

国有酒庄

德意志联邦共和国所有出产葡萄酒的州，都会有国有葡萄园或实验葡萄园。莱茵高的黑森国有葡萄园和黑森山道的国有葡萄园可能是最为公众所熟知的。

凭借历史名胜埃伯巴赫修道院、埃尔特维勒的酒厂以及阿斯曼斯豪森和本斯海姆的经销商，黑森的国有酒业在酿造和销售上都存在巨大潜力，并且拥有一些出色的葡萄园，如历史上著名的斯坦伯格，这是文献记录中莱茵高地区最古老的葡萄园之一。

巴伐利亚州拥有位于维尔茨堡的国家王宫酒庄（Staatlicher Hofkeller），这个酒庄曾经与黑森国有葡萄园的状况一样，酿造的葡萄酒品质不尽如人意，但是从20世纪80年代左右开始，这里取得了巨大的进步。萨克森州的国有酒庄维克巴斯（Schloss Wackerbarth）就没有那么幸运，它由于经济困难而破产。风光不再的酒庄还有莱茵兰-普法尔茨州（Rheinland-Pfalz）、莱茵黑森的奥彭海姆（Oppenheim）、纳赫的尼德豪森（Niederhausen）、阿尔的马林塔尔（Mariental）以及摩泽尔的特里尔等地的国有酒庄。

但是巴登-符腾堡州不仅拥有大量的国有酒庄，其中一些还能生产出类拔萃的葡萄酒，特别是维斯贝格（Weinsberg，这是一个有教学和实验机构的酒庄）和弗莱堡（Freiburg）都享誉盛名，而卡尔斯鲁厄（Karlsruhe）和梅尔斯堡（Meersburg）也是内行眼中的知名酒庄。

以赶上其他产区的品质提升：莱茵高的旗舰眼见就要沉没了。

近些年来，情况已大有好转。莱因哈特斯豪森、弗尔拉德、申博恩和克尼普豪森正重返莱茵高顶级酒庄之列，甚至是德国最好的葡萄酒生产商。

贵族酒庄和资产阶级酒庄

20世纪20年代，莱茵高的葡萄酒在国际市场上依然可以卖出高价，这甚至让波尔多的生产商和知名的香槟酒庄都心生嫉妒，但今天这只是一段令人向往的回忆。20世纪下半叶，和德国其他产区一样，莱茵高的葡萄酒行业关注更多的是大规模生产，而不是葡萄酒的品质。

现在，莱茵高开始提倡回归到过去的高标准，虽然这种趋势还未获得广泛的认同。显而易见的是，对这样一个曾经声名显赫的葡萄种植地区，人们的期待也会很高，但是仍然有人对莱茵高特有的雷司令葡萄酒持怀疑态度。这些年来甜葡萄酒曾风靡过几载，然后生产商们又一窝蜂地开始酿造酸爽的极干型葡萄酒，如今浓烈的半干型葡萄酒又成了主角。这也许是一个合理的发展过程，但是如果要用残糖量来代替圆润和浓郁的口感，那么想判断出适宜的酒体平衡度就一直会是一个难题。而当越来越多的人热衷于贵腐甜味时，生产商们发现要满足这个要求其实并不难，他们只需酿造出优质的逐粒精选和贵腐精选葡萄酒甚至冰酒就可以了。

今天为莱茵高地区带来进步的更多的是家族葡萄园，而不是老字号的贵族酒庄。冈特·孔斯特、伯恩哈德·布鲁尔、罗伯特·威尔、奥古斯特·凯瑟勒、奥古斯特·伊塞尔、约翰尼斯霍夫、朗豪和海斯等家族都已生产出了品质卓越的葡萄酒，这些佳酿甚至已超过了某些贵族酒庄的葡萄酒。也正是这些资产阶级们强烈地提议对葡萄园进行分级，虽然近年来他们主推的特级酒在某些方面表现得不尽如人意。

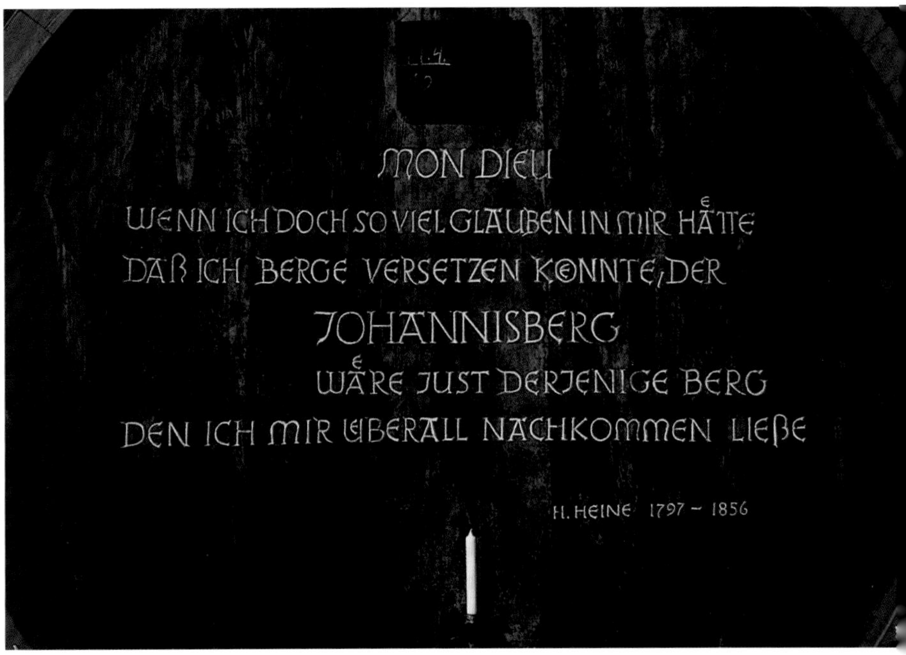

海因里希·海涅的愿望并不为过，因为他的时代也正是约翰山名声最大的时代

莱茵高的主要葡萄酒生产商

生产商：**Georg Breuer*****-*****
所在地：**Rüdesheim**
26公顷，年产量13万瓶
葡萄酒：Riesling，Grauburgunder，Spätburgunder（Rüdesheim：Schlossberg，Rottland，Rosenec，Bischofsberg；Rauenthal：Nonnenberg），Montosa，Winzersekt
已故的Bernhard Breuer是莱茵高葡萄酒的先行者。他的酒庄现在由其弟弟和女儿共同管理，仍在用当地最知名葡萄园的葡萄酿造高品质的雷司令。

生产商：**Diefenhardt****-****
所在地：**Mariental**
16公顷，年产量10万瓶
葡萄酒：Riesling
这里的规则是使用简单、现代的酿酒工艺，因此生产的葡萄酒直接而简单。在酒庄的酒窖或酒馆中品尝这些葡萄酒味道更佳。

生产商：**August Eser*****-****
所在地：**Oestrich-Winkel**
10公顷，年产量9万瓶
葡萄酒：Riesling，Spätburgunder（Oestrich，Rauenthal，Erbach，Hattenheim，Rüdesheim）
虽然酒庄拥有许多葡萄园和各种酒标，但August Eser生产的葡萄酒都品质出众。其中最好的葡萄酒是产自Hattenheim和Oestrich葡萄园的雷司令。

生产商：**Prinz von Hessen****-****
所在地：**Geisenheim**
34公顷，年产量25万瓶
葡萄酒：Riesling，Spätburgunder（Johannisberg：Klaus；Winkel；Kiedrich）
莱茵高地区最大的酒庄之一，近年来因葡萄酒品质的显著提升而备受关注。产自Johannisberger Hölle和Klaus葡萄园的雷司令在当地堪称一流。

生产商：**Domäne Schloss Johannisberg****-****
所在地：**Geisenheim**
35公顷，年产量20万瓶
葡萄酒：Riesling Schloss Johannisberg
莱茵高地区的顶级酒庄。本笃会的修士们于12世纪在这里开创了莱茵高的葡萄种植。该酒庄现属于Oetker集团，而这个集团近年来一直致力于恢复葡萄酒曾经的荣耀。

生产商：**Johannishof*****-****
所在地：**Geisenheim**
20公顷，年产量14万瓶
葡萄酒：Riesling（Johannisberg，Winkel，Geisenheim，Rüdesheim）
从1985年至今，Johannes Eser负责管理父亲的酒庄。他酿造的葡萄酒果味怡人、口感清新、品质稳定。

生产商：**Graf von Kanitz*****
所在地：**Lorch**
15公顷，年产量6万瓶
葡萄酒：Riesling，Spätburgunder（Lorcher）
酒庄位于莱茵高的西北部，这里的土壤和气候决定了葡萄酒优质和高雅的特征。

生产商：**August Kesseler******
所在地：**Assmannshausen**
20公顷，年产量10万瓶
葡萄酒：Spätburgunder，Rieslings（Rüdesheim：Berg Schlossberg，Roseneck；Assmannshäusen：Höllenberg）
August Kesseler是莱茵高地区最具创业精神的生产商。他酿造了一系列优质的红葡萄酒，最好的产品是雷司令葡萄酒。

生产商：**Robert König*****
所在地：**Assmannshausen**
8公顷，年产量6万瓶
葡萄酒：Spätburgunder，Frühburgunder（Assmannshäusen：Höllenberg），Riesling（Rüdesheim：Berg Schlossberg）
酒庄几乎只生产红葡萄酒。这个家族不仅种植经典的黑比诺葡萄，还种植在莱茵高地区少见的蓝比诺葡萄。产自Frankenthal葡萄园的葡萄酒品质出众。

生产商：**Weingut Künstler******-*****
所在地：**Hochheim**
25公顷，年产量20万瓶
葡萄酒：Riesling，Spätburgunder（Hochheim）
Weingut Künstler被认为是德国最好的生产商之一。产自Hölle、Domdechaney和Reichestal葡萄园的雷司令葡萄酒，不论是迟摘型、精选型还是贵腐型，都在德国堪称一流。黑比诺葡萄酒也品质出众，因为其细腻和优雅很好地平衡了这个维度所缺乏的浓郁和强劲口感。

生产商：**Hans Lang*****-****
所在地：**Hattenheim**
18公顷，年产量13万瓶
葡萄酒：Riesling，Silvaner，Weißburgunder，Spätburgunder（Hattenheim，Hallgarten，Erbach，Kiedrich），Riesling & Spätburgunder Johann Maximilian
Hans Lang已系统地建立了高品质的葡萄酒系列，最近几年他在用橡木桶陈酿红葡萄酒方面也取得了一些成功。

生产商：**Freiherrlich Langwerth von Simmern' sches Rentamt****-****
所在地：**Eltville**
26公顷，年产量16万瓶
葡萄酒：Riesling，Chardonnay，Weißburgunder，Spätburgunder (vineyards in Rauenthal，Erbach，Hattenheim，Eltville，Kiedrich)
Georg Reinhard男爵管理这个历史知名酒庄已有多年。酒庄中所有的葡萄酒都在古老却保存完好的木桶中发

酵和熟成。酒庄最近为提高品质所做的尝试显然很适合这些葡萄酒。

生产商：**Wilfried Querbach*****–****
所在地：**Oestrich-Winkel**
10公顷，年产量8万瓶
葡萄酒：Riesling，Spätburgunder（Oestrich：Lenchen，Doosberg，Klosterberg；Hallgarten：Schönhell；Mittelheim：Edelmann；Winkel：Hasensprung，Dachsberg）
酒庄具有强烈的传统意识，但在葡萄园和酿酒厂里都使用最现代的方法，因此酿造的雷司令纯净、直接、富有表现力。

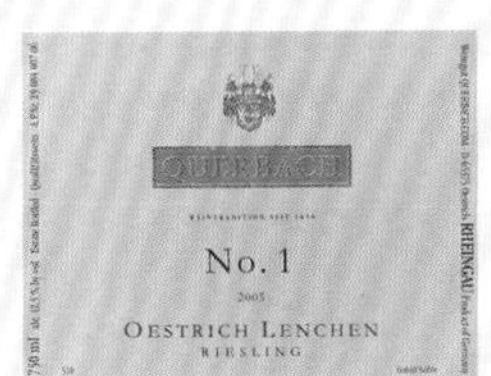

生产商：**Balthasar Ress****–****
所在地：**Hattenheim**
40公顷，年产量34万瓶
葡萄酒：Riesling，Spätburgunder（Hattenheim，Rüdesheim，Schloss Reichhartshausen），Ress-Wein，Gutsriesling Von Unserem
Stefan Ress既是一位出色的葡萄种植家也是许多文化活动的组织者。这个曾经的葡萄酒贸易企业发展成了今天的顶级酒庄。

生产商：**Schloss Reinhartshausen*****–*****
所在地：**Erbach**
80公顷，年产量48万瓶
葡萄酒：Riesling，Weißburgunder，Chardonnay，Spätburgunder from Erbach（Marcobrunn，Schlossberg，Siegelsberg），Hattenheim（Wisselbrunnen，Nussbrunnen），and Erbach（Rheinhell）
该酒庄比德国其他葡萄种植地区更早对霞多丽葡萄进行系统的试验和使用橡木桶陈酿。最近这里用白比诺和霞多丽调配的混酿酒品质出众，产自Schlossberg和Siegelsberg葡萄园的雷司令精选葡萄酒也品质一流。

生产商：**Schloss Schönborn****–****
所在地：**Hattenheim**
50公顷，年产量35万瓶
葡萄酒：Riesling，Spätburgunder，Weißburgunder（Hattenheim；Erbach：Marcobrunn；Hochheim：Domdechaney；Rüdesheim：Schlossberg）
Schönborn伯爵的酒庄近几十年来一直享誉盛名。如今在Günter Thies的管理下，酒庄还在进一步发展，特别是产自Marcobrunn葡萄园的葡萄酒以高品质证实了这种趋势。

生产商：**Schloss Vollrads*****–****
所在地：**Oestrich-Winkel**
60公顷，年产量56万瓶
葡萄酒：Riesling（Schloss Vollrads，Hattenheim）
Erwein Graf Matuschka von Greiffenclau去世后，这个著名的酒庄曾有过一段混乱的时期，但是在Rowald Hepp的管理下又迅速恢复了从前的地位。虽然葡萄园的位置不佳，但酒庄的葡萄酒仍高于平均水平。

生产商：**Staatsweingüter Kloster Eberbach****–****
所在地：**Eltville und Assmannshausen**
200公顷，年产量110万瓶
葡萄酒：Riesling，Weißburgunder，Spätburgunder，Frühburgunder（Assmannshausen：Höllenberg；Hattenheim：Engelmannsberg；Erbach：Marcobrunn，Sigelsberg；Rauenthal：Baiken；Rüdesheim：Schlossberg，Roseneck，Rottland；Kiedrich：Gräfenberg；Hochheim：Hölle，Domdechaney；Steinberg），Champion-Wein
莱茵高拥有德国最知名的国有酒庄。Assmannshausen的国有酒庄擅长用传统方法陈酿红葡萄酒，而Eltville的国有酒庄则出产优质的雷司令葡萄酒。最近现代化的酒窖代替了Eltville具有历史意义的酒窖，引起了人们的热议。

生产商：**Geheimrat J. Wegeler Erben******–*****
所在地：**Oestrich-Winkel**
45公顷，年产量37万瓶
葡萄酒：Riesling，Müller-Thurgau，Gewürztraminer，Grauburgunder（Oestrich：Lenchen；Winkel：Jesuitengarten；Rüdesheim：Rottland，Schlossberg；Geisenheim：Rothenberg），Geheimrat J
该酒庄不仅掌控着莱茵高、普法尔茨和摩泽尔的3个Wegeler酒庄，而且还是著名的"Geheimrat J"品牌的诞生地，这个品牌包括雷司令和起泡酒两种葡萄酒。在Tom Drieseberg的管理下，酒庄凭借产自Winkeler Jesuitengarten葡萄园的雷司令葡萄酒受人关注。

生产商：**Robert Weil*****–*****
所在地：**Kiedrich**
70公顷，年产量50万瓶
葡萄酒：Riesling（Kiedrich Gräfenberg），estate wines
虽然Wilhelm Weil不像萨尔地区的Egon Müller一样只酿造甜葡萄酒，但这也是酒庄的强项。这家现属日本跨国集团Suntory旗下的公司的葡萄酒长久以来一直能与Scharzhofberg葡萄园的葡萄酒在拍卖会上一决高下不无道理。凭借细致的葡萄种植工作，如将大片成熟的葡萄用塑料覆盖，Weil每年都能收获酿造贵腐精选葡萄酒甚至冰酒的优质葡萄。相比摩泽尔河谷柔和的葡萄酒，该酒庄的Q.m.P.葡萄酒更浓烈，香味和口感更复杂，而且陈年潜力强。

纳赫

虽然纳赫作为葡萄酒产区的地位直到1971年才由德国葡萄酒法律确定，但在20世纪初期，产自巴特克罗伊茨纳赫、施洛斯伯克尔海姆（Schlossböckelheim）、尼德豪森和多尔斯海姆（Dorsheim）的葡萄酒至少与相邻莱茵高地区的葡萄酒一样闻名和流行。“二战”结束后，纳赫地区专注于大规模生产，葡萄园面积翻倍增长，在河谷甚至一些不太适合葡萄生长的平地上都种植了葡萄树。纳赫还将希望寄托于用酿造的葡萄酒调配著名（也可能是差劲）的圣母之乳以及其他备受欢迎（也可能是备受质疑）的德国战后出口葡萄酒。

与相邻的莱茵黑森一样，这种大规模的高涨情绪蔓延至了纳赫所有的葡萄种植地区。而绝非巧合的是，纳赫的南端与莱茵黑森的腹地接壤，两地几乎看不出分界。这种发展的结果是，虽然纳赫地区的个别酒庄已声名鹊起，有些甚至在德国家喻户晓，但作为一个葡萄酒产区，纳赫却无法与摩泽尔、普法尔茨、莱茵高和法兰克尼亚相比，几乎不为公众所知晓，或者至少没有自己独特的风格，这在德国十分少见。

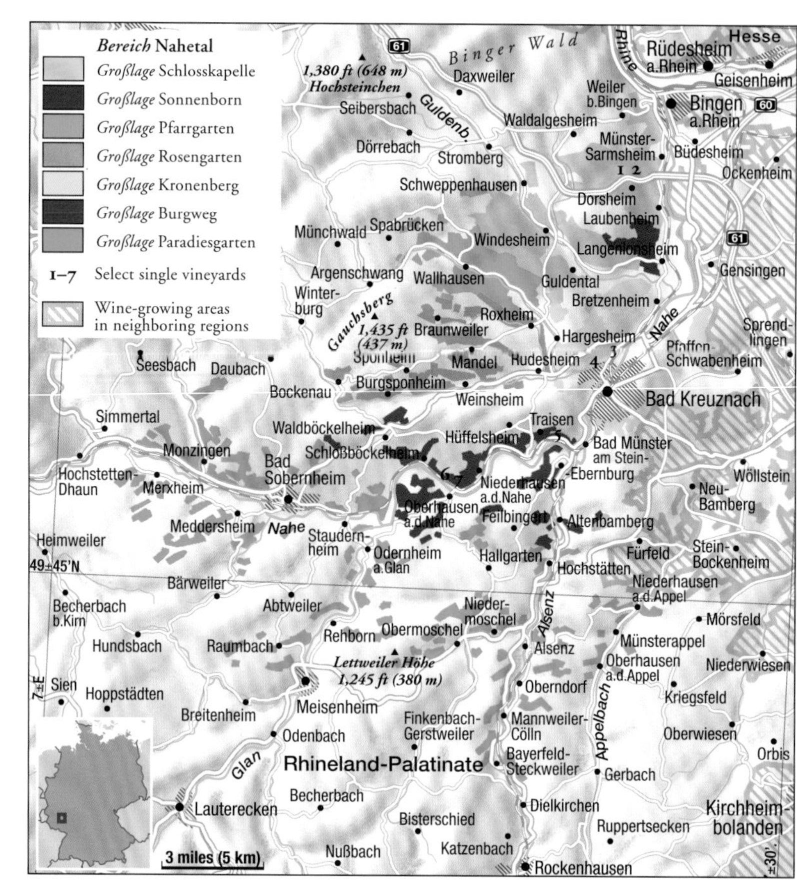

巴特克罗伊茨纳赫西南部的特莱森（Traisen）仅占地7430公顷，却被认为是纳赫地区最好的酿酒村庄之一

主要的单一葡萄园

1 Pittermännchen
2 Goldloch
3 Brückes
4 Krötenpfuhl
5 Bastei
6 Hermannsberg
7 Hermannshöhle

遭遇危机的出口葡萄酒

为满足消费者的需求，长久以来纳赫只生产少量的干型和半干型葡萄酒，这种葡萄酒是纳赫最擅长酿造的。这里温和的气候条件和多样的土壤结构最适合种植雷司令葡萄，因此雷司令占整个地区葡萄种植面积的1/4。而其他葡萄品种未能在纳赫地区树立良好的形象，如米勒-图高，它的种植面积比雷司令少10%，此外，这里还种有丹菲特、西万尼、科纳、施埃博和灰比诺，它们都是大众市场品牌中的无名小辈。

只要圣母之乳和各种流行的佳酿仍能不时地让全世界人着迷，纳赫地区的葡萄种植不会受到缺乏形象或个性这种问题的困扰。也许这只是过去的看法。纳赫曾轻松地通过甜葡萄酒而赚得盆满钵满，而现在却有些得不偿失。其他葡萄酒产国根据消费者口味的变化而做出了相应的改变，它们的产品越来越受欢迎，价格也越来越有竞争力，因此圣母之乳等葡萄酒在国际市场上遭遇了很大的挫折。如此一来纳赫地区的经济问题就更为严重了。纳赫最大

纳赫的主要葡萄酒生产商

生产商：Crusius* – *****

所在地：Traisen

13公顷，年产量9万瓶

葡萄酒：Riesling，Weißburgunder，Müller-Thurgau，Spätburgunder（Traisen，Schlossböckelheim，Niederhausen，Norheim）

Peter Crusius从1981年开始管理酒庄。虽然自20世纪90年代起他就把不锈钢酒罐大量运用到葡萄酒的生产过程中，但是品质更高的雷司令仍然在木桶中熟成。他酿造的贵腐酒是纳赫地区最好的葡萄酒之一。

生产商：Hermann Dönnhoff** – ******

所在地：Oberhausen

20公顷，年产量12万瓶

葡萄酒：Riesling，Grauburgunder，Weißburgunder（Oberhausen：Brücke，Felsenberg，Leistenberg；Niederhausen：Hermannshöhle；Schlossböckelheim：Felsenberg；Norheim）

酒庄尽可能采取轻柔的方式处理葡萄，生产的葡萄酒都在橡木桶中熟成，不添加任何澄清剂，只有最低级别的葡萄酒才使用未发酵的葡萄汁。唯一使用小型不锈钢容器发酵的是贵腐葡萄酒。

生产商：Emrich-Schönleber****

所在地：Monzingen

15公顷，年产量11万瓶

葡萄酒：Riesling，Grauburgunder and Weißburgunder，Kerner，Rivaner

这里不受风雨侵袭，因此气候比纳赫其他各地更为干燥温和，Werner Schönleber正是利用这一自然条件优势生产出高品质的雷司令。最好的葡萄酒产自Frühlingsplätzchen葡萄园。

生产商：Hahnmühle* – *****

所在地：Mannweiler-Cölln

9.5公顷，年产量6万瓶

葡萄酒：Riesling，Traminer，Silvaner，Weißburgunder，Spätburgunder，Alsenz，Cölln，estate wines，Silvaner Secco

在Martina Linxweiler和Peter Linxweiler的酒庄里，雷司令和琼瑶浆两种葡萄被罕见地种植在一起，种植和采摘都使用生态的方法。

生产商：Kruger-Rumpff* – *****

所在地：Münster-Sarmsheim

20公顷，年产量14万瓶

葡萄酒：Riesling，Silvaner，burgundy varieties（Münster-Sarmsheim：Dautenpflänzer，Pittersberg，Bingener Scharlachberg）

该酒庄由Stefan Rumpf和Cornelia Rumpf管理，是纳赫地区最好的酒庄之一。Rumpf家族的葡萄酒口感清爽，Q.m.P.葡萄酒尤其如此，酒中的酒精、未发酵的葡萄汁和萃取物能缓和其特有的强劲酸度。

生产商：Prinz zu Salm-Dalberg***

所在地：Wallhausen

14公顷，年产量7万瓶

葡萄酒：Riesling，Grauburgunder，Spätburgunder（Wallhausen，Roxheim），estate Riesling，Prinz Salm Qualitätsweine

Michael Prinz zu Salm-Dalberg是纳赫地区最知名的生产商之一，他曾担任联邦德国V.D.P.协会主席16载，直到2007年卸任。他的Schloss Wallhausen酒庄采用生态法种植葡萄，出产的葡萄酒品质上乘。只有最好的葡萄酒才会在酒标上标注葡萄园等详细信息。

生产商：Schlossgut Diel* – *****

所在地：Burg Layen

15公顷，年产量9万瓶

葡萄酒：Riesling，Grauburgunder，Weißburgunder，Spätburgunder（Dorsheim：Goldloch，Pittermännchen，Burgberg），estate wine Diel de Diel，Victor

Armin Diel是一名备受争议的生产商，也是一位酒评家，他酿造的雷司令葡萄酒在纳赫地区堪称典范。

生产商：Bürgermeister Willi Schweinhardt Nachfahren – ****

所在地：Langenlonsheim

33.5公顷，年产量18万瓶

葡萄酒：Riesling，Weißburgunder，Grauburgunder，Chardonnay，Spätburgunder，Portugieser（Langenlonsheim），Scala

纳赫地区最大、最好的酿酒公司之一。Schweinhardt是德国少数对赤霞珠进行试验的生产商之一，他还在不锈钢或塑料桶中发酵白葡萄酒。

格拉芬巴（Gräfenbach）的古腾堡（Gutenberg）和其他葡萄种植村庄都位于朝西北流淌的纳赫河的山谷中

红岩是特莱森旁一处巨大的斑岩悬崖，坐落于其脚下的巴斯泰（Bastei）是这个地区最好的葡萄园，出产的雷司令葡萄酒口感复杂，带有矿物香味

的酿酒合作社不得不舍弃独立经营而加入摩泽尔的合作社以求保护，而曾经的州立酒庄尼德豪森-施洛斯伯克尔海姆（Niederhausen-Schlossböckelheim）也在危机中艰难地生存了下来。

出类拔萃的美酒

纳赫地区V.D.P.协会中一些顶尖生产商的努力和勇气值得称赞。他们再一次开始尝试酿造高品质葡萄酒，还引导了对葡萄园分级的讨论。长久以来德国葡萄酒法律禁止在酒标上使用诸如“一级葡萄园”这样的描述，因此他们通过自愿原则在成员中达成了共识，只有被列为顶级葡萄园的名称才能出现在酒标上，而其他所有葡萄酒只能简单地标注为酒庄葡萄酒。此外，酒标上也完全不再使用“集合葡萄园”的名称，而事实上，标注集合葡萄园的做法在近年来饱受诟病。

纳赫具有酿造高品质葡萄酒的潜力，特别是在上纳赫、巴特克罗伊茨纳赫和下纳赫这3个重要地区，出产的葡萄酒都别具一格。

巴特克罗伊茨纳赫北部的纳赫河沿岸山坡陡峭多石，可供种植葡萄的地方很少。但是河面和斑岩土壤不但能为葡萄生长和成熟储备必需的热量，还能赋予这里的葡萄酒独特优雅的果香。公认的葡萄种植中心包括施洛斯伯克尔海姆、尼德豪森和特莱森，而特莱森巴斯泰、尼德豪森赫曼斯霍勒（Niederhausener Hermannshöhle）、尼德豪森赫曼斯贝格（Niederhausener Hermannsberg）、奥伯豪森布鲁克（Oberhäuser Brücke）和施洛斯伯克尔海姆费尔森贝格（Schlossböckelheimer Felsenberg）都是其中最好的葡萄园。

巴特克罗伊茨纳赫与周边地区的自然条件存在巨大差异。这里多为黏重的深层土，因此出产的葡萄酒也更为醇厚和浓烈，更像是产自南部地区。最好的葡萄园包括克罗伊茨纳赫布鲁克斯（Kreuznacher Brückes）和克罗伊茨纳赫卡伦山（Kreuznacher Kahlenberg）。但令人遗憾的是，克罗伊茨纳赫大多数曾经知名的酒庄似乎在近年来的品质提升浪潮中错失了良机。

在纳赫河下游和河谷地区，纳赫河从这里向北径直流入莱茵河，东侧的河岸上是莱茵黑森地区的大片葡萄园，而西边山坡上属于纳赫地区的葡萄园则在山陵、村庄和教堂尖塔中若隐若现。

纳赫的山谷坡向朝南，日照充足，最适宜雷司令的生长，如多尔斯海姆的彼得曼城（Pittermännchen）和古德洛奇（Goldloch）以及明斯特（Münster）的比得斯堡（Pittersberg）和道廷普法兰茨（Dautenpflänzer）都是阳光普照的葡萄园。在这里，每个葡萄园出产的葡萄酒在风格上千差万别，有的雷司令偏向摩泽尔，有的则接近中部莱茵。因此，是否该为纳赫的干型、半干型或甜型葡萄酒找到合适的风格描述成了纳赫地区知名生产商们常常讨论的一个话题。

伯格雷恩（Burg Layen）地区的迪尔（Diehl）城堡酒庄的发酵桶被装点得极富艺术气息。酒庄生产的精选葡萄酒采用多尔斯海姆古德洛奇葡萄园的雷司令酿造，在纳赫地区堪称一流

阿明・迪尔既是酿酒专家，也是葡萄酒评论家

海尔姆特・杜荷夫是奥伯豪森的知名葡萄酒生产商

莱茵黑森

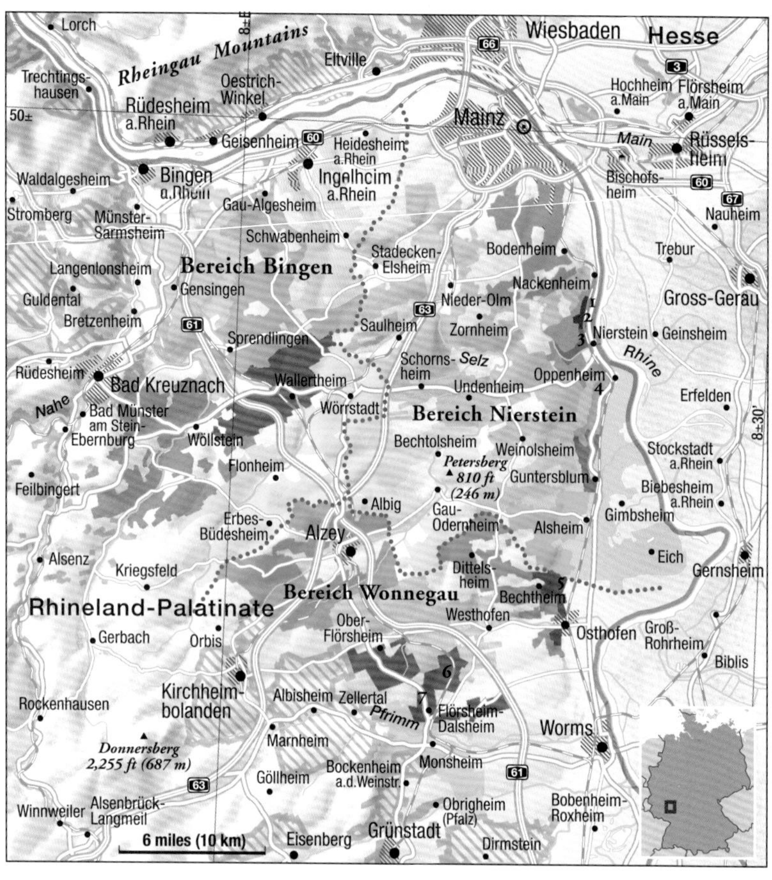

Bereich Bingen
- *Großlage* Sankt Rochuskapelle
- *Großlage* Abtey
- *Großlage* Kaiserpfalz
- *Großlage* Rheingrafenstein
- *Großlage* Kurfürstenstück
- *Großlage* Adelberg

Bereich Nierstein
- *Großlage* Domherr
- *Großlage* Sankt Alban
- *Großlage* Gutes Domtal
- *Großlage* Spiegelberg
- *Großlage* Rehbach
- *Großlage* Auflangen
- *Großlage* Krötenbrunnen
- *Großlage* Güldenmorgen
- *Großlage* Vogelsgärten
- *Großlage* Petersberg
- *Großlage* Rheinblick

Bereich Wonnegau
- *Großlage* Sybillenstein
- *Großlage* Bergkloster
- *Großlage* Pilgerpfad
- *Großlage* Gotteshilfe
- *Großlage* Burg Rodenstein
- *Großlage* Liebfrauenmorgen
- Domblick

1–7 Select single vineyards

Bereich border

Wine-growing areas in neighboring regions

莱茵黑森的葡萄种植面积超过26万公顷，共分为24个集合葡萄园和432个单一葡萄园，虽然年产量只有1万升/公顷，与摩泽尔、符腾堡和普法尔茨的年产量相比不算多，但莱茵黑森无疑是德国最大的葡萄酒产区。这里似乎到处都是葡萄和葡萄酒，只有3个村庄没有自己的葡萄园。

与德国其他葡萄酒产区相比，莱茵黑森与圣母之乳的联系最为紧密。的确，这个著名的品牌就诞生于莱茵黑森沃尔姆斯（Worms）的圣母院葡萄园（Liebfrauenstift-Kirchenstück），这是一个位于圣母玛利亚（Virgin Mary）大教堂里由围墙包围的葡萄园。几十年来，莱茵黑森一直在大量生产这种由各种葡萄混酿的葡萄酒，圣母之乳也是德国葡萄酒法律唯一允许自称为Q.b.A.的混酿酒。

圣母之乳在全球各地已成为德国葡萄酒的代名词，但这也无疑带来了圣母之乳品质的下降。几年前，尼尔施泰因（Nierstein）一家著名的酒庄开始付出极大的努力对原本已被忽视的葡萄园进行重整，这几乎标志着德国的葡萄种植开启了一个全新的篇章。

德国葡萄酒法律中有条失败的规定，即把多个葡萄园组合成集合葡萄园，也正是在莱茵黑森，这条规定最饱受诟病：奥彭海姆蟾蜍泉（Oppenheimer Krötenbrunnen）和附近的尼尔施泰因古特斯道穆泰（Niersteiner Gutes Domtal）就是最好的例证，在将近20年的时间里，这些集合葡萄园出产的葡萄酒品质虽好却无法得到较高的认证。

其他葡萄酒

幸运的是，除了圣母之乳以及产自蟾蜍泉和古特斯道穆泰的葡萄酒，莱茵黑森还出产其他葡萄酒。如今，莱茵黑森又能酿造美酒了，特别是在前莱茵地区，陡峭的莱茵黑森高原耸立于纳肯海姆和阿尔斯海姆（Alsheim）之间的莱茵河左岸。这里的雷司令能与莱茵高、摩泽尔和普法尔茨最好的雷司令相媲美。它们主要产自尼尔施泰因的红色砂岩，而形成这种片岩土壤的地理裂缝正好穿过莱茵河河谷，因此这些葡萄酒融合了北部的优雅与南部的强劲和辛香。

因此莱茵黑森最好的葡萄园近来又重新为自己树立了良好的声誉，如纳肯海姆的罗滕堡（Rothenberg）以及尼尔施泰因的佩滕塔尔（Pettenthal）、布鲁德斯贝格（Brudersberg）、黑平（Hipping）、奥尔贝格（Ölberg）和奥贝尔（Orbel）。奥彭海姆在萨克特莱格尔（Sackträger）的葡萄园也一直保持着高水准，那里的土壤不再是红色的砂石片岩，而多为黄土和石灰质泥灰岩。

莱茵黑森拥有丰富的葡萄品种。大多数是战后在阿尔蔡葡萄育种学院杂交而成，如施埃博和丹菲特这些最近备受关注的红葡萄品种都是在莱茵黑森试验成功的。由于这里经典的葡萄品种和杂交品种太多，我们无法说出哪一种葡萄是莱茵黑森的主角。米勒-图高的种植面积约占16%，丹菲特和雷司令各占13%和10%，而其他各个品种如西万尼、葡萄牙人、科纳、黑比诺、施埃博和灰比诺大约都有10%的种植比例。最后请不要忘记，莱茵黑森在20世纪70年代首先将环保的生态种植理念引入德国，此后各地的生产商争相效仿。

尼尔施泰因的莱茵河河畔拥有几个出众的葡萄园，包括布鲁德斯贝格、黑平、佩滕塔尔、奥尔贝格。这里还有一些活跃的知名生产商

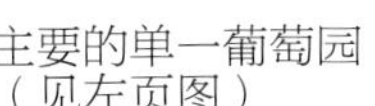

主要的单一葡萄园（见左页图）

1 Pettenthal
2 Hipping
3 Ölberg
4 Sackträger
5 Geyersberg
6 Hubacker
7 Bürgel

黑森山道

黑森山道葡萄酒产区位于奥登森林边界的斜坡上，北部是达姆施塔特（Darmstadt），南部是魏因海姆（Weinheim）。这里的土壤和气候都特别适宜种植葡萄。

黑森山道崎岖的地形使葡萄园险峻陡峭，不仅种植困难，而且成本高昂，会产生诸多经济问题。因此，这里90%的葡萄都供应给当地最大的位于黑彭海姆（Heppenheim）的酿酒合作社。此外，仅本斯海姆酒庄的葡萄种植面积就占了黑森山道总种植面积的10%左右，而且大部分葡萄酒都在黑森南部销售，这也就是黑森山道几乎不为外界所知的原因所在。

黑森山道最好的葡萄是雷司令和勃艮第品种，其中雷司令可以与莱茵高的雷司令一较高下。虽然这里生产的葡萄酒主要以这些品种为酿酒原料，但是却能体现各个葡萄园和土壤结构的差别。大多数雷司令都种植在较高的葡萄园里，因此酸度低于偏北地区的雷司令，矿物风味更浓郁，而这种矿物风味又会因种植的土壤是花岗岩或砂石而有所不同。勃艮第葡萄在海拔较低的葡萄园里生长成熟，土壤多为深层黄土。与巴登的勃艮第葡萄酒相比，这里的葡萄酒酒精含量较低。

黑森山道的葡萄酒生产商几乎都不销售自己的产品，整个市场由合作社操控，这对于推动当地葡萄酒品质的提升毫无益处。多年来，只有国有酒庄和一两家私营酒庄成功生产出了可以称为高品质的葡萄酒。

生产商：Staatsweingut Bergstraße***–****
所在地：Bensheim
38公顷，年产量25万瓶
葡萄酒：Riesling，Grauburgunder，Weißburgunder，Spätburgunder，Gewürztraminer（Heppenheim：Centgericht，Steinkopf；Schönberg，Bensheim：Kalkgasse，Streichling）

生产商：Simon-Bürkle***
所在地：Zwingenberg
13公顷，年产量8万瓶
葡萄酒：Riesling，Weißburgunder，Grauburgunder，Silvaner，Spätburgunder，Lemberger，Cabernet Sauvignon

主要的单一葡萄园

1 Centgericht
2 Steinkopf

莱茵黑森的心脏：从纳肯海姆到丁海姆

德国所有的葡萄酒产区没有一个像莱茵黑森这样，生产的葡萄酒会因地区差异而在品质上存在天壤之别。过去，这里唯一为外界所知的是大规模葡萄酒生产和某些新开发的葡萄品种，其中一些葡萄的品质还很不可靠，因此人们都不再认为这里出产的是高品质葡萄酒，而只是某种大产业规模的医疗清洁用品。

但是近年来，人们开始关注莱茵黑森的一些顶尖生产商，他们的葡萄酒品质出众。前莱茵地区是这一发展趋势的起源地，这里拥有莱茵黑森最好的几个葡萄园，土壤为泥质板岩。在纳肯海姆和丁海姆（Dienheim）之间的莱茵河河谷，陡坡上的几家酒庄多年来一直是德国葡萄酒行业的精英，如甘德洛什（Gunderloch）和圣安东尼（Sankt Antony）。施耐德（Schneider）和基洛特（Kühling-Gillot）等酒庄也一直在酿造高品质葡萄酒。令人遗憾的是，莱茵黑森的葡萄酒整体形象欠佳，因此到目前为止，生产商们不能有力地销售他们的葡萄酒，也无法卖出高价。

在与普法尔茨交界处的贝希泰姆（Bechtheim）、韦斯特霍芬（Westhofen）和弗勒斯海姆-达尔斯海姆（Flörsheim-Dalsheim）地区，一群优秀的葡萄酒生产商曾立业扬名，包括凯勒（Keller）、格罗贝（Groebe）、夏斯（Schales）和魏特曼（Wittmann）。的确，在莱茵黑森腹地，美酒佳酿非常稀少，但是只要付出一定的努力，还是可以酿造出优质葡萄酒的，如同在北方的宾根（Bingen）和英格尔海姆（Ingelheim），也有曾经闻名于世的葡萄园。然而莱茵黑森的葡萄酒生产商们仍旧信奉着轻松快速的赚钱法，他们的这种态度对进一步提高莱茵黑森葡萄酒的品质有害无利。

莱茵黑森的主要葡萄酒生产商

生产商：Brüder Dr. Becker***-****
所在地：Ludwigshöhe
11.5公顷，年产量8万瓶
葡萄酒：Dienheim，Ludwigshöhe
早在20世纪70年代，Helmut Pfeffer就开始采用生态法酿造葡萄酒，同时他也证明这种方法不会降低葡萄酒的品质。如今他的女儿Lotte正以同样的热情继续着他的事业。最近酒庄重新开始酿造半干型葡萄酒。

生产商：Ch. W. Bernhard***
所在地：Frei-Laubersheim
12公顷，年产量7万瓶
葡萄酒：Riesling，Spätburgunder，Auxerrois，Silvaner（Frei-Laubersheimer，Hackenheimer）
这个酿造静态酒和起泡酒的酒庄近年来已成为莱茵黑森地区最好的酒庄之一，出产的精选和贵腐精选葡萄酒尤为出色。

生产商：K. F. Groebe***
所在地：Biebesheim
7公顷，年产量5万瓶
葡萄酒：Riesling，Silvaner，Grauburgunder，Spätburgunder（Westhofen：Aulerde）

Aulerde葡萄园的石灰质土壤使其成为理想的葡萄种植地。Friedrich Groebe用产自这里的葡萄酿造顶级葡萄酒。用灰比诺和黑比诺酿造的日常餐酒也品质优秀。

生产商：Gunderloch****
所在地：Nackenheim
12.5公顷，年产量7万瓶
葡萄酒：Riesling，Silvaner（Nackenheim：Rothenberg；Nierstein：Pettenthal，Hipping），Jean Baptiste
从20世纪80年代中期开始，Agnes Hasselbach和Fritz Hasselbach就逐渐将他们的酒庄发展成为莱茵黑森地区的顶尖酒庄。他们的成功归因于他们所拥有的大片顶级葡萄园，如Rothenberg、Pettenthal和Hipping。特别是Rothenberg葡萄园，其泥质板岩土壤出产的雷司令果味浓郁、结构坚实、品质上乘。Hasselbach夫妇在各个葡萄酒生产国的旅行见闻让他们决定对葡萄种植和酿酒工艺进行现代化改革。根据Zuckmayer的剧作《欢乐的葡萄园》（*Der fröhliche Weinberg*），他们将一款葡萄酒命名为“Jean Baptiste”，用以纪念酒庄的创始人Carl Gunderloch。

生产商：**Keller******
所在地：**Flörsheim-Dalsheim**
13公顷，年产量10万瓶
葡萄酒：Riesling，burgundy varieties，Huxelrebe（Abtserde，Bürgel，Frauenberg，Hubacker，Kirchspiel，Morstein）
Klaus Keller和Hedwig Keller的酒庄是德国获奖次数最多的酒庄之一，但是却与其葡萄园的等级相矛盾，这只能说明酿酒师对品质的感觉在酿酒过程中至关重要。产自Hubacker葡萄园的雷司令葡萄酒是酒庄的上品。用勃艮第品种酿造的葡萄酒也品质出众。

生产商：**Kissinger**-*****
所在地：**Uelversheim**
12公顷，年产量11万瓶
葡萄酒：wide range from Oppenheimer，Dienheimer and Uelversheimer vineyards
该酒庄最能体现近年来莱茵黑森葡萄酒品质的巨大飞跃。产自Dienheimer Kreuz葡萄园的干型精选雷司令格外出色。

生产商：**Krug'scher Hof*****
所在地：**Gau-Odernheim**
30公顷，年产量30万瓶
葡萄酒：Chardonnay，Weißburgunder，Spätburgunder，Riesling，Menger-Krug Sekt
Menger-Krug家族的酒业中心是位于普法尔茨产区的Motzenbäcker酒庄，但是它大多数的葡萄园都位于莱茵黑森，这里也是该家族大部分知名起泡酒的生产地。自20世纪80年代中期起，这里开始种植霞多丽，用来酿造起泡酒和单一品种静态酒。偶尔生产的贵腐酒也品质上乘。

生产商：**Kühling-Gillot******
所在地：**Bodenheim**
9公顷，年产量7万瓶
葡萄酒：Riesling，Grauburgunder，Scheurebe，Portugieser，Spätburgunder（Oppenheim，Bodenheim），Sekt
Gabi Gillot和Roland Gillot的酒庄可追溯至18世纪。Gillot家族的葡萄酒，特别是贵腐葡萄酒和橡木桶熟成的勃艮第葡萄酒，都是莱茵黑森地区的上品。此外，Gabi Gillot经营的小酒馆常给客人带来宾至如归的感觉。

生产商：**Michel-Pfannebecker*****
所在地：**Flomborn**
12公顷，年产量7万瓶
葡萄酒：Silvaner，Riesling，burgundy varieties，Müller-Thurgau（Westhofen，Flomborn）
该酒庄产自Westhofener Steingrube葡萄园的雷司令葡萄酒品质卓越，这说明Westhofen地区也能出产美酒。勃艮第白葡萄酒和霞多丽也相当出众。

生产商：**Sankt Antony***-*****
所在地：**Nierstein**
28公顷，年产量18万瓶
葡萄酒：Riesling，Silvaner（Nierstein：Ölberg，Hipping，Pettental，Orbel，Rosenberg，Heiligenbaum，Paterberg），Vom Rotliegenden
与Heyl zu Herrnsheim酒庄一样，该酒庄最近也被出售给企业家Detlev Meyer，他对两个酒庄进行共同管理和生产。几年后我们便能知道这里的葡萄酒品质是否还能保持过去的高水准。

生产商：**Schales******
所在地：**Flörsheim-Dalsheim**
60公顷，年产量50万瓶
葡萄酒：Riesling，Müller-Thurgau，Weißburgunder，Spätburgunder from vineyards in（Dalsheim），Trullo，Schales Selection
Schales兄弟拥有莱茵黑森地区最大的葡萄园之一，他们也是最好的生产商之一。过去10多年里，他们没有在酒标上注明原产地。他们的Trullo葡萄酒采用白比诺、科纳和雷司令混酿而成。贵腐酒和冰酒都品质出众。

生产商：**Heinrich Seebrich*****
所在地：**Nierstein**
10公顷，年产量8万瓶
葡萄酒：Riesling，Müller-Thurgau，Kerner，Silvaner，Dornfelder，Spätburgunder（Nierstein：Ölberg，Hipping）
Heinrich Seebrich无论在葡萄园还是酿酒厂都采用轻柔的方法。Q.m.P.葡萄酒需在瓶中熟成一段时间后才推向市场。

生产商：**Villa Sachsen*****
所在地：**Bingen**
16.5公顷，年产量13万瓶
葡萄酒：Riesling，Müller-Thurgau，Kerner，Silvaner from vineyards in（Bingen：Scharlachberg）
在Salm加入之前，该酒庄的状况十分糟糕。Salm是纳赫地区Schloss Wallhausen酒庄的主人，现在是该酒庄的共同所有人，和他的团队一起参与管理。今天酒庄又能酿造出高品质的雷司令葡萄酒了。

生产商：**Wittmann******
所在地：**Westhofen**
25公顷，年产量15万瓶
葡萄酒：Riesling，Müller-Thurgau，Silvaner，Huxelrebe，Spätburgunder（Bechtheim；Westhofen：Aulerde）
虽然酒庄早已成为莱茵黑森最好的生产商之一，也是采用生态法的酒庄之一，但是直到最近才被允许加入V.D.P.协会。这里生产的葡萄酒品质出众，特别是产自Westhofen葡萄园的雷司令证明了Rhine Front以外的地区也有出产美酒的潜力。

生态酒庄——魏特曼

莱茵黑森产区的葡萄酒在20世纪70年代表现平平，也许正因为如此这里才出现了德国最早的有机葡萄种植运动。无论是谁，只要他想从众多圣母之乳的生产商中脱颖而出，就不得不想办法吸引他人的关注，即使只是酒标上的一个改动。

第一个敢于尝试的是位于梅滕海姆（Mettenheim）的桑德（Sander）酒庄，这也是德国最古老的有机酒庄，现在由格哈德·桑德（Gerhard Sander）经营。20世纪50年代，格哈德·桑德的父亲奥腾里希·桑德（Ottoheinrich Sander）开始怀疑他的同辈们对“进步”的看法，特别是在葡萄园过分使用现代科技和化学药品以后。他发现土壤中的腐殖质逐渐减少，土壤侵蚀加剧，因此决定采取环保的方式来对抗这些变化，如使用有机肥料、培育有益微生物、在行间栽种植被、杜绝化学喷剂等。

今天，德国的顶尖酒庄都开始采用生物种植法，特别是生物动力种植法以进一步提高葡萄酒的品质。而酒庄也已证实这些自然种植方法生产的葡萄酒品质更加出众，韦斯特霍芬的魏特曼酒庄就是一个典型例子。当甘特·魏特曼（Günter Wittmann）被问及是什么促使他进行这种改变时，他回答：“这个过程持续了10年。我们与德国最老的有机酒庄的桑德家族是好朋友，我对他们的葡萄酒深怀敬意，也十分好奇。而最主要的原因是我想保持土壤的活力。我认为化学除草剂本身充满了矛盾。也就是说，为了让葡萄生存，我必须消灭其他植物，而这些植物就长在葡萄树旁边，因此喷洒的化学试剂也会落到葡萄上。不过，土壤是关键，这让我很不安。”

魏特曼从20世纪80年代开始逐步改变，先后停止化学除草剂和化肥的使用，最终于1990年加入有机协会“自然之地”。甘特·魏特曼和伊丽莎白·魏特曼在酒庄附近开辟了一个美妙的花园，里面种满了地中海植物，这不仅是他们的爱好，也说明沃纳高气候温和。对他们而言生态种植的转变还将继续下去。“最重要的是为我们的下一代保持土壤的健康。我想交给我的儿子菲利普一块肥沃的土地。现在葡萄园的土壤不仅结构松软而且充满活力”。

酒窖主管兼葡萄酒工程师菲利普·魏特曼非常认同父亲的种植方式。菲利普酿酒时轻柔缓和，通过生物种植法，他的葡萄酒可以完美体现风土气息。甘特·魏特曼说：“风土气息的形成需要五年到六年的时间。让我们这么来想：在葡萄树正需要肥料时对它们进行施肥，那么风土气息只会来自土壤的表层，因为上层土壤中的葡萄根系比较发达。但是在这里，除了少量的基础肥料我们不会给葡萄提供任何其他的营养，因此葡萄树必须自己去寻找养分，它们不得不往土壤深处生长以获取矿物质。这样它们就会发展出一套完全不同的发达的根系系统，然后土壤的风土特征就可以融入葡萄酒中。不过，这种方法需要大量的时间。”

左图：魏特曼酒庄充满着地中海风情，不仅由于沃纳高气候温和，还因为主人对温带植物情有独钟

右图：产自克希斯皮尔（Kirchspiel）葡萄园黏性土壤的特级葡萄酒拥有出众的口感和结构

魏特曼酒庄的3个顶级葡萄园——奥莱德（Aulerde）、克希斯皮尔和莫施泰因（Morstein）都位于韦斯特霍芬镇温格茨堡山的南坡和东南坡上。温格茨堡下面就是原生态的莱茵河河谷。魏特曼酒庄从2004年开始使用生物动力法种植葡萄。甘特·魏特曼还擅长对自然环境进行观察。如果某年气候干燥，他就不会常年在葡萄园里种植其他植物。“然后到五月我们才开始种植其他植物，这样草、苜蓿和豆荚与葡萄之间的竞争不会太过激烈。”雷司令葡萄是魏特曼酒庄的主角，其次是勃艮第葡萄和西万尼。当雷司令长势喜人，古老的葡萄园里还长出小草时，甘特·魏特曼会种下霞多丽，因为他发现这时的土壤特别适合霞多丽的生长，而他的尝试也获得了巨大的成功。

由于魏特曼酒庄采用生物种植法（现在是生物动力种植法），降低葡萄产量，并且挑选葡萄品种，这里的葡萄酒品质自1999年起突飞猛进。也是从那时开始，这里的葡萄酒形成了自己的风格，而决定这些风格的是源自各个葡萄园或多或少的矿物气息。

甘特·魏特曼和伊丽莎白·魏特曼夫妇与他们的儿子菲利普共同经营他们的生物动力酒庄

生态葡萄种植

生态葡萄种植总体上和生态农业一样，避免使用化学合成肥料、除草剂、杀虫剂、杀菌剂和杀螨剂。生态葡萄种植注重统筹兼顾，如保护土壤、纯净的地下水、物种和地形以及提倡生态种植和废物处理等。葡萄园的土壤是一切的根本。生态种植使用有机材料提高土壤活力，并为其补给养分，其中最主要的是由葡萄皮、厩肥、谷壳、稻草和植物性物质组成的混合肥。通常这些原材料要从葡萄园外面获取，因为很少有葡萄园能建成一套自给自足的独立农业循环系统。但是也有一些葡萄园饲养纯种的牲畜以获取宝贵的肥料。

在植株间种植绿色植物是生态葡萄种植中至关重要的一个环节，这相当于生态农业中的轮番种植法。植物发达的根系能长久保持土壤中充足的微生物。而各种植物，如豆科植物、苜蓿、谷物、草类和药草等，每年都可以收割2～3次并留作护根肥料，不仅是出色的绿肥，还有助于腐殖质的形成。花朵能重新将昆虫吸引到葡萄园中，而益虫能降低葡萄园中红蜘蛛和葡萄蛾等害虫的数量。绿色植物不但可以防止葡萄园遭受侵蚀，还能维持水分的平衡。然而，这些方法在实际操作时必须根据具体情况进行调整，因为不是所有的葡萄园都适合长期种植绿色植物。

总体而言，除了土壤管理方面，生态种植与传统种植在照料葡萄树和防治病虫害方面也存在根本区别。欧洲的葡萄种植必须不断面对来自白粉病和霜霉病的威胁，传统的葡萄种植户首先会采用化学方法，而生态种植户则着眼于如何减少感染的风险。为了实现这个目的，他们一开始就会选择：

- 合适的地理位置
- 合适的葡萄品种
- 合适的植株间距和行距
- 最佳的种植方法

接下来他们还会：

- 在冬季修剪多余的枝蔓
- 在春季折断部分枝蔓，将每棵葡萄树上的枝蔓减少到最佳数量
- 修剪叶片，确保生长季时良好的通风
- 根据需要减少果穗的数量

传统的葡萄种植通常不会采用这些方法，只有少数立志酿造顶级好酒且从某种程度上已经接受生态种植观念的酒庄是例外。根据生态种植法，避免陡峭的地理位置和脆弱的葡萄品种至关重要。液态的植物肥料、植物制剂、矿物等都能有效地为葡萄增添养分。

采用生态法的种植户也必须比他们传统的同行们工作更细致、考虑更周全。生态葡萄园的产量自然会比力求高产的传统葡萄园的产量低，但是成功的生态种植使葡萄的产量和品质不会因年份而产生巨大的变化。

生产商们一致认为，葡萄酒的品质在葡萄园中就已决定，因此生态种植也许为将来的发展指明了方向。

塞克特

虽然最著名的起泡酒来自法国的香槟产区，近年来意大利也成功地推出了自己的起泡酒普洛塞克，西班牙也有了知名的卡瓦，但是德国起泡酒塞克特无论在产量还是消费量上都无人可及。德国葡萄酒的人均年消费量仅为20升，而其中起泡酒的人均年消费量就高达4升。

早在酿造塞克特之前，德国人就已经喜欢起泡酒了。19世纪早期，库克、柏林格、戈尔德曼、玛姆和杜兹等几个富有开拓精神的德国年轻人热衷于酿造香槟的想法，于是他们到国外去寻找那些品质和知名度都数一数二的香槟酒厂。

当时塞克特这个词并不为人所知，根据相关记载，它首次出现在1825年左右的柏林。人们常把它的发明与演员路德维希·德维里特联系在一起。据说这个词可能源于法语的“sec”（意思为“干的”），也可能取自英国一种流行的名为“Sack”的雪利酒。

大多数德国塞克特酒厂都坐落在莱茵河与摩泽尔河沿岸，建立于19世纪下半叶。一些从那时起就存在的酒庄，如凯斯勒（Kessler）、汉凯（Henkell）、君兰（Söhnlein）、邓肯（Deinhard）、酷富堡（Kupferberg）、克洛斯&弗尔斯特（Kloss & Foerster）、施洛斯·沃斯（Schloss Vaux）和菲波（Faber），至今仍保持着最高的销量，每年能出售3000万、4000万、1亿甚至更多瓶起泡酒（法国香槟的年产量约为2.5亿～3亿瓶）。

传统的瓶内发酵方式当然无法酿造出这么多的葡萄酒，因此德国塞克特通常是在酒罐中发酵，而二次发酵是在一个大的加压容器中进行，这样还能在压力下过滤成酒，最后再装瓶。

不同类型塞克特中的含糖量

绝干	0～3克/升
特干	0～6克/升
干	0～15克/升
半干	12～20克/升
甜	17～35克/升
特甜	33～50克/升
绝甜	>50克/升

生产特酿酒需要各种基酒，还要添加糖分和酵母

采用瓶内发酵时，酒瓶需用皇冠瓶塞密封，然后存放在木架上

在一些小型塞克特酒庄，转瓶仍采用传统的人工方式

转瓶会让酵母沉淀物积聚在瓶颈处，在插入软木塞前，必须去除沉淀物

酒瓶内会注入适量的葡萄酒，然后用软木塞封存

最后在瓶口套上塞克特特有的装饰性桶状瓶封

通过传统的瓶内发酵法酿造塞克特需要更长时间，但是生产的起泡酒口感复杂，气泡细腻，并且能在顶部形成柔和诱人的泡沫

比起瓶内发酵，很多酿酒专家更偏爱酒罐发酵，因为酒罐发酵能让每瓶起泡酒的品质保持一致。不过，当葡萄酒在容积较小的酒瓶内发酵时，能与酵母有更多的接触，而在酒罐中发酵时，酵母会沉入底部。此外，在酒瓶内进行二次发酵的时间会比葡萄酒法律所规定的在酒罐内发酵的时间要长，而酵母作用时间的长短是决定起泡酒品质的关键。

瓶内发酵和酒庄起泡酒

因此，为了酿造顶级起泡酒，大型塞克特酒厂会使用更复杂的瓶内发酵法来延长熟成时间，酿酒原料通常为雷司令或者经典的勃艮第品种。显而易见的是，这部分起泡酒的产量不可能达六位数，但是德国塞克特酒厂中最好的特酿酒完全能在品质、产量和价格上与香槟酒一比高下。虽然高端市场中的某些品牌完全产自德国酒厂，但并不能说所有的德国塞克特都是如此。如果每年大量的塞克特全部采用德国本土葡萄酿造，那么不仅其价格会昂贵许多，而且德国的葡萄园也会马上达到种植极限。因此在莱茵河和摩泽尔地区塞克特酒厂的大酒罐中，90%的基酒产自意大利、西班牙和其他欧盟国家。

过去10年，酒庄起泡酒这种新产品与经典塞克特一样，开始崭露头角。与传统起泡酒不同，酒庄起泡酒是酒庄装瓶的葡萄酒，不过，二次发酵、转瓶和除渣过程外包给其他公司，其中最著名的几家都位于莱茵黑森的施普伦德林根（Sprendlingen）地区。

现在越来越多的生产商开始自行发酵葡萄酒来酿造塞克特，这样能确保成酒的品质。只有最好的葡萄才被用来酿造基酒：北部地区主要使用雷司令，而南部则用勃艮第葡萄。经过二次发酵后，这些起泡酒在味道和气泡方面几乎和香槟没有差别。

虽然塞克特市场整体上似乎已经停滞一段时间了，但是酒庄起泡酒却越来越受欢迎：首先生产商们喜欢这种葡萄酒，因为它带来了一个大好机会，既能娱乐又能赚钱；其次消费者们也喜欢这种葡萄酒，因为对于这些喝惯了塞克特的人们来说，酒庄起泡酒是令人满意的替代品。

汉凯、君兰和邓肯

汉凯公司原本并没有打算专门从事起泡酒的生产。当亚当·汉凯于1832年在美因茨（Mainz）创建他的葡萄酒公司时，他想从事的是葡萄酒出口贸易，因为当时出口贸易收益丰厚。直到大约25年后这家公司才开始进入塞克特市场，而当时他们在美因茨已拥有一家“香槟厂”——当时还没有法律规定不可以使用“香槟”这个名称。

汉凯公司创建后经过两代人的经营成为了一个专门酿造塞克特的酒厂，而生产中心也迁至比布里希（Biebrich）附近。1898年汉凯-特罗肯（Henkell Troken）起泡酒成为注册商标并申请了专利。今天这个塞克特帝国早已扩展至威斯巴登郊外，并在诸多领域成为市场的领导者。原来的大楼采用严峻的新古典风格，正前方是4个绿色的方形酿酒大厅，与后方的主楼连为一体，现在由于结合了巴洛克风格的装饰元素而变得柔和起来，与脚踏实地的工作氛围形成了强烈反差。汉凯君兰公司近2/3的葡萄酒和塞克特都产自这里。

德国的主要塞克特生产商

生产商：Geldermann***–****
所在地：Breisach
年产量290万瓶
葡萄酒：Geldermann，Odeon，Cuvée Privée，Carte Blanche，Carte Rouge
René Lallier离开Deutz香槟酒庄后，建立了自己的塞克特酒厂，并且将其发展成德国最具品质意识的酒厂之一。酒厂现在属于德国Rotkäppchen起泡酒公司。

生产商：Godefroy H. von Mumm**–***
所在地：Hochheim
葡萄酒：Mumm，Jules Mumm
该酒厂曾是Seagram酒业帝国的一部分，2002年被Rotkäppchen公司收购。其最受欢迎的品牌MM自1850年起就已享誉全球，并受到专利保护。

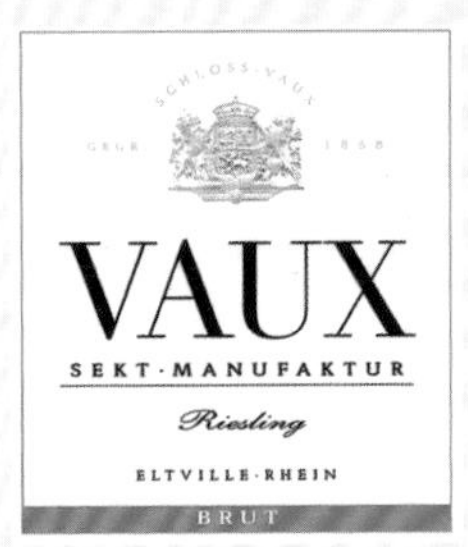

生产商：Schloss Wachenheim*–**
所在地：Trier
年产量2.45亿瓶
葡萄酒：Schloss Wachenheim，Faber，Feist，Schloss Böchingen，Rondel
Reh家族拥有欧洲最大的酒业集团之一。最初该酒庄因塞克特Faber而闻名，过去10年又开拓了更高级的塞克特和静态酒，现在已是德国市场的领导者。

生产商：Rotkäppchen-Sektkellerei**–***
所在地：Freyburg
年产量9200万瓶
葡萄酒：Rotkäppchen Sekt，Riesling，Weißburgunder（Saale-Unstrut）
该酒厂曾是前东德的大企业，因为两德统一而受益。创建于19世纪末的公司在德意志民主共和国统治时期被收归国有。除了经典塞克特，酒厂还生产静态酒和芳香甘醇的起泡酒。

生产商：Rüdesheimer Sektkellereien Kloss & Foerster und Ohlig & Co**–***
所在地：Rüdesheim
年产量240万瓶
葡萄酒：Riesling Sekts，E.G.- Cuvée，red and rosé Sekt
收购了Rotkäppchen酒厂后，该家族将公司总部迁至Rüdesheim，并与Ohlig酒厂合作。虽然这两个品牌仍然独立运作，但出产的产品却很相似。

生产商：Sektkellereien Henkell & Söhnlein***–****
所在地：Wiesbaden
年产量2.05亿瓶
葡萄酒：Henkell Trocken，Söhnlein Rheingold，Carstens S.C.，Rüttgers Club，Deinhard
顶级产品包括Fürst von Metternich和Adam Henkell。

生产商：Sektkellerei C. A. Kupferberg & Cie**–***
所在地：Mainz
年产量1600万瓶
葡萄酒：Kupferberg Gold
该酒厂现在属于Racke G.m.b.H.集团，拥有悠久的传统和古老的酒窖。

生产商：Sektkellerei Schloss Vaux***
所在地：Trier
2公顷，年产量25万瓶
葡萄酒：Riesling Sekts
这家最初建立在柏林的公司盛产莱茵高雷司令塞克特。

汉凯和君兰之所以能获得成功，是因为它们愿意酿造大量品牌产品，并且通过大量的宣传将其推向市场。现在，公司5%的营业收入被用于市场营销。因此，汉凯-特罗肯一直是德国塞克特中的著名品牌也不足为奇。

不久前，汉凯家族已不再对酒厂进行实际的管理。与此同时，约翰·雅各布·君兰在附近的锡约施泰因（Schierstein）建立了一家“莱茵高起泡酒厂”。通过与约翰山酒庄梅特涅家族的联系，君兰确保了他的酒厂能获得德国最好的基酒，并且有权使用约翰山这个知名商标。1958年君兰被实业家欧特克博士收购，1987年与其最大的竞争对手汉凯合并。之后，汉凯君兰继续在匈牙利和波兰进行投资。两家公司合并后的第十年，另一家大公司也加了这个顶尖的德国塞克特帝国，那就是来自科布伦茨的邓肯。今天汉凯君兰每年生产的塞克特超过了1亿瓶，再加上烈酒、静态葡萄酒和其他酒类，年产量高达2.4亿瓶。

左页图：克里斯汀·阿达尔伯特·酷富堡（Christian Adalbert Kupferberg）于1850年建立了酷富堡（Kupferberg）酒庄，他创造的酷富堡金牌起泡酒至今仍是旗下领导品牌。位于美因茨的原酒厂大楼的接待厅在新艺术时期被拓宽

汉凯君兰公司旗下诸多品牌中最著名的是君兰布里兰特（Söhnlein Brillant），年产量为3600万瓶，其次是汉凯-特罗肯和吕特格尔斯俱乐部（Rüttgers Club）。除此之外，公司生产的特酿酒也颇负盛名，如由单一品种酿制的霞多丽塞克特亚当·汉凯，这款葡萄酒在国际市场上也能独当一面。雷司令塞克特欧洲王子（Fürst Metternich）也是一款单一品种起泡酒，其所有的基酒都来自莱茵高产区。

普法尔茨

杏树在中哈尔特地区生长茂盛，证明这里气候温和，为出产优质雷司令提供了理想条件

普法尔茨又称为“Palatinate”，长约80千米，是德国第二大葡萄酒产区，葡萄种植面积约为23300公顷，而美丽的风光也使这里成为一个著名的旅游胜地。普法尔茨的葡萄种植历史悠久，最近在这一地区的葡萄园发掘出许多几个世纪前的酒窖，说明早在古罗马时期普法尔茨森林的坡地上就开始种植葡萄了。

普法尔茨南部阳光充足、气候温暖，在德国所有葡萄酒产区中仅次于巴登。在完全不受寒风侵袭的地方，如比尔克魏莱尔镇（Birkweiler）的低洼地山谷，植被有时几乎会呈现出地中海风格。此外，多样的土壤结构赋予葡萄酒丰富的表现力。砂岩、黏土、泥灰土、红泥灰土、介壳灰岩、斑岩、花岗岩、片岩等，普法尔茨的土壤几乎适合所有葡萄的生长。

根据德国葡萄酒法律，普法尔茨被分为两个区域，但事实上我们应该区分成3个区域：第一个是位于北部的德国葡萄酒之路，从与莱茵黑森交界处的沃尔姆斯一直延伸到格林施塔特（Grünstadt）；第二个是从中哈尔特（Mittelhaardt）地区一直延伸到诺伊施塔特（Neustadt）南部；第三个区域是南部葡萄酒之路，延伸至普法尔茨与阿尔萨斯交界处的维桑堡（Wissembourg）。

中哈尔特地区的顶级葡萄园

位于黑尔克斯海姆（Herxheim）和诺伊施塔特之间的中哈尔特地区不仅出产高品质的葡萄酒，还是著名的旅游胜地。这里拥有普法尔茨最好的葡萄园朝向和风化砂岩。乌格豪尔（Ungeheuer）和雷特普伐德（Reiterpfad）等葡萄园世界闻名，代表了普法尔茨葡萄酒，特别是雷司令葡萄酒的最高水准。与德国更靠北的葡萄酒产区不同，普法尔茨没有全部种植雷司令，但雷司令仍是这里最具代表性的葡萄品种，占葡萄种植总面积的1/5，远远超过位居其后的丹菲特、米勒-图高和葡萄牙人，而黑比诺、科纳、灰比诺和西万尼分别只占总面积的3%～6%。

无论对德国的葡萄园进行何种分级，中哈尔特的顶级葡萄园都能与摩泽尔和莱茵高最好的葡萄园一起位居前列。19世纪，德国曾根据各个葡萄园的潜质对它们进行评估，而评估结果和今天的分级结论没有差别。产自这些优质葡萄园的雷司令比北部的雷司令结构更坚实，酒精含量更高，经过熟成后口感更干爽。

普法尔茨南部地区的崛起

令人遗憾的是，普法尔茨的南部葡萄酒之路地区仍以高产为目标，人们似乎只想通过大量种植葡萄来装满各个葡萄酒厂的巨大酒罐。40多年前来这里的生产商们对产量过于狂热，仅在1979—1982年间，葡萄园面积就新增了1000公顷，而这些葡萄园里种植的当然是品质中庸但产量极高的葡萄。因此直到现在普法尔茨南部仍以销售桶装葡萄酒为主。1971年，葡萄酒法规允许不同地区的葡萄酒进行混酿，于是普法尔茨葡萄酒被加入摩泽尔最酸的葡萄酒以改善其口感，之后大量的普法尔茨葡萄酒被用于酿造圣母之乳。直至今天，超过半数的普法尔茨葡萄酒在普法尔

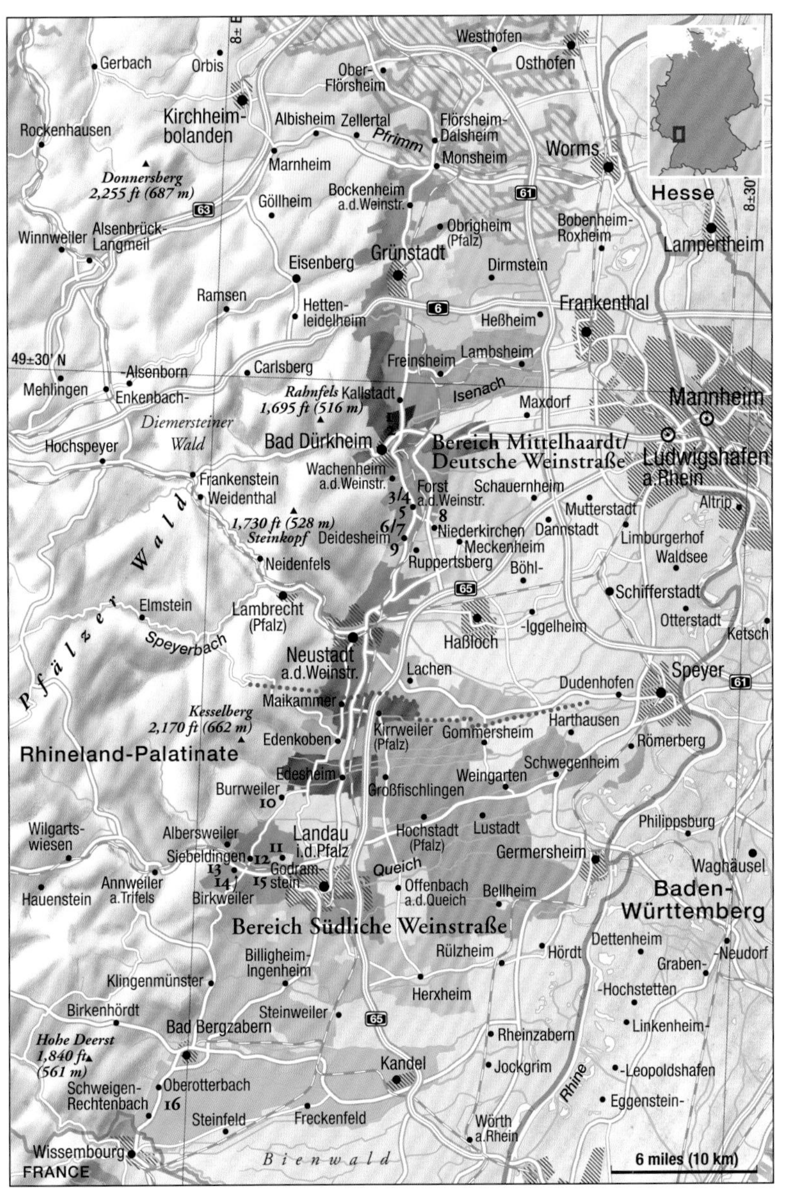

Bereich Mittelhaardt/ Deutsche Weinstraße

- *Großlage* Schnepfenflug vom Zellertal
- *Großlage* Grafenstück
- *Großlage* Höllenpfad
- *Großlage* Schwarzerde
- *Großlage* Feuerberg
- *Großlage* Kobnert
- *Großlage* Rosenbühl
- *Großlage* Hochmess
- *Großlage* Honigsäckel
- *Großlage* Schenkenböhl
- *Großlage* Schnepfenflug an der Weinstraße
- *Großlage* Hofstück
- *Großlage* Mariengarten
- *Großlage* Meerspinne
- *Großlage* Rebstöckel
- *Großlage* Pfaffengrund

Bereich Südliche Weinstraße

- *Großlage* Mandelhöhe
- *Großlage* Schloss Ludwigshöhe
- *Großlage* Trappenberg
- *Großlage* Ordensgut
- *Großlage* Bischofskreuz
- *Großlage* Königsgärten
- *Großlage* Herrlich
- *Großlage* Kloster Liebfrauenberg
- *Großlage* Guttenberg

1–16 Select single vineyards

•••••• *Bereich* border

Wine-growing areas in neighboring regions

主要的单一葡萄园

1 Spielberg
2 Michelsberg
3 Jesuitengarten
4 Kirchenstück
5 Ungeheuer
6 Kalkofen
7 Grainhübel
8 Klostergarten
9 Reiterpfad
10 Schäwer
11 Münzberg
12 Im Sonnenschein
13 Kastanienbusch
14 Mandelberg
15 Rosenberg
16 Sonnenberg

茨产区外装瓶。

但即便是在普法尔茨南部，也有一些出色的葡萄园，如高德莱姆施泰因明茨贝格（Godramsteiner Münzberg）、西贝尔丁根索南夏茵（Siebeldinger Im Sonnenschein）以及比尔克魏莱尔镇的卡斯塔宁布什（Kastanienbusch）和曼德尔贝格（Madelberg）。这里肥沃深厚的土壤富含石灰，特别适合勃艮第葡萄的生长。用这些葡萄酿造的葡萄酒是理想的佐餐酒并且越来越受欢迎，因此普法尔茨南部地区是当今潮流的前沿。

20世纪80年代后期，当中哈尔特地区一些著名大生产商仍在努力寻找突破他们所造成的品质危机的方法，普法尔茨南部出现了一批活跃的年轻人，他们很快就成为整个德国最具创新精神的生产商之一。他们与普法尔茨的同行一起，对酿酒工艺进行现代化改革、采用不锈钢酒罐和橡木桶发酵、严格控制产量，甚至尝试酿造国际接受度更高的红葡萄酒。最重要的是他们向外界证明，通过遵循中哈尔特那些大酒庄的传统，普法尔茨的葡萄园具有巨大的潜力。

这个精美的路边神龛是科辛斯图克葡萄园的徽章。科辛斯图克是普法尔茨最好的雷司令葡萄园，位于中哈尔特地区，毗邻戴德斯海姆（Deidesheim）

雷司令王国里的红葡萄酒

普法尔茨是德国最迷人的葡萄酒产区之一，并且因热情好客而闻名。位于格林施塔特西南部的巴腾堡（Burg Battenberg）四周全是葡萄园。天气怡人的时候游客们能在优美的花园里品尝美酒

米勒-卡托尔（Müller-Catoir）葡萄园位于诺伊施塔特附近的哈尔特（Haardt）。这个拥有250多年历史的葡萄园以出色的白葡萄酒闻名，黑比诺葡萄酒的生产过程得到同样的细心呵护

两三百年前，德国大多数葡萄园里仍然种满了红葡萄品种，这在今天遍地都是雷司令、西万尼和米勒-图高的德国看似不可思议。但事实就是如此，甚至在摩泽尔和莱茵高地区，雷司令直到近代才成为主角。在此之前，也许是受到几个世纪以来勃艮第修士们的影响，勃艮第红葡萄品种一直在德国的葡萄种植中占主导地位。

自20世纪70年代起，德国家庭的白葡萄酒消费量逐步减少，而在20世纪的最后10年对红葡萄酒的需求激增，导致了供不应求的情况。老牌的红葡萄酒产区如符腾堡和阿尔，以及莱茵高西部少数种植红葡萄的葡萄园，都严重超负荷种植。符腾堡的居民几乎能消费掉他们生产的所有葡萄酒，即使他们不喝，这些红葡萄酒也无法完全满足人们对于红葡萄酒的新喜好，这一喜好多是受到南方国家重口味葡萄酒的影响。阿尔和莱茵高地区的红葡萄产量实在太小，根本无法满足需求。

幸运的是其他地区能解决这种现状，如法兰克尼亚。虽然法兰克尼亚曾经凭借干白葡萄酒获得收益，但现在它位于布格施塔特（Burgstädt）的葡萄园里种植的勃艮第红葡萄和新品种多米娜已经能填补市场的空缺了。多米娜是葡萄牙人和黑比诺的杂交品种，因浓烈的色泽和强劲的果酸而闻名。

巴登产区转向生产红葡萄酒是显而易见的，因为这里气候适宜——日照和温度都位居全国之首，而且过去几年间德国最好的经橡木桶熟成的黑比诺葡萄酒全部产自这里。一些生产商，如弗里茨·凯勒、卡尔-海茵茨·约纳、约阿希姆·黑格和贝歇尔兄弟的葡萄酒甚至已名扬四海。

丹菲特葡萄

普法尔茨为德国的红葡萄酒贡献出了自己的一份力量。这里的气候几乎和邻近的巴登产区一样怡人，因此近几年很多葡萄种植户都扩大了红葡萄品种的种植面积。他们不仅种植经典的黑比诺葡萄，还准备冒险尝试所有红葡萄品种。

其中最成功的葡萄当数圣罗兰。这种葡萄的祖先可能是黑比诺，黑比诺源自法国，经德国被引入奥地利，然后又从奥地利被引入德国。如果其他人能效仿克尼普泽（Knipser）和梅斯梅尔（Messmer）两家酒庄所取得的成就，那么圣罗兰葡萄就有可能在德国获得更大的成功。同样成功的还有丹菲特葡萄，这种由维斯贝格葡萄种植学校培育出的和风斯丹与埃罗尔德乐贝的杂交品种今天已成为德国种植面积排名第二的红葡萄品种。

人们还利用赤霞珠杂交出了一些新品种。这些葡萄都拥有充满异国情调的名称，如由赤霞珠和莱姆贝格杂交出的卡贝库宾和卡贝美铎，以及由赤霞珠和丹菲特杂交出的卡贝多丽和卡贝多萨。虽然这些德国特有的杂交品种所酿造的葡萄酒品质不佳，但赤霞珠却是一种古老且可靠的葡萄，普法尔茨的生产商们如克尼普泽和菲利普以及巴登的曼内尔和凯勒都成功种植过赤霞珠，因此人们猜想也许赤霞珠不太适合杂交。

五挚友

以前的普法尔茨一切都简单明了。少量享誉世界的葡萄园都坐落在中哈尔特地区，葡萄酒生产主要由3家酒庄控制，分别是巴塞曼-乔登（Bassermann-Jordan）、布尔参议员（Reichsrat von Buhl）和布克林-沃夫（Bürklin-Wolf）。巴塞曼-乔登和布尔参议员两家酒庄位于戴德斯海姆，布克林-沃夫位于瓦亨海姆（Wachenheim）。几乎无人能与著名的“三B”竞争。

这3家酒庄都是拿破仑时期教产还俗的产物。19世纪早期，安德烈斯·乔登开始拓展他父母位于戴德斯海姆的酒庄，并且系统地扩大原属于教会的财产。他不仅种植雷司令，还用雷司令酿造单一品种葡萄酒，这在当时非常少见。乔登过世后，他的产业分给了他的3个孩子，为后来布尔参议员和邓肯博士酒庄的建立奠定了基础。而相邻的瓦亨海姆的布克林-沃夫酒庄也因为开始生产美酒受到关注。这两个村庄此后全都出产高品质葡萄酒，并且很快在普法尔茨以外的地区扬名。

戴德斯海姆布尔参议员酒庄的“狮子”

普法尔茨的葡萄酒危机波及所有酒庄，“三B”也未能幸免，因为它们无法再保持原有的水准。20世纪80年代中期，一群默默无闻的年轻生产商试图逆转这一形势，于是决定共同努力。他们很快就找到了让自己成名的方法并自称为“五挚友”（最初只有四位）。这五位好友是贝克、凯斯勒、海布罗茨、西格里斯特和威海姆，他们以团队精神合作，分享自己的经验并互相提出中肯的意见。

最初他们五人只是一起举办品酒会，但是在1991年，他们共同推出了首本宣传手册，展出了首场葡萄酒成果秀。事实证明，作为一个团体，他们能获得更多关注，而联合营销利远大于弊，因为这样他们可以避免相互竞争。所有成员都直接把葡萄酒销售给私人客户，只有少数葡萄酒供应给餐厅或者专业的葡萄酒交易会。

合作中最有益的是他们之间的讨论。为了增加自己的专业知识，他们组织前往参观勃艮第、托斯卡纳、杜埃罗河岸和波尔多，这些地方的东道主们开诚布公的态度让他们受益匪浅。为了深化学习，他们在每年举办葡萄酒推介会时一并开展专业研讨会，探讨的主题包括使用橡木桶陈酿红葡萄酒和白葡萄酒、分析葡萄园的情况、研究土壤和气候的重要性等。为了他们的共同利益，五挚友没有采取非常紧密的联合，而是保持灵活的合作。他们有意在酿酒时赋予葡萄酒独特的风格，并且加强对自身产品的独立营销。

在很多方面，普法尔茨南部五挚友的故事都代表了这一地区现代化的葡萄种植。它体现了新一代年轻生产商为市场带来的新风尚。这种对高品质的追求甚至影响了过去那些廉价酒的供应商。南部葡萄酒之路的生产商也增强了信心，虽然之前他们还被看作普法尔茨的局外人。

普法尔茨的进步不会停止，最好的证明就是过去几年中“三B”的飞跃。它们以及中哈尔特和葡萄酒之路地区的酒庄仿佛从沉睡中苏醒了过来，突然之间它们的葡萄酒又重拾当年的品质。普法尔茨的未来充满希望。

“五挚友”葡萄酒酿造协会成立于1991年。生产商们发现通过交流想法和经验，他们的产品能获得巨大的品质提升

普法尔茨的主要葡萄酒生产商

生产商：**Dr. von Bassermann-Jordan******
所在地：**Deidesheim**
40公顷，年产量50万瓶
葡萄酒：Riesling（Forst：Kirchenstück，Jesuitengarten；Ruppertsberg：Reiterpfad，Nussbien；Deidesheim：Hohenmorgen，Kalkofen）
Ulrich Mell担任酒窖总管后，酒庄的葡萄酒品质得到了迅速提升。这里拥有普法尔茨地区最具潜力的葡萄园之一。酒庄易主并未改变葡萄酒原有的高水准。

生产商：**Friedrich Becker*****–****
所在地：**Schweigen**
14公顷，年产量9万瓶
葡萄酒：Spätburgunder，Riesling，Chardonnay，Weißburgunder，Grauburgunder（Schweigen：Sonnenberg）
与"五挚友"中的其他成员一样，Friedrich Becker和他的酒窖总管Stefan Dorst是普法尔茨南部地区最具创新精神的生产商之一。他们偏爱比诺葡萄，并且以法国勃艮第为榜样。他们采用自然的种植方法。

生产商：**Bergdolt-St. Lamprecht*****–*****
所在地：**Duttweiler**
24公顷，年产量15万瓶
葡萄酒：Riesling，Weißburgunder，Spätburgunder，Dornfelder（Kirweil：Mandelberg；Duttweil：Mandelberg，Kalkberg，Kreuzberg）
这个修道院酒庄的葡萄园中每年都出产优质葡萄酒，特别是用白比诺和霞多丽酿造的葡萄酒，不仅口感强劲，而且适宜久存。

生产商：**Josef Biffar******
所在地：**Deidesheim**
12公顷，年产量8万瓶
葡萄酒：Riesling，Weißburgunder，Dornfelder（Ruppertsberg：Reiterpfad，Nussbien；Deidesheim：Grainhubel，Kalkofen，Kieselberg；Wachenheim：Gerümpel，Goldbächel）
酒窖总管Dirk Roth酿造的雷司令葡萄酒芳香清新，品质上乘。

生产商：**Reichsrat von Buhl******
所在地：**Deidesheim**
60公顷，年产量40万瓶
葡萄酒：Riesling，Weißburgunder，Spätburgunder（Forst：Jesuitengarten，Kirchenstück；Deidesheim：Leinhöhle，Kieselberg；Ruppertsberg：Reiterpfad），Buhl Classic，Riesling Sekt
这里生产的精选酒和甜型葡萄酒在品质上有了很大提升，酒庄的新主人需要再接再厉。

生产商：**Dr. Bürklin-Wolf*****–*****
所在地：**Wachenheim**
110公顷，年产量60万瓶
葡萄酒：Riesling，Weißburgunder (Forst：Kirchenstück，Jesuitengarten，Pechstein，Ungeheuer；Deidesheim：Hohenmorgen，Langenmorgen，Kalkofen；Ruppertsberg：Geisboehl；Wachenheim：Gerümpel，Rechbächel，Goldbächel），Villa Eckel

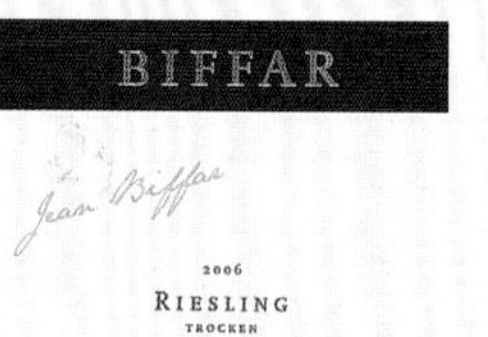

Bettina Bürklin-Guradze及其丈夫Christian von Guradz减少了种植的葡萄品种，只保留了最优质的葡萄。自20世纪90年代中期开始，他们的葡萄酒再次成为普法尔茨的顶级葡萄酒之一。产自Forst Kirchenstück和Ruppertsberg Geisboehl两个葡萄园的雷司令被列为普法尔茨的一级葡萄酒，特别是后者，完全配得上这一分级。

生产商：**A. Christmann*****–*****
所在地：**Gimmeldingen**
16公顷，年产量10万瓶
葡萄酒：Riesling，Grauburgunder，Weißburgunder，Spätburgunder，Portugieser，St. Laurent（Gimmeldingen：Meerspinne，Mandelgarten；Königsbach：Idig，Ölberg；Deidesheim：Hohenmorgen；Ruppertsberg：Reiterpfad，Linsenbusch，Nussbien），Selektion"S"
多年来该酒庄一直出产德国最好的年份酒。希望其主人德国V.D.P.主席的新身份不会改变现状。

生产商：**Eymann*****
所在地：**Gönnheim**
17公顷，年产量15万瓶
葡萄酒：Riesling，Silvaner，Weißburgunder，Grauburgunder，Spätburgunder，Chardonnay，Gewürztraminer，Muskateller，Müller-Thurgau；St. Laurent，Portugieser，Dornfelder，Regent，Sekt
Rainer Eymann从1983年起就开始用生态方法管理这个家族酒庄，包括在植株间栽种绿色植物、使用自然肥料和自然方法来防治病虫害、减少产量以提高葡萄品质。酒庄现在出产的一些葡萄酒品质出众，特别是Toreye Selektion系列以及用雷司令酿造的精选酒、麝香葡萄酒和用黑比诺酿造的白葡萄酒。

生产商：**Fitz-Ritter******
所在地：**Bad Dürkheim**
21公顷，年产量15万瓶
葡萄酒：Riesling，Grauburgunder，Weißburgunder，Chardonnay，Gewürztraminer，Spätburgunder，Dornfelder（Dürkheim，Ungstein），barrique wines，Ritterhof Sekts
这栋砖木结构的房子和优质的土地都属于德国最美丽的酒庄。Konrad Fitz及其酒窖主管Rolf Hanewald酿造的雷司令葡萄酒口感清新，特别是贵腐甜葡萄酒尤其出色，精致的琼瑶浆也是这里的佳酿。红葡萄酒采用橡木桶熟成。建立于1837年的塞克特酒厂也是酒庄的一部分。

生产商：**Knipser*****–*****
所在地：**Laumersheim**
40公顷，年产量25万瓶
葡萄酒：Riesling（Dirmstein，Großkarlbach，Laumersheim）
Knipser兄弟的葡萄园算不上顶级葡萄园，但无论是圣罗兰、丹菲特、赤霞珠还是甜施埃博葡萄酒，都品质出众，特别是用霞多丽或勃艮第品种酿造的葡萄酒，醇厚又浓郁。

生产商：**Koehler-Ruprecht*****–*****
所在地：**Kallstadt**
10公顷，年产量6万瓶

葡萄酒：Riesling，Weißburgunder，Grauburgunder，Chardonnay，Spätburgunder（Kallstadt：Saumagen，Steinacker，Kronenberg），Philippi，Riesling"R"，Pinot Noir"R.R."，barrique wines，Cuvée Elysium

Bernd Philippi被认为是德国最好的葡萄种植户和生产商之一。他在用雷司令（顶级雷司令产自Kallstadter Saumagen葡萄园）和勃艮第品种酿酒时表现出了精湛的技艺。顶级葡萄酒在酒标上标注"R"。Philippi的方法非常传统，如手工采摘葡萄、用天然酵母发酵等，但生产的葡萄酒具有现代风格。

生产商：Herbert Messmer*—******
所在地：Burrweiler
25公顷，年产量22万瓶
葡萄酒：Riesling，Weißburgunder，Grauburgunder，Chardonnay，St. Laurent，Spätburgunder（Burrweiler：Schäwer；Gleisweiler）

这里的葡萄酒品质上乘，无论是精选系列还是标准系列，都是酒庄的招牌。顶级产品是贵腐酒，白葡萄酒也不同寻常，口感优雅、果味怡人。

生产商：Georg Mosbacher****
所在地：Forst
16公顷，年产量12万瓶
葡萄酒：Riesling（Forst：Ungeheuer，Pechstein，Freundstück，Stift；Deidesheim：Herrgottsacker）

产自Forster Ungeheuer葡萄园的葡萄酒中雷司令占很高比例，并且品质逐年提升，展现出风化杂色砂岩的巨大潜力。

生产商：Müller-Catoir****
所在地：Neustadt-Haardt
20公顷，年产量13万瓶
葡萄酒：Riesling，Rieslaner，Weißburgunder，Grauburgunder，Scheurebe，Muskateller，Spätburgunder（Haardt：Bürgergarten，Mandelring；Mußbacher Eselshaut；Gimmeldinger Schlössel）

过去250年间，该酒庄已发展成为德国的顶级生产商之一，现在的主人是Philippi David Catois和Martin Franzen。这里出产的所有葡萄酒都具有酒庄典型的细腻风格。

生产商：Münzberg-Lothar Kessler & Söhne****
所在地：Godramstein
15公顷，年产量10万瓶
葡萄酒：Weißburgunder，Riesling，Spätburgunder，Dornfelder（Münzberg）

Kessler家族用白比诺酿造的迟摘型和精选型干葡萄酒证明，白比诺葡萄酒有时比普遍的霞多丽葡萄酒更迷人。该酒庄是"五挚友"协会中的一员，擅长用橡木桶陈酿勃艮第葡萄酒。

生产商：Pfeffingen-Fuhrmann-Eymael****
所在地：Bad Dürkheim
12公顷，年产量10万瓶
葡萄酒：primarily white wines from top Ungsteiner vineyards

这个属于Doris Eymael和Jan Eymael的酒庄自20世纪90年代末以来在品质上突飞猛进，今天它的产品在普法尔茨地区数一数二。

生产商：Ökonomierat Rebholz****
所在地：Siebeldingen

11公顷，年产量8万瓶
葡萄酒：Riesling，Weißburgunder，Grauburgunder，Chardonnay，Spätburgunder（Siebeldingen：Im Sonnenschein，Rosenberg；Birkweiler：Kastanienberg；Godramstein：Münzburg），Hansjörg Rebholz"R"

酒庄出产的葡萄酒在普法尔茨地区因醇厚和复杂的口感而独树一帜，尤其是精选系列。酒庄的箴言是一款干型逐粒精选葡萄酒的名称：Zeit und Geduld，即时间和耐心。

生产商：Thomas Siegrist*—******
所在地：Leinsweiler
14公顷，年产量8000瓶
葡萄酒：Riesling，Müller-Thurgau，Weissburgunder，Grauburgunder，Chardonnay，Silvaner，Spätburgunder，Dornfelder (Leinswiler，Ilbesheim，Wollmersheim)，barrique wines，Cuvée Johann Adam Hauck

该酒庄是普法尔茨南部地区最好的红葡萄酒生产商之一，擅长使用橡木桶陈酿，出产的葡萄酒最初具有明显的木头味，之后逐渐变淡，并释放出怡人的果香。

生产商：Karl Schaefer*—******
所在地：Bad Dürkheim
16公顷，年产量10万瓶
葡萄酒：Riesling（Dürkheim，Ungstein，Forst）

Gerda Lehmeyer的酒庄凭借其特级葡萄园在普法尔茨的顶级生产商中建立了稳固的地位。

生产商：Stiftsweingut Frank Meyer***
所在地：Klingenmünster
9公顷，年产量9万瓶
葡萄酒：Riesling，Weißburgunder，Grauburgunder，Portugieser，Spätburgunder

Meyer使用自然种植法，人工采摘葡萄，生产的葡萄酒以干型雷司令和迟摘型勃艮第为主。用葡萄牙人和黑比诺葡萄酿造的红葡萄酒在橡木桶中陈年，品质出众。

生产商：Dr. Wehrheim*—******
所在地：Birkweiler
10公顷，年产量7万瓶
葡萄酒：Riesling，Weißburgunder，Chardonnay，Spätburgunder（Birkweiler：Kastanienbusch，Mandelberg，Rosenberg）

Wehrheim酿造的勃艮第和霞多丽葡萄酒在普法尔茨地区无人能及，原因不仅在于优质的葡萄园中有风化的砂岩或钙质黏土，还因为他具备专业的种植和酿酒知识：合理控制产量、采用温和的种植方式以及减少过滤过程。

巴登

被葡萄园环绕的奥腾堡充满浪漫气息

巴登拥有1.6万公顷葡萄园，是德国第三大葡萄酒产区。这一地区沿着上莱茵河河谷，从曼海姆（Mannheim）和海德堡（Heidelberg）附近的莱茵-内卡（Rhine-Neckar）到巴塞尔南北绵延500千米。巴登较大的一块葡萄种植区域位于莱茵河裂谷和河谷两侧，此外还有几个葡萄园在康斯坦茨湖的小岛上以及法兰克尼亚的陶伯河谷中。

欧洲的葡萄酒法律将欧洲大陆所有葡萄种植区划分为若干区域。巴登被分为B区。这种划分并非随意而为，因为莱茵河上游河谷通常被认为是整个德国最暖和的地区。虽然巴登各地的气候千差万别，但是整个莱茵河河谷都在黑森林的庇护之下，不会受到狂暴东风的侵袭，而莱茵河另一侧位于法国境内的孚日山脉也为巴登遮挡了雨水。弗莱堡附近布赖施高（Breisgau）地区的日照时间更长，因此成为德国葡萄酒产区中平均气温最高的地方。位于凯泽斯图尔（Kaiserstuhl）的伊灵根文克勒贝格（Ihringer Winklerberg）被认为是莱茵河下游和康斯坦茨湖之间以及特里尔和德累斯顿之间最温暖的葡萄园。

巴登各产区的土壤构成也存在巨大差别。凯泽斯图尔的土壤多为石灰岩、黏土、泥灰岩、黄土和火山岩，东北部为贝壳石灰岩和红泥灰岩，而康斯坦茨湖周边的丘陵为粗糙的冰碛碎石。

勃艮第葡萄大获成功

由于气候和地理条件千变万化，巴登各地出产的葡萄酒也风格迥异。

巴登山道和克莱希高（Kraichgau）地区最适合勃艮第白葡萄的生长，因为这里阳光充足，特有的气候还会赋予葡萄酒浓郁的果香和雅致的风格。虽然这两个地区拥有酿造高品质葡萄酒的潜力，个别生产商也付出了努力，但是直到现在都没有扬名，部分原因可能是消费者和葡萄酒评论家对它们存在的一些偏见和根深蒂固的观念。在陶伯弗兰肯（Tauberfranken）次产区，种植户只在山坡上种植葡萄，出产的葡萄酒与相邻的法兰克尼亚地区的葡萄酒风格类似。陶伯弗兰肯的主角

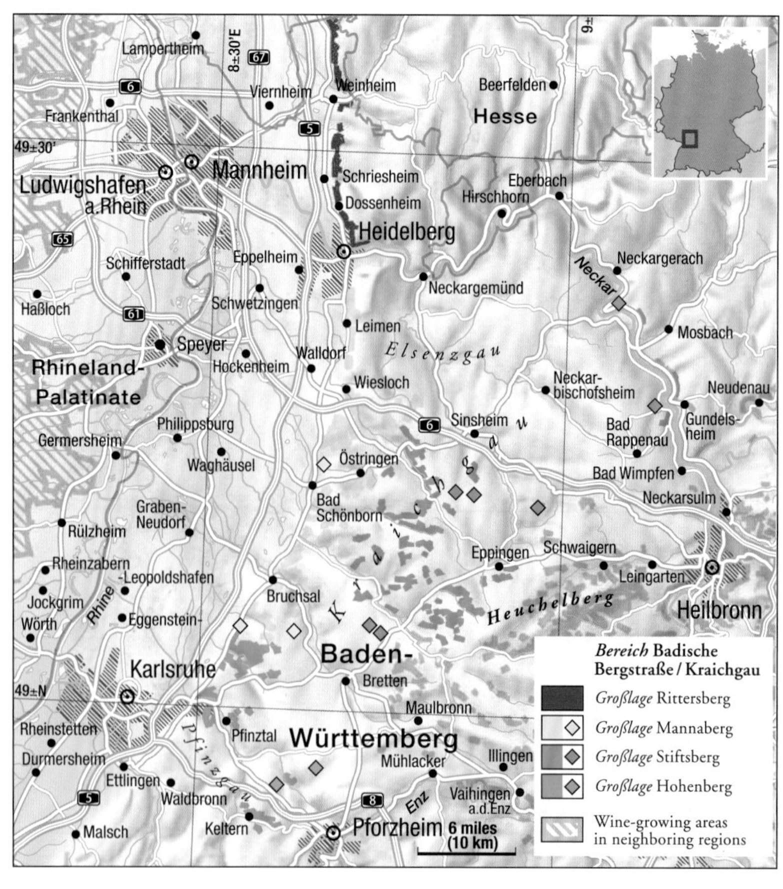

是米勒-图高，占葡萄种植面积的2/3。

奥特瑙（Ortenau）的情况截然不同。从黑森林美丽的山谷地区一直到莱茵河河畔，葡萄园绵延不绝。这里主要种植雷司令，在当地又被称为克林格贝格，这个名字源于奥特瑙杜尔巴赫（Durbach）村庄的第一个葡萄园，18世纪末，雷司令是这个葡萄园里唯一种植的葡萄品种。不过，杜尔巴赫这个小葡萄酒村庄也证实了其实奥特瑙也适宜种植黑比诺葡萄。

黑比诺目前也是温暖明媚的布赖施高地区长势最好、种植最广的葡萄。只有在邻近的凯泽斯图尔和图尼贝格（Tuniberg）地区才能看到更多其他品种。灰比诺在这里又被称为鲁兰德，曾经布赖施高将这种葡萄酿成甘醇浓稠的葡萄酒，但是这种葡萄酒已不再流行，取而代之的是木桶发酵的干型灰比诺葡萄酒，这种新型葡萄酒甚至能与法国同类葡萄酒相媲美。品质同样出众的还包括黑比诺和米勒-图高，后者又被称为雷万尼，虽然属于高产品种，但是当达到某一成熟度时酿造的葡萄酒具有别样的结构和风味。

玛克格拉夫勒兰德（Markgräflerland）地区主要种植莎斯拉葡萄，这种中性品种也有其独特的魅力，在瑞士和邻近的法国阿尔萨斯地区甚至能酿造品质卓越的葡萄酒。不过，大多数生产商很难发掘出莎斯拉的潜力。他们之所以缺少动力去酿造优质葡萄酒可能因为这里是旅游胜地，因此他们不用担忧葡萄酒的销路。

康斯坦茨湖葡萄酒

康斯坦茨湖周围的葡萄园属于德国的两个州和3个葡萄酒产区，这3个产区分别是巴伐利亚、符腾堡和巴登，其中巴登的面积最大，拥有400公顷葡萄园。

康斯坦茨湖的葡萄园朝向南方，再加上宽阔的湖面犹如一块巨大的镜子可以反射阳光，这里气候格外温暖。不过，葡萄园的海拔相对较高，可达500米，因此出产的葡萄酒通常具有怡人的果味，但不如莱茵河上游的葡萄酒醇厚和强劲。其他复杂的因素还包括降雨和薄雾。

在康斯坦茨湖北岸，200年以来人们主要种植黑比诺葡萄，通常用于酿造白秋葡萄酒。这种桃红葡萄酒是梅尔斯堡国营酒庄的主打产品。享誉盛名的梅尔斯堡酒庄占地60公顷，是康斯坦茨湖地区最大的酒庄，半数葡萄园中都种植黑比诺，其生产的白秋葡萄酒被认为是德国最好的葡萄酒之一。除了黑比诺，米勒-图高也在康斯坦茨湖广泛种植。

杜尔巴赫的葡萄园拥有理想的朝向和良好的保护，这些葡萄园包括斯洛斯贝格（Schlossberg）、诗道芬堡（Schloss Staufenberg）和斯坦伯格（Steinberg）等。年份好的时候雷司令能酿造出口感丰满的葡萄酒

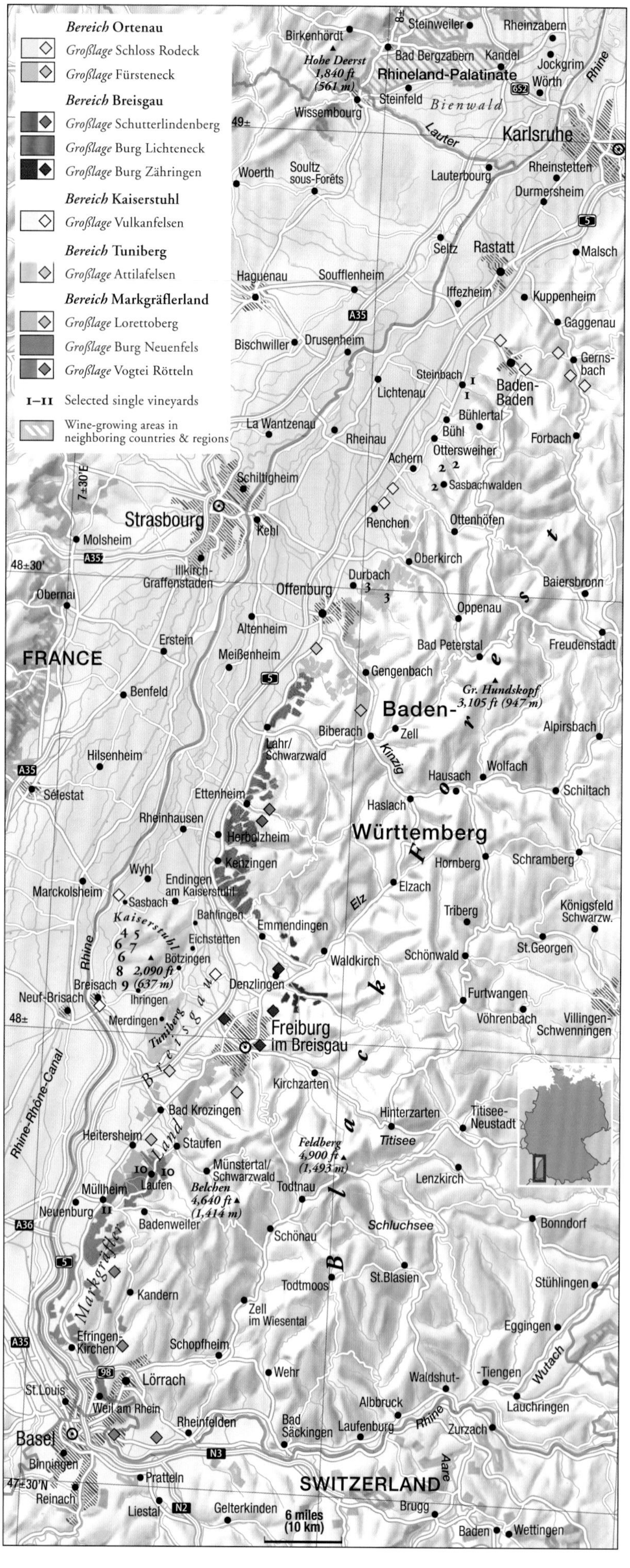

***Bereich* Ortenau**

Großlage Schloss Rodeck

Großlage Fürsteneck

***Bereich* Breisgau**

Großlage Schutterlindenberg

Großlage Burg Lichteneck

Großlage Burg Zähringen

***Bereich* Kaiserstuhl**

Großlage Vulkanfelsen

***Bereich* Tuniberg**

Großlage Attilafelsen

***Bereich* Markgräflerland**

Großlage Lorettoberg

Großlage Burg Neuenfels

Großlage Vogtei Rötteln

I–II Selected single vineyards

Wine-growing areas in neighboring countries & regions

品质意识

如今，巴登地区的葡萄产量即使在丰收期也只有20世纪80年代的2/3左右，这意味着巴登的一些生产商已经开始为追求品质而努力了。之前，巴登和德国其他的葡萄酒产区一样，首先着眼的是如何扩大葡萄种植面积，而生产富有表现力的高品质葡萄酒则被摆在了第二位。

事实上，根据德国的葡萄酒法律，巴登被划分为若干较大的葡萄种植区。这个广阔的地区

黑比诺酿造的白秋葡萄酒

白秋葡萄酒是指德国和瑞士的桃红葡萄酒。这种葡萄酒采用单一品种酿造，必须在酒标上标注葡萄名称。最常用的葡萄品种是黑比诺，但按照白葡萄酒的方式酿造，即葡萄一运至酒厂就进行压榨，这样葡萄汁只能从果皮中汲取少量色素，从而赋予白秋葡萄酒特有的淡粉色。白秋葡萄酒具有清新的果味和花香，适宜在年轻时冰镇后饮用。凯泽斯图尔和康斯坦茨湖出产的白秋葡萄酒享誉盛名。巴登洛特高尔特（Badisch-Rotgold）又被称为洛特灵（Rotling），是一种由红葡萄和白葡萄混酿而成的桃红葡萄酒，大多采用黑比诺和灰比诺酿造，属于Q.b.A.级别。

共分为9个次产区，其中包括16个集合葡萄园和314个单一葡萄园，与面积较小的摩泽尔地区被分为19个集合葡萄园和500个单一葡萄园相比，功能性更强。此外，巴登85%的葡萄种植区域由酿酒合作社控制，这一比例在整个德国仅次于黑森山道和法兰克尼亚。

即便如此，巴登的葡萄酒生产商仍然一起努力来提高葡萄酒的品质。虽然巴登的知名酒庄没有紧密合作，但他们在一些小的种植改革中相互帮助，这使得他们酿造的葡萄酒在风格和品质上都有了显著提升。

如今，巴登出产的葡萄酒中超过半数都是干型葡萄酒，另外1/3为半干型葡萄酒。在灰比诺葡萄酒中尤其如此；这些用现代技术发酵的葡萄酒常被放入橡木桶中熟成，不再色泽鲜艳、口感甘甜，而变成了风格现代、果味浓郁的葡萄酒。与意大利的同类产品相比，巴登的灰比诺酒体更加丰满。甚至连黑比诺和白比诺葡萄酒也更为醇厚。这些勃艮第葡萄酒无疑是巴登最令人着迷的产品。

主要的单一葡萄园
（见左页图）

1 Stich den Buben
2 Alde Gott
3 Plauelrain
4 Steinbuck
5 Enselberg
6 Henkenberg
7 Eichberg
8 Schlossberg
9 Winklerberg
10 Altenberg
11 Reggenhag

葡萄园重组

德国的生产商意识到在很多地区将葡萄园分成更小地块的做法会导致经济上不合理的劳动力支出，从而让各种合理的葡萄种植受阻，因此自20世纪50年代起，他们开始系统地重组葡萄园。对葡萄园进行重组不仅可以大面积开辟更易于耕种的土地，还可以在葡萄园内安装排水系统并修建道路以便开展机械化作业。重组的目标是在葡萄园里重新种满更高产的葡萄品种，所有这些措施无疑都会提高产量。

这些措施不仅不能提高葡萄品质，还产生了一系列不良的副作用。例如在凯泽斯图尔地区，所有火山丘的黄土梯田都被整体改造，因此现在从山谷望去，仿佛一个个绿色的葡萄园覆盖在一堆堆巨大的露天矿区的矿渣上。人们最初打算开垦大片的梯田以便开展机械作业，并且沿着山坡走势建立葡萄园，但糟糕的是，冷空气无法消散，并在这些人工建造的山谷中越聚越多，最后原本因温暖气候而闻名的地区却遭遇了霜冻灾害。

不过，重组葡萄园并不只有负面效应，在摩泽尔和莱茵黑森的前莱茵也有很多成功案例。这些地区的地形得到了保留，而葡萄品质的下降整体来说仍在可控制的范围内。

凯泽斯图尔地区是土地重组的一个失败案例。只因为经济原因，这里的葡萄园被人为改造，丝毫没有考虑它们原有的自然特点

巴登的主要葡萄酒生产商

生产商：Blankenhorn**-***
所在地：Schliengen
27公顷，年产量20万瓶
葡萄酒：wide range of varieties，primarily from（Schliengen：Sonnenstück）
Roy Blankenhorn将Gutedel注册成了其酒庄的互联网地址，但这里最优质的葡萄酒还是酿自黑比诺以及波尔多明星赤霞珠和梅洛。

生产商：Bercher***-*****
所在地：Burkheim
24公顷，年产量14万瓶
葡萄酒：Riesling，Weißburgunder，Grauburgunder，Müller-Thurgau，Spätburgunder（Burkheim：Feuerburg；Sasbach）
最近10年，Rainer Bercher和Eckhardt Bercher将他们的酒庄打造成了巴登地区葡萄酒行业的领军者之一。他们主要采用生长在Feuerburg葡萄园的风化火山土中的勃艮第葡萄酿造葡萄酒，代表作有橡木桶熟成的葡萄酒和精选型黑比诺干葡萄酒。

生产商：Duijin****
所在地：Bühl
10公顷，年产量4万瓶
葡萄酒：Spätburgunder（Bühlertaler Engelsfelsen，Sterneberg，Laufen）
Jakob Duijin是一名具有远大抱负的黑比诺生产商。他出生在荷兰，却在短短几年内跻身顶级生产商之列。他最好的葡萄酒产自Bühlertaler Engelsfelsen、Laufener Gut Alsenhof和Altschweierer Sternenberg3个葡萄园。

生产商：Freiherr von Gleichenstein***-****
所在地：Oberrotweil
25公顷，年产量20万瓶
葡萄酒：Spätburgunder，Weißburgunder，Grauburgunder，Müller-Thurgau（Oberrotweil：Henkenberg；Amolten；Achkarren：Schlossberg）
不同于大多数同行，Hans-Joachim von Gleichenstein反对使用橡木桶熟成，也很少获得公众关注，但是他将产自Henkenberg葡萄园的灰比诺酿成了优质葡萄酒。虽然这些葡萄酒只使用新木桶熟成，但出色的品质丝毫没有减少。

生产商：Dr. Heger***-*****
所在地：Ihringen
20公顷，年产量12万瓶
葡萄酒：Riesling，Grauburgunder，Weißburgunder，Silvaner，Chardonnay，Spätburgunder（Ihringen：Winklerberg；Achkarren：Schlossberg；Merdingen：Bühl；Freiburg：Schlossberg），Spätburgunder Mimus
自从加入家族企业后，Joachim Heger拥有一些上等葡萄园。其中包括位于Ihringen的Winklerberg葡萄园，这是德国最温暖的葡萄园，常出产优质葡萄。这里的雷司令、西万尼、麝香和各种勃艮第葡萄都长势旺盛。灰比诺和白比诺葡萄酒口感强劲、果味迷人。

生产商：Reichsgraf und Marquis zu Hoensbroech****
所在地：Angelbachtal-Michelfeld
22公顷，年产量12万瓶
葡萄酒：Weißburgunder，Grauburgunder，Riesling，Silvaner，Spätburgunder（Michelfeld，Eichelberg）
Rüdiger zu Hoensbroech在1968年建立了自己的公司，接下来的几十年内他生产的葡萄酒很快受人关注。他是巴登V.D.P.协会的创建者之一。Himmelberg葡萄园出产的霞多丽和白比诺葡萄酒是其上乘之作。

生产商：Bernhard Huber***-****
所在地：Malterdingen
25公顷，年产量16万瓶
葡萄酒：Spätburgunder，Chardonnay，Weißburgunder，Grauburgunder，Müller-Thurgau，Riesling，（Malterdingen，Hecklingen）
Bernhard Huber是德国最早使用橡木桶发酵霞多丽并获得国际关注的生产商之一。他还是公认的黑比诺专家。产自Malterdingen葡萄园的白比诺和灰比诺葡萄酒也品质出众。

生产商：Karl H. Johner****-*****
所在地：Bischoffingen
18公顷，年产量10万瓶
葡萄酒：Spätburgunder，Grauburgunder，Weißburgunder，Chardonnay，Müller-Thurgau，"S.J."
Johner曾在英国从事葡萄酒生产，然后于20世纪80年代末回到家乡Kaiserstuhl建立自己的酒庄。短短5年内，这位新兴生产商已成为德国葡萄酒行业的一颗明星，而且他和他的儿子Patrick已经在新西兰生产葡萄酒多年。他的葡萄酒不会在酒标上标注葡萄园名称。黑比诺、霞多丽、灰比诺甚至是较为普通的米勒-图高都风味浓郁、品质上乘。

生产商：Franz Keller-Schwarzer Adler****-*****
所在地：Oberbergen
33公顷，年产量20万瓶
葡萄酒：Grauburgunder，Weißburgunder，Müller-Thurgau，Spätburgunder（Oberrotweil：Kirchberg，Eichberg；Oberbergen：Bassgeige，Pulverbuck），Kellers Keller，barrique wines，Classik，"A."，"S."
该酒庄顶级餐厅的知名度远高于酒庄本身的知名度。但是在Fritz Keller的管理下，酒庄出产的葡萄酒完全能与餐厅的美味佳肴相媲美。这些美酒不仅包括产自Bassgeige和Pulverbuck葡萄园的经典葡萄酒，还有用橡木桶熟成的"A."和"S."系列。用白比诺、灰比诺、黑比诺和霞多丽酿制的葡萄酒甚至能与国外的产品相抗衡。

生产商：Andreas Laible****
所在地：Durbach
4公顷，年产量3.5万瓶
葡萄酒：Riesling，Traminer，Scheurebe，Spätburgunder（Durbach：Plauelrain）
Andreas Laible才华横溢、雄心勃勃，他在Durbach市郊努力经营着自己的小酒庄。他酿造的雷司令、施埃博和白比诺葡萄酒酒体丰满、果味浓郁、口感辛香，其秘诀在于精心挑选葡萄园和适当控制产量。

生产商：Lämmlin-Schindler***
所在地：Schliengen-Mauchen
20公顷，年产量15万瓶
葡萄酒：Spätburgunder，Weißburgunder，Grauburgunder，Gutedel，Chardonnay
一些葡萄酒爱好者可能会觉得惊讶，这个生产商采用生物种植法，他的葡萄园都位于Markgräflerland地区偏远的黑森林山谷中，却能酿造出如此高水准的葡萄酒。但Gerhard Schindler的确用霞多丽和勃艮第葡萄生产出了品质卓越的红葡萄酒和白葡萄酒。

生产商：Andreas Männle***
所在地：Durbach
14公顷，年产量10万瓶
葡萄酒：Riesling，Grauburgunder，Weißburgunder，Traminer，Gewürztraminer，Scheurebe，Müller-Thurgau，Chardonnay
该酒庄只出产白葡萄酒。最好的葡萄酒产自Bienengarten葡萄园。

生产商：Heinrich Männle****
所在地：Durbach
6公顷，年产量4万瓶
葡萄酒：Spätburgunder，Weißburgunder，Grauburgunder，Scheurebe，Riesling，Traminer（Durbach：Kochberg）
Heinrich Männle的葡萄园里主要种植红葡萄品种，这在当地非常少见。他酿造的红葡萄酒品质出众，其中一些采用橡木桶熟成。最近Männle开始对赤霞珠进行试验，并证实了赤霞珠在德国也能出产美酒。

生产商：Gebrüder Müller**-***
所在地：Breisach
10公顷，年产量7万瓶
葡萄酒：Spätburgunder，Riesling，Weißburgunder，Grauburgunder（Ihring：Winklerberg；Breisach：Eckartsberg）
Peter Bercher多年来酿造的白葡萄酒和红葡萄酒都品质上乘。在风调雨顺的年份，产自Winklerberg葡萄园的黑比诺出类拔萃。

生产商：Salwey***-****
所在地：Oberrotweil
20公顷，年产量15万瓶
葡萄酒：Spätburgunder，Grauburgunder，Weißburgunder，Riesling，Silvaner（Eichberg）
Wolf-Dieter Salwey于1964年接手了父母的产业，历经多年已成为小有名气的葡萄种植户和生产商。他酿造的灰比诺葡萄酒在巴登地区堪称一流。

生产商：Seeger****
所在地：Leimen
7公顷，年产量4.5万瓶
葡萄酒：Riesling，Weißburgunder，Grauburgunder，Spätburgunder from the Heidelberger and Leimener Herrenberg，barrique-matured wines
Thomas Seeger从20世纪80年代中期开始酿造勃艮第红葡萄酒和白葡萄酒，现已成为巴登地区最独树一帜的葡萄酒生产商之一，同时也是最知名的生产商之一。他酿造的优质葡萄酒不仅包括单一品种葡萄酒，还有用黑比诺、黑雷司令、莱姆贝格和葡萄牙人等调配的特酿酒Anna。

生产商：Max Markgraf von Baden Schloss Staufenberg**-****
所在地：Durbach
27公顷，年产量10万瓶
葡萄酒：Riesling，Müller-Thurgau，Spätburgunder（Klingelberg）
在Margrave的两个酒庄Staufenberg和Salem中，前者明显略胜一筹，虽然两个酒庄的葡萄酒都在Salem酿造。产自该酒庄的雷司令以其顶级葡萄园Klingelberg命名，这个名称也显示了它的产地Ortenau。酒庄的杰作是霞多丽和琼瑶浆。

生产商：Weinkeller Ehrenkirchen eG**-***
所在地：Ehrenstetten
250公顷，年产量250万瓶
葡萄酒：wide range of wine varieties（Ehrenstetten，Kirchhofen，Bollschweil）
该公司于2005年由Ehrenstetter和Kirchhofen这两家当地最顶级的酿酒合作社联合创建。这里最知名的葡萄酒一直是“Chasslie”，这种带酒脚陈酿的莎斯拉葡萄酒由Ehrenstetter合作社酿造。

生产商：W.G. Königschaffhausen***-****
所在地：Königschaffhausen
200公顷，年产量130万瓶
葡萄酒：Spätburgunder，Müller-Thurgau，Weißburgunder，Grauburgunder，Regnum，“S.L.”
该酿酒合作社是巴登产区最早推出高端葡萄酒的生产商之一，也是最早获得巨大成功的生产商之一。以Regnum和“S.L.”命名的黑比诺葡萄酒产自Steingrüble葡萄园，使用橡木桶熟成，广受好评。

生产商：W.G. Oberbergen**-***
所在地：Oberbergen
340公顷，年产量300万瓶
葡萄酒：Müller-Thurgau，Spätburgunder，Grauburgunder，Silvaner（Oberbergen：Baßgeige，Pulverbuck），Frühlingsbote，Konrad
大多数葡萄酒都产自Oberbergen的Baßgeige单一葡萄园，其中灰比诺和黑比诺葡萄酒品质最为出众。

生产商：W.G. Wasenweiler am Kaiserstuhl**-****
所在地：Wasenweiler
90公顷，年产量70万瓶
葡萄酒：Spätburgunder，Müller-Thurgau，Silvaner，Weißburgunder，Grauburgunder，Die Neun
一家德国的酿酒合作社成功将其酿造的红葡萄酒推向意大利的确有点不可思议，而该合作社在Johann Haberl的管理之下，凭借1990年的年份酒做到了这一点。最好的葡萄酒产自Kreuzhalde葡萄园。采用生物方法酿造的葡萄酒被命名为“Die Neun”。

符腾堡

无论在外人眼中，还是符腾堡人自己看来，他们都是一群几乎只喝红葡萄酒的人，其中大多数采用红葡萄品种托林格酿造。不过这种看法并不全对。符腾堡是德国第四大葡萄酒产区，拥有11500公顷葡萄园，大部分都种植红葡萄，但雷司令是符腾堡种植面积排名第二的葡萄品种，略高于托林格。虽然符腾堡种植了大量红葡萄品种，但并不意味着由这些红葡萄生产的葡萄酒都在符腾堡消费。整体而言，用托林格、莱姆贝格和黑雷司令酿造的葡萄酒酒体单薄、色泽浅淡，过去一直无法获得其他地区的关注。

符腾堡的葡萄大都生长在内卡河河谷和周边的山坡上，但是官方划定的符腾堡产区向东北可达陶伯河谷，向南可抵蒂宾根（Tübingen）和罗伊特林根（Reutlingen），在腓特烈港（Friedrichshafen）和林道（Lindau）之间的康斯坦茨湖畔还有一小块独立的葡萄园。这里属于大陆性气候，比较寒冷，只有内卡河能起到一些调节温度的作用，因此葡萄种植难度较大。当然在这里种植雷司令可能不会太吃力，特别是在以雷司令为主要葡萄品种的斯图加特（Stuttgart）

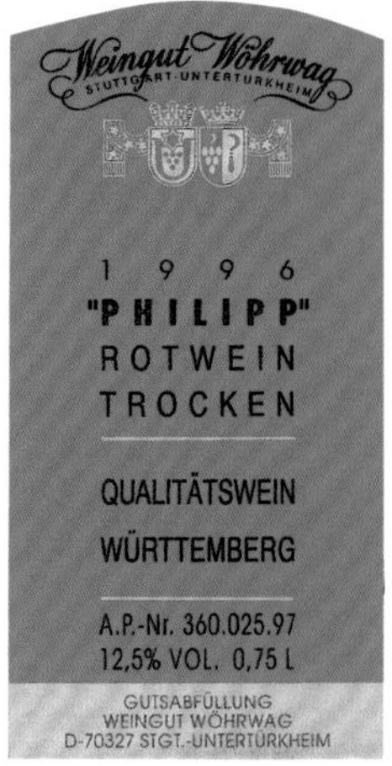

Bereich Kocher/Jagst/Tauber
Großlage Tauberberg
Großlage Kocherberg

Bereich Württembergisch Unterland
Großlage Staufenberg
Großlage Salzberg
Großlage Lindelberg
Großlage Heuchelberg
Großlage Kirchenweinberg
Großlage Schozachtal
Großlage Wunnenstein
Großlage Stromberg
Großlage Schalkstein

Bereich Remstal/Stuttgart
Großlage Weinsteige
Großlage Kopf
Großlage Wartbühl
Großlage Sonnenbühl
Großlage Hohenneufen

Bereich Oberer Neckar
Single vineyards not belonging to any *Großlage*
Bereich border
1–4 Select single vineyards
Wine-growing areas in neighboring regions

主要的单一葡萄园

1 Zuckerle
2 Herzogenberg
3 Gips
4 Mönchberg

右页图：如果不是图中蒙德尔斯海姆（Mundelsheim）的这条内卡河对气温的调节作用，葡萄在凉爽的符腾堡产区没有那么容易成熟

由图中5位生产商组成的“年轻施瓦本”组合志向远大，他们致力于提高符腾堡葡萄酒的品质

南部地区，因为那里的条件适合雷司令的生长。而更北部的葡萄园里主要种植莱姆贝格，这种葡萄在奥地利被称为蓝弗朗克。在托林格的原产地南蒂罗尔，托林格被称为菲玛切。

从勉强入口到伟大的红葡萄酒

很长一段时间以来，符腾堡只出产怡人可口，却很少能让人感兴趣的红葡萄酒。合作社的酿酒工艺也无法改善这种情况。一种流行的做法是将酵母加热至85℃左右，以便加快颜色的萃取，而不是按照传统通过酵母发酵来提取颜色。因此，这些酒厂生产的所谓的红葡萄酒大多都缺乏结构和风格。直到10年前，符腾堡的一些酒庄才开始尝试酿造口感强劲、风味浓郁的红葡萄酒，这些用橡木桶熟成的葡萄酒甚至具有某种国际特色。

为了分享橡木桶熟成方面的经验，符腾堡的一些顶尖生产商联合创建了“Hades”协会。“Hades”协会的名称取自5位成员的酒庄首字母，包括：霍恩洛厄–厄林根（Hohenlohe-Öhringen）、阿德尔曼（Adelmann）、德奥斯–阿布莱（Drautz-Able）、埃尔万格（Ellwanger）和国有酒庄维斯贝格。Hades协会已成功地让最挑剔的葡萄酒评论家肯定了他们葡萄园的潜力。

我们可以对符腾堡将来的发展寄予希望。这里的雷司令和莱姆贝格都是符腾堡尚未开采的宝藏。被奥地利人称为蓝弗朗克的莱姆贝格在奥地利大获成功，在符腾堡也可以与其他品种混合调配。符腾堡人付出的努力已经初具成效，但如果要把勉强入口的葡萄酒提升到真正成熟的欧洲美酒，还需付出更长久、更艰苦的努力。

符腾堡的主要葡萄酒生产商

生产商：**Graf Adelmann***-*******
所在地：**Kleinbottwar**
20公顷，年产量15万瓶
葡萄酒：Riesling，Trollinger，Lemberger，Samtrot，Frühburgunder，Spätburgunder，Die Mauern von Schaubeck，Cuvée Vignette I，Brüssele'r Spitze
该酒庄是德国开创橡木桶熟成红葡萄酒的先锋之一，出产的红葡萄酒以“Brüssele'r Spitze”的名称销售，品质一流。酒庄的雷司令也属于精品，同样优质的还有用莱姆贝格、仙绰（Samtrot）和黑比诺酿造的Cuvée Vignette I葡萄酒。

生产商：**Gerhard Aldinger***-*******
所在地：**Fellbach**
20公顷，年产量17万瓶
葡萄酒：Trollinger，Spätburgunder，Riesling Trollinger，Spätburgunder，Riesling（Untertürkheimer Gips，Fellbach，Hanweiler，Uhlbach，Rotenberg），Cuvée C.，G.A. Weisswein，G.A. Rotwein，Cuvée C.，G.A. Weisswein，G.A. Rotwein
Gert Aldinger是经营这个酒庄的家族第15代。酒庄最有价值的是其享有全部产权的Untertürkheimer Gips顶级葡萄园，盛产雷司令和黑比诺。Aldinger主要采用传统的酿酒工艺，但是葡萄酒的包装却非常现代：酒瓶呈圆锥形，酒标也经过精心设计。

生产商：**Ernst Dautel******
所在地：**Bönnigheim**
16公顷，年产量7万瓶
葡萄酒：Riesling，Chardonnay，Trollinger，Lemberger，Schwarzriesling（Bönnigheim，Besigheim，Meimsheim），Kreation，Selektion"S."，Essenz
作为德国橡木桶论坛的一员，Ernst Dautel自然特别重视用橡木桶熟成红葡萄酒和白葡萄酒，其中不仅有他尝试种植的赤霞珠和梅洛，还有符腾堡产区传统的托林格和莱姆贝格。通过严格的产量控制，他酿造的葡萄酒口感浓郁、结构坚实。

生产商：**Jürgen Ellwanger***-*******
所在地：**Winterbach**
19公顷，年产量15万瓶
葡萄酒：wide range of white and red varieties from vineyards in Schnait，Winterbach and surroundings
Jürgen Ellwanger作为“Hades”协会的创始成员之一名不虚传：他用莱姆贝格、茨威格和梅洛酿造的红葡萄酒都在小橡木桶中陈酿，是酒庄最好的产品。产自Schnaiter Altenberg葡萄园的Nikodemus红葡萄酒和雷司令白葡萄酒品质更优。

生产商：**Karl Haidle******
所在地：**Kernen-Stetten**
17公顷，年产量15万瓶
葡萄酒：Riesling，Kerner，Trollinger，Spätburgunder from vineyards in（Stetten，Schnait），Selektion"S."
Karl Haidle的酒庄于1992年进行了彻底的现代化改革，并从此成为Stuttgart地区的顶级生产商之一。他喜欢用木桶发酵葡萄酒。他最好的单一葡萄园葡萄酒是产自Pulvermächer的雷司令和产自Burghalde的黑比诺。部分上等葡萄酒没有在酒标上标注葡萄园的名称，其中包括丹菲特、莱姆贝格、丹菲特-莱姆贝格“S.”系列和白比诺“S.”系列。

生产商：**Graf von Neipperg**-******
所在地：**Schwaigern**
31.5公顷，年产量22万瓶
葡萄酒：Riesling，Lemberger，Schwarzriesling，Spätburgunder，Samtrot，Trollinger（Neipperg：Schlossberg；Schwaigen：Ruthe；Klingenburg：Schlossberg）
除了位于Neipperg的酒庄，该家族还在波尔多拥有一系列知名酒庄。这里生产的莱姆贝格和雷司令是符腾堡的上品。

生产商：**Schlossgut Hohenbeilstein*****
所在地：**Beilstein**
13.5公顷，年产量10万瓶
葡萄酒：Riesling，Trollinger，Samtrot，Lemberger，Spätburgunder from the（Beilstein：Schlosswingert）
该酒厂只有100年的历史，在其壮观的大楼后面是一个现代化的酒庄。葡萄园采用生物种植法，只有黑比诺葡萄酒以葡萄园的名称“Schlosswingert”命名。其他葡萄酒也品质出众。

生产商：**Rainer Schnaitmann*****
所在地：**Fellbach**
14公顷，年产量8万瓶
葡萄酒：Riesling，Sauvignon Blanc，Burgunder varieties（Fellbach：Lämmler）
Rainer Schnaitmann生产的黑比诺葡萄酒使用橡木桶陈年，以“Simonroth R”命名，品质出众。此外，“Sauvignon Blanc***”葡萄酒也品质上乘，年份好的时候在德国同类葡萄酒中排名榜首。

生产商：**Staatsweingut Weinsberg***-*******
所在地：**Weinsberg**
40公顷，年产量25万瓶
葡萄酒：Riesling，Lemberger，Trollinger，Spätburgunder，Samtrot（Gundelsheim，Abstatt，Weinsberg），"G.V."
该国营酒庄长久以来在葡萄酒行业都享誉盛名，部分原因在于这里最近培育出了几种新的赤霞珠杂交葡萄。此外，酒庄很早就开始尝试生物法酿酒。用科纳、西万尼和勃艮第葡萄混合酿造的葡萄酒G.V.品质出众。

生产商：**Albert Wöhrwag***-*******
所在地：**Stuttgart-Untertürkheim**
18.5公顷，年产量16万瓶
葡萄酒：Riesling，Trollinger，Lemberger，Spätburgunder（Untertürkheim：Herzogenberg），Phillip
葡萄酒爱好者们对Hans-Peter Wöhrwag的酒庄已久仰多时，原因之一是它在1994年推出了品质一流的雷司令冰酒。它还酿造了出色的雷司令、托林格和黑比诺葡萄酒以及特酿酒Phillip。

法兰克尼亚

法兰克尼亚是德国最老牌、最知名的葡萄酒产区之一，其大部分葡萄园都位于美因河河畔和施泰格瓦尔德（Steigerwald），西至莱茵-美因（Rhine-Main）地区，东抵班贝格（Bamberg）。世界各地的葡萄酒爱好者都慕名而来，品尝法兰克尼亚酒体清澈、口感爽快的葡萄酒。

法兰克尼亚的中心是古老的维尔茨堡，这里拥有马林贝格（Marienberg）城堡以及市中心的文艺复兴和洛可可风格的建筑：这些建筑瑰宝虽然被战火摧毁，但是已经完成了精细的重建。从著名的施泰因（Am Stein）葡萄园可以俯瞰维尔茨堡全城，远远望去葡萄园就像是高耸于城市屋顶上的一堵高墙。施泰因葡萄园足有1.5公里长，占地92公顷，是德国最大的山坡葡萄园，其中最好的一块葡萄田被称为施泰因-竖琴园（Stein/Harfe），现归人民医院（Bürgerspital）酒庄独有。

法兰克尼亚主要为大陆性气候，美因河及其支流没能让这里冬季寒冷的气温有所上升，而夏季却温暖干燥，为葡萄成熟提供了理想的条件。与普法尔茨和巴登相比，法兰克尼亚的土壤结构比较单一。位于法兰克尼亚西部的美因菲尔艾克（Mainviereck）地区的土壤以残留原生岩和红砂岩为主。东部的土壤多为黏土、黄土和介壳灰岩。施泰格瓦尔德地区则以红泥灰岩为主。

法兰克尼亚葡萄酒

早在公元8世纪僧侣们就开始在法兰克尼亚种植葡萄，中世纪时这里的葡萄园面积扩展至将近10万公顷，相当于德国现在的葡萄种植总面积。当时法兰克尼亚是德国最大的葡萄种植地区，葡萄园面积远超摩泽尔河谷和莱茵河两岸。

而今天这个局面已明显改变：法兰克尼亚的葡萄种植面积只有6000公顷，在德国所有的葡萄酒产区中排名第六。产区中仅有不到10%的生产商（总数为7000）自行销售葡萄酒。大多数葡萄种植户把葡萄卖给各个合作社，这些合作社将葡萄汁或未装瓶的葡萄酒出售给基钦根（Kitzingen）当地的大酒业公司，由它们进行最后的装瓶和销售。

法兰克尼亚曾经是知名的西万尼葡萄的产地。这种葡萄酸度低，口感柔和，在美因菲尔艾克的介壳灰岩中长势良好，能形成一种强烈的风格，并且带有一丝泥土的风味。不过，现在的情况已截然不同。许多生产商认为西万尼种植难度太大，而消费者出于无知也相信了他们。如今历史悠久的西万尼的种植面积只有原来的1/5，其他4/5都被米勒-图高所取代，甚至在有些地区，米勒-图高的种植比例超过了50%。幸运的是，

主要的单一葡萄园

1 Stein
2 Stein/Harfe
3 Innere Leiste
4 Teufelskeller
5 Pfülben
6 Sonnenstuhl
7 Ratsherr
8 Lump
9 Schwanleite
10 Küchenmeister
11 Julius-Echter-Berg
12 Kalb

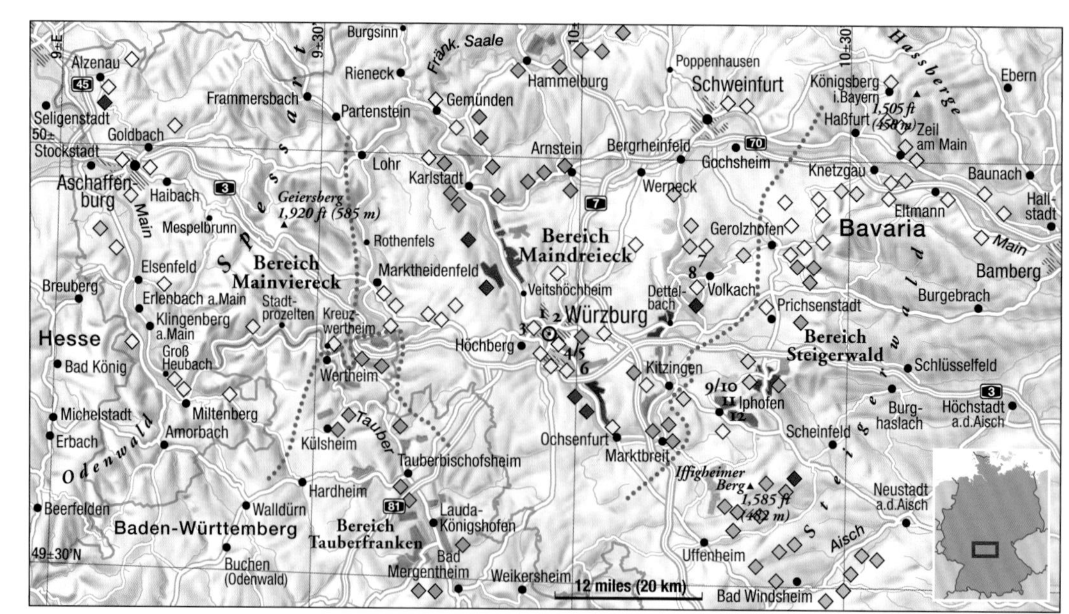

魔鬼酒窖园和大厨园

虽然法兰克尼亚只有3个子产区，但是几个酿酒中心仍然很容易区分，因为每个中心的葡萄酒风格迥异。其中一个位于法兰克尼亚产区的中心，也就是从维尔茨堡经兰德萨克到索莫豪森（Sommerhausen）这一带。

这一区域拥有许多法兰克尼亚最著名的葡萄园，包括维尔茨堡的施泰因、内莱斯特（Innere Leiste）和阿伯特斯雷特（Abtsleite）以及兰德萨克附近的普富奔（Pfülben）、魔鬼酒窖（Teufelskeller）和索纳斯图尔（Sonnenstuhl）葡萄园。表现丰富的雷司令和口感辛香的西万尼都是当地的特色，不过米勒-图高现在也能酿造出品质出众的迟摘型葡萄酒，而且如前文所述，兰德萨克地区附近的人们已开始尝试生产红葡萄酒并取得了不错的成效。

沿着美因河逆流而上，穿过美因三角地带，就来到了苏尔茨费尔德（Sulzfeld）和基钦根，这里有法兰克尼亚产区最大的酿酒合作社。但除了几个勇敢的生产商外，很少有人认为这一地区能出产美酒。往东几公里的地区情况就乐观许多，从伊普霍芬（Iphofen）的施泰格瓦尔德开始，葡萄种植区的景象完全不同。河流不再具有明显的温度调节作用，但由于东部和北部山脉的保护，这里的葡萄园可以抵御严寒。

不过，一些世界知名的葡萄园都位于施泰格瓦尔德主要的葡萄种植区域，包括尤利斯-埃希特-贝格（Julius-Echter-Berg）、卡尔布（Kalb）

近年来潮流又开始逆转，越来越多的消费者重新发现本土的西万尼比起高产的米勒-图高更具优势。

法兰克尼亚很少种植其他葡萄。只有白葡萄品种巴克斯约占种植面积的12%。巴克斯果粒密集，具有清淡的麝香味。这里的雷司令和雷司兰尼也能出产优质葡萄酒，特别是贵腐酒。不过与德国其他葡萄酒产区不同的是，法兰克尼亚的葡萄酒中没有残糖，因此大多数葡萄酒都属于干型葡萄酒。法兰克尼亚人甚至有一个专门的术语描述葡萄酒的风味：如果葡萄酒中的残糖少于4克，这种酒就被称为“法兰克尼亚干型”。

法兰克尼亚95%的葡萄园里种植的都是白葡萄品种，但是最近几年一些生产商证明了这个产区也有种植红葡萄的潜力。产自布格施塔特的蓝比诺和黑比诺过去就因出色的品质而闻名，如今产自兰德萨克（Randersacker）和诺德海姆（Nordheim）的多米娜和黑雷司令葡萄也能酿造出高品质的红葡萄酒了。

埃申多夫（Escherndorf）是一个迷人的酿酒村庄，不仅风景如画，而且拥有知名的露帕（Lump）葡萄园

维尔茨堡的人民医院酒庄里古老的酒窖和橡木桶

以及勒德尔塞（Rödelsee）附近的施瓦恩雷特（Schwanleite）和大厨（Küchenmeister）葡萄园——这个葡萄园的字面意思是“大厨”，由此可以推测这里的葡萄酒拥有很高的水准。再往东北方向，还有斯洛斯贝格葡萄园。这里高海拔的葡萄园能出产优质的雷司令和西万尼。法兰克尼亚雷司兰尼、科纳、施埃博和勃艮第品种，甚至还有非常少见的胡塞尔，在法兰克尼亚都长势良好，有时能生产品质出众的逐粒精选和贵腐精选葡萄酒。

左图：索玛瑞哈（Sommerach）酒庄的魅力在于其现代化的建筑和宽敞的葡萄酒商店

右图：维尔茨堡的国家王宫酒庄外观庄严，内部现代

位于下艾森海姆（Untereisenheim）的希恩（Hirn）酒庄的酒厂被称为“葡萄酒天堂”，由艺术家百水先生所设计

红葡萄酒中心

美因河从基钦根继续向北流淌的途中经过3个巨大的河弯，而法兰克尼亚最知名的几个葡萄园就位于这些大转弯处。这片区域中最好的葡萄园包括埃申多夫的露帕和福尔卡赫（Volkach）的议员山（Ratsherr）。也许诺德海姆的雀园（Vögelein）和代特尔巴赫（Dettelbach）的罗德尔山（Berg Rondell）也该名列其中。可惜的是，虽然这里的葡萄园名声显赫，村镇风景如画，但都无法为葡萄酒的品质加分。和其他地方

一样，当人们认为出售葡萄酒是一件轻而易举的事情时，他们就不会用心去管理葡萄园和酿造葡萄酒。

法兰克尼亚最后一个大葡萄种植中心位于美因河南岸，西面是布格施塔特，东面是克罗伊茨韦特海姆（Kreuzwertheim）和马科特海登费尔德（Marktheidenfeld）。一些酒庄在相邻的巴伐利亚陶伯河谷地区也拥有自己的葡萄园。这里就是法兰克尼亚的红葡萄酒中心。布格施塔特及其圣格莱芬堡（Centgrafenberg）葡萄园和红色砂岩土都是当地的特色。位于马科特海登费尔德附近的埃伦巴赫（Erlenbach）也能出产优质的勃艮第红葡萄，毗邻的洪堡（Homburg）的荒山（Kallmuth）葡萄园里以经典的雷司令和西万尼为主。这是法兰克尼亚最著名的介质灰岩土壤的坡地葡萄园，甚至还受到法令的保护。

西万尼和多米娜葡萄

德国几乎没有哪个产区像法兰克尼亚这样拥有如此繁多的葡萄品种，也没有哪个产区在选择葡萄品种时像法兰克尼亚这样严格地遵循传统和时代发展。因此，今天我们似乎无法相信这里曾经遍地都是西万尼葡萄，甚至在30年前，西万尼的种植面积也超过雷司令。当时，人们提起法兰克尼亚就会想到西万尼葡萄，还有产自维尔茨堡、伊普霍芬、福尔卡赫和韦特海姆（Wertheim）等地辛香、醇厚的葡萄酒。

但是新的杂交葡萄，如米勒-图高、施埃博和雷司兰尼开始出现了，这些品种有的能出产更多果汁，有的更易采摘，有的兼具这两个优点，因此种植难度大、产量低的西万尼逐渐失宠。今天法兰克尼亚产区西万尼的种植比例还不足1/5，只占米勒-图高种植面积的一半。

不过，在法兰克尼亚仍能看到纯正的白葡萄酒。最好的白葡萄生长在埃申多夫的露帕、兰德萨克的普富奔、伊普霍芬的尤利斯-埃希特-贝格、洪堡的荒山和维尔茨堡的施泰因葡萄园。这些葡萄园虽然进行了现代化改造，但生产的葡萄酒依然保持当年的水准：带有香料、坚果、泥土和烟熏的香味，口感浓烈，甚至当葡萄完全成熟时会有一丝淡淡的蜂蜜味。

多米娜的情况则不同，这种新的杂交葡萄非常流行。基钦根当地的生产商太过咬文嚼字，他们把多米娜（domina）这个词的变体“母夜叉”（dominatrix）的图片印在酒标上，这让清教徒们异常恼火。事实上我们应对多米娜葡萄酒充满敬意，因为多米娜比黑比诺更能证明法兰克尼亚也有出产上等红葡萄酒的潜力。

多米娜是葡萄牙人和黑比诺的杂交品种，用它酿造的葡萄酒口感强劲、色泽浓厚，具有浆果和果酱的芳香。多米娜葡萄酒特别适合橡木桶陈酿，并且随着时间的推移，粗涩的单宁会变得比较柔和。有时多米娜甚至可以用来酿造逐粒精选和贵腐精选葡萄酒。

从维尔茨堡往美因河上游走，法兰克尼亚产区最知名的几家酒庄拥有兰德萨克顶级葡萄园的大部分土地。这些葡萄园包括普富奔、魔鬼酒窖、马斯贝格（Marsberg）和索纳斯图尔

大肚酒瓶

18世纪，德国的生产商们担心假酒会越来越多，因此开始大幅减少葡萄酒贸易。维尔茨堡著名的施泰因葡萄园特别受造假者的“青睐”，但当时没有葡萄酒法律禁止这种行为。因此对于当时的维尔茨堡人来说，保护施泰因葡萄酒唯一可行的方法是使用一种特殊的酒瓶，以便告诉消费者他们购买的是真酒。1718年，维尔茨堡最大的酒庄——人民医院酒庄设计了大肚酒瓶。这是一种矮胖的酒瓶，前部凸起，但从侧面看却是平的。随后这种酒瓶成了法兰克尼亚葡萄酒的标志。今天，这种形状的酒瓶受到法律保护，德国其他产区中只有巴登的奥特瑙才可以使用。其他国家如果想用类似的酒瓶灌装葡萄酒，必须先证明在当地有使用这种形状酒瓶的传统，如葡萄牙的某些地区。

法兰克尼亚的主要葡萄酒生产商

生产商：Waldemar Braun***-*****
所在地：Nordheim
14公顷，年产量6万瓶
葡萄酒：Müller-Thurgau，Silvaner，Bacchus，Riesling，Chardonnay（Nordheim：Vögelein，Kreuzberg；Sommerach：Katzenkopf），barrique wines
Braun只在不锈钢酒罐和新橡木桶中发酵和熟成葡萄酒。他酿造的红葡萄酒在法兰克尼亚享誉盛名。他有时也用多米娜葡萄生产具有异域风情的葡萄酒，如1994年的白秋逐粒精选葡萄酒。

生产商：Brennfleck***-*****
所在地：Sulzfeld
22公顷，年产量18万瓶
葡萄酒：wide range of white and red varieties from the top vineyards between Steigerwald and Maindreieck
该酒庄在法兰克尼亚最著名的葡萄种植山坡上拥有几个葡萄园，其中包括Escherndorfer Lump。Annalena白葡萄酒采用单一葡萄酿造，品质出众。

生产商：Bürgerspital zum Heiligen Geist**-****
所在地：Würzburg
110公顷，年产量75万瓶
葡萄酒：Riesling，Silvaner，Weißburgunder，Grauburgunder（Würzburg：Stein，Stein/Harfe，Abtsleite，Pfaffenberg；Randersacker：Teufelskeller，Pfülben，Marsberg；Michelau：Gössenheim）
虽然该酒庄是著名的三大医院酒庄中最小的一个，但它不但拥有Stein葡萄园的大部分土地，更有这个葡萄园的核心部分，即Stein/Harfe。酒庄生产的葡萄酒几乎涵盖法兰克尼亚所有的葡萄酒种类，其中大多数是白葡萄酒。

生产商：Fürstlich Castell'sches Domänenamt***
所在地：Castell
65公顷，年产量45万瓶
葡萄酒：Silvaner，Müller-Thurgau，Rieslander，Riesling from Sommer-Linie
这个传统酒庄按照Naturland协会的方针管理自己的葡萄，虽然有时似乎并没有充分展示其潜力，但出产的雷司令和雷司兰尼葡萄酒、特酿红葡萄酒以及贵腐甜葡萄酒都品质上乘。

生产商：Rudolf Fürst****
所在地：Bürgstadt
18公顷，年产量12万瓶
葡萄酒：Spätburgunder，Frühburgunder，Riesling，Weißburgunder（Bürgstadt：Centgrafenberg；Großheubach：Bischofsberg），Parzival
Paul Fürst是Bürgstadt地区少有的知名生产商，也是德国的红葡萄酒专家。产自Centgrafenberg葡萄园风化红砂岩的红葡萄酒品质一流。蓝比诺葡萄酒也是他的骄傲，同样出色的还有雷司令和贵腐酒。

生产商：Juliusspital***-****
所在地：Würzburg
170公顷，年产量100万瓶
葡萄酒：（Würzburg：Stein；Iphöfen：Julius-Echter-Berg，Randersacker：Pfülben；Escherndorf：Lump；Rödelsee：Küchenmeister）
维尔茨堡三大医院酒庄中最大的酒庄，位于一栋历史悠久的大楼里。其酒窖宏伟壮观，长达250米，存放着大酒桶。酒庄还拥有至今仍在营业的德国最古老的药房。这里生产的葡萄酒长久以来在法兰克尼亚产区都排名榜首。

生产商：Fürst Löwenstein***-****
所在地：Kreuzwertheim
30公顷，年产量20万瓶
葡萄酒：Silvaner，Müller-Thurgau，Riesling，Spätburgunder（Franconia：Homburg Kallmuth，Richolzheim Satzenberg；Baden），Fürst von Löwenstein（Rheingau：Hallgarten）
该家族酒庄拥有法兰克尼亚的顶级葡萄园之一——Homburger Kallmuth，葡萄园的土壤多为介壳灰岩。最近酒庄又开始重新管理其位于莱茵高的葡萄园。

生产商：Johann Ruck***-*****
所在地：Iphofen
3公顷，年产量7.5万瓶
葡萄酒：Silvaner，Müller-Thurgau，Riesling（Iphöfen：Julius-Echter-Berg，Kalb，Kronsberg，Burgweg；Rödelsee：Schwanleite，Küchenmeister），Dolce Vita，Johann Rosé
建筑外观正面看十分传统，但这个位于Iphofen古老市场中的酒庄拥有设备现代的葡萄酒酿造和储存工厂，生产的葡萄酒在法兰克尼亚享誉盛名，特别是用胡塞尔和雷万尼混酿的精选葡萄酒，酒体丰满、风格雅致。同样值得推荐的还有用科纳、西万尼、雷司令和灰比诺酿造的美酒。

生产商：Egon Schäffer***
所在地：Escherndorf
7公顷，年产量3万瓶
葡萄酒：Silvaner，Müller-Thurgau，Riesling（Escherndorf：Fürstenberg，Lump；Untereisenheim：Sonnenberg）
该酒庄生产的葡萄酒并不多，其中绝大多数只出售给私人买家，此外还有一部分葡萄酒出口日本。西万尼葡萄酒品质卓越。

生产商：Richard Schmitt***
所在地：Randersacker
11公顷，年产量9万瓶
葡萄酒：Müller-Thurgau，Silvaner，Kerner，Riesling（Randersacker：Pfülben，Teufelskeller，Sonnenstuhl）
Bernhard Schmitt采用轻柔的方法，用产自顶级葡萄园的果实酿造出一流的葡萄酒。他的酿酒工艺也赋予雷司令、西万尼、雷司兰尼以及比较少见的琼瑶浆上等的品质。

生产商：Trockene Schmitts**-****
所在地：Randersacker
14公顷，年产量11万瓶
葡萄酒：Silvaner，Kerner，Riesling（Randersacker：Pfülben，Sonnenstuhl；Würzburg：Abtsleite），table wines
Bruno Schmitt继承了他那位传奇的叔叔Robert的事业，主要生产干型葡萄酒。用雷司令和西万尼酿造的迟摘型和精选型干葡萄酒属于当地精品。

生产商：Schmitt's Kinder****
所在地：Randersacker
13公顷，年产量10万瓶
葡萄酒：Silvaner，Müller-Thurgau，Bacchus，Riesling（Randersacker：Pfülben，Sonnenstuhl，Marsberg）
Karl Martin Schmitt从1984年起就开始在Randersacker城外古老的葡萄地里耕作。这里所有的葡萄都会等到完全成熟自然掉落后才拿去酿酒，显然这种做法会赋予葡萄酒上乘的品质。Schmitt甚至成功地用米勒-图高酿造出优质葡萄酒。年份好的时候，多米娜是这一地区最好的红葡萄酒之一。

生产商：Schloss Sommerhausen***
所在地：Sommerhausen
27公顷，年产量18.5万瓶
葡萄酒：complete range of varieties（Iphofen，Randnersacker，Eibelstadt，Sommerhausen）
Steinmann家族过去更为人所知的是它的葡萄酒学院而不是酒庄。如今该公司用数量惊人的各种葡萄生产葡萄酒，其中包括具有异域风味的蓝西万尼（Blaue Silvaner）。酒庄还用施埃博葡萄酿造优质的甜葡萄酒。

生产商：Zur Schwane-Josef Pfaff****
所在地：Volkach
22公顷，年产量20万瓶
葡萄酒：Silvaner，Riesling，Müller-Thurgau（Volkach：Ratsherr；Obereisenheim；Escherndorf：Lump；Iphofen；Wipfeld），Schwanen
虽然该公司历史悠久，但却采用现代化的酿酒方式和市场营销手段。公司主要生产柔和的西万尼、精致的雷司令以及圆润均衡的黑比诺。

生产商：Staatlicher Hofkeller***-****
所在地：Würzburg
120公顷，年产量85万瓶
葡萄酒：Riesling，Silvaner，Müller-Thurgau，Rieslaner，Spätburgunder（Würzburg：Stein；Randersacker：Pfülben；Hörstein：Abtsberg），Tiepolo
虽然维尔茨堡的Residence Palace从未用来救死扶伤，但位于其地下的Staatlicher Hofkeller酒庄却被列为"三大医院酒庄"之一。自20世纪90年代Rowald Hepp管理以来，该酒庄迅速复苏，并且重新成为法兰克尼亚的顶级生产商之一。Hepp于1999年前往莱茵高的Schloss Vollrads酒庄，在此之前，他酿造的一些葡萄酒品质堪称一流。

生产商：Josef Störrlein***-****
所在地：Randersacker
8公顷，年产量6万瓶
葡萄酒：Müller-Thurgau，Silvaner，Riesling，red wines（Randersacker：Sonnenstuhl，Marsberg）
Armin Störrlein的葡萄酒中80%为干型葡萄酒，他也不酿造精选型贵腐酒，因此最好的葡萄都用来生产普通级别的葡萄酒。雷司令葡萄酒品质优良，但更出众的是多米娜和常常被人忽视的黑雷司令红葡萄酒。

生产商：Wolfgang Weltner***-****
所在地：Rödelsee
8公顷，年产量5.5万瓶
葡萄酒：Silvaner and a wide range from Schwanberg and Rödelseer vineyards
近年来该酒庄已成为Steigerwäld产区的顶级生产商之一。用产自Rödelseer Küchenmeister葡萄园的西万尼酿造的葡萄酒完全可以被称为特级葡萄酒。

生产商：Hans Wirsching***-****
所在地：Iphofen
73公顷，年产量49万瓶
葡萄酒：Silvaner，Riesling，Müller-Thurgau，Scheurebe（Iphofen：Julius-Echter-Berg，Kronsberg，Kalb；Rödelsee：Küchenmeister），Sommerweine，barrique wines
该酒庄是德国最大、最好的酒庄之一，主要生产法兰克尼亚干型葡萄酒，口感清新、适宜久存。

三大医院酒庄

事实上真正的医院酒庄只有两家，即人民医院酒庄和尤利斯（Juliusspital）医院酒庄，但按照传统，“三”是个吉利数字，因此维尔茨堡的国家王宫酒庄与其他两家真正的医院酒庄组成了我们今天常说的三大医院酒庄。

虽然这三家医院酒庄最知名的财富无疑是它们的葡萄园，但除了酿酒之外，它们与维尔茨堡日常生活的各个方面也有关联。其中，人民医院历史最悠久，它创建于1319年，目的是为老年人提供养老服务，几年后购买了自己的第一个葡萄园，迄今已有700年的酿酒历史。目前，人民医院约有168公顷葡萄园，是德国规模排名第四的酒庄。在其著名的酒窖中，古老的木桶也是至今仍在使用的最大的酒桶。

人民医院酒庄主要以维尔茨堡的施泰因-竖琴葡萄园闻名，竖琴园是位于施泰因葡萄园中心位置的一块由墙包围的小型葡萄园，是法兰克尼亚公认的顶级葡萄园之一。产自施泰因其他地块和兰德萨克地区的葡萄园的雷司令也品质上乘。虽然普法芬堡（Pfaffenberg）不是这一地区的顶级葡萄园，但出产的勃艮第葡萄酒也非常出众。

解剖室里的品酒会

人民医院酒庄擅长酿造精选甜葡萄酒，而相邻的尤利斯医院酒庄则在干型或半干型优质酒和珍藏酒上更胜一筹。1576年，尤利斯医院酒庄由梅斯佩尔布伦（Mespelbrunn）的尤利斯·埃希特主教创建，并成为维尔茨堡建筑中的一颗明珠，而酒庄也是这个古老建筑中的一部分。在这个高贵的建筑中，有250米长的酒窖，装满了木酒桶；还有华美的洛可可风格的药房（也是迄今为止德国仍在使用的最古老的药房）；而原来的解剖室现在用于举办品酒会和其他各种活动。来这里参观是一次难忘的经历。

尤利斯医院酒庄拥有几个最好的葡萄园，如施泰因、普富奔、尤利斯-埃希特-贝格、大厨和露帕，因此近10年来，它是三家医院酒庄中最能一如既往酿造优质葡萄酒的酒庄。人们也许会认为它是一个专产西万尼的酒庄，但其实它的雷司令，甚至是米勒-图高葡萄酒也都很出色。有时连较少种植的琼瑶浆都能在这里成为美酒佳酿。

三大医院中的最后一家是位于维尔茨堡的国家王宫酒庄。国家王宫酒庄是法兰克尼亚产区规模最大、位置最佳的酒庄，拥有150公顷葡萄园。100千米外的葡萄采摘后，通常会被

维尔茨堡的三大医院酒庄中，创建于1319年的人民医院酒庄历史最为悠久

尤利斯医院酒庄建于1576年，是德国第二大酒庄

位于维尔茨堡的国家王宫酒庄与其他两个酒庄相比并不逊色，它不仅葡萄园面积广阔，而且出产的葡萄酒品质一流

送至维尔茨堡城中心这个雄伟的建筑中进行酿造和熟成。

虽然人们早已忘记了国家王宫酒庄的葡萄酒，但是一切都在20世纪90年代中期发生了改变。曾经在莱茵高管理国有葡萄园的罗瓦尔德·赫普帮助国家王宫酒庄重振雄风。他对发酵过程进行了现代化改进，新橡木桶的使用也为酿造葡萄酒创造了理想的条件，充分挖掘了酒庄的潜力。

维尔茨堡是一个酿酒大都市，北部与著名的施泰因葡萄园相邻。这里既能享受美好的生活，还能领略卓著的文化成就

德国最大的葡萄园和酿酒厂

德国的葡萄酒经济中最大的企业是大酒厂和合作社。但是要找到它们产量的可靠数据难度却很大。合作社的领军者是位于布莱萨赫（Breisach）的Badischer Winzerkeller（年产量约3000万瓶）和位于符腾堡产区默格林根（Möglingen）的Weingärtner-Zentralgenossenschaft（年产量约2700万瓶）。紧随其后的是Moselland-Kellerei。而法兰克尼亚的Gebietswinzergenossenschaft年产量约为1700万瓶。

不过，这些数字与大型私有酒厂的产量相比不足一提。据估计，仅Reh-Gruppe的年产量就高达2亿~3亿瓶。而位于威斯巴登的起泡酒酒厂Henkell-Söhnlein的年产量也相差无几（年产量超过2亿瓶的酒厂还包括Deinhard和Menger-Krug）。位于伯恩卡斯特-库斯（Bernkastel-Kues）的Peter Mertes的产量为1.5亿瓶，另外还有5000万份利乐包装的葡萄酒。Zimmermann-Graeff的产量为1.05亿升，位于宾根的Rheinberg为1.25亿瓶。Hauser、Binderer St. Ursula、Oster、Ostrau以及F.W. Langguth Erben的产量为650万~4000万瓶。

对酒庄进行评估必须将葡萄种植总面积和装瓶的葡萄酒数量考虑进去。遥遥领先的是Hesse，葡萄园面积为200公顷，年产量为110万瓶。紧随其后的是法兰克尼亚的酒庄：Juliusspital（170公顷，100万瓶）、

历史悠久的尤利斯医院酒庄的地下室是一个壮观的酒窖

Staatliche Hofkeller（120公顷，85万瓶）、Bürgerspital（110公顷，75万瓶）。但是最大的家族酒庄则位于普法尔茨，它们是位于瓦亨海姆的Dr. Bürklin-Wolf（120公顷，67万瓶）和Heinz Pfaffmann（也接近120公顷，80万瓶）。

除此之外，德国只有另外3家酒庄的葡萄种植面积超过100公顷，分别是位于萨克森的Schloss Wackerbarth（121公顷，270万瓶）、Salem & Schloss Staufenberg（113公顷，180万瓶）以及位于特里尔的主教酒庄（103公顷，85万瓶）。

拥有50~100公顷葡萄园的酒庄包括：

Heinrich Vollmer（普法尔茨，90公顷，120万瓶）、Schloss Reinhartshausen（莱茵高，80公顷，48万瓶）、三家Wegeler酒庄（莱茵高/摩泽尔/普法尔茨，71公顷，75万瓶）、蒙格尔-克鲁格家族的两个酒庄（普法尔茨/莱茵高，75公顷，50万瓶）、Hans Wirsching（法兰克尼亚，73 公顷，49万瓶）、Robert Weil（莱茵高，70 公顷，50万瓶）、Fürstlich Castell（法兰克尼亚，65 公顷，45万瓶）、Paul Anheuser（纳赫，65 公顷，50万瓶）、Meersburg国有酒庄（巴登，62 公顷，40万瓶）、Reichsgraf von Kesselstatt（摩泽尔，61 公顷，40万瓶）、Schloss Vollrads（莱茵高，60 公顷，56万瓶）、Schales（莱茵黑森，60 公顷，50万瓶）、Reichsrat von Buhl（普法尔茨，60 公顷，40万瓶）、Kloster Pforta国有酒庄（萨勒-温斯图特，60 公顷，30万瓶）、Fritz Allendorf（莱茵高，53 公顷，70万瓶）、Rappenhof-Muth（莱茵黑森，52 公顷，30万瓶）。

萨勒–温斯图特和萨克森

早在中世纪，现在的联邦德国东部各州就已经开始种植葡萄。当时的葡萄园一直延伸到波罗的海海岸，面积是今天的数倍。但葡萄种植的劫数始于30年战争，无数葡萄园在战火中毁于一旦，而逃过雇佣兵洗劫的葡萄园又在19世纪末遭遇了葡萄根瘤蚜病。因此，德国东部的葡萄种植区域目前仅限于萨克森州和萨克森–安哈特州（Saxony-Anhalt）的几小块土地，更确切地说，仅限于易北河、萨勒河以及温斯图特河的河谷地区。当然德国民主共和国时期这里也种植葡萄，但相比西部而言，种植户几乎只关心葡萄的产量，在计划经济中葡萄的品质则退居其次。

虽然西部于20世纪80—90年代开始重视葡萄酒的品质，但东部在德国统一之后才缓慢转变。原东德的很多酒厂都面临着困境，而中小型酿酒企业的缺乏又导致高品质葡萄酒的生产成为泡影。此外，在萨勒–温斯图特和萨克森这两个新的葡萄酒产区，葡萄种植必须进行调整以应对恶劣的气候条件。萨勒–温斯图特和萨克森是德国最北端的葡萄酒产区，接近葡萄种植的极限，再往北葡萄就无法正常成熟。与法兰克尼亚和符腾堡一样，这里也属于大陆性气候，夏季温和，但冬季较为寒冷。

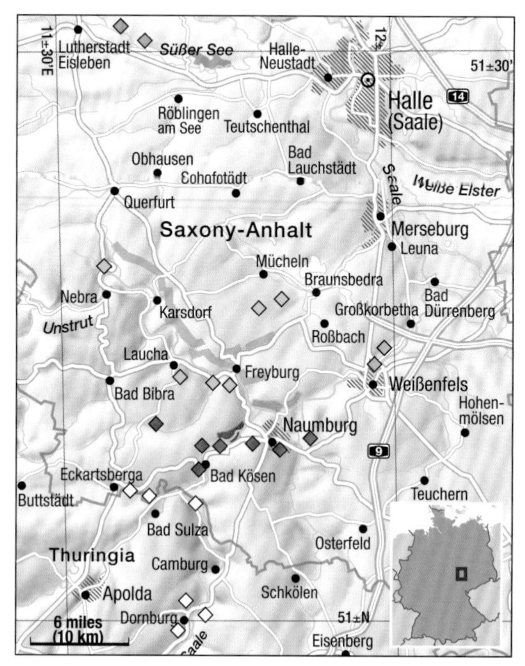

Bereich Schloss Neuenburg
◇ *Großlage* Kelterberg
◇ *Großlage* Schweigenberg
◇ *Großlage* Blütengrund
◆ *Großlage* Göttersitz
Bereich Thüringen (and the Mark Brandenburg)
◇ Single vineyards not belonging to a *Großlage*

萨勒–温斯图特

萨勒–温斯图特产区的葡萄种植已有1000年的历史。据文献记载，早在1066年普佛尔塔修道院（Kloster Pforta）的熙笃会修士们就已经开始种植葡萄，如今的修道院已成为一家

位于温斯图特河河畔的弗莱堡是萨勒–温斯图特产区的葡萄种植中心：这里降雨稀少，阳光充足，有利于葡萄的成熟，而且产量不高

国有酒庄。当时，萨勒河、温斯图特河和伊尔姆河以及苏特西湖两岸都以白葡萄品种为主。这里最重要的有利因素是降水稀少，年均500毫米。

萨勒-温斯图特的20个单一葡萄园主要种植口感清淡的米勒-图高，虽然自1991年起用米勒-图高酿造的葡萄酒已经大幅减少，但它仍占到了葡萄酒生产总量的1/4。西万尼和白比诺分别占种植面积的1/10，其次是雷司令、科纳、巴克斯和琼瑶浆。170公顷的红葡萄中有45公顷是葡萄牙人。人们也一直在尝试种植茨威格、莱姆贝格和杂交品种雷根特。这里的葡萄种植总面积达650公顷，其中几乎450公顷都属于弗莱堡合作社，该合作社有550位兼职酿酒师。普佛尔塔修道院国有酒庄、弗莱堡合作社以及另外两家V.D.P.酒庄——吕茨肯多夫（Lützkendorf）和帕维斯（Pawis）是这一产区少数在德国有一定知名度的几家酒庄。

萨克森

萨克森位于德累斯顿和梅森（Meissen）之间的易北河河谷地区，是德国最小的葡萄酒产区，主要种植米勒-图高。不过，随着葡萄种植面积从民主德国时期的200公顷增长到现在的450公顷，再加上来自欧盟的统一补助，雷司令和白比诺的重要性也与日俱增。

尤维·吕茨肯多夫（Uwe Lützkendorf）和他的父亲尤杜（Udo）用他们酿造的葡萄酒证明了原东德葡萄酒的潜力，特别是产自普弗尔滕斯科佩尔堡（Pfortenser Köppelberg）葡萄园的葡萄酒。早在1154年，普佛尔塔修道院的修士们就开辟了这个葡萄园

从一份1161年的文献中可以看出，易北河地区的葡萄种植也历史悠久。皮尔尼兹（Pillnitz）和韦奇威茨（Wachwitz）葡萄园享誉盛名，曾经出产进贡萨克森国王的葡萄酒。这里的葡萄都种植在异常陡峭的山坡上，从而减少遭受春季霜冻的危害。但是多年来，极低的气温导致葡萄产量大幅下降，而年均仅

小红帽的故事

现在的孩子们往往不会意识到，但是他们的父母都曾对小红帽的故事感到怀疑。而事实证明一代又一代人，包括父母、祖父母、兄弟姐妹们都在无意识中助长了一个错误。这个故事里妈妈叮嘱天真的女儿送给住在森林里生病的祖母的，其实不是陈年葡萄酒，而是塞克特起泡酒。于是“小红帽”塞克特就与这个童话故事紧密地联系在了一起，甚至专家们都认为这种起泡酒就是以故事中小女孩的名字命名。

虽然这也许只是一个传说，但“小红帽”塞克特酒厂的成功却是一个真实的故事。这家位于温斯图特河河畔弗莱堡的酒厂于1856年由克洛斯和弗尔斯特家族创建，从1894年开始使用“小红帽”（最初是指酒瓶上红色的锡纸瓶帽）作为所产塞克特的品牌名，后来将其卖给吕德斯海姆一家创立于1919年的塞克特酒厂。两德统一后该品牌又被卖回给弗莱堡，从此公司走上崛起之路。

小红帽酒厂——塞克特的生产现场

虽然当时塞克特市场危机四伏，但两德统一前销量仅为1500万瓶的小红帽酒厂很快将销量提升至2500万瓶。自从收购玛姆和戈尔德曼后，该酒厂销量更是高达9200万瓶，成为德国数一数二的起泡酒生产商。当然，要生产如此多的起泡酒，仅靠东德的葡萄园远远不够，因此这些基酒都从欧洲各国买进，这也是几乎所有德国起泡酒酒厂的做法。小红帽的成功离不开现代化的酿酒技术和卓越的管理，它的故事也许能激励易北河、萨勒河和温斯图特河周边的葡萄种植户和生产商，一起为东部的葡萄酒生产创造一个光明的未来。

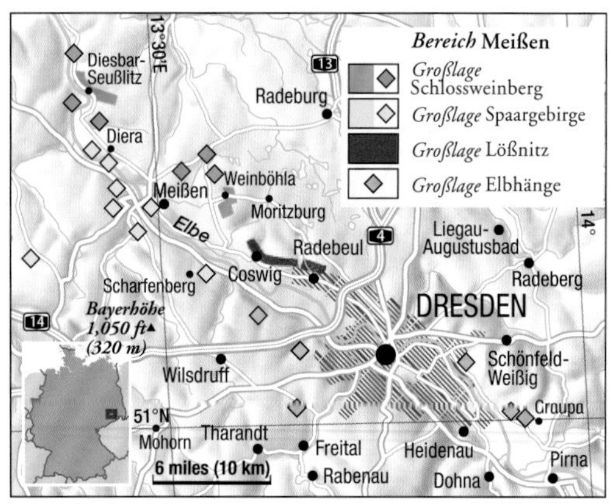

500毫米的降水量也限制了当地的葡萄产量。虽然如此，3000~5000升/公顷的年产量确保了这里的上等葡萄酒即使产自北方也口感醇厚。

目前，大部分葡萄园（其中多数只有几英亩）由1800位兼职种植户管理，他们组织建立了梅森葡萄种植合作社，负责共计165公顷葡萄的种植和采摘。

拉德博伊尔（Radebeul）附近的维克巴斯酒庄曾是萨克森州的州立酒庄，这个非常成功的酒庄拥有121公顷葡萄园，生产的塞克特起泡酒闻名于世。但是它的葡萄园大多都是租赁的，现在大部分要被收回，因此酒庄的未来还是个未知

位于罗斯巴赫（Roßbach）的一家酒庄的标识体现了德国东部葡萄酒生产商的自豪感

右页图：世界顶级歌剧院之一——德累斯顿歌剧院，由戈特弗里德·森佩尔修建

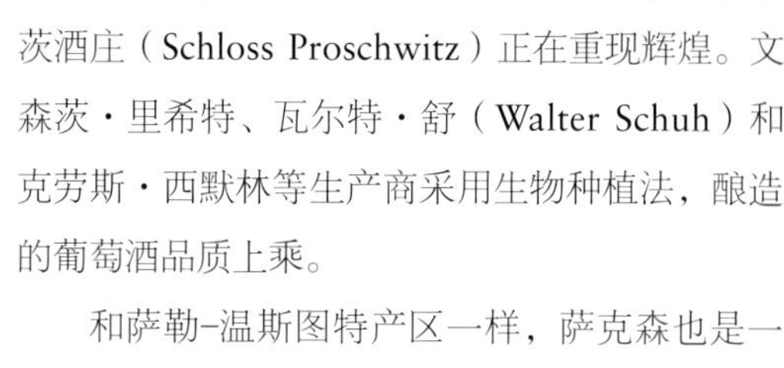

数。而在格奥尔格·普林茨的管理下，普罗施维茨酒庄（Schloss Proschwitz）正在重现辉煌。文森茨·里希特、瓦尔特·舒（Walter Schuh）和克劳斯·西默林等生产商采用生物种植法，酿造的葡萄酒品质上乘。

和萨勒-温斯图特产区一样，萨克森也是一个热门的旅游胜地。这两个地区在葡萄酒销售方面没有任何问题，而且大部分葡萄酒都售价不菲。其余葡萄酒则作为地方特产出现在酒店和餐厅里。

萨勒-温斯图特和萨克森的主要葡萄酒生产商

生产商：**Lehmann*****
所在地：**Seusslitz**
2公顷，年产量2万瓶
葡萄酒：Müller-Thurgau，Riesling，Weißburgunder，Traminer，Spätburgunder from（Heinrichsberg）
Joachim Lehmann一直努力培育高品质的葡萄，甚至在德意志民主共和国时期也是如此。两德统一后，他开始自己酿酒和营销，生产的葡萄酒口感清新纯净。大多数葡萄酒都在酒庄内的商店和附属的小客栈销售。

生产商：**Lützkendorf*****
所在地：**Bad Kösen**
11公顷，年产量5.5万瓶
葡萄酒：Silvaner，Riesling，Weißburgunder，Portugieser，Spätburgunder from vineyards in（Karsdorf，Freyburg）
该酒庄目前是德国东部葡萄酒产区顶级、最知名的生产商之一，是萨勒-温斯图特产区第一家在1996年成为V.D.P.协会成员的酒庄。

生产商：**Pawis*****
所在地：**Zscheiplitz**
11公顷，年产量9万瓶
葡萄酒：Riesling，Weißburgunder and Grauburgunder，Silvaner，Portugieser，Dornfelder from（Freyburg：Edelacker，Mühlberg）
从1990年的半公顷葡萄园开始，到2001年成为V.D.P.协会的一员，该酒庄在Bernard Pawis和Ketstin Pawis的经营下迅速成长。他们不仅管理坡地和梯田葡萄园，还接管并修复了曾经的修道院和庄园Zscheiplitz。

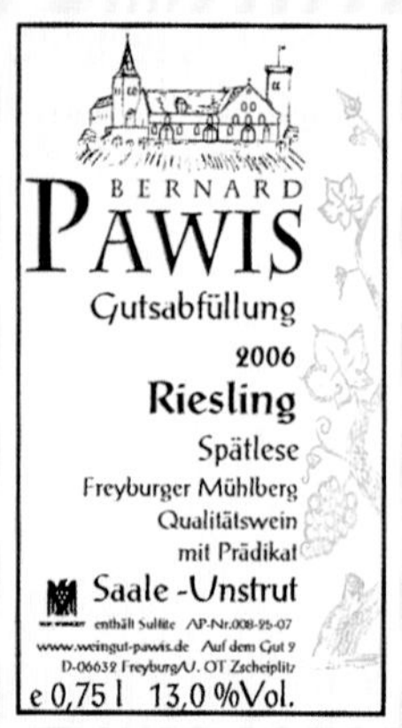

生产商：**Schloss Proschwitz-Prinz zur Lippe***-******
所在地：**Zandel**
70公顷，年产量33万瓶
葡萄酒：Grauburgunder，Weißburgunder，Elbling，Riesling，Spätburgunder，Dornfelder
作为萨克森地区唯一的V.D.P.协会成员（1996年加入），Georg Prinz zur Lippe的古堡酒庄享誉盛名。城堡现已开发成艺术和文化中心。

生产商：**Schloss Wackerbarth**-*****
所在地：**Radebeul**
90公顷，年产量150万瓶
葡萄酒：wide range of white wine varieties and sparkling wines，few red wines
该酒庄修复了巴洛克式的城堡，新建了静态酒和起泡酒酒厂，之后于2002年在葡萄园附近建造了一座玻璃结构的现代化酒厂，作为向游客开放的“酒庄体验中心”。总体而言，葡萄酒的品质日益改善。

中西欧国家

瑞士

瑞士拥有享誉世界的银行、手表和奶酪，但是在瑞士之外你很少能够听到瑞士葡萄酒。也许在所谓代表瑞士生活的干酪、牛铃和牧笛的促销活动中，你会看到一些品质中庸的葡萄酒。

然而，在瑞士15000公顷的葡萄园里，种植着各种葡萄，用这些葡萄酿造的美酒品质优良。瑞士葡萄酒中有不少已达到国际水准，但是却很少获得应有的承认。在与瑞士接壤的地区，人们宁愿尝试新西兰或者智利的葡萄酒，也不愿意了解这个欧洲中心地带最古老的葡萄酒产国的葡萄酒。

图中的葡萄园及葡萄园小屋位于贝灵根（Beringen），离瑞士西北角的莱茵费尔登（Rheinfelden）不远。这个葡萄园属于巴塞尔到列支敦士登（Liechtenstein）之间的瑞士东部产区

复杂的历史

瑞士是一个联邦制国家，各地区人民有着不同的文化背景。瑞士有4种官方语言：德语、法语、意大利语和拉丁-罗曼语。瑞士的葡萄酒历史可以反映出这种多元文化和历史发展所产生的影响。葡萄种植可能是由以下几种方式传入今天的瑞士：

- 从马赛这个传入中欧葡萄种植的古希腊通道起，沿着罗讷河河谷到达莱芒湖（又称日内瓦湖），然后进入下瓦莱州（Lower Valais）。
- 从罗讷河河谷起，沿着杜河河谷到达勃艮第之门，从这里一边可以进入瑞士境内的汝拉

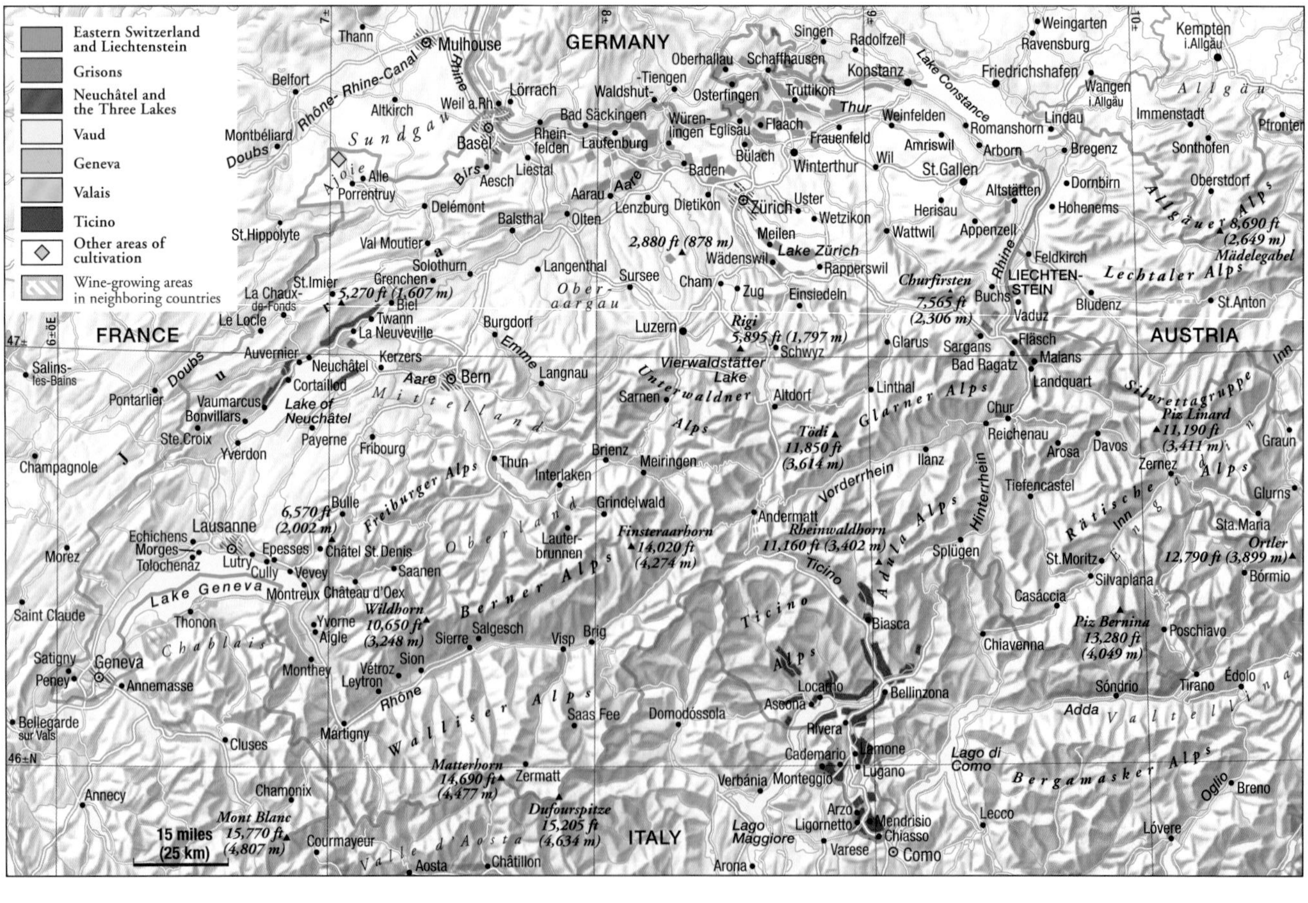

山，另一边可以到达莱茵河上游和康斯坦茨湖。

- 从伦巴第到提契诺州，然后通过圣伯纳迪诺（San Bernadino）进入格劳宾登州的莱茵河河谷地区。
- 从奥斯塔山山谷起，通过大圣伯纳德（Great Saint Bernard）山口到达瓦莱州。

虽然历史记载不多，但是瑞士的葡萄种植可以追溯至古罗马时期。6世纪，勃艮第修道士就在瑞士大量种植葡萄树，他们不仅创建了圣马瑞斯修道院（St. Maurice），还在日内瓦湖地区建立了最基础的葡萄酒法规。此后，葡萄种植随着修道院一同发展起来。有证据显示，7世纪初期，威邑山（Mont Vully）地区就有人种植葡萄；8世纪中期，在科尔（Chur）的莱茵河河谷和康斯坦茨湖周边也出现了葡萄园。中世纪时，葡萄种植达到鼎盛，瑞士各地，甚至是伯尔尼高地（Bernese Oberland），都在种植葡萄树。然而，尽管产量不低，生产出的葡萄酒却仍然无法满足瑞士国内的消费需求，直至16世纪开始从阿尔萨斯和巴登南部进口葡萄酒后，情况才得以改善。

19世纪发生了一系列事件，最终酿成20世纪初的一场危机。1835年，随着巴登、符腾堡和巴伐利亚加入德国关税联盟，瑞士东部边境各州的市场锐减。1882年圣哥达（Gotthard）隧道开通，大量廉价的意大利葡萄酒被进口到瑞士，让事情进一步恶化。1874—1907年，根瘤蚜虫病几乎摧毁了瑞士所有主要的葡萄种植区域。之后霜霉病的暴发使情况雪上加霜。1884年瑞士的葡萄种植总面积约为34380公顷，但是到1932年几乎只剩下1/3，即12457公顷。直到20世纪70年代，瑞士国内对葡萄酒的需求不断增加，瑞士的葡萄酒行业才恢复发展。到了2005年，瑞士葡萄酒人均年消费量高达49升，而葡萄种植面积已接近15000公顷，随后仍在平稳增长。

瑞士葡萄酒行业的各项数据

葡萄种植面积，以公顷为单位（2005年）

瑞士东部	2593	73% 红葡萄	27% 白葡萄
提契诺和梅索科（Misox）	1069	93% 红葡萄	7% 白葡萄
瑞士法语区	11262	56% 红葡萄	44% 白葡萄
共计	14924	22% 红葡萄	78% 白葡萄

主要产酒州 葡萄种植面积，以公顷为单位		主要葡萄品种 种植面积，以公顷为单位	2001年	2005年
瓦莱	5180	黑比诺	4609	4507
沃州（Vaud）	3856	莎斯拉	5249	4405
日内瓦	1277	佳美	1897	1655
提契诺	1037	梅洛	876	975
苏黎世（Zürich）	619	米勒-图高	652	527
纳沙泰尔（Neuchâtel）	599	霞多丽	253	303
沙夫豪森（Schaffhausen）	472	西万尼	209	220
格劳宾登	419	灰比诺	166	197
阿尔高（Aargau）	392	佳玛蕾	110	143
图尔高（Thurgau）	267	白比诺	不详	102

俯瞰日内瓦湖湖畔的艾佩斯（Epesses）村庄和令人难忘的葡萄园

位于纳沙泰尔湖湖畔欧韦尼耶村（Auvernier）的Maison Carré酒庄不仅生产传统的葡萄酒，而且拥有古老的工具和设备

地质、地形和气候

几乎整个瑞士的葡萄种植都受到阿尔卑斯山脉的影响。接近阿尔卑斯山的地方由于山脉陡峭而形成了独特的风土条件。在前阿尔卑斯谷地和湖区，大多数葡萄都种植在冰碛土壤上。与阿尔卑斯山距离的远近也决定了当地的气候。阿尔卑斯山的山麓有高有低，有陡有缓，葡萄园的高度和坡度也随之改变，而这些山脉常常会形成雨影区或风道。

瑞士各地不同的地形和气候条件赋予了这些地区独特的优势。在南阿尔卑斯山，年均日照时数超过2000小时。不过，无论是在年降水量仅有410毫米的干燥的瓦莱州，还是在年降水量高达1800毫米的提契诺州，都可以发现品质上乘的红葡萄酒。在北阿尔卑斯山的格劳宾登，年均日照时数为1700小时，此外，被称为“吹熟葡萄的风”的焚风会沿着莱茵河河谷吹过，因此这里的葡萄酒极富表现力。在其他地区，如汝拉山山脚下的纳沙泰尔，巨大的昼夜温差为葡萄生长提供了有利的条件。陡峭的山坡和靠近水源也是出产佳酿的一部分原因。

不合理的分级

当时，瑞士没有对葡萄酒行业进行国家性的立法，1909年颁布的食品法案只涉及一些基本的问题，如保护消费者的健康等。葡萄酒行业的法规事实上主要由26个州自主制定。为了推出一套统一的法律条款，瑞士于1992年通过了《关于葡萄种植的联邦决议》（1998年扩充为《葡萄酒法案》）。但是情况并未因此而发生根本性的

改变。一方面，法案对葡萄酒的产量制定了宽松的上限（如优质红葡萄酒为96升/100平方米），这使得要提高葡萄酒品质的公开声明显得很不靠谱。另一方面，法案规定命名控制仍由各州自行决定。大多数州从20世纪90年代中期就已经制定了自己的A.O.C.（原产地命名控制）法规，而整个瑞士预计要在2008年才制定出相关的法规。但是政治上的妥协常常会影响到原本人们所期盼的

品质和信誉。例如，一些高级葡萄酒生产商会把他们的葡萄酒标示为“日常餐酒”，以示抗议。

由于地形条件无法改变，气候中又有诸多风险因素，瑞士的葡萄酒行业不得不承受高昂的运营成本，这也就意味着瑞士的葡萄酒在国际市场价格中只能处于高位。因此，作为一个葡萄酒生产国，瑞士面临的任务就是要去证明其大多数葡萄园中所种植的莎斯拉葡萄能够酿出优质葡萄酒，虽然在其他国家这种葡萄只是被看作甜点水果。如果瑞士政府能多花些心思制定葡萄酒品质方面的政策，那么这个任务就会容易一些。的确，在较好的年份，瑞士法语区得天独厚的风土条件使这里出产的莎斯拉葡萄酒极富表现力。此外，瑞士还有十分出众的红葡萄酒。例如，提契诺州的梅洛葡萄酒已跻身国际名酒之列。

在日内瓦湖湖畔的沙布莱（Chablais）地区，埃格勒酒庄（Château d'Aigle）坐落于一片葡萄园中。这里主要种植莎斯拉葡萄，但是也能出产优质的黑比诺葡萄

瑞士东部

瑞士也生产优质黑比诺葡萄酒。虽然国际葡萄酒市场没有注意到，但是瑞士某些地区的黑比诺葡萄酒似乎比世界其他各国更接近勃艮第的完美典范。

瑞士东部拥有2600公顷葡萄种植面积，是一个规模不大而且葡萄园分散的产区。其中最大的一处葡萄种植区域位于沙夫豪森州的哈劳堡（Hallauer Berg），共有150公顷。“瑞士东部”只是为了与法语区的“瑞士西部”相区分，而事实上瑞士中部和西北部的葡萄园也属于“瑞士东部”的范围。整个瑞士东部产区主要种植两种葡萄：红葡萄酒几乎都只用黑比诺酿造，白葡萄酒主要由米勒-图高酿造。不过，用白比诺和灰比诺能够酿造出更加精致的白葡萄酒，而最好的葡萄园还会种植霞多丽和长相思。除此之外，这里还有两种土生土长的葡萄——格劳宾登州圆润浓郁的康普利特以及苏黎世湖湖畔细腻优雅的罗诗灵。

瑞士东部产区的葡萄园规模较小，因此人们很容易认为这里的葡萄酒难登大雅之堂。20世纪70年代，一些酒庄生产的地区餐酒平淡无奇，更是助长了这一看法。但是现在，许多酿酒家族已经推出了各种高品质的地区级葡萄酒。葡萄种植户和葡萄酒生产商如今都具备很高的水准，甚至一些小公司也采用各种先进、昂贵的酿酒工艺。由于严格控制产量，在橡木桶中进行发酵和陈年，这里的黑比诺名声渐起。

这幅图片具有欺骗性，事实上古老的传统是由当代受过良好培训的年轻生产商们继承了下来

格劳宾登州莱茵河河谷的焚风风道地区出产的黑比诺葡萄酒酒体丰满、结构平衡，适合在橡木桶中陈年。来自南部的秋风也能造福瓦伦湖湖畔和瑞士内陆各州的葡萄园。在外阿彭策尔州（Appenzell）和内阿彭策尔州，葡萄园海拔高达650米。圣加仑（Sankt Gallen）地区的莱茵河河谷北部则影响到康斯坦茨湖葡萄种植的风格和气候。

由于瑞士境内的康斯坦茨湖湖岸朝北，因此这里最好的葡萄位于康斯坦茨湖背面的冰碛丘陵上、图尔河谷和塞巴赫河谷沿岸以及瑞士施泰因地区。当地的黑比诺果香浓郁，口感强劲。而降雨量较低的克莱特高（Klettgau）地区的黑比诺则更加柔和。在位于沙夫豪森和温特图尔（Winterthur）之间的“苏黎世葡萄酒产地”也能找到这样的黑比诺，通常产自这里的顶级黑比诺葡萄酒全部供应首都地区。莱茵河上游及其支流流域拥有瑞士海拔最低的葡萄种植地区：埃格利绍（Eglisau）的海拔为355米，阿尔高州德廷根（Döttingen）的海拔只有340米，而位于巴塞尔乡村半州（Basel-Land）的埃施（Aesch）海拔只有312米。

阿尔高本地比诺葡萄酒的风格主要由酿酒工艺决定。这里普遍的做法是将发酵的葡萄汁和加热的葡萄汁相混合，从而酿造出平衡、柔和的葡萄酒。在利马特河谷和苏黎世湖湖畔，你可以品尝到口感浓郁、结构紧凑的黑比诺葡萄酒。在这个地区的施泰法村（Stäfa），葡萄种植户培育出了一种新的黑比诺品种——马丽菲，这种葡萄如今在整个瑞士东部和德国南部广泛种植。

自1998年，瑞士几乎所有的州都通过了A.O.C.体系，只有格劳宾登、图尔高和苏黎世至今仍在实行协调制定的法规。此外，和德国一样，瑞士也使用“迟摘”和“精选”的品质酒标。但是与德国不同，在瑞士这两个酒标只有在评价生产商时才会使用。

瑞士的主要葡萄酒生产商

生产商：**Bad Osterfingen******
所在地：**Osterfingen（Schaffhausen）**
2公顷，非自有葡萄，年产量2万瓶
葡萄酒：Pinot Blanc，Pinot Noir，Pinot Badreben（Barrique）
Meyer家族在这块多石且贫瘠的土地上酿造出了风格独特的优质葡萄酒。葡萄园里还有一个餐厅。

生产商：**Georg Fromm******
所在地：**Malans（Graubünden）**
4公顷，年产量3.5万瓶
葡萄酒：Riesling x Sylvaner，Pinot Gris；Pinot Noir Barrique，Merlot
Georg Fromm酿造的葡萄酒口感柔和、风味独特。他在新西兰Blenheim的葡萄园驰名世界。

生产商：**Martha and Daniel Gantenbein******
所在地：**Fläsch（Graubünden）**
6公顷，年产量2.5万瓶
葡萄酒：Chardonnay，Riesling，Pinot Noir
Martha Gantenbein和Daniel Gantenbein只采用3种葡萄酿酒：霞多丽、黑比诺和雷司令。在某些出现焚风现象的年份里，可以收获味甜汁少的黑比诺葡萄。2006年，酒庄新建了一个壮观的酒窖。

生产商：**Toni Kilchsperger*****
所在地：**Flaach（Zürich）**
3.8公顷，年产量3万瓶
葡萄酒：Riesling x Sylvaner，Räuschling，Chardonnay，Sauvignon，Schaumwein；Pinot Noir，Zweigelt
白葡萄酒酒体清澈、果香浓郁、品质上乘。Worrenberger霞多丽葡萄酒带有橡木味。

生产商：**Urs Pircher******
所在地：**Eglisau（Zürich）**
6公顷，年产量3万瓶
葡萄酒：Riesling x Sylvaner，Pinot Gris，Räuschling，Gewürztraminer；Pinot，Eglisauer Stadtberg Blauburgunder Barrique
葡萄园位于莱茵河上游，位置优越。葡萄酒均衡优雅，品质上乘。

生产商：**Rebgut Bächi*****
所在地：**Truttikon（Zürich）**
7公顷，年产量5万瓶
葡萄酒：Riesling x Sylvaner，Pinot Blanc，Gewürztraminer，Truttiker Pinot Blanc Schaumwein Brut；Pinot Noir varietal wines
Zahner家族的黑比诺葡萄酒单宁丰富、木香浓郁，熟成后可以达到勃艮第葡萄酒的酒精度。

生产商：**Schlossgut Bachtobel******
所在地：**Weinfelden（Thurgau）**
5.5公顷，年产量3万瓶
葡萄酒：Riesling x Sylvaner，Pinot Gris，Weißriesling，Sauvignon Blanc；Pinot Noir，Claret，Blauburgunder Auslese No. 2
除了堪称完美的黑比诺葡萄酒，Hans Ulrich Kesselring还生产特色白葡萄酒和波尔多特酿酒Claret。

Churer
Blauburgunder
«Lochert»

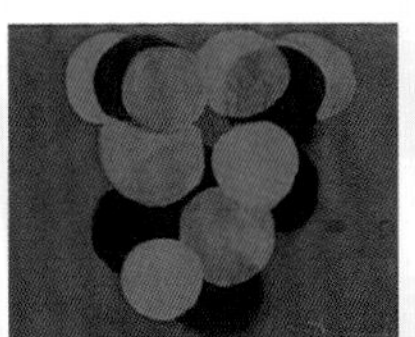

生产商：**Hermann Schwarzenbach*****
所在地：**Meilen（Zürich）**
7公顷，年产量4万瓶
葡萄酒：Sauvignon，Chardonnay，Sémillon，Pinot Gris，Completer，Freisamer，Meilener Riesling x Sylvaner Spätlese，Meilener Seehalden Räuschling；Pinot Noir，Lemberger
Hermann Schwarzenbach 能让你相信米勒-图高葡萄也可以酿出上等好酒。他尝试的许多其他品种也值得认可。

生产商：**Gian Battista von Tscharner*****–****
所在地：**Reichenau（Graubünden）**
5公顷，年产量3万瓶
葡萄酒：Pinot Gris，Sauvignon，Jeninser Completer，Gewürztraminer；Z'blau Wunder us Jenins，Jeninser Blauburgunder Mariafeld，Churer Blauburgunder Barrique Gian-Battista，Cuvée Anna
Gian Battista von Tscharner种植黑比诺葡萄，并用来酿造单宁丰富、需要陈年的红葡萄酒。他酿造的白葡萄酒也品质出众。

生产商：**Weinbau Scadena******
所在地：**Malans（Graubünden）**
5公顷，年产量2.5万瓶
葡萄酒：Kerner，Completer，Aligoté；Pinot，Blauburgunder Spätlese Barrique
Peter Wegelin的黑比诺葡萄酒在橡木桶中陈酿，酒体丰满、口感浓郁，是格劳宾登州优质葡萄酒中的精品。

生产商：**Weingut Baumann*****–****
所在地：**Oberhallau（Schaffhausen）**
7.8公顷，年产量4万瓶
葡萄酒：Müller-Thurgau，Chardonnay；Pinot Noir，Blauburgunder Trockenbeere
在橡木桶中陈年的葡萄酒品质出众。

生产商：**Zum Ochsen*****–****
所在地：**Malans（Graubünden）**
6公顷，年产量3万瓶
葡萄酒：Chardonnay Malanser Selvenen，Pinot Gris and Blanc，Sauvignon，Completer；Cabernet，Pinot Noir Unique，Pi-Ca-Do
Thomas Donatsch在法国Romanée-Conti酒庄受训多年后，从1974年开始用橡木桶陈年葡萄酒。如今，他已成为这项工艺首屈一指的专家。

生产商：**Zum Sternen*****
所在地：**Würenlingen（Aargau）**
7公顷，年产量6万瓶
葡萄酒：Pinot Gris，Sauvignon，Gewürztraminer；Pinot Noir，Malbec，Garanoir，Regent，Blauburgunder Barrique
Meier家族的葡萄酒享誉盛名：黑比诺结构完美，长相思口感醇厚，具有澳大利亚风格。

三大湖

欧韦尼耶是纳沙泰尔湖湖畔最重要的葡萄种植村庄之一。这里小酒庄为数众多，主要出产纳沙泰尔白葡萄酒

纳沙泰尔湖、比尔湖和莫拉湖组成了一幅美丽的风景画，它们不仅推动了瑞士德语区与法语区生活方式的交融，还影响了葡萄的种植。瑞士东部和西部两个具有代表性的葡萄品种——黑比诺和莎斯拉——各占葡萄种植总面积的一半。初识葡萄酒的人对这里的美酒赞不绝口。

纳沙泰尔

纳沙泰尔拥有242公顷的葡萄种植面积，是三大湖葡萄种植区域里的一颗明珠。纳沙泰尔从靠近瓦马克斯（Vaumarcus）的边境地区开始，沿着湖区西北岸经贝罗凯（Béroche）一直延伸至伯韦（Bevaix）、科泰洛（Cortaillod）和欧韦尼耶。纳沙泰尔及其周边地区还有很多出色的葡萄园。这里主要用莎斯拉酿造白葡萄酒。纳沙泰尔白葡萄酒口感清淡，而且由于发酵过程中残留的二氧化碳而特别清爽。

黑比诺是纳沙泰尔唯一种植的红葡萄品种。科泰洛黑比诺口感柔和、结构平衡，并且受汝拉山山脚下的气候和石灰质土壤的影响而独具特色。在橡木桶中发酵的黑比诺与夜丘区的葡萄酒非常相似。另一种特色葡萄酒是橙红色的“鹧鸪之眼”，这是一款不需要贵腐霉菌、果味优雅的桃红葡萄酒。而“白鹧鸪”是一款用黑比诺酿造的白葡萄酒。这里还种植着少量的霞多丽和灰比诺。纳沙泰尔对葡萄产量的要求在整个瑞士都非常出名。黑比诺的年平均产量为50升/100平方米。莎斯拉的最高产量早在1990年就已制定，1千克/平方米。1993年，纳沙泰尔开始实行A.O.C.体系。

欧韦尼耶村庄旁是遍布山坡的葡萄园，远处是纳沙泰尔湖

比尔湖/伯尔尼

比尔湖湖畔伯尔尼（Bern）地区的村庄坐落在风景如画的葡萄园中。这里的莎斯拉葡萄酒没有那么浓烈，但比较丰满。黑比诺葡萄酒更加透彻和轻盈，但是伯尔尼的一些生产商证明了黑比诺也能酿造出萃取物丰富的葡萄酒。拉讷沃维尔（La Neuveville）、特万（Twann）和利格茨（Ligerz）是当地最重要的葡萄种植村庄。位于比尔湖西南岸若利山（Jolimont）山脚下的埃拉赫（Erlach）也种植葡萄。比尔湖湖畔的葡萄种植总面积达225公顷。这里从1996年开始实行A.O.C.体系。伯尔尼州在图恩（Thun）湖湖畔的施皮茨（Spiez）和奥伯霍芬（Oberhofen）还有大约17公顷的葡萄园。

莫拉湖/弗里堡

威邑山是一座冰碛石山，陡峭的山坡下就是莫拉湖。穆梯（Môtier）、普拉茨（Praz）和苏西（Sugiez）村庄上方的梯田气候宜人，可以出产品质上乘的葡萄酒。这里的莎斯拉柔和顺滑，而黑比诺则相反，口感强劲醇厚。琼瑶浆、灰比诺和弗雷莎美（Freisamer，在当地称为Freiburger，是西万尼和灰比诺的杂交品种）等特色葡萄酒通常果香浓郁，酒体丰满。这里的葡萄园只有120公顷，其中还有一部分位于沃州，因此很少为外行人所知。

纳沙泰尔湖南岸的布鲁瓦（Broye）地区只有12公顷葡萄园。弗里堡州（Fribourge）于1997年开始实行A.O.C.体系。

三大湖区的主要葡萄酒生产商

纳沙泰尔

生产商：**Cave de la Ville de Neuchâtel*****
所在地：**Neuchâtel**
12公顷，年产量10万瓶
葡萄酒：Chasselas（Neuchâtel Blanc，Cru de Champrevèyres），Pinot Gris，Chardonnay；Perdrix Blanche，Oeil de Perdrix；Pinot Noir
葡萄酒品质可靠。黑比诺果味浓郁、口感圆润。

生产商：**Château d'Auvernier***-*****
所在地：**Auvernier**
35公顷，部分非自有葡萄，年产量40万瓶
葡萄酒：Chasselas（Neuchâtel Blanc，Non Filtré），Pinot Gris，Chardonnay；Oeil de Perdrix；Pinot Noir
酒庄历史悠久，葡萄酒享誉盛名。值得推荐的是Château d'Auvernier Blanc和Oeil de Perdrix葡萄酒。

生产商：**Encavage de la Maison Carré***-*****
所在地：**Auvernier**
9.5公顷，年产量6万瓶
葡萄酒：Chasselas（Auvernier），Pinot Gris，Chardonnay；Perdrix Blanche，Oeil de Perdrix；Pinot Noir（Auvernier）
酒庄使用传统的酿酒设备。黑比诺酒体丰满，带有橡木味。

生产商：**Alain Gerber***-*****
所在地：**Hauterive**
7公顷，年产量5万瓶
葡萄酒：Chasselas（Neuchâtel Blanc，Non Filtré），Pinot Gris，Chardonnay；Perdrix Blanche，Oeil de Perdrix；Pinot Noir
黑比诺萃取物丰富，采用老藤葡萄酿造的霞多丽精致浓郁。

生产商：**Grillette-Domaine de Cressier******
所在地：**Boudry**
20公顷，年产量16万瓶
葡萄酒：Chasselas，Chardonnay"Premier"，Sauvignon Blanc"Premier"，Viognier，Pinot Noir"Graf Zeppelin"
酒庄的葡萄酒近年来品质大幅提升，既浓郁又优雅。虽然这里的葡萄酒具有国际风格，但也不乏当地的风土特征。

生产商：**Olivier Lavanchy*****
所在地：**Neuchâtel-la-Courdre**
7公顷，年产量5万瓶
葡萄酒：Chasselas（Neuchâtel Blanc，Cru de Champrevèyres），Pinot Gris，Chardonnay；Perdrix Blanche，Oeil de Perdrix；Pinot Noir
黑比诺葡萄酒在橡木桶中陈年，清澈优雅。

生产商：**A. Porret & Fils***-*****
所在地：**Cortaillod**
7公顷，年产量6万瓶
所产葡萄酒有：Chasselas（Cortaillod，Non Filtré）Pinot Gris，Chardonnay；Oeil de Perdrix；Pinot Noir
酒庄重视传统，黑比诺葡萄酒品质出众。

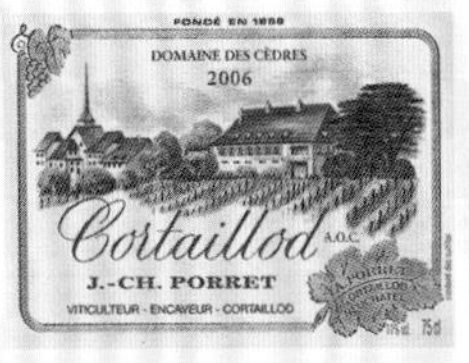

伯尔尼

生产商：**Erich Andrey*****
所在地：**Ligerz**
11公顷，年产量8万瓶
葡萄酒：Chasselas，Sylvaner，Pinot Gris，Chardonnay；Oeil de Perdrix，Pinot Noir
莎斯拉葡萄酒口感柔滑，偶尔含有残糖，但显得更加圆润。Schafiser、Les Planches和Marnin葡萄酒都带有矿物气息。

生产商：**Johanniterkeller Martin Hubacher*****
所在地：**Twann**
5公顷，年产量5.5万瓶
葡萄酒：Chasselas，Pinot Gris，Chardonnay，Sauvignon；Gamaret，Sankt Laurent，Pinot Noir，Malbec
葡萄酒风格现代。莎斯拉酒体清澈；霞多丽带有少许木头味。

生产商：**Rebgut der Stadt Bern**-*****
所在地：**La Neuveville**
21公顷，年产量18万瓶
葡萄酒：Chasselas，Pinot Gris，Pinot Noir
葡萄酒比较传统，没有特别出众的酒款，但品质稳定。

生产商：**Heinz Teutsch******
所在地：**Schafis**
4公顷，非自有葡萄，年产量6.5万瓶
葡萄酒：Chasselas，Pinot Gris，Chardonnay，Blanc de Noirs；Oeil de Perdrix；Pinot Noir
酒庄值得信赖，即使是标准化生产的葡萄酒Gutedel Schlösslіwy也品质不凡。

弗里堡

生产商：**Château de Praz*****
所在地：**Praz**
12公顷，年产量7.5万瓶
葡萄酒：Chasselas，Pinot Gris，Pinot Blanc，Freiburger，Traminer，Riesling x Sylvaner，Oeil de Perdrix，Pinot Noir
葡萄酒口感强劲，具有矿物香味，陈年潜力强。

生产商：**Albert Derron*****
所在地：**Môtier**
5公顷，非自有葡萄，年产量10万瓶
葡萄酒：Chasselas（Vully Bataille de Morat），Freiburger，Pinot Gris；Oeil de Perdrix；Gamay，Pinot Noir（Vully）
弗雷莎美葡萄酒品质出众。

汝拉

生产商：**Centre Ajoie*****
所在地：**Alle**
5公顷，年产量2.5万瓶
葡萄酒：Riesling x Sylvaner，Pinot Gris；Garanoir，Pinot Noir
该合作社分别于1986年和1992年新建了两个葡萄园。生产的葡萄酒十分珍贵，被看作是瑞士民主联邦的象征，享有很高的荣誉。

沃州和日内瓦州

沃州

沃州的日内瓦湖湖畔拥有最好的葡萄种植区，总面积达3856公顷，共分为3个区域：拉阔特（La Côte）、拉沃（Lavaux）和沙布莱。这里主要种植莎斯拉，红葡萄酒仅占总产量的1/5，其中最具代表性的红葡萄酒由佳美和黑比诺混酿而成。自1995年起，沃州实行了A.O.C.体系，但这个体系并不十分可靠，因为根据规定不仅拉沃地区两个具有历史意义的葡萄园德扎雷（Dézaley）和卡拉敏（Calamin）可以自称为特级葡萄园，而且其他所有葡萄酒都可以使用“Château”、“Clos”、“Abbaye”或者“Domaine”等词表示酒庄。在冰碛石土壤为主的拉阔特，具有冒险精神的葡萄酒生产商使原本普通的葡萄酒获得了认可。

拉沃陡峭的梯田葡萄园构成了一幅十分壮丽的景色，特别是日内瓦湖湖畔著名的德扎雷和卡拉敏葡萄园。德扎雷葡萄园原属于熙笃会修士，产自其花岗岩土壤的莎斯拉葡萄酒口感醇厚、酒体丰满，唯一的问题是这种葡萄酒由于缺乏酸度而过于柔滑。相邻的卡拉敏葡萄园的葡萄酒口感较为细腻。周边地区的葡萄酒也不相上下。随着阿尔卑斯山由低向高走势，拉沃地区的构造展现出各种不同的地层和独具特色的风土条件。拉沃也生产少量酒体丰满、果香浓郁的红葡萄酒，通常是用黑比诺、西拉和梅洛混酿而成。

沙布莱（Chablais）这个名字不是山寨法国著名的夏布利（Chablis），而是取自caput laci，意思是湖的源头。沙布莱地区的中心是埃格勒镇，这里不仅以非常精致的莎斯拉葡萄酒闻名，而且拥有城堡和葡萄酒博物馆。由于地处罗讷河河谷的入口处，来自北部的瓦莱焚风可以吹到这里。沙布莱的土壤多为碎石冲积地，因此葡萄园都位于碎石为主的山坡上。伊沃尔讷（Yvorne）的土壤中还含有很多石灰石，埃格勒的土壤中多镁，欧隆（Ollon）和贝城（Bex）的土壤中含有石膏。就酒体而言，沙布莱的葡萄酒介于拉阔特和拉沃之间。除了莎斯拉，沙布莱还生产少量的红葡萄酒和灰比诺葡萄酒。

来自居利（Cully）的葡萄酒生产商迪布瓦有足够的理由高兴：日内瓦湖湖畔拥有适宜葡萄种植的风土条件，而且他完全没有必要担心葡萄酒的需求量

图中具有中世纪后期风格的维夫朗堡（Vufflensle-Château）位于洛桑（Lausanne）西部，这个建于15世纪初期的酒庄拥有当地最好的葡萄园。站在酒庄的塔楼上，你可以将日内瓦湖尽收眼底

日内瓦

日内瓦拥有1377公顷的葡萄种植面积，是瑞士第三大产酒州。日内瓦产区仅有一小部分位于湖边，大多数葡萄园都在罗讷河河畔与瑞士边境之间的曼德芒（Mandement）。这里坐落着日内瓦最大的葡萄种植村庄萨蒂尼（Satigny），葡萄园面积达488公顷，土壤中富含石灰石、黏土和砾石。

日内瓦州葡萄酒行业的机械化程度非常高，甚至有专门的葡萄采摘装载机。由于气候适宜，日内瓦葡萄种植的风险比其他州小。这里主要的葡萄品种仍是莎斯拉，不过佳美也占了1/3的种植面积。直至20世纪80年代早期，这两种葡萄主要用来酿造用升为单位销售的普通葡萄酒。葡萄酒联盟（Vin Union）合作社生产的葡萄酒占日内瓦葡萄酒总产量的4/5，但是由于没有把握住新的发展机遇而于1999年被生态酿酒商让-丹尼尔·沙莱费尔（Jean-Daniel Schlaepfer）收购。如今，日内瓦拥有越来越多具有创新精神的葡萄酒生产商，他们酿造的葡萄酒也日益精良。然而，1988年通过的A.O.C.法令提高了产量的上限，并且允许添加高达4千克/100升的糖分。该法令对日内瓦葡萄酒行业造成的不良影响至今仍然存在。

沃州和日内瓦州的主要葡萄酒生产商

沙布莱

生产商：**Cave de la Commune de Yvorne******

所在地：**Yvorne**

6公顷，年产量4.5万瓶

葡萄酒：Chasselas，Pinot Noir

葡萄酒兼具强劲与精致的特性。其中一个单一葡萄园只有1公顷，产量低，出产的莎斯拉葡萄酒品质出众。

拉阔特

生产商：**Cave Cidis（Uvavins）*—*****

所在地：**Tolochenaz**

415公顷，年产量180万瓶

葡萄酒：Chasselas，Charmont，Aligoté，Sauvignon，Pinot Gris，Doral，Kerner，Pinot Noir，Diolinoir，Gamaret，Garanoir，Cabernet，Merlot

该合作社与星级主厨Bernard Ravet合作推出了许多品质卓越的葡萄酒，并且命名为“Le vin vivant de Bernard Ravet”。

生产商：**Henri Cruchon******

所在地：**Echichens**

10公顷，部分非自有葡萄，年产量25万瓶

葡萄酒：Chasselas，Altesse，Sauvignon Barrique，Merlot，Garanoir，Syrah

Henri Cruchon是这个地区的先驱人物，他对不同的葡萄品种进行试验，酿造的葡萄酒品质上乘。

生产商：**Domaine la Colombe*****

所在地：**Féchy**

15公顷，年产量10万瓶

葡萄酒：Chasselas，Chardonnay，Pinot Noir，Gamaret，Garanoir

Raymond Paccot采用生物动力种植法，酿造的葡萄酒萃取物丰富，芳香清澈。

生产商：**Domaine Rolaz-Hammel***—*****

所在地：**Rolle**

70公顷，年产量50万瓶

葡萄酒：Chasselas，Chardonnay，Viognier，Merlot，Syrah，Cabernet Sauvignon，Cabernet Franc，Pinot Noir，Gamay

公司主要使用国际品种酿造葡萄酒。产自特级葡萄园Domaine de Crochet的特酿酒品质一流。

拉沃

生产商：**Louis Bovard**—*****

所在地：**Cully**

17公顷，部分非自有葡萄，年产量25万瓶

葡萄酒：Dézaley La Medinette，Epesses Terre à Boire，Calamin Cuvée Speciale Collection Louis-Philippe Bovard，St. Saphorin，Sauvignon，Dézaley Rouge，St. Saphorin Rouge Cuvée Louis

酒庄不仅历史悠久，而且注重开发新葡萄酒，如最近广受好评的产自St. Saphorin地区的Chasselas-Chenin-Assemblage葡萄酒。Dézaley白葡萄酒品质出众，陈年潜力强。在Cornas产区生产商Jean-Luc Colombo的指导下，Dézaley红葡萄酒也很出色。

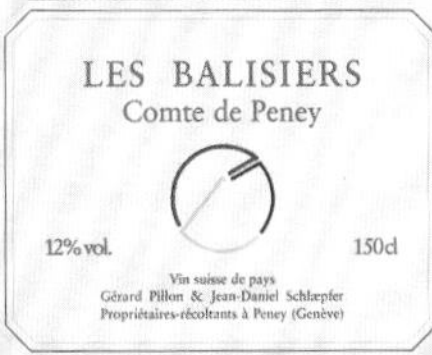

生产商：**Jean-François Chevalley***—*****

所在地：**Treytorrens**

5.5公顷，年产量3万瓶

葡萄酒：Chasselas

传统的家族企业，生产的莎斯拉葡萄酒矿物气息浓郁。特别值得推荐的是产自Dézaley葡萄园的Es Embleyres和Calamin葡萄园的Réserve du Margis。

生产商：**Vincent & Blaise Duboux******

所在地：**Epesses**

4.8公顷，年产量3万瓶

葡萄酒：Chasselas：Calamin Cuvée du Père Vincent，Dézaley Haut de Pierre，Marsanne，Chardonnay，Pinot Noir，Cabernet Franc，Syrah，Merlot

拉沃地区最著名的家族企业之一，规模小、品质高。产自特级葡萄园的霞多丽和玛珊葡萄酒风格雅致、香气浓郁，而这在以前几乎无法实现。

生产商：**Luc Massy*****

所在地：**Epesses**

10 公顷，部分非自有葡萄，年产量15万瓶

葡萄酒：Epesses Clos du Boux，Dézaley Chemin de Fer，St. Saphorin Sous le Rocs；Dézaley rouge Chemin de Terre

葡萄园位于拉沃地区的中心地带，出产的葡萄酒酒体清澈、口感顺滑、风格现代。

日内瓦

生产商：**Domaine des Balisiers*****

所在地：**Peney**

25 公顷，年产量16万瓶

葡萄酒：Chardonnay，Sauvignon，Pinot Blanc and Gris，Chasselas，Aligoté，Cabernet Comte de Peney，Gamay Dame Noir，Gamaret

Jean Daniel Schlaepfer和Gérard Pillon是日内瓦葡萄酒行业发展的重要力量。他们采用“U”形的引枝法，并以更高贵的品种取代本地莎斯拉葡萄。在红葡萄酒的酿造过程中，葡萄汁与皮渣浸渍时间较长；部分葡萄酒在橡木桶中陈年。20世纪80年代，他们开始采用有机种植法，如今红葡萄酒的产量占66%。

生产商：Domaine Grand'Cour***

所在地：**Peissy**

14公顷，年产量不详

葡萄酒：Peissy blanc，Grand'Cour blanc；Peissy rouge，Pinot Noir

曾经是一家合作社，自2002年起，成功跻身日内瓦的顶级生产商之列。

生产商：**Domaine le Grand Clos******

所在地：**Satigny**

7 公顷，年产量3.5万瓶

葡萄酒：Chasselas，Chardonnay，Pinot Blanc and Gris，Sauvignon，Petite Arvine，Muscat，Gewürztraminer，Viognier，Petit Manseng，Pinot Noir，Gamay，Syrah，Cabernet，Cabernet Franc，Merlot

Jean Michel Novelle酿造的各种品质不凡的特酿酒每年都会引起关注。

瓦莱

上瓦莱的菲斯珀泰尔米嫩葡萄园是欧洲海拔最高的葡萄园，其海拔高达1100米，不过朝南的坡向和温暖的焚风确保了葡萄的成熟

瓦莱州的葡萄种植面积为5225公顷，是瑞士最大的产酒州。瓦莱绵延50千米，海拔在460～630米。这里的葡萄园散布在范围宽广的缓坡上，和日内瓦湖湖畔一样，位于梯田上的葡萄园犹如一堵堵数米高的绿色围墙，形成一道壮观的风景。虽然瓦莱的海拔较高，但是充足的日照和焚风效应为葡萄成熟创造了独特的条件。由于瓦莱州气候干燥，许多地区的葡萄园都需要进行灌溉。

瓦莱州在地理上可分为3个区域。其中面积较小的区域位于下瓦莱日内瓦湖和地处马蒂尼（Martigny）的罗讷河大转弯之间。瓦莱的葡萄酒生产中心从马蒂尼开始，沿着罗讷河朝南的右岸一直延伸至洛伊克（Leuk）。这个几乎封闭的葡萄酒产区拥有各种不同的土壤类型。菲利（Fully）和马蒂尼的土壤中缺少石灰石。莱特龙（Leytron）和沙莫松（Chamoson）的土壤为火山灰。锡永（Sion）的土壤以板岩为主。萨尔格施（Salgesch）和洛伊克的土壤中富含石灰石但缺少黏土。上瓦莱（Upper Valais）拥有海拔高达1100米的著名葡萄园——菲斯珀泰尔米嫩（Visperterminen）。但是利用索雷拉方法陈酿的“冰川葡萄酒”并非产自这里，而是产自谢尔（Sierre）附近的安尼维尔山谷。

锡永的葡萄园多石陡峭

很多世纪以来，瓦莱生产的葡萄酒只能满足当地市场的需求。直到“二战”后，商业化生产才使这里的葡萄酒销往其他各地。但是葡萄酒行业的迅猛发展也导致了轻率的投机和过量的生产。很多葡萄树被种植在罗讷河“错误”的河畔，因为那里的斜坡不是向南。20世纪70—80年代，瓦莱州的葡萄酒行业几乎迷失在大规模生产中。

如今，瓦莱州共有50个葡萄品种，22000个葡萄种植户。但是，直到最近十几年瓦莱州才成功巩固了自己的地位。一方面，这归因于1993年通过的A.O.C.法令，法令确定了几个特级葡萄园。但更为重要的原因是中小型葡萄酒生产商付出的努力，他们对合作社和批发商产生了巨大的影响。

芬当特（Fendant）是瓦莱传统的用莎斯拉酿造的白葡萄酒，这种葡萄酒不仅展现出莎斯拉葡萄饱满的果肉，而且具有浓郁的香气和扎实的结构，因此正逐渐受到欢迎。德勒（Dôle）红葡萄酒采用黑比诺和佳美（现在还添加20%的其他葡萄品种）酿造，曾经只是勃艮第著名的巴斯特红葡萄酒拙劣的模仿品。德勒口感柔和，但不够精致，这也使人们有理由选择其他红葡萄酒，如黑比诺单一品种葡萄酒。另一种特色葡萄酒是约翰山（Johannisberg），在瓦莱州，这是一款用西万尼而非雷司令酿造的葡萄酒。瓦莱州还有各种半干型、甜型以及果味浓郁的马尔瓦西葡萄酒。此外，罗讷河沿岸的葡萄酒行业也发展了起来，因为连罗讷河最北端河畔的玛珊和西拉都长势喜人。

最近几年，瓦莱州的生产商重新发现了本土葡萄的重要价值。红葡萄品种小胭脂红和科娜琳层次丰富，白葡萄品种小奥铭和艾米尼则香气浓郁、口感特别。

瓦莱的主要葡萄酒生产商

生产商：Gérald Besse****
所在地：Martigny-Combes
16公顷，年产量11万瓶
葡萄酒：Fendant，Malvoisie Flétri，Petite Arvine，Ermitage，Johannisberg，Pinot Noir，Gamay，Dôle，Syrah
Fendant葡萄酒最好的生产商，出产的Fendant口感鲜爽、风格优雅。佳美和西拉葡萄酒也品质出众。

生产商：Oskar Chanton***
所在地：Visp
8公顷，年产量5万瓶
葡萄酒：Gwäss，Lafnetscha，Himbertscha，Réze，Heida，Petite Arvine，Amigne，Humagne Blanche，Malvoisie，Hibou-Eyholzer Roter，Humagne Rouge，Cornalin
使用本土葡萄酿酒的先行者，几乎生产20种单一品种葡萄酒。近年来葡萄酒品质有所提升，尤其是黑比诺。

生产商：Marie-Thérèse Chappaz****
所在地：Fully
7公顷，年产量4万瓶
葡萄酒：Chasselas，Hermitage，Petite Arvine，Malvoisie，Rosé，Gamay，Dôle，Pinot Noir，Cabernet，Cabernet Franc，Humagne Rouge
Marie-Thérèse Chappaz是甜葡萄酒专家，其他葡萄酒也品质出众。

生产商：Benoît Dorsaz***–****
所在地：Fully
5公顷，年产量3万瓶
葡萄酒：Chasselas，Petite Arvine，Pinot Noir，Humagne Rouge，Cornalin
Benoît Dorsaz是瓦莱州主要用本土葡萄酿酒的年轻生产商之一。他采用现代酿酒工艺，并将葡萄酒存放在橡木桶中熟成。

生产商：Jean-René Germanier***–****
所在地：Vètroz
11公顷，年产量30万瓶
葡萄酒：Fendant Les Terrasses，Amigne，Mitis，Petite Arvine，Syrah，Grand Cru Balavaud：Pinot Noir and Dôle
这个中等规模的酒庄品质可靠，特别值得推荐的是产自特级葡萄园的美酒以及甜葡萄酒Amigne Mitis和用橡木桶陈酿的细腻的Syrah Cayas。

生产商：Imesch Vins**–***
所在地：Sierre
12公顷，部分非自有葡萄，年产量36万瓶
葡萄酒：Soleil de Sierre：Fendant，Johannisberg，Oeil de Perdix，Dôle，Pinot Noir；Nobles Cépages：Chardonnay，Marsanne，Petite Arvine，Marsanne，Pinot Noir，Humagne Rouge，Cornalin，Syrah
公司具有百年历史，现在由Yvon Roduit精心管理。虽然有120位签约葡萄种植户，但只购买使用综合种植法栽培出的葡萄。

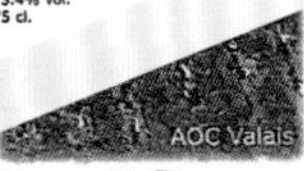

生产商：Didier Joris***–*****
所在地：Chamoson
2.5公顷，年产量1万瓶
葡萄酒：Chardonnay，Savagnin，Pinot Noir，Cabernet Sauvignon，Cabernet Franc，Syrah
Didier Joris使用独特的工艺进行小规模的葡萄酒生产。葡萄酒口感醇厚、风格鲜明。醇厚、浓郁的西拉葡萄酒Près de Pierre即使在国际市场上也不落下风。

生产商：Simon Maye et Fils****
所在地：St. Pierre-de-Clages
11公顷，年产量7.5万瓶
葡萄酒：Fendant Trémazières，Chasselas Cuvée Fauconnier，Petite Arvine，Pinot Noir，Syrah，Humagne Rouge，Païen
酒庄规模不大，但是出产的葡萄酒品质出众，其中大部分是当地特产，如Syrah de Chamoson Vieilles Vignes、Humagne Rouge和在橡木桶中发酵的Païen，这种葡萄酒因含有残糖而口感圆润。

生产商：Denis Mercier***–*****
所在地：Sierre
5.5公顷，年产量3.5万瓶
葡萄酒：Fendant de Pradec，Johannisberg de Sierre，Pinot Blanc de Gouning，Petite Arvine de Pradec，Ermitage de Pradec，Dôle Blanche de Sierre，Pinot de Sierre，Cornalin de Sierre，Syrah de Pradec
Mercier是这个产区最执着的完美主义者之一。他酿造的西拉葡萄酒受到狂热追捧，科娜琳葡萄酒浓郁细腻，堪称典范。

生产商：Provins Valais**–****
所在地：Sion
1200公顷，年产量800万瓶
葡萄酒：Capsule doreé range；Specialités series；Sélection du Grand Métral series：Petite Ariven，Amigne，Marsanne，Pinot Blanc；Syrah，Païen；Cuvée du Maître de Chais series：Fendant St.-Léonard，Johannisberg Chamoson，Sauvignon，Humagne Blanche，Petite Arvine Fully，Grains de Malice；Pinot Ardon，Cabernet，Syrah，Cornalin，Humagne Rouge
该合作社拥有4400位成员，葡萄酒产量占瓦莱州葡萄酒总产量的1/4，其中2/3（大部分品质优良）由合作社自己灌装。高端系列包括Sélection du Grand Métral和Cuvée du Maître de Chais。

生产商：Rouvinez Vins***–****
所在地：Sierre
44公顷，部分非自有葡萄，年产量120万瓶
葡萄酒：Fendant de Sierre，Dôle de Sierre，Muscat，Johannisberg，Ermitage，Malvoisie，Noble Contrée，Les Grains Nobles，La Trémaille，Château Lichten Blanc and Rouge，Gamay，Pinot Noir，Le Tourmentin
特酿酒品质出众。20世纪90年代末，该家族收购了重要的葡萄酒经销商Cave Ostat。

提契诺

提契诺州被誉为瑞士的阳光露台，其德语区尤其如此。这种说法半虚半实，不过，今天的提契诺的确是瑞士最优秀的葡萄酒产区之一，这里出产的梅洛葡萄酒在国际上都处于领先地位。

19世纪中期，由于传统的欧洲红葡萄，如弗雷伊萨和巴贝拉都毁于霉菌病，提契诺人开始种植抗病力更强的美洲葡萄。虽然用杂交品种酿造的葡萄酒味道差，但是至少它们能确保葡萄园度过危机。1900年后提契诺州的研究部门用不同葡萄品种进行试验。自1907年起，提契诺州开始推广梅洛葡萄，并在“二战”末获得成功，虽然在很长一段时间内这种葡萄只是用来酿造颜色浅淡的普通餐酒。大型葡萄酒经销商想要提高产品的知名度，但是没有人响应。直到一群从瑞士东部来的移民开始效仿波尔多风格酿造葡萄酒，提契诺葡萄酒的品质才开始提高，并一直持续至今。

卢加诺湖两岸陡峭山坡上的葡萄树。这里的种植户青睐梅洛葡萄，由于一些出色的葡萄酒生产商，这种葡萄享誉盛名

提契诺被切涅里山分为南北两个地区。在北部的索帕拉切涅里（Sopraceneri），玛佳欣（Magadin）平原和洛迦诺湖（Locarno）湖畔多为沙砾冲积土壤，盛产口感清淡、果香丰富的葡萄酒。而提契诺河畔和沿岸河谷的土壤中多花岗岩、少腐殖土，因此出产的梅洛葡萄酒相对更加坚实。位于贝林佐纳（Bellinzona）附近的梅索科山谷虽然按行政区域划分属于格劳宾登州，但仍然被看作是索帕拉切涅里的一部分。在南部的索托切涅里（Sottoceneri），崎岖的马尔坎图恩山（Malcantone）出产强劲浓郁的葡萄酒。而在门德里松多（Mendrisiotto）地区，冰碛石的土壤中含石灰石和黏土，出产的葡萄酒酒体丰满、口感浓烈。卢加诺（Lugano）的梅洛葡萄酒富含莓果香气，口感柔顺。除了梅洛葡萄酒，提契诺州还生产少量用皮埃蒙特葡萄品种混酿的葡萄酒。目前，提契诺州共有1040公顷葡萄种植面积，其中白葡萄品种只占7%。

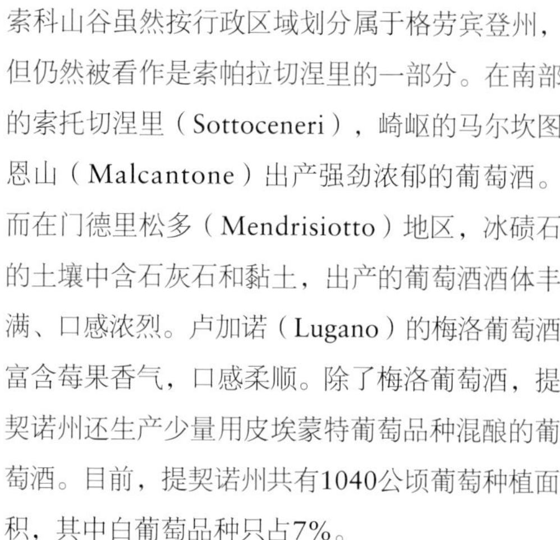

和提契诺其他地方一样，风景如画的圣维塔莱河村（Riva San Vitale）几乎只种植红葡萄品种。在瑞士的意大利语区，白葡萄品种只占葡萄种植总面积的1/16

提契诺州从1997年开始实行D.O.C.体系。该体系对于葡萄产量的限制十分宽松，最高可达1千克/平方米，相当于75升/100平方米，这里的梅洛葡萄酒甚至可以论升销售。提契诺之前允许在A.O.C.葡萄酒中混入高达10%的外来酒，虽然这项荒谬的法规已被废除，但这里的葡萄酒形象一直不高。

提契诺的主要葡萄酒生产商

生产商：Agriloro S.A.**-****
所在地：Arzo（Mendrisiotto）
7.5公顷，年产量4万瓶
葡萄酒：Chardonnay，Pinot Gris，Pinot Blanc；Sottibosco，Merlot Riserva
白葡萄酒木香浓郁，红葡萄酒口感柔顺。

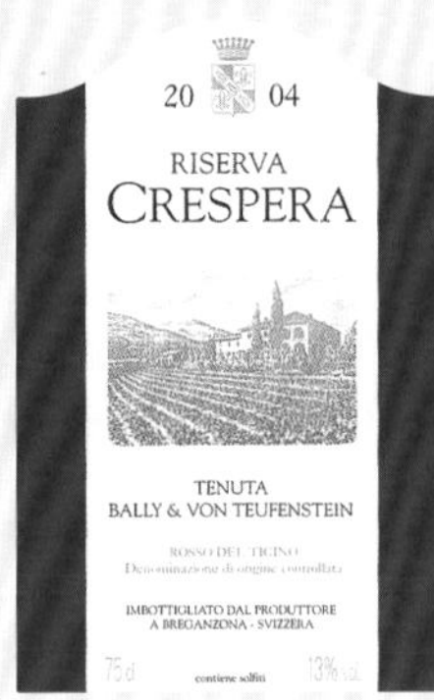

生产商：Cantina Kopp von der Crone***
所在地：Castel San Pietro
6公顷，年产量1.9万瓶
葡萄酒：Merlot Gorla，Merlot Balino
和许多同行一样，Anna Barbara von der Crone没有遵守不够严谨的A.O.C.法令。她酿造的梅洛葡萄酒口感醇厚，以日常餐酒销售。

生产商：Chiodi S.A.***
所在地：Ascona（Locarnese）
4公顷，部分非自有葡萄，年产量6万瓶
葡萄酒：Merlot：Preludio（Bianco）；Ria（Rosato），Tre Terre，Rompidée
Rompidée葡萄酒具有强烈的橡木味，近年来备受好评。

生产商：Gialdi S.A.***
所在地：Mendrisio（Mendrisiotto）
非自有葡萄，年产量40万瓶
葡萄酒：Riserva Gionico，Sassi Grossi
梅洛葡萄酒Sassi Grossi使用部分风干的葡萄酿造，在橡木桶中陈年，结构完美。

生产商：Daniel Huber****
所在地：Monteggio（Malcantone）
6.87公顷，年产量3万瓶
葡萄酒：Montagna Magica Ronco di Persico，Vigna biologica del Ronco di Persico，Fusto 4，Vigneti di Castello
该家族是葡萄酒行业的领军人物，生产的葡萄酒品质稳定。1985年，Ronco di Perrico带领公司取得突破性进步，成为瑞士首屈一指的生产商，从此葡萄酒品质逐步提升。Montagna Magica使用5种葡萄酿造而成，是提契诺最精致、最复杂和最浓郁的葡萄酒之一。

生产商：Adriano Kaufmann***-****
所在地：Beride（Malcantone）
3.8公顷，年产量1.8万瓶
葡萄酒：Sauvignon，Vino de la Meditazione Sémillon；Pio della Rocca，Pio del Sabato，Rubino
Adriano Kaufmann用梅洛和赤霞珠酿造口感强劲的红葡萄酒。他在酿造白葡萄酒时采用人工冷冻法来凸显葡萄酒的果味，葡萄酒品质一流。

生产商：Erick Klausener****
所在地：Purasca（Malcantone）
3公顷，年产量1.5万瓶
葡萄酒：Merlot：Rosso di Sera，Balcantonissimo，Tramonto，Gran Risavier，Trevano，Gran Riserva di Trevano
梅洛葡萄酒含有丰富的萃取物。Gran Riserva di Trevano葡萄酒的品质需要时间来验证。

生产商：Sergio Monti****
所在地：Cademario（Malcantone）
3.5公顷，部分非自有葡萄，年产量2万瓶
葡萄酒：Bianco；Rovere，Malcantone Rosso dei Ronchi
Sergio Monti拥有一个实验性的酒庄。在橡木桶中陈年的葡萄酒口感顺滑、果香浓郁。

生产商：Mauro Ortelli***-****
所在地：Corteglia（Mendrisiotto）
3.5公顷，年产量2万瓶
葡萄酒：Bianco：Corteglia，Novi dal Drunpa，I Trii Pin，Novi dal Drunpa
Ortelli的高品质葡萄酒具有独特的提契诺风格。I Trii Pin葡萄酒使用不锈钢酒罐发酵，萃取物丰富，对常用的橡木桶发酵提出了挑战。

生产商：Werner Stucki****
所在地：Rivera（Monte Ceneri）
3.5公顷，年产量1.5万瓶
葡萄酒：Bianco：Temenos，Conte di Luna，Tracce di Sassi
Werner Stucki致力于采用手工方式小规模生产葡萄酒。他的红葡萄酒，特别是梅洛葡萄酒，结构饱满、单宁柔和，果味和木香完美融合。这位具有创新精神的生产商重组了位于经典基安蒂产区的La Brancaia酒庄，从而表现出进军国际的决心。

生产商：Tenuta Bally****
所在地：Breganzona（Luganese）
6.5公顷，年产量3.5万瓶
葡萄酒：Bianco，Creperino，Riserva Crespera，Topazio
最出色的是口感强劲的特酿红葡萄酒。高端系列在橡木桶中陈年，品质稳步提升。

生产商：Vinattieri***-****
所在地：Ligornetto（Mendrisiotto）
60公顷，非自有葡萄，年产量40万瓶
葡萄酒：Merlot：Colle degli Ulivi，Ronco dell'Angelo，Vinattieri，Ligornetto，Castello Luigi
Luigi Zanini生产的梅洛葡萄酒酒体丰满、口感强劲，具有现代风格。人们很容易认为这些葡萄酒产自智利或者加利福尼亚州。

生产商：Christian Zündel****
所在地：Beride（Malcantone）
4公顷，年产量1.5万瓶
葡萄酒：Bianco：Velabona；Orizzonte，Terraferma
除了Velabona白葡萄酒，Christian Zündel还生产结构坚实、木香浓郁的红葡萄酒，这种葡萄酒如今在瑞士非常流行。

奥地利

奥地利在很长一段时间内一直处于欧洲高端葡萄酒行业的边缘位置，而现在已成为欧洲大陆最知名的葡萄酒生产国。奥地利是中欧地区葡萄酒历史最悠久的国家之一。也许当凯尔特人在多瑙河沿岸种植葡萄的时候，他们就已经非常熟悉葡萄的价值了。但是，系统的葡萄种植技术是由古罗马人引进到上潘诺尼亚省（Pannonia Superior）的。

奥地利的葡萄酒立法在很多方面与德国相似。公元280年，罗马皇帝普罗布斯授权帝国各省的驻防士兵种植和酿造葡萄酒，用以供给军团并提高他们的士气。几个世纪后，查理曼大帝选出了一批最好的葡萄，并称之为“法兰克葡萄”，以区别那些“匈奴葡萄”，这一举动进一步推动了葡萄酒行业的发展。他还授权葡萄酒商可以出售自己生产的葡萄酒，这样就能确保葡萄种植拥有稳定的经济来源。

关于奥地利葡萄种植最早的文献记载出自瓦豪河谷的毛特恩（Mautern）。著名的葡萄酒小镇克雷姆斯（Krems）首次出现在文献中是在995年。而从11—13世纪，几乎所有的奥地利及巴伐利亚阿尔卑斯山麓地区的修道院都在这里拥有葡萄园，使奥地利的葡萄酒行业迎来了第一次繁荣。

在18世纪末之前，葡萄酒行业没有什么重

大发展。1784年，奥地利皇帝约瑟夫二世授予新酒酒馆售酒的权利，为葡萄酒行业带来了新的动力。这个传统一直持续至今，甚至在今天，维也纳的酒商们仍可以直接销售他们酒馆大酒桶里的葡萄酒。约瑟夫皇帝在追求葡萄酒品质方面付出了巨大努力，这些努力最终于19世纪中期达到高潮——建立了克洛斯特新堡葡萄种植学院，这是世界上最古老的葡萄种植学院之一。

即使是葡萄寄生虫、葡萄根瘤蚜也无法阻碍葡萄酒行业的发展。20世纪早期，奥地利培育出了若干个新葡萄品种，如茨威格、蓝布尔格尔、戈德伯格和尤碧劳雷贝。30年代，伦茨·摩瑟教授发明了高棚架种植法。使用这种方法，葡萄藤会被迫向上生长，这样可以提高葡萄种植工作的效率，并且确保收获大量的健康葡萄。

施蒂利亚东南部的卡普芬施泰因（Kapfenstein），毗邻斯洛文尼亚和匈牙利

第二次世界大战后，葡萄种植面积迅速扩展，奥地利的葡萄种植也被分成不同的区域。这种稳定的趋势一直延续到1985年。但奥地利随后开始了自由化的大规模生产。1985年，奥地利的葡萄酒行业深陷危机，当时一小部分生产商将掺兑了乙二醇的迟摘型葡萄酒销售到市场中，给奥地利的葡萄酒行业带来了巨大打击。奥地利的葡萄酒行业马上做出强有力的回应，新的葡萄酒法律开始实施，并且成为欧洲最严格的葡萄酒法令。很快，瓦豪、布尔根兰和施蒂利亚最优秀的生产商们酿造的美酒因为各种优点而获得了外界的关注。

从那时起，奥地利葡萄酒就被列为顶级佳酿，特别是干白葡萄酒和甜葡萄酒。也是从那时起，奥地利的生产商们不断凭借雷司令、维特利纳和逐粒精选葡萄酒斩获国内外各项大奖。这些葡萄酒之所以能够获奖主要归功于奥地利独特的气候。众所周知，瓦豪地区的雷司令葡萄酒品质上乘。即使是常因其产量过高而被人低估的绿维特利纳，只要产自出色的葡萄园并严格控制产量，也能酿造出优质葡萄酒。但最令人惊讶的是产自布尔根兰或施蒂利亚的布维尔、麝香和威尔士雷司令，它们具有异域的风格和最细腻的果香。

由于葡萄园里的细心劳作、橡木桶的引进以及对产量的严格控制，布尔根兰的红葡萄酒在近几年名声大噪，几乎达到地中海地区的水准。这里的红葡萄酒果香馥郁，风格雅致，再加上完美的酿酒技术，引起了国内外的极大兴趣。奥地利的葡萄酒行业有3张王牌：本土品种蓝弗朗克、由法国经德国传入奥地利的圣罗兰以及19世纪20—30年代在奥地利种植的茨威格。无论是单独酿造还是混合调配，这3个品种所具备的潜力是赤霞珠或黑比诺无法达到的。由于全球的葡萄酒风格越来越统一，奥地利的这三张王牌将成为它的制胜法宝。

奥地利的葡萄酒产区

左图：瓦豪产区最美丽的地方——多瑙河河畔的迪恩施泰因（Dürnstein）小镇

除了福拉尔贝格州（Vorarlberg）的几公顷葡萄园，奥地利的葡萄酒产区形似一轮新月，环绕着奥地利东部及首都维也纳。其中两个主要的种植区——下奥地利和布尔根兰气候温暖，特别是在瓦尔德威尔特尔（Waldviertel）与炎热的潘诺尼亚的交会处。而多瑙河和新希德尔湖（Neusiedler See）的大片水域则可以缓解极端的气候。天气寒冷时，它们储备热量；炎炎夏日，它们降低气温。在这种环境下，长势最好的葡萄天热时能增加醇厚的口感，夏末和秋季的寒冷夜里又能积累必要的芳香。

奥地利最冷的葡萄酒产区远离潘诺尼亚平原和匈牙利平原，如瓦豪、克雷姆斯谷（Kremstal）、坎普谷（Kamptal）、下奥地利州威非尔特（Weinviertel）的西北部以及施蒂利亚的南部和西部。这些地区出产品质最上乘、果味最浓郁的白葡萄酒。下奥地利州的主角是绿维特利纳，而雷司令虽然种植面积不高，却能酿造世界上最好的葡萄酒之一。施蒂利亚的白葡萄酒有时稍显单薄，但口感更为细腻。在这里，国际流行的霞多丽和长相思以及色泽浅淡、缺乏个性的威尔士雷司令都能被酿成果味丰富、个性鲜明的美酒。

连接南北的通道

在下奥地利东部和布尔根兰，特别是新希德尔湖地区，情况大不相同。白葡萄品种中，适应温暖气候、适合酿造浓郁的甜白葡萄酒的品种占统治地位。对于那些需要更多阳光促进成熟的红葡萄品种来说，如蓝弗朗克、茨威格、圣罗兰、黑比诺甚至赤霞珠，这里是理想的种植地区。除了蓝弗朗克，用其他葡萄品种混酿的葡萄酒近年来大受欢迎。

在维也纳及其南部的温泉区，有两个较为凉爽的地区和一个炎热的地区。传统上，白葡萄是维也纳的主要种植品种，但最近几年，一些年轻的生产商用他们酿造的上等红葡萄酒改变了大家的看法。在温泉区，红葡萄品种和白葡萄品种的种植区域甚至有一条地理分界线。最后还要提一下福拉尔贝格州，它是奥地利最西端的联邦州，出产少量的优质白葡萄酒，不过这些葡萄酒没有太大的商业价值。

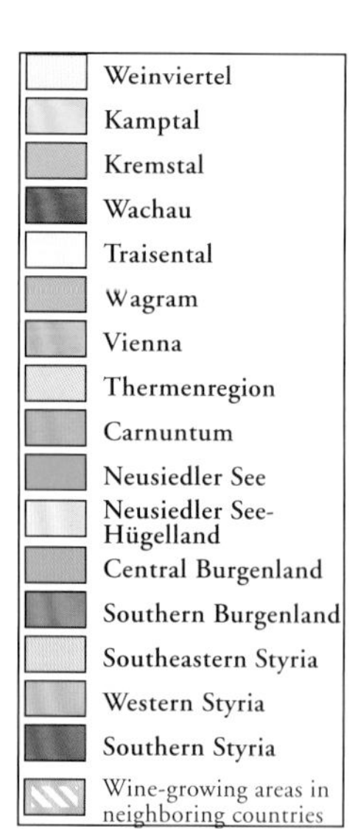

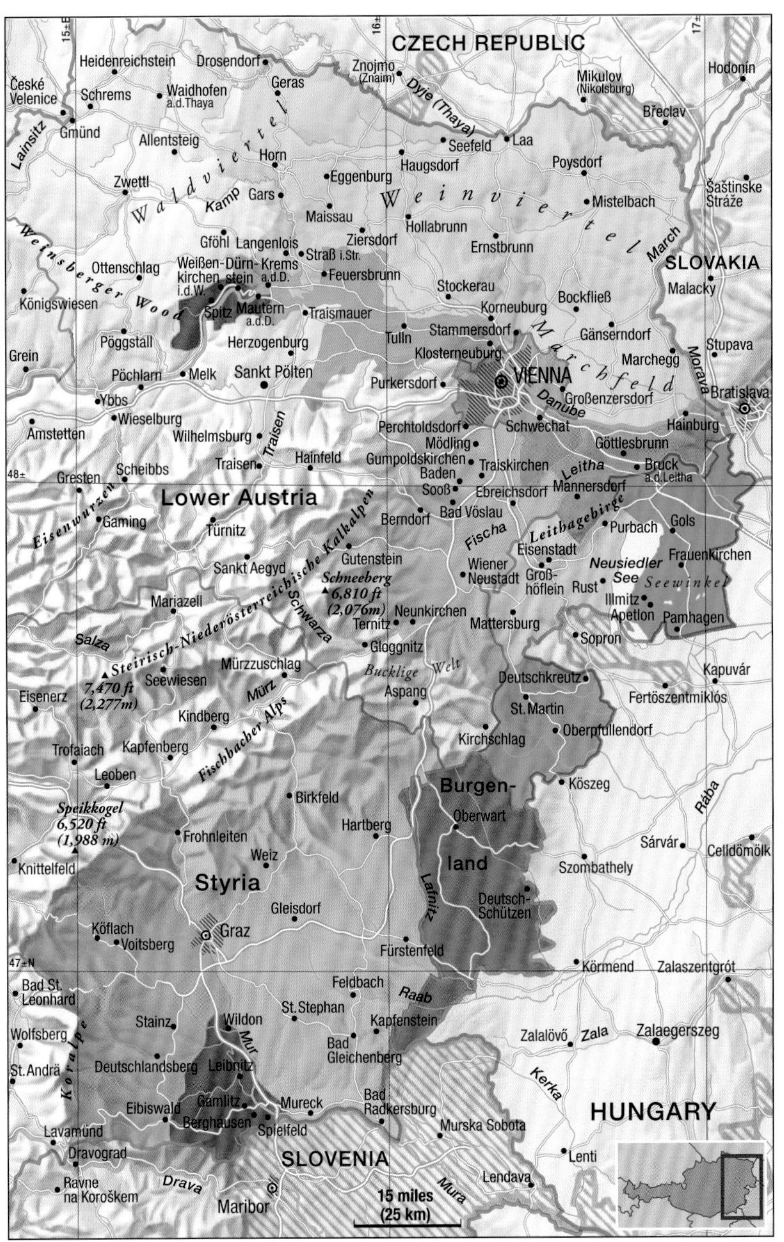

种植区域和产量		
联邦州 葡萄种植区	葡萄种植面积 以公顷为单位 （2006年）	葡萄酒年产量 以万升为单位 （2001—2005年）
下奥地利	27044	13000
瓦豪	1326	
克雷姆斯谷	2291	
坎普谷	3717	
瓦格拉姆（Wagram）	2145	
特莱森谷（Traisental）	685	
卡农顿（Carnuntum）	693	
威非尔特	14105	
温泉区	2052	
非葡萄种植区域	29	
布尔根兰	12981	8000
新希德尔湖	6983	
新希德尔湖高地	3366	
布尔根兰中部	2171	
布尔根兰南部	461	
施蒂利亚	3469	2000
施蒂利亚南部	1768	
施蒂利亚西部	384	
施蒂利亚西南部	1304	
非葡萄种植区域	13	
维也纳	429	200
其他地区	26	10
共计	87442	23210
资料来源：奥地利葡萄酒营销协会（ÖWM）		

在施蒂利亚南部著名的葡萄酒村庄施皮尔费尔德（Spielfeld），夏季的气候与地中海地区相似，但冬季多雪

新葡萄酒法

奥地利人目前正在制定一部新的葡萄酒法律，目标是在欧盟的框架内，使各州的葡萄酒法规达成长期统一。继法国、意大利和西班牙实行原产地命名控制制度后，奥地利也制定了D.A.C.（Districtus Austriae Controllatus）分级体系，特别针对那些最具地域特点的优质葡萄酒。D.A.C.的分级是以目前16个葡萄酒产区和它们的品质标准为基础制定的。生产商可自行决定是否采用这个分级标志，并向跨领域专家组成的委员会申请评定。D.A.C.将取代原有的商业分级和各自的品质分级。威非尔特地区已经率先使用了D.A.C.体系。

多瑙河畔

奥地利的有机农业发展得比其他各国都要好。瓦豪的这种“绿色”葡萄园如今已随处可见

奥地利最知名的葡萄酒产区位于多瑙河沿岸，距维也纳只有100千米左右。古老的葡萄酒小城克雷姆斯是葡萄种植的中心，虽然其地位是在过去20年里才奠定下来。多瑙河沿岸最著名的产区毫无疑问是瓦豪河谷，这里早在公元500年就开始了葡萄种植。多瑙河在梅尔克（Melk）和毛特恩之间的河谷中蜿蜒流淌，河北岸的斜坡上是一片片梯田葡萄园，构成了欧洲最迷人的葡萄园风景，每年都吸引成千上万的游客。

多瑙河河谷独特的气候与其特殊的地理位置有关。这里是欧洲东南部气候与大西洋气候的交汇处，因此常伴有冷暖空气的交锋，既能为葡萄成熟提供适宜的温度，凉爽的夜晚又能赋予葡萄独特的芳香。

在土壤结构方面，瓦豪产区的斜坡葡萄园，如著名的莱本堡（Loibenberg）、克莱堡（Kellerberg）、埃施雷滕（Achleiten）和克劳斯（Klaus），以古老的岩层为主，其中含有片麻岩、花岗岩或片岩；而低洼地带则以黄土、沙砾和冲积砾石为主。

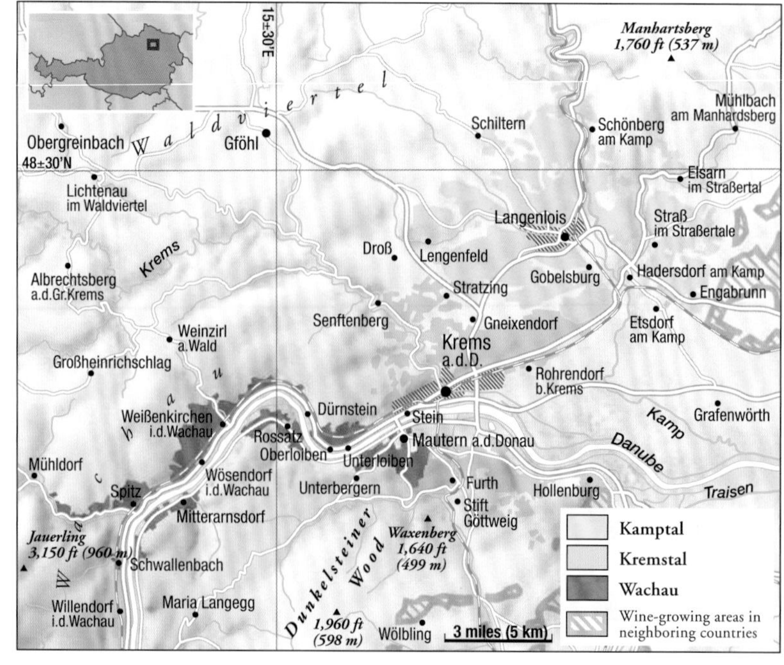

瓦豪：品质与个性

无论是在奥地利还是欧洲，瓦豪都是一个独树一帜的葡萄酒产区。这不仅因为瓦豪几乎只出产雷司令和绿维特利纳葡萄酒，还因为20世纪80年代时这里的生产商自己组织建立了一个权威的协会——“瓦豪优质产区葡萄酒”。

凭借高超的政治技巧，这个协会制定了瓦豪产区独有的葡萄酒命名新规，甚至被遵循严谨和统一的奥地利国家葡萄酒法律所认可。新规没有将瓦豪的优质葡萄酒分为珍藏型、迟摘型和精选型，而是分为猎鹰级、芳草级和蜥蜴级。

芳草级： 葡萄酒酒体最轻盈，含糖量为15～17 K.M.W.（克洛斯特新堡比重，全称“Klosterneuburger Mostwaage”，<82奥斯勒度），酒精度为10.8% vol。

在瓦豪河谷，葡萄园大门与葡萄酒法律一样与众不同

猎鹰级： 品质介于珍藏型和迟摘型葡萄酒之间，含糖量至少为17 K.M.W.，酒精度不超过11.9% vol，每34液盎司中的最大残糖量为4克/升。

蜥蜴级： 最高等级，介于迟摘型和精选型葡萄酒之间，含糖量至少为18.2 K.M.W.，但每34液盎司中的最大残糖量只能为8克/升。

瓦豪河谷

雷司令在瓦豪河谷享有至高无上的地位。的确，许多奥地利人愿意相信瓦豪就是雷司令的故乡。不过，由于瓦豪的土壤类型复杂多样，这里也种植其他葡萄品种。除了雷司令，最知名的品种是绿维特利纳，其香气和风味与众不同。长相思和霞多丽（瓦豪人认为霞多丽是这里的特产，试图将其更名为“Feinburgunder”）在瓦豪也有理想的生长环境，可以充分展现它们的魅力。

“瓦豪优质产区葡萄酒”协会成立于20世纪80年代，如今享誉盛名。协会为瓦豪的葡萄酒分级和命名，并成功使这些命名为官方所接受。瓦豪不出产珍藏型、迟摘型和精选型葡萄酒，只有猎鹰级、芳草级和蜥蜴级葡萄酒。

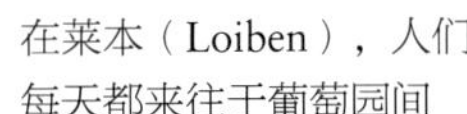

在莱本（Loiben），人们每天都来往于葡萄园间

克雷姆斯谷和坎普谷

克雷姆斯城周边的两个葡萄酒产区，克雷姆斯谷和坎普谷，虽然声名不及瓦豪，但葡萄酒的品质却毫不逊色。这是因为克雷姆斯谷西部的葡萄园虽然由于纯粹的政治原因从瓦豪划分了出去，但从地理和气候上来说，它们仍属于瓦豪地区。

再往上游几百米，多瑙河就流出了狭窄的瓦豪河谷，涌入宽广的平原地区，这里具有明显的东欧气候，而且土壤结构也与瓦豪存在差异。壮观的黄土梯田从城外延伸至东南部，为绿维特利纳的生长提供了卓越的风土条件。这里的绿维特利纳葡萄酒有时比瓦豪地区的葡萄酒更浓厚，但不够精致。克雷姆斯谷和坎普谷的其他各处多为黏土和砾岩土壤，盛产上等的绿维特利纳、霞多丽甚至红葡萄酒。

坎普谷中的海利根施泰因（Heiligenstein）葡萄园具有罕见的古老岩层构造。葡萄园位于巨大的峭壁之上，出产的雷司令，特别是用老藤葡萄酿造的雷司令，可以与瓦豪任何一个顶级葡萄园的雷司令相媲美。

瓦豪、克雷姆斯谷和坎普谷的主要葡萄酒生产商

生产商：**Leo Alzinger***–******
所在地：**Dürnstein-Unterloiben**
10公顷，年产量7万瓶
葡萄酒：Grüner Veltliner，Riesling，Chardonnay（Loibenberg，Steinertal）
Leo Alzinger的黄金法则是轻柔地处理葡萄和葡萄汁。葡萄去梗后，传输过程中不使用泵，用天然酵母进行发酵，然后在橡木桶或不锈钢酒罐中熟成。通过这种方式酿造的葡萄酒口感纯正，层次丰富，品质上乘。

生产商：**Wilhelm Bründlmayer***–*******
所在地：**Langenlois**
82公顷，年产量35万瓶
葡萄酒：Grüner Veltliner，Riesling，Chardonnay，Zweigelt，Merlot（Heiligenstein，Spiegel，Berg，Lamm）
早在20世纪80年代末，Willi Bründelmayer的葡萄酒就蜚声海外，特别是其霞多丽葡萄酒，与更著名的葡萄酒相比都毫不逊色。不过，他的镇店之宝是产自Heiligenstein葡萄园的雷司令。

生产商：**Ludwig Ehn***–******
所在地：**Langenlois**
15公顷，年产量7万瓶
葡萄酒：Grüner Veltliner，Riesling，Chardonnay，Sauvignon，Blauer Burgunder（Seeberg，Panzaun，Heiligenstein）
Ludwig Ehn和Michael Ehn的酒庄位于Langenlois的中心，他们的葡萄酒口感圆润、果香馥郁、风格现代，有时明显的残糖味能带来和谐的味觉体验。最好的葡萄酒是在橡木桶中陈酿的绿维特利纳葡萄酒Titan。

生产商：**Birgit Eichinger*****
所在地：**Strass**
9公顷，年产量7万瓶
葡萄酒：Grüner Veltliner，Roter Veltliner，Riesling，Chardonnay
Birgit Eichinger是当地女性酿酒商协会“Eleven Women and their Wine”的创始成员之一。酒庄的招牌是产自Gaisberg葡萄园的绿维特利纳和产自Heiligenstein葡萄园的雷司令。

生产商：**Freie Weingärtner Wachau**–******
所在地：**Dürnstein**
420公顷，年产量250万瓶
葡萄酒：Grüner Veltliner，Riesling，Weißburgunder，Kellerberg，Achleiten，Singerriedel，Domäne Wachau
该合作社生产的葡萄酒物超所值，品质不输瓦豪地区的顶级葡萄酒，但价格却很公道。压榨过程在5个不同的场所完成，核心环节在Dürnstein进行。合作社拥有高水准的管理团队和许多顶级葡萄园。

生产商：**Geyerhof，Familie Maier**–******
所在地：**Furth/Göttweig**
16公顷，年产量7万瓶
葡萄酒：Grüner Veltliner，Weißburgunder，Riesling，Zweigelt（Hoher Rain，Sprintzenberg，Steinleithn）
该公司的红葡萄酒品质上乘，但它的得意之作是产自各个葡萄园的维特利纳。从20世纪90年代早期开始，

这家公司就采用生态种植法。最近几年的葡萄酒显示了产自Goldberg葡萄园的雷司令具有巨大的潜力。

生产商：**Ludwig Hiedler***–******
所在地：**Langenlois**
26公顷，年产量17.5万瓶
葡萄酒：Grüner Veltliner，Weißburgunder，Riesling，Chardonnay（Thal，Speigel，Heiligenstein，Liubisa）
Hiedler对酒厂进行了彻底的现代化改造。他的杰作之一Liubisa由黑比诺和桑娇维塞混酿而成，是奥地利最出色的特酿酒之一。

生产商：**Franz Hirtzberger***–*******
所在地：**Spitz**
20公顷，年产量13万瓶
葡萄酒：Grüner Veltliner，Riesling，Weißburgun-der，Chardonnay（Singerriedel，Grüner Veltliner Honivogl）
作为“Vinea Wachau”协会的领军者，该酒庄不仅拥有瓦豪地区顶级葡萄园Singerriedel的大块葡萄田，还追求完美的酿酒工艺。雷司令葡萄酒强劲、优雅、坚实，绿维特利纳和霞多丽葡萄酒也品质出众。

生产商：**Jamek*–******
所在地：**Weissenkirche**
19公顷，年产量不详
葡萄酒：Riesling，Grüner Veltliner，Chardonnay，Spätburgunder（Klaus，Achleiten，Zweikreuzgarten，Pichl）
20世纪90年代，Jamek错失发展良机，生产的葡萄酒口感疲乏而老气。他的继任者为酒庄带来了希望。

生产商：**Emmerich Knoll***–*******
所在地：**Dürnstein-Unterloiben**
9.5公顷，年产量6.5万瓶
葡萄酒：Grüner Veltliner，Riesling，Chardonnay（Loibenberg，Kreutles，Schütt，Kellerberg，Pfaffenberg）
Emmerich Knoll酿造各种美酒的基础是Schütt、Kellerberg和Pfaffenberg这样的优质葡萄园。在葡萄园中，他采用自然种植法；在酒厂中，他也喜欢使用天然酵母，而且葡萄酒必须储存6～9个月后才会推向市场。

生产商：**Karl Lagler**–******
所在地：**Spitz**
14公顷，年产量7.5万瓶
葡萄酒：Grüner Veltliner，Riesling（Steinborz，Hartberg，Burgberg，Donaugarten，Tausendeimerberg）
Karl Lagler是当地最著名的生产商之一。产自Steinborz和Tausendeimerberg葡萄园的雷司令结构坚实、口感辛辣。

生产商：**Fred Loimer***–******
所在地：**Langenlois**
30公顷，年产量不详
葡萄酒有：Grüner Veltliner，Chardonnay，Weißburgunder，Grauburgunder，Riesling（Spiegel，Käferberg，Dechant）
采用Spiegel葡萄园老藤葡萄酿造的绿维特利纳香气浓郁、

酒体丰满、口感强劲，有时还能与残糖形成完美和谐的统一，因此长久以来在奥地利同类产品中脱颖而出。

生产商：**Gerald Malat*****–******
所在地：**Furth/Göttweig**
30公顷，年产量15万瓶
葡萄酒：Grüner Veltliner，Chardonnay，Riesling；Blauer Burgunder，Cabernet（Höhlgraben，Steinbühel，Hochrain）
Malat与诸多同行不同，相比葡萄园的优劣，他更关注其品质最好的特酿酒，这些葡萄酒都标注为“Das Beste von”，意思为“最好的……”。他的酒厂设备先进齐全，生产的霞多丽也品质上乘。

生产商：**Mantlerhof*****–*****
所在地：**Brunn im Felde**
16公顷，年产量7万瓶
葡萄酒：Grüner Veltliner，Roter Veltliner，Riesling，Chardonnay（Weitgasse，Spiegel，Tiefenthal，Reisenthal）
Sepp Mantler是稀有葡萄品种——红维特利纳（Roter Veltliner）的酿酒专家。在年份好的时候，他酿造的葡萄酒醇厚坚实，常常带有残留的甜味。近年来，雷司令和绿维特利纳的表现力和均衡度都有所提升。

生产商：**Sepp Moser*****–*****
所在地：**Rohrendorf**
43公顷，年产量30万瓶
葡萄酒：Grüner Veltliner，Chardonnay，Riesling，Zweigelt，Cabernet（Gebling，Wolfsgraben，Schnabel，Hedwigshof，Siebenhand，Hollabern）
虽然Moser进入葡萄酒行业较晚，但很快跻身顶级生产商之列。他不仅酿造卓越的克雷姆斯谷葡萄酒，还拥有优质的红葡萄葡萄园。

生产商：**Nigl******
所在地：**Senftenberg**
25公顷，年产量20万瓶
葡萄酒：Grüner Veltliner，Riesling，Chardonnay，Zweigelt Sauvignon Blanc
Piri不仅是Martin Nigl最好的葡萄园，而且已成为他酒庄的品质标志。这里每年都出产一些独具风格的克雷姆斯谷维特利纳葡萄酒，其中的精品称为Privat。

生产商：**Nikolaihof，Familie Saahs*****–******
所在地：**Mautern**
20公顷，年产量10万瓶
葡萄酒：Riesling，Grüner Veltliner，Weißburgunder，Neuburger（Steiner Hund，Im Weingebirge，Vom Stein，Burggarten，Süßenberg）
该酒庄自985年起就开始种植葡萄。现在的主人Klaus Saahs和Christine Saahs较早使用生态种植法，并且多年来他们证实有机法绝对可以出产高品质的葡萄酒。产自克雷姆斯谷和瓦豪河谷葡萄园的雷司令和维特利纳具有较强的陈年潜力。

生产商：**Franz Xaver Pichler*****–******
所在地：**Dürnstein-Oberloiben**
7.5公顷，年产量8万瓶
葡萄酒：Grüner Veltliner，Riesling，Sauvignon（Loibenberg，Steinertal，Kellerberg），“M”
Franz Xaver Pichler是瓦豪葡萄酒行业的明星，相比雷司令，他更青睐维特利纳葡萄。他酿造的葡萄酒都品质出众：醇厚、辛香、丰满（虽然对一些评论家而言过于丰满）。生产这些美酒的秘诀在于：优质的葡萄园、严格的产量控制和传统的酿酒工艺——这里的葡萄酒仍使用天然酵母在木制酒桶中进行发酵。年份好的时候，装满美酒（无论是雷司令还是维特利纳）的酒桶会被标注为“M”。

生产商：**Rudi Pichler*****–*****
所在地：**Weissenkirchen**
8公顷，产量3万瓶
葡萄酒：Grüner Veltliner，Riesling，Weißburgunder（Achleiten，Kollmütz，Hochrain，Höll，Kirchweg）
Rudi Pichler近几年已成为瓦豪地区最好的生产商之一。他的葡萄酒先在不锈钢酒罐中发酵，然后移至橡木桶中陈酿，风格现代、萃取物丰富。

生产商：**Prager****–*****
所在地：**Weissenkirchen**
13公顷，年产量不详
葡萄酒：Riesling，Grüner Veltliner，Chardonnay（Achleiten，Steinriegel，Klaus，Hinter der Burg，Hollerin）
该公司已由Prager的女婿Toni Bodenstein管理10余年。他是葡萄园分级的支持者，还绘制了一份瓦豪地区葡萄园地图。年份好的时候，他酿造的葡萄酒品质出众，但有时品质有些参差不齐。

生产商：**Schloss Gobelsburg******
所在地：**Langenlois**
45公顷，年产量18万瓶
葡萄酒：Riesling and Grüner Veltliner（Heiligenstein，Gaisberg，Grub，Renner，Lamm，Steinsetz，Spiegel，Alte Haide）
在Micharl Mossbrugger的指导以及Willi Bründlmayer的建议下，酒庄已成为坎普谷顶级葡萄酒生产商之一，特别是其旗下的绿维特利纳葡萄酒，品质超群。

生产商：**Sonnhof，Familie Jurtschitsch***–*****
所在地：**Langenlois**
74公顷，年产量42万瓶
葡萄酒：Grüner Veltliner，Riesling，Chardonnay（Loiserberg，Steinhaus，Fahnberg，Spiegel，Ladner，Heiligenstein）
三兄弟一起管理这家模范酒庄，并建立了极好的声誉。绿维特利纳葡萄酒品质出众。

生产商：**Johann Topf******
所在地：**Strass**
29公顷，年产量15万瓶
葡萄酒：Grüner Veltliner，Riesling，Sauvignon Blanc，Traminer Weißburgunder
该酒庄的崛起反映了产区的惊人成就。产自一些优质葡萄园的葡萄酒结构紧凑、品质上乘，特别是Heiligenstein和Wechselberg葡萄园的雷司令、Hasel葡萄园的绿维特利纳、霞多丽和长相思以及Blickenberg葡萄园的一款特酿酒。

威非尔特

威非尔特是奥地利面积最大、产量最高的葡萄酒产区，包括下奥地利州的整个东北部。这里的葡萄种植面积占奥地利葡萄种植总面积的1/3，仅仅是某个种植区域，如雷茨（Rctz）的葡萄酒产量就相当于瓦豪地区的总产量。但是多年来，威非尔特的葡萄酒却因为品质而备受质疑。这绝不是说威非尔特的葡萄酒缺乏潜力，而是因为这里的生产商长久以来只满足于酿造普通葡萄酒。

威非尔特处于东南欧潘诺尼亚气候带的边界，拥有得天独厚的葡萄种植条件。除了适合绿维特利纳生长的黄土，这里的土壤中还含有石灰石、硅酸盐土、黏土、沙砾以及和瓦豪地区一样的古老岩层，因此威非尔特还种有各种比诺葡萄、琼瑶浆甚至雷司令。

威非尔特拥有迷人的小道和酒庄，是一个颇受欢迎的旅游胜地

威非尔特有两个葡萄种植中心——位于西部的雷茨和位于东北部的法尔肯施泰因（Falkenstein）。虽然白葡萄酒在威非尔特占主导地位，但北部与捷克共和国的边界处还有一两个只出产红葡萄酒的地区。最近几年，这里的红葡萄酒因出色的品质而获得了外界的关注。

威非尔特西部与瓦格拉姆接壤。作为奥地利最年轻的葡萄酒产区，威非尔特现在包括东部的卡农顿和西南部的特莱森谷。威非尔特从坎普谷的黄土梯田一直延伸至首都维也纳附近的维也纳森林。这里大多数的葡萄园都位于多瑙河左岸瓦格拉姆的山坡上；而多瑙河的右岸，只有在克洛斯特新堡地区和卡伦山的北坡上才种植葡萄。

威非尔特出产果味浓郁、酒体丰满的绿维特利纳和米勒-图高葡萄酒，也酿造少量的雷司令、红维特利纳、早红维特利纳、葡萄牙人和茨威格葡萄酒。

10年前，卡农顿仍属于瓦格拉姆。当时在这个原古罗马的要塞，葡萄种植面积只有700公顷。温泉山的葡萄园特别适合出产酒体丰满的白葡萄酒和红葡萄酒。

这里的土壤中混合了深厚的黄土层、来自多瑙河的砾石冲积层以及偶尔露出地面的沃土，为红葡萄品种提供了理想的风土条件。卡农顿地区年轻的酿酒师和生产商已经注意到这个情况，过去几年凭借优质的葡萄酒引起了不小的轰动。

威非尔特的主要葡萄酒生产商

生产商：**Walter Glatzer*****-******
所在地：**Göttlesbrunn**
16公顷，年产量10万瓶
葡萄酒：Zweigelt，Blaufränkisch（Kräften，Heide-acker，Aubühel）
该公司最近几年开始酿造各种红葡萄酒。Blaufränkisch、Zweigelt Dornenvogel和Cuvée（Gotinsprun都品质出众。

生产商：**Gerhard Markowitsch*****-******
所在地：**Göttlesbrunn**
10.5公顷，年产量7万瓶
葡萄酒：Grüner Veltliner，Chardonnay，Riesling，Zweigelt，Blaufränkisch，Cabernet（Rosenberg，Rubin Carnuntum）
该酒庄为当地的葡萄酒设立了新标准。

生产商：**Roland Minkowitsch*****-******
所在地：**Mannersdorf**
9公顷，年产量3.5万瓶
葡萄酒：Riesling，Grüner Veltliner，Zwiefelhab，Jäbelissen，Kohler
使用木桶和原木压榨机酿造葡萄酒，出产的葡萄酒清澈、复杂。

生产商：**Bernhard Ott****-******
所在地：**Feuersbrunn**
10公顷，年产量6万瓶
葡萄酒：Grüner Veltliner，Riesling（Rosenberg，Stiegl），Brenner
生产的维特利纳、长相思甚至雷司令都品质出众。

生产商：**Weingut R. & A. Pfaffl & Schlossweingut Bockfliess*****-******

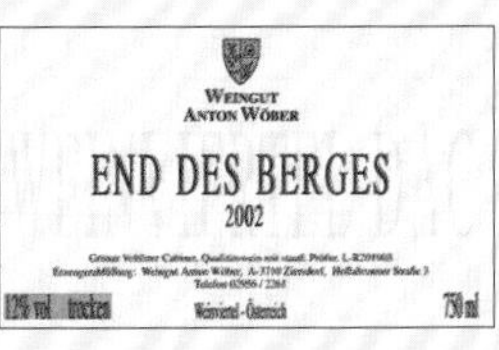

所在地：**Stetten**
63公顷，年产量不详
葡萄酒：Grüner Veltliner，Riesling，St. Laurent，Zweigelt（Zeiseneck，Hundsleiten，Rossern，Hochfeld），Cabernet Excellent，Chardonnay Exklusiv
绿维特利纳葡萄酒尤其出色。

生产商：**Familie Pitnauer*****-******
所在地：**Göttlesbrunn**
18公顷，年产量不详
葡萄酒：Grüner Veltliner，St. Laurent，Zweigelt，Cabernet（Kräften，Bärenreiser，Schüttenberg），Pegasos
最新的Pegasos葡萄酒含有80%的西拉，在奥地利非常少见。

生产商：**Schloss Weingut Graf Hardegg****-******
所在地：**Seefeld-Kadolz**
41公顷，年产量不详
葡萄酒：Grüner Veltliner，Riesling，Merlot，Zweigelt（Dreikreuzer，Neuriss，Steinbügel，Zeiselberg），Maximilian
Peter Veyder-Malberg推动了酒庄葡萄酒的品质提升，还对其他葡萄品种进行了尝试，如罗讷河河谷的维欧尼。绿维特利纳葡萄酒Veltlinsky已成为这里最成功的葡萄酒之一。

生产商：**Anton Wöber*****-******
所在地：**Ziersdorf**
8公顷，年产量4万瓶
葡萄酒：Grüner Veltliner，Roter Veltliner，Riesling（Katzensprung），End des Berges，Hirtenthal，Matinée
Wöber从1993年开始接管酒庄，他用品质优秀的雷司令、威尔士雷司令、红维特利纳和绿维特利纳葡萄酒为酒庄赢得了盛誉。

新酒酒馆

威宁格（Wieninger）酒庄外的灌木形装饰

如果你来维也纳旅游，那你一定不能错过新酒酒馆。这些酒馆是维也纳最受欢迎的景点之一。每天晚上，数十辆旅游巴士将成群来自世界各地的游客带到新酒小镇格林津，他们可以享受轻松愉快的夜晚。准确地说，维也纳的新酒酒馆应被称为“Buschenschank”，即“Bush Inn”，灌木丛中的露天酒馆。“Heuriger”指的是当年新酿的葡萄酒，从每年11月11日的圣马丁节至年末在新酒酒馆中出售。

新酒酒馆到底是什么，它们能做些什么，这些问题早在795年查理曼大帝的庄园管理条例中就做出了解答，之后奥地利皇帝约瑟夫二世在他著名的1784年通告中再次提到了新酒酒馆。一家真正的新酒酒馆应该只销售自制的葡萄酒，也就是说，酿酒原料应产自自家的葡萄园。它们在一年中只有300天可以销售葡萄酒，而且只能在城郊销售，不能进入市区。售酒季的标志是酒馆门前的绿色灌木丛。新酒酒馆的葡萄酒必须产自距离维也纳10千米以内的葡萄园，除葡萄酒外，酒馆只能出售果汁、水和软饮料，不能供应咖啡或啤酒。

一家真正的新酒酒馆的菜单甚至都受法律的限制：只能出售香肠、奶酪、火腿、熏肉、面包、蔬菜和水果。但无论是对于菜单还是酒馆里的葡萄酒，现在的要求都变得越来越宽松。维也纳城周边葡萄种植地区的大多数酒馆都能向游客们提供各种食物，其中不仅有种类繁多的热食，有时甚至还会有产自其他酒商的瓶装葡萄酒。虽然新酒酒馆正发生着改变，但真正的新酒酒馆仍然存在，也许你要打破常规，去核桃村（Nußdorf）或者海利根施塔特（Heiligenstadt）这样的小村镇才能找到。更理想的是，你可以去多瑙河的另一边，去斯塔莫斯多夫（Stammersdorf）、耶特勒斯多夫（Jedlersdorf）或者斯特雷伯斯多夫（Strebersdorf），在那里你不仅可以体验真正的维也纳社交氛围，还能品尝地道的美酒佳酿。

咖啡之都

但在维也纳的市中心，咖啡馆才是这个城市的生命和灵魂。不同于稍许世故和老练的巴黎咖啡馆，也不同于几秒钟就能做成浓缩咖啡的意大利咖啡馆，维也纳的咖啡馆有着自己独特的节奏。这些咖啡馆为人们提供休憩和交友的场所，是反映城市和居民生活的一面镜子。

研究维也纳的咖啡品种是一门晦涩的学问，只有真正的行家才能区别kleine Schwarze、große Braune、Melange、Einspänner、Fiaker、Mokka g'spritzt或是Türkische咖啡。一杯美味的咖啡当然要佐以一块诱人的法式蛋糕，但是不少咖啡馆也供应热餐。维也纳的大多数咖啡馆既有奢华舒适的氛围，又不乏生机活力，甚至通宵营业。

新酒酒馆则展现出一幅完全不同的景象。大多数新酒酒馆下午才开门，然后那些长者会围坐在酒馆的木桌边，但是随着夜晚的降临，不同年龄、不同职业的客人越来越多，临近打烊的时候，年轻人和老年人甚至都有点东歪西倒地欢聚在一起。你几乎可以相信葡萄酒果真具有返老还童的功效。

主要的新酒酒馆

提示：新酒酒馆每年的开放时间不同，最好事先预订。

酒馆：Leopold Breyer
地址：Amtsstrasse 15，Vienna-Jedlersdorf
电话：+43-1-2924148
一眼看去，你会认为这是一家典型的招待游客的新酒酒馆，但其实维也纳人也会光顾这里。这里的葡萄酒品质上乘，酒馆主人Breyer也被公认为维也纳最好的生产商之一。

酒馆：Franz Christ
地址：Amtsstrasse 12-14，Vienna-Jedlersdorf
电话：+43-1-2955152
这是一家历史悠久却保存完好的酒馆，室内家具简朴但却供应品质卓越的葡萄酒。这些葡萄酒通常在不锈钢酒罐、小橡木桶或大木桶中陈酿，其中最成功的是白比诺和霞多丽。

酒馆：Hans Peter Göbel
地址：Hagenbrunner Strasse 151，Vienna-Stammersdorf
电话：+43-1-2948420
这个崭露头角的年轻生产商是红葡萄酒专家，甚至能出产高品质的赤霞珠，这在维也纳非常少见。他的新酒酒馆毗邻葡萄园，设计现代。

酒馆：Hengl-Haselbrunner
地址：Iglaseegasse 10，Vienna-Grinzing
电话：+43-1-3203330
Hengl家族管理着多瑙河右岸为数不多的新酒酒馆之一。这家酒馆深受维也纳人的喜爱，其中还有不少当地名人。这里既有美酒又有佳肴。

酒馆：Am Reisenberg
地址：Oberer Reisenbergweg 15，Vienna-Grinzing
电话：+43-1-3209393
新手们很少知道这家酒馆——因为要来这里，必须沿着一个陡峭的山坡攀爬500米。但是壮丽的景色、舒适的氛围和美味的葡萄酒足以弥补辛苦的路程。

酒馆：Sankt Peter
地址：Rupertusplatz 5，Vienna-Dornbach
电话：+43-1-4864675
酒馆的葡萄酒不再由修道院酿造，而是由与其签订合同的酒厂生产，但酒馆昔日美好的氛围犹在：宾客满座；葡萄酒色泽清澈、酒体丰满。

酒馆：Schilling
地址：Langenzersdorfer Strasse 52/54，Vienna-Strebersdorf
电话：+43-1-2924189
“Wiener Augustin”是Herbert Schilling的自有品牌。他的酒庄是维也纳最受尊敬的酒庄之一。特酿红葡萄酒Camilla酒香优雅、果香馥郁。酒馆的食物和服务与美酒不相上下。

酒馆：Wieninger
地址：Stammersdorfer Strasse 78，Vienna-Stammersdorf
电话：+43-1-2924106
这家新酒酒馆的特色是美酒和佳肴，而年轻的经理Fritz Wieninger也被看作维也纳葡萄酒行业的明星人物。仅仅是这里的食物就值得你远赴Stammersdorfer一游。

从上到下：新酒酒馆印象

在斯塔莫斯多夫的威宁格酒馆里品尝美食，再犒赏自己一杯霞多丽或白比诺。威宁格是维也纳最好的葡萄酒生产商之一

彼得·贝恩赖特是公认的勃艮第葡萄专家。特别是他酿造的优质灰比诺，早已成为维也纳的传奇

维也纳和温泉区

虽然维也纳700公顷的葡萄园大多都位于这个城市的北部，但美泉宫（Schönbrunn Palace）附近也种有葡萄

早在前罗马时期，凯尔特人也许就已经在维也纳森林的坡地上种植葡萄了，但系统的葡萄种植是由罗马帝国的军团引入的。甚至维也纳的象征——斯蒂芬大教堂的建立从某种程度上说也与葡萄酒相关：巴奔堡王朝直到12世纪用他们在瓦豪的部分葡萄园换取在维也纳设立教区的权利后才开始建造这个教堂。

维也纳的葡萄酒产地可分为两个同样重要的地区：一个是位于西北部的卡伦山坡地，土壤多为介壳灰岩；一个是位于东北部的比桑贝格（Bisamberg），多为肥沃的砾石黄土。虽然整个维也纳位于西欧海洋性气候与东南欧潘诺尼亚气候的交汇处，但这两个地区的气候却千差万别。凉爽的卡伦山出产的葡萄酒酒体更轻盈、果味更浓郁，而比桑贝格的葡萄酒结构更扎实、口感更复杂。

早些时候，维也纳的中心地带也种植葡萄；1547年左右，甚至霍夫堡（Hofburg）附近都有葡萄园。20世纪50年代，维也纳城内的葡萄种植面积大幅减少，直到20世纪后半叶才有了新的增长。今天，只有430公顷葡萄园仍在出产葡萄酒。

新酒酒馆中常见的葡萄酒由白葡萄品种混酿而成，在维也纳被称为“Gemischte Satz”。虽然这种葡萄酒目前只占葡萄酒总产量的15%，但85%的葡萄酒仍由白葡萄品种酿造。维特利纳、白比诺、雷司令和霞多丽都在这里站稳了脚跟。如今，大多数葡萄酒直接销往维也纳的新酒酒馆，但往往供不应求。

不同公司的葡萄酒在品质上也参差不齐。好在客人们都不大挑剔，也许是因为他们恪守传统，也许是他们容易满足，因此生产商们没有太大的压力，这从他们的葡萄酒中可以明显看出来。但是另一方面，过去15年间越来越多的生产商为跻身奥地利葡萄酒行业的精英之列付出了巨大努力。

温泉区

过去维也纳附近最著名的葡萄酒产自南部卡伦山延绵的坡地。这些葡萄酒被称为贡波尔茨基兴葡萄酒（当时可以用地名为葡萄酒命名，如鲁斯特和雷茨葡萄酒），在奥地利备受欢迎。贡波尔茨基兴享誉盛名，主要因为这里是维也纳人的徒步和度假胜地。很久之前，罗马人就很喜欢今天位于默德林（Mödling）和巴特弗斯劳（Bad Voslau）两镇之间的温泉。而在近代，就连贝多芬都热衷来贡波尔茨基兴

维也纳的主要葡萄酒生产商

生产商：Karl Alphart***–*****
所在地：Traiskirchen
11公顷，年产量4.5万瓶
葡萄酒：Riesling，Rotgipfler，Neuburger，Chardonnay，Zweigelt，Spätburgunder（Zistl，Rodauner，Hausberg，Mandl-Höh）
该酒庄生产高品质葡萄酒的秘诀在于维也纳森林坡地上稀疏干燥的葡萄园和对产量的严格控制。特别值得一提的是红基夫娜（Rotgipfler）贵腐精选葡萄酒。雷司令、霞多丽以及津芳德尔（Zierfandler）和红基夫娜混酿的干型和半干型葡萄酒也品质出众。

生产商：Manfred Biegler***–****
所在地：Gumpoldskirchen
8公顷，年产量4万瓶
葡萄酒：Riesling，Zierfandler，Rotgipfler
Manfred Biegler的公司长久以来一直是温泉区最好的葡萄酒生产商之一，自从他的儿子Othmar加入后，葡萄酒品质有了进一步提升。Biegler父子都擅长酿造红基夫娜。同样优质的葡萄酒还包括霞多丽和雷司令。

生产商：Johanneshof，J. & V. Reinisch**–****
所在地：Tattendorf
42公顷，年产量25万瓶
葡萄酒：Chardonnay；Cabernet，Blauburgunder，St. Laurent（Dornfeld，Mitterfeld，Holzspur）
Reinisch家族在Tattendorf附近建立了一个加利福尼亚风格的酒庄。在这里，他们酿造高品质的赤霞珠、圣罗兰、霞多丽和黑比诺。该现代化的酒庄还拥有一个值得推荐的新酒酒馆。酒馆位于一个生态池塘边，深受当地人欢迎。

生产商：Schaflerhof**–****
所在地：Traiskirchen
9公顷，年产量3万瓶
葡萄酒：Zierfandler，Rotgipfler，Neuburger，Chardonnay and Weißburgunder
Andreas Shcafler不仅使用颜色鲜艳的酒标，还出产一系列品质卓越的葡萄酒。最好的葡萄酒包括茨威格、红基夫娜和霞多丽，其中的精品在酒标上标注“Privat”。Shcafler有时还酿造出色的甜葡萄酒。

生产商：Familie Schwertführer**–*****
15公顷，年产量6万瓶
葡萄酒：Chardonnay；Zweigelt，Pinot，Cabernet，Portugieser，Spada
Schwertführer家族将由茨威格、黑比诺、圣罗兰和赤霞珠酿造的顶级葡萄酒称为“Spada”，意思是“剑”。虽然霞多丽和白比诺也很出色，但是红葡萄酒在品质和数量上都更胜一筹：它们口感均衡，无与伦比。

生产商：Fritz Wieninger***–*****
所在地：Vienna-Stammersdorf
33公顷，年产量25万瓶
葡萄酒：Grüner Veltliner，Chardonnay，Riesling，Blauer Burgunder（Jungenberg，Rothen，Gabrissen，Herrenholz，Wiethalen，Breiten，Wiener）Trilogie，Select，Grand Select
Wieninger不仅是维也纳葡萄酒行业的巨星，还是奥地利最好的生产商之一。其霞多丽和黑比诺葡萄酒中的两大系列无可比拟，特别是用橡木桶陈年的Select和Grand Select。混酿酒Alten Reben品质上乘。

右页图：在葡萄收获季，一家老小都要上阵

下图：维也纳人喜欢出城往南走，不仅能在温泉区的村庄里品尝美酒佳肴，还能去葡萄园里散步。其中最著名的村庄非贡波尔茨基兴莫属

作曲。但是1985年以后，重新命名的贡波尔茨基兴销声匿迹了很长一段时间。

这也就是为什么今天温泉区的诸多顶级生产商要比温泉区本身的名声大。温泉区实际拥有2000多公顷葡萄园，绝非奥地利最小的葡萄酒产区。白葡萄品种占种植面积的60%左右，其中有两种是温泉区的本土品种：津芳德尔和红基夫娜。这两种葡萄可以混酿成一种特酿酒，以"Spätrot-Rotgipfler"的名称销售。

温泉区和潘诺尼亚地区的气候条件一样。在土壤方面，温泉区主要分为两种。西北部以重黏土和石灰质土壤为主，而南部的斯坦费尔德（Steinfeld）平原多为冲击沙砾层。当然，不同的土壤种植不同的葡萄品种：维也纳森林的山坡上多白葡萄品种，斯坦费尔德则多红葡萄品种。温泉区最好的葡萄酒酒体丰满、口感复杂，红葡萄酒和白葡萄酒都具有较强的陈年潜力。最近几年，这里的许多生产商通过坚持不懈的努力酿造出了享誉国内外的美酒。

玻璃酒杯的制作

葡萄酒杯的历史

为葡萄酒选择适合的酒杯并没有太长的历史。早期玻璃生产的大师是13世纪的威尼斯人，他们因为害怕火灾而把玻璃工匠驱逐到附近的穆拉诺岛（Murano）上制作玻璃。几个世纪以来，这些工人制作的昂贵艺术品被视为最高级的酒杯，主要由威尼斯的商人销往欧洲和中东的皇室。事实上，这些玻璃酒杯艺术性太强，并不适合用来饮酒，而且除了更薄之外，它们与地中海国家家庭或者小餐馆使用的普通烧杯状酒杯相比没有任何优势。这种高级酒杯的主要缺陷在于杯口太大，无法聚集葡萄酒的香气。

波希米亚（Bohemia）的玻璃工匠在制作过程中更多地考虑到了酒杯的实际用途，但他们最终还是屈服于装饰华丽的趋势。这从他们制作的雕花玻璃杯上就能看出来，这些玻璃杯既是艺术品也是麻烦物。

总体而言，早期的玻璃酒杯普遍杯口大、杯身小。其中最可笑的例子是碗状的香槟杯，看起来像是杯脚上放了一个迷你浴缸，因此要想端稳酒杯，必须托住杯身，而这样会让凉爽的起泡酒迅速升温。

只有两种经典的酒杯至今仍广受喜爱——

位于提洛尔州库夫施泰因（Kufstein）的里德尔家族玻璃厂

玻璃的成分4000年来从未改变

天然的基本原料——石英、石灰和碱加热到1000℃时熔化

在这家著名的玻璃厂内，工匠们仍然使用传统的方法制作玻璃

球形杯和郁金香杯。法式球形杯在法国的超市就能买到，价格比漂亮的纸杯贵不了多少。只要不倒得太满，这种酒杯非常实用。现在各个国家、各个产区都有以球形杯为原型的葡萄酒酒杯。举两个最常见的例子：一种是阿尔萨斯拥有绿色高脚和杯座的酒杯，专门用来饮用白葡萄酒；另一种是莱茵河河谷杯脚厚实、呈绿色螺旋状的酒杯，称为“Römer”。早期的酒杯除了杯口宽大，无法让消费者完美品鉴葡萄酒的芳香，主要缺点是它们成为了葡萄酒的一部分，而非让人品尝美酒的工具。郁金香杯杯身较长，更适合饮用白葡萄酒，但由于杯面太窄，不利于香味的充分释放。

在传统的酒杯中，值得称赞的是安达路西亚和曼赞尼拉雪利酒酒杯，这些酒杯杯身更长，利于香气的聚积，确保人们可以充分享用美酒。

工匠首先对一个未成型的玻璃料滴进行加工

工匠的吹气管与2000年前罗马使用的吹气管非常相似

玻璃料滴与成型后的玻璃杯完全不同

艺术品成型：每种酒杯都有特别的模具

布尔根兰

布尔根兰拥有1.3万公顷葡萄园，年产量达8000万升，是奥地利第二大葡萄酒产区，仅次于下奥地利州。由于地处匈牙利平原的边缘，受炎热的潘诺尼亚气候影响，布尔根兰比奥地利任何地区都更适合用成熟或过熟的葡萄酿造白葡萄酒，也更适合出产口感醇厚、果味和单宁浓郁的葡萄酒。

布尔根兰大部分葡萄园都位于新希德尔湖附近，而新希德尔湖对于整个地区的气候有决定性的影响。新希德尔湖东北部地势平坦，西岸则分布着低丘和莱塔山的陡坡。这里和法国的波尔多地区很相似，即使矮坡也会对葡萄酒的品质产生至关重要的影响。布尔根兰的中部和南部多为缓坡。布尔根兰可分为4个种植区。这些地区地位或高或低，而且命名模糊不清，例如这个拗口的双重命名“Neusiedlersee-Hügelland”（新希德尔湖丘陵地）。因此，许多生产商都希望布尔根兰被视为一个整体的葡萄酒产区。

年复一年，这些鹳都会飞回鲁斯特小镇屋顶的鸟巢里，它们是一群最忠实的客人

从远处就能看到位于布赖滕布伦（Breitenbrunn）的特克塔（Türkenturm）

布尔根兰的东北部是新希德尔湖地区，以出产甜葡萄酒闻名，当然这里也有酒体丰满的白葡萄酒，其中包括奥地利最好的霞多丽。红葡萄酒中最为出色的是混酿酒。特别值得一提的是产自“潘诺比尔”营销合作协会的葡萄酒。这个协会虽然规模不大，但会聚了当地的顶级生产商，他们的葡萄酒都在橡木桶中陈年。

新希德尔湖丘陵地位于新希德尔湖的西北岸和西岸，这里的葡萄园千差万别，因为湖岸与邻近的丘陵和莱塔山的陡坡不仅气候条件差异显著，而且土壤结构也有不同。除了优质的蓝弗朗克和茨威格，这里还盛产上乘的白葡萄酒，包括霞多丽和长相思。位于中心地区的湖畔小镇鲁斯特以奥斯布鲁（Ausbruch）甜葡萄酒而闻名，但即便如此，新希德尔湖丘陵地的优势毫无疑问还是它的干型红葡萄酒和干型白葡萄酒，它们酒体丰满且精致。

布尔根兰南部的乡村地区丘陵更多，但种植的葡萄品种却有所减少。特别是在布尔根兰中部与新希德尔湖南岸接壤的地区，蓝弗朗克几乎是葡萄园里唯一的品种。用这种葡萄酿酒，再放入经典的小橡木桶中陈年，最后问世的葡萄酒无与伦比。而在布尔根兰南部靠近施蒂利亚边界的地区，蓝弗朗克虽然不是主角，却也是生产上等美酒的原料。在这块也许是欧

洲最神秘的葡萄酒产地，蓝弗朗克酿造的红葡萄酒果味浓郁、口感辛香，唯一的缺点是市场供应量太少。

求知若渴的学生

在葡萄酒小镇鲁斯特（这个保存完好的历史古镇值得一游），有一个代表葡萄酒知识中心的机构——奥地利葡萄酒学院。这个学院为求知若渴的学生提供不同层次的课程，包括葡萄酒的介绍性课程、周末的烹饪课程以及为“葡萄酒大师”认证资格考试开设的预备课程等。

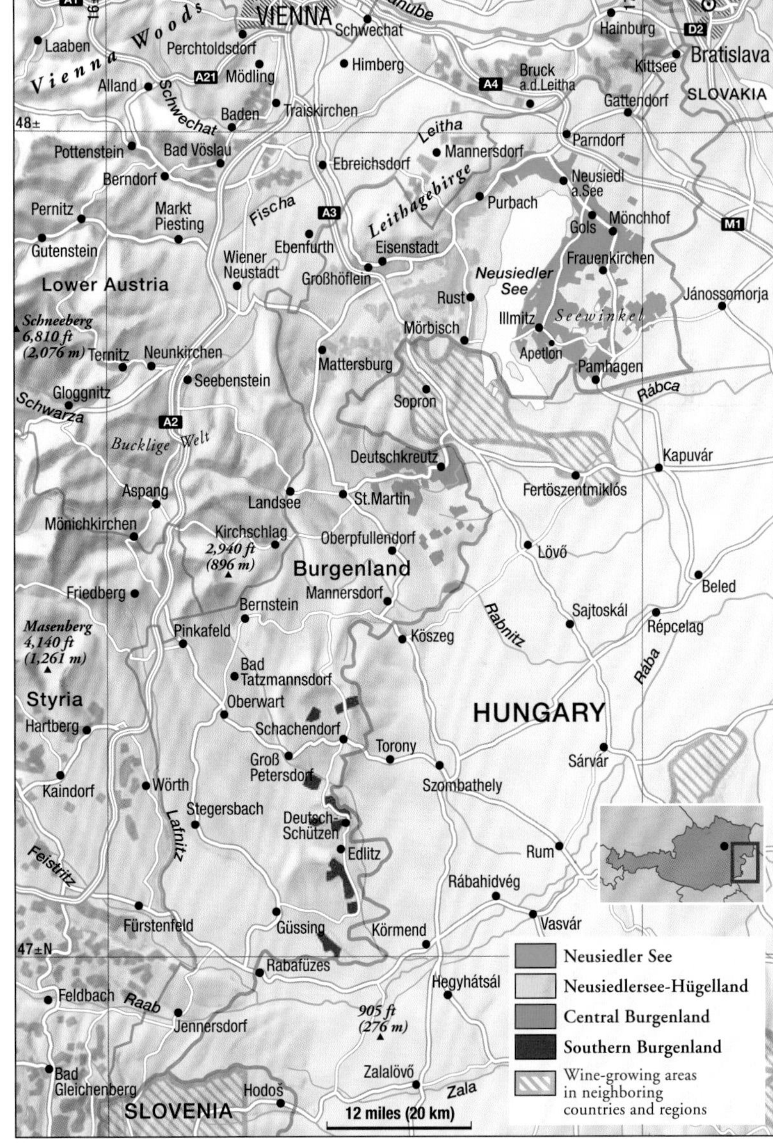

上图：与新希德尔湖的葡萄园一样，布尔根兰的种植户也常常在葡萄园里播种油菜，这样既能疏松土壤又能提供天然的养料

塞温克尔的甜葡萄酒和鲁斯特的奥斯布鲁甜葡萄酒

酒窖小巷及沿途的酒窖是自行车车友钟爱的目的地

塞温克尔葡萄酒产区从新希德尔湖湖畔一直延伸至匈牙利边界附近，如果你来这里旅游，也许会对墙上的刻字“我们能提供世界上最好的葡萄酒”感到可笑。但不可否认，布尔根兰州北部的确最适合出产甜葡萄酒，而且近年来当地的一些生产商获得了各种国际奖项。

用感染贵腐霉菌的葡萄酿造甜葡萄酒需要充足的温度和湿度。塞温克尔位于潘诺尼亚气候带，因此阳光充沛。虽然这里缺少大规模降雨，但秋季从新希德尔湖宽阔的湖面升起的薄雾会带来所需的湿度。

凭借这些得天独厚的条件，塞温克尔每年都能成功酿造出优质甜葡萄酒，而在其他主要的甜葡萄酒产地，如德国和法国苏玳地区，只有偶尔或者必须依靠技术帮助才能出产优质甜葡萄酒。塞温克尔人用知名的葡萄品种酿造逐粒精选和贵腐精选葡萄酒，有时也会用一些名声稍逊的葡萄，如威尔士雷司令、布维尔、纽伯格、施埃博、白比诺或者奥托奈麝香。这些葡萄酒将较高的甜度、浓郁的果香、丰富的萃取物和清新的酸度完美和谐地融合在一起。

塞温克尔最近开发了两种风格独特的葡萄酒，酿造过程各不相同。其中一款强调葡萄酒的精致和果味，而另一款酒精浓度高，在新木桶中进行长时间的陈酿以增加酒体、浓度和国际风格的结构。这两种葡萄酒在国外都获得了成功和青睐，因此塞温克尔将来可能会受到更多关注。

伊尔米茨（Illmitz）和阿佩特隆（Apetlon）面对的劲敌并非来自国外，而就在它们身边。历史名镇鲁斯特位于新希德尔湖西岸，距它们不足6千米远，近来因出产的优质甜葡萄酒而享誉盛名。过去，“Rust”用来指代奥地利东部所有含有残糖的葡萄酒，但是这个命名却导致葡萄酒的伪造和掺假，因此在1985年的葡萄酒法律中被永久废止。

不过，今天鲁斯特的名字已经与一种特殊的生产工艺——奥斯布鲁密不可分。奥斯布鲁最初是匈牙利的一种酿酒法，用以酿造托卡伊。这个方法是指精心挑选出感染贵腐霉菌的葡萄，将它们浸泡到迟摘或精选级别品质的葡萄汁中，然后进行发酵。成酒中既有葡萄汁的果味，又有贵腐霉菌的特点，品质非凡。根据奥地利的葡萄酒法律，这种葡萄酒的含糖量必须介于逐粒精选和贵腐精选葡萄酒之间。

过去几年中，奥斯布鲁经历了不可思议的复兴。一群生产商共同组建的鲁斯特镇奥斯布鲁甜

即使维登埃姆斯镇（Weiden am See）的葡萄树呈长列种植，也不会影响塞温克尔葡萄酒的品质

葡萄酒生产协会为这一古老葡萄酒的复兴做出了重大贡献。但奥斯布鲁甜葡萄酒的一些生产工艺变得十分现代化。如今在很多地方，感染贵腐霉菌的葡萄不再用葡萄汁进行浇淋，只要这些葡萄达到逐粒精选级别就在橡木桶中自行发酵。鲁斯特镇奥斯布鲁甜葡萄酒的爱好者们因此充满矛盾：一方面他们只能感叹这些葡萄酒的卓越品质，另一方面他们又为奥斯布鲁甜葡萄酒真谛的缺失而感到惋惜。

布尔根兰的红葡萄酒

20世纪80年代后期，奥地利逐渐从乙二醇丑闻中恢复过来，因葡萄酒掺假而名誉尽损的布尔根兰最早发出了全新开始的信号。但首先走入聚光灯下的不是白葡萄酒或甜葡萄酒，而是红葡萄酒。当时葡萄酒行业一家权威的杂志甚至设立了一个专门的红葡萄酒奖项，以鼓励那些发现奥地利红葡萄酒潜力的少数生产商。

当时人们关注的焦点主要是产自新希德尔湖西岸和南岸的蓝弗朗克葡萄酒。部分生产商严格挑选葡萄、精确控制产量并尝试使用橡木桶陈年，于是这种曾被冷眼相待的葡萄最终酿造出了品质上乘的美酒，并且迅速获得了消费者的认可。

最先引起世界注意的是用新引入的国外品种酿造的葡萄酒，如赤霞珠和黑比诺。几年后，茨威格和圣罗兰葡萄酒的品质也有了突破性的提升，不仅在色泽、香气和结构上大幅改善，还具备了较强的陈年潜力。

奥地利的红葡萄酒生产商虚心地学习了10年，现在已为自己赢得了美誉。而他们的优势主要在于他们又回归到真正的本土葡萄中，如古老的奥地利蓝弗朗克、茨威格，当然还有圣罗兰（这种葡萄在中欧其他地方也有种植，但地位无足轻重）。

人们首先尝试的是蓝弗朗克。这种晚熟葡萄具有浓烈的色泽和典型的果香，是布尔根兰中部等葡萄园里的主角。无论谁想生产红葡萄酒，一定不会忘记这种葡萄。茨威格是圣罗兰和蓝弗朗克的杂交品种，习性强健，从20世纪30年代开始种植至今，面积已超过蓝弗朗克，但它的情况却与蓝弗朗克有所不同。布尔根兰的生产商慢慢才发现果味馥郁的茨威格的特点和品质，之后用它来与其他葡萄进行混酿。

在塞温克尔和鲁斯特，导致葡萄水分挥发的贵腐霉菌会增加葡萄的浓度和甜度，是生产奥地利上等甜葡萄酒的功臣

鲁斯特的城墙之内有许多酒厂和酒馆，无论走入哪家，你都可以品尝著名的奥斯布鲁甜葡萄酒

这些葡萄无论是单一酿造还是混合调配（如与黑比诺或赤霞珠）都具有较强的陈年潜力。第一批经过熟成的红葡萄酒已经证明了这一点，而时间证明，20世纪90年代的葡萄酒陈年后口感更加迷人。

在产量方面，布尔根兰永远无法与欧洲的大产区相比。但是从品质来看，奥地利的红葡萄酒果味香浓、单宁优雅、结构坚实，在小众市场中享有很高的地位。

施蒂利亚

秋季，施蒂利亚南部的山谷笼罩在浓雾中，而出产山地酒的高山上却晴空万里。这种海拔高度意味着这里几乎只能酿造白葡萄酒和西舍尔桃红葡萄酒

施蒂利亚位于奥地利南部，葡萄种植面积只占奥地利葡萄种植总面积的7%。16世纪时这里拥有3.5万公顷葡萄园，但现在只剩下不足1/10。施蒂利亚南部被誉为“奥地利的托斯卡纳”，出产的葡萄酒自20世纪80年代起就在奥地利享誉盛名。一方面施蒂利亚的葡萄酒生产商没有卷入掺假丑闻；另一方面，他们较早地开发出了消费者喜爱的口味。这里出产干型葡萄酒，通常酒体轻盈、果味怡人，更好地迎合了20世纪90年代消费者口味的变化。

施蒂利亚受地中海气候影响，但是葡萄园的海拔高度（葡萄园都位于阿尔卑斯山南麓的坡地上）确保了暖和的温度。施蒂利亚的葡萄园中1/4是威尔士雷司令，1/6是白比诺和霞多丽，1/5是其他白葡萄品种，如米勒-图高、长相思、琼瑶浆、麝香和灰比诺。在红葡萄品种方面，茨威格和蓝威德巴赫占种植总面积的1/4。但是蓝威德巴赫很少被酿成红葡萄酒，而几乎都被酿成这里特有的西舍尔桃红葡萄酒。

施蒂利亚名气最大、面积最广的地区是与斯洛文尼亚接壤的施蒂利亚南部地区。这里大多数的葡萄酒都能被冠以奥地利山地酒（Bergwein）的称号，因为它们都产自坡度大于26度的葡萄园。

施蒂利亚南部几乎只生产白葡萄酒。在其他产区几乎只在大规模酿酒时用作基酒的威尔士雷司令，在这里却能被酿造成结构丰富、果味浓郁的优质美酒。此外，特别是最近20年，长相思在这里也开始小有名气。施蒂利亚的长相思葡萄酒在不锈钢酒罐或橡木桶中陈酿，如今它们已被视为新世界葡萄酒的强劲对手，因为新世界的葡萄酒通常在果味和结构上稍逊一筹。

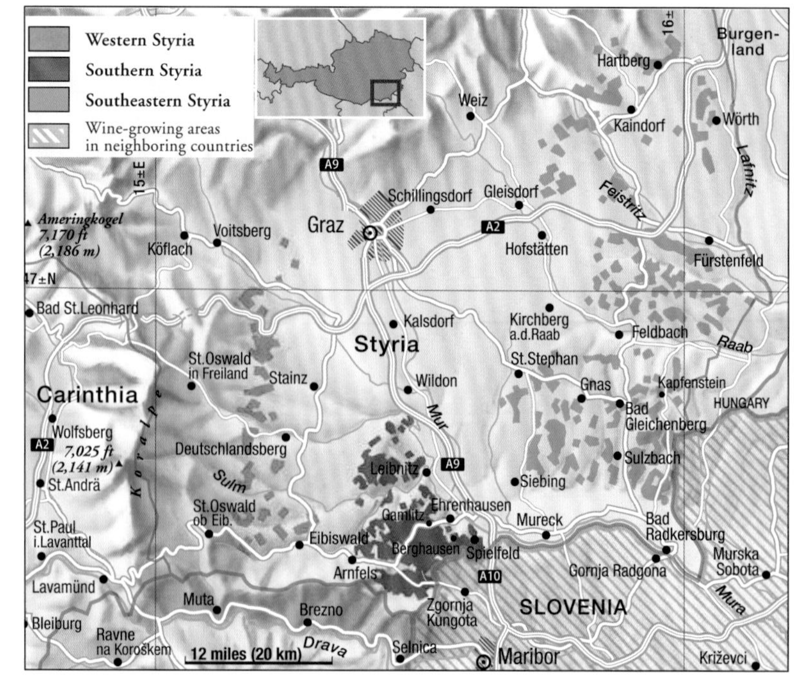

欢迎来到西舍尔之国

虽然施蒂利亚南部和东南部主要种植白葡萄品种，但在施蒂利亚西部占统治地位的却是一种红葡萄——蓝威德巴赫。这种葡萄的历史最早可追溯至4世纪，不过，它从未在奥匈帝国（Austro-Hungarian Empire）东南部以外的地区广泛种植过。在施蒂利亚，蓝威德巴赫主要用来酿造西舍尔桃红葡萄酒。这款葡萄酒是货真价实的地方特产，不过酸度很高，不习惯这种口感的消费者甚至会觉得难以下咽。西舍尔大多被西施蒂利亚人自己抢购一空，因此销售从来不是问题，但过去几年中，不少生产商正试图赋予西舍尔更加怡人和圆润的口感。偶尔蓝威德巴赫在熟成时要像真正的红葡萄酒那样，延长葡萄汁静置时间，所酿的葡萄酒果味浓郁，适合年轻时饮用。

除了长相思，这里还种植另一个外来品种，只不过这种葡萄在施蒂利亚存在的时间太过长久，早已被视为本土葡萄品种。施蒂利亚种植霞多丽（在这里被称为Morillon）已有100多年的历史，生产的葡萄酒鲜爽、芳香，与从国外进口的具有黄油般口感的霞多丽截然不同。

施蒂利亚东南部约有1300公顷葡萄园，是施蒂利亚第二大葡萄酒产区，从穆尔河东部一直延伸至与布尔根兰的交界处。这里的主角也是白葡萄品种，比例甚至高于施蒂利亚南部，占种植总面积的90%。这些葡萄品种包括威尔士雷司令、琼瑶浆、长相思、白比诺和米勒-图高，酿造的葡萄酒酒体轻盈、果味丰富。其中琼瑶浆葡萄酒是这里的特色，过去有不少生产商试图将其推向国际市场，但也许来自阿尔萨斯、德国和南蒂罗尔的竞争对手太过强大，而这里的琼瑶浆产量又太少，因此要取得真正的成功十分困难。

东南施蒂利亚有4条葡萄酒之路，但真正高品质的酒厂却屈指可数。虽然20世纪90年代施蒂利亚南部的葡萄酒在国际市场上出现的频率越来越高，并且享有一定声誉，但施蒂利亚东南部的葡萄酒还未能跟上施蒂利亚南部发展的步伐。

最后是施蒂利亚最小的葡萄酒产区施蒂利亚西部，葡萄种植面积只有390公顷，但发展潜力巨大。至少就风景而言，这里与施蒂利亚南部葡萄酒之路一样优美。与施蒂利亚其他葡萄酒产区不同，施蒂利亚西部的葡萄种植以红葡萄品种蓝威德巴赫为主，约占种植总面积的70%。施蒂利亚西部的葡萄酒几乎从来不用担心销售问题，因为产自德意志兰茨贝格（Deutschlandsberg）、施泰因茨（Stainz）和圣斯特凡（St. Stefan）附近陡坡的大多数葡萄酒都被每个周末光顾当地新酒酒馆的客人喝掉了。

施蒂利亚的葡萄酒生产商通常采取小规模葡萄种植和手工采摘。其中霞多丽在这里已有100多年的种植历史，用它酿造的葡萄酒结构精致

布尔根兰和施蒂利亚的主要葡萄酒生产商

生产商：**Birgit Braunstein*****
所在地：**Purbach**
22公顷，年产量10万瓶
葡萄酒：Welschriesling，Weißburgunder，Blaufränkisch，Zweigelt（Burgstall，Rosenberg，Eisner，Heide，Glabarinza，Kirchtal，Oxhoft Weiß），Oxhoft Rot
Paul Braunstein和Birgit Braunstein父女二人现在是当地最成功的酿酒团队。他们生产的葡萄酒酒体清澈、品质超凡。特别值得推荐的是用赤霞珠和蓝弗朗克酿造的红葡萄酒Oxhoft，风格雅致、结构复杂。该家族还经营着一家旅店。

生产商：**Familie Faulhammer，Schützenhof***-*****
所在地：**Deutsch-Schützen**
13公顷，年产量5万瓶
葡萄酒：Welschriesling；Blaufränkisch，Zweigelt（Ratschen，Szápari，Paigl，Bergwiesen）Senior，Kastellan
在Körper-Faulhammer家族酒庄的葡萄酒中，蓝弗朗克只占30%，该比例在布尔根兰南部相对较低，但是用蓝弗朗克酿造的单一品种葡萄酒Senior和Kastellan品质出众。酒庄的白葡萄酒也有很高的水准。当条件适合时，他们还生产一种稻草酒。

生产商：**Feiler-Artinger***-*****
所在地：**Rust**
29公顷，年产量16万瓶
葡萄酒：Welschriesling，Weißburgunder，Pinot Cuvée；Blaufränkisch，Zweigelt，Cabernet（Greiner，Vogelsang，Mitterkräften，Gemärk，Umriss），Ausbruch，Solitaire
Hans Feiler酿造了一系列出众的甜葡萄酒。他的比诺特酿酒使用传统的木桶发酵和陈年，在奥地利几乎无人可及。现在酒庄由他的儿子Kurt全权管理，Kurt也推出了一系列优质的单一品种奥斯布鲁甜葡萄酒。用蓝弗朗克、茨威格和赤霞珠酿造的红葡萄酒Solitaire也值得推荐。

生产商：**Josef Gager***-*****
所在地：**Deutschkreutz**
35公顷，年产量18万瓶
葡萄酒：Zweigelt，Blaufränkisch，Cabernet，Merlot（Mitterberg，Kart，Fabian），Cuvée Quattro，Cablot
Gager用赤霞珠和梅洛混酿的Cablot以及用赤霞珠、茨威格、蓝弗朗克和圣罗兰混酿的Quattro在以蓝弗朗克为主的布尔根兰中部地区是优质的另类葡萄酒。

生产商：**Familie Gesellmann***-****
所在地：**Deutschkreutz**
30公顷，年产量15万瓶
葡萄酒：Chardonnay；Blaufränkisch，Cabernet，（Steinriegel，Hochacker，Mitterberg，Siglos，Fabian，Creitzer），Opus Eximium，Bela Rex
Engelbert Gesellmann及其儿子Albert酿造各种类型的红葡萄酒和白葡萄酒。他们的顶级产品，如蓝弗朗克葡萄酒Creitzer以及特酿酒Bela Rex和Opus Eximium，果味浓郁、口感均衡。

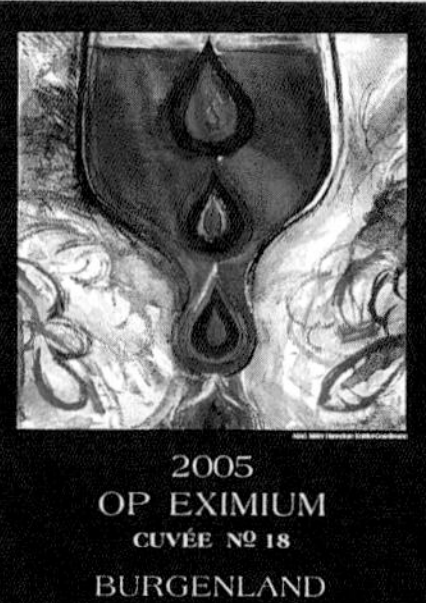

生产商：**Gernot & Heike Heinrich***-*****
所在地：**Gols**
30公顷，年产量35万瓶
葡萄酒：Pannobile Weiß，Muskateller，Chardonnay；Gabarinza，Pannobile Rot，Zweigelt
Gernot Heinrich是近10年来最成功的年轻生产商之一。他的红葡萄酒Gabarinza采用茨威格、蓝弗朗克和圣罗兰混酿而成。由于严格的产量控制和精细的陈酿工艺，这款酒是用本土葡萄酿造的高品质红葡萄酒的代表。该酒庄排名第二的葡萄酒是干白葡萄酒Pannobile。

生产商：**Familie J. Heinrich***-*****
所在地：**Deutschkreuz**
22公顷，年产量35万瓶
葡萄酒：Blaufränkisch，Zweigelt，Cabernet Sauvignon，Merlot，Syrah，Pinot Noir，Sauvignon Blanc
短短几年内，Heinrich家族就跻身奥地利顶级红葡萄酒生产商之列。他们的特酿酒Terra O和蓝弗朗克珍藏酒都是奥地利的上等葡萄酒。

生产商：**Hans Igler***-*****
所在地：**Deutschkreuz**
10公顷，年产量7.5万瓶
葡萄酒：Blaufränkisch，Cabernet（Hochberg，Kart，Goldberg），Vulcano
在父亲过世之前，Waltraud Reisner-Igler就已经是奥地利红葡萄酒行业知名的先锋人物。20世纪90年代末，她将葡萄酒的品质提高到一个新的水准。生产的葡萄酒口感醇厚、结构复杂，瓶外的酒标由艺术家设计，如装饰品一般。

生产商：**Familie Kollwentz，Römerhof***-*****
所在地：**Grosshöflein**
21公顷，年产量9万瓶
葡萄酒：Chardonnay，Sauvignon；Blaufränkisch，Cabernet，Zweigelt（Tatschler，Haussatz，Point，Steinmühle），Cuvée Eichkopf，Steinzeiler，Trockenbeerenauslesen
Anton Kollwentz是布尔根兰红葡萄酒的先锋之一，他也擅长酿造白葡萄酒。这些美酒佳酿包括单一品种蓝弗朗克葡萄酒、特酿酒Steinzeiler，1997年后又新增了一款由蓝弗朗克和茨威格混酿的特酿酒。如今他的儿子Andi已协助他多年。

生产商：**Alois Kracher***-*****
所在地：**Illmitz**
20公顷，年产量10万瓶
葡萄酒：Welschriesling，Chardonnay，Nouvelle Vague，Zwischen den Seen，Beerenauslesen，Trackenbeerenauslesen
来自塞温克尔的Kracher也许是当今奥地利最具国际声望的葡萄酒生产商。他酿造的甜葡萄酒拥有全欧洲都在追寻的精致。他的葡萄酒酒体丰满、口感复杂，常带有橡木桶的风味，这些特征在Nouvelle Vague葡萄酒中体现得最为明显。Kracher用两款特酿酒证明，他不仅精于酿造白葡萄酒，还擅长生产高品质的红葡萄酒。他的遗孀和儿子正继续着他的事业。

生产商：**Krutzler***-*****

所在地：**Deutsch-Schützen**

10公顷，年产量5.5万瓶

葡萄酒：Blaufränkisch，Zweigelt，Cabernet Sauvignon，（Ratschen，Weinberg），Perwolff，Alter Weingarten

虽然Krutzer家族的酒厂默默无闻，但他们却在那里用蓝弗朗克酿造出了两款品质卓越的红葡萄酒，并足以排入奥地利顶级葡萄酒前20名。他们的王牌是优质的葡萄园、古老的蓝弗朗克葡萄树以及酿造高端葡萄酒的坚定信念。

生产商：**Helmut Lang***-*****

所在地：**Illmitz**

14公顷，年产量4万瓶

葡萄酒：Chardonnay，Welschriesling，Weißburgunder，Sämling 88，Sauvignon；Zweigelt，Blaufränkisch，Blauer Burgunder（Römerstein，Sandriegel），Ausbruch，Beerenauslesen，Trackenbeerenauslesen

新希德尔湖地区的葡萄酒拥有浓郁的异域风味，Helmut Lang又赋予他的产品怡人的果香和精致的优雅，更显得与众不同，特别是他的单一品种甜葡萄酒。

生产商：**Josef Leberl***-*****

所在地：**Grosshöflein**

14公顷，年产量7万瓶

葡萄酒：Sauvignon，Blaufränkisch，Cabernet，（Tatschler，Reisbühel，Haussatz，Folligberg），Peccatum Cuvée

如果Joseph Leberl不是那么保守，他无疑会是布尔根兰最好的生产商之一。他的葡萄酒，特别是赤霞珠、茨威格和特酿酒Peccatum，在大木桶和小橡木桶中熟成，拥有精致的果香。

生产商：**Hans and Anita Nittnaus***-*****

所在地：**Gols**

13公顷，年产量7万瓶

葡萄酒：Welschriesling；Cabernet，Blaufränkisch，St. Laurent，（Altenberg，Edelgrund，Hochlust，Pannobile Weiß），Pannobile Rot，Comondor，Ausbruch

John Nittnaus是Pannobile营销合作协会最早的成员之一，也是最具实验精神的生产商之一。20世纪90年代早期，他的葡萄酒还因葡萄和木桶中粗糙的单宁而大打折扣，但是从90年代中期开始，他的葡萄酒又重新拥有了怡人的果味。

生产商：**Martin Pasler***-*****

所在地：**Jois**

15公顷，年产量8万瓶

葡萄酒：Chardonnay，Muskat-Ottonell，Zweigelt

Martin Pasler近年来达到了职业生涯的巅峰，几年前他还只是在业内小有名气，但现在常常能酿造出布尔根兰最好的甜葡萄酒。产自Leithaberg葡萄园的干型葡萄酒也品质上乘。

生产商：**Erich and Walter Polz/Rebenhof Aubell/Weingut Tscheppe***-*****

所在地：**Spielfeld /Ottenberg**

70公顷，年产量70万瓶

葡萄酒：Welschriesling，Chardonnay，Sauvignon，

VIGOR RUBEUS

BURGENLAND

ET
2004

STAATLICHEPRÜFNUMMER"L"-E6270/06
ERZEUGERABFÜLLUNG
ENTHÄLT SULFITE

BURGENLAND
ÖSTERREICHISCHER QUALITÄTSWEIN
ERNST TRIEBAUMER, A-7071 RUST

Weißburgunder（Hochgrassnitzberg，Obegg，Herrenberg）

Polz家族的酒庄位于奥地利与斯洛文尼亚的交界处。早在20世纪80年代末期，他们就凭借霞多丽和长相思享誉盛名，90年代中期他们又租赁了Dr. Aubell酒庄的葡萄园以扩大自己的规模。

生产商：**Familie Sattler，Sattlerhof**-****

所在地：**Gamlitz**

32公顷，年产量15万瓶

葡萄酒：Sauvignon，Chardonnay，Weißburgunder，Welschriesling（Sernauberg，Pfarrweingarten，Kranachberg）

该家族不仅拥有施蒂利亚最好的葡萄酒，还经营着当地最好的餐厅。Wilhelm Sattler是Steirische Klassik生产商协会的主席，他推崇葡萄酒的芳香果味和纯正口感。

生产商：**E. & M. Tement****

所在地：**Berghausen**

55公顷，年产量30万瓶

葡萄酒：Welschriesling，Morillon，Sauvignon，Weißburgunder，（Zieregg，Graßnitzberg，Wielitsch）

Manfred Tement是一个完美主义者，其距斯洛文尼亚边界几步之遥的酒窖是这一大片区域中装备最好的酒窖之一。他很早就凭借酿造的葡萄酒声名远扬，特别是产自Zieregg葡萄园的橡木桶陈酿葡萄酒。10年来，他一直位居施蒂利亚顶级生产商之列。他还与来自瓦豪的Franz Xaver Pichler以及来自布尔根兰的Tibor Szémes合作推出了一款品质出众的红葡萄酒。

生产商：**Triebaumer***-*****

所在地：**Rust**

20公顷，年产量10万瓶

葡萄酒：Chardonnay，Weißburgunder；Blaufränkisch，Cabernet，Merlot，（Satz，Vogelsang，Greiner，Pandkräftn，Mitterkräftn，Oberer Wald，Gmärk，Mariental，Hartmisch），Ausbruch

Ernst Triebaumer产自石灰岩和泥灰岩的蓝弗朗克早在20世纪80年代末就已是红葡萄酒中的传奇。它们要在新橡木桶中进行彻底的陈酿，这样才能更复杂、更平衡。Triebaumer也是出产鲁斯特的特产——奥斯布鲁甜葡萄酒最好的生产商之一。他酿造的白葡萄酒果味浓郁、层次丰富。

生产商：**Velich***-*****

所在地：**Apetlon**

6公顷，年产量3万瓶

葡萄酒：Welschriesling，Chardonnay，Neuburger（Rohrung，Hedwigshof，Tiglat，Darscho，Vitezfeld），Beerenauslesen，Trackenbeerenauslesen

20世纪90年代中期，Heinz Velich和Roland Velich在酿酒上取得突破性进展，并成为奥地利生产商中的精英。这对夫妇首先带来了产自塞温克尔的鲜爽、剔透的逐粒精选和贵腐精选葡萄酒，让公众为之着迷。但他们最出色的产品无疑是用木桶发酵的霞多丽和灰比诺葡萄酒。Tiglat完美地融合了勃艮第的矿物风味和新世界的丰富果香，是一款真正高品质的欧洲风格霞多丽葡萄酒。

卢森堡

从古罗马时期开始，卢森堡人就已经在摩泽尔河左岸种植葡萄。沃尔默丹格（Wormeldange）是这个公国最重要的葡萄酒村庄之一

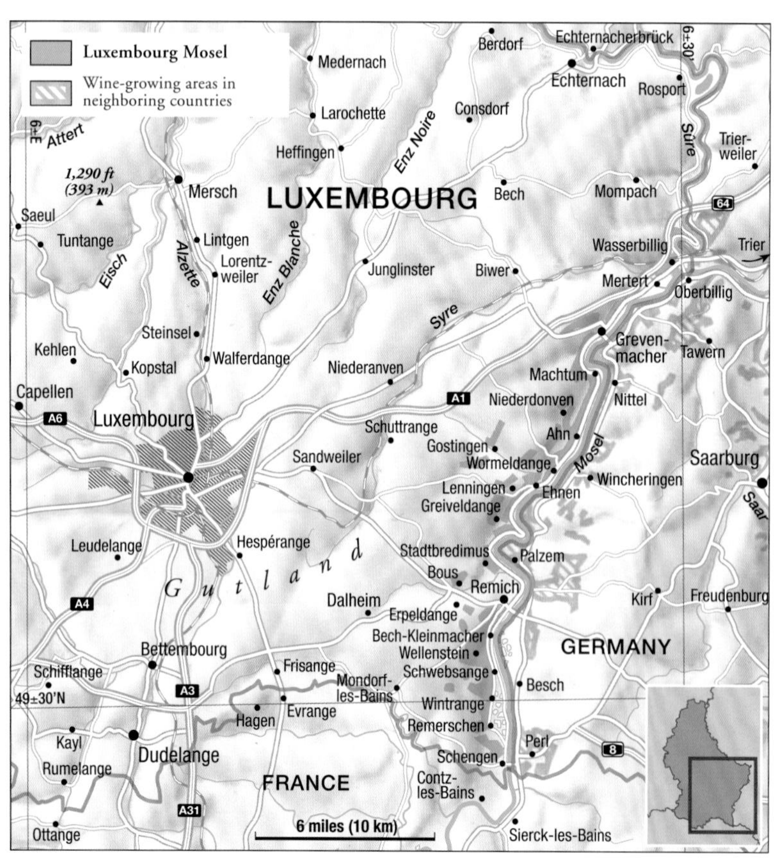

从北部的瓦瑟比利希（Wasserbillig）到南部的申根（Schengen），卢森堡的葡萄种植区域沿着摩泽尔河绵延1299公顷。这个数字在10年前更大，为1404公顷，而葡萄种植面积减少的主要原因是生产商们不断地离开这一行业。这个小小的葡萄酒产国几乎只出产芳香的干型白葡萄酒。虽然卢森堡葡萄种植面积不大，但却拥有相当悠久的葡萄种植历史。摩泽尔河河畔出土的公元前5世纪的手工艺品上就已经有葡萄和葡萄叶的装饰画了。

卢森堡的摩泽尔河河畔大部分为山坡，有的挺拔险峻，有的雄姿奇伟，大多都朝向东南或南方。沿摩泽尔河乘船而下，你能从最好的角度欣赏这些斜坡，还能更好地认识到在这种坡地上种植葡萄所要付出的努力。对葡萄园的重建已经持续了数年，由于众多葡萄园的合并，葡萄园的工作环境有了显著的改善。仅在10年间，私人酒庄的数量就减少了637个。卢森堡年均降水量为725毫米，频繁的降雨使在北方气候条件下原本就举步维艰的葡萄种植变得越发困难。在这片长约42千米、宽330～400米的

卢森堡的葡萄酒分级

1925年在雷米希建立的葡萄种植协会代表了卢森堡政府以品质为方向发展葡萄酒行业的决心。这个机构于1935年创立了卢森堡葡萄酒国家标志，并宣布其目标就是为消费者确保葡萄酒的产地以及对葡萄酒品质标准进行管理。

1959年，卢森堡政府采取进一步措施，以加强葡萄酒行业的品质意识。这一措施引入诸多新增等级，如Vin Classé、Premier Cru和Grand Premier Cru。1971年为了与欧洲的葡萄酒法律相一致，国家标志又进行了一些调整，自80年代起，新颁布的国家标志-命名控制就开始为葡萄酒的品质把关。葡萄酒必须先由专家进行品鉴评估，然后才能被授予国家标志和更高品质等级的标志。卢森堡的葡萄酒实行20分制分级：

<12分	Vin de Table 日常餐酒
12—13.9分	Vin de Qualité（V.d.Q.）优质葡萄酒
14—15.9分	V. d. Q.-Vin Classé 列级葡萄酒
16—17.9分	V.d.Q.-Premier Cru 一级葡萄酒
18—20分	V.d.Q.-Grand Premier Cru 特级葡萄酒

所有V.d.Q.葡萄酒必须在卢森堡装瓶，酒瓶背面还必须按规定贴上标签，注明控制编号。需要注意的是，卢森堡所有的葡萄酒都严格按照品质标准进行分级，因此评估中不考虑原产地因素。

卢森堡的主要葡萄品种

雷万尼	29.0%	减少
欧塞瓦	14.2%	大幅增长
灰比诺	13.7%	增长
雷司令	12.8%	不变
白比诺	11.0%	大幅增长
埃尔布灵	9.5%	大幅减少
黑比诺	6.8%	增长
琼瑶浆	1.5%	增长

土地上，要强调所谓的地区特色没有任何意义。但是北部的格雷文马赫（Grevenmacher）和南部的雷米希（Remich）却有着截然不同的土壤构成。北部的土壤多为介壳灰岩，河谷较为狭窄，因此出产的葡萄酒更加优雅，经过几年熟成后品质更高。而从斯塔特布雷迪米斯（Stadtbredimus）往南的地区，土壤多是红泥灰岩和黏质泥灰岩，河谷宽广，出产的葡萄酒更加饱满均衡，不过有时在风格上稍有欠缺。

卢森堡主要种植雷万尼，这种在19世纪末期培育出的雷司令和莎斯拉的杂交品种有一个更为人熟知的名字“米勒-图高”。20世纪80年代早期，雷万尼几乎占卢森堡葡萄种植面积的一半，但是从那以后，它的比例逐渐减少到现在的29%。雷万尼产量很高，虽然酿造的葡萄酒果香清淡、口感怡人，但风格平平。埃尔布灵从古罗马时期就开始在卢森堡种植，近年来因过高的酸度也备受压力。即便是在气候条件理想的时候，它也只能用于酿造轻盈的起泡酒。

卢森堡的生产商们开始坚定决心，寻找一些品质更高、更能体现当地风土特征的葡萄品种。他们选择了摩泽尔河谷地区轻盈的干型葡萄酒的原料——晚熟的雷司令，酿造的葡萄酒不仅展示了优雅和矿物特征，还散发出迷人的浓郁酒香。欧塞瓦的名气并非最大，因此它的成功多少有些令人吃惊。产自卢森堡的摩泽尔沿岸的欧塞瓦葡萄酒拥有独特的风格：酒体丰满、结构完美，还有一种柑橘的果香，完全可以看作这里的特色葡萄酒。

灰比诺是除雷司令之外卢森堡最成功的葡萄品种。它的优势在于酸度较低、香味浓郁、口感丰盈。在天气晴朗的年份，灰比诺葡萄酒特别醇厚。过去30年间，欧塞瓦、白比诺和灰比诺的种植面积都增加了1倍。黑比诺也备受欢迎，种植面积在10年中增长了10倍。琼瑶浆和霞多丽在卢森堡非常罕见。

卢森堡美丽的酿酒村庄坐落在山谷中，村庄外就是陡峭的葡萄园

合作社和独立酒庄

安（Ahn）村庄的葡萄种植户将朝向南方和东南方更为平坦的山坡分成几块大梯田进行葡萄种植

右页图：北部地区以介壳灰岩为主的土壤决定了葡萄酒的风味——口感怡人、酒体单薄

和许多其他葡萄酒产区一样，摩泽尔卢森堡产区在20世纪早期也经历了一场严峻的危机，这场危机促使酿酒合作社在一战后纷纷创立。当时，对于格雷文马赫、沃尔默丹格、斯塔特布雷迪米斯、韦伦施泰因（Wellenstein）和雷默申（Remerschen）的酒厂来说，合作意味着可以更好地解决在葡萄种植以及葡萄酒酿造和销售方面的问题。到1966年，这种合作更进一步，所有合作社都加入了摩泽尔葡萄酒酒业集团。该集团约有450位成员，葡萄种植面积占卢森堡葡萄种植总面积的3/5，不过在过去10年间，成员的数量已减少至350个，大多数葡萄园也开始实施全日制管理。今天，该集团出产的葡萄酒占卢森堡葡萄酒总产量的58%。但是在最近10年里，他们的种植面积有所减少，因为对于生产商而言，独立销售葡萄的利润更丰厚。

目前卢森堡有52家独立酒庄，它们大多用自有葡萄酿酒，地位越来越重要。这些酒庄都主要生产完全发酵的干型葡萄酒，有时也酿造起泡酒。自从1982年杜尔酒庄（Domaine Aly Duhr）引入橡木桶陈酿以来，最近几年越来越多的葡萄酒生产商开始采用这种方法，甚至冰酒也不例外。但是迄今为止，卢森堡都没有出产过迟摘或逐粒精选葡萄酒。

卢森堡葡萄酒行业的第三大重要力量是葡萄酒贸易组织，其31家酒庄的产量占了卢森堡总产量的14%。葡萄酒贸易组织还引入了起泡酒，并从20世纪20年代起开始生产这种葡萄酒。它们的葡萄主要由酒庄和签约种植户们提供。

卢森堡的起泡酒

卢森堡拥有悠久的起泡酒生产历史。正如它的邻国德国一样，卢森堡的葡萄也多由意大利北部进口。除了那些用桶内二次发酵法酿造的品牌起泡酒以外，还有一些是采用瓶内发酵法生产。真正的卢森堡起泡酒已经开始崭露头角。摩泽尔葡萄酒酒业集团也是主要的起泡酒生产商，起泡酒产量占卢森堡起泡酒总产量的3/4。由于生产条件的限制，起泡酒的原料只能是本产区的葡萄，包括埃尔布灵、白比诺、欧塞瓦、雷司令、黑比诺以及不断增多的霞多丽。此外，起泡酒必须发酵9个月后才能进行除渣。

产量和加糖

自1993年起，卢森堡开始降低葡萄酒的最高产量。雷万尼和埃尔布灵的最高产量不可超过14000升/公顷；而其他更优质的葡萄，最高产量必须低于12000升/公顷。现在卢森堡有不少生产商都后悔效仿德国“产量优于品质”的模式，而更偏向法国的种植理念，如他们的原产地控制命名体系。

欧盟对葡萄酒中添加糖或葡萄汁的数量有严格限制。卢森堡葡萄酒的含糖量最高为3.5度。但是新的法令下调了这一标准，酒精含量为9.5% vol的葡萄酒的含糖量为2.5度，而12.5% vol为酒精含量的上限。这一做法旨在鼓励生产商们改善葡萄的品质，从而酿造出酒精含量更高的葡萄酒。在卢森堡，人们已经意识到酒精含量相对较低的葡萄酒无法与国外产品相抗衡。

卢森堡的主要葡萄酒生产商

生产商：Mathis Bastian****
所在地：Remich
11.7公顷，年产量8.5万瓶
葡萄酒：Riesling，Pinot Gris，Auxerrois，Gewürztraminer，Chardonnay；Pinot Noir
这个家族酒庄在Remich和Wellenstein两地的山坡上都拥有位置优越的葡萄园。葡萄分数次以手工方式采摘。葡萄酒在不锈钢酒罐中陈酿，但是霞多丽和比诺系列使用橡木桶。

生产商：Domaine Clos des Rochers***
所在地：Grevenmacher
15公顷，年产量5万瓶
葡萄酒：Pinot Gris，Riesling，Auxerrois，Pinot Blanc
该酒庄属于Clasen家族，是最早降低产量、筛选葡萄和采用现代酿酒工艺的酒庄之一。Clasen家族还拥有一家著名的起泡酒厂Bernard-Massard。

生产商：Domaine Mme Aly Duhr****
所在地：Ahn
8.3公顷，年产量7万瓶
葡萄酒：Riesling，Pinot Gris，Pinot Blanc，Auxerrois，Gewürztraminer，Pinot Noir；Crémant
Duhr家族在Ahn地区陡峭的山坡上种植葡萄，在摩泽尔河河畔已有300多年的酿酒历史。他们的酒庄是卢森堡最好的酒庄之一，种植密度高达7500株。这些葡萄平时需要精心修剪，收获时要严格筛选。

生产商：Domaine Mathes****
所在地：Wormeldange
8.5公顷，年产量不详
葡萄酒：Riesling，Auxerrois，Pinot Blanc，Pinot Gris，Crémant

Mathes家族60%的葡萄园都种植着雷司令。得益于较低的产量，他们酿造的起泡酒和特级葡萄酒获得了无数奖项。

生产商：Domaine Sunnen-Hoffmann***
所在地：Remerschen
7.5公顷，年产量6万瓶
葡萄酒：Riesling，Auxerrois，Pinot Blanc，Pinot Gris，Gewürztraminer；Pinot Noir
这个建于1872年的酒庄拥有Remerschen、Schengen和Wormeldange地区位置最好的葡萄园。从2000年开始，酒庄采用有机种植法，并且成为卢森堡首个获得官方认可的有机酿酒厂。

生产商：Domaine Thill Frères*-******
所在地：Schengen
15公顷，年产量7万瓶
葡萄酒：Château de Schengen Pinot Gris，Pinot Blanc，Auxerrois，Riesling，Gewürztraminer
卢森堡最大的酒厂之一。这里的葡萄园土壤肥沃，收获期时执行严格的品质标准，出产的葡萄酒酒体丰满、陈年潜力强。

生产商：Les Domaines de Vinsmoselle*-****
所在地：Stadtbredimus
850公顷，年产量不详
葡萄酒：Art et Vin：Schengen Markusberg Pinot Blanc，Wormeldange Koeppchen Riesling，Crémant Poll-Fabaire
该协会最初由6家酿酒合作社创立于1966年，现在有450位成员，年产量约为800万升，是卢森堡公国最重要的静态酒和起泡酒生产商。协会生产各种葡萄酒，包括普通的雷万尼和埃尔布灵以及上乘的特级葡萄酒等。

无论是起泡酒还是静态酒，卢森堡人都是卢森堡葡萄酒最忠实的顾客。卢森堡人是全世界最主要的葡萄酒消费群体之一，人均年消费量达55.8升。虽然他们爱好美食，并且讲究葡萄酒与食物的搭配，但他们也愿意随时享用一杯葡萄酒。在咖啡馆里，葡萄酒通常装在绿色杯脚的酒杯中，这与阿尔萨斯和莱茵河沿岸的酒杯非常类似，而且葡萄酒常常在冰镇后饮用。正如阿尔萨斯人每餐都要饮酒助兴一样，卢森堡人也是如此，他们更偏爱法式生活方式。

英格兰和威尔士

虽然英格兰有许多葡萄酒爱好者和行家，但是在葡萄酒生产的舞台上，它只能算是个配角。一方面，英格兰不是主要的葡萄酒产国，但是却可以喝到来自世界各地的葡萄酒；另一方面，英格兰人钟爱自己的葡萄酒，因此尽管英格兰纬度较高，在当地恶劣的气候条件下又无法种植出高品质的葡萄，英格兰人还是坚定地酿造自己的葡萄酒，并在艰难的环境中尽全力尝试。如果英格兰的葡萄酒行业有一句座右铭的话，那么威廉·爱德华·希克森的这句话再合适不过了：初试不成功，努力勿懈怠。

从在埃塞克斯郡（Essex）和萨福克郡（Suffolk）发现的葡萄花花粉来看，人们认为早在恺撒大帝入侵和征服之前，葡萄就已被引入英国。而从原古罗马城镇遗址出土的双耳瓶来看，罗马人的入侵显然让英国的葡萄酒消费大增。虽然我们并不清楚罗马帝国时期英国是否大规模种植葡萄，但是从1995年北安普敦郡（Northamptonshire）发现的8公顷罗马时期的葡萄园看来，当时的英国一定生产了不少葡萄酒。731年，比德在他的《教会史》中写道，英国有几处地方都种植葡萄。9世纪时，阿尔弗雷德大帝的法典中也提及了葡萄园。

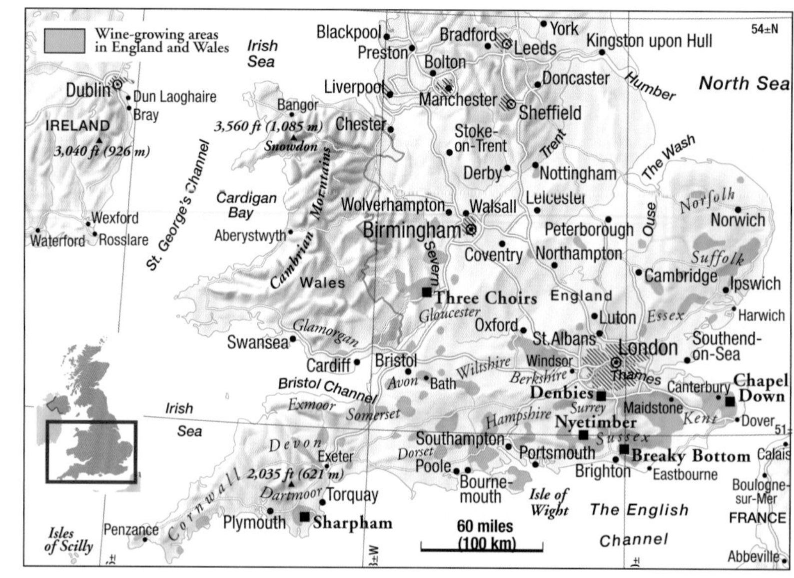

根据1086年的《末日审判书》的记载，当时英格兰拥有38个葡萄园，其中12个属于修道院。此后葡萄园无论在数量还是面积上都开始稳步增长，达到300个之多。但是在这个过程中有两个因素阻碍了葡萄酒行业的发展。第一，1152年亨利二世迎娶阿基坦的埃莉诺，促进了英格兰和法国的葡萄酒贸易。第二，黑死病的蔓延阻碍了英格兰新生的葡萄酒行业的发展。到1536年修道院被解散时，英格兰的葡萄园已几乎不复存在。

然而中世纪后英格兰的葡萄种植并没有完全停滞不前。葡萄酒酿造仍在进行，但规模甚小，更像是几个富有地主的业余爱好。1946年化学研究员雷·巴林顿·布罗克在其位于萨里郡（Surrey）奥克斯特德镇（Oxted）的1.6公顷花园中开创了现代葡萄酒酿造业。1951年英格兰现代史上第一个商业葡萄园由盖伊·索尔兹伯里-琼斯在汉普郡（Hampshire）的翰伯顿（Hambledon）建立。这位富有开拓精神的少将马上有了许多热情的追随者，虽然他们既没有葡萄种植方面的经验也没有酿酒方面的经验。这一时期的葡萄酒主要是由一些德国杂交品种所酿造，这些葡萄种植在英格兰海洋性气候的寒冷土地上，生产的葡萄酒具有德国葡萄酒的风格。

20世纪70年代早期，英格兰的葡萄品种大

圣乔治酒厂（St. George's Winery）的葡萄园位于东萨塞克斯（East Sussex），葡萄园种植密度高，但所有葡萄树都受到悉心照料。这里最著名的是米勒-图高葡萄酒，口感清新、果味芳香

位于汉普郡的翰伯顿酒庄的葡萄进入采摘期

幅增加，1985年英格兰葡萄园面积已达430公顷。1992年6月10日标志着英格兰葡萄酒走向成熟，这一天女王在国宴上用1988年产的彻丁斯顿比诺酒（Chiddingstone Pinot）招待法国总统密特朗。2006年英格兰的葡萄园面积达到923公顷，其中747公顷的葡萄园每年可出产200万瓶葡萄酒。英格兰的葡萄酒也逐渐从早期与德国风格类似的葡萄酒发展成使用香槟法酿造的起泡酒、干白葡萄酒（一些用橡木桶陈酿，一些则不用）、贵腐葡萄酒和橡木桶熟成的红葡萄酒。

虽然英格兰和威尔士的葡萄园面积平均只有2.6公顷，生产的葡萄酒直接出售给游客，但是也有不少种植户把他们的葡萄卖给酒厂和酒庄，如萨里郡杜金（Dorking）的丹比斯（Denbies）酒庄、肯特郡（Kent）坦特登（Tenterden）的查普尔·道恩（Chapel Down）酒庄和格洛斯特郡（Gloucestershire）纽恩特（Newent）的三大唱诗班（Three Choirs）酒庄。英格兰和威尔士的362个葡萄园主要集中在气候较温暖的南部地区，特别是伦敦周围的东萨塞克斯郡、西萨塞克斯郡（West Sussex）和肯特郡。最北的葡萄种植区是接近北纬55度的杜伦（Durham）。虽然英格兰低于1000小时的日照水平不适合葡萄种植，但是温暖的墨西哥湾洋流却能缓和北方严峻气候的影响。根据英格兰的地理条件，在朝南的葡萄园中种植抗病能力强的早熟葡萄至关重要，与此同时种植区域的地形最好能抵御春冻、晚霜和大风，降水量要相对稀少，海拔不超过100米。实际上，英格兰的葡萄往往要到10月末或11月初才

进入收获期。

现在说英格兰的葡萄酒具有独特的地域风格也许为时过早，但是英国葡萄园协会有6个地区协会成员。东南协会包括东西萨塞克斯郡和肯特郡的葡萄园。这些地区相对温暖，土壤以石灰岩和白垩土为主。韦塞克斯（Wessex）协会包括南部海岸地区气候更为温和的多塞特郡（Dorset）、汉普郡和威尔特郡（Wiltshire）以及怀特岛（Isle of Wight）。西南和威尔士协会覆盖了不列颠岛的西端，这里常有从大西洋吹来的西风，气候潮湿。泰晤士和齐尔特恩（Thames & Chiltern）协会包括伦敦周边的伯克郡（Berkshire）、白金汉郡（Buckinghamshire）、伦敦西区（London West）和牛津郡（Oxfordshire），是整个英国最温暖的地区。东安格利亚（East Anglia）协会由东部海岸各郡组成，这里地势平坦、多风。最后是麦西亚（Mercia）协会，涵盖北部和英格兰中部地区。

丹比斯位于伦敦西南部的萨里郡，是英格兰最大的酒庄之一。这里拥有最先进的技术，葡萄采摘由机械完成。

希登春天（Hidden Spring）酒庄位于黑斯廷斯（Hastings）和南部海岸不远处，除了风格现代的红葡萄酒，这里的白谢瓦尔也品质优秀

请不要将英格兰葡萄酒与用进口葡萄浓缩汁酿造的英国葡萄酒相混淆，英格兰葡萄酒是由产自英格兰的葡萄所酿造。英格兰大多数葡萄都是早熟品种，其中种植最广的是米勒-图高，通常可以酿造出花香浓郁的干型或半干型葡萄酒。紧随其后的是雷昌斯坦纳和杂交品种白谢瓦尔，后者很适合在英格兰的气候条件下生长，出产的干白葡萄酒若不用橡木桶陈年，风格类似长相思葡萄酒，反之则像勃艮第葡萄酒。但是由于欧盟的优质葡萄酒体系中不包括杂交葡萄品种，英格兰的葡萄酒行业要想获得欧盟的认可难度不小。巴克斯、胡塞尔和舍恩伯格主要用来酿造芳香的白葡萄酒，其中巴克斯葡萄酒品质最为出众。玛德琳安吉维也是很受欢迎的白葡萄品种，生产的葡萄酒有时独具特色。但是2000年年中时发展最快的葡萄品种是霞多丽和黑比诺，它们几乎全部都用于生产起泡酒。

英格兰和威尔士有29种不同的酿酒葡萄，

大多数由德国葡萄杂交而成，也有一些如霞多丽、黑比诺甚至赤霞珠这样的优秀品种。霞多丽和黑比诺主要用于两个起泡酒酒庄——尼丁博（Nyetimber）和山景（Ridgeview）的起泡酒生产。的确，有人认为英格兰葡萄酒的未来取决于起泡酒。至于赤霞珠，它和梅洛一起种植在德文郡（Devon）的夏普汉姆（Sharpham）葡萄园的聚乙烯通道温室里，混酿后在法国橡木桶中陈年，出产的红葡萄餐酒酒体轻盈，极似卢瓦尔河河谷或新西兰葡萄酒。

英格兰的主要葡萄酒生产商

生产商：Camel Valley Vineyard***
所在地：Nanstallon，Bodmin，Cornwall
面积不详，年产量18万瓶
葡萄酒：sparkling wines，Bacchus，Atlantic Dry，Rosé，Red
这个位于英格兰西部的酒庄建于1989年，周围风景如画。酒庄属于Lindo家族，重视葡萄酒品质和国际声誉。除了生产各种葡萄酒以外，酒庄还开展观光游览以吸引客人。其最著名的产品是白起泡酒和桃红起泡酒。

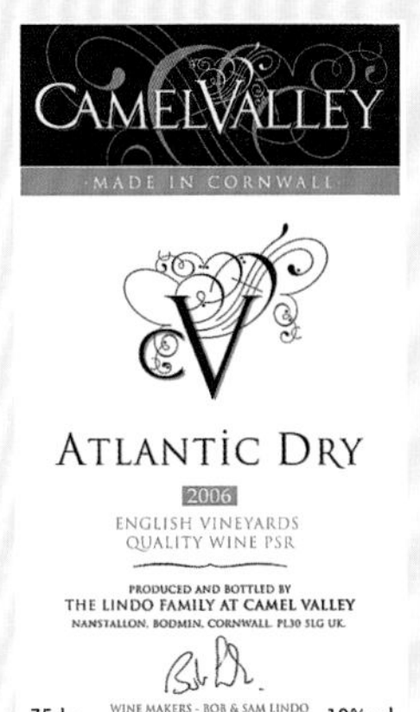

生产商：Chapel Down-*****
English Wines Group（EWG）
所在地：Tenterden，Kent
11公顷以及140公顷的合同葡萄园，年产量55万瓶
葡萄酒：Pinot Blanc，Bacchus，Schönburger，Reichensteiner，Pinot Noir
英格兰葡萄酒集团（English Wines Group，简称EWG）与英格兰东南部的种植户一起，为我们酿造了不少优质的葡萄酒，包括干白葡萄酒、桃红葡萄酒、红葡萄酒以及产自Lamberhurst、Tenterden、Hush Heath和Chapel Down酒庄的起泡酒，还有一系列啤酒。EWG集团成立于2001年，是英格兰唯一上市的葡萄酒公司。

生产商：Denbies**
所在地：Dorking，Surrey
107公顷，年产量45万瓶
葡萄酒：20 different grape varieties，including Dornfelder，Pinot Noir；Surrey Gold，Special Late Harvest
该酒庄由White家族创立于1986年，是英格兰最大的酒庄之一，其游客中心和纳帕谷风格的酒窖都位于Dorking附近的山区。在Marcus Sharp和Sue Osgood的管理下，酒庄生产多种不同风格的葡萄酒，包括红白日常餐酒、白起泡酒和桃红起泡酒。酒庄全年开放，既提供室内的葡萄酒体验之旅，也有户外的葡萄园观光。

生产商：Nyetimber****
所在地：West Chiltington，West Sussex
107公顷，年产量6万瓶
葡萄酒：Chardonnay，Pinot Meunier，Pinot Noir，Première Cuvée，Blanc de Blanc Brut，Classic Cuvée
这个中世纪的酒庄曾由来自芝加哥的Stuart Moss和Sandy Moss修复，现属于Eric Heerema。酒庄位于南部海岸气候温和、地势起伏的山区，葡萄种植严格按照香槟生产的要求，在英格兰开创了先例。酒庄出产的起泡酒用香槟的原料——霞多丽、黑比诺和莫尼耶比诺以及5年的酵母酿造而成，品质卓越。最近推出的年份酒在国内外都获得了认可。

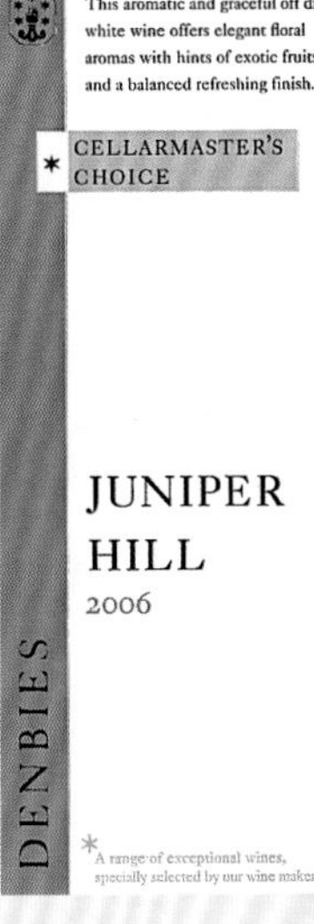

生产商：Ridge View Wine Estate****
所在地：Ditchling Common，East Sussex
8公顷，年产量8万瓶
葡萄酒：Blanc de Blancs，Blanc de Noirs
Mike Roberts及其儿子Simon修整了这个获奖无数的酒庄，并且用各种基酒和经典的香槟原料生产出品质一流的起泡酒。他们使用传统的方法酿造了一系列共8种不同的葡萄酒，还计划在2010年将产量提高到2.5万瓶。酒庄在7年间共获得国内外80多块奖牌和15个奖杯。

生产商：Sharpham**
所在地：Dart Valley，Devon
3.4公顷，非自有葡萄，年产量12万瓶
葡萄酒：Madeleine Angevine，Dart Valley Reserve，Sharpham Red，Beenleigh Red
该酒庄建立于1982年，创始人Maurice Ash是一名慈善家，于2003年过世。酒庄出产一系列白葡萄酒以及一款产自富含火山岩和铁的红土的上乘红葡萄酒。

生产商：Three Choirs**
所在地：Newent，Gloucestershire
30公顷，年产量36万瓶
葡萄酒：Phoenix，Premium Selection；Classic Cuvée
酒庄建立于1973年，是英格兰少数几个进行商业规模酿酒的酒庄之一。这里生产16种不同的干白葡萄酒、桃红葡萄酒和起泡酒，而其中一个系列的起泡酒只在酒庄自己的葡萄园商店中出售。酿酒师Martin Fowke和葡萄酒专家Mike Garfield一同确保了这个酒庄在英国恶劣的气候条件下也能酿造出高品质的葡萄酒。酒庄中还有一个餐厅、一家酒店和一个小型啤酒厂。

西班牙

西班牙

位于赫雷斯-德拉弗隆特拉（Jerez de la Frontera）附近的圣克里斯托巴尔酒庄（Finca San Cristóbal）

西班牙葡萄酒生产的历史可以追溯至公元前2000年。腓尼基人于公元前1900年在西班牙建立了据点，并留下了最早的踪迹。而最早出现的关于大规模系统葡萄种植的记录可追溯到公元前700年希腊对西班牙的殖民时期。在今吉罗纳省（Girona）的玫瑰湾（Bay of Roses）附近，希腊人建立了古城阿姆普利斯（Empúries）。今天，人们普遍认为高品质葡萄酒产区阿姆普丹-布拉瓦（Empordà-Costa Brava）是西班牙酿酒葡萄的真正发源地。

在加泰罗尼亚、纳瓦拉、里奥哈和瓦尔德佩涅斯（Valdepeñas）至今还能找到大型葡萄压榨设备的遗迹。葡萄汁在岩石凿成的池中发酵，然后流经岩石管道，进入陶制容器。这种方法今天仍在使用，尤其在里奥哈，生产商以传统方式在砖砌或石凿的露天池中发酵他们的葡萄酒。

几个世纪后，罗马人实现了西班牙葡萄酒生产工业化，并将各省的葡萄酒销售到整个地中海区域。罗马帝国灭亡后西哥特人又开始统治西班牙，之后的阿拉伯征服者虽然没有大力提倡，但也允许在他们基督教的领地上继续生产葡萄酒。阿拉伯人将蒸馏出的酒精用于医疗，而且相关文学作品中多次提到葡萄酒能产生令人愉悦的感觉，可见阿拉伯人在西班牙统治时期并没有严格遵守伊斯兰教义的戒酒规定。

从基督徒与阿拉伯人武装冲突直到1492年摩尔人最终被击败、基督徒收复伊比利亚半岛这一时期，葡萄树是唯一幸免破坏的植物，因为葡萄树的根系在干燥气候下分布较广，极难去除。

早期的赫雷斯

赫雷斯和马拉加早在16世纪就已形成重要的市场，并扩展至西班牙以外的地区。在免税的诱惑下，第一批外国商人进驻现在的曼赞尼拉雪利酒之都——桑卢卡尔-德·巴拉梅达（Sanlúcar de Barrameda）。雪利酒这种西班牙具有代表性的出口产品成为当时英国皇室最喜爱的饮品。18世纪末，这种喜爱得到了回报。在这一时期，知名公司奥斯本和嘉味成立。

西班牙最新葡萄酒法律和品质等级

酒庄葡萄酒（Vino de Finca）
最新划分的一个等级，字面意思为“酒庄葡萄酒”。该类别的葡萄酒必须产自酒庄的自有葡萄园，酒龄达5年以上，并且酒庄享誉国际至少10年。迄今为止，普里奥拉托优质法定产区的摩卡多酒庄（Clos Mogador）生产的葡萄酒是唯一晋升该级别的葡萄酒。

非法定产区特殊顶级葡萄酒（Vino de Pago）
仅次于第一等级，酒庄只选用自有葡萄，并且酒窖必须位于酒庄中或紧邻酒庄。瓦尔德布萨（Dominio de Valdepusa）和埃斯雷（Finca Elez）是首批列入该等级的酒庄。

优质法定产区葡萄酒（D.O.Ca.）
优质法定产区是满足某些严格条件的法定产区，出产的葡萄酒品质可靠。目前里奥哈和普里奥拉托属于优质法定产区。

法定产区葡萄酒（D.O.）
根据种植、陈年等方面的规定划分，目前共有63个法定产区，由监管委员会监管控制。

特定产区葡萄酒（I.G.）
葡萄酒必须标明产地，并且符合产地葡萄酒的品质、外观和特征方面的要求。这一等级属于D.O.的预备阶段。

地区餐酒（V.T.）
该级别的餐酒产自特定的命名区域，对所使用的葡萄品种、最低酒精度和产量均有规定，但标准低于D.O.等级。

普通餐酒（Vino de Mesa）
相当于欧盟的餐酒，是最普通的葡萄酒类别，允许不同地区出产的葡萄酒混合，无须标注年份和产地。

酒庄和合作社

此时，卡斯蒂利亚（Castile）的种植区域声名鼎盛。一时间，镇上的酒厂达500家之多。1850年，卢西亚诺·莫瑞塔首次采用大桶发酵法生产出了“现代里奥哈葡萄酒”，成就了一个成功故事。1872年，约瑟·拉文托建立了科多纽（Codorníu）起泡酒厂。1930年之后，第一批法定产区得以划分：赫雷斯（1935）、马拉加（1935）和蒙蒂利亚-莫里莱斯（Montilla-Moriles，1945）。20世纪20年代，里奥哈还只是受到临时监管，直到1947年才成为现在意义上的法定产区。

在1939年结束的内战中，弗朗哥（Franco）的军队获得了胜利，西班牙葡萄酒行业的发展一度受阻。为了挽回颓势，人们采取更为有效和经济的方式大规模生产葡萄酒。在这一时期，不仅出现了中上等酒庄，合作社也纷纷建立。

要了解西班牙的葡萄酒现状，必须认识到，即使现在也只有少数葡萄酒生产商销售自己的产品。优质法定产区里奥哈或赫雷斯已经被传统的大型酿酒厂所控制，它们只拥有小片种植区域，需要通过与当地的种植户签订合同来获取葡萄甚至新酒。传统上，除了葡萄酒酿造，这些酒庄认为它们的工作主要是大桶发酵和瓶内陈年。这样，它们就能满足西班牙葡萄酒消费者的需求，每年生产出品质如一的成熟葡萄酒。

大型酒庄所使用的大量木桶使它们有更多的机会去混酿葡萄酒，这样能够确保每年出产的葡萄酒品质尽可能地保持一致。它们还严格控制陈酒的添加量。在西班牙北部的许多葡萄酒商店里，人们更注重葡萄酒的成熟度而不是年份，因此酒标上通常会标注“第五年葡萄酒”，具体年份只出现在背标上。另一方面，合作社只将少量的葡萄酒装入木桶中陈年，它们更倾向于为品牌生产商供货以及销售简单的新酒。

酒庄和合作社之间曾经鲜明的区别如今已逐渐模糊。几乎所有的酒庄都已发展成为现代酒厂，并试图赋予自己的葡萄酒年份特色。只有一个特点被保留至今，那就是它们都使用非自有葡萄酿酒；合作社也是如此。现在合作社大多都通过木桶陈年以生产优质葡萄酒。而自己灌装葡萄酒的种植户们也有了明显的改变。他们在过去10年间为西班牙葡萄酒的品质改革做出了重大贡献，推出了数种顶级特色葡萄酒，为整个西班牙葡萄酒行业，尤其是为传统大型酒厂指明了方向。

历史悠久的孔蒂诺（Contino）酒庄及其雄伟的酒窖坐落在埃布罗河弯道上，邻近洛格罗尼奥（Logroño）。这里出产一款酒庄装瓶的上乘里奥哈葡萄酒

城堡概念是另一个新的发展趋势。大量生产商参考法国模式相继成立，他们坚持选用自有葡萄酿酒。纵观西班牙葡萄酒历史，土壤质量和地理条件并没有重要的参考价值，但这却是未来发展的关键，因为欧洲其他国家在地理条件和土壤质量上都无法与西班牙相比。

产酒大国

一提起西班牙的葡萄酒生产，人们就会想到两点。首先，西班牙拥有世界上最大的葡萄种植面积，达117万公顷；15年前，这个数字更是高达150万公顷。其次，西班牙是最重要的出产葡萄酒的山区国家。在欧洲，只有瑞士和奥地利的山脉比西班牙多，这自然会影响葡萄的种植。这在一定程度上说明了为什么西班牙葡萄酒年产量高达35亿升，却不属于主要的葡萄酒产国，其平均每公顷土地的产量与西欧其他葡萄酒产国相比小得多。

有人认为，在阳光明媚的西班牙种植葡萄轻而易举，然而事实并非如此。在一些干旱地区无法进行高密度种植，而在贯穿整个西班牙中部的丘陵高地，葡萄树的嫩芽容易遭受春冻。西班牙葡萄和其他各种葡萄一样，易受寒冷和干旱的影响。因此对于国土面积如此辽阔的西班牙，产量较低也不是那么难以理解。

“经过磨炼的葡萄才能酿造出优质的葡萄酒”，这句谚语至今仍然适用。因此，西班牙的生产商们早晚会抓住机遇，生产出高品质的葡萄酒。20世纪80—90年代，西班牙的葡萄种植经历了一段现代化改造时期。整个葡萄酒生产都把焦点集中在品质的提升上，同时推动并鼓励一些较小的葡萄酒产地严格生产符合法定产区规定的优质葡萄酒。1987—1997年，通过这种方式形成的新法定产区有20多个。许多被遗忘已久的传统葡萄品种得以保存，使用创新窖藏技术酿造的葡萄酒品质达到前所未有的高度。西班牙的葡萄酒种类发生了翻天覆地的变化，今天，67个法定产区生产的葡萄酒种类之多令人叹为观止。

采用传统高杯式修剪法的葡萄树通常比较低矮，虽然可以降低风力的影响，但也意味着收获葡萄时更加劳累

位于佩内德斯（Penedès）地区圣萨杜尔尼德阿诺亚镇（Sant Sadurní d'Anoia）的菲斯奈特（Freixenet）酒庄已成为世界主要的起泡酒生产商

不只是地中海气候

西班牙法定产区的划分简单但不完整，因为在这些法定产区之外又出现了品质一流的餐酒。为了更好地理解，我们大致了解一下西班牙的几个气候带。西班牙共有三种气候：大西洋气候、大陆性气候和地中海气候，这三种气候的相互作用导致了西班牙葡萄的多样性。此外，西班牙还有许多气候带相互重合的区域，以及伊比利亚半岛极其复杂的地势所形成的小气候带。

北部的坎塔布里亚山脉形成的天然屏障能保护西班牙内陆地区不受大西洋潮湿气流的影响。同样，莫雷纳山可以防止首都马德里南部广阔的拉曼查平原受地中海气候的影响。拉曼查的葡萄酒产量几乎占西班牙总产量的一半。位于上述两个山脉之间的区域，主要指卡斯蒂利亚-拉曼查（Castile-La Mancha）、卡斯蒂利亚-莱昂

（Castile-León）和阿拉贡，严酷的大陆性气候在这里横行肆虐。而直布罗陀以西，大西洋气候再次占主导地位，赫雷斯因而成为一个中间区域，其独特的气候正适合生产雪利酒。

在东部，由于山脉一直延伸到海岸，因此受地中海影响的气候带非常狭窄。不过在这个屏障中也有缺口，如埃布罗峡谷能将温暖的气流引入内陆。这就形成了里奥哈地区独特的气候条件，大西洋、地中海和大陆性气候在这里交汇。纳瓦拉的气候也很复杂。这里分布着一些小片孤立气候带，如卡斯蒂利亚-莱昂的托罗产区雨量极低。不过，气候条件对葡萄酒的影响有限，葡萄酒的区别主要在于使用的葡萄品种。

里奥哈受大西洋气候影响，出产的葡萄酒不同于大家常见的口感强劲、色泽鲜红的葡萄酒。在杰出的年份，它们具有较强的陈年潜力。纳瓦拉和索蒙塔诺（Somontano）也是如此。在西班牙西北部以及卡斯蒂利亚-莱昂西北部比埃尔索（El Bierzo）的过渡区域，出产的红葡萄酒果香浓郁。马德里北部的高原上种植的高品质葡萄又是一种截然不同的品种。它们的特点在于口感醇厚，酒精含量高。杜罗河谷出产的葡萄酒品质更是毋庸置疑。加泰罗尼亚以卡瓦起泡酒而闻名，不过这里柔和的地中海红葡萄酒、成熟的霞多丽以及丰腴的普里奥拉托也家喻户晓，这些都是西班牙最受欢迎的葡萄酒。

再往东南，你就可以在西班牙葡萄酒历史中穿行。这里拥有由麝香、莫纳斯特雷尔和玛尔维萨酿造的各种甜葡萄酒。其中一些仍然保持着300年前的制作工艺，当时它们曾与安达路西亚出产的葡萄酒一起进贡给欧洲的皇室。瓦伦西亚和穆尔西亚（Murcia）的高地出产大量的红葡萄酒，通常作为混酿酒的原料。过去几年，老葡萄藤为土壤提供了充足的养分，为红葡萄酒品质的提升奠定了基础。胡米利亚（Jumilla）产区是这一发展趋势的先锋。

拉曼查地区向南延伸至横断卡斯蒂利亚的

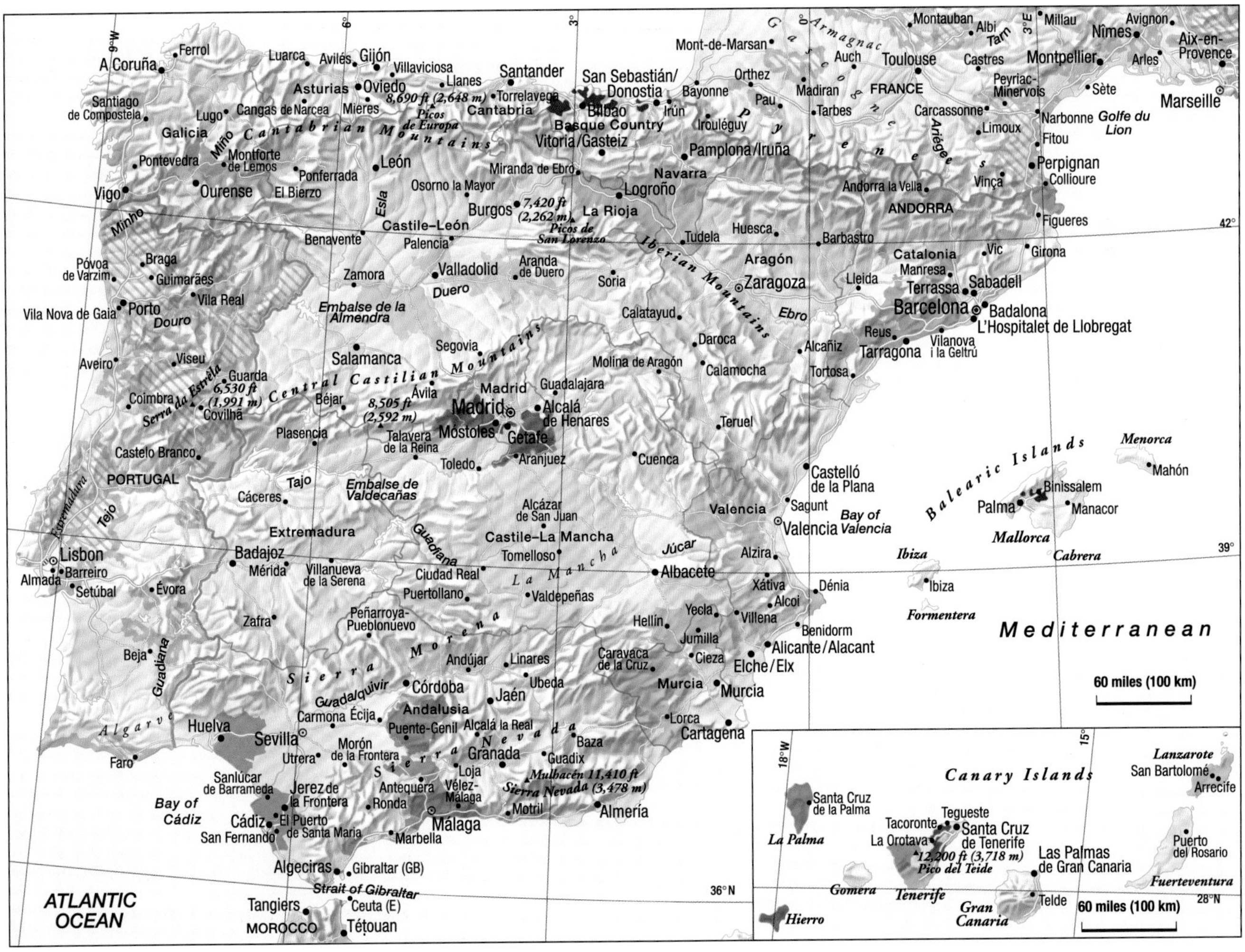

山脉，除了主要用于出口的优质香槟基酒之外，还出产纯净、清淡的白葡萄酒和柔和、易饮的红葡萄酒。白葡萄依然是这里的主打品种，占葡萄种植面积的70%。瓦尔德佩涅斯法定产区位于拉曼查南部，出产的红葡萄酒酒体丰满、口感柔顺，采用真正的西班牙方式在木桶中充分陈年。

安达路西亚的葡萄酒与众不同。加的斯省（Cádiz）的特产——菲诺、曼赞尼拉和欧罗索（Olorosos）雪利酒品质出众，完全是大自然的杰作。海风、酵母花、添加的蒸馏酒以及从一排木桶垂直倒入另一排木桶的熟成方式提升了葡萄酒的水准，使它们不再只是简单的开胃酒。马拉加的甜葡萄酒不应遭受廉价量产酒的污名。这里的生产商也在努力改善葡萄酒的品质。

西南部的埃斯特雷马杜拉（Extremadura）在现代和传统风格间摇摆不定。这里的葡萄酒大多比较简单，但口感顺滑丰醇，符合大众心目中西班牙葡萄酒的形象。埃斯特雷马杜拉的土壤结构千差万别，因此种植的葡萄品种也纷繁复杂。这个地区虽然暂处劣势，却代表了西班牙葡萄酒行业的未来。大西洋和地中海群岛的情况也是如此。巴利阿里群岛（Balearic Islands），特别是

安达路西亚地区的首府加的斯是雪利酒的故乡，这里至今仍能感受到弗朗西斯·德雷克那一场劫掠带来的影响。1587年，他从港口截获了2900桶出口雪利酒，并用抢来的货船运往英国。这些雪利酒在英国大受追捧

其中的马略卡岛，拥有出产纯正葡萄酒的理想气候和土壤，但是许多生产商也不清楚这里到底存在多少种葡萄，他们已经开始发掘这一潜力。似乎已经过时的经典红葡萄酒经过现代品质的改良增添了许多特性。加那利群岛（Canary Islands）出产的部分甜葡萄酒品质上乘。如果葡萄酒的品质更加一致，对葡萄品种的研究更加深入，这里的情况将会比较乐观。橡木桶陈年的葡萄酒非常稀有；无须陈年的浅龄酒正大受欢迎。然而，潜力是无穷的。

西班牙葡萄品种

西班牙葡萄品种繁多复杂，连专家也未能梳理清楚。在这些葡萄品种中（据估计多达600个品种），约有15个真正具有西班牙风格，种植面积占西班牙葡萄种植总面积的75%。不仅各地区对葡萄品种的称呼不尽相同，就连用相同葡萄品种酿造的葡萄酒也因为气候和土壤因素而千差万别。

排名最前的是西班牙最出色的两个红葡萄品种：添普兰尼洛和歌海娜。前者在杜埃罗河岸被称为Tinta del País，在拉曼查和瓦尔德佩涅斯被称为Cencibel，而在加泰罗尼亚被称为Ull de Llebre。

西班牙大多数顶级葡萄酒都使用添普兰尼洛酿造，这种葡萄带有浓郁的樱桃、覆盆子和黑莓的果香，单宁结构平衡，能在橡木桶中完美熟成。这个西班牙最高贵的葡萄是里奥哈、杜埃罗河岸、瓦尔德佩涅斯和佩内德斯的主要红葡萄品种，而且在一些小型的法定产区也占主导地位。

歌海娜是西班牙种植最广泛的红葡萄品种，遍及全国各地。不过，它主要分布在里奥哈、纳瓦拉、博尔哈（Campo de Borja）、卡利涅纳（Cariñena）、卡拉塔尤德（Calatayud）、马德里以及加泰罗尼亚塔拉戈纳省（Tarragona）的法定产区。直到现在，专家还因这个品种容易氧化而对其评价不高。但它非常适合酿造桃红葡萄酒。法定产区普里奥拉托出产的优质葡萄酒曾使该品种一夜成名，因此人们对它的兴趣越来越浓厚。歌海娜葡萄中草莓和覆盆子的味道糅合其间，又透出一丝辛香，形成了独特的风味。一些法国葡萄酒爱好者将这种来自西班牙的葡萄品种称为“Grenache”，法国的教皇新堡产区就出产出色的歌海娜葡萄酒。

其他重要的本地红葡萄品种包括佳丽酿、格拉西亚诺、托罗红、门西亚、莫纳斯特雷尔和博巴尔（Bobal）。后三种葡萄酿造的葡萄酒品质优秀，但是和歌海娜一样，它们也容易迅速氧化，很难在橡木桶中陈年。因此，葡萄酒生产商通常会加入更为稳定的品种以弥补这个缺点。这些葡萄的潜力还未能完全开发，相信将来一定能酿造出适合陈年的葡萄酒。

事实上已经有成功用橡木桶陈年的莫纳斯特雷尔葡萄酒。这些葡萄产自有多年树龄的葡萄藤，并且产量较低，单宁结构稳固，在西班牙能找到许多这种葡萄树。赤霞珠、梅洛和西拉是法国三种最重要的红葡萄品种，已经适应了西班牙许多地区的环境，多年来生产出了不俗的单一品

西班牙有几百个葡萄品种

种葡萄酒和混合葡萄酒。西班牙的赤霞珠葡萄酒口感柔和，而在地中海区域，赤霞珠几乎总能完全成熟，浓郁的单宁可提升它的复杂性，但是产量高时口感会过于圆润而失去特色。在赤霞珠未被大量种植的地区，其酿造的葡萄酒品质更高。顶级的西班牙赤霞珠丰盈、醇厚。

西拉葡萄值得我们特别关注。西班牙葡萄酒生产商花了很长时间才认识到这个原产中东的葡萄品种在西班牙的某些地区能酿造出卓越的葡萄酒，如普里奥拉托、卡斯蒂利亚-拉曼查以及佩内德斯和黎凡特地区的丘陵高地。目前，西拉只在小范围内种植，但是它在西班牙红葡萄酒生产中的地位将越来越重要。

白葡萄酒

白葡萄有两个代表品种，加利西亚地区的阿尔巴利诺和卡斯蒂利亚卢埃达（Rueda）产区的弗德乔，它们都是新近成名的品种。虽然未被广泛种植，但是它们的潜力和特色使它们成为西班牙白葡萄品种的典范。弗德乔酿造的葡萄酒回味悠长、酸度适中、甘油含量高，并且带有优雅的柑橘香。这种葡萄酒的魅力并非来自于它的果香，而是来自于其中的矿物风味、一丝茴香口感和清淡的辛辣余味。酒香和口感的独特组合赋予了弗德乔与众不同的风格，使其在欧洲白葡萄品种中脱颖而出。它是卡斯蒂利亚卢埃达法定产区的主要品种。

阿尔巴利诺葡萄酒则以杏、猕猴桃和百香果的味道而著称。阿尔巴利诺是加利西亚下海湾法定产区的主要葡萄品种。

最常见的白葡萄品种为阿依仑和维奥娜（又名马卡贝奥）。阿依仑产自世界上最大的葡萄酒产区拉曼查，也是世界上种植最广泛的白葡萄品种。阿依仑葡萄的品质与种植区域关系不大。在现代科技的帮助下，这个品种可出产相当不错的浅龄酒。

相对而言，维奥娜的品质更胜一筹。它可作为基酒用于酿造卡瓦葡萄酒和一些上乘的白葡萄酒。在里奥哈、纳瓦拉、西班牙西南部新的法定产区瓜迪亚纳河岸（Ribera del Guadiana）以及莱里达（Lleida）的塞格雷河岸（Costers del Segre），维奥娜都长势良好。其种植范围可与歌海娜比肩。维奥娜葡萄酒口感怡人、酸度适中，

添普兰尼洛是西班牙的顶级葡萄品种，常用来酿造里奥哈和杜埃罗河岸的优质葡萄酒

阿尔巴利诺是加利西亚地区的顶级葡萄品种，酿造的下海湾葡萄酒享誉盛名，是清新与强劲完美结合的典范

在真正的潜力未被开发之前，帕洛米诺毫不起眼。加入雪利酒酵母花之后，该品种才展现出其独特的魅力

带有一丝花果香。

甘甜和辛香的葡萄品种

赫雷斯、科尔多瓦（Córdoba）、马拉加和韦尔瓦（Huelva）的葡萄品种值得一提。帕洛米诺葡萄生长在加的斯省赫雷斯-德拉弗隆特拉地区附近的白色石灰质土壤中。蒙蒂利亚-莫里莱斯出产的葡萄酒大多由著名的佩德罗-希梅内斯酿造，而马拉加的部分优质葡萄酒使用风干的麝香葡萄。西班牙出产两种麝香葡萄。大果粒麝香即分布遍及世界各地的亚历山大麝香，用于酿造黎凡特和马拉加地区著名的甜葡萄酒。由于日照充足，这种葡萄酒口感极为醇厚芳香。而纳瓦拉出产的小果粒麝香则更为细致，酸度更高，该地区优质高雅的麝香葡萄酒就是最好的证明。

以上列举的只是西班牙葡萄品种中的一部分。在一些岛屿、湿润的加利西亚或炎热的黎凡特都可以找到较为稀有的葡萄品种。它们通常用于酿造特酿酒或混酿酒，但是依然可以在舌尖上感受到它们的存在。后面的章节将会探讨这些品种和其他更出名的葡萄品种。

加泰罗尼亚

在西班牙葡萄酒跌宕起伏的历史上，加泰罗尼亚数次成为重大发展的起源地。考古发现证明，希腊人在今阿姆普丹-布拉瓦法定产区酿造了西班牙的第一瓶葡萄酒。产自阿雷亚（Alella）法定产区的葡萄酒当年就深受罗马皇帝们的喜爱，在罗马帝国声名显赫。100多年前，西班牙佩内德斯地区开始进行现代葡萄种植，同时借鉴法国香槟酒的工艺，引进瓶内发酵法生产卡瓦起泡酒。20世纪70年代，加泰罗尼亚的葡萄酒新锐终于为科学的现代葡萄酒生产奠定了基础，并设立了沿用至今的技术标准。因此，从技术创新到进入顶级产区行列，加泰罗尼亚耗时如此之长令人费解。大量葡萄酒生产商兢兢业业，然而出众的葡萄酒却屈指可数，直到最近这种状况才得以改善。现在，加泰罗尼亚出产的一些葡萄酒品质卓越。

加泰罗尼亚的葡萄酒可以代表西班牙其他地区的葡萄酒，全球的葡萄酒大师们将加泰罗尼亚的葡萄酒视为衡量整个西班牙葡萄酒的标准。这主要因为加泰罗尼亚是世界上最具活力的葡萄酒产区之一。最近，这里开始推行综合性法定产区，无论在西班牙还是国外，综合性法定产区都是葡萄酒产区的梦想，它是包括9个独立葡萄酒法定产区的加泰罗尼亚“指定产区优质葡萄酒”（V.C.P.R.D.）组织。综合性法定产区能确保来自特定产区的葡萄酒品质优良。虽然它倾向于维护跨国大生产商的利益，但普里奥拉托等地坚定的葡萄酒生产商们仍在努力争取获得其认可和保护。

佩内德斯地区的葡萄园分布在加泰罗尼亚最重要的圣山蒙特塞拉特山脚下，这里不仅出产远近闻名的卡瓦起泡酒，还出产顶级干葡萄酒

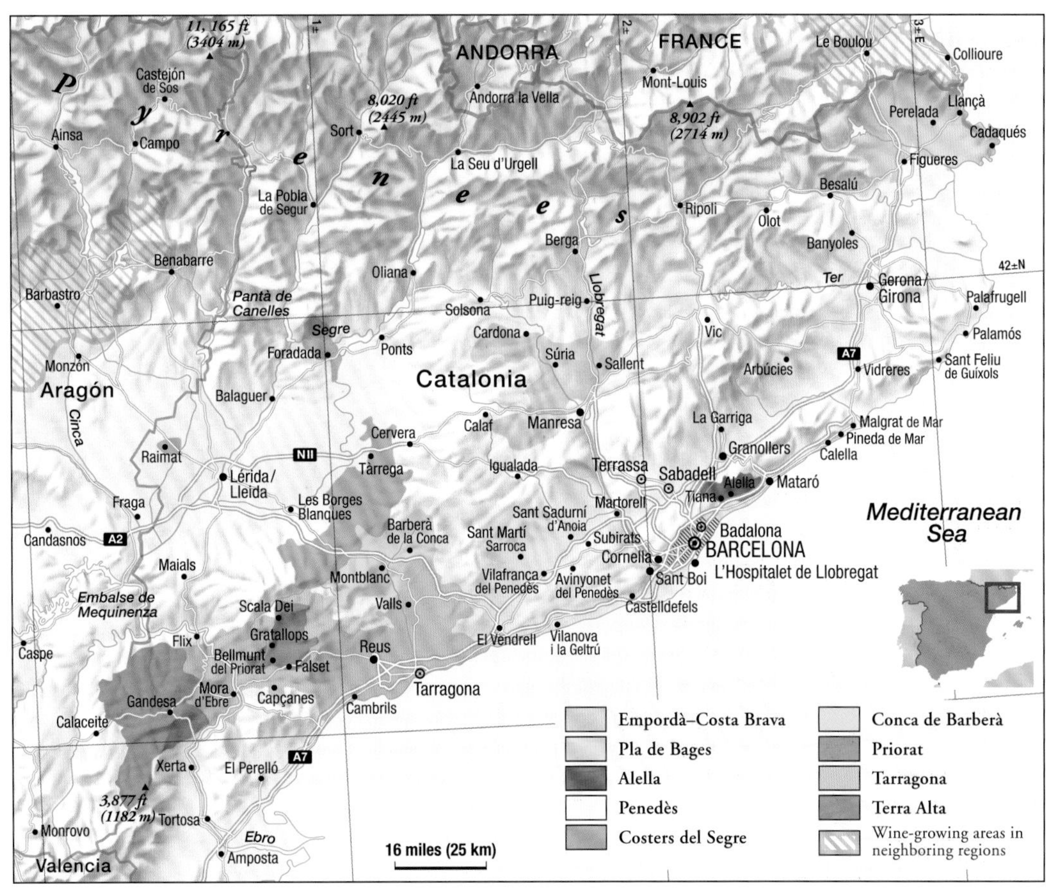

11,165 ft (3404 m)
8,020 ft (2445 m)
8,902 ft (2714 m)
3,877 ft (1182 m)
ANDORRA
FRANCE
Le Boulou
Collioure
Castejón de Sos
Andorra la Vella
Mont-Louis
Perelada
Llançà
Cadaqués
Ainsa
Campo
Sort
La Seu d'Urgell
Figueres
P y r e n e e s
La Pobla de Segur
Ripoll
Besalú
Olot
Banyoles
Berga
Benabarre
Oliana
Ter
Gerona/ Girona
Palafrugell
Barbastro
Pantà de Canelles
Solsona
Puig-reig
Llobregat
Vic
Palamós
Segre
Cardona
Foradada
Ponts
Súria
Sallent
Arbúcies
A7
Vidreres
Sant Feliu de Guíxols
Monzón
Aragón
Catalonia
Balaguer
Cinca
Calaf
Manresa
La Garriga
Malgrat de Mar
Pineda de Mar
Calella
Cervera
Granollers
Raimat
NII
Tàrrega
Igualada
Terrassa
Sabadell
Tiana
Alella
Mataró
Lérida/ Lleida
Fraga
Les Borges Blanques
Martorell
Mediterranean Sea
Candasnos
A2
Barberà de la Conca
Sant Sadurní d'Anoia
Sant Martí Sarroca
Subirats
Badalona
BARCELONA
Cornellà
Maials
Montblanc
Vilafranca del Penedès
Avinyonet del Penedès
Sant Boi
L'Hospitalet de Llobregat
Embalse de Mequinenza
Scala Dei
Valls
Castelldefels
Gratallops
Flix
Caspe
Bellmunt del Priorat
Falset
Reus
El Vendrell
Vilanova i la Geltrú
Mora d'Ebre
Capçanes
Tarragona
Gandesa
Cambrils
Calaceite
Xerta
El Perelló
A7
Tortosa
Monrovo
Ebro
Amposta
Valencia
16 miles (25 km)
42±N
Empordà–Costa Brava
Pla de Bages
Alella
Penedès
Costers del Segre
Conca de Barberà
Priorat
Tarragona
Terra Alta
Wine-growing areas in neighboring regions

卡瓦酒庄只将传统手动的振动架用于最好的葡萄酒

大胆的品种选择

加泰罗尼亚产区的葡萄品种繁多。除了本土品种，如酿造卡瓦起泡酒的几种本地葡萄（见第584—585页）和添普兰尼洛，有远见的加泰罗尼亚人很早就引进了高品质的法国葡萄。加泰罗尼亚是西班牙第一个酿造单一品种赤霞珠的地区，也是第一个成功混酿本地葡萄和波尔多葡萄的地区。最早的葡萄园20多年前就开始引进这些品种，出产的葡萄酒口感浓郁、结构平衡。

加泰罗尼亚的生产商们神通广大。一方面，他们紧跟潮流，通过迅速使用一些国际品种来生产优质的橡木桶陈年霞多丽葡萄酒。另一方面，他们深知本地品种能酿造出独具特色的葡萄酒。酿酒大师如米高·托雷斯、何塞·路易斯·佩雷兹和亚伯诺亚兄弟已经开始挖掘这个地区的巨大潜力。加泰罗尼亚大型酒厂的试验田里种植了30多个濒临灭绝的葡萄品种，并通过克隆选择改善品种。葡萄酒生产将很大一部分收益投入到酿酒研究上，该地的酿酒技术因此获得了迅猛的发展。

蒙特马赛（Mont Marsal）酒庄的优质橡木桶酒窖显示，干红葡萄酒和干白葡萄酒都是佩内德斯地区的上好选择

生态趋势

最近几年，有机葡萄酒在加泰罗尼亚引起很大反响。这个地区约有50家认证的有机葡萄园，超过所有其他国家。加泰罗尼亚拥有生态种植的理想条件，这里气候干燥温暖、土壤贫瘠，无须使用化学肥料和杀虫剂。种植户们严格遵守相关法规，因此他们的客户特别是国外客户非常满意。

大部分酒庄分布在佩内德斯地区，还有一些在塔拉戈纳。顶级葡萄酒生产商如亚伯诺亚兄弟和安东尼·卡佩尔酿造的葡萄酒通常被认为是加泰罗尼亚最好的产品，他们坚持采用有机葡萄酿酒。精心维护葡萄园和保持较低的产量也是成功的关键。

传统葡萄酒

虽然大多数地区以现代葡萄酒闻名，但是传统葡萄酒并未因此销声匿迹。在规模较小的法定产区，陈年葡萄酒（vino rancio）在西班牙葡萄酒历史上占有一席之地。这些干型葡萄酒由熟透的白歌海娜或红歌海娜酿造，在大桶中存放多年并不添加任何蒸馏酒。它们通常露天存放，有时也使用玻璃容器。另一种香甜的烈性高度酒（vino generoso）也有一些生产商在酿造。酿酒过程中，一旦发酵开始，立即加入蒸馏酒停止发酵，以保留大量的残糖。与黎凡特南部不同，歌海娜是主要的酿酒葡萄，而麝香则使用得较少。一些生产商仍然保留着用米斯特拉（Mistela）甜葡萄酿酒的传统，它们通常用来制作未经发酵的葡萄汁，并被加入蒸馏酒以阻止发酵。品尝这些古老的葡萄酒仿佛在体验时光倒流。

除了佩内德斯地区和塞格雷河岸，加泰罗尼亚的法定产区也大量种植歌海娜和红葡萄品种，这让一些富有远见的生产商们感到遗憾。当普里奥拉托使用老藤歌海娜葡萄酿造葡萄酒后，葡萄酒的命运发生了重大转变，人们开始意识到红歌海娜在低产时能出产果味浓郁、口感醇厚的葡萄酒。小型法定产区面临的问题在于如何打破僵硬、陈旧的模式，鼓励葡萄酒生产商引进新技术，改善他们的酿酒方式。在加泰罗尼亚，即使一些不大出名的产区也都有巨大的潜力。

巴塞罗那餐馆密布，是当地各种白葡萄酒、红葡萄酒和桃红葡萄酒最重要的买家之一。但是加泰罗尼亚人的最爱是卡瓦起泡酒

和谐的起泡酒：卡瓦

安东尼·吉利（Antoni Gili）于1862年酿造了第一瓶加泰罗尼亚起泡酒，和他一样，约瑟·拉文托在卡瓦葡萄酒历史上也举足轻重。已有百年历史的科多纽酒庄坐落在巴塞罗那以西50千米的圣萨杜尔尼德阿诺亚，在这里，拉文托选用当地葡萄品种，将他从香槟区学习的起泡酒酿造工艺付诸实践。1872年，他在巴塞罗那正式推出了他的首款起泡酒，开创了佩内德斯地区的新时代，标志着加泰罗尼亚现代葡萄酒酿造的开始。

佩内德斯的卡瓦自问世之日起就一直使用相同葡萄品种酿造，即加泰罗尼亚葡萄三巨头：沙雷洛、马卡贝奥和帕雷拉达。帕雷拉达容易腐烂，会降低葡萄酒的品质，而酿造香槟的霞多丽葡萄只要选择合适的地方种植就能提升葡萄酒品质。

朗德尔（Rondel）酒庄的接待大厅由现代主义运动时期的建筑师设计建造，现代主义运动是加泰罗尼亚的"新艺术运动"

托雷布兰卡（Torreblanca）是最小也是最好的卡瓦酒厂之一

传统方式

拥有卡瓦品质标识的葡萄酒必须采用传统的瓶内发酵法，即法国的香槟酿造法。因此，卡瓦和香槟的区别仅在于葡萄品种的选择以及土壤和气候条件的差异。

葡萄采摘后进行去梗和压榨，随后立即过滤获取葡萄汁，并将每种葡萄独立发酵。酿酒师在仔细品尝后会有选择地进行调配。装瓶之前需添加酵母和糖或者葡萄浓缩汁以促进葡萄酒在瓶中二次发酵。酵母的质量对口感至关重要，优质酵母能将普通基酒转变成上好的卡瓦起泡酒。

发酵存放至少9个月后，需转动瓶身将失去活性的酵母菌聚集在瓶颈处。这一过程通常会使用一种称为"girasol"的转瓶机器。瓶颈和酵母经过冰冻后打开酒瓶，去除冻结的酵母，然后加入葡萄酒生产商独家秘制的混合物，通常是陈酒和糖。混合物的添加量会决定卡瓦的种类和含糖量。

辛辣和芳香的添加物对小型葡萄酒作坊至关重要，它会赋予每一种卡瓦独特的个性。一旦加满，立即使用软木塞将酒瓶密封，软木塞底部的星形印花用于显示品质和真伪。

优质卡瓦起泡酒至少需要陈酿9个月，这段时间可以大幅提升口感的复杂度。只有加入酵母后陈酿30个月以上的卡瓦才能称为"特级珍藏"。"珍藏"只是一种行销噱头，卡瓦生产商只想强调这种葡萄酒的独特性。

优质卡瓦应该口感柔顺清新，果酸适中，并且略带酵母味和水果香。与香槟不同的是，对卡瓦而言，有一条金科玉律，那就是一旦出售，即使是顶级年份卡瓦，也必须尽快饮用，因为生产商只有认为葡萄酒适合饮用时才将其投入市场。

主要的卡瓦生产商

生产商：**Cavas del Castillo de Perelada**
所在地：**Perelada**
100公顷，非自有葡萄，年产量125万瓶
葡萄酒：Castillo Perelada Brut Nature，Castillo Perelada Rosado Brut，Castillo Perelada Gran Claustro Extra Brut，Rosado Dalí
顶级品牌酒Gran Claustro年销售量6万瓶，仍然在公司最初位于Girona的酒厂中酿造。这是一种经典卡瓦起泡酒，口感柔顺，带有清淡的香草余味。

生产商：**Cavas Llopart*****-******
所在地：Sant Sadurní d'Anoia
60公顷，年产量22万瓶
葡萄酒：Llopart Reserva Brut Natural，Integral Brut，Leopardi Brut
家族企业，1887年创立，其卡瓦酒在加入酵母后会长时间存放。所产葡萄酒口感复杂醇厚。葡萄园位于斜坡之上，土壤含钙量高，选用有机种植法，是佩内德斯地区最好的葡萄园之一。

生产商：**Cavas Mont Ferrant*****-******
所在地：**Blanes**
非自有葡萄，年产量30万瓶
葡萄酒：Blanes Nature Extra Brut，Mont Ferrant Brut，Mont Ferrant Gran Reserva Brut
少数不在佩内德斯的重要酒厂之一，但是酿酒葡萄购自佩内德斯中部和北部的顶级葡萄园。出产的葡萄酒果味浓郁。顶级珍藏年份酒酒体丰满、结构平衡。

生产商：**Cavas Naverán*****
所在地：**Sant Martín Sadevesa**
100公顷，年产量35万瓶
葡萄酒：Naverán Extra Brut，Naverán Brut，Naverán Chardonnay
这家传统酒厂以卡瓦闻名，但酿造的静态酒更多。其卡瓦口感醇厚、香味独特。单一品种霞多丽卡瓦Dama de Naverán品质出众，展现了酵母香和水果香的完美结合。

生产商：**Codorníu*****-******
所在地：Sant Sadurní d'Anoia
2700公顷
葡萄酒：1551 Extra Brut，Mediterrania Extra Brut，Gran Codorníu Brut，Non Plus Ultra Extra Brut，Ana de Codorníu Brut，Cuvée Raventós Brut
佩内德斯的酿酒集团，是使用传统香槟法酿造卡瓦的先锋。过去一个世纪中，公司在葡萄酒生产技术上的投资远高于其他任何投资。酒庄引进了霞多丽，目前正尝试酿造黑比诺。该集团旗下拥有Masia Bach、Rondel、Bodegas Bilbainas以及同样生产优质卡瓦的Raimat酒庄。该集团在西班牙市场上处于领先地位，即使是其基础产品也品质优良，顶级产品在全国声名显赫。Cuvée Raventós、Ana de Codorníu和Jaume de Codorníu品质卓越。

生产商：**Freixenet**-******
所在地：Sant Sadurní d'Anoia
420公顷，非自有葡萄
葡萄酒：Carta Nevada，Cordon Negro Brut，Freixenet Brut Extra，Freixenet Reserva Real Brut，Freixenet Vintage Brut Natureal，Brut Barroco
该集团长期以来以出产世界顶级卡瓦而享誉盛名。旗下还拥有René Barbier、Castellblanch、Segura Viudas和Henri Abelé酒厂，其中Segura Viudas以珍藏酒Heredad闻名，是首家葡萄酒品质足以媲美香槟的酒厂之一。该集团是世界上最大的起泡酒生产商，还出产以集团名字命名的静态酒。这些葡萄酒品质卓越，其中包括口感浓郁而传统的Brut Barroco。

生产商：**Gramona****-*******
所在地：Sant Sadurní d'Anoia
29公顷，年产量16万瓶
葡萄酒：Tres Lustros Brut Natural，Gramona Tira Extra Brut，Celler Batlle Brut，Gramona Imperial Brut
该知名酒庄对酿酒工艺精益求精，以结构平衡的特酿酒而出名。年轻的Jaume Gramona在塔拉戈纳大学任葡萄酒酿造学教授，是卡瓦酒熟成方面的专家。他酿造的Tres Lustros和Celler Batlle（运用酒脚发酵长达7年）将葡萄酒的复杂和精致完美结合。

生产商：**Recaredo*****-******
所在地：Sant Sadurní d'Anoia
48公顷，年产量30万瓶
葡萄酒：Recaredo Brut Nature，Recaredo Gran Reserva
这是一家传统的小型酒庄，擅长酿造优雅细腻的起泡酒，其中一些仍然采用手工除渣。酒庄古老的葡萄园位于气候凉爽、海拔较高的区域。

生产商：**Rovellats*****-******
所在地：**Sant Martí Sarroca**
210公顷，年产量35万瓶
葡萄酒：Rovellats Brut Nature，Rovellats Brute Nature Chardonnay，Rovellats Grand Cru Masia S. XV Extra Brut，Rovellats Brut Imperial
该酒庄不仅以星形酒窖通道闻名，还生产顺滑、优雅的卡瓦酒，其清澈的质地和清新的口感从未令人失望。酒庄还擅长酿造霞多丽葡萄酒。

生产商：**Agustí Torelló******
所在地：Sant Sadurní d'Anoia
25公顷，非自有葡萄，年产量18万瓶
葡萄酒：Agustí Torelló Mata，Brut Natural，Kripta，Quercus
该传统酒庄酿造的卡瓦口感顺滑、果香浓郁。顶级葡萄酒Kripta因使用的双耳细颈瓶而引起了轰动。这是一款非常成熟的卡瓦酒，花香缭绕，并带有新鲜出炉的面包香和干果香。

加泰罗尼亚的葡萄酒产区（一）

阿姆普丹-布拉瓦

加泰罗尼亚的阿姆普丹拥有2100公顷葡萄园，曾经是西班牙葡萄种植的摇篮。自中世纪以来，这里的人们就像他们的法国邻居巴纽尔斯居民一样，酿造歌海娜甜葡萄酒或高酒精含量的陈年葡萄酒。近年来，他们没能把握住现代趋势，只好转而生产桃红葡萄酒，并得到了游客的认可。最近几年，他们开始种植法国红葡萄品种，并采用现代酿酒工艺，或与本地品种歌海娜和佳丽酿混合，酿造出口感圆润和谐的红葡萄酒。佩雷达拉酒庄（Castillo Perelada）的葡萄酒就展现出这些红葡萄品种的巨大潜力。

帕雷拉达是一种传统的卡瓦葡萄品种

巴赫斯平原

巴赫斯平原产区包括巴塞罗那西北部的曼雷萨（Manresa）及其附近区域，占地500公顷，凭借部分葡萄种植户和生产商的不懈努力，于1995年获得法定产区命名。在此之前，这里的葡萄用来酿造卡瓦。成为法定产区后，曼雷萨开始大面积种植赤霞珠、梅洛和添普兰尼洛，丰富了传统的歌海娜和苏摩尔葡萄。中部山区的葡萄园受地中海影响，盛产结构平衡的红葡萄酒。

圣萨杜尔尼德阿诺亚及其周边地区的大多数葡萄种植户自行采摘葡萄并向大型卡瓦酿酒厂出售

阿雷亚

巴塞罗那周边地区的扩张威胁到了阿雷亚产区的葡萄园，虽然阿雷亚早在1956年就成为了法定产区，但这里的葡萄园存在被吞并的危险。幸运的是，1989年，这个位于布拉瓦海岸附近的法定产区向内陆扩展至海拔高达250米的4个高原，因此至今仍有100公顷葡萄园。同时，当地的一些生产商改良了他们的风格，使用传统白潘萨和新种植的霞多丽以现代酿造工艺生产出了酒体轻盈、口感清新的白葡萄酒。添普兰尼洛、赤霞珠和梅洛酿造的红葡萄酒只占较少比例。该产区的招牌是帕尔赛特（Parxet）酒庄的阿雷亚侯爵葡萄酒。

佩内德斯

佩内德斯是西班牙现代葡萄种植的摇篮。葡萄根瘤蚜疫情暴发之后，佩内德斯开始供应量产的葡萄酒以满足国外对廉价桶装葡萄酒日益增长的需求。虽然强劲的红葡萄酒已经享誉百年，但是随着卡瓦的迅速发展，白葡萄成了该地区的主角。目前，白葡萄品种占佩内德斯2.7万公顷种植面积的2/3，其中多数用于生产卡瓦。这里曾经为整个欧洲市场提供香槟基酒，现在几乎所有的葡萄都被投入到蓬勃发展的卡瓦产业中。

在地中海气候的影响下，这里的葡萄可以达到理想的成熟度，因此酿造的红葡萄酒柔顺浓郁，白葡萄酒芳香四溢。这里共有15种酿酒葡萄。除了传统的卡瓦葡萄沙雷洛、帕雷拉达和马卡贝奥以及本地红葡萄添普兰尼洛、歌海娜、慕合怀特、佳丽酿和萨姆索，该产区还种植了波尔多葡萄品种、黑比诺、长相思，甚至雷司令。佩内德斯的气候条件适宜所有这些葡萄品种的生长，因为这里的葡萄园从地中海海岸线一直延伸至海拔800米的地方。

佩内德斯法定产区根据地形分为三个区域，

米高·托雷斯是西班牙最受尊敬的葡萄酒生产商之一。图中历史悠久的木桶酒窖坐落在其位于比拉夫兰卡德尔佩内德斯（Vilafranca del Penedès）的总部

这种划分虽然并不正式，但却有其合理性。三个区域为：下佩内德斯，包括从锡切斯（Sitges）至埃尔文德雷利（El Vendrell）的沿海地带；以沿岸山脉为屏障的中佩内德斯；以及东至利托拉山的上佩内德斯。

静态酒的突破直到20世纪60—70年代才出现。以米高·托雷斯为代表的葡萄酒生产商在种植添普兰尼洛等西班牙优质葡萄的同时开始引进外来品种。几年后，配备不锈钢酒罐和新式木桶的现代酒窖大量涌现。温控发酵早已是生产卡瓦的标准，现在静态酒也因此受益。多年来，只有少数葡萄酒酿造大师意识到传统酒庄的葡萄酒品质中庸。人们在追求完美的过程中只对技术感兴趣，忽略了葡萄酒的灵魂和地域特征。葡萄种植户们未能降低产量并选择特定的种植区域。因此酿造的葡萄酒虽然依旧浓郁丰满，却过于顺滑清淡，种植面积最广的外来红葡萄品种赤霞珠所出产的许多葡萄酒就是如此。小型生产商的增加为佩内德斯注入了一股清新之风。他们认识到数量不同于质量，正是葡萄的产地才赋予了葡萄酒独特的个性。

塞格雷河岸

莱里达省唯一的法定产区以塞格雷河命名。1988年确立的塞格雷河岸法定产区包括4个次产区，它们有3个共同点：昼夜温差大、日照时间长和降雨量少。这个仅有4000公顷的法定产区是在科多纽卡瓦集团的提议下成立的。该集团建立了欧洲最为雄伟的酒厂——若曼达（Raimat）。1914年该酒庄建立之初，大多数葡萄酒专家不赞成其所选地址，因为酒庄周围的土壤含盐量非常之高，几乎与沙漠土质一样。健康的土壤必须覆盖上百亩土地，而借助埃布罗河以及当时极为先进的灌溉系统才使葡萄种植成为可能。

在佩内德斯以及西班牙其他地区，新引进的葡萄品种采用最先进的种植技术，但一些古老的葡萄园仍然保留传统的高杯式修剪法

大部分葡萄园分布在塞格雷河岸东部。几乎所有的新公司都在这里起步，顶级生产商瑞美酒庄（Castell del Remei）随后也在这里建立了葡萄园。由于气候条件恶劣，用歌海娜、添普兰尼洛、赤霞珠、慕合怀特、查帕、萨姆索、黑比诺甚至西拉酿造的红葡萄酒个性十足。顶级葡萄酒也适合储藏。东南边境坐落着一些种植红歌海娜的古老葡萄园。那里的白垩质土壤为优质品种如添普兰尼洛提供了理想的条件。至于白葡萄品种，除了霞多丽和长相思，卡瓦葡萄占多数，因为这里也可以酿造加泰罗尼亚起泡酒。

巴尔贝拉河谷

巴尔贝拉河谷位于佩内德斯和塞格雷河岸之间，拥有5800公顷葡萄种植面积，卡瓦生产商对这里也兴趣浓厚。在海拔500米的地方，白垩质土壤分布广泛，出产的葡萄酒口感清新、果味浓郁。主要品种马卡贝奥和帕雷拉达大部分用于酿造卡瓦。该地区于1989年成为法定产区，引进了许多新品种，其中包括大量的霞多丽，而赤霞珠、梅洛和黑比诺也对这里的条件适应良好。该产区以清新的浅龄白葡萄酒闻名。

加泰罗尼亚的葡萄酒产区（二）

普里奥拉托

过去几年间，普里奥拉托的经济显著回升，出产的红葡萄酒成为西班牙最受欢迎的高档葡萄酒之一。普里奥拉托是中世纪著名的农业地区，古罗马时代这里的居民比现在还多，它的重新崛起使曾被遗忘的葡萄种植区域再次受到西班牙的重视。

瑞尼·芭碧是这一进程的推动者。20世纪70年代末，他开始了解并逐渐爱上了普里奥拉托。1979年，他着手开发当地一家古老的葡萄园摩卡多，该葡萄园坐落于休拉纳河谷，像罗马竞技场一样。他的熟人和朋友纷纷跟随他的脚步，如奥巴克酒庄（Clos de L'Obac）的卡洛斯·帕斯特拉纳和玛丁纳酒庄（Clos Martinet）的何塞·路易斯·佩雷兹。

普里奥拉托的地理位置十分独特。这是一个地理上孤立的葡萄酒产区，崇山峻岭环抱四周，仅在东南有一处缓坡面向大海。这里拥有风景壮丽的山脉和狭窄的河谷，海拔在250～600米。陡峭的葡萄园呈梯田状，通常只能手工种植。土壤中含有板岩，葡萄树必须深入土壤获得水源，因此产量较低。这里曾长年种植歌海娜，葡萄根瘤蚜病暴发之后又开始种植佳丽酿。产量通常为2000千克/公顷，因此葡萄汁中提取物含量丰富，酿造的葡萄酒浓郁柔和，带有香甜的果味和典型的矿物风味，虽然酒精含量高达14%～15% vol，但口感并不刺激。赤霞珠和西拉在这块独特的土壤上可以充分展现个性，前景光明，但歌海娜才是这里的明星葡萄。

瑞尼·芭碧和他的朋友们，包括阿尔瓦罗·帕拉西奥斯和达芙妮·葛洛瑞安，都追求高品质。他们（初到这里时被称为移民）首先建立了一家小型合作社，并于1991年推出了首支葡萄酒（1989年份）。这支葡萄酒是合作年份酒，他们分别以自己的品牌装瓶，并且不按西班牙的传统陈年。该葡萄酒很快引起巨大反响，仅仅两年后，5位移民中就有4位建立了自己的酒厂。

在阿尔瓦罗·帕拉西奥斯的努力下，这些酒厂的产品成为西班牙最昂贵的葡萄酒。这个来自里奥哈的年轻人在这里接管了一家葡萄园，该葡萄园保留着1940年种植的歌海娜葡萄树。1993年，当他推出艾米塔（L'Ermita）时，他认为这款葡萄酒的品质比当时最昂贵的西班牙红葡萄酒贝加西西利亚（Vega Sicilia）更胜一筹。因此他大胆而自信地将这款葡萄酒以更高的价格投入市场——最终他获得了成功。

何塞·路易斯·佩雷兹曾与加泰罗尼亚的歌唱家路易斯·利亚齐合作，他提倡改革，鼓励波雷拉村（Porrera）的葡萄种植户提高葡萄售价至

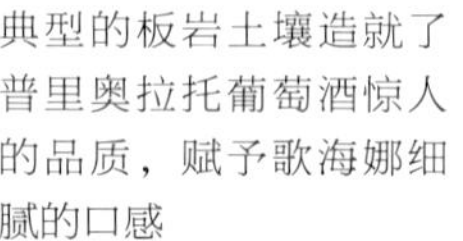

典型的板岩土壤造就了普里奥拉托葡萄酒惊人的品质，赋予歌海娜细腻的口感

平时的6倍。他意识到这是保护古老梯田葡萄园的唯一方法，现在，正是这些葡萄园出产了卓越的波雷拉高峰葡萄酒。目前，这五位先锋改革家酿造的葡萄酒已跻身西班牙最受欢迎的葡萄酒之列。2000年，该地区被划分为优质法定产区，至今已有40家生产商以自己的品牌装瓶。晋升顶级产区之后，这里的种植面积扩大至1600公顷。然而，这个劳动密集型行业正面临着劳动力缺乏的困境，因此发展受限。由于酿造顶级葡萄酒需要大量工作，风投公司不愿投资葡萄酒行业。目前，葡萄酒年产量仅为190万升。在普里奥拉托，葡萄稀缺而昂贵，因此要设法阻止劳动力的流失，让当地人重新回到土地上。阿尔瓦罗·帕拉西奥斯酿造的特拉斯（Les Terrasses）是唯一称得上量产的新一代葡萄酒，它的出现也是凭借与贝尔蒙特（Bellmunt）合作社订立的合同。

年轻的阿尔瓦罗·帕拉西奥斯出生于里奥哈，他推出的艾米塔葡萄酒首次将普里奥拉托葡萄酒推上西班牙葡萄酒排名的顶端

塔拉戈纳

早在我们熟知的西班牙红葡萄酒产区开始酿酒之前，塔拉戈纳的红葡萄酒就以其柔顺、强劲和辛香而闻名，不过在20世纪60年代，它们被指品质粗糙且酒精含量过高。但是坚定的葡萄酒生产商们对该历史悠久的法定产区重新表现出了浓厚的兴趣。

2000年秋，法尔塞特（Falset）成为一个独立的次产区，现属于蒙桑特（Montsant）。塔拉戈纳曾以酒体丰满的红葡萄酒闻名，目前种植面积达7300公顷，其中大部分为白葡萄品种，主要包括马卡贝奥和帕雷拉达，红葡萄有添普兰尼洛、佳丽酿和红歌海娜。29家生产商中多数为合作社，生产简单的现代葡萄酒。在这里需要特别提到芳香的甜利口酒，它们由白歌海娜和红歌海娜酿造。

蒙桑特

曾是塔拉戈纳的次产区，与普里奥拉托毗邻，出产色泽浓郁、酒体丰满的优质红葡萄酒。土壤与其附近的著名产区略有相似，主要成分为白垩土和黏土。这里主要种植红葡萄品种歌海娜、佳丽酿和添普兰尼洛，面积达1800公顷。

特拉阿尔塔

默默无闻的特拉阿尔塔法定产区位于塔拉戈纳西南部，种植面积约为7700公顷，主要葡萄品种为马卡贝奥、白歌海娜、红歌海娜和佳丽酿。这个多山的产区海拔差异显著，温度起伏剧烈，与大陆性气候非常相似。埃布罗河对该地区的气候起到了平衡作用，尤其是在寒冷的夜间。最初人们认为这里的红葡萄酒与气候一样粗野，但随着现代技术的发展以及添普兰尼洛和西拉葡萄的引进，这些葡萄酒变得越来越柔顺复杂。得天独厚的土壤和气候条件赋予红葡萄酒均衡的结构和圆润的口感，使它们在全球各地供不应求。顶级生产商已经证明古老的葡萄园也可以出产酒体丰满的红葡萄酒以及顺滑、萃取物丰富的白葡萄酒，因此西班牙著名的酿酒大师们都对特拉阿尔塔寄予厚望。

加泰罗尼亚的主要葡萄酒生产商

生产商：**Albet i Noya***—******
所在地：**Subirats（D.O. Penedès）**
44公顷，部分非自有葡萄，年产量80万瓶
葡萄酒：Albet i Noya Macabeo Col.lecció，Tinto Tempranillo D'Anyada，Nuria，Reserva Martí Syrah Col.lecció，Dolç Adria
Albet i Noya兄弟是西班牙有机葡萄种植的先锋。他们的顶级葡萄酒包括单一品种葡萄酒Col.lecció和Reserva Martí（唯一一款珍藏酒）。他们还出产名为Anyada的优质卡瓦和名为Mas Igneus的优质普里奥拉托葡萄酒。

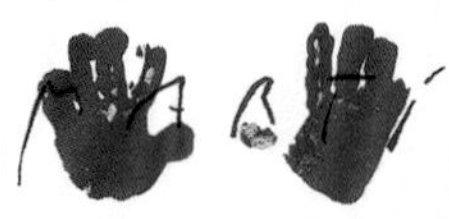

生产商：**Alvaro Palacios*******
所在地：**Gratallops（D.O.Ca. Priorato）**
25公顷，部分非自有葡萄，年产量15万瓶
葡萄酒：Les Terrasses，Finca Dofí，L'Eremitá
该酒庄因产自同名葡萄园的优质红葡萄酒L'Eremitá而闻名世界。另一款葡萄酒产自同名葡萄园。另一款单一葡萄园葡萄酒Finca Dofí也品质出众，酒体精致。由于对完美主义的坚持和对风土特征的认识，酒庄从2006年开始使用单一品种歌海娜酿造Finca Dofí，而不再添加赤霞珠。

生产商：**Can Ráfols dels Caus***—******
所在地：**Avinyonet del Penedès（D.O. Penedès）**
44公顷，年产量375万瓶
葡萄酒：Petit CausBlanco，Gran Caus Rosado，Gran Caus Tinto Reserve，Caus Lubis
Carles Esteve在该酒庄中生产他享誉盛名的Gran Caus系列葡萄酒和Caus Lubis葡萄酒。葡萄园种有18种葡萄，分布在陡峭的山坡上，受到各种微气候的影响。Carles Esteve从这些葡萄园中挑选葡萄酿造顶级葡萄酒。他的副牌酒Petit Caus也品质出众。

生产商：**Cavas del Castillo de Perelada***—******
所在地：**Perelada（D.O. Emporda-Costa Brava）**
120公顷，部分非自有葡萄，年产量700万瓶
葡萄酒：Castillo Perelada Chardonnay，Castillo Perelada Reserva，Castillo Perelada Gran Claustro，Malaveina
虽然酒厂曾以简单的葡萄酒和优质的卡瓦闻名，但现在正酿造更多优质静态酒。Reserva Perelada和由5种葡萄混酿的Gran Claustro都大受欢迎。单一葡萄园葡萄酒Malaveina品质卓越。

生产商：**Celler Bárbara Forés-Ferrer Escoda*****
所在地：**Gandesa（D.O. Terra Alta）**
17公顷，年产量5万瓶
葡萄酒：Coma d'en Pou Tinto
这家极具潜力的小型酒庄创建于1989年，拥有歌海娜老藤葡萄树，酒庄顾问是普里奥拉托地区的先锋人物。José Luis Pérez。

生产商：**Celler de Capçanes**—******
所在地：**Capçanes（D.O. Tarragona）**
250公顷，年产量75万瓶
葡萄酒：Lasendal Tinto Crianza，Vall del Calas Tinto Crianza，Costers del Gravet Tinto Crianza
该合作社是率先发起塔拉戈纳品质革命的生产商之一。目前，大部分葡萄酒为自主装瓶，其出产的蔻修酒（kosher wine）是世界上最好的蔻修酒之一。长久以来这里的葡萄酒口感柔和、风格鲜明。用歌海娜老藤葡萄酿造的顶级葡萄酒Cabrida已跻身加泰罗尼亚最好的葡萄酒之列。

生产商：**Celler Vall Llach*******
所在地：**Porrera（D.O.Ca. Priorato）**
38公顷，年产量7万瓶
葡萄酒：Vall Llach，Idus，Embruix
加泰罗尼亚著名歌手Lluis Llach和公证人Enric Costa一起兼并了几个优秀的葡萄园，建立了这家顶级酒庄。酒庄由才华横溢的Salus Alvarez管理，他对品质的追求几近苛刻。短短几年内，酒庄已成为该优质法定产区的顶级生产商。

生产商：**Clos Erasmus******
所在地：**Gratallops（D.O.Ca. Priorato）**
10公顷，年产量6000瓶
葡萄酒：Clos Erasmus
年轻的瑞士籍美国人Daphne Glorian在René Barbier的酒窖中酿造了她的第一批优质红葡萄酒，如今，她已经能在自己的葡萄园和酒窖中生产普里奥拉托的顶级葡萄酒了。

生产商：**Clos Mogador*******
所在地：**Gratallops（D.O.Ca. Priorato）**
20公顷，年产量2.5万瓶
葡萄酒：Clos Mogador Tinto Reserva
René Barbier在其酒庄酿造出了西班牙真正优质的葡萄酒。他将以前压榨橄榄油的工具用于压榨葡萄，这样只能提取一半的葡萄汁。令Barbier父子高兴的是，他们生产的葡萄酒被列为西班牙唯一的“酒庄葡萄酒”级别。

生产商：**Finca Son Bordils*****
所在地：**Inca（Mallorca，Baleares）**
34公顷，年产量20万瓶
葡萄酒：Son Bordils Muscat，Son Bordils Negre，Son Bordils Cabernet Sauvignon，Son Bordils Syrah
1998年以来，Pedro Coll和Ramón Coll兄弟在马略卡岛中部两个法定产区外酿造果香浓郁、风格现代的葡萄酒。除了具有代表性的麝香葡萄，结实而多汁的娜歌（Negre）和独特的西拉也值得关注。

生产商：**Jean Léon***—******
所在地：**Torrelavid（D.O. Penedès）**
53公顷，年产量27万瓶

巴利阿里群岛

早已被人淡忘的马略卡岛葡萄酒可以追溯至一种用木桶陈酿的玛尔维萨甜葡萄酒，这种葡萄酒在19世纪时和马德拉葡萄酒一样大受欢迎。葡萄根瘤蚜虫病暴发后，巴利阿里群岛的主岛上出现了大量粗糙的餐酒，直到20世纪60年代，人们才重新开始追求品质。巴利阿里群岛的葡萄种植面积达2000公顷，其中360公顷分布在比尼萨莱姆（Binissalem）和最近划分的普拉耶旺特（Pla i Llevant）法定产区。主要红葡萄品种为本地的黑曼托（Manto Negro），种植在群岛中部的比尼萨莱姆高原地区。与大多数其他红葡萄品种不同，这种大果粒葡萄酿造的葡萄酒极为稳定，具有较强的陈年能力。因此，在酿造红葡萄酒的葡萄中，黑曼托至少占一半比例。遗憾的是，主要产酒区域仍然生产相对寡淡的传统红葡萄酒，无法展现黑曼托的潜力，尤其是其优雅的一面。然而，有迹象表明，更加注重浓度的现代风格即将出现。与赤霞珠、添普兰尼洛和卡耶特（Callet）的混酿是改进的方向。巴利阿里群岛的白葡萄酒产量不足1/5，主要原料为摩尔（Moll）、马卡贝奥、帕雷拉达和少量霞多丽。浅龄酒口

感辛香鲜爽。东部的普拉耶旺特种植的葡萄品种更为多样，最大的区别在于主要品种为卡耶特。卡耶特红葡萄酒与众不同，散发着泥土芬芳和成熟果香，具有独特的风味。保持低产对这种葡萄酒的品质至关重要。20世纪90年代末以来，岛上的葡萄酒行业经历了翻天覆地的复兴。米盖尔·格拉伯特（Miquel Gelabert）和托尼·格拉伯特（Toni Gelabert）或是阿尼玛·内格拉（Anima Negra）等葡萄酒生产商们如今酿造的红葡萄酒品质上乘。相比之下，主岛附近的葡萄种植不值一提。

葡萄酒：Jean Léon Petit Chardonnay，Jean Léon Chardonnay Fermentado en Barrica，Jean Léon Cabernet Sauvignon Reserva

这家传统公司拥有种植传统葡萄品种的顶级葡萄园，并以成熟的赤霞珠珍藏酒而闻名。霞多丽葡萄酒也品质优良，但通常需要陈酿3年才能充分展现其香味。创始人Jean Léon去世后，公司现属于Torres集团。

生产商：**Mas Martinet Viticultors******
所在地：**Falset（D.O.C a. Priorato）**
10公顷，部分非自有葡萄，年产量7万瓶
葡萄酒：Martinet Bru，Mas Martinet

José Luis Pérez是普里奥拉托新一代葡萄酒生产商的精神领袖，他酿造的普里奥拉托葡萄酒均衡、成熟、醇厚，并且带有果香。如今他的女儿Sarah决定着葡萄酒的风格，赋予了它们无与伦比的优雅。

生产商：**Mas Estela***–******
所在地：**Selva de Mar（D.O. Empordá-Costa Brava）**
8公顷，年产量4.2万瓶
葡萄酒：Vinya Selva de Mar Tinto：Crianza，Reserva，Garnatxa，Moscatel

Didier Soto和Nuria Dalmau在布拉瓦海岸的小酒庄中进行生态种植。红葡萄酒表现力丰富，已成为该地区最好的产品之一。

生产商：**Miguel Torres**–*******
所在地：**Vilafranca del Penedès（D.O. Penedès）**
1300公顷，部分非自有葡萄，年产量2500万瓶
葡萄酒：Viña Sol，De Casta，Sangre de Toro，Gran Coronas Reserva，Fransola Etiqueta Verde，Gran Coronas Mas la Plana，Grans Muralles，Reserva Real

如果没有Miguel Torres，加泰罗尼亚的葡萄酒水准将和现在相去甚远。公司的各种葡萄酒都品质出众，如单一品种葡萄酒Chardonnay Milmanda、Fránsola Etiqueta Verde和Gran Coronas Mas La Plana以及由几种濒临灭绝的葡萄品种酿造的红葡萄酒Grans Muralles。

生产商：**Parxet*****
所在地：**Tiana（D.O. Alella）**
60公顷，部分非自有葡萄，年产量100万瓶
葡萄酒：Chardonnay，Marqués de Alella Classico，Parxet Cava Brut，Marqués de Alella Fermentado en Barrica

这家公司位于巴塞罗那郊区，出产的静态酒和卡瓦起泡酒都具有出众的风格和品质。根据不同的类型，Marqués de Alella系列的白葡萄酒或结构和谐，或呈现出优雅的果香和酸度。

生产商：**Raimat**–******
所在地：**Raimat（D.O. Costers del Segre）**
1700公顷，年产量700万瓶
葡萄酒：Raimat Chardonnay，Raimat Cava Gran Brut，Raimat Abadía，Raimat El Molí，Raimat Mas Castell

酒庄于1914年被卡瓦生产商Codorníu收购，经过大量改造，成为西班牙最知名的酒庄之一。Codorníu公司在这里所做的研究将整个国家的葡萄酒行业向前推进了重要的一大步。

生产商：**Venus La Universal******
所在地：**Falset**
4公顷，非自有葡萄，年产量2.5万瓶
葡萄酒：Dido，Venus

Sara Peréz和她的丈夫René Barbier Jr.在这家小酒庄中使用佳丽酿和歌海娜（有时还加入波尔多品种或西拉）酿造出蒙桑特法定产区出色的葡萄酒。

里奥哈的历史

里奥哈地区的岩石中发现了大量嵌入的罗马葡萄酒发酵容器，可见该地区早在罗马时期就已经是葡萄酒生产中心。后来，修道院推动葡萄种植，并进行品质监督。纳瓦拉的国王曾将土地和葡萄园捐赠给圣米兰-科戈利亚镇（San Millán de la Cogolla）的修道院，证明中世纪早期这里已有葡萄种植。为了目睹使徒雅各的陵墓，成百上千的朝圣者长途跋涉至加利西亚的圣地亚哥-德孔波斯特拉，修道院的客栈向朝圣者们供应葡萄酒。正是这些朝圣者将里奥哈的葡萄酒广为传播。

一直以来葡萄酒在里奥哈都占有举足轻重的地位。1560年，葡萄酒生产商们成立了一个协会，他们决定在酒桶上打上规范的标签以显示葡萄酒的产地。虽然当时与遥远的海滨大城市之间交通不便（直到19世纪才得以解决），但里奥哈的葡萄酒已经声名在外，产地名称还经常被滥用。直到20世纪后半叶这里才出现现代这种酒窖中装满各种酒桶的葡萄酒公司。

橡木桶的出现

使用橡木桶酿造后葡萄酒可以长期保存，促进了里奥哈的飞速发展。1786年曼努埃尔·埃斯特班·昆塔诺（Manuel Esteban Quintano）在访问波尔多地区后就开始尝试使用橡木桶酿酒，但直到1862年这一技术才在里奥哈得到推广。昆塔诺先生的葡萄酒曾漂洋过海到达拉丁美洲殖民地，并且成功通过了酸度测试。但这种新型葡萄

在中世纪，当圣雅各成百上千的朝圣者穿越里奥哈，前往圣地亚哥-德孔波斯特拉时，里奥哈的小镇和葡萄酒行业经历了第一次重大的提升。许多建筑可以追溯到这个时期，其中一些坐落在下里奥哈的卡拉奥拉（Calahorra）

酒售价提不上去无法赢利，因此他的创新试验逐渐被人遗忘。陆军上校卢西亚诺·穆里亚塔在流亡伦敦期间对波尔多葡萄酒产生了浓厚的兴趣，于是他前往波尔多学习酿酒工艺，回到西班牙后接手了里奥哈的一家酒庄。1850年他首次使用从毕尔巴鄂（Bilbao）带回的橡木桶酿造葡萄酒。之后，他将一些72升装的橡木桶葡萄酒运到古巴，并以高价售出。在这次成功经历的鼓舞下，他继续用橡木桶生产葡萄酒。1850年左右，瑞格尔侯爵酒庄的创始人卡米罗·乌尔塔多·德·阿梅萨卡也开始憧憬里奥哈的未来。他也曾流亡波尔多多年，成为梅多克葡萄酒的忠实拥趸。1860年，他按照波尔多模式在埃尔谢戈（Elciego）建立了一家酒庄。同年，侯爵使用其200公顷葡萄园的1/4种植从波尔多引进的葡萄。

波尔多在遭受了霉菌和根瘤蚜疫情后，甚至从里奥哈地区购买葡萄酒。然而，传统的里奥哈葡萄酒通常品质粗糙，不耐长途运输，因此在侯爵的建议下，阿拉瓦省（Álava）政府决定聘请法国专家让·皮诺。他向一些酒庄主传授了在大型木桶中捣碎葡萄，再用小橡木桶酿造葡萄酒的法国传统方法。他的方法大获成功，因为他很快就告诉他的老板：“明年几乎所有的酒庄都能生产波尔多风格的葡萄酒了。”

位于阿罗（Haro）的传统葡萄酒公司托多尼亚（Tondonia）已有百年葡萄种植历史

虽然一开始成果可喜，但大部分葡萄酒生产商尽量避免使用这个方法，因为他们认为在小橡木桶中酿造葡萄酒大费周折而且成本过高。随后，皮诺受雇于瑞格尔侯爵酒庄，开始在酒庄的酒窖通道中使用橡木桶熟成里奥哈红葡萄酒。说服其他葡萄酒生产商是一个缓慢的过程，直到凭借这些技术酿造的葡萄酒在国际葡萄酒展览会上大放异彩之后，才有更多的生产商决定再次采用这种技术。最终，许多酒庄引进法国模式，在短时间内发展迅速。不少法国人定居里奥哈，拉开了现今享誉国际的葡萄酒历史帷幕。

里奥哈的葡萄酒产区

位于坎塔布里亚山脚下的阿尔维萨里奥哈马赛克式的葡萄园引人入胜

里奥哈是西班牙最著名的葡萄酒产区。这里从19世纪下半叶开始出产优质葡萄酒，直至20世纪80年代，几乎囊括了西班牙所有的知名葡萄酒。20世纪90年代，里奥哈才开始正视其他地区的竞争对手。事实上，这对里奥哈产生了积极的影响，一些古老的酒庄更加努力，创造出新一代葡萄酒，使其在与杜埃罗河岸、普里奥拉托或其他地区的竞争中立于不败之地。1991年，作为一个历史悠久的独特葡萄酒产区，里奥哈被授予西班牙最高级别的法定产区称号——优质法定产区。

里奥哈位于埃布罗河上游，拥有出产优质葡萄酒的复杂自然条件。它紧邻比斯开湾，主要受大西洋气候以及来自东部地中海气流的影响。适宜的温度、充足的雨水和不时出现的严重霜冻形成了一种微妙的气象平衡，为出产风格优雅的葡萄酒创造了先决条件。而阴晴不定的气候意味着里奥哈葡萄酒的品质与其出产年份关系密切。

里奥哈的葡萄种植区域划分并不受自治区行政边界的限制。该地区被划分为3个次产区，每个产区出产的葡萄酒都与众不同。西部的上里奥哈出产的葡萄酒精致优雅，酒精含量适中。位于巴斯克地区的阿尔维萨里奥哈（La Rioja Alavesa）以果味浓郁的葡萄酒闻名。下里奥哈西起洛格罗尼奥，东至纳瓦拉，埃布罗河的冲积土壤上种植着颜色深浓的葡萄，可以酿造酒精含量较高的葡萄酒。

里奥哈产区并没有根据地理位置进行明确的等级划分，但是最好的葡萄酒产自上里奥哈和阿尔维萨里奥哈。在这里，小型生产商体系被大部分保留了下来：埃布罗河北部1.6万公顷土地中约有一半由2500多个家庭种植葡萄。阿尔维萨里奥哈的添普兰尼洛葡萄在当地红葡萄品种中所占比例最高，为94%。通常认为，在精心种植的小块土地上收获的葡萄品质最高。坎塔布里亚山脉陡峭斜坡上的葡萄园几乎都朝向南方，土壤中白垩含量高，为葡萄种植提供了理想条件。位于容易遭受霜雾的低洼河岸和山脉之间的葡萄园尤其珍贵，因为这些地区的风在雨天可以吹干葡萄，炎热的夏季又能保持葡萄的凉爽。

上里奥哈位于埃布罗河另一侧，这里坐落着古老的大型酒庄，土壤中白垩含量较低，土地面积相对较大。几个世纪来一直出产顶级葡萄酒的传奇葡萄园多分布在该地区的丘陵地带。上里奥哈出产里奥哈的大部分葡萄酒，葡萄种植面积有2.9万多公顷，主要品种为添普兰尼洛。

现代艺术和建筑使里奥哈成为新的旅游胜地

下里奥哈从洛格罗尼奥南部一直延伸到东部的阿尔法罗（Alfaro），覆盖面积广阔，但是葡萄种植面积仅为2.5万公顷，排名第二。纳瓦拉的八个地区都进行了分级。

里奥哈的许多传统酒庄没有或只有少量葡萄园。它们从三个次产区购买葡萄，并根据当年的气候条件调整它们的特酿酒。一个产区发生气候灾害，如霜冻或冰雹，可以采用其他产区完好的葡萄进行弥补。这些传统酒庄出产的优质葡萄酒呈红宝石色，在橡木桶中长时间陈酿。如今，它们正面临着来自新生代酒庄的挑战，后者使用同一季的葡萄压榨葡萄汁，并且将果皮和果汁充分接触，这样果汁的颜色更深，萃取物含量更高。它们还使用新橡木桶，缩短陈酿时间。这种葡萄酒果味更浓郁、口感更怡人，在里奥哈地区越来越受欢迎。

里奥哈不仅使用橡木桶陈酿葡萄酒，还使用博若莱地区传统的二氧化碳浸渍法酿造红葡萄酒，而且几乎所有的酒厂都生产白葡萄酒和桃红葡萄酒。

里奥哈的主要葡萄品种是添普兰尼洛，该品种单宁细腻，陈年潜力惊人，是西班牙名贵红葡萄品种的象征。它可以与其他品种混合，如颜色和酒体出色的歌海娜、酸度较高的格拉西亚诺以及略显粗糙的马苏埃罗（佳丽酿）。白葡萄的种植面积占6万公顷总种植面积的1/12，主要品种为维奥娜，有时也会种植玛尔维萨和白歌海娜。2007年，本地品种白马图拉纳、白添普兰尼洛

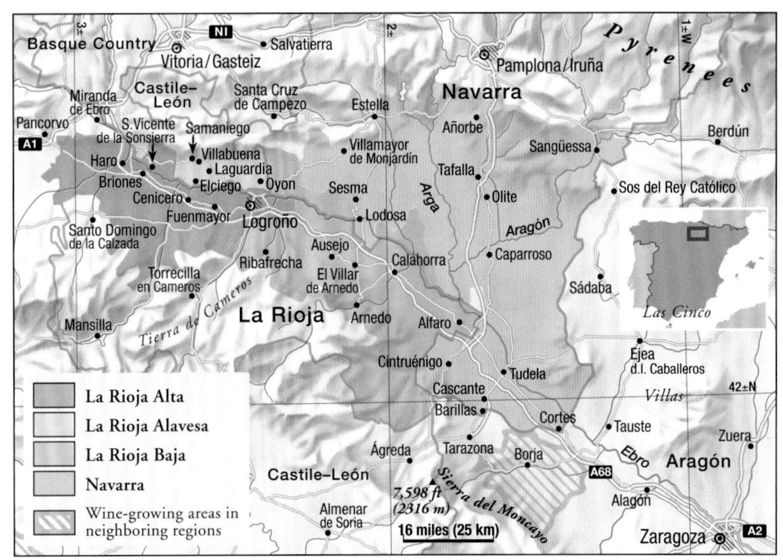

和图伦特斯以及霞多丽、长相思和韦德罗都可以用于酿造白葡萄酒。自从1945年成为法定产区以来，第一次葡萄品种扩充将当地的红葡萄品种红马图拉纳、马图拉纳帕达和莫纳斯特雷尔囊括在内。未来里奥哈将专注于提升白葡萄酒的品质。

查克里葡萄酒

对巴斯克人而言，当地出产的查克里（Chacolí，又称Txakolí）白葡萄酒是一种慢慢才能欣赏的美酒。这种葡萄酒口感粗糙、酸味突出，在巴斯克一些农场仍用于招待客人。查克里的名称来自阿拉伯语“chacalet”，意为“稀薄”或“清淡”。过去这种葡萄的种植面积比现在大许多。查克里葡萄酒由本土的白葡萄白苏黎和红葡萄红贝尔萨发酵酿造，有时也会添加酒体丰满的白福儿，然后将葡萄自然产生的二氧化碳也封存在酒瓶中，形成一种独特的起泡风味，是与当地海鲜搭配的理想葡萄酒。

查克里的传统斟酒方式

自1990年以来，圣塞瓦斯蒂安（San Sebastián）西部格塔里亚村（Guetaria）附近85公顷的查克里葡萄种植区受原产地命名保护。比斯开查克里（Chacolí de Vizcaya）法定产区紧随其后，2003年阿拉瓦查克里（Txakolí de Álava）法定产区终于也获得认可。今天，两个法定产区都出产优质的查克里葡萄酒，虽然酒精度只有11.5% vol，但是比传统葡萄酒还略为浓烈。它们不再使用传统橡木桶发酵，而改用较小的不锈钢桶。查克里因发酵后与酵母沉淀物接触而略带酵母香，此外还带有鲜花、桃子和柑橘的味道。目前只有70家生产商酿造查克里，大多数产量不高。最好的两家查克里酒厂是Txomín Etxániz和Itsasmendi。

里奥哈的酿酒方法

在里奥哈，优质葡萄酒使用橡木桶陈酿。酒庄通常拥有上千只酒桶，每桶酒酿完后都会彻底清洗

在里奥哈的首府洛格罗尼奥，葡萄酒商铺林立。每家酒铺提供不同的餐前小吃，售卖大杯的新酒，它们都为自家的葡萄酒感到自豪。这些新酒是该地区的特产，色泽深紫，果味明显，其中樱桃味较为常见，深受巴斯克人的喜爱。若干年前，新酒可以占到里奥哈葡萄酒总产量的一半。20世纪90年代末葡萄酒行业的迅速发展大幅抬高了葡萄的价格，直到那时，陈酿后售价更高的葡萄酒才开始流行。

这些新酒代表了洛格罗尼奥最原始的葡萄酒风格，这些葡萄酒由种植户自己酿造。他们在地上挖出简易的露天水槽，称为“lagar”，容量约为2万升，相当于现在的发酵池，然后将完整的葡萄——通常为添普兰尼洛——放入其中。初步发酵释放的二氧化碳充满整个水槽，可以避免发酵中的葡萄与空气接触。大型酒庄则将二氧化碳注入密封的不锈钢容器。这样酿造的红葡萄酒果味清新浓郁，单宁柔和，并带有一丝辛香，与博若莱新酒非常相似，浅龄时饮用最佳。近年来，混酿酒开始流行。葡萄酒生产商们首先采用二氧化碳浸渍法，然后提前榨取葡萄汁，让葡萄汁按照传统方法完成发酵，最后在小橡木桶中进行短时间陈酿。

然而里奥哈的名声建立在更为昂贵的橡木桶陈酿葡萄酒之上。在酿造过程中，将红葡萄的果梗去除，压榨后放入发酵桶。发酵时，要保持漂浮在顶部的皮渣湿润，正是这些果皮和果肉赋予了葡萄汁单宁、色泽和果味。因此，必须定期抽取葡萄汁喷淋在皮渣上。葡萄酒带皮发酵的时间由酿酒师决定。以前，即使是顶级葡萄酒，带皮发酵的时间最长为15天，但是现在在极端情况下可以延长至30天。之后抽出自流酒，再次压榨皮渣，把压榨酒和自流酒灌入不锈钢酒罐或大木桶中进行苹果酸-乳酸发酵，将强劲的苹果酸转化

左图和中图：用一把烧得发红的火钳打开一瓶陈酿酒

右图：瑞格尔侯爵酒庄的酿酒师品尝1936年的佳酿

西班牙的分级制度

里奥哈法定产区的分级以葡萄酒在橡木桶或酒瓶中陈年时间的长短为标准。葡萄酒的品质信息标注在酒瓶的背标上，包括以下等级：

- 新酒（Vino joven）：只有原产地保证标识。无论是白葡萄酒、桃红葡萄酒或红葡萄酒，这种葡萄酒都在葡萄收获后短短几个月内就投入市场。即便如此，它们也会在木桶中进行短期陈酿。
- 佳酿酒（Crianza）：窖藏时间至少2年，其中一年在橡木桶中，白葡萄酒和桃红葡萄酒桶内陈酿只需6个月。
- 珍藏酒（Reserva）：窖藏时间至少3年，其中一年在橡木桶中。珍藏白葡萄酒必须桶内陈酿6个月，瓶内陈酿6个月。桃红葡萄酒现在很少出售。
- 特级珍藏酒（Gran reserva）：橡木桶陈酿至少24个月，瓶内陈酿36个月。一些传统酒庄仍在酿造特级珍藏白葡萄酒，这是世界上最好的白葡萄酒之一，必须在橡木桶中陈酿至少6个月，在酒瓶中陈酿42个月。

这个分级标准仅代表了法律规定的最短陈酿时间。里奥哈许多传统酒庄的陈酿时间远远超过分级制度规定的时间，生产的葡萄酒风格鲜明、品质卓越。

里奥哈的分级制度已经推广至西班牙各地，但陈酿时间并非适用于所有地区。在一些气候较为凉爽的地区如里奥哈、纳瓦拉和杜埃罗河岸，12个月的酒桶陈酿才可以出产佳酿红葡萄酒，而在一些暖和的地区只需6个月。

拥有较强陈年潜力的红葡萄酒是西班牙葡萄酒的发展趋势，消费者购买后还会再储存一段时间。

成温和的乳酸。

里奥哈现在甚至开始在葡萄园中实施质量监控，这样从早期就可以进行选择。经过数次换桶后，将葡萄酒倒入木桶，再将木桶存放在地面或地下的大酒窖中。

几个月后需要澄清新酒中仍然存在的混浊物，这时再次进行换桶。前几次换桶时酒桶内的液态沉渣可高达3%，通常这部分葡萄酒经过过滤后会被赠送给员工。之后葡萄酒每6个月换一次桶。在一些酒庄中，换桶过程仍然手工完成。而根据酒桶数量的多少，有时一年中需要好几个团队进行换桶，因为大型酒庄通常拥有上万桶酒。

根据品质的优劣，红葡萄酒会在橡木桶中储存不同的时间。通常，这个时间比监管委员会规定的时间长。橡木桶陈酿可以赋予葡萄酒更强的陈年潜力。经过过滤和装瓶后，葡萄酒会在酒窖中存放一段时间，以获得更加和谐的口感，之后才会投入市场。

传统里奥哈葡萄酒品质优秀，在橡木桶陈酿后呈现清透的红宝石色泽，但是酒体过于丰满。新一代里奥哈葡萄酒则完全不同。由于浸皮时间更长，葡萄酒的颜色更深浓，单宁更丰富。这种葡萄酒在木桶中陈酿的时间仅为法律规定的最短时间，而且一般使用新桶，因此带有更多的木头香和烘烤味。过去几年间，市场上出现了一系列的“超级珍藏酒”，酿造这些顶级葡萄酒的葡萄都经过严格挑选，不仅强劲醇厚，而且果味浓郁。与在木桶中长时间陈酿的果酸柔和的传统里奥哈葡萄酒相比，这些新里奥哈葡萄酒显然更符合现代国际口味。

即使用普通玻璃杯品尝，果味浓郁的新酒也口感甚佳

里奥哈的主要葡萄酒生产商

生产商：Artadi*—*******
所在地：Laguardia
70公顷，非自有葡萄，年产量80万瓶
葡萄酒：Viñas de Gain，Viña El Pisón，Pagos Viejos，Grandes Añadas
Juan Carlos de Lacalle为里奥哈葡萄酒的复兴做出了重大贡献，他生产的葡萄酒以烈度、果味和浓度而著称。

生产商：Bodegas Bilbainas***
所在地：Haro
260公顷，部分非自有葡萄，年产量180万瓶
葡萄酒：Viña Pomal Reserva，Viña Pomal Gran Reserva，La Vicalanda Reserva
西班牙著名的酿酒大师José Hidalgo用现代方式酿造了经典的葡萄酒，其中包括添普兰尼洛单一品种葡萄酒La Vicalanda。Viña Pomal系列的葡萄酒口感醇厚。

生产商：Bodegas Bretón—******
所在地：Logroño
106公顷，部分非自有葡萄，年产量110万瓶
葡萄酒：Loriñon Blanco Fermentado en Barrica，Crianza，Reserva，Gran Reserva；Dominio de Conte Reserva，Alba de Bréton
这个新古典主义的酒庄创建于1983年，通常使用美国橡木桶陈年传统混酿酒。不过，酒庄出产的葡萄酒比传统里奥哈葡萄酒口感更浓厚、果味更清新。

生产商：Bodegas Faustino***
所在地：Oyón
520公顷，部分非自有葡萄，年产量700万瓶
葡萄酒：Faustino V Reserva，Faustino I Gran Reserva
不同于里奥哈其他大型酒庄，该酒庄的酿酒葡萄几乎都来自自己的葡萄园。这也是Faustino I Gran Reserva葡萄酒始终保持出色品质的原因之一。该家族企业还拥有Bodegas Campillo酒庄，只用自有葡萄酿造顶级添普兰尼洛葡萄酒。

生产商：Bodegas Marqués de Murrieta*—******
所在地：Logroño
225公顷，年产量150万瓶
葡萄酒：Marqués de Murieta，Dalmau Reserva，Castillo Ygay Reserva Especial
该酒庄历史悠久，20世纪90年代中期开始采用现代方法酿造口感醇厚、果味浓郁的Dalmau葡萄酒。Castillo Ygay系列葡萄酒具有传奇色彩，其中两款通常同时上市，一款为“浅龄装瓶”（early bottling），另一款为“历史年份”（historic vintage），数十年的酒桶陈酿赋予了它无可超越的精致。

生产商：Bodegas Muga*—******
所在地：Haro
70公顷，部分非自有葡萄，年产量125万瓶
葡萄酒：Muga Blanco，Muga Crianza，Muga Reserva，Muga Gran Reserva，Torre Muga Reserva

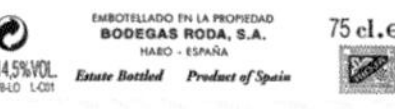

该酒庄成功实现了从传统向现代的转型，同时保留了葡萄酒的特色，只有少数传统酒庄可以做到这一点。该酒庄只使用木桶酿酒，出产的优质葡萄酒拥有独特的木香和优雅的果酸，适宜储藏。

生产商：Bodegas Fernández Remírez de Ganuza****
所在地：Samaniego
60公顷，年产量8万瓶
葡萄酒：Remírez de Ganuza Reserva，Gran Reserva
Remírez de Ganuza被认为是里奥哈最注重品质的葡萄酒生产商，他曾是葡萄园投资商，在葡萄选择的严格程度上无人能及。20世纪90年代以来，该酒庄成为里奥哈最好的酒庄之一。

生产商：Bodegas Riojanas—******
所在地：Cenicero
200公顷，部分非自有葡萄，年产量250万瓶
葡萄酒：Monte Real Blanco Crianza，Monte Real Reserva，Viña Albina Reserva，Monte Real Gran Reserva，Viña Albina Gran Reserva
如果想品尝完美的传统里奥哈葡萄酒，可以来参观这个家族企业。Viña Albina和Monte Real葡萄酒呈红宝石色，果味优雅。所有葡萄酒都采用传统的混酿法酿造，其中添普兰尼洛占80%。

生产商：Bodegas Roda****
所在地：Haro
50公顷，部分非自有葡萄，年产量14万瓶
葡萄酒：Roda Reserva，Roda I Reserva，Cirsion
酒庄创建于1989年，出产一等葡萄酒Roda I和二等葡萄酒Roda II。这些珍藏酒均选用30年以上树龄的老藤葡萄酿造。2000年推出的精选酒Cirsion产自古老的葡萄园。

生产商：Finca Allende****
所在地：Briones
22公顷，部分非自有葡萄，年产量18万瓶
葡萄酒：Finca Allende，Aurus，Calvario
该酒庄由著名的酿酒师Miguel Angel de Gregorio于1995年创立，他酿造的优雅均衡的单一葡萄园葡萄酒Calvario属于里奥哈“新一代”葡萄酒中的精品。

生产商：Granja Nuestra Señora de Remelluri*—******
所在地：Labastida
90公顷，年产量50万瓶
葡萄酒：Remelluri Blanco，Reserva
Jaime Rodriguez于1968年收购了这家古老的修道院酒庄，并将它打造成里奥哈重要的城堡酒庄。现在酒庄由他的儿子Telmo掌管，他赋予了这些葡萄酒前所未有的复杂度和深度。

生产商：Marqués de Caceres*—******
所在地：Union Viti-Vinicola，Cenicero
非自有葡萄，年产量840万瓶
葡萄酒：Blanco Seco，Rosado，Reserva，Gran Reserva，Gaudium

在西班牙，毛驴仍然是重要的运输方式

1970年以来，Enrique Forner先是与酿酒师Emile Peynaud合作，现在则与顾问Michel Rolland共事，创造了一种现代与传统并存的里奥哈风格，这种风格已经成为全世界的标准。他的女儿Christine功不可没。

生产商：**La Rioja Alta******
所在地：**Haro**
300公顷，部分非自有葡萄，年产量200万瓶
葡萄酒：Viña Alberdi Crianza，Viña Ardanza Crianza，Gran Reserva 904，Gran Reserva 890
酒庄形成了永不过时的里奥哈风格，拥有51000只木桶和两个特级珍藏酒品牌——904和809，备受世界各地里奥哈葡萄酒鉴赏家的推崇。酒庄创建于1890年，出产的葡萄酒细腻而复杂。特级珍藏酒带有烟熏的香气和余味。葡萄酒经过美国橡木桶的长时间陈酿，酒体丰满、色泽清澈。

生产商：**Señorío de San Vicente******
所在地：**San Vicente de la Sonsierra**
18公顷，年产量7万瓶
葡萄酒：Reserva
该酒庄是Eguren兄弟的骄傲，他们已经在Bodegas Sierra Cantabria酒庄证明了他们能够酿造优质的葡萄酒。单一葡萄园葡萄酒虽然酒体不够丰满，但果味浓郁，口感均衡，独具特色。

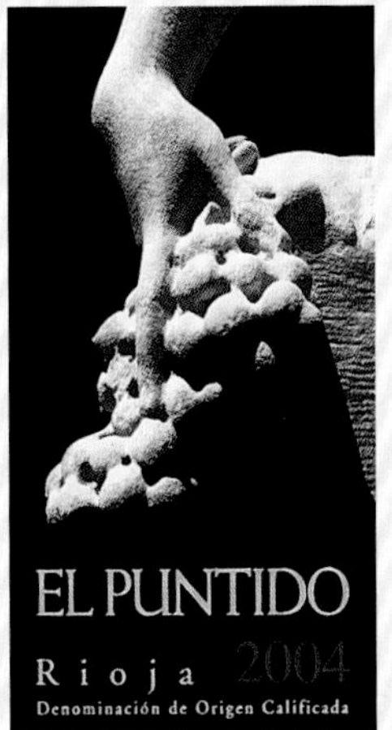

生产商：**Viña Tondonia，R. López de Heredia**—*****
所在地：**Haro**
170公顷，部分非自有葡萄，年产量120万瓶
葡萄酒：Viña Tondonia Blanco Reserva，Viña Cubillo Crianza，Viña Bosconia Crianza，Viña Tondonia Reserva，Viña Tondonia Gran Reserva
该酒庄是里奥哈古老传统的纪念碑：拥有大型木制发酵桶、悠长的酒窖通道和古老的橡木桶。如果你对清淡而坚实的经典里奥哈葡萄酒情有独钟，这里是你的不二之选。白葡萄酒与众不同，木桶、水果、蜂蜜和花朵的香气相互融合，形成复杂的口感，使它们成为世界上最优质、最古老的白葡萄酒。

生产商：**Viñedas del Contino**—*****
所在地：**Laserna**
62公顷，年产量35万瓶
葡萄酒：Contino，Reserva，Gran Reserva，Graciano，Reserva del Olivo
著名的C.U.N.E.酒庄的庄主在埃布罗河湾处创建了这家酒厂，出产的葡萄酒品质出众。

生产商：**Viños de los Herederos del Marqués de Riscal******—******
所在地：**Elciego**
210公顷，部分非自有葡萄，年产量400万瓶
葡萄酒：Marqués de Riscal Reserva，Marqués de Riscal Gran Reserva，Barón de Chirel Reserva
酒庄只出产珍藏酒和特级珍藏酒。近几年，即使是酒庄最普通的珍藏酒也成为里奥哈的顶级葡萄酒之一。特级珍藏酒Barón de Chirel已成为西班牙品质酒的标杆，其含有较高比例的赤霞珠（该酒庄是唯一经官方允许可使用法国品种葡萄的葡萄酒生产商）。

纳瓦拉

纳瓦拉的葡萄园分布在埃布罗河与比利牛斯山之间的丘陵地带。最初，果味怡人的桃红葡萄酒最引人注目，但现在早已证明纳瓦拉是西班牙最有前途的红葡萄酒产区

从富内斯村（Funes）附近发掘的酒窖可以看出，葡萄酒对当年在纳瓦拉的罗马人至关重要。纳瓦拉的葡萄酒年产量约为7.5万升。中世纪初，葡萄酒生产主要集中在修道院，之后沿着前往圣地亚哥-德孔波斯特拉的朝圣之路传播开来。医院也向饥饿和生病的朝圣者分发葡萄酒和面包。鼎盛时期纳瓦拉国王的领地从波尔多延伸至里奥哈，拥有三个重要的葡萄酒产区。正是在这一时期法国葡萄品种传入了这里。

20世纪80年代之前，纳瓦拉主要出产桃红葡萄酒，这种葡萄酒比其他葡萄酒更能代表整个地区的葡萄酒行业，而其中的原因有好有坏。

纳瓦拉桃红葡萄酒的历史可追溯至17世纪，但真正的桃红葡萄酒出现得较晚。20世纪初根瘤蚜疫情暴发后，纳瓦拉开始大量种植歌海娜，因此桃红葡萄酒成为主要的葡萄酒种类。此外，最好的酒庄通常生产传统里奥哈风格的葡萄酒，因为纳瓦拉部分地区属于里奥哈法定产区。

早期的桃红葡萄酒虽然可口但简单而廉价，为了摆脱这一形象，里奥哈自治区政府允许其优质葡萄酒产区实行西班牙最自由的法定产区监管制度。这个决定使这里的葡萄品种百花齐放，而且几乎所有气候条件适宜的地区都种植了葡萄。

一些先驱开拓者如胡安·马加尼亚和古埃尔本苏家族坚信自己也能酿造出主流的红葡萄酒和白葡萄酒，于是开始种植法国和西班牙优质葡萄品种。但是只有少数酒庄，如纳瓦拉的史威特（Chivite）葡萄酒王朝（其年轻传人费尔南多·史威特是西班牙富有远见的酿酒师）以及在酿酒师哈维尔·奥乔亚领导下的葡萄酒研究中心E.V.E.N.A.做出了真正的努力，它们在过去20年间酿造出了一系列特色鲜明的葡萄酒。

纳瓦拉拥有5个次产区，千变万化的气候条件造就了当地葡萄酒的多样性。其中4个次产区都出产白葡萄酒、桃红葡萄酒以及橡木桶陈酿的红葡萄新酒，包括单一品种葡萄酒和混酿葡萄酒。它们都具有严格的品质标准和个性的酿酒理念。下山脉（Baja Montaña）产区不在此列，它主要为其他产区的顶级生产商供应歌海娜葡萄或葡萄汁。

口感醇厚、果味浓郁的红葡萄酒是发展趋

势。许多由当地葡萄和法国品种调配的混酿酒都大获成功，单一品种的添普兰尼洛、赤霞珠和梅洛葡萄酒也有出色表现。大部分纳瓦拉红葡萄酒酒体越来越丰满，与经典里奥哈葡萄酒的精致风格截然不同。一些新酒庄已经酿造出了单宁强劲的红葡萄酒。

埃斯特亚（Tierra Estella）是位于纳瓦拉西北部的农业区。其北部地区气候条件严酷，难以种植葡萄。受大西洋气候影响，这里出产的葡萄酒带有中欧特色，包括出众的霞多丽葡萄酒。纳瓦拉中北部的瓦尔迪萨尔贝（Valdizarbe）气候条件也是如此，出产的葡萄酒果香优雅。

下山脉产区位于纳瓦拉东部，葡萄种植面积约占纳瓦拉葡萄种植总面积的15%，主要出产桃红葡萄酒。上河岸（Ribera Alta）产区位于纳瓦拉中部，气候条件与地中海气候类似，出产萃取物丰富的葡萄酒。下河岸（Ribera Baja）是最南端的次产区，占葡萄种植总面积的30%。产自干燥的沙质白垩土壤的葡萄酒口感强劲、色泽浓郁、表现丰富。在纳瓦拉，葡萄酒生产商们重新发掘了古老歌海娜葡萄园的潜力，如今单一品种歌海娜红葡萄酒开始出现在传统酒庄的售酒名单上。这种最具西班牙风格的品种所酿造的佳酿酒也值得我们关注。

纳瓦拉的主要葡萄酒生产商

生产商：Bodegas Julián Chivite*-*******
所在地：Cintruénigo（D.O. Navarra）
360公顷，非自有葡萄，年产量300万瓶
葡萄酒：Chivite Colección 125 Blanco Dulce，Chivite 125 Colección Chardonnay Fermentado en Barrica，Gran Feudo Reserva，Gran Feuda Viñas Viejas，Chivite Colección 125 Tinto Reserva，Chivite 125 Colección Gran Reserva
除了品质优良的桃红葡萄酒和经典红葡萄酒，这个家族酒庄还在他们位于Estella的Arínzano酒庄中生产一系列顶级葡萄酒。这些以“Chivite Colección 125”酒标出售的葡萄酒融合了北方的优雅和南方的成熟。霞多丽葡萄酒（在收成好的年份被认为是全国最好的葡萄酒）和珍藏红葡萄酒既精致又浓烈。

生产商：Bodegas Nekeas*-******
所在地：Añorbe（D.O. Navarra）
225公顷，非自有葡萄，年产量120万瓶
葡萄酒：Nekeas Chardonnay Fermentado en Barrica，Nekeas Merlot，El Chaparral，Nekeas Reserva，Izar de Nekeas
这家现代化的酒庄创建于1993年。纳瓦拉气候凉爽的北部地区出产果味浓郁的霞多丽葡萄酒和口感醇厚的红葡萄酒。酿酒师Concha Vecino酿造的红葡萄酒单宁结构强劲，适宜久存。

生产商：Bodegas Ochoa*-******
所在地：Olite（D.O. Navarra）
145公顷，年产量80万瓶
葡萄酒：Ochoa Moscatel，Ochoa Vendimia Seleccionada，Ochoa Tempranillo Crianza，Ochoa Reserva，Ochoa Gran Reserva
Javier Ochoa与Chivite合作酿造出该地区首款珍藏酒和特级珍藏酒。这些顶级葡萄酒需要窖藏以形成紧致而强劲的单宁结构。他酿造的单一品种红葡萄酒浓郁可口，呈现出清淡的橡木风味。

生产商：Castillo de Monjardín*-******
所在地：Villamayor de Monjardín（D.O. Navarra）
160公顷，年产量45万瓶
葡萄酒：Castillo de Monjardín：Chardonnay，Reserva Chardonnay；Crianza，Reserva
Victor del Villar拥有纳瓦拉地势最高的几个葡萄园。他对霞多丽情有独钟，并且用这种葡萄酿造了三种不同的葡萄酒，其中包括一款珍藏酒。他还尝试使用经过霜冻的葡萄酿造一种甜葡萄酒。

生产商：Viña Magaña*-******
所在地：Barrillas（D.O. Navarra）
125公顷，年产量32.5万瓶
葡萄酒：Viña Magaña Reserva，Dignus Crianza，Barón de Magaña，Viña Magaña Merlot Reserva，Calchetas，Torcas
酒庄的明星产品无疑是大受好评的梅洛葡萄酒。价格合理的Dignus葡萄酒由4种葡萄混酿而成，近年来也表现出真正的优良品质。Juan Magaña是西班牙率先使用法国葡萄品种的生产商之一，他推出的现代红葡萄酒Barón de Magaña不经酒瓶陈年，木桶熟成后直接进行销售。

阿拉贡的葡萄酒产区

阿拉贡贫瘠的土壤为葡萄种植提供了理想的条件

卡拉塔尤德

优质桃红葡萄酒和红葡萄酒是卡拉塔尤德的招牌产品。这个不太出名的葡萄酒产区于1990年成为法定产区，它的名字源自阿拉伯语，意为“塔尤德的城堡”，今天去塔尤德镇仍然可以参观这座城堡。卡拉塔尤德陡峭而半干旱的土壤上种植的红葡萄品种包括歌海娜、添普兰尼洛、马苏埃罗和慕合怀特。除了维奥娜，白葡萄品种在这里无足轻重。卡拉塔尤德的葡萄园面积为5700公顷，但葡萄产量仅为1.7万～1.9万吨。这里气候凉爽，雨量比周围地区多，出产的葡萄酒酒体轻盈，酸度较高。除了清新的桃红葡萄酒，该地区主要出产佳酿酒和歌海娜浅龄红葡萄酒。

博尔哈

博尔哈位于纳瓦拉南部埃布罗河对岸，1980年被授予法定产区称号。博尔哈西部的维如埃拉修道院（Monasterio de Veruela）已有600多年的葡萄酒酿造历史，至今经过整修的修道院还会举办葡萄酒节。海拔2000米的蒙卡约山和海拔350～700米的埃布罗河岸之间为丘陵地带，葡萄园多分布于此。这里属于大陆性气候，冬季寒冷而短暂，夏季炎热，葡萄产量几乎每年都会受到霜冻影响。博尔哈的葡萄种植面积达7400公顷，但葡萄年产量通常仅为2万吨左右。在风景如画的山脚下，葡萄树必须挣扎着在阴冷的气候条件下生存，因此出产的葡萄酒口感浓郁、结构坚实。这里的红葡萄品种包括歌海娜、添普兰尼洛、马苏埃罗和赤霞珠，白葡萄品种包括维奥娜（马卡贝奥）和麝香，白葡萄酒仅占总产量的11%。而歌海娜葡萄占总产量的74%以上。用歌海娜老藤葡萄和其他品种混酿的葡萄酒口感强劲。

卡利涅纳

卡利涅纳法定产区是阿拉贡最古老也是最大的葡萄酒产区，面积达1.7万公顷，这里早期生产的烈性葡萄酒现在几乎已经销声匿迹。该产区的葡萄主要种植在一座多岩石的高原上，四周群山环抱，阻挡了从比利牛斯山吹来的寒风。这里

在阿拉贡，即使是默默无闻的葡萄酒产区，现代酿酒技术和新木桶陈年也得到了推广

阿拉贡的主要葡萄酒生产商

生产商：Bodegas Val de Pablo**-***
所在地：Terrer（D.O. Calatayud）
非自有葡萄，年产量45万瓶
葡萄酒：Señorío de San Vicén：Rosado，Tempranillo，Don Diago Tinto
该生产商直到1999年才被划入法定产区，由于从合作社购买优质的添普兰尼洛葡萄，因此生产的红葡萄酒品质出众，果味怡人。

生产商：Bodegas Pirineos**-***
所在地：Barbastro
100公顷，非自有葡萄，年产量330万瓶
葡萄酒：Reihe Montsierra，Moristel，Parraleta，Marboré
该酒庄的前身是一家合作社，于1993年重组，采用现代酿酒技术。主要葡萄品种为当地的帕雷莱塔（Parreleta）和莫利斯特尔。

生产商：Venta D'Aubert***-****
所在地：Valderrobres（no D.O.）
18公顷，年产量7万瓶
葡萄酒：Ventus，Venta D'Aubert，Dionus
这是一家规模较小的顶级酒庄。在这里，德国人Stefan Dorst酿造精致而复杂的葡萄酒。Venta Syrah 2001品质出众。

生产商：Viñas del Vero***-****
所在地：Barbastro（D.O. Somontano）
1100公顷，年产量1000万瓶
葡萄酒：Viñas del Vero，Clarión，Tempranillo，Val de Vos Crianza，Merlot，Gran Vos
酒庄并购了相邻的一家优质葡萄园。单一品种葡萄酒果味清新、结构平衡，享誉盛名。红葡萄酒Blecua是该地区两种最好的葡萄酒之一。

生产商：Viñedos y Crianzas del Alto Aragón***-****
所在地：Salas Bajas（D.O. Somontano）
600公顷，非自有葡萄，年产量450万瓶
葡萄酒：Enate，Chardonnay 234，Macabeo-Chardonnay，Tempranillo-Cabernet Sauvignon Crianza，Tinto Reserva Especial
该酒厂生产的葡萄酒酒体清透，具有国际风格，并且可以充分展现所使用葡萄品种的独特风味。红葡萄酒口感醇厚。Enate Reserva Espeical 是西班牙最好的红葡萄酒之一。

气候干燥，夏季炎热，出产的葡萄酒酒精含量较高，单宁强劲而香甜。卡利涅纳这个名称可能会使人们误认为这里的主要葡萄品种是佳丽酿，但事实上歌海娜和添普兰尼洛才是真正的主角。卡利涅纳出产大量佳酿酒和珍藏酒，口感柔和，酒体成熟，性价比极高。现在许多生产商开始种植赤霞珠，与西班牙北部的葡萄酒产区相比，这里的赤霞珠拥有更完美的成熟度。马卡贝奥仍然是这里的主要葡萄品种，种植面积占总面积的1/5。

索蒙塔诺

顶级小产区索蒙塔诺的葡萄酒与阿拉贡其他优质葡萄酒产区的葡萄酒风格大相径庭。气候因素是原因之一，奇怪的是，虽然它毗邻山脉，却是自治区气候最平衡的法定产区。当然，葡萄园的品质和生厂商的努力也至关重要。

在索蒙塔诺首府巴尔巴斯特罗（Barbasto）附近地势平缓的山谷中，土壤富含死火山带来的矿物质，是葡萄种植的理想土质。这里从前种植普通的葡萄品种，直到20世纪80年代初，索夫拉合作社[Sobrarbe，即现在的比利诺斯酒庄（Bodegas Pirineos）]才开始凭借先进的技术种植优质的西班牙和外来葡萄品种。该产区从1985年确立到现在共有12个法定种植品种，其中红葡萄品种占种植总面积的75%。目前，共有24家酒庄自行灌装葡萄酒，其中93%来自最大的3家酒庄：依纳特（Enate）、帝瓦拉（Viñas del Vero）和比利诺斯，它们是改变索蒙塔诺葡萄酒行业命运的灵魂。

索蒙塔诺是西班牙葡萄酒产区中一颗迅速升起的新星，主打产品为单一品种葡萄酒。产自巴尔巴斯特罗地区比利诺斯酒庄的莫利斯特尔（Moristel）葡萄酒深受欢迎

索蒙塔诺精心挑选葡萄、建立专门的酿酒厂并投资先进技术，引起了国内外消费者对这里的葡萄酒的追捧。该产区的种植面积达4400公顷，出产的葡萄酒高雅、精致、果味鲜明，被认为是欧洲南部的新世界葡萄酒。

卡斯蒂利亚-莱昂

卡斯蒂利亚-莱昂下辖9个省，拥有自己的议会。这里农业发达，但葡萄种植面积仅为7万公顷，是西班牙较小的葡萄酒产区。迄今为止，这里被划分为法定产区的区域还不足一半。目前共有5个法定产区，但是布尔戈斯省（Burgos）的阿尔兰萨河岸即将成为第六个法定产区。

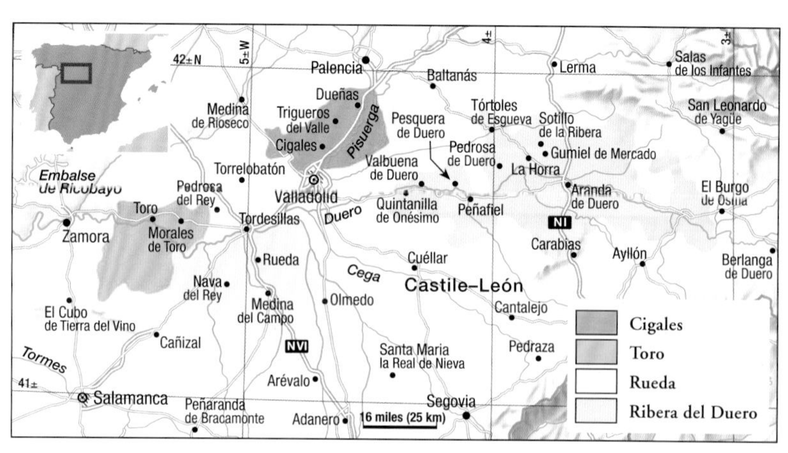

卡斯蒂利亚的葡萄酒生产历史悠久，16世纪和17世纪第一次达到鼎盛。马德里的皇室推动了它的发展，新首都的迅速扩张带来了巨大需求。国外也需求旺盛，葡萄种植因此遍布全国各地。19世纪末根瘤蚜虫病暴发前卡斯蒂利亚-莱昂的确切种植面积已难以统计，但从规模较小的卢埃达地区可见一斑。卢埃达的葡萄园面积最高曾达9万公顷，现在已缩减至不足1/10。虽然根瘤蚜灾害后卡斯蒂利亚-莱昂大规模重新种植，但再也没有达到19世纪时的规模。此外，20世纪50年代弗朗哥政权的国家规划将卡斯蒂利亚的大片土地改种玉米，许多葡萄树被谷物取代。

卡斯蒂利亚在西班牙葡萄酒鉴赏家中享有盛誉。这里的葡萄酒口感醇厚、个性鲜明、果味浓郁，这无疑归功于土壤和气候条件。卡斯蒂利亚-莱昂土壤贫瘠，气候极端，而且常有旱灾。莱昂的比埃尔索地区是葡萄低产的典型，而严酷的气候又进一步降低了产量。

贫瘠的高原和巨大的温差是卡斯蒂利亚-莱昂葡萄酒产区的特色。这里出产的葡萄酒口感均衡、表现力丰富，一些知名的葡萄酒产自杜埃罗河岸的杜埃罗佩斯克拉村（Pesquera del Duero）

五大优质葡萄酒产区

即使到了20世纪60年代，卡斯蒂利亚葡萄酒产区还是被认为过于老土。当时里奥哈葡萄酒盛极一时。然而今天，西班牙许多主要葡萄酒都产自这个自治区。杜埃罗河岸和另外四个区域被划分为优质葡萄酒产区。西北端的比埃尔索出产的葡萄酒最清淡，离巴利亚多利德（Valladolid）不远的希加雷斯（Cigales）盛产浓郁的红葡萄酒和桃红葡萄酒。和加泰罗尼亚的普里奥拉托一样，托罗出产西班牙酒体最丰满的葡萄酒，这不足为奇，因为萨莫拉（Zamora）在西班牙各省中降雨量排名倒数第三。特别需要提及的是卢埃达，这里从氧化风味的白葡萄酒发展到现在酒体精致、果味浓郁的葡萄酒，改变巨大。卢埃达在不久的将来会推出西班牙第一款口感顺滑、适宜陈年的白葡萄酒，弗德乔葡萄的潜力尚未完全开发。

在卡斯蒂利亚-莱昂，除了优质葡萄酒产区，其他地区也能出产迷人的葡萄酒。阿维拉省（Ávila）的塞夫雷罗斯（Cebreros）出产的红葡

纳瓦拉的蒙哈丁酒庄（Bodega Monjardín）周围的乡村景色

萄酒醇厚柔顺，其品质之高甚至吸引了里奥哈和加利西亚的著名葡萄酒生产商，他们认为在这里找到了一种风格独特的红葡萄酒。

杜埃罗河岸优质餐酒的产量呈上升趋势。天使之堤（Abadía Retuerta）和莫罗（Mauro）等酒庄已经完全扭转了餐酒糟糕的口碑。目前，卡斯蒂利亚会集了西班牙大多数的知名餐酒生产商。

要了解西班牙葡萄酒行业的全貌，不得不提与葡萄牙接壤的区域所产的葡萄酒。杜埃罗河的河湾地区为萨拉曼卡省（Salamanca）和萨莫拉省共有，而杜埃罗河正好是这一地区的边界。这里出产以该地名称命名的阿里维斯（Arribes）桃红葡萄酒，以及酒精含量适中的红葡萄酒，如产自贝纳文特山谷（Valles de Benavente）、阿尔兰萨（Arlanza）、莱昂领地（Tierras de León）和萨莫拉领地（Tierras del Vino de Zamora）的葡萄酒。

就酿酒技术而言，卡斯蒂利亚地区绝对走在前沿。不过收敛的自然风格是大势所趋。葡萄酒无须彻底过滤，葡萄园也应尽量减少化学药品的使用。这对于如此严寒的地区并不难，因为即使害虫在这样的气候条件下也难以生存。

托罗——西班牙葡萄种植的新天堂

早在13世纪，僧侣们就已经在托罗附近生产葡萄酒，当这里终于成为法定产区时，出产的葡萄酒马上引起了关注。但是没有人能够预料到，短短11年后，西班牙最著名的酿酒师们就争先恐后地来托罗法定产区建立酒厂。这里的葡萄种植面积已达14826英亩（6000公顷），是原有种植面积的两倍，并且还在持续增长中。托罗红是当地独有的葡萄品种，在托罗特殊的气候条件下培育而成，占葡萄总产量的90%。红歌海娜、玛尔维萨和弗德乔也占有一席之地。托罗红酿造的红葡萄酒颜色深浓，提取物和单宁丰富。它成就了托罗产区，使其与杜埃罗河岸和普里奥拉托一样成为新的葡萄酒奇迹。浅龄酒通常用大量的歌海娜酿造，而托罗红多用于生产木桶陈酿的优质葡萄酒。目前登记在案的葡萄酒生产商有30家，但很快自产自销的葡萄酒生产商数量将会在此基础上翻一倍，其中大多数出产单一品种葡萄酒。根据法定产区的相关规定，佳酿酒应至少在橡木桶中陈酿6个月。口感柔顺的玛尔维萨白葡萄酒无须陈酿即可饮用。

在所有法定产区中，这里最为温暖干燥，年日照时间长达3000小时，葡萄的成熟度无与伦比。为了避免酒精度过高，9月份就开始采摘葡萄。托罗红葡萄酒的酒精度可达13.5% vol，具有最佳的香料味和果味。顶级酒厂如贝加西西利亚、莫罗和佩斯克拉因托罗红浓郁的果味和柔顺的单宁而对其情有独钟，用它酿造的红葡萄酒口感顺滑醇厚，陈年潜力强。资深生产商们认为，作为唯一可以替代添普兰尼洛的品种，托罗红绝对能在西班牙葡萄酒竞争中稳占上风。

杜埃罗河岸

这个葡萄酒产区沿杜埃罗河两岸绵延109千米，穿越4个省份。整个产区的85%属于布尔戈斯省，而许多酒庄却位于巴利亚多利德省。1982年这里刚成为法定产区时，除了合作社，只有少数几家生产商。现在，这里的酒庄多达150家，并且数量还在不断增加。杜埃罗河岸产区发展迅速，在全世界已经成为美酒佳酿的代名词。

红葡萄酒是杜埃罗河岸成功的秘诀，它们色泽深浓、果味馥郁、口感醇厚、陈年潜力强。除了主要品种添普兰尼洛，这里还种植红葡萄歌海娜、赤霞珠、梅洛和马尔贝克以及白葡萄阿比洛。

杜埃罗河岸法定产区以橡木桶陈年的优质红葡萄酒而闻名，这种葡萄酒至少含有3/4的添普兰尼洛。然而，许多大公司也使用最好的卡斯蒂利亚葡萄酿造单一品种葡萄酒。一直以来，这里的葡萄酒在风格和品质上差异显著，主要由于酿造方法和葡萄品质的不同。最好的葡萄园通常分布在布尔戈斯省的罗亚（Roa）、奥拉（La Horra）、古米耶尔（Gumiel）和索蒂利亚（Sotilla）村庄，这些区域也被称为杜埃罗河岸的“心脏地带”。不过，我们必须避免地理上的分级，因为任何地区的葡萄都可能用来酿造法定产区葡萄酒。这里既使用经典的美国橡木桶，也使用法国橡木桶，不同的橡木桶也会赋予葡萄酒不同的风格。

奥拉是杜埃罗河岸最著名的葡萄酒产区之一

杜埃罗河岸的风土特征与卡斯蒂利亚其他地区差异巨大，这会对小型生产商的葡萄酒个性产生影响。杜埃罗河岸拥有1.5万公顷葡萄园，其中80%种植主要的红葡萄品种，这些葡萄园不仅覆盖杜埃罗河两岸，还分布在周围的山区。大多数优质种植区位于白垩含量丰富的向南斜坡上，斜坡从高处伸向河谷。许多葡萄园海拔高达800米，极端的高地气候常常伴有晚霜出现，会降低葡萄的产量，但也造就了红葡萄酒的稀缺和随之而来的热销。

许多葡萄酒爱好者也许在想，既然使用相同的葡萄品种，杜埃罗河岸葡萄酒与里奥哈葡萄酒

希加雷斯

希加雷斯是卡斯蒂利亚中部四个法定产区中最小的一个，长约48千米，宽约15千米，位于杜埃罗河支流皮苏埃加河河岸。目前葡萄园面积达2750公顷，几乎全都分布在巴利亚多利德省北部。在气候方面，希加雷斯介于温暖的托罗产区和凉爽的杜埃罗河岸产区之间，杜埃罗河岸的西部边界与希加雷斯相距仅24千米。这里地势平坦，有少量的平顶山。该法定产区因希加雷斯小村而得名，这个村庄是西班牙历史上充满传奇色彩的酿酒中心。

秋日黄昏，绿色的葡萄园在卡斯蒂利亚-莱昂一片火红的景色中格外醒目

早在中世纪初，希加雷斯醇厚的桃红葡萄酒就已成为西班牙最好的葡萄酒。现在这里仍然出产优质的桃红葡萄酒，但结构坚实、口感怡人的红葡萄酒更受欢迎。葡萄品种包括阿比洛、弗德乔和维奥娜，不过它们只占葡萄种植总面积的10%。主要的葡萄品种为添普兰尼洛和歌海娜。10年前，这里的红葡萄酒产量不足总产量的10%，现在已增至45%。那些大家不熟悉的现代葡萄酒生产商近几年才进入市场，越来越注重生产小橡木桶陈年的单一品种添普兰尼洛葡萄酒。虽然希加雷斯有生产高品质红葡萄酒的潜力，但目前只有少数红葡萄酒能与相邻地区的顶级葡萄酒媲美。

背标上注有“希加雷斯新酒”（Cigales Nuevo）的桃红葡萄酒仍然占葡萄酒产量的多数。这种葡萄酒包含60%的添普兰尼洛，最早在11月份就能上市。它们口感清新，香味浓郁。

有什么区别。在杜埃罗河岸，只有少数葡萄酒的陈酿时间与传统里奥哈葡萄酒一样长。葡萄酒在小橡木桶中发酵后很快就会投入市场。因此，杜埃罗河岸的葡萄酒通常颜色更深、单宁更甜，具有深色水果的香气，接近梅子，而里奥哈葡萄酒浓郁的果味多为红色水果。近年来，许多新一代里奥哈葡萄酒和部分杜埃罗河岸葡萄酒在新木桶中发酵后会形成独特的香草和肉桂香味。

卢埃达

卢埃达是第一个只生产白葡萄酒（后来也生产红葡萄酒）的法定产区，它为一种几乎不为人所知的葡萄开辟了成功之路。卢埃达种植面积为7600公顷，从杜埃罗河北部延伸至巴利亚多利德省，还覆盖了阿维拉和塞哥维亚（Segovia）的小片区域。本地品种弗德乔占种植总面积的一半，此外，还种植的葡萄品种包括维奥娜、长相思和帕洛米诺。这个法定产区以小村庄卢埃达的名称命名，拥有西班牙最好的酒窖基础设施，30家装瓶酒厂都配备了现代化的酒窖设备。采用温控发酵的白葡萄酒酿造工艺已成为标准做法，压榨之前为采摘的葡萄降温、分拣台上筛选葡萄以及低温浸渍都已普及。许多老式地下酒窖拥有上千米长的通道，经过重新设计后被用于产品展示。一些酒窖用于储藏卢埃达起泡酒，这种葡萄酒的酵母需要至少9个月才能成熟，弗德乔的含量必须达到75%以上。不过，该地区的明星葡萄酒是卢埃达弗德乔酒（弗德乔含量也要高于75%）和长相思单一品种葡萄酒，后者在这片贫瘠的高原上形成了独特而坚实的结构。

弗德乔葡萄酒的优势在于其花香而不是独特的果香，它还带有淡淡的苦味和浓郁的草本香。这种葡萄酒另一个出色的特征是萃取物含量高，从酒杯内壁大量的酒柱就能看出。不过这并不意味着酒精含量过高，而是说明葡萄酒口感醇厚、品质优秀。这里还出产一种含50%弗德乔的葡萄酒。自2000年起，该产区以添普兰尼洛为主的红葡萄品种也获得了法定产区的保护。虽然卢埃达红葡萄酒不及杜埃罗河岸葡萄酒复杂，但在未来几年中这种情况将会改变。

比埃尔索

比埃尔索法定产区与加利西亚毗邻，其气候在卡斯蒂利亚-莱昂所有法定产区中最为平衡。大西洋带来的雨水和卡斯蒂利亚的日照使比埃尔索的山谷成为西班牙最高产的地区。大部分葡萄园坐落在山谷的缓坡上，海拔通常不超过500米。受山脉的保护，这里很少遭遇晚霜的侵袭。

比埃尔索主要的种植品种包括白葡萄白夫人和格德约以及用于酿造主打葡萄酒的本地红葡萄门西亚。所有的红葡萄酒必须含有至少75%的门西亚。这种葡萄带有优雅的红浆果香味，出产的葡萄酒果味浓郁，酸度强烈，具有矿物风味。而老藤葡萄则以黑莓香味为主。门西亚葡萄酒通常作为新酒出售，但顶级生产商们证明了木桶陈酿可以使其口感更加醇厚复杂。

Prada a Tope酒厂不仅出产比埃尔索法定产区红葡萄酒和白葡萄酒，还在卡卡韦洛斯（Cacabelos）拥有一家酒吧

贝加西西利亚、佩斯克拉和平古斯

以下三大知名酒庄确立、巩固并提升了杜埃罗河岸的声誉。贝加西西利亚、费南德兹酒庄（Bodega Alejandro Fernández）旗下的佩斯克拉以及平古斯酒庄（Dominio de Pingus）生产的葡萄酒在西班牙和国际上都赫赫有名。

贝加西西利亚

贝加西西利亚酒庄早在1864年就开始在杜埃罗河岸法定产区的西部种植葡萄，但直到1915—1917年由埃雷罗家族接管后，这里才出产优质红葡萄酒。除了葡萄种植，贝加西西利亚酒庄还致力于开发精致复杂的葡萄酒熟成方法，这是其主打特酿酒“唯一”（Único）形成独特巴洛克风格的关键。年份好的时候，“唯一”可以成为世界上最复杂的红葡萄酒，其独一无二的浓郁香味拥有在南部阳光下晒干的水果所独有的特色。它还带有无花果、梅子、森林浆果、烟草、咖啡以及香料的味道。柔和的单宁更会赋予其顺滑、丰满的口感。

酒庄180公顷的葡萄园中主要种植添普兰尼洛，在一些古老的区域还会种植赤霞珠。葡萄经手工采摘后首先会装在板条箱内运往酒窖，完全去皮后通过传输带进入发酵池。产自顶级葡萄园的葡萄通常会被提前挑选出来用以酿造“唯一”葡萄酒，并且使用木桶发酵。排名第二的瓦布伦纳（Valbuena）葡萄酒在不锈钢酒罐中存放。“唯一”葡萄酒在大木桶中经过苹果酸-乳酸发酵后，会先在老式酒桶中静置6个月。然后，所有的葡萄酒都要进行品尝和测试，以决定它们的未来。发酵5年后方可投入市场的瓦布伦纳先装入之前用过的法国橡木桶中陈酿11～14个月，再装入酒瓶中陈酿至少18个月。而这时“唯一”葡萄酒的酿造才刚刚进入复杂阶段，它必须通过各个精心设计的步骤以达到完美的境界。首先，葡萄酒在新法国橡木桶中发酵2年，然后在旧美国橡木桶中陈酿5年以上，最终才可以装瓶。

现在备受欢迎的贝加西西利亚曾是杜埃罗河岸最早的酿酒中心，这里庄严的小教堂和建筑矗立在庭院四周

杜埃罗河谷贝加西西利亚酒庄的葡萄园位于杜埃罗河岸产区的西部一隅

在“唯一”葡萄酒中添普兰尼洛至少占4/5，紧随其后的是赤霞珠、马尔贝克、梅洛和少量阿比洛。这种葡萄酒在灌装前无须过滤，至少需要在瓶中熟成3年。贝加西西利亚酒庄庄主阿瓦雷兹（Álvarez）家族会让已付款的葡萄酒收藏家和美食家们等上至少11年才能喝到这款葡萄酒。在1970年和1981年这样出色的年份，添普兰尼洛通常只占葡萄酒的2/3，而赤霞珠的比例增至1/5，其他品种为梅洛和马尔贝克。经过短短几年陈酿后，“唯一”会作为特别珍藏酒（reserva especial）销售。

早在杜埃罗河岸产区声名鹊起之前，贝加西西利亚酒庄就已经成为传奇。令葡萄酒行业欣慰的是，这个酒庄及其历史悠久的独特葡萄酒得到了完好的保留，这主要是因为酒庄对创新持谨慎态度。阿瓦雷兹家族于1992年购买了第二个酒庄阿里昂（Alión），该酒庄拥有50公顷葡萄园，只种植添普兰尼洛。葡萄成熟后会经过精心筛选和采摘。通常，它们浸渍的时间不超过3周，然后葡萄酒会被装入新法国橡木桶中熟成16个月以上。这样酿造的葡萄酒口感顺滑、果香浓郁，并且带有香料味，与其他任何西班牙现代红葡萄酒相比都毫不逊色。

左图：佩斯克拉古老的酒窖贯穿乡村山岗。只有橡果形状的通风井透露出这里储藏着出色的红葡萄酒

右图：只有在出色的年份，亚历山大·费南德兹才会生产耶鲁斯（Janus）葡萄酒，这种葡萄酒以传统方法酿造而成

佩斯克拉

亚历山大·费南德兹是杜埃罗河岸之父，他不仅开创了杜埃罗河岸的现代风格，而且将在南方阳光下葡萄的成熟度、丰富的果味和无比的优雅融合在一起，酿造出一种全新的西班牙葡萄酒。今天，这个配方不但是杜埃罗河岸也是整个西班牙优质葡萄酒灵感的来源，尤其是里奥哈地区。

年轻时，亚历山大·费南德兹曾以维修和组装各种农业机械为生，同时他还在家乡杜埃罗佩斯克拉管理着父亲留下的几个葡萄园。当时，葡萄或者新酒通常销往葡萄酒颜色浅淡、酒体单薄的地区，如拉曼查。葡萄酒色泽越浓郁，价格越昂贵。1972年，亚历山大受到购买其优质葡萄酒的合作社的蔑视，愤而建立了自己的酒庄。他对未经去皮的葡萄进行发酵，并且使用古老的葡萄榨汁机压榨葡萄，这个榨汁机至今仍然保存在酒庄。最初，他将红葡萄酒储存在香槟瓶中，用弹簧盖密封，并在整个地区销售。他的优质葡萄酒的美名逐渐传遍了整个卡斯蒂利亚。之后他在一个美国进口商的帮助下取得了更大的成就。“葡萄酒教父”罗伯特·帕克收到亚历山大寄来的1992年份佩斯克拉葡萄酒

杜埃罗河岸平顶山上开阔的葡萄园

样品后，将此酒称为“西班牙的柏图斯葡萄酒”。佩斯克拉因此举世闻名，而亚历山大·费南德兹也终于不用再担心酒庄的命运。

佩斯克拉葡萄酒通常由单一品种添普兰尼洛酿造。酒精发酵后是为期两周的浸渍。葡萄酒的熟成和苹果酸-乳酸发酵都在美国橡木桶中进行，采用这一工艺是对该地区传统的保护。这里的葡萄酒虽然陈年潜力出色，却不带任何橡木味。葡萄树的年龄、葡萄的选择、橡木桶的年龄以及在橡木桶中陈年的时间都会影响佩斯克拉葡萄酒的品质。耶鲁斯特别珍藏酒只在非常出色的年份才生产，这种葡萄酒采用传统方式酿造，将果梗和果汁一起浸渍。

平古斯

平古斯是当今最受欢迎、最昂贵的西班牙红葡萄酒，是杜埃罗河岸声名远扬的功臣。自1990年以来，年轻的丹麦人彼得·西塞克管理着莫纳斯特里奥酒庄（Hacienda el Monasterio）。他曾在波尔多学习酿酒技术，受圣爱美浓的瓦兰德鲁（Valandraud）酒庄影响极大。他在奥拉地区4块面积约3.8公顷的土地上种植了老藤添普兰尼洛。他精心照料自己的葡萄园，采用生态种植法，严格控制产量。这些葡萄园拥有杜埃罗河岸最好的风土条件。经过耐心的等待，在葡萄最为成熟的时候手工采摘，装进冷藏车中的小板条箱，运往40千米外位于金塔尼利亚德奥内西莫（Quintanilla de Onésimo）的酒窖。在这里，10个女工手工去除果柄，然后在小不锈钢发酵池中用脚轻柔地踩踏葡萄。这时已是10月初，夜晚比较凉爽。葡萄和葡萄汁一起静置10天后开始发酵，发酵过程需要8天。通常，浸渍几天后彼得·西塞克就会去除葡萄果梗，并将葡萄汁灌入新法国木桶中。在温暖的春天，木桶中的汁液会自动进行苹果酸-乳酸发酵。每一桶酒都要经过品尝，如果口感过于厚重则意味着葡萄酒浓度过高，那么这桶葡萄酒要在另一只木桶中继续陈年。

平古斯葡萄酒在木桶中陈酿将近两年后，可以装瓶出售。1995年罗伯特·帕克为第一款年份酒评出98的高分（100分制），将它推进世界顶级葡萄酒之列，之后世界各地的葡萄酒爱好者们便争相购买年产量仅为7000瓶的平古斯葡萄酒。

这款葡萄酒为纯手工酿造，其浓郁的无花果、烟熏和焦油香味久久萦绕鼻端；丰满酒体形成的口感与嗅觉体验相似，还带有黑巧克力和香料的味道，回味悠长。总体而言，这是一款生动的葡萄酒，拥有纯正的结构。近来，彼得·西塞克收购了一些葡萄园，生产橡木味更浓郁、口感较简单的副牌酒“平古斯之花”（Flor de Pingus）。

凭借生长稳定的葡萄树和精湛的酿酒工艺，年轻的丹麦人彼得·西塞克（亲朋好友称他为平古斯）酿造出西班牙最昂贵的葡萄酒——平古斯

卡斯蒂利亚–莱昂的主要葡萄酒生产商

生产商：Bodegas Alejandro Fernández****
所在地：Pesquera de Duero（D.O. Ribera del Duero）
220公顷，年产量85万瓶
葡萄酒：Tinto Pesquera：Crianza，Reserva，Gran Reserva，Janus Reserva and Gran Reserva
Alejandro Fernández及其佩斯克拉葡萄酒造就了杜埃罗河岸今日的辉煌。他还经营着Roa de Duero附近的Condado de Haza酒庄。

生产商：Bodegas Aalto**–*******
所在地：Quintanilla de Arriba（D.O. Ribera del Duero）
42公顷，年产量不详
葡萄酒：Aalto，Aalto PS
Javier Zaccagnini（监管委员会前董事）和Mariano Garcia（Vega Sicilia酒庄前酿酒师和Mauro酒庄庄主）凭借PS（Pagos Seleccionados，精选产地）葡萄酒于2001年跻身杜埃罗河岸的顶级生产商之列。

生产商：Bodegas Arzuaga Navarra*–******
所在地：Quintanilla de Onésimo
（D.O. Ribera del Duero）
150公顷，部分非自有葡萄，年产量65万瓶
葡萄酒：Tinto Arzuaga Crianza，Tinto Arzuaga Reserva，Tinto Arzuaga Gran Reserva
该酒庄是杜埃罗河岸的新生代。出产的葡萄酒口感雅致均衡。葡萄酒的品质越高（珍藏酒和特级珍藏酒），赤霞珠的含量和法国橡木桶的使用就越多。

生产商：Bodegas Emilio Moro–*******
所在地：Pesquera de Duero（D.O. Ribera del Duero）
60公顷，部分非自有葡萄，年产量42.5万瓶
葡萄酒：Finca Resalso，Emilio Moro，Malleolus，Malleolus de Valderamiro
自从1991年推出第一瓶葡萄酒以来，Moro家族就稳固了自己的地位。采用老藤葡萄酿造的Malleolus和Malleolus de Valderamiro葡萄酒已成为杜埃罗河岸西部地区的标杆，其口感浓郁强劲并带有矿物风味。

生产商：Bodegas Hermanos Sastre*–******
所在地：La Horra（D.O. Ribera del Duero）
40公顷，年产量20万瓶
葡萄酒：Vina Sastre Crianza，Pago de Santa Cruz，Regina Vides，Pesus
杜埃罗河岸的顶级酒庄之一，产量较低。单一品种葡萄酒Pago de Santa Cruz及结构均衡的Regina Vides都个性鲜明，口感醇厚，价格不菲。

生产商：Bodegas Ismael Arroyo**–*******
所在地：Sotillo de la Ribera（D.O. Ribera del Duero）
20公顷，非自有葡萄，年产量50万瓶
葡萄酒：Valsotillo：Crianza，Reserva，Gran Reserva
凭借风格传统、果味浓郁、颜色深厚的葡萄酒，Arroyo兄弟将酒庄推上了西班牙葡萄酒行业的巅峰。单一品种葡萄酒通常只选用美国橡木桶进行熟成，陈年潜力强。

生产商：Bodegas Mauro****
所在地：Tudela de Duero（no D.O.）
Pedrosa del Rey（D.O. Toro）
55公顷，年产量22.5万瓶
葡萄酒：Mauro，Terreus，Vendima Seleccionada
该酒庄是卡斯蒂利亚地区首家出产非法定产区优质红葡萄酒的酒庄之一。1997年以来，该酒庄在托罗地区酿造了另一款红葡萄酒，其中4万瓶以Viña San Román为品牌出售。从Terreus到Mauro再到San Román，酒庄旗下所有品牌的葡萄酒都拥有卓越而高贵的结构。

生产商：Bodegas Peñalba López*–******
所在地：Aranda de Duero（D.O. Ribera del Duero）
200公顷，年产量80万瓶
葡萄酒：Torremilanos：Crianza，Reserva；Torre Albéniz Reserva
近年来，Pablo Peñalba和Pilar Albéniz的酒庄已成为该法定产区最好的酒庄之一，出产的葡萄酒酒体丰满、余味悠长、适宜陈年。Torremilanos葡萄酒是添普兰尼洛单一品种葡萄酒；Reserva Torre Albéniz葡萄酒含有少量赤霞珠。酒庄已换用法国木材自制所有木桶。

生产商：Bodegas Pérez Pascuas****
所在地：Pedrosa de Duero（D.O. Ribera del Duero）
110公顷，年产量40万瓶
葡萄酒：Viña Pedrosa：Reserva，Gran Reserva，Pérez Pascuas Gran Selección
Viña Pedros品牌的红葡萄酒复杂、精致、酸度较高，适宜陈年后饮用。酒庄拥有非常古老的葡萄酒，海拔高达800米以上。Selección Pérez Pascuas是该法定产区的顶级葡萄酒之一。

生产商：Bodegas Rodero*–******
所在地：Pedrosa de Duero（D.O. Ribera del Duero）
80公顷，年产量30万瓶
葡萄酒：Carmelo Rodero：Crianza，Reserva，Gran Reserva
Camelo Rodero多年来一直向贝加西西利亚酒庄供应葡萄，后来才独立酿酒。他的红葡萄酒口感浓郁、单宁丰满。他拥有杜埃罗河岸最好的赤霞珠葡萄园之一，出产的一小部分葡萄用于酿造珍藏酒和特级珍藏酒。

生产商：Bodegas Vega Sauco***
所在地：Morales de Toro（D.O. Toro）
12公顷，年产量19万瓶
葡萄酒：Vega Sauco Tinto，Vega Sauco Crianza，

Vega Sauco Reserva, Adoremus
Wenceslao Gil的葡萄酒色泽浓郁、口感醇厚。虽然Vega Sauco系列葡萄酒在美国橡木桶中长时间陈酿，但由于浓度高，因此橡木味并不那么突出。

生产商：**Bodegas y Viñedos Vega Sicilia*******
所在地：**Valbuena de Duero（D.O. Ribera del Duero）**
205公顷，年产量230万瓶
葡萄酒：Unico Tinto：Gran Reserva，Reserva Especial，Valbuena Tinto Reserva
自1982年起，酒庄就由Alvarez家族经营，其悠久的传统和葡萄酒的顶级品质都得到了完好保存。附近的Alíon酒庄也归Alvarez家族所有，那里种植了50公顷添普兰尼洛葡萄，出产一款风格现代的杜埃罗河岸葡萄酒。

生产商：**Descendientes de J. Palacios****-******
所在地：**Villafranca del Bierzo（D.O. Bierzo）**
15公顷，年产量不详
葡萄酒：Pétalos del Bierzo，Corullón
Álvaro Palacios和他的侄子Ricardo Pérez Palacios采用生物动力法在古老的斜坡葡萄园内种植门西亚葡萄，并且分开灌装几个葡萄园出产的葡萄酒。葡萄酒风格鲜明。

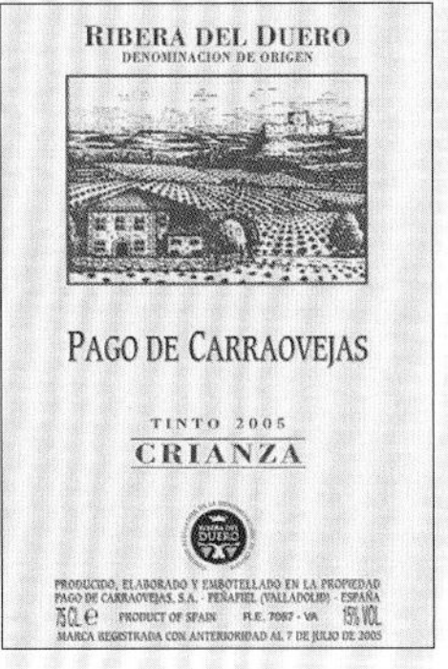

生产商：**Dominio de Pingus****-******
所在地：**Quintanilla de Onésimo（Ribera del Duero）**
5公顷，年产量3.7万瓶
葡萄酒：Pingus，Flor de Pingus
丹麦人Peter Sissek酿造出了杜埃罗河岸最受追捧的葡萄酒，并且利用这款葡萄酒的成功为他的酒庄奠定了更为广泛的基础。

生产商：**Dominio de Tares*****
所在地：**San Román de Bembibre（D.O. Bierzo）**
非自有葡萄，年产量25万瓶
葡萄酒：Dominio de Tares，Godello Fermentado en Barrica，Tinto Roble，Cepas Viejas
这家年轻的公司从一开始就采用本地特有的葡萄，通过最现代的技术酿造红葡萄酒和白葡萄酒。即使普通的Roble葡萄酒也使用古老葡萄园出产的葡萄。Cepas Viejas葡萄酒产自片岩斜坡上拥有60多年历史的葡萄园。

生产商：**Dos Victorias***-*****
所在地：**San Román de Hornija（D.O. Toro）**
Nava del Rey（D.O. Rueda）
8公顷，部分非自有葡萄，年产量2.5万瓶
葡萄酒：Jose Pariente Rueda Superior，Gran Elías Mora
1999年，两位名为Victoria的酿酒师在推出两款卢埃达白葡萄酒José Pariente后，又酿造了托罗地区第一款红葡萄餐酒，这两位来自卡斯蒂利亚的女士目前在托罗地区建立了一家酒庄。她们的2000年份红葡萄酒Elías Moroa是第一款被允许标注托罗法定产区的葡萄酒。酒庄出产的两种葡萄酒均产自古老的葡萄园，果味浓郁、结构平衡。

生产商：**Hacienda Monasterio******
所在地：**Pesquera de Duero（D.O. Ribera del Duero）**
70公顷，年产量32万瓶
葡萄酒：Hacienda Monasterio：Crianza，Reserva
这个现代化酒庄几乎全部使用法国橡木桶，出产的杜埃罗河岸葡萄酒具有国际风格，果味浓郁、单宁柔顺。酒庄注重葡萄选择和酿酒工艺，葡萄酒不进行过滤。

生产商：**Pago de Carraovejas******
所在地：**Peñafiel（D.O. Ribera del Duero）**
80公顷，年产量90万瓶
葡萄酒：Pago de Carraovejas：Crianza，Reserva
香味浓郁、颜色深厚的葡萄酒是酒庄的特色。首席酿酒师Tomás Postigo于20世纪80年代末开始种植葡萄，其中包括结构完美的赤霞珠。酒庄所有的葡萄酒都含有25%的法国葡萄。

生产商：**Vinos Blancos de Castilla***-*****
所在地：**Rueda（D.O. Rueda）**
150公顷，非自有葡萄，年产量150万瓶
葡萄酒：Marqués de Riscal：Reserva Limousin，Sauvignon，Rueda Superior
酒庄无疑是卢埃达现代白葡萄酒的先驱。凭借最先进的技术，酒庄使用弗德乔和少量维奥娜生产出了经典的Marqués de Riscal Rueda Superior葡萄酒。这款葡萄酒散发出清新的果香和花香，拥有平衡的酒体和风格。长相思葡萄酒也是如此。

生产商：**Viñas del Cénit***-*****
所在地：**Villanueva de Campeán（Vinos de Calidad de Tierras del Vino de Zamora）**
44公顷，年产量6万瓶
葡萄酒：Cénit，Triton，Venta Mazarrón
在一位新西兰女酿酒师的指导下，这家小生产商使用古老的添普兰尼洛酿造出了现代、醇厚的红葡萄酒。

生产商：**Vinos Sanz*****
所在地：**Rueda（D.O. Rueda）**
100公顷，年产量35万瓶
葡萄酒：Sanz Rueda Superior，Sanz Sauvignon，Finca La Colina
酒庄拥有卢埃达法定产区最大、最古老的长相思葡萄园，因此酿酒师Juan Carlos Ayala总能生产出西班牙最好的长相思葡萄酒。

加利西亚

加利西亚位于伊比利亚半岛的西北部，是一个原生态的地区。在这里，基督教之前的元素和基督教元素融合在一起，这也许可以解释这里不断出现的保留传统的意识。加利西亚之前采用中世纪的酿酒方式，后来迅速转变，采用先进的现代酿酒技术。

加利西亚的葡萄酒年产量约为1亿升，不久前还出现了无处存放的问题。加利西亚大部分酒庄的产量都很高，因为多数葡萄种植在雨量充沛、气候温和的河谷地区。一方面，加利西亚的葡萄产量过高，大部分品质平庸，而另一方面，加利西亚又能出产个性鲜明、品质优秀的葡萄酒，总是给葡萄酒爱好者带来惊喜。

萨克拉河岸

从葡萄种植的角度来说，萨克拉河岸无疑是近年来最优秀的法定产区之一。因为在西班牙西北部的加利西亚这个白葡萄酒生产基地，萨克拉河岸是唯一一个红葡萄酒占总产量75%以上的地区。门西亚是本地特有的优质葡萄，可能是品丽珠的变种。这种葡萄并不完全适合木桶陈年，因此通常以新酒的形式出售。也由于这个原因，该地区不出产佳酿酒。

门西亚葡萄酒的独特魅力在于其清淡的风格和细腻的果味（不同年份的葡萄酒可能带有甘草、梅子、黑莓或其他添加的果味），它们还拥有非常出色的酒体。萨克拉河岸的气候十分理想：适量的雨水和类似地中海的日照意味着在平均温度13.5℃的条件下葡萄成熟度很高。门西亚葡萄酒很快在西班牙引起关注，它的特性与国内其他丰满成熟的红葡萄酒差异显

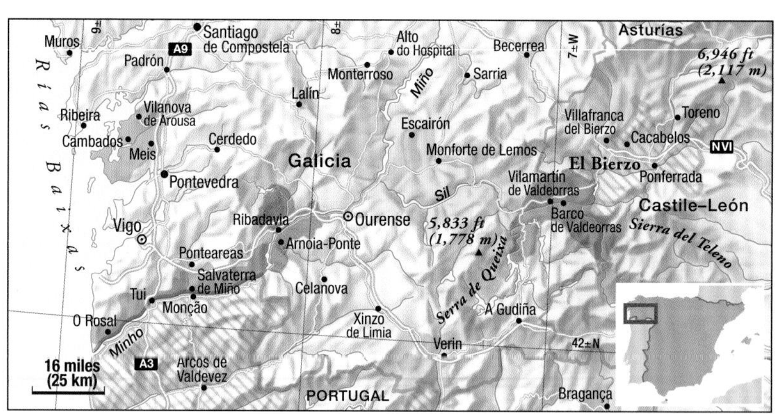

Rías Baixas
Ribeiro
Ribeira Sacra
Valdeorras
Monterrei
Wine-growing areas in neighboring regions

右页图：萨克拉河岸的葡萄种植区还建有农舍，饲养家畜，种植蔬菜

加利西亚的内陆地区也绿树成荫，气候湿润。萨克拉河岸的许多农场主只耕种小块土地，这些土地多位于朝南的斜坡上

在葡萄酒产区瓦尔德奥拉斯（Valdeorras）的许多村庄中，时间似乎停止了流淌

著，而桶内陈年的门西亚葡萄酒价格更是高得惊人。其中有几个原因。萨克拉河岸（意为"神圣的河岸"，因12世纪和13世纪建立了无数修道院而得名）1200公顷的葡萄园中90%位于陡峭或异常陡峭的山坡上。几千年来，葡萄种植户在这片荒凉的土地上辛勤耕作，开辟出了看似不可能的梯田，任何机械作业都无法在这里进行。在此之前，采摘工在身上捆绑绳索降落到河中的葡萄运输船上。山坡太过险峻，背着整篮葡萄根本无法攀爬。

独辟蹊径

这里的土壤中含有页岩和花岗岩，赋予了葡萄酒独特的矿物风味。希尔河和米尼奥河以及它们的支流形成的峡谷地貌阻碍了葡萄园的扩展，因此必须开辟其他途径。对于新一代葡萄酒生产商来说，他们只能以竞争的方式管理他们的公司，淘汰劣质品种，引进优质葡萄。目前，顶级品种门西亚的种植面积只占葡萄园的49%，还有30%为品质稍差的廷托雷拉歌海娜等葡萄。现在每1千克门西亚的价格已达到了天文数字，因为根据监管委员会2004年的法定产区质量监控计划，至少85%的门西亚葡萄必须产自萨克拉河岸。到那时葡萄园的改造必须全部完成。

这里种植的两种白葡萄——格德约和阿尔巴利诺在板岩土中表现出色，它们的比例将从不足6%增加到15%以上。

蒙特雷

在邻省奥伦塞（Ourense），小型法定产区蒙特雷（Monterrei）的葡萄种植情况恰好相反。这里主要出产白葡萄酒，白葡萄品种白夫人、格德约和特雷萨杜拉的种植面积超过了红葡萄门西亚和巴斯塔都。然而该地区的监管部门也必须忍受某些葡萄在北方气候条件下的较差表现，其中包括雪利葡萄帕洛米诺菲诺和廷托雷拉歌海娜。另一个弊端是可用于种植当地唯一的特有葡萄品种——白蒙特雷——的土地仅剩下40公顷。近来，葡萄园开始重建工作，主要目标是增加淡黄色格德约葡萄的比例，这种葡萄带有流行的苹果和柠檬香。

这里共有10家酒庄，出产的白葡萄酒中包括一些十分优秀的产品。在达美嘉（Támega）河谷3000公顷葡萄园中，只有最好的223公顷才用于生产品质上乘的葡萄酒。大部分葡萄酒主要由格德约和特雷萨杜拉酿造，它们果味浓郁、酒体丰满、酸度适中。最近涌入的大量投资提高了装瓶工厂的技术标准。用铁丝引导葡萄树的生长可以使葡萄更易清洁护理，从而能够迅速改善蒙特雷白葡萄酒的品质。未来这里的红葡萄酒能否在其他地区获得认可还不得而知。

与萨克拉河岸相比，这里肥沃的土壤和温和的气候都不是出产浓郁葡萄酒的理想条件。只有严格控制产量，加大门西亚葡萄的优势，才能对这个地区有所帮助。

瓦尔德奥拉斯

瓦尔德奥拉斯法定产区也位于奥伦塞省，葡萄种植面积为1500公顷。作为最近重新被发现的格德约葡萄的故乡，该地区频频出现在西班牙贸易新闻头条上。当然，格德约不及优质阿尔巴利诺香气浓郁，但是它酿造的中等强度白葡萄酒含有丰富的萃取物以及杏仁、清新的柠檬和独特的泥土草本芬芳。格德约与众不同的个性使其逐渐成为流行品种。它是这个法定产区的骄傲，也是连接过去的桥梁，在加利西亚落后的乡间环境下曾一度濒临灭绝。早期，希尔河的主要白葡萄品种地位更高，而现在似乎以需要大量日照的歌海娜为主。不过，大部分新酒成了无名餐酒。瓦尔德奥拉斯的酒庄可以转而种植上文提到的门西亚。这个品种是一些十分出色可口的红葡萄酒的原料，这些葡萄酒在该地区的许多小酒窖中酿制而成，得益于现代不锈钢技术，它们不再属于廉价的新酒。较低的产量解决了销售问题，这些葡萄酒的主要市场在加利西亚。

左图：在瓦尔德奥拉斯，人们纯手工种植葡萄

右图：希尔河地区气候温和，适宜葡萄树的生长，因此每一块位置理想的土地都用于葡萄种植。近年来，易于耕种的大型葡萄园数量有所增加

下海湾

酿酒和捕鱼是下海湾的两大经济支柱产业

就在20年前，下海湾法定产区的白葡萄酒还鲜为人知，葡萄种植面积不足现在2650公顷的1/3。这个如今已成为西班牙白葡萄酒传奇的产区当时只有几家落后的合作社。它们从上千个葡萄种植户手中购买葡萄，出产的白葡萄酒品质拙劣，其中大部分很快会发生氧化并产生青草味。种植户们只留下不太纯正的阿尔巴利诺年份酒自己享用，而到了4月份，就连这种葡萄酒也已无法下咽。弗朗哥政权被推翻之后，一些有胆识的人开始投资葡萄酒生产，并且证明了大家不屑一顾的阿尔巴利诺也能像北方优质葡萄品种一样酿造出高品质白葡萄酒。最初，葡萄酒生产商希望建立一个专门的阿尔巴利诺法定产区。然而在蓬特韦德拉省（Pontevedra）西南部，葡萄种植是某些地区的传统，因此监管部门决定保留这些传统，并将所有历史悠久的葡萄品种囊括其中。最终，阿尔巴利诺被临时命名改为下海湾，在加利西亚语中意为地势较低的海湾。

根据土壤和气候条件的不同，下海湾法定产区被划分为5个次产区。和其他产区一样，葡萄酒生产商可以在整个法定产区内购买葡萄，因此，只有少数酒庄会依赖某特定区域的葡萄。近年来涌现出大量小葡萄园，风土条件将会越来越重要。纯正的阿尔巴利诺年份酒在该产区非常常见。阿尔巴利诺的种植中心位于次产区萨尔内斯河谷，这里风景如画的小镇坎巴多斯（Cambados）每年都会为阿尔巴利诺葡萄举行庆祝活动。

阿尔巴利诺葡萄香气浓郁，果味高雅，萃取物丰富，酸度较低。下海湾葡萄酒必须含有至少70%的阿尔巴利诺，然后根据区域的不同，再添加凯尼奥、洛雷罗、托隆特斯或者特雷萨杜拉。红葡萄酒在这个产区地位不高。

里贝罗

里贝罗（Ribeiro）法定产区是加利西亚唯一一直以来都小有名气的地区。在加利西亚无以计数的酒馆中，通常都会用里贝罗这种便宜的烈酒搭配它们的特色菜。过去，该产区出产的葡萄酒暗沉发酸，在生产商、合作社和监管者的努力下，里贝罗葡萄酒的品质有很大改观。这些葡萄酒品质的提升还归功于传统白葡萄品种的潜力，如特雷萨杜拉、洛雷罗和托隆特斯。这些葡萄证明了它们不会和帕洛米诺一样成为无足轻重的量产葡萄。帕洛米诺是典型的根瘤蚜肆虐后因经济原因而种植的品种，用于短期内弥补损失。而传统的白葡萄品种果味浓郁、口感清新。里贝罗葡萄酒适合浅龄时饮用，通常无须在桶中陈年。这种葡萄酒酸爽强劲，富含蔬果味，如刚割过的青草和香草味。里贝罗也出产风格简单的红葡萄酒，主要由红凯尼奥和布兰塞亚奥酿造。不过这个位于米尼奥河河畔的产区仍然以白葡萄新酒为主。

比拉里尼奥（Vilariño）：里贝罗风景如画的小村庄，四周葡萄园环绕

阿尔巴利诺和海鲜

位于北部的次产区乌罗阿河谷临近圣地亚哥。在蓬特韦德拉省省府附近，索托马约尔（Soutomaior）及其周边地区的400多个葡萄种植户只种植阿尔巴利诺葡萄。再往南位于葡萄牙边境是奥罗萨尔（O Rosal）和康达多（Condado）。康达多气候严酷，并伴有晚霜出现。奥罗萨尔气候温和，其降雨量更接近北欧，而不像伊比利亚半岛。

加利西亚是美食家的乐土，加利西亚人以喜欢享用大量美食而闻名西班牙，尤其是当地产量丰富的海鲜。下海湾葡萄酒是海鲜的完美搭配。它们馥郁的果味充满异域风情，酒体虽不丰满但却十分强劲，是佐餐的理想选择。几乎所有生产商使用不锈钢酒罐熟成葡萄酒。一些葡萄酒在圣诞节前就投入市场，果味清新。优质的下海湾葡萄酒总是芳香四溢。近年来，生产商们延长了顶级葡萄酒的熟成时间（通常为8个月），以获得复杂的果香和均衡的口感。尽管如此，所有的加利西亚白葡萄酒都应在葡萄采摘后两年内饮用。

加利西亚的主要葡萄酒生产商

生产商：**Adegas Galegas***-******
所在地：**Salvaterra do Miño（D.O. Rías Baixas）**
40公顷，部分非自有葡萄，年产量50万瓶
葡萄酒：Don Pedro de Soutomaior, Don Pedro de Soutomaior Neve, Tempo, Veigadares
葡萄酒生产商José Rodriguez年复一年地推出优雅、纯净、果香怡人却结构坚实的阿尔巴利诺葡萄酒Don Pedro de Soutomaior。由于在酿造过程中巧妙地使用橡木，Veigadares在该产区的木桶发酵葡萄酒中占有一席之地。

生产商：**Bodegas del Palacio de Fefiñanes******
所在地：**Cambados（D.O. Rías Baixas）**
非自有葡萄，年产量15万瓶
葡萄酒：Albariño de Fefiñanes, 1583 Albariño de Fefiñanes
近年来，这个中世纪古堡中的酒庄大幅提升了葡萄酒的品质。使用木桶陈年的1583葡萄酒口感强劲、余味悠长，但是与未在桶中陈年的卓越、醇厚而复杂的葡萄酒相比，还是稍逊一筹。

生产商：**Martín Códax***-******
所在地：**Vilariño-Cambados（D.O. Rías Baixas）**
170公顷，部分非自有葡萄，年产量150万瓶
葡萄酒：Martín Códax, Burgáns, Gallaecia, Organistrum
加利西亚最受欢迎的阿尔巴利诺葡萄酒是品质的代名词。该酒庄最初是一个合作社，拥有一流的葡萄园。除了出色的新酒Martín Códax，酒庄还生产迟摘型葡萄酒Gallaeca和木桶发酵的阿尔巴利诺葡萄酒Organistrum，后者余味香甜。

生产商：**Dominio de Bibei*****
所在地：**Terra de Trives（D.O. Ribeira Sacra）**
12公顷，年产量6万瓶
葡萄酒：La Lama, La Cima
在普里奥拉托的小René Barbier带领下主要生产具有圆润口感以及水果和花朵香味的门西亚葡萄酒。

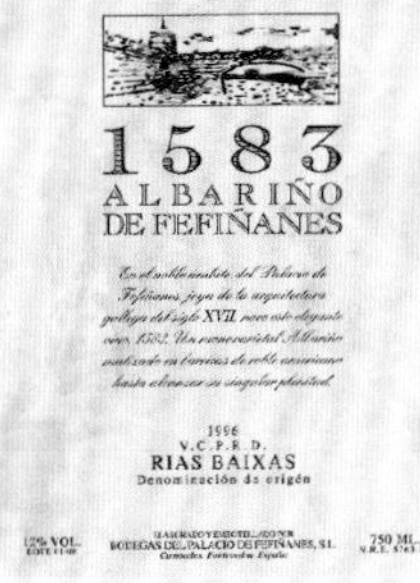

生产商：**Godeval*****
所在地：**Barco de Valdeorras（D.O. Valdeorras）**
17公顷，部分非自有葡萄，年产量20万瓶
葡萄酒：Viña Godeval
Horacio Fernández是复兴计划创始人之一，该计划挽救了Valdeorras的白葡萄格德约。酒庄的一部分葡萄园位于陡峭的山坡上，对种植技术精益求精，出产的一种格德约葡萄酒色泽清透、花香怡人。

生产商：**Granja Fillaboa******
所在地：**Salvaterra do Miño（D.O. Rías Baixas）**
50公顷，年产量20万瓶
葡萄酒：Fillaboa Fermentado en Barrica, Fillaboa
该酒庄出产两种葡萄酒：清新、现代的新酒Fillaboa和堪称典范的橡木桶陈年的阿尔巴利诺葡萄酒，后者产量很少。

生产商：**Pazo de Señorans******
所在地：**Meis（D.O. Rías Baixas）**
10公顷，部分非自有葡萄，年产量18万瓶
葡萄酒：Pazo de Señorans, Pazo de Señorans Selección de Añada
酒庄庄主María Soleda Bueno与酿酒师Ana Quintela酿造出了该法定产区结构最完美的阿尔巴利诺葡萄酒，这些葡萄酒在酒罐中单独发酵。在出色的年份，产自顶级葡萄园的葡萄酒须在不锈钢酒罐中熟成18个月。

生产商：**Emilio Rojo*****
所在地：**Arnoia-Ponte（D.O. Ribeiro）**
3公顷，年产量11万瓶
葡萄酒：Emilio Rojo
酒庄庄主Emilio Rojo帮助拉多葡萄东山再起。唯一一款产品——白葡萄酒Emilio Rojo口感强劲、花香优雅。

卡斯蒂利亚-拉曼查

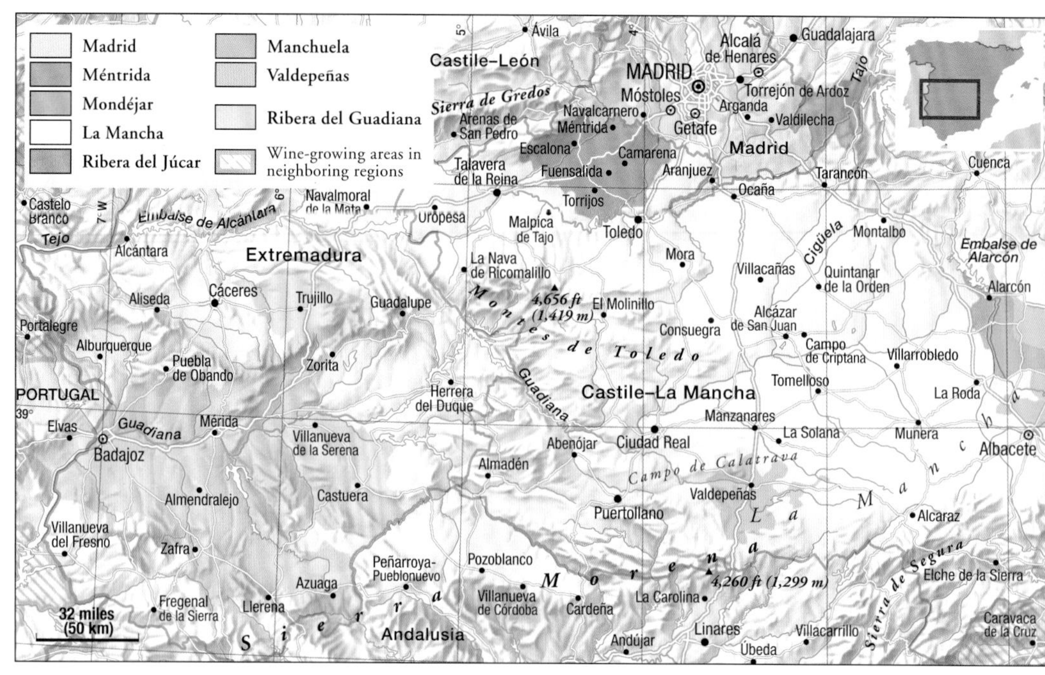

西班牙中部地区也被葡萄酒鉴赏家们称为卡斯蒂利亚-拉曼查或新卡斯蒂利亚，是世界上最大的葡萄酒产区。1986年西班牙加入欧洲共同体时，这里是欧洲委员们讨论的焦点。根据最终达成的协议，部分葡萄园停止耕种，可以获得经济补贴。大约1/3的葡萄树被移除，即便如此，该地区仍然拥有8个法定产区：门特里达（Méntrida）、蒙德哈尔（Mondéjar）、马德里、拉曼查、曼楚埃拉（Manchuela）、胡卡河岸（Ribera del Júcar）、瓦尔德佩涅斯和阿尔曼萨[Almansa，阿尔瓦塞特（Albacete）以东，地图中没有标出]。凭借这些法定产区和一个出色的餐酒产区，卡斯蒂利亚-拉曼查的葡萄酒产量占西班牙葡萄酒总产量的一半，根据年份不同，在15亿～20亿升。

拉曼查是整个地区的简称，必须与同名法定产区区分开来，拉曼查法定产区只是拉曼查地区的一部分。这个地区的问题在于主要种植一种葡萄，即阿依伦，它也是世界上种植面积最广的白葡萄品种。阿依伦可以在极端气候条件下生存，因此虽然出产的葡萄酒品质一般，但在根瘤蚜疫情暴发后仍然作为弥补手段被广泛种植。许多负责的葡萄酒生产商将部分阿依仑白葡萄酒当作起泡酒的基酒投入市场。尽管如此，在拉曼查、瓦

左图：拉曼查的部分葡萄酒仍然使用一人高的大陶罐（当地称为tinaja）发酵

右图：拉曼查是西班牙最大的葡萄酒产区，覆盖整个广阔干燥的梅塞塔（Meseta）高原

尔德佩涅斯以及其他法定产区还是出现了许多优秀的生产商。一些野心勃勃的葡萄酒生产商还致力于结合当地品种和法国品种，酿造出特性不同于优质葡萄酒产区的一流葡萄酒。

除了少数例外情况，拉曼查大部分优质葡萄酒都不是白葡萄酒，而是由种植面积仅占总面积（50万公顷）1/4的红葡萄酿造的红葡萄酒。在位于新卡斯蒂利亚中心的拉曼查法定产区，最重要的红葡萄品种是添普兰尼洛。橡木桶陈年的红葡萄酒通常口感柔顺、芳香四溢，并带有一丝泥土的气息。拉曼查法定产区也出产风格现代、果味和橡木味浓郁的葡萄酒，通常与赤霞珠混酿。

风车是拉曼查的标志。它们矗立在康苏埃格拉（Consuegra）的废弃城堡旁，俯视着无边无际的田野和葡萄园

在蒙德哈尔和门特里达，优质红葡萄的种植间隔非常大。全新的红葡萄酒法定产区胡卡河岸位于该地区东部，出产口感均衡的红葡萄酒，主要由种植在海拔750米的多石土壤中的添普兰尼洛酿造而成。这里还种植赤霞珠、梅洛、西拉以及黎凡特的博巴尔等葡萄品种。阿尔曼萨主要出产用廷托雷拉歌海娜酿造的餐酒。廷托雷拉歌海娜是世界上少见的拥有红色果肉的葡萄。蒙德哈尔以深色红葡萄酒闻名。然而，在其4000公顷的葡萄园中，主角却是白葡萄品种马尔瓦尔。

瓜迪亚纳河岸法定产区

自1997年以来，由于行政原因而非特征相似，占地面积达1.9万公顷的瓜迪亚纳河岸法定产区和西班牙西南部埃斯特雷马杜拉自治区的小部分葡萄园整合在一起。葡萄酒产自6个不同的地区，并且由20多种葡萄酿制而成，其中一些来自葡萄牙，因此各种葡萄酒之间差异巨大。在巴罗斯（Tierra de Barros）地区的阿尔门德拉莱霍市（Almendralejo）附近，你可以找到正宗的红葡萄酒，也可以发现古老的酒窖。这里的红葡萄酒酒体强劲，少有葡萄酒能与之相媲美。这里既有纯朴圆润的葡萄酒，也有果香浓郁、口感柔顺的葡萄酒。顶级红葡萄酒通常由添普兰尼洛和歌海娜或赤霞珠混酿而成。优质酒庄普遍采用橡木桶陈年。其他次产区也出产品质上乘的葡萄酒。在北部加塔山脉、卡尼亚梅罗山脉、瓜达卢佩（Guadalupe）修道院附近以及西南角葡萄牙边境上，一些葡萄酒生产商酿造的红葡萄酒酒体纯净、果味浓郁，与南方传统的红葡萄酒截然不同。

阿尔门德拉莱霍市的巨大酒窖中装满了存放优质红葡萄酒的橡木桶

卡斯蒂利亚–拉曼查的主要葡萄酒生产商

生产商：Bodegas Alejandro Fernández***–****
所在地：Campo de Criptana（D.O. La Mancha）
非自有葡萄，年产量20万瓶
葡萄酒：El Vinculo
20世纪90年代末，著名的佩斯克拉红葡萄酒之父Alejandro Fernández在风车小镇Campo de Criptana购买了一家古老的酒庄。通过之前的人脉，他获得了出色的葡萄，酿造出口感浓厚强劲、单宁丰富的葡萄酒。

生产商：Bodegas Mariscal**
所在地：Mondéjar（D.O. Mondéjar）
100公顷，年产量不详
葡萄酒：Vega Tajuna，Blanco，Rosado：Tinto；Señorío de Mariscal Crianza
当地最早在橡木桶中陈年葡萄酒的酒庄，直到今天，出产的优质佳酿酒仍然采用这种方法。不过，酒庄盛产色泽清透、果味怡人的新酒。红葡萄酒采用二氧化碳浸渍法酿造。

生产商：Bodegas Piqueras**–****
所在地：Almansa（D.O. Almansa）
50公顷，非自有葡萄，年产量80万瓶
葡萄酒：Marius；Crianza，Reserva；Castillo de Almansa：Blanco；Rosado；Crianza，Reserva，Gran Reserva
这个家族酒庄创建于1915年，多年来一直是Yecla北部地区唯一一家优质生产商。顶级葡萄酒通常由3/4的添普兰尼洛和1/4的慕合怀特混酿而成，果味浓郁、结构平衡。

生产商：Dehesa del Cabrizal****
所在地：Retuerta del Bullaque（Viña de Terra de Castillo）
15公顷，年产量13万瓶
葡萄酒：Dehesa del Carrizal
跟随Carlos Falcó的学习结束之后，Ignacio de Miguel决定在邻省Ciudad Real——拉曼查的中心地区酿造同样复杂的餐酒。他推出的橡木桶中陈年赤霞珠熟成完美，同时口感清新、结构平衡。

生产商：Finca Sandoval***–****
所在地：Ledaña（D.O. Manchuela）
11公顷，年产量4.5万瓶
葡萄酒：Finca Sandoval，Salia
中部地区前途广阔的新建酒庄之一。葡萄酒记者兼生产商Victor de la Serna采用单一品种西拉酿造了Finca Sandoval葡萄酒，这是南部高原最复杂的葡萄酒之一。

生产商：Manuel Manzaneque***–****
所在地：El Bonillo（D.O. Finca Elez）
37公顷，年产量30万瓶
葡萄酒：Manuel Manzaneque：Chardonnay，Crianza，Reserva，Syrah；Finca Elez Crianza
在Albacete省荒凉的山区，戏剧制作人Manuel Manzaneque创建了这个小型的葡萄酒乐园。在海拔1000米的高度，他的法国酿酒师酿造了果味浓郁、结构平衡、酒体丰满的葡萄酒，与拉曼查普通葡萄酒截然不同。酒庄严格筛选葡萄，而且只使用法国橡木桶。

左页图：拉曼查的葡萄酒拥有悠久的历史。葡萄树在古老城堡的阴影下顽强生长，图中是位于阿尔曼萨的城堡

生产商：Marqués de Griñon****
所在地：Malpica de Tajo（D.O. Dominio de Valdepusa）
42公顷，年产量33万瓶
葡萄酒：Marqués de Griñon：Cabernet Sauvignon，Eméritus，Petit Verdot，Syrah
Marqués de Griñon就是上文提及的Carlos Falcó，他酿造的葡萄酒是西班牙葡萄酒中的佼佼者。1970年，他开始在Toledo炎热干燥的气候下于自家葡萄园中尝试种植法国葡萄，并采用当时最先进的葡萄栽培技术。他的单一品种葡萄酒优雅、精致而复杂。顶级特酿红葡萄酒Eméritus拥有出色的酒体和浓度。

生产商：Mas Que Viños**–****
所在地：Dos Barrios（no D.O.）
10公顷，部分非自有葡萄，年产量12.5万瓶
葡萄酒：Ercavio：Joven，Roble，Reserva；La Plazuela
自1999年以来，三位酿酒师Madrigal、Rodríguez和Schmedes致力于酿造口感醇厚、果味浓郁、单宁柔顺成熟的拉曼查风格葡萄酒。2003年，他们推出了口感丰富的优质添普兰尼洛葡萄酒La Plazuela。

生产商：Pago de Vallegarcia***–****
所在地：Retuerta de Bullaque（no D.O.）
29公顷，年产量10万瓶
葡萄酒：Vallegarcía：Viognier Fermentado en Barrica，Syrah
这家雄伟的酒庄属于大企业家Alfonso Cortina。Richard Smart担任葡萄种植顾问。出产的葡萄酒细腻精致。在好的年份会出产一款优质红葡萄酒。

生产商：Viñedos y Bodegas El Barro***
所在地：Camarena（D.O. Méntrida）
100公顷，年产量6万瓶
葡萄酒：Grand Vulture
Méntrida法定产区少数优质生产商之一，位于Toledo南部，主要出产木桶陈年的葡萄酒。Grand Vulture葡萄酒口感柔顺，单宁成熟而香甜，是其他酒庄的标杆。酒庄还拥有该法定产区部分最好的葡萄。

生产商：Vinícola de Tomelloso***
所在地：Tomelloso（D.O. La Mancha）
1800公顷，年产量100万瓶
葡萄酒：Añil，Torre de Gazate，Rosado，Crianza，Reserva
该公司出产的所有葡萄酒都品质出众，无论是酿造起泡酒的白葡萄基酒还是瓶装葡萄酒。由于对葡萄的严格挑选，红葡萄酒展现出了卓越的结构和深度，尤其是Torre de Gazate珍藏酒，有时采用赤霞珠单一品种酿造，有时会加入添普兰尼洛。

瓦尔德佩涅斯

无论是在瓦尔德佩涅斯地区的路边还是葡萄园，都能看到许多这样的漂亮石屋

法定产区瓦尔德佩涅斯占地487平方公里，几乎被拉曼查南部地区所包围。这个法定产区因瓦尔德佩涅斯市而得名，该市位于一片宽广而平坦的峡谷中央，两面环山，因此地势复杂，形成莫雷纳山脉的第一片丘陵地带。“Val de peñas”在卡斯蒂利亚语中意为“岩石峡谷”。

19世纪中期是瓦尔德佩涅斯市及其葡萄酒的鼎盛时期。在此期间，马德里成为重要的葡萄酒市场，两个城市之间甚至修建了铁路。“葡萄酒专列”每天将2500车皮的葡萄酒运往马德里。瓦伦西亚港口的出口贸易也得到了发展。当时出现了一种加入20%白葡萄酒的清淡红葡萄酒。这种口感清新、酒体轻盈的红葡萄酒被称为“Clarete”，它一举成名，在南非和菲律宾大受欢迎。这种葡萄酒今天仍然可以找到，不过现在是用白葡萄汁和红葡萄汁调配而成，而不是将两种成品酒直接混合。虽然根瘤蚜病席卷瓦尔德佩涅斯的时间比其他地区晚了30年（拉曼查的极端气候延迟了疫情的暴发），但它同样造成了毁灭性的后果。不过，瓦尔德佩涅斯的酒窖中储存了大量的葡萄酒，葡萄酒贸易因此得以继续。

左页图：拉曼查的葡萄酒拥有悠久的历史。葡萄树在古老城堡的阴影下顽强生长，图中是位于阿尔曼萨的城堡

这里特色的酿酒和存储容器由黏土烧制而成，在当地称为“tinaja”，在古代常用草垫或木盖封口。虽然大部分酒庄仍然使用陶土大罐，但多用于储存而不是酿酒。在现代发酵池盛行的时代，只有少数小型葡萄酒生产商还在使用陶罐进行发酵。这些生产商仍在酿造氧化较早，但表现力丰富的瓦尔德佩涅斯葡萄酒。现在，这种葡萄酒越来越稀少。当地的主要酒庄在20年前就开始致力于生产更加现代化的葡萄酒。

20世纪70年代中期为优质瓶装酒的生产奠定了基础。现代酒窖拥有可降温的不锈钢发酵罐、现代过滤器和其他设施，这些都已成为标配。近来，几乎所有的酿酒厂都开始大量使用木桶，多为美国木桶，用于陈年该地区的佳酿酒、珍藏酒和特级珍藏酒。

虽然阿依伦和马卡贝奥白葡萄酒都很重要，但今天让瓦尔德佩涅斯再次闻名的是它的红葡萄酒。在拉曼查南部烈日的照耀下，添普

马德里

在地理上，马德里小法定产区应该属于拉曼查。它覆盖首都南部的半圆形区域，并延伸至中部地区广阔的平原。早期的葡萄园甚至深入市区。马德里的主要街道“卡斯蒂利亚大道”都沿街种有葡萄。阿尔甘达（Arganda）次产区拥有11800公顷葡萄园，出产柔和、略带坚果味的马尔瓦尔白葡萄酒以及马德里法定产区的大部分添普兰尼洛红葡萄酒。这些葡萄酒反映了该地区的真正潜力，因为顶级添普兰尼洛葡萄酒颜色深厚、果味浓郁、单宁强劲。遗憾的是，这种红葡萄酒现在并不多见。其他两个次产区——纳瓦尔卡内罗（Navalcarnero）和圣马丁德巴尔戴格勒西雅斯（San Martín de Valdeiglesias）拥有5500公顷葡萄园，出产清淡的白葡萄酒以及用歌海娜酿造的桃红葡萄酒和红葡萄酒。阿比洛白葡萄酒是个例外，其采用现代发酵技术，果味浓郁、果酸细腻。这种葡萄酒早期被认为口感粗糙，容易氧化，因此没有得到足够的重视，现在正逐渐复兴。红葡萄酒也有所发展，除了清新的红葡萄酒，采用添普兰尼洛酿造的优质葡萄酒也值得重视。

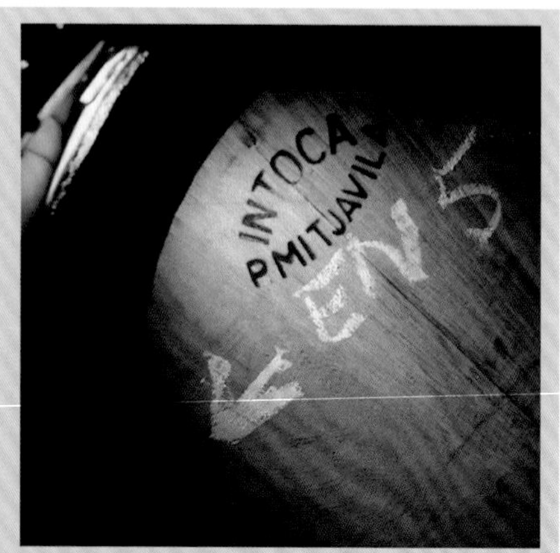

即使在马德里，最好的红葡萄酒还是木桶陈年的添普兰尼洛葡萄酒

兰尼洛葡萄成熟得恰到好处，适合在橡木桶中熟成。得益于其气候条件，不同年份的葡萄品质如一，出产的红葡萄酒口感均衡，是理想的佐餐酒。这些清淡的葡萄酒经常被外行们误认为是木桶陈年的葡萄酒，它们是西班牙的热门出口产品。

左图：瓦尔德佩涅斯小镇附近的风车说明这里的气候适宜葡萄种植

右图：瓦尔德佩涅斯市不仅赋予了这个葡萄酒产区名称，还拥有大部分的知名酒庄

瓦尔德佩涅斯的主要葡萄酒生产商

生产商：Bodegas Real***
所在地：Valdepeñas（D.O. Valdepeñas）
500公顷，年产量120万瓶
葡萄酒：Viñaluz Blanco；Bonal Tinto，Vega Ibor Varietal，Palacío de Ibor Crianza
酒庄庄主Sergio Barroso生产的经典红葡萄酒不经木桶陈年，而是采用现代无氧化技术。不过他的佳酿酒却带有浓郁的橡木味。

生产商：Bodegas Ricardo Benito***
所在地：Navalcarnero（D.O. Madrid）
80公顷，非自有葡萄，年产量85万瓶
葡萄酒：Tapón de Oro：Maceración Carbonica，Crianza；Señorío de Medina Sindonia，Divo
这个古老酒庄出产的葡萄酒风格非常现代，尤其是红葡萄酒。公司采用与博若莱相似的二氧化碳浸渍法酿造口感清新、酒体丰满的新酒。Tapón de Oro佳酿酒物美价廉。

生产商：Bodegas Tagonius**-***
所在地：Tielmes（D.O. Vinos de Madrid）
30公顷，非自有葡萄，年产量45万瓶
葡萄酒：Tagonius Crianza，Tagonius Reserva
这家现代酒庄创建于2000年，属于注重国际风格的

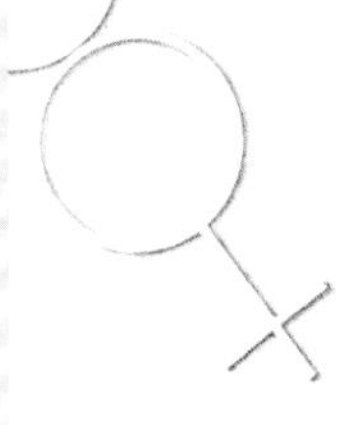

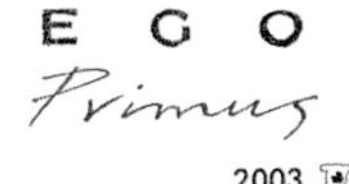

Foxa集团旗下。出产的葡萄酒具有柔和的口感以及浓郁的水果和矿物风味。

生产商：Miguel Calatayud***
所在地：Valdepeñas（D.O. Valdepeñas）
50公顷，年产量250万瓶
葡萄酒：Vegaval Plata：Blanco；Tinto Grianza，Vegaval Tinto Reserva
该酒庄出产的葡萄酒拥有所有瓦尔德佩涅斯葡萄酒应有的品质：可口、优雅、成熟、若有若无的橡木风味、圆润的果味。Vegaval Plata珍藏酒充分体现了赤霞珠或添普兰尼洛葡萄的品质。

生产商：Dionisos***
所在地：Valdepeñas（D.O. Valdepeñas）
42公顷，年产量9万瓶
葡萄酒：Dionisos Tempranillo，Pago del Conuco，Vinum Vitae
瓦尔德佩涅斯法定产区完全采用生态方式的酒庄之一，虽然采用传统技术，但是其葡萄酒风格现代、颜色深浓。部分葡萄酒作为餐酒出售。

黎凡特的葡萄酒产区

瓦伦西亚

瓦伦西亚一直是西班牙令人头痛的葡萄酒产区。在世界红葡萄酒需求量极大的今天，这里1.7万公顷的葡萄园中人部分仍然出产白葡萄酒。优质葡萄酒主要是用麝香葡萄酿造的经典利口酒，但是这种葡萄酒却通常批量出售。该产区主要葡萄品种梅尔塞格拉和麝香的种植面积分别为7500公顷和2100公顷。梅尔塞格拉白葡萄酒带有清淡的柠檬和苹果香味，需要在浅龄时饮用。红葡萄酒通常由博巴尔、慕合怀特、添普兰尼洛和歌海娜酿造，也需要浅龄时饮用。几种佳酿酒常由博巴尔葡萄酿造，拥有较高的品质。为了弥补瓦伦西亚红葡萄酒的匮乏，瓦伦西亚与乌迭尔-雷格纳（Utiel-Requena）接壤的部分区域可以用瓦伦西亚法定产区的名称出售红葡萄酒。

乌迭尔-雷格纳

瓦伦西亚自治区的红葡萄酒主要产自莫卡斯特雷尔-德瓦伦西亚（Moscatel de Valencia）次产区的正西方。乌迭尔-雷格纳法定产区拥有4万公顷葡萄园，主要种植博巴尔，其种植面积高达3.2万公顷。该产区名称来源于乌迭尔和雷格纳两座城市，它们位于一座略有起伏的高原上，相

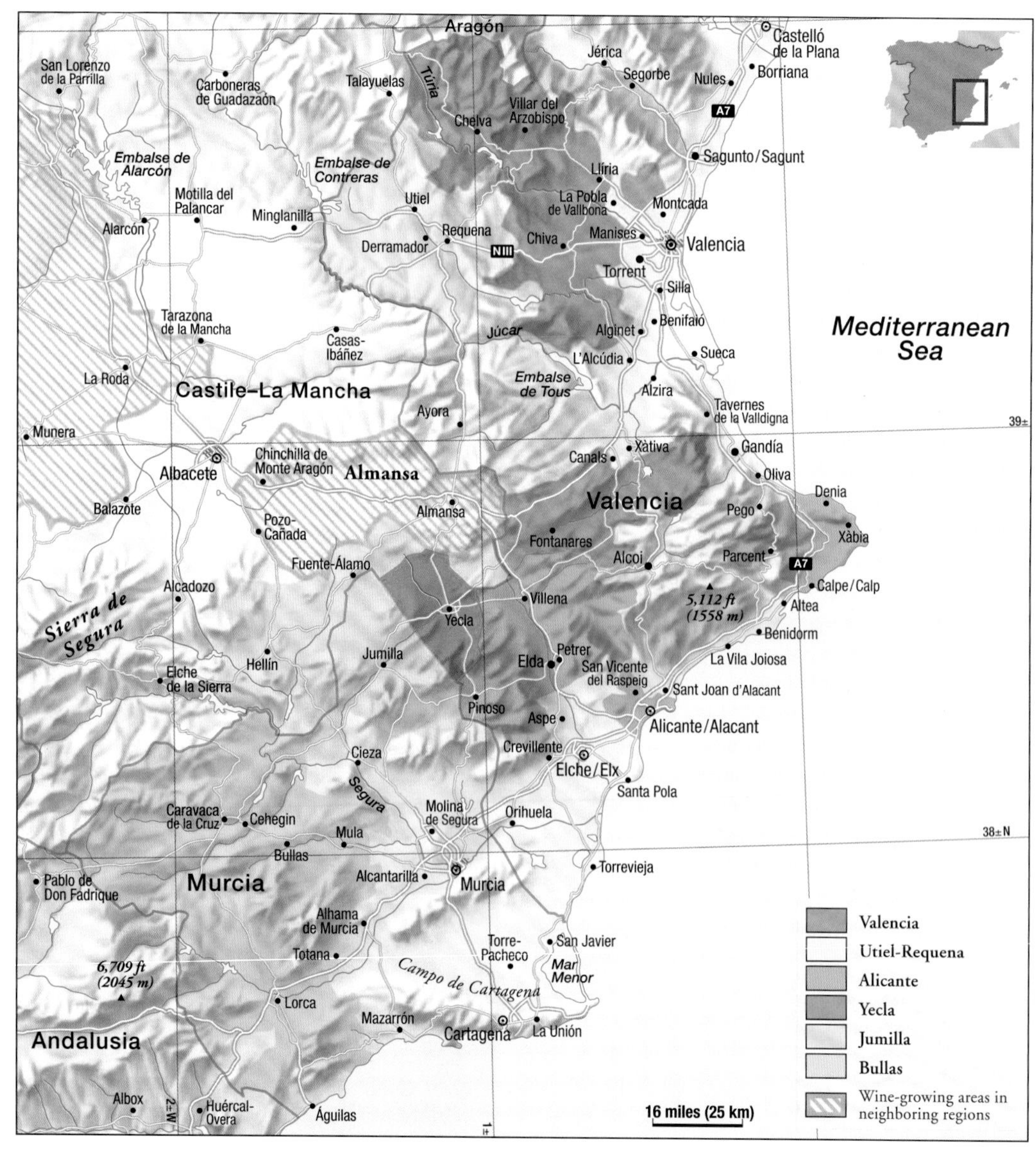

乌迭尔—雷格纳是瓦伦西亚前途光明的产区之一

距仅15千米，是这个法定产区的中心。

约有一半的葡萄园分布在雷格纳。除了博巴尔和其他红葡萄品种，这里也种植了少量的马卡贝奥。遗憾的是，博巴尔只能用来酿造餐酒以及桃红葡萄酒和年轻红葡萄酒的基酒，这个品种的潜力尚未被完全开发。另一个因素也至关重要：瓦伦西亚的高原容易受到秋霜的侵袭，葡萄酒生产商们又比较看重数量而非质量，因此他们通常提前采摘葡萄以防遭到大自然的破坏。由于这些过早采摘的葡萄单宁含量较少，因此无法在橡木桶中久存。现在一些具有开拓精神的生产商推迟葡萄采摘时间，并且在生产过程中加入添普兰尼洛或赤霞珠，酿造出了优质葡萄酒，因为博巴尔葡萄本身拥有黑色浆果的精致香味。许多西班牙葡萄酒专家相信乌迭尔-雷格纳产区前途远大，能生产出色的佳酿品质葡萄酒。之前，这个法定产区出产大量的餐酒和简单的桶装红葡萄酒。这些葡萄酒通过附近的瓦伦西亚港（西班牙的桶装葡萄酒多经由这个港口出境）销售出去。此外，乌迭尔-雷格纳还是“双料”餐酒的故乡。其酿造过程如下：红葡萄浸渍数小时后，将用于酿造桃红葡萄酒的葡萄汁取出；然后将剩下的浸渍葡萄与其他酒罐中的葡萄汁混合，进行共同发酵，即“双浸渍”。这种葡萄酒口感醇厚、颜色深沉。这也是乌迭尔-雷格纳曾经以桃红葡萄酒闻名的原因。

阿利坎特

大部分去布拉瓦海岸度假的游客都没有听说过阿利坎特（Alicante）法定产区。但是该产区同名首府城市以北75千米的次产区拉马利纳（La Marina）却拥有风景迷人的葡萄园。这里的葡萄园位于德尼亚（Denia）和卡尔佩（Calpe）之间一片与海岸相连的广阔地带，主要种植麝香葡萄。过高的温度使优质红葡萄品种无法生存。迄今为止，最大的葡萄种植区域位于海拔500～600米的内陆。1月和2月，这里的葡萄园时有霜冻发生，即使是内陆地中海气候的乡村也常常遭遇严寒。葡萄酒中心位于比列纳（Villena）和毕那索（Pinoso）两座城市。这个西南部的次产区也简称为阿利坎特，占地面积是整个法定产区1.4万公顷的4/5，与邻近产区胡米利亚和耶克拉（Yecla）一样，主要种植慕合怀特红葡萄。但是和附近贫瘠的土地不同，这里土壤相对肥沃，如果降雨再规律些的话，可以大大推动葡萄酒行业的发展。慕合怀特主要用来酿造桃红葡萄酒或清新的新酒。该产区为数不多的顶级生产商开始使用添普兰尼洛、黑比诺、赤霞珠和梅洛酿造葡萄酒。这些葡萄拥有理想的成熟度和香料味，出产的部分葡萄酒在西班牙红葡萄酒中名列前茅。

阿利坎特长期以来一直以麝香葡萄酒而闻名，目前麝香葡萄酒在这里仍然举足轻重。其中一款至今仍在生产的知名葡萄酒是麝香甜葡萄酒。严格意义上它并不是葡萄酒，因为它不是由葡萄汁发酵而成，而是用85%的葡萄汁与15%的酒精混合出想要的酒精度。因此，采摘前要去除葡萄叶以使葡萄最大限度地接触阳光。这样罗马麝香（Moscatel Romano，这里称为亚历山大麝香）在收获时就会完全成熟。添加酒精后可使这种麝香葡萄酒储藏更久。

现代风格的麝香葡萄先进行冷浸渍和发酵，待其残糖含量降至80～100克时添加酒精抑制发酵。瓦伦西亚干型和半干型麝香白葡萄酒用提前采摘的葡萄发酵而成，因此残糖含量在1～5克。这种葡萄酒冰镇后口感清新、爽快。

阿利坎特陈酒代表了阿利坎特葡萄酒的历史。葡萄酒爱好者应该感到高兴的是，这种具有纪念碑意义的葡萄酒再次获得了发展。阿利坎特陈酒可以与蒙蒂利亚-莫里莱斯出产的顶级葡萄酒佩德罗-希梅内斯相媲美，它是一种自然甜葡萄酒，由迟摘的慕合怀特和一些歌海娜混酿而成，酒精含量在16%～18%。阿利坎特陈酒至少在橡木桶中陈酿8年，因此口感极为复杂，是理想的餐后甜酒。

黎凡特的主要葡萄酒生产商

生产商：Bodegas Castaño**-****
所在地：Yecla（D.O. Yecla）
400公顷，年产量100万瓶
葡萄酒：Pozuelo：Crianza，Reserva，Hécula，Castaño Collección Crianza；Método Tradicional，Casa Cisca；Viña al Lado de Casa
如果没有Castaño家族，Yecla法定产区恐怕早已没落，只能继续生产商业桶装酒。Castaño家族是非常全面的葡萄酒生产商，展现了出色的酿酒才能。慕合怀特在这里地位显著，几乎出现在所有葡萄酒中，而且桶中陈年的葡萄酒品质越来越卓越。年份酒香气浓郁、结构平衡。

生产商：Enrique Mendoza****
所在地：Alfás del Pí（D.O. Alicante）
100公顷，年产量40万瓶
葡萄酒：Enrique Mendoza：Moscatel，Merlot，Shiraz，Santa Rosa Reserva
清透的麝香葡萄酒和浓郁、现代的红葡萄酒奠定了该酒庄的地位。酒庄红葡萄酒优秀的秘诀在于其酿酒葡萄来自于阿利坎特内陆高海拔的葡萄园，因此虽然它们拥有出色的成熟度和酒精含量，却不会显得过于成熟或沉重。顶级葡萄酒Santa Rosa由赤霞珠、梅洛和西拉酿造，其所有年份的葡萄酒都非常强劲和醇厚。

生产商：Julia Roch e Hijos****
所在地：Jumilla（D.O. Jumilla）
170公顷，年产量35万瓶
葡萄酒：Casa Castillo Monastrell，Casa Castillo Crianza，Pie Franco，Las Gravas
酒庄拥有古老的慕合怀特葡萄园，为出产优质葡萄酒提供了坚实的基础。令人吃惊的是，在Jumilla炎热的气候条件下，酒庄的顶级葡萄园无须灌溉也能成活，产量虽低但品质优秀。酒庄庄主的儿子兼酿酒师José María凭借新推出的葡萄酒Pie Franco在黎凡特优质葡萄酒生产商中确立了自己的地位。

生产商：Viñedos Agapito Rico***-****
所在地：Jumilla（D.O. Jumilla）
100公顷，年产量70万瓶
葡萄酒：Carchelo：Crianza，Reserva，Merlot Crianza，Syrah
酒庄由Agapito Rico创建于1990年，凭借现代的风格很快声名鹊起。它是该法定产区第一家尝试种植法国葡萄的酒庄。葡萄酒风格现代、结构平衡。

阿利坎特法定产区的特色自然甜葡萄酒：萨尔瓦多波维达（Salvador Póveda）酒庄酿造的特级珍藏阿利坎特陈酒

穆尔西亚及其法定产区

穆尔西亚镇以西的布利亚斯法定产区主要种植莫纳斯特雷尔葡萄，酿造的红葡萄酒果味浓郁，浅龄时饮用最佳

穆尔西亚自治区的葡萄酒产区可谓是黎凡特地区的内陆。下辖的布利亚斯（Bullas）、耶克拉和胡米利亚3个法定产区在西班牙国内外都不太出名。19世纪下半叶，法国暴发根瘤蚜虫病后，急需口感浓郁、色泽深厚的葡萄酒填补空缺，因此穆尔西亚的生产商赚到了大笔财富。这促使葡萄种植户们大量种植莫纳斯特雷尔红葡萄，于是莫纳斯特雷尔成了黎凡特腹地葡萄园的主角，该地区也因此被称为莫纳斯特雷尔的王国。莫纳斯特雷尔在西班牙的总种植面积约为10万公顷。当然，其他地区如法国南部也种有这种葡萄，那里称之为慕合怀特。该品种深受鉴赏家们的喜爱。莫纳斯特雷尔粒小皮厚，单宁丰富，酿造的浅龄酒略带泥土味，品质卓越但却没有得到足够的重视。

黎凡特葡萄酒经常被用来与西班牙中部颜色较浅的葡萄酒混合，从而赋予其更深的颜色和更高的酒精含量。今天，当地的合作社除了法定产区葡萄酒，还生产餐酒供应西班牙国内和其他欧盟国家。

穆尔西亚是欧洲最炎热干燥的地区之一，有些地方景色与沙漠无异。每年日照长达2900小时，而且降雨通常只集中在春秋两季。这里的土地几乎总是呈赭色或棕色。在看不到村庄的地方，你很容易有一种置身于约翰·福特的经典西部片中的错觉。穆尔西亚在与加泰罗尼亚争夺伊比利亚半岛葡萄酒发源地的称号。考古发现似乎证明，在旧石器时代晚期穆尔西亚就已经将葡萄汁发酵成了葡萄酒。而对迦太基人来说，港口城市卡塔赫纳（Cartagena）曾是他们在伊比利亚半岛最重要的据点。

布利亚斯

3个法定产区的相似之处只有莫纳斯特雷尔葡萄和气候。它们的发展水平各不相同。布利亚斯法定产区1994年才成立，从穆尔西亚中部向海岸延伸，拥有2500公顷葡萄园，目前还处于发展的初期阶段。这里种植的葡萄品种包括红葡萄莫纳斯特雷尔和添普兰尼洛以及白葡萄阿依伦和马卡贝奥。葡萄酒生产商数量不多，而且其中只有半数生产法定产区葡萄酒。布利亚斯的葡萄酒年产量为300万升，其中只有1/10属于优质葡萄酒，特色产品是果味浓郁的陈年莫纳斯特雷尔葡萄酒。典型的莫纳斯特雷尔葡萄酒虽然香气迷人，但即使在浅龄时也会迅速氧化，因此不适宜陈年。只有顶级的莫纳斯特雷尔葡萄才能酿造出适宜陈年的葡萄酒。今天，该地区只有最重要的次产区才可以种植这种葡萄。尽管如此，一家合作社还是大

胡米利亚的酿酒合作社圣伊西德罗（San Isidro）创建于1935年，占地面积18000公顷，出产的部分莫纳斯特雷尔葡萄酒在老木桶中陈年

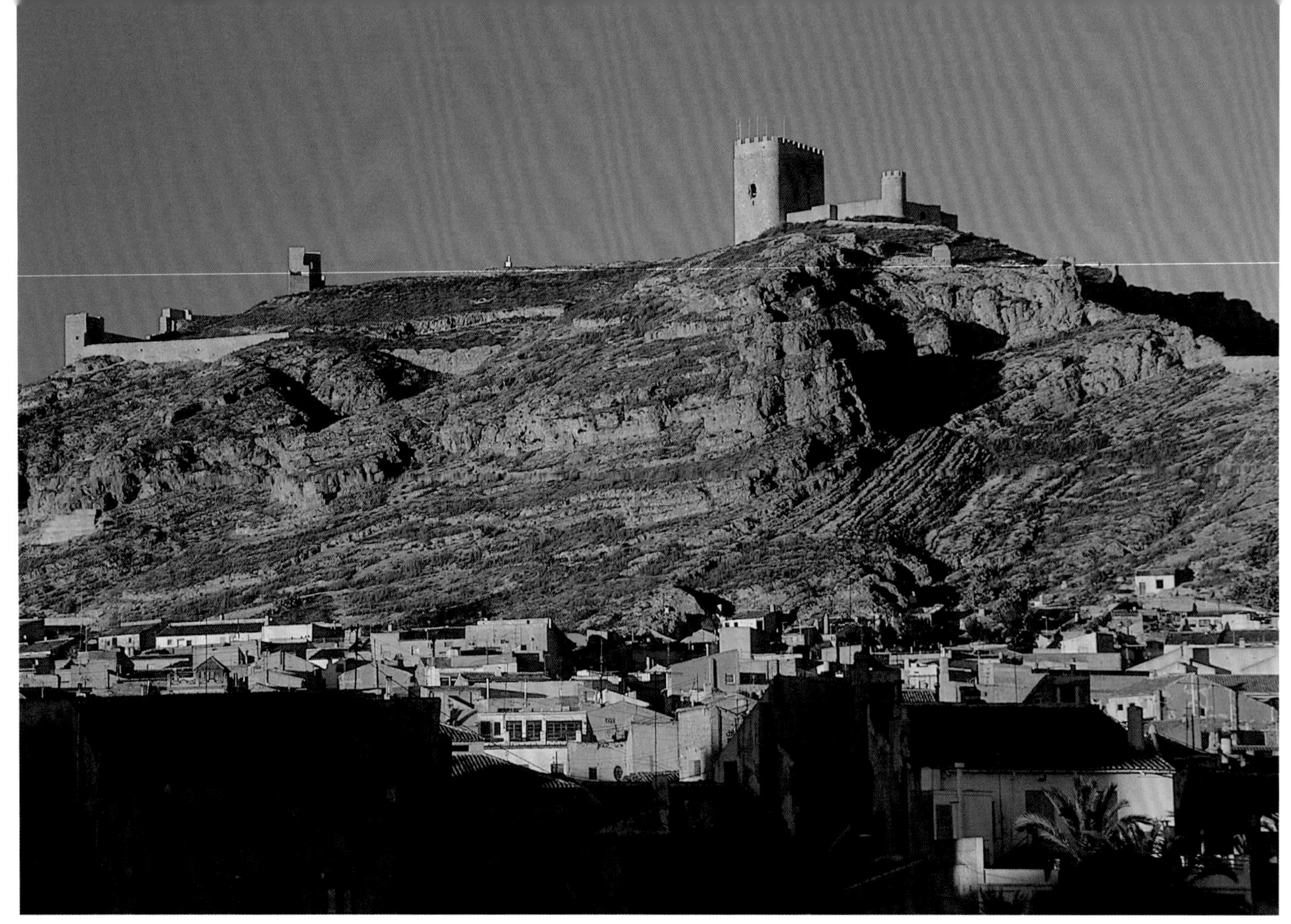

胆尝试在美国橡木桶中熟成1995年的莫纳斯特雷尔佳酿酒。很快大家纷纷效仿，一些生产商开始探索莫纳斯特雷尔老藤葡萄的潜力。和以前一样，现在这种葡萄仍占葡萄种植总面积的94%。

虽然穆尔西亚及其葡萄酒产区周边的城堡风景如画，但是炎热干燥的气候使葡萄种植异常艰难

胡米利亚

胡米利亚覆盖新卡斯蒂利亚的阿尔瓦塞特省以及穆尔西亚部分地区，葡萄种植面积为3.2万公顷，是西班牙领先（不只是产量）的法定产区之一。这里也主要种植莫纳斯特雷尔，虽然价值没有被完全发掘，但一些优质生产商还是称得上西班牙的顶级生产商。胡米利亚的潜力很被看好。早在20世纪80年代末，一群法国葡萄酒生产商就在这里扎根落户，在干燥的白垩质土地上酿造优质葡萄酒。他们无疑获得了巨大的成功，因为强烈的日照赋予莫纳斯特雷尔理想的成熟度，用提前采摘的葡萄酿造的红葡萄酒风格现代、果味浓郁。

胡米利亚微微起伏的高原被陡峭荒凉的山脉环绕，罗讷河谷著名的西拉红葡萄在这里也有种植，果味浓郁、口感辛香。富有进取精神的小酒庄发掘了这种葡萄的潜力，并大获成功。

赤霞珠和梅洛的产量较低，但品质出众。西班牙南部的一些顶级佳酿红葡萄酒都产自胡米利亚。它们用莫纳斯特雷尔和上述提及的外来葡萄混酿而成，显示了该地区巨大的潜力。

值得一提的还有用莫纳斯特雷尔酿造的自然甜葡萄酒。氧化发酵后，这些葡萄酒香味复杂浓郁，融合了可可、咖啡以及东方色彩的香料气息。

耶克拉

耶克拉是西班牙唯一一个只覆盖一个地区的葡萄酒产区。2万公顷葡萄园分布在耶克拉市周围，其中一部分种植着古老的葡萄品种。这里古老的葡萄园没有受到根瘤蚜虫的破坏。干燥的气候、贫瘠的土壤以及隔离海岸和北部地区的山脉阻挡了根瘤蚜虫的入侵。直到今天，几乎一半的葡萄树保留了原始的根系，出产的特色葡萄比嫁接繁殖的品种更加优异。

耶克拉只有5500公顷葡萄园用于优质葡萄酒的生产，大部分葡萄园种植餐酒品种如廷托雷拉歌海娜和阿依伦。和黎凡特其他内陆地区一样，这里的主要品种是莫纳斯特雷尔，占种植总面积的60%。这里还少量种植赤霞珠、梅洛和添普兰尼洛以及白葡萄品种马卡贝奥和阿依伦。

为了酿造适宜浅龄时饮用的红葡萄酒，莫纳斯特雷尔通常会经过二氧化碳浸渍。这种方法非常适合莫纳斯特雷尔葡萄，但必须采用当地传统的酿酒技术，即使用未去皮和压榨的葡萄进行发酵。尽管如此，当地最知名的生产商（仅有的3家装瓶公司）使用单宁丰富的莫纳斯特雷尔老藤葡萄酿造出了优质的佳酿红葡萄酒。为了提升复杂度，莫纳斯特雷尔通常会与赤霞珠和添普兰尼洛混合。这些葡萄酒非常稳定，并且由于莫纳斯特雷尔的含量较高，因此口感醇厚、香味浓郁。

卡斯达农家族的男人们完全有理由感到自豪：他们的葡萄酒在耶克拉法定产区已经成为品质的代名词

卡斯达农酒庄在多石的山坡上新建的葡萄园得到了精心照料

安达路西亚的葡萄酒

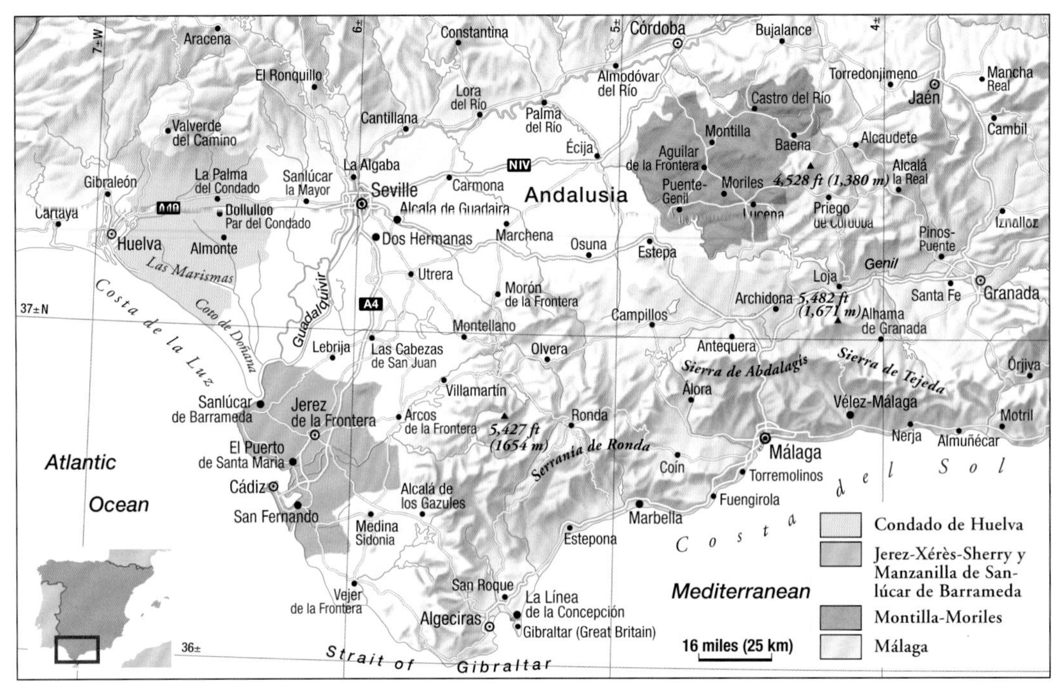

安达路西亚是一个葡萄酒世界，但即使在西班牙，人们对它的了解也不深入。人们对赫雷斯、马拉加、韦尔瓦和科尔多瓦四个法定产区出产的传统葡萄酒知之甚少。尽管如此，它们仍然独一无二，代表了西班牙在世界葡萄酒历史上做出的真正贡献。在这个位于西班牙最南端的自治区，葡萄种植集中在中西部。3000年前，腓尼基人建立了今日的加的斯，并在此种下了第一批葡萄树。据推测，是希腊人引入了修剪技术，也是他们最早开始专业酿酒。四个法定产区都有着傲人的历史，直到20世纪经济危机爆发，传统葡萄酒才出现销售问题，至今仍未恢复。

与想象中阳光明媚的西班牙相反，沿海的葡萄酒产区在春冬两季降雨频繁。的确，加的斯省延伸至海岸的格拉萨莱马（Grazalema）山脉是西班牙最湿润的地区。尽管如此，赫雷斯和巴拉梅达-桑卢卡尔的年日照时间仍长达3000小时，是世界上日照最强的地区之一。虽然四个法定产区出产不同的传统葡萄酒，但它们特点相似。无论是自然发酵还是人工添加，这些葡萄酒都酒精含量高，口感强劲，因此常用作开胃酒或餐后酒。其中一些葡萄酒（如菲诺和曼赞尼拉）非常适合佐餐，是安达路西亚特色美食如风干火腿、煎烤海鲜或餐前小吃的理想搭配。

巴拉梅达-桑卢卡尔市巴瓦迪略（Barbadillo）附近的托罗酒庄（Bodega del Toro）

来自南方的醇厚葡萄酒

早在中世纪，安达路西亚就已经开始在葡萄酒中系统地添加酒精，与现在不同的是，当时添加的不是纯酒精，而是白兰地。当时还未实现蒸馏的工业化。此外，阿拉伯人在这个领域的先进技术（他们将酒精用于医学）也已失传。添加酒精可以延长葡萄酒的寿命，这样葡萄酒能够在木桶中长时间氧化，在运往世界各地的途中不至于变成醋。赫雷斯、韦尔瓦和科尔多瓦的大部分传统葡萄酒都以这种方法酿造。

马拉加著名的甜葡萄酒也采用这种特殊的方式酿造而成，芳香四溢、口感细腻，能带来嗅觉和味觉的双重享受。20世纪末的20年间，加强葡萄酒的市场连年萎缩，安达路西亚，尤其是韦尔瓦的许多厂家转而生产餐酒。这个位于安达路西亚最西端的优质葡萄酒法定产区首先获得了非加强白葡萄酒的酿造许可。大型合作社很快适应了这个新趋势，开始生产清新淡雅的白葡萄酒，它们通常提前采摘葡萄以降低葡萄酒的酒精含量。现在这种葡萄酒几乎占该地区总产量的一半。其他法定产区也开始酿造非加强葡萄酒，不过它们的产量和韦尔瓦相比不足为道，品质也达不到法定产区的标准。

近年来，西班牙葡萄酒的繁荣促使中部的生产商将目光投向安达路西亚，并寻找生产红葡萄酒的新地点。德国人普林茨·冯·霍恩洛厄在马拉加丘陵地带的龙达（Ronda）小镇种植葡萄已经有些时日了。他的酒庄充分地证明了安达路西亚的葡萄园完全能出产优质的年份红葡萄酒。

在雪利酒产区的平原上，昔日的葡萄园已经被向日葵和谷物所取代。但是帕洛米诺葡萄仍然独自生长在白色的山坡上

安达路西亚的葡萄酒产区

蒙蒂利亚-莫里莱斯法定产区

该地区1万公顷葡萄园位于科尔多瓦省南部，主要种植耐热的佩德罗-希梅内斯葡萄。除了阿蒙蒂亚（Amontillado）、欧罗索和帕罗卡特多（Palo Cortado）雪利酒，这种葡萄大部分通过索雷拉方式酿造成香味浓郁、酒体丰满的菲诺雪利酒。这种葡萄的果梗可以赋予葡萄酒很高的酒精含量，因此出产的葡萄酒无须额外添加酒精。葡萄在晒干后再进行压榨，并添加酒精阻止其发酵可以酿造出浓郁、复杂的餐后甜酒。

马拉加及马拉加山脉法定产区（D.O. Málaga y Sierras de Málaga）

马拉加法定产区在13世纪就已经以甜葡萄酒而闻名，有时比赫雷斯出产的葡萄酒品质更优秀。20世纪下半叶全世界对甜葡萄酒的负面印象导致人们对马拉加葡萄酒失去了兴趣，这给葡萄园带来了毁灭性的后果。主要葡萄品种包括佩德罗-希梅内斯和麝香。法定产区保护红葡萄酒的决定刺激了这里的发展，1200公顷土地上如今再次种植了葡萄。红葡萄酒主要产自龙达附近的内陆丘陵地带。

巴拉梅达-桑卢卡尔赫雷斯雪利酒和曼赞尼拉法定产区（D.O. Jerez-Xérès-Sherry y Manzanilla de Sanlúcar de Barrameda）

该产区位于赫雷斯-德拉弗隆特拉、圣玛丽亚港（Puerto de Santa María）和巴拉梅达-桑卢卡尔3个城市之间，拥有1万公顷葡萄种植面积。帕洛米诺菲诺白葡萄酒占总产量的96%。希梅内斯和麝香甜葡萄酒占剩余的4%。这些葡萄酒都使用索雷拉方式酿造。最近这里开始流行酿造陈年雪利酒，一些酒庄也使用帕洛米诺酿造清新的白葡萄酒。

韦尔瓦康达多法定产区（D.O. Condado de Huelva）

巨大的瓜达尔基维尔三角洲（Gualadquivir Delta）将韦尔瓦康达多法定产区与塞维利亚市（Seville）和赫雷斯葡萄酒产区分隔开来。这里主要种植萨雷马葡萄，同样采用索雷拉法酿造出与欧罗索雪利酒相似的优质康达多陈酿。近来，许多公司开始转而生产清爽的干白葡萄酒。虽然经过大幅削减，这里仍有4300公顷葡萄园。

马拉加和蒙蒂利亚-莫里莱斯

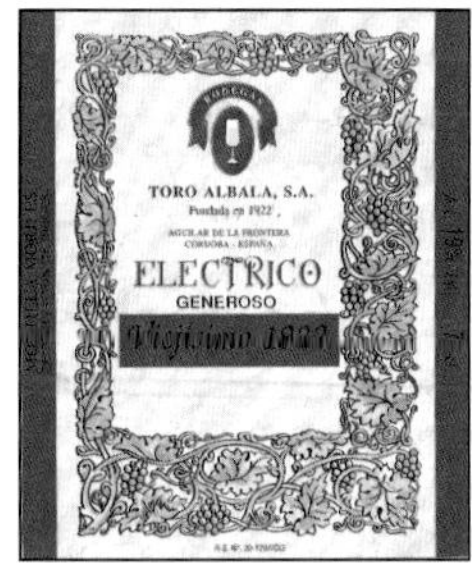

加布里埃尔·戈麦兹·内瓦多是比利亚维西奥萨德科尔多瓦（Villaviciosa de Córdoba）杰出的菲诺生产商，擅长使用名为“Venencia”的斟酒器。图中他正将斟酒器里的葡萄酒倒入酒杯中

遗憾的是，马拉加出色的甜葡萄酒和产自科尔多瓦省中部蒙蒂利亚-莫里莱斯类似雪利酒的葡萄酒并没有得到应有的荣耀。它们曾经与马沙拉、西西里和马德拉出产的葡萄酒一样，是世界上最受欢迎的餐后甜酒。19世纪中期，这里的种植面积一度达到10万公顷，是西班牙第二大葡萄酒产区。如今，其产量下降到300万升，原因有三：在这个注重卡路里的时代人们减少了甜葡萄酒的饮用；甜葡萄酒营销混乱、超市销售价格极低；旅游业兴盛带来的地产投机使种植面积不断缩小。现在甜葡萄酒虽占总产量的3/4，但其中大部分仍以桶装销售。即便如此，这个小型法定产区的顶级产品依然称得上欧洲葡萄酒的瑰宝。

马拉加出产两种葡萄酒。一种是自然甜葡萄酒，简称“马拉加”，残糖含量至少达到300克，在未添加的情况下酒精度至少为13% vol。它的主要原料为佩德罗-希梅内斯，有时也含有少量麝香。佩德罗-希梅内斯生长在北部地区，占该法定产区总种植面积1000公顷的一半多。另一种是由麝香酿造的利口酒，生产工艺与瓦伦西亚烈酒相似。马拉加法定产区的新法规为另一种麝香葡萄酒提供了保护，酿造这种葡萄酒无须使用成熟的葡萄，而且不添加糖、葡萄汁或酒精。这种自然麝香葡萄酒成功地在传统麝香葡萄酒的基础上增加了果味。

这些葡萄酒的品质归功于老葡萄藤。在产量极低的情况下，北部地区的老藤葡萄能够出产优质的佩德罗-希梅内斯葡萄酒，而在阿萨尔基亚（Axarquía）次产区的碱性板岩土壤上，老藤葡萄酿造的麝香葡萄酒口感醇厚、香气浓郁。添加酒精后，葡萄酒的酒精度可提升至规定的15% vol，然后它们将在橡木桶中氧化陈年，不同的陈年时间会赋予葡萄酒琥珀或偏黑的颜色。传统马拉加葡萄酒不仅含有标准的葡萄汁，其中的浓缩甜葡萄汁以及用晒干葡萄酿造的葡萄酒的比例是每个葡萄酒生产商都小心守护着的机密。

自从人们重新对优质甜葡萄酒产生了兴趣，这里的9家葡萄酒生产商中已有4家开始增加马拉加陈年酒的产量，并且推出更多种类的“Tras-Añejo”葡萄酒。这个品质的葡萄酒，即使是最低端的产品都必须陈酿5年以上，其中大部分都超过5年。洛佩兹·赫曼诺斯是一名举足轻重的生产商，他酿造的知名马拉加葡萄酒包括菲尔根（Virgen）、格玛拉（Gomara）、洛佩兹加西亚（López García）和吉塔佩纳斯（Guita Penas）。

德国商人决定了这里葡萄酒酒标上的各种描述，长期以来，他们主导了马拉加的葡萄酒贸易，甚至拥有一些酒庄，并以他们的方式明确规定了葡萄酒种类：干、甜、淡色、深色、陈酿、半干以及滴制。滴制意为未经压榨的葡萄汁；因此，最好的葡萄酒应该是滴制陈酿酒。

虽然销量不佳，但北部相邻地区蒙蒂利亚-莫里莱斯比马拉加的情况要乐观。蒙蒂利亚-莫里莱斯于1945年成为法定产区，其辉煌的历史可以与赫雷斯或马拉加比肩。也许安达路西亚利口酒的传统就源于此，而不在赫雷斯，但是这里的葡萄酒还是被当作廉价的雪利酒。20世纪20年

代，鉴赏家们还认为蒙蒂利亚和莫里莱斯出产的葡萄酒在世界排名前五。

蒙蒂利亚-莫里莱斯拥有10500公顷葡萄园，主要种植佩德罗-希梅内斯。这种葡萄比帕洛米诺耐热，在气候极度干燥的丘陵地带可以很容易地酿造出酒精度高达15% vol的葡萄酒。和赫雷斯一样，这里出产的菲诺表面也会形成酒花；它们的主要区别在于这里的菲诺大多数无须任何添加。采用克里亚德拉或索雷拉体系进行橡木桶陈年的方法与赫雷斯、圣玛丽亚港和桑卢卡尔相同。今天，菲诺约占总产量的70%。蒙蒂利亚-莫里莱斯的菲诺通常带有草本香，如百里香或牛至草，酒体更为紧致顺滑。

蒙蒂利亚-莫里莱斯逐渐以佩德罗-希梅内斯甜葡萄酒而闻名，其酿酒葡萄通常在倾斜的网纱或织席上晒干。这种芳香浓厚的葡萄酒的生产工艺复杂，包括铺展、翻转以及最终的手工挑选，强度很大，因此价格也十分高昂。一些公司的橡木桶中仍然储存了20世纪20—30年代的优质佩德罗-希梅内斯葡萄酒。在韦尔瓦和康达多，部分生产商最近已经开始生产清淡简单的干型餐酒。

左图：新酒表面形成的酒花

右图：使用木杆检查木桶的装酒量

马拉加和蒙蒂利亚-莫里莱斯的主要葡萄酒生产商

生产商：Larios***
所在地：Málaga（D.O. Málaga）
非自有葡萄，年产量22.5万瓶
葡萄酒：Oloroso Málaga Larios
酒庄属于Pracsa集团，出产传统而纯净的优质葡萄酒。Larios Málaga是一款经典的葡萄酒；Oloroso Benefique优雅、成熟。大部分葡萄酒仍以桶装出售。

生产商：López Hermanos*-*****
所在地：Málaga（D.O. Málaga）
250公顷，非自有葡萄，年产量222万瓶
葡萄酒：Oloroso Trajinero，Pale Cream Cartojal，Málaga Virgen
López家族和他们的酒庄是该法定产区品质和产量的代名词。法定产区90%的葡萄酒产自这个位于马拉加工业区的酒庄。长期以来，酒庄出产一系列马拉加陈年酒，如Pedro Ximénez Don Juan。

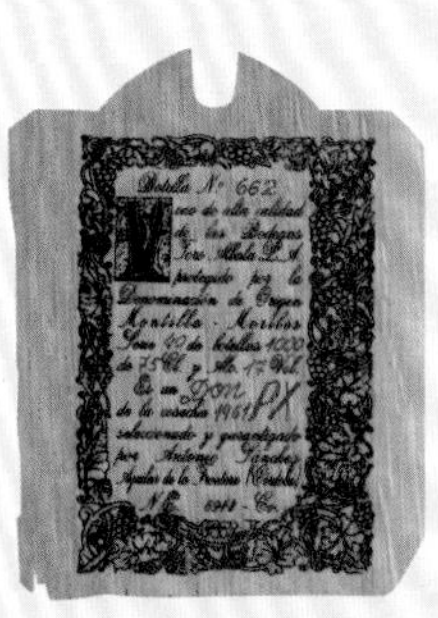

生产商：Alvear，Montilla****
所在地：（D.O. Montilla-Moriles）
300公顷，非自有葡萄，年产量800万瓶
葡萄酒：Fino C.B.，Oloroso Pelayo，Pedro Ximénez 1830，Solera Fundación
这是西班牙最古老的酒庄之一，现仍属Alvear家族所有，出产的佩德罗-希梅内斯陈年酒物美价廉。Alvear还是该地区勇于创新的新酒生产商。

生产商：Toro Albalá****
所在地：Aguilar de la Frontera（D.O. Montilla-Moriles）
35公顷，非自有葡萄，年产量50万瓶
葡萄酒：Fino Electrico，Amontillado Convento，Don P.X. Gran Reserva
酿酒师Antonio Sánchez的家族拥有该酒庄。出产的品牌产品Fino Electrico为这个法定产区注入了一缕清风。佩德罗-希梅内斯年份酒取得了巨大成功。

雪利酒和曼赞尼拉

“Xeris”是赫雷斯市的阿拉伯语名称。由于这个单词在英语中无法发音，因此被称为“sherry”。现在，Jerez、Xérèz和sherry意思相同，都是指安达路西亚西部城市赫雷斯-德拉弗隆特拉出产的葡萄酒。实际上，具体产地是指由三个主要地区——赫雷斯、圣玛丽亚港和巴拉梅达-桑卢卡尔组成的黄金三角地带。不过，巴拉梅达-桑卢卡尔的赫雷斯和曼赞尼拉双法定产区也包括了圣玛丽亚港南部和桑卢卡尔北部的一些区域。

阿尔巴利扎土可以出产最优质的葡萄，这些葡萄种植在三角地带内白得耀眼的白垩土壤中，这块区域又被称为上赫雷斯。阿尔巴利扎土的蓄水量可达自身重量的33%，在炎热的月份，土壤表面会形成厚壳，防止水分大量蒸发。该法定产区10400公顷的葡萄园中80%都是这种土壤。

赫雷斯主要种植帕洛米诺，该品种在这里生长繁茂。此外，麝香和佩德罗的种植面积分别为200公顷和100公顷，它们主要用于为葡萄酒增加甜味。相比葡萄园的地理位置或葡萄树，赫雷斯葡萄酒成功的秘密更在于独特的气候条件和设计巧妙的古老酒庄，当然最重要的是酿造过程中旧木桶的使用。生产雪利酒的第一步是将帕洛米诺发酵成一种干白葡萄酒，然后由首席酿酒师决定收获的葡萄可以酿造何种类型的雪利酒。菲诺和曼赞尼拉只使用上赫雷斯出产的顶级葡萄。酿造结束后，葡萄酒会被装入旧美国橡木桶，并且重新进行分类。经过品尝后，对被称为博塔的132加仑橡木桶做出标记。

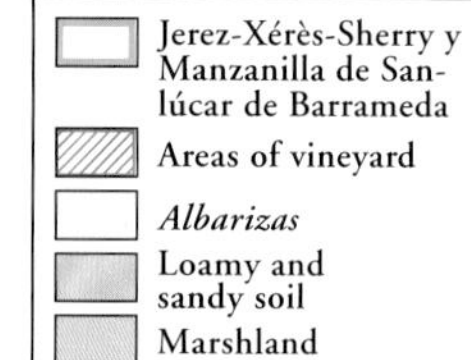

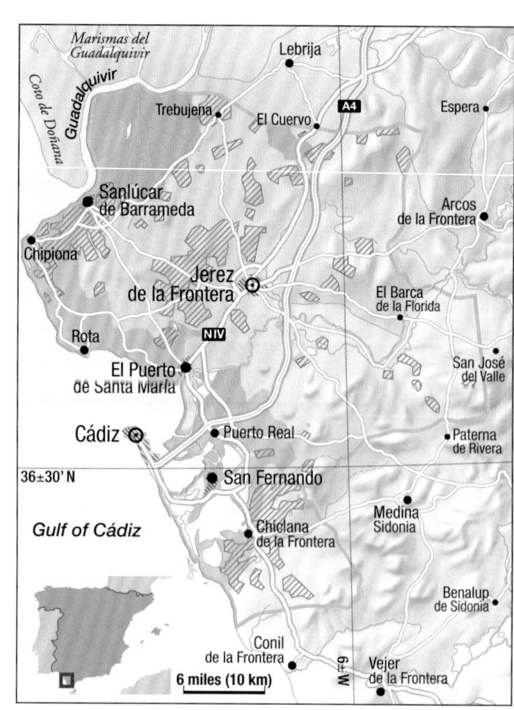

赫雷斯耀眼的白色阿尔巴利扎土

在酒杯中可以明显看到，酒花形成了一层保护层

顶级阿蒙蒂亚和欧罗索要在木桶中陈酿数十年

菲诺、阿蒙蒂亚和欧罗索是三种最重要的雪利酒

巴瓦迪略酒庄的首席酿酒师正在品鉴巴拉梅达-桑卢卡尔的一款陈年酒

博塔上的标识

- 单斜杠：最精致优雅的葡萄酒，其香味适宜酿造成菲诺、曼赞尼拉和阿蒙蒂亚。
- 单斜杠加一点：酒体较丰满的葡萄酒，可酿造欧罗索。
- 双斜杠：无法用于酿造菲诺，根据进一步发酵情况决定用于酿造何种葡萄酒。
- 三斜杠：葡萄酒品质不佳，只能用于蒸馏。

酒桶标注完成后，根据适合的雪利酒类型，在其中添加酒精提高强度：菲诺和曼赞尼拉的酒精度需达到15%～15.5% vol；欧罗索约为17.5% vol。然后各种新酒将使用著名的索雷拉体系进行不同时间的陈酿。

酒精度为15% vol的葡萄酒表面会形成一层酵母膜，称为“酒花”。这层酒花依靠酒精和氧气存活，因此木桶从不装满。酒花是一层泡沫状的白膜，可以避免葡萄酒与空气接触，并且在长年发酵过程中赋予葡萄酒独特的香味。酒花只有在安达路西亚西南部独特的气候条件下才能生成，其中来自海洋的湿润气流发挥了重要的作用。

有谁会不认识他呢？

然而，为了确保酒花的繁殖，必须不断补充新鲜的葡萄酒，这也是使用索雷拉体系的原因之一。只有菲诺和曼赞尼拉才会在酒花下陈酿，最后出产的葡萄酒都色泽浅淡，口感清新，并且带有酵母味。

产自赫雷斯-德拉弗隆特拉和圣玛丽亚港的酒庄的菲诺颜色较深，口感较浓。因为在巴拉梅达-桑卢卡尔赫雷斯和曼赞尼拉法定产区东部，气候条件不那么理想，形成的酒花不足以覆盖葡萄酒。

只有巴拉梅达-桑卢卡尔才能出产曼赞尼

在赫雷斯-德拉弗隆特拉的阿尔卡萨尔堡（Alcázar）及其大教堂附近，并排矗立着该市最大的雪利酒庄冈萨雷比亚斯（González Byass）的两个酿酒大厅

拉。这里的空气湿度较高，确保酒花能够长久、充分地保护葡萄酒，因此出产的曼赞尼拉颜色更浅、口感更淡，通常带有独特的碘酒味道。

2月份，葡萄采摘结束后，一旦至关重要的酒花形成，用来酿造欧罗索的葡萄酒要比酿造菲诺的葡萄酒多添加2% vol的酒精。酒精可以杀死真菌。最终的陈酿过程只通过氧化完成，而无须依靠酒花。对于优质雪利酒，官方推出了酒龄认证系统：VOS（Very Old Sherry），平均陈酿时间至少为20年的雪利酒；VORS（Very Old Rare Sherry），平均陈酿时间至少为30年的雪利酒。2005年，陈酿时间至少为12年和15年的标识也开始出现在酒标上。

雪利酒的种类

小规模独立酒庄雪利酒：私人小生产商酿造的雪利酒。

阿蒙蒂亚：经过陈年和氧化的菲诺，酒液呈迷人的琥珀色；顶级干阿蒙蒂亚酒体强劲，结构复杂，带有坚果香。

奶油雪利酒：欧罗索；添加了佩德罗-希梅内斯或麝香甜葡萄酒的雪利酒；口感圆润、酒体丰满。

菲诺：干型葡萄酒，颜色浅淡，在酒花保护层下熟成，装瓶6个月后饮用最佳；带有酵母和杏仁味；冷藏后可作为开胃酒，搭配餐前小食或鱼类菜肴；开瓶后不宜久存。

曼赞尼拉：产自巴拉梅达-桑卢卡尔的一种清淡菲诺，带有一丝碘酒味。

曼赞尼拉巴沙达（Manzanilla Pasada）：产自桑卢卡尔稀有、出色的阿蒙蒂亚；复杂而优雅。

欧罗索：发酵过程中不生成酒花；氧化缓慢，酒体丰满，口感复杂，带有干果和坚果的香味。

帕洛-科尔达多（Palo Cortado）：稀有、精致和复杂的干型雪利酒，无须在酒花下陈酿；风格介于阿蒙蒂亚和欧罗索之间，香气更接近阿蒙蒂亚，口感更似欧罗索。

佩德罗-希梅内斯：很少作为纯雪利酒出现；口感非常浓甜，通常与欧罗索混合。

索雷拉系统

左图和右图：首席酿酒师使用一个金属罐往索雷拉桶中装酒。他从最底层的橡木桶中抽出酒液后，又从上面一排橡木桶中抽出等量酒液补充底层的橡木桶。他逐排重复这些步骤，最顶层的橡木桶则注入新酒

13世纪或14世纪时，赫雷斯葡萄酒就已经进行加强处理，以提高稳定性。不过索雷拉系统在19世纪下半叶才出现，当时英国雪利酒进口商要求赫雷斯的生产商提供风味统一的葡萄酒。直到那时，赫雷斯才开始采用称为“añada”的年份体系陈酿葡萄酒。今天，陈年雪利酒已十分罕见。

我们可以大致想象一下索雷拉系统：一排排500升的橡木桶层层堆叠。首席酿酒师先从最底层称为“索雷拉”（西班牙语“suelo”意为地面）的橡木桶中抽取不超过1/3的雪利酒进行装瓶，然后从上面一层称为“第一层克里亚德拉”的橡木桶中抽取等量酒液补充底层的索雷拉桶，依此类推，顶层的橡木桶则注入新酒。采用这种方式，陈酒能赋予添加的新酒它们的风味。通过阶梯式的陈酿过程，系统中所有的葡萄酒都会融入索雷拉桶中葡萄酒的特色。因此，随着时间的推移，所有的年份区别都会消失，索雷拉葡萄酒可以保持深受雪利酒爱好者称赞的一致风格。

酿造不同种类雪利酒时使用不同酒龄葡萄酒的数量也不同。即使经过多年熟成，菲诺和曼赞尼拉仍口感清新，并且带有一丝酵母的辛辣，但遗憾的是，这种口感在装瓶后不久就会消失。

在实际操作中，索雷拉系统中的各层克里亚德拉已不再堆叠，而是分开放置，甚至储藏在不同的酒庄中。克里亚德拉桶中抽出酒液后，只需简单地泵入新酒加以补充。不同酒庄之间的菲诺风格也不同，而且菲诺的熟成时间更长，需要额外添加一层酒桶。经过多年熟成，如果菲诺中的酒花死亡，则只能酿造阿蒙蒂亚，阿蒙蒂亚必须进行进一步强化，并在单独的索雷拉系统中陈年。许多雪利酒在装瓶之前要经历6～7个阶段，而复杂的索雷拉系统可能需要12～14个阶段。

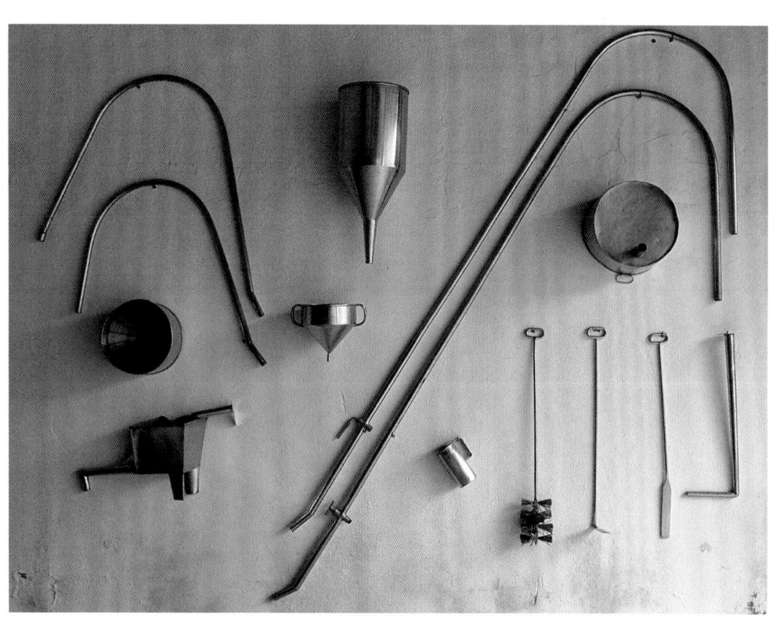

漏斗、滤网、配管、刷子和抹子等是酒庄中常用的工具

主要的雪利酒和曼赞尼拉生产商

生产商：**Antonio Barbadillo***-*******
所在地：**Sanlúcar de Barrameda**
712公顷，非自有葡萄，年产量1000万瓶
葡萄酒：Oloroso Seco Cuco，Manzanilla Solear，Amontillado Principe，Oloroso Dulce San Rafael
桑卢卡尔最大的酒庄，拥有6万多个博塔桶，出产富有传奇色彩的葡萄酒如Oloroso Seco Cuco。最知名的葡萄酒是Manzanilla Solear。

生产商：**Bodegas Rey Fernando de Castilla******
所在地：**Jerez de la Frontera**
非自有葡萄，年产量25万瓶
葡萄酒：8 premium sherries
Jan Petterson曾在Osborne酒庄学习酿酒技术，他在2000年收购了这家酒庄，专门生产优质雪利酒和白兰地。

生产商：**Bodegas Tradición******
所在地：**Jerez de la Frontera**
葡萄酒：V.O. and V.O.R.S.
该酒庄只出产陈酿20年和30年以上的优质雪利酒。

生产商：**Bodegas Valdivia***-******
所在地：**Jerez de la Frontera**
250公顷，非自有葡萄，年产量300万瓶
葡萄酒：Valdivia Fino，Sacromonte 15 Años Oloroso
该地区罕见的新建酒庄之一，出产的葡萄酒纯净、优雅。

生产商：**Garvey******
所在地：**Jerez de la Frontera**
50公顷，非自有葡萄，年产量250万瓶
葡萄酒：Fino San Patricio，Oloroso Ochavico，Oloroso Puerta Real
Garvey是最早（1756年）在该地区扎根的爱尔兰人之一。出产的菲诺，如品质出众的San Patricio，占酒庄产量的3/4。Oñana和Palo Cortado Jauna等阿蒙蒂亚以及Gran Orden佩德罗-希梅内斯葡萄酒都属于顶级葡萄酒。

生产商：**González Byass***-*******
所在地：**Jerez de la Frontera**
800公顷，年产量1450万瓶
葡萄酒：Fino Tío Pepe，Solera 1847，Oloroso Matusalem，Dulce Noé
赫雷斯最大的酒庄（创建于1835年），拥有10万个博塔桶。Tío Pepe是世界上最畅销的菲诺，也是品质最出众的雪利酒之一。深受欢迎的雪利酒还包括Oloroso Matusalem、P.X.Noé和Oloroso Vintage。

生产商：**Herederos de Argüeso***-******
所在地：**Sanlúcar de Barrameda**
180公顷，非自有葡萄，年产量200万瓶
葡萄酒：Manzanilla：Las Medallas，San Léon
酒庄创建于1822年，专门生产优质曼赞尼拉。公司的一些索雷拉酒桶已有250年的历史。

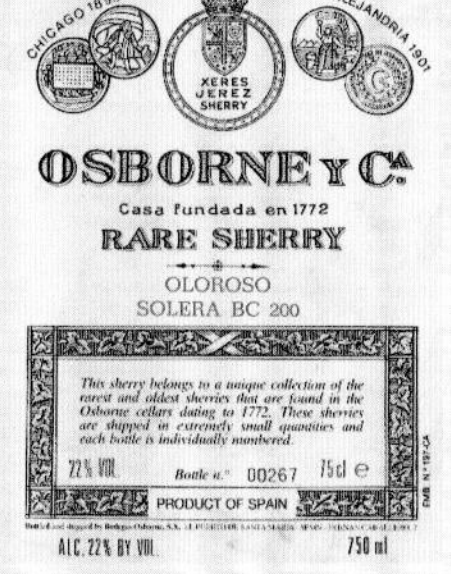

生产商：**Osborne***-*******
所在地：**El Puerto de Santa María**
220公顷，年产量800万瓶
葡萄酒：Fino Quinta，Oloroso Bailén，Solera India，Amontillado Coquinero Dry，Palo Cortado P Triangulo P；PX 1827
Thomas Osborne1772年就在赫雷斯建造了他的第一家酒庄。酒庄的商标"公牛"至今仍矗立在西班牙的97座山坡上，只是现在已经去掉了签名。最出名的葡萄酒包括Fino Quinta和Coquinero。珍藏雪利酒系列值得关注。

生产商：**Emilio Lustau and Emilio Lustau Almacenista***-*******
所在地：**Jerez de la Frontera**
200公顷，非自有葡萄，年产量275万瓶
葡萄酒：Puerto Fino，Oloroso Don Nuño，Manzanilla Papirusa，Amontillado Escuadrilla，P.X. San Emilio
酒庄创建于1886年，现为Luis Caballero所有。酒庄向小生产商如Manuel Cuevas或Viuda de Antonio Borrego收购少量雪利酒，作为珍藏雪利酒出售。他自己出产的雪利酒也享誉盛名。

生产商：**Pedro Domecq***-*******
所在地：**Jerez de la Frontera**
800公顷，非自有葡萄，年产量900万瓶
葡萄酒：Fino La Ina，Amontillado 51-1a，Oloroso Sibarita
该公司历史悠久，旗下拥有的Mezquita酒庄是最好的酒庄之一。公司在里奥哈和南美洲也建立了酿酒厂。该酒庄出产当地最受欢迎、最优雅的菲诺之一：La Ina。酒庄的镇店之宝采用古老的索雷拉桶陈年。

生产商：**Sanchez Romate******
所在地：**Jerez de la Frontera**
100公顷，非自有葡萄，年产量125万瓶
葡萄酒：Manzanilla Viva la Pepa，Amontillado Don José，Dulce Iberia
自1871年起，酒庄就开始在城市的中心地带生产葡萄酒，在San Julián和Espartina拥有位置最佳的葡萄园。阿蒙蒂亚N.P.U.和菲诺Macharnudo品质卓越。

生产商：**Sandeman**-******
所在地：**Jerez de la Frontera**
360公顷，非自有葡萄，年产量不详
葡萄酒：Don Fino；Oloroso：Armada，Royal Corregidor
这是一家具有创新精神的公司，出产优质的陈年雪利酒。葡萄酒主要用于出口。

生产商：**Vinicola Hidalgo***-*******
所在地：**Sanlúcar de Barrameda**
200公顷，非自有葡萄，年产量不详
葡萄酒：Manzanilla La Gitana，Amontillado Viejo，Oloroso Napoleon
这家传统的家族酒庄创建于1792年，出产的曼赞尼拉深受欢迎。酒庄还酿造几种优质的陈年葡萄酒。

加纳利群岛

加纳利群岛的葡萄种植非常复杂。产量比内陆还低，种植体系比较特殊，并且没有橡木桶陈酿的传统。这些岛屿上的葡萄园有个共同之处，即它们都位于火山地带，而且这些火山都是活火山。最近一次火山爆发是1971年在拉帕尔玛岛（La Palma）。奇特的景色，如火山灰覆盖的兰萨罗特岛（Lanzarote），成为了这个群岛吸引游客的原因之一，但是它们也对葡萄种植提出了苛刻的要求。目前，群岛上有8个法定产区。它们根据土壤特色划分，土壤的差异肉眼可辨。这个“幸运群岛”面积有7500平方千米，但葡萄种植面积仅为9000公顷。直到20世纪90年代末，葡萄酒行业的颓势才得以遏制。

15世纪末，西班牙占领了加纳利群岛，7个岛屿才开始葡萄种植。大部分葡萄品种由新的统治者引入，葡萄牙的航海家对此也做出了贡献。这一时期的葡萄酒使用玛尔维萨和麝香酿造，口感甘醇，在整个旧大陆甚至欧洲皇室都深受欢迎。它们作为加纳利白葡萄酒（Canary Sack）出口到世界各地，同时其熟成技术也得到了广泛的传播。在莎士比亚著名的戏剧《亨利四世》中，约翰·福斯塔夫爵士因大量饮用加纳利葡萄酒而被昵称为“约翰·加纳利爵士”。

自18世纪中期以来，加纳利群岛逐渐被波尔图、马德拉、赫雷斯和马拉加赶超。此外，一个世纪后，霉菌侵袭了葡萄园，之后这里的葡萄酒几乎被人遗忘。20世纪80年代，旅游业的发展重新带来了对葡萄酒的需求。1992—1996年，为了遏制从西班牙内陆进口廉价葡萄酒，群岛上建立了法定产区。这些产区出产的昂贵葡萄酒拥有独特的岛屿品质和风格，稳固了当地市场。

加纳利群岛有33个受保护的葡萄品种，其中包括19种白葡萄和14种红葡萄。通常，白葡萄酒的个性远比红葡萄酒复杂，而桃红葡萄酒几乎无人问津。传统甜葡萄酒和利口葡萄酒的品质最可靠。一方面，群岛仍然种植着古老的麝香和玛尔维萨葡萄；另一方面，历史悠久的酒庄和合作社在这些葡萄酒的酿造方面经验丰富。传统的利口酒会额外添加酒精，并在木桶中进行多年氧化。这些葡萄酒的现代版就是由极为成熟的葡萄酿造而成的自然甜葡萄酒，它们的残糖含量至少为40克。

最好的甜葡萄酒产自拉帕尔玛岛和兰萨罗特岛。这些甜葡萄酒在清新的果味和甜味之间形成了微妙的平衡，而且由于岛屿的位置及其火山土壤，葡萄酒中还带有咸味和矿物风味。根瘤蚜虫病从未侵袭过群岛，因此所有葡萄树都保留了最初的根系。加纳利群岛主要出产清新的白葡萄酒和不经橡木桶陈年的红葡萄酒。葡萄园中的主角是丽丝丹白葡萄和红葡萄；大面积种植这两种葡萄是因为它们的产量和酒精含量都较高。花香丽丝丹白葡萄拥有异域的果香和柔和的色泽。遗憾的是，大部分用这种葡萄酿造的葡萄酒松弛而疲弱。黑丽丝丹与另一种流行的黑摩尔红葡萄可以混酿出优质葡萄

右图：特内里费岛的葡萄种植面积占加纳利群岛的3/4。在该地区的西北部，山坡上的梯田葡萄园海拔高达1400米

戈梅拉岛拥有350公顷葡萄园，出产的葡萄酒被列为地区餐酒。在其肥沃的土壤上主要种植弗拉斯特拉白葡萄，酿造的白葡萄酒酒精含量高，口感强劲

酒，黑摩尔葡萄还能提供橡木桶陈年所需的酸度。在清新的白葡萄酒中，最受欢迎的当数名称具有异域风情的瓜尔或萨布葡萄酿造的葡萄酒。这些葡萄酒除了浓郁的果味，还有烟熏、烘烤或火山风土所特有的干苦味道。

加纳利群岛的葡萄酒产区

拉帕尔玛
该岛土壤一半为火山灰，一半为沙砾土。由于生长周期较长，用玛尔维萨酿造的葡萄酒口感复杂。北部地区的葡萄酒仍然使用古老的方式酿造，并且在加纳利松木桶中陈年。特亚酒是当地的一款特色酒，具有独特的树脂风味。

耶罗（El Hierro）
主要出产白葡萄酒，其中60%用维哈利埃格（Vijariego）葡萄酿造。干型葡萄酒和甜葡萄酒都口感柔和顺滑，并且带有花香。葡萄酒通常桶装出售，在餐馆中作为新酒供应。

塔罗孔特-阿森特茹（Taroconte-Acentejo）
最大、最传统的加纳利葡萄酒产区，位于特内里费岛。该产区名称的前半部分因塔罗孔特小镇而得名。这里海拔高达1000米，不同的微气候带上种植着各种葡萄。葡萄树通常面向大海，嫩枝生长在手工搭建的棚架上。这里盛产红葡萄新酒。

古马尔谷（Valle de Güimar）
位于特内里费岛东部，约有600公顷葡萄园，主要种植白葡萄品种。出产的葡萄酒具有浓郁的异域果味和适中的酸度。除了白丽丝丹，这里还种植麝香、维哈利埃格和瓜尔。

奥罗塔巴谷（Valle de la Orotava）
该产区位于特内里费岛泰德峰下的缓坡上，白丽丝丹和黑丽丝丹酿造的白葡萄酒和红葡萄酒简单精致，果味怡人。500公顷的葡萄园为众多种植户共有。

伊科登-多迪-伊苏拉（Ycoden-Daute-Isora）
该产区因原住民的3个王国而得名，位于特内里费岛西北部，主要种植白葡萄品种，使用棚架栽培，海拔通常高达1400米。多样的微气候导致葡萄成熟的时间不同。6—10月都是葡萄采摘季。

在加纳利群岛炎热的气候条件下，葡萄的糖分较高，特别适合酿造曾经大受欢迎的出口产品——甜葡萄酒

阿博纳（Abona）
该法定产区位于特内里费岛南部，拥有欧洲海拔最高的葡萄园。比拉弗洛（Vilaflor）地区的葡萄园海拔高达1800米。在这种高海拔种植的葡萄非常健康，适合酿造有机葡萄酒。这里出产的新酒是加纳利群岛结构最好的葡萄酒。

大加纳利（Gran Canaria）
该法定产区的种植面积约为250公顷，几乎覆盖整个岛屿。30家酒庄主要生产口感清爽的新酒，但也出产用黑摩尔、黑丽丝丹和淡红葡萄酿造的橡木桶陈年葡萄酒。

蒙特伦蒂斯卡尔（Monte Lentiscal）
位于大加纳利岛的小型法定产区，大部分土壤为火山灰。

兰萨罗特
该岛覆盖了一层厚厚的火山灰，当地称之为“picón”。这种土壤像一个蓄水池，可以吸收稀少的雨水和地面形成的露水，然后引入地表下肥沃的土壤中。葡萄树行距较宽，在围墙的保护下可以免受寒风的侵袭。每公顷产量通常低于500升，出产的麝香和玛尔维萨葡萄酒口感香甜。格利弗（El Grifo）酒庄以其优质玛尔维萨葡萄酒而闻名。

葡萄牙

葡萄牙：探险家的乐园

埃斯特雷马杜拉省（Estremadura）的现代化酒庄Quinta da Sanguinhal雄伟壮观，它曾是一座古老的庄园

今天，葡萄牙优秀海员和探险家们的后代开始探索他们酒庄的价值，这些酒庄从葡萄牙的黄金时期就已存在。葡萄酒创造的财富使葡萄牙成为欧洲第一强国，并为其成为世界强国奠定了基础。因此，当代葡萄牙人想要遵循这样的道路前进。20世纪末，新的葡萄酒种类和新酒庄不断涌现，这一景象超出了“康乃馨革命”时期人们的想象。这个不流血革命爆发于1974年4月25日，结束了萨拉查长期的独裁统治，从此葡萄牙开始对欧共体国家开放。

然而，不仅新建酒庄[其中许多位于阿连特茹（Alentejo）]在飞速发展，具有上百年历史的乡村酒庄也在进行现代化改革。仔细研究就会发现，这些酒庄大部分都曾属于瓦斯科·达·伽马、阿尔瓦罗·卡布拉尔（Alvaro Cabral）等具有传奇色彩的探险家以及其他一些葡萄牙历史上的名人。曾经属于庞巴尔侯爵的著名酒庄如今已向游客开放参观，当然通过其生产的葡萄酒也可以对它有所了解。生产装瓶商是指那些自己灌装葡萄酒的生产商，几十年前才在葡萄牙出现。过去，即使大生产商也只能把桶装葡萄酒送到酒厂或合作社装瓶，现在情况发生了巨大变化。葡萄牙酒庄的数量已从20世纪70年代的几十个发展到今天的1000多个。如今，在葡萄牙的任何地方，如果你想知道这些产自优质土壤的粒小而味浓的葡萄是在哪里被酿成葡萄酒，都可以在葡萄园附近找到相应的酒庄。

葡萄牙加入欧共体后，该组织根据葡萄牙的发展计划，资助其成立新公司、建造新酒厂和重组葡萄园。欧共体还为葡萄牙的葡萄酒立法奠定了必要基础。加入欧共体很快结束了大酒厂的出口垄断和大合作社的政策优惠，最终让私人酒庄有了立足之地，实现了他们几个世纪以来的家族梦想——生产自己的葡萄酒。

1986年之前，波特酒的生产仍完全掌握在加亚新城的大经销商手中，这种垄断使生产商只能充当供应商的角色，而不能进行葡萄酒销售和出口。对其他国家而言，葡萄牙的葡萄酒形象是由世界上最成功、最前卫的品牌酒所打造，如半干型微起泡蜜桃红桃红葡萄酒（Mateus Rosé）及其实力强劲的对手兰瑟斯桃红葡萄酒（Lancers Rosé），后者在美国更受欢迎。

葡萄牙还涌现出一批成功的青酒品牌，有人嘲笑说它们是抄袭德国的圣母之乳。事实上，带有少量气泡的青酒早在20世纪40年代

吉马良斯（Guimarães）附近的瑟兹姆酒庄（Casa de Sezim）出产最好的青酒之一。酒庄的装修反映了许多酿酒家族悠长的历史

就已出现，口感自然、鲜爽，是蜜桃红和兰瑟斯桃红葡萄酒的原型。因此，青酒是真正的原创酒。

20世纪40年代，90%的青酒是红葡萄酒。20世纪60—70年代，葡萄牙陆续引入了许多白葡萄品种，并将青酒转变成流行的微起泡白葡萄酒。

这些葡萄酒至今仍在市场上销售，而且销量喜人。蜜桃红的酒瓶形状与德国的扁圆大肚酒瓶非常相似，这种葡萄酒在欧洲许多国家的超市都长期销售。不过近年来，葡萄牙的其他葡萄酒也开始吸引国内外市场的关注。凭借500多个本地葡萄品种、大量的老葡萄树以及敬业的生产商，葡萄牙在现代葡萄酒行业一定会有辉煌的未来。世界各地的葡萄酒爱好者都在寻找新的葡萄酒，替代传统的霞多丽和赤霞珠，葡萄牙葡萄酒一定会跟上这个时代的步伐。

葡萄酒世界的缩影

葡萄牙是葡萄酒世界的缩影，几乎所有你能想象到的葡萄酒种类都能在这里找到。这里的葡萄种植已有几百年历史，虽然未必能追溯到原住民伊比利亚人，但可以肯定的是，公元前1000年到达这里的腓尼基人已经开始在伊比利亚半岛种植葡萄，希腊人和后来的罗马人进一步促进了葡萄种植。

19世纪，中产阶层的葡萄酒文化蓬勃发展，瓶装葡萄酒达到鼎盛。葡萄牙的葡萄酒作家描述并分析了各葡萄酒产区的特点，将他们对产区和葡萄园的认识写进古老的书籍里，为伟大的葡萄酒文化奠定了基础。

1867年首次出版的《葡萄酒酿造过程回忆录》详细研究和介绍了每一个葡萄酒产区以及优质出口葡萄酒和普通葡萄酒的区分标准等。此外，书中的统计数据显示了各地区葡萄酒的出口量和消费量。

与西班牙和意大利不同，葡萄牙的酿酒厂拥有专门的出口公司，并且地域特征不显著。

葡萄牙的29个葡萄酒产区现在可以出产各种葡萄酒，其中一些早在19世纪就已广受葡萄酒鉴赏家的好评。如今，葡萄牙红葡萄酒可以与世界上最优秀的葡萄酒相媲美，而且风格越发独特。

葡萄牙是一个反差巨大的国家。牛车和跑车在同一条道路上行驶，你还可以看到人们同时使用传统工艺和现代技术种植葡萄

无论是酿酒设备还是选料配方，葡萄牙的葡萄酒越来越现代化。轻盈活泼的青酒是这种发展的首批成果

从葡萄酒的果味、成熟度、酸度和陈年潜力等方面看，来自杜罗、阿连特茹和杜奥（Dao）地区的葡萄酒最有可能成名。虽然葡萄牙的红葡萄酒广受赞誉，但白葡萄酒也没有被人遗忘。顶级葡萄酒在葡萄牙十分稀有，但确实存在。

进入现代化

在葡萄牙，传统和现代并行不悖。相反，传统的葡萄酒酿造方法比以往更受欢迎。葡萄牙现代葡萄酒的一个先行者为此奠定了良好的基础，他主张使用先辈们的酿酒工艺。鲁伊斯·阿尔维斯是百拉达（Barraida）葡萄酒酿造大师，他的原则是只采摘成熟的葡萄。他还强调：“应使用自然稳定法在石槽中发酵，不进行人工辅助。”新一代的年轻生产商也被吸引，坚持传承古老的方法。虽然有些更具创造性的葡萄牙生产商或者大合作社为寻找新市场和国外投资而另觅他径，但毫无疑问的是，传统酿酒法在葡萄牙的葡萄酒生产中非常盛行。

在葡萄牙葡萄酒行业长时间停滞之后，越来越多的生产商开始认识到自己拥有的宝藏：独特的风土条件和古老的本地品种葡萄树。甚至不少具有创新精神的生产商决定使用本地品种，并且在大木桶中进行陈年。这并不是说没有人使用法国橡木桶，而且某些国际葡萄品种，如赤霞珠、梅洛和西拉，在葡萄牙的确占有一席之地。不过，至今没有生产商为了短期利益而抛弃传统。

早期的杜罗河谷，圆形的砖石容器建在酒窖外面，用来存放未装瓶的葡萄酒

葡萄牙葡萄酒进入现代化，影响的不只是古老的波特酒产区杜罗。忽然之间，葡萄牙各地出现了许多优质葡萄酒，但价格仍然低得惊人。杜奥、百拉达、米尼奥（Minho）、阿连特茹、特茹（Ribatejo）和帕尔迈拉（Palmela）等地的葡萄酒开始流行起来。今天的葡萄牙优质葡萄酒不再局限于年份波特酒、塞图巴尔麝香（Moscatel de Sétubal）或者极其经典的红葡萄酒巴卡维拉（Barca Velha）。自产自销的酒庄间的激烈竞争促使大型葡萄酒合作社和葡萄酒公司不断推陈出新。葡萄酒经销商突然发现了诸如“风土”或“个性”这样的术语，纷纷购买酒庄，生产自己的瓶装酒。即使是那些为了尽快回笼资金倾向于短期成功的大公司，也开始注重葡萄酒的品质。甚至像苏加比（S.O.G.R.A.P.E.）这样的大酒厂也在葡萄牙各地经营示范性酒庄，支持本地品种，在酿造量产葡萄酒的同时还生产顶级葡萄酒。

对今天的消费者而言，葡萄酒生产商的品牌比葡萄酒法律中关于陈年的规定更重要。“珍藏”或“特级珍藏”等代表葡萄酒在橡木桶中长时间陈年的字眼虽然未从酒标上消失，但已失去了原来的意义。葡萄牙的新一代生产商对传统的法律条款并不在意。

毫无疑问，1986年葡萄牙加入欧共体后带来的新市场和财政补贴促使葡萄牙葡萄酒创造奇迹。然而，葡萄牙近年来取得的令人瞩目的成绩绝不仅仅是加入欧共体的结果。

如今，葡萄牙约有26万公顷葡萄园，平均年产量为7亿升。这个数字不算大，因为古老的葡萄树和传统的种植方法不会导致过高的产量。这意味着几乎没有大规模酿造的葡萄酒。除了蜜桃红和兰瑟斯葡萄酒，即使是普通的葡萄牙葡萄酒往往也具有良好的品质。数量和质量上的明显差异，加上葡萄品种大多不为人所知，可能不利于葡萄牙的葡萄酒在国外市场上的销售。但葡萄牙大多数酒庄面积较大，通常有50公顷以上，可以弥补这些不足。港口业务的传统经销结构有助于提高葡萄牙红葡萄酒和白葡萄酒的声誉。至少在这方面，葡萄牙可以将欧洲旧世界的葡萄酒推向前台。葡萄酒生产的创新不再局限于新世界（美国、智利、澳大利亚、南非）。凭借阿连特茹或杜罗河谷的发展，葡萄牙无须再羡慕新世界的优质葡萄酒和杰出生产商。未来，葡萄牙也许会成为古老酿造传统和现代营销方式完美融合的典范。

对于寻找与众不同的葡萄酒的专家而言，葡萄牙这个位于欧洲最西端的葡萄酒产国是一个宝库。不过，若想购得称心如意的葡萄酒，你必须对葡萄牙的葡萄酒有详细的了解。葡萄牙可不是一个冲动购买的地方。

对年份波特酒来说，如果用脚踩踏葡萄，出产的葡萄酒可以达到最佳品质，但这种方法非常费力。因此，彼得·赛明顿设计了一套机械装置，并于1998年首次投入使用

征服葡萄牙

由于葡萄酒所带来的丰厚利润，冒险家和企业家们很早就被吸引到葡萄牙，这可以看作是对葡萄牙的一种赞美。这个极具探索精神的伟大国度早就证明自己适合葡萄酒生产，并通过出口葡萄酒创造了巨大财富，为15—16世纪在全世界的探险提供了经济保障。然而，迄今享誉国际的波特酒主要归功于定居在波尔图的外国商人。1638年，一位名为科普克的德国人最早将波特酒出口到其他国家。此外，当时的波特酒公司大多由英格兰人和苏格兰人创建，这些公司与赛明顿集团和泰勒·弗拉德盖特集团现在仍主导着波特酒业务，树立了波特酒在世界上的伟大形象。

法国人也加入了葡萄牙的酿酒行列。安盛保险集团收购了飞鸟酒庄（Quinta do Noval），安盛旗下葡萄酒公司的英国籍总经理克里斯汀·希利与他人共同购买了杜罗河谷最好、最大的酒庄之一——罗曼尼拉（Romaneira）。路易王妃香槟集团和威比特酒庄（Ramos Pinto）原葡萄牙拥有者的许多家族成员一起，传承着该酒庄的葡萄酒文化。著名的葡萄酒品牌波尔图-克鲁兹（Porto Cruz）和罗兹（Rozés）也由法国人创建。西班牙人在这里拥有5个知名的波特酒品牌，它们是索杰维努斯（Sogevinus）、科普克、巴罗斯（Barros）、布尔梅斯特（Burmester）和卡勒姆（Calem）。不过，波特酒之外的葡萄酒一般都由葡萄牙人酿造。唯一例外的是英国的理查森家族，他们在阿连特茹拥有摩查（Mouchão）酒庄。

随着人们对葡萄牙葡萄酒，尤其是红葡萄酒认识的不断加深，越来越多的外国人开始进军葡萄牙葡萄酒行业。在杜罗河谷，瑞典的博格奎斯特家族很早就建立了罗莎（La Rosa）酒庄；来自勃艮第的文森特·布沙尔经营着特多酒庄（Quinta do Tedo）；法国酿酒师让-雨果·格罗斯专注于生产奥德赛（Odisseia）葡萄酒。波尔多人布鲁诺·普拉茨和让-米歇尔·卡兹也正与赛明顿集团和克拉斯托酒庄（Quinta do Crasto）一起开发项目。德国生产商菲利普-布鲁尔-尼克（Philippi-Breuer-Näkel）凭借卡瓦霍萨酒庄（Quinta da Carvalhosa）实现了他们的杜罗葡萄酒梦想。比利时人伯尔曼建立了巴萨多拉酒庄（Quinta do Passadouro）。年轻的英国人保罗·雷诺兹运营着他的马塞多酒庄（Quinta do Macedo）。

除了杜罗河谷，其他地方也有外来移民。瑞士人和德国人在阿连特茹建立了许多酒庄。瑞士人维克多·埃克特对杜奥地区情有独钟。拉菲-罗斯柴尔德在阿连特茹经营一家名为卡莫（Carmo）的大酒庄。葡萄牙葡萄酒甚至吸引了流行乐歌星克里夫·理查德，他在阿尔加维（Algarve）建立了歌手酒庄（Adega do Cantor），推动了当地的葡萄酒发展。

荷兰人德克·尼伯特是外来移民的典范，他是红葡萄酒的先行者，专注于葡萄牙的葡萄酒生产。他对国际流行风味、国际葡萄品种、单一品种葡萄酒和新葡萄藤反应敏锐。

和其他外来移民一样，德克·尼伯特对葡萄牙葡萄酒的眼光也比当地人敏锐，更早地认识到了葡萄牙的宝藏。

葡萄牙酒产区

葡萄牙是一个充满矛盾的地方。一方面，葡萄牙是世界上最早对葡萄种植区域进行确切地理界定并对葡萄园进行分级的国家：1756年成立杜罗河谷产区，1907—1911年对葡萄园进行分级。葡萄牙引进原产地命名制度的时间几乎和法国相同，当时葡萄牙对6个特别优质的葡萄酒产区加以保护：杜奥、青酒、塞图巴尔麝香、布塞拉斯（Bucelas）、卡尔卡维罗斯（Carcavelos）以及科拉雷斯和马德拉（Colares und Madeira）。另一方面，葡萄牙葡萄酒又有不标明产地的传统，酒标上只标产国葡萄牙，不标具体产地。

这种不确定性长期以来一直影响着蜜桃红这种世界上最知名的葡萄酒之一，受到影响的还有著名的特级珍藏波特酒和传奇的巴卡维拉，后者直到最近才在酒标上标明原产地杜罗。在萨拉查和其他政权统治时期，葡萄酒立法预备草案长期搁置。这些政权喜欢垄断，因此不愿意进行改革。1974年康乃馨革命后，葡萄牙向欧洲开放并且加入欧共体，葡萄酒市场开始活跃起来。最终，各地生产的葡萄酒被允许以原产地名称进入市场。

由于限制的取消，葡萄牙的葡萄酒行业得到迅猛发展。以百拉达为例，1979年被认定为一个独立的葡萄酒产区，但是不久之后被划掉部分区域并进行重新划分。阿连特茹也是一个典型的例子，其所有独立的地区首先成为“优良地区餐酒”（Indicação de Proveniência Regulamentada，简称I.P.R.）产区，然后成为“法定产区”（Denominação De Origem Controlada，简称D.O.C.）。极具魅力的阿连特茹葡萄酒以前属于“地区餐酒”（Vinho Regional），现在被命名为D.O.C.葡萄酒。2000年5月，特茹也被列为D.O.C.产区。6个之前的I.P.R.地区合并成一个新的D.O.C.产区。数据统计显示，波尔图和青酒法定产区仍然是优质葡萄酒生产的主要地区，部分原因是这两个产区规模较大。第三大法定产区杜奥最近几年远远落后于充满活力的阿连特茹产区。

杜罗河上游的梯田葡萄园是世界上最壮观的葡萄种植景观之一。然而，新建的葡萄园利润更高，正威胁着这个国家伟大的瑰宝

杜罗河谷以波特酒闻名，1982年最早被确认为普通餐酒产区，即红葡萄酒和白葡萄酒法定

地区餐酒

地区餐酒相当于其他国家的普通葡萄酒，在葡萄牙具有举足轻重的地位。

首先，许多顶级酒庄建立在葡萄种植从未受关注或者逐渐衰落以致葡萄酒产区没有得到充分发展的地区。其次，对于许多葡萄牙的酒厂来说，地区餐酒在一定程度上可以替代它们的优质葡萄酒投入市场，无须标明产地，只用关注品质即可。即使在今天，在某些地区你仍然可以买到优质葡萄酒，却无法知道其产地或发展潜力。

地区餐酒的流行与不标原产地的传统有关。人们认为品牌名称比产地更重要。如果一个地区某个年份的葡萄酒不如以往，就可以用邻近地区的葡萄酒代替。地区餐酒还可以指未被列入优质葡萄酒产区的混酿酒或特酿酒。这个词只在少数地区被个别合作社和酒庄用来指第二等或第三等葡萄酒，即品质比顶级D.O.C.葡萄酒差的葡萄酒。然而，有时候情况可能相反：地区餐酒可能是最优质的葡萄酒，而D.O.C.葡萄酒则品质一般。因此，葡萄牙不像其他国家那样拥有许多黄金法则，除了一条：尊重地区餐酒！

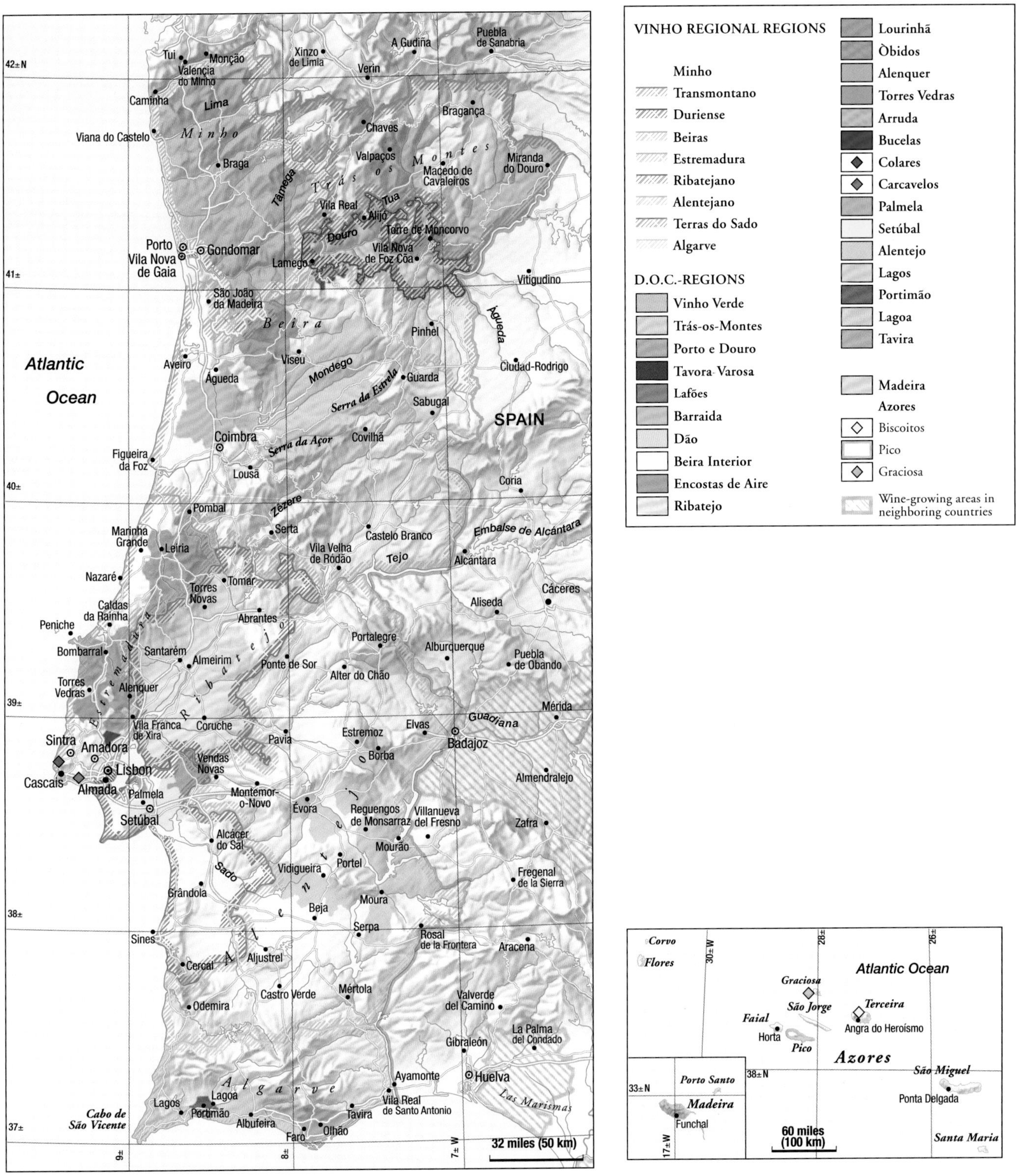

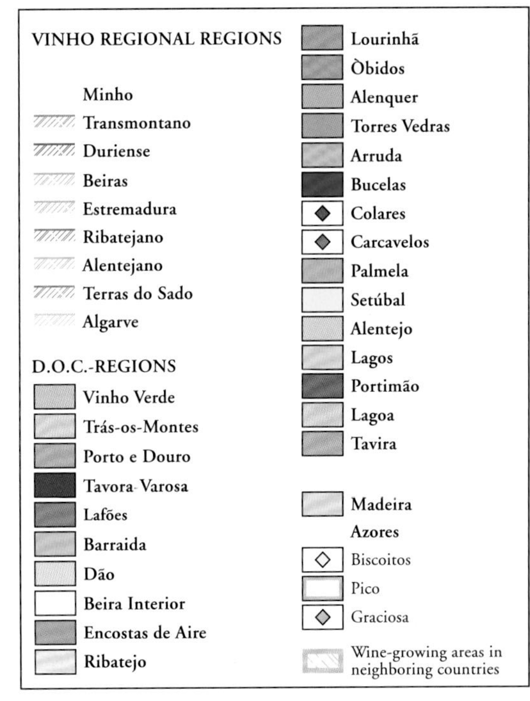

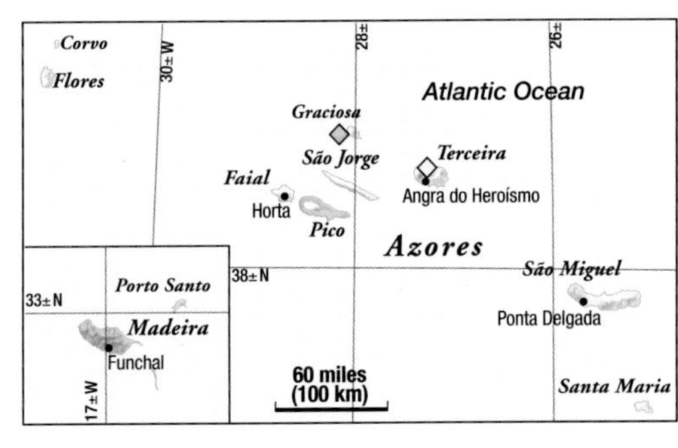

产区。阿连特茹优质葡萄酒的历史从1988年才开始，之后获得巨大成功，当地葡萄园面积成倍增长。其他地区中实力最强的无疑是百拉达，但其目前正经历葡萄品种和风味的导向危机。阿伦克尔（Alenquer）地区坐落着一些著名的探险家酒庄，在形象和品质方面持续提升。特茹和帕尔迈拉也呈现良好的发展趋势。

此外，布塞拉斯正经历一场至关重要的复兴，卡尔卡维罗斯在为生存而挣扎，科拉雷斯也是如此，这个地区曾一度被消费者认为出产葡萄牙最好的红葡萄酒。

许多地区不能出售高品质的葡萄酒，因为那里的酒庄无法满足必要的法律要求，特别是对葡萄品种的要求。大部分古老的葡萄园无法准确地认定葡萄种类。

葡萄牙酒的风格

在葡萄牙，新木桶的使用一直存在争议，因为人们世代的传统是使用旧木桶。不过目前已经有所突破，一些使用新木桶的酒庄获得了成功

葡萄牙的葡萄酒，特别是白葡萄酒，拥有各种风格。青酒是一种非常独特的葡萄酒，一是因为它的原产地，二是因为其清新、酸爽、轻盈的口感。但这种葡萄酒越来越多地使用国际流行方法生产。青酒与葡萄牙其他许多地区的白葡萄酒一样，由于受大西洋的影响，都极具发展潜力，在果味、酸度和细腻程度方面可以与产自欧洲较冷地区的葡萄酒相媲美。冷发酵、轻柔加工和使用不锈钢酒罐往往能酿造出优质葡萄酒——纯净，同时能展现风土特征与葡萄品种的精致和表现力，这在几年前还难以想象。酿造白葡萄酒的现代和传统方法都在使用，如搅拌酵母、在新木桶中熟成等。不过，新木桶通常用来进行额外的短期加工，而不是作为主要的陈年工具。如果不是有个别生产商通过旧木桶陈年酿造出卓越的葡萄酒，用旧木桶酿造的传统葡萄酒几乎绝迹。百拉达地区的巴格拉斯酒庄（Quinta da Bágeiras）仍然使用旧木桶生产一种表现力丰富、未经过滤的新风味葡萄酒。在法国橡木桶占绝对优势的时候，这可以看作是真正回归传统。许多杜奥新酒，无论是产自阿尔瓦罗–卡斯特罗（Álvaro Castro）酒庄，还是佩德罗–坎色拉（Pedro Cancela）或玛利亚（Marias）酒庄，都以细腻、新鲜的果味和酵母香给人们留下了深刻的印象。但总体而言，葡萄牙正在为白葡萄酒寻求最好的葡萄品种和风格。

除了著名的波特、马德拉和塞图巴尔麝香，葡萄牙还出产各种非常独特的红葡萄酒。这里拥有优质的产区、葡萄园和葡萄品种，丰富的资源不断推动葡萄酒市场的发展。葡萄酒作家和消费者分成两派，一派支持现代风格，另一派支持传统风格。也许在其他任何一个国家，无论是在报刊书籍上，在餐桌上，又或是在饮酒和品酒时，人们都没有对葡萄酒风格这个问题有过如此频繁、热烈和系统的讨论。基本上，葡萄牙的葡萄酒作家在讨论葡萄酒时都会提及葡萄酒的风格。其中一些葡萄酒拥有浓郁的果香，有时还有木香，另一些葡萄酒采用传统方法熟成，单宁结构强劲。

谈论的焦点是石槽（葡萄牙语称为“lagar”），这是一种由花岗岩、板岩、混凝土或大理石制成的露天容器。人们可以一边唱歌跳

葡萄牙酒标

1. 品质标识
2. 年份
3. 品牌名称
4. 产区
5. 葡萄酒种类（红葡萄酒）
6. 原产地控制命名（D.O.C.）
7. 年份酒
8. 容量
9. 酒精度
10. 装瓶地
11. 生产商/装瓶商
12. 产地
13. 产国
14. 瓶号

午前一小时

在加亚新城，上午11点是每天的品酒时间，是进行重大决策的时刻。人们精神高度集中，根据来自杜罗河谷的样品酒做出购买决定，或者对酒窖中的各种葡萄酒进行品尝和调配。这种调配必不可少，目的是保持一个品牌风格的连续性，为了进行谨慎的改进，或是为了尝试创新。

在任何酿酒厂，生产波特酒都被认为是难度最高的。所有经典的葡萄酒，如香槟、干邑和雪利酒的特点都是总酿酒师的杰作。但波特酒变化多端、浓烈精致，不是一个优秀的总酿酒师就可以掌控的。如果波特酿酒师要将甜度、单宁、酒精含量和许多果味和谐地融合在一起，他必须是一个天才。他必须能够始终在许多不同的产区和葡萄园之间做出正确的决定，决定不同种类的波特酒在酒窖中的不同位置，决定茶色波特酒是应该在橡木桶中进一步熟成，还是倒入酒罐中为新酒增加个性。他必须敏锐地分辨颜色的细微差别，在单宁的圆润成熟和年轻强劲之间找到平衡，在波特酒的成熟宁静和青春活力之间找到平衡。这并非易事。这是一种天资，在许多波特酒生产世家，这种天资代代相传。

最优秀的波特酒酿酒师可能是费尔南多·尼古拉·德阿尔梅达，这个传奇人物不仅为费雷拉（Ferreira）酒庄的茶色波特酒创造出了独一无二的风格，还酿造出了葡萄牙最知名的红葡萄酒——巴卡维拉。这种葡萄酒发展迅速，现在已经被引入越来越多的波特酒庄。

在这样一个科技时代，在这样一个酿酒师都受过专业教育、对葡萄酒有深刻理解的时代，在这样一个营销专家和酒商把葡萄产地和葡萄酒产地作为企业成功要素的时代，加亚新城呈现出的对葡萄酒风味的尊重，以及有关现代和传统之间严肃的讨论，可能会让人感到奇怪。有趣的是，在这里，品酒师兼酿酒师能够向现代化的技术人员、工程师、营销专家、酒庄主人和葡萄酒经销商表达或传递他个人的观点，而在许多其他地方，情况恰恰相反。品酒师拥有多年实践经验以及技术、化学和商业知识，所有各方必定从中获益。葡萄酒专家和商界人士共同创造的时尚的葡萄酒新理论，比如那些今天在许多地区占主导地位的理论，入侵到了加亚新城，对酿酒师产生影响。幸运的是，这些理论还没有成为最后定论。

葡萄酒理论与复杂、直观的体验之间的对抗，多年以来一直存在并逐年增加，葡萄酒本身还是最具说服力的论证。根据刻板的事实和流程，如何能酿造出如此个性化、多样化的葡萄酒？优秀的波特酒品尝师远胜于葡萄酒专家，不过现在已寥寥无几。葡萄酒专家可以从品尝波特酒中了解到——技术不是万能的。

舞嬉戏，一边踩踏葡萄，这种方式已经延续了上千年。这是唯一一个不破坏果籽和果梗的方法，因此其他许多葡萄酒中强烈的青涩酸苦味不会在这些葡萄酒中出现。除了“脚踩葡萄”外，另一个争议的话题是：葡萄酒是否应该进行过滤，是否应该不经过任何形式的“美化”而酿造出来。这不是指少数顶级葡萄酒，而是包括所有葡萄酒。传统方法深受葡萄牙人的青睐，但更具吸引力的是传统葡萄酒中醇厚的口感、圆润的单宁和浓郁的果味。虽然流行趋势是饮用年轻的果味葡萄酒，但葡萄牙仍然比其他任何一个国家都更加尊重红葡萄酒的传统。

许多葡萄牙人倾向非常传统的葡萄酒酿造方式，这从葡萄酒的背标甚至正标上的信息就可以看出来，如在石槽中酿造、脚踩葡萄、未经过滤、自然稳定、非冷稳定等。

青酒，尤其是用阿尔巴利诺酿造的青酒是葡萄牙最成功的葡萄酒之一，甚至被许多国外葡萄酒模仿。

青酒产区

新葡萄藤架在被称为“cruzeta”的低矮棚架上

右页图：樱桃酒庄（Quinta da Cerejeiras）用华丽的蓝色彩绘瓷砖进行装饰，这种瓷砖在葡萄牙语中称为“azuelo”

青酒产区位于葡萄牙西北端，与米尼奥拥有相同的边界。这里约有3.5万公顷葡萄园，年产量为1亿升，是葡萄牙第二大法定产区，仅次于杜罗河谷。如果算上所有未登记的小型酒庄和周边许多小规模的葡萄园，种植面积接近/万公顷，但现在欧盟登记的葡萄园不包括混合种植区。

米尼奥过去被称为葡萄凯尔（Portucale），是葡萄牙的中心地带，出生在吉马良斯的阿方索·恩里克斯曾在这里宣布独立，成为葡萄牙的开国君主。米尼奥只占葡萄牙面积的9%，却居住着20%的人口。因此，这里有大量的小型葡萄园，繁茂的葡萄树足以证明这里土壤肥沃。米尼奥是葡萄牙最青葱翠绿的地区，年均降雨量高达1800毫米。道路两旁的树上都爬满了葡萄藤，目的是方便采摘。在放牛的牧场，葡萄藤在树干、电线杆、铁丝或棚架上蔓延。罗马时期就已存在的绿廊上也爬满了葡萄藤，这些绿廊随处可见，形成了一道道阴凉的小径。

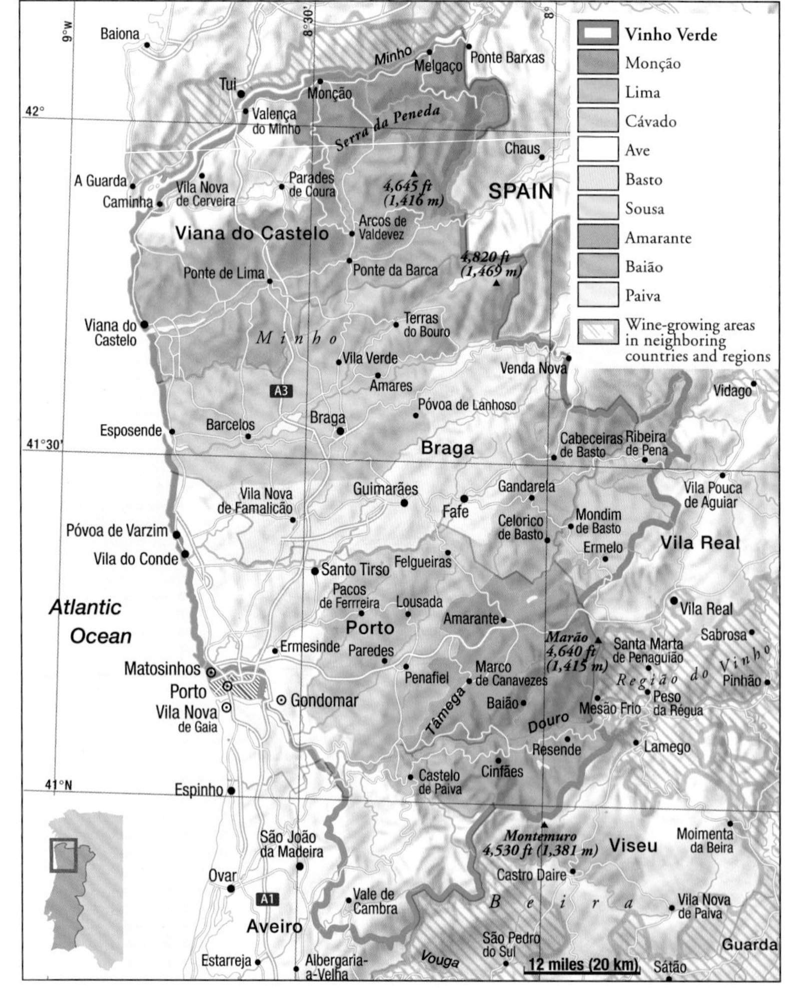

虽然米尼奥多为贫瘠的花岗岩沙土（只有少数板岩区域可以提供更好的种植条件），表层土通常仅有几厘米厚，但看上去就像一个绿色的大花园，这也许是青酒得名的原因。米尼奥人民在西班牙北部这片有限的空间内，通过精耕细作的方式创造出了这个奇迹般的产区。近几年由于许多纺织厂和制鞋厂的出现，种植面积才有所减少。这里曾盛产优质葡萄酒，产自蒙桑（Monção）的葡萄酒被认为是中世纪最早用于出口的葡萄酒，米尼奥地区许多富裕的酒庄也都证明了出口葡萄酒利润颇丰。1930年，萨拉查政府颁布严格的法律，禁止葡萄种植，葡萄树只能用作篱笆，米尼奥的酿酒传统因此被打断。

米尼奥拥有10万个种植户，其中9万个自称是葡萄酒生产商，统计他们的葡萄园无疑是浪费时间。有些葡萄园只有两三块土地，酿造的葡萄酒有时还不够装满一桶。这里种植面积广泛，人们精耕细作。一些老葡萄树的根茎与树干一样粗，扭曲的葡萄藤如手臂一般壮，在柱子和铁丝的支撑下，可以蔓延200平方米，每棵葡萄树可出产10～20千克成熟的小葡萄，用来酿造青酒。不同于葡萄牙甚至世界上其他地方的葡萄酒，青酒的酒精含量较低，往往很难达到最低要求8.5% vol。然而，这一缺点同时也是其优点。红色的青酒口感清新酸爽，是唯一适合夏季饮用的红葡萄酒，冰镇后风味更佳。但遗憾的是，这种葡萄酒几乎只在葡萄牙销售，因为没有人把它

当成红葡萄酒。在当地的一家特色小酒吧里，人们用白色瓷碗盛上泛着白色泡沫、口感酸爽、色泽黑紫的青酒来解渴。这里有一幅装裱精美的羊皮纸，上面写着伟大的化学教授、葡萄酒专家安东尼奥·奥古斯托·阿吉亚尔1876年所说的一段话，这段话对青酒及其效果进行了完美的描述："青酒是最不寻常的葡萄酒，独特、年轻、清爽，是理想的佐餐酒。它不会令人醉酒，这是我喜欢它的唯一原因。它知道如何尊重智慧。"

这个评价适用于所有红色青酒，这种葡萄酒几年前还占葡萄牙葡萄酒总产量的90%，而现在已经低于50%。这个评价同样适用于白色青酒。自从葡萄种植的禁令被取消，这种微带气泡的葡萄酒获得了前所未有的成功，风靡全球。春季和夏季温度上升时，青酒会进行二次发酵，并且自然起泡，然后经过大品牌酿酒厂的加工和批量装瓶，现在通常会添加二氧化碳和残糖。产自阿维莱达（Aveleda）酒庄的卡苏加西亚（Casal Garcia）、博格斯（Borges）的佳桃（Gatão）以及苏加比的嘉泽亚（Gazela）都是享誉世界的知名品牌，销量达数百万瓶。如今，有十几家酒厂在争夺低度葡萄酒的市场份额，这使得即使是规模最小的葡萄酒生产商也能通过签订合同或者合作社将自己的葡萄酒售出。这些葡萄酒使用的酒瓶或细颈大肚，或波尔多风格，或呈鼓槌状，或为其他一些特殊形状。大品牌的窖藏技术要求非常高，因此这种夏季饮品的口感往往精致细腻。

一些大酒厂既生产优质干型青酒，也生产大众品牌酒。苏加比、阿维莱达和索罗洛等公司甚至为昂贵稀有的特色酒阿尔巴利诺装瓶。不过，该产区真正的革新是出现了自己装瓶并销售的酒庄，这些酒庄倾向于生产传统的干型葡萄酒，二氧化碳含量较少。然而，也有生产商酿造气泡丰富的甜葡萄酒。20世纪70年代末，这样的酒庄最多只有5家，现在几乎有将近500家，其历史根源可以追溯至中世纪。它们中有许多还为游客提供一流的住宿服务，从而使其在该地的旅行变得妙不可言，充满文化气息。

葡萄树成为小块田地之间的天然界线，这是青酒产区的独特景观

左页图：在青酒产区，葡萄藤被牵引到高高的棚架上，因此需要借助梯子进行采摘

青酒产区的种植户正在进行春季修剪

促使该产区酒庄增加、品质提高以及销量攀升的动力是青酒生产商协会（Associação de Produtores Engarrafadores de Vinho Verde，简称 A.P.E.V.V.）。该协会成立于1985年，许多顶级酒庄是它的成员，而且还有更多的酒庄不断加入。但是也有不少酒庄由于销售问题而退出。毕竟，在大分销商占主导地位的国家，名不见经传的小酒庄生存困难。而且由于葡萄酒旅游业刚刚形成，市场仍处于早期阶段。对葡萄酒酿造和销售的过分乐观，导致许多葡萄酒生产商又开始种植葡萄。

真正的青酒是一种独特、硬冷的干葡萄酒，类似萨尔或摩泽尔雷司令，与大众口味格格不入，现在仍然可以在一些酒庄中找到。即使是酒精含量接近11.5% vol的最优质的成熟青酒，回味中也或多或少带有酸味。对于喜好海鲜的人来说，这是一个优点，而不是缺点。青酒不是让人品鉴、啜饮和思考的葡萄酒，但绝对可以刺激食欲。

这里所有子产区生产的葡萄酒都具有相似的特点。细腻、芳香的洛雷罗（Loureiro）因为出色的表现力成为首款引起轰动的葡萄酒，特别是在利马（Lima）地区。还有产自巴斯图（Basto）或阿玛兰特（Amarante）的阿莎尔（Azal）葡萄酒，最近因其精致的口感而备受关注。普通的青酒在这些新成立的子产区如卡瓦杜（Cávado）、阿韦（Ave）、苏萨（Sousa）和派瓦（Paiva）也有生产，尽管派瓦是以干红葡萄酒而闻名。

然而，有些人认为有两个地区不应该属于青酒产区，而应该是独立的地区。其中之一是位于杜罗河下游的拜昂（Baião），气候相对温暖。这里的葡萄酒介于非常成熟的杜罗白葡萄酒和青酒之间。另一个是出产阿尔巴利诺葡萄酒的地区，位于米尼奥河畔。阿尔巴利诺被誉为葡萄牙的“葡萄酒之王”。在葡萄牙，用厚皮、芳香的阿尔巴利诺酿造的葡萄酒深受欢迎。按照规定，其酒精度高于青酒，最初是11.5% vol，之后可能上升至13% vol。

阿尔巴利诺的风味与青酒不同。它是产自蒙桑地区的特色酒，与蒙桑和梅尔加苏（Melgaço）的子区域出产的葡萄酒风格不同。贫瘠的花岗岩土壤、大量的降雨（约900毫米）以及炎热的夏季和寒冷的9月夜晚，造就了干爽、新鲜的阿尔巴利诺葡萄酒，使其既有优雅的成熟气息，又有各种水果香味，如桃、荔枝、梨、柑橘等。阿尔巴利诺又称为半干型青酒，常与龙虾搭配，而传统青酒是鱼类菜肴的理想搭配。在蒙桑，阿尔巴利诺葡萄的种植面积高达700公顷，现在甚至传入其他地区。阿尔巴利诺有30多家葡萄酒生产商，其中包括主导蒙桑市场的合作社。不过令人遗憾的是，和几乎所有的青酒一样，这里也很难推荐出优秀的酒庄：这里气候多变，葡萄酒的品质也很不稳定。如果不系统地研究一个酒庄所有年份的葡萄酒，很难对其做出客观的评价。

人们通常对青酒的描述是：“喝了就喝了，卖了就卖了。”而阿尔巴利诺葡萄酒需要五六年才能真正的成熟。因此，只有在少数情况下才能对葡萄酒进行可靠的选择和品鉴，对酒庄做出客观的评价。举足轻重的大酒厂只占总数的2%，却销售70%的葡萄酒。它们很好地抓住了不同年份葡萄酒之间的差异。这些酒厂的葡萄酒不标注年份，即使高端产品也是如此。它们甚至效仿阿维莱达酒庄，如果年份不好，索性去掉优质葡萄酒的年份标记。品质卓越的青酒只有在陈年后才能展现出所有的魅力，要让消费者和经销商了解这一点还需要漫长的时间。

葡萄牙的葡萄酒爱好者不仅对青酒情有独钟，也对许多酒庄的建筑印象深刻，如梅桑弗里奥（Mesão Frio）地区的库托酒庄（Quinta de Côtto）

青酒产区的主要葡萄酒生产商

生产商：Casa do Valle***
所在地：Cabeceiras Do Basto
30公顷，年产量15万瓶
葡萄酒：Loureiro，Arinto，Tinto
Sousa Botelho上校的酒庄历史悠久，生产传统的酸味青酒以及白葡萄酒、桃红葡萄酒和红葡萄酒。

生产商：Anselmo Mendes**-***
所在地：Melgaço
20公顷，年产量6万瓶
葡萄酒：Alvarinho Muros de Melgaço
这是著名酿酒师Anselmo Mendes自己的酒庄，他还担任其他知名青酒酒庄的顾问，擅长酿造阿尔巴利诺。没有使用木桶酿造的葡萄酒更细腻。

生产商：Provam，Cabo-Barbeita***
所在地：Monção
非自有葡萄，年产量30万瓶
葡萄酒：Alvarinho/Trajadura Varanda do Conde，Alvarinho Portal do Fidalgo，Alvarinho Vinha Antiga
PROVAM协会成立于1992年，由具有丰富专业知识的优秀生产商组成。

生产商：Quinta do Ameal**-***
所在地：Ponte de Lima
12公顷，年产量6万瓶
葡萄酒：Loureiro，Escolha branco
Loureiro葡萄酒醇厚、芳香，酸度恰到好处，矿物气息浓郁。Pedro Araujo钟爱葡萄酒事业，为提升葡萄品质而改用生态种植法。

生产商：Quinta da Aveleda*-***
所在地：Penafiel
120公顷，非自有葡萄，年产量1300万瓶
葡萄酒：Quinta da Aveleda branco，Follies Alvarinho；Bairrada：Follies Touriga Nacional，Follies Chardonnay-Maria Gomes
Guedes家族在他们风景秀丽的著名酒庄生产青酒，产量超过其他任何酒庄。产品包括半甜型的Casal Garcia、高端市场的青酒品牌以及最近畅销的现代百拉达葡萄酒。

生产商：Quinta da S. Claudio***
所在地：Curvos，Esposende
6.5公顷，年产量1.5万瓶
葡萄酒：Quinta de S. Claudio branco
葡萄牙历史最悠久的酒庄之一，早在1960年就开始自己装瓶。出产的葡萄酒口感新鲜，富含矿物风味。

生产商：Quinta de Covela**-***
所在地：S. Tomé de Covelas, Baião
19公顷，年产量8万瓶
葡萄酒：Vinho Regional Minho，Covela
Nuno Cunha Araújo雄心勃勃，对不同的葡萄品种进行试验，生产白葡萄酒、桃红葡萄酒和特色红葡萄酒，最近开始采用生态种植法。

生产商：Quinta do Regueiro***-****
所在地：Melgaço
3公顷，年产量2万瓶
葡萄酒：Alvarinho，Foral de Melgaço
用产自顶级葡萄园小块土地的优质葡萄，精心酿造阿尔巴利诺葡萄酒。这家家族酒庄规模非常小，但对葡萄酒生产要求严格。

生产商：Soalheiro（Antonio Esteves Ferreira）***-****
所在地：Melgaço
20公顷，年产量4万瓶
葡萄酒：Alvarinho，Soalheiro Espumante Brut Alvarinho
João Antonio Cerdeira于1974年率先种植阿尔巴利诺葡萄，1982年开始装瓶销售。他最近开始酿造起泡酒，品质非凡。

生产商：Sogrape*-***
所在地：Avintes
37公顷，非自有葡萄，年产量数百万瓶
葡萄酒：Verde branco Quinta de Azevedo，Alvarinho Morgadio Torre
酿酒师Manuel Vieira在这里生产的优质葡萄酒含有浓郁的果香和丰富的矿物气息，包括半甜型的大众品牌Gazela和经典的干型葡萄酒。

波特酒和杜罗河谷

波特酒不是以原产地命名，而是以装运港口波尔图命名。其原产地杜罗河谷位于杜罗河上游的内陆地区，从雷加镇（Régua）向周围延伸约100千米，直至西班牙边境。

杜罗河谷拥有世界上最壮丽、最密集、最原始的葡萄种植景观：这是一个孤立的地区，驴和骡仍然提供主要的劳动力，葡萄仍然需要人工背运到几公里外车辆可以通过的地方。即使在今天，我们仍然能想象到当初的开拓者——杜罗河谷的第一批生产商和经销商所付出的艰辛和努力。

通过一些史前证据——保存完好的青铜时代的葡萄籽和墓葬遗址中烧焦的葡萄树，我们可以得知葡萄种植在这里很早就已经开始。在罗马统治时期，杜罗河谷生产的葡萄酒已经出口到其他国家。在这样一个布满板岩和花岗岩的荒凉、崎岖和陡峭的地区，种植葡萄需要付出大量的劳动，如果酿造的葡萄酒仅用于家庭消费，显然不能获利。

波尔图和加亚新城如同一对双胞胎，分别位于杜罗河两岸，大部分波特酒仍然在这里凉爽的北坡酒窖中陈酿。辛勤劳作的人们加上活跃的葡萄酒贸易，这两个城镇始终是当地的经济命脉。

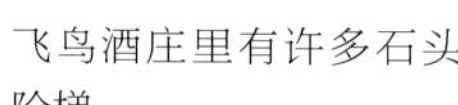
飞鸟酒庄里有许多石头阶梯

这个著名葡萄酒品牌可追溯至中世纪。葡萄牙凯尔伯爵阿方索·恩里克斯首先于1139年宣称自己为葡萄牙国王，从而建立了第一个现代意义上的欧洲国家。这一切离不开重要的国家地位、雄厚的经济实力以及出色的海港和贸易业务。修道院的大量订单（12世纪，熙笃会的修士建造了100多家修道院）造就了葡萄牙第一个伟大的经济黄金时代。葡萄树无疑是利润最丰厚的经济作物，而且可以用于出口。自1096年起，勃艮第王朝开始统治葡萄牙，在1139—1385年期间为这个王朝的国王进贡波特酒。

国王迪尼斯一世（1279—1325年）也许是最重要的统治者，除了其他成就之外，他还成功统一了葡萄牙的语言。这种语言起源于波尔图以前的拉丁语方言，一直沿用至今，几乎没有变化。

迪尼斯被昵称为“农民国王”。他积极推进土地开垦和农业发展，还用从农业产品如葡萄酒和橄榄油中获取的收益建立了一支无与伦比的贸易舰队。1290年，他创立了里斯本大学，几年后迁至科英布拉（Coimbra），一个地理位置更接近波尔图的城市。他还于1318年创立了“基督骑士团”，并为此购买了圣殿骑士团的大部分财产。这些举措为葡萄牙崛起成为世界强国奠定了基础，使葡萄牙成为产生伟大探险家的国度。贸易、出口和进口是葡萄牙富强的三大优势。只有当你了解了这段历史，你才会明白为什么波特酒是世界上出口最多的葡萄酒，为什么直到今天波尔图仍以出口而闻名。

今天，不仅波特酒贸易蓬勃发展，干型葡萄酒的需求也急剧增加。在20年间，葡萄种植面积几乎增加了1倍，现已高达4万公顷。共有4万个葡萄种植户，人均种植面积约为1公顷。与大多数欧洲地区的发展相反，葡萄牙葡萄酒复兴的基础不仅在于成功的销售，还在于波特葡萄酒协会长期有序的管理政策。该协会根据上一年度的销售情况，确定每个葡萄园可能出产的波特酒数量，从而使强大的出口协会与同样强大的葡萄酒生产商协会每年缔结协议。

杜罗河谷是世界上最早被政府划分的葡萄酒产区。在专制首相庞巴尔侯爵的推动下，杜罗河上游葡萄种植总协会于1756年成立，始终坚持保护这个地区的声誉、市场和出口，即使在今天也可以被看作一个典范。在章程的第一条，该协会指出："葡萄酒发展依靠葡萄酒的声誉，良好的声誉才能确保贸易获利、农业收益，因此必须达到巧妙的平衡，酒价过高会影响消费，过低则会阻碍葡萄酒行业的发展。"

从前，人们在杜罗河畔人工建造梯田葡萄园，并且用石墙支撑，现在借助推土机整平斜坡，并种植新的葡萄树。即使对于最好的生产商来说，在梯田上种植葡萄也意味着繁重的劳动，花费过于昂贵

左图：陡坡上的大部分工作仍然由人工完成

右图：采摘葡萄是艰苦的工作。为了提供一流的品质，采摘工往往要背着现代化的小葡萄箱走很长的路

杜罗河谷的发展历程

庞巴尔侯爵1756年对杜罗地区进行划分后，立即进行了广泛的调查，并分为不同的价格区域。一夜之间，杜罗河谷所有葡萄酒进口被禁止，将葡萄酒混合生产低端酒的做法也被叫停。通常，一个葡萄酒产区的经济命运是先经历一段时间的成功，然后走向破产，因为葡萄酒生产商在利益驱动下，会通过扩大葡萄种植面积或通过混酿和掺假葡萄酒来无限增加葡萄酒产量。而在杜罗河谷，这个过程却恰恰相反。在20年间，由于庞巴尔的独裁制度，不仅建立了葡萄酒产区的保护制度，而且将葡萄酒价格翻了3倍。新波特酒庄不断建成，该地区再一次蓬勃发展，这是一次有序、规范的发展。

虽然需求旺盛，但为了防止出现负面结果，只能逐渐扩大葡萄种植面积。如果放宽政策，市场会产生动荡和危机。稳定市场和强化该地区地位的最后一个措施是在1930—1974年萨拉查独裁时期实施的，这项措施对葡萄牙的经济实力和历史做出了巨大贡献。

由于1907年的边界划分过度宽松（1921年得到纠正，变得更加严密），杜罗河谷实施了精心保护波特酒品牌的政策，但葡萄酒定价不够高。1933年一些组织相继成立，包括：葡萄酒生产商协会、波特酒出口商协会和波特酒协会，它们至今仍然起着保护葡萄酒行业的作用。其中波特酒协会是一个官方机构，负责波特酒行业的整体利益。其他组织还有品酒协会，主要职责是对波特酒进行检测。葡萄酒生产商协会最重要的职责是为所有葡萄酒生产商和葡萄园的葡萄种植进行注册登记。这种做法一直持续至今，已经收集了大量的数据。登记册内最重要的信息是根据农业工程师A.莫雷拉·冯塞卡在1947年和1948年创立的方法，将所有葡萄园分为A—F六类。按照评分体系，协会会对每个葡萄园进行打分，打分标准包括所有影响品质的因素。这在今天仍然十分重要，因为打分结果可以决定葡萄园是否有权生产波特酒，还有助于确定波特酒的价格。

根据杜罗河谷的规定，生产商每年只能销售波特酒存货的1/3，因此他们每年都不得不购买更多葡萄酒以便能够持续销售。从中我们可以了解到这个成本密集型行业和这个地区在复杂的制度体系下所受到的保护程度。1986年葡萄牙加入欧共体后只发生了一个变化：加亚新城的波特酒出口垄断被打破。杜罗河谷，这个以前既被保护又被限制的地区，获得了自由。

杜罗地区的发展趋势是废除波特酒的垄断。

超过40000家生产商希望在今天的波特酒热潮中分得一杯羹

波特酒起源于雷加镇附近

杜罗河谷的许多家族世代在酒庄工作

1982年官方划分法定产区时，高品质杜罗餐酒非常稀缺。而今天，这里发生了天翻地覆的变化。杜罗河谷分为3个子产区：下科尔果（Baixo Cargo，下杜罗）、上科尔果（Cima Corgo，实际位于杜罗河中游）和上杜罗（Douro Superior），每个产区都有几十家自己装瓶的酒庄。在险峻偏僻的上杜罗，新酒庄的数量最多。而下科尔果和上科尔果则以古老、传统的酒庄为主，这些酒庄如今都开始自己装瓶，有的只生产红葡萄酒或白葡萄酒，有的也生产波特酒。红葡萄酒爱好者越来越迷恋这里的产品：丰富的颜色和单宁，浓郁的果味，夹杂着迷人的草本香。毫无疑问，拥有板岩土质的杜罗河谷不仅能生产醇厚的葡萄酒，也能生产精致的葡萄酒。最好的波特酒葡萄园不一定能出产最好的红葡萄酒或白葡萄酒，因为过多的热量会破坏葡萄酒的天然酸度和优雅。有人认为北部凉爽的葡萄园适合出产红葡萄酒，有人则钟情高海拔地区的葡萄园。然而，许多顶级年份波特酒酒庄的确可以酿造出优质红葡萄酒。子产区之间的气候差异非常显著。下科尔果降雨量最大，年均1000毫米，因此出产的葡萄酒含有丰富的天然酸和果味，库托酒庄的葡萄酒长期以来一直被冠以顶级葡萄酒的称号也绝不是巧合。这里虽然降雨充沛，但也有高产和腐烂的风险。上科尔果的降雨量约为650毫米，无论在波特酒还是如今的红葡萄酒方面，都是杜罗河谷的中心。这里拥有2/3的葡萄种植总面积，但产量只占40%，主要原因是许多葡萄园过于古老，而且地势陡峭，气候严酷。上杜罗的降雨量为300～450毫米。这里的葡萄通常缺乏足够的酸度，但充足的日照和富含板岩的土壤赋予它们浓郁的果香、色泽和风味，有助于生产优质红葡萄酒。

葡萄牙：拥有500个葡萄品种

葡萄牙常被称为全世界拥有最多葡萄品种的国家，根据经常引用的数据，这里约有500种葡萄。但是没有人清查过所有的品种，也没有人对不同地区的同名葡萄进行过真正的区分，因此有人对这个数字持怀疑态度。不过葡萄酒专家认为这里至少应该有250～300个葡萄品种，其中大部分起源于中世纪初，一些甚至可能更早。几个世纪以来，这些品种已经非常适应各自的风土条件。

葡萄牙的气候、地质和地形在很大程度上造就了如此之多的葡萄品种。大酒厂以生产混酿酒为主，而忽略各品种的特点。直到 20世纪80年代初，为了加入欧共体，葡萄牙才开始对葡萄品种采取针对性的研究和登记。在此之前，仅有少数几家具有创新意识的酒厂，如杜罗地区的威比特，会研究葡萄品种和酿造单一品种葡萄酒。加入欧共体后，葡萄牙必须做出决定种植和保护哪些葡萄品种，以满足优质葡萄酒产区的要求。这里很少见到单一品种葡萄的种植，只有少数地区主要依靠一个品种，如百拉达地区的巴加葡萄和帕尔迈拉的卡斯特劳。这些决定在20世纪80年代后才开始大规模进行，并持续到20世纪90年代。

由于葡萄种植面积增加带来足够的葡萄，在20世纪的最后几年里葡萄牙出现一个积极的流行趋势，即酿造单一品种葡萄酒。葡萄酒生产商和消费者的好奇心，加上葡萄酒生产商的辛苦工作和良好商业意识（可以以较高的价格出售特色酒），单一品种葡萄酒的种类迅速扩大。令葡萄酒鉴赏家感到奇怪的是，最北端的贵族葡萄阿尔巴利诺忽然出现在南方，国产多瑞加几乎覆盖全国各地。国产多瑞加通常被认为是葡萄牙（也可能是全世界）最高贵的葡萄，任何地区的生产商若想提升自己的形象，都会种植这种葡萄。现在市场上有各种葡萄酿造的葡萄酒，无疑比过去通过科学实验决定何种葡萄种植在何地更民主，对消费者也更有利。随着优质新品葡萄酒的不断问世，值得推荐的葡萄品种也一直在发生变化。

脚踩葡萄是破碎葡萄又不损坏葡萄的最好方法。然而，这需要长时间规律、持续的踩踏。人们会一直工作到深夜才拿出葡萄酒享受生活

然而，如果生产商目光短浅，将他们的葡萄品种限制在少数几种，葡萄品种的多样化将迅速减少。但考虑到他们对独特、典型的葡萄牙本地品种的钟爱，本地品种极有可能将继续存在。

大部分的单一品种葡萄酒来自新种的葡萄，了解这一点对消费者来说非常重要。虽然一些葡萄酒确实能展现浓郁的果味和雅致的口感，带来难忘、美妙和独特的味觉体验，但新葡萄永远不可能有老葡萄的丰富表现力。新品葡萄酒往往价格昂贵，因此我们应该反思，那些由多种老藤葡萄混酿而成的相对便宜的葡萄酒是否真的品质中庸。大多数知名生产商，如葡萄牙最大的公司苏加比，认为不应该只投资本地或国际葡萄品种，并且相信混酿酒可以拥有更出众、更全面的品质。许多生产商承认酿造单一品种葡萄酒是实验性的，至少在现阶段是，他们也许会完全或几乎完全回到过去的特酿酒。有些酒庄因为无法展现葡萄牙葡萄酒（尤其是波特酒）的复杂性而放弃了酿造特酿酒。他们更适合生产含有10~20种葡萄的传统混酿酒。

在葡萄牙，传统的葡萄采摘篮由手工编织而成，可以装运45千克的葡萄

白葡萄品种

- *阿尔巴利诺*：一种厚皮、晚熟的葡萄品种，果汁含量只有约50%，酿造的葡萄酒果香馥郁、酒体丰满，同时不失清新和酸爽；蒙桑产区的特色和主要葡萄品种。
- *安桃娃*：阿连特茹传统的葡萄品种，质地紧致、特点鲜明，如今在其他地区也很成功。
- *阿瑞图*：源自布塞拉斯，在葡萄牙广泛种植，曾受到莎士比亚的赞誉；拥有独特的辛香味和精致的酸度，虽然与雷司令葡萄毫不相关，但味道惊人地相似；曾以酿造优质甜葡萄酒而闻名。
- *阿莎尔*：源自青酒产区，之前一直被低估，在巴斯图和阿玛兰特子产区可以酿造出新鲜、酸爽、辛香的葡萄酒。
- *碧卡*：风格鲜明的葡萄品种，果粒小、酸度高，百拉达产区的主要品种。
- *依克加多*：杜奥地区最好的品种，产量低、香气复杂，如果使用法国橡木桶陈年，口感接近优质勃艮第葡萄酒。
- *马德拉舍西亚尔*：也许是马德拉岛上最优质的葡萄品种，酸度恰到好处，可与阿瑞图葡萄相媲美。
- *费尔诺皮埃斯*：又被称为Maria Gomes，种植广泛，产量较高，果香精致，口感均衡，酿造的葡萄酒适宜年轻时饮用。
- *洛雷罗*：含有浓郁的果香、良好的酸度和矿物气息，尤其适合在利马子产区生长；葡萄酒适宜陈年。
- *非娜玛尔维萨*：又被称为Vital，非常细腻，生长在凉爽、海拔高的地区，如杜奥。
- *麝香*：是塞图巴尔地区麝香葡萄酒的主要原料，也可用来生产新鲜、芳香的干型白葡萄酒和半甜型白葡萄酒。
- *韦德罗*：以作为马德拉酒和传统白波特酒的原料而闻名，如今几乎风靡全国，用以酿造结构坚实的干葡萄酒。

葡萄牙极为丰富的本地葡萄品种是未来的宝贵财富

红葡萄品种

- *阿弗莱格*：杜奥地区最重要的品种，色泽深浓，有红色和黑色果肉；在阿连特茹和特茹也很受欢迎。
- *紫北塞*：凭借古老的葡萄树、较低的产量和贫瘠的土地，被认为是阿连特茹的顶级品种，果香精致、口感柔顺，尤其适合生产混酿酒。
- *阿拉哥斯*：又被称为Tinta Roriz，即西班牙的添普兰尼洛，颜色深红、果香细腻、单宁丰富；如果控制产量，在杜罗、杜奥和其他地区属于顶级品种之一。
- *巴加*：粒小、皮厚的晚熟葡萄，具有较高的酸度，容易遭受雨水的侵害而难以成熟并发生腐烂；在百拉达，90%的葡萄园都种植这个品种，用来酿造果香优雅（黑醋栗）、单宁强劲的优质葡萄酒，也用来酿造特色餐酒。
- *弗兰克卡斯特劳*：其他名称包括Periquita、João de Santarem、Trincadeira Preta，可能是葡萄牙最主要的品种，特别是在南部和西部地区；果香独特、单宁坚实，低产的情况下可以酿造品质出众、适宜陈年的红葡萄酒。
- *巴罗卡红*：五种主要波特酒品种之一，产量高，颜色黑紫，口感黏甜；该品种在北部地区已经消失。
- *卡奥红*：杜罗地区顶级品种之一，如今在杜奥地区也有种植；产量低，草本芳香，酸味强劲，可用来酿造顶级葡萄酒。
- *弗兰卡多瑞加*：以前又被称为Touriga Francesa，杜罗地区主要品种，也是波特酒的主要原料；口感复杂、表现力丰富。
- *国产多瑞加*：厚皮、低产，从13世纪起就广受赞誉，在杜奥地区被称为Tourigo，在杜罗地区被称为Touriga Fina；酿造的葡萄酒颜色黑红、香气馥郁，包括水果、花朵和草本的味道；复杂、成熟、富含单宁，但各种成分非常均衡；自从在西班牙种植后，这个品种就成为优质年份波特酒的秘诀之一。
- *特林加岱拉*：葡萄牙主要葡萄品种之一，在杜罗河谷被称为Tinta Amerela，酿造的葡萄酒含有草本、香料和丰富的巧克力味道；特茹地区生产的特林加岱拉葡萄酒往往果香过分浓郁，不过葡萄酒的品质还取决于葡萄园的地理位置。
- *维豪*：在杜罗河谷又被称为Sousao：这是生产黑紫色青酒的特色品种，但在杜罗，用这种葡萄已经酿造出适宜陈酿的顶级葡萄酒。

年份波特酒膜拜

早在意大利、法国、西班牙或新世界出产的现代优质葡萄酒吸引葡萄酒爱好者之前，年份波特酒就已是世界各地鉴赏家和收藏家最感兴趣的投机目标，受到人们的膜拜。波特酒过去是英国上流社会的常见饮品，在新一代喜欢浓烈葡萄酒的美国鉴赏家的推动下，已成为时尚社会地位的象征。几百年来，波特酒的发展与英国海运公司息息相关，葡萄酒的风味也由英国这个出口市场所决定。许多波特酒航运公司至今保留着英国名称，在波特酒贸易方面发挥核心作用。

年份波特酒果味馥郁、酸度适中、单宁圆润坚实，只有生长在特定土质的葡萄才能产生如此丰富的芳香物质。如果有人在世界其他地方体验过板岩土壤赋予伟大红葡萄酒和白葡萄酒的优雅风味，那他一定能在波特酒中发现既相同又独特的精致和微妙。板岩土壤在葡萄牙很常见，后来在杜罗河谷被提高到特殊的地位（自1756年起，酿造波特酒的葡萄只能产自板岩土壤）。没有人考虑过用产自花岗岩土壤的葡萄酿造波特酒。虽然其他地区已经证明，花岗岩土壤可以出产卓越的干红葡萄酒，但果香还不够完美。其他国家（如南非、澳大利亚和美国加州等）的波特酒也值得称赞，但是优质年份波特酒特有的雅致口感和丰富表现力，是这些模仿者望尘莫及的。其他国家的加强甜葡萄酒或所谓的“波特酒”很少能达到真正的年份波特酒的复杂性。这样说是因为杜罗河谷是世界上第一个被正式界定和进行品质划分的葡萄酒产区。只要波特酒是波特生产商的

波特酒生产网络的各条线路在波尔图对面的加亚新城交汇。在这里，几乎所有波特酒庄都有自己的酿酒厂，称为“lodge”

波特酒的种类

- *宝石红波特酒：*深宝石红色，酒体丰满，果香浓郁，口感甜润，通常在非木制容器中陈酿2～3年。小酒庄的产品往往比大品牌生产商更优质。
- *茶色波特酒：*颜色浅淡，通常酒龄为3年，是当今法国流行的开胃酒。口感柔顺、均衡、直接。年份较老的优质茶色波特酒具有明显的木头味以及精致的坚果和焦糖味。
- *珍藏宝石红波特酒：*这个全新的类别指的是产自优质葡萄园的高品质波特酒，熟成4～6年，口感介于宝石红年份酒和茶色波特酒之间。
- *年份特色波特酒：*口感醇厚、果香浓郁的深红色波特酒，含有丰富的单宁，与年份波特酒只有余味和浓度的不同。
- 迟装瓶年份波特酒（Late Bottled Vintage/L.B.V.）：波特年份酒中比较便宜的一种，在木桶或酒罐中陈酿4～6年。与年份特色波特酒一样，颜色几乎呈黑红色，酒体丰满、果香浓郁，不同年份的葡萄酒口感差别较大。
- *陈年波特酒：*10年、20年、30年或40年以上——年份指的是这些混酿酒的平均年龄，标注为茶色波特酒。颜色越红表示年份越小。近年来，陈年茶色波特酒的需求增加，导致价格上涨。
- *收获波特酒：*单一年份的波特酒，完全在木桶中陈年，保留和聚集了浓郁的香气甚至水果味。有关收获波特酒是否年份波特酒的争论仍在继续，值得注意的是20世纪的优质年份酒实质上通常是指收获波特酒，只是陈酿10年或更久之后再装瓶。现在收获波特酒要在木桶中陈酿8年以上，但至少50年后才推向市场。
- *年份波特酒：*木桶熟成2年后进行装瓶，在瓶内陈年过程中，会完整地保留新鲜水果气息。品质出众的年份波特酒可以存放几十年，而品质稍逊的年份酒在10年或20年后达到最佳水平。最知名的波特酒庄声称只有在真正杰出的年份才能酿造年份酒，每10年最多只有3个这样的年份。过去10年间已经开始生产单一酒庄年份波特酒。这些来自单一酒庄的葡萄酒产自所谓的“歉收年”，品质和数量都不足以成就年份波特酒的称号，但酒庄仍然以年份波特酒的方法进行陈年和装瓶。许多新酒庄每年都装瓶年份波特酒，确信自己能定期出产年份波特酒。它们在这方面并没有错，而大波特酒庄主要考虑的是酿酒的复杂性和这种葡萄酒独有的声誉。
- *白波特酒：*红波特酒的替代品，相比之下，这种葡萄酒口感寡淡。但是，也有一些在木桶中长时间陈酿的优质白波特酒。干白波特酒和超干白波特酒比较著名。大多数白波特酒平淡无奇，但也有些口感浓郁，具有坚果和细腻成熟的风味。

杜罗河成就了葡萄酒的历史，是波尔图的生命线

垄断产品，酒庄不能自行出口，年份波特酒几乎总是产自A级葡萄园，最差产自B级。不过，高标准背后的决定性因素是加亚新城港口狭窄街道上的激烈竞争，1986年之前，所有波特酒都从这里分销出去。此外，消费者可以信赖波特酒协会。在检测过程中，该协会从来不会对品质拙劣的年份酒手下留情。波特酒是葡萄牙北部地区最可靠的经济力量，这个具有强烈品质意识的监管机构绝不会容忍任何有损这种特色酒声誉的事情，至少对顶级波特酒而言监管非常严格，对其他品种可能存在一定的妥协。

由于经验不足、酿造技术落后和缺少顶级葡萄园，杜罗河谷的生产商只有在个别情况下才能酿造出接近优秀传统生产商，如泰勒-弗拉德盖特和赛明顿集团的高端年份酒。虽然多样化的生产导致波特酒品质保证的可靠性受到一定程度的破坏，但在波特酒协会测试委员会的严要求下，可信度仍然很高。然而归根结底，波特酒的品质取决于严格的年份选择。许多公司只在最佳年份生产年份波特酒，在年份较差时，只有“单一酒庄年份酒”。格兰姆（Graham）酒庄的马尔维多斯（Malvedos）葡萄酒和泰勒酒庄的瓦格拉斯（Vargellas）就是这样的波特酒。

波特酒和杜罗河谷的主要生产商

波特酒厂供应的葡萄酒种类包括宝石红波特酒、茶色波特酒、10年波特酒、20年波特酒、年份波特酒、年份特色波特酒和迟装瓶年份波特酒。收获波特酒以及30年和40年波特酒非常少见。此外，还有单一酒庄年份酒（S.Q.V.）。为了避免重复，以下部分仅指干葡萄酒，主要是干红葡萄酒。除非另做说明，这些公司都在加亚新城。

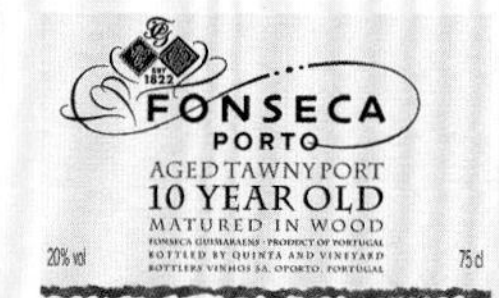

生产商：Domingos Alves de Sousa**–****
所在地：Santa Marta de Penaguião
110公顷，年产量25万瓶
葡萄酒：Tinto：Quinta da Gaivosa，Vinha de Lordelo，Quinta da Raposa
1992年，Alves de Sousa凭借其Gaivosa葡萄酒成为杜罗地区的顶级生产商。生产多种经典杜罗红葡萄酒，最近也生产波特酒。

生产商：Fladgate Partnership
Taylor***–*******/Fonseca*****–*****
Croft**–***** **/Delaforce****–****
800公顷，年产量不详
"Taylor Fladgate & Yeatman"葡萄酒公司成立于1692年，在收购Croft和Delaforce酒庄后，最终发展成为一个大集团，其中Taylor和Fonseca在高端波特酒市场发挥了重要作用。作为一个拥有英国传统意识的家族企业，该集团严格遵循波特酒传统，不生产任何红葡萄酒。旗下11家酒庄有时甚至会在歉收年酿造出一些品质卓越的年份酒，这些酒庄包括Terra Feita、Vargellas和Panascal。

生产商：GR Consultores**–*****
所在地：Porto
葡萄酒：Tintos：Rhea Reserva，Secret Spot，Crooked Vines
酿酒大师Rui Cunha每年为自己搜罗采购杜罗地区最好的红葡萄酒原料，然后生产少量的顶级葡萄酒。

生产商：Lavradores da Feitoria**–*****
所在地：Sabrosa
700公顷，年产量100万瓶
一家独特的企业，除了普通的标准品牌酒外，15家杜罗河谷的酒庄自2000年起也开始销售优质单一葡萄园葡萄酒或顶级特酿酒。

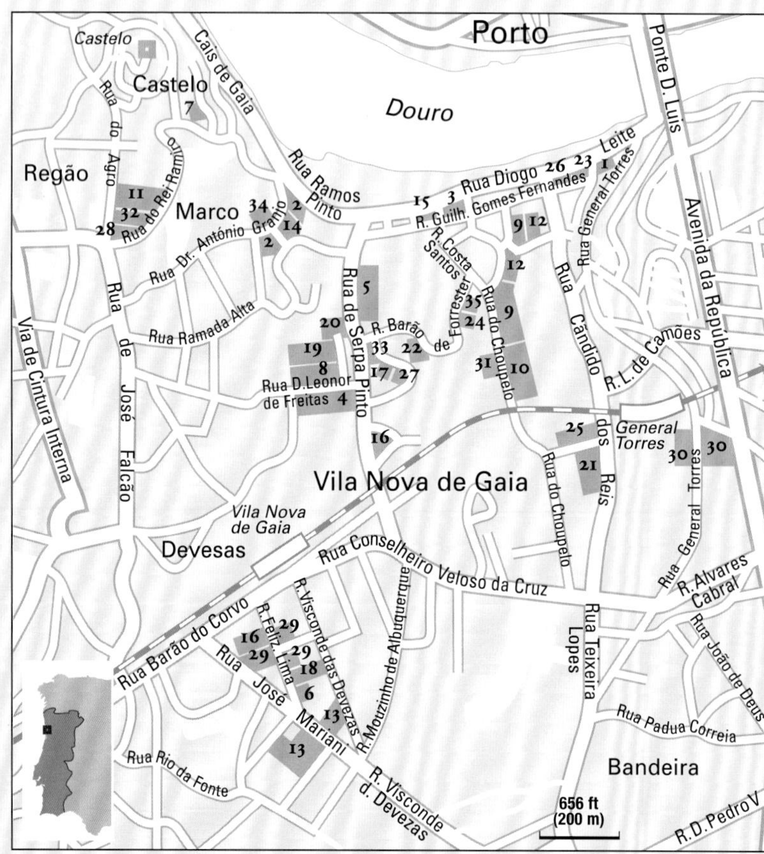

1 A.A. Cálem & Filho Lda
2 A.A. Ferreira S.A.
3 Adriano Ramos Pinto-Vinhos S.A.
4 Barros, Almeida & Cª Vinhos S.A.
5 C.N. Kopke & Cª VINHOS S.A.
6 C. da Silva (Vinhos) S.A.
7 Churchill Graham Lda
8 Cockburn Smithes & Cª S.A.
9 Croft & Cª Lda
10 Delaforce Sons & Cª Vinhos S.A.
11 Fonseca Guimaraens-Vinhos S.A.
12 Forrester & Cª S.A.
13 Gran Cruz Porto-Soc. Comercial de Vinhos Lda
14 Hunt Constantino-Vinhos S.A.
15 J. Carvalho Macedo Lda
16 J.H. Andresen, Sucrs. Lda
17 J.W. Burmester & Cª Lda
18 Manoel D. Poças Júnior-Vinhos S.A.
19 Martinez Gassiot & Co. Ltd
20 Niepoort (Vinhos) S.A.
21 Osborne (Vinhos de Portugal) & Cª Lda
22 Quarles Harris & Cª Lda
23 Quinta do Noval-Vinhos S.A.
24 Romariz-Vinhos S.A.
25 Rozés Lda
26 Sandeman & Cª S.A.
27 Silva & Cosens Lda
28 Smith Woodhouse & Cª Lda
29 Sociedade Agrícola e Comercial dos Vinhos Messias S.A.
30 Sociedade dos Vinhos Borges S.A.
31 Taylor, Fladgate & Yeatman-Vinhos S.A.
32 W. & J. Graham & Co.
33 Warre & Cª S.A.
34 Wiese & Krohn, Sucrs. Lda
35 Associação das Empresas de Vinho do Porto

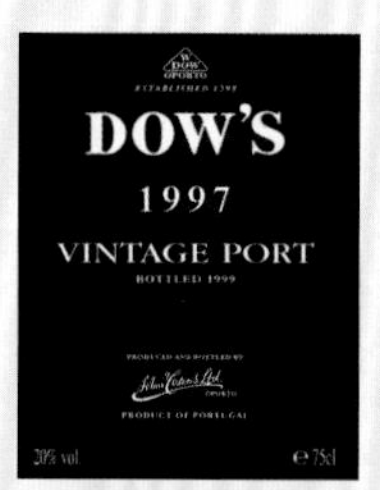

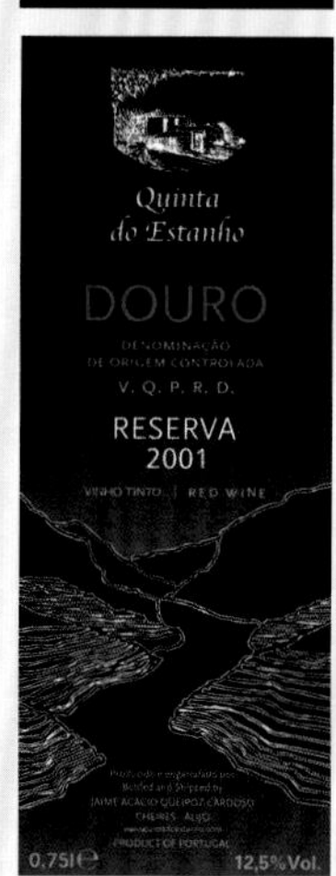

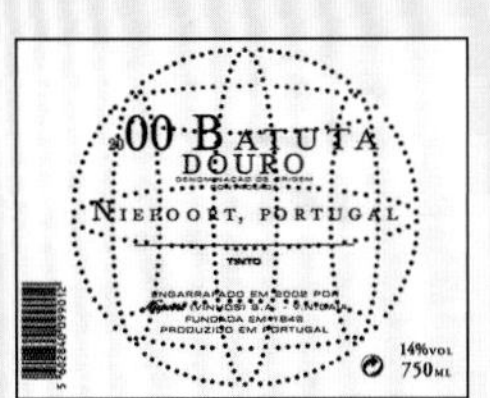

生产商：Niepoort S.A.***-*****
年产量90万瓶
葡萄酒：Branco：Redona；Tintos：Redona，Charme，Vertente，Batuta
近年来，Dirk Niepoort生产的顶级波特酒和复杂的干葡萄酒在市场上引起了轰动，几乎无人可及。

生产商：Quinta da Carvalhosa****
所在地：Santa Adrião
8.5公顷，年产量3.2万瓶
葡萄酒：Campo Ardoa，Ardosino
德国三大酿酒师Breuer、Näkel和Philippi与葡萄牙酿酒师Rui Cunha联合开发的一家小型优质模范酒庄。红葡萄酒口感浓郁，单宁强劲，适宜陈年。

生产商：Quinta do Crasto**-*****
所在地：Gouvinhas，Sabrosa
70公顷，非自有葡萄，年产量50万瓶
葡萄酒：Tinto：Vinha Maria Teresa
杜罗地区最传统的酒庄之一，拥有优质的葡萄园和红葡萄酒。单一品种葡萄酒是特色产品，具有浓郁的澳大利亚风味，口感中又显示出与众不同的风土特征。

生产商：Quinta do Infantado***-****
所在地：Chanceleiros，Pinhão
46公顷，年产量12万瓶
产自优质葡萄园的波特酒醇厚、浓郁、传统，口感通常为半干型，价格合理。近年来也生产浓烈的红葡萄酒。

生产商：Quinta dos Macedos***-*****
所在地：São João da Pesqueira
7公顷，年产量1.2万瓶
葡萄酒：Tinto：Quinta Dos Macedos，Lagar de Macedos，Pinga do Torto
英国人Paul Reynolds采用生态种植法，凭借老藤葡萄和传统方法，他生产出了杜罗地区最独特的葡萄酒，集草本味、果味和单宁于一体。

生产商：Quinta do Noval**-*****
所在地：Pinhão
葡萄酒：Tinto：Quinta do Noval
该公司生产品质出众的年份酒和果味浓郁的陈年收获波特酒。产自非嫁接葡萄树的Nacional Vintage波特酒，是一个传奇。

生产商：Quinta do Poeira***-****
所在地：Provesende
12公顷，年产量2.4万瓶
葡萄酒：Tinto："J"，Poeira
使用古老葡萄园的葡萄酿造出细腻、优雅的葡萄酒。

生产商：Quinta do Passadouro***-****
所在地：Vale de Mendiz，Pinhão
18公顷，年产量2万瓶
葡萄酒：Tinto，Reserva，Vintage Port
比利时葡萄酒爱好者Dieter Boormann购买了该酒庄，曾与Dirk Niepoort一起经营，现独立管理。酿酒师Jorge Borges用老藤葡萄生产的葡萄酒口感浓郁。

生产商：Quinta da Touriga Chã*****
所在地：Vila Nova de Foz Côa
9公顷，年产量5000瓶
葡萄酒：Tinto
Jorge Rosas是杜罗地区传奇人物José Rosas的儿子，他用80%的多瑞加实现了生产伟大红葡萄酒的梦想。这种葡萄生长在他父亲发现的全是石头的土壤上。只有最好的葡萄酒才被装瓶。

生产商：Quinta do Vale Dona Maria***-****
所在地：Porto
公顷，年产量　瓶
葡萄酒：Tinto：CV，Vale Dona Maria
酒庄的葡萄树已有40多年树龄。除了一款特别优质的波特酒，酒庄还生产浓郁的干红葡萄酒。

生产商：Ramos Pinto**-****
270公顷，年产量220万瓶
葡萄酒：Duas Quintas Tinto Reserva
20世纪70—80年代最早研究种植方式和葡萄品种的公司，现在属于路易王妃香槟公司，仍由João Nicola de Almeida经营。陈年茶色波特酒口感精致。

生产商：Sogrape
Ferreira***-*****/Sandeman**-****/Offley**-****
720公顷，非自有葡萄，年产量超过6000万瓶
葡萄酒：Tintos：Barca Velha，Reserva Especial，Quinta da Leda
这家知名的葡萄酒公司属于Guedes家族，打造了国际上最畅销的葡萄酒品牌"Mateus"。除了酿造以传奇红葡萄酒Barca Velha为主的各种餐酒外，它还是一家重要的波特酒公司。旗下拥有3家酒庄：生产细腻茶色波特酒的Ferreira以及Sandeman和Offley。

生产商：Symington Group
Dow's**-*****/W. & J. Graham& Co.**-*****/Quinta de Roriz***-****/Warre & CaS.A.**-*****/Quinta do Vesuvio****-*****
950公顷，年产量不详
葡萄酒：Tinto：Chryseia，Post Scriptum，Prazo de Roriz
传统的家族企业。自1652年以来，先后有7位Symington活跃在公司的各个领域，是波特酒的市场领导者，最近还致力于生产顶级红葡萄酒。拥有杜罗地区23家优秀酒庄，每一家都有巨大的潜力出产独特的优质年份酒。

生产商：Wine & Soul****-*****
所在地：Vale de Mendiz，Pinhão
4公顷，年产量2万瓶
葡萄酒：Branco：Guru；Tinto：Pintas
Sandra Tavares和Jorge Serôdio Borges夫妇开发的一家小型顶级酒庄，使用老藤葡萄混酿葡萄酒。除了广受赞誉的红葡萄酒，还有优雅的白葡萄酒Guru和精致的Vintage Guru。

百拉达

在葡萄酒的世界，几乎没有一个地区与百拉达一样具有如此鲜明和独特的风格，使葡萄酒评论家对本地的葡萄酒分成坚决拥护和强烈反对两派。百拉达90%以上的红葡萄酒用巴加酿制而成。该品种具有高产和晚熟的特点，这意味着其会不可避免地遭遇10月份的雨水问题。巴加葡萄酒经常被指责酸度太高、单宁太重，有时颜色不够深。的确，百拉达葡萄酒并不是每年都能保持优良的品质，因此在某些人群中并不受欢迎，一是那些想要追求一致口感以便制定营销策略的人，二是那些无法接受特殊品质葡萄酒的人。通过多年陈酿，百拉达葡萄酒可以从一种粗糙的葡萄酒转变成浓郁、坚实的经典葡萄酒（用低产的老藤葡萄酿造的葡萄酒尤其如此）。如果有人试图将其他葡萄酒与当地美食搭配，如炖羊肉（山羊肉在葡萄酒中浸泡一周，再慢火炖煮数小时），就会发现没有比百拉达葡萄酒更适合这道佳肴的了。

百拉达葡萄酒的优缺点和巴罗洛这种被葡萄酒鉴赏家盛赞的意大利佳酿非常相似。在较差的年份，巴罗洛葡萄酒使用阿尔巴内比奥罗这个名字。在百拉达，只有最优秀的生产商才采取相同的做法——在出色或伟大的年份才将葡萄酒装瓶，有时只将珍藏酒或特级珍藏酒投入市场。然而，大部分生产商并不这样做。我们通常可以从当地5家合作社或24家酒厂中获得品质稍逊的百拉达葡萄酒，不过它们中也有一些生产优质甚至卓越的葡萄酒。

品质一流的百拉达会让人联想到最好的传统巴罗洛，不过前者可能对品质的要求更加严格。在百拉达长大的鲁伊斯·阿尔维斯是一名葡萄酒专家，拥有35年的酿酒经验。他虽然不是化学家，却经营着一个小型实验室。他是当地不合时宜的原教旨主义的代表，主张不去除葡萄的果梗（或者最多只去除一部分），在可容纳2000升葡萄酒的凉爽石槽里发酵，不进行过滤和沉淀，在容纳数百加仑的大木桶中陈年（像巴罗洛葡萄酒一样），并且通过换桶达到自然澄清的目的。许多酒庄现在仍然完全按照这种方式酿酒。不过，它们最近正在进行一个小的改良，其结果还无法预见。红葡萄酒必须由85%的巴加酿造的法律规定已经消失。越来越多的新旧酒厂开始种植其他葡萄品种，致力于生产口感更柔和、风格更国际的葡萄酒。葡萄牙顶级品种如国产多瑞加、罗丽红，以及国际品种如赤霞珠、梅洛、西拉甚至小维多都已开始登场，它们现在也可被用来酿造百拉达葡萄酒。主要的新酒厂如原野（Campolargo）和雅酌（Artwine）以及传统酒厂阿莲卡（Alianca）和圣若昂（São João）也使用在以前看来是外来品种的葡萄生产优质葡萄酒。

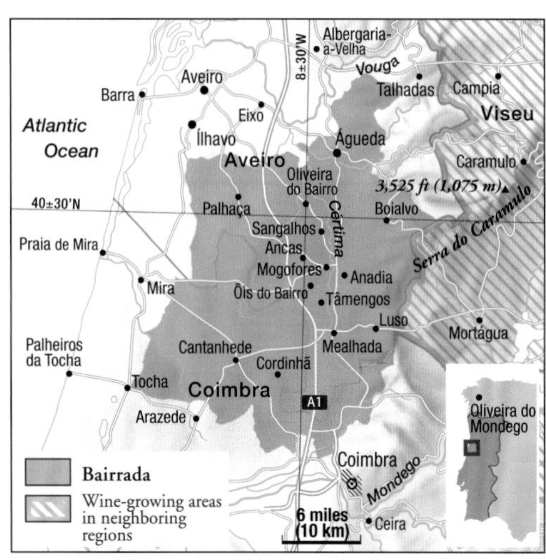

科英布拉是曾经的葡萄牙王室所在地，以葡萄牙最古老的大学城而不是葡萄酒闻名。但是来自周边百拉达和杜奥地区的优质红葡萄酒使这里受到葡萄酒鉴赏家的青睐

百拉达的自然条件对葡萄酒生产也有影响。附近的大西洋带来充足的降雨和凉爽的海风，再加上白垩质黏土，这里出产的葡萄酒味道持久、果香精致，而且含有丰富的矿物气息和均衡的酸度。陈年百拉达葡萄酒虽然酒体强劲，却能始终保持优雅和新鲜。区域和葡萄品种之间的明确关系不复存在。正如巴罗洛不再指内比奥罗葡萄

酒，百拉达红葡萄酒也不再必须使用巴加酿造。只有“经典百拉达”（Bairrada Classico）承诺是以巴加葡萄为主，并且大多数酒标上会标注生产过程和含量。路易斯·帕托是百拉达最著名的酿酒师，现在只专注于他钟爱的巴加葡萄，停止了对所有国外品种的尝试。百拉达未来的命运与下面这个问题一样不可预料：该地区曾经拥有大面积的葡萄园，而今仅剩下1.2万公顷，其种植面积能否再次增长？迄今为止，其他葡萄酒都没有在国际上引起轰动。这里还出产传统的起泡酒。白葡萄酒的产量占葡萄酒总产量的30%。尤其是用含有明显酸度和矿物气息的碧卡酿造的葡萄酒，口感新鲜、矿物风味浓郁，可以成为尊贵、成熟的经典之作。百拉达的潜力，特别是凭借现在经常出产的橡木桶陈年葡萄酒，还远未殆尽。

百拉达的主要葡萄酒生产商

生产商：Artwine**–****
所在地：Cordinhã
20公顷，年产量15万瓶
葡萄酒：Quinta de Baixo Classico Tinto，Garrafeira Tinto；Blaudus
这是一家新酒厂，采用精细的酿造工艺和非百拉达葡萄品种生产口感柔和的葡萄酒。Quinta de Baixo是真正的经典之作。

生产商：Campolargo**–*****
所在地：Mlaposta，Anadia
170公顷，年产量30万瓶
葡萄酒：Termeão Tinto，Diga Tinto，Calda Bordaleza Tinto
Manuel Campolargo曾经是Alianca酒庄的顶级供应商，2004年起自立门户，使用最柔和的酿酒工艺。葡萄酒大多为经典的波尔多风格。该酒庄热衷于创新，潜力巨大。

生产商：Caves Alianca*–****
所在地：Sangalhos，Anadia
60公顷，非自有葡萄，年产量1000万瓶
葡萄酒：Tintos：Bairrada：Quinta da Dona；Douro：Quinta dos Quatro Ventos；Beiras：Quinta D'Aguiar
20世纪90年代以来，Mário Neves聘请Michel Rolland为顾问，逐渐重组了这个葡萄牙最大的家族酒厂之一。

生产商：Caves do Freixo***–****
所在地：Sangalhos
非自有葡萄，年产量不详
葡萄酒：Tintos：Bairrada Reserva Império，Dão Painel Reserva，Douro Grande Escolha
酿酒师Rui Alves只将最优质的葡萄酒装瓶，经过数年的瓶内陈酿后再推入市场。

生产商：Caves São João，Avelães De Caminho***–****
所在地：Anadia
35公顷，非自有葡萄，年产量75万瓶
葡萄酒：Bairrada：Frei Joao Reserva Tinto，Poco do Lobo；Dao：Porta dos Cavaleiros Tinto，Touriga Nacional Reserva
这是一家传统酒厂，由独具个性的Luiz Costa经营了很长一段时间，目前由两位女士管理，非常注重本土酒庄和现代技术。葡萄酒果味细腻，品质一流。

生产商：Filipa Pato***–****
所在地：Óis de Bairro，Anadia
12公顷，年产量4.5万瓶
葡萄酒：Vinho Regional Beiras：Local Silex Tinto，Local Calcário Tinto
Luis Pato的女儿知道如何利用百拉达和杜奥最好的风土条件酿造出个性化的葡萄酒。

生产商：Luis Pato*–****
所在地：Óis de Bairro，Anadia
65公顷，年产量35万瓶
葡萄酒：Tintos：Quinta do Ribeirinho Pé Franco tinto，Vinha Barrosa，Vinha Pan
酒庄主是优秀的化学家和国际最知名的百拉达酿酒师，始终坚持创新。他用非嫁接的葡萄树生产出葡萄牙的第一款单一葡萄园葡萄酒Pé Franco（1996年），还坚决拥护巴加葡萄。

生产商：Quinta das Bágeiras*–****
所在地：Sangalhos
28公顷，年产量9万瓶
葡萄酒：Garrafeira Branco；Garrafeira Tinto，Reserva Tinto
酿酒师Mário Sérgio Alves Nuno生产的部分起泡酒在该地区堪称一流，尤其是经典、耐存的特级珍藏酒。

生产商：Sidonio de Sousa****–*****
所在地：Largo da Vila，Sangalhos
10公顷，年产量4万瓶
葡萄酒：Reserva，Garrafeira Tinto，Espumante Bruto
特级珍藏酒具有至高无上的地位，颜色深浓、余味悠长。

杜奥

古老的杜奥葡萄酒至今仍深受人们的青睐。杜奥葡萄酒不用新木桶陈年，或者说几乎不用木桶，显示了优质葡萄酒所具有的一切特性，而这些特性往往是大生产商所缺乏的：浓度、风格、复杂性、果味、酸度、精致的单宁以及非凡的陈年潜力。

葡萄酒高品质背后的秘密在于这个地区拥有许多50多年以上的葡萄园。这些葡萄园散布在群山之间桉树和松树构成的茂密森林中，一部分甚至位于花岗岩梯田上，往往需要进行爆破才能种植葡萄。这里产量较低，每公顷通常不超过2000升。在总面积为37.6万公顷的土地上，只有2万公顷种植着葡萄，共有7万名种植户。在不同的年份，产量介于3000万升至5000万升之间，但只有2/3以杜奥葡萄酒的名称出售，其中白葡萄酒仅占20%。独特的气候为葡萄酒生产提供了理想的条件。杜奥地区就像一口巨大的锅，被卡拉穆卢（Caramulo）、布萨库（Bucaco）、纳维（Nave）和埃斯特雷拉（Estrela）山脉环绕，葡萄在成熟季免于来自附近大西洋寒风和降雨的侵袭，也不受西班牙高原的大陆性风暴和干旱的影响。丘陵地貌形成了许多小河流，如从中流过的杜奥河。

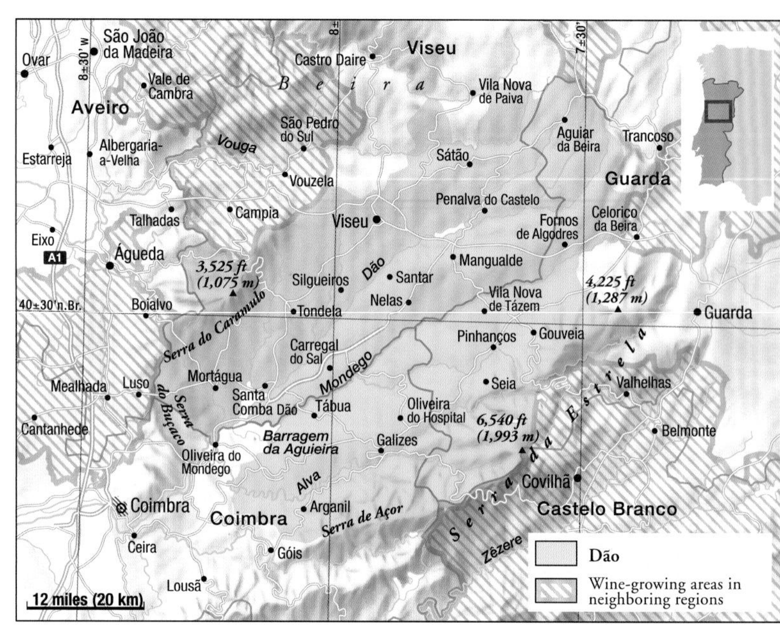

除了数之不尽的小生产商，群山环抱的杜奥地区也拥有一些大酒庄，它们用现代化的方法在花岗岩砾石土壤上种植和培育葡萄树

这里夏季炎热，因此葡萄的果皮较厚，色泽深浓，单宁丰富。年降雨量较高，超过1000毫米，有些地方甚至达到1200毫米，为花岗岩和板岩土壤提供了充足的水分储备，对老葡萄藤的生长非常有利。海拔高是另一个优势，通常为400～700米，最高达到1000米，葡萄树受温差影响较大。虽然杜奥地区气候严苛，夏季炎热干燥，冬季寒冷多雪，但这里却自然条件平衡、微生物系统稳定，这在葡萄酒产地并不多见。这也是该地区成为葡萄牙经典红葡萄酒产区的原因，外地酿酒厂也在这里生产坚实、耐久存的葡萄酒。如果有人将陈年杜奥葡萄酒存放在酒窖中，多年以后，甚至20年或30年后还能享用到优质、稳定、复杂的红葡萄酒。圣若昂酒厂是最好的例证，不过其他酒厂偶尔也可以出产价廉物美的葡萄酒。许多酒厂虽然开始越来越多地生产陈年酒，但它们仍然提供价格合理、品质优秀的杜奥葡萄酒。

但是杜奥真正的革新出现得比杜罗河谷以及阿连特茹晚，而且进程慢。革新主要由本地生产商发起，因为在这个严苛的地区，外地投资客困难重重，杜奥葡萄酒也不如杜罗和阿连特茹的顶级葡萄酒那样易被接受和销售。此外，酿酒厂几乎没有用武之地，因为它们不能购买和灌装其他

地区的葡萄酒。因此，除了仍然占主导地位的五家合作社之外，这里只有几家小酒厂以及苏加比公司于20世纪80年代成立的加瓦利艾斯酒庄（Quinta dos Carvalhais）。在完美主义者曼努埃尔·维埃拉的领导下，它们成功打造了知名品牌“皇帝雅兰”（Grao Vasco），还生产了一系列“酒庄”葡萄酒，在红葡萄酒和白葡萄酒中是佼佼者。当时，杜奥产区还鲜有人知，新木桶也尚未流行，这些葡萄酒的问世无疑提升了该地区的形象。20世纪90年代中期至今，这种情况已经完全改变。这里的酒庄数量不断增加，它们自产自销，并且尝试酿造品质出众、单宁稳定的经典杜奥葡萄酒。在葡萄园管理和葡萄选择的水平还不足以满足顶级葡萄酒生产的情况下，使用新木桶可能仍然是有点奢侈的行为。与欧盟其他正在重组的地方一样，杜奥的葡萄种植面积也增长过快。不过，品种的选择仍然相当传统，集中在顶级品种国产多瑞加（据说起源于杜奥）、阿弗莱格和罗丽红，国际葡萄品种很少使用。这个葡萄牙的心脏地带因袭保守，因此仍然坚持使用传统的杜奥酒瓶，与勃艮第酒瓶非常相似。毫无疑问，部分生产商已经表现出一定的自信，认为这是世界上最独特的葡萄酒产区之一。

杜奥降雨频繁，因此葡萄树的行间杂草丛生。这里葡萄产量很低，但生产的葡萄酒口感浓郁

下页图：杜奥的加拉法（Garrafão）葡萄酒是当地居民的日常餐酒，也是葡萄牙人的生活必需品

贝拉斯——未被发现的葡萄牙中心地带

最新的葡萄酒刊物常常会有贝拉斯（Beiras）的专栏，仿佛这是一个著名的葡萄酒产区。事实上，它只是一个地区性葡萄酒产地——“贝拉斯地区餐酒”，覆盖杜奥、百拉达以及贝拉斯其他地区，即整个葡萄牙中部。百拉达法定产区的葡萄品种政策过去非常严格，直到最近才有所改变，而百拉达的著名生产商使用国际葡萄品种生产的优质葡萄酒使这一产区越来越受欢迎。如今，产自百拉达和杜奥的传统珍藏特酿酒也使用贝拉斯的名称，作为一种地区混酿酒销售。贝拉斯地区还包括许多不为人知的区域，因此地形、土壤、气候和葡萄酒都复杂多样，不同于葡萄牙其他11个地区餐酒产区。从海岸附近到西班牙边境，贝拉斯的葡萄园海拔从30米以下一直上升至800多米。这里的土壤中含有最轻的沙土、厚重的黏土、石灰石、板岩、石英岩、花岗岩等。

贝拉斯的葡萄种植面积约6万公顷，葡萄酒年产量为1.3亿升，其中将近一半产自杜奥和百拉达以外的区域，包括一些默默无闻的法定产区。最不知名的是拥有1600公顷种植面积的拉福斯（Lafões）产区，毗邻青酒产区，出产口感新鲜酸爽的白葡萄酒和红葡萄酒。法定产区塔沃拉-瓦洛萨（Távora-Varosa）的葡萄种植面积约为3000公顷，北部与杜罗河谷接壤，因为海拔高，主要出产起泡酒。葡萄牙两大起泡酒生产商拉波塞拉（Raposeira）和穆尔甘黑拉（Murganheira）都位于此，后者还生产优质的红葡萄酒。

内贝拉（Beira Interior）法定产区包括三个次产区——卡斯特罗-罗德里古（Castelo Rodrigo）、皮涅尔（Pinhel）和科瓦达贝拉（Cova da Beira），葡萄种植面积共约1.5万公顷，但其中只有10%有权使用法定产区的名称。白葡萄酒酸味显著，通常产自气候恶劣、海拔较高的地区，尤其是北部，干红葡萄酒口感强劲、果味新鲜。虽然市场上占主导地位的是不断进步的大型合作社，但一些酒庄也凭借优质的白葡萄酒、红葡萄酒和起泡酒引起了人们的关注，特别是阿吉亚尔（Aguiar）、卡尔多（Cardo）和罗根达（Rogenda）等酒庄。

不过，两家最著名的酒庄都不在法定产区内。亚乐士（Foz de Arouce）酒庄位于洛萨镇（Lousã），使用产自独特板岩土壤的老藤葡萄酿造出葡萄牙最优质的红葡萄酒之一；在毗邻大海的马林哈昂达斯（Marinha das Ondas）地区，厨师酒庄（Quinta dos Cozinheiros）生产的白葡萄酒和红葡萄酒优雅精致，含有丰富的酸度和矿物气息。

杜奥的主要葡萄酒生产商

生产商：Casa de Mouraz***-******
所在地：Tondela
13公顷，年产量5万瓶
葡萄酒：Branco，Tinto
酒庄属于Santos家族的Lopes Ribeiro，在杜奥地区率先采取生态种植法，生产的红葡萄酒和白葡萄酒果味浓郁、品质出众。

生产商：Dão Sul*-*****
约1000公顷，年产量数百万瓶
葡萄酒：Tintos：Douro. Quinta das Teçedeiras Reserva；Estremadura：Quinta do Gradil；Dão：Quinta de Cabriz Touriga Nacional，Paço dos Cunhas de Santar Vinha do Contador，Casa de Santar Reserva
进入新世纪后，该公司持续扩张，不久之前购买了具有传奇色彩的顶级酒庄Case de Santar。此外，该公司在杜罗、百拉达、阿连特茹、埃斯特雷马杜拉省都有自己的酒庄，其中一些与酿酒师Carlos Lucas共有。该公司既生产普通的超市酒也生产高端葡萄酒，不同种类的葡萄酒使用不同的方法酿造。

生产商：Pedra Cancela（Quinta do Vale do Dão）*-******
所在地：Oliveira de Barreiros，Viseu
8公顷，年产量2.5万瓶
葡萄酒：Branco；Tinto：Reserva，Touriga Nacional
酿酒师João Paulo Gouveia和他的团队"葡萄树和葡萄酒"（Vines & Wines）出产杜奥地区大部分的顶级葡萄酒。他采用生态种植法，酿造的红葡萄酒风格雅致、单宁适中，白葡萄酒口感精致，含有酵母味。

生产商：Quinta da Boavista-*******
所在地：Penalva do Castelo
7公顷，年产量2万瓶
葡萄酒：Terras de Tavares Tinto，Tinto Reserva，Tinto Touriga Nacional
João Tavares de Pina是具有传奇色彩的Vinicola do Vale do Dão酒庄杰出酿酒师的儿子。他运用大量专业知识经营自己的酒庄，生产复杂的红葡萄酒、简单的白葡萄酒和优质的桃红葡萄酒。

生产商：Quinta das Carvalhais-*******
所在地：Mangualde
50公顷，非自有葡萄，年产量500万瓶
葡萄酒：Tinto：Duque de Viseu，Reserva，Touriga Nacional，Tinta Roriz Branco：Encruzado
这是Sogrape酒厂的一个示范酒庄，酿酒师为Manuel Vieira。自20世纪90年代以来，除了优质杜奥葡萄酒和面向大众市场的Grao Vasco葡萄酒，酒庄还生产结构均衡的顶级杜奥葡萄酒。

生产商：Quinta do Corujão***-******
所在地：Rio Torto；Gouveia
12公顷，年产量4万瓶
葡萄酒：Tinto Reserva，Grande Escolha
António Batista在62岁的时候实现了许多家族世世代代的的梦想——将自己的葡萄酒装瓶出售。他与酿酒师Pedro Pereira一起，生产浓郁、经典的杜奥葡萄酒。

生产商：Quinta das Marias***-******
所在地：Oliveira do Conde，Carregal do Sal
6公顷，年产量2万瓶
葡萄酒：Encruzado branco，Tintos：Reserva，Cuvée TT，Alfrocheiro
Viktor Peter Eckert作为一家瑞士保险公司的外派代表来到葡萄牙，退休后才成为一名酿酒师。凭借一款品质出众的白葡萄酒，他逐渐将自己的酒庄发展成为顶级的葡萄酒生产商。

生产商：Quinta da Pellada***-*******
所在地：Pinhancos，Seia
55公顷，年产量15万瓶
葡萄酒：Reserva Tinto；Quinta da Pellada：Touriga Nacional，Carrocel
迄今为止，虽然没有新的杜奥酒庄从动荡的试验阶段脱颖而出，但Alvaro de Castro在最近几年却展示出一款高品质杜奥葡萄酒所具有的特性：浓郁、复杂、柔顺、丰满。

生产商：Quinta do Perdigão***-******
所在地：Silgueiros
7公顷，年产量3万瓶
葡萄酒：Rosé；Tinto：Reserva，Touriga
酒庄由建筑师和葡萄酒爱好者José Perdigão创建于1999年，之后凭借特色鲜明、品质一流的葡萄酒迅速成为当地顶尖的葡萄酒生产商。

生产商：Quinta de Reis****
所在地：Oliveira de Barreiros，Viseu
15公顷，年产量1.2万瓶
葡萄酒：Vinha de Reis Tinto，Tinto Reserva
退休医生Jorge Reis与酿酒师Hugo Chaves生产的葡萄酒品质优秀，自2004年起开始只对最好的葡萄酒进行装瓶。

生产商：Quinta dos Roques/Quinta das Maias***-******
所在地：Cunha Baixa
70公顷，年产量15万瓶
葡萄酒：Quinta dos Roques：Branco，Encruzado，Touriga Nacional；Quinta das Maias：Reserva Tinto，Jaen
这两个姐妹酒庄是酒庄运动的先驱者之一，拥有多样的白葡萄和红葡萄品种。

生产商：Vinha Paz****-*******
所在地：S. Dão，João de Lourosa
12公顷，年产量3万瓶
葡萄酒：Tinto，Tinto Reserva
葡萄酒以祖母的葡萄园名字"Paz"（"和平"之意）而命名。采用传统脚踩方法酿造的葡萄酒优雅、醇厚。

埃斯特雷马杜拉和特茹

埃斯特雷马杜拉曾被称为“Oeste”（意思是“西部”），现在是一个葡萄酒产区，包括从里斯本到莱里亚镇（Leira）以北30千米宽的沿海区域。受大西洋影响，这里空气清新。埃斯特雷马杜拉过去主要出产低廉、清淡的葡萄酒，白葡萄酒占多数；主要种植杂交和低品质的葡萄品种，产量非常高。根据官方公布的数字，今天的埃斯特雷马杜拉葡萄种植面积约为3万公顷，而不是之前所说的6万公顷。长久以来，优质葡萄酒寥寥无几，只有在本世纪初就成立的布塞拉斯、科拉雷斯和卡尔卡维罗斯等法定产区才能找到。其中，科拉雷斯曾出产用拉米斯科葡萄酿造的知名葡萄酒，这种葡萄酒单宁厚重、口感偏咸，但现在科拉雷斯正逐渐走向衰亡。卡尔卡维罗斯出产带坚果味的开胃酒，如今只剩下为数不多的葡萄酒生产商，因为越来越多的生产商选择把酿酒厂建在里斯本附近。布塞拉斯正在经历真正的复苏，其葡萄酒曾经受到莎士比亚的赞誉。这里的葡萄园面积已经超过300公顷，阿瑞图的种植比例不断增加。这种葡萄酸度较高，可以酿造出葡萄牙最好的白葡萄酒。

直到最近，葡萄牙才开始种植西拉葡萄，新一代的葡萄酒生产商拥有国际化视野

很久以来，用拉米斯科酿造的红葡萄酒缓缓从科拉雷斯的泉眼中流出。在沙丘中种植这种未嫁接的葡萄非常困难，现在几乎已经完全放弃

在埃斯特雷马杜拉的其他6个法定产区中，奥比都斯（Òbidos）历史最悠久，以矿物气息浓郁、适宜陈年的红葡萄酒而闻名。因克斯达-艾勒（Encostas de Aire）和劳尔哈（Lourinhã）两个法定产区至今还不为人所知。在托雷斯-维德拉（Torres Vedras）和阿鲁达（Arruda）法定产区，当地的同名合作社占主导地位，后者生产的部分红葡萄酒结构非常出色。

除了布塞拉斯，阿伦克尔法定产区的潜力最大。这里拥有160多家古老的城堡酒庄，部分可追溯至中世纪。有些酒庄已经转变成现代酒庄，使用本地和多种国际品种生产果味浓郁的红葡萄酒，随着葡萄树树龄的增加，这些葡萄酒甚至能与葡萄牙最好的葡萄酒相媲美。阿鲁达和托雷斯-维德拉也有出产优质红葡萄酒和白葡萄酒的潜力。最近几年，阿伦克尔发展迅速，一流酒庄的数量大幅增加，人们有了更多的选择。

特茹—葡萄牙的果园

特茹指的是特茹河（Tagus或Tejo）沿岸地区，位于受大西洋影响的埃斯特雷马杜拉和干燥炎热的阿连特茹之间。特茹拥有许多大型酒庄，面积可达数百甚至数千公顷，但却只有一小部分种植葡萄。这里气候不太干燥，年降雨量为700毫米，各种谷物、水果、蔬菜都生长旺盛。但是对葡萄酒而言，肥沃的土地在某种程度上是一种缺点，特茹河的冲积平原出产了太多量产葡萄酒。如今，葡萄园回到葡萄牙内陆较贫瘠的土地上，那里更适合葡萄生长。

与坎波（Campo）地区的冲积土不同，巴伊洛（Bairro）地区以稀疏的土壤为主，部分是丘陵，为葡萄种植提供了理想的条件。第三个地区是位于特茹河左岸的莎内卡（Charneca），南部与阿连特茹接壤。这里比较干燥，稀疏的沙质土壤也有利于葡萄种植。

最近几年，人们对2.3万公顷葡萄种植面积进行了大规模的重组，设立了六个与阿连特茹类似的I.P.R.地区，2000年3月又改为子产区。其中，大部分瓶装酒产自阿尔梅林（Almeirim）和卡尔塔舒（Cartaxo）。位于莎内卡的科卢什（Coruche）与阿连特茹接壤，拥有轻质土壤，是一个有利条件。其他子产区包括圣塔伦（Santarém）、莎穆斯卡（Chamusca）和托马尔（Tomar）。整个地区现在被称为特茹法定产区，出产的地区餐酒曾经具有重要意义。外国葡萄品种可以在这里自由使用，包括西拉、赤霞珠和黑比诺等，并且已经获得了成功。不过，使用葡萄牙老藤葡萄酿造的葡萄酒品质最佳。

这些传统葡萄酒有时会引起巨大的轰动，甚至会吸引葡萄酒鉴赏家，如鼎鼎大名却又默默无闻的特级珍藏葡萄酒。然而，现在葡萄牙最知名的是由7家合作社和20多家酒庄出产的特茹红葡萄酒。这些葡萄酒虽然在20世纪90年代初表现平平，但现在有些已经达到了卓越的水准。

主要的葡萄酒生产商

埃斯特雷马杜拉

生产商：Quinta da Chocapalh–******
所在地：Merceana，Alenquer
45公顷，年产量9万瓶
葡萄酒：Chocapalha Reserva Branco，Reserva Tinto
Tavares da Silva家族于2000年收购该酒庄，从此开始自己装瓶。随着女儿Sandra成为酿酒师（她在杜罗地区非常成功），酒庄很快走向成功，成为Alenquer地区的一家顶级葡萄酒生产商。

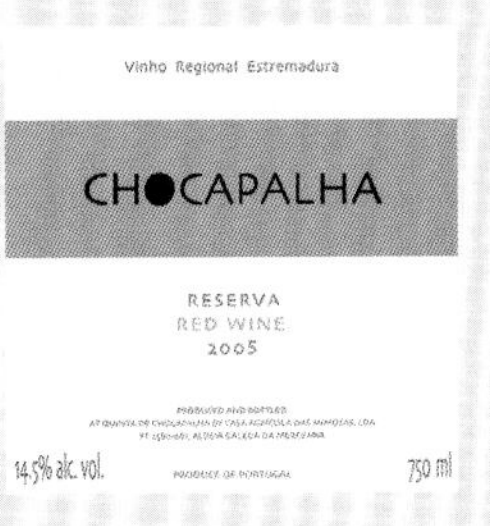

生产商：Companiha Agricola do Sanguinhal–*****
所在地：Bombarral
90公顷，年产量 60万瓶
葡萄酒：Òbidos Tinto：Quinta do Sanguinhal，Quinta do São Francisco
葡萄牙为数不多拥有十年装瓶历史的酒庄。仍然使用旧木桶对葡萄酒进行陈年。

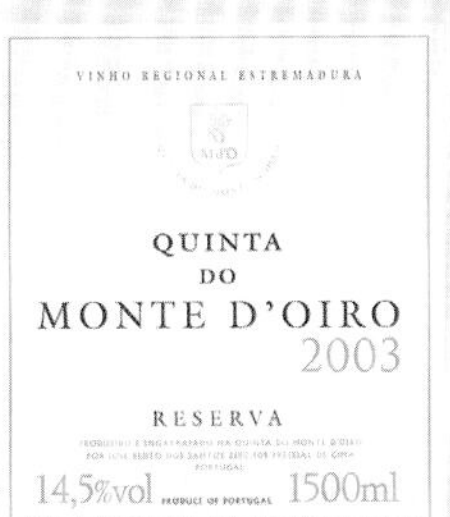

生产商：Companiha das Quintas–******
所在地：Bucelas
77公顷，非自有葡萄，年产量不详
葡萄酒：Brancos：Morgado de Santa Catherina，Prova Regioa
过去最有名的一种白葡萄酒的复兴地，这种白葡萄酒具有独特细腻的果味。除了古老的Romeira酒庄外，该公司还拥有Alenquer地区的Pancas酒庄和Pegões的Pegos Claros酒庄等。生产一系列优质葡萄酒。

生产商：Qunita do Monte d'Oiro***–******
所在地：Ventoisa，Alenquer
175公顷，年产量6.5万瓶
葡萄酒：Tinto：Reserva，Lybra
酒庄于1990年由José Bento dos Santos创建，主要使用Alenquer 地区的一系列优质葡萄品种。西拉在该酒庄中扮演着至关重要的角色，仅次于国产多瑞加、罗丽红、小维多、神索和维欧尼。

特茹

生产商：Casa Cadaval***
所在地：Muge
50公顷，年产量不详
葡萄酒：Tinto：Trincadeira，Marquesa da Cadaval
这个占地5000公顷的大酒庄属于Cadaval公爵夫人，葡萄园建在最好的50公顷土地上。在酿酒师Rui Reguinga的帮助下，出产品质稳定、适合陈年的红葡萄酒。

生产商：Falua Vinhos*–*****
所在地：Almeirim
100公顷，非自有葡萄，年产量150万瓶
葡萄酒：Tinto：Conde de Vimioso Reserva
除了阿连特茹的酒庄外，这是明星酿酒师João Portugal Ramos建立的第二家酒庄。生产当地最经典的葡萄酒之一，以及诱人、爽快的葡萄酒。

生产商：Quinta da Ribeirinha–*****
所在地：Santarèm
50公顷，年产量25万瓶
葡萄酒：Tinto：Vale de Lobos Touriga Nacional，Syrah
特茹产区规模相对较小的酒庄，属于Joaquim Candido，生产各种口感柔顺、果香细腻的红葡萄酒。有些葡萄仍然用脚进行踩踏。

生产商：Rui Reguinga***–******
所在地：Santarèm
非自有葡萄，年产量不详
葡萄酒：Tinto：Ribatejo：Tributo；Alentejo：Terrenus
这位顶级酿酒师使用西拉以及少量歌海娜、慕合怀特和维欧尼生产出特茹最好的葡萄酒——“Tributo”，不过产量很低，只有1500瓶。他在阿连特茹生产的葡萄酒品质更上乘。

特拉斯萨多葡萄酒：塞图巴尔和帕尔迈拉的财富

这里是冯塞卡家族缔造历史的地方

右页图：帕尔迈拉位于里斯本正西的塞图巴尔半岛，正在举行欢乐的葡萄酒节。这里的卡斯特劳可以酿造酒体丰满、适宜陈年的红葡萄酒

塞图巴尔半岛（Peninsula de Setúbal）包括帕尔迈拉和塞图巴尔两个法定产区，出产的葡萄酒被称为特拉斯萨多（Terras do Sado），包括干型白葡萄酒以及部分半干型白葡萄酒、特色甜葡萄酒和优质红葡萄酒。该地区早在1907年就被列为优质葡萄种植区并且受到保护。塞图巴尔这个名称仅能用于塞图巴尔的麝香葡萄酒，这种葡萄酒产自阿拉比达山（Serra da Arrabida）轻质、多石的石灰岩土壤，受到海洋性气候的显著影响，香味细腻。这是世界上无可争议的顶级葡萄酒之一，但由于过去产量较低（现在已上升至100万升多），并且大众对甜葡萄酒口味恢复非常缓慢，其知名度还远没有达到应有的程度。此外，葡萄牙的传统酒庄冯塞卡何塞玛利亚（José Maria da Fonseca）总是有意无意地将人们的视线从麝香葡萄酒转移到自己成功酿造的各种葡萄酒上，包括红葡萄酒和白葡萄酒。

然而，正是冯塞卡酒庄于19世纪中期进一步完善了这种早在17世纪就已成名的麝香葡萄酒的生产和陈年技术，使其很快在三大洲获得一批固定的客户，而且随着客户数量的增加，名声也水涨船高。1867年，约翰·伊格纳西奥·费雷拉·拉帕（João Ignacio Ferreira Lapa）出版了一本关于葡萄牙葡萄酒的经典著作，介绍了这家葡萄酒公司的创始人，称其不仅经验丰富，而且熟悉当代葡萄酒文献，与许多当时的葡萄酒专家进行过交流。

麝香葡萄酒比波特酒添加的酒精少，酒精度只有17.5% vol。一款20年的塞图巴尔麝香葡萄酒（混酿酒，添加的最年轻的酒为20年）含有200克残糖，甜度几乎是波特酒的两倍。年份更

不断发展的地区

25年前，塞图巴尔半岛市场上出现的葡萄酒几乎全部来自冯塞卡何塞玛利亚酒庄，除了著名的麝香葡萄酒，还包括一系列优质和高端的红葡萄酒和白葡萄酒。它们被称为卡玛哈（Camarate）、比利吉达（Periquita）或者其他有神秘字母组合的名称，如特级珍藏C.O.或特级珍藏T.E.。然而，没有人真正知道这些葡萄酒来自冯塞卡酒庄。这是葡萄牙中部和南部最大的酒厂，历史悠久，只有一些顶级波特酒公司才可与其相提并论。安东尼奥·德·阿维列兹离开冯塞卡酒庄，于1982年创办了一家能够与之抗衡的公司——J.P.Vinhos，这家公司很快成为葡萄牙最具创新精神的葡萄酒公司。他最初酿造赤霞珠、梅洛和霞多丽等优质葡萄酒，之后又开发了许多新的葡萄酒种类。大部分消费者不清楚这个公司成功的原因，就像不明白冯塞卡成功的原因一样。冯塞卡何塞玛利亚和J.P. Vinhos这两大公司的产品几乎涵盖各种价位的葡萄酒，这些葡萄酒如今仍随处可见。

受海洋的影响，塞图巴尔半岛气候凉爽，土壤中富含矿物质。事实上，由麝香葡萄或其他品种酿造的果味怡人、酸度适中的白葡萄酒以及特色鲜明、口感均衡、果香浓郁、单宁强劲的红葡萄酒都可以产自塞图巴尔半岛阿拉比达山稀疏的白垩质土壤或帕尔迈拉贫瘠的沙质土壤（最好的土壤含有少许黏土），而其他生产商和葡萄酒市场才刚刚开始意识到这种土质的优点。只有贝戈斯（Pegões）合作社、艾美利达斐塔丝（Ermelinda Freitas）酒庄和佩格斯克拉罗斯农业协会（Sociedade Agrícola de Pegos Claros）于20世纪90年代在全国赢得了一定的声誉。帕尔迈拉法定产区其实在1998年就已成立，今天约有1万公顷葡萄园，而塞图巴尔只有1000公顷的葡萄种植面积。除了法定产区外，还有一些土壤优质的特拉斯萨多产区。

久的麝香葡萄酒糖分更高，风味更浓。生产完美的麝香葡萄酒的秘诀在于残糖含量超过90克时立即停止发酵和蒸发。随着年份的增加，葡萄酒变得愈加醇厚和甘甜。使用木桶陈年、不完全装满、在温度较高的地方存储（一些古老的葡萄酒，如马德拉酒，运送至印度暴露在高温下）、巧妙的氧化以及蒸发等方法可以将口感新鲜、果香怡人、几乎像柑橘一样的麝香葡萄转变成充满异国风情和浓郁干果香味的醇厚葡萄酒，带来令人难忘的味觉体验。

主要的特拉斯萨多生产商

生产商：Bacalhôa（formerly J. P. Vinhos）**–****
所在地：Azeitão
510公顷，非自有葡萄，年产量1300万瓶
葡萄酒：Moscatel de Setúbal，Terras da Sado：Chardonnay Cova da Ursa，Quinta da Bacalhôa，Palaçio da Bacalhôa；Alentejo：Tinto da Anfora Grande Escolha
产品包括适合大众市场的葡萄酒、高品质的酒庄葡萄酒以及风格独特、制作精良的新酒。J. P. Vinhos葡萄酒公司曾属于António d'Avillez，最近出售给了José Berardo，几位优秀的酿酒师没有更换。

生产商：Casa Ermelinda Freitas**–****
所在地：Fernando Pó
130公顷，非自有葡萄，年产量200万瓶
葡萄酒：Tinto：Dona Ermelinda Palmela Reserva，Quinta da Mimosa，Leo d'Honor Grande Escolha
Freitas家族和酿酒师Jaime Quendera一起生产的葡萄酒果香浓郁、口感强劲。主要原料为卡斯特劳，最近也开始使用其他葡萄品种。

生产商：Coop. Agricola de Santo Isidro de Pegões**–***
所在地：Pegões Velhos
1017公顷，年产量800万瓶
葡萄酒：Fontanário de Pegões Branco，Tinto，Garrafeira，Vale da Judia
一家模范合作社。红葡萄酒带有浓郁的果香和细腻的木头气息，麝香干葡萄酒耐人寻味。

生产商：José Maria da Fonseca*–****
所在地：Azeitão
700公顷，非自有葡萄，年产量1200万瓶
葡萄酒：Terras do Sado：Pasmados Branco，Tinto，Periquita Tinto；Alentejo：José de Sousa Tinto；Moscatel de Setúbal：Alambre，20 Years，Trilogia
除波特酒之外，葡萄牙最早生产瓶装酒的酒庄。这家古老的家族企业在塞图巴尔、阿连特茹、甚至杜奥的葡萄种植中起到了决定性的作用。除了独特的陈年麝香葡萄酒，公司还生产各种价位的优质葡萄酒，不断开发新酒或弘扬传统葡萄酒。以酿酒师命名的Coleccao Privada Domingos Soares Franco葡萄酒品质出众，酿酒师与其兄弟和后代一起经营这家公司。

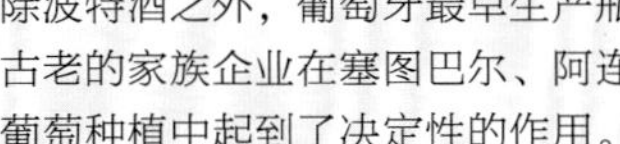

生产商：Soberanas***–****
所在地：Lissabon
25公顷，年产量不详
葡萄酒：Soberana tinto，S de Soberana tinto
一家全新的酒庄，由葡萄酒爱好者F. Ferro Jorge创建，受大西洋影响强烈。使用阿连特茹的葡萄品种混酿而成的红葡萄酒表现丰富、品质优秀。酿酒师为Paul Laureano。

阿连特茹

阿连特茹地区有时被称为葡萄牙的加利福尼亚，一方面这里的酒庄规模较大，一些占地达600公顷，其中最大的是艾斯波澜酒庄（Herdade do Esporão）；另一方面这里广阔的平原和略微起伏的斜坡与葡萄牙其他地区小面积的农业和葡萄种植景象形成了鲜明对比。六家优秀（甚至可以说顶尖）的合作社生产大部分葡萄酒，但越来越多的酒庄开始酿造品质卓越的葡萄酒。自1994年起，阿连特茹发展迅猛。在此之前，除合作社外，这里只有40家酒庄和装瓶公司，而如今已有300多家企业装瓶和销售阿连特茹葡萄酒。一流企业投入上千万元，使用最精良、最轻柔的技术生产顶级葡萄酒。开垦新葡萄园、成立新酒庄（包括古老的酒庄增设酒厂）、提高专业技能以及设置必要的灌溉系统等热潮，都让人联想到加利福尼亚葡萄酒大发展时代。葡萄牙的葡萄酒评论家抱怨，他们几乎无法跟上如洪水般涌现的新酒。然而，如果你仔细观察就能发现，这里也保留了历史和传统。在这个现代化的地区，仍然存在罗马时期的酿酒方法：葡萄在露天石槽里用脚进行踩踏，一些酒庄还在使用大陶罐陈年葡萄酒。在陶制容器里通过蒸发达到冷却的方法是炎热地区最古老的冷却发酵法。阿连特茹的夏季温度常常达到40℃。在葡萄牙，只有杜罗河谷的温度比这里高。由于气候炎热，葡萄采摘通常从8月中旬就开始，而且人们不得不进行大笔投资以改进酒窖技术，现在一些生产商甚至能酿造出口感细腻、结构平衡的白葡萄酒，而这个地区通常被认为是红葡萄酒的天下。目前，阿连特茹的葡萄种植面积又恢复至19世纪的2.3万公顷。这里还拥有世界上最大、最优质的软木橡树林以及数之不尽的橄榄树，橄榄油被一些酒庄和合作社当作特产出售。

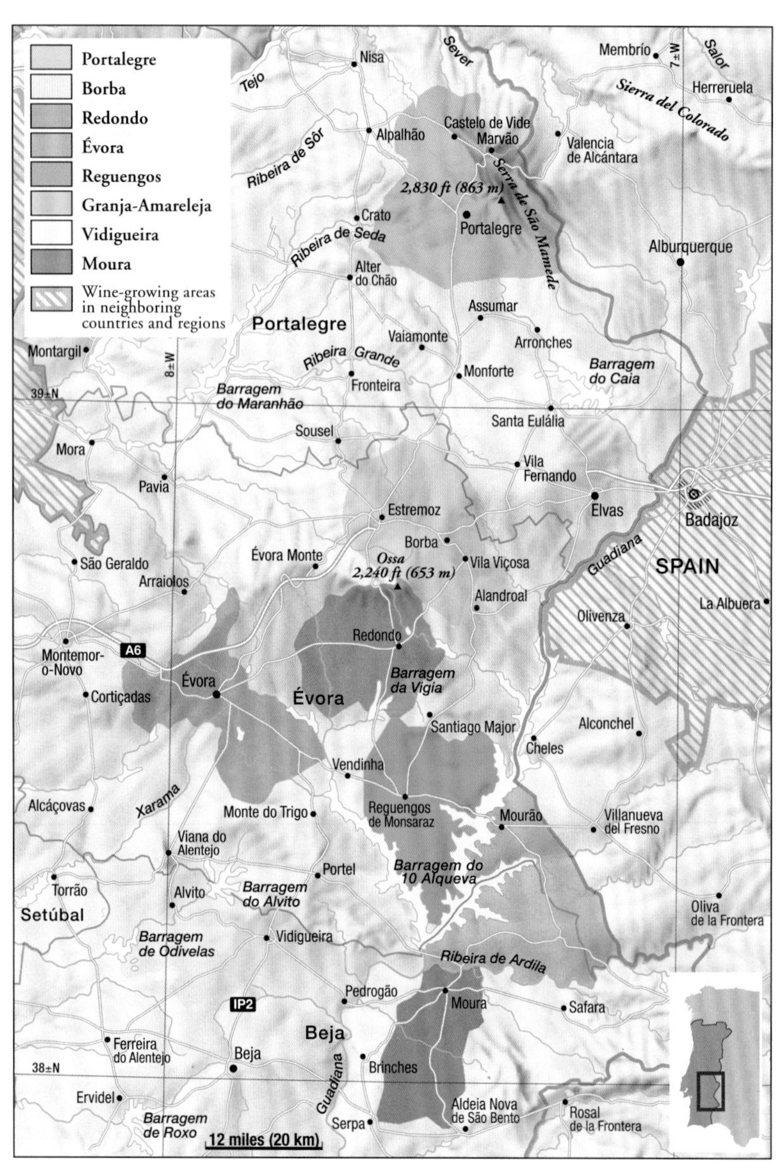

阿连特茹每年生产约5500万升红葡萄酒和2500万升白葡萄酒，其中一半属于阿连特茹地区餐酒和阿连特茹法定产区葡萄酒。但是，一些顶

级酒庄并不在法定产区内，因此只能被列为地区餐酒。今天，阿连特茹红葡萄酒在葡萄牙大受欢迎，尤其是在里斯本。除杜罗葡萄酒外，阿连特茹红葡萄酒是在国外最知名的葡萄酒，这与其口感和历史密不可分。

葡萄和瓶塞的品质对葡萄酒口感起决定性作用。而影响葡萄和瓶塞品质的一个因素是干燥的气候。与葡萄牙其他地区不同，阿连特茹在葡萄收获季几乎滴雨不下，没有腐烂的葡萄和受潮的瓶塞。健康、厚皮的黑紫色葡萄保证了葡萄酒温暖、成熟的果香。

土壤也会影响瓶塞和葡萄酒的品质。这里土壤贫瘠，不适合大规模生产，通常由板岩、花岗岩、石英岩以及一定比例的其他岩石组成，其中最好的是大理石。特别是在埃斯特雷莫（Estremoz）和波尔巴（Borba）地区，大理石被大量开采。在红葡萄品种中，阿拉哥斯以其优雅和结构脱颖而出，这种葡萄在杜罗河谷被称为罗丽红，在西班牙被称为添普兰尼洛。特林加岱拉葡萄同样颇受青睐。最北端的子产区波塔莱格雷（Portalegre，遗憾的是各子产区几乎从未出现在酒标上）拥有严酷的高海拔气候，逐渐证明这里是生产独特、高品质葡萄酒的理想之地。受过专业训练、富有创造精神的酿酒师们非常清楚阿连特茹老藤的优势和含量较高的天然酸度的价值，他们正试图利用这种潜能开发新葡萄酒。其中包括知名酿酒师瑞·雷古尹加，他既独立酿酒，又与英国的葡萄牙葡萄酒作家理查德·梅森进行合作。一些葡萄酒名称，如Pedra Basta（意为“足够的岩石”）和Terrenus（意为“土壤”），证明了特殊土质的决定性作用。今天，产自波塔莱格雷的20年及以上的葡萄酒显示出了真正的水准，它们凭借依然新鲜的果味和丰富的个性可以与名满天下的葡萄酒相抗衡。现在，一部分顶级葡萄酒（作为特酿酒的基酒）使用法国南部的大众品种紫北塞酿造，流行葡萄品种如西拉和赤霞珠也开始登场。阿连

几个世纪以来阿连特茹都是葡萄牙的粮仓，许多古老的风车证明了它的过去

左页图：阿连特茹是一个现代化的葡萄酒产区，拥有许多新建的酒庄

橡树达到25年树龄后，每9年剥一次皮

特茄葡萄酒的魅力在于柔顺与个性的完美结合。即使最普通的葡萄酒，除了迷人的成熟果味外，也具有一定的单宁结构和土壤条件带来的精致风味。顶级葡萄酒的特点是品质稳定、适宜久存。可惜的是，这个特点并未得到充分挖掘，生产商为了保持葡萄酒的新鲜果味，通常人为减少陈年时间。在不久的将来，即使是高品质的阿连特茄葡萄酒也有可能面临快速消费的危险。要想提高葡萄酒的复杂度，延长陈年时间、使用老藤葡萄以及增加种植密度至关重要。波塔莱格雷和格兰哈-阿玛瑞雷拉（Granja Amareleja）两个子产区属于大陆性气候，合作社由许多小农户组成，生产的一部分葡萄酒品质卓越。

如今，阿连特茄的男女老幼都非常快乐。独裁者萨拉查的残暴统治和康乃馨革命后盲目地大规模生产所造成的艰难时期几乎已被遗忘。凭借优质葡萄酒和软木塞生产，这里的未来无限美好

软木橡树在葡萄牙经济中起着重要作用

阿连特茄葡萄酒流行的另一个原因是历史因素，这使得它成为价格最昂贵、需求最旺盛的葡萄酒。萨拉查的独裁统治结束后，共产党成为阿连特茄的执政党。当时的年轻人和学生们都对阿连特茄葡萄酒情有独钟。事实上，早在20世纪70年代，不少合作社就能生产出优质葡萄酒，但阿连特茄葡萄酒最受欢迎，因为这种葡萄酒最接近代表共产党的红色，而且价格最合理、品质最可靠。新葡萄酒与过去的这种葡萄酒没有太多相同之处。新葡萄酒通常使用古老的本地品种和现代的陈年方法酿制而成，顶级葡萄酒的售价可达30欧元甚至更高。一些阿连特茄新红葡萄酒的地位越来越高。不过，我们不能因为红葡萄酒受宠而忽略了白葡萄酒。虽然白葡萄品种可能只占葡萄种植面积的10%，但它们也有非常独特的风格，值得开发。

阿连特茹的主要葡萄酒生产商

生产商：Coop. Agr. de Reguengos de Monsaraz*-***
所在地：Reguengos de Monsaraz
3400公顷，非自有葡萄，年产量1000万瓶
葡萄酒：Tinto Reserva Garrafeira dos Sóçios
阿连特茹最大的合作社，成功地从生产简单、普通的阿连特茹葡萄酒转向经典的顶级葡萄酒Garrafeira dos Sócios和其他高品质的单一品种葡萄酒。

生产商：Júlio Tassara Bastos***-****
所在地：Estremoz
70公顷，年产量25万瓶
葡萄酒：Tinto：Amantis，Dona Maria Reserva
在其历史悠久的Quinta do Carmo酒庄（Júlio Bastos只将品牌和葡萄园出售给拉菲集团），Júlio Bastos再次用产自最近购买的古老葡萄园的传统葡萄品种，混合西拉、赤霞珠和小维多，在传统的大理石石槽中酿造顶级红葡萄酒。

生产商：Cortes de Cima**-****
所在地：Vidigueira
120公顷，年产量100万瓶
葡萄酒：Tintos：Cortes de Cima，Aragonês，Incógnito，Reserva
阿连特茹前途无限的酒庄。丹麦人Hans Kristian Jørgensen和他的澳大利亚顾问Richard Smart用当地葡萄品种（阿拉哥斯）或国际品种（西拉）生产单一品种葡萄酒。

生产商：Herdade do Esporão**-***
所在地：Reguengos De Monsaraz
560公顷，年产量180万瓶
葡萄酒：Esparão Reserva，Tinto，Garrafeira Tinto；Aragonês，Trincadeira，branco Verdelho
阿连特茹最大的装瓶酒庄，由澳大利亚酿酒师David Baverstock经营。在中低端价位的葡萄酒中，品质非常高。

生产商：Herdade DOS Grous***
所在地：Albernôa，Beja
70公顷，年产量40万瓶
葡萄酒：Tinto，Tinto Reserva
著名酿酒师Luis Duarte巧妙借助传统的方法，使用紫北塞、西拉、国产多瑞加和阿拉哥斯生产出口感醇厚、香气馥郁的红葡萄酒。

生产商：Herdade da Malhada**-****
所在地：Santa Vitória
面积不详，年产量50万瓶
葡萄酒：Tintos：Santa Vitória Reserva，Inevitavél
这个崭新、一流的酒庄位于阿连特茹南部法定产区以外的地方，经验丰富的酿酒师Nuno Cancela Abreu用西拉、赤霞珠和国产多瑞加生产高品质的特酿酒。

生产商：Herdade do Mouchão**-****
所在地：Sousel
23公顷，年产量不详
葡萄酒：Mouchão Tinto，Tonel No 3-4，Dom Rafael

750 ml 14% vol.

Ann Reynolds和Emily Richardson酿造的红葡萄酒产自法定产区以外的地方。虽然它们属于地区葡萄酒，却炙手可热。葡萄酒在露天石槽中发酵，在橡木桶或栗木桶中熟成三年后装瓶，不进行澄清或过滤。

生产商：Herdade DOS Muachos**-***
所在地：Urra Portalegre
50公顷，年产量35万瓶
葡萄酒：Branco；Tinto：Reserva，Garrafeira
在Portalegre的优质土壤上（花岗岩、板岩、石英岩），José Carvalho与酿酒师António Saramago用特林加岱拉、阿弗莱格和部分赤霞珠生产出风格独特的红葡萄酒。

生产商：Herdade do Rocim***
所在地：Cuba
60公顷，年产量30万瓶
葡萄酒：Branco：Olho de Mocho Branco，Tinto：Olho de Mocho Reserva
在酿酒师António Ventura的帮助下，这家新酒庄用安桃娃（白葡萄）、国产多瑞加、阿拉哥斯和西拉等生产出果味细腻的葡萄酒。

生产商：João Portugal Ramos*-****
所在地：Estremoz
150公顷，非自有葡萄，年产量100万瓶
葡萄酒：Marquês de Borba，Trincadeira，Aragonês
葡萄牙知名的酿酒师João Portugal Ramos在自己的酒庄展示了某些葡萄品种的巨大潜力。1997年，他推出了一款全新的阿连特茹经典葡萄酒：Marquês de Borba Reserva。

生产商：Quinta do Mouro***-****
所在地：Estremoz
22公顷，年产量不详
葡萄酒：Tinto：Quinta do Mouro，"Gold Label"
1989年，牙医兼葡萄酒爱好者Miguel Viegas Louro买下了这座酒庄。酒庄位于阿连特茹北部，拥有优质的板岩土壤，生产的葡萄酒口感柔顺，适宜陈年。

生产商：Quinta do Zambujeiro***-****
所在地：Rio do Moinhos，Bobra
31公顷，年产量8万瓶
葡萄酒：Tinto：Zambujeiro，Terra do Zambujeiro
瑞士企业家Emil Strickler经营的示范性酒庄。通过降低产量和使用顶级橡木桶，他和酿酒师一起在板岩土壤上生产风格优雅的红葡萄酒。

生产商：Sonho Lusitano****
所在地：Portalegre
面积不详，年产量不详
葡萄酒：Tinto：Pedra Basta
在著名酿酒师Rui Reguinga的支持下，英国葡萄酒作家和葡萄牙专家Richard Mayson利用这里特殊的土质，迅速成为阿连特茹的顶级生产商之一。

软木塞制作

传统的软木瓶塞由软木橡树的树皮加工而成。这种树木主要生长在地中海国家，生长速度非常缓慢，大约需要45年才能提供发达的软木制作瓶塞。收获，又称采剥，是指小心翼翼地把树皮从树干上剥下来。采剥时应尽可能不破坏软木层，以方便制作瓶塞。同时，还应避免对橡树造成严重的伤害，因为这会影响下一个生长周期软木的形成。

软木橡树满25年后可以开始采剥树皮，以后每9年采剥一次。第一次采剥的树皮用于建筑行业，可用作隔声材料。通常，这些树皮要在森林里保留数月，促进单宁的氧化以及与树干直接接触的组织层的干燥。树皮运到工厂后，先在沸水中浸泡一两个小时，以消灭微生物和昆虫，溶解单宁，并增加原材料的厚度和弹性，这样可以简化后续的工作。

放置一两周后，软木需要再次用沸水蒸煮，然后根据品质和厚度，进行分类并切割成条，最后顺着纹理冲压出软木塞。这道工序可由机器完成，但制成的软木塞品质不如手工或半自动操作的好。只有操作机器的工人才能选择最佳的冲压位置。

余料经过碾磨后可压制成聚合软木塞。

然后用机器加工：将两端切割成需要的形状，并对塞体进行打磨。这个过程中产生的软木屑也被用来制作聚合软木塞。

接下来根据软木塞表面的孔眼数量进行机器分类，再用漂白剂消毒。现在，几乎没有软木塞生产商使用氯消毒，而通常使用过氧化物，因为氯可能会使葡萄酒产生难闻的味道。使用的剂量和消毒的时间在一定程度上取决于顾客想要的颜色。有些国家喜欢原色，有些偏爱白色。将软木塞干燥一至两次，使水分含量降至6%～9%。然后再一次进行分类。用机器检查每个软木塞的塞体部分。

下一步，对软木塞进行烙印。烙印的内容非常个性化，包括葡萄酒生产商、酒庄和（或）法定产区的名称，有时也可印上葡萄酒的年份，或者更常见的做法是根据客户的要求来烙印。葡萄

采剥软木时一定要避免对树干造成损害

左图：在森林中风干后，树皮被运送至工厂

右图：选择最佳的位置冲压软木塞需要丰富的经验

软木树皮的外观

软木树皮的内部结构

用机器冲压软木塞的部分工作由手工完成

葡萄牙的软木塞

葡萄牙是世界上最大的软木生产国。这里拥有67万公顷软木橡树林，占世界软木橡树总面积的 31%，超过西班牙（24%）、阿尔及利亚（19%）和摩洛哥（17%）。每年生产软木塞达19万吨，占世界总产量的51%。除了使用国内材料，葡萄牙还进口原料加工软木塞。西班牙的产量位居第二，但远远落后于葡萄牙，只占世界总产量的26%，意大利7%，摩洛哥6%。北部国家也生产少量软木塞，但享有最高声誉的还数葡萄牙。据估计，葡萄牙的软木塞年出口额约达5亿欧元。

酒的品质越高，软木塞的标注就越精确。我们可以根据软木塞上的信息识别葡萄酒，因为软木塞通常比酒标的保存时间更久。

最后，在软木塞的表面涂上硅或石蜡，方便消费者从瓶口取出软木塞。

软木塞的使用

和葡萄酒一样，软木塞也取自自然，因此虽然软木塞生产商都尽力避免，但必然会出现一定的失误，并且导致用软木塞密封的葡萄酒产生问题：葡萄酒具有明显的软木塞气味，随着与空气的接触，这种气味通常越来越强烈。导致这种情况的原因有很多，其中最常见的是软木塞储存不当和消毒不够。

有的葡萄酒可能没有软木塞味，但却达不到应有的品质或者有一股发霉的湿抹布的难闻气味。在这种情况下，要找到罪魁祸首并非易事，因为元凶可能是软木塞、打塞机、酒厂的卫生情况、软木塞的存储条件等问题。通常，各方会相互指责，而失望的消费者往往会埋怨葡萄酒品质低劣。

因此，一些葡萄酒生产商已经决定使用非软木瓶塞。面对这种威胁，欧洲软木塞生产商制定了一份软木塞制造国际宪章。越来越多的软木塞生产商自愿接受质量监督以保证软木塞的品质。

德国顶级葡萄酒生产商透露他们的软木塞秘密：软木塞的品质从好到优不等，但长度有一定的标准

天然软木塞
品质等级：低
约 24毫米 × 28毫米

聚合软木塞
人工着色，贴片
品质等级：中
23毫米 × 44毫米

聚合软木塞
人工着色，贴片
品质等级：低
23毫米 × 40毫米

天然软木塞
品质等级：中
24毫米 × 28毫米

天然软木塞
品质等级：低
24毫米 × 45毫米

聚合软木塞
22.5毫米 × 38毫米

合成塑胶瓶塞

起泡酒软木塞
品质等级：高
30毫米 × 48毫米

起泡酒软木塞
品质等级：中
30.5毫米 × 48毫米

瓶塞

17世纪最早的酒瓶是用在牛油里浸泡、麻布包裹的木塞进行封口。最早使用软木塞的是法国香槟地区的培里依修士。从那时起，软木塞成了最受青睐的优质葡萄酒瓶塞，各种类型的软木塞也随之应运而生。

根据软木树皮上孔眼的数量和软木塞的长度，天然软木塞分为很多种类。软木塞越长，品质就越好，价格就越高。最便宜的软木塞是由软木颗粒压制加工而成的聚合塞，多用于低廉的葡萄酒。中等品质的软木塞由软木屑和黏合剂填充而成。虽然这提升了软木塞的外观，但并没有改善软木塞的实际品质。一些生产商拒绝使用这些软木塞，因为葡萄酒会与黏合剂发生接触。因此软木塞制造商生产出了另一种聚合软木塞，即在两端贴上天然软木片。

起泡酒的瓶塞主体部分为聚合软木塞，一端贴上一片或两片天然软木。一端贴有塑料的天然软木塞用于蒸馏酒，如白兰地。

最近几年，瓶塞的种类大幅增加。例如，一家软木塞生产商已经开发出由直径小于1毫米的细微软木颗粒和聚氨酯胶粘合而成的软木塞。这款产品外观看似软木塞，但没有软木塞的缺点。

近来，人们对螺旋盖进行了大量的重新评估，主要是在白葡萄酒方面，因为它确实可以彻底防止白葡萄酒氧化。一开始，生产商们只将螺旋盖用于自己最基础的产品，但现在越来越多的高端葡萄酒也使用螺旋盖。甚至勃艮第的特级葡萄酒也不例外。最初，聚合软木塞似乎将成为稳定的替代品，而且已经获得了一定的市场份额，但试验表明，它们只能在较短的时间内为葡萄酒提供有效的密封，如两年。虽然许多生产商仍不愿放弃传统软木塞，特别是在保存红葡萄酒时，但螺旋盖的运用越来越广泛。这场竞争激发了软木塞公司发明更有效的方法来对付可怕的“木塞味葡萄酒”。因此，希望将来优质红葡萄酒打开时仍然能够听到“砰”的一声，而且没有任何木塞味。

天然软木塞
品质等级：中
24毫米×45毫米

天然软木塞
品质等级：高
24毫米×54毫米

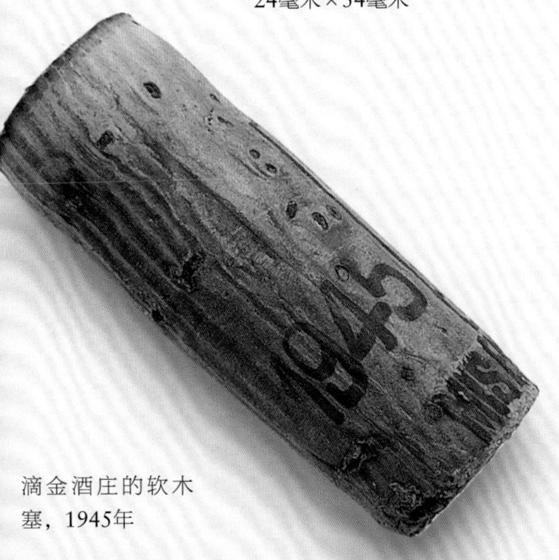

滴金酒庄的软木塞，1945年

年份久的葡萄酒通常只能通过软木塞来识别

马德拉

1420年，航海家亨利王子手下的葡萄牙船长约翰·贡萨尔维斯·扎尔科在离摩洛哥海岸600千米的一座传奇岛屿登陆。这座岛屿位于大西洋中部，森林茂密、荒无人烟，最高峰海拔1861米。将岛屿清理后，扎尔科开始种植甘蔗和玛尔维萨（一种也被称为马姆齐的甜葡萄）。美洲大陆被发现后，马德拉群岛成为大西洋航线上的供给站，获得重要的地位。这是英国船只唯一被允许进行补给的地方。

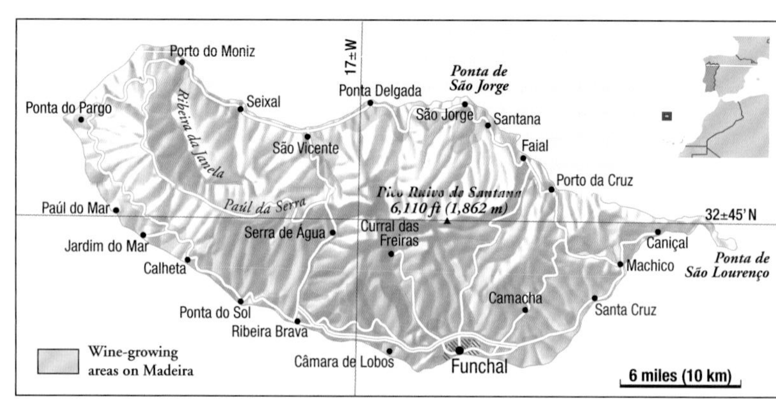

为了适应海上航行防止变质，马德拉酒中开始添加白兰地以增加酒精含量。人们很快发现这种葡萄酒在热带气候下发生了惊人的变化，口感大大改善。1750年后，英国经销商接手葡萄酒贸易，将加强马德拉酒运往印度和远东陈年。这里曾有70家葡萄酒公司，现在仅剩8家，它们使用传统技术模拟热带效应，将葡萄酒储存在45℃的加热罐（葡萄牙语“estufa”）中 3～5个月。还有两个比较柔和的方法，现在虽不常见，但仍在使用。一种是把葡萄酒倒入可容纳600升的木桶（称为“pipe”），放在通过蒸汽加热的房间里进行陈年。另一种是把木桶放置在名为“canteiro”的阁楼内，接受阳光的炙烤。顶级葡萄酒需要在木桶中熟成二三十年或者更久。只有这样的葡萄酒才会标注年份，往往数量很少。

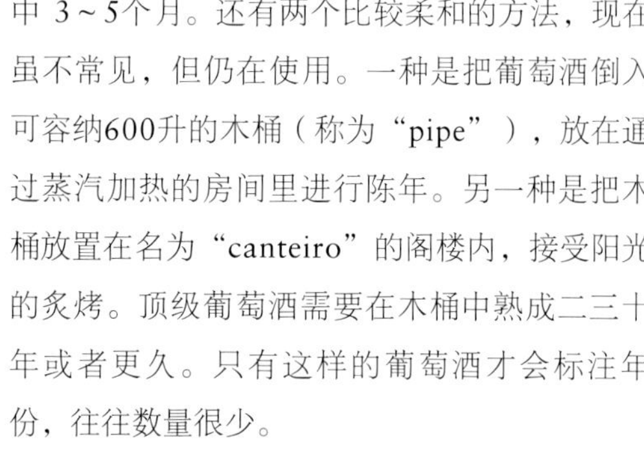

这是渔村卡马拉-德洛布什（Cámara de Lobos）远处陡坡上的梯田葡萄园。马德拉岛最大的葡萄种植区位于这里的南海岸

马德拉岛拥有2100公顷葡萄园，葡萄酒年产量为1000万升，但只有1/10的面积种植四种名贵葡萄品种：舍西亚尔、韦德罗、布尔和马姆齐。马德拉的种植方法相当古老。葡萄大都生长在梯田上的低矮棚架上，这样4000家葡萄酒生产商可以充分利用宝贵的土地资源。工人通常采用蹲或跪的方式采摘葡萄。收获的葡萄往往需要通过人力从220～300米的山坡运到最近的路上。然后，对葡萄进行简单、连续的压榨。酿酒过程必须精细、缓慢。添加酒精后，发酵停止。

遗憾的是，如今岛上的主角是黑莫乐，种植户和生产商都对这种葡萄不以为意，用来生产各种风味的廉价马德拉酒，占总产量的40%。

一举两得：棚架下种植蔬菜，棚架上爬有葡萄藤。当地农民必须这样做，因为他们往往只有很少的耕地

大西洋深处的珍品

听说过亚速尔（Azores）群岛的葡萄酒吗？这个位于大西洋深处的群岛出产的葡萄酒几乎不为人所知，甚至在葡萄牙也是如此，这可能是因为其位置偏僻，但更有可能是因为虽然亚速尔群岛的葡萄种植历史已达500年之久，却一直没有跟上现代化的发展。即使现在，主要酿自美国品种的亚速尔红葡萄酒有时还在地下的土罐中进行发酵。经过两三年的陈酿，这些葡萄酒变得酒体轻盈、果味浓郁，酒精含量很少超过10%。整个群岛只有四个岛屿种植葡萄，一家合作社和几个私人生产商从事葡萄酒酿造。这些葡萄酒大多由本地人消费。

优质马德拉葡萄酒

- *布尔*：半甜型马德拉酒的原料。这种罕见的葡萄品种需要更多热量，因此种植在南部，但糖分不高。酿造的葡萄酒具有杏干、葡萄干、坚果和焦糖的香味以及马德拉特有的氧化味。
- *马姆齐*：又称为玛尔维萨，比韦德罗少见。比波尔葡萄需要更多的热量，但糖分较多，酿造的马德拉酒甜度最高，不过由于该品种酸度充足，因此口感均衡。这种葡萄酒是盎格鲁-撒克逊（Anglo-Saxon）国家流行的利口酒。其酒体丰满、余味悠长，陈年后带有细腻的可可和巧克力味道。
- *舍西亚尔*：产自北部凉爽的葡萄园，生产最干、最稀有的马德拉酒。陈酿十年后，展现出非常醇厚和优雅的酒香，再过数年后，这种香味会更加细腻和精致。
- *特伦太*：这个充满传奇色彩的葡萄品种在葡萄根瘤蚜虫病暴发时几乎灭绝，出产的少量罕见陈年葡萄酒口感细腻、适宜久存。1795年的巴贝托-特伦太葡萄酒享誉盛名。
- *韦德罗*：这个早熟品种也产自北部，并且种植广泛。生产的半干型马德拉酒酸甜平衡，经过长时间陈年后散发出非常独特的烟熏香味和少许碘味。

马德拉葡萄酒的等级分类

即使是这座位于大西洋的岛屿也未能幸免葡萄根瘤蚜虫的侵袭。贪婪的害虫在这里也辛勤地劳作，摧毁了优质葡萄树。在补植的时候，岛上的许多葡萄酒生产商因为经济原因选择了便宜的品种，即杂交品种或黑莫乐。今天只有少数地区种植高品质葡萄，生产高品质葡萄酒，因此大多数马德拉酒使用加热罐酿造，并且注定成为烹饪用酒。

马德拉酒分成若干等级。佳酿（Finest）：最低级别，桶中陈酿3年。珍藏（Reserve）：桶中陈酿5年。特别珍藏（Special Reserve）：桶中陈酿10年，主要使用高品质葡萄酿造。超级珍藏（Extra Reserve）：桶中陈酿15年。年份马德拉（Vintage Madeiras）：最高级别，桶中陈酿20年，瓶陈2年。

马德拉酒似乎可以永久存放，年份最老的马德拉酒是世界上最罕见的佳酿之一

中东欧国家

中东欧国家

随着以内向型经济、共产主义思想为导向的东方集团的瓦解，东欧的葡萄酒生产国开始重新调整自己的方向。在政治变革之前，地缘政治术语“东欧”包括所有在苏联势力范围内的欧洲国家，也就是所谓的“东方集团”成员国。这个集团解散后，这些国家希望重新找回自己的身份，并且证明它们在历史上早已是中欧文化核心的一部分。

然而，这种重新思考一直都是这些国家面临的重大问题和挑战。过去葡萄酒生产和价格由国家控制，因此产量是首要目标，而品质则位居其次。现在，出口市场与政治变革前大不相同，葡萄酒不得不出口到西方国家。这意味着生产商和大型合作社必须进行改变来适应这种全新的局面。在捷克共和国、斯洛伐克共和国和匈牙利于2004年，罗马尼亚和保加利亚于2007年先后加入欧盟后，更是如此。这些国家如今也受欧盟葡萄酒生产法规的约束，而不再受制于本国法规。来自其他国家的竞争非常激烈，为了赢得客户，前东方集团的葡萄酒必须能够与世界各地的产品相抗衡。现在它们关注的焦点是品质，葡萄酒产量已大幅下降。

在这个转换过程中，有些国家已经取得巨大的进步，而有些国家则进步不大。此外，无论是在人们的思想上、心态上，还是日常生活中，许多传统还未破除。虽然不少葡萄园和合作社已经私有化，但仍然属于国家所有，特别是在独联体国家。不过，许多国家的新一代葡萄酒生产商准备独辟蹊径。他们从其他国家的同行那里获得有关葡萄园维护、葡萄酒酿造和窖藏技术等方面的

左图：国际葡萄品种的使用越来越普遍，不过产自本地葡萄的红葡萄酒也值得推荐

右图：就白葡萄酒而言，这些较不知名的本地葡萄品种常常会带来惊喜

咨询服务，而且初步的尝试已经取得一定成果。斯洛文尼亚和匈牙利就是很好的例子，数年来它们已经证明现在无须回避国际竞争。克罗地亚和保加利亚也正在生产一系列真正优质的葡萄酒。为了吸引西方消费者，过去的简单产品如最基本的葡萄酒需要以优质产品取代。这些国家不仅雄心勃勃，而且土壤和气候条件潜力巨大，在本地和国际葡萄品种方面也拥有坚实的基础。西方国家的生产商意识到这一点，正竭尽所能利用这些国家的情况变化。特别是在匈牙利和罗马尼亚，一流的托斯卡纳生产商、波尔多生产商、德国酿酒厂和酒商正与当地的生产商联手生产国际标准的葡萄酒。西方国家的投资和世界著名的葡萄品种如赤霞珠、梅洛、霞多丽，对这些国家的葡萄酒发展起着重要的作用。在各种贸易会上，本土生产商的巨额投资和努力显示出了卓越的成效。一些生产商现在也对当地葡萄的品质充满信心，如富尔民特、丽宝拉、玛露德和普拉瓦茨马里。他们试图凭借这些品种抓住西方的特色酒市场。利用现代酿酒技术，这些葡萄酒完全有能力在葡萄酒世界中取得应有的地位。

匈牙利的葡萄酒产区不仅历史辉煌，而且潜力巨大

匈牙利

在所有东欧国家中，也许只有匈牙利拥有真正享誉世界的优质葡萄酒。几百年以来，托卡伊阿苏一直都是珍品佳酿。

野猪岩（Disznókö）酒庄位于托卡伊地区的西南端，早在1772年就被列为最好的托卡伊生产商之一。自1992年以来这里正在经历葡萄酒复兴

火山底土

我们现在称为匈牙利的地方曾经是潘诺尼亚海，被阿尔卑斯山、喀尔巴阡山（Carpathians）和迪纳里克阿尔卑斯山（Dinaric Alps）环绕。这个国家地形独特，拥有众多小型死火山，为葡萄种植提供了理想的土壤条件。匈牙利北部的葡萄酒产区托卡伊和法国阿尔萨斯省的科尔马市（Colmar）位于相同的纬度，最南部的葡萄酒产区维拉尼（Villány）与法国西南部的干邑纬度相同。

很可能是罗马人把葡萄酒和葡萄酒酿造技术引入当时属于潘诺尼亚省一部分的多瑙河周围地区。9世纪马扎尔人征服这片土地时，发现了长势兴旺的葡萄园。1241年蒙古人入侵，对葡萄园造成严重的破坏。国王贝拉四世认为必须重新种植葡萄，因为匈牙利的气候非常适合葡萄种植和各种葡萄的生长。因此，这里葡萄酒种类繁多，从芳香的干白葡萄酒到著名的托卡伊阿苏甜葡萄酒等。此外，这里还有大量由本土和国际葡萄品种酿造的风味浓郁的红葡萄酒。

1989年政府停止所有补贴，匈牙利的葡萄酒行业出现了巨大的问题。葡萄种植面积从20世纪60年代的25万公顷缩减至今天的9.8万公顷。不过，被关闭和清除的葡萄园大多不在法定产区内。苏联解体前，匈牙利50%的葡萄酒产量出口到苏联。解体后，因为竞争加剧，出口到西欧国家困难重重。20世纪末，只有25%的葡萄酒用于出口。

右页图：巴拉顿湖地区希格里格特村（Szigliget）的葡萄种植户正在举行游行，他们把流行的灰比诺葡萄摆成传统的“酒盅”形状

葡萄酒产区和葡萄品种

匈牙利受大陆性气候影响，夏季炎热干燥，冬季非常寒冷。大约一半的种植区位于低地，尤其适合白葡萄品种的生长。红葡萄酒通常产自丘

陵地带。除了国际葡萄品种赤霞珠、品丽珠、梅洛、黑比诺、长相思、霞多丽、雷司令、麝香、贵人香、灰比诺、莱姆贝格等，这里也种植当地品种。最重要的白葡萄品种包括富尔民特、哈斯莱威路、基克涅鲁和兰卡。红葡萄品种卡达卡的种植面积一直在下降。匈牙利有3个大的葡萄种植区域，又可分为22个法定产区：

- 从布达佩斯（Budapest）向南，在匈牙利两条大河——多瑙河和蒂萨河（Tisza）之间是沙质土壤的匈牙利大平原。昆莎格（Kunság）是匈牙利最大的葡萄酒产区，尤其是在根瘤蚜虫病之后，因为葡萄根瘤蚜无法在沙质土壤里生存。这里雨水稀少，夏季炎热，冬季寒冷，葡萄酒产量约占匈牙利总产量的一半，主要包括干白葡萄酒、甜白葡萄酒、普通红葡萄酒和餐酒。哈耶沃什巴亚（Hajós-Baja）是匈牙利气候最温暖的葡萄酒产区。葡萄种植在黄色黏土里，出产的白葡萄酒和红葡萄酒品质优秀。
- 位于多瑙河以外巴拉顿湖周围的外多瑙（Transdanubia）种植区地形多样，包括平地、火山坡和丘陵等。这里以干型白葡萄酒、半甜型白葡萄酒和基础起泡酒为主。艾扎约和富尔民特分别是莫尔（Mór）和索姆罗（Somló）产区最知名的葡萄品种。一些产区也生产干红葡萄酒：西北部的索普朗（Sopron）出产大量莱姆贝格葡萄酒，多瑙河流域的塞克萨德（Szekszárd）以酒体强劲的红葡萄酒闻名，而匈牙利品质最好的红葡萄酒则来自南部的维拉尼产区。
- 连绵的山丘包围了匈牙利东北部的马特拉（Mátraalja）产区。和埃格尔（Eger）产区一样，这里也出产优质白葡萄酒，尤其是麝香葡萄酒。匈牙利最著名的葡萄酒产区托卡伊–海吉山麓（Tokaj-Hegyalja）也位于匈牙利的东北部。

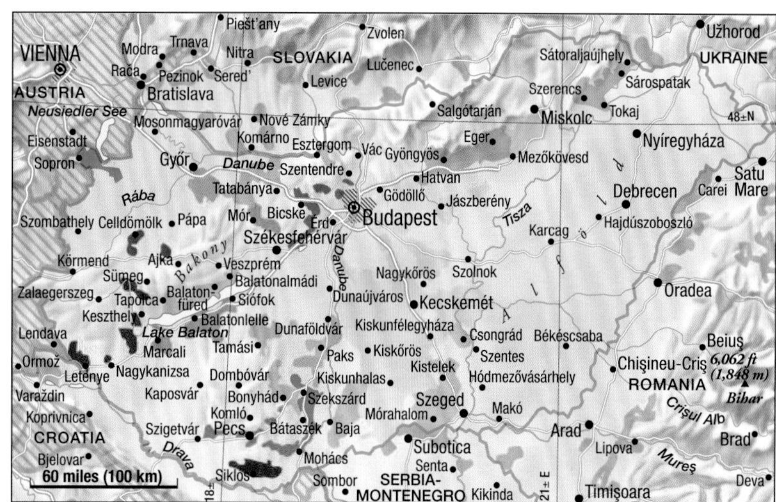

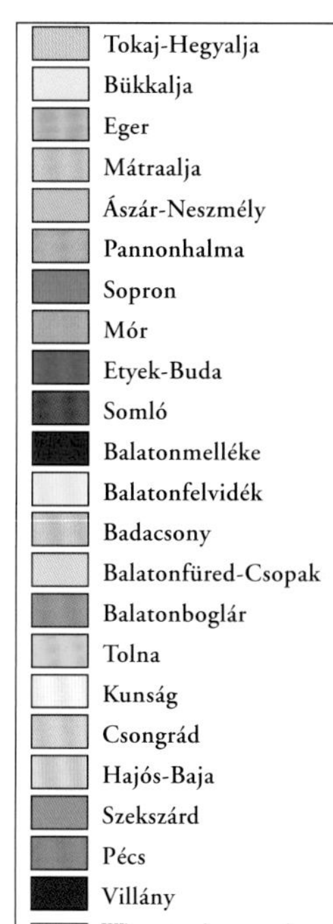

巴拉顿湖周围的葡萄酒产区

受庇护的葡萄园、陡峭的山坡、多样的土壤，加上巴拉顿湖这个气候调节器，为葡萄种植提供了完美的条件。古罗马人早就认识到了这一点，在此建立了许多葡萄园，比潘诺尼亚其他任何地方都多。巴拉顿湖是中欧最大的湖泊，宽阔的水面确保土壤温度适当，供水平衡，并且在夏季降低气温，在冬季缓解寒冷。

几百年来，巴拉顿湖北岸一直是重要的葡萄种植地。大部分葡萄园都位于由黏土、沙石、玄武岩、白垩土和火山熔岩构成的斜坡之上。酒体丰满、风味浓郁的酸性白葡萄酒就起源于这一地区。最流行的葡萄品种是贵人香，出产的葡萄酒新鲜、爽口，还有米勒-图高、雷司令、霞多丽、本地特色品种基克涅鲁以及灰比诺、麝香和琼瑶浆，后三种通常出产半甜型或甜型葡萄酒。红葡萄品种包括品丽珠、梅洛、茨威格、黑比诺和最近用来酿造桃红葡萄酒的莱姆贝格。

最近几十年，巴拉顿湖南岸才开始在宽阔的

平地和延伸至海边的缓坡上大量种植葡萄。由沙石、黏土和黄土构成的土壤主要出产白葡萄酒，葡萄品种与北岸相同，但多了一种不太常见的赛美蓉。这里的葡萄酒酸度偏低，口感较为清淡、柔和。匈牙利最大的酿酒厂之一位于巴拉顿博格拉尔镇（Balatonboglár），属于德国汉凯君兰起泡酒公司。超过1500公顷的葡萄被加工成基础起泡酒和品牌葡萄酒，主要品种包括霞多丽、兰卡、莎斯拉、伊尔塞奥利维、长相思、梅洛、莱姆贝格、黑比诺和赤霞珠。

匈牙利葡萄酒法律

1970年制定的葡萄酒法律于1990年7月被新法替代。新法基于前欧洲共同体的要求，更加严格。根据品质等级，葡萄酒分为以下几类：日常餐酒（Asztali bor）、地区餐酒（Tájbor）、优质葡萄酒（Minösegi bor）和特级优质葡萄酒（Különleges minösegi bor）。该命名体系将被下列名称取代：受保护原产地葡萄酒（Védett eredetu bor）以及用过熟或贵腐葡萄酿造的葡萄酒（Aszú，Aszúeszencia）。

宽广的葡萄园围绕在欧洲最大的湖泊——巴拉顿湖四周

埃格尔和维拉尼

埃格尔附近的新葡萄园展现了匈牙利葡萄种植的活力

虽然埃格尔在匈牙利东北部，而维拉尼在南部，但这两个葡萄酒产区却拥有重要的共同点：它们都是匈牙利的红葡萄酒中心。

古老的埃格尔是匈牙利最重要的贸易中心之一，也是匈牙利最美丽的城镇之一。这里最著名的葡萄酒是一种名为“Egri Bikavér”的红葡萄酒，意思是“公牛血”。它已经成为匈牙利的品牌葡萄酒，并且使埃格尔誉满天下。卡达卡曾经是酿造这种混酿酒的主要品种，现在已经被莱姆贝格所取代。另外几种用来调配“公牛血”的葡萄包括赤霞珠、葡萄牙人和梅洛，不过其他品种也允许使用。“公牛血”的名称源自一个传说：1552年，土耳其人围攻埃格尔数月，守卫埃格尔的士兵饮用了这种葡萄酒后斗志高昂，最后成功抵御了敌人的入侵。除了埃格尔出产的红葡萄酒，“公牛血”只能用来命名塞克萨德产区类似的红葡萄混酿酒。浅龄“公牛血”色泽深红，装瓶后口感浓烈、单宁强劲。购买“公牛血”或者其他顶级葡萄酒时，必须确认其完好密封，并且标有正式的国家序列号，以保证葡萄酒确实产自埃格尔。前面提及的其他酿造“公牛血”的葡萄品种可以用来酿造单一品种葡萄酒，也可以酿造其他混酿酒。

埃格尔同时受附近低地的暖空气和北部冷空气的影响。土壤一部分是火山土，一部分由石灰石、黏土、卵石和页岩构成。熔岩沉积物在这里具有特别重要的意义，大部分酒窖都是在这种柔软的岩石中挖掘而成。

埃格尔的“公牛血”因加入赤霞珠和梅洛葡萄而呈现出现代风格

除红葡萄酒外，这里的白葡萄酒也值得一提。最具特色的是贵人香、兰卡、琼瑶浆和麝香葡萄酒。哈斯莱威路也是与众不同的白葡萄酒，产自面积不大的德布洛（Debrö）地区。

维拉尼的先行者

维拉尼这个规模较小的葡萄酒产区十分引人注目。许多雄心勃勃的生产商效仿西方模式酿造葡萄酒。如今，这些高品质的葡萄酒虽然价格高昂，却在国际市场上非常抢手。

葡萄园沿着维拉尼高地的缓坡延伸，土壤由石灰石和多层沙质黄土组成。这里出产匈牙利最好的红葡萄酒，原因在于：一，亚地中海气候；二，有利的土壤条件；三，经验丰富、才干出众的酿酒师，他们既擅长橡木桶酿酒，又精通先进的窖藏技术。今天，梅洛、赤霞珠、品丽珠、莱姆贝格、茨威格和葡萄牙人已成为主要的葡萄品种。这些葡萄酒含有较高的酒精度和丰富的单宁，酒体丰满、香气浓郁，通常需要数年时间才能成熟。

在古老的葡萄酒之乡埃格尔，一片片规模较小的葡萄园构成了主要的风景

埃格尔和维拉尼的主要葡萄酒生产商

生产商：**Bock Pince*****
所在地：**Villány**
50公顷，年产量45万瓶
葡萄酒：Kékoportó，Kékfrankos，Merlot，Pinot Noir，Syrah；Ermitage，Capella Cuvée
József Bock是匈牙利最杰出、最知名的生产商之一，擅长在橡木桶中陈年红葡萄酒。他于20世纪90年代初开始采用这种方法，也是匈牙利最早一批在橡木桶中陈年葡萄酒的生产商，并且凭借自己的成功赢得了良好的声誉。1996年他在酒庄建立了一家餐厅。酒庄位于维拉尼的中心。

生产商：**Figula Pincészet***—******
所在地：**Balatonfüred**
25公顷，年产量15万瓶
葡萄酒：Olaszrizling，Szürkebarát，Chardonnay，Sauvignon Blanc；Merlot，Kékfrankos；Szilénusz and Gella
Mihály Figula在大型酒厂工作多年，1993年在巴拉顿湖区创建了自己的酒庄。2000年，他获封年度最佳生产商，以表彰他对匈牙利葡萄种植的贡献。他的酒庄主要生产酒体淡薄、口感酸爽的白葡萄酒。

生产商：**Gál Tibor Pincészet******
所在地：**Eger**
53公顷，年产量22万瓶
葡萄酒：Pinot Noir，Kékfrankos，Merlot，Kadarka，Syrah，Cabernet Sauvignon and Franc；Chardonnay，Szürkebarát，Traminer，Sauvignon，Leányka；Egri Bikavér
Tibor Gál是葡萄酒行业的一位传奇人物，他不仅因Ornellaia葡萄酒在匈牙利家喻户晓，而且还是著名的"飞行酿酒师"。他深受酿酒师欢迎，因为他指导他们如何酿造典型的匈牙利葡萄酒。他在人生的最后几年建立了一家酒庄，只加工产自顶级葡萄园的葡萄。在南非的一次事故中他不幸丧生，之后酒庄由他的家人接手。

生产商：**Gere Attila Pincészete******
所在地：**Villány**
60公顷，年产量40万瓶
葡萄酒：Cabernet Franc，Merlot，Cabernet Sauvignon，Kékfrankos and Shiraz；Kopár Cuvée and Solus
Attila Gere放弃自己的林业专业，于1991年建立了自己的酒庄。他的葡萄园都位于著名的地点，如Kopár、Ördögárok和Csillagvölgy，在那里他尝试种植匈牙利古老的葡萄品种和新葡萄品种。他使用大木桶陈年葡萄酒，但顶级产品在新桶中熟成。1992年，他与奥地利人Franz Weninger成立了一家合资公司，生产顶级葡萄酒。短短几年内，他通过努力成为匈牙利顶级生产商之一。

weninger
Sopron | Balf

Kékfrankos
Sopron
2006
750ml 12,5% vol

生产商：**Pfneiszl*****
所在地：**Sopron**
27公顷，年产量不详
葡萄酒：Kékfrankos，Cabernet Sauvignon，Merlot，Shiraz and Zenit；Újra Együtt，Tango and Impression Rouge
1993年，这个居住在奥地利的葡萄酒家族重新获得了他们位于匈牙利的葡萄园，从那之后又在索普朗经营了第二家酒庄。2006年，受到附近新希德尔湖国家公园的影响，开始使用生物方法种植葡萄。2004年5月1日匈牙利加入欧共体时，爱国葡萄酒Újra Együtt问世。

生产商：**Polgár Pincészet***—******
所在地：**Villány**
65公顷，年产量18万瓶
葡萄酒：Kékoportó，Cabernet Franc，Cabernet Sauvignon，Shiraz，Merlot；Chardonnay，Olaszrizling；Elixír，Pólgar Cuvée
该家族企业由Zoltán Polgár经营，种植当地特有的红葡萄和白葡萄品种。Zoltán Polgár也是一名迅速崛起的生产商。他在一个16世纪的避难所里建立了一个酒窖，客户可以将自己的葡萄酒存放在上锁的隔间。

生产商：**Vida Péter***—******
所在地：**Szekszárd**
10公顷，年产量6万瓶
葡萄酒：Kadarka，Kékfrankos，Merlot，Cabernet Franc；Vida Cuvée
Péter Vida对他的卡达卡葡萄酒引以为傲，这些葡萄酒采用树龄达85年之久的老藤的葡萄酿制而成。他是红葡萄酒专家，大部分葡萄酒在大橡木桶中熟成。

生产商：**Vylyan Vinum Borászati*****
所在地：**Kisharsány（near Villány）**
125公顷，年产量50万瓶
葡萄酒：Cabernet Sauvignon，Cabernet Franc，Merlot，Pinot Noir，Syrah，Kadarka and Kékfrankos；Duennium
这里的主角是红葡萄酒，包括使用本地品种酿造和大木桶陈年的清淡葡萄酒，以及使用国际品种和新橡木桶陈年的葡萄酒。Duennium是一款混酿酒，由产自杰出年份的顶级葡萄园的高品质葡萄酿造。

生产商：**Weninger Pincészet******
所在地：**Balf**
24公顷，年产量8万瓶
葡萄酒：Kékfrankos，Merlot，Syrah，Cabernet Franc；Fehérburgundi；Frettner
Franz Weninger是一位来自奥地利的酿酒师，1997年分别在维拉尼和索普朗建立了酒庄。葡萄园靠近新希德尔湖，土壤肥沃，富含矿物质。在父亲的指导下，Weninger也开始酿造风味浓郁的葡萄酒。酒庄生产的葡萄酒在匈牙利堪称一流，尤其是莱姆贝格和西拉葡萄酒。

托卡伊葡萄酒

匈牙利最著名的葡萄酒称为“托卡伊”，与托卡伊城和匈牙利东北部的托卡伊山同名。这个名称还可以指葡萄酒产区“托卡伊-海吉山麓”（匈牙利语意为“托卡伊山脚”）。葡萄园延伸至斯洛伐克，位于曾普林（Zemplin）山脉向南的斜坡上。博德罗格河（Bodrog）和蒂萨河流经平原，创造了特殊的气候条件，有助于贵腐的形成和葡萄的风干，可以在秋季提高富尔民特、哈斯莱威路和麝香三个葡萄品种的含糖量。这里的自然条件与法国苏玳地区相同，但气候不是托卡伊阿苏葡萄酒与众不同的唯一原因。葡萄品种、火山土壤、传统的酿造工艺和理想的储存条件，所有这些都功不可没。

葡萄酒产量取决于葡萄树本身和每公顷葡萄树的数量。为保证品质，通常葡萄园内的葡萄树不超过1万棵。今天，得益于西欧国家的投资，葡萄园和酿酒厂正在经历复兴，否则这里的葡萄酒将会因为过时尤其是氧化的陈年方法而无法跟上国际发展的步伐。除了众所周知的甜葡萄酒，托卡伊地区也生产单一品种干白葡萄酒。

精致、甘醇的托卡伊阿苏再一次令葡萄酒爱好者着迷。但是受益于现代酿酒技术，特别优质的干型富尔民特和哈斯莱威路葡萄酒也取得了巨大成功

由于国际合资企业的进驻，托卡伊地区正在经历巨大的变化

比苏玳葡萄酒更古老

早在马扎尔人（即现在的匈牙利人）入侵以前，这里就已经开始酿造葡萄酒。中世纪时期，葡萄种植户从意大利和现在比利时南部的瓦隆（Wallonia）迁移到托卡伊地区。15世纪末，托卡伊葡萄酒迎来大发展，当时第一瓶阿苏问世，比苏玳葡萄酒早200年，比莱茵河谷的第一款顶级葡萄酒早1个世纪。匈牙利人宣称传奇的马扎尔葡萄酒在16世纪时就已大量出口到国外。据说在1652年举行的特伦托会议上，匈牙利大主教德拉斯柯维奇把著名的托卡伊阿苏葡萄酒作为礼物赠送给教皇比约四世。托卡伊阿苏从此开始声名鹊起。这种葡萄酒迅速成为国王和沙皇的宠儿，几百年来都是欧洲宫廷宴会上的必备佳酿。法国国王路易十四赐予托卡伊最高荣誉："王者之酒，酒中之王。"伏尔泰、拉伯雷、歌德等作家也用这种葡萄酒寻找灵感。托卡伊阿苏获得的赞美甚至超过匈牙利国歌。

和欧洲其他葡萄园一样，匈牙利的葡萄园在19世纪末也遭受了葡萄根瘤蚜灾害，大部分葡萄园被毁。在重建的过程中，这个国家经历了重大的政治变动，第一次世界大战结束后，匈牙利葡萄酒在这几十年内没有任何发展，品质也没有提高。直到1989年，情况才开始好转。一是因为匈牙利生产商的热情，二是由于国外投资和期待已久的酿造厂现代化改造。动荡时期过后，伟大的托卡伊阿苏和芳香四溢的富尔民特干白葡萄酒像睡美人一样从沉睡中醒来。

国际援助下的重生

从根瘤蚜灾难中恢复并重新种植葡萄后，由于几十年的孤立政策，托卡伊葡萄酒在西方国家非常少见。葡萄园被全部国有化，由1949年成立的农业合作社经营。葡萄酒的品质逐渐下滑：系统化的杀菌、氧化甚至添加酒精终止发酵过程等方法使葡萄酒的品质降到历史最低点。批量生产的带有氧化味的葡萄酒大量出口到苏联（主要用以换取天然气），这是第二次世界大战后匈牙利最大的市场。1991年，匈牙利政府决定出售大部分种植区，来自法国、西班牙、德国和其他国家的投资者成立了许多合资企业，其中不少由法国大型保险公司投资，如A.X.A.投资的野猪岩酒庄和G.M.F.投资的汉若乐（Hétszölö）酒庄。佩佐斯酒庄（Château Pajzos）由两名波尔多酿酒师阿库特和罗兰管理。西班牙最知名的葡萄酒生产商贝加西西里亚收购了奥廉穆斯（Oremus）酒庄，德国实业家托马斯·林德纳投资了格罗夫德根菲尔德（Gróf Degenfeld）酒庄，还有许多其他企业也对托卡伊的酒庄进行了投资。不过，也有不少小酒庄由匈牙利人所建立。所有这些生产商都在努力恢复这个传统产品的原有品质，并且已经获得了成功。托卡伊葡萄酒产区的重大意义也受到联合国教科文组织的重视，于2002年被列为世界文化遗产。

平民百姓现在也饮用被誉为"王者之酒，酒中之王"的葡萄酒

在托卡伊-海吉山麓酿酒厂的后方，大片的酒窖绵延至远处的小山

阿苏葡萄酒的酿造过程

托卡伊阿苏的酿造过程非常独特。10月和11月间，酒庄会按照严格的标准逐粒采摘感染贵腐霉菌的过熟富尔民特、哈斯莱威路和吕内尔麝香葡萄，装入25千克容量的小筐桶，这种容器被称为“puttonyo”。葡萄经过仔细捣碎后生成贵腐葡萄汁。根据不同的要求，将三筐至六筐的贵腐葡萄汁加入136升由同种葡萄酿造的新酒里，相当于一个本地木桶的容量。与以往不同，今天雄心勃勃的托卡伊生产商们确保这种基酒本身就具有出众的品质和一定的残糖含量。添加的筐数决定了葡萄酒的甜度：筐数越多，葡萄酒越甜。葡萄酒的酒标显示了葡萄酒的甜度：三筐相当于60克/升的残糖量，四筐为90克/升，5 筐为120克/升，六筐为150克/升。这种添加糖分的葡萄酒需要在小木桶里陈酿数年（5—7年），然后用500毫升的独特透明酒瓶进行灌装。

优质托卡伊年份酒的味道令人难忘。筐数越多，葡萄酒就越醇厚、浓郁、复杂。当甜味慢慢消失时，柔和的酸味开始刺激味蕾，达到口感的平衡与协调。这种葡萄酒散发出多种迷人的香气，如葡萄干、蜂蜜、李子和杏的味道。

在杰出的年份，可以生产更甜的托卡伊葡萄酒，称为托卡伊阿苏爱真霞（Tokaji-Aszúeszencia），残糖量至少为180克/升。比阿苏爱真霞更好的是一种黏稠的托卡伊，酒精含量非常低，由阿苏葡萄的第一批自流汁酿制而成。由于含糖量高达60%，发酵过程需要数年。匈牙利把这种高贵、罕见的葡萄酒称为托卡伊爱真霞（Tokaji Eszencia）。

托卡伊葡萄酒还包括其他特色产品，这里我们只介绍托卡伊莎莫诺德尼（Tokaji Szamorodni）葡萄酒。“Szamorodni”这个名称源自波兰语，有“天生如此”之意。这是一种简单的托卡伊阿苏葡萄酒，也酿自本地品种，但只有部分葡萄感染贵腐霉菌，而且没有经过逐粒挑选。根据葡萄的品质和贵腐葡萄的比例，葡萄酒的残糖量有所不同。除了甜莎莫诺德尼（Édes Szamorodni），还有干莎莫诺德尼（Száraz Szamorodni）。这种葡萄酒用没有感染贵腐霉菌的葡萄酿造，果味浓郁、香气细腻，是理想的开胃酒。

托卡伊的主要葡萄酒生产商

可能是世界上最古老的A.O.C.

早在1700年，在葡萄牙对杜罗河谷高贵的葡萄酒设置地理分界之前，托卡伊顶级葡萄园的名单就已拟定，葡萄酒按特征分为一级、二级和三级。这样的体系直到1935年才被法国引入。

生产商：Árvay és Társa Pincészet****
所在地：Tokaj
82公顷，年产量12万瓶
葡萄酒：Furmint，Hárslevelü，Muskotály，Sauvignon Blanc，Chardonnay；Aszú，Casino Cuvée，Vulcanus，Szamorodni
作为酒庄的商标和标语，“Hétfürtös”出现在每个酒标上，意思是“7串葡萄”，即每棵葡萄树上果实的最大数量，显示了酒庄对产量的严格控制。这里种植的葡萄品种超过三个，在托卡伊的酒庄中非常少见。

生产商：Demeter Zoltán Pincéje*-******
所在地：Tokaj
4公顷，年产量6000瓶
葡萄酒：Furmint，Hárslevelü；Aszú，Föbor
该小酒庄已有11年的历史，一直没有扩大。阿苏葡萄酒等级通常为6筐。此外，这里还生产单一品种干型葡萄酒，与Szamorodni相似，被称为Föbor。

生产商：Gróf Degenfeld Szölöbirtok****
所在地：Tarcal
35公顷，年产量20万瓶
葡萄酒：Furmint，Hárslevelü，Muscat Lunel；Aszú，Andante
匈牙利女伯爵及其德国丈夫在自己的庄园里建立了一家现代化的酒庄，并把它发展成托卡伊地区最好的酒庄之一。他们还在酒庄旁建立了一家四星级的城堡酒店。酒庄主要生产高品质的葡萄酒，甜葡萄酒和富尔民特干葡萄酒都达到了这个水准。

生产商：Királyudvar*-******
所在地：Tarcal
75公顷，年产量4.8万瓶
葡萄酒：Furmint，Hárslevelü，Muskotály；Aszú，Sec，Cuvée Ilona
1997年，István Szepsy为一名美国投资客建立了一家新酒庄，并传授其传奇的品质理念。葡萄酒经过至少6个月的橡木桶熟成后进行装瓶，储存在装有空调的房间里。他把一部分葡萄园租赁给酒庄的工作人员，工作人员再把葡萄出售给酒庄，从而实现高标准的品质。

生产商：Pendits Szölöbirtok*-******
所在地：Abaújszántó
115公顷，年产量6500瓶
葡萄酒：Furmint，Hárslevelü，Muskotály；Aszú，Botrytis Selection，Szellö
自1991年起，Marta Wille-Baumkauff和她的德国丈夫一起推动酒庄的发展。这是托卡伊地区唯一一家只使用生物动力种植法的酒庄。葡萄园早在1867年就被列为一级葡萄园。

生产商：Szepsy István*-******
所在地：Mád
44公顷，年产量5万瓶
葡萄酒：Furmint，Hárslevelü，Muscat Lunel；Aszú，Szamorodni，Cuvée
自1976年起，István Szepsy就开始购买托卡伊位置最佳的葡萄园，包括Király、Nyulászó、Szent Tamás、Úrágya和Lapis等地区。严格的产量控制有助于贵腐霉菌的频繁形成，因此István Szepsy只生产6筐的阿苏葡萄酒和富尔民特干葡萄酒。他是公认的生产现代托卡伊葡萄酒的典范，毫无疑问也是最好的生产商。

生产商：Tokaj Disznókö Szölöbirtok*-******
所在地：Mezözombor
100公顷，年产量不详
葡萄酒：Furmint，Hárslevelü，Zéta，Muskotály；Aszú，Szamorodni
顶级葡萄园：Disznókö，Lajos，Kapi
该酒庄被法国A.X.A.集团（还拥有几家波尔多酒庄）收购后，形成了自己的独特风格。葡萄园都位于最佳的位置。葡萄酒根据葡萄园的等级进行陈年，然后再进行混合。

生产商：Tokaj Hétszölö*-******
所在地：Tokaj
49公顷，年产量15万瓶
葡萄酒：Furmint，Hárslevel，Muskotály；Aszú，Szamorodni
这家酒庄在贵族手中经历了几百年。历史悠久的Rákóczi酒窖位于托卡伊镇中心，仍然属于酒庄的一部分。在私有化的浪潮中，酒庄于1991年被法国投资商G.M.F.接管。单一品种阿苏葡萄酒是这里的特色。

生产商：Tokaj-Oremus Szölöbirtok****
所在地：Tolcsva
110公顷，年产量不详
葡萄酒：Aszú，Szamorodni
这家著名酒厂成功的原因包括：第一，自1993年由西班牙酒庄Vega Sicilia投资以来，采用了最先进的技术；第二，所有酿酒环节由首席酿酒师Dr. András Bacsó决定，他曾管理过一家葡萄酒合作社，拥有丰富的经验；第三，富尔民特的杂交品种泽塔（Zéta）成熟较早，而且特别容易感染贵腐霉菌。

捷克共和国

13世纪的德维基（Devicky）城堡坐落在巴拉瓦（Pálava）葡萄酒产区中部的德文山（Devin）之上，毗邻著名的葡萄酒小镇巴甫洛夫（Pavlov）

据说捷克共和国的葡萄种植始于9世纪的梅尔尼克（Melnik），伏尔塔瓦河（Moldau）与易北河交汇的地方。这个地区的葡萄种植一直持续到今天。当原来的主人回到梅尔尼克城堡后，竭尽全力帮助周围的葡萄种植区恢复昔日的荣耀。20世纪90年代初，捷克共和国从前捷克斯洛伐克共和国中独立出来，但是对这个啤酒生产大国的葡萄种植影响微乎其微。直到2004年加入欧盟后，该国的葡萄酒法律才根据德国的法律进行了调整，按照品质将葡萄酒分为各个等级，并且引入了原产地命名体系。目前，捷克共和国拥有1.9万公顷葡萄种植面积，根据地理条件划分为波希米亚（种植面积不足全国种植总面积的5%）和摩拉维亚（Moravia）两个地区。除了易北河流域以及伏尔塔瓦河上游直至布拉格（Prague）的区域，波希米亚前矿业重镇莫斯特（Most）也有少数葡萄园。较大的产区位于摩拉维亚南部，尤其是这些城镇附近，包括兹诺伊莫（Znojmo）、米库洛夫（Mikulov）、大帕夫洛维采（Velké Pavlovice）和布泽涅茨（Bzenec）。国有大型酒厂私有化，许多生产商建立了自己的小酒庄。令人吃惊的是，这里的葡萄酒品质标准始终非常高，但由于产量太低，对国外市场影响甚微，而且虽然捷克人偏爱啤酒，但他们仍然能消耗掉所有出产的葡萄酒。

捷克共和国属于大陆性气候，只有山脉和河谷才能抵御暴风和寒冬。在波希米亚，葡萄树种植在玄武岩土壤或者白垩沉积土中，而摩拉维亚葡萄园的土壤主要由黏土、沙砾和白垩构成。这里的主角是白葡萄品种：米勒-图高、绿维特利纳、贵人香、雷司令、白比诺、长相思、霞多丽和琼瑶浆。约三分之一的面积种植红葡萄品种，包括圣罗兰、蓝弗朗克、茨威格、黑比诺、葡萄牙人和安得雷（1961年在摩拉维亚开发出来，也有一小部分生长在德国的萨勒-温斯图特产区）。捷克共和国已经创下了一个小世界纪录，圣罗兰的种植面积比世界其他任何地方都广。

在捷克共和国的葡萄酒市场占主导地位的是波希米亚起泡酒集团，还经销摩拉维亚其他几个大酒厂的葡萄酒，年销量达3500万瓶。

斯洛伐克

斯洛伐克发达的农业也体现在葡萄种植上。考古发掘证明，早在公元前6世纪，即罗马人入侵以前，小喀尔巴阡山（Lesser Carpathians）地区就开始种植葡萄。除了一两次中断，葡萄种植一直持续至今。中世纪后期，普莱斯堡〔Pressburg，今首都布拉迪斯拉发（Bratislava）〕成为重要的葡萄酒贸易中心。但是1989年后，大型国有酒厂和葡萄园的私有化进展缓慢，仍然有不少大酒厂归国家所有。私人酿酒的发展催生了许多小酒庄，但它们生产的葡萄酒只在本地销售。唯一例外的是贝拉酒庄（Château Béla），这个酒庄坐落在多瑙河河畔，由于和德国伊慕（Müller-Scharzhof）酒庄的家庭关系，得到来自德国的支持。

斯洛伐克的地形以喀尔巴阡山脉及其丘陵为主，因此葡萄只能种植在南部奥地利和匈牙利边境大约500千米长的条状地带，受多瑙河影响极大。目前斯洛伐克的葡萄种植面积达2.6万公顷，三大葡萄种植区分为15个产区。最重要的中心是布拉迪斯拉发北部小喀尔巴阡山区的皮兹诺克（Pezinok）、拥有休伯特（Hubert）起泡酒厂（创建于1825年）的斯利德（Sered）、温暖的多瑙河低地尼特拉（Nitra）、莫德里卡门（Modrý Kamen）以及这个国家最东端科希策（Kosice）南部的托卡伊。关于斯洛伐克产自和邻国匈牙利相同气候和土壤条件的葡萄酒能否使用“托卡伊”这个名称的问题，长期以来一直存在争议，最后达成了一个折中方案，即如果斯洛伐克遵守匈牙利的品质规范，其边境地区根据匈牙利的标准生产的葡萄酒可称为托卡伊。斯洛伐克的葡萄品种与邻国一样，包括富尔民特、利珀维纳（匈牙利的哈斯莱威路）和吕内尔麝香。这里也出产两种托卡伊莎莫诺德尼葡萄酒：托卡伊莎莫诺德尼干葡萄酒（Tokajské samorodné suché）和托卡伊莎莫诺德尼甜葡萄酒（Tokajské samorodné sladké）。托卡伊阿苏使用斯洛伐克语名称“Tokajsky vyber”，但只分为两筐至五筐。白葡萄占其他葡萄品种的80%，包括贵人香、绿维特利纳、米勒–图高、白比诺、雷司令、西万尼和琼瑶浆。红葡萄品种以蓝弗朗克和圣罗兰为主。大酒厂也生产许多由多种葡萄混酿的品牌葡萄酒。供国内消费的餐后甜酒也占有一席之地。

小喀尔巴阡山脉葡萄酒产区的秋景

斯洛文尼亚

斯洛文尼亚是第一个于1991年宣布独立的国家，2004年作为一个经济强劲稳定的国家加入欧盟。斯洛文尼亚生产的葡萄酒从奥匈帝国时期直到今天都非常抢手。当时葡萄园面积达5万公顷，现在将近2.5万公顷。

斯洛文尼亚共有14个葡萄酒产区，分别位于三大地区：

- 普利莫斯克（Primorska）坐落在西部边界，与意大利接壤。意大利葡萄酒产区科利奥的喀斯特地貌延伸至斯洛文尼亚境内。直到今天，两国的生产商仍然在对方国家经营葡萄园。这里的土壤主要由石灰岩和红土构成，共有四个葡萄酒产区，已经建立了许多私人酒庄，并且获得了很高的国际声誉。
- 最大的葡萄种植区是德拉瓦（Drau）河畔的波德拉维（Podravje），从奥地利的施蒂利亚南部一直到克罗地亚，也被称为斯洛文尼亚的施蒂利亚。7个葡萄酒产区的葡萄园坐落于陡峭或梯田式的山坡上，土壤为白垩或黏土。人们在马里博尔镇（Maribor）发现了世界上最古老的葡萄树，距今约400年。
- 萨韦（Save）河畔的波萨维（Posavje）种植区至今仍鲜为人知。三个葡萄酒产区位于东南部，毗邻克罗地亚边境。茨维挈克（Cvicek）是一种由本地葡萄品种混酿的红葡萄酒，在这里非常出名。

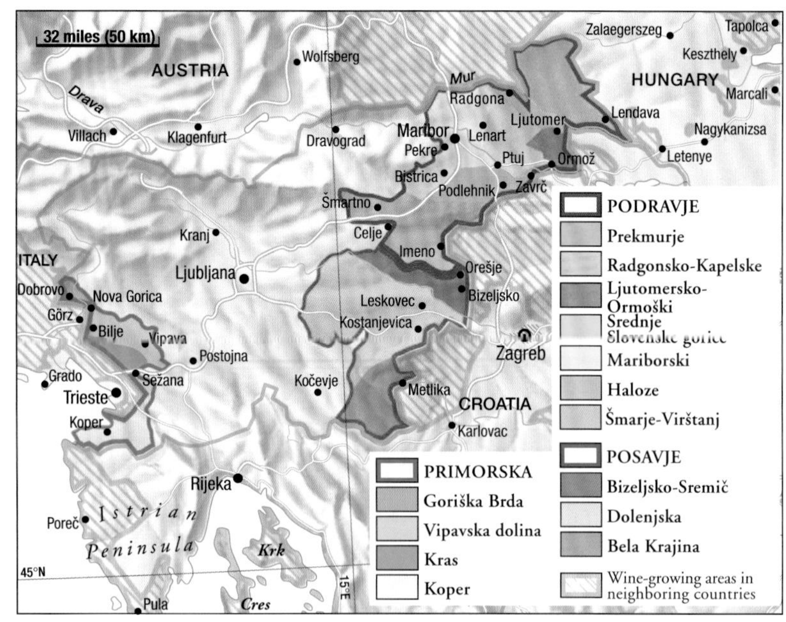

斯洛文尼亚的气候条件独特，拥有阿尔卑斯高山气候、地中海气候和潘诺尼亚平原大陆性气候，不同区域之间相互重叠、彼此影响。强劲、凛冽的东北风——布拉风一年肆虐数次。斯洛文尼亚75%的葡萄园种植白葡萄品种，包括贵人香、霞多丽、长相思、富尔民特、雷司令、白比诺、玛尔维萨、灰比诺、琼瑶浆、麝香、苏维浓纳斯以及本地的泽莲、丽宝拉和比纳拉。红葡萄品种包括梅洛、蓝弗朗克、赤霞珠、黑比诺以及本地的莱弗斯科和詹托卡。

斯洛文尼亚葡萄酒行业的私有化已基本完成。除一些合作社外，大小酒庄的葡萄园都根据西方邻国的技术标准进行管理。

鲁托奥马（Ljutomer-Ormoz）产区位于斯洛文尼亚最重要的葡萄种植区波德拉维，毗邻奥地利和匈牙利

捷克共和国、斯洛伐克和斯洛文尼亚的主要葡萄酒生产商

捷克共和国

生产商：Zámek Melník***
所在地：Melník
75公顷，年产量35万瓶
葡萄酒：Rulandské modré，Svatova vrinecké，Modry Portugal，Zweigelt；Ryzlinkrynsky；Ludmila，Labín
传统的Ludmila混酿酒使用当地独特的酒瓶灌装，以开启波希米亚葡萄种植先河的公主的名字命名。酒庄曾经为国有财产，1992年出售给Lobkowicz家族。他们更新了2/3的葡萄园，部分属于当地特有品种。

斯洛伐克

生产商：Vitis Pezinok*-***
所在地：Pezinok
270公顷，年产量不详
葡萄酒：Rizling rynsky，Sauvignon，Rulandské sedé，Tramín，Veltlínske zelené；Frankovka，Svätovavrinecké；Klástorné
这家小喀尔巴阡山地区最大的合作社创立于1935年，1951年被国有化，重获独立。

斯洛文尼亚

生产商：Batic***-****
所在地：Sempas
18公顷，年产量5万瓶
葡萄酒：Sivi Pinot，Chardonnay，Sauvignon，Malvazija，Rebula，Pinela，Zelen；Cabernet Franc，Merlot，Modri Pinot
Ivan Batic坚持Vipavatal地区长久以来的葡萄种植传统，采用生物方法管理葡萄园。这个传统已经延续数百年，是该地区的特征。酒庄的标志是黑豹，也是斯洛文尼亚民族的象征。

生产商：Cotar****
所在地：Gorjansko（near Komen）
7公顷，年产量2.5万瓶
葡萄酒：Cabernet Sauvignon，Teran（Refosk）；Malvazija，Sauvignon，Chardonnay，Vitovska；Terra Rossa，Drazna
Branko Cotar最初只是为他的餐厅酿造葡萄酒，后来成为一个充满激情的葡萄种植专家。由于喀斯特土壤对葡萄种植来说过于疏松，他从Dolinen将红土带到他那阳光普照的葡萄园。他的回报是品质一流的葡萄酒。

生产商：Dveri Pax***-****
所在地：Jaringhof Castle（near Jarenina）
56公顷，年产量10万瓶
葡萄酒：Renski Rizling，LaǰskiRizling，Sauvignon；Modri Pinot，Modra Frankinja；Eisenthür，Pekel，Admund
酒庄由著名的奥地利酿酒师Erich Krutzler于2002年创立，现在由斯洛文尼亚的Danilo Flakus经营。采用生态法酿造该地区特有的葡萄酒。

生产商：Kogl***
所在地：Velika Nedelja
7公顷，年产量3万瓶
葡萄酒：Muscat，Sauvignon，Ranina，Sämling，Auxerrois；Modri Pinot，Syrah；Magna Dominica Ruber
Franci Cvetko以葡萄园的名称命名他的酒庄，葡萄园临近Ormoz，离克罗地亚边境不远。他的葡萄酒根据混酿酒中葡萄品种的数量来命名：Solo、Duo、Trio、Quartet。

生产商：Movia**-****
所在地：Ceglo（near Dobrovo）
21公顷，年产量10万瓶
葡萄酒：Rebula，Sivi Pinot，Sauvignon；Merlot，Modri Pinot；Veliko Belo，VelikoRdece，Gredic，Esenca，Puro
Ales Kristancic拥有1600只橡木桶。经典葡萄酒（白葡萄酒使用不锈钢酒罐，红葡萄酒使用大木桶）包括“Vila Marija”系列，这种在橡木桶中熟成时间长达65年的葡萄酒使用黑色的酒标。自1989年起，Kristancic一直采用生物动力种植法，他的酒庄在斯洛文尼亚处于领先的地位，而他个人也凭借自己的魅力激励了整整一代生产商。

生产商：Scurek****
所在地：Plesivo（near Dobrovo）
13公顷，年产量6万瓶
葡萄酒：Rebula，Beli Pinot，Sivi Pinot，Sauvignon；Merlot，Cabernet Franc；Stara Brajda
Stojan Scurek及其5个儿子一起经营位于意大利Collio地区的葡萄园。酒标上的蟋蟀既代表家族名称，也象征自然的酿酒方法。酒庄的特色是用许多本地葡萄品种调配而成的混酿酒。

生产商：Simcic****
所在地：Ceglo（near Dobrovo）
16公顷，年产量8万瓶
葡萄酒：Sivi Pinot，Sauvignon，Sauvignonasse，Rebula；Modri Pinot，Cabernet Sauvignon；Leonardo，Teodor
Marjan Simcic家族的葡萄园一半位于Brda，另一半位于Collio。使用自然种植法，产量较低。采用新藤葡萄酿造的鲜爽葡萄酒在不锈钢酒罐中陈年，而产自树龄高达50年的老藤的葡萄酒在法国橡木桶中陈年。

生产商：Vino Kupljen***-****
所在地：Mihalovci（near Ivanjkovci）
17公顷，年产量12万瓶
葡萄酒：Renski Rizling，Sivi Pinot，Laǰski Rizling，Sauvignon，Kerner，Beli Pinot；Modri Pinot；Spirit of Jeruzalem
Joze Kupljen是一个充满激情的酿酒师和美食家：酒庄里设有餐厅，他还在德国Mainz经营另一家餐厅。使用不锈钢酒罐和橡木桶酿造的葡萄酒都品质一流。他使用独特的葡萄酒名称和新颖的营销策略，建立了斯洛文尼亚第一家国家葡萄酒银行和葡萄酒学院。

保加利亚

梅尔尼克位于索非亚（Sofia）以南，这里特有的葡萄品种也被称为梅尔尼克，另一个名称是保加利亚西拉

玫瑰之国的葡萄园

保加利亚北界罗马尼亚，西邻塞尔维亚和马其顿，东濒黑海，南接土耳其和希腊，生产的红葡萄酒和白葡萄酒在许多西欧国家占有新的出口市场，尤其是英国、德国、比利时、荷兰和卢森堡五国。因此，国营和新兴的私营酿酒厂都已做好准备扩大投资，而且超高性价比的产品（购买保加利亚葡萄酒的重要原因）也为它们赢得了很好的市场地位。

680年左右，保加利亚第一个王国建立。两百年后，该国进入黄金时代，很多地区出现了重大创新。圣西里尔与圣梅多迪乌斯兄弟发明了西里尔字母表，对斯拉夫文学与文化产生了决定性的影响。许多保留下来的建筑和遗迹见证了这一时期和下一世纪兴盛的建筑活动和繁荣景象。第二次世界大战后，保加利亚共和国成立，当时的葡萄酒行业几乎完全掌握在自己酿酒的小种植户手中。1944年，政府决定采取集体化生产，这一体制在当时几乎不为人所知。葡萄酒酿造学校培训新型专业人才；除了种植本土葡萄如加姆泽和玛露德，还引入大量的外国品种，如赤霞珠、梅洛和雷司令等。

目前，保加利亚约有13万公顷葡萄种植面积，较之前少了许多。作为重要的葡萄酒出口国，其85%的葡萄酒产量用于出口。事实上，根据政府统计数据，仅有9.5万公顷的土地用于种植白、红、甜葡萄品种。20世纪80年代，由于苏联领导人戈尔巴乔夫的反酗酒运动，许多葡萄园被毁，其中包括不少向苏联大量出口葡萄酒的葡萄园。造成保加利亚葡萄种植面积锐减的另一原因是大部分葡萄树进入生长末期。随着西欧市场的开放，保加利亚又开垦了新的葡萄园，这些葡萄园多数分布在斜坡上。今天，红葡萄酒的产量是白葡萄酒产量的一倍。

保加利亚的葡萄种植区域气候多样。多瑙河平原以温带大陆性气候为主，中部和南部地区的冬季更加温和，东部地区由于受到黑海的影响气温较高。降雨量主要集中在春季和夏初，年平均降雨量在470—950毫米。

主要的葡萄酒产区

保加利亚有100多个小葡萄酒产区，分布在五大区域：西北部多瑙河平原区域、东部黑海区域、中部亚巴尔干（Lower Balkan）区域以及南部色雷斯低地区域和西南部斯特鲁马（Struma）河谷区域。

在北部的多瑙河谷以及多瑙河与巴尔干山脉之间的平原，葡萄树种植在平原和海拔高达400米的碳酸盐岩土壤山坡上。主要的红葡萄品种赤霞珠、梅洛、加姆泽（保加利亚本土品种，拥有独特的香味，酿造的新酒口感鲜爽浓郁）和白葡萄品种阿里高特、奥托奈麝香、迪蜜雅、密斯凯特，生长在冲积黄土平原上。密斯凯特也是保加利亚的本土品种，源自著名的亚巴尔干地区，生产的葡萄酒花香四溢，有清淡的麝香葡萄味。

黑海地区的土壤为沙质褐色黏土，这里以白葡萄品种为主，包括雷司令、长相思、霞多丽、白羽和琼瑶浆，生产的葡萄酒表现丰富、口感细腻，其中前三种葡萄酒都使用橡木桶熟成。

保加利亚南部地区的土壤由沙土和白垩土构成，为帕米德和玛露德葡萄提供了理想的种植条件。帕米德生产的红葡萄酒酒体强劲，而玛露德葡萄酒年轻时口感醇厚，与慕合怀特相似。另一本地品种梅尔尼克在西南部临近希腊边界的斯特鲁马河谷生长旺盛，那里气候温暖、干燥。梅尔尼克酿造的葡萄酒风味浓郁、单宁显著，并且具有较强的陈年潜力，被称为保加利亚的西拉。

葡萄酒等级

1978年保加利亚效仿法国对葡萄酒进行了具体分级，2000年又根据欧盟的葡萄酒法律进行了修改。普通品质的葡萄酒称为日常餐酒和地区餐酒。其次是优质葡萄酒和高级优质葡萄酒。保证地理原产地葡萄酒和法定产区原产地控制命名葡萄酒需在酒标上标注法定产区、地区、城镇或村庄。目前这样的法定产区有47个。“kolektziono”是指在橡木桶中陈年的优质葡萄酒，这些橡木桶主要来自美国、法国或保加利亚。根据法律规定，每公顷的葡萄酒产量必须在3000—6000升，优质葡萄酒为4000—5000升，法定产区葡萄酒为2500—4000升。

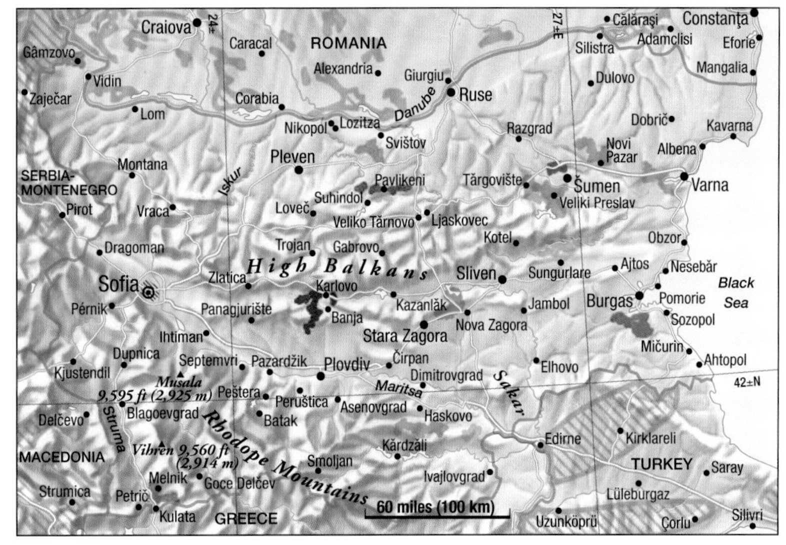

为未来做准备

在所有东欧国家中，保加利亚正加紧努力提升葡萄酒品质，以迎合出口市场的口味。事实上，对酒厂设备改造进行的投资也起到了积极的作用。据说约70%的利润用来购置发酵桶、压榨机、制冷设备或法国橡木桶。酿酒师阿塔纳斯·巴巴耶夫认为，由于这些投资保加利亚葡萄酒的整体品质最近几年有很大的提升。他还列举了其他因素，如把保加利亚大橡木桶换成法国橡木桶、进行去梗环节、采摘成熟度更高的葡萄等。他认为，虽然在酿造过程中几乎没有必要增加含糖量，但根据收获的葡萄情况应该允许这一操作。目前，一处试验田正在对美国加州的霞多丽和长相思葡萄进行尝试，未来几年这两个葡萄品种的使用会越来越广泛。

1990年国有葡萄酒公司的垄断地位被打破。私有化为葡萄酒行业带来了一股新鲜的空气。2007年保加利亚加入欧盟，生产商的观念也逐渐发生转变，从葡萄种植开始，对品质严格要求。苏欣多尔（Suhindol）酒厂成立于1909年，是保加利亚最古老的酒厂之一，也是保加利亚葡萄酒行业的名片，最近几年表现出非凡的活力。迄今它已投资40万美元进行现代化改造，每年都能出产顶级新酒，其中一些在法国橡木桶中陈年。Damjanitza酒厂位于斯特鲁马河谷，也是保加利亚的先进生产商之一，在欧盟对其注入资金、采用最先进的技术后，很快恢复元气。使用梅洛、

如今，葡萄种植集中在与希腊接壤的边境地带，这里曾经受到严格控制。生产的葡萄酒有一个有趣的名称——“无人之地”

赤霞珠和鲁宾（Rubin，保加利亚的一个新葡萄品种）酿造的单一品种葡萄酒在法国橡木桶中熟成，陈年潜力强。

博伊尔（Boyar）酒庄目前是保加利亚最大的生产商，葡萄酒年销量超过23万升，其中80%用于出口。这家位于斯利文（Sliven）的几乎完全自动化的先进酒厂生产的葡萄酒虽然高度机械化，但酒体纯净。博伊尔也将它们供应给欧洲超市。这种葡萄酒没有受到普遍好评，专业的酒商通常比较偏爱来自小酒庄品质更高的葡萄酒。

里拉（Rila）修道院是最大的东正教修道院之一，也是联合国教科文组织认定的世界文化遗产，位于保加利亚西南部葡萄酒产区斯特鲁马谷

罗马尼亚

德拉加沙尼（Dragasani）的葡萄园位于罗马尼亚西南部特兰西瓦尼亚阿尔卑斯山山脚下，这里现在使用国际葡萄品种生产迷人的葡萄酒

罗马尼亚由瓦拉几亚（Walachia）和摩尔达维亚（Moldavia）两个公国合并而成，是欧洲五大葡萄酒生产国之一，也是世界十大葡萄酒生产国之一。最新研究表明，罗马尼亚的葡萄酒生产传统可追溯至6000年前。目前，这里的葡萄园面积约为25.5万公顷，其中近10%用于种植鲜食葡萄。罗马尼亚属于大陆性气候，受多瑙河影响的地区气候温和，黑海沿岸地区气候更加怡人。土壤复杂多样，包括肥沃的棕土和黑土。

葡萄酒产区和葡萄品种

罗马尼亚有许多小葡萄酒产区，共分为八个区域：

- 摩尔达维亚冬季气温可低至零下30℃，以罗马尼亚家喻户晓的葡萄酒“科特纳里”（Cotnari）而闻名。这种白葡萄酒已有600年历史，口感甘醇、芳香四溢，某些年份也用感染贵腐霉菌的传统葡萄品种酿造，如格拉萨、白姑娘、弗兰库萨和塔马萨罗曼尼斯卡。随着时间的推移，这些葡萄酒形成了非常独特的风格。摩尔达维亚的其他白葡萄品种包括阿里高特、白公主、贵人香和奥托奈麝香。红葡萄品种梅洛、赤霞珠、黑姑娘和黑巴贝萨卡生长在东喀尔巴阡山脚下的平原和南部地区弗朗恰（Vrancea）——罗马尼亚葡萄种植最广泛的地区。
- 多瑙河和黑海之间是多布罗加（Dobrogea）地

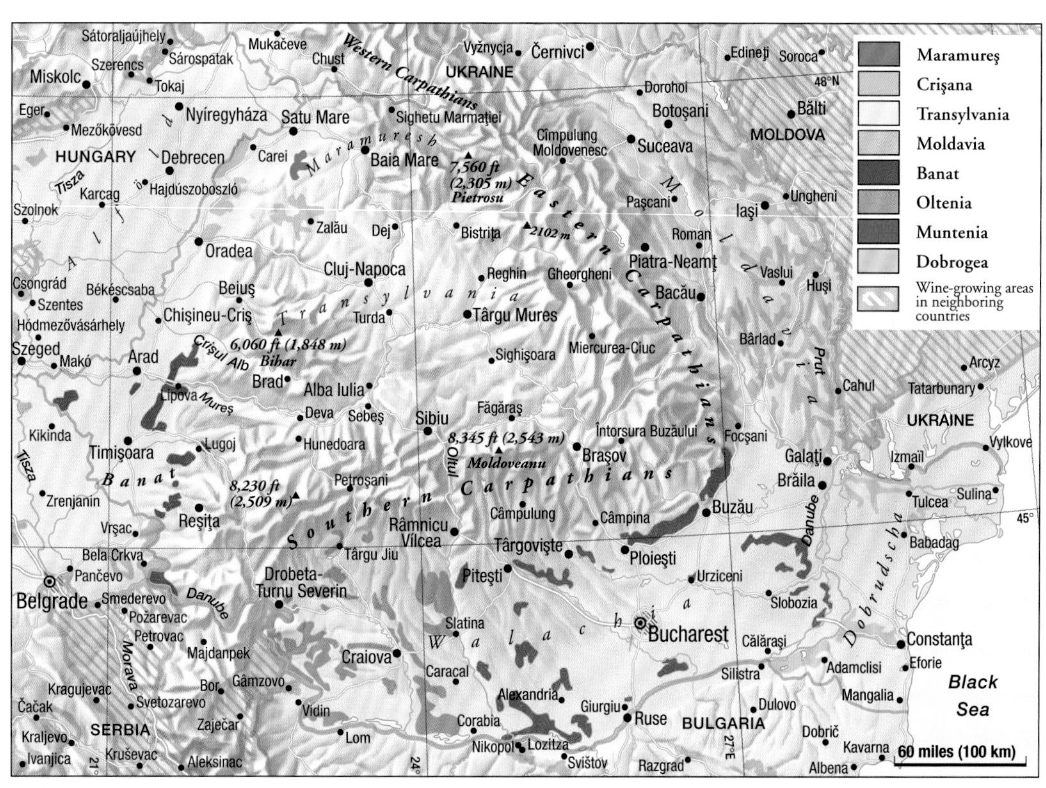

在大瓦拉几亚的布泽乌（Buzau），生产商用赤霞珠等国际葡萄品种酿造的葡萄酒取得了成功

区，其中最知名的葡萄酒产区无疑是穆尔法特拉尔（Murfatlar），拥有生产白葡萄酒的理想条件，葡萄品种主要包括霞多丽、长相思、灰比诺、贵人香和奥托奈麝香。秋季越长，葡萄的含糖量越高。

• 蒙特尼亚（Muntenia，又称大瓦拉几亚）和奥尔特尼亚（Oltenia，又称小瓦拉几亚）位于罗马尼亚南部的喀尔巴阡山和多瑙河之间。在著名葡萄酒产区迪露玛（Dealu Mare），除了本地品种黑姑娘，还种有国际红葡萄品种赤霞珠、梅洛和黑比诺。这里的白葡萄品种包括贵人香、长相思、灰比诺、奥托奈麝香和白姑娘。

• 特兰西瓦尼亚（Transylvania）被认为是西万尼的故乡。当地人把自己称为特兰西瓦尼亚-撒克逊人，12世纪时，他们从各个讲德语的葡萄酒产区来到罗马尼亚。这个多丘陵的高原毗邻喀尔巴阡山脉，从古至今一直是罗马尼亚的白葡萄酒中心。葡萄树生长在数之不尽的河谷中或者土壤稀疏的海拔高达400米的山坡上。最著名的葡萄酒产区包括塔纳夫（Târnave，以两条河流的名字命名）、阿尔巴-尤利亚（Alba-Iulia）、塞贝什（Sebes）和莱金察（Lechinta）。这里的葡萄品种主要为白公主、贵人香、琼瑶浆、长相思、雷司令、奥托奈麝香、灰比诺和白姑娘。

• 其他小产区分散在罗马尼亚西部的巴纳特（Banat）以及北部的克里萨纳（Crisana）和马拉穆列什（Maramures）。葡萄种植在地势平坦或陡峭的葡萄园内，包括所有知名品种以及许多本地和杂交品种。这里的葡萄园大多由小酒庄经营，或用于美食行业，或由自己消费。

罗马尼亚葡萄酒法律

2002年罗马尼亚根据其他欧洲国家的葡萄酒法律修改了相应规定，并且引入了法定产区命名制度。现在葡萄酒分类如下：

• 餐酒（高品质）：Vin de masa，Vin de regiune（superioara）

• 地区餐酒：Vin de regiune cu indicatie geografica

• 优质葡萄酒：Vin de calitate superioara（V.S.）

• 法定产区葡萄酒：Vin de calitate superioara cu denumire de origine controlata（D.O.C./V.S.O.C.）

根据葡萄的成熟度，V.S.O.C.又分为完全成熟（C.M.D.）、晚收（C.T.）和贵腐（C.I.B.）。糖分和酒精含量由国家葡萄酒权威机构规定。干型葡萄酒的残糖含量最多为4克/升，半甜型葡萄酒最多为12克/升。

罗马尼亚的葡萄酒生产商

罗马尼亚的葡萄酒生产商可分为两类：一类为私人生产商，他们没有资金进行必要的投资，只在本地销售自己的葡萄酒；另一类为大酒厂，其中一些已经引入国际投资者的资金，通过私有化成为股份有限公司。最近几年，几乎所有这些酒厂都提高了使用国际品种酿造的葡萄酒的品质。目前约有10％的葡萄酒用于出口，本地葡萄品种几乎没有发挥任何作用。然而，罗马尼亚已开始建立国际关系——欧洲的葡萄酒巨人正在苏醒。

保加利亚和罗马尼亚的主要葡萄酒生产商

保加利亚

生产商：Bouquet Telish***
所在地：Sofia
200公顷，非自有葡萄，年产量130万瓶
葡萄酒：Merlot，Cabernet Sauvignon；Ranges：Chalet，Telish
该酒厂成立于1960年，1996年完成私有化，目标是为出口市场生产风格现代、品质一流的红葡萄酒，并且取得了成功。约一半的葡萄酒出口到国外。自2005年以来，他们使用法国顾问服务。Chalet和Telish葡萄酒系列产自自己的葡萄园。

生产商：Damianitza*-******
所在地：Damianitza
50公顷，年产量140万瓶
葡萄酒：Melnik，Cabernet Sauvignon，Merlot，Cabernet Franc，Rubin；Re-Dark，Uniqato，No Man's Land
1998年私有化后，该酒厂投入巨大资金进行现代化改造，现已成为保加利亚现代化程度最高、品质最好的酒厂之一。顶级葡萄酒包括Re Dark（一款在桶中陈年的梅洛葡萄酒）以及各种用本地葡萄梅尔尼克和其他国际品种调配的混酿酒。

生产商：Todoroff*-******
所在地：Brestovitza
40公顷，年产量27万瓶
葡萄酒：Cabernet Sauvignon，Merlot，Mavrud；Chardonnay，Dimiat
Ivan Todoroff于2001年收购了一个老酒窖，并在此基础上利用欧盟的补助资金建立了一家酒庄。他致力于生产少量、优质的葡萄酒，现在已经实现了这个目标。Teres系列葡萄酒按照波尔多的方式在橡木桶中熟成数月。他挑选专门的艺术家设计酒标，为促进保加利亚的艺术做出了贡献。

生产商：Vinex Slavyantsi*-***
所在地：Slavyantsi
550公顷，非自有葡萄，年产量1600万瓶
葡萄酒：Chardonnay，Sauvignon Blanc，Traminer，Muscat Ottonel，Riesling，Misket，Dimiat；Merlot，Cabernet Sauvignon，Pinot Noir，Shiraz；vermouth，brandy
保加利亚历史最悠久的酒厂，前身是成立于1898年的合作社，后来在法国的帮助下扩大规模，1952年国有化，1995年通过私有化成立股份公司。经过大规模修整后，许多西方葡萄酒生产国的专家成为这里的常客，带来他们的专业知识。顶级葡萄酒是单一葡萄园葡萄酒，酒标上注有详细的葡萄园信息。

生产商：Vinzavod Assenovgrad*-***
所在地：Assenovgrad
200公顷，非自有葡萄，年产量250万瓶

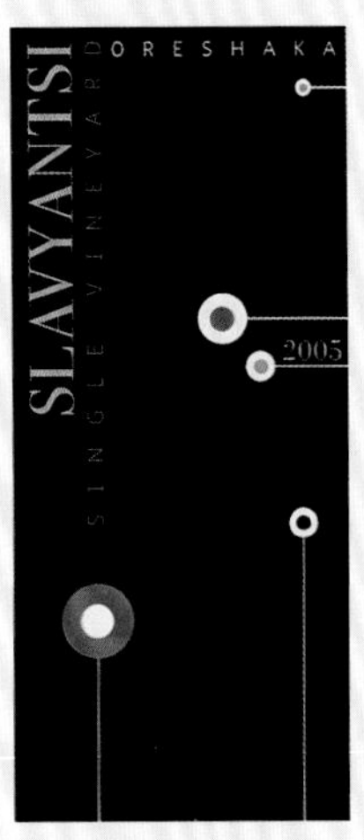

葡萄酒：Mavrud，Rubin，Cabernet Sauvignon，Merlot，Shiraz，Pamid；Chardonnay；Entente，Mammuth，Sariza，Assena
该合作社成立于1947年，多年来不断进行扩充和现代化改造。2000年在瑞典人投入资金后，又增加了一个酒窖。这里拥有100多公顷种植面积的玛露德，是这一葡萄品种在保加利亚的中心。

生产商：Zagreus***
所在地：Parvomaj
120公顷，年产量45万瓶
葡萄酒：Mavrud，Shiraz，Cabernet Sauvignon；Semela，Rosé
2004年在欧盟的资助下，Zagreus发展成为保加利亚最先进的酿酒厂，主要酿造红葡萄酒。其目标是将玛露德葡萄酒推向出口市场。所有葡萄酒都使用保加利亚橡木桶熟成。

罗马尼亚

生产商：Agricola，Stirbey*-******
所在地：Dragasani
20公顷，年产量 8万瓶
葡萄酒：Crâmposie，Sauvignon Blanc，Feteasca Regala，Tamâioasa Româneasca；Merlot，Cabernet Sauvignon
女继承人Ileana Kripp于2001年重新获得这家古老的贵族酒庄，并按最高标准进行了现代化改造。第一批自己生产的葡萄酒是2003年的年份酒。酒庄主要使用本地葡萄品种，其中克莱姆博（Crâmpo）最为常见，这种葡萄只生长在Oltenia地区。酒庄希望成为罗马尼亚传统葡萄种植的榜样。

生产商：Vinarte-*****
所在地：Bukarest
400公顷，年产量300万瓶
葡萄酒：Merlot，Cabernet Sauvignon，Feteasca Neagra；Italian Riesling，Sauvignon Blanc，Tamâioasa Româneasca
这家罗马尼亚和意大利合资企业成立于1998年，在Greater Walachia和Lesser Walachia共有3家酒厂。葡萄园和酒窖的监测工作由法国和意大利专家完成。目标是将罗马尼亚葡萄酒推向世界。

生产商：Vinterra International-*****
所在地：Bukarest
125公顷，非自有葡萄，年产量不详
葡萄酒：Cabernet Sauvignon，Merlot，Pinot Noir，Feteasca Neagra；Chardonnay，Pinot Gris
这家罗马尼亚和荷兰合资企业成立于1998年，目前在Greater Walachia和Lesser Walachia各有1家酿酒厂。自己葡萄园出产的葡萄酒以“Black Peak”命名，使用收购的葡萄酿造的葡萄酒以“Bucur Villa”命名。该企业也成功将其他葡萄酒生产商的产品出口到国外市场。

摩尔多瓦、乌克兰、俄罗斯

20世纪80年代以前，苏联一直是世界最大的葡萄酒生产国之一，葡萄酒产量位居全球第三，超过西班牙，仅次于意大利和法国。许多地区的酿酒传统可追溯至几百年前。第二次世界大战结束后，苏联建立了许多集体制的葡萄园和酿酒厂。除了三个波罗的海共和国，其他苏维埃共和国都种有葡萄。大部分葡萄酒被运往俄罗斯，通常用来交换原油或天然气。这种模式如今仍然存在。

苏联总统米哈伊尔·戈尔巴乔夫1984年宣布反酗酒运动，导致许多葡萄园休耕或被毁。这个运动随着苏联解体和独联体的成立而结束。新独立的共和国在西方资本的支持下，开始复兴葡萄酒行业。对俄罗斯的葡萄酒出口在这些国家中发挥着重要的经济作用，但俄罗斯为了政治目的，经常试图对这些国家进行禁运。因此，它们需要努力将更多的葡萄酒出口到西欧国家。然而，这些国家的酿酒厂缺乏国际认可和品质意识。

摩尔多瓦

摩尔多瓦共和国是独联体中面积最小的成员国，但凭借优越的自然条件（肥沃的黑土、毗邻黑海的地理位置）和与邻国罗马尼亚相似的古老酿酒传统，其葡萄种植面积在独联体中最大。然而，这个以农业为主的国家，由于出口量不足，虽然种植面积大，但实际只有约10万公顷的土地种植葡萄。大部分葡萄园坐落在丘陵地带，但最好的种植区位于南部和首都基希讷乌（Chisinau）。摩尔多瓦70%的葡萄酒是白葡萄酒，葡萄品种包括贵人香、阿里高特、白羽（来自格鲁吉亚）、霞多丽、长相思、灰比诺、琼瑶浆和奥托奈麝香。红葡萄品种主要包括赤霞珠、梅洛、黑比诺、萨博维（来自格鲁吉亚）和马尔贝克。摩尔多瓦最知名的葡萄酒之一是罗马尼斯蒂（Romanesti）混酿酒，产自前沙皇的同名国有酒庄。

1991年独立后，摩尔多瓦不再强制使用俄罗斯语言和西里尔字母，现在又恢复罗马尼亚语，但并不表示附属于罗马尼亚。一旦俄罗斯解除2006年对摩尔多瓦葡萄酒实行的禁运，葡萄酒将再次出口至俄罗斯，但要达到一定数量仍需很长时间。

东方的古老酒窖是葡萄酒爱好者的宝库

乌克兰

乌克兰曾经是苏联的“粮仓”，拥有大规模葡萄种植面积和一个位于黑海的著名葡萄酒产区。乌克兰宣布独立意味着失去传统的葡萄酒出口市场，只有家喻户晓的克里米亚起泡酒适合出口到西欧国家。反酗酒运动和葡萄树的老化导致这里的种植面积缩小至不足10万公顷。直到2004年，乌克兰才开始重新种植葡萄树。虽然从西欧和美洲国家以及格鲁吉亚和摩尔多瓦进口葡萄酒阻碍了当地葡萄酒销售，但第一批酿酒厂将在市场上出现，以赢得新客户。

乌克兰的葡萄园位于外喀尔巴阡（Transcarpathian）地区，与斯洛伐克、匈牙利和罗马尼亚接壤。巨大的葡萄园覆盖第聂伯河（Dnjepr）和

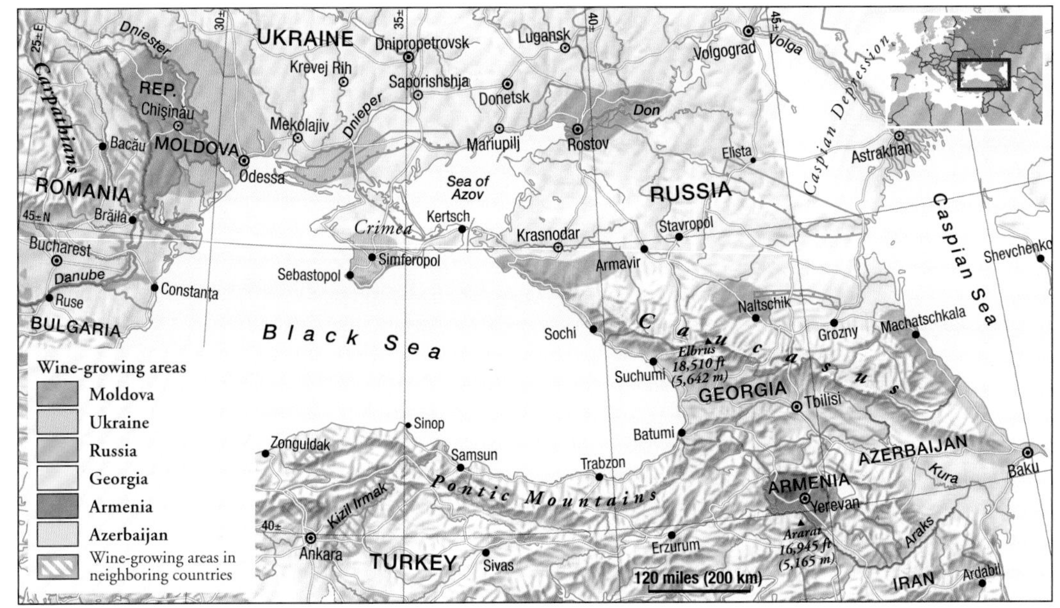

德涅斯特河（Dnjestr）三角洲地区。乌克兰拥有肥沃的黄土，基本属于温带大陆性气候，最重要的葡萄品种包括白羽、阿里高特、赤霞珠、萨博维、雷司令、长相思、霞多丽、琼瑶浆、舍西亚尔、黑比诺和麝香。这里出产甜葡萄酒和加强葡萄酒，起泡酒也有悠久的传统。著名的马格拉奇葡萄种植研究协会成立于1828年，拥有大量葡萄品种。

俄罗斯

在俄罗斯西南部的黑海和里海之间一直到高加索山脉的边缘，葡萄酒酿造已有2000多年的历史。反酗酒运动导致这里的产量大幅减少。对其他独联体国家的禁运使俄罗斯的葡萄酒出现明显短缺，俄罗斯不得不又从西方国家进口劣质葡萄酒。为了恢复本国的葡萄酒生产，俄罗斯开始聘请德国和希腊的顾问。最重要的产区主要分布在北高加索山谷、顿河下游以及黑海沿岸的克拉斯诺达尔（Krasnodar）周边地区。

俄罗斯的葡萄种植面积约为7万公顷，包括各种本地和欧洲葡萄品种，其中白羽分布最广泛。俄罗斯属于大陆性气候，地理位置较差的葡萄园在冰冷的冬季需要小心呵护。

摩尔多瓦拥有巨大的葡萄酒生产潜力，一些外国投资者已经认识到这一点。不过，这里依然保留了使用小板条箱手工采摘葡萄的传统，用来酿造少量的顶级葡萄酒

格鲁吉亚

高加索山脉前的葡萄园像往常一样笼罩在薄雾中。高加索山脉抵御了来自俄罗斯的寒风，对卡赫季葡萄酒产区起到了至关重要的作用

把葡萄酒储存在地下陶罐中的独特方法。这些陶罐可容纳几千升葡萄酒

葡萄酒是格鲁吉亚民族身份的一部分，这是其他国家所没有的。格鲁吉亚之母的纪念碑雕像矗立在首都第比利斯（Tblisi）附近的高山上，它向朋友伸出一杯葡萄酒，而对其他人则伸出宝剑。有证据显示这里是葡萄酒酿造的摇篮：第比利斯葡萄种植协会酒窖的一个容器内装有迄今7000年的葡萄籽。葡萄酒“wine”一词也来自格鲁吉亚语“gvino”。希腊人和波斯人是格鲁吉亚人古老的贸易伙伴，非常熟悉格鲁吉亚葡萄酒。基督教修道士也早在4世纪初就访问过格鲁吉亚。

10世纪时格鲁吉亚成为外高加索地区的强国，12世纪时建立爱查托（Ichalto）学院，记录葡萄种植情况。然而，蒙古人、土耳其人和俄罗斯人屡次征服格鲁吉亚人并摧毁了其葡萄酒行业。不过，沙皇和斯大林政府的政治偏袒给格鲁吉亚带来了客观的经济利益。这个位于高加索地区南部边缘（首都第比利斯和罗马在同一纬度）的国家凭借温和的气候，成为苏联重要的葡萄酒供应国。几十年来，虽然葡萄酒产量有所保证，但品质一般。葡萄种植面积从1950年的5.8万公顷增加至1985年的12.8万公顷。米哈伊尔·戈尔巴乔夫的反酗酒运动严重阻碍了格鲁吉亚葡萄酒行业的发展，4万公顷的葡萄园变成了西瓜地。1991年4月9日独立后，格鲁吉亚仍然没有摆脱俄罗斯的影响。俄罗斯千方百计破坏其稳定，包括2006年实行的葡萄酒禁运，给生产商带来了沉重打击，因为他们70%—80%的葡萄酒都出口至俄罗斯。

目前，格鲁吉亚共有70000公顷葡萄种植面积，70%的葡萄产自卡赫季（Kachetia）。该地区位于海拔超过5000米的高加索山山脚下的东北部，在高加索山脉的庇护下气候温和，免受来自北方寒风的侵袭，因此葡萄成熟均匀。在格鲁吉亚中部的卡特利（Kartli），气候炎热干燥，葡萄种植需要人工灌溉。伊梅列季（Imereti）毗邻西部边境，拥有肥沃的冲积土和适宜的微气候。北部边境的拉恰-列其呼米（Ratscha-Letschchumi）以一系列本地葡萄而闻名，生产的葡萄酒含糖量较高。亚热带湿润气候的西部地区盛产甜葡萄酒，主要供应当地市场。

格鲁吉亚约有500种本地葡萄，其中38种获准酿造葡萄酒。种植最广的三个品种是：

- 白羽：白葡萄酒品种，使用现代方法酿造的葡萄酒具有清淡的花香和浓郁的果味，温和而协调。
- 慕兹瓦尼（Mtsvane）：酿造的白葡萄酒通常呈淡绿色，含有矿物气息和李子等浓郁的果香，陈年潜力强。与白羽葡萄酒调配后可生产享誉盛名的茨南达利（Tsinandali）混酿酒。
- 萨博维：格鲁吉亚最重要的红葡萄酒品种，酿

亚美尼亚和阿塞拜疆

亚美尼亚的葡萄种植面积约为几万公顷，邻近的阿塞拜疆几乎是其面积的五倍。大多本地葡萄品种生长在这里的温带大陆性气候中，可以用来酿造白葡萄酒、红葡萄酒、甜葡萄酒和加强葡萄酒。亚美尼亚的白兰地尤其出名，它们以国际品质为标准，由以下品种的葡萄酒蒸馏而成，如白羽、慕斯哈利、伽蓝德马克、坎古和沃斯克哈特，通常使用克拉斯诺亚尔斯克橡木桶陈年。

造的葡萄酒醇厚、持久。现代陈年技术可赋予其适中的酒体和细腻的口感。在一定土壤条件下可散发矿物气息，与波尔多葡萄酒相似。

今天，葡萄酒生产商正在寻求新的出口市场，但他们对葡萄园生产条件的认识仍需改进，他们几乎对土壤成分和土壤管理一无所知。只有一些前卫的生产商严格控制产量。传统方法保留葡萄的果梗和果柄，使用脚踩的方法进行压榨。按照古老的习俗，这里的葡萄酒储存在可容纳几千升的地下陶制容器（格鲁吉亚称为"kwewri"）里，直至出售或者饮用。这些葡萄酒最后会发生氧化，但格鲁吉亚人普遍接受这种现象，并没有当作一种缺陷。

谢瓦尔德纳泽（Schevardnadse）是19和20世纪著名的酒庄，也是前总统的官邸

只有少数先驱人物如酿酒师大卫·麦苏拉泽把新酒存放在木桶或细颈大肚玻璃瓶中进行陈年，从而显著提高了葡萄酒的品质，吸引了国外市场的关注。格鲁吉亚根据中欧国家的葡萄酒法律制定了自己的法规。除了提高品质，其法规还旨在保护国内知名的法定产区，如金泽玛拉乌利（Kindzmarauli）和穆库扎尼（Mukusani）。

格鲁吉亚的主要葡萄酒生产商

生产商：Shumi*–***
所在地：Tsinandali
600公顷，年产量不详
葡萄酒：Tsinandali，Gurjaani，Tsitska；Mukuzani，Kvareli，Saperavi，Iberiuli；Shumi Vino，Georgian Feast，Zigo
该葡萄酒公司成立于2001年，生产54种不同的葡萄酒，包括白兰地和荼荼（chacha，一种由葡萄酒的残渣蒸馏而成的烈酒），主要使用现代酿酒技术。葡萄园位于格鲁吉亚最好的一些法定产区，如Tsinandali、Gurjaani、Kvareli、Mukuzani和Khvanchkara。葡萄园没有全部投入使用。

生产商：Georgian Wine Family****
所在地：Telavi
50公顷，年产量5万瓶
葡萄酒：Mukuzani，Saperavi

这家小而精致的私人企业属于明星酿酒师David Maisuradze，他在这里实现了自己的理想。通过精心管理葡萄园、严格控制产量和精确规定陈年时间，Maisuradze展示了格鲁吉亚人的能力。顶级葡萄酒是品质一流的萨博维。

生产商：Teliani Valley*–***
所在地：Tsinandali
10万公顷，年产量200万瓶
葡萄酒：Saperavi，Tsinandali，Mukuzani，Napareuli，Manavi，Khvanchkara，Kindsmarauli，Akhasheni，Tvishi
该酒庄位于Kaheti地区，被认为是格鲁吉亚葡萄酒酿造传统的重要据点，但已经从意大利购买现代化的酿酒设备。用传统地下陶罐陈年的葡萄酒，经过酒庄实验室的监控和严格的卫生标准，很快会重返市场。瓶装葡萄酒在国内市场占有率为45％。

地中海国家

地中海国家

地中海国家的葡萄园通常看起来非常古老

在古代，地中海沿岸几乎所有土地都种植葡萄。生产的葡萄酒用双耳瓶灌装，然后通过四通八达的贸易路线，主要是通过海洋，运送至世界各地。

据说葡萄酒生产起源于现在的格鲁吉亚或者亚美尼亚，里海和黑海之间的地区，并且从那里向西一直传播到埃及和爱琴海。考古发现表明，早在公元前3000年埃及就已经开始种植葡萄。当时的葡萄树可能来自古老的迦南、腓尼基和巴勒斯坦的沿海地带，埃及人很早就在那里留下了足迹。埃及的葡萄酒历史可追溯至公元前1000年左右，许多墓画描述了葡萄酒生产的细节，当时葡萄酒在宗教仪式中被当作祭品。葡萄种植集中在尼罗河三角洲，公元前4世纪才沿尼罗河向中上游扩展。

希腊人彻底改变了欧洲葡萄酒生产，他们的祖先于公元前2000年定居在爱琴海地区。人们认为当时的克里特岛人已经开始饮用葡萄酒。考古挖掘发现了葡萄的痕迹，陶瓷画显示葡萄酒是宗教仪式的一部分。由于当时克里特岛的米诺斯人与埃及人来往密切，很可能葡萄种植技术是向埃及人学习的。有证据表明葡萄酒是迈锡尼文明的一部分，而迈锡尼文明传承于爱琴海的米诺斯文明。在迈锡尼宫殿里发现了葡萄籽、有葡萄酒痕迹的容器、葡萄叶图案的印章以及刻有“葡萄酒”和“葡萄园”字样的陶器。公元前8世纪，希腊人统治了地中海其他地区，他们首先把葡萄引入西西里岛和意大利，然后是法国南部和西班牙。不久，葡萄酒生产和贸易在这些地区也发展起来。法国南部的马赛海港发现了双耳细颈瓶，记录了这个城市活跃的商业活动。马赛建于公元前600年左右，是希腊人在现今法国领土上的第一个定居点。

葡萄酒是希腊人日常生活和文化的一个重要部分，因此移民者很自然把葡萄带到其他种植橄榄和无花果的地方。然而，最新研究表明，希腊移民者不只是扦插随身携带的葡萄藤，而很可能将其与在意大利和其他希腊殖民地发现的当地野生葡萄品种进行杂交。他们没有想到葡萄在更北的地方也可以生长良好。

自公元前1世纪起，罗马人将葡萄种植技术广泛传播到欧洲其他地方。罗马征服高卢和西班牙后，葡萄种植区沿着罗马和这些地区的贸易之路扩展。在此期间，葡萄酒酿造进行了大量试验，发展迅速，因为无论是大众消费的普通葡萄酒还是顶级葡萄酒都供不应求。罗马帝国的瓦解使地中海沿岸的葡萄种植陷入停滞，但酿酒和饮酒仍然是日常生活必不可少的一部分。

自公元7世纪起，地中海南部和东部的大部分地区被伊斯兰征服并开始禁酒，其中大多数地区至今仍保留着这个传统。葡萄种植仍在继续，但主要生产鲜食葡萄或像摩尔人统治下的西班牙一样用作医疗。

中世纪时在许多信仰基督教的国家，葡萄种植主要由修道院进行，部分原因是为了生产庆祝圣餐礼所需的葡萄酒。由于气候变暖，葡萄种植向北传播。自19世纪末以来，葡萄根瘤蚜大规模肆虐，造成了巨大破坏，地中海国家也未能幸免。它们与这种灾难进行抗争，但葡萄酒生产复

苏缓慢。

几千年间，地中海国家在葡萄酒方面的角色发生了转变。希腊曾经引领葡萄酒生产和贸易，但现在，地中海西岸国家已经走在前列。虽然希腊在葡萄酒出口市场上再次占据一席之地，但法国和意大利已成为世界上最重要的葡萄酒生产国。

左图：克里特岛上葡萄种植悠久历史的见证——葡萄放在平坦的岩石上用脚踩踏，葡萄汁流淌到岩石的空洞中进行发酵

右图：“我是葡萄树，你们是枝子。”（约翰福音15:5）。该图表明了葡萄酒在基督教信仰中的象征意义

地中海岛屿地形复杂，收获的葡萄通常需要用骡和驴运送

从克罗地亚到马其顿

小塔布尔（Veliki Tabor）城堡——葡萄树不朽的守护者

克罗地亚拥有悠久的葡萄酒文化传统：达尔马提亚（Dalmatia）和伊斯特拉（Istria）的葡萄种植在地中海地区有着重要的作用，部分原因在于这里特殊的自然条件。克罗地亚东北部属于大陆性气候，沿海地区为地中海气候，因此葡萄种植（目前约5.7万公顷）也分成两大区域。大陆性气候的内陆地区从多瑙河谷延伸至斯拉沃尼亚，再到首都萨格勒布（Zagreb）；而亚得里亚海沿岸的狭长地带从伊斯特拉延伸至杜布罗夫尼克（Dubrovnik），包括许多风景如画的岛屿。克罗地亚为喀斯特地形，土壤主要由石灰石、沙砾和著名的红土构成，非常适合葡萄种植。克罗地亚的自然资源还包括种类繁多的本地葡萄品种，能够出产高品质的葡萄酒，约占葡萄酒总产量的60%，尤其是北部的白葡萄酒和南部的红葡萄酒。近年来，克罗地亚被认为是仙粉黛和普米蒂沃葡萄的故乡。不过我们可以肯定克罗地亚最常见的传统红葡萄酒品种普拉瓦茨马里源自这里。这种葡萄和仙粉黛有亲缘关系，酿造的葡萄酒通常品质卓越。其他红葡萄品种包括梅洛、普拉维娜、蓝弗朗克、巴比奇、莱弗斯科和赤霞珠。最重要的白葡萄品种包括威尔士雷司令、玛尔维萨、特比昂、雷司令、霞多丽、库君杜萨、玛拉斯蒂娜、波斯普、富尔民特、斯拉蒂娜、琼瑶浆和白比诺。克罗地亚1991年独立后，葡萄酒

CROATIA
- Istra
- Hrvatsko Primorje
- Sjeverna Dalmacija
- Dalmatinska Zagora
- Srednja i Južna Dalmacija
- Zagorje-Medimurje
- Prigorje-Bilogora
- Plešivica
- Pokuplie
- Moslavina
- Slavonija
- Podunavlje

BOSNIA HERZEGOVINA
- Hercegovina

SERBIA-MONTENEGRO
- Slibotičko-Horgoška Peščara
- Banat
- Sremski Karlovki/ Fruška Gora
- Belgrade
- Pocerina
- Sumadijsko-Velikomoravski
- Timočki
- Zahodnomoravski
- Nišavsko-Juznomoravski
- Crna Gora
- Kosovo

MACEDONIA
- Pčinsko Osogovski
- Povardarski
- Pelagonijsko-Pološki

Wine-growing areas in neighboring countries

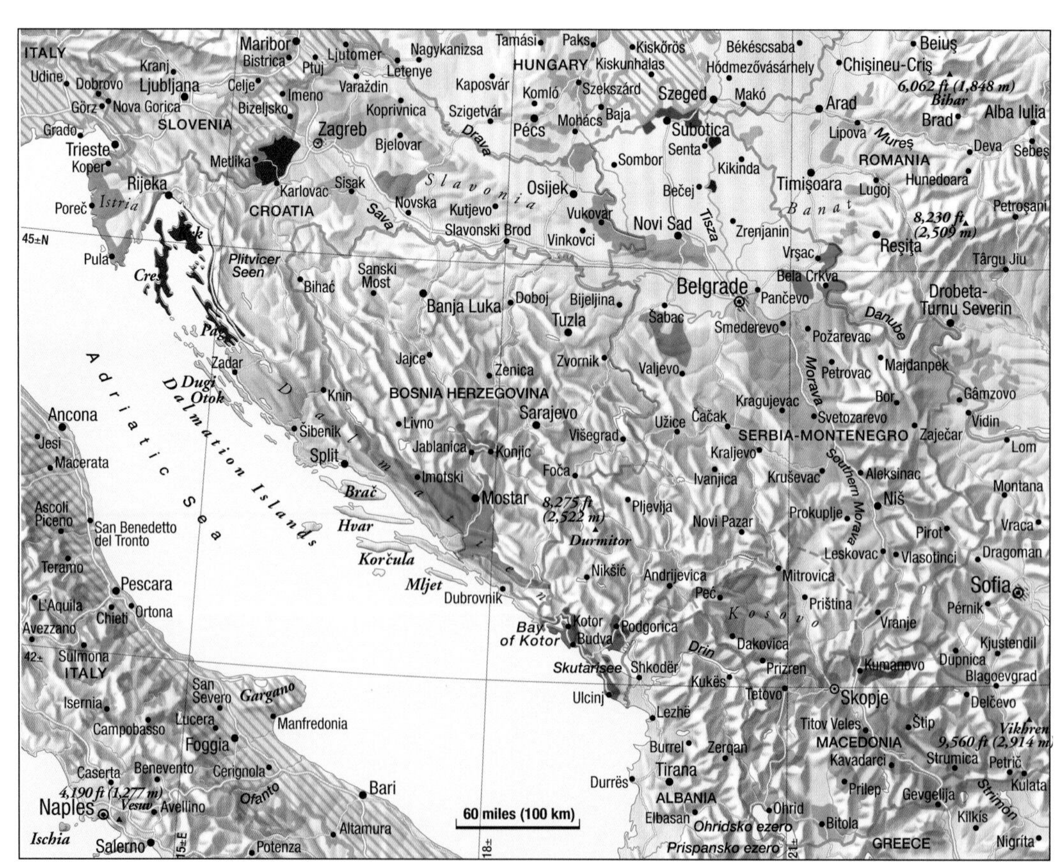

经济私有化过程缓慢开始。目前仍有约30家大型酿酒厂和35家合作社，但只有250家酒庄属于私人拥有，它们正努力提高葡萄酒品质。

波斯尼亚和黑塞哥维那

1991年南斯拉夫解体，斯洛文尼亚和克罗地亚首先宣布独立，波斯尼亚、黑塞哥维那和马其顿紧随其后，接着是黑山和塞尔维亚。这些国家的经济在农业和葡萄种植方面开始缓慢发展。波斯尼亚北部的丘陵地带为大陆性气候，只有一些零星的葡萄种植区。黑塞哥维那在其南面，属于喀斯特地形，大部分地区被森林覆盖，受地中海气候影响。这里的葡萄种植历史悠久，但面积仅为4000公顷，大部分位于莫斯塔尔镇（Mostar）附近内雷特瓦河（Neretva）中游地区以及更靠北的亚布拉尼察（Jablanica）水库地区。黑塞哥维那有两个主要的葡萄品种：白葡萄日拉夫卡和红葡萄博拉蒂娜，酿造的葡萄酒从19世纪起就享誉盛名。

塞尔维亚

塞尔维亚的葡萄种植可追溯至青铜器时代。虽然历史上屡次发生战争，但葡萄种植一直持续至今，而且其葡萄酒的高品质开始吸引外界的关注。目前塞尔维亚约有7.5万公顷葡萄园（不包括科索沃省），共分为八个种植区，大多位于多瑙河、蒂萨河、摩拉瓦河（Morava）、蒂莫克河（Timok）及其支流沿岸。塞尔维亚北部属大陆性气候，南部属地中海气候。葡萄种类繁多，红葡萄包括普罗库帕茨、威尔娜、朱普良卡、蓝弗朗克、赤霞珠、佳美、黑比诺、卡达卡和梅洛，白葡萄包括斯梅德雷沃卡、新普兰塔、威尔士雷司令、长相思、霞多丽、白比诺、普洛夫蒂娜、赛美蓉、琼瑶浆和各种麝香。科索沃继续要求独立。战乱和不明朗的政治前景大大削弱了这一地区的经济。自2001年起，葡萄酒出口再次被允许，其中包括科索夫斯科夫（Kosovsko）葡萄酒。这种半甜型的红葡萄酒由不同葡萄品种混酿而成，在德国以阿姆斯菲尔德（Amsfelder）的名称装瓶出售。

推荐葡萄酒：克罗萨克（Krauthaker）

推荐葡萄酒：宝韵（Bovin）

黑山

黑山直到2006年才脱离塞尔维亚获得独立，现在正努力发展经济。这个小国的葡萄种植区位于首都波德戈里察（Podgorica）和斯库台湖（Skadarsko）之间的山谷以及沿海的山坡。葡萄园面积约4000公顷，超过一半属于一家名为普朗塔泽（Plantaže）的酒厂。该厂虽然规模不大，但拥有最先进的设备和高品质的葡萄酒。主要品种是红葡萄威尔娜，其次是克拉托斯佳、赤霞珠和梅洛。白葡萄品种占20%，主角是黑山独有的品种克尔斯塔克，种植比例超过霞多丽、长相思和朱普良卡。此外，黑山还有大量鲜食葡萄。

马其顿

马其顿共和国境内多山，高原和平原河流错落其间。这里气候温和，有些地区受地中海气候影响。对于这个非常贫穷的农业国来说，葡萄种植起着至关重要的作用。马其顿共有三个葡萄种植区，每个区域由许多小产区组成。葡萄园面积约3万公顷，主要由私人酒厂和小酒庄经营，而葡萄酒生产则在几家已成为私人公司的大酒厂进行。超过一半的葡萄酒用于出口，大部分是散装酒。如今，马其顿开始重新定位，朝高品质葡萄酒发展，特别是在一些自己营销的酒庄和获得西欧国家帮助的大酒厂。红葡萄酒是这里的主角，葡萄品种包括威尔娜、克拉托斯佳、普拉瓦茨马里、普罗库帕茨、赤霞珠、梅洛、黑比诺和佳美。白葡萄品种包括斯梅德雷沃卡、日拉夫卡、威尔士雷司令、长相思、霞多丽和赛美蓉。鲜食葡萄也有大量种植。

希腊

古希腊既是西方文明和文化的发源地，也是欧洲葡萄酒酿造的先驱。文献记载的葡萄种植技术和葡萄酒生产工艺足以证明这一点。目前，希腊共有15万公顷葡萄园，其中一半的面积用来种植鲜食葡萄，仍然比较重视保持葡萄品种的多样性。但即使在这里，国际葡萄品种也日渐占有优势，本地品种面临着被取代的威胁。

希腊的历史与其葡萄酒酿造密不可分。希腊人认为葡萄酒是酒神狄俄尼索斯赐予他们的礼物，每年举行祭祀活动，甚至通过纵酒狂饮的方式表达对酒神的崇拜。诗人、哲学家和艺术家都对葡萄酒极尽赞美之词，其中包括荷马的史诗《伊里亚特》和《奥德赛》以及柏拉图的哲学作品。奥斯曼帝国时期，希腊的葡萄酒行业完全瘫痪，1830年希腊获得独立后，葡萄酒重新被视为一个经济因素。直到1937年，葡萄酒协会才在雅典成立。1981年希腊加入欧共体后，葡萄酒生产开始受到法律规范的约束，这使得希腊与法国、葡萄牙、西班牙和意大利等其他欧洲葡萄酒生产国相比处于劣势。这些国家很早就意识到保证葡萄酒品质（尤其通过严格的产量控制）和保护法定产区的必要性。近3500年以来，希腊人已经熟知如何根据不同土壤条件和葡萄品种采用适当的修剪和整枝技术，但是他们仍然缺乏葡萄酒法规知识。加入欧共体后，希腊立即按照欧洲法规制定了一套葡萄酒生产法律体系。

荣迪思是生产白葡萄酒的主要品种之一

斯卡菲迪亚（Skafidia）附近伯罗奔尼撒半岛（Peloponnese）的新葡萄树

葡萄种植与气候

葡萄种植最初在希腊兴起时，大多数葡萄园分布在沿海地区，然后才向内陆扩展，尤其是北部与保加利亚接壤的边界地区，那里地势陡峭多山，一些葡萄园海拔超过1000米。这些葡萄园受地中海气候影响，夏季炎热、冬季温暖，这样的气候加上石灰岩和火山土壤为葡萄种植提供了理想的条件。然而，不同地区的气候千差万别。当山区的葡萄有时因为温度过低还未完全成熟时，平原和岛屿的葡萄却由于夏季温度过高不得不提前采摘。不过大多数葡萄园位于海边，那里海风不断，十分凉爽。每年最大的难题是旱季过长。除了新种植的葡萄树，其他葡萄树不允许进行灌溉，因此春季和夏季很多葡萄树严重缺水。

罗马诗人维吉尔曾经这样写道："数遍海岸的沙粒比识别希腊所有的葡萄品种要简单得多。"这句话在今天依然适用。希腊的葡萄园中约有300个不同的葡萄品种，它们是希腊葡萄酒悠久历史的标志，葡萄酒生产商们以此为傲。

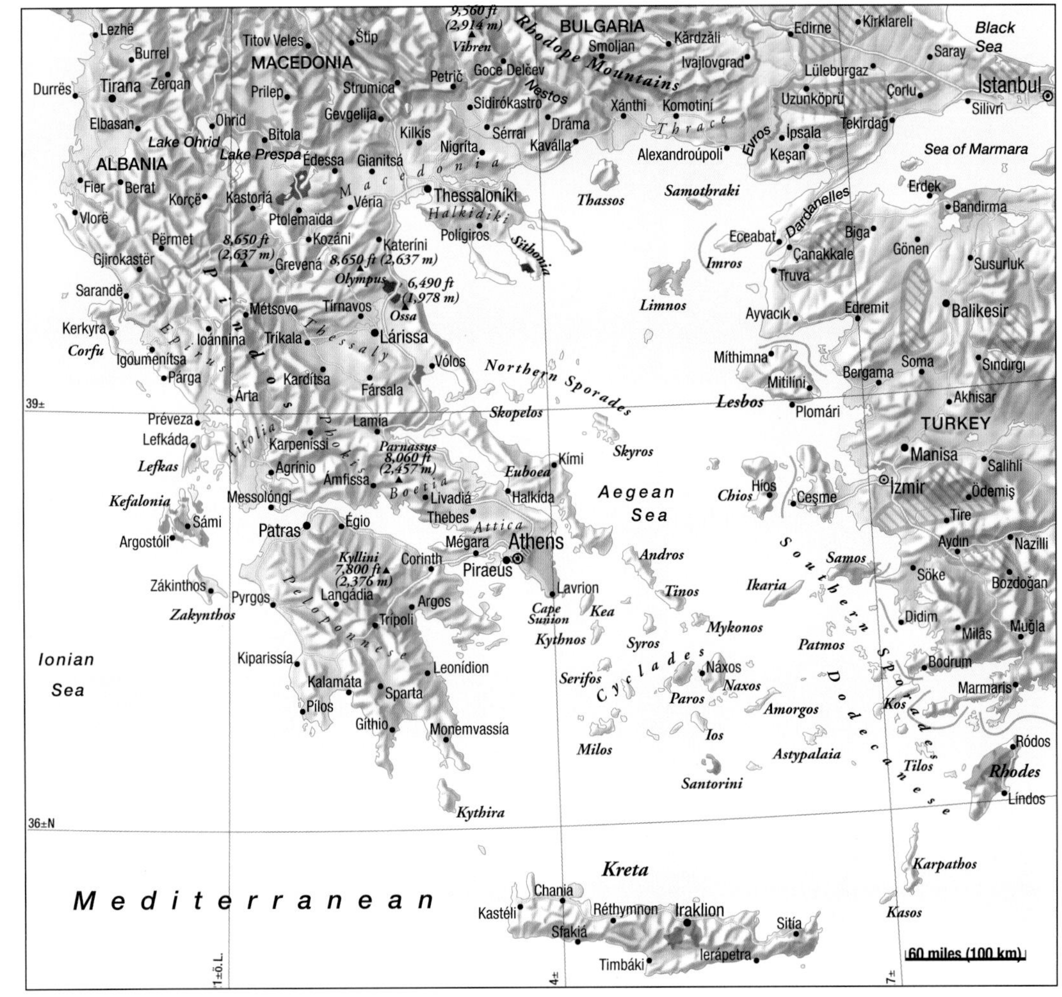

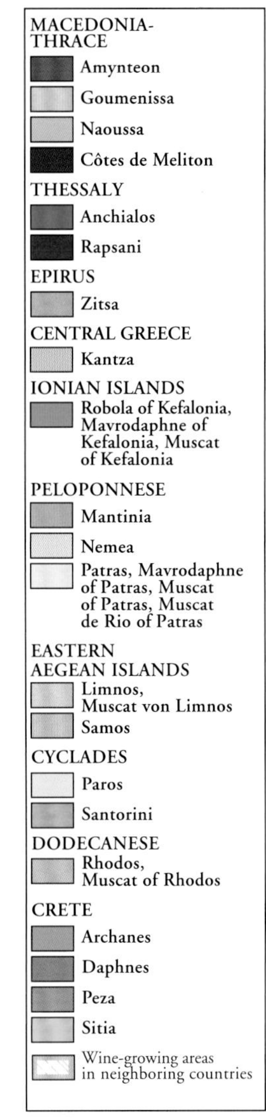

主要的葡萄品种

市场上的葡萄酒主要由20多种葡萄酿造。

- 最主要的白葡萄品种包括：阿斯提可〔圣托里尼岛（Santorini）、阿索斯山（Athos）〕、维拉娜（克里特岛）、罗柏拉〔凯法利尼亚岛（Kefalonia）〕、荣迪思（马其顿、色雷斯、伯罗奔尼撒）、麝香和萨瓦提诺。
- 主要的红葡萄品种包括：希诺玛洛在马其顿和色雷斯种植广泛；阿吉提可，伯罗奔尼撒半岛；用来酿造甜葡萄酒的黑月桂，多见于帕特雷（Patras）、凯法利尼亚和阿哈伊亚（Achaea）；曼迪拉里亚，帕罗斯岛（Paros）、克里特岛和罗德岛；以及古老的琳慕诗。

此外，大量国际葡萄品种也在希腊的葡萄酒行业中扮演着重要的角色。红葡萄品种包括赤霞珠、品丽珠〔梅里顿丘（Côtes de Meliton）法定产区〕、歌海娜和西拉。白葡萄品种中霞多丽最受欢迎。所有这些品种或用来酿造单一品种葡萄酒，或与本地品种进行混酿。目前，希腊有8万多公顷葡萄园出产葡萄酒，10万公顷葡萄园出产鲜食葡萄和葡萄干。葡萄酒年产量达4亿至5亿升，其中1亿升被本地消费，1/3为红葡萄酒和桃红葡萄酒，大部分为白葡萄酒。这些葡萄酒出口至30多个国家。

葡萄酒法定产区

希腊直到1971年才基于法国的法定产区体系引入原产地控制命名制度，而且迄今只有13%的葡萄酒给予命名。自从加入欧盟之后，希腊开始施行葡萄酒法律，这些法律与欧洲优质葡萄酒的立法相符。分级如下：

- 优质法定产区（Onomasia Proelevseos Anoteras Piotitos，简称O.P.A.P.）：相当于意大利的D.O.C.级别，目前共有27个产区，大多数为干型葡萄酒（也包括一些甜葡萄酒）。酒瓶上有一条红色带子。
- 法定产区（Onomasia Proelefseos Eleghomeni，

左图：尼米亚（Nemea）古城废墟附近的土壤拥有希腊最著名的风土条件

右图：哈尔基迪（Chalkidike）半岛的葡萄采摘工自豪地展示一大串麝香葡萄

简称O.P.E.）：相当于意大利的D.O.C.G.级别，目前共有8个产区，全部为利口酒和甜葡萄酒。酒瓶上有一条蓝色带子。

- 珍藏和特级珍藏：是指在橡木桶中陈酿一段时间的O.P.A.P.和O.P.E.葡萄酒。珍藏白葡萄酒至少陈酿两年，红葡萄酒需陈酿三年；特级珍藏白葡萄酒需陈酿三年，红葡萄酒需四年。
- 地区餐酒：相当于意大利的I.G.T.，产自特定地区，并且在酒标上标注产地。大约有100个地区生产这种葡萄酒，产量有限。
- 日常餐酒：相当于意大利的V.D.T.级别，产自不同地区，不标注产地。大多数为混酿酒。
- 卡瓦（Cava)：字面意思是“酒窖”，用来指餐酒级别的葡萄酒。白葡萄酒需窖藏两年，红葡萄酒需三年。

在希腊，葡萄主要通过人工采摘

希腊主要的葡萄酒产区

马其顿和色雷斯

希腊东北部这两个地区素来以优质红葡萄酒而闻名，其中重要的法定产区包括纳乌萨（Naoussa）和梅里顿丘。马其顿地区土壤肥沃，属大陆性气候，由于降雨频繁，植被茂盛，与希腊其他地区差别显著。除了山区和丘陵地带（包括纳乌萨），马其顿的中心是面积辽阔的阿克西奥斯三角洲。在朝南的山坡和哈尔基迪基半岛向阳的海岸，该地区的主要葡萄品种希诺玛洛拥有完美的成熟度。

纳乌萨的葡萄园通常位于海拔约350米的地方，可以充分发挥这种著名红葡萄的潜力。年轻时希诺玛洛葡萄酒色泽深浓，在瓶中储存几年后会产生丰富的香草、香料和香脂的气息，口感中带有适度单宁。希腊最北端的古迈尼萨（Goumenissa）和阿米迪欧（Amyndeo）法定产区主要种植尼格斯佳和希诺玛洛这两种葡萄，但出产的红葡萄酒酒体不及纳乌萨葡萄酒丰满。

梅里顿丘的葡萄园位于哈尔基迪基三个半岛中间的锡索尼亚（Sithonian）半岛，在风景如画的海港波尔图-卡拉斯（Porto-Carras）北部，主要出产赤霞珠和品丽珠法定产区葡萄酒。这里也种植琳慕诗葡萄。白葡萄品种阿斯瑞、阿斯提可和荣迪思酿造的葡萄酒轻柔爽口。

色萨利

色萨利（Thessaly）是一个富饶的农业盆地，周围高山环绕，气候潮湿，冬季严寒。葡萄园占地8500公顷，其中1/3用来种植鲜食葡萄，主要位于蒂尔那沃斯（Tyrnavos）地区。在喀迪察（Karditsa）地区，红葡萄麦森尼科拉和白葡萄芭提姬比较受青睐。用萨瓦提诺和荣迪思酿造的新安基阿卢斯（Nea Anchialos）葡萄酒适合年轻时饮用，主要产自希腊中部游客众多的沿海地带，面积达600公顷。拉普萨尼（Rapsani）的葡萄园位于奥林匹斯（Olympus）山麓，这里拥有希腊最迷人的风景。希诺玛洛、科拉萨托和斯塔若托混酿的葡萄酒年轻时就呈深红色。

伊庇鲁斯

美特索文（Metsovo）位于希腊西北部，毗邻阿尔巴尼亚边境。这里的葡萄园坐落在山区，冬季严寒，有时连续数月被积雪覆盖。葡萄根瘤蚜虫灾害过后，人们在斜坡上重新种植了赤霞珠，用来酿造口感强劲的葡萄酒。伊庇鲁斯（Epirus）主要是畜牧区，约有1000公顷葡萄园，葡萄酒年产量为300万升。济察（Zitsa）法定产区位于该区首府约阿尼纳（Ioannina）西北部海拔600米以上的干燥石灰岩山区，覆盖六个村庄。这里的起泡白葡萄酒新鲜芳香，只采用本地特有的德比娜葡萄酿制而成。

希腊的部分顶级葡萄酒来自梅里顿丘产区，该产区位于哈尔基迪基三个半岛的其中一个半岛上，临近波尔图-卡拉斯

和许多地中海国家一样，希腊仍然保留着小型种植户采用最简单的技术酿造葡萄酒的古老传统

伊奥尼亚群岛

希腊西部的伊奥尼亚（Ionian）群岛，尤其是科孚岛（Corfu），是著名的旅游胜地。这里气候温和、雨水充足，非常适合葡萄种植。群岛上生产的传统法定产区葡萄酒称为“维蒂亚”（Verdea），是一种白葡萄酒。凯法利尼亚岛是群岛中最大的岛屿，出产清淡的白葡萄酒，原料为生长在干燥山区的著名葡萄品种罗柏拉。莫斯卡托和黑月桂是两种知名的利口酒，它们有自己的法定产区，残糖量较高，分别由麝香和黑月桂葡萄酿造。在莱夫卡斯岛（Lefkas）的梯田上，维莎迷葡萄种植在海拔高达800米的地方，酿造的红葡萄酒圣塔莫拉（Santa Mavra）口感强劲、香气浓郁。

希腊中部地区

白葡萄品种萨瓦提诺构成了阿提卡（Attica）、维奥蒂亚（Boeotia）和埃维亚岛（Euboea）之间的桥梁。这里的葡萄种植面积约为3万公顷，主要用于本地消费。通常未发酵的葡萄汁出售给酒馆，酒馆再生产热茜娜（Retsina）葡萄酒。同时，越来越多的生产商开始关注葡萄酒的品质，用优良的国际葡萄品种酿造地区餐酒，并且积极营销自己的产品。

伯罗奔尼撒半岛

科林斯湾（Gulf of Corinth）将伯罗奔尼撒半岛与希腊大陆分隔开来。伯罗奔尼撒半岛的农业生产以葡萄种植为主，葡萄园占地6万公顷，大部分葡萄用来制作葡萄干。法定产区面积仅4000公顷。位于雅典西部的岛屿土壤和气候类型复杂多样。低地延伸至内陆高山的山脚下，与海平面齐平。各岛屿的气候千差万别。西部降雨充足，东部常年干旱。除了尼米亚和曼提尼亚（Mantinia），大部分地区的葡萄园分布在科林斯湾和伊奥尼亚海的海岸线，海拔高达450米。

尼米亚葡萄酒被称为“海格力斯之血”，由种植在海拔250—800米地区的阿吉提可酿造而成。这些葡萄酒颜色深浓，适宜储存。用于酿造曼提尼亚白葡萄酒的玫瑰妃口感清爽、果香浓郁，生长在阿卡迪亚（Arcadian）盆地中央海拔630—830米的山区地带。帕特雷产区的名酒黑月桂残糖量非常高，是一种强劲、浓稠的加强葡萄酒。麝香白葡萄酒也产自这个地区，临近帕特雷，残糖量也较高，并且充分展现出麝香葡萄特有的香味。此外，人们很早就开始用曾经广泛种植的荣迪思葡萄酿造一种清淡的干白葡萄酒。

东爱琴海群岛

爱琴海东部的萨摩斯岛、利姆诺斯岛（Limnos）、莱斯博斯岛和希俄斯岛享誉盛名。萨摩斯岛拥有希腊顶级的葡萄园，2300公顷的种植面积出产世界上最好的麝香葡萄酒之一。葡萄园从平原绵延至海拔300米的地区，因此葡萄的成熟度大不相同。萨摩斯岛麝香葡萄酒只能用小果粒白麝香酿造，这种葡萄占种植总面积的95%。这里的葡萄园通常呈阶梯形，每一级通常只种植两排葡萄。

与萨摩斯岛相比，利姆诺斯火山岛的山脉较少。传说这里是火神和匠神赫菲斯托斯的居住之地。该地的琳慕诗葡萄在希腊大陆（梅里顿丘）也种植广泛，曾受到亚里士多德高度赞扬，酿造的红葡萄酒可口怡人。利姆诺斯岛也生产优质麝香葡萄酒，但与萨摩斯岛不同的是，利姆诺斯岛的麝香葡萄酒采用亚历山大麝香酿造，既是干葡萄酒也是利口酒。

基克拉迪群岛

由于基克拉迪群岛（Cyclads）的帕罗斯岛和圣托里尼岛经常遭遇强风，人们不得不在低海拔区域种植葡萄。为了使葡萄免受强风的摧残，圣托里尼岛的葡萄种植户采用了一种新颖独特的方法——把葡萄树栽培成篮子的形状。这个火山岛的葡萄园占地1200公顷，土壤由板岩和石灰岩构成，可以在夜间积存水分以抵御白天炙热的阳光。岛上特有的微气候为用希腊葡萄品种阿斯提可酿造优质白葡萄酒提供了理想的条件。借助现代工艺，阿斯提可与艾达尼和阿斯瑞调配后能够出产一种酒体平衡的干白葡萄酒。岛上的特色酒是一种名为利亚斯托斯（Liastos）的稻草酒，酒名源自古希腊语“阳光”（helios）。酿造该酒时先将阿斯提可和艾达尼葡萄铺在稻草垫上晒干，经过压榨发酵后就成了现在的甜葡萄酒。在帕罗斯岛，曼迪拉里亚通常用来酿造蜜甜尔（Mistelle）葡萄酒——在新鲜葡萄汁中加入酒精获得的产品。这种葡萄也受到世界上许多苦艾酒生产者的青睐。

多德卡尼斯群岛

罗德岛位于多德卡尼斯（（Dodecanese）群岛的东南端，古老的酿酒传统在这里保存良好。人们认为给葡萄酒标注产地的做法源于此地：罗德岛出口的双耳瓶都有相应的标记。

岛上有两种不同的地形。一种以沙质土壤为主，丘陵较少，经常受到来自北非热空气的影响；另一种是高地，海拔高达1200米，是白葡萄阿斯瑞和红葡萄曼迪拉里亚（这里称为Amorgiano）的原产地。这些葡萄品种和3000公顷葡萄园出产的葡萄酒可以使用罗德岛法定产区的名称。白葡萄酒通常干爽、新鲜，红葡萄酒则柔顺、稍带甜味。这里还出产著名的罗德麝香甜葡萄酒。

希腊葡萄酒生产的另一面：面积广阔的现代葡萄园种植着国际葡萄品种

克里特岛

历史学家认为位于希腊南部的克里特岛是地中海地区第一个葡萄种植区。一年之中，该岛有长达5个月的闷热夏季。目前，岛上共有5万公顷葡萄园，大部分位于北部地区，葡萄干和鲜食葡萄的产量占总产量的4/5。直到20世纪70年代，克里特岛才得以摆脱葡萄根瘤蚜虫的侵袭，但从那以后不得不种植抗根瘤蚜的美洲葡萄。锡蒂亚（Sitia）位于克里特岛的最东端，是岛上最知名的法定产区，出产的本地葡萄品种里亚提克和曼迪拉里亚可以用来混酿成强劲的红葡萄酒和利口酒。干白葡萄酒的原料主要为本地品种维拉娜。达夫尼斯（Daphnes）法定产区位于伊拉克里翁（Heraklion）西南部，以利口酒闻名。阿卡尼斯（Archanes）和佩萨（Peza）两个法定产区位于伊拉克里翁南部，生产一种酒体丰满的红葡萄酒，采用香气浓郁的卡茨法里葡萄和宝石红色的曼迪拉里亚混酿而成。佩萨是克里特岛传统葡萄维拉娜的主要产地，这种葡萄可用于生产一款果香浓郁的白葡萄酒。

基克拉迪群岛的圣托里尼的土壤主要由喷发的火山灰构成，该火山现在是一座死火山

热茜娜口感干爽辛香，适合与当地美食搭配

热茜娜葡萄酒

希腊最著名的葡萄酒非历史悠久的热茜娜莫属。即便在当时，希腊人也已意识到在葡萄酒中加入松脂更容易保存，并欣赏其刺鼻的香味。现在热茜娜葡萄酒的产量占希腊葡萄酒总生产量的1/10，欧盟已将其列为希腊最传统的葡萄酒。热茜娜由萨瓦提诺和荣迪思调配的干白餐酒酿造，然后加入阿勒颇松脂，这种松脂大多来自阿提卡半岛。阿提卡、维奥蒂亚和埃维亚是这一独特、流行的葡萄酒的主要产区。在咖啡馆和餐馆，人们通常把它当作开胃酒饮用，或者与开胃菜搭配，如葡萄叶卷、鱼子泥沙拉、鱿鱼和其他各式各样的沙拉。近年来，希腊生产商试图通过改善市场上热茜娜的品质来提高其在国外市场的形象，包括减少陈酿时间、降低酒精度以及将每100升葡萄酒中松脂含量控制在100克以内。

希腊葡萄酒行业现状

过去20年间，与远古时代的酒神狄俄尼索斯息息相关的希腊葡萄酒行业经历了前所未有的改革。过去，大型葡萄酒公司拥有大部分市场份额，葡萄酒品牌寥寥无几。现在希腊有400多家小型葡萄酒公司，正在大力提升葡萄酒行业的形象。希腊在国外市场最知名的葡萄酒是热茜娜，虽然有松脂味，却广受游客的欢迎。

1974年军事独裁结束后，希腊的葡萄酒生产开始以品质为本。1981年加入欧盟后，年轻的葡萄酒生产商开始反思，并且前往法国和其他国家学习。他们把实践经验和最新的酿酒技术带回希腊。在欧盟的资助下，他们对酒窖和葡萄园进行现代化改造，并且引进高产的国际优质葡萄品种。与此同时，他们也开始认识到本土葡萄品种的价值。今天，希腊的葡萄酒生产商发现他们在国际市场上竞争的优势就在于这些独特、稀有的本土品种，因此新一代的葡萄种植户和葡萄酒生产商决定，即使进行现代化改革，也要保留传统和历史。他们生产的特酿酒充分展现了历史悠久的葡萄品种的特色，吸引了人们的关注。全国各地的生产商都使用传统品种生产出优质葡萄酒，而且这种趋势还在持续。他们在出口市场竞争中获得的奖项证明了他们的葡萄酒现在已经能够达到国际水准。虽然迄今为止并非所有地区都得到完全开发或认识，但是法定产区的数量一直在增长，优质葡萄酒占总产量的比例也在升高。

希腊的年轻人对葡萄酒既熟悉又感兴趣

目前，无论是希腊北部的马其顿和色雷斯地区，还是希腊中部的高海拔地区，一些葡萄种植区因其发展潜力而吸引了投资者的关注。爱琴海群岛也从中受益：尽管补贴不足，人手短缺，生产成本高，产量低，但最近几年，在希俄斯岛、蒂诺斯岛（Tinos，拥有独特的古老鸽舍）、圣托里尼岛，甚至克里特岛都新建了许多酒窖。古希腊人的拼搏精神似乎被重新唤醒，他们精力充沛地经营葡萄园，随时做好了面对葡萄酒行业国际化竞争的准备。

葡萄酒生产商克里斯托·科卡利斯让酒窖主管闻刚开封的年份酒的香气

希腊的主要葡萄酒生产商

生产商：Avantis Estate***
所在地：Mitikas，Lilantiou
80公顷，年产量12万瓶
葡萄酒：Sauvignon，Drios，Syrah，Agios Chronos，Melitis
Apostolos Mountrichas于1994年在Evia岛自己家族的土地上创建了这家酒庄，他在希腊中部地区还拥有其他葡萄园。主要种植西拉葡萄，可以与维欧尼混酿成Agios Chronos葡萄酒，这种葡萄酒须在大木桶中陈酿18个月。另一款特色产品是被称为Melitis的麝香甜葡萄酒。

生产商：Boutari—*****
所在地：Thessaloniki
150公顷，225公顷签约葡萄园，年产量1300万升
葡萄酒：Vin de Pays，O.P.A.P wines
作为当今希腊四大葡萄酒公司之一，Boutari的历史可追溯至1879年，当时Ioannis Boutari在Naoussa创办了一家酿酒厂。Boutari是希腊第一家销售瓶装葡萄酒的公司。目前，该公司在最著名的产区拥有6家设备先进的酿酒厂，生产约40种不同的葡萄酒。Boutari在发展葡萄酒旅游业方面也走在前列，它率先向游客打开其在Naoussa、Santorini、Crete和Goumenissa的酒窖大门。Boutari生产的葡萄酒远销37个国家。

生产商：Domaine Evharis—*****
所在地：Megara
42公顷，年产量15.2万瓶
葡萄酒：Assyrtiko，Chardonnay，Merlot，Syrah，Ilarós，Eva
德国建筑学家Eva Böhme和她的希腊合伙人Harry Antoniou于1988年在Gerania 山的斜坡上创办了该酒庄，距离雅典只有几公里。他们自己设计了根据重力系统运作的现代酿酒厂，并且使用本地和国际葡萄品种酿酒。Eva由玫瑰妃和荣迪思酿造，是一款果味浓郁的迷人起泡酒。Eva Böhme和Harry Antoniou推动了这个历史悠久的葡萄酒产区的复兴。

生产商：Domaine Gerovassiliou****
所在地：Epanomi
45公顷，年产量28万瓶
葡萄酒：Sauvignon，Viognier，Malagouzia，Syrah，Avaton
酿酒师和农学家Evangelos Gerovassiliou是这家知名酒庄的主人。他在海边的葡萄园可以使用“Vin de Pays from Epanomi”的原产地命名。他采用希腊和法国葡萄品种酿造葡萄酒，并创办了一家现代化酿酒厂。Avaton葡萄酒由琳慕诗、玛露德和黑塔加诺（Mavrotragano）混酿而成，并在新法国木桶中陈酿20个月，品质卓越。

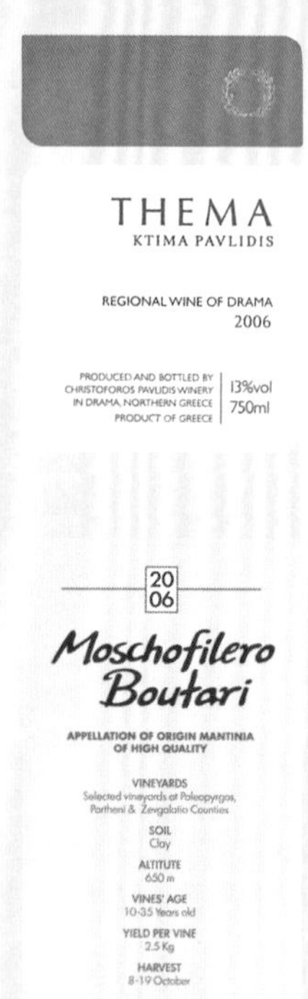

生产商：Domaine Hatzimichalis—******
所在地：Atalanti，Lokridos
160公顷，非自有葡萄，年产量200万瓶
葡萄酒：Le Blanc，Ambelon，Sauvignon，Chardonnay，Dionysou，Chora，Syrah，Cabernet Sauvignon
Dimitris Hatzimichalis在距离Parnassus山不远的地方种植了希腊传统葡萄品种和法国葡萄品种。第一款赤霞珠葡萄酒Hatzimichalis于1982年问世，取得了巨大成功。Dimitris认为这种如今在世界范围内广泛种植的葡萄（在这里被称为Kapnias）源自希腊。酒庄还用希腊的优质传统葡萄品种酿造顶级葡萄酒。

生产商：Domaine Porto Carras***
所在地：Neos Marmaras，Sithonia
473公顷，年产量50万瓶
葡萄酒：Ambelos Whize，Melissanthi，Malagouzia，Limnio，Syrah，Château Porto Carras
20世纪60年代，一家航运公司的拥有者Giannis Carras创办了这家酒庄，并且建立了一个游客中心。2000年，该酒庄被来自Patras的Technical Olympic Group of Companies接管，但仍然致力于优质葡萄酒的生产。酒庄最早的投资包括为酿酒厂配备新的电脑控制的发酵罐。种植的葡萄品种包括白葡萄阿斯瑞、荣迪思、玛拉格西亚（Malagouzia）和长相思以及红葡萄琳慕诗、赤霞珠、梅洛、神索和西拉等。葡萄园沿海岸线呈阶梯状分布，每公顷的产量从不超过6000千克；葡萄采摘由手工完成。由于采纳了Emile Peynaud的建议，酒庄不仅威名远播，而且为希腊整个葡萄酒行业赢得了声誉，尤其值得一提的是其Château Porto Carras葡萄酒，这是一款波尔多风格的混酿酒，在新橡木桶中陈酿18—20个月。

生产商：Domaine Spiropoulos*—***
所在地：Artemisio
55公顷，35公顷签约葡萄园，年产量53.5万瓶
葡萄酒：Orino，Mantinia：Reserve，Fumé；Meliasto；Porfyros；Ode Panos（sparkling）
1993年，这个位于伯罗奔尼撒半岛东部的大酒庄开始采用有机种植法，葡萄品种包括玫瑰妃、阿吉提可、拉格斯（Lagorthi）、赤霞珠、梅洛、霞多丽和长相思等。这些葡萄酿造的葡萄酒现代、清新、芳香，如白葡萄酒Orino和红葡萄酒Porfyros，后者果味浓郁，在橡木桶中陈年。

生产商：Evangelos Tsantalis—*****
所在地：Agios Pavlos
217公顷，1170公顷签约葡萄园，年产量1250万升
葡萄酒：Rapsani epilegmenos；Assyrtiko，Sauvignon，Chardonnay，Athiri，Xynómavro，Syrah，Agiorgítiko，Merlot
这家重要的葡萄酒公司创建于1890年，总部位于Chalkidiki，在Thrace和Naoussa还有其他酒庄。其最著名的葡萄酒无疑是用琳慕诗和赤霞珠混酿的优

质Metochi Chromitsa，这款葡萄酒产自Athos山的山坡。20世纪70年代Tsantalis复兴了那里的葡萄种植，把葡萄园面积扩大至90公顷，并引进了有机种植法，酿造出广受喜爱的Kali Gi系列葡萄酒。在Georg Tsantalis的领导下，该公司已成为希腊优质葡萄酒生产的先驱。

生产商：Gaia Wines**–****
所在地：Koutsi
7公顷，非自有葡萄，年产量36万瓶
葡萄酒：Thalassitis，Gaia Estate，Notios，Ritinitis Nobilis
农学家Leon Karatsolas和希腊最负盛名、最受欢迎的酿酒师Yiannis Paraskevopoulos于1994年开始合作。在Santorini，他们用阿斯提可酿造出一款名为Thalassitis的白葡萄酒，并且一举成名。他们在此基础上建立了业内最好的酒庄Nemas，一家位于伯罗奔尼撒岛的独一无二的小酒庄。在这里，他们酿造出品质卓越的红葡萄酒Nemea Gaia Estate，这款葡萄酒使用完全成熟的阿吉提可通过冷浸渍的方法酿造而成，并且在新法国木桶中熟成。上好的餐酒以Notios的名称装瓶出售，Ritinitis是一款风格雅致的热西娜葡萄酒。

生产商：Ktima Biblia Chora**–****
所在地：Kokkinochori
35公顷，年产量35万瓶
葡萄酒：Chardonnay，Merlot，Ovilos，Areti
经验丰富的酿酒师Vasilis Tsaktsarlis和Vangelis Gerovasiliou在Kavalas附近建立了这家有机酒庄，目标是生产能够展现Pangeon山周围地区独特的土壤和气候条件的优质葡萄酒。创办于2001年的酿酒厂还提供住宿和接待服务。Areti系列葡萄酒由白葡萄阿斯提可和红葡萄阿吉提可酿造，其他葡萄酒也使用国际品种酿造。

生产商：Ktima Papaioannou**–****
所在地：Archaia，Nemea
65公顷，年产量40万瓶
葡萄酒：Assyrtiko，Sauvignon，Chardonnay，Mikroklima Nemea
Thanasis Papaioannou和Jiorgos Papaioannou父子二人采用有机理念经营他们位于古老的Nemea附近的酒庄，他们认为这是展现葡萄酒产地风土特征的唯一方法。他们在Nemea周围种植许多希腊和国际葡萄品种。作为一名酿酒师，Jiorgos亲自在他们现代化的酒厂内酿造葡萄酒。Mikroklima葡萄酒产自50年的阿吉提可老藤葡萄，品质一流。

生产商：Ktima Tselepos***
所在地：Rizes，Arcadia
240公顷，非自有葡萄，年产量100万瓶
葡萄酒：Amethystos，Château Julia，Domaine，Oinotria Land
短短15年内，Constantian Lazaridis就建立起一家小有名气的酒庄，获得450多个奖项，其中包括一些国际大奖。他之所以能如此成功，是因为他采纳了Michel Rolland和其他一些专家的建议。酿酒厂设备先进，旁边还有一个游客中心。目前Lazaridis在Attica的Kapandriti 新建了一家有机酒庄，占地20公顷；他还在雅典附近的Lake Marathon开办了一个名叫Oinotria Land 的葡萄酒体验中心。

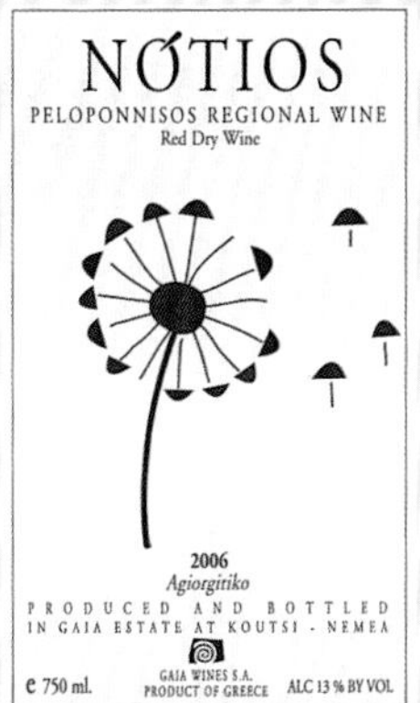

生产商：Mercouri Estate***
所在地：Pyrgos，Ilias
18公顷，年产量14万瓶
葡萄酒：Domaine Mercouri，Antaris，Orion，Foloi，Kallisto
这家乡村酒庄坐落在伯罗奔尼撒半岛西北部的Korakohori附近，于1864年建立，已历经家族四代人的经营。从酒庄创办开始这里就大量种植源自弗留利的莱弗斯科葡萄，除了已有的黑月桂，20世纪90年代又新增了10个葡萄品种。出产的葡萄酒风格独特。这家古老的酒庄还拥有一个博物馆。

生产商：Santo Wines*–***
所在地：Pyrgos
面积不详，年产量80万瓶
葡萄酒：Assyrtiko，Nykteri，Vinsanto，Athiri，Voudomato
这家位于Santorini的合作社创建于1947年，拥有2500名成员。他们在工作上得到大力支持，并设立了苗圃保护传统葡萄品种。合作社于1992年建造了一座现代化酿酒厂，生产岛上所有种类的葡萄酒，如简单的餐酒、用阿斯提可或耐克特瑞（Nykteri）酿造的Santorini干白葡萄酒以及复杂的Vinsanto。

生产商：Semeli Winery**–***
所在地：Stamata
20公顷，90公顷签约葡萄园，年产量67万瓶
葡萄酒：Château Semeli，Chardonnay；Sur lie，Oreinos Helios，Amaryllis
George Kokotos是一名土木工程师，在Attica北部的Pendeli山坡创建了这家小型家庭酒庄。在这里，他使用赤霞珠和梅洛酿造出一款酒庄级别的葡萄酒以及优质的霞多丽葡萄酒。2003年，他和他的朋友Mihalis Salas在Koutsi建立了Helios酒庄。酒庄位于海拔600米处，设有一流的客房和品酒室，客人能品尝到香味浓郁的Oreinos白葡萄酒和用阿吉提可酿造的酒体复杂的红葡萄酒。

塞浦路斯

塞浦路斯岛的西南沿岸地带，如帕福斯，实行混合种植，既出产鲜食葡萄又生产地区餐酒

塞浦路斯是世界上最早生产葡萄酒的国家之一。位于塞浦路斯西南海岸的帕福斯（Paphos）保存的马赛克地板表明岛上的居民在远古时代就已开始酿造葡萄酒。1191年，英国狮心王理查占领塞浦路斯岛，他是最早促进当地葡萄酒生产的人，随后耶路撒冷的“圣约翰骑士团”也对塞浦路斯的葡萄酒行业做出了贡献。带有葡萄园的酒庄被称为卡曼达里亚（Commandaria），成为骑士团的一部分，许多名酒仍然使用这个名称。从16世纪中期到19世纪末期，在土耳其的统治之下，塞浦路斯的葡萄酒行业逐渐衰退，直到1878年英国再次征服塞浦路斯，才得以复兴。

目前，塞浦路斯的葡萄种植面积约2万公顷，其葡萄酒行业是国家重要的经济支柱，直接或间接地解决了岛上四分之一人口的就业问题。葡萄种植区主要集中在特罗多斯（Troodos）山脉海拔250—1300 米的斜坡之上。

与世界上大多数葡萄酒产区不同，塞浦路斯从未遭受过葡萄根瘤蚜的侵害，因此没有使用美洲葡萄树进行嫁接。这里主要种植本地品种，如墨伏罗、玛拉思迪克、欧普索莫（红葡萄）、西尼特丽（白葡萄）和亚历山大麝香。过去几年间，国际葡萄品种在塞浦路斯也取得一席之地。塞浦路斯葡萄园的复兴为引进赤霞珠、西拉、佳丽酿、慕合怀特和歌海娜等葡萄品种提供了契机。20世纪80年代，在塞浦路斯政府的支持下，葡萄种植区的山村出现了独立经营的小型酒庄。十年之后，随着塞浦路斯雪利酒在其最重要的市场——前东方集团和英国的衰落，这些葡萄酒企业不得不重新调整自己的产品。目前，塞浦路斯约有50家独立的葡萄酒公司。

塞浦路斯的土壤以石灰岩为主。这里属于地中海气候，夏季漫长干燥，冬季温和多雨，春季整个岛屿会被绿色植被覆盖。然而，从葡萄树开花至葡萄成熟这段时间，塞浦路斯几乎滴雨不下，并且年日照长达330天。葡萄采摘持续两个半月以上，最早从8月下旬开始，海拔较高的地方直到11月初才结束。

主要的酿酒厂

塞浦路斯的大酒厂都分布在利马索尔（Limassol），这里临近主要的葡萄酒产区，并

修剪葡萄枝是为来年的收获做准备

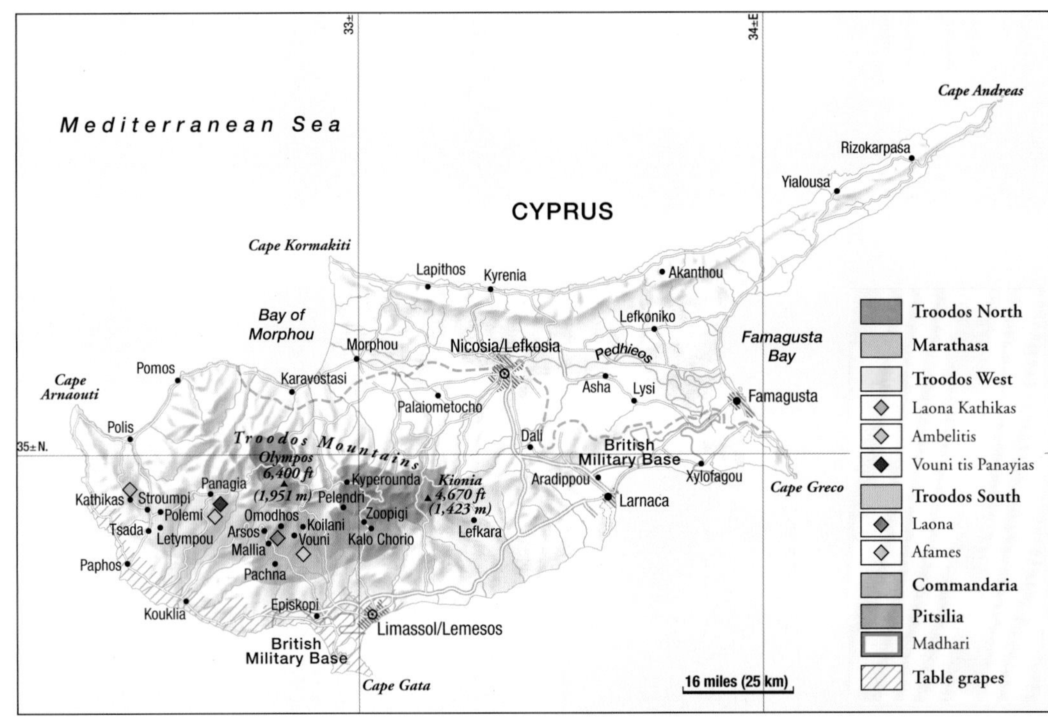

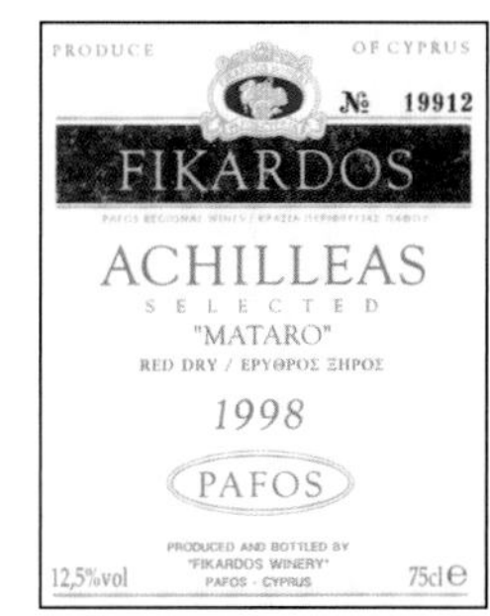

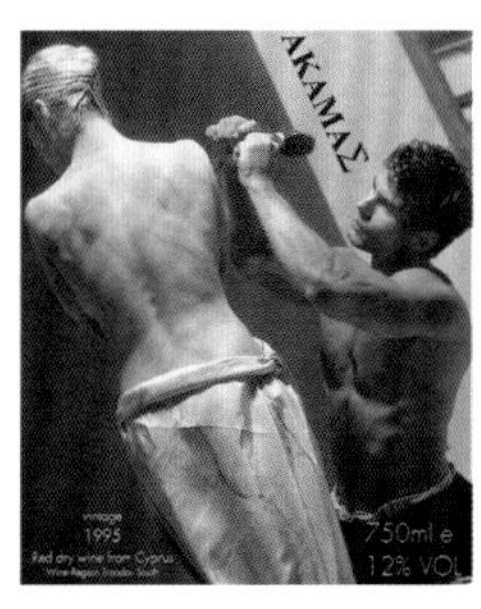

且拥有现代化的的港口。四大葡萄酒公司——艾特高（Etko）、基欧（Keo）、洛艾尔（Loel）和苏达普（Sodap）加工全岛95%的葡萄。

艾特高是塞浦路斯历史最悠久的酿酒厂，早在1844年就开始生产葡萄酒。年产量约1100万升，其中300万升装瓶销售，剩余的桶装出售。基欧酿酒厂成立于1927年，主要以卡曼达里亚（Commandaria）和传统玛拉思迪克（Maratheftiko Heritage）葡萄酒闻名。洛艾尔建于1943年，在自己的葡萄园内也种植国际葡萄品种如赤霞珠和霞多丽。苏达普合作社于1947年成立，由144个村庄的10000个葡萄种植户组成，自2004年起，其先进的新酒厂开始酿造各种类型的葡萄酒。1990年在帕福斯创建的费卡多斯（Fikardos）酿酒厂率先在葡萄酒行业扬名，主要使用西尼特丽和赛美蓉酿造白葡萄酒，用维莎迷、玛拉思迪克、西拉、梅洛和赤霞珠酿造红葡萄酒。索福克勒斯·弗拉斯蒂斯于2007年建造了一座现代化的酿酒厂，此前他曾在加州大学戴维斯分校接受过专业培训，在一个简易的酒窖花费近10年时间生产出了塞浦路斯最好的西拉葡萄酒。其他优秀葡萄酒生产商包括：马里奥斯-克里奥斯、利诺斯、齐亚卡斯、阿碧利斯和基科斯修道院。

卡曼达里亚：葡萄酒中的传奇

我们不确定卡曼达里亚是否是世界上最古老的葡萄酒，以及现在是否依然采用最原始的酿造工艺。但无论如何，在英国国王理查一世来到塞浦路斯品尝它之前它就已经存在。据说卡曼达里亚是由远古时代被称为“nama”的稻草酒发展而来。葡萄采摘后，须铺放在稻草上晒干。土耳其苏丹苏莱曼二世征服克里特岛可能纯粹是出于对卡曼达里亚的钟爱。

如今著名的“圣约翰卡曼达里亚”（St.John Commandaria）葡萄酒仍然在塞浦路斯岛西南部利马索尔地区的村庄生产。如往常一样，墨伏罗和西尼特丽需在太阳下晾晒10天左右，经过两至三个月的缓慢发酵后，在木桶中至少熟成两年。这种被称为“mana”的延续了上千年的方法要求木桶中总是保留一些陈酒，这与酿造加强葡萄酒尤其是雪利酒的索雷拉体系相似。和雪利酒一样，卡曼达里亚也可以作为开胃酒或餐后甜酒。塞浦路斯拥有2000公顷葡萄园，覆盖14个村庄。自1990年3月2日起，塞浦路斯开始实行原产地保护措施，仅限指定地区生产卡曼达里亚，并且制定了明确条款规定葡萄的采摘时间和葡萄酒的酿造工艺。

土耳其

这里的葡萄，如图中的埃米尔，甚至能在卡帕多西亚（Cappadocia）的奇特岩层中生长

关于葡萄酒生产源于土耳其的说法只是猜测而已。但是学者们确信土耳其的部分地区和早期酿酒葡萄的种植存在紧密的联系。考古学家发现，早在公元前4000年赫梯人时代安纳托利亚（Anatolia）地区就已经开始种植葡萄。在挖掘公元前7世纪建造的加泰土丘古城时出土的壁画表明，当时人们已经使用浆果酿造葡萄酒，其中大部分是地中海的荨麻树所结的浆果。希腊人和拜占庭帝国统治时期，土耳其的葡萄酒生产继续发展，到了塞尔柱（Seljuk）和奥斯曼帝国时期，由于伊斯兰教禁止饮酒，酿酒传统中止，但是少数民族地区仍在生产葡萄酒。1925年凯末尔·阿塔蒂尔克开始现代化改革，并建立了第一个技术先进的酿酒厂，土耳其的现代酿酒业得以发展。

目前，土耳其的葡萄种植面积约52万公顷，世界排名第四。葡萄年产量370万吨，但只有不足5%的葡萄用来酿造葡萄酒，3%用来制作葡萄糖浆，20%加工成葡萄干（土耳其是世界第二大葡萄干生产国，仅次于美国的加利福尼亚），72%为鲜食葡萄（土耳其是世界上鲜食葡萄产量最大的国家）。

土耳其葡萄酒生产的数据统计始于1928年，据官方记载，当时土耳其的葡萄酒产量为2682090升。现在，土耳其的葡萄酒年产量约为7500 万升，此外，土耳其每年还用葡萄酿造5000万升的拉克酒。

自2003年以来，土耳其的一群企业家打破了先前国有公司特克勒（Tekel）的垄断局面。目前土耳其约有80家葡萄酒生产商，其中12家规模最大的公司产量占总产量的90%，包括梅（MEY，由特克勒发展而来）、卡瓦克里德雷（Kavaklidere）、德卢卡（Doluca）、雅茨冈（Yazgan）、帕姆克卡莱（Pamukkale）和塞韦林（Sevilen）等。

葡萄种植区域和葡萄品种

土耳其是世界上为数不多的农业可以自给自足的国家之一。其沿海地区气候湿润，为农业生产提供了优越的条件，而内陆则比较干旱。北部的高原以本廷山脉（Pontic Mountains）为界，北坡由于降水充沛、气候温和，形成了潮湿、茂盛的落叶林区。南部是托罗斯（Taurus）

山脉，柔和的海风吹入山谷，因此面朝地中海的山坡上的植被呈现亚热带特征。濒临马尔马拉海（Marmara）的色雷斯地区和爱琴海海岸为宜人的地中海气候。

据估计，近年来土耳其种植的葡萄品种有500—1000种；根据土耳其葡萄酒专家阿尔泰介绍，人们能完整描述的葡萄品种只有130种。大约60种葡萄用来酿酒、鲜食或制干。就生产葡萄酒而言，仅仅36种葡萄具有经济价值。

国际葡萄品种主要分布在马尔马拉地区的色雷斯和爱琴海海岸，占葡萄种植总面积的5%。本地葡萄品种一直是支撑土耳其葡萄酒行业的中流砥柱，酿造的葡萄酒可以保持独特的风味。

- *色雷斯和马尔马拉地区：*传统上，这里种植的神索、佳美和本地品种黑主教用来酿造红葡萄酒，赛美蓉用来酿造白葡萄酒。葡萄酒产量占土耳其葡萄酒总产量的40%，紧随其后的是安纳托利亚中部和爱琴海地区。这里约有60家酿酒厂。
- *爱琴海地区：*这里种植的葡萄品种主要用于鲜食和制干。葡萄酒生产集中在伊兹密尔（Izmir），产量仅占土耳其总产量的20%。

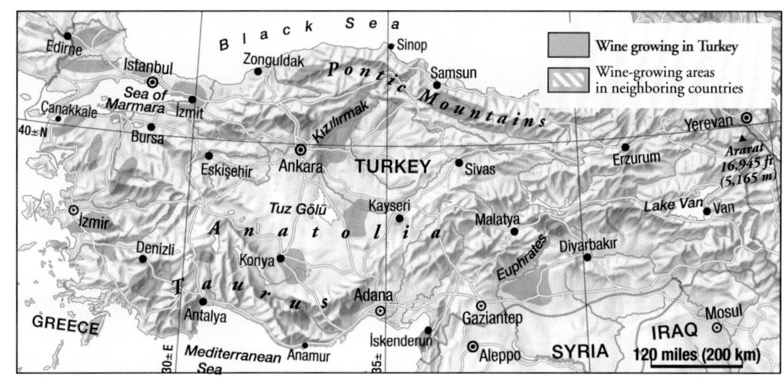

白葡萄品种包括赛美蓉、鸽笼白、少量的霞多丽以及本地葡萄波诺瓦米斯卡提（一种麝香葡萄）和苏丹尼耶。红葡萄品种包括本地品种卡尔克拉斯以及国际品种赤霞珠、佳丽酿、歌海娜、梅洛和紫北塞。这里约有20家葡萄酒公司。

- *地中海海岸：*地中海沿海地区的葡萄酒行业无足轻重。广泛种植的葡萄品种有白葡萄杜库尔根以及红葡萄塞吉卡拉西和布尔杜尔迪姆利特。这里主要销售鲜食葡萄，6月中旬就已成熟。
- *黑海地区：*这里的气候条件限制了葡萄酒生产。娜琳希通常种植在托卡特（Tokat）、乔

德卢卡是毗邻马尔马拉海岸穆莱夫特镇（Mürefte）的一座山丘，也是当地一家传统葡萄酒公司的名称

鲁姆（Çorum）和阿马西亚（Amasya）三省，产量较高，主要用来酿造白葡萄酒；本地葡萄品种，如奥古斯阁主和宝佳斯科也有少量种植。

- *安纳托利亚中部地区：*本地葡萄品种是这里的主角。在白葡萄品种中，哈斯纳德德主要分布在安卡拉省（Ankara），埃米尔主要种植在内夫谢希尔（Nevşehir）、开塞利（Kayseri）和尼代（Nigde）三个地区，周围是卡帕多西亚令人心醉神迷的风景。红葡萄品种包括帕帕兹卡拉西（Papazkarası）和迪姆利特。
- *安纳托利亚东部地区：*这里寒冷的山地气候导致葡萄酒产量较少。尽管如此，安纳托利亚远东地区是本地葡萄品种奥古斯阁主和宝佳斯科的主要种植区。
- *安纳托利亚东南部地区：*虽然这里的葡萄种植面积和葡萄产量位居全国第一，但是葡萄酒产量仅处于全国第四位。红葡萄品种包括奥古斯阁主、宝佳斯科、霍尔兹卡拉西和塞吉卡拉西，白葡萄品种包括杜库尔根、鲁米和卡巴西克。

几个世纪以来，也许只有采摘篮发生了变化

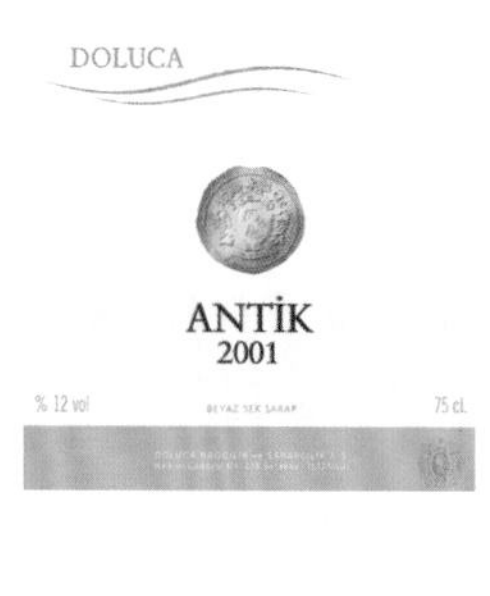

葡萄酒生产商和葡萄酒品种

土耳其市场上的主要酒精饮料是拉克酒，一种经过双重蒸馏的白兰地。其制作方法是先将干葡萄发酵，然后在二次蒸馏的过程中加入茴香。虽然对许多土耳其人来说，拉克酒兑水是前菜的必备搭配，但是葡萄酒越来越受到大众的喜爱。

拉克酒的生产仍然由梅酒厂的继任者掌控。就葡萄酒而言，如今私营公司生产的葡萄酒品质更高。土耳其最古老的私人酿酒厂是德卢卡，由尼哈特·库特曼于1926年在马尔马拉海岸的穆莱夫特创办。目前德卢卡的葡萄酒年产量约为1200万升，其中20%的葡萄酒远销其他欧洲国家、日本和美国。卡瓦克里德雷于1929年由杰纳普·安德在安卡拉成立，葡萄酒年产量为1400万升，20%用于出口。排名第三和第四的酿酒厂是位于伊兹密尔的塞韦林和位于伊斯坦布尔的库特曼（Kutman），塞韦林的葡萄酒年产量为400万升，是库特曼葡萄酒产量的两倍。

世界上的品酒师都认为土耳其的红葡萄酒优于白葡萄酒，而土耳其人更偏爱白葡萄酒。卡瓦克里德雷公司用埃米尔、娜琳希、赛美蓉和苏丹尼耶混酿的桑卡亚（Çankaya）目前是土耳其最畅销的葡萄酒。另一种日常饮用的白葡萄酒是维拉德卢卡（Villa Doluca），由苏丹尼耶和赛美蓉酿造。

值得一提的葡萄酒还有卡瓦克里德雷和塞韦林酒厂生产的麝香葡萄酒、德卢卡用埃米尔酿造的内夫萨赫以及卡瓦克里德雷的果味浓郁的基米兹（Kimiz，残糖量为18克/升）和一款用娜琳希和苏丹尼耶调配的特酿酒。娜琳希、苏丹尼耶、麝香和埃米尔被认为是当地最好的白葡萄品种。卡瓦克里德雷酒厂用成熟的苏丹尼耶酿造甜葡萄酒（残糖量为34克/升）和名为埃夫萨尼（Efsane）的干葡萄酒。

土耳其的白葡萄酒通常不需要长时间陈酿，但是用安纳托利亚、色雷斯和爱琴海地区顶级葡萄酿造的特酿酒需要陈酿较长时间。像这种比较复杂的葡萄酒通常会在酒标上加注“özel”，意思是“特别的”。

德卢卡酒厂从1990年就开始尝试种植法国葡萄品种。在加利波利半岛，霞多丽、赤霞珠、

土耳其的葡萄园面积位居世界前列，但大部分葡萄用于鲜食或制干，如图中一排拖拉机正在运输的葡萄。然而，由于旅游业和出口的发展，人们对葡萄酒的兴趣日益增加

长相思和梅洛被用来生产单一品种葡萄酒萨拉芬（Sarafin）。塞韦林酒厂销售一款产自切什米半岛的霞多丽葡萄酒。

土耳其最受欢迎的红葡萄酒之一是卡瓦克里德雷酒厂的雅库特（Yakut），一款由宝佳斯科、奥古斯阁主、佳丽酿和紫北塞混酿而成的干葡萄酒，酒体丰满，几乎不含单宁，多用于出口。

其他日常饮用的红葡萄酒包括维拉德卢卡、卡瓦克里德雷的迪克曼（Dikmen）、库特曼的基米兹萨拉普（Kırmızı Şarap）和塞韦林的单一品种佳丽酿葡萄酒梅杰斯蒂克（Majestik）。梅酒厂生产的布兹巴格（Buzba）用宝佳斯科和奥古斯阁主酿造，在国外享誉盛名。塞韦林生产的斯拉扎特（Şıhrazat）价格稍贵，是一款用佳丽酿和梅洛混酿的酒体丰满的葡萄酒。

有些红葡萄酒品质更优、价格更高，原因就在于精细的葡萄挑选和葡萄酒生产过程。例如，德卢卡酒厂的特酿酒欧泽尔卡夫（Özel Kav）和安蒂克雷德（Antik Red）需要在橡木桶内陈年至完全成熟。另外两款品质一流的葡萄酒是卡瓦克里德雷酒厂的欧泽尔基米兹（Özel Kırmızı）和精选酒。欧泽尔基米兹产自爱琴海地区，采用紫北塞和佳丽酿酿造。精选酒由安纳托利亚东部地区的宝佳斯科和奥古斯阁主酿造，需在瓶内陈酿7—10年后才能达到完美的成熟度并以高价出售。卡瓦克里德雷酒厂生产的卡莱西克卡拉西（Kalecik Karasi）也品质上乘，这是一款产自安纳托利亚中部地区的单一品种葡萄酒，数量非常有限。其浓郁的浆果香味和怡人的酸度与黑比诺葡萄酒相似。

由于卡瓦克里德雷酒厂的品质得到人们的认可，现在许多新建的葡萄园都种植这种葡萄品种。

除了上述葡萄酒，土耳其还生产优质的红、白新酒。其他受欢迎的葡萄酒包括起泡酒阿尔丁库普克（Altin Köpük）、半起泡酒彭贝库普克（Pembe Köpük）和卡瓦克里德雷酒厂的因吉达姆拉斯（Inci Damlasi）。土耳其人比较钟爱甜葡萄酒，通常在酒标上以“tatlı”（意思是“甜的”）标注。优质甜葡萄酒中，最值得一提的是卡瓦克里德雷酒厂的塔特利泽特（Tatlı Sert，红、白葡萄酒）和塞韦林酒厂用麝香葡萄酿造的哈曼达利（Harmandalı），它们都可以作为开胃酒或餐后甜酒。

展望未来

目前土耳其的人均年葡萄酒消费量少于1升。然而，消费者对优质葡萄酒的需求和对葡萄酒的兴趣呈上升趋势。总体而言，土耳其酒精类饮料的消费也在逐渐增长。因此过去几年间，规模较大的葡萄酒公司在现代酿酒技术和葡萄园管理方面进行了大量投资。对葡萄品种的选择也开始结合地区和气候条件，而不再仅仅优先考虑国际品种，因为它们发现只酿造赤霞珠和霞多丽葡萄酒会使它们的葡萄酒味缺乏本土特色。土耳其的葡萄酒生产商越来越意识到他们的未来取决于对本地葡萄品种的开发，无论是作为单一品种使用还是与国际品种混合酿造更符合国外消费者口味的土耳其葡萄酒。葡萄酒行业的长期目标：生产极具土耳其特色的葡萄酒。

黎巴嫩

黎巴嫩是世界上历史最悠久的葡萄酒产国之一。考古发现古老的比布鲁斯城（Byblos）早在5000多年前就已开始酿造葡萄酒。第一批葡萄可能是由从事贸易的腓尼基人带来的。从公元前1200年到公元前330年，这里都处于腓尼基人的统治之下。

黎巴嫩现代葡萄酒行业的中心位于巴勒贝克（Baalbek）。古罗马时代这个城市极其繁荣，修建于2世纪的酒神巴克斯神殿反映了当时葡萄酒和葡萄酒生产的重要性。中世纪时期，黎巴嫩的葡萄酒也大受欢迎，并且驰名国内外。由于黎巴嫩曾被威尼斯占领，产自提尔（Tyre）和赛达（Sidon）的葡萄酒由威尼斯商人远销欧洲各国。

以巴勒贝克城为中心的贝卡（Bekaa）谷地形成了现今黎巴嫩葡萄酒的主要产地；平原地区也种植鲜食葡萄。贝卡谷地斜坡上的葡萄园海拔高达1000米，气候条件得天独厚：年平均日照300天，并且由于临近地中海，温度适宜。在海拔较高的区域，夜间寒冷、降水充足，因此葡萄在采摘前就已完全成熟。这里很少拉设铁丝引导葡萄生长，因为大部分葡萄树都被当作低矮的灌木丛，不需要精心呵护。

20世纪80年代初以前，黎巴嫩对葡萄酒需求旺盛。然而，随着国内战争的爆发，葡萄酒需求量急剧下滑，而且大多数酒庄都无法收获葡萄。1976年和1984年，穆萨酒庄（Château Musar）颗粒无收。战争期间，大多数葡萄都用来鲜食或酿造国酒“亚力酒”（arak），一种添加了茴香的白兰地，这种酒即使在战争期间依然很畅销。

■1 Château Musar
■2 Fakra
■3 Massaya
■4 Domaine wardy
■5 Ksara
■6 Château Kefraya
■7 Clos St. Thomas

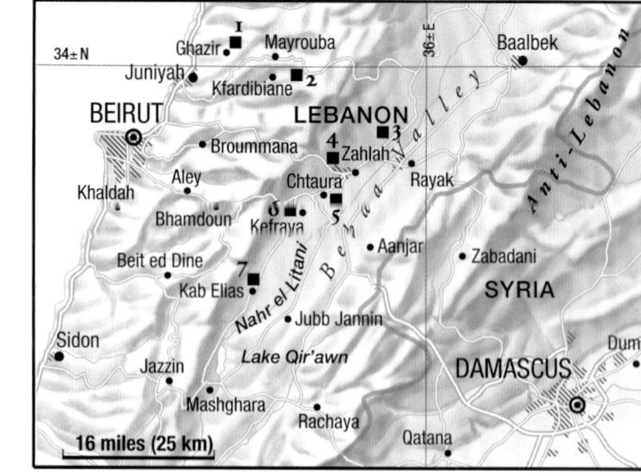

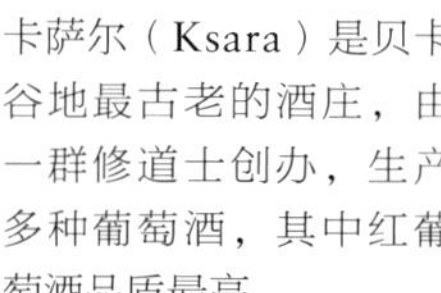
卡萨尔（Ksara）是贝卡谷地最古老的酒庄，由一群修道士创办，生产多种葡萄酒，其中红葡萄酒品质最高

目前黎巴嫩的葡萄种植总面积约为15000公顷，葡萄酒年产量为1500万升，年销量为800万瓶。

黎巴嫩于1920—1946年处于法国的统治之下，因此主要种植的葡萄品种与法国相似。这些品种以红葡萄为主，如神索、佳丽酿、慕合怀特、歌海娜、阿利坎特、赤霞珠和西拉。用赤霞珠酿造的特酿酒是著名的穆萨酒庄的特色酒，自20世纪50年代以来就在法国橡木桶中进行陈年。这种葡萄酒醇厚丰满，散发浓郁的水果和香料气息，融合了波尔多和罗讷河谷两地葡萄酒的风味，还带有一丝异域风情。人们常把这种葡萄酒与世界名酒相提并论，如澳大利亚的高端葡萄酒奔富葛兰许，这表明了它们的地位非同一般。

黎巴嫩的主要白葡萄品种包括长相思、白玉霓、赛美蓉和霞多丽。此外，还有大量本地葡萄品种，如梅尔韦和梅卢埃。

黎巴嫩主要的酒庄

穆萨酒庄位于贝鲁特（Beirut）北部，占地120公顷，由加斯顿·霍彻尔于1930年创办。1979年经过一次轰动性的品酒会之后，穆萨酒庄成为该国葡萄酒行业的焦点。目前加斯顿的儿子塞吉生产的葡萄酒是黎巴嫩葡萄酒的经典之作。

塞吉·霍彻尔（曾在波尔多接受酿酒师培训）主要借鉴法国的酿酒工艺加工传统红葡萄品种赤霞珠和神索以及白葡萄品种霞多丽和梅尔韦，既不澄清葡萄汁也不使用过滤器。20世纪50年代中期，在波尔多巴顿家族的帮助下，穆萨酒庄首次尝试在橡木桶中陈年葡萄酒。近些年来，这家杰出的公司凭借用橡木桶陈年的酒体丰厚的白葡萄酒赢得了更多荣誉。酒庄80%的葡萄酒用于出口。塞吉·霍彻尔强调，他的葡萄酒开封之前最好在酒窖中贮藏15年，这样可以达到最佳口感。

20世纪90年代，卡夫拉雅酒庄（Château Kefraya）开始追赶穆萨酒庄的步伐，现在其生产的葡萄酒，尤其是“M伯爵”特酿酒，与穆萨酒庄的葡萄酒几乎不相上下。卡夫拉雅酒庄拥有300公顷葡萄园，位于贝卡谷地巴鲁克山（Barouk）海拔1000米的区域，主要种植赤霞珠、佳丽酿、神索、西拉、歌海娜、慕合怀特、克莱雷特、布布兰克、霞多丽和维欧尼。采摘结束后，这些葡萄会直接运送到附近的酿酒厂，而不像穆萨酒庄那样，用卡车穿过高山把葡萄运至贝鲁特北部的酿酒厂再进行加工。

创建于2000年的现代化酿酒厂卡夫拉雅-库茹姆（Kouroum de Kefraya）位于卡夫拉雅（Kefraya）地区附近，该地区是黎巴嫩最早完全致力于葡萄种植的地区。卡夫拉雅-库茹姆主要用神索酿造优质红葡萄酒。此外，该酒厂还生产桃红葡萄酒和一款可口的黑中白葡萄酒。

位于贝卡谷地上方的山坡气候温和，尤其适合种植红葡萄品种，生产的葡萄酒酒体平衡，陈年潜力强

历史悠久的卡萨尔酒庄成立于1857年，其葡萄园分布在贝卡谷地的不同区域，占地320公顷，出产的葡萄酒品质一流。卡萨尔在一系列国际大赛中多次获得重要奖项，尤其是用长相思、霞多丽、歌海娜和赤霞珠酿造的葡萄酒。这些酒庄以及圣托马斯（St. Thomas）、沃迪（Wardy）、法克拉（Fakra）和马萨亚（Massaya）等酒庄一起推动着黎巴嫩葡萄酒行业的国际化进程。

以色列

考古发现不断为以色列悠久的葡萄酒生产史提供证据

历史学家和考古学家认为圣经时代的以色列是葡萄园和葡萄酒的摇篮，是葡萄酒行业的故乡，受到希腊人和罗马人的尊崇。《圣经》里共提及“葡萄酒”207次，“葡萄藤”62次，“葡萄园”92次，“葡萄压榨机”15次，还经常通过葡萄种植和采摘的插图阐述宗教思想。早在远古时期，犹太人就已在宗教仪式上使用葡萄酒。无论是在出生礼、成人礼、婚礼、安息日、逾越节、普林节、新年还是葬礼，葡萄酒都占有不可或缺的地位。

根据记载，第一家近代酿酒厂由拉比·肖尔于1848年在耶路撒冷创办。1870年以色列还效仿欧洲模式成立了第一个犹太农业学院，为现代葡萄酒生产的发展奠定了基础。然而，对以色列葡萄酒发展贡献最大的是法国波尔多拉菲酒庄的主人埃德蒙·罗斯柴尔德男爵。

卡迈尔（Carmel）酒庄目前的葡萄酒年产量超过2000万瓶，其历史也是罗斯柴尔德家族在以色列的奋斗史。该酒庄于1882年创建于里雄莱锡安（Rishon-le-Zion），这是由埃蒙德男爵资助的犹太人在巴勒斯坦地区的早期定居点之一。

20世纪80年代以来，以色列的葡萄酒行业从仅仅生产宗教场合使用的简单甜葡萄酒转变为国际葡萄酒市场上不容小觑的竞争者。目前，以色列的葡萄种植和采摘都使用最先进的技术。不锈钢大酒罐取代了混凝土罐，温控发酵已成为常规，法国和美国橡木桶的使用逐渐增多，全自动装瓶技术提高了葡萄酒的装瓶速度和数量。

葡萄酒历史和地理情况

远古时代，以色列位于“葡萄之路”上，后来成为了从美索不达米亚到埃及的葡萄酒之路。可通航的漫长海岸和容易进出的港口使以色列的葡萄酒贸易十分繁荣。此外，这里相对温和的气候和便利的海运也是推动葡萄酒贸易发展的重要因素。

犹太人最初只种植葡萄和生产葡萄酒，后来才进行葡萄酒贸易。适合葡萄生长的区域从北部的戈兰高地（Golan Heights）和加利利（Galilee）山脉延伸至南部的贝尔谢巴（Beersheba）和阿拉德（Arad）。以色列人曾尝试在南部更远的米茨佩拉蒙（Mizpe Ramon）高原种植葡萄。尼欧斯马达（Neot Semadar）也种植葡萄，这是一个位于埃拉特（Eilat）北部50

左图和右图：1882年在罗斯柴尔德男爵的帮助下，一家优秀的酿酒厂建成

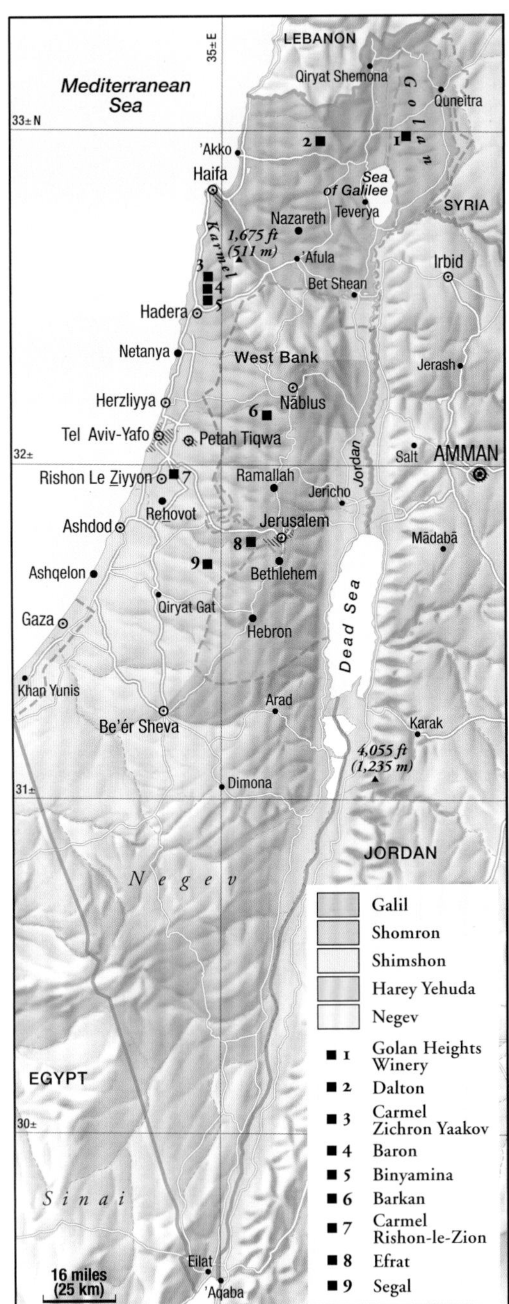

千米处沙漠中的农场。

以色列气候温和，一年只有两季之分：夏季漫长干燥，几乎滴水不降；冬季短暂湿润，平均降水量为500毫米，主要集中在北部地区。拉莫特纳夫塔利（Ramot Naftaly）酒庄的葡萄园是出产赤霞珠葡萄最好的葡萄园之一，年降水量达900毫米之多。南部的葡萄酒生产商充分利用了沙漠气候的独特特征，巨大的昼夜温差赋予葡萄足够的酸度，同时干旱的气候条件可以防止湿润条件下可能会产生的病虫害的侵袭。所有葡萄园都拥有先进的灌溉设备。

以色列葡萄种植区的位置、地形和土壤丰富多样。主要的土壤类型包括石灰岩、泥灰岩和坚硬的白云石。葡萄园土壤的颜色从红色到灰色不一，大多分布在马苏阿（Massua）附近的朱迪亚（Judaea）山区、塔布尔山（Tabor）的加利利地区以及从卡迈尔山至奇科隆雅科夫（Zichron Jaakov）之间的山区。上加利利和下加利利以及戈兰高地大部分地区为玄武岩喷发和岩浆流动造成的玄武岩黏土和凝灰岩。在海洋沉积和海水侵蚀的共同作用下，海岸平原、高地和丘陵之间的山谷形成了壤土，而内盖夫地区则为风化沉积物形成的黄土和冲积沙土。朱迪亚山脉的谷地以及位于卡迈尔山脉和奇科隆雅科夫之间的谷地的土壤分别是黏土和泥灰岩以及洪水泛滥和海水侵蚀造成的重壤土。

阿拉德城堡和卡迈尔新建的葡萄园展现了以色列日常生活中古典与现代、过去与未来的完美结合

一个古老的葡萄酒生产遗址：以色列有数千个像这样的葡萄酒生产遗址，表明自公元前3000年起，戈兰高地和内盖夫沙漠（Negev Desert）就已开始酿造葡萄酒

以色列最流行的葡萄品种

罗伯特·蒙达维是一位具有传奇色彩的酿酒师，当在戈兰高地葡萄酒研讨会谈及对以色列葡萄酒的评价时，他说道：“两年前我品尝以色列葡萄酒时就留下了深刻的印象。怎么可能在如此炎热的气候条件下酿出这么出色的葡萄酒？”优质葡萄品种在气候温暖地区不能存活的观点失之偏颇，属于地中海气候的以色列证明了这一点。

以色列主要种植的葡萄品种包括红葡萄赤霞珠和梅洛以及白葡萄霞多丽和长相思。白葡萄品种翡翠雷司令仅用于本地消费。赤霞珠是最受欢迎的红葡萄品种，因为它比其他品种拥有更好的陈年和成熟潜力。相对而言，梅洛引进较晚，这种葡萄酒因柔和顺滑的口感风靡全国，产量和销量都很大。以色列的霞多丽葡萄酒带有法国人所说的“地方色彩”，口味独特，当地特征明显，甚至可以辨别出产自哪一个葡萄园。与其他葡萄品种不同，用霞多丽酿造的葡萄酒口味千变万化。造成这些差别的原因包括土壤、气候、葡萄树的原产地和生产商的不同。霞多丽也是酿造白中白香槟的原料。戈兰高地和男爵两家酒厂采用法国的香槟法——一种在瓶内进行发酵的传统方法——生产了大量优质起泡酒。

以色列的气候为出产鲜食葡萄和陈年葡萄酒提供了优越的条件

主要的酿酒厂

以色列的酿酒厂每年生产约3000万瓶白葡萄酒、桃红葡萄酒、红葡萄酒和起泡酒，既有在葡萄采摘六个月内必须喝完的简单平价酒，又有须窖藏几年甚至数十年才能达到上乘品质的复杂特酿酒。就产量而言，八家最重要的酿酒厂是：卡迈尔、巴肯（Barkan）、戈兰高地、埃弗拉特（Efrat）、宾亚米纳（Binyamina）、男爵、西格尔（Segal）和道尔顿（Dalton）。

人们不断提高葡萄酒生产标准，精品酒庄随之问世。小规模酿酒的方式非常流行，许多人尝试使用这种方法，但是真正掌握的寥寥无几。根据最新统计的数据，以色列这样的精品酒庄不少于52家。这些酒庄的主人不仅自己收获葡萄，而且自己酿造葡萄酒，在自己的商店或者更大的市场上出售。一些酒庄的葡萄酒生产还处于初级阶段，但是另一些生产商，凭借日益丰富的经验和逐渐提升的技术，酿造的葡萄酒品质越来越高，部分产品堪称出色。大多数酒庄每年生产几千瓶葡萄酒，经验丰富的可生产2万瓶。

以色列主要的精品酒庄包括本–海姆（Ben-Haym）、卡斯特尔、凯撒瑞亚（Caesaria）、戈兰（Golan）、迪克（Diko）、夫拉姆（Flam）、哈–莫伦（Har-Meron）、科菲拉（Kfira）、

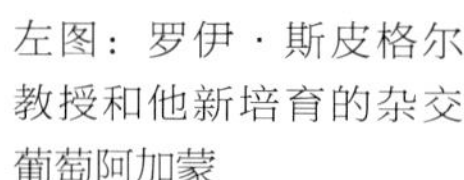

左图：罗伊·斯皮格尔教授和他新培育的杂交葡萄阿加蒙

右图：卡斯特尔酒庄（Domaine du Castel）的主人伊利·本·扎肯

基布兹-纳齐雄（Kibbuz Nachshon）、基布兹-特佐拉（Kibbuz Tzor'a）、拉特伦修道院（Latroun Monastery）、拉维（Lavie）、马格利特（Margalit）、米拉吉（Mirage）、米沙尔（Mishar）、尼欧斯马达、拉卡纳提（Racanati）、萨斯拉夫（Saslove）、施德-博克（Sde-Boker）、海马（Sea Horse）、索热克（Soreq）、特科雅（Teqoa）和塔沃尔（Tavor）。

以色列的主要葡萄酒生产商

生产商：Barkan and Segal*-***
所在地：Kibbuz Hulda
700公顷，年产量750万瓶
葡萄酒：Chardonnay, Pinot Noir, Shiraz, Cabernet Sauvignon, Merlot, Series Superior, Segal's Single Vineyard
20世纪80年代中期，该酒厂的母公司——Stock-West酿酒厂和蒸馏厂遭受了严重的葡萄酒行业危机。在新的领导和管理模式下，Barkan酿酒厂成立。目前，Barkan and Segal凭借先进的技术成为以色列第二大现代化酿酒厂。

生产商：Carmel and Yatir*-***
所在地：Rishon Le-Tsion，Zichron-Yaacov and Arad
2500公顷，年产量2300万瓶
葡萄酒：Cabernet Sauvignon, Merlot, Chardonnay, Emerald Riesling; Single Vineyard, Series Yatir
Carmel是以色列和中东地区最大的酿酒厂，对以色列的葡萄种植和葡萄酒生产做出了重大贡献。它是国内最大的葡萄酒合作社，由1200名成员组成。虽然酒厂的建筑物历史可追溯至1882年，但现在拥有现代化的设备。

生产商：Château Golan Winery*-***
所在地：Ely-Ad
27公顷，年产量10万瓶
葡萄酒：Cabernet Sauvignon, Merlot, Cabernet-Merlot
该酒厂由Shuky Shai和Itzhak Riebak 共同经营，目标是将葡萄酒与艺术相结合；创办葡萄酒学校也是计划的一部分。位于Yarmuk河上方的玄武岩山坡种有赤霞珠、品丽珠、梅洛、小维多、西拉、歌海娜和黑比诺。

生产商：Golan Heights**-***
所在地：Katzrin and Kibbuz Yron
650公顷，年产量700万瓶
葡萄酒：Yarden: Chardonnay, Cabernet Sauvignon, Merlot, Series Katzrin
该酒厂在Golan Heights拥有7个葡萄园，Upper Galilee有1个葡萄园，创办的历史并不长。其第一个葡萄园建立于1976年，1983年进一步扩大规模。1984年，酒厂生产出了第一批长相思葡萄酒。凭借引进的葡萄种植技术和酿酒工艺，该酒厂成为以色列第二次葡萄酒革命的先行者。

精品酒庄

生产商：Alexander Winery
所在地：Beit Ytzhak
年产量8万瓶
葡萄酒：Chardonnay, Cabernet Sauvignon, Merlot, Blend Alexander
Yoram Shalom是酒厂的拥有者、酿酒师、酒窖主管、装瓶工、销售经理和总经理。只要有闲暇时间，他就在酒厂里教授葡萄酒课程。他的父亲Alexander是家族里第一个酿酒师。

生产商：Bravdo Winery
所在地：Karmei Yosef
年产量2万瓶
葡萄酒：Chardonnay, Cabernet Sauvignon, Merlot
Ben-Amy Bravdo和他以前的学生Oded Shosaif都是酿酒专家，他们采用科学的方法生产葡萄酒，充分展示了基于大量研究获得的丰富知识。

生产商：Château Golan
所在地：Ely-Ad
27公顷，年产量10万瓶
葡萄酒：Sauvignon, Cabernet, Merlot, Petit Verdot, Syrah, Petit Sirah, Grenache, Pinot Noir
Shuky Shai、Itzhak Riebak和他们的妻子实现了葡萄酒和艺术的完美结合。在绘画和雕刻展上品尝他们的葡萄酒是一种非常难忘的体验。

生产商：Domaine du Castel Winery*-***
所在地：Ramat-Raziel
13公顷，年产量10万瓶
葡萄酒：Castel Grand Vin, Petit Castel, Chardonnay C
Ben-Zaken是一位“亲法人士”，1989年，虽然当时对葡萄种植一无所知，但他和家人一起建立了第一个葡萄园。不久他们创办了以色列最早的精品酒庄之一，生产的葡萄酒获得许多国际奖项。

马耳他

马耳他共和国位于西西里岛以南91千米处，国土面积316平方公里，人口40万。在1961年获得独立前，其历史进程受到了多种文明的影响。这里至今仍保留着规模宏大的巨石遗址以及修建于新石器和青铜器时代的地下墓室和地上宗教建筑。

不同文化的影响

马耳他的葡萄酒生产历史可以追溯至腓尼基时期，腓尼基人早在公元前800年就定居在这里。公元前218年，罗马人占领了马耳他，葡萄种植和葡萄酒生产持续发展到公元9世纪。随后的几百年由于社会动乱，葡萄酒的重要性开始下降。从16世纪到18世纪，马耳他处于圣约翰骑士团的统治之下，为了生产圣餐葡萄酒，他们恢复了该地区的葡萄种植。之后，马耳他沦为英国殖民地，1961年获得独立。

玛索温（Marsovin）酒庄的葡萄大部分产自马耳他其他生产商或意大利

马利地安纳（Meridiana）酒庄拥有马耳他最大的葡萄园，面积达19公顷，并且只使用自有葡萄酿造葡萄酒

几个世纪以来葡萄酒生产一直是这个多文化岛国历史中不可分割的一部分，但是推动其葡萄酒行业前进的动力却来自外部，因为岛上的居民对葡萄酒缺乏浓厚的兴趣，不愿意自己生产葡萄酒。目前，马耳他的葡萄种植面积约500公顷，分布在两个主要岛屿——马耳他岛和戈左岛

（Gozo）的北部和西北部地区。春季，葡萄园经常遭遇暴雨侵袭，夏季又受到酷热炙烤。只有两家酒庄进行规模化种植，马利地安纳酒庄拥有19公顷葡萄园，玛索温酒庄拥有18公顷。其他酿酒公司的葡萄种植面积极少。马耳他现在拥有30多个葡萄品种，其中16种属于国际葡萄，小规模生产商依然偏爱本地葡萄，包括白葡萄格干提娜和格纳罗阿以及红葡萄格蕾瓦等。这里也出产甜葡萄酒和一种口感甘醇的麝香葡萄酒。

不是所有在马耳他装瓶的葡萄酒都产自该岛的葡萄园。用于种植葡萄的土地远远不能满足当地的需求。据估计约70%的葡萄酒从意大利进口。马耳他两大葡萄酒生产商——玛索温和德利卡塔（Delicata）的年产量均为350万瓶。

为确保用马耳他葡萄酿造的葡萄酒能以“马耳他葡萄酒”出口到欧盟市场，两家生产商将马耳他葡萄和意大利葡萄分开酿造。用意大利葡萄酿造的葡萄酒只能在欧洲销售，酒标上不标注产地、品种、年份和生产商，只标注“红葡萄酒”或“白葡萄酒”。根据欧洲法规，葡萄酒的“原产地”指的是葡萄的产地而非葡萄酒的产地。据估计，马耳他90%的葡萄酒供岛上居民消费或出售给游客，只有小部分葡萄酒用于出口。

解决之道

成立于20世纪90年代早期的马利地安纳酒庄是马耳他葡萄酒行业的一个特例。该酒庄采用其他国家通用的方法酿造葡萄酒，这种方法在马耳他并不常见。其目的是在自己的葡萄园种植用于生产顶级佳酿的葡萄。为此，马耳他葡萄酒商马克·米塞利-法鲁贾和皮耶罗·安东尼侯爵创办了这家合资公司，并获得了欧洲投资银行的支持。1994年和1995年，马利地安纳公司在古城麦地那（Medina）附近的前英国空军基地种植了19公顷葡萄，成为岛上拥有最大单片葡萄园的酒庄。然而，10万瓶的年生产量仍然远远落后于它的两大竞争对手。当马利地安纳公司开始尝试新的葡萄品种时，他们选择了传统的国际葡萄品种（霞多丽、赤霞珠、梅洛、西拉和小维多），因为他们认为本地葡萄品种不适合酿造顶级葡萄酒。

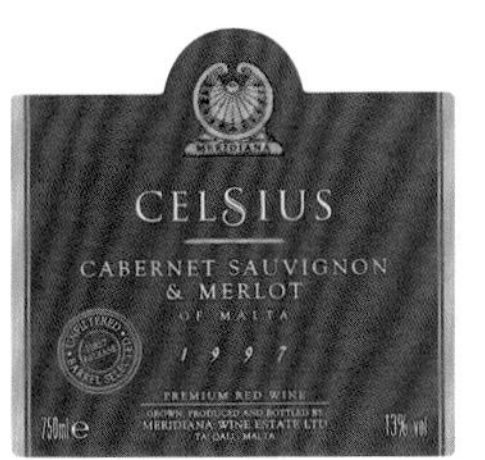

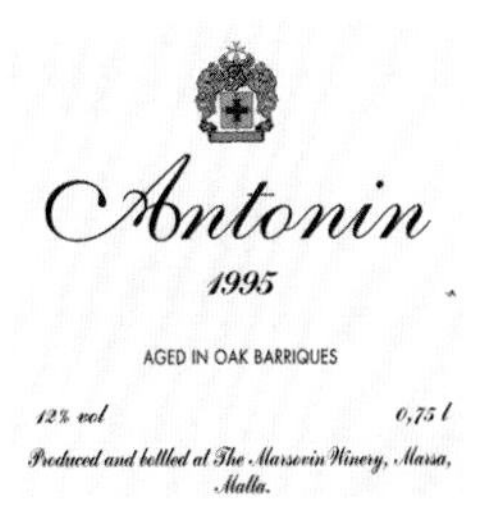

他们还在塔阿利（Ta'Qali）酒庄建立了酿酒厂，并装配温控发酵罐。此外，酒庄还有一个可容纳270个酒桶的地下酒窖。现在马利地安纳的葡萄酒年产量为14万瓶，其中一小部分用于出口。

这家模范企业以及2004年马耳他加入欧盟为岛上的葡萄种植注入了新的活力，其他酿酒厂也纷纷效仿。德利卡塔开展了一个创新性的项目，可使马耳他的葡萄酒生产及时了解行业内的所有变化。

德利卡塔的葡萄园被分成许多块，由多人拥有，有些甚至不是葡萄种植户，目前最大的一块只有4公顷。打着“葡萄酒的葡萄园”的口号，德利卡塔公司主动提供帮助，免费实地教授葡萄种植户使用现代方法经营葡萄园，还专门聘请了葡萄种植顾问。过去15年间，德利卡塔用这种方法帮助了350个葡萄种植户，因此为自己获得了岛上酿酒葡萄产量的最大份额。同时，葡萄园扩大了霞多丽、长相思、维欧尼、西拉、歌海娜、佳丽酿、梅洛和赤霞珠等葡萄品种的种植面积。对许多葡萄种植户来说，本地葡萄是国家文化特征的一部分，因此他们仍然种植现存的本地葡萄品种，占所有葡萄品种的70%。他们的竞争对手玛索温在马耳他岛和戈左岛的不同地区投资开发了5家酒庄，现在这些酒庄年生产700多吨葡萄。马耳他葡萄种植和葡萄酒生产的新时代已经到来。

突尼斯、阿尔及利亚和摩洛哥

突尼斯、阿尔及利亚和摩洛哥这三个北非国家的葡萄酒生产历史可追溯至腓尼基时期。早在19世纪末法国入侵前，罗马人和阿拉伯人就对三个国家的葡萄种植做出了重大贡献。法国人最热衷在这里酿酒，生产的葡萄酒酒精含量高，色泽浓。他们把这些葡萄酒与法国南部朗格多克地区的葡萄酒混合成著名的格罗斯红葡萄酒（gros rouge），然后装在同样著名的有星星装饰的一升装酒瓶内出售。

这三个国家的葡萄酒生产具有举足轻重的地位，20世纪50年代它们的葡萄酒产量占世界市场份额的2/3。虽然随着法国的撤离许多葡萄园纷纷倒闭，但是在欧洲人的投资下，马格里布（Maghreb）的葡萄酒行业再次致力于生产优质葡萄酒。

作为多种文化和文明的大熔炉，这三个国家从腓尼基、迦太基和罗马以及后来的法国、西班牙和意大利引进的大量葡萄品种中获益颇多。7世纪末，阿拉伯人入侵，葡萄种植业开始转向生产鲜食葡萄，因为《古兰经》禁止饮酒。但是，随着法国殖民者于1830年和1881年先后占领阿尔及利亚和突尼斯，葡萄酒行业出现了意想不到的转折。由于朗格多克地区的葡萄酒无色、清淡，为了改变这一状况，这里开始生产酒精含量较高的葡萄酒。1956年突尼斯宣布独立，几年之后阿尔及利亚也宣布独立，随后它们的混酿酒的出口量急剧下降。

马格里布地区的葡萄酒生产历史可追溯至腓尼基时期。如今，这些之前生产烈酒的国家开始寻求新的发展方向

造成葡萄酒行业萎靡的另一个原因是欧共体规定非成员国生产的葡萄酒不能与餐酒混合。因此，大量葡萄园遭到破坏（1962年葡萄种植面积46.6万公顷，目前仅有10万公顷）。而且由于这些国家基于宗教原因禁止饮酒，它们的葡萄酒行业的未来仍然不可预测。

突尼斯

自远古时期以来，可能是从腓尼基人在海岸建立迦太基城起，突尼斯就开始种植葡萄。然而，1574年被土耳其占领之后，葡萄酒生产停滞不前；直到20世纪在法国的统治下才恢复了葡萄酒的商业生产。

目前，突尼斯拥有25家私营和国有酿酒厂，葡萄种植面积达24300公顷，葡萄酒产量约3000万升。葡萄园主要分布在纳布勒（Nabeul）、比塞大（Bizerte）、突尼斯（Tunis）、巴杰（Béja）和坚杜拜（Jendouba）地区。由于政府大力提倡葡萄种植，突尼斯在殖民地时期引进了许多葡萄品种如佳丽酿、紫北塞、歌海娜、神索、麝香、佩德罗-希梅内斯。当时还种有霞多丽、梅洛、赤霞珠、西拉和黑比诺，其中一些葡萄品种对灌溉条件有着严苛的要求。酿酒厂也进行了现代化改革，凭借温控技术，生产的葡萄酒酒体越来越清透，果味越来越浓郁。

突尼斯正在加强本国葡萄酒行业的建设。其国土面积只有阿尔及利亚的一半，但葡萄酒产量是阿尔及利亚的9倍之多。70%的葡萄酒带有法国的"A.O.C."标记。这些葡萄酒产自7个法定产区，包括：摩纳格（Mornag）、特博巴山坡（Coteaux de Tébourba）、蒂巴（Thibar）、克里比亚（Kélibia）、乌提卡山坡（Coteaux d'Utique）、霍纳格（Grand Cru Hornag）和西迪塞勒姆（Sidi Salem）。突尼斯的葡萄酒协会力求满足顾客的需求，其中包括大量的欧洲游客，并且正在促进单一品种葡萄酒的发展。这些葡萄酒中80%的葡萄必须来自酒标上标注的品种。

阿尔及利亚

1960年，阿尔及利亚的葡萄种植面积高达35万公顷，是世界上葡萄种植面积最大的国家之一。1962年获得独立后，葡萄酒被禁止向法国出口——当时阿尔及利亚最大的葡萄酒市场。在此之前，阿尔及利亚一直遵循法国的葡萄酒法律，一些葡萄酒被列为V.D.Q.S.级别。现在，这个原属法国管辖的国家制定了自己的葡萄酒法律，并且建立了国家葡萄酒机构来规范葡萄酒生产和销售——“国家葡萄酒销售协会”（Office National de Commercialisation des Produits Viti-Vinicoles，简称O.N.C.V.）。

阿尔及利亚拥有七个基于法国模式的A.O.G.法定产区，包括扎卡尔山坡（Coteaux de Zaccar）、美狄亚（Médéa）、艾因-贝塞姆-布维拉（Aïn-Bessem-Bouira）、特莱姆森山坡（Coteaux de Tlemcen）、达拉（Dahra）、德萨拉山脉（Monts de Thessalhah）和著名的马斯卡拉山坡（Coteaux de Mascara）。然而，没有被列级的总统特酿酒（Cuvée du Président）也是阿尔及利亚最好的葡萄酒之一。所有用于酿造这些葡萄酒的葡萄品种都由法国殖民者引入，如神索、阿利坎特、紫北塞、歌海娜、慕合怀特和赤霞珠。除了国际葡萄品种，本地品种也有种植，包括白葡萄品种法尔哈娜和蒂佐尔因。

阿尔及利亚的葡萄酒生产由国有大型合作社控制，国家葡萄酒销售协会则负责葡萄酒的销售。

摩洛哥

摩洛哥与阿尔及利亚相邻，葡萄酒生产历史悠久，可追溯至腓尼基人入侵之前。随后罗马人和阿拉伯人为摩洛哥带来了地中海沿岸广泛种植的葡萄品种。但是由于《古兰经》禁止饮酒，葡萄酒行业迅速转向生产鲜食葡萄。第一次世界大战前不久，大量的法国殖民者拥入，建立了8万公顷葡萄园。和阿尔及利亚一样，在停止向法国出口葡萄酒后，摩洛哥也遭受了巨大的损失，许多葡萄园被关闭。目前摩洛哥的葡萄种植面积共2万公顷，有些葡萄酒为A.O.G.葡萄酒，通常随意命名，如“布莱德歌声”（Chante Bled）、“炽热的阳光”（Chaudsoleil）或“特别的外壳”（Special Coquillage）。最知名的葡萄酒无疑是“灰葡萄酒”，由产自卡萨布兰卡和马拉喀什之间的布劳安（Boulaouane）地区的红葡萄品种酿制而成。最好的葡萄园大多位于菲斯（Fez）和梅克内斯（Meknes）地区，主要生产红葡萄酒（占总产量的85%）。摩洛哥约有40家酿酒厂，其中3/4是国有合作社。然而，近几年，法国人重返摩洛哥投资葡萄酒行业，其中包括重要的集团公司卡斯特（Castel）、威廉彼得（William Pitters）和泰联（Taillan）。目前仅这三大葡萄酒公司的种植面积就已达到3000公顷。主要的葡萄品种有传统红葡萄佳丽酿和神索，以及赤霞珠、歌海娜、西拉和梅洛。凭借葡萄酒生产商的努力和新投资者带来的财力资源，摩洛哥的葡萄酒行业可能会出现一些高品质的产品，并迎来一个新的繁荣时期。

卡本（Cap Bon）半岛依然采用传统的葡萄种植方法

南非

酒乡开普

南非葡萄酒从开普敦港远销海外市场，并在海外市场占据越来越重要的地位

对于那些想要逃离北方寒冬的欧洲人和北美人而言，南非，尤其是好望角，是理想的度假胜地。游客来到这里希望能够看到多变的地形以及绵延至海边的险峻山脉，但却往往发现这里具有传统的欧洲风情和地中海气候。

干燥漫长的夏季以及从5月到9月温和潮湿的冬季为葡萄生长提供了优越的条件。从海边一直延伸至内陆100千米处，每天都会有厚厚的云层。这些云层将温度控制在适宜的范围，保证了凉爽的夜晚和足够长的葡萄成熟期。道格特角风是一种强烈的东南风，虽然偶尔出现，却会给葡萄园造成巨大的损失。海岸附近最好的葡萄酒产区气候多变，而且往往天不遂人愿。因此，和欧洲情况一样，酿制年份对南非葡萄酒也至关重要。

1652年，一群荷兰雇佣兵在好望角登陆，并代表荷兰东印度公司在香料之路（Spice）上建立了一个供应基地。由于气候条件适宜葡萄种植，做过船医的指挥官扬·凡·瑞贝克从欧洲运来了葡萄藤（当时葡萄酒被认为可以治疗坏血病）。1659年2月，他们对采摘的三种葡萄进行了压榨。这三种葡萄分别是弗龙蒂尼昂麝香（即小果粒白麝香）、帕洛米诺和尚未成熟的哈尼普特（亚历山大麝香）。结果鼓舞人心，而且新的移民者有机会在分配的土地上建立自己的农场，因此人们开始种植更多的葡萄。

由于缺乏经验，这些布尔人酿造的葡萄酒品质不高。随着新指挥官西蒙·范德·斯特尔的到来，情况发生了转变。1679年到任后不久，他颁布了一道法令，对提前采摘或是在不卫生的酒桶和酒窖中进行发酵的行为进行重罚。此外，他还建议人们以6∶1的比例种植粮食和葡萄。

虽然公司禁止员工在殖民地拥有产业以及以个人名义参与贸易活动，但范德·斯特尔自己却置身其外。1685年，他在开普敦东南部创办了康斯坦提亚酒庄。他的葡萄园管理完善，主要种植弗龙蒂尼昂麝香，因为相比哈尼普特，这种葡萄更容易出产优质葡萄酒。1692年，他被任命为新殖民地首任总督一年之后，范德·斯特尔酿造出了可与欧洲顶级佳酿相提并论的葡萄酒。

随后数年中，康斯坦提亚几经分割易主，然而这里出产的葡萄酒逐渐成为欧洲皇室的尊贵宠儿。它是拿破仑的最爱——他在流亡圣赫勒拿岛的最后几年中，饮用了大量康斯坦提亚甜葡萄酒。直至19世纪中叶，康斯坦提亚的葡萄酒依然是南非酿酒业的典范之作。

1688—1690年，约200名法国胡格诺派教徒迁移南非，大大推动了开普地区的葡萄种植。大多数胡格诺派教徒定居在今天的弗朗斯胡克山谷（Franschhoek Valley），其中一些已经掌握酿酒技术，他们在当地开办酒庄并迅速获得了良好的声誉。今天，他们的后人在南非的葡萄种植业中继续发挥着重要的作用。

17世纪，开普地区为英国人提供了大部分的白兰地以及波特酒和雪利酒风格的加强葡萄酒。1806年，英国再次占领南非，同年拿破仑对英国实施大陆封锁政策，开普地区的葡萄酒行业大获其利。但好景不长，由于忽视了葡萄酒的品质，在英法解决争端之后，布尔人经历了长时间的销售危机。19世纪晚期，霉菌和葡萄根瘤蚜传播到开普地区，导致大量种植户失业。20世纪初对全球的葡萄种植而言是一段黑暗的时期，开普地区的出口贸易几乎停滞。人们希望“葡萄种植者合作协会”（Kooperatieve Wijnbouwers Vereniging，简称K.W.V.）能够改善这一局面，该协会由南非95%的葡萄种植者组成。然而，直到1924年政府赋予其制定白兰地基酒价格的权利，葡萄种植者合作协会才开始发挥作用。尽管如此，该措施并没有对加强葡萄酒和干型餐酒的市场带来预想中的效应。因此，政府于1940年将整个葡萄酒行业的监管权移交给葡萄种植者合作协会。从那时起，该组织不但有权决定价格，还可以限制葡萄的产量、品种、种植权和生产工艺；此外，该组织还负责解决生产过剩的问题并管理葡萄酒贸易行业。1992年，配额制的废除为南非的葡萄种植注入了新的活力。受其影响，在葡萄种植者合作协会和其他合作社的调控之下，原有的酒庄和酒商得以继续发展，新酒庄也不断涌现。

多年来，南非由于实行种族隔离制度而遭到国际社会的制裁，葡萄酒出口困难重重，与此同时，国内人均葡萄酒年消费量只有9升，对优质葡萄酒的需求量更少。然而，国内市场对白兰地的人均年消费量为0.5升。国际流行品种在葡萄园中微乎其微的比例可以很好地反映这一状况。例如，1981年只有3.3%的土地用来种植赤霞珠、梅洛和西拉，而霞多丽和长相思只占总面积的0.4%。20世纪80年代，这些品种开始吸引越来越多的关注。1990年，赤霞珠、梅洛和西拉这三个红葡萄品种的面积占总面积的5.4%，霞多丽和长相思这两个白葡萄品种约为5.1%。如今，葡萄种植总面积达10.2万公顷，红葡萄品种占29%，白葡萄品种占16%。自1991年废除种族隔离制度以来，南非葡萄酒的国外需求激增，尤其是质优价廉的葡萄酒。为了迎合国际市场的口味，生产商们开始采用引进的葡萄品种，特别是占据主导地位的白诗南和鸽笼白。比诺塔吉（1925年由黑比诺和神索杂交而来）的种植面积也有大幅增长。现在约4185位葡萄种植户将他们的产品供应给66家合作社、484家私人酒厂和17家批发商。这些企业自行装瓶。葡萄酒已成为南非共和国最重要的出口商品之一。

顶图：康斯坦提亚是南非最古老的酒庄

上图：凉爽湿润的海风从开普敦城外的福尔斯湾（False Bay）吹向最著名的葡萄酒产区——康斯坦提亚、斯泰伦博斯（Stellenbosch）和帕尔（Paarl），可以降低这些地区的气温

南非的葡萄种植

大多数南非种植户采用生态种植法，如图中这个毗邻斯泰伦博斯产区的葡萄园

原产地葡萄酒

1973年，“葡萄酒和烈酒管理局”通过了一项法案，该法案效仿欧洲先例，根据原产地对葡萄酒进行分级。如果原产地葡萄酒获得认证，用于酿造该葡萄酒的所有葡萄必须均来自酒标上标注的产地。如果葡萄品种和年份也出现在酒标上，葡萄酒中必须含有75%以上酒标所示年份采收的葡萄。对于出口葡萄酒，这一比例必须达到85%。每款葡萄酒都要经过全面的检测。不过，生产商可以自行决定是否对自己的产品进行严格的检验，以获得原产地葡萄酒认证。迄今为止，只有少数生产商参与其中。然而，随着出口量的增加，这个品质标识的重要性也逐渐得到体现，越来越多的国内生产商开始努力使自己的产品达到必要的标准。

南非葡萄酒的原产地共分为5个等级：

- 酒庄（Estate）：由一个或多个农场组成，葡萄种植和葡萄酒酿造都必须在酒庄进行。
- 小产区（Ward）：明确划分的小种植区，最著名的是康斯坦提亚和弗兰谷。
- 次产区（District）：较大面积的密集种植区，如斯泰伦博斯和帕尔。
- 大产区（Region）：大面积的种植区，由几个次产区组成，如布里德河谷（Breede River Valley）和波贝齐（Boberg）。只有产自帕尔和图尔巴（Tulbagh）的甜葡萄酒才能标注这一产地命名。
- 酒产地（Wineland）：不是正式分级，只考虑葡萄酒的重要性，而忽略其是否区分为小产区、次产区和大产区。

地理大区（Geographical Unit）不是指法定产区，而主要是指西开普（Western Cape）地区。

KANONKOP 1
2
ESTATE WINE 3
Pinotage 4
2001 5
GROWN, MADE & BOTTLED ON THE ESTATE 6
7 WINE OF ORIGIN SIMONSBERG STELLENBOSCH
PRODUCE OF SOUTH AFRICA 8

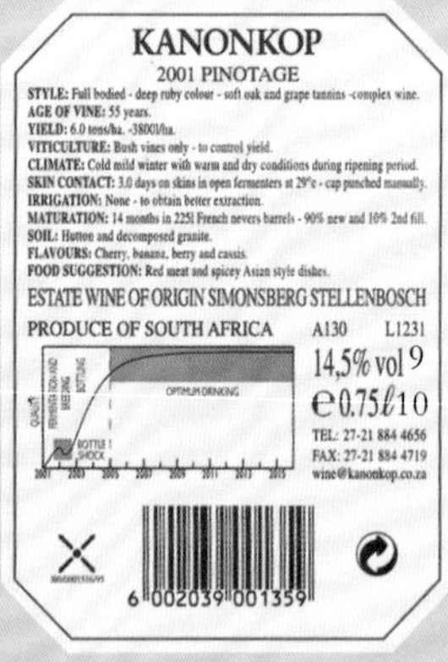

KANONKOP
2001 PINOTAGE
STYLE: Full bodied - deep ruby colour - soft oak and grape tannins -complex wine.
AGE OF VINE: 55 years.
YIELD: 6.0 tons/ha. -3800l/ha.
VITICULTURE: Bush vines only - to control yield.
CLIMATE: Cold mild winter with warm and dry conditions during ripening period.
SKIN CONTACT: 3.0 days on skins in open fermenters at 29°c - cap punched manually.
IRRIGATION: None - to obtain better extraction.
MATURATION: 14 months in 225l French nevers barrels - 90% new and 10% 2nd fill.
SOIL: Hutton and decomposed granite.
FLAVOURS: Cherry, banana, berry and cassis.
FOOD SUGGESTION: Red meat and spicey Asian style dishes.
ESTATE WINE OF ORIGIN SIMONSBERG STELLENBOSCH
PRODUCE OF SOUTH AFRICA A130 L1231
14,5% vol 9
℮ 0.75ℓ 10
TEL: 27-21 884 4656
FAX: 27-21 884 4719
wine@kanonkop.co.za
OPTIMUM DRINKING
BOTTLE SHOCK
6 002039 001359

背标

1. 生产商商标
2. 酒庄名称
3. 酒庄装瓶
4. 葡萄品种
5. 年份
6. 装瓶商
7. 原产地
8. 生产国
9. 酒精度
10. 容量

越来越多的南非葡萄酒生产商不仅在酒瓶的正面贴上精心设计的商标，而且在背面也贴上标签。背标主要向消费者补充介绍葡萄酒的信息，如酒精度和容量。

各葡萄品种种植面积所占比例

白葡萄品种	（%）	红葡萄品种	（%）
白诗南	18.7	神索	2.5
赤霞珠	13.1	赛美蓉	1.1
鸽笼白	11.4	宝石解百纳	2.5
西拉	9.6	开普雷司令	1.0
长相思	8.2		
梅洛	6.7		
霞多丽	8.0	品丽珠	1.0
比诺塔吉	6.2	雷司令	0.2
哈尼普特	2.5	黑比诺	0.6

种植面积呈上升趋势的品种：长相思、霞多丽、品丽珠
种植面积呈下降趋势的品种：哈尼普特、开普雷司令、神索、比诺塔吉

生物多样性与葡萄酒倡议

开普地区不仅是南非酿酒业的故乡，也是被“保护国际”组织认定的物种最丰富的地区。这里有9600种植物，其中仅桌山（Table Mountain）的植物种类就超过整个英格兰。世界上共有34个生物多样性地区，每一个至少有1500种独特的动植物种类。作为其中之一，开普植物王国（Cape Floral Region）于2004年被联合国教科文组织列为世界遗产。然而，随着城市化的加剧、外来植物的入侵、集约化农业以及葡萄种植的发展，这里迷人的自然景观已处于消失的边缘。因此，南非发起了生物多样性与葡萄酒倡议（Biodiversity & Wine Initiative，简称B.W.I.），把开普地区的自然保护与葡萄酒生产联系在一起。

自2004年发起以来，已有88家酒庄和5家合作社签署了这项倡议，自愿保护超过6.3万公顷的土地。该倡议的目的是防止对濒危物种造成进一步的伤害，尤其是两大植物群——犀牛灌丛和硬叶灌丛，并且通过采取符合生态多样性的方法，促进葡萄酒生产的可持续发展。重视生态保护的“葡萄酒综合生产”（Integrated Production of Wine，简称I.P.W.）计划于2000年在南非整个葡萄酒行业开始实行，现已逐步制定出各项规则完善其控制体系。如今，相关组织会指导葡萄种植户在不对濒危的生态系统造成进一步破坏，尤其是在保护生态的情况下进行生产。整个过程中，训练有素的自然保护工作者会随时给予帮助。另一个重要方面是清除对原生植被造成侵害的物种，如桉树。

生物多样性和葡萄酒倡议还推出了“大自然的多样性”和“Hannuwa”的口号。“Hannuwa”一词源自桑族人——70000年前居住在开普地区的古代游猎部落——的语言，意思是通过与自然和谐相处，过上幸运繁荣的生活。

葡萄酒产区（2006年数据）	葡萄树数量	所占百分比	种植面积（单位：公顷）	所占百分比
伍斯特（Worcester）	66883478	21.70	20200	19.78
帕尔	54672569	17.74	17733	17.36
斯泰伦博斯	53538521	17.37	17358	16.99
马姆斯伯里（Malmesbury）	38662120	12.54	15200	14.88
罗贝尔森（Robertson）	46778016	15.17	13603	13.32
奥勒芬兹河（Olifants River）	27530415	8.93	9890	9.68
奥兰治河（Orange River）	10862242	3.52	5160	5.05
克林卡鲁（Klein Karoo）	9332009	3.03	3002	2.94
总计：	308259370	100.00	102146	100.00

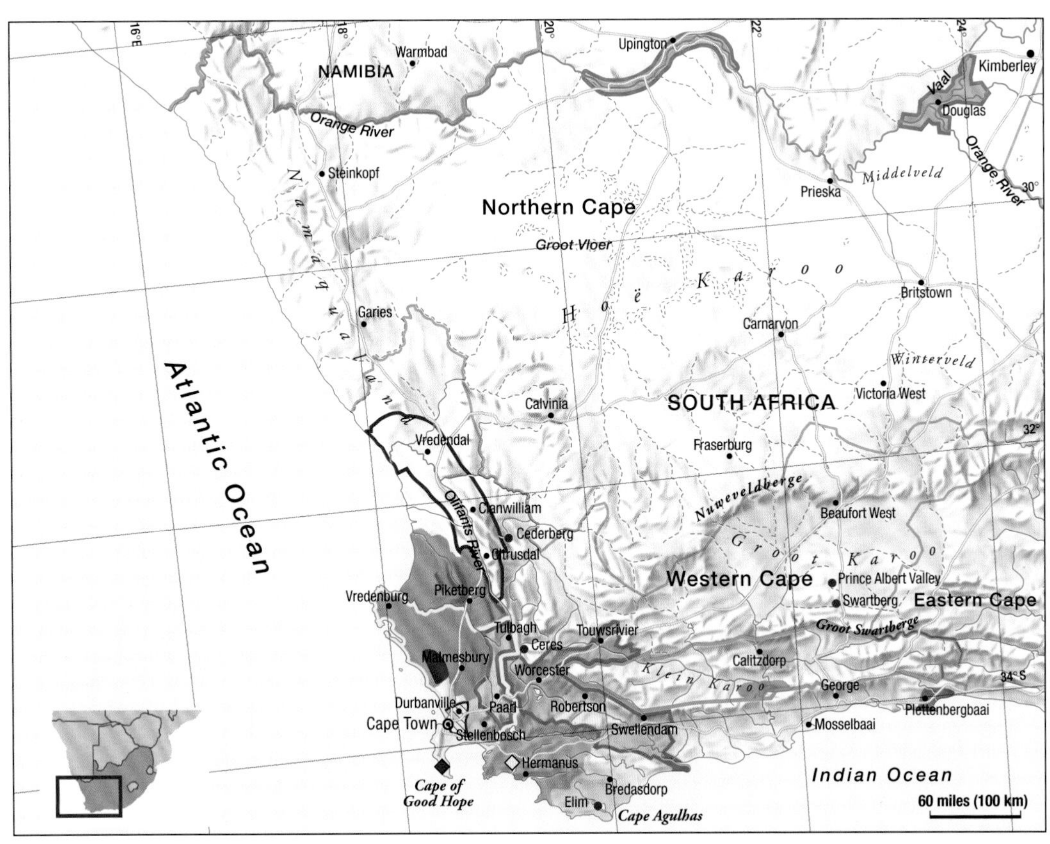

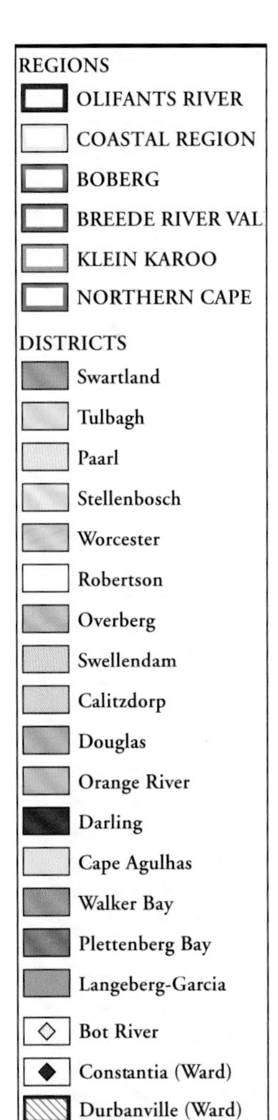

发展与新思想

斯泰伦博斯的勒斯滕堡（Rustenberg）酒庄的现代酒窖表明了南非葡萄酒的崛起。高品质的白葡萄酒在新橡木桶中陈年

如果你在20世纪90年代到过南非的葡萄种植区，可能会听到生产商和种植户介绍说那片土地是专为白葡萄酒而存在的。如今情况已发生了改变。1997年，约4/5的葡萄园种植白葡萄品种，而现在的比例仅为55%。一部分葡萄仍然用来酿造加强葡萄酒和甜葡萄酒。随着出口贸易的发展，生产重点转向了干葡萄酒。如今，红葡萄酒的出口量为1.4亿升，白葡萄酒为1.1亿升，桃红葡萄酒、起泡酒和加强葡萄酒为1700万升。

过去十年，南非对葡萄园进行了大量投资。需求增加是原因之一，然而，真正的原因源自另一个深层次的问题。由于种族隔离政策，南非遭受了长达数年的制裁，不仅严重限制了葡萄酒出口，还影响了葡萄种植。当其他葡萄酒生产国利用克隆技术在提高葡萄树抗病毒能力方面取得巨大进展的时候，南非的种植户还在年复一年地使用感染病毒的葡萄树。这些葡萄树的叶片通常会发生卷曲，因此葡萄很少能充分、均匀地成熟，

这导致酿造的葡萄酒中含有植物味和干涩的单宁味，这些味道在今天的红葡萄酒中依然存在。20世纪90年代的许多红葡萄酒都有这种问题，现在情况已得到了改善。一方面，葡萄苗圃，尤其是威灵顿（Wellington）产区的葡萄苗圃，经过各种努力，已经可以提供全新的健康种苗；另一方面，南非也引进了新的葡萄品种。南非现在的葡萄种植已经完全可以满足未来的需求。

易饮的葡萄酒

南非总体上属于地中海气候，但由于幅员辽阔，各地气候差异显著，沃克湾（Walker Bay）气候凉爽，克林卡鲁的气候则类似沙漠地区。

虽然大部分沿海地区雨水充沛，但从全年来看，不是所有地区都能获得充足、规律的供水。多数葡萄园需要进行人工灌溉，因为在炎热干燥的1月至3月，葡萄尚处于生长期，还未成熟。水塘构成了一道独特的风景线，尤其在斯泰伦博斯和帕尔地区。一些酒庄开始监测葡萄树的需水量，并且通过滴灌系统自动浇灌，这意味着葡萄树可以受到更好的照顾，产量更高。最近，种植户、酒庄主和酿酒师们把这个行业的目标定为生产“易饮的葡萄酒”。他们取得了巨大的成功，生产出了质优价廉的葡萄酒。在这里，一家标准的酒庄至少占地150公顷。少于100公顷的被称为小酒庄。排除掉小酒庄，现在每年压榨100吨以下葡萄的酒庄有273家，100吨至500吨的有133家。显然整个行业的局面发生了重大变化，如今大多数企业致力于生产高品质的葡萄酒。近些年，许多酒庄和私人酒厂无畏国际竞争，开始生产顶级葡萄酒。一些气候温和的地区已经展现出出产优质葡萄酒的惊人潜力。即使在较冷的地区，如埃尔金（Elgin）、伊利姆（Elim）、德班维尔（Durbanville）和达岭（Darling），最近也吸引了人们的广泛关注。

是迄今最为成功的黑人酒庄。目前有二十多家葡萄酒公司由黑人管理，甚至包括K.W.V.和迪斯特（Distell）这样的大公司。K.W.V.将25.1%的股权转让给一个代表456名工人的团体；在迪斯特公司，高层管理人员中黑人占很大的比例。

改进酿酒技术

南非的葡萄酒行业抓住一切机会使用最新技术提高葡萄酒品质。20世纪20年代，南非开始进行温控发酵实验，50年代这项技术得到广泛应用。这解决了在炎热的季节采摘葡萄和葡萄发生氧化的问题，为白葡萄酒生产带来了一场革命。

通常，白葡萄酒的发酵温度为12—15℃，然而，葡萄皮上的自然酵母菌无法在这样的低温下进行繁殖。因此，生产商们开始开发能够在这个温度下正常工作的酵母菌。葡萄酒酿造的研究部门已经在这方面取得令人瞩目的进展。然而，其劣势在于葡萄酒的标准化，因为低温和相应的酵母菌对葡萄酒的香味起着决定性的影响。此外，生产商们有权决定是否对葡萄酒进行酸化处理（酿造过程中禁止加糖），因此他们可以利用所掌握的酿酒技术生产纯净、清爽的现代葡萄酒。而同时，由风土条件决定的葡萄品种的特色在很大程度上无法表现出来。顶级生产商们早就认识到这一点。受生物多样性倡议的影响，他们强烈地意识到风土的重要性，并且已经开始使用更为柔和的酿造方法以展现产地特色。南非在成为民主共和国之后，社会结构发生了巨大变化：之前的弱势群体（黑人）如今在经济生活中也占有一席之地。黑人经济振兴计划同样适用于葡萄酒行业。1997年在帕尔出现的第一家黑人酒庄是一个新的开始。位于埃尔金的泰迪（Thandi）酒庄

在炮台（Kanonkop）酒庄，传统的冲压方法保证了红葡萄酒的充分萃取

乔治·达拉·希亚（Georgio Dalla Cia）是美蕾（Meerlust）酒庄的酿酒师，个性十足

传奇的康斯坦提亚酒庄

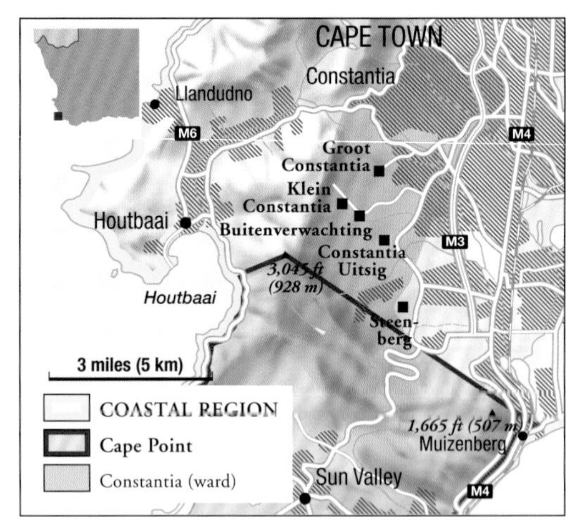

通往康斯坦提亚产区的道路经过著名的桌山山脚。过去，名人们亲临开普半岛以示敬意，今天，国内外的游客们也纷纷踏上前往这个延伸至大西洋的半岛的朝圣之旅。他们崇拜的对象都是大康斯坦提亚酒庄。它是南非葡萄酒的摇篮，拥有干净整洁的荷兰式建筑、各种档次的葡萄酒以及酒窖改造成的博物馆。大康斯坦提亚酒庄是开普敦地区最热门的旅游景点。今天，首任总督的酒庄令人向往，房地产商与葡萄酒生产商全力争夺这里的每一寸土地。康斯坦提亚产区共有五家酒庄，目前正在经历一场伟大的复兴。

康斯坦提亚主要受大西洋影响。其东南部面朝福尔斯湾，从葡萄园可以俯瞰这个海湾。西部的红色山丘面向大西洋，轻柔的微风拂过葡萄园，保证了葡萄成熟期的适宜温度。康斯坦提亚夏季平均温度为19℃，冬季雨水充沛。年降水量超过1000毫米，而且由于这里的红壤土蓄水性较好，因此不需要进行人工灌溉。这片沃土中大部分岩石是来自桌山的风化花岗岩和粉砂岩。

这是南非葡萄酒生产的发源地：总督西蒙·范德·斯特尔于1685年建立了康斯坦提亚酒庄

现在，地势较低的葡萄园都建成了高档住宅，新的葡萄园集中在山坡上，可以出产更加优质的葡萄酒。

总督西蒙·范德·斯特尔成功地使康斯坦提亚出产的甜葡萄酒扬名天下。他的儿子威廉·安德里安继承了他的总督职位和酒庄，但由于骄纵自负、滥用职权，失去了荷兰东印度公司的信任，最后被驱逐出南非。康斯坦提亚酒庄被一分为三：布登维沃（Buitenverwachting）、大康斯坦提亚和小康斯坦提亚，并被分别出售。随后70年，这些酒庄几经易主，葡萄酒的品质有所下降。1778年，德国后裔和经验丰富的酿酒师亨德里克·克雷特收购了这些酒庄。他在斯泰伦博斯以及位于罗贝尔森的韦特夫雷德（Weltevrede）和赞德利特（Zandvliet）酒庄种植的葡萄已经大获成功。他接手后首先对葡萄园进行管理，然后开始酿造葡萄酒。他让弗龙蒂尼昂麝香葡萄充分成熟，这样葡萄中的糖分含量至少能达到300—305克/升。因此，葡萄酒在发酵过程中酒精度升至13% vol时，残糖含量能达到150克/升。在克雷特的管理之下，大康斯坦提亚酒庄及其麝香葡萄酒的名声如日中天，成为欧洲皇室的宠儿和一流的新世界葡萄酒。

荷兰东印度公司和殖民政府从中获利最大，因为两者都有权以最低的价格购买1/3的产品。换言之，只有1/3的葡萄酒可以在市场上进行自由交易。1795年英国接管该殖民地，小亨德里克·克雷特继承了父亲的财产，并希望停止这一购买特权。然而，他的希望成了泡影，因为殖民地的新主人发现这份旧协议对自己有利。尽管如此，小亨德里克·克雷特设法保持了葡萄酒的高品质。1818年小亨德里克·克雷特去世，他的儿子雅各·彼得·克雷特子承父业，但只享受了十年的美好时光。之后南非葡萄酒行业陷入困境。由于欧洲大陆封锁政策的解除，英国人重拾旧爱——波尔多葡萄酒，而对南非葡萄酒失去兴趣。此外，开普地区的葡萄种植户与他们的欧洲同行一样，不得不与葡萄病虫害进行抗争。葡萄树先是感染白粉病，损失惨重。克雷特也于1875年在贫困中离世。十年后，葡萄根瘤蚜传到南非，大康斯坦提亚酒庄被政府接管，用作实验和教育基地。葡萄种苗全部换成抗病虫害的美国品种，标志着南非葡萄酒历史光辉篇章的结束。

布登维沃的新酒窖与当地风景和谐地融合在一起

20世纪80年代初，康斯坦提亚从沉睡中苏醒。此时，小康斯坦提亚和布登维沃两家酒庄也被了解它们潜力的人接手。他们更新和扩建葡萄园，投资购买新的酿酒设施。他们还修复古老的豪宅，为工人们建造住房。毗邻的大康斯坦提亚酒庄也开始效仿。今天，大康斯坦提亚已成为一家由信托公司管理的独立酒庄。

这里主要的白葡萄品种是霞多丽和长相思。长相思在温和的气候条件下可以展现均衡、清新的口感。主要的香味是果香，如醋栗和葡萄柚，但在暖和的年份，会散发更加浓厚的异国风味。生产商们喜欢给自己的产品加上一些植物特性，尤其是绿色植物，如青草和芦笋。矿物气息是这些葡萄酒的特色。通常，生产商倾向于低温发酵，避免葡萄酒与空气接触，因此葡萄酒需要瓶内熟成数月或者放置在通风良好的地方。以霞多丽为例，有些在不锈钢酒罐内发酵，有些在橡木桶中发酵。赛美蓉也使用橡木桶发酵，这种方法越来越受生产商的欢迎。大康斯坦提亚酒庄还种植雷司令、灰比诺和白诗南，白诗南在这里被称为“Steen”，覆盖面积非常广泛。朝南的斜坡适合白葡萄品种的生长，其数量远远超过红葡萄品种。

小康斯坦提亚酒庄尤其值得一提。在这里，弗龙蒂尼昂麝香葡萄被重新种植，1986年第一批完全按照传统方法酿造的康斯坦提亚甜葡萄酒问世。这些葡萄酒使用仿18世纪的酒瓶，经过五年的瓶内陈酿后进入市场。2001年份酒呈金黄的琥珀色，香味浓郁复杂，橙子、柑橘、蜂蜜和姜饼的风味相互融合。酒一入口，香味愈加丰富，出现烤杏仁的味道。顺滑、甘醇的口感与适中的酸度达到完美平衡。受此启发的大康斯坦提亚酒庄也开始种植麝香葡萄。

康斯坦提亚赢得了许多赞誉，不仅因为其风

康斯坦提亚酒庄

Buitenverwachting***–****

120公顷，年产量110万瓶

葡萄酒：Sauvignon，Chardonnay，Buiten Blanc，Christine

这家著名的家族酒庄由Lars Maack经营，除了美酒，其美食餐厅也远近闻名。白葡萄酒品质出众，红葡萄酒的品质最近也显著提升。

Constantia Uitsig***–****

32公顷，年产量20万瓶

葡萄酒：Chardonnay Sémillon Sauvignon，Merlot

该酒庄拥有一家酒店和两家餐厅，出产品质卓越的霞多丽珍藏酒和赤霞珠-梅洛特酿酒。

Groot Constantia**–***

90公顷，年产量48万瓶

葡萄酒：Sauvignon，Chardonnay，Gourneurs Reserve，Shiraz

该酒庄是南非酿酒业的摇篮，正在不断提高葡萄酒的品质。波尔多特酿酒（赤霞珠和梅洛混酿）品质卓越；比诺塔吉品质优良。

Klein Constantia***–****

82公顷，年产量5万瓶

葡萄酒：Riesling，Marlbrook，Shiraz

在Joostes及其酿酒师Adam Mason的经营之下，酒庄不但出产传奇的Vin de Constance葡萄酒，而且最近推出了一款高品质的长相思葡萄酒。

Steenberg**

65公顷，年产量60万瓶

葡萄酒：Chardonnay Cabernet，Sauvignon，Merlot；second label Motif

这是康斯坦提亚最古老的农场，拥有高尔夫球场、豪华酒店、餐厅和设备先进的酒庄。长相思珍藏酒品质出众。

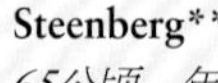

土最适合出产白葡萄酒，而且其红葡萄酒也品质卓越。赤霞珠、梅洛和西拉显然也喜欢红壤土，在海拔较低的地方可以出产优质的红葡萄酒。葡萄树已达到一定的树龄，结出的果实越来越浓郁，酿造的葡萄酒越来越醇厚。大康斯坦提亚酒庄出产的一款“总督珍藏”（Governor's Reserve）葡萄酒由4/5的赤霞珠和1/5的品丽珠调配而成，色泽深红、口感辛香，并带有明显的桉树味。

马波露（Marlbrook）是小康斯坦提亚酒庄的顶级红葡萄酒，在法国橡木桶中最多陈酿两年，具有烘烤和皮革的味道。酒庄的珍藏西拉最近成为康斯坦提亚生产商们谈论的焦点。这种葡萄酒年轻时呈紫色，成熟后色泽深浓，具有强烈的桉树、咖啡和烟熏的混合香味。在美国橡木桶中陈年后，口感圆润，散发成熟果味以及明显而又和谐的辛香味。这是现代红葡萄酒的典范，应当作为南非葡萄酒发展的榜样。

相比之下，布登维沃酒庄使用法国橡木桶陈年的克里斯汀特酿酒（Cuvée Christine）则是一款经典之作。该酒以赤霞珠为主，加以少量的梅洛和品丽珠酿造，口感醇厚，黑色浆果、西洋李子、灌木、桉树和香料的味道在舌尖上交汇。经过几年瓶陈后可达到完美的平衡。

布登维沃的葡萄酒对南非作为葡萄酒生产大国的形象做出了决定性的贡献

左页图：小康斯坦提亚是世界上最著名的酒庄之一，在五个康斯坦提亚酒庄中出产的葡萄酒品质最高

从空中俯瞰康斯坦提亚的葡萄园，每一小块土地清晰可辨。最近酒庄也开始在山坡上种植葡萄

斯泰伦博斯

斯泰伦博斯拥有绵延起伏的山脉，是世界上最美的葡萄酒产区之一

斯泰伦博斯距离开普敦仅40千米，是南非最著名的葡萄酒产区。它的魅力与同名小镇和大学（1918年成立）密不可分。在西蒙·范德·斯特尔的推动下，这里种植了许多枝繁叶茂的橡树。1679年他在开普地区建立了斯泰伦博斯镇，成为第二个欧洲移民定居地。这些殖民者修建了干净整洁的荷兰式住宅，周围花园环绕。随后，英国人在邻近地区也修建了许多具有乔治王朝和维多利亚时代风格的富丽堂皇的建筑。

多数南非酿酒师在斯泰伦博斯大学接受葡萄种植和酿酒技术培训，此外还有著名的爱森堡农业学院和位于开普敦城外的尼特沃比耶葡萄酒酿造协会。尼特沃比耶葡萄酒酿造协会拥有实验葡萄园和研究室，因此成为南非葡萄酒研究中心。这里也是对原产地葡萄酒进行品鉴的地方。

斯泰伦博斯最初是粮食种植和养牛基地。伊斯特（Eerste）河岸肥沃的土地为荷兰东印度公司提供了大部分所需的食物。虽然葡萄酒凭借其不易变质的特性早已被列入供给名单，但葡萄种植没有得到东印度公司足够的重视。东印度公司的兴趣不在开普敦，而在利润丰厚的印度和东印度群岛市场，因此没有对除康斯坦提亚之外的葡萄酒进行任何推广和宣传。葡萄种植最早是由移民斯泰伦博斯并获得土地的穷人发展起来的。但在英国统治之前，这里的葡萄酒既没有市场，也没有地位。1812—1823年，为了满足英格兰人对葡萄酒的需求，南非葡萄酒大量出口。但在19世纪，只有这个时期种植户才能依靠葡萄酒维持生计。直到20世纪斯泰伦博斯和帕尔才成为南非的葡萄种植中心。

斯泰伦博斯是世界上风景最秀丽的葡萄酒产区之一，最近几年发展迅速，现已成为优质葡萄酒生产商最大的集中地。伯兰德（Boland）拥有出色的坡地和高产的山谷，尤其是其丘陵，土壤和气候条件不同，出产种类繁多的葡萄酒，包括“开普经典”（即南非香槟）、果香浓郁却又口感辛辣的比诺塔吉、高贵甘醇的雷司令和加强葡萄酒等。

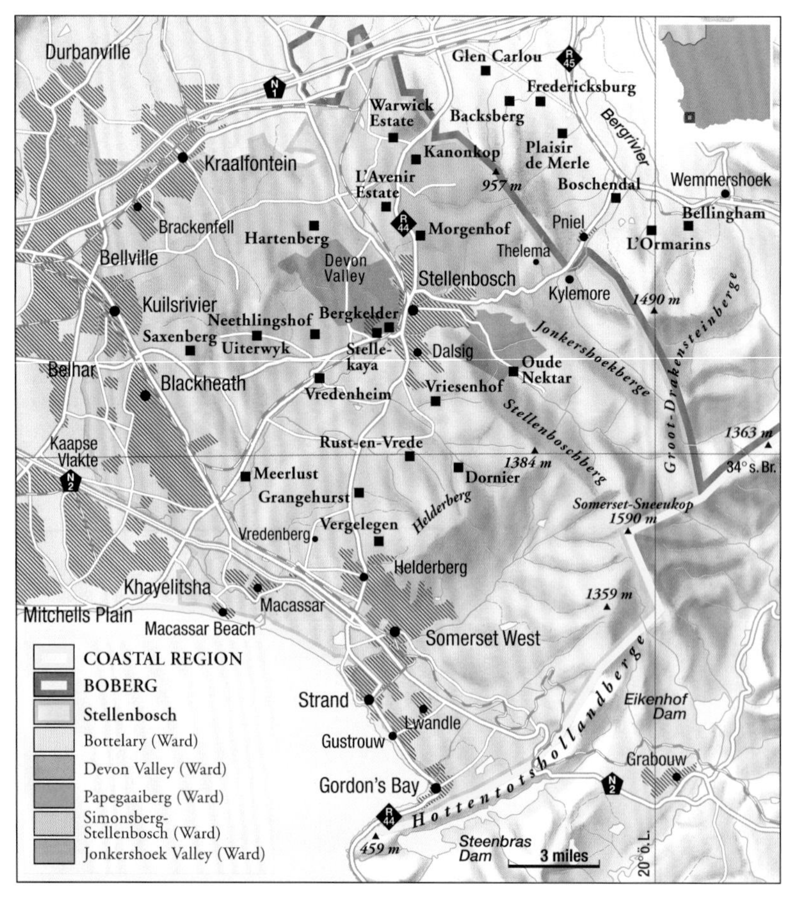

对红葡萄酒而言，最理想的土质莫过于山坡上带有酸性土壤的风化花岗岩。一些葡萄园海拔高达600米，拥有得天独厚的温带气候。西部的土壤以桌山的砂岩为主，出产的白葡萄酒品质一流。斯泰伦博斯的葡萄种植面积占全国葡萄种植总面积的1/8，旱作葡萄园，即免灌溉葡萄园的数量比其他任何地区都多。这些葡萄园产量较低，但葡萄酒口感浓郁。这里的水库构成了一道独特的风景线。

除了用赤霞珠、梅洛和品丽珠酿造的各种葡萄酒，优质西拉葡萄酒也在日益增多。越来越多的生产商使用美国橡木桶陈年葡萄酒，虽然一开始不适合欧洲消费者的口味，但会逐渐与肉桂的味道形成完美组合，带来意想不到的味觉盛宴。斯泰伦博斯也是顶级比诺塔吉的故乡。在白葡萄酒方面，除了优质长相思，斯泰伦博斯还出产橡木桶中发酵的结构均衡的霞多丽。口感细腻的赛美蓉也越来越受欢迎。产自尼斐依（Neethlingshof）酒庄的“贵腐迟摘雷司令”具有显著的贵腐葡萄酒特点，是斯泰伦博斯最迷人的葡萄酒之一。

左图：斯泰伦博斯曾是一个农耕和养牛基地，现已成为重要的葡萄种植中心

右图：尼斐依是南非最古老、最重要的酒庄之一。图为酒庄的葡萄采摘，远处是雄伟壮观的海德堡山（Helderberg）

比诺塔吉

比诺塔吉是一种迷人的红葡萄品种，拥有红色浆果、樱桃和野生草药的独特香味，通常还会散发一股清淡的香蕉皮味。它融合了各种水果气息，辛辣味会令人想起松木和肉桂。有时，它闻起来有指甲油的气味。虽然一些生产商对这种丙酮味情有独钟，但也意味着葡萄过早采摘而且发酵温度过低。

比诺塔吉由斯泰伦博斯大学的阿布拉罕·贝霍尔德教授于1925年培育而成。他将黑比诺和神索进行杂交，神索在地中海气候条件下生长茂盛，当时在南非的名字是艾米塔吉，虽然毫无缘由，但新品种因此得名“比诺塔吉”。1941年，炮台酒庄开始种植比诺塔吉；1959年，美景（Bellevue）酒庄用比诺塔吉酿制的新酒首次得奖，获得历史性的巨大成功。鲜有生产商把比诺塔吉作为主要的酿酒品种，生产出像“炮台1973”（1973 Kanonkop）这样的美酒，时间证明，二十五年后“炮台1973”成了一款高度复杂的红葡萄酒，既不显得太过成熟，口感又与陈年黑比诺相似。然而，由于不适当的酿造方式和产量过剩，比诺塔吉成了品质粗劣的红葡萄酒，人们对其接受缓慢。1976年受到英国葡萄酒专家的批判之后，比诺塔吉最终失宠，种植面积逐渐下滑。幸运的是，当时炮台酒庄的主人克里格兄弟和他们的酿酒师简·波兰·库切并未受到负面评论的影响。后来，简·波兰·库切在自己的威瑞森（Vriesenhof）酒庄继续使用比诺塔吉酿造出卓越的葡萄酒，装瓶后以帕拉迪（Paradyskloof）的名称进行出售，而炮台酒庄的新任酿酒师拜尔斯·朱特成功地将人们的注意力再一次吸引到这一独特品种上来。

由于适应当地自然条件，比诺塔吉迈入了一个新的阶段。1990年，它只占南非葡萄种植总面积的1.9%，历史最低，如今已升至6.4%，并始终保持在这一水平。

虽然生产商们已经知道如何利用比诺塔吉新藤葡萄酿造口感怡人、果香浓郁的葡萄酒，但口感醇厚、风格独特的顶级佳酿产自不加灌溉的老藤葡萄，这些葡萄藤通常采用传统的高杯状修剪方式。最近，比诺塔吉作为开普混酿酒的主要原料成为人们谈论的焦点，许多酒庄将其与赤霞珠和梅洛混合，出产的葡萄酒通常品质卓越、个性鲜明。

迪斯特

由于南非葡萄酒行业重组，老牌生产商“蒸馏酒公司”（南非白兰地的主要经销商）与“斯泰伦博斯农庄酿酒有限公司”进行合并（包括两家公司的下属酒庄、贸易公司和销售公司），成立了一家新的巨头——迪斯特。如今，迪斯特集团的葡萄酒产量几乎占南非葡萄酒总产量的30%。迪斯特拥有明确的产品理念，现在对果味浓郁、口感鲜爽的现代葡萄酒青睐有加。

国际化运营的博格凯德（Bergkelder）是迪斯特集团最知名的酒庄之一。私人客户可以把自己的葡萄酒放在酒庄位于鹦鹉山的酒窖中进行陈年。“好望角”是酒厂最著名的品牌，以未经过滤的葡萄酒系列获得了新的赞誉。乐露丝（J.C. Le Roux）酒庄出产的庞格拉茨（Pongrácz）是迪斯特公司起泡酒中的精品，可以与公司用黑比诺酿造的“开普经典”媲美。露赛优质葡萄酒有限公司是一家为知名酒庄奥特（Alto）、勒庞（Le Bonheur）和维特（Uitkyk）而设立的销售公司，现在也负责尼斐侬和思坦伦（Stellzicht）两家酒庄的葡萄酒生产。

成立于1970年的蒸馏酒公司是安东·鲁伯特的毕生心血。斯泰伦博斯农庄酿酒有限公司则是威廉·查尔斯·温肖的杰作。威廉·查尔斯·温肖1871年出生在美国的肯塔基州，是南非葡萄酒历史上最活跃的人物之一。多年来，他做过淘金工、德州骑警，然后开始学医，之后又来到南非负责骡队运输。他在布尔战争中担任军医，之后开始从事葡萄酒生产，并于1924年购买了欧德塔斯农场（Oude Libertas Farm）。随后，他开办了自己的酿酒厂。该农场如今已成为一个集品酒、餐馆和剧场于一体的旅游中心。

斯泰伦博斯的主要葡萄酒生产商

生产商：L'Avenir Estate***
所在地：**Stellenbosch**
54公顷，年产量30万瓶
葡萄酒：Chardonnay，Chenin，Pinotage，Stellenbosch Classic
Michel Laroche来自夏布利，他接手该酒庄后，继续把重点放在比诺塔吉和白诗南葡萄酒上。

生产商：**Beyerskloof***–******
所在地：**Stellenbosch**
70公顷，非自有葡萄，年产量120万瓶
葡萄酒：Cabernet Sauvignon，Pinotage，Synergie
该酒庄曾获得“1991年度生产商”称号，出产用比诺塔吉和赤霞珠酿造的成熟红葡萄酒以及优质开普混酿酒。

生产商：**J.P. Bredell******
所在地：**Helderberg**
95公顷，年产量18万瓶
葡萄酒：Pinotage，Shiraz，Merlot，Cape Vintage Reserve，Late Bottled Vintage
盛产优质加强葡萄酒，现在也开始生产优质红葡萄酒。

生产商：**Delheim****–****
所在地：**Stellenbosch，Koelenhof**
150公顷，年产量70万瓶
葡萄酒：Sauvignon，Rhine Riesling，Cabernet Sauvignon，Merlot，Pinotage，Grand Reserve
Spatz Sperling自1951年起一直是生产干葡萄酒的标杆。现在他的儿子Victor和女儿Nora负责葡萄园的管理、葡萄酒的销售和夏季餐馆的经营。酒庄的Vera Cruz Shiraz葡萄酒品质卓越。

生产商：**Dornier****–****
所在地：**Stellenbosch**
65公顷，年产量不详
葡萄酒：White，Donatus
德国籍瑞士艺术家Christoph Dornier及其儿子Raphael酿造的葡萄酒风格雅致。他们也经营餐馆。

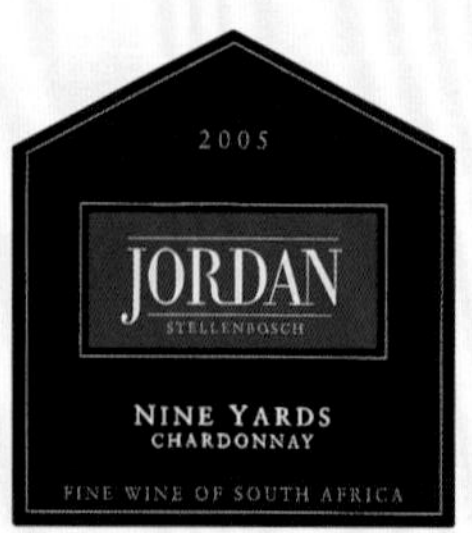

生产商：**Neil Ellis Wines*****–****
所在地：**Stellenbosch，Jonkershoek**
非自有葡萄，年产量48万瓶
葡萄酒：Sauvignon，Chardonnay，Cabernet Sauvignon，Pinotage，Shiraz
这个享誉盛名的生产商在其合作伙伴Hans-Peter Schröder日式风格的Oude Nectar酒庄建立了一家先进的酿酒厂。自1998年起，酿酒师Werner Näkel开始生产优质的Zwalu特酿酒。

生产商：**Ken Forrester****–****
所在地：**Helderberg**
33公顷，非自有葡萄，年产量72万瓶
葡萄酒：Forrester Meinert Chenin，Noble Late Harvest，Gipsy
Ken Forrester和酿酒师Martin Meinert酿造出了品质卓越的白诗南葡萄酒和风格独特的红葡萄酒。

生产商：**Grangehurst******
所在地：**Helderberg**
非自有葡萄，年产量10万瓶
葡萄酒：Pinotage，Cabernet Sauvignon-Merlot，Nikela
Jeremy Walker从四家优质葡萄园购买葡萄。出产的红葡萄酒品质一流。

生产商：**Jordan*****–****
所在地：**Stellenbosch**
110公顷，年产量80万瓶
葡萄酒：Chardonnay，Fumé Blanc，Merlot，Cabernet Sauvignon，Cobblers Hill
Gary Jordan和Kathy Jordan从1993起开始经营这座家庭酒庄。Cobblers Hill是一款由赤霞珠、梅洛和品丽珠混酿的波尔多风格葡萄酒，获得了巨大成功。

生产商：**Kanonkop******–*****
所在地：**Stellenbosch**
100公顷，年产量48万瓶
葡萄酒：Pinotage，Cabernet Sauvignon，Paul Sauer，

Kadette
Krige兄弟自1973年起开始生产优质红葡萄酒。这些葡萄酒在石缸中发酵，并使用法国橡木桶陈年，十年后才能展现最佳品质。

生产商：**Mulderbosch*****
所在地：**Stellenbosch**
23公顷，非自有葡萄，年产量36万瓶
葡萄酒：Steen-op-Hont，Chardonnay，Sauvignon，Faithful Hound
酿酒师Mike Dobrovic酿造出了高品质的白葡萄酒。

生产商：**Muratie*****
所在地：**Stellenbosch，Koelenhof**
40公顷，年产量12万瓶
葡萄酒：Ansela，Cabernet Sauvignon，Merlot，Pinot Noir，Shiraz，Port
这家家族酒庄拥有300年的历史，生产的西拉葡萄酒酒体丰满、果味浓郁。

生产商：**Neethlingshof**–*****
所在地：**Stellenbosch**
210公顷，年产量50万瓶
葡萄酒：Chardonnay，Gewürztraminer，Riesling Noble Late Harvest，Shiraz，Lord Neethling：Pinotage，Laurentius
该酒庄建立于1692年，1814年进行修缮。2001年，一个新的团队开始经营这家酒庄，生产著名的Lord Neethling系列葡萄酒，其中包括以西拉为主要原料的Laurentius特酿酒。

生产商：**Raats Family Wines******
所在地：**Stellenbosch**
20公顷，非自有葡萄，年产量5.4万瓶
葡萄酒：Chenin Blanc，Original Chenin，Cabernet Franc
Bruwer Raats及其弟弟Jasper生产优质的白诗南葡萄酒和南非顶级的品丽珠葡萄酒，并与黑人酿酒师朋友Mzohhona Mvemve酿造出了轰动世人的De Compostella特酿酒。

生产商：**Reyneke*****
所在地：**Stellenbosch**
20公顷，年产量不详
葡萄酒：Sauvignon，Reserve，Pinotage，Cornerstone
Johan Reyneke Jr.于1998年对家族农场Utizicht的葡萄园进行重组，现在是南非公认的第一家生物动力酒庄。葡萄酒品质稳定、表现不凡。

生产商：**Rust-en-Vrede**–*****
所在地：**Helderberg**
50公顷，年产量24万瓶
葡萄酒：Estate Wine，Cabernet Sauvignon，Shiraz，Merlot
除了口感复杂的酒庄葡萄酒，酒庄现在也生产一款销量喜人的梅洛葡萄酒。Rust与高尔夫明星Ernie Els合作成立了一家公司，生产的波尔多混酿酒价格高昂、品质优秀。

生产商：**Rustenberg**–*****
所在地：**Stellenbosch**
15公顷，年产量150万瓶
葡萄酒：Chardonnay，Sauvignon，Q.F.1，Cabernet Sauvignon，Rustenberg
酒庄占地1000公顷，拥有三个历史悠久的农庄。优质

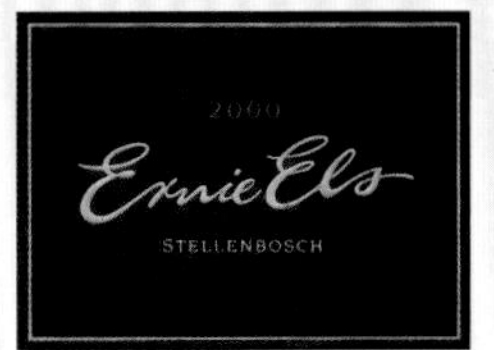

产品包括赤霞珠葡萄酒Peter Barlow和霞多丽葡萄酒Five Soldiers。另一个品牌Brampton葡萄酒却令人有些失望。

生产商：**Saxenburg******
所在地：**Stellenbosch**
90公顷，年产量60万瓶
葡萄酒：Sauvignon，Cabernet Sauvignon，Merlot，Shiraz，Pinotage，Saxenburg Shiraz Select
自1991年起，酒庄在Nico van der Merwe的经营下，凭借五款用顶级葡萄酿造的单一品种葡萄酒一举成名。Nico van der Merwe还拥有朗格多克的Capion酒庄。

生产商：**Stellekaya*****
所在地：**Stellenbosch**
非自有葡萄，年产量7.2万瓶
葡萄酒：Shiraz，Merlot，Cabernet Sauvignon，Cape Cross，Orion
该酒厂在黑人女酿酒师Ntsiki Biyela的带领之下迅速提升了形象。桑娇维赛葡萄酒Hercules复杂、圆润、持久。

生产商：**Thelema Mountain Vineyards******
所在地：**Stellenbosch**
70公顷，年产量36万瓶
葡萄酒：Sauvignon，Shiraz，Merlot Reserve，Cabernet Sauvignon
酒庄位于Simonsberg山的高海拔处，出产的部分葡萄酒在南非享誉盛名，如Sutherland白葡萄酒。

生产商：**De Trafford*****
所在地：**Stellenbosch**
5公顷，非自有葡萄，年产量4.2万瓶
葡萄酒：Chenin Blanc，Cabernet Sauvignon，Merlot，Shiraz，Straw Wine
酒庄出产的稻草酒和Elevation 393特酿酒如今已与品质越来越高的赤霞珠和西拉葡萄酒齐名。

生产商：**Vergelegen******
所在地：**Helderberg**
112公顷，年产量56万瓶
葡萄酒：Chardonnay，Sauvignon；Cabernet Sauvignon，Merlot，Shiraz
这是Anglo-American集团的旗舰酒庄，拥有一座采用重力操作系统的八角形酿酒厂。在酿酒师Andre van Rensburg的努力下，酒庄已成为南非的顶级酒庄之一和第一家生物多样性保护的示范性酒庄。

生产商：**Vriesenhof Vineyards*****–****
所在地：**Stellenbosch**
35公顷，非自有葡萄，年产量33万瓶
葡萄酒：Vriesenhof：Pinotage，Pinot Noir，Cabernet Sauvignon，Kallista，Talana Hill Chardonnay
离开Kanonkop酒庄后，Jan Coetzee接手了Vriesenhof酒庄和附近的Talana Hill酒厂。他生产的葡萄酒风格独特，部分以Paradyskloof的酒标装瓶出售。

生产商：**Warwick Estate*****–****
所在地：**Stellenbosch**
70公顷，年产量25万瓶
葡萄酒：Chardonnay；Pinotage，Cabernet Franc，Three Cape Ladies，Trilogy
在Mike Radcliffe的经营下，这家家族酒庄更加注重葡萄酒的品质。梅洛和赤霞珠现在只用来生产混酿酒。

帕尔

帕尔约有9万居民，是开普地区第二大城镇。漫步在长达11千米的两侧蓝花楹树成荫的大街上，你仍然可以看到许多布尔和英式风格的建筑。帕尔镇的历史可追溯至1717年，以其后方的花岗岩山脉而得名。雨过天晴之后，山脉会像珍珠一样闪闪发光，而在南非荷兰语中，珍珠就被称为“paarl”。帕尔山的东南坡上矗立着塔尔纪念碑（Taal Monument），用来纪念南非大多数地区的通用语言——南非荷兰语。站在帕尔山远眺，大西洋甚至60千米外的开普敦的壮观景色尽收眼底。从山顶可以俯瞰伯格（Berg）河谷，这条河流为大片葡萄园生长的沙质土壤提供充足的水分。帕尔地区的葡萄酒产量占南非总产量的1/5。

过去，广阔平坦的葡萄园几乎只种植白诗南、鸽笼白和帕洛米诺，主要用来生产雪利酒。

帕尔镇后方的山坡上矗立着1875年设立的南非荷兰语语言纪念碑——塔尔纪念碑

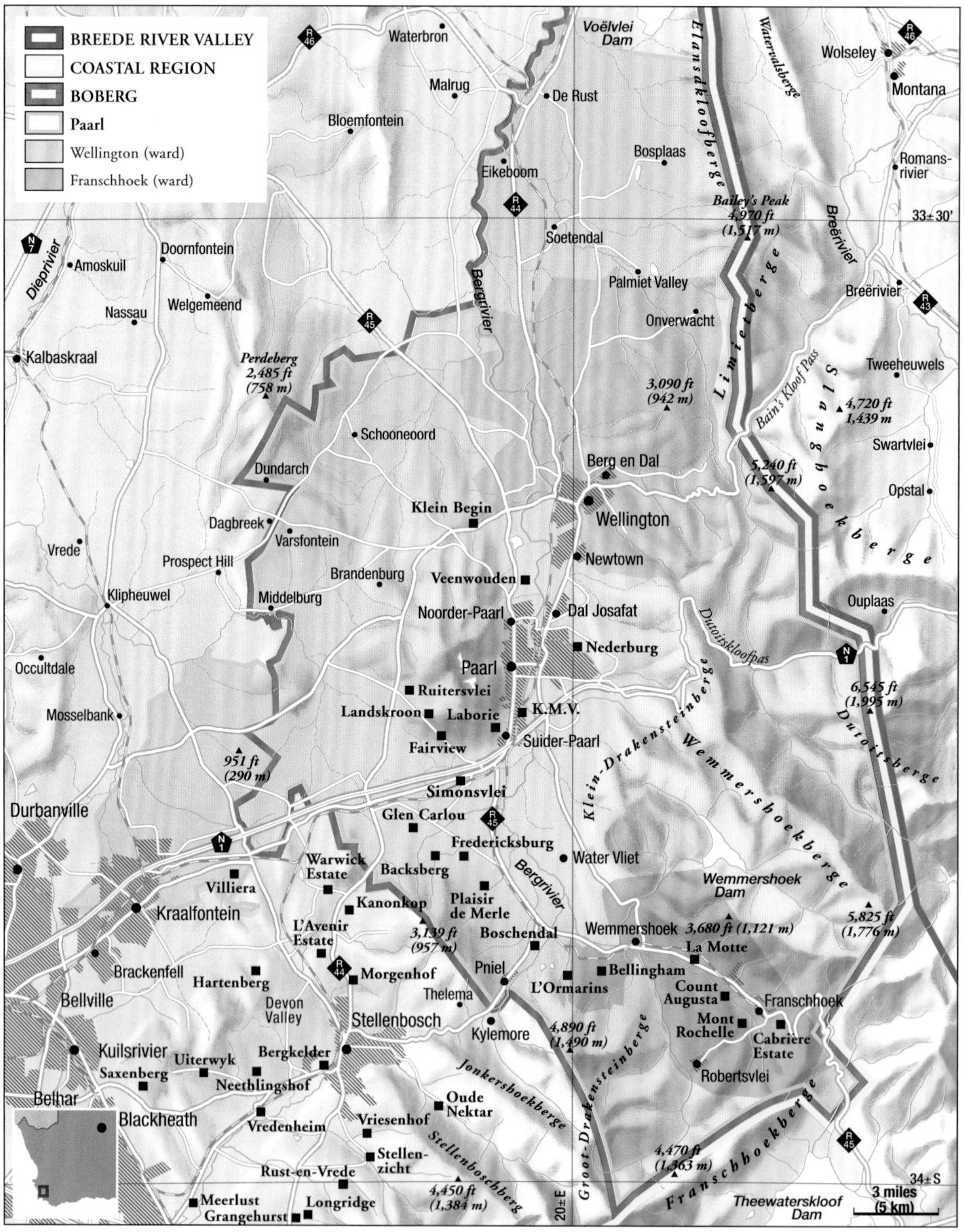

这主要是因为，南半球的帕尔地区与北半球的赫雷斯-德拉弗隆特拉位于同一纬度，也适合按照索雷拉系统对雪利酒进行陈年。自1940年起，雪利酒和波特酒一直是这一地区主要的葡萄酒产品。但与此同时，人们对加强葡萄酒的需求大幅下滑，对干白葡萄酒的需求明显增加。霞多丽和长相思葡萄酒受到欢迎，如今白诗南也用来生产优质白葡萄酒。

帕尔葡萄酒产区属于典型的地中海气候：夏季炎热干燥，冬季温和湿润。12月至3月（葡萄生产期）的平均气温是22.5℃，比斯泰伦博斯地区高2℃。

海洋对这里的影响微乎其微。这些自然条件反映在葡萄酒的品质上，表现出较高的浓度和强度，但缺乏温带地区葡萄酒的优雅和细腻的酸度。葡萄酒生产商们应该庆幸南非的法律允许他们对葡萄酒进行酸化处理。这一步骤在压榨阶段完成，如果方法得当，可以赋予葡萄酒平衡的酒体。

在赛德堡（Seidelberg）酒庄，罗兰·赛德（Roland Seidel）与他的黑人同事做出了极大的努力，尤其是学校学生

如今，帕尔地区种有各种优质白葡萄品种。除了上文提到的品种，还包括白雷司令、开普雷司令、琼瑶浆、哈尼普特、弗龙蒂尼昂麝香、赛美蓉和灰比诺。地势较高的地区，如以花岗岩土壤为主的帕尔周围地区，非常适合红葡萄品种的生长。通常来说，波尔多品种比较受青睐，赤霞珠和梅洛主要用于酿造单一品种葡萄酒。强劲、辛香的红葡萄酒多年来一直由比诺塔吉和西拉酿造，慕合怀特和维欧尼的受欢迎度也逐渐上升。这里的高温气候使葡萄成熟充分，单宁柔和。超现代化的电子监控灌溉技术得到推广应用。供水量由监控系统自动调节，保证葡萄按时得到适量的水分。

尼德堡葡萄酒拍卖会

尼德堡（Nederburg）位于帕尔东部，是南非首屈一指的酒庄。该酒庄不仅使用自己100公顷葡萄园中的葡萄酿造葡萄酒，而且还对其他三家酒庄550公顷的葡萄进行加工。尼德堡酒庄保留自己的葡萄园，以获得最好的葡萄种苗。

这个历史悠久的庄园拥有古老的建筑，在德国籍啤酒生产商约翰·乔治·格劳的领导之下初获成功。他于1937年为了摆脱纳粹统治而移居南非。格劳在葡萄园中种植品质一流的葡萄树，并最早进行温控发酵实验。在其儿子阿诺德（Arnold）去世后，这个酿酒产业被另一位德国人君特·布罗泽尔接管，他推出了南非第一款贵腐葡萄酒耶都基尔（Edelkeur）。

1966年，尼德堡酒庄被斯泰伦博斯农庄酿酒有限公司收购，并于1975年举办了首场拍卖会。之后，每年春天这里都会拍卖出去120种到150种不同的葡萄酒。尼德堡酒庄专门为此生产一些葡萄酒。该酒庄还成立了一个小组负责挑选其他生产商的优质葡萄酒。

每届拍卖会都是南非酿酒史和社会上的重大事件，约有1600名客人受邀参加。在会上，南非向国际人士展示其顶级产品。拍卖所得的部分款项用于慈善活动。

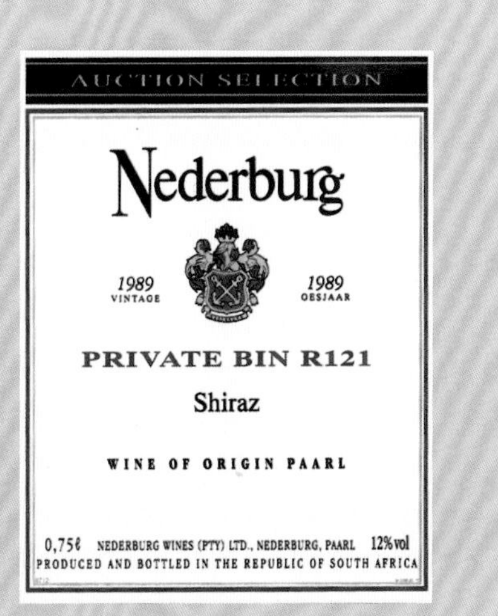

帕尔地区的教堂酒窖是K.W.V.的知名品牌。它既是一个酒窖，也是一系列葡萄酒的名称。酒桶两端的雕刻诉说着南非的葡萄种植历史

葡萄种植者合作协会有限公司成立于1918年，总部位于帕尔。K.W.V.及其下属公司现有4000名股东。总部大楼由西班牙雕塑家弗洛伦西奥·基兰设计，其不远处的教堂酒窖已成为该公司的标志。教堂酒窖建于1930年，内有巨大的橡木酒桶，木桶正面的雕刻记载了南非的葡萄酒酿造史。

数十年来，K.W.V.引领了南非葡萄酒行业的发展。从1940年至1992年，K.W.V.对南非葡萄酒行业影响深远，其最强大的武器是配额制，可以允许生产商将过剩的葡萄酒转交协会免费进行蒸馏处理，即使非会员也能享受这一福利。当时白兰地和烈酒是公司的重心所在，现在依然占据其业务的2/3。这项制度的废止和国外需求的骤增不仅改变了私人生产商面临的局势，而且促使K.W.V.重新定位自己。

1995年，K.W.V.进行重大重组，葡萄种植者合作协会国际分会（K.W.V. International）作为一家独立的贸易公司成立。如今，K.W.V.在英国、荷兰、德国、美国等国家设有分支机构，并在帕尔拥有历史悠久的历堡酒庄（Laborie Estate）。自2003年1月起，K.W.V.成为独立股份制公司，合伙人的股份可以在市场上出售。葡萄酒生产合作社作为一个完全独立的公司成立，为广大葡萄酒生产商服务。K.W.V.有限公司重新定位的明显标志是数百万的投资、最新的酿酒技术和1.4万桶葡萄酒储量的酒窖。在一次交易中，这家上市公司将25.1%的股份出售给由7个黑人协会组成的团体，其中一个协会代表456名K.W.V.员工的利益，引起了不小的轰动。

经营范围方面，K.W.V.强调精简路线，把重点放在口碑较好的品牌上。最著名的是“教堂酒窖”系列葡萄酒，以帕尔地区的酒窖命名，白葡萄酒和红葡萄酒品质优良。其他系列，如K.W.V.、路德伯格（Roodeberg）、罗伯特之石（Robert’s Rock）和珍珠湾（Pearly Bay），品质也相当可靠。这些葡萄酒酒体纯净、果味浓郁、结构平衡。在知名葡萄酒专家和比诺塔吉葡萄栽培学家阿布拉罕·贝霍尔德的努力下，K.W.V.推出了一款经典葡萄酒。这款醇厚、复杂的西拉葡萄酒只使用帕尔地区单一葡萄园的葡萄作为原料，1996年以来只在出色的年份酿造。K.W.V.的历堡酒庄以“开普经典”闻名，不仅出产酒体丰满的优质红葡萄酒，还供应用比诺塔吉酿造的利口酒。

弗朗斯胡克

精心打理的酒庄是弗朗斯胡克的标志

弗朗斯胡克的意思是“法国角”。这里约有20家酒庄，出产高品质的葡萄酒，正发展成为一个自治的葡萄种植区。弗朗斯胡克位于帕尔以南，斯泰伦博斯以东，虽然属于帕尔产区的一部分，但是风格独特。伯格河源自弗朗斯胡克山脉，并且贯穿这个长度仅有14千米的狭窄山谷。弗朗斯胡克山谷南部与山脉相连，东部以悬崖为界，北部被德瑞肯斯坦山（Drakenstein）环绕，唯一的出口是条羊肠小道。与帕尔相比，弗朗斯胡克的气候更为凉爽湿润，年降水量为1200毫米。

峡谷的入口处坐落着历史悠久的波香道尔（Boschendal）酒庄，葡萄园面积1200公顷，现在为德宝集团（D.G.B.）所有。1685年，西蒙·范德·斯特尔将波香道尔酒庄转让给胡格诺派教徒约翰·朗。1688—1690年，约200名胡格诺派教徒在总督的鼓励下移民至此，他们在“南特敕令”废除后被迫逃离法国。然而，范德·斯特尔禁止他们建立属于自己的村落，要求他们与荷兰和德国的移民居住在一起。土地分配大部分在1693—1695年进行，我们从许多酒庄的创建时间可以看出这一点。这些酒庄包括乐梦迪（La Motte）、普罗旺斯（La Provence）、上普罗旺斯（Haute-Provence）、上加布里埃

1690年左右，法国胡格诺派教徒定居在弗朗斯胡克，并建立了酒庄，其中大多仍使用法国名称

左图：波香道尔是该地区历史最悠久、规模最庞大的酒庄，以优质葡萄酒闻名

右图：冯奥特洛夫（Von Ortloff）酒庄的葡萄酒特色鲜明

尔（Haute Cabrière）和贝林翰（Bellingham）等。胡格诺派教徒带来了葡萄种植经验和酿酒技术。雅克·德·维利尔斯是最早在这个绿色山谷种植葡萄的人，他与兄弟皮埃尔和亚伯拉罕一起建立了一个葡萄酒王朝。他的第八代子孙如今又在帕尔伯格山（Paarlberg）附近的大地皇冠（Landskroon）酒庄生产葡萄酒。胡格诺派教徒酿造的葡萄酒走出了这个小山谷，影响了整个开普地区。

弗朗斯胡克的土壤类型千差万别，包括河岸附近的肥沃冲击土、山坡上的花岗岩土壤以及部分地区带有黏土的红色砾石土壤。河谷三面环山，形成了各个朝向的斜坡，但由于葡萄园海拔从低地的100米到最高处的500米不等，缓解了朝向造成的不同影响。

弗朗斯胡克的葡萄酒生产商和酿酒师最早以长相思、赛美蓉、霞多丽以及瓶内发酵的起泡酒开普经典等产品赢得了声望，其中波香道尔和上加布里埃尔酒庄的开普经典最为著名。对于霞多丽和长相思而言，葡萄园的海拔对它们的口感具有决定性的影响。山谷中出产的葡萄酒通常口感圆润、酒体丰满，而海拔超过300米的葡萄园出产的葡萄酒则更加鲜爽雅致，并且果香细腻怡人。这里出产的红葡萄酒同样颇受欢迎。波尔多风格的葡萄酒仍占葡萄酒产量的主导地位，长期以来的实践也证明，西拉葡萄在这里拥有完美的成熟度。此外，贝林翰酒庄出产开普地区最好的比诺塔吉葡萄酒。

除了乡村的自然魅力和品质卓越的葡萄酒，弗朗斯胡克小镇还有另一种吸引力：美食。这里不仅有酒店和舒适的宾馆，还有20多家餐厅，其中一些甚至在整个南非都榜上有名。

弗朗斯胡克山谷三面环山，虽然面积不大但风景迷人

帕尔和弗朗斯胡克的主要葡萄酒生产商

帕尔

生产商：**Fairview****-****
300公顷，年产量150万瓶
葡萄酒：*Sauvignon, Goats do Roam, Zinfandel, Primo Pinotage, Pegleg Carignan, Cyril Back Shiraz*
Charles Back是个很有想法的人，主要使用罗讷河谷的葡萄品种。西拉和比诺塔吉酿造的红葡萄酒色泽深浓、口感醇厚，是农场自产山羊奶酪的理想搭配。维欧尼葡萄酒也品质出众。

生产商：**Glen Carlou****-****
75公顷，年产量78万瓶
葡萄酒：*Chardonnay Reserve, Pinot Noir, Zinfandel, Shiraz, Grand Classique*
酒庄归Walter Finlayson和来自瑞士的David Hess所有，主要生产品质可靠的红葡萄酒和顶级霞多丽。

生产商：**Plaisir de Merle*****
400公顷，年产量50万瓶
葡萄酒：*Chardonnay, Sauvignon; Cabernet Sauvignon, Merlot, Shiraz*
Distell公司（见第764页）的示范性酒庄，只灌装顶级葡萄酒，并且使用自己的酒标；其余产品由Nederburg酒庄装瓶。霞多丽和珍藏赤霞珠品质优良。

生产商：**Rupert & Rothschild*****-****
90公顷，非自有葡萄，年产量42万瓶
葡萄酒：*Baroness Nadine, Classique, Baron Edmond*
即使在Anthonij Rupert去世后，这个合作企业在酒窖总管S.W.Joubert的管理以及顾问Michel Rolland的协助之下继续成功运营。

生产商：**Scali******
70公顷，年产量1.5万瓶
葡萄酒：*Chenin Blanc; Shiraz, Pinotage*
Willie de Waal及其妻子Tania1999年出于兴趣开始酿造葡萄酒，部分红葡萄酒属于帕尔地区的上品。

生产商：**Seidelberg Estate****-***
110公顷，年产量48万瓶
葡萄酒：*Chenin Blanc, Chardonnay, Viognier, Merlot, Shiraz, Cabernet Sauvignon, Un Deux Trois, Red Muscadel*
Roland Seidel于1997年接手这个地理位置优越的酒庄，并投入大量精力进行建设和发展。酒庄的顶级产品是珍藏西拉葡萄酒和赤霞珠葡萄酒。

生产商：**Veenwouden******
18公顷，年产量6万瓶
葡萄酒：*Veenwouden Classic, Merlot, Thornhill Shiraz*
Marcel van der Walt精心管理自己的葡萄园，始终用自产葡萄酿造口感柔顺的梅洛、风格雅致的Classic以及三款品质卓越的Thornhill。

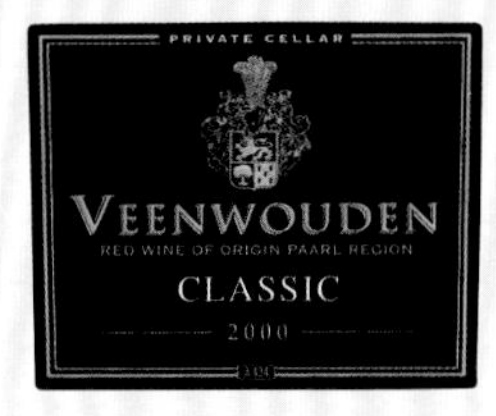

弗朗斯胡克

生产商：**Boschendal*****
300公顷，非自有葡萄，年产量300万瓶
葡萄酒：*Sauvignon, Brut, Shiraz, Cabernet Sauvignon, Grand Reserve*
这家酒庄历史悠久、风景秀丽，最近几年红葡萄酒的产量大幅增长，葡萄酒的品质也显著提升。

生产商：**Boekenhoutskloof******
28公顷，年产量3.5万瓶
葡萄酒：*Semillon, Cabernet Sauvignon, Syrah, Chocolate Block*
只有最好的葡萄酒才能使用酒庄名称和副牌酒标"Porcupine Ridge"进行装瓶。酿酒师Mark Kent推出的三款顶级红葡萄酒果香浓郁、结构均衡、回味悠长。

生产商：**Cabrière Estate*****-****
30公顷，非自有葡萄，年产量50万瓶
葡萄酒：*Méthode Cap Classique Pierre Jourdan, Chardonnay, Pinot Noir*
Achim von Armin证明了自己是起泡酒酿造大师，他的黑比诺同样品质一流。酒庄还经营高级餐厅。

生产商：**La Couronne****-***
21公顷，年产量15万瓶
葡萄酒：*Chardonnay, Wooded, Shiraz, Cabernet Sauvignon*
酒庄将重心从酒店转移到酒庄，经验丰富的酿酒顾问Jack Daneels正在努力提高葡萄酒的品质。

生产商：**La Motte****-***
108公顷，年产量38万瓶
葡萄酒：*Sauvignon; Shiraz-Viognier, Shiraz, Millenium*
这家由胡格诺派教徒建立的古老酒庄于1984年因经典红葡萄酒成名，现在因其西拉葡萄酒而声誉渐隆。

生产商：**L'Ormarins*****
170公顷，年产量50万瓶
葡萄酒：*Chardonnay, Sauvignon, Optima, Shiraz, Cabernet Sauvignon*
这家经过精心修缮的古老酒庄由Rupert家族拥有。最成功的产品是用梅洛酿造的Optima特酿酒和赤霞珠单一品种葡萄酒。

生产商：**Von Ortloff******
13公顷，年产量6万瓶
葡萄酒：*Chardonnay; No. 3, No. 5, No. 7; Quintessence*
Georg和Evi Schlichtmann分别是B.M.W.公司前经理和前建筑师，如今他们在干净整洁的小农庄投入大量精力，开发独具风格的葡萄酒。

罗贝尔森

自从图瓦山（Du Toitskloof）山上的水库可以在炎热的夏季提供充足的水分，罗贝尔森地区的种植状况得到了极大的改变。19世纪初，移民者只在贫瘠的大草原上饲养绵羊和鸵鸟，而现在的山谷郁郁葱葱，葡萄园遍布整个山坡。

只有保证充足的供水，这里的葡萄种植才能进行，因此大多数酒庄都沿河而建。此外，还有两个利于葡萄种植的因素。在炎热的夏季，每天午后都有云层从80千米外的海面吹来，遮住山顶，降低了温度。相对凉爽的夜晚延长了葡萄成熟期，保留了葡萄的香气。第二个因素是这里独特的土质：开普敦其他地区的土壤大部分呈酸性，而罗贝尔森的土壤富含石灰石。这也是罗贝尔森饲养马匹的原因：土壤里的钙可以强化它们的骨骼。而对葡萄酒而言，这种土壤可以增加细腻的口感。

白诗南和鸽笼白过去主要是蒸馏酒的原料，现在也用来酿造气味芳香、口感均衡的白葡萄酒。霞多丽和长相思在产量上占主导地位，石灰石土壤赋予它们持久的余味，不过它们大多用来生产酒体轻盈、个性平淡的易饮葡萄酒。

当意识到这里特殊的风土条件，生产商们倍受鼓舞。他们不仅生产出高品质的白葡萄酒，越来越多的酒庄也证明了这片土地可以出产优质的西拉和赤霞珠。过去，红葡萄酒的比例只占葡萄酒总产量的10%，而如今这一比例持续上升，一些生产商计划将其提高至40%—50%。罗贝尔森的特色产品是香甜、诱人的密斯卡岱葡萄酒，分金黄和古铜两种颜色。

然而，这种石灰质土壤加上潮湿的气候也招来了蜗牛。在罗贝尔森，人们采用一种完全生态的方法对付蜗牛。例如，韦特夫雷德酒庄饲养了约200只将蜗牛当作美食的獾。每天清晨，它们被卡车送往工作地点，享用这些害虫。结束一天的劳累工作后，它们疲惫不堪地自觉跳上卡车，然后被送回自己的住处。

KLEIN KAROO
BREEDE RIVER VY.
Robertson
Vinkrivier (ward)
Eilandia (ward)
La Chasseur (ward)
Agterkliphoogte (ward)
Hoopsrivier (ward)
Klaasvoogds (ward)
McGregor (ward)
Boesmansrivier (ward)
Bonnievale (ward)

左图：罗贝尔森肥沃的山谷周围是贫瘠的草原，图为草原上的小跳羚

右图：当玫瑰在其他葡萄酒产区绽放时，罗贝尔森的葡萄种植户则为他们火红色的美人蕉而骄傲

其他葡萄酒产区

威灵顿

惠灵顿属于帕尔产区，过去主要种植酿造雪利酒的白葡萄，但现在葡萄品种发生了很大改变。这里的三家合作社和几家酒庄地理位置得天独厚，因为小镇的周围是南非葡萄苗圃的中心地带。

代表酒庄：Mont du Toit、Diemersfontein、Nabygelegen、Oude Wellington、Linton Park、Groenendal、Bovlei

克林卡鲁

克林卡鲁产区向东延伸250千米，其名字源于霍屯督语（Hottentot），意为“饥渴之地”。这里干旱贫瘠，葡萄树只能生长在可以进行人工灌溉的地方。在西部的蒙塔古（Montagu）和巴里代尔（Barrydale），合作社使用白诗南、鸽笼白以及新种植的国际品种生产干白葡萄酒。东部的卡利茨多普（Calitzdorp）地区主要生产波特酒。除了传统的麝香葡萄酒，现在这里也出产一系列优质红葡萄酒。

代表酒庄：Axe Hill、De Krans、Boplaas、Domein Doornkraal、Grundheim、Mons Ruber

伍斯特

从帕尔出发，通过图瓦山的隧道可以很快进入伍斯特产区。这个辽阔的山谷拥有大量葡萄园，虽然气候炎热干燥，但凭借布兰德弗莱（Brandvlei）水库和布里德河的灌溉水源，葡萄酒产量约占南非总产量的四分之一。这里的16家合作社生产价格合理的易饮葡萄酒，几乎所有葡萄酒都按桶出售。如今它们正在努力对产品进行瓶装销售。

代表酒庄：Detleefs、Bergsig、Nuy、Du Toitskloof、Goudini、De Wet Co-op、Botha

德班维尔

德班维尔位于开普敦以北，气候凉爽，是最古老的葡萄酒产区之一：一些酒庄拥有300年的历史，现在正受到城市化的威胁。这里盛产白葡萄酒，但比诺塔吉、西拉、梅洛和赤霞珠葡萄酒也品质一流。

代表酒庄：Bloemendal、Meerendal

斯瓦特兰

斯瓦特兰（Swartland）产区位于帕尔西北方的大西洋沿岸，其名字意为“黑地”，这里的土地的确黝黑、肥沃。再往内陆延伸的地区，气候炎热干燥，勉强维持供水，葡萄树修剪成高杯状，很少进行人工灌溉。这里产量较低，但葡萄健康、浓郁。四家合作社出产南非八分之一的葡萄酒。赤霞珠和比诺塔吉在这里大获成功，西拉也表现不凡。靠近大西洋的达岭地区日渐重要，出产的一款长相思葡萄酒品质上乘。

代表酒庄：Allesverloren、Lammershoek、Sadie Family Wines、Spice Route、Swartland Wine Cellar、Cloof、Groote Post、Riebeeck

图尔巴

图尔巴产区位于斯瓦特兰东部，包括同名小镇的周围地区，1969年地震后完成重建。这里主要以雪利酒而闻名，现在芳香的白葡萄酒，尤其是雷司令，也声名鹊起。

代表酒庄：Rijk's、Tulbagh Mountain、Saronsberg、Manley、Blue Crane、Oude Compagnies Post、Twee Jonge Gesellen、Drostdy-Hof

奥勒芬兹河

奥勒芬兹河产区位于斯瓦特兰北部。弗雷登达尔（Vredendal）距离开普敦约450千米，是奥勒芬兹河产区的中心。虽然大西洋对气候起到了一定的调节作用，但这里依然非常干燥，只有进行人工灌溉才能保证葡萄种植。弗雷登达尔的合作社年产量达5万桶，超过许多国家的葡萄酒产量。

代表酒庄：Cederberg、Tierhoek、Stellar、Vredendal、Lutzville、Citrusdal Cellars

道格拉斯和奥兰治河

道格拉斯（Douglas）和奥兰治河距离开普敦以北800多千米，是南非最热的葡萄酒产区。这里产量很高，为45000升/公顷，生产的葡萄酒占南非葡萄酒总产量的1/10。该产区的葡萄大部分用来生产蒸馏酒。

代表酒庄：Douglas Winery

格雷厄姆·贝克（Graham Beck）在罗贝尔森建立了一家现代化酒庄，因品质卓越的起泡酒而闻名

埃尔金和沃克湾

气候凉爽的葡萄种植区在南非越来越受青睐，如开普敦以北的德班维尔、费拉德尔菲亚（Philadelphia）和格隆克鲁夫（Groenekloof），以及开普敦以南的奥弗贝格（Overberg）、埃尔金、波特河（Bot River）、沃克湾和厄加勒斯角（Cape Agulhas）。

沃克湾起步于30年前。迷人的海滨胜地赫曼努斯（Hermanus）周围丘陵环绕，在它们背后前广告公司经理蒂姆·汉密尔顿·罗素（Tim Hamilton Russell）发现了适合葡萄酒生产的优越条件。受湿润的大西洋强风影响，这里气候温和，以板岩为主的土壤则会赋予葡萄酒独特的风格和雅致的口感。1976年，汉密尔顿·罗素种下了第一批葡萄树。三年后，彼得·芬利森（Peter Finlayson）加入其中，带来了他在勃艮第积累的

赫曼努斯是开普地区最受欢迎的海滨度假胜地，圣诞节期间经常客满为患。勃艮第葡萄在其腹地长势良好

彼得·芬利森是合资企业宝尚—芬利森公司的董事

丰富的酿酒经验。第一款年份酒一经推出，他们立刻就吸引了公众的关注，并且很快证明，山谷的未来将与这些葡萄酒密不可分，如黑比诺、霞多丽和长相思等。

20世纪80年代，汉密尔顿·罗素的葡萄酒在国际上引起轰动。时至今日，他的儿子安东尼（Anthony）已经营这个顶级庄园多年。他使用天然酵母和轻柔的酿酒技术，因此酿造的霞多丽和黑比诺葡萄酒特色更鲜明、风味更浓郁。

1989年，彼得·芬利森和来自勃艮第葡萄酒王朝的保罗·宝尚（Paul Bouchard）在邻近地区创办了自己的酒庄。他在加尔平峰（Galpin Peak）种植黑比诺，在布道谷（Missionvale）种植霞多丽，多年后，事实证明他的选择是正确的。宝尚–芬利森（Bouchard-Finlayson）和汉

密尔顿两家酒庄证明了较冷的气候可以提高葡萄酒的口感和品质。虽然沃克湾的一些酒庄迅速效仿，但直到20世纪90年代中期才真正发展完善。为此，约束力极强的配额制必须被废除，这在1994年南非民主化期间得以实现。从那之后，富有创新精神的生产商们开始寻找新的葡萄园址和微气候，“凉爽的气候”甚至也成了新世界的口号。1997年，保罗·克拉维（Paul Cluver）酒庄在埃尔金建立酒厂，从此埃尔金成为一个新的葡萄酒产区。这个地区三面环山，距大西洋仅十几千米，曾以苹果种植为主。葡萄园海拔在300米至600米之间，是南非最凉爽的葡萄种植区之一，土壤成分主要是分解的板岩。这里出产的葡萄酒，尤其是长相思和黑比诺，果味浓郁、口感酸爽。目前共有七家酒厂生产葡萄酒，另有几家新酒厂也已建立了葡萄园。

三年后，布鲁斯·杰克（Bruce Jack）的旗岩（Flagstone）酒庄酿造的贝里奥（Berrio）长相思葡萄酒将人们的注意力吸引到了伊利姆和厄加勒斯角。长相思成为开普地区这些新葡萄酒产区的首选，因为世界上只有少数地区适合种植这个备受追捧的品种。与此同时，这些凉爽的产区也开始出产果味浓郁、结构平衡、酒精度适中的红葡萄酒。它们的发展前景一片光明。

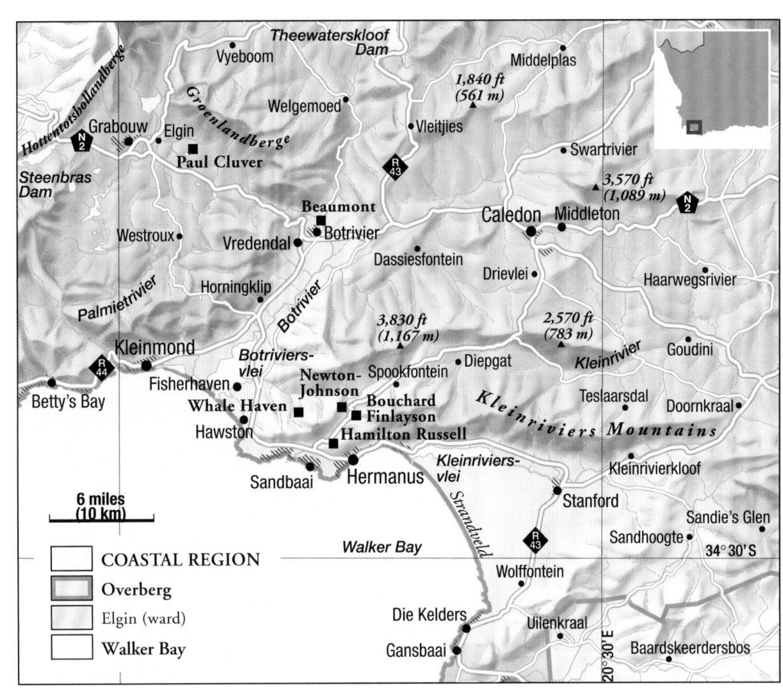

汉密尔顿罗素酒庄正在对黑比诺和霞多丽进行各种创新试验

埃尔金、沃克湾及其他地区的主要葡萄酒生产商

生产商：**Altydgedacht****
所在地：**Durbanville**
140公顷，年产量8万瓶
葡萄酒：Chardonnay，Sauvignon，Gewürztraminer，Barbera，Cabernet Sauvignon，Merlot
这个古老的农场拥有一座可追溯至1705年的酒窖，采用多样化种植方式。出产优质梅洛和南非唯一的巴贝拉葡萄酒。

生产商：**Beaumont*****—****
所在地：**Bot River（Walker Bay）**
34公顷，年产量14万瓶
葡萄酒：Chenin，Hope Marguerite，Goutte d'Or，Chardonnay，Sauvignon，Pinotage，Shiraz，Port
Raoul Beaumont和Jayne Beaumont对Compagnes Drift农场的复兴起着举足轻重的作用。如今，他们的儿子Sebastian把葡萄酒品质推向了更高的标准。比诺塔吉、白诗南、西拉和慕合怀特等葡萄酒品质出众。

生产商：**Graham Beck Winery****—****
所在地：**Robertson**
170公顷，年产量120万瓶
葡萄酒：Chardonnay，Cap Classiques，Pinno，Old Road Pinotage，The Ridge Shiraz，William Wine
在酒窖总管Pieter Ferreira的经营下，这个巨大的农场出产越来越优质的红葡萄酒和起泡酒。

生产商：**Bon Cap Organic Winery*****
所在地：**Eilandia（Robertson）**
45公顷，年产量25万瓶
葡萄酒：Viognier，Pinotage，Syrah，Cabernet Sauvignon，Cabernet-Shiraz
De Preez家族已连续六代在Eilandia产区生产葡萄酒，并连续15年采用生态种植法。但是直到2002年Roelf和Michelle才凭借第一款生态葡萄酒比诺塔吉大获成功。红葡萄酒口感强劲；维欧尼葡萄酒品质优秀；The Ruins系列葡萄酒物美价廉。

生产商：**Boplaas***—***
所在地：**Calitzdorp（Klein Karoo）**
70公顷，年产量40万瓶
葡萄酒：Pinotage，Shiraz，Cabernet Sauvignon，Vintage，Tawny，Muscadel
Careless Nel是波特酒的顶级生产商，除了优质年份珍藏波特酒，他还生产各种赤霞珠葡萄酒和国产多瑞加单一品种葡萄酒。

生产商：**Bouchard Finlayson******
所在地：**Hermanus（Walker Bay）**
18公顷，非自有葡萄，年产量17万瓶
葡萄酒：Chardonnay，Sauvignon，Blanc de Mer，Pinot Noir
黑比诺和霞多丽葡萄酒享誉盛名。产自顶级葡萄园Galpin Peak和Missionvale的葡萄按照葡萄田分开酿酒。Blanc de Mer葡萄酒由五种葡萄酿造，品质出众。

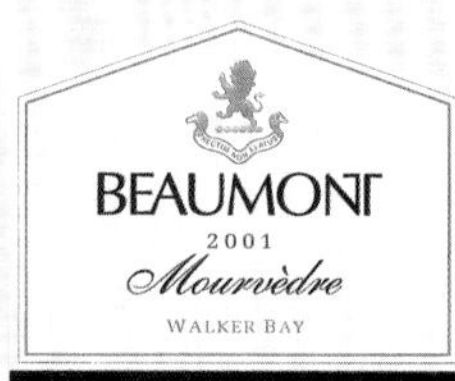

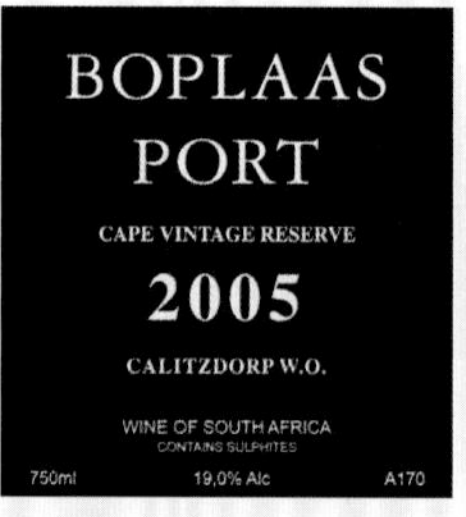

生产商：**Capaia******
所在地：**Philadelphia**
60公顷，年产量10万瓶
葡萄酒：Capaia，Blue Grove Hill Red，Sauvignon Blanc
1997年德国酿酒商Alexander von Essen建立了该酒庄，酒庄设计由其建筑师妻子完成。第一位酿酒顾问是Tibor Gal，现在由Stephan von Neipperg和Manfred Tement担任。该酒庄正跻身顶级酒庄之列。

生产商：**Cederberg Kelders****—****
所在地：**Cederberg（Olifants River）**
56公顷，年产量16万瓶
葡萄酒：V Generation：Chenin，Cabernet Sauvignon，Shiraz，Cederberger
在这座位于Cederberg山脉高处的家族酒庄，David Nieuwoudt酿造的葡萄酒果味浓郁、风格鲜明。

生产商：**Paul Cluver Estate*****
所在地：**Elgin**
100公顷，年产量24万瓶
葡萄酒：Chardonnay，Sauvignon，Rhine Riesling，Cabernet Sauvignon，Pinot Noir
前神经外科医生Paul Cluver和家人于1997年开始在这家家族酒庄酿造葡萄酒。赤霞珠葡萄酒品质一流，黑比诺葡萄酒复杂优雅。

生产商：**Iona Vineyards*****
所在地：**Grabouw（Elgin）**
35公顷，年产量18万瓶
葡萄酒：Sauvignon，Chardonnay；Shiraz，Merlot/Cabernet
Andrew Gunn和Rozanne Gunn生产的一款赤霞珠葡萄酒矿物气息浓郁，红葡萄酒风格优雅、酒体平衡。

生产商：**De Krans*****—****
所在地：**Calitzdorp（Klein Karoo）**
45公顷，年产量25万瓶
葡萄酒：Touriga Nacional，Red Stone Reserve，Cape Tawny，Cape Vintage Reserve
Boets Nel和Stroebel Nel酿造的开普波特酒品质一流，他们的红葡萄酒风格越发鲜明。

生产商：**Van Loveren****
所在地：**Robertson**
250公顷，年产量240万瓶
葡萄酒：Méthode Cap Classique，Chardonnay，Sauvignon，Pinot Gris，Gewürztraminer，River Red，Cabernet Sauvignon，Shiraz
Retief家族的River Red红葡萄酒由比诺塔吉、梅洛和宝石解百纳混酿而成，容易入口。

生产商：**Mont du Toit******
所在地：**Wellington**
26公顷，年产量12万瓶
葡萄酒：Hawequas，Mont du Toit，Le Sommet，Les Coteaux
Stephan du Toit聘请德国酿酒师Bernd Philippi和

Bernhard Breuer担任自己酒庄的顾问，这无疑是个正确的选择。出产的Le Sommet是南非最好的红葡萄酒之一。

生产商：Mountain Ridge*–**
所在地：Wolseley（Worcester）
500公顷，年产量6万瓶
葡萄酒：Chardonnay，Chenin，Colombard，Pinotage，Merlot，Cabernet Sauvignon，Vino Rood，De Kijker Pinotage
开普地区最具活力的合作社之一，生产的红葡萄酒品质出众、酒体丰满，霞多丽果香清新，白诗南口感怡人，鸽笼白价格适中。

生产商：Newton-Johnson*–******
所在地：Hermanus（Walker Bay）
11公顷，年产量8.4万瓶
葡萄酒：Sauvignon，Chardonnay，Pinot Noir，Cabernet Sauvignon，Syrah-Mourvèdre
在Hemel-en-Aarda有一处新酒窖，拥有自己的葡萄园，生产的葡萄酒口感更浓郁、余味更悠长。

生产商：Raka–******
所在地：Klein River（Overberg）
62公顷，年产量18万瓶
葡萄酒：Sauvignon，Pinotage，Sangiovese，Quinary，Biography
Piet Dreyer曾是个渔民，他是酒庄成功背后的动力，酿造的西拉和比诺塔吉葡萄酒口感强劲。

生产商：Rijk's***
所在地：Tulbagh
28公顷，年产量13万瓶
葡萄酒：Chenin，Sémillon，Shiraz，Cabernet，Bravado
该酒庄的主人和酿酒师分别是Neville Dorrington和Pierre Wahl。出产的红葡萄酒口感强劲，白葡萄酒品质出众。

生产商：Hamilton Russell****
所在地：Hermanus（Walker Bay）
52公顷，年产量16万瓶
葡萄酒：Chardonnay，Sauvignon；Pinot Noir
该酒庄的黑比诺和霞多丽葡萄酒堪称典范。其下属公司Southern Right Cellars 盛产比诺塔吉和赤霞珠葡萄酒。

生产商：Sadie Family****
所在地：Malmesbury（Swartland）
10公顷，年产量1万瓶
葡萄酒：Palladius，Columella
酒庄主人Eben Sadie是开普地区的淘气鬼。产自其灌溉葡萄园的葡萄酒浓郁醇厚，富含矿物气息。这些葡萄酒具有较强的陈年潜力，并且充分反映了产地的风土特征。在他的新酒厂，他只灌装使用非自有葡萄生产的高品质葡萄酒，并以Sequillo Cellars的酒标出售。

生产商：Julien Schaal****
所在地：Hermanus（Walker Bay）
7公顷，年产量2.4万瓶
葡萄酒：Chardonnay，Merlot/Petit Verdot，Syrah
来自阿尔萨斯的年轻酿酒师Julien Schaal在Newton Johnson的帮助下事业大获成功。

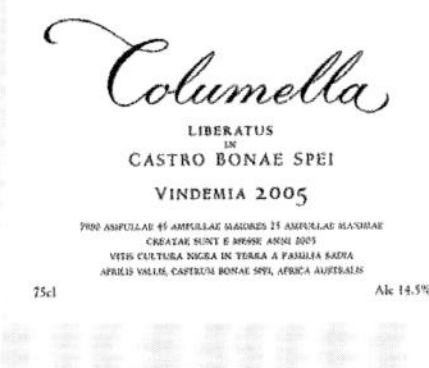

生产商：Spice Route–*****
所在地：Suider-Paarl（Swartland）
107公顷，年产量15万瓶
葡萄酒：Sauvignon，Chenin，Viognier，Shiraz，Pinotage，Malabar
该酒厂于1997年由Charles Back创建，如今正尝试用巴贝拉、桑娇维赛、仙粉黛和丹拿酿造葡萄酒，并且成效显著。除白诗南以外，其他白葡萄酒都不太成功。

生产商：Springfield**–*******
所在地：Robertson
150公顷，年产量150万瓶
葡萄酒：Sauvignon Life from Stone；Wild Yeast Chardonnay，Methode Ancienne：Chardonnay；Cabernet Sauvignon；The Work of Time
Abrie Bruwer对酒庄投入了大量心血：新葡萄树种植在背阳的地方免受烈日的炙烤；酿造过程使用整串葡萄和天然酵母进行发酵，并且延长陈酿时间。红葡萄酒酒体丰满，霞多丽葡萄酒品质出众。

生产商：Thandi**
所在地：Elgin
14公顷，非自有葡萄，年产量不详
葡萄酒：Sauvignon，Chardonnay，Pinot Noir，Cabernet Sauvignon
在Paul Cluver Sr.的帮助下，该酒庄始建于1996年，并且成为最成功的黑人酒庄，这主要归功于Susan Kraukamp 和Patrick Kraukamp。该酒庄还拥有商店和餐厅。

生产商：Tulbagh Mountain Vineyards*–******
所在地：Tulbagh
16公顷，非自有葡萄，年产量不详
葡萄酒：White，Viktoria，Syrah-Mourvèdre，Swartland Syrah
这家新公司2003年开始灌装自己的产品，以其品质一流的红葡萄酒进入市场，白葡萄酒和稻草酒品质同样出众。

生产商：Twee Jonge Gezellen**
所在地：Tulbagh
100公顷，年产量不详
葡萄酒：Méthode Cap Classique，Chardonnay，Sauvignon，39，Light，Schanderl，Night Nectar，Pinot Noir，Shiraz，Engeltjiepipi
这家古老的家族酒庄拥有300年历史，生产优质的起泡酒Krone Borealis Brut、流行的特酿白葡萄酒、红葡萄酒以及甜葡萄酒Engeltjiepipi。

生产商：Weltevrede*–******
所在地：Robertson
100公顷，年产量36万瓶
葡萄酒：Brut，Chardonnay：Poet's Prayer，Place of Rocks，Rusted Soil，Sauvignon，Oupa Se Wyn
经过精心挑选风土条件，Philip Jonker推动了这个建于1912年的酒庄的发展。Cap Classique Brut品质卓越。

生产商：De Wetshof–*****
所在地：Robertson
180公顷，年产量48万瓶
葡萄酒：Chardonnay，Sauvignon，Riesling，Gewürztraminer，Muscat de Frontignan
Danie de Wet在德国学习了酿酒工艺，他最知名的产品是一款雷司令贵腐精选葡萄酒——Edeloes，现在黑比诺和赤霞珠葡萄酒也品质出众。

亚洲

中国和印度的葡萄酒生产

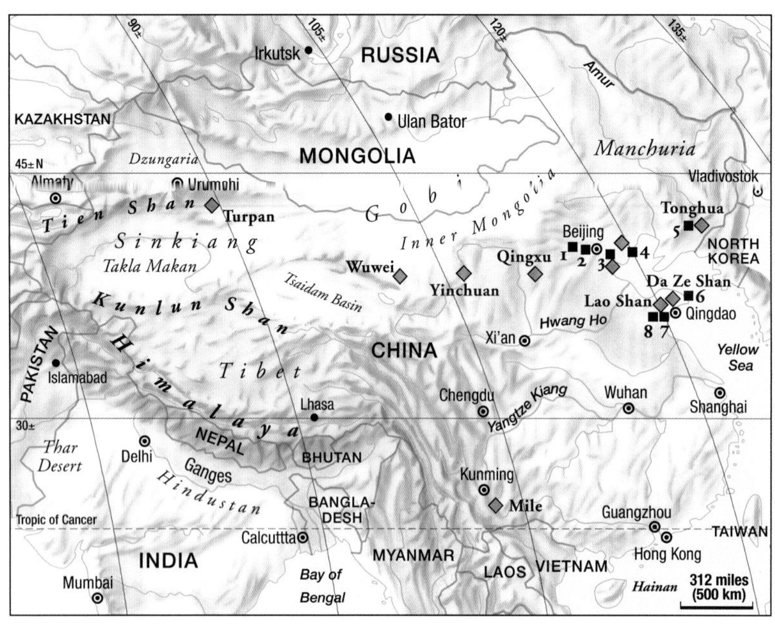

◆	Wine-growing area
■1	Great Wall Winery
■2	Dragon Seal Winery
■3	Sino-French Joint Venture Winery
■4	Huaxia Winery
■5	Tonghua Winery
■6	Changyu Winery
■7	Huadong Winery
■8	Gungdao Winery

亚洲有特有的葡萄品种，如山葡萄，一种来自最北方阿穆尔河流域的葡萄品种，极其耐寒，常用来与其他品种杂交以改善它们的品质。不过，远东地区的重要性主要在于潜在的消费市场。随着经济的繁荣和人们对葡萄酒及其健康价值的认识，亚洲的葡萄酒市场迅速扩大，尤其在中国和日本。1998年经济危机之前的五年中，在日本和韩国以及中国和新加坡等国家，人们对优质葡萄酒的兴趣呈现出跨越式发展。虽然对高品质葡萄酒的需求最初主要来自公司高管及高收入人群，然而，这一需求以惊人的速度传播至其他人群。1998年经济危机导致许多国家的葡萄酒消费量大幅下降，但日本的消费量却持续上升，现在日本的人均年消费量已超过3升。中国由于庞大的人口数量和高速发展的旅游产业，正在迎头赶上这一数字。在其他国家，尤其是印度，葡萄酒消费依旧是富人的特权，并且常常受到宗教的限制。然而，随着海外饮品企业投资的增加以及人们对西方消费习惯的接受，亚洲地区，尤其是中国，拥有无限的增长潜力。中国的葡萄酒进口和本土葡萄酒生产都在高速发展。

中国

公元前139年，汉武帝派遣张骞出使西域，葡萄随之被引进中国。葡萄籽送到皇帝手中，并在新疆和陕西西安种植。7世纪，唐朝统一吐鲁番后引入葡萄并种植成功，这些葡萄品种有着不可思议的名字，如蛇龙珠、马奶等。随后葡萄种植开始繁荣。但是，许多早期文献提到的葡萄都只是用来鲜食或制干。此外，用大米和小麦酿造"葡萄酒"的传统早已存在。

19世纪末，中国官员张弼士从欧洲返回中国后，于1892年在烟台开办了张裕酒厂。1910年，法国天主教徒建立上义酒厂（今北京酒厂），1914年德国人在青岛建立美口酒厂，而吉林省通化酒厂由日本人管理。外国投资在中国建立酒厂最初是为了给居住在中国的外国公民提供葡萄酒。

今天，中国拥有45.3万公顷葡萄种植面积，但大部分葡萄用来鲜食或制干。位于上海以北北京以南的山东半岛最适合葡萄生长。山东的纬度与加利福尼亚州相同，具有朝南的斜坡和海洋性气候。若不是受来自中国南海的季风和暴风雨的影响，这里几乎是地中海气候。自1978年中国改革开放以来，大批海外公司开始在中国建立合资企业。如人头马（Rémy Martin）公司与天津酒厂建立了王朝；保乐力加（Pernod-Ricard）集团与北京友谊葡萄酒厂合作创办了龙徽公司。成立于1986年的华东酿酒厂也是合资企业，最早在中国种植国际葡萄品种。20世纪90年代中期之后，中国政府允许外国公司在中国成立公司并持有主要股份，实行独立的商业和人事政策，一个新的时代就此拉开序幕。威廉彼得（William Pitters）国际酒业最先在这股新风中获利并开发自己的新酒品。

从1996年开始，超过100家新酒厂在中国成立，目前酒庄数量达到300—400家。酒厂平均产量低于2000吨，其中70%的酒厂产量低于1000吨，20%产量达到5000吨，仅有4家酒厂产量超过1万吨，分别是张裕、长城（华夏）、王朝和通化。前三家酒厂的产量占中国葡萄酒总产量的45%。

在中国，大部分葡萄园位于北京以西和以南土地肥沃的黄河流域以及北京以东的沿海地区。然而，大多数葡萄园归国家或集体所有，并被细分为不足半公顷的小块土地。中国人将大量进口葡萄酒与用本地葡萄酿造的葡萄酒相混合，因此酒标上标注赤霞珠或霞多丽的葡萄酒事实上可能主要是用本地葡萄酿造而成，里面只混入少量的赤霞珠或霞多丽。葡萄树大多为自根生，没有明显的根瘤蚜问题。但是由于葡萄叶片太密、过度灌溉、害怕腐烂而提前采摘以及各种葡萄病虫害等问题，酿造高品质葡萄酒成了一件碰运气的事。中国引入西方投资和澳大利亚的专业知识，利用现代化的生产设备和种植方法解决了葡萄种植和葡萄酒生产中的许多问题。如今，越来越多的中国酿酒师和专家开始对酒窖和葡萄园进行管理。

中国生产商和政府都对葡萄酒行业的发展极具信心。1998年在新疆建立的新天酒厂就是最好的证明。该酒厂耗资17500万美元，占地1万公顷。

目前，中国人更青睐啤酒，而不是葡萄酒。即使他们喝葡萄酒，也总是选择那些廉价的中国甜红葡萄酒，而且掺兑柠檬水和汽水。随着沃尔玛、家乐福和麦德龙等连锁超市业务的增长以及进口税率的降低和对销售管制的放宽，越来越多的人倾向西方国家的产品。2010年中国葡萄酒消费量将达到14亿升，会给中国葡萄酒行业带来巨大变化。

张裕卡斯特酒庄显示了中国在葡萄酒行业的雄心壮志

在法国葡萄种植专家的指导下，张裕集团新建了海滨葡萄园

印度尼西亚

2005年，印度尼西亚的热带岛屿巴厘岛拥有三家酿酒厂：哈登葡萄酒厂（Hatten Wines）、尹迪科葡萄酒厂（Indico Wines）和众神葡萄酒厂（Wine of the Gods）。巴厘岛于20世纪初开始种植葡萄，从那之后葡萄只用作商业用途。

哈登葡萄酒厂成立于1994年，位于沙努尔（Sanur）的中心地带，克服热带气候成功种植葡萄，是岛上第一家从事葡萄酒生产的企业。这里的葡萄藤四季常青，全年都可以采摘葡萄，葡萄酒一年可以酿造数次，而不像其他纬度地区那样一年只能生产一次。哈登葡萄酒厂用购买的阿方斯拉瓦列（一种源自法国的红色鲜食葡萄）和自己葡萄园中的贝尔吉亚（一种麝香葡萄）酿造葡萄酒。

印度

受印度教、佛教和伊斯兰教教义的限制，葡萄酒在印度的地位微乎其微。虽然平民阶层更喜欢由小麦和大麦酿造的烈酒，但贵族中还是存在饮用葡萄酒的习惯。成为殖民地后，印度出现了少量的葡萄酒生产活动，其中包括16世纪葡萄牙人在果阿邦（Goa）、19世纪英国人在克什米尔（Kashmir）和巴拉马蒂（Baramati）建立葡萄园。19世纪90年代，这些葡萄园与欧洲其他地方的葡萄园一样，遭受了葡萄根瘤蚜的侵袭。

2007年，印度的38家酒厂仅生产830多万瓶葡萄酒。虽然自1947年独立以来印度政府一直支持葡萄酒生产，产量也在逐渐增加，但大多数葡萄园仍然种植鲜食葡萄，只有不足10%的葡萄用来酿造葡萄酒，而且葡萄酒生产在很大程度上由私人掌控。

印度有四大葡萄酒产区。大多数酿酒厂位于马哈拉施特拉邦（Maharashtra）的纳西克（Nasik）和桑利（Sangli），包括印迭戈（Indage）和苏拉（Sula）酒厂。格罗弗（Grover）酒厂位于卡纳塔克邦（Karnataka）班加罗尔市（Bangalore）的多达巴拉普尔（Doddaballapur）地区，海拔650米。印度北部的喜马偕尔邦（Himachal Pradesh）是第四大葡萄酒产区。印度受季风气候影响，夏季炎热湿润。当地主要的鲜食葡萄有阿尔卡瓦蒂、阿尔卡希亚姆和“亚纳布和夏希”，班加罗尔紫葡萄则是与进口品种一起用于生产甜葡萄酒。

印度葡萄酒市场主要由印迭戈、苏拉和格罗弗三大酒厂主宰，其他知名生产商包括酩悦轩尼诗、嘉露（E & J Gallo）酒庄以及澳大利亚的魔狼（Howling Wolves）葡萄酒集团公司。

印度约有11亿人口，但目前只有70万人有能力经常饮用葡萄酒，约2亿人仍在喝烈性酒。虽然过去四年中葡萄酒消费量以25%的速度逐年增加，但印度人均葡萄酒年消费量不足一勺。

中国

生产商：王朝*
所在地：天津
非自有葡萄，年产量4000万瓶
葡萄酒：Extra Dry White，Dry White，Dry Rosé，Dry Red，Merlot，Cabernet Sauvignon，Dry Sparkling Wine
中法合资的王朝葡萄酒公司成立于1980年，是天津第一家外国合资酒厂，也是中国第一家合资酒厂。按照公司的规定，葡萄种植在宁夏、山东、河北和天津等地区。人头马公司拥有24％股份。

生产商：张裕*
所在地：烟台
非自有葡萄，年产量不详
葡萄酒：Riesling，Chardonnay，Cabernet Gernischt；Century Changyu，Cabernet Sauvignon，Merlot，sweet wines，sparkling wines
该酒厂成立于1892年，是中国最古老的酒厂，也是亚洲最大的酒厂之一。现在与法国家族企业Castel公司合作，大力推广其旅游业务，并在烟台建立了酒文化博物馆。最有名的葡萄酒是Cabernet Gernischt，产自烟台北于家，采用欧洲传统工艺酿造，并在橡木桶中陈酿三年。

生产商：长城*
所在地：沙城
750公顷，非自有葡萄，年产量不详
葡萄酒：Great Wall：Dry White，Medium Dry，Medium Sweet，Dry Red，Rosé，Sparkling
1983年成立于长城脚下，隶属于华夏食品公司，是一家合资企业，用自己种植的10种葡萄和买进的30种其他品种酿制葡萄酒。

生产商：青岛华东*
所在地：山东半岛
面积不详，年产量240万瓶
葡萄酒：Chardonnay，Riesling，Sauvignon，Gewürztraminer；Cabernet，Cabernet Franc，Merlot，Pinot
该酒厂于1990年成为Allied Domecq酒业集团的一部分，这是中国第一家引进法国葡萄品种的葡萄酒公司。Michael Parry五年前从法国进口了42000棵葡萄树，种植在青岛地区的崂山和大泽山上，长势喜人；酿造单一品种葡萄酒和各种混酿酒。

印度

生产商：Chateau Indage*
所在地：Maharashtra
1500公顷（计划再增加5000公顷），非自有葡萄，年产量600万瓶
葡萄酒：Chardonnay，Ugni Blanc；Pinot Noir，Cabernet；Bangalore Purple，Arkavti，Anabeshi，Perlet，Omar Khayyam SFG；Port
Indage集团公司在Narayangaon地区有两个现代化酒厂，生产各种干型葡萄酒、加强葡萄酒以及白兰地，在西方国家以Omar Khayyam起泡酒而闻名。葡萄种植在Sahyadri山的山坡上，海拔750米。

生产商：Grover Vineyards***
80公顷，年产量不详
葡萄酒：Cabernet Shiraz，Blanc de Blancs de Clairette，Pride of India，Rosé，La Reserve Red
该酒厂于1988年在Bangalore的郊区成立，当时仅占地16公顷。Kapil Grover种植9种适合印度环境的法国葡萄品种。1995年，他让葡萄酒顾问Michel Rolland进入董事会；1996年，Veuve Clicquot Ponsardin获得少数股权。葡萄酒出口至欧洲和美国。

哈萨克斯坦

哈萨克斯坦的酿酒史可追溯至公元7世纪，但现代葡萄酒行业的发展则始于20世纪30年代。今天，这个中亚共和国拥有2万公顷葡萄种植面积，分布在江布尔（Schambyl）、申肯（Schenken）和阿拉木图（Almaty）三个地区，葡萄产量只有2万吨。哈萨克斯坦属于大陆性气候，夏季温和，冬季严寒，冬天必须对葡萄树加以保护。在43个允许种植的葡萄品种中，有24个是鲜食品种。葡萄品种整体与格鲁吉亚相似，如白羽和萨博维。近年来这里的酒厂对国际品种产生了浓厚的兴趣。国内市场对传统甜红葡萄酒偏爱有加。除了餐酒，哈萨克斯坦还出产起泡酒和餐后甜酒。

塔吉克斯坦

塔吉克斯坦境内多山，最主要的葡萄酒产区位于北部的列宁纳巴德（Leninabad）地区、中部的吉萨尔（Ghissar）山谷及其南边的希萨尔山（Hissar）以及南部的瓦赫什（Wachsch）山谷。这里拥有悠久的酿酒传统，可追溯至公元前4世纪。8世纪，受伊斯兰教的影响，酿酒葡萄被鲜食葡萄所取代。20世纪20年代，国有酿酒公司成立，拉开了葡萄酒商业化生产的序幕。目前，塔吉克斯坦约有20家酒厂，每年加工约6000吨葡萄。葡萄园面积超过3.9万公顷，种有俄罗斯白羽（在东欧和中亚广泛种植）、雷司令、麝香、萨博维和赤霞珠等十个葡萄品种。

乌兹别克斯坦和吉尔吉斯斯坦

来自费尔干纳（Ferghana）山谷的葡萄酒早在公元前2世纪就是公认的美酒佳酿。然而，由于伊斯兰教的限制，葡萄只能用于鲜食和制干。商业葡萄酒生产复兴后，最重要的葡萄酒产区位于布哈拉（Bukhara）、撒马尔罕（Samarkand）和塔什干（Tashkent），葡萄种植面积为12.5万公顷，但鲜食葡萄仍占绝大部分比例。在允许种植的36种葡萄中，酿酒葡萄包括白羽、雷司令、萨博维、麝香、阿利蒂克和赤霞珠。目前，乌兹别克斯坦正在对其他品种进行试验。

吉尔吉斯斯坦毗邻哈萨克斯坦和中国，拥有与乌兹别克斯坦相似的大陆性气候。葡萄种植面积达9000公顷，在45个允许种植的葡萄品种中，23个用于酿造葡萄酒。三个主要的葡萄酒产区分别是楚河（Chuy）河谷、塔拉斯（Talas）河谷以及伊塞克湖（Issyk-Kul）盆地，主要生产烈酒、甜酒和起泡酒。

日本

20世纪90年代，尤其在20世纪的最后五年中，日本开始流行喝葡萄酒，部分原因是在这个保健意识强烈的国家，人们认为“红酒养生”。从此，注重健康的日本人喜欢上了葡萄酒。日本人头名贵葡萄酒只是用来送礼的观念已经过时，经济的繁荣和事业的成功使葡萄酒成为日本人的新欢。日本的大部分葡萄酒都是进口的，高品质的葡萄酒主要来自著名的欧洲产地，尤其是法国，日常餐酒则主要来自新世界国家。过去，优质葡萄酒的消费者更偏爱陈年佳酿，现在浅龄酒也开始受宠。

虽然日本的葡萄酒文化最近才形成，但葡萄种植历史可追溯至公元8世纪。据说早在718年，佛教徒为了葡萄的药用价值，开始在胜沼（Katsunuma）种植葡萄。关于葡萄酒的记录最早出现在16世纪。葡萄牙传教士圣弗朗西斯·泽维尔引入葡萄牙红葡萄酒（Tinto），这种葡萄酒在日本被称为Tintashu，结合了葡萄牙语的tinto和日语的shu（日本清酒）。然而，17世纪，葡萄酒并未获得德川幕府的青睐，葡萄酒生产也没有得到发展。

直到1875年，日本人才再次尝试生产葡萄酒。在东京以东的山梨县（Yamanashi）富士山（Mount Fuji）附近，一位商人建立起葡萄园，主要种植当地品种。在他的努力之下，当地政府开始允许引入和种植外来葡萄。亚历山大麝香和德拉瓦尔是最受欢迎的葡萄品种。

今天，山梨、山形（Yamagata）和东京以北的长野（Nagano）三个地区的葡萄产量占日本葡萄总产量的40%，山梨县的甲府（Kofu）可能是日本最有名的葡萄酒产区。在这个生活上诸多方面效仿西方的国家，人们更喜欢进口葡萄酒而非使用本地葡萄酿造的国产葡萄酒。然而，一小部分生产商用法国葡萄和甲府本地的甲州葡萄酿造的优质葡萄酒已经开始取得成功。

与不利条件顽强抗争

日本的气候不适合葡萄种植。日本列岛中的主岛——本州与地中海位于同一纬度，但气候条件更为极端，冬季有来自西伯利亚的刺骨寒风，夏季受日本海和太平洋的影响，降雨量很大。由于湿度过高，传统的方法是将葡萄藤架在高过头顶的铁丝上，藤条下垂，以保证通风，防止葡萄腐烂。这一传统方法被称为“tanazukuri”，现在的葡萄园开始使用欧洲的种植方法，如“U”型种植法。在日本最北部的北海道中部，气候异常寒冷，葡萄藤被绑缚在与地平行的铁丝上。

传统的葡萄种植方法可以保持良好的通风

右图：在丸藤酒厂（Marufuji Winery）自己的葡萄园内举行野餐

日本大部分的葡萄品种由美洲葡萄杂交而来。最著名的葡萄是甲州，一种粉红色既可鲜食又可酿酒的葡萄。新麝香和龙眼葡萄与甲州存在亲缘关系，主要用来酿造口感甘甜、酒体轻盈的葡萄酒。在北海道的十胜（Tokachi）酒厂，有一种用野生山葡萄酿造的红葡萄酒。山葡萄与西贝尔杂交后可获得清见葡萄，用来酿造另一种风格的红葡萄酒，可以与黑比诺葡萄酒相提并论。最近，日本开始种植欧洲葡萄品种，如赤霞珠和品丽珠（山梨县西部）、霞多丽和梅洛（长野）以及早熟的米勒-图高和茨威格（北海道）。

日本的主要葡萄酒生产商

生产商：胜沼酿造***
所在地：山梨县胜沼
5.5公顷，非自有葡萄，年产量30万瓶
葡萄酒：Cabernet Sauvignon，Merlot，Brilhante
创立于1937年，酒厂主人Yuji Aruga注重品质，使酒厂名声不断提升。从酒厂环境优美的La Vigne餐厅可以俯瞰Enzan市全景。

生产商：曼斯酒业—*****
所在地：山梨县胜沼，小诸市长野县
面积不详，非自有葡萄，年产量1680万瓶
葡萄酒：Solaris：Chardonnay，Riesling，Merlot，Cabernet Sauvignon
酒厂现在属于著名的酱油生产商Kikkoman，自有葡萄园很少。这里出产一款陈年潜力强的甲州葡萄酒以及多种与国外葡萄汁或浓缩汁调配的混酿酒。镇店之宝Komoro属于Solaris顶级葡萄酒系列。

生产商：Mercian Katsunuma Winery—******
所在地：山梨县
面积不详，年产量60万瓶
葡萄酒：Chardonnay，Cabernet，Merlot，Château Mercian Jyonohira Cabernet
该酒厂1987年收购了加利福尼亚州纳帕谷的Markham酒庄，1988年收购了上梅多克的Reysson酒庄，如今已跻身日本顶级葡萄酒生产商之列。酒厂拥有自己的艺术博物馆。著名的Jyonohira葡萄园于1984年在Katsunuma的陡峭山坡上建立，种植面积为10公顷，出产的葡萄用来酿造在法国新橡木桶中陈年的顶级波尔多风格红葡萄酒。顶级霞多丽葡萄酒产自Nagano县北部的Hokushin和Fukushima县的Niitsuru。

生产商：三得利
Shinjiri Torii是这家当今日本最大的酒类制造商的创始人，1907年开始生产一种甜葡萄酒Akadama Port。1936年，该公司与“日本葡萄种植之父”Zen一起在Tomi no oka 地区建立了葡萄园。几十年来，Suntory在日本经营自己的葡萄园，只种植欧洲品种。经过努力，它建立了Tomi no oka酒厂并于1997年推出了顶级葡萄酒Tomi Special Reserve。该公司还生产啤酒和烈酒并从事葡萄酒进口业务，此外还投资了几家欧洲酒庄，如法国梅多克的Lagrange和Beychevelle酒庄以及在德国莱茵高的Robert Weil酒庄。

日本酿酒业的巨头包括三得利（Suntory）和三乐（Sanraku），其他主要生产商还有曼斯酒业（Manns Wine）、札幌酒厂（Sapporo）以及协和发酵工业株式会社（Kyowa Hakko Kogyo）。北海道的十胜酒厂也享誉盛名。此外，还有一些规模较小的家族酒厂，如格蕾丝（Grace）、胜沼酿造（Katsunuma Jozo）、可可农场（Coco Farm）、丸藤、白百合（Shirayuri）和卢米埃尔酒庄（Château Lumière）。大多数葡萄从葡萄种植户手中购买，他们的葡萄园面积在0.25—0.5公顷。20世纪90年代，日本引进全新的葡萄园管理技术和先进的酿酒设备以及欧洲葡萄品种，以生产可与进口产品相媲美的葡萄酒。然而，由于缺乏深厚的葡萄酒文化，日本葡萄酒无论在价格还是口味上都很难与进口葡萄酒相抗衡。

根据相对宽松的葡萄酒商标法，使用进口葡萄酿造的葡萄酒可被标记为“日本产品”。因此，为了规范行业行为，生产商们自主制定了一条标签法：国内装瓶的葡萄酒必须在酒标上标注

“国内酿造的葡萄酒”或“进口的散装酒”。在生产商的努力下，用甲州和经典法国葡萄品种酿造的优质、独特的日本葡萄酒将会在利基市场中占有一席之地。

上图：三得利公司是日本酒类产品领先的生产商和销售商

右图：三得利公司山梨酒厂的葡萄采摘

北美洲

北美洲葡萄酒

位于索诺玛山谷的布埃纳维斯塔（Buena Vista）是加州最早的酿酒厂之一

到新大陆寻找财富的欧洲移民者们很快发现他们喝不到葡萄酒，而这是他们生活中不可或缺的一部分。幸好美洲大陆许多地区都生长着野生葡萄树，因此这并不是一个棘手的问题。1607年，弗吉尼亚州詹姆斯敦（Jamestown）的殖民者使用本土葡萄品种酿造出第一瓶葡萄酒，但是直到200年后东海岸地区才生产出口味能够接受的葡萄酒，而欧洲的葡萄品种直到1960年后才在美洲大陆种植成功。美国本土的葡萄品种很难酿造出口味醇正的葡萄酒，因此人们对欧洲品种进行各项尝试，但由于欧洲葡萄难以适应这里的气候和病虫害，都以失败告终。

直到19世纪初，一种由美洲葡萄和欧洲葡萄杂交而成的白葡萄品种才给美洲大陆的酿酒业带来了新的曙光。这个杂交品种被称为亚历山大，虽然酿造的葡萄酒带有油滑的味道，但已经可以饮用。随着亚历山大和其他杂交品种的种植，葡萄酒酿造在东海岸各州迅猛发展。

第二次世界大战后，美洲的生产商开始对法国杂交品种产生兴趣，因为它们可以酿造出口感更加怡人的葡萄酒。直到化学杀虫剂出现，欧洲葡萄品种才在美洲落地生根。

索诺玛市规模不大，但已发展成一个游客众多的葡萄酒中心。这里加油站的广告牌都标着“年份”汽油

加利福尼亚州

美国的西部和南部地区曾是西班牙殖民地，那里气候宜人，适合种植欧洲葡萄品种。早在1521年，埃尔南·科尔特斯就开创了墨西哥的葡萄种植，而直到一百年后，西班牙殖民者才在新墨西哥州和得克萨斯州修建葡萄园。1769年，西班牙王室向加利福尼亚派送方济会（Franciscan）传教士以维护西班牙对该地区的统治。传教士们离不开葡萄酒，因此他们将葡萄种植技术也带到了那里，并且引入了一种他们命名为“传教士”的葡萄品种。

传教士们沿皇家街道北上，建立了21间教堂。当时的洛杉矶还只是个不起眼的殖民地，但现在圣盖博市（San Gabriel）已经归属洛杉矶。圣盖博市拥有广阔的葡萄园，葡萄产量远远超出了传教士们的需求。1833年，来自法国波尔多地区的让-路易斯-维涅在不远处建立了一家酿酒厂，酿造法国葡萄酒。此后，越来越多的人从东部迁到索诺玛（Sonoma）地区，从事葡萄酒行业。

淘金热和葡萄酒热

1848年人们在萨克拉门托发现了金矿，该事件对加利福尼亚州的整个葡萄酒行业，尤其是北海岸的葡萄种植区，产生了决定性的影响。成千上万的人怀着一夜暴富的梦想前往加利福尼亚淘金，其中不乏许多欧洲的葡萄酒生产商。这些生产商们突然发现与其淘金发财，还不如酿酒来满足淘金者们的饮酒需求。因此，当邻近的纳帕谷还在放牧的时候，索诺玛的葡萄种植已经兴旺发展起来。不过，葡萄酒热迅速蔓延至纳帕谷、利弗莫尔谷（Livermore Valley）和圣克拉拉谷（Santa Clara Valley）。推动这一系列发展的是匈牙利贵族和探险家阿格斯顿·阿拉斯特，他在索诺玛谷建立了自己的葡萄园。之后，他在政府的资助下游历了欧洲各个葡萄酒产国，收集了大量关于葡萄种植的资料，并带回了300个葡萄品种的插条。美国的葡萄酒行业从此走上正轨。

1880年，伯克利市（Berkeley）开始对葡萄种植技术进行科学研究，之后研究成果被用于实践。1830年，中央谷（Central Valley）开始种植葡萄，并且很快证明这里适合葡萄酒生产。同一时期，由于横贯美洲大陆的铁路开通运行，对葡萄酒的需求持续增长。

当时的葡萄酒业务掌握在少数几家装瓶商手中。他们从八百多家酿酒厂购入桶装葡萄酒，然后混合调配成不同口味的葡萄酒以满足不同的需要。

正当葡萄酒行业蓬勃发展之际，葡萄根瘤蚜疫情带来了毁灭性的打击。这种害虫最早出现在美国东部地区，但是1880年之后开始肆虐西海岸地区，随后的20年间，葡萄根瘤蚜席卷了加利福尼亚州所有葡萄园。葡萄种植户刚用抗蚜砧木重建葡萄园，然而，葡萄酒行业又经历了新一轮打击：1920年1月17日，美国政府颁布禁酒令，并且直到1933年才解除。虽然纳帕谷、索诺玛谷和中央谷等地的生产商通过生产圣餐酒等方式存活了下来，但美国的葡萄酒市场自此走向了衰落，高品质葡萄酒也开始销声匿迹。禁酒令以及接踵而至的经济大萧条和第二次世界大战使美国的葡萄酒行业一蹶不振，到20世纪40年代末，加利福尼亚州只有15%的酿酒厂得以幸存。

新开端，新问题

幸存下来的葡萄酒生产商还要面对另一个问题：大量欧洲葡萄酒涌入美国市场。为了在市场立足，他们给自己的葡萄酒贴上国外的葡萄酒品牌，

芬兰船长古斯塔夫·尼伯姆于1887年创建了这家酒庄，梦想可以超越波尔多葡萄酒。该酒庄现为好莱坞著名导演弗朗西斯·福特·科波拉所有，他将酒庄改名为卢比刚（Rubicon），并且恢复了它往日的地位与荣耀

德国人沃特·舒格按照家乡阿斯曼斯豪森镇的传统风格建造了这家酿酒厂。他酿造的葡萄酒也是欧洲风格

其中最有名的要数“夏布利”葡萄酒，只要是干型白葡萄酒都可以使用这个品牌，而无须考虑酿酒葡萄的品种。虽然纳帕谷和索诺玛谷的葡萄酒生产商如柏里欧（Beaulieu）、鹦歌（Inglenook）和查尔斯库克（Charles Krug）逐渐恢复了往日的名望和葡萄酒的品质，但是直到20世纪60年代才有人愿意对葡萄酒行业进行大笔投资。1970年后，美国民众对葡萄酒的热情再次高涨，美国的葡萄种植面积迅速扩大，酒庄数量也随之增长，如今，美国境内有1300多家酒庄。然而，20世纪90年代，葡萄根瘤蚜虫再次席卷美国。显然，20世纪80年代人们在葡萄园扩张时期使用的砧木无法抵御根瘤蚜虫的侵害，于是数千公顷的葡萄园被毁。虫害过后，种植户和酿酒厂开始重建葡萄园，他们采用了更为先进的葡萄酒酿造工艺，为美国未来葡萄酒行业的蓬勃发展奠定了坚实的基础。

美国葡萄酒产区

美国的现代葡萄种植从一开始就十分关注适合葡萄生长的自然条件。事实上，美国对葡萄种植环境的系统性研究超过了所有其他国家。20世纪末的30年，美国对所有州的葡萄种植区进行了仔细勘察，明确了各地区的地理特征和边界。当然，这项工作还确定了各地区适合种植的葡萄品种，但是和欧洲原产地命名体系不同的是，这些发现并未纳入法律监管之中，而且也没有对最高产量进行规定。

早在1978年美国就明确了一些葡萄酒产区，为美国葡萄酒产地（American Viticultural Areas，简称A.V.A.s）制度的建立提供了先决条件。1983年，该制度由美国烟酒枪炮及爆裂物管理局（Bureau of Alcohol，Tobacco，Firearms and Explosives，简称A.T.F.）宣布实施。

除了划定葡萄酒产区的界线，该制度还要求：

- 酿酒所用的葡萄至少75%来自酒标上标注的葡萄品种。
- 至少85%的葡萄来自酒标上标注的A.V.A.产区。
- 95%的葡萄必须产自酒标上标注的葡萄园。
- 95%的葡萄必须产自酒标上标注的葡萄采摘年份。

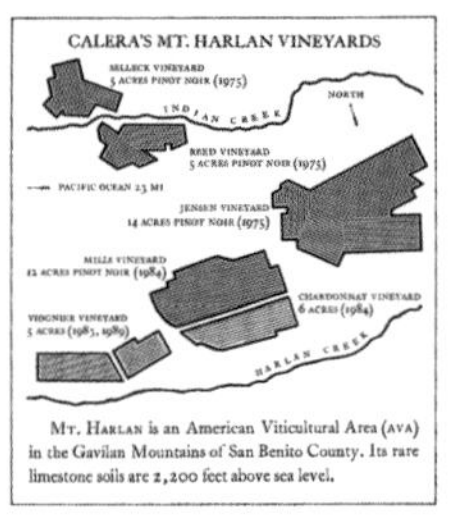

如今，仅加利福尼亚州就有100多个A.V.A.产区，其他州还有70多个产区。

A.V.A.制度拥有一个分级体系。最上一级为州，如加利福尼亚州，而该州又拥有三个较小的地区，即中央谷、中央海岸和北海岸。这些地区往下又分若干个县，如北海岸的纳帕县、索诺玛县和门多西诺县（Mendocino）。这些县即为法定产区。索诺玛县又包含了许多小的A.V.A.产区，如索诺玛山谷、俄罗斯河谷（Russian River Valley）、白垩山（Chalk Hill）、绿谷（Green Valley）和干溪谷（Dry Creek Valley）。这些产区还可以再分为更小的单位，如索诺玛山次级A.V.A.产区。和欧洲的规定不同，A.V.A.并不标注在酒标上。

如果酒标上标有北海岸这样的大产区，那么该葡萄酒通常是用不同产地的葡萄混酿而成。酒标上的产区标得越详细，葡萄酒越能反映出独特的风土特征。如果选用的是单一葡萄园的葡萄，这种特征尤为突出。

加拿大原产地

加拿大的原产地命名体系“葡萄酒商质量联盟”（Vintners Quality Alliance，简称V.Q.A.）于1989年在安大略省（Ontario）实施，1990年在不列颠哥伦比亚省（British Columbia）实施。根据V.Q.A.的规定，如果酒标上标注产地，葡萄酒必须用该产地的葡萄酿造，并且在那里装瓶。V.Q.A.禁止使用美洲葡萄品种，只能使用杂交葡萄品种和欧洲葡萄品种酿酒。该制度虽然对最低含糖量有明确规定，但对产量没有任何限制。

安大略省和不列颠哥伦比亚省的V.Q.A.体系规定：

- 酿酒所用的葡萄至少75%来自酒标上标注的省份。
- 85%的葡萄必须来自酒标标注的法定产区。
- 只有指定的杂交葡萄品种和欧洲葡萄品种才能用来酿造葡萄酒。
- 如果酒标标有两种葡萄品种，第二种葡萄必须占10%以上。
- 95%以上的葡萄必须产自酒标标注的年份。
- 酒标上的信息需用英语和法语标注。
- 此外，所有V.Q.A.葡萄酒都要经过专业品评。只有通过品评的葡萄酒才能在酒瓶上印制黑色的V.Q.A.标识。得分在15—20分的葡萄酒会被授予金色标识。

冰酒不仅是一个注册商标，还受到严格监管。

根据规定，酿酒厂可以用25%的加拿大葡萄酒和最多75%的进口葡萄酒进行调配，酒标上仍然标注“加拿大生产”。近年来，这些进口葡萄酒大多来自智利和南非。

那些根据规定不能用来酿造V.Q.A.葡萄酒的葡萄品种通常用来酿造波特酒或雪利酒，也可以酿造酒精度只有7%的低度葡萄酒。

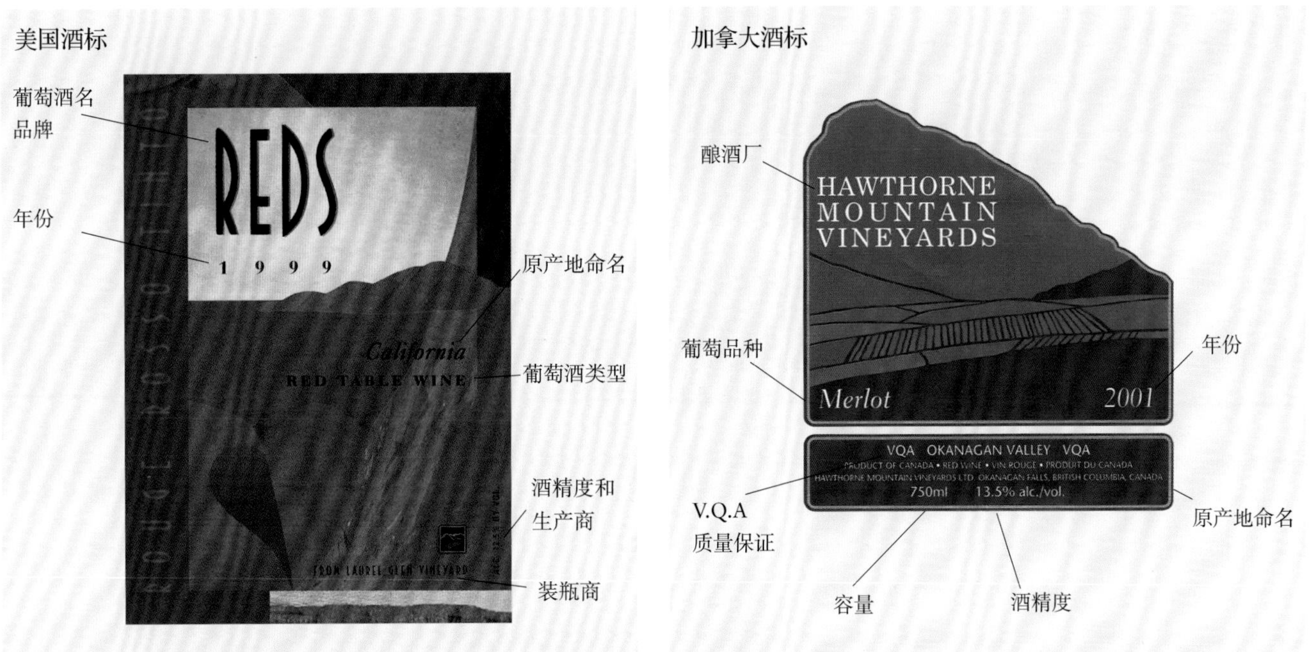

美国酒标

葡萄酒名
品牌
年份
REDS
1999
原产地命名
California
RED TABLE WINE
葡萄酒类型
酒精度和
生产商
装瓶商

加拿大酒标

酿酒厂
HAWTHORNE
MOUNTAIN
VINEYARDS
葡萄品种
Merlot
2001
年份
VQA OKANAGAN VALLEY VQA
PRODUCT OF CANADA • RED WINE • VIN ROUGE • PRODUIT DU CANADA
HAWTHORNE MOUNTAIN VINEYARDS LTD. OKANAGAN FALLS, BRITISH COLUMBIA, CANADA
750ml 13.5% alc./vol.
V.Q.A
质量保证
原产地命名
容量
酒精度

CANADA
UNITED STATES OF AMERICA
MEXICO
Pacific Ocean
Atlantic Ocean
Gulf of Mexico
Rocky Mountains
Great Plains
Appalachian Mountains
Sierra Nevada
Western Sierra Madre
Eastern Sierra Madre
Gulf of California
Baja California
Tropic of Cancer
BAHAMAS
British Columbia
Alberta
Saskatchewan
Manitoba
Ontario
Quebec
New Brunswick
Vancouver Island
Washington
Oregon
California
Nevada
Idaho
Montana
Wyoming
Utah
Colorado
Arizona
New Mexico
North Dakota
South Dakota
Nebraska
Kansas
Oklahoma
Texas
Minnesota
Iowa
Missouri
Arkansas
Louisiana
Wisconsin
Illinois
Michigan
Indiana
Ohio
Kentucky
Tennessee
Mississippi
Alabama
Georgia
Florida
South Carolina
North Carolina
Virginia
West Virginia
Pennsylvania
New York
Maine
New Jersey
Delaware
Lake Superior
Lake Michigan
Lake Huron
Lake Erie
Lake Ontario
Lake Winnipeg
James Bay
Gannett Peak 13,785 ft (4,202 m)
Mt. Elbert 14,420 ft (4,396 m)
Mt. Whitney 14,495 ft (4,418 m)
50°N
40°
30°
120°W
70°
300 miles (500 km)
CT Connecticut
MA Massachusetts
MD Maryland
NH New Hampshire
RI Rhode Island
VT Vermont
CANADA
British Columbia
Ontario
UNITED STATES
Washington
Oregon
California
New York
Connecticut
Massachusetts
Pennsylvania
Maryland
Virginia
West Virginia
Ohio
Kentucky
Indiana
Other wine-growing areas

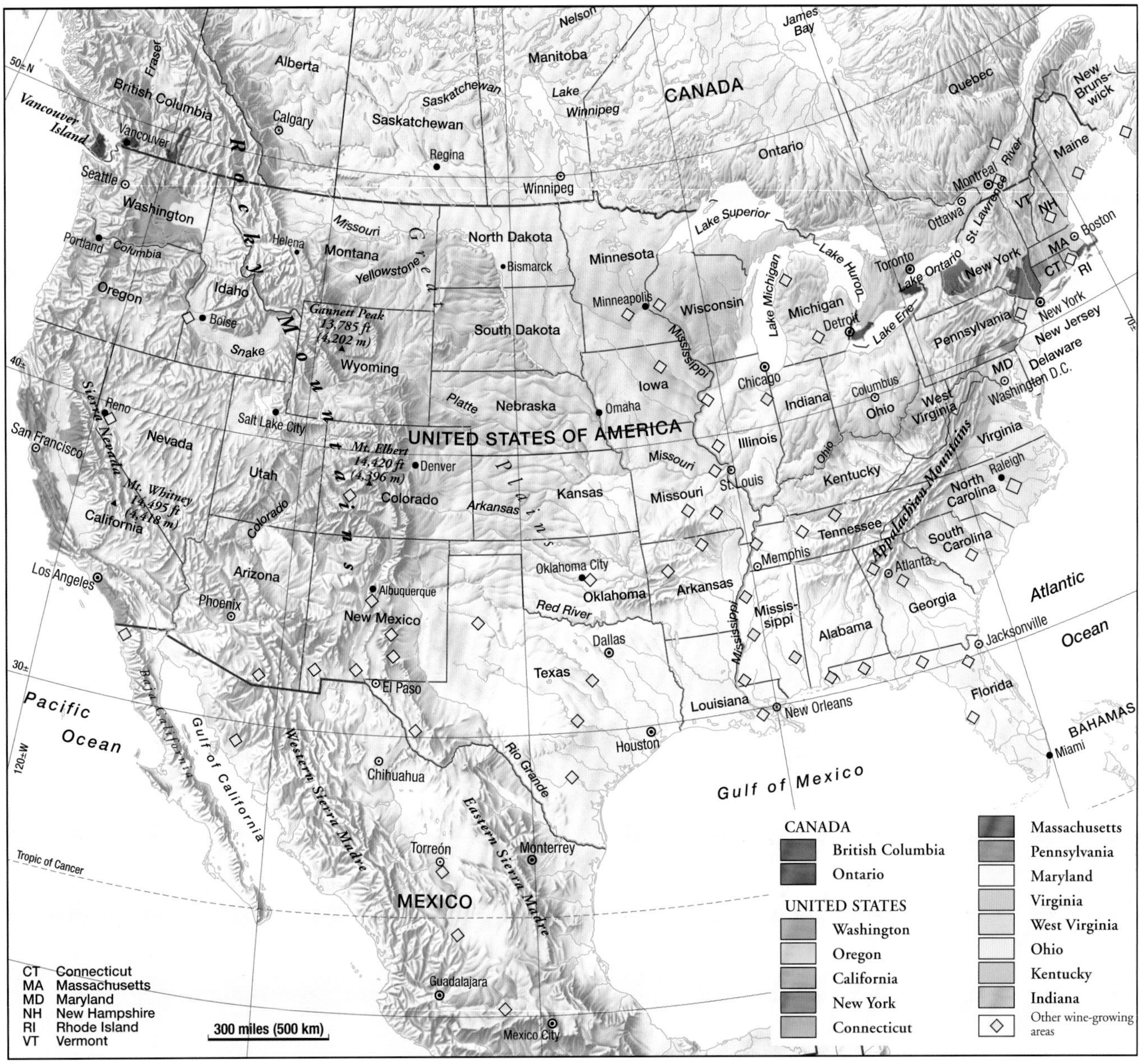

加拿大

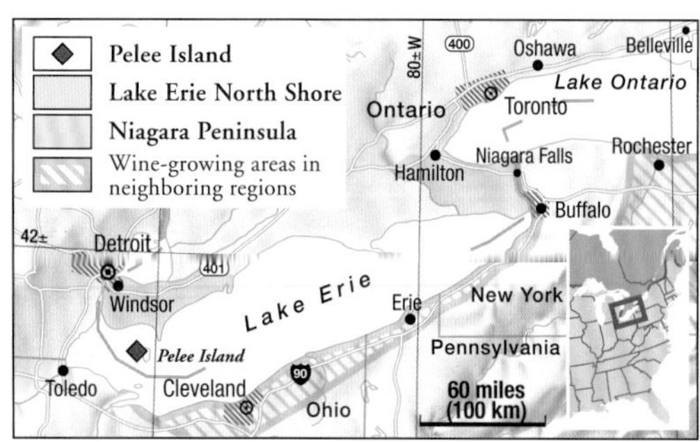

加拿大的葡萄种植历史较短。1811年，一个曾多次参加北美战争的德国军官约翰·席勒退役后定居在多伦多附近。他尝试种植野生葡萄，并且取得了成功。35年后，他将葡萄园出售给一名法国贵族。

加拿大并不太适合葡萄种植。这里冬季极其寒冷，即使是与美国接壤的南部地区，冬季的气温也能降至零下15℃。然而，加拿大的生产商却能在这片寒冷的土地上创造奇迹。每年冬天，安大略省和不列颠哥伦比亚省这两大葡萄种植区的雷司令和威代尔葡萄都会结冰。这些冰冻葡萄使加拿大成为世界上最大、最出色的冰酒产地。威代尔由白玉霓和西贝尔杂交而成，是杂交葡萄中的佼佼者。

冰酒是加拿大的国酒，这体现了加拿大作为葡萄酒产国的重要特征：寒冷的气候。安大略省是加拿大主要的葡萄酒产区，占全国1万公顷葡萄种植面积的70%。这里与法国南部地区处于相同的纬度，而且受五大湖的影响气候相对温和，但即便如此，春秋两季的寒冷天气仍使葡萄难以成熟。加拿大的新斯科舍省（Nova Scotia）和魁北克省（Quebec）也有少量葡萄园，为了防止葡萄树受冻，每年秋季葡萄园都要将葡萄树用厚土覆盖，来年春天再挖开。

由于气候恶劣，加拿大主要种植耐寒的美洲葡萄，其次是杂交品种。红葡萄品种康科德至今仍用来酿造与甜雪利酒或波特酒相似的葡萄酒，而尼亚加拉葡萄则主要用来生产干白葡萄酒。加拿大的葡萄品种中3/5是杂交品种。康科德种植面积最广，其次是艾维拉、德索娜、尼亚加拉、白谢瓦尔、马雷夏尔福煦和黑巴科。威代尔主要用来生产冰酒。

欧肯那根谷（Oakanagan Valley）是不列颠哥伦比亚省最具发展前景的地区

1975年，安大略省的首家私人酒厂云岭（Inniskillin）在尼亚加拉大瀑布附近成立，开启了加拿大的现代酿酒业。自此之后，加拿大的生产商不断向世界证明：欧洲葡萄品种也可以在加拿大繁荣生长。最初他们主要种植德国葡萄，但现在霞多丽和法国红葡萄品种也逐渐增多。

人们对品质的追求以及葡萄种植理念的形成最终促成了“葡萄酒商质量联盟”的建立。这是加拿大的原产地命名体系，于1989年首先在安大略省实行，次年引入不列颠哥伦比亚省。该体系根据省份或者原产地对葡萄酒进行划分。

安大略省有三个葡萄酒产区：皮利岛（Pelee Island）、伊利湖北岸（Lake Erie North Shore）

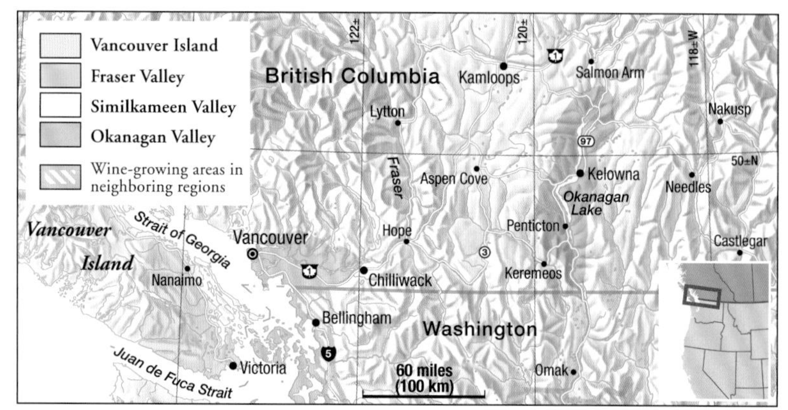

和尼亚加拉半岛（Niagara Peninsula）。总体而言，安大略省的气候条件和法国勃艮第地区较为接近，环境几乎和美国纽约州的芬格湖群（Finger Lakes）地区一样。除了冰酒，这里的雷司令和霞多丽也久负盛名，其中霞多丽葡萄酒的口感与夏布利葡萄酒相似。在暖和的年份，这里还出产口感圆润的佳美和黑比诺以及怡人的品丽珠和赤霞珠。近几年，梅洛葡萄酒的酿造水准也不断提升。目前，安大略省约有100家酒庄，其中最著名的有穴泉（Cave Spring）、查姆斯（des Charmes）、亨利佩勒姆（Henry of Pelham）、希勒布兰德（Hillebrand）、云岭、凯森曼（Konzelmann）、皮利岛、瑞芙（Reif）、南溪（Southbrook）、诗瑞（Stoney Ridge）和威兰德（Vineland）。

安大略省查姆斯酒庄的葡萄酒和纪念品商店：安大略省的气候与勃艮第地区相似，出产的霞多丽品质上乘

不列颠哥伦比亚省拥有四个知名产区：温哥华岛（Vancouver Island）、菲沙谷（Fraser Valley）、西密卡米恩谷（Similkaneen Valley）和欧肯那根谷。其中，欧肯那根谷产区最为重要，该地区属于半干旱气候，昼夜温差显著。虽然欧肯那根湖在一定程度上可以缓解当地的干旱，但欧肯那根谷产区以及邻近的哥伦比亚谷产区都需要大量的人工灌溉才能进行葡萄种植。这里不种植杂交品种，大多数种植户选择德国葡萄品种，如巴克斯、菲尔斯和霞多丽，现在也有一些种植户开始尝试黑比诺和梅洛。加拿大与美国西海岸的自由贸易以及德国葡萄品种的销量锐减曾一度使该地区发展受阻，但目前情况已日趋平稳，酒庄数量已增至150家，其中知名酒庄包括蓝山（Blue Mountain）、凯乐纳（Calona）、雪松溪（Cedar Creek）、格林德兄弟（Gehringer Brothers）、灰僧（Gray Monk）、海恩勒（Hainle）、米逊山庄（Mission Hill）、魁尔斯堡（Quail's Gate）、苏马克里奇（Sumac Ridge）以及夏丘（Summerhill）。

加拿大还有两个非V.Q.A.产区。新斯科舍省现在有10家酒庄，100公顷葡萄园，种植法国杂交品种和两个俄罗斯红葡萄品种。魁北克省90%的葡萄酒为白葡萄酒，而且以白谢瓦尔为主。这里的葡萄酒行业高度依赖旅游业的发展。不过，在加拿大其他的葡萄酒产区，酒庄也都为旅游者提供住宿服务。

皮利岛酒庄是伊利湖皮利岛上第一家真正的酿酒厂，建立于1866年，至今仍在酿酒

美国：纽约及东海岸

纽约芬格湖群地区从1820年起就开始种植葡萄，出产纽约州90%的葡萄酒。泰勒葡萄酒公司是罗切斯特（Rochester）东南地区五十家酒庄中的一员

美国东海岸地区早在17世纪初就开始尝试葡萄酒生产，但当时使用美洲本土葡萄品种酿造的葡萄酒口感不佳。直到200年后，人们发现美洲葡萄可与欧洲葡萄自然杂交，之后开始尝试人工杂交并取得了突破。杂交品种中，康科德最为出名。

美洲葡萄，特别是沙地葡萄和河岸葡萄能够有效抵御根瘤蚜虫，这对葡萄酒行业来说具有无法估量的价值。如今，世界上优质葡萄品种大多都嫁接在美洲葡萄上。

20世纪60年代，美洲葡萄与法国葡萄嫁接成功，美国东海岸的葡萄种植户才找到改良葡萄品种的办法。随着砧木的改良、种植技术的提高，欧洲葡萄品种终于在东海岸落地生根。1976年，美国颁布"农场酒庄法案"，允许小生产商建造酿酒厂。如今，芬格湖群地区拥有125家酒庄，是纽约州最重要的葡萄酒产区。

位于芬格湖群最东部的卡尤加湖（Cayuga）是一个独立的葡萄酒产区。其他几个湖，塞内卡湖（Seneca）、库克湖（Keuka）和坎南德瓜湖（Canandaigua）一起构成了芬格湖群产区。这里以杂交葡萄品种为主，葡萄种植总面积为1.6万公顷，是美国第二大葡萄酒产地，仅次于加利福尼亚州。芬格湖群地区葡萄品种繁多，其中美洲本土葡萄包括白卡托巴、德拉瓦尔、宝石、达吉斯、艾维拉、伊莎贝拉、尼亚加拉、黑康科德、伊芙斯、司特本；杂交品种包括奥罗拉、卡尤加、白谢瓦尔、维诺、黑巴科、香宝馨、千瑟乐、鲁塞特、黑维拉德。然而，无论是本土葡萄还是杂交品种都无法酿造出优质葡萄酒。因此，芬格湖群地区和美国东部其他地区开始种植欧洲葡萄品种，如霞多丽、雷司令、琼瑶浆、赛美蓉、长相思、梅洛、赤霞珠、品丽珠、佳美和黑比诺。

除了芬格湖群，美国东海岸还有三个A.V.A.产区：长岛（Long Island）、哈德逊河谷（Hudson River）以及伊利湖。

受大西洋影响，长岛的气候较为暖和，葡萄的生长期也较长。因此，法国波尔多的葡萄品种可以在这里生长。1973年后建造的葡萄园大多都种植欧洲葡萄品种。长岛有两个葡萄酒产区，其中较大的一个是北福克（North Fork），葡萄种植面积达700公顷，另一个是汉普顿（Hampton），葡萄种植面积为70公顷。

哈德逊河谷位于纽约市北部，拥有300多年的葡萄种植历史。受海风影响，这里气候温和。哈德逊河谷坐落着25家酒庄，大多规模较小。这些酒庄主要采用杂交葡萄品种酿造葡萄酒，但现在也越来越多地使用欧洲葡萄品种如赤霞珠和霞多丽等。

伊利湖沿岸地区的葡萄种植面积多达8300公顷，但这里的葡萄主要用来生产葡萄汁。

芬格湖群地区的知名酒庄包括：坎南德瓜（Canandaigua）、四烟囱农场（Four Chimneys Farm）、奔狐（Fox Run）、格伦诺拉（Glenora）、鹭山（Heron Hill）、科纳普（Knapp）以及特里莱文（Treleaven）；长岛的知名酒庄有：比德尔（Bedell Cellars）、布里奇汉普敦（Bridgehampton）、格雷斯汀娜（Gristina）、哈格雷夫（Hargrave）、伦茨（Lenz）、宝玛（Palmer）、佩科尼克湾（Peconic Bay）、品达酒（Pindar）；哈德逊河谷的知名酒庄有：奔马（Benmarl）、兄弟会（Brotherhood，美国最古老的酒庄）、米尔布鲁克（Millbrook）、莱文戴尔（Rivendell）。

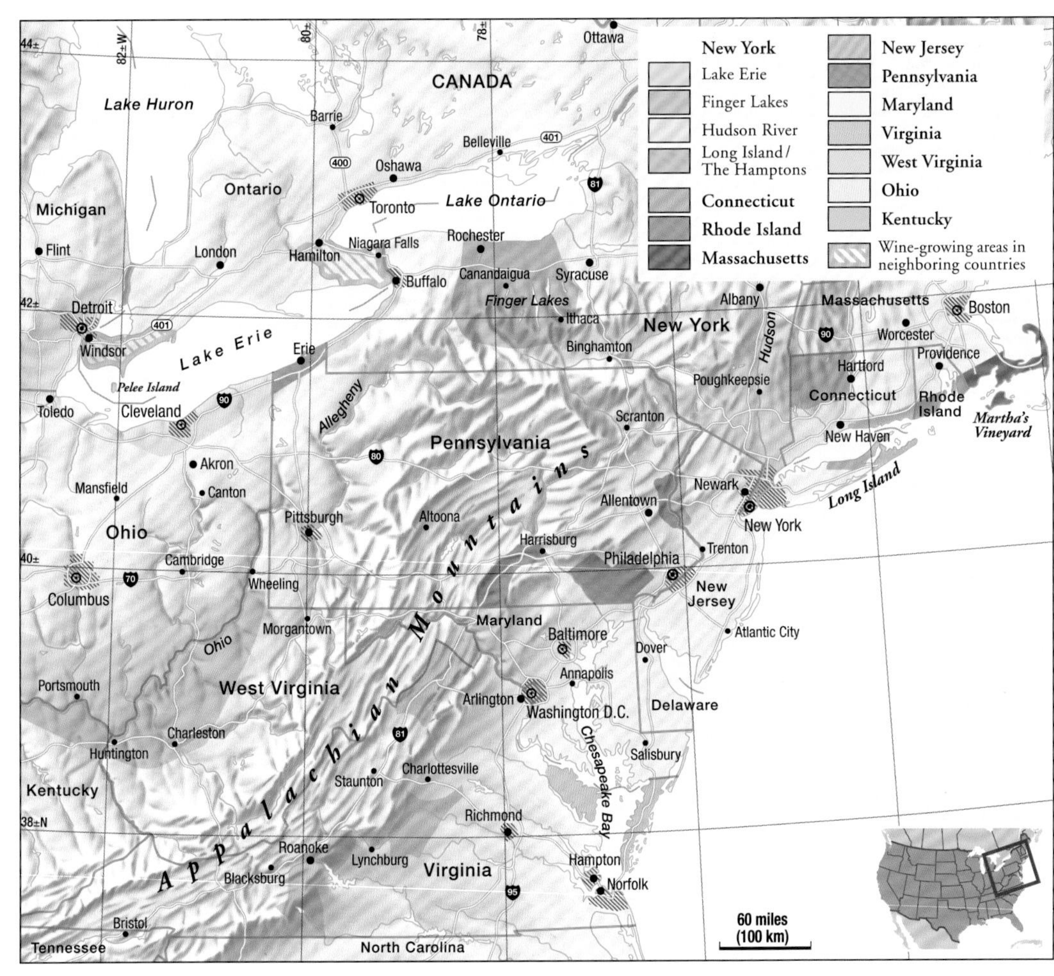

其他产酒州

新英格兰的葡萄酒行业兴旺发达。该地区有40家酿酒公司，其中龙头企业包括海特、香玛、奇卡马和萨康尼特。新泽西州的葡萄园大多集中在特拉华河谷，雷诺（Renault）酒庄建于1864年，是该州最早的酒庄。如今，雷诺酒庄和尤宁维尔（Unionville）酒庄一样，恢复了往日的荣耀。宾夕法尼亚州和俄亥俄州（Ohio）的部分葡萄园分布在伊利湖两岸，但大型葡萄园大多位于南部地区。俄亥俄州约有1000公顷葡萄园，知名酒庄包括德布尼（Debonné）和火地（Firelands）。宾夕法尼亚州的葡萄种植面积约为5700公顷，主要种植美洲葡萄，现在一些欧洲葡萄品种如霞多丽、赤霞珠、灰比诺以及黑比诺等的种植面积也在不断扩大。产自该州阿莱格罗（Allegro）和查德福（Chaddsford）酒庄的葡萄酒品质出众。马里兰州的葡萄种植面积仅有182公顷，但这里出产优秀的霞多丽、品丽珠和赤霞珠，尤以凯托克廷（Catoctin）、麋鹿（Elk Run）和蒙特布赖（Montbray）三家酒庄的葡萄酒为最。该州的波蒂（Boordy）酒庄主要使用杂交葡萄酿酒。美国东海岸地区出产的白葡萄酒大多酒体轻盈、果味怡人，不过经橡木桶熟成后的霞多丽拥有焦糖味和烘烤味。

在美国中西部各州中，密歇根州的葡萄酒行业受益于密歇根湖，气候条件得天独厚。该州葡萄种植面积为5745公顷，这里的康科德主要用来生产葡萄汁，50家酒庄生意也很不错。它们主要使用霞多丽、雷司令、灰比诺、品丽珠和黑比诺酿酒，有些酒庄也生产起泡酒和果酒。密歇根州的知名酒庄包括香塔尔（Chantal）、大特拉弗斯（Grand Traverse）、芬恩谷（Fenn Valley）、良港（Good Harbour）、莫柏（L. Mawby）、圣朱利安（St. Julian）以及泰伯山（Tabor Hill）。密苏里州（Missouri）有66家酒庄，大多采用杂交葡萄酿酒。这里不仅出产优质葡萄酒，而且拥有迷人的乡村风光。知名酒庄包括奥古斯塔（Augusta）、布尔乔亚（Les Bourgeois）、快乐山（Mount Pleasant）、圣詹姆斯（St. James）和石头山（Stone Hill）。

莎朗米尔斯酒庄（Sharon Mills Winery）位于密歇根州莱辛河岸（River Raisin）的一个历史悠久的磨坊，属于亨利福特基金会（Henry Ford Foundation）。该酒庄采用欧米新半岛（Old Mission Peninsula）产区的葡萄酿酒

美国南部的葡萄酒行业也发展得如火如荼。弗吉尼亚州现在种植的欧洲葡萄比杂交葡萄多。产自该州莫里赛特（Morrisette）、林登（Linden）、米歇尔王子（Prince Michel）和塔拉拉（Tarara）等酒庄的霞多丽和波尔多单一品种葡萄酒品质一流。阿肯色州（Arkansas）、北卡罗来纳州（North Carolina）和佐治亚州（Georgia）等地的葡萄园现在也以欧洲葡萄为主，而田纳西州（Tennessee）和佛罗里达州则主要种植杂交葡萄。

华盛顿州

临近西雅图市的哥伦比亚酒庄由几位大学教授和商人于1962年共同创建

Puget Sound
Columbia Valley
Yakima Valley
Walla Walla Valley
Wine-growing areas in neighboring regions

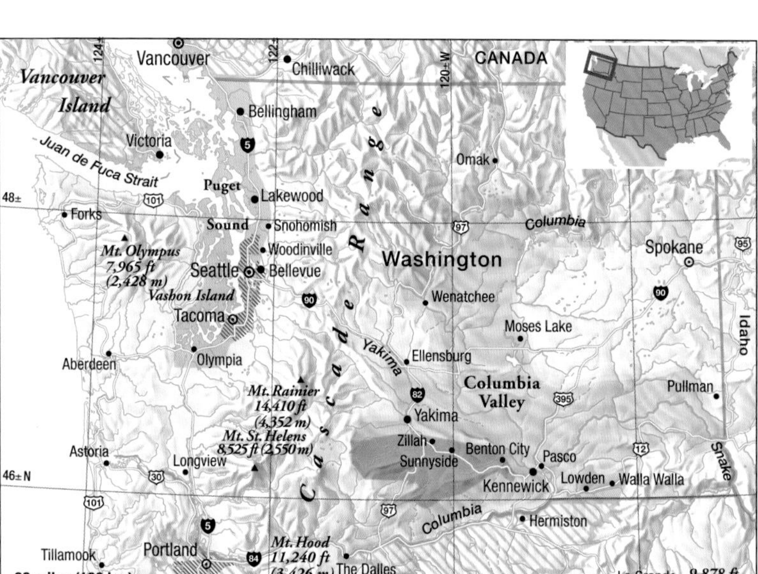

任何一个到过华盛顿州府西雅图市的人，只要看过普吉特湾（Puget Sound）附近郁郁葱葱的葡萄园，都会毫不犹豫地认为华盛顿州是仅次于加利福尼亚州的美国第二大以欧洲葡萄为酿酒原料的优质葡萄酒产地。普吉特湾的岛屿上拥有32公顷葡萄园，主要种植黑比诺、灰比诺、斯格瑞博、玛德琳安吉维、莎斯拉等品种，共有9家酿酒厂。普吉特湾A.V.A.产区气候温和，适合种植北方葡萄品种，特别是白葡萄品种。出于商业原因，华盛顿州最大的两家酒庄——圣密夕（Ste. Michelle）和哥伦比亚（Columbia）都设在西雅图都会区伍丁维尔市（Woodinville）的郊区。喀斯喀特（Cascade）山脉的海拔高达4400米，阻挡了来自太平洋的暖湿气流，因此99%的葡萄种植在喀斯喀特山脉以东的地区。再往东就是华盛顿州最大的葡萄酒产区——哥伦比亚谷。哥伦比亚谷拥有6750公顷葡萄园，接近沙漠气候，但得益于哥伦比亚河及其支流、斯内克河（Snake）以及亚基马河（Yakima）的水源，这里才能够种植葡萄。华盛顿州的A.V.A.产区还包括亚基马谷（Yakima Valley，4500公顷）、瓦拉瓦拉谷（Walla Walla Valley，450公顷）和红山（Red Mountain，300公顷），2004年和2005年又分别新增了哥伦比亚峡谷（Columbia Gorge，180公顷）和本顿县（Benton）南部的马天堂山（Horse Heaven Hill，2500公顷）。2006年，位于亚基马河东北部的以盛产赤霞珠和霞多丽闻名的瓦鲁克坡（Wahluke Slope，2100公顷）和被亚基马山谷所环绕的响尾蛇山（Rattlesnake Hills，500公顷）也被列为法定产区。奇兰湖（Lake Chelan）和斯波坎谷（Spokane Valley）两地成为法定产区也指日可待。

用水权与严冬杀手

哥伦比亚谷的农业发展较晚。直到1930年，人们才意识到这片土地的开发潜力，开始建造灌溉系统。1951年，圣密夕酒庄的创始人在亚基马河谷开辟了葡萄园；1957年，哥伦比亚酒庄也在这里建立了葡萄园；1967年，官方认可的葡萄酒推向市场。20世纪70年代，越来越多的酒庄成立，到1981年，酒庄数目已达19家。随后十年间，该地区一直保持良好的增长势头，到20世纪90年代，已有500多家酒庄，葡萄种植面积也急剧扩大。目前，这里的葡萄种植面积已达1.3万公顷，还有更多农户希望加入葡萄种植大军并以此赢利。他们与该地区葡萄酒行业的未来息息相关，因为只有老牌农场拥有用水权，而华盛顿州政府不会再批准新的用水权。哥伦比亚谷地区属于半干旱的内陆型气候，如果不进行人工灌溉，葡萄树几乎不能生长。在这里，除了大型葡萄酒公司，还有350多家农场种植葡萄。一些发展较好的酒庄也为有意与它们合作的葡萄种植户提供

华盛顿州的葡萄园大多建在哥伦比亚河沿岸地带，如果没有当地河流的灌溉，葡萄树几乎无法生长。喀斯喀特山脉为葡萄园阻挡了雨水

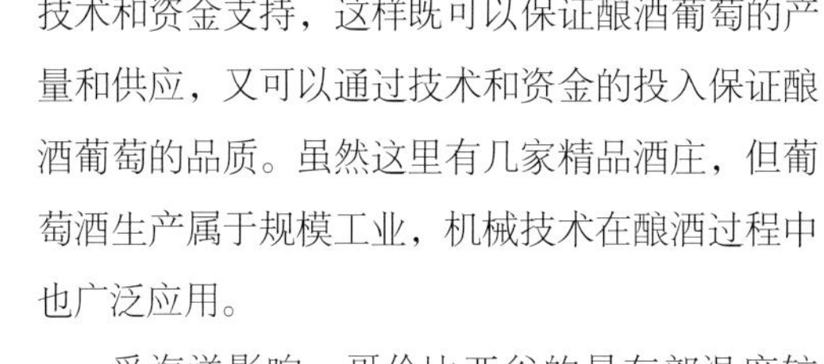

技术和资金支持，这样既可以保证酿酒葡萄的产量和供应，又可以通过技术和资金的投入保证酿酒葡萄的品质。虽然这里有几家精品酒庄，但葡萄酒生产属于规模工业，机械技术在酿酒过程中也广泛应用。

受海洋影响，哥伦比亚谷的最东部温度较低，黑比诺长势良好。山谷其他地区的气候则较为干燥，云层少，日照足。这里夏季白天气温高达32—40℃，然而夜晚气温会骤降，因此葡萄的生长期较长，赋予葡萄酒浓郁的香气。采摘期多在9月末至10月末。

虽然这些条件非常有利于葡萄种植，但种植户们不得不面对每年都困扰他们的敌人——霜冻。不时发生的严寒霜冻可以使冬季温度降至零下25℃甚至更低，裸露在外的葡萄藤全被冻死。1996年和2004年，这里就因为霜冻导致葡萄产量锐减。幸运的是华盛顿州不受葡萄根瘤蚜的影响，因此葡萄种植户只需将冻死的葡萄藤用链锯锯掉。现在，为了防止霜冻，葡萄树多种植在河流沿岸地带或是向阳的山坡上。一些酒庄还会将歉收年酿造的葡萄酒和好年景酿造的葡萄酒相混合以弥补霜冻带来的损失。

梅洛、梅里蒂奇和优质白葡萄酒

华盛顿州盛产混酿酒，尤以波尔多混酿酒为最。大量的混酿酒以赤霞珠或梅洛的名称出售，但含有25%其他葡萄品种。一些酒庄还会用不同比例的赤霞珠和梅洛酿造各种口味的梅里蒂奇（Meritage）。梅洛在华盛顿州很受欢迎，是主要的红葡萄品种，其次是赤霞珠。不过梅洛的品质有时较为一般，因此酿造的葡萄酒粗糙、单

爱达荷州

爱达荷州（Idaho）西邻俄勒冈州（Oregon）和华盛顿州，境内山峦起伏。主要的葡萄园集中在州府博伊西（Boise）以东较为暖和的向阳坡一带。圣教堂（Sainte Chapelle）酒庄建于1976年，从创建之初到现在一直是该地首屈一指的葡萄酒生产商。爱达荷州海拔较高，昼夜温差显著，冬季寒冷，非常适合种植雷司令，酿造的葡萄酒酸度适中。霞多丽和起泡酒也占较大比例。

薄，带有蔬菜味。而优质梅洛葡萄酒通常丰满、柔顺、成熟，具有浆果味和怡人的香料味。品质一流的赤霞珠葡萄酒果香浓郁，通常为黑樱桃和黑莓，但是用过熟葡萄酿造的葡萄酒带有李子和熟透的水果味道。新建酒庄通常通过木桶熟成赋予葡萄酒均衡、细腻的口感，而知名生产商们喜欢给自己的红葡萄酒增加浓烈的木头味。

近年来，西拉和桑娇维赛葡萄开始吸引人们的关注。霞多丽是主要的白葡萄品种，但最好的白葡萄酒使用赛美蓉和长相思酿造。这些葡萄酒具有浓郁清新的柠檬、番石榴和香蜂草的香气以及怡人的香料味，口感鲜爽、品质出众。当地的雷司令是第二大葡萄品种，酿造的葡萄酒富有活力。

华盛顿州的主要葡萄酒生产商

生产商：**Château Ste Michelle****-*****
所在地：**Woodinville**
1375公顷
葡萄酒：Columbia Valley Wines：11 varieties；Single Vineyard Wines，Reserve Wines；Eroica，Col Solare
该酒庄在Seattle附近拥有一个游客体验中心和一个白葡萄酿酒厂，在Columbia River拥有一个红葡萄酿酒厂。此外，酒庄还有三个葡萄园。该酒庄与Columbia Crest和Northstar酒庄同属华盛顿最大的葡萄酒公司Stimson Lane。它还与德国摩泽尔的Dr. Loosen酒庄合作成立了Eroica酒庄。

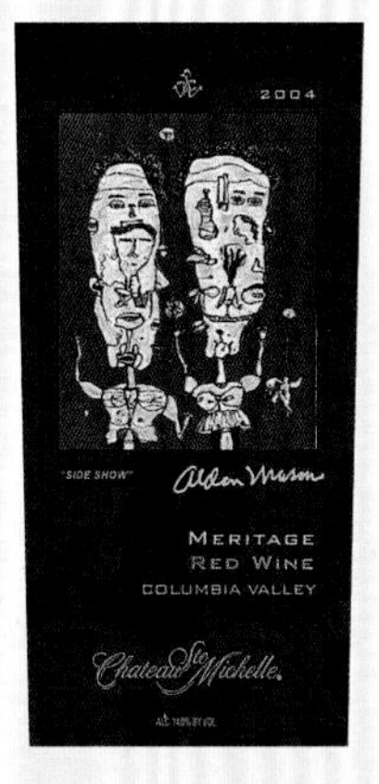

生产商：**Columbia***-***
所在地：**Bellevue**
600公顷，年产量200万瓶
葡萄酒：Signature series：Zinfandel，Barbera
该酒庄于1962年由十位大学教授创建，自1979年起由来自英国的葡萄酒大师David Lake经营。Otis和Red Willow是主要的葡萄园。

生产商：**Columbia Crest****-****
所在地：**Paterson**
1010 公顷，非自有葡萄，年产量1400万瓶
葡萄酒：Two Wines，Grand Estates，Reserve：Syrah
自1978年起，酿酒师Ray Einberger提高了各种葡萄酒的品质，包括普通葡萄酒以及珍藏酒Walter Clore。

生产商：**Covey Run******
所在地：**Zillah**
78公顷，非自有葡萄，年产量84万瓶
葡萄酒：Riesling，Chardonnay，Sauvignon，Sémillon；Merlot，Cabernet，Lemberger；Riesling Icewine，Chardonnay Celilo，Chardonnay Reserve
酒庄之前名为"Quail Run"，以Dave Crippen酿造的白葡萄酒闻名。

生产商：**De Lille Cellars******
所在地：**Woodinville**
非自有葡萄，年产量4万瓶
葡萄酒：white wines, red wines，Meritages；Chaleur Estate，Harrisson Hill
该酒庄于1992年由来自捷克共和国Karlovy Vary城市的DeLille家族创建。酿酒师Chris Upchurch酿造的波尔多混酿酒品质出众，尤以Chaleur Estate和Harrisson Hill为最。D2葡萄酒位居其次。

生产商：**Hedges Cellars****-****
所在地：**Benton City**
30公顷，非自有葡萄，年产量70万瓶
葡萄酒：Fumé-Chardonnay；Cabernet-Merlot；Red Mountain Reserve Cabernet，Three Vineyards
这个新建的酒庄位于Red Mountain，地理位置虽然不算优越，但生产的葡萄酒品质出众，尤其是珍藏酒。

生产商：**Kiona****-****
所在地：**Benton City**
34公顷，非自有葡萄，年产量30万瓶
葡萄酒：Chardonnay，Chenin，Riesling；Cabernet，Merlot，Lemberger
该酒庄创建于1972年，由Williams家族所有，拥有先进的酿酒设备。葡萄酒种类繁多，其中莱姆贝格、赤霞珠珍藏酒和白诗南葡萄酒品质最优。

生产商：**L'Ecole No.41*****-****
所在地：**Lowden**
83公顷，非自有葡萄，年产量36万瓶
葡萄酒：Chardonnay，Semillon；Merlot，Cabernet Pepper Bridge Apogée
Marty Clubb生产的梅洛葡萄酒在华盛顿州堪称典范，但其在木桶中发酵的白葡萄酒也毫不逊色。Apogée由梅洛和赤霞珠混酿而成。

生产商：**Leonetti Cellar*****
所在地：**Walla Walla**
10公顷，非自有葡萄，年产量8万瓶
葡萄酒：Merlot，Cabernet，Sangiovese
创立于1978年，是Walla Walla地区的第一家酿酒厂。Gary Figgins主要生产在新橡木桶中熟成的红葡萄酒。对某些人来说，这些葡萄酒的木头味太过强烈。

41号学院（L'Ecole No.41）酒庄曾是洛登（Lowden）地区的一所乡村学校，在马丁·克拉布的领导下，凭借赛美蓉和梅洛葡萄酒快速发展

生产商：McCrea Cellars***-****
所在地：Lake Stevens
非自有葡萄，年产量3.6万瓶
葡萄酒：Roussanne，Viognier，Syrah，Grenache
Doug McCrea曾是一位爵士乐手，他采用罗讷河谷的葡萄品种酿造出品质卓越的葡萄酒。西拉葡萄酒果味浓郁、风格鲜明。

生产商：Matthew Cellars***-****
所在地：Woodinville
非自有葡萄，年产量不详
葡萄酒：Yakima Valley Red Wine
Matthew Loso是华盛顿州最杰出的年轻生产商之一。他曾做过餐厅经理，擅长酿造红葡萄酒。他使用赤霞珠、品丽珠和梅洛生产混酿酒。

生产商：Northstar****
所在地：Walla Walla
非自有葡萄，年产量24万瓶
葡萄酒：Merlot，Stella Maris
该酒庄于1994年由Stimson Lane公司创建，出产品质一流的梅洛混酿酒和Stella Maris混酿酒。

生产商：Pepper Bridge****
所在地：Walla Walla
170公顷，年产量6万瓶
葡萄酒：Merlot，Cabernet Sauvignon
Norm McKibben拥有知名葡萄园Pepper Bridge、Seven Hills和Les Collines，他于1997年创立了该酒厂，并与经验丰富的合作伙伴一起推动了它的发展。酒厂主要生产两款优质红葡萄酒。酿酒师是来自瑞士的Jean-François Pellet。

生产商：Quilceda Creek*****
所在地：Snohomish
面积不详，非自有葡萄，年产量7.6万瓶
葡萄酒：Cabernet，Galitzine Vineyard，Columbia Valley Red Wine，Merlot
俄罗斯贵族和前飞机工程师Alex Golitzen在很长一段时间内只生产一款优质赤霞珠混酿酒，但现在另外两款赤霞珠葡萄酒以及一款梅洛葡萄酒也品质卓越。

生产商：Soos Creek****
所在地：Renton
非自有葡萄，年产量1.6万瓶
葡萄酒：Bordeaux- blends
Dave Larson用产自六个葡萄园的波尔多品种酿造优质混酿酒。这些葡萄园包括Champoux和Ciel du Cheval。

生产商：Walla Walla Vintners***-****
所在地：Walla Walla
非自有葡萄，年产量5万瓶
葡萄酒：Merlot，Cabernet Franc，Washington State Cuvée，Sangiovese
该酒厂由三位爱酒人士创建，生产的红葡萄酒品质一流，尤以赤霞珠为最。

生产商：Andrew Will****-*****
所在地：Vashon Island
非自有葡萄，年产量6万瓶
葡萄酒：Chenin；Merlot，Cabernet；Sangiovese Sorella
Chris Camarda只从知名葡萄园购买最优质的葡萄，如Ciel du Cheval、Pepper Bridge、Seven Hills和Klipsun。这些葡萄非常适合在法国新橡木桶中陈年。Sorella葡萄酒品质非凡。

生产商：Wilridge****
所在地：Seattle
非自有葡萄，年产量不详
葡萄酒：Cabernet，Nebbiolo
Paul Beveridg曾是位律师，酿造的葡萄酒具有野生水果的味道和出色的结构。

生产商：Woodward Canyon**-****
所在地：Lowden
17公顷，非自有葡萄，年产量15.6万瓶
葡萄酒：Chardonnay；Cabernet，Merlot；Old Vine Cabernet
Rick Small于1981年在当地建立了第二家酒厂，他在葡萄园内种植巴贝拉、内比奥罗和西拉。红葡萄酒口感强劲，霞多丽葡萄酒带有奶油味。

俄勒冈州

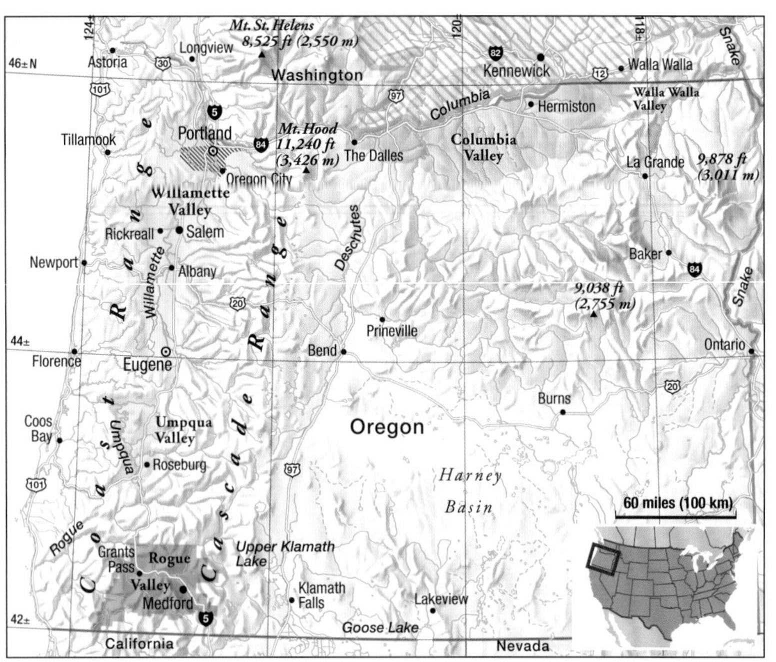

Willamette Valley
Umpqua Valley
Rogue Valley
Columbia Valley
Walla Walla Valley
Wine-growing areas in neighboring regions

俄勒冈州西临太平洋，海岸山脉沿太平洋海岸延伸500千米，形成了天然屏障，使山脉背后的威拉米特谷（Willamette Valley）、乌姆普夸谷（Umpqua Valley）和罗格谷（Rogue Valley）免受海洋性气候的影响。再往东是喀斯喀特山脉，海拔高达3426米，阻挡了来自太平洋的雨水，因此山脉东部的葡园需要人工灌溉以维持葡萄的生长。俄勒冈北接华盛顿州，长约400千米的哥伦比亚河流经两州之间，河流以北的葡萄种植欣欣向荣，而俄勒冈境内的瓦拉瓦拉谷地区的葡萄种植业也在蓬勃发展。

俄勒冈与法国南部处于同一纬度，但是它的西部地区潮湿凉爽。这里与加利福尼亚州不同，加州的优质葡萄酒产区在夏秋两季受太平洋影响而气候凉爽，而俄勒冈的主要葡萄酒产区却温度最高、日照最足，否则葡萄无法充分成熟。因此俄勒冈州的葡萄种植户无法随心所欲地开疆拓土，扩大葡萄种植面积，而必须经过周密的勘查才能确定最适合葡萄种植的地方，但最终的成功总是属于那些勤奋、耐心、谨慎、熟知地形的人们。

葡萄种植在俄勒冈州非常具有挑战性。与加州人的冷漠、爱冒险、好时尚、有商业头脑的性格不同，俄勒冈的生产商友好、开明、坚毅、豁达，他们对葡萄酒了如指掌。此外，让俄勒冈声名远扬的不是大型酒庄或跨国酒业公司，而是高品质的黑比诺葡萄酒。每年在麦克明维尔（McMinnville）的“国际黑比诺葡萄酒大会”

位于塞勒姆（Salem）的克里斯顿酒庄（Cristom Vineyards）一直沿用传统方法种植黑比诺

举办之际，来自世界各地的黑比诺爱好者和生产商蜂拥而至，来这里取经、品酒。

勃艮第知名酒庄杜鲁安（Drouhin）在俄勒冈州的邓迪（Dundee）创建了自己的酒庄，主要生产黑比诺和霞多丽葡萄酒

小型酒庄的兴起

俄勒冈州的酿酒业始于19世纪下半叶。禁酒令被废除后，这里的酿酒业也开始复苏并兴盛起来。但当时许多公司以生产果酒为主，塞勒姆的霍尼伍德酒厂（Honeywood Winery，建于1934年）就是其中之一。直到现在，俄勒冈州适宜的气候条件和肥沃的土壤仍为浆果、苹果、梨、核果等提供了理想的生长环境。

理查德·萨默是俄勒冈州现代酿酒业的先驱。他曾就读于加州大学戴维斯分校，毕业后来到乌姆普夸谷并开始在那里种植雷司令和其他葡萄品种。1963年，他创建了希尔克莱斯特（Hillcrest）酒庄。罗斯堡（Roseburg）周边的丘陵地带气候温暖干燥，非常适合葡萄的生长，因此除了雷司令、霞多丽和比诺系列等耐寒的葡萄品种之外，这里还种有赤霞珠。黑比诺和灰比诺主要种植在临近太平洋的伊利诺斯谷（Illinois Valley），而赤霞珠和梅洛则多种植在阿普尔盖特谷（Applegate Valley）和罗格谷这两个产区的海拔高处。

早在20世纪60年代，威拉米特谷北部就已开始种植葡萄，20世纪70年代末，这里已有17家酒庄。大多数酒庄生产黑比诺和霞多丽葡萄酒，因为威拉米特谷的气候条件与法国勃艮第地区相似，非常适合这两个葡萄酒品种的生长。事实证明这些酒庄的选择是正确的：1975年，经过盲品，艾瑞（Eyrie）酒庄出产的黑比诺葡萄酒被认为可以和许多勃艮第的一流好酒相抗衡。1980年前后，许多生产商前仆后继拥到威拉米特谷产区，他们大多来自加州，拥有非常丰富的经验。目前，俄勒冈约有320家酒庄，主要集中在威拉米特谷。这些酒庄大部分都有自己的葡萄园，但也会从其他专业葡萄园采购葡萄。俄勒冈州的酒庄规模普遍不大，可以被称为精品酒庄。它们追求品质，自成特色，当然葡萄酒的售价也相对较高。

左图：罗伯特·帕克是一位颇有影响力的葡萄酒评论家，他和他的内弟迈克尔·埃特泽尔（Michael Etzel）在纽伯格（Newberg）共同投资兴建了连襟酒庄（Beaux Frères Winery）

右页图：邓迪山的红色土壤是最适合黑比诺生长的土壤之一，杜鲁安酒庄生产的红葡萄酒证明了这一点

当地特色：黑比诺

黑比诺是俄勒冈最主要的葡萄品种，全州4900公顷葡萄园中，3300公顷都种植着黑比诺。20世纪90年代，黑比诺的种植面积为葡萄种植总面积的一半，现在已达到67%。黑比诺备受青睐不仅仅是因为电影《杯酒人生》引发了对这种葡萄的推崇，更主要是因为俄勒冈州的生产商一直在不断努力改良这个品种，使之口感更佳。越来越多的黑比诺葡萄酒，尤其是威拉米特谷出产的黑比诺，成为美国最受欢迎的葡萄酒。

俄勒冈州的葡萄园大多种植在山丘背海的一面，不需要进行人工灌溉。邓迪山产区以红色土壤著称，但在这里，葡萄园的位置比土壤更重要。通常，海拔越高风土条件越好，在杰出年份收获的葡萄品质更佳，但是在差的年份葡萄无法成熟。低海拔地区的葡萄通常过早成熟，因此海拔适中的地方是最安全的种植区。俄勒冈州的葡萄种植户在一些特殊的年份必须根据气候条件灵活安排采摘时间。但大多数人都认同克里斯顿酒庄酿酒师史蒂夫·德尔纳“慢工出细活”的观点。

追求品质的生产商在新葡萄园里每公顷种植5400～7400株葡萄树，但是高海拔地区的葡萄园的种植密度则是按照标准每公顷4700株，这是以前标准的两倍。随着葡萄种植密度的增加，葡萄果粒的大小缩小了1/3，但质地更佳、口味更浓。黑比诺的产量不超过4000升/公顷。腐烂的葡萄会影响葡萄酒的口感，因此在采摘过程中会被直接丢弃。许多酿酒师会使用自然酵母，虽然发酵过程缓慢，但可以赋予葡萄酒丰富的表现力。按照这种方法酿造，葡萄首先要经过15～21天的时间发酵，之后在小橡木桶中熟成12～15个月。

俄勒冈州的7月和8月通常干燥炎热，因此采摘从8月底开始，持续到10月，大多数采摘工作由人工完成。灰比诺是俄勒冈州第二大葡萄品种，种植面积约780公顷，酿造的白葡萄酒酒体轻盈，口感鲜爽，并且带有怡人的梨、杏、柑橘的水果香气。霞多丽的面积仅次于灰比诺，约为350公顷。受气候条件的影响，这里的霞多丽酸度偏高，果香浓郁，经橡木桶熟成后，散发出黄油和烘烤的味道。俄勒冈州的葡萄园近些年来实施可持续发展战略，即采用综合种植法。生态种植法也越来越普遍。许多酒庄还加入了“保护鲑鱼计划”，以保护鲑鱼生活的水域的水质。

15

威拉米特谷

大卫·爱德森是威拉米特谷的先锋人物，出售自己装瓶的顶级比诺葡萄酒

辽阔、青葱的威拉米特谷从波特兰市向南绵延250千米，是俄勒冈州主要的葡萄酒产区。葡萄种植集中在山谷北部，尤其是那里受庇护的西坡。除了优越的风土条件，这里还拥有如下法定产区：邓迪山（土壤为红色的火山土）、厄拉—阿米蒂山（Eola Amity Hills）、麦克明维尔、亚姆希尔—卡尔顿（Yamhill Carlton）、丝带岭（Ribbon Ridge）、契哈姆山（Chehalem Mountains）。威拉米特谷雨水充沛，年降雨量达1000毫米，主要集中在温和的冬季。相对而言，夏季较为干燥，凉爽的温度使这里被分为1区（见第812页），因此葡萄成熟期较长，拥有浓郁的风味。

“含有亚硫酸盐”

美国法律规定，葡萄酒的酒瓶上必须标明“含有亚硫酸盐”，以提醒哮喘和过敏患者葡萄酒中的硫成分。事实上，葡萄酒中的二氧化硫含量非常低，只有极少数情况才会出现问题。如今，欧盟国家也开始效仿美国。二氧化硫（欧盟编号E220）在葡萄酒酿造过程中用作防腐剂，因此澳大利亚的酒瓶上标注为“防腐剂（220）”。

俄勒冈的主要葡萄酒生产商

生产商：**Abacela****—****
所在地：**Rosebuhrg**
10公顷，年产量6万瓶
葡萄酒：Tempranillo, Syrah, Dolcetto, Grenache, Viognier
Earl Jones曾是位医学教授，1993来，他和妻子Hilda成功酿造出优质添普兰尼洛葡萄酒。如今，西拉、阿尔巴利诺以及波特酒也品质出众。

生产商：**Adelsheim****—****
所在地：**Newberg**
69公顷，非自有葡萄，年产量30万瓶
葡萄酒：Chardonnay, Pinot Blanc, Pinot Gris, Pinot Noir
1972年，酒厂开始种植黑比诺。1993年，酒厂与Loacker家族合作，出产的单一葡萄园比诺葡萄酒品质一流。

生产商：**Archery Summit*******
所在地：**Dayton**
40公顷，年产量18万瓶
葡萄酒：Pinot Noir from four estates
该酒庄由女性管理，生产的黑比诺葡萄酒品质一流。

生产商：**Argyle****—****
所在地：**Dundee**
200公顷，年产量30万瓶
葡萄酒：sparkling wines; Chardonnay, Pinot Gris, Riesling; Pinot Noir
该酒庄由Carl Knudsen和Brian Croser共同创建，是俄勒冈州最大的起泡酒生产商。酒庄也生产静态酒，其中黑比诺品质出众。

生产商：**Beaux Frères*******
所在地：**Newberg**
10公顷，年产量3.6万瓶
葡萄酒：Pinot Noir Beaux Frères, Belles Soeurs
Robert Parker和Michael Etzel自1998年来效仿勃艮第经营酒庄。葡萄酒品质出众。

生产商：**Benton Lane*****—****
所在地：**Monroe**
54公顷，非自有葡萄，年产量不详
葡萄酒：Pinot Gris, Pinot Blanc
Steve Girard和Carol Girard在纳帕谷学习酿酒技术后，于1988年开始在威拉米特谷南部生产黑比诺葡萄酒。这些迷人的葡萄酒获得了巨大成功。

生产商：Bethel Heights-****
所在地：Salem
20公顷，年产量12万瓶
葡萄酒：Chardonnay，Pinot Gris，Pinot Noir
自1984年来，Ted Casteel和Terry Casteel开始生产风格鲜明的葡萄酒。

生产商：Chehalem*-****
所在地：Newberg
56公顷，年产量18万瓶
葡萄酒：Chardonnay，Pinot Gris，Pinot Noir
Harry Peterson-Nedry是Ribbon Ridge法定产区的先锋人物，1990年创立了该酒厂。他的合伙人Bill Stoller和Cathy Stoller拥有著名的Stoller葡萄园。

生产商：Cristom-***
所在地：Salem
26公顷，年产量18万瓶
葡萄酒：Chardonnay，Pinot Gris，Viognier，Pinot Noir，Syrah
酿酒师Steve Doerner坚持用木条发酵黑比诺，这样可以赋予葡萄酒植物味。白葡萄酒品质优良。

生产商：Domaine Drouhin**-*****
所在地：Dundee
36公顷，年产量16万瓶
葡萄酒：Chardonnay；Pinot Noir
自1988年以来，Véronique Drouhin凭借勃艮第人的直觉，证明了Dundee Hills产区拥有出色的风土条件。Laurène特酿酒品质卓越。

生产商：Eyrie**
所在地：McMinnville
202公顷，年产量9.5万瓶
葡萄酒：Chardonnay，Pinot Gris，Pinot Blanc，Pinot Noir
Pionier David Lett于1965年率先在俄勒冈州种植欧洲葡萄，即黑比诺。如今他的儿子Jason采用生态种植法，生产的红葡萄酒和白葡萄酒雅致、独特。

生产商：Foris*-*
所在地：Cave Junction
30公顷，非自有葡萄，年产量40万瓶
葡萄酒：Chardonnay，Pinot Gris，Pinot Blanc；Pinot，Merlot，Cabernet；Maple Ranch Pinot
该酒庄证明了Rogue Valley出产黑比诺和梅洛葡萄酒的潜力。

生产商：King Estate-***
所在地：Eugene
190公顷，年产量不详
葡萄酒：Pinot Gris，Chardonnay，Pinot Noir
该酒庄属于Ed King Jr.及其儿子Ed III，自1991年起采用有机种植法，是俄勒冈州的标杆。酒庄还种植水果和蔬菜，并经营自己的餐厅。灰比诺品质出众、销量喜人。

生产商：Lange*-****
16公顷，非自有葡萄，年产量18万瓶
葡萄酒：Chardonnay，Pinot Gris，Pinot Noir
歌曲作家Don Lange及其妻子Wendy从1987年开始酿造黑比诺葡萄酒。如今酒庄由他们的儿子Jesse管理。灰比诺珍藏酒品质出众。

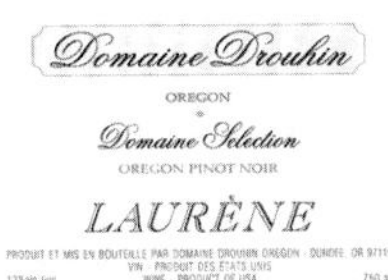

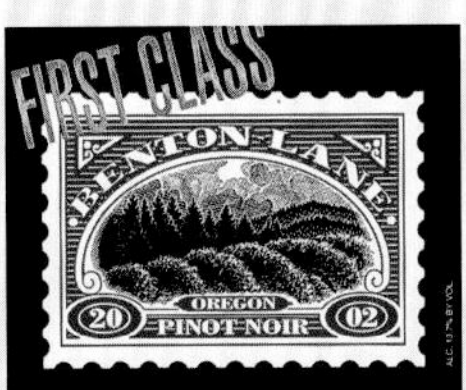

2004
Rogue Valley, Oregon

生产商：Lemelson**
所在地：Carlton
50公顷，年产量20万瓶
葡萄酒：Pinot Noir
律师Eric Lemelson于1995年创立了自己的有机酒庄，并于1999年建造了一个先进的酿酒厂。葡萄酒品质一流、风土特征显著。

生产商：Ponzi-****
所在地：Beaverton
36公顷，非自有葡萄，年产量不详
葡萄酒：Chardonnay，Pinot Gris，Arneis；Pinot Noir
Ponzi家族是俄勒冈州葡萄酒行业的先锋。他们于1970年开始种植葡萄，以灰比诺和酒体丰满、果味浓郁的黑比诺葡萄酒著称。

生产商：St. Innocent*-****
所在地：Salem
3.6公顷，年产量8.2万瓶
葡萄酒：Chardonnay，Pinot Gris，Pinot Blanc，S.F.G.；Pinot
该酒庄由多名爱酒人士创建，生产的单一葡萄园黑比诺葡萄酒品质一流。

生产商：Trium*
所在地：Talent
22公顷，年产量9360瓶
葡萄酒：Grower's Blend，Cabernet，Pinot Gris，Viognier
三对葡萄种植夫妇联合酿酒师Peter Rosbach生产自己的葡萄酒。规模虽小但品质出众。

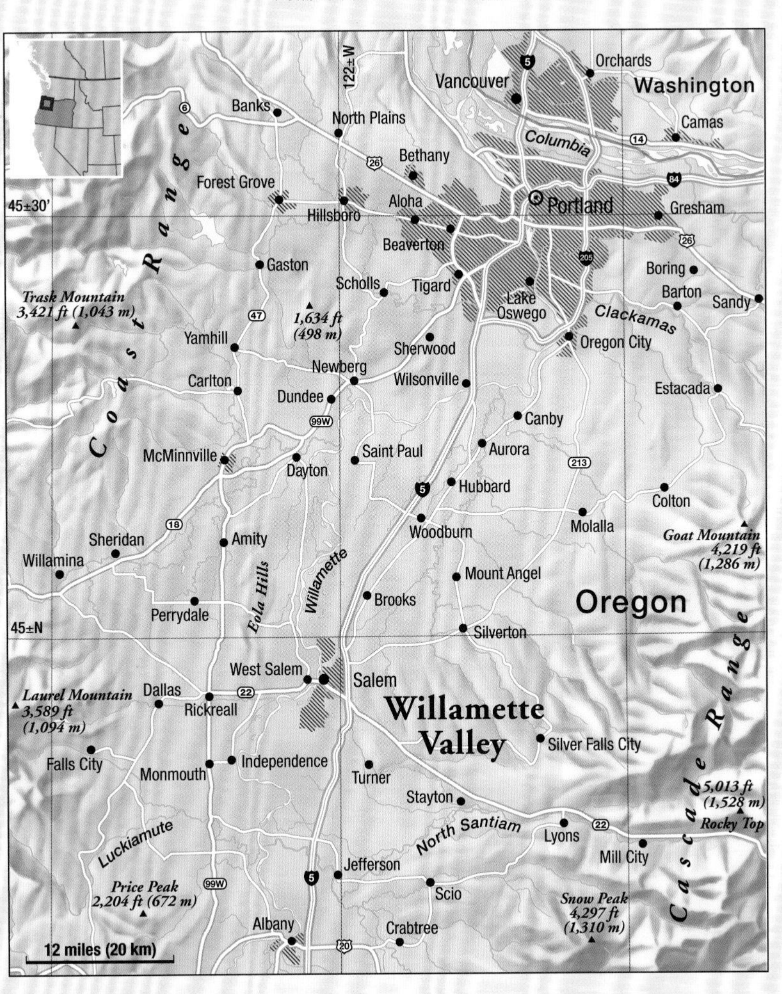

加利福尼亚州：悠闲的生活、开放的思想、精湛的技术

加利福尼亚拥有独特的魅力：优美的风景、富饶的山谷、明媚的阳光。这些造就了加州人天生乐观的态度，也使加州成为一个包容开放、文化多元、勇于创新的州。加州人极具创造力和生产力，而且善于经商，同时他们也十分懂得享受生活，这使得加州更具吸引力。这也难怪嬉皮士运动和硅谷的电子革命发源于此。

加州的开放、大胆和兼收并蓄的特点也体现在饮食上。加州的饮食从全球各地汲取灵感，大胆尝试，巧妙地将不同食物融合在一起，烹饪出口味独特的佳肴。西班牙航海者将地中海地区的葡萄品种引入加州，从此它们在这里落地生根，而葡萄酒也成了自由、健谈并富有创造力的加州人生活中不可或缺的一部分。1970年之后，加州人的生活方式发生了巨大的变化，加州的葡萄酒行业也在这个时候快速发展。在加州人的眼里，葡萄酒成了一种生活的艺术，具有无限的可塑性。新的葡萄酒生产商不愿墨守成规，他们游历欧洲各产区，在葡萄园和酿酒厂积累经验、收集信息。他们不断创新并乐于分享，将新知识在全球传播，造就了新一代的国际生产商。他们回到纳帕谷、索诺玛、贝尼托（Benito）、圣巴巴拉（Santa Barbara）等地后，结合当地情况学以致用。如果某个方法行不通，他们立即做出改变和调整，很快就能找到提高葡萄酒品质的方法。

上图：旧金山毗邻纳帕谷和索诺玛

右页上图：纳帕谷的美食吸取世界各地的精华

右页下图：葡萄酒已成为加利福尼亚人生活的一部分，从正式宴会到花园派对，葡萄酒都不可或缺

在加利福尼亚这样一个不受传统习俗和刻板教条约束的地方，生产商和酿酒师可以放开手脚大胆尝试。美国和其他新世界国家的这种宽松的环境令他们的欧洲同行们羡慕不已。那些欧洲老

牌葡萄产地的生产商大多深受束缚，希望能到新世界的葡萄酒产区施展宏图。

加利福尼亚州的酿酒业

加利福尼亚的葡萄种植面积已经减少至22.1万公顷，尽管如此，美国90%的葡萄酒仍产自这里。加利福尼亚是美国人口最多的州，和纽约州一样，葡萄酒已经成为人们生活中不可或缺的一部分。加州也是本地葡萄酒最大的消费地。与美国东部的生产商不同，加州的生产商从一开始就采用欧洲葡萄品种酿酒。19世纪末，纳帕谷出产的葡萄酒已经在欧洲的葡萄酒大赛中屡次获奖。

和欧洲的知名葡萄酒产区一样，加州的名声也归功于几款高品质葡萄酒。美国人的消费心理也和欧洲人一样，他们都希望能够买到物美价廉的葡萄酒。美国人购买的葡萄酒中，80%不到8美元，但现在情况有所改变，超过10美元和15美元的葡萄酒销量大幅上升。批量生产的低价酒目前只占葡萄酒市场的30%，它们被称为“大瓶酒”，以大容量酒瓶或纸容器包装，论杯出售。在这些“大瓶酒”中，最常见的是一种浅红酒，这种葡萄酒多用白仙粉黛等深色葡萄酿造，口感略甜。虽然加州有许多廉价的混酿餐酒，但单一品种葡萄酒仍占主导地位，这些葡萄酒中至少75%的葡萄需来自酒标上标注的葡萄品种。

种植户与生产商

在旧世界的葡萄酒生产国，酒庄都有自己的葡萄园，它们或使用自有葡萄酿酒，或联合建立酿酒合作社。相比之下，加州的葡萄大都产自专门的葡萄种植户，只有极少数的酒庄拥有葡萄园。加州的葡萄酒行业之所以能够蓬勃发展，正是因为这里的任何人，即使一棵葡萄树都没有，也可以创建酒庄。他们只需找到合适的地方建造酒厂，然后从种植户那里购买葡萄即可。这几乎无需资金，因此涉足葡萄酒行业非常简单。许多酿酒师自立门户之前会在大公司工作，而如果有能力的酿酒师用某个葡萄园的葡萄酿造出品质卓越的葡萄酒，该种植户的声誉也会随之提高。

加州的这种模式导致了葡萄种植户和生产商之间的合作，种植户会根据生产商的要求种植某个葡萄品种。特里亚（Tria）酒庄的威廉姆·纳特乐说：“要想拥有优质的酿酒葡萄，首先要找到好的合作伙伴，而良好的合作关系需要多年才能建立起来。”长久的合作不仅仅是一纸经过精心谈判而签署的合同。

生产商和种植户的合作方式主要有两种：一种是那些没有葡萄园的酿酒厂在获得成功后会对葡萄种植户进行投资以保证他们将来能继续提供高品质的葡萄；另一种是拥有葡萄园的生产商用自有葡萄酿造出高品质葡萄酒，随着销量不断增加，自有葡萄难以满足需求，生产商开始向专门的种植户收购葡萄。许多知名生产商通过这种方式酿造出不同种类的葡萄酒。

过去，加利福尼亚州很少有葡萄园像索诺玛昆德酒庄（Kunde Estate）的葡萄园这样布局合理，但是20世纪90年代，加州的酿酒业经历了一场巨大的变革

加利福尼亚州南部圣玛丽亚谷（Santa Maria Valley）的比恩纳西多（Bien Nacido）是美国最著名的葡萄园之一。这里独特的种植法使葡萄树间的透气性更强

酿酒和葡萄种植间的这种分工合作为生产商提供了广阔的空间去尝试酿造不同的葡萄酒。一些富有开创精神的生产商已经不满足于霞多丽、黑比诺、赤霞珠和长相思等传统葡萄品种，而是将目光转向了罗讷河谷的葡萄品种，如西拉、慕合怀特、维欧尼、瑚珊等。近年来，他们还对一些意大利葡萄品种产生了兴趣，如桑娇维赛、巴贝拉、泰罗德格。随着交通工具的进步，地域和距离已无法阻碍葡萄酒行业的发展，冷藏车可以把葡萄运送至几百千米之外，因此在俄勒冈州也可以买到圣巴巴拉出产的黑比诺葡萄酒。

美好的未来

虽然加州刚开始发掘纳帕河谷和索诺玛河谷的潜力，但近几年优质葡萄酒的数量已经大幅增加。20世纪90年代的葡萄根瘤蚜给葡萄种植户带来了毁灭性的灾难，但也给他们提供了机会抛弃陈旧的种植方法。在此之前，种植户在肥沃的平原种植葡萄，每公顷土地只种植几棵葡萄树，然后浇水施肥，让它们茁壮生长。使用这种方法产量可达4万升/公顷。现在，一些追求品质的生产商严格控制产量，通常，出产中档葡萄酒的生产商最低产量为8000～10000升/公顷，最高产量为20000～24000升/公顷。顶级生产商和酿酒顾问大卫·阿布鲁生活在纳帕谷，擅长使用现代、自然的方法酿酒。在他看来，葡萄园的理想产量为6000升/公顷。在这方面，加州一些顶级葡萄酒的产量和欧洲顶级葡萄酒的产量相当，低于3000～5000升/公顷，有时甚至会更低。

葡萄根瘤蚜疫：祸兮福所倚

20世纪70年代，加州葡萄酒行业开始复苏，新建了大量葡萄园。加州大学戴维斯分校的研究者们推荐高产的AxR砧木。一些顽固的种植户坚持采用圣乔治砧木，因为这种砧木已经多次证明可以有效防止根瘤蚜的侵袭。大部分种植户改用AxR砧木，于是索诺玛和纳帕谷地区3/4的葡萄园里都采用了AxR砧木。然而，这种砧木难以抵抗根瘤蚜虫的变异。于是，虫害几乎摧毁了每一棵葡萄树。葡萄种植户和生产商借此机会重新种植新的葡萄树，并逐步改善了葡萄的品质。为此，他们提高了葡萄的种植密度并开始采用自然种植法。

此外，加州葡萄酒产区还出现了另一个新趋势。根瘤蚜疫情暴发前，葡萄园多建于河谷底部或平原等便于种植的地方，这样可以大大降低后期的成本。但是灾难过后，新兴的生产商们开始认识到风土条件的重要性，因此将葡萄园建在山坡之上。现在人们已经清楚知道在不同的气候条件下应该种植何种葡萄，学者们正在研究土壤条件对某一葡萄品种的影响。许多加州葡萄酒在世界上已经声名鹊起，我们有理由相信这里的葡萄酒行业将来还会取得更大的发展。

美国的抗根瘤蚜砧木为世界其他地方的葡萄园解除了葡萄根瘤蚜的侵扰，却没能让自己摆脱厄运，这简直就是命运的捉弄。20世纪末，加州3/4的葡萄园毁于这场虫害

来自太平洋的福祉

原本炎热的纳帕谷和索诺玛地区能成为适合葡萄种植的理想王国，全要归功于太平洋。来自太平洋的浓雾常年弥漫山谷，缓解了这里的高温

加利福尼亚州位于北美西海岸，长约2000千米，面积仅次于得克萨斯州，是美国第二大州。加州的东部地区由内华达山脉（Sierra Nevada）和莫哈韦沙漠（Mojave Desert）构成，气候炎热干燥，不宜居住。中央山谷坐落于东部地区和沿岸地区之间，最宽处达90千米，是世界上最富饶的地区之一，也是蔬菜和水果最充足的地区之一。中央山谷拥有完善的灌溉系统，因此即使常年高温，许多农作物也长势良好。到过中央山谷的人都不难理解为什么早期的西班牙探险者会把加利福尼亚称为“热火炉”。

中央山谷种植着数千公顷葡萄树，但以汤普森无核葡萄（Thompson Seedless）为主，大多用来鲜食或制干。随着现代科技的发展，如今中央山谷可以出产可口的干葡萄酒，但受高温影响，品质一般。

加州西部的沿海地区气候较为温和，山脉由北向南延伸，与太平洋海岸平行。太平洋的海水较为冰冷，因此，每年葡萄生长最重要的夏季和初秋时分，海岸上空会浓雾弥漫。由此向东，气温逐渐升高，来自太平洋的湿润空气也渐渐东移。海雾和凉爽的海风会对内陆的山谷地区以及海拔低于600米地区的气候造成影响。海雾遮挡了阳光，使当地温度下降，延长了葡萄成熟期。而适度延长生长期可以赋予葡萄浓郁复杂的香气。

加州完全受太平洋影响的地区（几乎覆盖一半沿岸地区），气候较为湿冷，适合红杉和其他树木的生长，但对葡萄而言，不是理想的生长环境。加州境内的大小山脉在不同程度上减缓了海洋性气候的影响，来自太平洋的海雾和海风对不同地区气温的影响也不尽相同，因此造成了加州境内各种微气候条件，这对划分加州的A.V.A.产区至关重要。

气候区

气候，尤其是温度，对葡萄的生长至关重要，因此加州大学戴维斯分校的两位酿酒专家梅纳德·阿梅林和阿尔伯特·朱利叶斯·温克勒于1944年根据4月1日—10月31日葡萄生长期内的日平均温度总和，开发出了地区划分法。

根据这个积温体系，他们将加州的葡萄酒产区划分为五个区域。1区和2区积温最少，如索诺玛和纳帕谷，出产优质干葡萄酒。3区适合种植喜热的红葡萄品种。4区和5区积温最多，包括中央山谷以及圣华金河谷（San Joaquin Valley）最热的地区，但出产的葡萄酒品质中庸。加州大学戴维斯分校还根据这个体系指导种植户选择适合当地种植的葡萄品种，但实践证明，这个通过积温划分葡萄品种区域的体系还不够全面和完善。此外，该体系的缺点还在于它仅仅将加州的气候条件作为划分依据，可复制性不强，应用范围较小。
阿梅林和温克勒计算不同地区4月1日—10月31日日平均温度大于10℃的天数，并将温度相加。

1区	<2500
2区	2500—3000
3区	3001—3500
4区	3501—4000
5区	>4000

摄氏度=（华氏度−32）/1.8

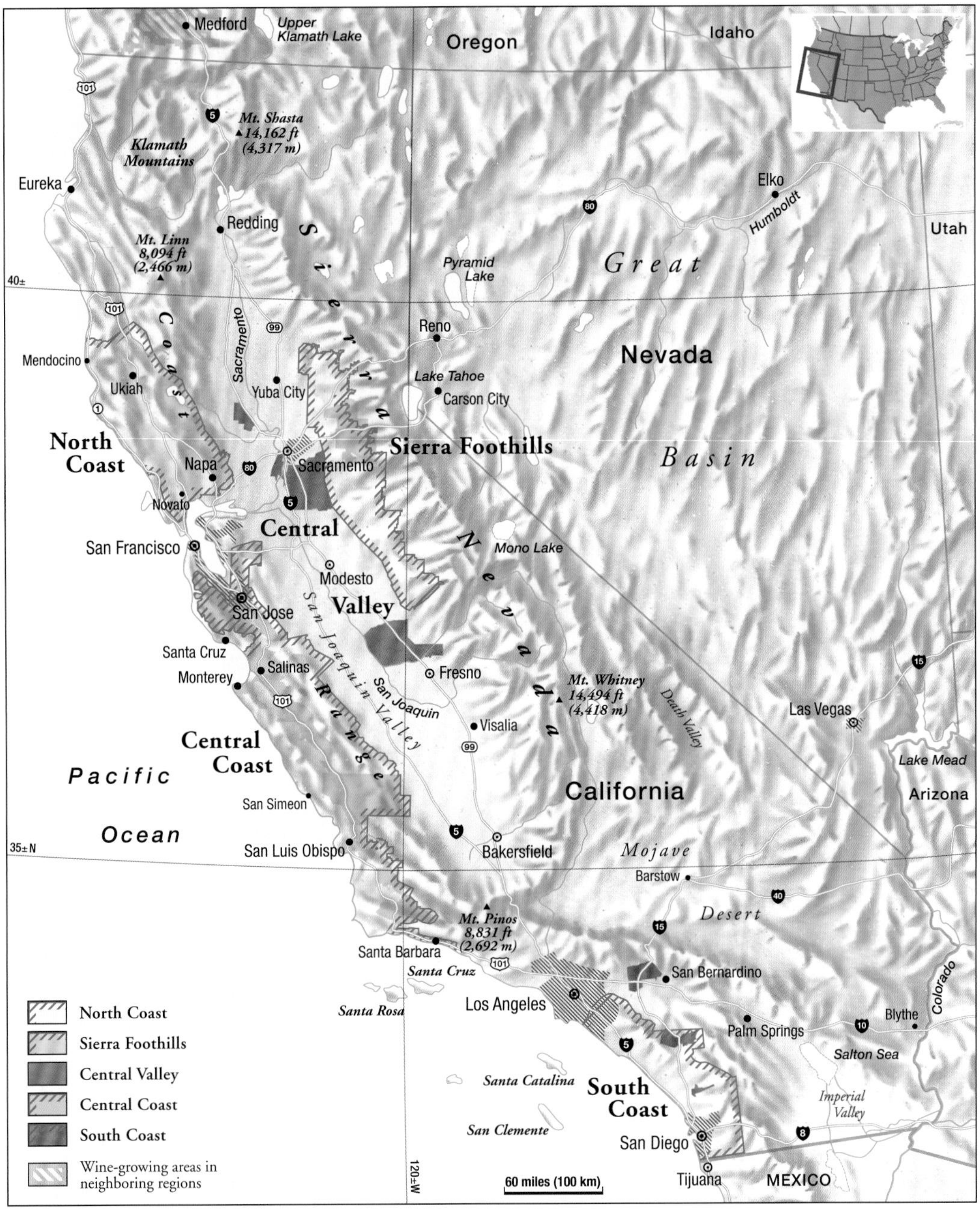

门多西诺是一个漂亮的渔村，拥有迷人、多石的海岸线，吸引了许多艺术家

北海岸

旧金山湾北部的卡内罗斯气候温暖宜人，适合种植霞多丽和黑比诺

由旧金山向北通过金门大桥，第一站就是卡内罗斯（Carneros）。在行政区划上，卡内罗斯同属纳帕谷和索诺玛县，是通往美国最重要的葡萄酒产区的门户。梅亚卡玛斯山（Mayacamas Mountains）的丘陵平缓起伏，坡地上有大片葡萄园，一直延伸到旧金山湾（San Francisco Bay）的北入口圣巴勃罗湾（San Pablo Bay）。受圣巴勃罗湾吹来的晨雾和西北冷空气的影响，梅亚卡玛斯山麓的气候温和干燥。20世纪60年代末，首批葡萄酒生产商发现这里温和的气候和贫瘠的土壤为霞多丽和黑比诺提供了理想的种植条件。20世纪70年代，又一批酿酒厂成立，其中包括圣茨伯里（Saintsbury）。到20世纪80年代，卡内罗斯生产出了高品质的葡萄酒，许多知名酿酒公司，如罗伯特·蒙达维看好这里的前景，开始进行投资。卡内罗斯的生产商与加州大学合作，不断尝试，先后确定了适合当地种植的霞多丽和黑比诺葡萄品种，为这里成为A.V.A.产区奠定了基础。卡内罗斯生产的优质霞多丽和黑比诺也吸引了卡瓦生产商菲斯奈特和科多纽以及泰亭哲，后者在卡内罗斯酒庄建立了一座香槟酒厂。

纳帕谷无疑是全美最著名的葡萄酒产区。这里出产美国大部分的优质葡萄酒，生产商数量全美第一，达420多家。

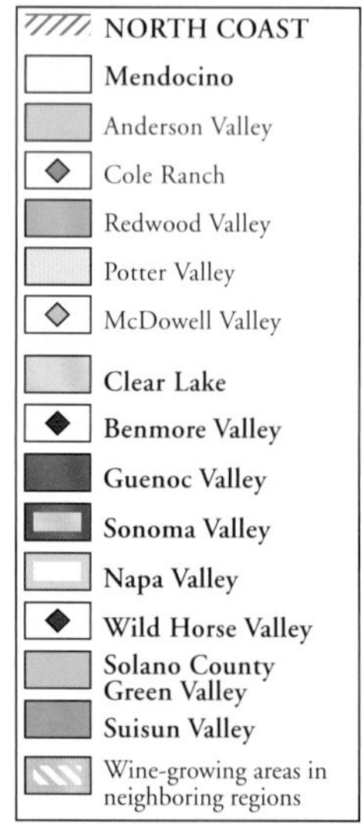

纳帕谷的科多纽酒厂与卡内罗斯的自然风光融为一体，属于一家西班牙卡瓦酒生产商，如今主要生产静态葡萄酒

索诺玛县从圣巴勃罗湾一直延伸到门多西诺，拥有13个法定产区。索诺玛谷是加州葡萄酒的摇篮，也是加州最重要的葡萄酒产区，汇集了许多知名酒厂。

从索诺玛驱车前往迷人的海滨小镇门多西诺（春天偶尔可以在近海处看到鲸鱼出没），许多人会取道128号高速公路。行驶在横穿安德森谷（Anderson Valley）的128号高速公路上，你会深刻体会到门多西诺的气候特点：群山环抱的安德森谷常年受到海雾和湿润空气的影响，生产的霞多丽和黑比诺带有北方葡萄品种的特点。安德森谷的葡萄多被波马利[收购了当地的夏芬伯格（scharffenberger）葡萄酒公司]和路易王妃两家香槟酒庄制成高品质的起泡酒。一些规模较小的酒庄以生产白葡萄酒为主，包括琼瑶浆和果味浓郁的仙粉黛。尤奇亚（Ukiah）位于红木谷（Redwood Valley），距海岸线60千米，气候条件与安德森谷截然不同。这里炎热干燥，根据阿梅林和温克勒的积温体系，属于2区。在广阔的葡萄园中，佳丽酿随处可见，但目前种植最普遍的还是赤霞珠、小西拉、仙粉黛、长相思和霞多丽。菲泽（Fetzer）是该地区最大的酒庄，拥有730公顷葡萄园，使用有机种植法。尤奇亚以北的波特谷（Potter Valley）主要种植白葡萄品种和黑比诺，而门多西诺南部的麦克道尔谷（McDowell Valley）则是以西拉为主。

莱克县（Lake County）位于麦克道尔谷东侧，拥有加利福尼亚州最大的天然湖——清湖（Clear Lake），产区内大部分地区气候温暖。直到20世纪80年代这里才开始生产葡萄酒。目前，肯德-杰克逊（Kendall-Jackson）酒庄是该产区公认的顶级生产商。近几年，莱克县产区的葡萄种植面积大幅增长，为许多大型公司提供赤霞珠、仙粉黛、梅洛、长相思、霞多丽等葡萄。

雅拉丘陵（Sierra Foothills）产区位于萨克拉门托多东部，内华达山脉脚下。许多淘金者曾来这里寻求财富，但大多无功而返。雅拉丘陵的葡萄酒行业曾一度濒临灭亡，但1970年之后又开始复苏，尤以阿马多尔（Amador）和埃尔多拉多（EL Dorado）两地为盛。这里的海拔从250米到1000米不等，因此种植的葡萄品种也不尽相同。但和过去一样， 仙粉黛始终是这个地区最著名的葡萄品种，尤以谢南多厄河谷（Shenandoah Valley）和菲朵镇（Fiddletown）的仙粉黛为最。

索诺玛

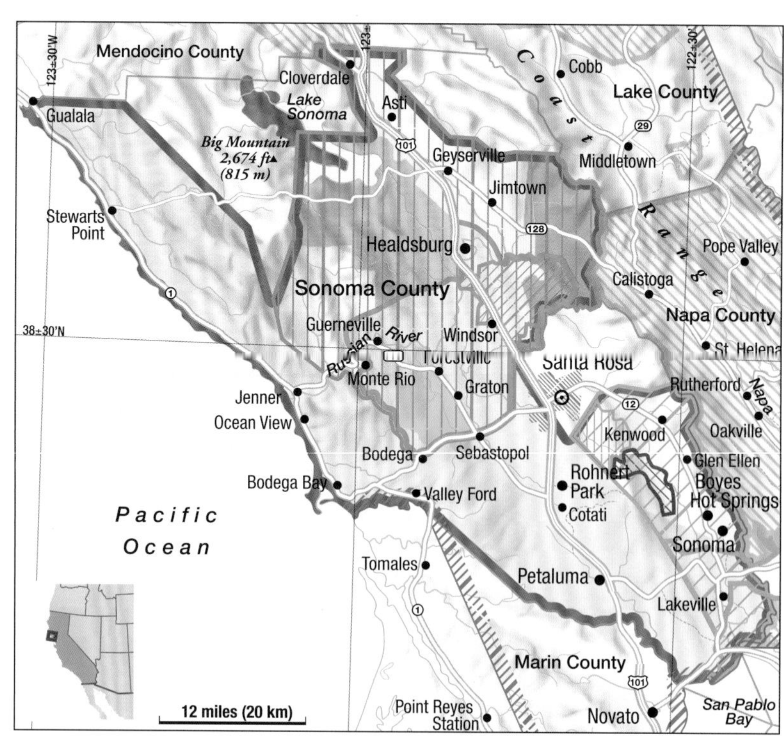

索诺玛的游客今天仍然可以参观加州北部的葡萄酒摇篮——建于1823年的教堂。该教堂最近进行了修缮。虽然葡萄酒生产19世纪中叶才从这里传播到加州其他地方，但邻近的纳帕谷却后来居上。索诺玛地形多变，适宜葡萄种植的地方并不多，因此酿酒厂也相对较少。但是近年来，酿酒厂的数量已翻倍增加至55家，葡萄种植面积达5700公顷。

索诺玛谷风景如画，部分地区森林茂密，放牧的牛群依然随处可见。与纳帕谷相比，索诺玛谷多了一分古香古色和田园气息。这里的酒庄建得中规中矩，很少像纳帕谷酒庄那样富丽堂皇。这里没有侃侃而谈的商人，只有朴素好客的索诺玛人。

索诺玛的一些酒庄早在禁酒令颁布之前就已声名大振，其中包括索诺玛的葡萄酒先驱布埃纳维斯塔酒庄以及雅各布·贡德拉赫（Jakob Gundlach）创建的葡萄酒公司。雅各布·贡德拉赫是来自德国阿沙芬堡（Aschaffenburg）的移民，早在1858年就开始从事葡萄酒贸易。即便如此，能让这个产区的葡萄酒行业扬名立万的领军人物少之又少。

真正让索诺玛葡萄酒行业复兴的是美国驻意大利前大使詹姆士·戴维·泽勒巴克（James D. Zellerbach）。泽勒巴克是勃艮第葡萄酒的爱好者，也是勃艮第葡萄酒的行家。他在索诺玛北部有一个80公顷的汉歇尔（Hanzell）酒庄，从1953年起，他将酒庄的1/6土地用来种植霞多丽和黑比诺。他用小橡木桶发酵霞多丽和熟成黑比诺，并且证明了加州葡萄也可以生产出勃艮第风味的葡萄酒。20世纪70年代后，索诺玛产区的酒庄开始增多，生产的优质葡萄酒也受到越来越多的关注。

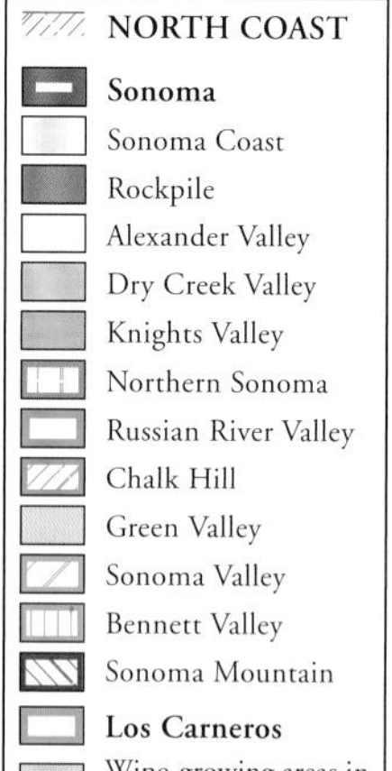

嘉露公司

莫德斯托（Modesto）是一个拥有3万人口的中央山谷小镇，来这里的游客，即便是漫步在约塞米蒂大道（Yosemite Boulevard）上，也很难想象这里竟会是全球最大的葡萄酒公司——嘉露的总部所在地。莫德斯托没有高耸的总部大楼，周围也没有任何迹象能让人将之与葡萄酒联系在一起。然而，正是这里做出的一项项决策使嘉露每年生产九亿瓶葡萄酒以及一百多万瓶的葡萄饮料。在嘉露总部，游客和路人看不见的地方摆放着一排排巨大的木桶，酿酒师们运用最新的精密技术将从远处运来的葡萄放在木桶中发酵。

虽然嘉露已经发展成为全球最大的葡萄酒公司，但它仍然保持着家族企业的运营模式。嘉露家族从意大利皮埃蒙特移民到美国，欧内斯特·嘉露（Ernest Gallo）和胡里奥·嘉露（Julio Gallo）出生在美国，1933年禁酒令被废止后，兄弟二人创办了嘉露葡萄酒公司。公司创办之初，兄弟二人没有资金，只能依靠贷款购买压榨机、发酵桶甚至酿酒葡萄。正是凭借这些“借来”的压榨机、发酵桶和葡萄，自学成才的兄弟二人生产出了70万升甜葡萄酒。这些甜葡萄酒销路很好，并且一直到1967年都是他们的主打产品。1967年后大瓶酒开始风靡，20世纪80年代后单一品种葡萄酒占领了市场主导地位，在这个阶段，兄弟二人不断扩大规模，并致力于品质的提高，使自己的葡萄种植技术和酿酒工艺始终保持领先地位。

弗雷葡萄园里一个个装满霞多丽葡萄的箱子和气派的运输车

嘉露兄弟从1934年起从索诺玛的弗雷葡萄园（Frei Ranch）购买葡萄，1977年嘉露公司将弗雷葡萄园和另一家拉古娜葡萄园（Laguna Ranch）收购。1981年，首批用橡木桶熟成的霞多丽葡萄酒问世。1989年起，嘉露公司开始稳步扩大规模，在索诺玛地区又收购了七个葡萄园，葡萄种植面积达到2000公顷。他们还在干溪谷的弗雷葡萄园修建了一个精品酒庄，拥有2000个用于熟成葡萄酒的木桶。胡里奥·嘉露的孙女——吉娜（Gina）在那里酿造出了品质一流的葡萄酒。嘉露家族以低档酒起家，因此很长一段时间内他们的葡萄酒都以酒庄的名字在美国出售，但是现在，嘉露酒庄在世界上享有极高的知名度，生产的葡萄酒以家族的名字来命名。香叶（Turning Leaf）是嘉露公司最畅销的葡萄酒，其次是嘉露索诺玛（Gallo Sonoma）和其他早已享誉世界的单一葡萄园葡萄酒。嘉露的酒庄葡萄酒属于高端系列，每种葡萄酒的产量仅为700～2000箱。

索诺玛县

纳帕谷的葡萄园遍布整个山谷，只有少数坐落在附近的坡地，因此葡萄园景象尽收眼底。索诺玛县与之大不相同。索诺玛谷仅有25千米长，是索诺玛县最著名的葡萄酒产区。索诺玛谷从圣巴勃罗湾一直延伸到门多西诺，拥有漫长宽广的海岸线以及茂密的红杉林。索诺玛县目前的葡萄种植面积超过纳帕谷，达1.98万公顷，共有11个法定产区，每个产区都有自己独特的种植条件。但是很多葡萄酒生产商更喜欢用较知名的索诺玛县A.V.A.产区作为自己葡萄酒的酒标。

俄罗斯河谷西至圣罗莎（Santa Rosa），四周密林环抱，土壤多为沙土与砾石。这里盛产格拉文施泰因苹果、梨以及羊奶酪。葡萄种植面积超过5000公顷，是索诺玛县面积最大的葡萄酒产区。黑比诺和霞多丽长势喜人，长相思和琼瑶浆也表现不俗，仙粉黛和西拉香气馥郁。

干溪谷位于希尔兹堡（Healdsburg）西北部，长25千米，最宽处约3千米。谷底主要种植白葡萄品种，其中长相思最受青睐。坡地为砾石土壤，也种植优质红葡萄品种。

左页图：1956年，汉歇尔酒庄推出了全新口味的霞多丽葡萄酒，激励了加州的许多生产商

亚历山大谷（Alexander Valley）位于索诺玛东部，一直伸展到索诺玛与门多西诺县的交界处，基本与俄罗斯河谷平行。亚历山大谷开阔肥沃，气候温暖，适合种植赤霞珠和其他红葡萄品种。最近十年，这里掀起了葡萄种植热潮。盖瑟维尔（Geyserville）的仙粉黛尤其出名。

骑士谷（Knights Valley）位于索诺玛县南部与纳帕谷接壤的地方，土壤和气候条件最适合种植赤霞珠。从葡萄品质来看，这里前景广阔。

索诺玛和门多西诺的主要葡萄酒生产商

索诺玛县出产优质葡萄酒的生产商为数众多，我们只能根据个人喜好推荐其中一小部分

嘉露酒庄的第三代传人——吉娜和马特

生产商：**De Loach***–***
所在地：**Santa Rosa**
9公顷，非自有葡萄，年产量不详
葡萄酒：Chardonnay；Pinot Noir，Zinfandel
该酒庄是Russian River 产区的先驱，经营30年后于2004年被勃艮第生产商Boisset收购。葡萄园采用生物动力种植法。

生产商：**Dehlinger******
所在地：**Forestville**
18公顷，年产量8.4万瓶
葡萄酒：Chardonnay；Pinot Noir，Syrah，Cabernet
Tom Dehlinger酿造的葡萄酒中包括五款不同的高品质黑比诺葡萄酒，它们都结构均衡、口感丰厚。西拉葡萄酒也品质一流。

生产商：**Dry Creek*****
所在地：**Healdsburg**
81公顷，非自有葡萄，年产量150万瓶
葡萄酒：Sauvignon，Chardonnay；Cabernet，Merlot，Zinfandel
Dave Stare是最早在Sonoma County和Dry Creek Valley酿酒的生产商。他从早期就开始专注于酿造Fumé Blanc，如今已成为顶级葡萄酒。老藤仙粉黛葡萄酒也品质优秀。

生产商：**Fetzer Vineyards***–****
所在地：**Hopland**
730公顷，非自有葡萄，年产量3000万瓶
葡萄酒：Bonterra，Fetzer Vineyards
Fetzer拥有自己的葡萄园，自1992年后归Brown-Forman公司（出产Jack Daniels）所有。虽然有机葡萄酒只占总产量的一小部分，但却是世界上最大的有机葡萄酒生产商。

生产商：**Gallo Family Vineyards***–*****
所在地：**Healdsburg**
2000公顷，非自有葡萄，年产量2000万瓶
葡萄酒：Twin Valley，Sonoma Reserve，Single Vineyard，Estate，Rancho Zabaco
酒庄介绍见上页。

生产商：**Gundlach-Bundschu Winery****–***
所在地：**Sonoma**
94公顷，年产量60万瓶
葡萄酒：Kleinberger，Riesling，Gewürztraminer，Chardonnay；Gamay，Cabernet Franc
1858年建立了Rhinefarm 葡萄园，1973年在Jim Bundschu的带领下开始复兴之路。葡萄酒品质优秀。

生产商：**Hanzell******
所在地：**Sonoma**
17公顷，年产量6.7万瓶

葡萄酒：Chardonnay；Pinot Noir
James Zellerbach从1956年开始就证明了他的酒庄能够出产酒体强劲、风格独特的索诺玛葡萄酒。霞多丽葡萄酒强劲浓郁，黑比诺葡萄酒口感复杂，带有泥土味。

生产商：**Kistler Vineyards*******
所在地：**Sebastopol**
13公顷，非自有葡萄，年产量30万瓶
葡萄酒：Chardonnay；Pinot Noir
Steve Kistler和Marx Bixler擅长酿造霞多丽葡萄酒。他们的霞多丽葡萄酒在法国橡木桶中发酵，强劲、细腻，并且具有水果和香料的气味。

生产商：**Laurel Glen*****–*****
所在地：**Glen Ellen**
14公顷，年产量不详
葡萄酒：Cabernet Sauvignon Laurel Glen，Counterpoint；Reds，ZinZin，Malbec
该酒庄的葡萄园位于Sonoma Mountain。Patrick Campell 和酿酒师Ray Kaufman生产的赤霞珠葡萄酒品质一流。

生产商：**Limerick Lane*****
所在地：**Healdsburg**
13公顷，年产量6万瓶
葡萄酒：Zinfandel，Syrah，Furmint
除了知名的带有辛辣味的葡萄酒，这里还出产西拉、桃红和富尔民特葡萄酒。只使用自有葡萄酿酒。

生产商：**Marcassin*******
所在地：**Calistoga**
4.5公顷，非自有葡萄，年产量3万瓶
葡萄酒：Chardonnay，Pinot Noir
Helen Turley是加州最著名的女酿酒师，她使用自己在Sonoma Coast的葡萄园出产的葡萄酿酒，有时也使用

高品质的非自有葡萄。出产的葡萄酒昂贵而稀有。

生产商：**Mendocino Wine Company***-**
所在地：**Ukiah**
220公顷，年产量264万瓶
葡萄酒：Sauvignon，Chardonnay；Pinot Noir，Syrah，Zinfandel
该家族成员有Tom、Tim、Tommy Thornhill和Paul Dolan。他们联合收购了Parducci酿酒厂。他们现在关注生物种植法和生物动力种植法。

生产商：**Peter Michael Winery*******
所在地：**Calistoga**
24公顷，非自有葡萄，年产量24万瓶
葡萄酒：Chardonnay，Sauvignon；Cabernet Les Pavots，Pinot Noir
Sir Peter是流行音乐视频的发明者。他还对葡萄酒兴趣浓厚，在Knights Valley努力酿造优质葡萄酒并获得了成功。出产六款优质的霞多丽葡萄酒和一款迷人的赤霞珠葡萄酒。

生产商：**Nalle*****
所在地：**Healdsburg**
面积不详，年产量不详
葡萄酒：Chardonnay, Sauvignon; Zinfandel, Pinot Noir
Doug Nalle酿造的一款仙粉黛葡萄酒口感细腻、香气复杂。现在还出产优质的黑比诺葡萄酒。

生产商：**Ravenswood****-****
所在地：**Sonoma**
非自有葡萄，年产量610万瓶
葡萄酒：Zinfandel
Joel Peterson自1976年起就开始在车库酿造仙粉黛葡萄酒，因使用老藤葡萄酿酒而出名。该酒庄现归Constellation Brands公司所有。

生产商：**Rochioli Winery******
所在地：**Healdsburg**
65公顷，年产量12万瓶
葡萄酒：Chardonnay，Sauvignon；Pinot Noir
Rochioli家族几个世纪以来一直在Russian River产区务农。他们于1959年开始种植并出售优质葡萄，自1983年起开始酿酒。出产的黑比诺单一葡萄园葡萄酒品质出众。

生产商：**Roederer Estate******
所在地：**Philo**
230公顷，年产量100万瓶
葡萄酒：Brut MV and Rosé，L'Ermitage Brut and Rosé

该知名香槟生产商在这个1982年建于Anderson Valley的酒庄酿造一流起泡酒。

生产商：**Schug*****-****
所在地：**Sonoma**
60.5公顷，非自有葡萄，年产量不详
葡萄酒：Chardonnay，Pinot Noir，Merlot
来自Assmannshausen的Walter Schug主要酿造霞多丽和黑比诺葡萄酒。Michael Cox自1995年起开始担任酿酒师。

生产商：**Sebastiani****-***
所在地：**Sonoma**
145公顷，非自有葡萄，年产量340万瓶
葡萄酒：Chardonnay，Barbera，Merlot，Cabernet
Sebastiani家族从1904年起就拥有该酒庄。他们拒绝批量生产葡萄酒，只使用索诺玛的优质葡萄酿酒。

生产商：**Seghesio****-****
所在地：**Healdsburg**
175公顷，年产量1180万瓶
葡萄酒：Arneis，Pinot Grigio；Pinot Noir，Sangiovese，Zinfandel
Edoardo Seghesio和Angela Seghesio从1895年起开始在Alexander Valley种植仙粉黛。一百年后，该家族专注葡萄酒品质，他们将产量减少了2/3，生产五款品质优秀的仙粉黛葡萄酒。

鲍勃·塞申斯（Bob Sessions）是汉歇尔酒庄的酿酒师和总经理

梅里蒂奇

一些生产商想要摆脱传统的单一品种葡萄酒，但曾几何时，他们的新产品几乎被人当成劣等的餐酒。直到他们发明了梅里蒂奇（Meritage）这个词，情况才得以好转。这个用来指优质混酿酒的词由“Merit”（优点）和“Heritage”（传承）两个词构成。加州生产商效仿波尔多特酿酒，只使用波尔多葡萄品种进行混酿。此外，想要酿造梅里蒂奇葡萄酒的生产商必须保证这是酒庄内价位第二的葡萄酒，并且产量不得超过30万瓶。

虽然有些梅里蒂奇远不如单一品种葡萄酒（可能也含有25%的其他葡萄），顶级生产商仍然会将它们最好的特酿酒作为独立的品牌进行销售。

纳帕谷

纳帕谷不仅是加州知名的葡萄酒产区，在全美也家喻户晓。但是纳帕谷并非一开始就享有如此声誉。起初，索诺玛遥遥领先，将附近的纳帕谷甩在身后。1860年之后，纳帕谷的葡萄酒行业开始发展起来，这在很大程度上归功于查尔斯·库克。他在圣海伦娜建立了一个示范酒庄，在那里培训一批年轻人，这些年轻人学成后成功创建了自己的酒庄，成为纳帕谷地区葡萄酒行业发展的中流砥柱。他们中包括后来在利弗莫尔谷建立酒庄的卡尔·威迪以及雅各布·贝灵哲。1876年，雅各布·贝灵哲与其兄弟弗雷德里克自立门户，并且修建了著名的带有典型德国建筑风格的莱茵之家，现在，莱茵之家已成为当地热门的旅游景点。三年后，古斯塔夫·尼伯姆在纳帕谷创建了鹦歌酒庄，随后十年里又有140家酒庄陆续建成。随着淘金热的掀起，大批淘金者拥向这里，葡萄酒的销量也一路飙升，纳帕谷的酒庄也因此收益颇丰。就在纳帕谷的葡萄酒大有赶超欧洲顶级葡萄酒之势时，一连串的打击接踵而至，葡萄根瘤蚜、禁酒令、经济大萧条、第二次世界大战，让纳帕谷的葡萄酒行业遭受重创，但是一些酒庄，如柏里欧、查尔斯库克、鹦歌、路易斯马提尼（Louis M. Martini），经受住了各种灾难的考验，一如既往地出产高品质葡萄酒，保持了纳帕谷地区的声望。

纳帕谷的葡萄酒行业在1960年跌到了谷底，当时仅有25家酒庄。1966年，罗伯特·蒙达维（他的家族拥有查尔斯库克酒庄）创建了一个具有西班牙教堂建筑风格的酒庄，将纳帕谷的葡萄酒行业推向了一个新纪元。蒙达维酒庄的创建代表着纳帕谷葡萄酒行业的复兴，如今，纳帕谷已成为世界上最著名、最昂贵的葡萄酒产区之一。

三大区域

纳帕河从长约50千米的纳帕谷中间蜿蜒向南，两侧是崎岖的山路。纳帕谷拥有得天独厚的自然条件，因此出产的葡萄酒品质卓越。纳帕谷南部的卡内罗斯一直延伸至圣巴勃罗湾。圣巴勃

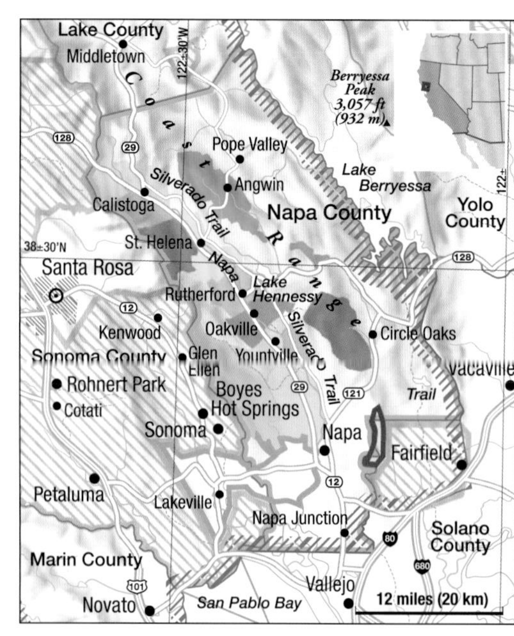

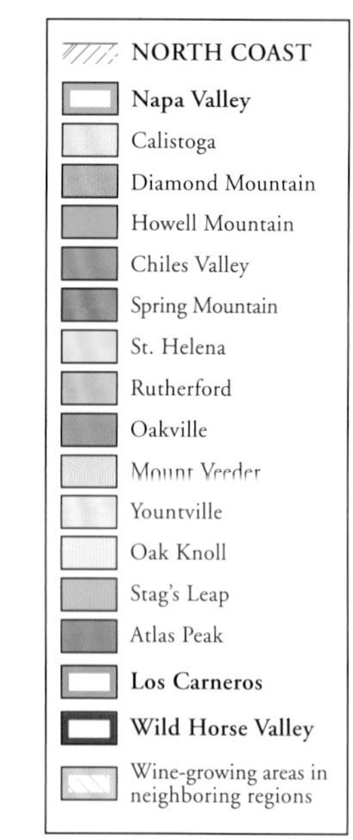

罗湾的雾气遮挡了阳光，降低了温度，因此这里拥有最凉爽的气候。从这里向北到扬特维尔（Yountville）都属于1区（见第812页）。从扬特维尔，经卢瑟福（Rutherford）、圣海伦娜直到自由马克修道院（Freemark Abbey）酒庄的地带属于纳帕谷中部，这里往往过了午后才雾气渐浓，根据积温法，属于2区。继续向北到卡利斯托加（Calistoga）产区，受圣巴勃罗湾的影响更小，属于3区。此外，纳帕谷的三种气候区内还有多种不同的微气候。

纳帕谷最南端较为凉爽的地区适宜种植黑比诺

从圣海伦娜产区遍地生长的野花不难看出加州对生态环境的保护力度

晚霜时常会影响纳帕谷某些地区的葡萄收成。为此，生产商们想尽了各种办法，如用风轮机保持空气流动（左图）或是油炉加温（右图）等

和白葡萄品种，也出产一些优质的霞多丽。由于纳帕谷生产的葡萄酒享有盛誉，卡内罗斯地区的一些酒庄也给自己的葡萄酒贴上纳帕谷A.V.A.产区的标签。纳帕谷中部的奥克维尔（Oakville）与卢瑟福产区是赤霞珠生长的理想之地，葡萄可以充分享受早晨的阳光。这里出产的霞多丽口感丰厚、回味悠长。纳帕谷北部日照充足，出产的赤霞珠、仙粉黛和小西拉拥有完美的成熟度和强劲的口感。

多样性与葡萄酒品质

显而易见，单从气候条件去考虑，纳帕谷没有一种放之四海而皆准的“纳帕模式”来指导葡萄种植。然而，纳帕谷的土壤类型更多样，对生产商的特点起决定性作用。就土壤而言，唯一的共性是具有良好的排水性，可以防止葡萄树遭受水涝之灾。纳帕谷大部分地区的土壤为疏松的砾石土壤，土质不够肥沃。由于东西两侧的山脉曾有火山活动，纳帕谷少数地区的土壤是火山土。此外，纳帕谷曾是一片汪洋，海洋沉积形成的土壤类型就多达62种。

纳帕谷原是印第安人的领地，在印第安语中，“纳帕”的意思是“富饶”。纳帕谷的下游地带是纳帕县所在地，宽约6千米。谷底的地势较为平坦，易于葡萄种植，因此纳帕谷的葡萄园大部分密布于此。不过纳帕谷最著名的葡萄酒产区位于西部由纳帕河冲积而成的梯田斜坡。纳帕谷在圣海伦娜以北地区宽度骤减，最狭窄处仅1.5千米，从此处继续向北渐渐开阔，卡利斯托加一带谷地的宽度增至4千米。

纳帕谷各地区不同的地形、高度、土壤和气候造就了独具特色的葡萄酒，为15个次级A.V.A.产区的划分奠定了基础。

纳帕谷最主要的次级A.V.A.产区：

- 卢瑟福：位于纳帕谷中部，是一片由纳帕河冲击形成的河流阶地，土壤多为砾质黏土。这里被称为“卢瑟福带”，出产世界级赤霞珠葡萄酒，均衡、活泼、浓稠，略带香料味。
- 奥克维尔：包括卢瑟福带的一部分地区，但相比卢瑟福产区，气候更凉爽，土壤条件更复杂。这里生产的优质赤霞珠口感更加细腻。
- 鹿跃区（Stag’s Leap District）：这里的红色土壤赋予赤霞珠和梅洛柔和的单宁、圆润的口感以及浓郁的蓝莓、黑莓等浆果的清香。
- 维德山（Mountain Veeder）：位于纳帕和索诺

纳帕谷的葡萄品种

虽然纳帕谷以赤霞珠闻名，也出产一些优质仙粉黛，但种植面积最广的还属霞多丽，达6300公顷，赤霞珠紧随其后，为4775公顷。1970年前后，纳帕谷的葡萄种植面积仅为1500公顷，现在已增至23332公顷。其中，黑比诺的种植面积增长最快，现已跃居第三，达4070公顷。白葡萄品种的种植面积不足7700公顷，红葡萄品种的种植面积为15600公顷。梅洛的种植面积为2964公顷，其次是仙粉黛和长相思，种植面积分别为2044公顷和850公顷，而西拉的种植面积这些年虽然大幅增加，但也仅有698公顷。

左图：罗莱尔格兰（Laurel Glen）酒庄的雷·考夫曼酿造的赤霞珠品质一流

右图：凯西·科里森在卢瑟福带地区酿造的赤霞珠也品质上乘

玛之间，葡萄多种植在海拔800米的山地。土壤为火山土，葡萄产量不高，但是生产的赤霞珠和霞多丽果香馥郁，酒体均衡，并且具有浓烈的香料味。

- 春山（Spring Mountain）：从梅亚卡玛斯山一直到圣海伦娜产区。仙粉黛、小西拉、赤霞珠和梅洛生长旺盛。霞多丽和雷司令也长势喜人。
- 钻石山（Diamond Mountain）：位于梅亚卡玛斯山，一直延伸到卡利斯托加的西南部。日照充足，出产的赤霞珠成熟、丰满，并且具有浓郁的黑色浆果气息和成熟的单宁。
- 圣海伦娜：在这个迷人小镇周围的山谷地带，霞多丽口感强劲，而在西端的梯田上，出产的赤霞珠葡萄酒酒体丰满，单宁丰富，并且具有黑醋栗和覆盆子的果香。
- 卡利斯托加：属于3区，气候温暖，因此出产的赤霞珠和仙粉黛强劲圆润，长相思细腻顺滑。
- 豪威尔山（Howell Mountain）：这个树木茂盛的山陵地区位于圣海伦娜东北部，曾以浓郁的仙粉黛而闻名。但从20世纪80年代开始，这里的葡萄种植户从赤霞珠的种植中尝到了甜头，这种葡萄多种植在海拔400米的丘陵地带，酿造的葡萄酒口感醇厚，果味浓郁，层次复杂。

保护纳帕谷的未来

纳帕谷最著名的酒庄散布在29号高速公路和西尔佛拉多小径两边，其中29号高速公路连接奥克维尔和圣海伦娜，西尔佛拉多小径则是与之平行的一条公路。大部分酒庄建筑风格怪异，但纳帕谷的生产商似乎正是想通过这些建筑来表明自己的信心。这些酒庄都设有专门接待游客的品酒

卢比刚酒庄的弗兰西斯·福特·科波拉努力打造顶级葡萄酒

纳帕谷产区拥有许多次级A.V.A.产区，它们各具特色，其中最著名的当数卢瑟福和鹿跃区

室，同时还附设纪念品店，因此纳帕谷现在已经成为游客最多的美国葡萄酒旅游胜地。当然，这里出售的葡萄酒并非全都品质优秀，因为大多数酒庄会从其他地区购买葡萄以满足人们的需求，同时保证工薪阶层也有能力饮用葡萄酒。每年来纳帕谷的游客有100多万，但愿意以50美元或更高的价格买一瓶葡萄酒的人只占少数。

纳帕谷距旧金山仅一小时车程，因此几十年前就有人担心这个美丽的地方会变成居民区。为避免这种情况发生，一些农业领域的有识之士开始奔走呼吁建立纳帕谷农业保护区。虽然当时的种植户们经济地位并不高，但政府最终采纳倡议，建立了一个面积为9000公顷的保护区，目前该保护区的面积已经扩大至1.2万公顷。

精选酒庄

近年来，纳帕县新建了许多酒庄，数量已接近400家之多。这些酒庄或是由酿酒顾问和有经验的酿酒师自营，或是在他们的指导下经营。我们在这里无法一一列举所有的酒庄，仅能以几家精选酒庄为例来一窥全貌。一些酒庄为保证葡萄酒的品质，只生产几百瓶，最多上千瓶葡萄酒。这些限量的葡萄酒被美国的葡萄酒收藏者争相购买，一方面导致这些限量酒以天价售出，另一方面会使这些限量酒“有行无市”。这些酒庄包括：艾伯如（David Abreu）、巴西奥迪维诺（Bacio Divino）、布莱恩特家族（Bryant Family）、寇金（Colgin）、葛利斯家族（Grace Family）、美人鱼（La Sirena）、啸鹰（Screaming Eagle）、塞勒涅（Selene）和29号酒庄（Vineyard 29）。

纳帕谷的主要葡萄酒生产商

生产商：**Beringer****-*****
所在地：**St. Helena**
5000公顷，年产量不详
葡萄酒：Chardonnay；Bancroft Ranch Merlot，Cabernet Sauvignon Private Reserve
1876年由德国移民创建，现为Foster家族所有。Private Reserve是纳帕谷产区最强劲的赤霞珠葡萄酒。

生产商：**Cain Vineyard and Winery****-*****
所在地：**St. Helena**
834公顷，非自有葡萄，年产量24万瓶
葡萄酒：Cain Five，Concept，Cuvée
Joyce Cain和Jerry Cain于1980年在St. Helena的山上建立该酒庄，用五个波尔多品种生产混酿酒。Jim Meadlock和Nancy Meadlock从1991年起开始生产风格优雅的Cain Five葡萄酒和两款优质的副牌酒。

生产商：**Cakebread Cellars****-****
所在地：**Rutherford**
140公顷，非自有葡萄，年产量不详
葡萄酒：Sauvignon，Chardonnay；Pinot Noir，Merlot，Syrah，Zinfandel，Cabernet
一家非常出色的出口酿酒厂，在Napa、Anderson Valleys和Carneros都有葡萄园。近年来产量大幅增长。

生产商：**Caymus Vineyards****-****
所在地：**Rutherford**
30公顷，非自有葡萄，年产量不详
葡萄酒：Special Selection，Napa Valley Cabernet Sauvignon
该酒庄是纳帕谷的代表生产商之一。Chuck Wagner只生产两款赤霞珠葡萄酒，这些葡萄酒风格现代。

生产商：**Chateau Montelena Winery*****-****
所在地：**Calistoga**
48公顷，非自有葡萄，年产量42万瓶
葡萄酒：Chardonnay，Riesling，Cabernet Sauvignon
1976年的霞多丽葡萄酒打败了勃艮第葡萄酒，使该酒庄一举成名。Estate Cabernet葡萄酒是其最出色的产品，价格不菲。

生产商：**Corison*******
所在地：**St. Helena**
3.2公顷，非自有葡萄，年产量3.6万瓶
葡萄酒：Cabernet Sauvignon：Napa Valley，Kronos Vineyard
Cathy Corison自立门户前曾在Chappellet担任酿酒师。她的葡萄酒酒体清澈、口感细腻、陈年潜力强。

生产商：**Dunn Vineyards*******
所在地：**Angwin**
12公顷，非自有葡萄，年产量4.8万瓶
葡萄酒：Cabernet Sauvignon：Howell Mountain，Napa Valley
Randy Dunn从1996年起开始在Howell Mountain产区酿酒。他只生产赤霞珠葡萄酒，但已经展现了纳帕葡萄酒的潜力和优雅。

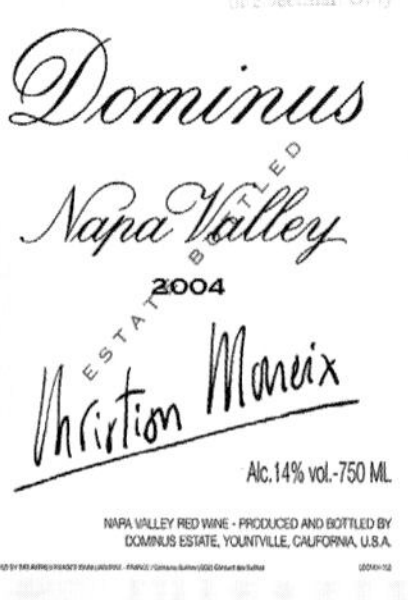

生产商：**Forman******
所在地：**St. Helena**
50公顷，年产量6万瓶
葡萄酒：Napa Valley：Chardonnay；Cabernet，Merlot
Ric Forman在地下酿酒厂的地道中熟成葡萄酒，产量低，品质高。

生产商：**Grgich Hills Estate*****-*****
所在地：**Rutherford**
148公顷，年产量60万瓶
葡萄酒：Fumé Blanc，Chardonnay，Zinfandel，Merlot，Cabernet Sauvignon
先锋生产商Mike Grgich在女儿Violet和侄子Ivo Jearmaz的支持下持续30年经营自己的葡萄园，现在完全采用生物动力种植法。白葡萄酒品质出众，红葡萄酒风格优雅。

生产商：**Harlan Estate*******
所在地：**Oakville**
16公顷，年产量2.4万瓶
葡萄酒：Harlan Estate Red Wine
在Michel Rolland和Bob Levy的帮助下，房地产中介H. William Harlan生产一款风靡全美的葡萄酒。使用四个波尔多品种酿酒。

生产商：**The Hess Collection Winery****-****
所在地：**Napa**
454公顷，非自有葡萄，年产量不详
葡萄酒：Collection Mount Veeder，Su'skol，Alomi，Appellation Series
瑞士商人Donald Hess将这个基督教兄弟会酒厂打造成一个酿酒与艺术的博物馆。顶级产品是使用自有葡萄酿造的赤霞珠葡萄酒。

生产商：**Robert Mondavi Winery***-*****
所在地：**Napa**
385公顷，年产量不详
葡萄酒：Napa Valley，District，Reserve，Limited Availability Wines
该酿酒厂于2001年新建了一个设备先进的酒窖，现在的葡萄酒都在那里酿造。赤霞珠珍藏酒是明星产品。

生产商：**Joseph Phelps Vineyards****-*****
所在地：**St. Helena**
74公顷，非自有葡萄，年产量120万瓶
葡萄酒：Insignia，Backus
Insignia是纳帕谷20世纪70年代第一款优质波尔多混酿酒，现在仍然品质出众。葡萄酒品种繁多，但品质起伏不定。

生产商：**Rubicon******
所在地：**Rutherford**
95公顷，年产量20万瓶
葡萄酒：Blancaneaux，Cask Cabernet，Zinfandel，Rubicon
Gustave Niebaum创建的这座历史悠久的酒庄于1975年被电影导演Francis Ford Coppola购得。该酒庄采用生

物种植法，2006年更名为Rubicon。2002年时改变了红葡萄酒的风格，从此跻身纳帕谷顶级生产商之列。

生产商：**St. Supery Vineyards & Winery*****—****
所在地：**Rutherford**
265公顷，年产量不详
葡萄酒：Sauvignon, Chardonnay; Cabernet Sauvignon, Meritage; Rutherford
来自法国南部的Skalli集团在Dollarhide Ranch、Rutherford Estate和Hardester Ranch酿造优质葡萄酒。

生产商：**Saintsbury*****—****
所在地：**Napa**
22公顷，非自有葡萄，年产量72万瓶
葡萄酒：Carneros: Chardonnay; Pinot Noir, Pinot Noir Brown Ranch
David Graves和Dick Ward使用法国橡木桶生产酒体坚实的霞多丽和黑比诺葡萄酒，还出产优质的珍藏酒。

生产商：**Schramsberg******
所在地：**Calistoga**
20公顷，非自有葡萄，年产量66万瓶
葡萄酒：7 sparkling wines fermented in the bottle; Bordeaux blend J. Davis
该酒厂于1862年由德国理发师Jacob Schram在山上建造，1965年被Jack Davies和Jamie Davies接管后，现已成为美国最优秀的起泡酒生产商之一。Blanc de Blanc品质出众。

生产商：**Shafer******—*****
所在地：**Napa**
83公顷，非自有葡萄，年产量40万瓶
葡萄酒：Red Shoulder Ranch Chardonnay; Relentless, One Point Five; Hillside Select Cabernet Sauvignon
John Shafer和他的儿子Doug都是纳帕谷的顶级酿酒师，他们在Stag's Leap、Oak Knoll和Carneros都拥有风土条件最优越的葡萄园。最好的葡萄酒是产自Red Shoulder Ranch的霞多丽葡萄酒和Hillside Select 赤霞珠葡萄酒。

生产商：**Spottswoode******
所在地：**St. Helena**
16公顷，非自有葡萄，年产量8万瓶
葡萄酒：Sauvignon Blanc; Cabernet Sauvignon
该酒庄建于1882年，1972年被Novak家族收购。他们重新种植了所有葡萄，并于1982年建立了酿酒厂。从1985年起开始采用生物种植法。只有长相思葡萄酒采用非自有葡萄酿造。葡萄酒都是品质一流。

生产商：**Spring Mountain Vineyard*****—****
所在地：**St. Helena**
91公顷，年产量不详
葡萄酒：Sauvignon; Sirah, Cabernet Estate, Cabernet Reserve
该酒庄由三家古老的酒庄合并而成，在Spring Mountain东麓拥有上好的梯田。只使用最好的葡萄酿酒。

生产商：Stag's Leap Wine Cellars***—*****
所在地：**Napa**
150公顷，年产量不详
葡萄酒：Napa Valley: Chardonnay; Cabernet, Cask 23, S.L.V.; Hawk Crest
WarrenWiniarski是Stag's Leap District产区崛起的主角，自1972年起就开始酿造上等的葡萄酒。顶级产品是Cask 23和S.L.V.。

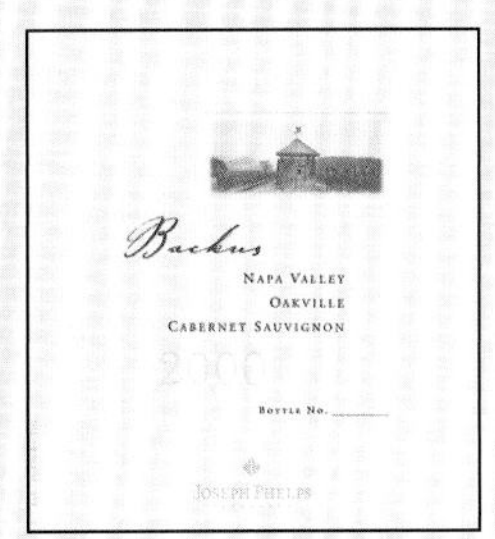

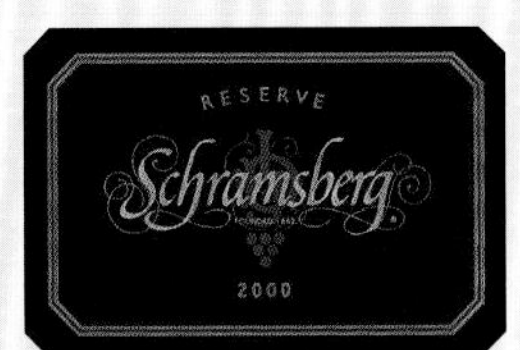

生产商：**Turley Wine Cellars******
所在地：**St. Helena & Templeton**
40公顷，年产量8万瓶
葡萄酒：Viognier; various vineyard Zinfandel, Hayne Vineyard Petite Sirah
Larry Turley和酿酒师Ehren Jordan凭借他们口感浓郁的仙粉黛和小西拉葡萄酒引起了不小的轰动。Hayne葡萄酒品质上乘。

生产商：**Viader Vineyards******—*****
所在地：**Deer Park**
17公顷，年产量不详
葡萄酒：Viader, "V", DARE
Delia Viader使用赤霞珠酿造的混酿酒是纳帕谷的经典产品。优质葡萄酒还有用小维多生产的混酿酒以及用非自有葡萄酒酿造的DARE系列葡萄酒。

小西拉

小西拉在很长一段时间内被认为是源自罗讷河谷品质中庸的葡萄杜瑞夫，也有人认为它是西拉葡萄的变体，事实证明这两种说法都不正确。这种葡萄颜色深红、口感浓郁、单宁丰富，在20世纪70年代时用来酿造混酿酒。一些生产商用它酿造结构紧实、颜色深浓的葡萄酒。纳帕谷，特别是豪威尔山和春山产区的老葡萄园最适合小西拉的生长。

罗伯特·蒙达维

鹦歌酒庄的小约翰·丹尼尔斯是蒙达维多年的好友和支持者。图中罗伯特·蒙达维（左一）正在将蒙达维酒庄生产的第一箱葡萄酒赠予丹尼尔斯。站在右边的是弗雷德·霍尔姆斯，他在1967—1968年是罗伯特·蒙达维的合作伙伴

1966年罗伯特·蒙达维和他的儿子迈克尔在奥克维尔创立了蒙达维酒庄，这是禁酒令被废止后纳帕谷的第一家新建酒庄。酒庄的主建筑和游客中心都采用西班牙教会的风格建造而成，现已成为加州葡萄酒行业复兴的象征。罗伯特·蒙达维本人也已成为加州葡萄酒行业的形象大使。罗伯特·蒙达维于1913年出生于明尼苏达州（Minnesota）的弗吉尼亚，是第二代意大利移民。他的父亲切萨雷从事葡萄以及其他水果的贸易，并于1923年在洛迪（Lodi）开办了自己的贸易公司。切萨雷刚开始作为兴趣为家人酿造葡萄酒，但慢慢地他发现了其中的商机。1936年蒙达维从斯坦福大学毕业后，他的家族收购了位于纳帕谷的阳光圣海伦娜酒庄（Sunny St. Helena Winery）。

1943年，切萨雷收购了库克酒庄。该酒庄于1861年由普鲁士移民查尔斯·库克创立，是纳帕谷地区历史最悠久的酒庄之一。从那以后，蒙达维家族开始注重葡萄酒的品质。20世纪50—60年代，蒙达维家族生产的赤霞珠广受赞誉，以C.K.为名的大瓶酒销量喜人。不久，罗伯特独立负责市场和销售，他的弟弟彼得负责葡萄种植和酿酒。查尔斯库克酒庄是首家采用控温发酵的酒庄，生产的一款白诗南葡萄酒果香怡人、口感甘醇，一经问世就轰动了整个加州。

1959年切萨雷去世，罗伯特·蒙达维和他的弟弟在经营理念上的分歧越来越大。1966年，对纳帕谷充满信心的罗伯特·蒙达维创立了自己的酒庄。他曾于1962年前往欧洲，这次游历让他大开眼界，了解到用橡木桶熟成葡萄酒的技术。他深入学习这种方法，随后运用于自己的红葡萄酒和白葡萄酒中。他创造出自己独特的风格，将充分发酵的长相思干葡萄酒放在橡木桶中熟成，并且命名为白富美（Fumé Blanc）。这种葡萄酒一经问世，便受到加州各酒庄的竞相效仿，长相思也成为风靡美国的葡萄品种。赤霞珠珍藏葡萄酒是蒙达维酒庄的得意之作。到20世纪90年代末，霞多丽和黑比诺也品质上乘。蒙达维酒庄自创立之初就开始大胆尝试，不断改进葡萄种植和葡萄酒酿造技术以提升品质。蒙达维酒庄拥有两个大葡萄园，奥克维尔的土卡伦（To Kalon）和鹿跃区的瓦波山（Wappo Hill），总面积为385公顷。此外，他们还向其他葡萄园收购葡萄，并且按照罗伯特·蒙达维创立的奖金体系和葡萄的品质付费。

蒙达维酒庄自创立之日起，所有的家庭成员都积极参与到酒庄的运营和发展中。从1993年开始，酒庄由罗伯特·蒙达维的儿子迈克尔和蒂

葡萄酒行业的泰斗——罗伯特·蒙达维

左图：蒙达维酒庄的现代艺术体现了葡萄酒和文化的结合

右图：蒙达维酒庄的庄园式建筑每年吸引着无数来自世界各地的葡萄酒爱好者

姆负责管理，经罗伯特·蒙达维同意后，现已成为股份公司。2004年，由于非家族股东的不满，罗伯特将酒庄出售给美国星座葡萄酒公司，于是该公司一跃成为世界最大的葡萄酒集团。星座公司放弃了蒙达维酒庄在卡内罗斯原有的葡萄园，终止了与圣玛丽亚谷拜伦（Byron）酒庄的业务往来，只保留了蒙达维酒庄位于奥克维尔的酒厂，并在那里生产纳帕谷的优质葡萄酒。蒙达维曾于1979年收购了洛迪地区的木桥酒厂（Woodbridge Winery），从此便源源不断地生产出约6000万瓶受欢迎的单一品种葡萄酒，但现在木桥酒厂也开始独立经营。星座公司还入股了蒙达维与菲利普·罗斯柴尔德共同创立的知名酒庄——作品一号（Opus One），成为该酒庄新的合伙人。

卫星热成像显示了适合葡萄种植的地区

自然种植法

如今加利福尼亚、俄勒冈和华盛顿等州越来越多的生产商和种植户坚持可持续的葡萄种植理念，采取对环境和社会负责的葡萄园管理模式，这种理念和管理模式令人耳目一新。综合种植是其中一个环节，不仅指保护环境和自然资源，同时还包括种植者、周边环境以及当地社区的协调发展。在加州，这个项目得到州政府的大力支持，目前约有900个葡萄种植户和160家酒庄参与培训。葡萄酒行业的领军人物如蒙达维早在20世纪70年代就已经开始采用自然种植法，但它的推广和运用主要归功于蒂姆·蒙达维。蒂姆·蒙达维针对自然种植法进行了大量的研究和试验，使同行们相信这种方法可以为他们带来更可观的前景。自然种植法有如下几个原则：

- 不使用任何化学制剂；
- 以机器耕种的方法代替除草剂；
- 以摘除叶片的方式抵抗虫灾、白粉病和腐烂；
- 采用天然肥料以维持土壤肥沃；
- 采用肥田作物或其他有机肥料为土壤增加氮肥。

美国的种植户推崇“自然”的种植方法，因此使用生态法管理葡萄园，正如图中这个卡内罗斯新建的葡萄园

肥田作物的种植减少了葡萄根瘤蚜的侵害，同时也降低了其他虫害的风险。

加州可持续葡萄种植联盟要求种植户和生产商对葡萄园的可持续发展进行评估，并且通过进一步培训改进种植方法。加州1/3的葡萄园都遵守这些规定。

中央海岸

蒙特利码头距离著名的罐头厂街仅几步之遥，从海边望去，蒙特利市看起来非常安静。然而，表象往往具有欺骗性，这个城市的街头巷尾每天都游人如织。蒙特利市的代表性葡萄酒是霞多丽和雷司令

中央海岸从旧金山一直延展到圣巴巴拉，分为28个子产区。总体而言，中央海岸的山谷地带气候温和，来自太平洋的雾霭减缓了阳光的照射，而海拔较高的山脉可以冲破低矮的云层，因此气温较高。

目前，受城市化进程的影响，圣何塞（San José）郊区葡萄园的面积不断缩水。威迪家族在圣何塞的北部拥有500公顷葡萄园，以霞多丽和赛美蓉著称，还在圣克拉拉谷的吉尔罗伊（Gilroy）和赫克帕斯（Hecker Pass）种植优质长相思和霞多丽葡萄。圣克鲁斯山（Santa Cruz Mountains）风土条件最优越的地方位于硅谷上方，坐落着山脊酒庄（Ridge Winery）。此外，圣克鲁斯山上还有68家规模较小的酿酒厂，由于距海较近，这里气候非常凉爽。乔希·詹森在圣贝尼托的哈兰山（Mount Harlan）创建了卡勒拉酒庄（Calera Winery），生产的单一葡萄园黑比诺和霞多丽品质卓越。由于理查德·格拉夫和菲尔·伍德沃德所创立的查龙（Chalone）酒庄，同名的查龙地区也被授予A.V.A.称号。

蒙特利（Monterey）是中央海岸最大的葡萄种植区，卡梅尔谷（Carmel Valley）是该产区唯一一个俯瞰海湾的地方，拥有一些小酒庄。中央海岸的葡萄园大多位于萨利纳斯谷（Salinas Valley），那里土壤肥沃但气候干燥，需要进行大量的人工灌溉，主要的葡萄品种是霞多丽和雷司令。萨利纳斯谷上游以南是较为温暖的阿罗约塞科（Arroyo Seco）A.V.A.产区，这里种植的赤霞珠面积越来越广泛。

中央海岸的帕索罗布尔斯（Paso Robles）正在尝试种植法国罗讷河谷和意大利的葡萄品种，越来越受到关注。西部地区出产优质的老藤仙粉黛。圣路易斯奥比斯波县（San Luis Obispo County）南部的埃德纳谷（Edna Valley）产区气候凉爽，因此主要种植霞多丽和黑比诺。奥尔本酒庄（Alban Vineyards）是埃德纳谷最优秀的酒庄之一，葡萄园位于风土优越的山坡，种植的维欧尼、歌海娜和西拉也品质出众。大阿罗约（Arroyo Grande）距海较远，温度偏高。

圣巴巴拉县汇聚了不少优秀生产商。这里的山脉多为东西走向，因此清凉的海风可以长驱直入进入内地，为黑比诺和霞多丽的生长提供了理想的气候条件。这里的山谷享誉盛名，主要归功于桑福德和本尼迪克特（Sanford & Benedict）以及比恩纳西多（Bien Nacido）等知名葡萄园。顶级酿酒师们将产自这两个葡萄园的优质葡萄制成美酒佳酿。他们中的一部分人已经开始采用罗讷河谷的葡萄品种酿酒，还有一些在尝试意大利葡萄品种。

南海岸

蒂梅丘拉谷（Temecula Valley）位于洛杉矶以南的河滨县（Riverside County），长约25千米，是南加利福尼亚州现存的唯一知名葡萄酒产区。虽然这里较为温暖，但由于受到太平洋海雾的影响气候多变，适合白葡萄品种的生长。卡拉威（Callaway）酒庄以及起泡酒生产商卡伯特森种植的白葡萄都相当成功。蒂梅丘拉谷地区约有19家小型酒庄生产霞多丽和长相思葡萄酒。这里的雷司令也品质出众，但红葡萄酒较为单薄。蒂梅丘拉谷人口密集，出产的葡萄酒大部分供本地消费。

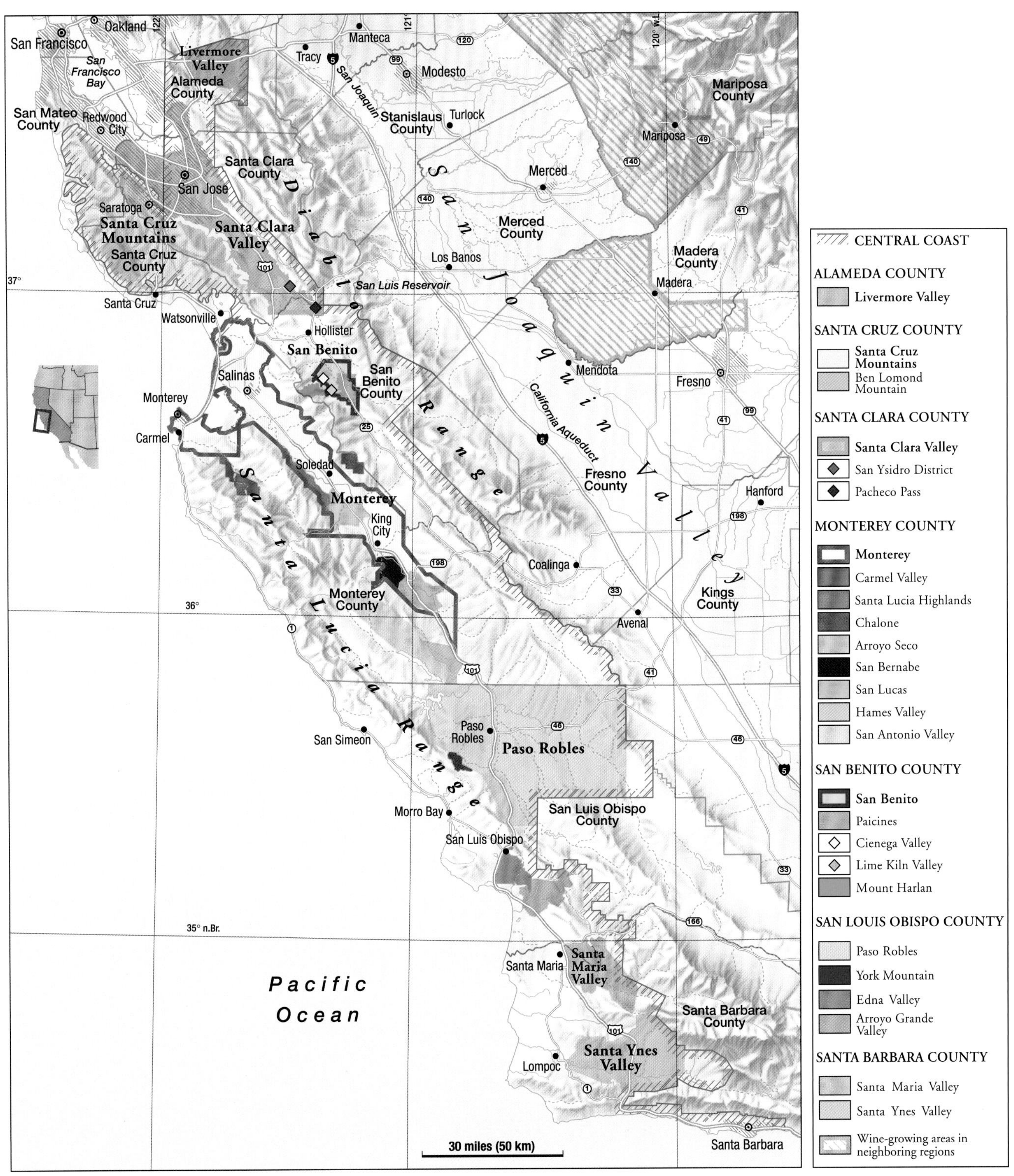

中央海岸的主要葡萄酒生产商

生产商：Alban Vineyards***-****
所在地：Arroyo Grande
30公顷，非自有葡萄，年产量不详
葡萄酒：Arroyo Grande：Viognier；Roussanne，Grenache，Syrah Reva
John Alban在罗讷河谷积累了丰富的经验后于1989年在Arroyo Grande建立该酒庄。他在该地区海拔最高的地方种植罗讷河谷的葡萄品种，葡萄酒品质优秀。

生产商：Au Bon Climat***-*****
所在地：Santa Maria
18公顷，非自有葡萄，年产量40万瓶
葡萄酒：Chardonnay，Pinot Blanc，Pinot Gris，Pinot Noir
Jim Clendenen精通橡木桶酿酒，在Bien Nacido葡萄园（与Qupé酒庄的Bob Lindquist共有）附近的的酿酒厂生产出世界级的霞多丽和黑比诺葡萄酒。还出产优质的意大利葡萄酒和Vita Nova品牌葡萄酒。他从多家葡萄园购买葡萄，包括Alban、Talley和 Bien Nacido。

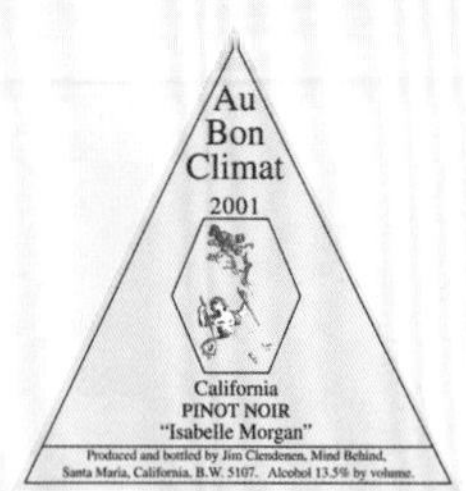

生产商：Babcock Vineyards***-****
所在地：Lompoc
32公顷，年产量24万瓶
葡萄酒：Chardonnay，Sauvignon，Pinot Gris，Pinot Noir，Syrah，Cabernet，Fathom
该酒庄紧邻美国最重要的空军基地。出产优质霞多丽、黑比诺和琼瑶浆葡萄酒。

生产商：Calera Wine Company**-****
所在地：Hollister
26公顷，年产量30万瓶
葡萄酒：Mount Harlan：Chardonnay，Viognier；Pinot Noir
Josh Jensen发现Hollister地区丘陵地带的钙质土壤适合黑比诺的生长，于是建造了这座偏远的酿酒厂。他用自有葡萄酿造的葡萄酒品质极佳。

生产商：Chalone Vineyard**-****
所在地：Soledad
70公顷，年产量不详
葡萄酒：Chardonnay，Pinot Blanc，Pinot Noir，Chenin
白垩质土壤使这里成为Gavilan Range最出色的葡萄酒产区，以霞多丽和黑比诺葡萄酒而出名，虽然它们的品质有些起伏不定。2005年起由Diageo Chateau & Estate Wines所有。

生产商：Eberle Winery**-****
所在地：Paso Robles
16公顷，非自有葡萄，年产量30万瓶
葡萄酒：Viognier，Roussanne，Syrah，Zinfandel，Cabernet
早在几十年前Gary Eberle就酿造出具有传奇色彩的赤霞珠葡萄酒，使Paso Robles产区声名大振。葡萄酒优质可靠。

生产商：Foxen**-****
所在地：Santa Maria
14公顷，非自有葡萄，年产量15万瓶
葡萄酒：Chardonnay，Pinot Noir，Syrah，Mourvédre，Sangiovese，Cabernet
Bill Wathen和Richard Doré出产品种繁多、与众不同的葡萄酒，其中不乏顶级佳酿。

生产商：Kathryn Kennedy Winery***-****
所在地：Saratoga
2.8公顷，非自有葡萄，年产量不详
葡萄酒：Sauvignon，Cabernet Sauvignon，Syrah，Lateral
Kathryn 30 年前开始改为手工酿酒，现在他的儿子Marty Mathis继承了这一传统。

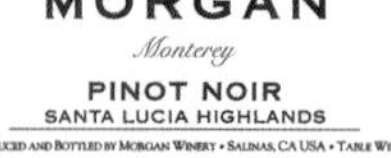

生产商：Morgan Winery***-****
所在地：Saratoga
27公顷，非自有葡萄，年产量54万瓶
葡萄酒：Sauvignon，Chardonnay；Pinot Noir，Syrah
Dan Lee和Donna Lee使用产自他们Double L葡萄园的葡萄提高了黑比诺和霞多丽葡萄酒的品质。

生产商：Andrew Murray Vineyards***-****
所在地：Los Olivos
14公顷，非自有葡萄，年产量不详
葡萄酒：Roussanne，Viognier；Syrah
该酒庄创立于1990年，位于海拔500米的地方，面积为80公顷，其中14公顷用来种植罗讷河谷的葡萄品种。最初，葡萄酒品质参差不齐，但现在充分发挥出了这里的潜力，西拉葡萄酒格外优秀。

生产商：Ojai Vineyard****
所在地：Oak View
非自有葡萄，年产量7.2万瓶
葡萄酒：Chardonnay，Sauvignon Viognier；Pinot Noir，Syrah，Mourvèdre
Adam Tolmach从Roll Ranch、Bien Nacido和Stolpman等签约葡萄园购买葡萄，生产出独具个性的葡萄酒。西拉葡萄酒品质出众、黑比诺葡萄酒口感顺滑、长相思葡萄酒风味迷人。

生产商：Qupé****
所在地：Santa Maria
非自有葡萄，年产量24万瓶
葡萄酒：Chardonnay Viognier，Marsanne；Syrah，Los Olivos Cuvée
Bob Lindquist擅长使用罗讷河谷品种酿酒，西拉葡萄

酒是美国最顶级的葡萄酒之一。

生产商：Ridge Vineyards*****
所在地：Cupertino
98公顷，年产量78万瓶
葡萄酒：Montebello Chardonnay；Cabernet Sauvignon；Lytton Springs Zinfandel
位于Santa Cruz山上的葡萄园出产的葡萄酿造出了优质的波尔多风格葡萄酒Montebello。20世纪70年代Paul Draper就将该酒厂打造成知名生产商，从那时起品质从未下降。仙粉黛葡萄酒品质卓越。

生产商：Rosenblum Cellars-******
所在地：Alameda
非自有葡萄，年产量不详
葡萄酒：Zinfandel，Petite Sirah，Syrah
Vet Kent Rosenblum和妻子Kathy于1978年建立该酒厂，主要生产仙粉黛葡萄酒。葡萄酒品种繁多，仙粉黛单一葡萄园葡萄酒最为出色。

生产商：Sanford Winery-******
所在地：Buellton
107公顷，年产量不详
葡萄酒：Chardonnay，Pinot Noir
Richard Sandford和Michael Benedict于20世纪70年代开始在Santa Rita山种植霞多丽和黑比诺并建立了著名的Sanford & Bendict葡萄园。10年后Sandford建立了自己的酿酒厂。2001年又建造了一个修道院风格的酿酒厂。现归Terlato Group所有，葡萄酒品质优良。

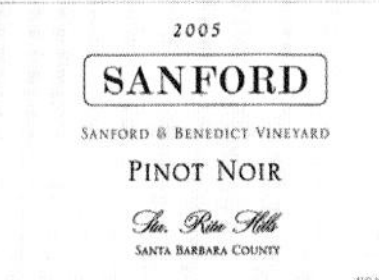

生产商：Robert Talbott Vineyards****
所在地：Carmel Valley
238公顷，年产量不详
葡萄酒：Chardonnay，Pinot Noir，Syrah
Robert Talbott和Audrey Talbott于1982年创建了这个勃艮第风格的酿酒厂。主要使用勃艮第葡萄品种酿酒，现在也酿造西拉葡萄酒。目前，他们的葡萄园是Santa Lucia高地最大的葡萄园。他们和酿酒师Balderas只选用最好的葡萄酿酒。

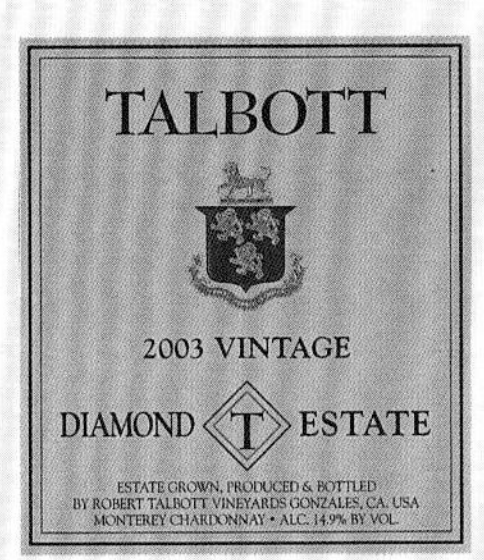

生产商：Talley Vineyards***
所在地：Arroyo Grande
77公顷，年产量21.6万瓶
葡萄酒：Chardonnay；Pinot Noir
Don Tally、Rosemary Tally、Brian Tally和Johnine Talley拥有Arroyo Grande地区最好的两个葡萄园：Rosemary's和Rincon葡萄园。其他生产商用这两个葡萄园最好的葡萄酿造出美国最受欢迎的葡萄酒。现在他们也出产表现力丰富、矿物气息浓郁的葡萄酒。

生产商：Ventana Vineyards Winery***
所在地：Monterey
120公顷，年产量50万瓶
葡萄酒：Chardonnay，Dry Riesling，Orange Muscat，Dry Rosado；Syrah，Sangiovese；J.Douglas

Doug Meador在Monterey县拥有一个知名的实验性葡萄园，按照加州大学戴维斯分校严格的标准种植。他种植的葡萄品种至今在加州仍十分少见。种植密度仅为5000株/公顷，酿造的葡萄酒口感细腻，香味浓郁。

生产商：Wente Vineyards-*****
所在地：Livermore
1200公顷，年产量不详
葡萄酒：Sauvignon，Chardonnay，Riesling；Pinot Noir，Merlot，Cabernet，Zinfandel，Syrah
德国人Karl Wente的后代在20世纪60年代使用白诗南和灰雷司令生产优质葡萄酒，也是加州最早采用霞多丽酿酒的生产商。除了Livermore，他们在Arroyo Seco和Monterey也拥有葡萄园。他们使用先进的技术酿造出优质葡萄酒，最好的产品是Herman Wente霞多丽葡萄酒。

生产商：Wild Horse Winery & Vineyards-******
所在地：Templeton
15公顷，非自有葡萄，年产量110万瓶
葡萄酒：Pinot Noir，Cabernet，Mourvèdre，Syrah
Ken Volk使用这个曾经的马场所种植的所有葡萄酿酒。葡萄酒果味浓郁、结构紧实。许多具有异域风情的葡萄酒仅在他的品酒室有售。

仙粉黛

源自克罗地亚的仙粉黛葡萄是加州的明星品种。该品种经历过大起大落，直到20世纪90年代才真正取得成功。优质红葡萄酒展现出它的特点。在不同的气候影响下，仙粉黛葡萄酒或酒体平衡、果味清新、单宁柔和，或酒体丰满、果味浓郁、口感强劲。加州最好的仙粉黛产自干溪谷，特别是盖瑟维尔、豪威尔山和帕索罗布尔斯。

中央山谷

中央山谷是加州最长的山谷，从北部的萨克拉门托一直延伸到南部的贝克斯菲尔德（Bakersfield）。中央山谷也是世界农业生产的黄金地段，除了各种水果、蔬菜及坚果类植物外，还种植棉花和水稻。此外，美国国内消费的鲜食葡萄和葡萄干也大部分产自这里。中央山谷北部的萨克拉门托产区是加州大学戴维斯分校所在地，盛产白诗南，最近也开始种植罗讷河谷的葡萄品种。

加州超过一半的葡萄园都位于中央山谷，尤其是南部的圣华金河谷，出产美国2/3的葡萄酒

然而，美国最主要的葡萄种植区是中央山谷南部的圣华金河谷。圣华金河谷长约350千米，最宽处约90千米。葡萄种植面积高达4.8万公顷，出产加州70%的葡萄酒。这里气候炎热干燥，属于4区和5区（见第812页），因此葡萄园必须进行大量的人工灌溉。为了满足不同消费者的需求和口味，这里通过新栽和嫁接的方法灵活调整葡萄品种，并且对低档酒也提出了更高的品质要求，从而极大地改善了酿酒技术。

中央山谷的酒庄大多规模较大。它们采用最新的电子控制酿酒技术，生产出口感怡人的葡萄酒。莫德斯托是全球最大的葡萄酒公司——嘉露的总部所在地。蒙达维和塞巴斯蒂阿尼（Sebastiani）两家酒庄在洛迪都有自己的大型加工厂。很多知名酒庄都会从中央山谷收购葡萄酿造基础产品。这里的白诗南和鸽笼白曾因拥有的酸度而受到青睐，但现在已逐渐被其他更受欢迎的品种所取代。汤普森无核葡萄也曾被用于酿酒，如今主要用来鲜食或制干。

洛迪产区位于斯托克顿（Stockton）以北，气候温和、土壤肥沃，是仙粉黛、宝石解百纳和赤霞珠生长的乐土。克拉克斯堡（Clarksburg）位于萨克拉门托以南的萨克拉门托河畔，口味独特的白诗南曾是这里的主角，但现在已是百花齐放。圣华金河谷中部的马德拉（Madera）产区出产面向大众市场的葡萄酒和餐后甜酒，后者与曾在加州风行一时的波特酒和麝香酒的口感相似。

得克萨斯州

17世纪早期，西班牙殖民者在得克萨斯地区开始了美国历史上最早的葡萄种植，从这个角度而言，得克萨斯州可以算是美国葡萄酒行业的发源地。1900年得克萨斯州尚有25家酒庄，到禁酒令废除后仅剩1家酒庄存活下来，那就是创立于1883年的瓦尔韦德（Val Verde）酒庄。

20世纪70年代，位于埃斯孔迪多谷（Escondido Valley）的圣吉纳维（Sainte Genevieve）酒庄推动了得克萨斯州葡萄酒行业的复兴。圣吉纳维酒庄由得克萨斯大学和波尔多著名的葡萄酒商科迪埃共同出资兴建，拥有400公顷葡萄园。

近年来，越来越多的人将目光转向了得克萨斯州，因为这里的地理条件为葡萄种植提供了良好健康的生长环境，目前，酒庄数量和以前相比有所增长。得克萨斯州拥有6个A.V.A.产区：凉爽的得州高地平原（Texas High Plains）、北部的埃斯孔迪多谷、得州丘陵地（Texas Hill Country）以及西部最新认定的梅西拉谷（Mesilla Valley），其中得州丘陵地还包括贝尔山（Bell Mountain）和弗雷德里克斯堡（Fredericksburg）两个子产区。得克萨斯州白天温暖干燥，日照充沛，夜晚较为凉爽，这种气候条件非常适合各种欧洲葡萄的生长。目前，白诗南和雷司令的种植面积正在逐步缩减，而霞多丽、长相思、赤霞珠、梅洛、扎比安奴和仙粉黛等葡萄品种正得以广泛种植。不过，最早让人们看到得克萨斯州发展潜力的是一款由佳丽酿、赤霞珠和歌海娜的杂交品种红玛瑙酿造的葡萄酒以及一款得州丘陵地产区的落溪酒庄（Fall Creek Vineyard）出产的鸽笼白葡萄酒。

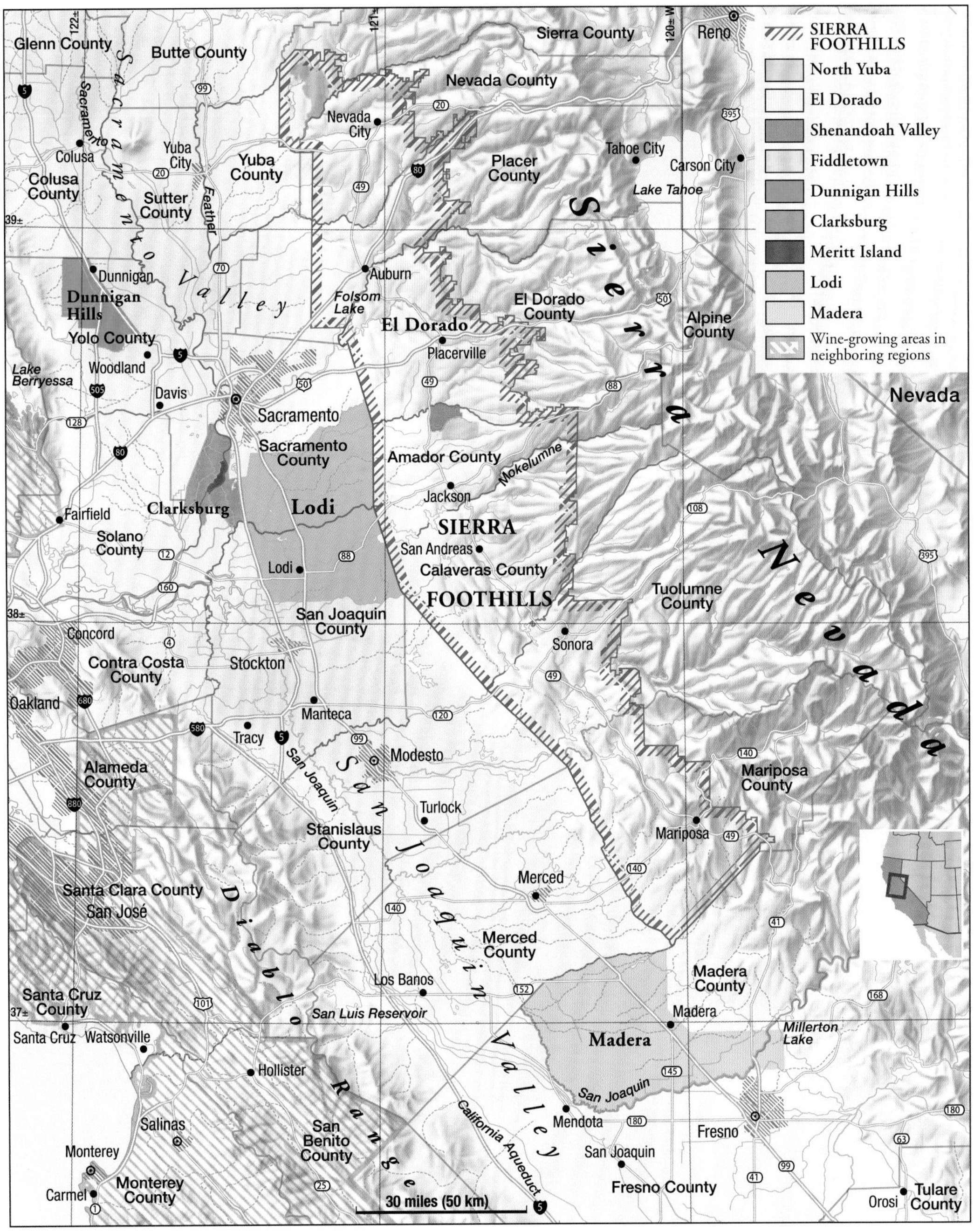

DUETTO
RED ASSEMBLAGE
SANTO TOMAS & LIVERMORE VALLEYS
MEXICO & USA
1997

墨西哥和古巴

墨西哥是美洲生产葡萄酒历史最悠久的国家，早在1522年就已经开始种植葡萄，到20世纪90年代，葡萄园面积达4万公顷。虽然墨西哥可以成为拉丁美洲继阿根廷、智利、巴西之后的第四大葡萄酒生产国，但事实上这里仅有一小部分葡萄用于酿酒。大多数葡萄园集中在北部的索诺拉州（Sonara），那里为沙质土壤，但出产的葡萄主要用来鲜食、制干或酿造白兰地。下加利福尼亚州需要进行大量的灌溉作业，目前，这里种植着优质的小西拉和赤霞珠等葡萄品种，出产墨西哥大部分优质葡萄酒。

墨西哥南部阿瓜斯卡连特斯（Aguascalientes）和萨卡特卡斯（Zacatecas）的高地平原以及克雷塔罗（Querétaro）也种植葡萄。由第一批西班牙殖民者引入的弥生至今仍是种植最广泛的葡萄品种，而新建葡萄园中也逐渐增加了诸如赤霞珠、西拉、梅洛、马尔贝克等法国葡萄品种以及小西拉、仙粉黛、宝石解百纳等在加利福尼亚种植广泛的葡萄品种。除了加利福尼亚的葡萄品种外，墨西哥还引入了加州大学戴维斯分校研究出的葡萄种植技术。

古巴以烟草和朗姆酒而闻名，但也出产少量的葡萄酒。由于和意大利葡萄酒企业的合作，比那尔德里奥省（Pinar del Río）也种植了霞多丽、灰比诺、添普兰尼洛和赤霞珠等葡萄品种。

南美洲

南美葡萄酒行业

和智利许多其他酒庄一样，拥有古老酒窖的安杜拉加（Undurraga）酒庄于19世纪80年代在迈坡谷（MaipoValley）创立

南美洲葡萄酒行业的发展引人注目。16世纪的海上强国——西班牙和葡萄牙将葡萄种植和酿酒技术带到了南美大陆。随后到来的欧洲移民发现，南美洲南回归线以南的地区非常适合葡萄种植。尤其是安第斯山脉的斜坡为葡萄提供了得天独厚的生长环境，包括优越的地势、充沛的阳光、炎热干燥的气候、来自太平洋凉爽的海风以及积雪融化汇集成河而形成的天然灌溉系统。因此，南美洲目前是仅次于欧洲的全球第二大葡萄酒生产洲。阿根廷是南美洲最大的葡萄酒生产国，智利和巴西紧随其后。乌拉圭、秘鲁、玻利维亚、厄瓜多尔和委内瑞拉也出产一定量的葡萄酒。

墨西哥是美洲最古老的葡萄酒生产国，据史料记载，墨西哥是新世界最早种植欧洲种葡萄的国家。对16世纪的西班牙殖民者而言，保证圣餐葡萄酒的充足供应至关重要。他们通过海路运送葡萄酒，但数量有限。1522年，埃尔南·科尔特斯将葡萄树插条带到墨西哥，他向西班牙人分配土地和印第安奴隶，要求每100个奴隶种植1000棵葡萄树。克里奥拉葡萄被嫁接在美洲的原生葡萄树上种植，这种方法使墨西哥的葡萄园躲过了肆虐全球的葡萄根瘤蚜疫。

圣莫妮卡酒庄（Viña Santa Mónica）位于圣地亚哥以南的拉佩尔山谷（Papel Valley），创建于1976年，目前以出口为主

从印加黄金到金质葡萄酒

印加帝国是南美洲一个古老帝国，其版图大约是今日南美洲的智利、秘鲁、玻利维亚、厄瓜多尔一带，1533年被西班牙殖民者灭亡。随着耶稣会传教士的拥入，葡萄种植开始在南美洲传播。秘鲁和智利是当时印加帝国最重要的地区，而且两地的斜坡梯田和灌溉系统非常适合葡萄的生长，因此成为南美洲最早种植葡萄的国家。西班牙移民巴托洛梅·特拉扎斯于1550年在秘鲁的库斯科（Cuzco）附近建立了葡萄园，这是秘鲁有证可查的最早的葡萄种植记录。随后20年间，智利的葡萄园面积也不断扩大。

虽然南美洲早期的葡萄园由耶稣会传教士建立，但非宗教用途的酒庄促进了葡萄酒的商业生产。在当时种植葡萄的土著印第安人眼中，葡萄树是西班牙殖民者权力的象征，不过葡萄种植面积还是急剧增加。

在埃尔南·蒙特内格罗的努力下，秘鲁、智利和阿根廷的葡萄种植于17世纪初迅猛发展。随着南美葡萄酒市场的扩大，葡萄酒供应量也不断提高。对葡萄酒的热情从智利传播到阿根廷，但葡萄酒生产仍然主要掌控在西班牙人手中。西班牙和葡萄牙意图通过向南美洲大量出口葡萄酒来换取当地的黄金和白银，但是南美洲葡萄酒行业的发展势头让西葡两国政府感到了恐慌。西班牙国王效仿1世纪末罗马帝国皇帝图密善的做法，

禁止秘鲁和智利种植葡萄和酿制葡萄酒，随后，禁止令也推及阿根廷。不过，禁止令似乎并没有发挥太大作用，因为葡萄种植没有中断，反而稳步发展。1767年，西班牙再次颁布禁止令，但最终仍以失败告终。

随着与欧洲各国之间交通的便利和贸易渠道的增多，自19世纪起，葡萄酒行业的一些先锋人士将法国葡萄品种引入南美洲，并且不断完善自己的葡萄种植和酿酒技术。

19世纪初，法国人克劳德·盖伊在智利建立了一个苗圃，这使智利的酿酒葡萄品种得以扩大。随着瓦尔帕莱索（Valparaiso）和利物浦之间海上航线的开通，加之智利对法国的跟风，贝朗特·唐·西尔韦斯特·奥查加维亚·埃查萨雷塔于1851年开始从法国的知名葡萄园引进优质波尔多葡萄品种。其他葡萄种植户纷纷效仿。这

左图：在国际市场上最著名的智利葡萄酒之一——桑塔丽塔（Santa Rita）

右图：干露（Concha y Toro）酒庄创立于1883年，如今葡萄酒远销75个国家

些法国葡萄品种极大地促进了智利葡萄酒行业的发展。

阿根廷的葡萄种植改革直到1870年前后才在门多萨省（Mendoza）展开，改革的引领者是唐·提布拉西奥·贝内加斯。1844年7月出生于阿根廷东部港市罗萨里奥（Rosario）的唐·提布拉西奥·贝内加斯被誉为“阿根廷葡萄酒行业之父”。1861年一场大地震摧毁了门多萨的大部分建筑，1863年门多萨进行重建，1865年唐·提布拉西奥·贝内加斯移居此地，并创建了一家银行。1870年唐·提布拉西奥·贝内加斯与鲁比娜·布兰科结婚。1883年，他购买了翠帝（El Trapiche)酒庄，除了现有的250公顷葡萄园，还先后种植从智利和欧洲引进的法国葡萄品种。1886年，唐·提布拉西奥·贝内加斯当选门多萨的行政长官。到1910年，阿根廷的许多葡萄园中都种植法国葡萄品种。莱奥波尔多·苏亚雷斯对阿根廷葡萄酒行业的发展也起到了推波助澜的作用，他从欧洲各主要葡萄酒产区带回600个葡萄品种，为阿根廷的葡萄种植注入了新的活力。

随着葡萄酒熟成和灌装技术的发展，加上智利没有受到肆虐全球的葡萄根瘤蚜虫的侵害，南美洲的葡萄酒行业开始将目光转向国外市场。在1889年的巴黎博览会上，智利拔得头筹，一举拿下六块金牌。

由于逃过葡萄根瘤蚜的浩劫，智利的葡萄园也就无须像北美洲那些几乎被毁于一旦的葡萄园一样从头再来，因此在随后的三个多世纪里，智利的葡萄园一直保持原有的种植模式。1965年，智利的葡萄种植总面积达11万公顷，但大多数属小种植户所有，面积不足1公顷，只有250家种植户的葡萄园面积超过250公顷。然而，20世纪中期随着国内市场需求的减少，智利的葡萄酒行业发展受阻，一半的葡萄园惨遭荒废。直到20世纪70年代末80年代初，智利的葡萄酒行业才逐渐从衰落中复苏。

不幸的是，20世纪60年代的经济衰退使南美洲主要葡萄酒生产国的大部分葡萄园被毁，直到千禧年之后，南美洲的两大葡萄酒生产国——阿根廷和智利才重新受到国际市场的肯定与青睐，恢复了昔日的荣光。

克里奥拉是最早被引进到南美洲的葡萄品种，这个古老的阿根廷葡萄当时攀附在树木上生长

巴西和秘鲁

巴西

巴西是南美洲第三大葡萄酒生产国，葡萄酒年产量为4.26亿吨。1532年，葡萄牙殖民者最先将葡萄酒带入巴西，后来耶稣教士传播到巴西全境。巴西葡萄酒行业的发展与智利和阿根廷这两个国家不尽相同。20世纪之前，巴西没有知名的葡萄酒品牌，也没有形成具有鲜明本国特色的葡萄酒文化。虽然葡萄酒产量很大，但是人均消费量不足两升。

18世纪，来自亚速尔群岛的移民将自己家乡的葡萄插条带到巴西，但是由于巴西的气候过于炎热潮湿，葡萄树很难存活。美洲杂交红葡萄品种伊莎贝拉是最早在巴西这种气候条件下生长的葡萄品种。19世纪晚期，意大利移民开始在里奥格兰德（Río Grande）东北部的高乔山谷（Serra Gaúcha）地区种植意大利葡萄品种，包括巴贝拉、伯纳达、莫斯卡托和扎比安奴。

巴西现代葡萄酒行业的发展可追溯至20世纪70年代，当时一些国际葡萄酒公司，如酩悦和马提尼，开始从国外引进一些优质葡萄品种。巴西最重要的葡萄酒产区高乔山谷位于南里奥格兰德州，出产巴西90%的葡萄酒。不过，这里气候潮湿，降水量大，葡萄容易腐烂且难以成熟。该地区最主要的三家酒庄为米奥罗（Miolo）、卡萨瓦尔杜加（Casa Valduga）和阿玛德乌（Cave do Amadeu）。如今，葡萄园开始逐渐向巴西与乌拉圭和阿根廷交界的弗隆特拉（Frontera）地区延伸，这里地势较为平坦，拥有排水性能良好的沙质土壤，已成为巴西最具发展潜力的优质葡萄酒产地。

秘鲁及其他国家

秘鲁是南美洲最早进行系统化葡萄种植的国家，早在16世纪，这里的葡萄园面积就已达到4万公顷。秘鲁没有阿根廷和智利那样幸运，19世纪末席卷全球的葡萄根瘤蚜摧毁了秘鲁的大片葡萄园。经过缓慢的复苏，秘鲁的现代葡萄酒行业直到20世纪70年代才得以发展，当时葡萄种植面积约1.2万公顷，葡萄年产量约43500吨。秘鲁的葡萄园大多分布在炎热干燥的伊卡省（Ica），最大的三家酒厂为塔卡玛（Tacama）、奥库卡赫（Ocucaje）和维斯塔阿莱格雷（Vista Alegre），此外还有85家采用传统手工方式进行生产的小酒厂。秘鲁地处赤道和南回归线之间，冬季温暖，因此葡萄树没有休眠期，也就是说，这里一年有两次葡萄收获期；夏季炎热干燥，需要进行灌溉才能保证葡萄树的正常生长。秘鲁引进了大量法国、意大利和西班牙葡萄品种，但大多用于生产秘鲁的国酒：皮斯科（Pisco）。

厄瓜多尔、玻利维亚、哥伦比亚和委内瑞拉也出产少量葡萄酒。玻利维亚属于热带大陆性气候，大多数葡萄园坐落在海拔2000米以上的地区。南部的卡马戈（Camargo）和塔里哈（Tarija）拥有1700公顷葡萄园。玻利维亚的葡萄品种以亚历山大麝香为主，约占葡萄总产量的75%。

厄瓜多尔地处热带，葡萄一年可收获三次，不过品质上乘的葡萄酒多产自较为凉爽的山区省份。哥伦比亚也是热带国家，葡萄种植面积约1500公顷，主要分布在北部的圣玛尔塔（Santa Marta）。哥伦比亚的酿酒葡萄多为杂交品种，但是也有葡萄园开始尝试种植诸如赤霞珠和霞多丽等优质的法国葡萄品种。委内瑞拉在南美洲的葡萄酒产国中只能扮演次要的角色，主要种植杂交品种以及少量的格里洛、巴贝拉和玛尔维萨等。波玛尔酒庄（Bodegas Pomar）占据委内瑞拉葡萄酒市场份额的10%，年生产葡萄酒900万瓶。

南美洲的葡萄酒生产商们喜欢在酒瓶外加藤罩以对葡萄酒进行保护

阿根廷

阿根廷的葡萄酒历史可追溯至16世纪，当时西班牙殖民者发现安第斯山脉非常适合葡萄种植。关于阿根廷酿酒葡萄的起源有三种说法：有人认为酿酒葡萄是1541年由西班牙人带到阿根廷；也有人认为酿酒葡萄是1542年经秘鲁传入阿根廷；还有人认为酿酒葡萄是于1556年从智利引进。据文字记载，传教士胡安·齐德罗（Juan Cidró）于1557年前后在圣地亚哥-德尔埃斯特罗（Santiago del Estero）建立了阿根廷历史上首个葡萄园。随后不久，门多萨市成立。当时，阿根廷种植的主要葡萄品种是克里奥拉以及传统葡萄品种瑟雷莎、佩德罗—希梅内斯和麝香。由于这里气候炎热干燥，早期西班牙殖民者大力修建水坝和灌溉沟渠，为阿根廷现代葡萄酒行业的兴起奠定了良好的基础。18世纪初的第一波欧洲移民潮之后，18世纪末阿根廷又迎来了第二轮欧洲移民潮，大批的移民从意大利、西班牙和法国拥入阿根廷，门多萨和巴塔哥尼亚（Patagonia）通往阿根廷首都布宜诺斯艾利斯（Buenos Aires）的铁路也在这个时期开通。第二轮移民潮带来了欧洲葡萄品种和专业的酿酒技术，进而造就了今天阿根廷葡萄酒行业百花齐放的局面。同一时期，应库约（Cuyo）总督多明戈·福斯蒂诺·萨米恩托的邀请，法国农学家米格尔·埃梅·普热来到阿根廷，并带来了一个新的葡萄品种——马尔贝克。

在传统的葡萄园里，葡萄藤被绑在较高的棚架上，这种种植方式难以对葡萄树进行修剪

壮观的卡法耶山谷

在胡安·多明戈·裴隆将军的统治时期，阿根廷的经济相对繁盛，卡尔卡松、瓦尔蒙特伯爵等法国餐酒在阿根廷大受欢迎。这种良好的发展局面一直持续到20世纪50年代中期，随后30年间，阿根廷处于腐败的军政府统治时期，葡萄酒行业开始急剧下滑。1970年，阿根廷的葡萄酒人均消费量高达90升，但这些葡萄酒大多品质平平。20世纪90年代，梅内姆总统执政时期经济繁荣，加之国内葡萄酒市场需求的缩减，对阿根廷的葡萄酒行业带来了巨大影响。国内外葡萄酒生产商纷纷投资建设葡萄园和酿酒厂，并且引进优质的葡萄品种，葡萄酒行业开始复苏，出产的葡萄酒深得国内外市场的青睐。

阿根廷的十大葡萄酒产区主要集中在西部卡法耶山谷（Cafayate Valley）南纬25°和巴塔哥尼亚南纬40°之间的狭长地带，海拔普遍较高，为300～1600米）。葡萄种植依靠复杂的人工灌溉系统，大部分水源来自安第斯山脉的融化积雪。这里属于半沙漠性气候，雨水稀少，年均降水量150～300毫米，因此湿度较低，同时空气清新，日照充沛，不过许多地区昼夜温差显著。虽然夏季普遍炎热，但由于卡法耶山谷、门多萨上游、优克谷（Uco Valley）和黑河（Río Negro）等地区因为本身海拔较高或靠近安第斯山脉，气候较为凉爽。

阿根廷的葡萄园土壤多为含有砾石和石灰岩的沙质黏土，灌溉是当地葡萄种植的命脉。过去葡萄园主要采用漫灌和沟灌的方式，通过纵横交错的沟渠将雪水引入葡萄园进行灌溉。沟灌和漫灌会加速葡萄树的生长，导致产量增加，因此为了控制产量，阿根廷许多现代葡萄园选择滴灌的方式。由于漫灌可以有效防止阿根廷葡萄园遭受葡萄根瘤蚜的侵害，所以不少种植户担心滴灌无法做到这一点。出于这种考虑，大多数葡萄园在采用滴灌法的同时，还种植美国的抗蚜葡萄树。

有炎热的夏季、充沛的日照和稳定的灌溉体

系作为保障，阿根廷的葡萄产量居高不下。尤其是20世纪70年代，阿根廷引进高产的葡萄品种，并且以棚架式代替传统的篱架式培形方法，葡萄产量大幅提升。不过，自从生产商们开始种植优良葡萄品种，将目光转向高品质葡萄酒的生产上，阿根廷的葡萄种植观念发生了巨大转变。如今，阿根廷具有品质意识的生产商将产量控制放在首位，他们提高种植密度、培育优质品种、精心修剪葡萄树、采用滴灌的灌溉方法，并且保持合理的叶果比等。

和新世界许多其他葡萄酒生产国不同，阿根廷的葡萄品种繁多。虽然高产的克里奥拉和瑟蕾莎仍然种植广泛，但随着消费者品位的提升以及人们对美酒佳酿的渴望，克里奥拉和瑟蕾莎的重要地位迅速被优质葡萄品种所取代。尤其值得一提的是，来自法国西南部卡奥尔的马尔贝克葡萄在原产地只是一个默默无闻的小配角，在阿根廷却大放异彩，已成为这里的经典红葡萄品种。而这主要是因为阿根廷温暖干燥的半沙漠气候可以赋予马尔贝克葡萄酒柔和的酒体、浓郁的香味和醇厚的口感。

令人遗憾的是，20世纪70年代白葡萄酒盛极一时，大部分马尔贝克老葡萄树被连根拔起。1990年马尔贝克在阿根廷的种植面积为10000公顷，现已达到22500公顷，仅次于伯纳达。伯纳达是产自意大利北部的一种红葡萄品种，直到近些年人们才发现它最适合与阿根廷的其他本土葡萄混酿以增加葡萄酒的柔顺口感。伯纳达与添普兰尼洛或者一定量的巴贝拉和桑娇维赛调配，可以酿造出物美价廉的日常餐酒。在引进的法国葡萄品种中，赤霞珠、西拉和梅洛都有很好的发展前景，但它们是否能与马尔贝克相媲美还有待考证。

阿根廷最具代表性的白葡萄酒多采用托隆特斯葡萄酿制而成。据说，托隆特斯的原产地为西班牙的加利西亚，不过也有人称托隆特斯是引进到阿根廷的麝香葡萄的变种。阿根廷的托隆特斯主要包括三种：里奥哈托隆特斯、门多萨托隆特斯和圣胡安托隆特斯。用托隆特斯酿造的干白葡萄酒具有独特的麝香气息，其中尤以北部萨尔塔省（Salta）出产的托隆特斯白葡萄酒为最。阿根廷还种植大量的佩德罗-希梅内斯、亚历山大麝香和霞多丽，虽然霞多丽葡萄酒大多品质中庸，但却为阿根廷白葡萄酒在国际市场上争取了一席之地。

位于门多萨的米歇尔多林（Michel Torino）酒庄生产多种葡萄酒

国际投资者带来了新的技术和理念，当地生产商纷纷效仿，关注风土特征、提高酿酒厂的卫生条件、采用温控发酵、改良技术设施等。生产商在提高酿酒工艺的同时也开始选择葡萄采摘的最佳时机。他们还加强对单宁的控制，进一步完善萃取环节，用法国小橡木桶代替老橡木桶进行陈年，并且使用调配技术酿造口感更复杂的葡萄酒。

阿根廷的葡萄酒产区

门多萨

安第斯山脉脚下的门多萨处于阿根廷葡萄酒行业的核心地带，是阿根廷最大、最重要的葡萄酒产区，葡萄酒产量占全国总产量的2/3。门多萨的葡萄种植面积约14.4万公顷，共分为五个区域：北门多萨、门多萨河上游、东门多萨、优克谷和南门多萨。圣胡安位于门多萨北部，是阿根廷第二大葡萄酒产区，葡萄酒产量占全国总产量的25%。圣胡安以北是阿根廷第三大葡萄酒产区拉里奥哈（La Rioja）。其他产区包括更北部的萨尔塔或卡法耶山谷以及位于巴塔哥尼亚的黑河。和前三个产区相比，后两个产区规模要小得多，但由于出产的葡萄酒风格独特、品质不凡，这两个产区仍然十分重要。

图蓬加托谷（Tupungato Valley）和优克谷这两个产区发展迅速，葡萄园多位于海拔900米以上，出产的葡萄酒香气浓郁、口感均衡

门多萨受圣安地列斯断层影响，地震频繁。不过，这里是个迷人的省会城市。市区大路的两旁矗立着法国梧桐与白杨树，可见当初的种植者早已想到在炎热的正午时分为劳累的工人和小动物提供丝丝凉意。绿树成荫的街道两旁还有巨大的橄榄树，在阳光和灌溉系统的双重作用下，又圆又大的橄榄挂满了枝头。橄榄树的外围是一片片葡萄园，同样，这些葡萄树也长势旺盛，树干如同橡树般粗壮。门多萨可耕地面积仅占3.5%，其他都为沙漠地带。

门多萨是目前阿根廷最重要的葡萄酒产区。大片的葡萄园分布在安第斯山脚下，那里有灌溉所需的水源

北门多萨产区的海拔在600～700米，包括拉瓦尔（Lavalle）、拉斯赫拉斯（Las Heras）、格威马利（Guaymallén）、圣马丁（San Martín）和迈普（Maipú）部分地区。北门多萨的西南部是门多萨河上游产区，海拔为700~1100米），包括卢汉德库约（Luján de Cuyo）、佩德里埃尔（Perdriel）、阿格列罗（Agrelo）、乌加特切（Ugarteche）和迈普大部分地区。在冰雪覆盖的

科顿德尔普拉塔山（Cordón del Plata）和图蓬加托山圆顶的映衬下，这些葡萄酒产区景色如画，美不胜收。马尔贝克是阿根廷的明星品种，在卢汉、佩德里埃尔和迈普的顶级葡萄园中都种有老藤马尔贝克。迈普还出产高品质的赤霞珠，这里拥有门多萨的许多知名酒庄，包括卡特纳（Catena）、翠帝（Trapiche）和诺顿（Norton）。

图蓬加托山附近的优克谷正成为阿根廷越来越重要的葡萄酒产区。这里海拔较高，在900～1250米，气候凉爽，昼夜温差显著，为出产红葡萄酒和芳香四溢的白葡萄酒提供了优越的自然条件。

优克谷以东即为东门多萨。东门多萨是阿根廷产量最大的葡萄酒产区之一，包括四个子产区：胡宁（Junin）、里瓦达维亚（Rivadavia）、圣马丁（San Martín）和圣罗莎（Santa Rosa）。南门多萨产区包括阿尔韦亚尔大区（General Alvear）和圣拉斐尔（San Rafael），圣拉斐尔坐落着比安奇（Bianchi）家族酒厂的葡萄园。

圣胡安和拉里奥哈

门多萨北部的圣胡安是阿根廷第二大葡萄酒产区，拥有35600公顷葡萄园，气候比门多萨炎热，出产的葡萄酒与澳大利亚的河地（Riverland）产区一样，大多是用普通葡萄酿造的廉价酒。不过，圣胡安也有一些知名子产区，如乌卢姆（Ullum）、卡林加斯塔（Calingasta）和图卢姆山谷（Valle del Tullum）。而且佩娜弗洛（Peñaflor）和圣地亚哥格拉菲尼亚（Santiago Graffigna）酒厂也证明了这里能够生产口感浓烈、品质优秀的日常餐酒。

从圣胡安继续向北，就是拉里奥哈产区。该产区规模较小，葡萄种植面积仅7000公顷。拉里奥哈是阿根廷最古老的葡萄酒产区，出产风味浓郁的托隆特斯葡萄酒。

卡法耶山谷

卡法耶山谷是阿根廷著名的白葡萄酒产区，葡萄园大多在海拔1660米以上，地势高险、阳光充足。卡法耶山谷位于卡尔查基河（Río Calchaquí）和圣玛利亚河（Río Santa Maria）冲击而成的三角洲内，东西宽约20千米，两边山峰夹岸。由于焚风效应阻挡了云层，这里常年气候干燥。夏季昼夜温差显著，白天可达38℃，晚上骤降至12～14℃，冬季温度则可低至-6℃。虽然阿根廷大部分葡萄园都需要进行灌溉，但灌溉体系对卡法耶山谷的葡萄种植尤为重要。

卡法耶山谷的葡萄种植面积仅1800公顷，葡萄酒产量占阿根廷总产量的1.5%。然而就是这小小的一方天地在阿根廷的葡萄酒行业却举足轻重。卡法耶山谷之所以受到市场青睐一是由于其生产的托隆特斯口感细腻、香气浓郁；二是因为除了白葡萄酒，这里也开始出产红葡萄酒，尤其是赤霞珠、丹拿和马尔贝克。葡萄树大多采用篱架和棚架栽培，但是一些新建葡萄园也会将葡萄藤

温贝托·卡纳尔（Humberto Canale）酒庄从1913年开始在阿根廷最南部地区生产葡萄酒。该酒庄的展览馆里至今还保存着创业时期的纪念品

葡萄丰收带来的灿烂笑容也难掩盖残酷的现实：收获的葡萄中仅有一小部分可以达到出口标准

绑缚在铁丝上。该产区最大的两家酒厂是艾查德（Etchart）和米歇尔多林，此外还有一些小酒庄，如唐纳德·赫斯的佳乐美（Colomé），以及米歇尔·罗兰与阿纳尔多·艾查德合资创立的酒庄。佳乐美是世界上海拔最高的酒庄之一，葡萄园位于海拔2400～3000米；米歇尔·罗兰与阿纳尔多·艾查德创立的酒庄在圣佩德罗亚克丘雅（San Pedro de Yacochuya）附近也拥有高海拔葡萄园。

黑河

黑河产区因阿根廷南部水果与葡萄酒生产的命脉——“黑河”而得名，这里不仅拥有2200公顷葡萄园，出产阿根廷3%的葡萄酒，还有4.5万公顷果园，盛产苹果和梨等水果，是该地区农业经济的支柱。这里干热少雨，昼夜温差显著，地形地貌特殊，是阿根廷最原始、最具发展潜力的地区之一。

黑河产区的土壤由冲击沙土和砾石构成，葡萄园越靠近河流，土壤就越显沙质。该地区没有受到20世纪60年代批量生产模式的影响，当其他产区为了追求产量，大规模改用棚架栽培，黑河产区也没有跟风而动，依然采用传统的高登式引枝法。

20世纪初，英国人在内乌肯河（Río Neuquén）上游黑河省境内拦河筑坝，不仅为黑河建立了便利的灌溉体系，而且形成了一个长120千米、宽8千米的肥沃山谷。最早出于商业目的从事葡萄种植的是温贝托·卡纳尔，他向黑河产区引进波尔多葡萄品种。现在许多新建的酒庄纷纷与温贝托·卡纳尔合作，其中包括花葡蕾（Fabre Montmayou）、芬蒙多（Fin del Mundo）和诺米娅（Noemia）等。维纳特（Weinert）酒庄在巴塔哥尼亚的丘布特省（Chubut）种植黑比诺、梅洛、霞多丽、雷司令和琼瑶浆等葡萄品种。

阿根廷的主要葡萄酒生产商

生产商：Achával Ferrer***
所在地：Luján de Cuyo，Mendoza
24公顷，年产量不详
葡萄酒：Fincas：Altamira，Bella Vista，Mirador；Quimera，Malbec Mendoza
该酒庄由四位好友合作创建，其中包括意大利著名酿酒大师Roberto Cipresso。酒庄采用高海拔葡萄园的低产老藤葡萄酿造优质马尔贝克单一葡萄园葡萄酒和混酿酒。

生产商：Alta Vista*–*****
所在地：Luján de Cuyo，Mendoza
175公顷，年产量216万瓶
葡萄酒：Alta Vista：Terroir Selection，Atemporal，Premium；Alto
来自波尔多的Aulan家族在阿根廷许多著名地区都拥有自己的葡萄园。在葡萄酒顾问Michel Rolland的帮助下，他们出产的葡萄酒品质出众。

生产商：Altos Las Hormigas*–*****
所在地：Luján de Cuyo，Mendoza
40公顷，非自有葡萄，年产量79万瓶
葡萄酒：Altos Las Hormigas Malbec，Malbec Viña Hormigas
阿根廷人Carlos Vazquez和六位来自意大利的酿酒师于1995年创立了这家酒庄，他们希望充分利用当地得天独厚的风土条件，酿造阿根廷最出色的马尔贝克葡萄酒。

生产商：Bodega Catena Zapata*–*****
所在地：Agrelo，Luján de Cuyo，Mendoza
400公顷，年产量240万瓶
葡萄酒：Catena，Catena Alta，Nicolas Catena Zapata，Catena Zapata Malbec Argentino
Nicolás Catena是阿根廷现代葡萄酒行业的先驱之一。在这个印加玛雅风格的酿酒厂里，他使用马尔贝克酿造出品质一流的葡萄酒。如今他的女儿Laura越来越多地参与到酒庄的经营中来。

生产商：Bodega Lurton–***
所在地：Alto Valle Del Uco，Tunuyán
200公顷，年产量180万瓶
葡萄酒：Pinot Gris；Bonarda，Malbec，Gran Lurton，Piedra Negra
Jacques Lurton和François Lurton于1996年在Vista Flores产区发现了这个位置，并从此开始从事葡萄种植和葡萄酒酿造。他们最初只生产价格实惠的葡萄酒，现在也生产一些优质红葡萄酒。目前该酒庄归François Lurton所有。

生产商：Bodega Norton***
所在地：Luján de Cuyo，Mendoza
700公顷，非自有葡萄，年产量1600万瓶
葡萄酒：Torrontés；Barbera，Tannat，Privada，Perdriel，Lo Tengo Malbec
该酒庄于1895年由英国工程师Norton创立，1989年被奥地利商人Gernot Swarovski收购，如今由Gernot Swarovski的继子Michael Halstrick管理，出产的葡萄酒品质卓越、价格合理。

生产商：Bodega Terrazas de los Andos***-****
所在地：Perdriel，Luján de Cuyo，Mendoza
500公顷，年产量360万瓶
葡萄酒：Chardonnay，Cabernet Sauvignon，Malbec
该酒庄属于L.V.M.H.集团，葡萄园地理位置优越，海拔较高。酒庄出产品质卓越的珍藏酒以及赤霞珠和马尔贝葡萄酒。与法国Château Cheval Blanc酒庄合资成立了Cheval de los Andes酒庄。

生产商：Bodega Trapiche**-***
所在地：Maipú，Mendoza
1075公顷，非自有葡萄，年产量2760万瓶
葡萄酒：various brands and varieties
该酒庄由美国D.L.J.公司拥有，是阿根廷最大的酒庄之一。在首席酿酒师Daniel Pi的率领下，出产不同系列葡萄酒，包括Asticaund Falling Star、Broquel、Medalla和Iscay等。

生产商：Bodega Y Viñedos O. Fournier***-****
所在地：El Cepillo，La Consulta，Mendoza
100公顷，年产量60万瓶
葡萄酒：Urban Uco，B Crux，A Crux brands
这座配有餐厅的高科技酒厂由西班牙人Jose Manuel Ortega Gil-Fournierhe 和其他投资商于2001年共同创建，主要出产添普兰尼洛葡萄酒，但明星产品是马尔贝克葡萄酒Alfa Crux。

生产商：Clos de los Siete***-****
所在地：Vista Flores，Tunuyán，Mendoza
850公顷，年产量60万瓶
葡萄酒：Clos de los Siete and seven individual estates
该酒庄于1998年由七个来自法国的酿酒师创建而成，在世界顶级葡萄酒顾问Michel Rolland和Jean-Michel Arcaute的建议下，既生产马尔贝克混酿酒，又生产单一品种葡萄酒。

生产商：Dominion del Plata***-****
所在地：Agrelo，Luján de Cuyo，Mendoza
64公顷，非自有葡萄，年产量190万瓶
葡萄酒：Crios for varietal wines，Ben Marco and Susana Balbo ranges
葡萄酒酿造专家Suasna Balbo及其丈夫Pedro Marchevsky于1999年创建该酒庄，他们关注葡萄种植和葡萄酒酿造的每一个细节，生产的葡萄酒品质一流。

生产商：Fabre Montmayou，Domaine Vistalba and Infinitus，Patagonia***-****
所在地：Vistalba，Luján de Cuyo，Mendoza and Allen，Río Negro，Patagonia
88公顷、50公顷、25公顷租赁，年产量60万瓶和36万瓶
葡萄酒：Chardonnay，Semillon，Cabernet，Merlot，Malbec，Syrah
来自波尔多的Hervé Joyaux Fabre于1993年在Mendoza地区和Río Negro地区分别创建了Fabre Montamayou和Infinitus酒庄。Fabre Montamayou酒庄精选百年株龄的葡萄藤，结合法国传统工艺，陈酿出品质尊贵的马尔贝克葡萄酒和波尔多混酿酒，而Infinitus酒庄的葡萄园由于昼夜温差显著，出产的葡萄酒果香浓郁、风格雅致。

生产商：Familia Zuccardi**-***
所在地：Maipú，Mendoza
700公顷，年产量140万瓶
葡萄酒：various grape varieties；ranges：Santa Julia，Santa Rosa，"Q"
José Alberto Zuccard是阿根廷葡萄酒行业最富激情、最受尊重的代表人物之一。他采用有机种植法，并在15公顷的试验田尝试培育一系列新葡萄品种。他的儿子Sebastian也一直以其为榜样，大胆尝试，不断创新。

生产商：Finca La Anita****
所在地：Agrelo，Mendoza
120公顷，年产量不详
葡萄酒：Semillon，Syrah，Malbec
Antonio Mas和Manuel Mas兄弟二人采用自然法种植葡萄，也把自己独特的理念融入葡萄酒酿造过程中，因此酒庄生产的红葡萄酒和白葡萄酒口味别具一格。

生产商：Carlos Pulenta，Finca Y Bodega Vistalba***-****
所在地：Luján de Cuyo，Mendoza
58公顷，年产量60万瓶
葡萄酒：Tomero；CORTE；Corte A，B and C
Carlos Pulenta的酒庄成立于2005年，其酿酒葡萄来源于他父亲的Los Alamos酒庄（位于Uco Valley，海拔1150米）和他自己的Vistalba酒庄。Carlos Pulenta的餐厅La Bourgogne是门多萨地区最好的餐厅。

生产商：Pulenta Estate****
所在地：Alto Agrelo，Luján de Cuyo，Mendoza
135公顷，年产量36万瓶
葡萄酒：Sitting Dog，La Flor
该酒庄由Eduardo Pulenta和Hugo Pulenta兄弟于2001年创建。酒庄注重品质，所有葡萄均来自Alto Agrelo和Uco Valley地区，出产的葡萄酒性价比非常高。

生产商：Michel Torino Wines***
所在地：Cafayate Valley，Salta
700公顷，年产量360万瓶
葡萄酒：Sauvignon，Chardonnay，Malbec，Merlot，Shiraz，Cabernet
该酒庄位于海拔1700米之上，生产各种葡萄酒，包括Don David系列的单一品种葡萄酒和顶级葡萄酒Altimus。酒庄旁有Starwood Hotels集团旗下的一家豪华酒店和葡萄酒温泉浴所。

智利

位于圣地亚哥南部雷奇诺阿（Requinoa）的圣阿米利亚酒庄（Viña Santa Amelia）始建于1850年，1990年后由法国人经营。该酒庄拥有250公顷葡萄园，采用生态种植法。出口葡萄酒使用“洛宝多”（Château Los Boldos）的商标

20世纪70年代，西班牙葡萄酒生产商米高·托雷斯将智利誉为“葡萄种植和酿造的天堂”，为新一代的酿酒师和生产商提供了灵感，令智利葡萄酒行业起死回生。

事实上，智利拥有悠久的葡萄种植历史。早在400多年前，西班牙殖民者就将葡萄树带到这里，以生产圣餐礼所需的葡萄酒。关于最早的葡萄树究竟来自秘鲁、墨西哥还是西班牙已经无从考证，但史料显示，1551年一个名为弗朗西斯科·阿吉雷（Don Francisco de Aguirre）的人首次在智利的拉塞雷纳（La Serena）地区成功种植葡萄树，1554年，他又和女婿胡安·胡夫雷（Juan Jufré）在中央山谷（Central Valley）种植葡萄。早期的欧洲移民带来了派斯（País）、麝香、特浓迪（Torontel）、阿比洛（Albillo）等葡萄品种。1851年，西尔韦斯特·奥查加维亚·埃查萨雷塔开始从波尔多地区引进法国葡萄品种。19世纪中期，葡萄根瘤蚜肆虐欧洲，智利由于特殊的地理位置而幸免于难，其葡萄酒行业由此萌芽。

20世纪60年代末，智利的葡萄酒行业处于低迷状态，1974年，智利废除新建葡萄园的禁令并出台了一些更加开明的法规，在这之后，葡萄酒行业才得以发展。智利生产成本低，自然条件优越，葡萄生长周期长，昼夜温差显著，受这些优势的吸引，米高·托雷斯于1978年在库里科（Curicó）投资购买了一座酿酒厂，并引进了温控不锈钢发酵罐和法国小橡木桶，开启了智利葡萄酒行业的现代化进程。从此之后，尤其是1995年以后，智利又掀起了一股投资热潮，新投资者建立了新葡萄园，引进了更多的优质葡萄品种，于是，智利也开始将目光对准国际市场，致力于生产符合国际标准的葡萄酒。葡萄酒的出口业务又激励生产商更加关注葡萄酒的特色和品质。

在智利葡萄酒行业全球化发展阶段，许多小规模的精品酒庄也如雨后春笋般涌现出来，这些豪情万丈的酿酒师们，如伊格纳西奥·雷卡瓦伦（Ignácio Recabarren）、玛利亚·德尔皮拉尔·冈萨雷斯（María del Pilar González）和阿尔瓦罗·埃斯皮诺萨（Álvaro Espinoza）等，都力图生产出口感复杂、风格鲜明的智利葡萄酒。同时，为了寻找某葡萄品种最理想的生长环境，生产商们在探索过程中发现了一些新的优质产地，如智利西部的卡萨布兰卡谷（Casablanca Valley）和圣安东尼奥谷（San Antonio Valley）、北部的艾尔基谷（Elqui Valley）、利马里谷（LimaríValley）和峭帕谷（Choapa Valley）以及南部的伊塔塔谷（Itata Valley）和比奥比奥谷（Bío-Bío Valley）。

智利的葡萄种植区域位于南纬27°和39°之间，面积达107000公顷，略低于阿根廷的葡萄种植面积。智利气候炎热，但是东部安第斯山脉和西部太平洋带来的凉风能起到很好的调节作用。圣地亚哥以北的阿空加瓜谷（Aconcagua Valley）和卡萨布兰卡谷是智利两个重要的葡萄酒产区，但是智利的大多数优质葡萄产自圣地亚哥以南的中央山谷。中央山谷包括四个子产区，分别是迈坡谷、拉佩尔谷（Rapel Valley）、库里科谷和莫莱谷（Maule Valley）。发源于安第斯山脉东坡的数条河流流经这些谷地汇入太平洋。智利的南部产区主要包括凉爽湿润的伊塔塔谷和比奥比奥谷。那里土壤肥沃，多为冲积土和黏质白垩土。中央山谷西坡的葡萄园位于海拔

产自智利葡萄酒市场引领者——干露酒庄的红葡萄酒。

智利的葡萄种植离不开安第斯山脉的水源。通常，葡萄园的行间会挖掘沟渠。现代葡萄园采用滴灌系统

600米以上的地区，而安第斯山脉东坡的葡萄园海拔高达1000米，那里阳光更为充沛。

最初，由于发达的灌溉体系、高棚架的种植方式和高产的葡萄品种，智利的葡萄产量一直居高不下。20世纪90年代，种植户们意识到降低产量的重要性以及棚架搭建、树型管理和葡萄产量之间的关系。他们开始根据风土和气候条件建立葡萄园，选择优质的葡萄品种，并且为了进行机械化作业和改善品质，提高了葡萄园的种植密度。同时，在知名酿酒师阿尔瓦罗·埃斯皮诺萨的带领下，越来越多的种植户参与到有机种植的行列中来。

智利种植最广泛的葡萄品种是派斯，由西班牙殖民者传入智利，这种葡萄在加利福尼亚被称为弥生，在阿根廷被称为克里奥拉。派斯大多种植在非灌溉区。不过，在中央山谷的灌溉区也生长着一些优质葡萄品种，这些葡萄品种大多于19世纪由具有开拓精神的智利人引进。由于智利没有受到葡萄根瘤蚜虫害的侵扰，这些葡萄没有进行嫁接。

智利主要的红葡萄品种是波尔多葡萄，包括赤霞珠、梅洛、品丽珠、马尔贝克、黑比诺、西拉以及佳美娜（Carmenère）。迈坡谷出产的赤霞珠略带薄荷和香草气息，享誉盛名。智利的梅洛葡萄酒柔和、顺滑，非常迷人。佳美娜是一个古老的波尔多品种，如今在智利也长势良好。黑比诺最初被用来生产起泡酒，现在作为优质品种被用来酿造静态红葡萄酒。

智利能够用霞多丽和苏维浓酿造出优质的白葡萄酒，成为海外葡萄酒商进口日常餐酒的首选国家。智利的霞多丽白葡萄酒在不锈钢酒罐中低温发酵后散发出浓郁而又恰到好处的热带果香，而经橡木桶发酵的霞多丽，尤其是来自凉爽产区的霞多丽，口感更为复杂。苏维浓适合种植在较为寒冷的地区。事实上，智利的苏维浓并非全是长相思，大多都是表现力一般的青苏维浓。除了常见的白葡萄品种之外，智利还生产少量高品质雷司令和琼瑶浆葡萄酒。

随着众多的欧洲、北美投资者进入智利的葡萄酒行业，智利的各个酿酒厂不仅拥有更先进的酿酒设备，而且更新了理念，在葡萄酒生产的各个环节更加注意环境卫生。这种技术和观念上的改变在很大程度上是由于海外的酿酒精英将新的技术和理念带到智利，另一方面智利的酿酒师也会前往其他葡萄酒产国学习取经。由于新设备的使用、葡萄品种的甄选以及葡萄在运往酿酒厂途中的维护，新生产的葡萄酒更少氧化，口感更加清新，果味更加浓郁。此外，传统的栗木发酵桶已经被摒弃，取而代之的是法国橡木桶和美国橡木桶；各酒庄也都根据实际需要增添了冷却设备和灌装设备。

智利的国际声誉归功于顶级生产商米高·托雷斯

智利的主要葡萄酒产区

智利北部有三个葡萄酒产区：艾尔基谷、利马里谷和峭帕谷，其中艾尔基谷的葡萄种植面积约为450公顷，利马里谷和峭帕谷的葡萄种植面积合计为1740公顷。受到太平洋海风的影响，艾尔基谷出产风格优雅的红葡萄酒，而利马里谷则主要出产赤霞珠、佳美娜和霞多丽葡萄酒。圣地亚哥以北的的阿空加瓜产区包括阿空加瓜谷和卡萨布兰卡谷两个次产区，土壤多为肥沃的冲积土。在晨雾和海风的共同作用下，卡萨布兰卡谷气候凉爽，适合出产口感清新、风格优雅的长相思和霞多丽白葡萄酒。巴勃罗·莫兰德（Pablo Morande）自1982年起就开始在卡萨布兰卡谷种植葡萄。目前卡萨布兰卡谷的葡萄种植面积超过3830公顷，这些葡萄园分属不同的酒庄，包括卡萨伯斯克（Casas del Bosque）、拉赫希（Laroche）、翠岭（Veramonte）、维拉德（Villard）、卡萨布兰卡（Viña Casablanca）和威廉科尔（William Cole）等。圣安东尼谷（San Antonio）位于卡萨布兰卡谷南部，是智利的新兴产区，气候较为凉爽，葡萄种植面积为290公顷，主要种植白葡萄品种和黑比诺。阿空加瓜谷海拔较高，葡萄种植面积约为1050公顷，出产智利最优质的葡萄酒之一，即伊拉苏（Errazuriz）酒庄的马克西米诺（Don Maximiano）。

迈坡谷产区位于首都圣地亚哥以南，气候温暖，葡萄种植面积约为10680公顷，以出产赤霞珠和混酿红葡萄酒闻名。迈坡谷的知名葡萄酒品牌包括干露魔爵（Concha y Toro Don Melchor）、桑塔丽塔真实勋章（Santa Rita Medalla Real）、活灵魂（Almaviva）、安帝雅（Antiyal）、查威克（Viñedo Chadwick）和佩雷库兹（Perez Cruz）等。

库奇诺（Cousiño Macul）酒庄生产的红葡萄酒具有极佳的陈年潜力，远近闻名

圣派德罗（San Pedro）酒庄是智利的酒业巨头之一，拥有现代化的酿酒厂，尽管如此，这里的葡萄采摘和运输全部由人工完成

继续南下，拉佩尔谷产区分为两个次产区：卡恰布谷（Cachapoal Valley）和空加瓜谷（Colchagua Valley）。这里共有31800公顷葡萄园，位于海拔600—1000米之间，土壤多为冲击土。受地中海气候的影响，拉佩尔谷比迈坡谷凉爽湿润。拉佩尔谷以生产红葡萄酒为主，老牌酒庄包括彼斯克提（Bisquertt）、波塔（Porta）、圣艾米丽娜（Santa Emiliana）、圣莫妮卡、路易菲利普埃德华兹（Luis Felipe Edwards）和拉菲家族巴斯克（Château Lafites Los Vascos）。此外，拉佩尔谷还有一些后起之秀，如阿勒塔尔（Altaïr）、白银（Casa Silva）、柯诺苏（Cono Sur）、阿拉卡诺（Hacienda Araucano）、拉博丝特（Casa Lapostolle）、蒙特斯（Montes）和嘉斯山（MontGras）等酒庄。

库里科谷产区的葡萄园总面积约为19000公顷，拥有特诺谷（Teno Valley）和隆特谷（Lontue Valley）两个次产区。主要酒庄包括蒙特斯、圣派德罗和桃乐丝（Torres）。库里科谷以优质霞多丽葡萄酒闻名，不过该产区的瓦帝维索（Valdivieso）酒庄生产的黑比诺、赤霞珠、品丽珠和梅洛等红葡萄酒也品质优秀，且价格合理。

莫莱谷产区西临海岸山脉，东接安第斯山脉，分为克拉罗（Claro）、伦克米拉（Loncomilla）和突突文（Tutuven）三个产区，葡萄园总面积约为29300公顷。该产区的土壤为火山土，气候属于地中海气候，冬季多雨。受太平洋的影响，这里比其他偏北的产区凉爽。莫莱谷的知名酒庄有卡利纳（Viña Calina）、吉尔莫（Gillmore）、多诺索（Casa Donoso）和泰瑞贵族（Terranoble）。

葡萄采摘工在葡萄藤荫下小憩。智利的葡萄酒行业为智利提供了大量的就业岗位

智利的南部产区主要包括伊塔塔谷、比奥比奥谷和马勒科谷（Malleco Valley），葡萄种植总面积约14000公顷。由于缺少了海岸山脉的天然屏障，这里降雨量较为丰富。南部产区的平均气温较其他产区略低，日照时间也相对较短，然而，这种气候条件更适合葡萄生长。南部产区的酿酒葡萄多为派斯和麝香，但近年来新种的雷司令和琼瑶浆也都展现出了巨大的发展潜力。

皮斯科

皮斯科是智利的国酒，其名字“Pisco”来源于古印加语“Piscu”，意为“飞鸟”。皮斯科产于智利北部的皮斯科（Pisco）地区，由麝香葡萄蒸馏酿制而成。1931年5月16日，皮斯科成为第一款受原产地保护的酒精饮料。智利共有14800公顷葡萄园出产皮斯科，主要位于艾尔基谷和利马里谷。近年来，随着皮斯科需求量的减少，一些种植户转而种植其他酿酒葡萄。采摘下来的葡萄经过发酵后在铜质的蒸馏器中蒸馏，然后在栗木或橡木桶中陈酿4至12个月，最后被稀释成酒精含量为30%、35%、40%和43%的四种皮斯科酒。皮斯科具有浓郁的梅干、李子、苦杏仁和香草等香气。

皮斯科酸酒

将4量杯皮斯科酒、1量杯柠檬汁、冰块、1勺蛋清（依个人喜好）和糖（依个人口味）相混合，用力摇晃，倒入酒杯。蛋清会赋予鸡尾酒丰富的泡沫，加入新鲜的柠檬汁，这就是一款非常适合夏季饮用的鸡尾酒。

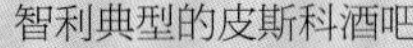

智利典型的皮斯科酒吧

智利的主要葡萄酒生产商

生产商：**Antiyal******
所在地：**Maipo Valley**
8公顷，年产量1.67万瓶
葡萄酒：Antiyal，Kuyen
酿酒专家Alvaro Espinoza在自己的葡萄园和父母的葡萄园都采用生物动力法种植葡萄。该酒庄于1998年推出了一款由赤霞珠、西拉和佳美娜混酿的葡萄酒，具有清新的果味和浓郁的矿物气息，口感均衡，是智利最优质的红葡萄酒之一。

生产商：**Casa Lapostolle***-******
所在地：**Santa Cruz，Colchagua Valley**
375公顷，部分非自有葡萄，年产量24万瓶
葡萄酒：Chardonnay，Sauvignon；Cabernet Sauvignon，Merlot；Reihen：Tanao，Cuvée Alexandre，Clos Apalta
在法国酿酒师Michel Friou和酿酒顾问Michel Rolland的帮助下，酒庄主Alexandra Marnier Lapostolle酿造出智利最好的红葡萄酒之一。该酒庄在Apalta、Requinoa和Casablanca都有葡萄园。

生产商：**Casa Marin******
所在地：**Lo Abarco，Cartagena**
40公顷，年产量6.6万瓶
葡萄酒：Sauvignon Blanc，Sauvignon Gris，Riesling，Pinot Noir
该酒庄由Maria Luz Marin创建，虽然距离太平洋仅四公里，但出产的葡萄酒品质优质。主要使用香气浓郁的葡萄品种酿酒。

生产商：**Casa Silva*****
所在地：**Colchagua Valley**
800公顷，年产量456万瓶
葡萄酒：Sauvignon，Chardonnay，Viognier，Merlot，Syrah，Carmenère
该家族酒庄建于1892年，现由Mario Pablo Silva经营。技术总监Mario Giesse和Talca University合作，认真研究酒庄的风土条件。现在，酒庄已经发展成为一家现代化的酒庄，出产多种优质葡萄酒，其中佳美娜最为卓越。

生产商：**Concha y Toro***-*******
所在地：**Las Condes，Santiago**
6285公顷，非自有葡萄，年产量10200万瓶
葡萄酒：diverse wine ranges with various grape varieties and blends
该酒庄建于1883，是智利最大的酒庄。由于强大的分销渠道和创新的方法，现已成为世界知名品牌。出产多个品牌的葡萄酒，包括Carmin de Peumo、Don Melchor、Amelia、Terrunyo以及具有传奇色彩的Marqués de Casa Concha和Casillero del Diablo。还和Baron Philippe de Rothschild合作创建了Almaviva酒庄。

生产商：**Cono Sur**-*****
所在地：**Chimbarongo，Rapel Valley**
1200公顷，非自有葡萄，年产量1200万瓶和1560万瓶（子酒庄Isla Negra）
葡萄酒：various grape varieties
该酒庄属于Concha y Toro酒厂。Adolfo Hurtado在Casablanca、Leyda、Maipo、Colchagua、Cachapoal和Bío-Bío等地广泛寻找优秀的风土条件。黑比诺葡萄酒是该酒庄的旗舰产品。

生产商：**Córpora*****
所在地：**Santiago**
935公顷，年产量不详
葡萄酒：various brands with different grape varieties
该酒庄现由Pedro Ibanez经营，葡萄园分布在五个山谷中，包括：Aconcagua、Casablanca、Cachapoal、Maipo和Bío-Bío。酒庄还在Bío-Bío创办了一所葡萄种植学校，并在那里新开辟了560公顷葡萄园。出产的葡萄酒品牌包括Gracia de Chile、Porta、Agustinosa和Veranda。

生产商：**De Martino***-******
所在地：**Isla de Maipo，Maipo Valley**
350公顷和长期合同葡萄园，年产量不详
葡萄酒：De Martino，Santa Iñes
酿酒师Marcelo Retamal为了在Elqui和Bío-Bío之间找到适合葡萄生长的风土条件，进行了一系列的探索。该酒庄在Maipo出产优质的佳美娜葡萄酒，在Choapa出产上乘的西拉葡萄酒，在Maule出产马尔贝克老藤葡萄酒。自己的葡萄园采用有机种植法。

生产商：**Errázuriz**-******
所在地：**Aconcagua**
557公顷，年产量720万瓶
葡萄酒：various grape varieties；ranges：Max Reserva，Don Maximiano，Seña，Chadwick
该酒庄属Chadwick所有，是智利最顶级的酒庄之一。在酿酒师Francisco Baettig的带领下出产一系列优质葡萄酒，如Viñedo Chadwick、Don Maximiano Founder's Reserve、La Cumbre和KAI。该酒庄还和Constellation公司合作生产葡萄酒。越来越多地采用生态法种植葡萄。

生产商：**Hacienda Araucano***-******
所在地：**Lolol，Colchagua Valley**
52公顷，年产量60万瓶
葡萄酒：Sauvignon，Chardonnay，Cabernet Sauvignon，Carmenère
该酒庄属François Lurton所有。靠近太平洋，大部分葡萄种植在山坡上且种植密度较大。出产品质卓越的Gran Araucano葡萄酒和佳美娜葡萄酒Alka。

生产商：**Matetic Vineyards******
所在地：**San Antonio**
90公顷，年产量12万瓶
葡萄酒：Sauvignon，Chardonnay，Malbec，Cabernet Franc，Syrah
Jorge Matetic采用有机种植法，出产一系列优质葡萄酒。然而迄今为止酿酒师Paula Cárdenas最成功的产品当数具有罗讷河谷北部风格的西拉葡萄酒，它是智利最好的葡萄酒之一。

生产商：**Montes***-******
所在地：**Apalta，Colchagua Valley**
500公顷，非自有葡萄，年产量720万瓶
葡萄酒：different varieties in the Monte，Montes Alpha

包括酿酒师Aurelio Montes在内的四个合伙人于1988年创立了该酒庄。他们最早在Apalta、Marchigue和Leyda等山谷尝试酿酒。如今，他们不仅生产日常餐酒，还出产著名的Montes Alpha M、Montes Foll和Montes Purple Angel葡萄酒。

生产商：San Pedro***
所在地：Curicó Valley
2600公顷，非自有葡萄，年产量4800万瓶
葡萄酒：various varieties and brands such as Gato Negro，35 Sur，Las Encinas
该酒庄现在属于CCU集团所有，在Curicó、Cachapoal、Maule、Casablanca和Leyda等山谷都有葡萄园。出产高端的Cabo de Hornos葡萄酒和性价比高的Castillo de Molina葡萄酒。

生产商：Santa Rita–******
所在地：Maipo Valley
2500公顷，年产量1400万瓶
葡萄酒：various varieties，blends and ranges including Reserva，Medalla
该酒庄于1880年由Domingo Fernández创立，并于1980年由Ricardo Claro收购。如今，该酒庄使用产自Limarí、Casablanca、Maipo、Colchagua、Lontué和Maule等山谷的葡萄酿造出色的葡萄酒，此外还出产高品质的葡萄酒如Floresta、Triple "C"、Pehuén和Casa Real等。旗下拥有Carmen和Sur Andino两个酒庄。

生产商：Miguel Torres*–******
所在地：Curicó Valley
440公顷，年产量480万瓶
葡萄酒：Santa Digna，Manso de Velasco，Conde de Superunda
该酒庄建于1979年，现在由Miguel Torres、José Maria Torres和Marimar Torres所有。出产多种混酿酒以及以佳丽酿为基础的Cordillera红葡萄酒。如今在Maule山谷的页岩土壤上尝试种植葡萄。

生产商：Valdivieso***
所在地：Lontué，Curicó
200公顷，非自有葡萄，年产量720万瓶
葡萄酒：Chardonnay，Sauvignon；Merlot，Cabernet，Malbec，Pinot Noir；Caballo Loco；Barrel Selection，Reserve
该酒庄属于Mitjans家族所有，早期以起泡酒著称，自20世纪80年代后期开始出产优质的非起泡葡萄酒。目前，该酒庄的酿酒师是来自新西兰的Brett Jacksen。

生产商：Viña MontGras–*****
所在地：Colchagua Valley
500公顷，年产量380万瓶
葡萄酒：estate range，Reserva，Special Reserva Limited Edition，Quatro，Ninquén
智利第一家在斜坡上种植葡萄的酒庄，投资五百万美元创建Ninquén葡萄园。在美国顾问Paul Hobbs和酿酒师Hernan Gras的带领下，该酒庄对佳美娜进行各种尝试，同时还生产单一葡萄园葡萄酒，如维欧尼、西拉和马尔贝克。

生产商：Viña Morandé–*****
所在地：Rapel Valley
304公顷，非自有葡萄，年产量600万瓶
葡萄酒：Pionero，Premium House of Morandé，Vitistera Gran Reserva，Terrarum Reserva，Dueto
Pablo Morandé最早在凉爽的Casablanca山谷种植葡萄。他专注在Maipo和Casablanca两个山谷酿造葡萄酒，生产出能够反映风土特征的优质葡萄酒。

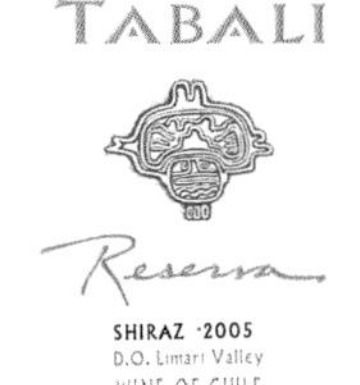

生产商：Viña Tabalí*–******
所在地：Limarí Valley
180公顷，年产量72万瓶
葡萄酒：Sauvignon，Carmenère，Merlot，Cabernet Sauvignon，Shiraz
该酒庄于2002年由San Pedro酒庄和Guillermo Luksic酒庄合资创建，距太平洋仅有24千米，葡萄园土壤为白垩土。在酿酒师Felipe Müller和葡萄种植专家Héctor Rojas的努力下，该酒庄的珍藏酒系列大受青睐。

生产商：Viñedos Emiliana***
所在地：Rapel Valley，Maipo Valley and Casablanca Valley
1379公顷，年产量960万瓶
葡萄酒：Walnut Crest，Santa Emiliana；Emiliana Orgánic
Guilisasti家族自1986起就开始采用生态种植法，他们十分重视葡萄酒的品质和葡萄种植的可持续性发展，Coyam混酿酒品质卓越。现在，酒庄葡萄园由Alvaro Espinoza和José Guilisasti共同经营。

位于智利北部的卡萨布兰卡谷直到20世纪80年代才被葡萄酒专家巴勃罗·莫兰德发掘适合葡萄种植。受太平洋海风的影响，这里气候温和，主要种植霞多丽和长相思葡萄

乌拉圭

乌拉圭主要种植法国葡萄品种

爱德华多·布瓦多（Eduardo Boido）是乌拉圭知名酿酒专家，也是布扎酒庄（Bodega Bouza）的合伙人

早在1650年乌拉圭就已经开始种植葡萄，但如果不考虑这段历史，乌拉圭的葡萄酒行业始于1870年。当时，来自法国的巴斯克人帕斯卡·哈瑞雅格（Pascal Harriague）在首都蒙得维的亚（Montevideo）西北部400千米处的萨尔托省（Salto）开辟了200公顷葡萄园，全部用来种植他从法国南部马迪朗产区带来的丹拿葡萄。丹拿如今依然是乌拉圭最主要的葡萄品种，乌拉圭也是世界上唯一一个大面积种植丹拿的国家。乌拉圭共有10000公顷葡萄种植面积，其中丹拿占四分之一。葡萄酒行业的先锋人物还包括西班牙人弗朗西斯科·维迪拉（Francisco Vidiella）和意大利人巴勃罗·瓦尔齐（Pablo Varzi）。弗朗西斯科·维迪拉1874年在蒙得维的亚周边的科隆（Colón）地区创立了酒庄；巴勃罗·瓦尔齐则于1887年在科隆创立了酒庄，但是他种植的葡萄品种较多，包括丹拿、赤霞珠、梅洛和马尔贝克，他还在1914年创立了第一家生产商合作社。1900年至1930年来到乌拉圭的欧洲移民以意大利人和西班牙人为主，也有不少巴斯克人。乌拉圭现存的许多家族酒庄就是由那个时期的欧洲移民所创建，这些酒庄的继承者们也保留了先人和蔼、好客的性格特征和地中海的生活方式。如今，葡萄酒已成为乌拉圭人生活中不可或缺的一部分，一方面，乌拉圭人均葡萄酒消费量高达33升，另一方面，乌拉圭的葡萄酒行业在飞速发展，并且越来越多地关注品质。

大西洋风格

乌拉圭地势平坦，偶有少数低山分布。这里属于亚热带湿润气候，来自南极洲的马尔维纳斯洋流（Malvinas Current）能很好地调节气候。大西洋的海风保证了夜间的凉爽和葡萄园的良好通风。乌拉圭南部的平均气温是16.5℃，北部为19.5℃，年日照天数高达220天。乌拉圭的葡萄酒产区堪比法国的波尔多产区，而乌拉圭拉普拉塔河（Rio de la Plata）沿岸的环境与法国吉伦特河的环境相似。如果说智利和阿根廷的葡萄酒体现的是太平洋特色，那么乌拉圭的葡萄酒则具有大西洋风格。

乌拉圭较大的葡萄酒产区大多集中在首都蒙得维的亚附近，包括卡内洛内斯（Canelones）、圣何塞（San José）和佛罗里达（Florida）。卡内洛内斯出产的葡萄酒占乌拉圭葡萄酒总产量的60%，而圣何塞和佛罗里达出产的葡萄酒共占总产量的28%。除此之外，西南部科洛尼亚（Colonia）的葡萄酒占6.5%，其余的5.5%则是产自其他小产区，包括西北部的派桑杜（Paysandó）、萨尔托、阿蒂加斯（Artigas）以

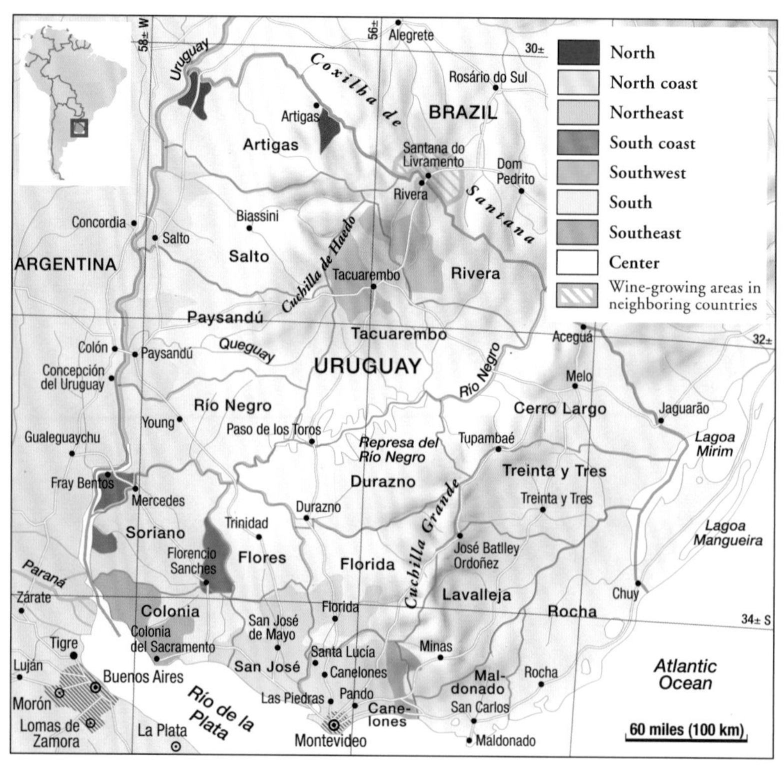

乌拉圭的主要葡萄酒生产商

生产商：Bodega Bouza***
所在地：Montevideo
23公顷，年产量12万瓶
葡萄酒：Albariño，Chardonnay，Merlot，Tempranillo，Tannat，blends
该精品酒庄属于Juan Luis和Elisa Bouza所有，拥有设备完善的酒窖。酒庄只使用自有葡萄酿造优质葡萄酒，一些葡萄树已有四十年树龄。首款精品佳酿出品于2002年。

生产商：Bodega Carrau**-****
所在地：Montevideo
60公顷，年产量30万瓶
葡萄酒：Castel Pujol，Cerro Chapeu，Amat，Casa Luntro
Carrau兄弟是乌拉圭葡萄酒行业先驱Pablo Varzi的继承人，他们于1974年在东北部的Cerro Chapeu创办了自己的酒庄。葡萄酒品质出众。

生产商：Bodega De Lucca***-****
所在地：Progreso，Canelones
45公顷，年产量20万瓶
葡萄酒：Marsanne，Merlot，Syrah，Cabernet Sauvignon，Tannat
Reinaldo De Lucca曾在Montpellier攻读博士学位，其论文研究的是"葡萄树的根系发育"。他生产的葡萄酒酒如其人，独具特色。Rio Colorado特酿酒为上乘之作。

生产商：Bodega Pizzorno***
所在地：Canelon Chicó，Canelones
20公顷，年产量10万瓶
葡萄酒：Sauvignon，Chardonnay，Pinot Noir，Tannat，Brut
酿酒学家Carlos Pizzorno和他的妻子Ana于1987年创建了这个酒庄。红葡萄酒和Brut葡萄酒品质上乘。

生产商：Castillo Viejo**-****
所在地：Las Piedras，Canelones
130公顷，非自有葡萄，年产量不详
葡萄酒：Catamayor，Corazón de Roble，Vieja Pardela
该酒庄于1927年由Etcheverry家族创建，葡萄园采用U型的培型系统，并在行间种植覆盖作物。Duncan Killiner是该酒庄的酿酒顾问。品丽珠葡萄酒品质出众。

生产商：Juanico**-****
所在地：Juanicó，Canelones
240公顷，150公顷签约葡萄园，年产量不详
葡萄酒：Don Pascula，Preludio，Medanos，Casa Magrez，Familia Deicas
Deicas酒庄自1984年以来生产各种优质葡萄酒。该酒庄的经典葡萄酒Preludio由五种葡萄混酿而成。

生产商：Marichal**-***
所在地：Canelones
48公顷，年产量20万瓶
葡萄酒：Chardonnay，Semillon，Sauvignon；Tannat，Merlot，Pinot Noir
Marichal家族的葡萄园坐落在著名的Las Violetas。酒庄现在由Marichal的儿子Alejandro Carlos经营，他的另一个儿子Juan Andres曾在Mendoza学习酿酒工艺，现在是酒庄的首席酿酒师。

生产商：Pisano***-****
所在地：Progreso，Canelones
30公顷，非自有葡萄，年产量30万瓶
葡萄酒：Chardonnay，Sauvignon，Syrah，Tannat，Sangiovese
Pisano家族的酒庄创建于1914年，历经三代人，始终保持着手工酿制工艺。该酒庄不断推陈出新，其中最具代表性的是R.P.F.系列葡萄酒。

及中部的杜拉斯诺（Durazno）和东北部的里韦拉-塔夸伦博（Rivera-Tacuarembó）。乌拉圭各产区的土壤多为疏松的白垩土、沙土或是黏土。

乌拉圭约有270家酒庄，其中20多家以出口为主。日常餐酒占国内葡萄酒消费量的90%以上，它们都以瓶装销售，酒瓶外套一个篮筐。自20世纪90年代起，乌拉圭开始提高葡萄酒品质，将目光转向海外市场。事实上，早在20世纪70年代中期，乌拉圭已经意识到葡萄酒品质的重要性，当时受邀的国外酿酒专家为乌拉圭带来了葡萄种植和葡萄酒酿造的新信息和新理念。乌拉圭葡萄酒行业发展的一个标志性事件是1988年乌拉圭国家葡萄酒机构INAVI的成立。INAVI成立后制定了严格的品质标准，只有符合优质葡萄酒级别的葡萄酒才可以出口海外。这种严格的质量监控体系刺激了乌拉圭葡萄酒行业的发展。如今，乌拉圭生产的葡萄酒口感均衡，香味浓郁，酒精含量适中，极具潜质。

大洋洲

从第一批葡萄树到葡萄酒行业的形成

壮观的御兰堡酒庄位于巴罗萨谷，建于19世纪末

英国酒商肖（T.G.Shaw）具有英国人对待殖民地的那种典型的优越感。他在1864年出版的《葡萄酒——葡萄藤和酒窖》（Wine，the Vine and the Cellar）一书中这样描写澳大利亚：“据我了解的情况而言，无论从土壤还是气候上来说，澳大利亚都不是很适合种植葡萄。人们多年来的努力尝试一直一无所获似乎也印证了这一点。”也许，你不能责怪这个英国人的怀疑态度。澳大利亚气候和土壤的构成确实与欧洲标准相差甚远。任何一个熟谙法国葡萄酒的人都不会看好澳大利亚的葡萄酒行业。

亚瑟·菲利普（Arthur Phillp）上尉于1788年1月26日把杰克逊港（Port Jackson）建成罪犯流放地，之后不久澳大利亚的第一批葡萄树开始在悉尼麦奎利大街（Macquarie Street）洲际酒店的旧址安家落户。澳大利亚的葡萄酒行业就从这为数不多的几棵葡萄树开始发展起来。绵羊养殖户约翰·麦克阿瑟（John Macarthur）与儿子威廉（William）和詹姆斯（James）一起调查研究了法国的酿酒工业后从法国带回了大量的葡萄树，从而为19世纪澳大利亚葡萄酒生产奠定了基础。而探险家格雷戈里·布莱克斯兰（Gregory Blaxland）和一个来自爱丁堡（Edinburgh）的年轻移民詹姆斯·巴斯比（James Busby）是澳大利亚葡萄酒行业的先锋人物。其中巴斯比被誉为“澳大利亚葡萄酒行业之父”，他在法国和西班牙旅行时收集了大量的葡萄树并带回澳大利亚，包括来自伏旧园的霞多丽和黑比诺。1829年，植物学家托马斯·沃特斯（Thomas Waters）在澳大利亚西部也开始种植葡萄。

在奔富酒庄，先锋人物乔治·法夫·安格斯（George Fife Angas）的头像被雕刻在酒桶上以资纪念。从1838年起，安格斯将一些逃亡的路德派教徒带到巴罗萨谷，他们为当地葡萄种植业的发展做出了巨大贡献

19世纪50年代，大批淘金者拥向巴拉瑞特（Ballarat）、路斯格兰（Rutherglen）和本迪戈（Bendigo）等地，维多利亚的葡萄园随即迅速扩展。而来自西里西亚（Silesia）的路德派教徒在19世纪50年代中期随着御兰堡（Yalumba）酒庄的史密斯（Smith）一家和仁慈的苏格兰人乔治·安格斯等人来到南澳大利亚，并推动了该地区葡萄酒行业的迅猛发展。到1870年，作家安东尼·特罗洛普（Anthony Trollope）这样写道：“除了塔斯马尼亚（Tasmania)，所有澳大利亚殖民地的葡萄酒产量都相当可观。”那年，葡萄酒产量达870万升。与此同时，澳大利亚的葡萄酒开始获奖。在1873年的维也纳博览会上，来自维多利亚州的葡萄酒“埃米塔日”被国际评委会评为同类中的冠军，这导致法国人愤而离场（他们原以为法国葡萄酒稳操胜券）。

不久之后的1877年，葡萄根瘤蚜虫害来袭，对维多利亚州的吉朗市（Geelong）造成了重大损害。但南澳大利亚和新南威尔士州却幸免于难。尽管如此，人们还是逐渐失去了信心，部分原因是葡萄根瘤蚜，更主要的原因是出口市场发生了变化，而且当地消费者逐渐青睐更强劲、更甘甜的葡萄酒。

维多利亚是19世纪后半叶澳大利亚杰出的葡萄酒产地，因为出口英国而有“英国人的葡萄园”之称。20世纪前半叶，南澳大利亚夺走了这一桂冠。来自西里西亚的路德派教徒把巴罗萨谷（Barossa Valley）建成了葡萄酒生产中心。1930年，南澳大利亚生产的葡萄酒占澳大利亚葡萄酒总产量的3/4。葡萄大多种植在气候温暖、灌溉充分的河地产区，然后由巴罗萨谷从事葡萄酒酿造的日耳曼人进行加工。1927年至1939年间，澳大利亚贸易受益于英帝国特惠制（British Imperial Preference System），向英国出口了大量葡萄酒，其中一些酒精含量较高，用来增强口味偏淡的法国葡萄酒，还有一些是加强葡萄酒。

成就与问题

二战后，习惯以酒佐餐的移民来到澳大利亚。不锈钢酒罐和温控技术的出现使得大规模生产干型葡萄酒成为可能。与此同时，大公司开始在瑞瓦瑞纳（Riverina）、洛克斯顿（Loxton）、贝里（Berri）和伦马克（Renmark）等地区扩大种植规模，并开辟了新的种植区域帕史维（Padthaway）和卓姆伯格（Drumborg）。库纳瓦拉（Coonawarra）、克莱尔谷（Clare Valley）、麦克拉伦谷（McLaren Vale）和猎人谷等地区以盛产优质葡萄酒而声誉日隆。

奔富酒庄的马克斯·舒伯特（Max Schubert）1951年参观法国后，用西拉葡萄酿造出了葛兰许埃米塔日葡萄酒。这款澳大利亚最知名的葡萄酒刚问世时曾遭到评论家无情的批评。舒伯特被勒令禁止生产这种酒。幸运的是，舒伯特对奔富酒庄和澳大利亚葡萄酒深有远见而没有听从庄主的命令，继续生产葛兰许埃米塔日。1955年酿造的葛兰许埃米塔日在1962年的悉尼皇家葡萄酒展上一举夺金，随后又斩获了51项金奖和12座奖杯。

20世纪60年代，澳大利亚餐饮协会和葡萄酒俱乐部的数量激增，与此同时，人们对红葡萄酒的需求也迅速增加。澳大利亚最直言不讳、最有影响力的葡萄酒行业推动者莱恩·埃文斯（Len Evans）当时写道："兴趣和消费的激增使葡萄酒公司有些手足无措。"他还指出西拉是最适合澳大利亚土壤和气候的葡萄品种。他的看法十分具有前瞻性，时间已经证明了这一点。

虽然红葡萄酒的需求急剧增加，但是问题也接踵而来：在不适合的土壤上种植葡萄、有时候过度种植以及在其他国家也出现的通病——为了满足需求而导致葡萄酒品质的降低。20世纪70年代中期，红葡萄酒的繁荣戛然而止，供过于求。市场需求一度从红葡萄酒转向白葡萄酒，但现在红葡萄酒再次获得青睐，优质的西拉和赤霞珠葡萄酒再次需求高涨。

葡萄酒大亨

澳大利亚红葡萄酒的发展离不开许多有先见之明的人物，他们凭借精湛的酿酒技术或出色的沟通技能在澳大利亚的葡萄酒发展中都起到了影响深远的作用。前文提及的埃文斯就是其中之一，他于1958年离开英格兰来到悉尼，从此开始他终身的使命——宣传并生产澳大利亚葡萄酒。同样有远见的詹姆斯·哈利迪（James Halliday）放弃了有利可图的法律行业，在雅拉谷（Yarra Valley）的冷溪山（Coldstream Hills）酒庄酿造葡萄酒，还将其对葡萄的热爱付诸笔端，撰写了无数的书籍和报刊文章。

西里尔·亨施克酿造了澳大利亚最受欢迎的红葡萄酒之一——神恩山西拉葡萄酒。他的儿子斯蒂芬（Stephen）成功地保持了该葡萄酒的品质

澳大利亚每个地区都有优秀的生产商，他们进行创新，设定标准，并且以出众的品质和独特的口感提高了澳大利亚葡萄酒的声望。猎人谷能够于20世纪60年代晚期出现在葡萄酒版图上，除了埃文斯的努力之外，马克斯·雷克（Max Lake）和穆雷·天瑞（Murray Tyrrell）也功不可没。在维多利亚，米克·莫里斯（Mick Morris）和路斯格兰的康贝尔（Campbells）家族都能生产香气浓郁的麝香加强葡萄酒和托卡伊葡萄酒。在西澳大利亚，霍顿（Houghton）酒庄的杰克·曼恩（Jack Mann）推出了白勃艮第（White Burgundy）葡萄酒，该葡萄酒后来成为澳大利亚最畅销的白葡萄酒之一。

奔富酒庄的马克斯·舒伯特和生产神恩山（Hill of Grace）葡萄酒的西里尔·亨施克（Cyril Henschke）一直是南澳大利亚葡萄酒行业中举足轻重的人物，西里尔·亨施克酿造的西拉葡萄酒至今仍无人能及。20世纪70年代中期，沃尔夫·布拉斯（Wolf Blass）凭借其在橡木桶中熟成的混酿红葡萄酒在葡萄酒展上独领风骚，于1974年、1975年和1976年连续三年以禾富（Wolf Blass）酒庄的黑牌（Black Label）红葡萄酒赢得了令人垂涎的吉米华生（Jimmy Watson）奖杯。1977年，当大公司因为红葡萄酒供过于求而纷纷停止收购葡萄时，传奇人物彼得·莱曼（Peter Lehmann）却一如既往地收购葡萄自己酿酒。他的坚持为后来巴罗萨谷葡萄酒的复兴做出了不可磨灭的贡献。

左图：葡萄酒生产商兼作家詹姆士·哈利迪

右图：彼得·莱曼，即富于传奇色彩的巴罗萨男爵，是拥有德国血统的先锋人物

澳大利亚葡萄酒的自立

在单一品种葡萄酒立足澳大利亚和澳大利亚的葡萄酒追求个性化的道路之前，生产商们一直在模仿夏布利、摩泽尔甚至兰布鲁斯科葡萄酒的风格

澳大利亚葡萄酒产区已经树立起了自身的形象，优质葡萄酒的销量也在急剧增加，这一点从澳大利亚葡萄酒商店出售的品种繁多的葡萄酒可以看出来

澳大利亚的葡萄酒先驱兼知名作家莱恩·埃文斯曾经写下这样一段话："英国传统的葡萄酒市场不会大肆扩张，而且由于英国人与生俱来的傲慢，我们的顶级葡萄酒很难进入那里的市场。"三十多年后，埃文斯的这段言论终被推翻，澳大利亚在国际葡萄酒市场上从一个无名小卒一跃成为大玩家，成为现代葡萄酒行业的成功典范。

虽然澳大利亚现代葡萄酒行业的多元化风格是以欧洲经典风格为基础，但一个世纪的发展已使澳大利亚拥有了大量原创的葡萄酒风格，包括猎人谷烤面包味的赛美蓉、巴罗萨谷强劲浓厚的西拉红葡萄酒以及维多利亚东北部口感略黏的加强麝香和托卡伊葡萄酒。

当许多欧洲国家在忙于拔除多余的葡萄树时，澳大利亚在大面积种植葡萄树。当欧洲国家在寻找进口商时，澳大利亚已经开始实施为新的千禧年制定的雄心勃勃的出口计划。澳大利亚的成功建立在必胜的信念之上，同时也与如下两个因素息息相关：品质意识和对消费者口味（无论是芳香型或干型餐酒，还是起泡酒或加强酒）的鉴别能力。如今，澳大利亚拥有2000多家酿造厂，既有享誉盛名的禾富酒庄、保乐力加奥兰多酒庄（Pernod-Ricards Orlando）和星座哈迪葡萄酒公司（Constellations Hardy Wine Company），又有一些由医生或律师所经营的致力于给澳大利亚葡萄酒行业带来一些特点的个体酒庄。20世纪50年代后期，澳大利亚葡萄酒行业进入现代化阶段，从此发生了天翻地覆的变化。当时，葡萄压榨的数量不超过98400吨。总收成中优质品种所占比例不足10%。20世纪80年代中期，澳大利亚约有80%的葡萄酒以盒中袋或散装出售，5%的优质葡萄酒以瓶装销售。自此优质葡萄品种大获青睐，白葡萄品种中以霞多丽、赛美蓉、长相思、维欧尼和雷司令为最，红葡萄品种以西拉、赤霞珠和黑比诺为最。2000年，葡萄压榨总量近100万吨，其中优质品种占60%。2005年葡萄压榨总量翻了一番，达190万吨。但是2007年，大旱加上霜冻造成葡萄产量急剧下跌，仅为135万吨。

太阳的能量和冷却技术

澳大利亚的葡萄酒生产商们一直沿用和效仿他们所敬仰的欧洲同行的模式生产葡萄酒，然而在生产过程中，他们渐渐发现自己也可以生产出独具澳大利亚特色并且符合消费者口味的葡萄酒。这种独具澳大利亚特色的葡萄酒究竟是什么味道呢？

在强烈日照和较高温度的影响下，澳大利亚葡萄酒果味浓郁、口感柔和。通常情况下，澳大利亚葡萄酒以其柔和圆润的口感而迅速被市场接受。这些葡萄酒不需要一直存放在阴暗潮湿的酒窖中，因为它们的魅力在于其易饮性而非陈年潜力。

或许，澳大利亚葡萄酒和欧洲葡萄酒最大的不同在于前者对葡萄园的选择不像欧洲那样受风土条件的影响，而在欧洲，土壤被视为决定性因素。不得不承认的是，随着对富于地域风格的葡萄酒需求的增加，土壤构成、海拔、山坡倾斜度和朝向等因素越来越重要。但是，在澳大利亚这样一个气候炎热的国家，葡萄酒生产商更重视的还是气候而非土壤。他们通常会将不同地区甚至不同州的葡萄品种相混合。澳大利亚酿酒大师都是混酿高手，熟知各个地区葡萄品种的特色。就连澳大利亚最知名的葡萄酒——葛兰许埃米塔日也是由不同地区的葡萄混酿而成。因此，酿酒师是澳大利亚葡萄酒生产过程中特别重要的角色。

要大量生产令大多数消费者满意的优质葡萄

酒，需要大量的技术手段，而不局限于温控发酵技术。首先是葡萄种植技术。在叶果比平衡的情况下，一方面保证一如既往的品质，另一方面保证收获机器处于最佳使用状态。在澳大利亚葡萄酒行业的不懈努力下，人们最终做到在不降低葡萄酒品质的情况下保证葡萄酒的产量。

澳大利亚葡萄酒展览制度对于澳大利亚葡萄酒风格的精益求精和品质的维持提供了极大的帮助。澳大利亚几乎所有葡萄酒生产商都会拿自己的葡萄酒参加本地、区域或国家的各种酒展，并根据品质高低获得金银铜奖和奖杯。这种制度不仅可以促进葡萄酒销售，也为澳大利亚葡萄酒生产提供了标杆。

地区特色的兴起

澳大利亚的气候千差万别，从炎热干燥到潮湿温暖，而最南部则较为凉爽。南澳大利亚和新南威尔士出产的葡萄酒大多甘甜醇厚。维多利亚出产的葡萄主要用来酿造口味较淡的干型葡萄酒。如今，地域特色变得越来越重要。以前，澳大利亚的葡萄园地图上仅显示州界。现在，麦克拉伦谷、克莱尔谷、满吉（Mudgee）、莫宁顿半岛（Mornington）和伊顿谷（Eden Valley）等产区都形成了自己的特色，而维多利亚的西斯寇特（Heathcote）、南澳大利亚的拉顿布里（Wrattonbully）、西澳大利亚的法兰克兰河（Frankland River）、塔斯马尼亚的塔玛谷（Tamar Valley）和新南威尔士的奥兰治（Orange）等新兴产区也为这种区域的多样性做出了贡献。澳大利亚的葡萄酒生产商已经意识到要想生产出风格优雅、结构复杂的葡萄酒，他们必须寻找更凉爽的产地。这样一来，维多利亚和塔斯马尼亚再次出现在葡萄园地图上，并且和西澳大利亚的南部地区一起成为一股不可忽视的力量。南澳大利亚的葡萄园也如雨后春笋般在罗布（Robe）和拉顿布里的石灰岩海岸（Limestone Coast）涌现出来。就连新南威尔士的一些气候凉爽的地区如奥兰治和唐巴兰姆巴（Tumbarumba）也已发展成为适宜出产起泡酒的产区。

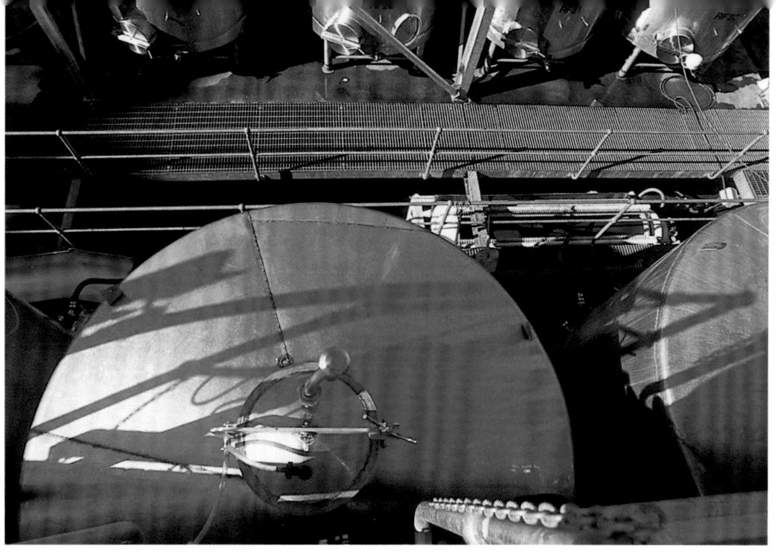

澳大利亚已经发展成为现代葡萄酒酿造的领航者。温控设备和不锈钢发酵罐已成为必不可少的装备

澳大利亚葡萄酒在世界葡萄酒生产量、消费量以及进出口量中所占的比例（%）

年份	生产量	消费量	出口量	进口量
1997	2.2	1.6	2.5	0.3
1998	2.6	1.7	2.9	0.4
1999	2.9	1.7	3.7	0.3
2000	3.0	1.8	4.5	0.2
2001	3.9	1.8	5.4	0.2
2002	4.3	1.8	6.6	0.2
2003	3.9	1.8	7.0	0.4
2004	4.7	1.9	8.0	0.4
2005	5.0	1.9	8.7	0.4

澳大利亚葡萄酒统计数据	1998—1999年	1999—2000年	2000—2001年	2001—2002年	2005—2006年
葡萄酒生产商	1115	1197	1318	1465	2008
种植面积（公顷）	122915	139861	148275	158594	166766
葡萄产量（吨）	1126000	1145000	1424000	1606000	1925000
葡萄酒产量（百万升）	793	806	1035	不详	1436
葡萄酒消费量（百万升）	373	398	398	不详	456
葡萄酒出口量（百万升）	216	288	339	417	726

气候、土壤以及葡萄酒生产

气候和土壤是决定葡萄酒特性、口感和品质的两大必要条件。葡萄酒生产商要么接受这个现实，要么转行，至少法国的葡萄酒生产商如此认为。然而在澳大利亚，对于那些想要喝到家乡风味葡萄酒的欧洲移民而言，情况却恰恰相反：他们根据希望的葡萄酒挑选原料，但并不注重葡萄产地。澳大利亚共有2000家酿酒厂，80%的葡萄酒产自十家最大的企业。因此，葡萄种植主要由便利性决定。这不仅涉及棚架搭建的最佳方法和有效的机械化作业，还要考虑葡萄园的位置。因此，许多靠近大城市的葡萄园具有明显的地理优势，大企业也易于接受密集型灌溉的方式。

气候是葡萄种植的主要因素

在澳大利亚，气候对葡萄酒的品质和口感至关重要。葡萄生长季的温度在葡萄成熟的过程中起着决定性的作用。适宜的条件包括充足的日照、一定的湿度、最小的温差和适中的平均气温。

澳大利亚的60多个葡萄酒产区中，大多气候温暖或炎热，但同时又常常会受到来自印度洋和太平洋冷风的影响。临近墨累河（Murray River）、达令河（Darling River）和马兰比吉

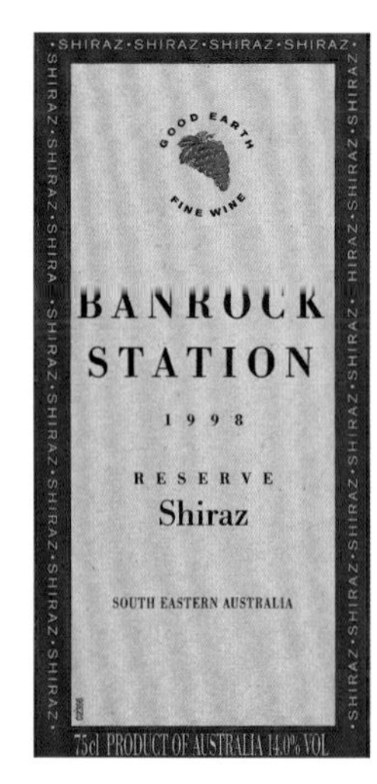

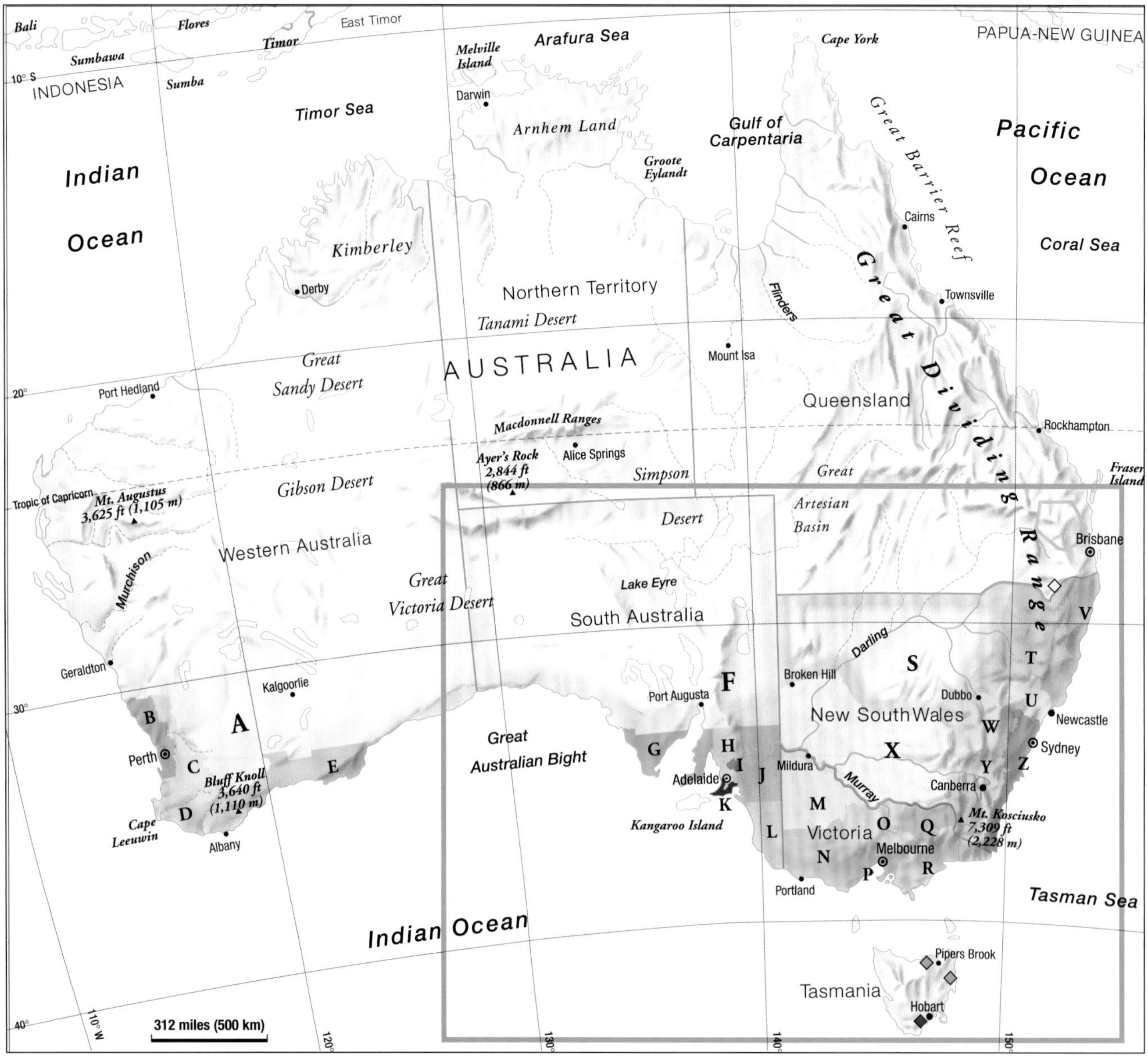

澳大利亚葡萄酒产地标识体系

自1994年10月起，澳大利亚为本国葡萄酒的酒标命名提供了法律依据。如果葡萄酒的酒标上标注单一年份、单一产区或者单一葡萄品种，则85%的葡萄必须来自该年份、该产区和该葡萄品种。

澳大利亚将葡萄酒产区分为三级，即区域、产区和次产区，并且保证该产地的命名符合国际法规。目前，澳大利亚共有103个产地命名。

区域是没有任何特殊限制的地区，而产区必须是单独的一片土地，至少包括5个5公顷以上的葡萄园，而且这些葡萄园必须属于不同的所有者，平均年产量需达到500吨以上。

次产区也受产区标准的约束，因此定义有些混乱。然而，次产区的生产商要保证自己不激进冒尖，要和产区内的生产商保持一致。

虽然澳大利亚已经正式宣布成立了许多产区，但在产区的界限问题上还是产生了较大的争执，特别是在库纳瓦拉和与之相邻的科帕穆拉（Koppamurra）。科帕穆拉因为命名争议不得不重新命名为拉顿布里。

	South Eastern Australia
A	Eastern Plains, Inland and North of Western Australia
B	Greater Perth
C	Central Western Australia
D	South West Australia
E	Western Australia South East Coastal
F	Far North
G	The Peninsulas
H	Mount Lofty Ranges and Adelaide
I	Barossa
J	Lower Murray
K	Fleurieu
L	Limestone Coast
M	North West Victoria
N	Western Victoria
O	Central Victoria
P	Port Philip
Q	North East Victoria
R	Gippsland
S	Western Plains
T	Northern Slopes
U	Hunter Valley
V	Northern Rivers
W	Central Ranges
X	Big Rivers
Y	Southern New South Wales
Z	South Coast
	Burnett Valley
◇	Granite Belt
◈	Launceston
◆	Hobart

河（Murrumbidgee River）的地区最为温暖，也是最大的葡萄酒产区，尤其是下墨累区（Lower Murray）、大河区（Big Rivers）以及维多利亚西北部（North West Victoria）。最近十年中，干旱是葡萄酒行业最为担心的问题。虽然情况不太严重，但新南威尔士的大部分地区、路斯格兰以及南澳大利亚的麦克拉伦谷、巴罗萨谷和克莱尔谷都或多或少受到了影响。

具有大陆性气候的温暖地区是澳大利亚优质葡萄酒的主要产地。在这里，虽然葡萄品种有所差异，气候变幻莫测，但葡萄成熟期适中的温度会改善葡萄酒的整体品质。澳大利亚几乎没有寒冷的地区，相对较为凉爽的地区是马其顿山脉（Macedon Ranges）、巴拉瑞特（Ballarat）、维多利亚最西南部（Far South West Victoria）、西澳大利亚的丹麦（Denmark）和塔斯马尼亚。

巴罗萨谷：在独具特色的如画美景中生长的国际葡萄品种

阿德莱德（Adelaide）北部的克莱尔谷是澳大利亚历史最悠久的葡萄酒产区之一，以口感细腻、香气怡人的干型雷司令葡萄酒和酒体丰满的西拉葡萄酒闻名

左图：繁茂的植被表明玛格丽特河（Margaret River）地区雨水充沛

右图：在寒冷的塔斯马尼亚，葡萄藤架在高高的棚架上以最大限度地获取阳光

土壤特点

澳大利亚的土壤千差万别，不能用具体的土壤类型给各地区归类。最常见的土壤有一层红褐色的底土，表面覆盖着一层肥沃的沙质土壤。库纳瓦拉已成为澳大利亚最知名的产区，不仅因为这里生产的优质葡萄酒，还因为这里以石灰石为基岩的巧克力色褐土（红色石灰土）。伊顿谷也拥有明确的土壤类型，适合出产优雅的雷司令和西拉葡萄酒。

现在，葡萄酒生产的重点已经从酿酒师转移到了葡萄园本身，包括葡萄树的种植密度、棚架体系、树形管理和灌溉系统等各个方面。在澳大利亚，为了便于机械化作业，传统的种植密度为每1公顷1500～3000棵葡萄树，与欧洲每公顷4000～8000棵的标准相比低得多。要提高产量并且取得更好的叶果比，凉爽地区的许多新建葡萄园采用了更高的种植密度和更复杂的棚架体系。与此同时，澳大利亚的葡萄种植户正逐渐转向可持续的葡萄种植法，运用环保的方式处理病虫害。

主要葡萄品种

澳大利亚的优质葡萄品种由上个世纪前半叶的第一批种植者引入。随着消费者口味和商业需求的改变，整个产业从佐餐葡萄酒转向了更甜的加强葡萄酒。最适合酿造澳大利亚宝石红波特酒和年份波特酒的葡萄品种，主要是罗讷地区的西拉、歌海娜和慕合怀特〔在澳大利亚被称为马塔罗（Mataro）〕等。在很长一段时间内，西拉被认为是澳大利亚最出色的红葡萄品种。但是当赤霞珠等更盛行的优质品种进入本地市场时，西拉和其他来自罗讷地区的葡萄品种都变得略逊一筹。幸运的是，马克斯·舒伯特等有先见之明的生产商以及新成立的一些小酒厂如巴罗萨谷的罗克福德（Rockford）和圣哈利特（St. Hallett）一直不曾动摇，并且不遗余力地把西拉作为澳大利亚最好的红葡萄品种进行推销。

高品质的葡萄品种在澳大利亚并不新奇。这棵西拉葡萄树树干已有百年历史

西拉、赤霞珠和梅洛

今天，西拉再次成为澳大利亚的顶级红葡萄品种，是澳大利亚的王牌，使澳大利亚可以与法国知名的经典产区相比肩，但与其他国家的顶级红葡萄酒有所不同。西拉也是澳大利亚种植最广泛的红葡萄品种，面积达41115公顷。各地区的西拉葡萄酒风格迥异。巴罗萨出产的西拉红葡萄酒口感浓郁、酒体丰满，而维多利亚生产的西拉葡萄酒更为优雅，清淡的果香中混合了胡椒薄荷和生姜的味道。猎人谷仍然酿造传统的西拉红葡萄酒，而西澳大利亚的西拉葡萄酒风格与罗讷河谷北部相似。

赤霞珠是一个现代葡萄品种，20世纪50年代时还鲜有种植。该品种成熟晚、果皮厚，特别适合澳大利亚温暖的气候，20世纪80年代中期之前取代了西拉的地位，一度成为澳大利亚最主要的葡萄品种。库纳瓦拉以及巴罗萨谷和玛格丽特河部分地区的土壤特别适合赤霞珠的生长，2006年赤霞珠的种植面积达到18103公顷。赤霞珠常用来和西拉混酿，也与其他波尔多葡萄品种如梅洛和品丽珠混酿出更经典的风格。梅洛很快在澳大利亚流行起来，现在种植面积达10590公顷，产量占全国总产量的7%。梅洛主要用来与赤霞珠混酿，未来能否作为一个独立的葡萄品种酿酒目前还不得而知。品丽珠的产量约占10%，主要与波尔多葡萄品种混合酿造。

在澳大利亚，用西拉酿造的红葡萄酒独具特色，引起了国际上的关注

歌海娜、慕合怀特和黑比诺

紧随西拉之后，歌海娜和慕合怀特也开始复兴，尤其是在南澳大利亚地区。那里灌溉条件不足，之前葡萄园里的葡萄树常常如灌木般地被修剪，现在也能生产出风味独特浓厚的葡萄。20世纪70年代，受《葡萄树拔除计划》（*Vine Pull Scheme*）的影响，许多歌海娜和慕合怀特遭到拔除，但现在人们对这些地中海葡萄品种重新燃起了兴趣，它们的种植面积有所增加，不过仍仅有2900公顷。它们在巴罗萨谷和麦克拉伦谷表现不俗，与西拉混合酿酒效果颇佳。

酿造勃艮第红葡萄酒的黑比诺在澳大利亚的

历史并不长，但近几年的发展远远超过了其他葡萄品种，这不仅反映出生产商的辛勤努力，还体现了澳大利亚大力扶植耐寒葡萄品种的总趋势。天瑞（Tyrrells）酒庄最早把黑比诺种植在气候温暖的猎人谷，但人们普遍认为该品种在临界气候中生长最好，因此生产商已经开始寻找气候更凉爽的地区，如雅拉谷、维多利亚南部的其他地区、阿德莱德山脉、塔斯马尼亚以及西澳大利亚的凉爽地区。目前，黑比诺的种植面积达4400公顷，生产的葡萄酒结构紧实、口感复杂，带来美妙的感官享受。澳大利亚红葡萄品种的种植总面积达96936公顷，约占葡萄种植总面积的58%。

霞多丽

2000年中，白葡萄品种的种植面积达70680公顷，占澳大利亚葡萄种植总面积的42%。四个主要白葡萄品种为霞多丽、赛美蓉、长相思和雷司令，它们的葡萄酒产量占澳大利亚白葡萄酒总产量的2/3，对于整个葡萄酒行业和消费者来说价值更大。澳大利亚的许多白葡萄酒使用苏丹娜（Sultana）、亚历山大麝香、韦德罗和扎比安奴等葡萄品种酿造。在量产葡萄酒和顶级优质葡萄酒之间，还有不少白诗南和鸽笼白葡萄酒。澳大利亚葡萄酒行业在20世纪末的20年间大获成功，而霞多丽是成功的主角。霞多丽的种植面积为31206公顷，是种植最广泛的白葡萄品种。

霞多丽于20世纪80年代中晚期粉墨登场，略带热带果香和极为迷人的橡木味。早期的霞多丽葡萄酒第一杯让人惊艳，但两三杯后会让人感到厌倦。澳大利亚的生产商很快做出调整，选择凉爽地区的葡萄原料，使用更先进的发酵工艺和更轻柔的橡木处理方法，增加葡萄酒的优雅性和层次感，推出不同的口味。霞多丽比其他任何葡萄品种都更能够代表澳大利亚现代葡萄酒行业，因为它既迎合了消费者的口味，又价格合理。霞多丽的种植和酿造都极具灵活性，不仅可以体现当地的气候，而且能反映酿酒师的风格。霞多丽可以酿造成价格实惠的大众葡萄酒，如林德曼（Lindemans）酒庄生产的大获成功的酒窖65号（Bin 65）；也可以通过橡木桶发酵变得更加优雅、浓郁和复杂，如露纹（Leeuwin）酒庄的世界级艺术系列（Art Series）。

雷司令和赛美蓉

霞多丽对澳大利亚白葡萄酒的发展功不可没。然而，还有一些葡萄品种虽然不如霞多丽受欢迎，却丰富了澳大利亚的白葡萄酒种类。多亏西里西亚的移民，雷司令得以在克莱尔谷、伊顿谷、巴罗萨谷等南澳大利亚地区以及维多利亚的部分地区和西澳大利亚大南部地区（Great Southern Region）的低地占有一席之地。用雷司令酿造的干型白葡萄酒芳香浓郁，酸橙味强烈，酒体丰满，具有鲜明的特色，酿造的部分贵腐甜葡萄酒在澳大利亚享誉盛名。

赛美蓉也能酿造出独具澳大利亚风味的葡萄酒，特别是在玛格丽特河部分地区和巴罗萨谷，但最知名的赛美蓉葡萄酒还是产自传统产区猎人

图为玛格丽特河产区的情形，驱逐鸟儿只能使用网罩，当然在收获之前必须取下网罩，然后卷成大球状，以备来年使用。

谷。猎人谷生产的赛美蓉白葡萄酒不使用橡木桶陈年，葡萄酒香味绵长，混合着黄油吐司和烤坚果的味道。巴罗萨谷和西澳大利亚的赛美蓉常常在橡木桶中发酵，有时和长相思混酿成具有格拉夫产区风格的葡萄酒。长相思与黑比诺非常相似，在阿德莱德山、法兰克兰河和塔斯马尼亚等凉爽地区种植成功后开始获得认同。

作为品牌名称的葡萄品种

30多年前，用葡萄品种给澳大利亚葡萄酒命名是件匪夷所思的事情。以葡萄品种命名葡萄酒的方式始于加利福尼亚，现已成为新世界葡萄酒的共同特征。在澳大利亚，这是葡萄酒风格的重要体现，它和生产商以及产区名一同构成了完整的品牌。部分原因是澳大利亚不像欧洲尤其是法国那样坚持风土条件的概念，这里更注重跨地区甚至跨产区混合酿造葡萄酒。在澳大利亚，一个产区或者葡萄园可以凭借自己的实力成为行业的佼佼者。

对于成熟期较长的葡萄品种来说，网罩尤其重要。图为塔斯马尼亚地区的情况

澳大利亚的葡萄酒生产

麦克拉伦谷的豪富（Haselgrove）酒庄的旋转发酵罐和温控发酵槽。和澳大利亚其他产区一样，麦克拉伦谷也使用最新的技术生产葡萄酒

廉价的陈年技术：以橡木刨屑替代橡木桶

澳大利亚葡萄酒在世界舞台上取得的惊人进步，得益于生产商的精湛技艺及对酿酒设备的巨额投资。受过培训的生产商们能够根据当地具体的条件采取灵活的种植方法。在设备精良的酿酒厂，有效的质量控制是酿酒关键，生产商们拥有先进、卫生的设备，包括不锈钢压碎机、酒罐和压榨机以及电脑温控技术等。酒窖还配备了实验室，用来分析硫含量、酸碱度、酸度、糖分和酒精含量。决定葡萄酒品质的关键因素之一是对葡萄抵达酿酒厂时的成熟度和完整性进行把控。因此，生产商和种植户关系的重要性不言而喻。在注重味道而非糖分含量的趋势下，不同葡萄品种的比例和品质变得至关重要。葡萄的产量、单宁含量和成熟度都取决于成品葡萄酒的风格。

近年来，澳大利亚的种植理念在发生变化，不再以酿造桶装的日常餐酒和甜葡萄酒的葡萄品种为主，而是转向了优质白葡萄品种。这种情况在气候较凉爽的地区尤其普遍，在那里，霞多丽、长相思、莱茵雷司令和赛美蓉等种植面积不断扩大，白葡萄酒的品质也有所提升，风格更为优雅。红葡萄品种有相同的趋势。西拉、赤霞珠、梅洛和黑比诺的种植面积增长迅速，已经超过了白葡萄品种的种植面积。

无氧法酿造白葡萄酒

葡萄一收获，生产商就采取还原法而非氧化法酿造葡萄酒。还原酿造法是指在清洁环境下使用惰性气体阻止葡萄汁和氧气接触，同时进行有效的温度控制。为保持葡萄处于8～16℃的凉爽状态，最好在夜间或者白天温度最低的时候采摘葡萄。酿造过程中的另一个重要因素是使用冷却法保持葡萄酒的香气和味道。

过去，生产商们通常会在酿酒过程中添加二氧化硫防止氧化，但现在他们逐渐意识到要减少化学物质的使用。他们将二氧化硫的含量控制在50%以下，游离二氧化硫控制在20%以下。为了更精确地控制酸碱度，生产商会在发酵阶段添加酒石酸，而不使用加糖法。在酿酒过程中，必须通过添加磷酸氢二铵来密切监控硫化氢的出现，同时在发酵后应使用惰性气体和冷却技术来避免产生不必要的酵母菌和细菌。

通常，酿造白葡萄酒时要避免与果皮接触，以获取更优质的自流汁，同时在沉淀过程中对葡萄汁进行冷却，使葡萄酒中的酚类物质降到最低，令酒体更加清澈。现在，利用酶和精选纯酵母酿造白葡萄酒的方法已经非常普遍。发酵温度通常较低，在12～16℃之间。使用芳香型葡萄酿酒时一般不进行苹果酸-乳酸发酵，这是为了保持葡萄天然的清爽口感。

虽然澳大利亚的生产商会尽量减少对葡萄汁和葡萄酒的处理，但不是所有葡萄酒的酿造都遵循这一方法。少数优质葡萄酒，尤其是霞多丽葡萄酒，就是采用“肮脏”的酿造工艺，即对整串葡萄进行压榨，然后在橡木桶中与酒脚一起发酵和搅拌。优质红葡萄酒通常在不锈钢酒罐中发酵，也可以在果糖发酵完以前倒入小橡木桶中完成剩余的发酵过程。

旋转的红葡萄酒

红葡萄酒大多在不锈钢酒罐中发酵，或者像黑比诺那样，使用精选酵母和单宁在敞开式发酵罐里发酵。为了萃取更满意的颜色，保持理想的温度，必须充分旋转，并广泛使用旋转发酵罐。通常，澳大利亚的生产商一旦获得想要的颜色和单宁就会停止压榨。在某些情况下，发酵后会延长浸渍时间，不过这种情况不常发生，因为提取的单宁需要通过聚合作用进行软化，而这个过程与澳大利亚的惯例背道而驰。

为了在冬天获得更稳定的葡萄酒品质，生产商们会在发酵后马上进行苹果酸-乳酸发酵。以这种方式对葡萄酒进行换桶可以避免过多的氧气侵入。法国橡木桶被用于优质红葡萄酒和白葡萄酒尤其是黑比诺和赤霞珠的生产过程。在西拉葡萄酒和西拉-赤霞珠混酿酒的生产中仍以美国橡木桶为主，不过生产商已经开始部分采用法国橡木桶。在发酵过程中或发酵结束后，为了以较低的成本赋予葡萄酒橡木桶熟成的效果，澳大利亚的生产商可能会用橡木片来陈年更便宜的葡萄酒。

为了澄清葡萄酒，许多大酒厂会在发酵后立刻使用离心机处理以减少葡萄酒香味的流失。然后他们使用硅藻土过滤法，这种方法不会在过滤过程中损失太多的葡萄酒。装瓶前还会进行纸板过滤以去除所有的酵母菌和细菌，防止装瓶后葡萄酒变质。白葡萄酒，尤其是含有残糖的白葡萄酒，还要经过一次膜过滤。

对起泡酒的发展来说，澳大利亚葡萄酒公司和香槟公司之间的联系功不可没。酩悦香槟在雅拉谷建立的碧汇（Green Point）酒庄传承了其在埃佩尔奈的母公司的酿酒经验和专业知识，位于阿德莱德山脉的起泡酒厂克罗瑟（Croser）也借鉴了法国优秀香槟生产商柏林格的经验。生产商们使用酿造香槟的葡萄品种并在凉爽产区挑选原料，这极大地提升了起泡酒的品质。他们根据味道而非酸度选择葡萄。过去起泡酒几乎全都通过大量发酵或碳酸化作用酿造，但现在开始逐渐采用香槟酿造法。

生产葡萄酒的初步阶段已经顺利完成

气候变化

严重的霜冻、灼热的阳光和葡萄藤上皱缩的葡萄，以及令维多利亚产区受害惨重的无数森林火灾，所有这些使一位知名的葡萄酒评论家将2005年的葡萄收获期描述为“来自地狱的收获”。这种说法对于一个饱受大旱困扰的国家来说似乎完全适合。受霜冻和干旱的影响，葡萄产量跌至30年来的谷底，只有135万吨，而前三年的平均年产量接近200万吨。因此，澳大利亚到2025年成为世界主要葡萄酒生产国的期望成为泡影。然而，在某种程度上，这是一种良性的发展，因为它终止了澳大利亚葡萄酒产能过剩的情况，并导致销往西方国家的葡萄酒价格上涨，与此同时一些价格低廉的桶装葡萄酒销往中国。虽然葡萄酒供过于求的情况有所缓解，但供水问题仍解决无望。澳大利亚是世界上最干旱的葡萄酒生产国之一，既没有安第斯山脉的融雪，也没有西欧葡萄园赖以生存的充沛降雨。根据最新的报道，科学家们认为澳大利亚葡萄酒行业需要继续做好与变幻莫测的气候条件长期抗战的准备。澳大利亚的葡萄酒行业曾经在20世纪成为一个成功典范，出口量在短短20年内从1200万增加到将近100000万瓶。因此，这种与气候长期抗战的预测对澳大利亚来说确实是一剂苦药。

新南威尔士：阳光过剩

澳大利亚的葡萄种植始于新南威尔士。新南威尔士州（悉尼是该州首府）居民品位较高、游客众多，因此葡萄酒市场巨大。虽然猎人谷最早开始生产葡萄酒，但由于新南威尔士没有像维多利亚一样经历淘金热，也没有像南澳大利亚一样有大量勤劳的路德派教徒移民，因此这里的葡萄酒行业从未像邻州一样发展神速。尽管如此，通过1914年出台的《马兰比吉河灌溉计划》（Murrumbidgee Irrigation Scheme），新南威尔士州的葡萄酒行业逐渐成长起来，主要出产面向大众市场的白葡萄酒以及用赛美蓉酿造的优质贵腐甜葡萄酒。最近，考兰（Cowra）、满吉、堪培拉地区（Canberra District）和奥兰治等地都凭借自身实力成为优质葡萄酒产区。目前，新南威尔士有14个葡萄酒产区，总面积约4万公顷。

虽然新南威尔士气候湿润，但在炎热的季节里灌溉依然必不可少。猎人谷的林德曼酒庄用水箱进行灌溉

猎人谷的多样性

猎人谷由上猎人谷（Upper Hunter Valley）和下猎人谷（Lower Hunter Valley）构成，葡萄园已成为亮丽的风景线。这里酿酒厂不胜枚举，其中

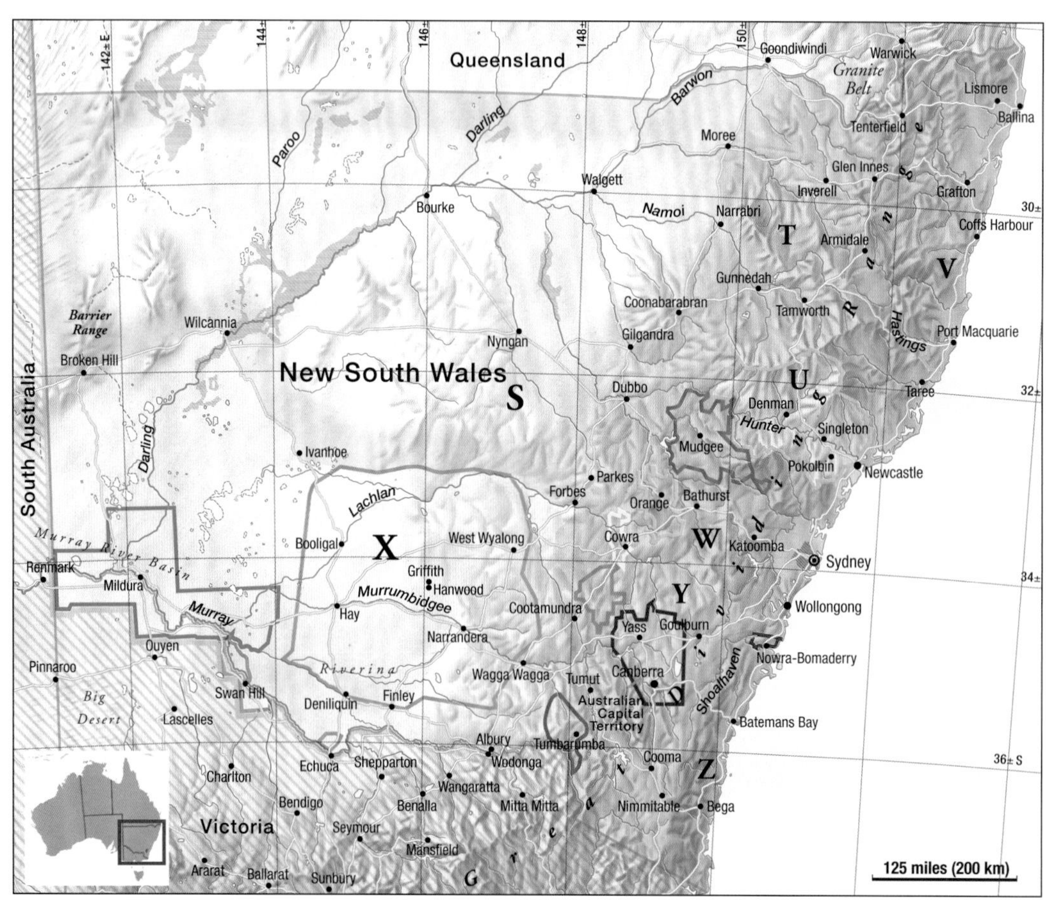

154家集中在面积仅为4237公顷的范围内。猎人谷拥有澳大利亚最炎热、最潮湿的气候，降雨量大多集中在夏季。这里土壤类型多样、气候条件艰苦、竞争激烈，因此葡萄酒种类繁多，风格独特，尤以西拉和赛美蓉为最。西拉常用来酿造浓郁、醇厚、陈年潜力强的红葡萄酒。赛美蓉酿造的葡萄酒口感别具一格，随着年份的增加会产生黄油吐司和酸橙果酱的味道。早在1971年，穆雷·天瑞就将霞多丽葡萄引入猎人谷，后来又引进了黑比诺葡萄，但不如霞多丽成功。1963年，马克斯·雷克创立福林湖（Lakes Folly）酒庄，将赤霞珠重新引进猎人谷。

昆士兰的花岗岩带

花岗岩带（Granite Belt）位于大分水岭西侧，纬度低（南纬28°）、地势高（海拔810米）。众多露出地面的岩层和大圆石呈现出月球般的景观。1878年，昆士兰（Queensland）唯一的优质葡萄酒产区开始葡萄种植，但直到1965年现代葡萄酒行业才发展起来，布里斯班（Brisbane）市场潜力巨大。花岗岩带有20多家小酒厂，但葡萄种植面积超过590公顷。昆士兰的顶级葡萄酒采用西拉酿造，口感浓烈，带有香料味。博尔德山（Bald Mountain）是花岗岩带最好的酒庄。

周边产区

上猎人谷的酒庄数量比下猎人谷酒庄数量少很多，但葡萄种植面积却不相上下，一半以上土地种植霞多丽，四分之一以上种植赛美蓉。这里坐落着著名的玫瑰山（Rosemount）酒庄，其罗克斯堡（Roxburgh）葡萄园出产的霞多丽葡萄酒口感浓郁、结构复杂。长期以来考兰产区一直为猎人谷的酿酒厂提供优质酿酒葡萄，20世纪90年代其规模和地位都有所上升，葡萄园面积达750公顷。奥兰治产区规模较小，面积不及猎人谷一半。这个发展迅速、气候凉爽的产区以苹果和梨出名，现在有许多酒庄可以出产优雅的霞多丽、长相思、赤霞珠和西拉葡萄酒。黑斯廷斯河（Hastings River）产区面积不大，气候温暖，葡萄园无须灌溉，主要种植香宝馨红葡萄。

满吉产区位于大分水岭（Great Dividing Range）的西部大陆一侧，虽然葡萄种植历史可以追溯至1858年，但直到最近才获得认可。这主要是因为长期以来人们一直认为满吉是猎人谷的葡萄供应商。尽管如此，满吉现在拥有22多家小酒厂，主要生产西拉、赤霞珠、霞多丽和赛美蓉这四种新南威尔士典型的葡萄酒。满吉也是首批引进原产地命名体系的产区之一。

新南威尔士的瑞瓦瑞纳与南澳大利亚的河地产区和维多利亚的桑瑞亚（Sunraysia）产区情况类似。瑞瓦瑞纳以格里菲斯（Griffith）为中心，气候干旱炎热，出产南澳大利亚州近2/3的葡萄酒，主要使用以赛美蓉为主的高产白葡萄品种酿造。红葡萄酒主要使用西拉酿造。

堪培拉产区拥有15家小酒厂，大多由学者或公务员创建。该产区位于炎热的大陆性气候带，虽然葡萄种植面积仅有250公顷，但出产的葡萄酒品质优秀。黑斯廷斯河产区一直不被看好，种植面积不足200公顷。这里毗邻太平洋，高温多雨，缺乏酿造葡萄酒的理想条件。该产区于19世纪上半叶开始葡萄种植，但是直到1980年才在卡塞格林（Cassergrain）家族的带领下蓬勃发展。法国的杂交葡萄品种香宝馨是这里成功的关键。香宝馨可以抵抗霜霉菌，酿造的红葡萄酒色泽深浓，结构轻盈，果味清新，口感怡人。

天瑞酒庄率先在猎人谷种植比诺葡萄

维多利亚：淘金热和葡萄酒

米其尔顿酒庄（Mitchelton Winery）的“女巫帽塔”别具一格，为维多利亚中部的高宝谷吸引了众多游客

德保利（De Bortoli）是由意大利移民在雅拉谷创建的家族酒庄

如果说新南威尔士是澳大利亚最古老的葡萄酒产区，南澳大利亚是澳大利亚葡萄酒行业的中心，那么维多利亚则因风格多样和人迹罕至而最具魅力。就葡萄酒产量而言，广阔的桑瑞亚在维多利亚独占鳌头。然而，真正奠定维多利亚葡萄酒品质的却是30年间在墨尔本（Melbourne）南北涌现出的数百家优秀小酒庄。一个世纪前，维多利亚是澳大利亚最重要的葡萄酒生产州，后来由于葡萄根瘤蚜的侵袭以及生产重心向加强葡萄酒转移，维多利亚州渐失其重要性，直到20世纪最后10年气候凉爽的种植区受到青睐，维多利亚州才重拾辉煌。

19世纪中期瑞士人就开始在风景如画的雅拉谷酿造葡萄酒，该产区成为维多利亚最古老的葡萄酒产区之一，而且由于黑比诺的成功，也可能是澳大利亚最知名的产区。19世纪末，雅拉谷已有约45家酒庄，其中包括雅伦堡（Yeringberg）和圣休伯特（St.Huberts），足以证明雅拉谷的悠久历史。今天，这里约有44家酒庄，但是由于一些大公司在此投资新建酒庄，如酩悦公司的香桐酒庄（Domaine Chandon），加之米达拉布拉斯（Mildara Blass）、B.R.L.哈迪（B.R.L.Hardy）和南方葡萄酒业（Southcorp）等公司的并购，葡萄种植面积较20世纪90年代的1000公顷扩大了一倍多。这里气候凉爽，出产的黑比诺在澳大利亚享誉盛名。霞多丽葡萄酒也表现不俗，风格优雅，而且香气中混合着甜瓜和热带柑橘的果味。

墨尔本南部的莫宁顿半岛是个凉爽的产区，属于海洋性气候，受北风和来自巴斯海峡（Bass Strait）的海风影响较大。这里拥有许多小酒厂，大多由富豪创办。在这里，你可以发现风格优雅、口感复杂的霞多丽葡萄酒，也可以找到斯托尼尔（Stonier）等酒庄生产的精致黑比诺葡萄酒。与莫宁顿半岛不同，虽然吉朗产区的班诺克本（Bannockburn）、苏格兰人山（Scotchman's Hill）以及艾伯特王子（Prince Albert）等酒庄都能酿造出品质优秀的黑比诺，但该产区一直没有真正地从葡萄根瘤蚜造成的破坏中恢复元气。

马其顿山脉气候凉爽、海拔较高，是黑比诺和霞多丽的主要新兴产区，出产的葡萄用于酿造起泡酒。该产区葡萄种植面积虽小，但却拥有29家小酒庄，其中最为知名的是悬岩（Hanging Rock）和圣母山（Virgin Hills），后者生产无硫葡萄酒。

受淘金热的影响，巴拉瑞特和本迪戈等矿业城镇在19世纪一跃成为重要的葡萄酒产区。然而，与吉朗的情况一样，葡萄根瘤蚜结束了这两个产区葡萄酒行业发展的黄金时代，直到1969年和1971年本迪戈和巴拉瑞特才分别重新开始种植葡萄。巴拉瑞特气候较为凉爽，更适合生产起泡酒；本迪戈有不少生产优质西拉葡萄酒的酿酒厂，其中包括爵士山（Jasper Hill）和博尔基尼（Balgownie）。高宝谷（Goulburn Valley）位于维多利亚州中部地区，老牌酒庄德宝（Tahbilk）生产的玛珊白葡萄酒风味独特。高宝谷也出产优质的雷司令、霞多丽和强劲的西拉葡萄酒。维多利亚中部的高原地区（High Country），即之前的史庄伯吉山区（Strathbogie Ranges），适合出产雷司令、优雅的波尔多混酿酒和起泡酒。

甜葡萄酒和干红葡萄酒

虽然维多利亚葡萄酒发展的情况反映了在凉爽地区进行葡萄种植的趋势，但维多利亚东北部的路斯格兰和格林罗旺（Glenrowan）却沿袭传统理念，坚决反对追求优雅风格的时髦做法。这两个产区都建于19世纪50年代的淘金热时期。生产佐餐酒的葡萄种植面积约为930公顷，相比之下小果粒白麝香和密斯卡岱的种植面积要小得多，仅为70公顷。它们用来生产被称为“小甜粘”（Stikies）的加强麝香葡萄酒和托卡伊葡萄酒。酿造这些葡萄酒的葡萄可以挂在葡萄树上不予采摘，直至皱缩，在酿造过程中经过加强后使用小橡木桶陈酿数年，以生产口感醇厚、果香浓郁的甜葡萄酒。这些葡萄酒年份越久，口感就越复杂，麝香葡萄酒带着玫瑰花瓣和葡萄干的味道，而托卡伊葡萄酒则带有乳脂糖、麦芽酒和茶的味道。

国王谷（King Valley）位于维多利亚东北部，拥有著名的布朗兄弟（Brown Brothers）酒庄。该酒庄是一家家族企业，一直致力于生产优质葡萄酒，特别是霞多丽、雷司令和赤霞珠葡萄酒。欧文斯谷（Ovens Valley）与国王谷相邻，这里的吉宫（Giaconda）酒庄以品质卓越的黑比诺和霞多丽葡萄酒闻名。黑比诺和霞多丽也是吉普斯兰（Gippsland）的两大明星葡萄品种，吉普斯兰位于维多利亚较为偏远的海岸平原地区，地势高低起伏，出产勃艮第风格的优雅红葡萄酒和白葡萄酒。

维多利亚西部产区

比利牛斯位于维多利亚州西部的巴拉瑞特以西，与欧洲雄伟壮观的同名山脉不同，这里地势平缓，起伏不大。该产区主要生产红葡萄酒。格兰屏（Grampians）即以前的大西部（Great Western），在淘金热中成名，这里的葡萄成熟较晚。塞佩特（Seppelt）酒庄生产的起泡酒是澳大利亚最知名的品牌。除了起泡酒，格兰屏也开始生产少量的红葡萄酒和白葡萄酒。

维多利亚河岸地区的葡萄种植面积约为17.7万公顷，也是维多利亚葡萄酒生产最集中的区域。这里气候干燥，土壤多为黏土和沙土。凭借农业技术，这里出产澳大利亚1/3的葡萄酒。该产区与新南威尔士的交界处还有2000公顷葡萄园。苏丹娜和香气浓郁的亚历山大麝香用来批量生产葡萄酒，用霞多丽酿造的白葡萄酒性价比较高。不过，林德曼酒庄出产的酒窖65号霞多丽葡萄酒享誉盛名。

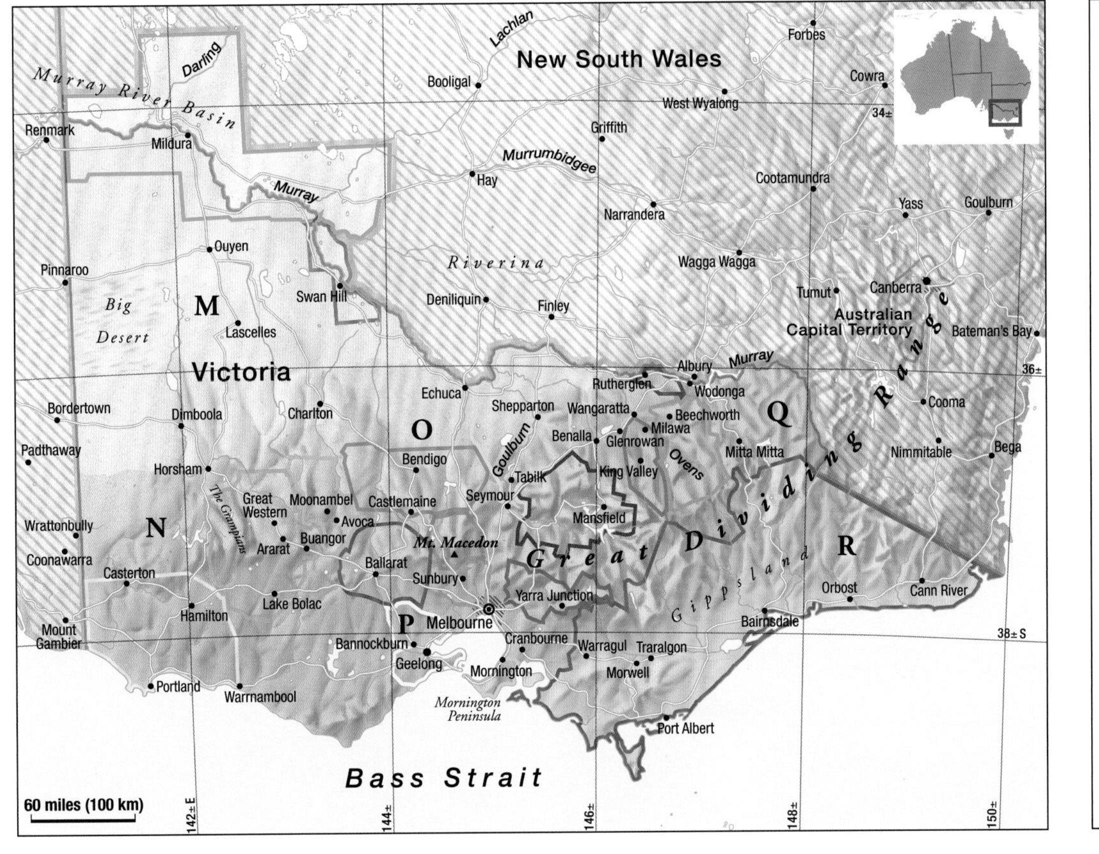

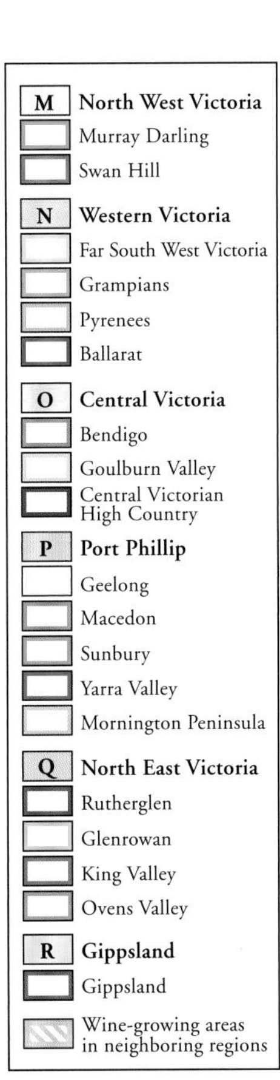

新南威尔士和维多利亚的主要葡萄酒生产商

新南威尔士

生产商：**Brokenwood Wines*****-****
所在地：**Pokolbin, Lower Hunter Valley**
18.5公顷，年产量120万瓶
葡萄酒：Rayner Vineyard Shiraz, ILR Sémillon, Graveyard Shiraz, HBA Shiraz
该酒庄于1970年由知名葡萄酒作家James Halliday和他人共同创建，现在由24个朋友共同所有。出产单一品种葡萄酒和单一葡萄园葡萄酒，西拉和赛美蓉是主要产品，后者具有出色的陈年潜力。

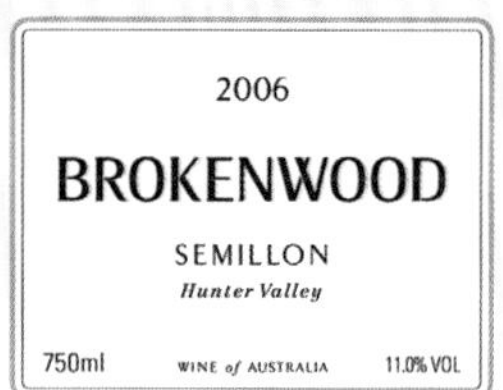

生产商：**Clonakilla******-*****
所在地：**Murrumbateman**
12公顷，年产量11万瓶
葡萄酒：Viognier, Shiraz
这个规模虽小但却可以作为典范的酒庄创建于1971年，由Kirk家族所有。主要种植西拉和维欧尼葡萄，生产的红葡萄酒品质出众、口感辛香，与Côte Rôtie地区的葡萄酒相似。

生产商：**McWilliams Wines*****
所在地：**Riverina**
面积不详，年产量不详
葡萄酒：McWilliam's 1877, Barwang, Hanwood Estate, Inheritance and Sunstone, Catching Thieves, Mount Pleasant, Lillydale Estate, Brand's Laira Coonawarra
McWilliams家族有130多年酿酒历史，现在由第六代传人经营该酒庄。葡萄酒产自多个产区，如Margaret River、Hunter Valley和Yarra Valley。

生产商：**Philip Shaw Wines******
所在地：**Orange**
47公顷，年产量12万瓶
葡萄酒：Sauvignon, Chardonnay, red blends
Philip Shaw的名望源于Rosemount酒庄，如今已在气候凉爽的Orange地区经营自己的葡萄园好多年。离开Rosemount后，他全身心投入到建于1988年的家族酒庄并且利用低产的葡萄酿造出高品质葡萄酒。

生产商：**Tyrrell's****-****
所在地：**Pokolbin, Lower Hunter Valley**
面积不详，年产量不详
葡萄酒：Shee-Oak Chardonnay, Lost Block Sémillon, Brokenback Shiraz, VAT 47 Chardonnay, Vat 6 Pinot Noir
Murray Tyrrell因将霞多丽和黑比诺引入澳大利亚而名声大振。他将Long Flat品牌出售给Cheviot Bridge公司。Vat 1 Hunter 赛美蓉葡萄酒陈年潜力强，是澳大利亚最顶级的葡萄酒之一。

维多利亚

生产商：**Baileys of Glenrowan*****-****
所在地：**Glenrowan**
139公顷，非自有葡萄，年产量不详
葡萄酒：Tokay, Muscat Shiraz, Cabernet, Merlot, Touriga; 1904 Block Shiraz, 1920s Block Shiraz, Founder Muscat & Tokay
该酒庄不断酿造结构均衡的西拉葡萄酒，还出产世界级的加强甜葡萄酒。

生产商：**Best's Wines*****-****
所在地：**Great Western**
71公顷，部分非自有葡萄，年产量84万瓶
葡萄酒：Chardonnay, Riesling, Pinot Noir, Shiraz, Cabernet
这家历史悠久的酒庄由Henry Best建于1866年，自1920年起一直由Viv Thompson 和Thomson Family Trusts所拥有，产品包括Thomson Family和Bin No O西拉葡萄酒等。

生产商：**Brown Brothers Winery*****
所在地：**King Valley, North East Victoria**
750公顷，非自有葡萄，年产量600万瓶
葡萄酒：Chardonnay, Riesling, Barbera, Sangiovese, Shiraz, Cabernet, Graciano, fortified wines
这家建于1885年的酒庄既尊重传统又勇于创新，是澳大利亚出产葡萄酒种类最多的酒庄，包括意大利品种、西班牙品种及其知名的Orange Muscat & Flora葡萄酒。

生产商：**Campbells*****-****
所在地：**Rutherglen, Rutherglen**
64公顷，年产量不详
葡萄酒：Riesling, Sémillon, Malbec, Cabernet, Muscat, Tokay
出产酒体丰满的优质餐酒，特别是具有生姜和橡木味道的Barkly Durif西拉葡萄酒和Bobbie Burn西拉葡萄酒。最出色的葡萄酒是陈年加强麝香葡萄酒和托卡伊葡萄酒。

生产商：**Coldstream Hills******-*****
所在地：**Yarra Valley**
47公顷，非自有葡萄，年产量42万瓶
葡萄酒：Sémillon, Sauvignon, Chardonnay, Pinot Noir, Merlot, Cabernet
该酒庄由葡萄酒作家James Halliday创建于1985年，之后由他和妻子Suzanne共同经营了许多年。酒庄现在属于Fosters Wine Estates所有，因优质的霞多丽和黑比诺珍藏酒而闻名。

生产商：**Dalwhinnie******-*****
所在地：**Moonambel, Pyrenees**
26公顷，年产量5.4万瓶
葡萄酒：Chardonnay, Pinot, Moonambel Shiraz, Cabernet, 'Eagle Series'
该酒庄位于Pyrenees，由David Jones和Jenny Jones所有，酿造品质出众的霞多丽、赤霞珠和西拉葡萄酒。

生产商：**De Bortoli*****-****
所在地：**Yarra and King Valley**
460公顷，年产量360万瓶
葡萄酒：varietal wines, Sémillon, Chardonnay,

Pinot Noir
自1987年起，酒庄由Bortoli家族所有。凭借丰富的土壤和葡萄园管理知识，该家族酿造出品质优秀、价格合理的葡萄酒，包括一款由西拉和维欧尼混酿的葡萄酒。

生产商：Giaconda Vineyard**-*****
所在地：Beechworth**
7公顷，年产量3.6万瓶
葡萄酒：Chardonnay，Roussanne，Pinot Noir，Shiraz，Cabernet
Rick Kinzbrunner于1982年创建该酒庄。他是澳大利亚最优秀的霞多丽生产商，这主要得益于其葡萄园独特的山地位置以及矿物质丰富的花岗岩土壤。他采用有机法种植葡萄，但酿酒时遵循传统。

生产商：Green Point*-****
所在地：Yarra Valley**
80公顷，年产量192万瓶
葡萄酒：sparkling wines，Chardonnay，Pinot Noir，Shiraz
在Tony Jordan的指导下，这个L.V.M.H.的下属公司因优质Green Point起泡酒而广受赞誉，该葡萄酒采用维多利亚、南澳大利亚和塔斯马尼亚的葡萄酿造。

生产商：Jasper Hill Vineyard**
所在地：Heathcote**
24公顷，年产量不详
葡萄酒：Riesling，Sémillon，Nebbiolo，Grenache，Shiraz
这家有机酿酒厂由Ron Laughton和Elva Laughton创建于1982年，生产一系列优质葡萄酒，尤以凉爽气候西拉葡萄酒最为出色。

生产商：Kooyong**
所在地：Mornington Peninsula**
30公顷，年产量6万瓶
葡萄酒：Chardonnay，Pinot Gris，Pinot Noir
该酒庄由Giorgio Gjergja建于1995年。在才华横溢的酿酒师Sandro Mosele的带领下，出产的一款黑比诺葡萄酒风格雅致。

生产商：Mitchelton Wines*
所在地：Nagambie，Goulburn Valley**
面积不详，年产量不详
葡萄酒：Thomas Mitchell，Mitchelton Airstrip，Mitchelton Crescent
经验丰富的酿酒师Don Lewis出产维多利亚中部典型的葡萄酒，口感怡人、价格适中。

生产商：Morris**
所在地：Rutherglen，Rutherglen**
65公顷，非自有葡萄，年产量60万瓶
葡萄酒：Shiraz，Durif，Mick Morris Old Tawny Port，Old Premium Liqueur Tokay and Muscat
这个位于维多利亚东北部的加强葡萄酒酒庄建于1895年，坚持家族传统酿造高品质的“小甜粘”。

生产商：Mount Langhi Ghiran Vineyards**-*****
所在地：Buangor，The Grampians**
75公顷，非自有葡萄，年产量120万瓶
葡萄酒：Riesling，Chardonnay，Pinot Grigio，Shiraz，Cabernet，Merlot，Billi Bill Creek Shiraz

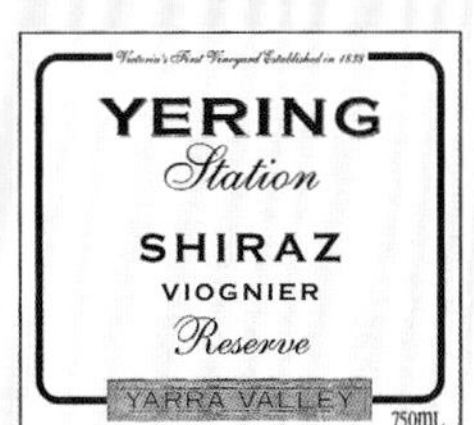

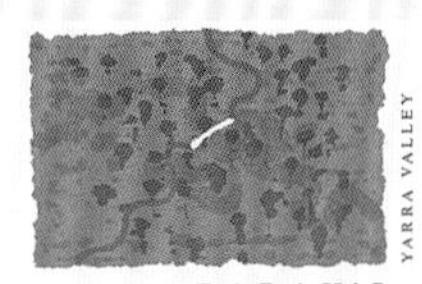

Cabernet
Trevor Mast酿造独具特色、香气浓郁的凉爽气候西拉葡萄酒，Mount Langhi Ghiran西拉葡萄酒是澳大利亚最顶级的红葡萄酒。

生产商：Mount Mary**-*****
所在地：Lilydale，Yarra Valley**
面积不详，年产量不详
葡萄酒：Chardonnay，Pinot Noir，Cabernet
John Middleton擅长使用黑比诺和赤霞珠酿造高品质的红葡萄酒。生产的Quintet是波尔多品种的混酿酒，属于澳大利亚的精品葡萄酒。

生产商：Stonier Wines*-****
所在地：Mornington Peninsula**
6.4公顷，22公顷租赁葡萄园，年产量26.4万瓶
葡萄酒：Chardonnay，Pinot Noir
该酒庄由Stonier家族建于1978年，现在属于Lion Nathan所有，在Mornington凉爽的海洋性气候条件下生产种类繁多的葡萄酒。因出产典范的珍藏酒以及高品质的霞多丽和黑比诺葡萄酒而闻名，霞多丽和黑比诺葡萄酒都是单一葡萄园葡萄酒。

生产商：Tahbilk Winery*
所在地：Nagambie Lakes**
183公顷，年产量140万瓶
葡萄酒：Marsanne，Riesling，Chardonnay，Viognier，Shiraz，Cabernet Sauvignon
由Prubrick家族建于1860年，现在仍为该家族所有。出产优秀的玛珊葡萄酒和传统的红葡萄酒，包括少量的使用1860年老藤西拉葡萄酿造的葡萄酒。

生产商：Tarra Warra Estate*-****
所在地：Yarra Glen，Yarra Valley**
73公顷，年产量18万瓶
葡萄酒：Chardonnay；Pinot Noir，Shiraz，Merlot
该小酒厂由Clare Halloran担任酿酒师，出产以Tunnel Hill为品牌的易饮葡萄酒。酒庄还出产陈年潜力强、结构复杂的霞多丽和黑比诺葡萄酒。

生产商：Yarra Yering**-*****
所在地：Coldstream，Yarra Valley**
28公顷，年产量8.4万瓶
葡萄酒：Dry White No. 1，Viognier，Pinot Noir，Barbera，Sangiovese
Bailey Carrodus是一个极具天赋、不守常规的葡萄种植专家。他于1969年创立了该酒庄，并将其打造成Yarra Valley第一家现代化酒庄。他最知名也最畅销的葡萄酒包括以西拉为主的Dry Red No. 2和以赤霞珠为主的Dry Red No. 1。

生产商：Yering Station*-****
所在地：Yarra Valley**
110公顷，年产量96万瓶
葡萄酒：sparkling wines，varietal wines，reserves
该酒庄建于1838年，是维多利亚历史最悠久的酒庄之一。如今，酒庄由Rathbourne集团所有，在Yarra Valley拥有五个葡萄园，非常注重葡萄酒品质。酿酒师Tom Carson酿造优质的西拉-维欧尼混酿珍藏酒和黑比诺珍藏酒。

南澳大利亚：
大众产品和珍品

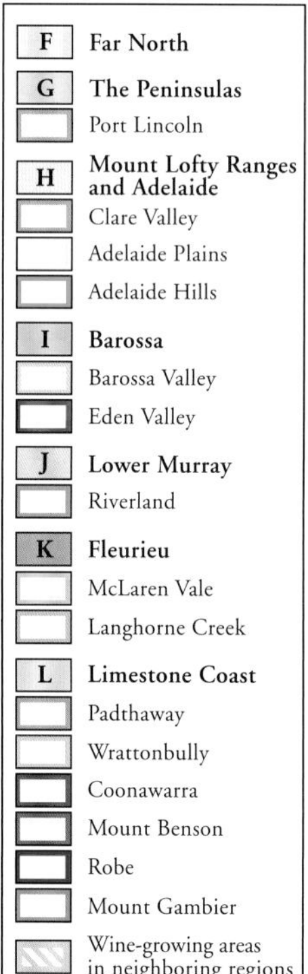

墨累谷的葡萄酒产量几乎占澳大利亚葡萄酒总产量的25%，因此南澳大利亚长期以来一直是澳大利亚葡萄酒生产的中心。2007年，南澳大利亚有17个葡萄酒产区，葡萄种植面积达73000公顷。但南澳大利亚最优质的葡萄酒产区是巴罗萨谷，这主要归功于19世纪上半叶定居此地的英国人以及将本国葡萄酒文化带到巴罗萨谷的德国移民。19世纪下半叶，克莱尔谷、麦克拉伦谷和库纳瓦拉等地开始创办酒庄；帕史维产区直到20世纪60年代才成立。20世纪80年代后期，巴罗萨谷经历复苏，兰好乐溪（Langhorne Creek）产区大规模扩张，库纳瓦拉和帕史维两边的石灰岩海岸也发展迅速，此外阿德莱德山和袋鼠岛（Kangaroo Island）等新产区也开始生产葡萄酒。

巴罗萨谷拥有连绵起伏的绿色山峦、横向山谷、整洁的石头建筑和路德教会的尖塔，是澳大利亚最美丽的葡萄酒产区之一。这里的酒庄规模大小不一，和谐共存。除了奔富、奥兰多和禾富等行业巨头外，还坐落着大量规模较小的酿酒厂，以彼得利蒙（Peter Lehmann）酒庄为首，他们努力保证品质、勇于克服困难并且进行有创造性的营销，为巴罗萨谷赢得了良好的声誉。其他比较著名的小酒厂包括圣哈利特、罗克福德、查尔斯莫顿（Charles Melton）和格兰特伯爵（Grant Burge）。

巴罗萨谷气候温暖，适合种植具有浓郁口感和巧克力味的西拉葡萄。西拉是该地区种植最广泛的葡萄品种，用来酿造葛兰许葡萄酒。雷司令和赛美蓉在这里也表现不俗，种植面积超过了赤霞珠。随着凉爽气候葡萄酒受到青睐，雷司令的主要种植区也从温暖的谷底向巴罗萨山脉东部更凉爽的山麓转移。巴罗萨谷的老藤西拉以及曾用来酿造加强葡萄酒的老藤歌海娜和慕合怀特葡萄在很大程度上推动了该产区葡萄酒行业的复兴。伊顿谷的高原地区位于巴罗萨东南部，以风格优雅的雷司令以及亨施克酒庄的神恩山和宝石山（Mount Edelstone）葡萄园而闻名。

小酒庄的理想黄金国

阿德莱德北部的克莱尔谷是南澳大利亚最古老、最传统的产区之一。与巴罗萨谷不同，这个美丽的产区有大量的小酿酒厂，其中许多因生产优质雷司令而声名显著。这些小酒厂包括金百利（Jim Barry）、蒂姆亚当斯（Tim Adams）、格罗斯（Jeffrey Grosset）、霍罗克斯山（Mount Horrocks）、葡萄之路（Petaluma）以及纳普斯坦（Tim Knappstein），生产的雷司令香气浓郁，随着年份的增加会产生烤面包味。雷司令是克莱尔谷的明星产品，不过赤霞珠和西拉也表现出色。

从阿德莱德驱车向东不远就到了阿德莱德山，这里山峰耸立，森林密布，是一个景色壮观、气候凉爽的产区。阿德莱德山以风格优雅的霞多丽和长相思以及品质出众的黑比诺而迅速成名。

麦克拉伦谷一直是南澳大利亚名气较小的传统产区。这里最著名的酒厂有威拿（Wirra Wirra）、教堂山（Chapel Hill）、黛伦堡（d’Arenberg）、杰夫梅里尔（Geoff Merrill）、克拉伦敦山（Clarendon Hills）以及可利（Coriole）。受地中海气候影响，这里用不同风格的西拉生产出口感饱满丝滑的红葡萄酒，这些葡萄酒可与巴罗萨谷的葡萄酒相媲美。还有一个鲜为人知的产区是温暖的兰好乐溪，那里主要种植赤霞珠和西拉。

河地产区包括墨累河两岸的一系列子产区，属于炎热的大陆性气候，葡萄产量约占南澳大利亚葡萄总产量的60%。河地产区最早由乔治·查菲（George Chaffey）和威廉·查菲（William Chaffey）兄弟开发起来，他们选择墨累河西岸的伦马克试行灌溉计划。除了大规模种植的西拉、歌海娜、慕合怀特以及霞多丽葡萄，这里还种植白葡萄品种鸽笼白、白诗南和韦德罗以及红葡萄品种梅洛和宝石解百纳。

玫瑰山酒庄自豪地展示其获得的年度葡萄酒生产商奖项

红土地和橡胶树

库纳瓦拉是澳大利亚最迷人、最神秘的产区之一。原因很简单。首先，这是澳大利亚第一个明确风土条件的产区，即底层为柔软的石灰石的红土。其次，这里地势平坦，桉树环绕，静谧平静充满魔力。第三，库纳瓦拉已成为顶级赤霞珠和西拉葡萄酒的代名词。虽然这里的红葡萄酒独领风骚，但黑土地上生产的霞多丽和雷司令葡萄酒也品质优秀。

库纳瓦拉是一个雪茄状的狭窄地区，第一个葡萄园由苏格兰人约翰·瑞多克（John Riddoch）建于1890年，但直到20世纪60年代随着佐餐红葡萄酒的发展才真正展现出实力。这里气候凉爽，距印度洋仅60公里，云层对葡萄生长季的延长影响很大。虽然韵思（Wynns）、林德曼和奔富等大公司占主导地位，但还是有不少小规模的酿酒厂，其中郝力克（Hollick）、巴内夫（Balnaves）、玛杰拉（Majella）、帕克（Parker）以及宝云（Bowen）等酒庄生产的葡萄酒都品质不凡。帕史维产区几乎只种植优质葡萄品种，这里的葡萄园基本上都由塞佩特、林德曼、哈迪和韵思等大公司开发。霞多丽是其中种植最广泛的明星葡萄品种，但是本地的西拉也特别出色。石灰岩海岸地区包括本逊山（Mount Benson）和拉顿布里两个产区。

中图：阿德莱德附近的葡萄酒业巨头奔富酒庄的历史始于1844年。其现代化的总部现位于巴罗萨谷的努里乌特帕（Nuriootpa）

澳大利亚的部分顶级西拉葡萄酒产自巴罗萨谷

南澳大利亚的主要葡萄酒生产商

生产商：**Tim Adams******
所在地：**Clare，Clare Valley**
16公顷，非自有葡萄，年产量30万瓶
葡萄酒：The Aberfeldy Shiraz，The Fergus Grenache，Riesling，Semillon
Tim Adam和Pam Adam从当地种植户处那里购买葡萄，手工酿造的优质赛美蓉和雷司令葡萄酒在Clare Valley大受欢迎。酿酒厂位于Clare郊区。

生产商：**D'Arenberg***-******
所在地：**McLaren Vale**
112公顷及90公顷签约葡萄园，年产量324万瓶
葡萄酒：Dry Dam Riesling，Last Ditch Viognier，Money Spider Roussanne，Twenty Eight Road Mourvèdre，Dead Arm Shiraz
Chester Osborn酿造的葡萄酒名字奇特、种类繁多，但一直保持着较高的水准。

生产商：**Balnaves of Coonawarra******
所在地：**Coonawarra**
52公顷，年产量12万瓶
葡萄酒：Chardonnay，Cabernet，Merlot，Cabernet Sauvignon，Shiraz，Sparkling Cabernet
Doug Balnaves、Annette Balnaves、Kirsty Balnaves和Pete Balnaves于1990年创建该酒庄。从那时起葡萄种植和葡萄酒酿造都由Pete Bissell负责。酒庄最好的葡萄酒是The Blend，还有一款风格雅致的葡萄酒The Tally。

生产商：**Jim Barry***-******
所在地：**Clare Valley**
200公顷，年产量96万瓶
葡萄酒：Watervale Riesling，Chardonnay，Cabernet，Merlot，Shiraz
该酒庄创建于1959年，现在归P.J. Barry和S.M. Barry所有。主要使用雷司令、赤霞珠和西拉酿酒，优质葡萄酒包括Lodge Hill、McRae Wood西拉葡萄酒和Armagh。

生产商：**John Duval Wines******
所在地：**Tanunda，Barossa Valley**
非自有葡萄，年产量6万瓶
葡萄酒：Shiraz，Blend
John Duval曾是Penfolds酒庄的酿酒师，2003年起开始和妻子Pat一起经营自己的酒庄。他们专注于酿造风格优雅的Barossa葡萄酒。使用老藤西拉、歌海娜和慕合怀特酿造Plexus葡萄酒。

生产商：**Glaetzer Wines Pty Ltd******
所在地：**Tanunda，Barossa Valley**
非自有葡萄，年产量12万瓶
葡萄酒：Anaperenna，Bishop Shiraz，Wallace Shiraz Grenache，Amon-Ra Shiraz
1995年，Colin Glaetzer及其儿子Ben一起创立该酒庄。他们的酿酒葡萄来自Ebenezer产区古老而且无须灌溉的葡萄园。

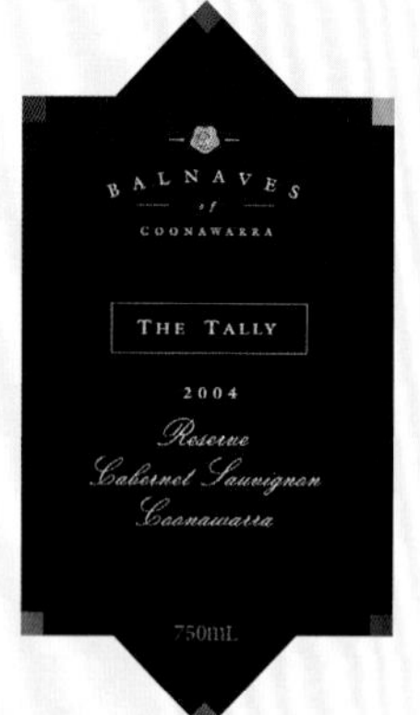

生产商：**Grosset Wines*******
所在地：**Auburn，Clare Valley**
20公顷，年产量10万瓶
葡萄酒：Watervale Riesling，Polish Hill Riesling，Piccadilly Chardonnay，Sémillon-Sauvignon；Adelaide Hills Pinot Noir，Gaia
1981年Jeffrey Grosset在Clare Valley创建了该酒庄。他凭借坚定的决心和对细节的完美追求酿造出澳大利亚最雅致的雷司令葡萄酒，还出产一款优质的赤霞珠特酿酒。

生产商：**The Hardy Wine Company**-*******
所在地：**Reynella McLaren Vale**
面积不详，非自有葡萄
葡萄酒：The Hardy Wine Company VR，Stamp of Australia，Nottage Hill，Château Reynella
1853年，23岁的Thomas Hardy创建了该公司。这个澳大利亚的巨头如今属于Constellation Wines公司。出产日常餐酒如Eileen Hardy。霞多丽和西拉葡萄酒都属于澳大利亚顶尖葡萄酒之列。

生产商：**Henschke*******
所在地：**Henschke Road，Eden Valley**
100公顷，年产量54万瓶
葡萄酒：Riesling，Gewürztraminer，Sémillon，Shiraz，Cabernet
该酒庄创建于1868年，历史悠久，Hill of Grace葡萄园内的老藤葡萄树就是很好的证明。由于Keyneton、Eden Valley和Lenswood高地势斜坡上理想的气候和土壤条件，该酒庄在第五代传人Stephen的经营下出产澳大利亚几款顶级的西拉葡萄酒，拥有出色的陈年潜力。

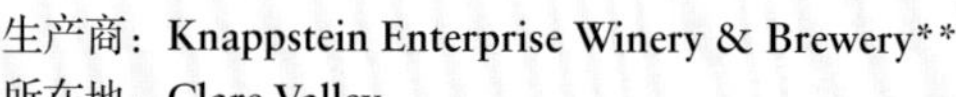
生产商：**Knappstein Enterprise Winery & Brewery*****
所在地：**Clare Valley**
118公顷，年产量42万瓶
葡萄酒：Riesling，Fumé Blanc，Shiraz，Cabernet Sauvignon
该酒庄创建于1878年，现归Lion Nathan葡萄酒集团所有，全部使用自有葡萄酿酒。出产的Reserve Lager啤酒有近130年的历史。

生产商：**The Lane Vineyard***-******
所在地：**Hahndorf，Adelaide Hills**
56公顷，年产量28.8万瓶
葡萄酒：Sauvignon，Pinot Gris，Viognier，Sémillon，Shiraz，Cabernet
John Edwards和Helen Edwards于1993年创建该酒庄，之后和儿子（主要负责葡萄园管理）一起经营这个家族企业。除了许多单一品种葡萄酒，他们还生产Off the Leash和Ravenswood Lane葡萄酒。

生产商：**Leasingham***-******
所在地：**Clare Valley**
100公顷，年产量120万瓶
葡萄酒：Bin 7 Riesling；Bin 56 Cabernet Malbec，Shiraz，Cabernet Sauvignon；Classic Clare
20世纪50年代，Leasingham不顾所有人的劝告坚定不

移地开始种植雷司令。他的成功为这一地区赢得了国际认可。

生产商：Peter Lehmann Wines*-******
所在地：Barossa Valley
41公顷，非自有葡萄，年产量780万瓶
葡萄酒：varietal whites and reds，Cellar Door Collection，Reserve Riesling，Stonewell Shiraz
1979年，Peter Lehmann挽救了因受白葡萄品种冲击而遭遇危机的西拉葡萄。Hess集团是该酒庄的大股东，其酿酒葡萄大多来自Barossa Valley 的150个独立种植户。

生产商：Charles Melton Wines****
所在地：Tanunda，Barossa Valley
20公顷，年产量16万瓶
葡萄酒：Cabernet Franc，Shiraz，Grenache，Cabernet，Rose of Virginia，Nine Popes，Shiraz-Sekt
Charles Melton是Barossa Valley的名人，他擅长酿造罗讷河谷南部风格的红葡萄酒，特别是用西拉、歌海娜和慕合怀特酿造的Nine Popes。

SAUVIGNON
BLANC
2007
ADELAIDE HILLS
AUSTRALIA
750ml

生产商：Mitolo Wines****
所在地：McLaren Vale
非自有葡萄，年产量36万瓶
葡萄酒：Shiraz，Cabernet
Frank Mitolo和Ben Glaetzer的酿酒原料来自Don Lopresti和 Joe Lopresti经营的葡萄园，生产的红葡萄酒很快赢得了赞誉。

生产商：Mount Horrocks Wines*-******
所在地：Auburn，Clare Valley
10公顷，年产量5.4万瓶
葡萄酒：Watervale Riesling，Chardonnay，Sémillon；Cabernet Merlot
酒庄充满活力的主人Stephanie Toole在Clare Valley拥有三个葡萄园，出产三款葡萄酒，包括著名的雷司令甜葡萄酒Cordon Cut。

PETALUMA
2006 RIESLING
HANLIN HILL
CLARE VALLEY
750ml

生产商：Nepenthe***
所在地：Adelaide Hills
110公顷，年产量不详
葡萄酒：Sémillon，Sauvignon，Chardonnay；Pinot，Zinfandel，Cabernet，Merlot
该酒庄建于1994年，现在归McGuigan Simeon Wines所有。酿酒师为Michael Fogarty，出产Altitude和Pinnacle品牌葡萄酒以及价格适中的Tryst系列葡萄酒。

生产商：Penfolds-*******
所在地：Magill，Adelaide
800公顷，非自有葡萄，年产量330万瓶
葡萄酒：Chardonnay，Riesling，Shiraz，Cabernet Sauvignon；Yattarna Chardonnay，Eden Valley Riesling；Grange，Bin 707 Cabernet Sauvignon，Kalimna Bin 28 Shiraz
Penfolds这个名字和它传奇的Grange品牌一样，一直代表了优秀的品质。该酒庄由Max Schubert创建于1844年，现在属于Fosters集团所有。Max Schubert发明了Grange葡萄酒，使酒庄名声大振。如今，酿酒师Peter Gago使用单一葡萄园葡萄酿造价格适中的葡萄酒。

生产商：Petaluma*-*******
所在地：Piccadilly，Adelaide Hills
125公顷，年产量36万瓶
葡萄酒：Hanlin Hill Riesling，Piccadilly Valley Chardonnay，Tiers Vineyard Chardonnay，Viognier，Petaluma Coonawarra，Petaluma Shiraz，Croser Sparkling
该酒庄由Brian Croser创建于1976年，现归Lion Nathan集团所有，使用精心筛选的葡萄酿造高品质葡萄酒。

生产商：Primo Estate***
所在地：Adelaide Plains
37公顷，年产量30万瓶
葡萄酒：Joseph
该酒庄由Joseph Grilli和Dina Grilli创建于1979年。如今，酒庄仍然位于Adelaide Plains的Virginia，而品酒酒窖则在McLaren Vale。酿造Joseph的葡萄大多来自于Clarendon，而酿造La Biondina 和 Il Briccone葡萄酒的西拉和桑娇维赛则来自于Adelaide Plains。

生产商：Rockford****
所在地：Tanunda，Barossa Valley
面积不详，非自有葡萄，年产量不详
葡萄酒：Riesling，Sémillon，Shiraz，Cabernet Sauvignon，Grenache
该酒庄建于1984年，如今仍然被认为是一家精品酒庄。在古老的酿酒厂按照传统方式酿酒，只采用Barossa Valley的葡萄，特别是陈年潜力强的优质西拉。

生产商：Shaw & Smith*-******
所在地：Adelaide Hills
55公顷，年产量42万瓶
葡萄酒：Sauvignon，Shiraz
表兄弟Martin Shaw和Michael Hill Smith MW于1990年酿造出第一款年份酒。他们在Woodside和Balhannah都有葡萄园，酿造传统葡萄酒，但又具有现代风格。最好的葡萄酒包括优雅的霞多丽葡萄酒M3和辛香的西拉葡萄酒。

生产商：Wynns Coonawarra Estate*-******
所在地：Coonawarra
900公顷，年产量360万瓶
葡萄酒：Riesling，Chardonnay；Cabernet，Shiraz，Michael Shiraz，John Riddoch Cabernet Sauvignon
该地区最古老的酒庄，拥有该地区著名的红色石灰土上最多的土地，如今已被Foster集团打造成现代化酒庄。该酒庄的成功主要归因于虚怀若谷、才华横溢的酿酒师Sue Hodder。最知名的葡萄酒当属黑牌赤霞珠葡萄酒。

生产商：Yalumba*-******
所在地：Angaston，Barossa Valley
458公顷，非自有葡萄，年产量1080万瓶
葡萄酒：Angas Brut，Oxford Landing，The Menzies Cabernet，The Octavious Shiraz
该酒庄建于1849年，现归Robert Hill Smith所有，是澳大利亚现存不多的真正的家族管理酿酒厂。酒庄重视传统，但同时也接受新的种植和酿造方法。最知名的是优质雷司令和维欧尼葡萄酒。

西澳大利亚：优雅葡萄酒的梦幻之国

左图：晨雾在玛格丽特河产区非常常见

右图：印度洋紧邻玛格丽特河产区，对玛格丽特河的气候起到了一定的调节作用

虽然西澳大利亚是澳大利亚面积最大的州，但它的葡萄酒产区却都隐藏在遥远的西南角。部分原因是这里没有河地那样的产区可以拉动产量，葡萄酒生产规模比新南威尔士、维多利亚和南澳大利亚这三大葡萄酒生产州都要小。尽管如此，这里也和其他州，尤其是和维多利亚州一样，正在将葡萄种植区逐渐转向气候凉爽的地区。如今，西澳大利亚已成为优质葡萄酒的代名词，生产的葡萄酒与东部的葡萄酒风格截然不同。在玛格丽特河产区，赤霞珠葡萄酒更具欧洲葡萄酒的风格。在巴克山（Mount Barker），西拉葡萄酒具有罗讷河谷北部西拉葡萄酒的品质，散发出优雅的香料味和胡椒味。这里的雷司令也体现了与澳大利亚其他地区不同的精致风味。

偏远、炎热的葡萄酒产区

19世纪上半叶，托马斯·沃特斯（Thomas Waters）和约翰·塞普蒂默斯·洛（John Septimus Roe）在炎热的天鹅谷（Swan Valley）开辟了葡萄园，为西澳大利亚的葡萄酒行业奠定了基础。天鹅谷长期以来一直是西澳大利亚葡萄酒生产的中心。后来，南斯拉夫移民进一步提升了该产区的重要性。在现代葡萄酒行业发展早期，天鹅谷因霍顿酒厂的白勃艮第葡萄酒而享誉盛名。该葡萄酒由大名鼎鼎的酿酒师杰克·曼恩于1937年推出，酒体非常丰满，一方面是因为天鹅谷气候炎热（澳大利亚最炎热的地区），另一方面该葡萄酒几乎使用除霞多丽外的所有葡萄（主要是赛美蓉、密斯卡岱和白诗南）混酿而成。距离州府珀斯（Perth）一小段车程的地方就是珀斯山区（Perth Hills）产区，在纵横交错的山谷中，几家酿酒厂沿着珀斯南部的海岸线分布开来。吉奥格拉菲（Geographe）是一个新兴产区，以班伯里（Bunbury）为中心，包括卡佩尔河（Capel River）的海岸区、唐尼布鲁克（Donnybrook）和班伯里山区（Bunbury Hills），主要种植霞多丽和西拉。

下图：玛格丽特河产区的自然景色多彩多姿

玛格丽特河产区

玛格丽特河是一个美丽的产区，位于珀斯以南240千米处，距印度洋仅一步之遥。这里山谷遍布，溪水淙淙，树木和野花随处可见，还有冲浪沙滩、汽车旅馆和饭店、硬木和陶瓷工艺店以及50多家酿酒厂。早期的酒庄多由改行的医生创建，但最近一些小酒厂已经被大公司所收购：南方葡萄酒业（现在属于福斯特集团）收购了魔鬼之穴（Devil's Lair）；哈迪葡萄酒公司收购了博克兰谷（Brookland Valley）酒庄。玛格丽特河产区盛产赤霞珠和波尔多葡萄的混酿酒，出产的梅洛红葡萄酒成熟优雅，带有黑醋栗和红醋栗的水果香气。白葡萄酒也使用波尔多葡萄混酿，一些长相思和赛美蓉混酿酒大获成功；霞多丽酿造的

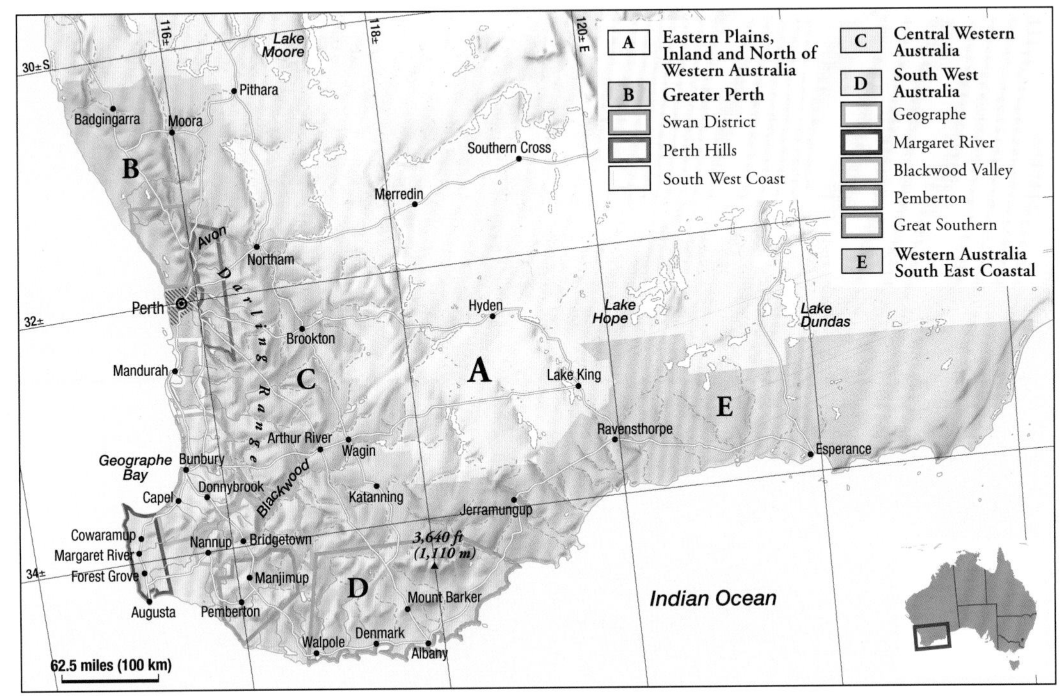

葡萄酒也品质优秀。露纹酒庄因生产澳大利亚品质最高、陈年潜力最强的霞多丽而闻名。

大南部地区拥有壮观的红柳桉树、美叶桉树和加利桉树森林。受海洋性气候影响，这里比玛格丽特河产区凉爽许多。该产区发展较晚。1955年加利福尼亚葡萄种植家哈罗德·奥尔莫（Harold Olmo）向西澳大利亚政府推荐了这块土地，认为这里适合生产优质葡萄酒，十年后，大南部地区才开始发展。法兰克兰河次产区生产的雷司令与南澳大利亚克莱尔谷和伊顿谷的雷司令一样出色，拥有清淡的柑橘味和不凡的陈年潜力。大南部地区还生产优质的霞多丽以及优雅的赤霞珠和西拉葡萄酒。巴克山和阿伯尼（Albany）次产区气候凉爽，适合种植黑比诺。西澳大利亚的满吉姆（Manjimup）和潘伯顿（Pemberton）产区的气候条件分别与波尔多和勃艮第相似，主要种植霞多丽、赤霞珠和黑比诺。

左图：航海家酒庄（Voyager Estate）建筑风格独特，生产的白葡萄酒酒体丰满、口感辛香

右图：瓦尼亚·库伦（Vanya Cullen）在家族酒庄出产优质、时尚又独具个性的葡萄酒

西澳大利亚的主要葡萄酒生产商

生产商：Alkoomi Wines***-****
所在地：Frankland River，Great Southern
105公顷，年产量100.8万瓶
葡萄酒：Riesling，Chardonnay，Sauvignon；Shiraz，Cabernet Sauvignon，Blackbutt，Jarrah Shiraz，Wandoo；Southlands
该家族式酒庄由Merv Lange和Judy Lange创建。葡萄园气候与波尔多相似，出产优质葡萄酒。

生产商：Cape Mentelle****
所在地：Margaret River
130公顷，年产量144万瓶
葡萄酒：Chardonnay，Cabernet-Merlot，Shiraz，Zinfandel
该酒庄由David Hohnen创建于1970年，现在归L.V.M.H.集团所有。最著名的葡萄酒是长相思赛美蓉白葡萄酒，好的年份还出产优质赤霞珠葡萄酒。

生产商：Cullen Wines*****
所在地：Margaret River
30公顷，年产量18万瓶
葡萄酒：Chardonnay，Sauvignon，Sémillon，Cabernet-Merlot，Pinot Noir，Diana Madeline Cabernet Sauvignon
创建于1971年，是Margaret River地区的先锋酒庄。Vanya Cullen现在开始采用有机法种植葡萄，在他的经营下，酒庄已跻身澳大利亚顶级酒庄之列。

生产商：Devil's Lair***-****
所在地：Forest Grove，Margaret River
120公顷，年产量180万瓶
葡萄酒：Chardonnay，Pinot Noir，Cabernet-Merlot，Fifth Leg
该酒庄建于1985年，现在归Fosters公司所有。酒庄致力于酿造高品质葡萄酒，如Devil's Lair，同时也生产价格适中的Fifth Leg品牌葡萄酒。

生产商：Ferngrove Vineyards Estate***-****
所在地：Frankland River，Great Southern
225公顷，年产量120万瓶
葡萄酒：Orchid Cossack Riesling；Chardonnay，Sémillon-Sauvignon；Malbec，Cabernet-Merlot，Shiraz
该酒庄由Murray Burton于1996年创建。极具天赋的酿酒师Kim Horton打造出多款口感清新、果味浓郁的葡萄酒，其中的明星产品是Stirling混酿酒。

生产商：Happs and Three Hills***-****
所在地：Margaret River
36公顷，年产量21.6万瓶
葡萄酒：Viognier，Chardonnay，Sangiovese，Malbec，Shiraz
1978年，Erl Happ和妻子Roslyn创建该酒庄。他们在Dunsborough和Karridale都拥有葡萄园，受海洋性气候的影响，他们出产种类繁多的葡萄酒，其中最出色的当属风格雅致的西拉葡萄酒Three Hills。

CAPE MENTELLE

CULLEN
MARGARET RIVER
Diana Madeline
2005
PRODUCT OF AUSTRALIA
750mL

LEEUWIN ESTATE
PRELUDE VINEYARDS
MARGARET RIVER
CHARDONNAY
2006

生产商：Leeuwin Estate****-*****
所在地：Margaret River
140公顷，年产量72万瓶
葡萄酒：Chardonnay，Riesling，Sauvignon；Pinot Noir，Cabernet，Art Series Chardonnay
自1974年起，Denis Horgan和Tricia Horgan使用非灌溉葡萄园的低产葡萄酿造出澳大利亚最浓郁细腻的勃艮第风格的霞多丽葡萄酒。酒庄还出产优质的赤霞珠葡萄酒，并且由于露天音乐会而闻名遐迩。

生产商：Moss Wood****-*****
所在地：Margaret River
20公顷，年产量19.2万瓶
葡萄酒：Sémillon，Chardonnay；Cabernet，Pinot Noir
酿酒师Keith Mugford生产橡木桶发酵的赛美蓉葡萄酒以及出色的赤霞珠和黑比诺葡萄酒，后者口感细腻、结构坚实。

生产商：Picardy***-****
所在地：Pemberton
8.1公顷，年产量6万瓶
葡萄酒：Chardonnay，Pinot Noir，Shiraz，Merlimont
该酒庄建于1993年，现在由Bill Pannell、Sandra Pannell、Dan Pannell和Jodie Pannell经营。虽然规模不大，却是西澳大利亚最优秀的酒庄之一，种植霞多丽、黑比诺、西拉和勃艮第葡萄品种。所有葡萄酒都使用自有葡萄酿造。

生产商：Stella Bella Wines***-****
所在地：Margaret River
95公顷，年产量60万瓶
葡萄酒：Stella Bella，Suckfizzle，Skuttlebutt
该酒庄由酿酒师Janice McDonald创建于2001年，产自不同地区的葡萄酒风格迥异，个性鲜明。

生产商：Vasse Felix***-****
所在地：Wilyabrup，Margaret River
160公顷，非自有葡萄，年产量100万瓶
葡萄酒：Sémillon-Sauvignon，Riesling，Sémillon，Chardonnay，Shiraz，Cabernet
在新建了一个酿酒厂和葡萄园后，该酒庄重新焕发了生机，葡萄酒品质不断提高。

生产商：Voyager Estate****
所在地：Margaret River
103公顷，年产量48万瓶
葡萄酒：Chardonnay，Chenin，Cabernet Sauvignon Merlot，Shiraz
虽然耀眼的白色开普荷兰风格的建筑与周围的环境有点不协调，但Michael Wright酿造的葡萄酒品质始终如一。

塔斯马尼亚

塔玛谷的圣马提亚（St. Matthias）葡萄园以雷司令和黑比诺闻名

塔斯马尼亚是澳大利亚大陆以南的一个岛州，和澳大利亚其他州存在很大差异。它拥有独特的地形、气候、文化以及葡萄酒风格。塔斯马尼亚的生活节奏缓慢，风景迷人，对游客而言，这里是澳大利亚最富于田园气息的地方之一。塔斯马尼亚一半以上的葡萄酒都由游客消费。

19世纪，塔斯马尼亚的葡萄酒行业规模较小，直到让·米盖（Jean Miguet）和克劳迪奥·阿克索（Claudio Alcorso）在朗塞斯顿（Launceston）和霍巴特（Hobart）附近开辟了葡萄园，现代葡萄酒行业才成长起来。塔斯马尼亚的葡萄种植面积不大，仅有1250公顷，大多集中在南部的霍巴特周围以及北部的笛手河（Pipers River）和拉马尔谷（Lamar Valley）次产区。然而，这里却是卧虎藏龙之地，88家酒庄都能生产出品质上乘、各具特色的葡萄酒。

塔斯马尼亚最知名的酒庄当属笛手布鲁克（Pipers Brook），该酒庄由富有开拓精神的安德鲁·皮里（Andrew Pirie）创立，一直推动着塔斯马尼亚葡萄酒行业的发展。目前笛手布鲁克酒庄为克里格林格（Kreglinger）公司所有。该酒庄出产顶级的霞多丽葡萄酒和陈年潜力强的雷司令葡萄酒。虽然塔斯马尼亚是澳大利亚最凉爽的地区之一，但却因黑比诺和赤霞珠葡萄酒而备受赞誉。黑比诺葡萄酒将波尔多、勃艮第、阿尔萨斯三地的特色融为一体。

塔斯马尼亚北部的笛手河是澳大利亚最凉爽的葡萄酒产区，尤其适合生产起泡酒。这里的起泡酒大部分由经典的香槟葡萄——霞多丽和黑比诺酿造。香气浓郁的阿尔萨斯葡萄品种——雷司令、琼瑶浆和灰比诺在这里也表现不凡。风景如画的塔玛谷出产口感浓郁、酒体丰满的葡萄酒。

穆里拉（Moorilla）是塔斯马尼亚南部的先锋酒庄，坐落在霍巴特附近的德文特河（Derwent River）河畔，由克劳迪奥·阿克索创办。除了德文特河河畔的酒庄，塔斯马尼亚南部还有最南端休恩谷（Huon Valley）的酒庄、东部酒杯湾（Wine Glass Bay）的菲瑟涅酒庄（Freycinet Vineyards）和煤河谷（Coal River Valley）的亘古酒庄（Domaine A-Stoney Vineyard）。黑比诺是塔斯马尼亚南部的主要葡萄品种。黑比诺为主，再混合适量霞多丽，常用于生产优质起泡酒。

塔斯马尼亚的主要葡萄酒生产商

生产商：Pipers Brook Vineyard*—******
所在地：Pipers Brook，Northern Tasmania
200公顷，非自有葡萄，年产量120万瓶
葡萄酒：Pipers Brook：Pinot Gris，Riesling，Pinot Noir，Reserve，Single Vineyard，sparking wines
该酒庄由Andrew Pirie创建于1974年，现在属于比利时的Kreglinger集团。出产的葡萄酒始终保持高水准，香气浓郁、口感细腻，其中最为出色的是Kreglinger Brut。

生产商：Moorilla Estate***
所在地：Berriedale，Southern Tasmania
面积不详，年产量不详
葡萄酒：Moorilla，Cloth Label，Estate，Black Label

该酒庄由Alcorso家族于1958年创立，如今经营范围不断扩大，涉及餐饮、博物馆和啤酒酿造等领域。出产优雅的起泡酒和香气浓郁的单一品种葡萄酒，其中的明星产品包括雷司令和黑比诺。

生产商：Tamar Ridge*—******
所在地：Kayena，Tasmania
308公顷，年产量不详
葡萄酒：Riesling，Chardonnay，Pinot Gris，Pinot Noir，Merlot
在酿酒师Michael Fogarty的努力下，该酒庄自1994年起日益强大。被Gunns收购后，Andrew Pirie一直生产Devil's Corner系列葡萄酒和香气浓郁的单一品种葡萄酒。

新西兰葡萄酒

新西兰是南半球最南端的葡萄酒生产国。河床上的碎石土壤，加上影响南岛（South Island）和北岛（North Island）的凉爽海洋性气候，为优质葡萄品种提供了理想的种植条件。勃艮第的霞多丽和黑比诺、卢瓦尔河谷的长相思、阿尔萨斯的灰比诺以及德国的雷司令等葡萄品种在这里的边际气候条件下都长势喜人。在气候较为温暖的地区，梅洛和赤霞珠都拥有完美的成熟度。虽然新西兰的葡萄种植历史可追溯至1819年，但新西兰的葡萄酒行业直到20世纪60年代才真正获得成功。

统计数据显示，南岛南部的奥塔哥（Otago）地区气候寒冷，不适合葡萄酒生产。但是这里的生产商酿造出品质优秀的葡萄酒

在北岛东部的霍克斯湾，一排排棕榈树证明了新西兰气候温暖，赤霞珠在这里可以繁荣生长

1960年，新西兰出售的葡萄酒中餐酒的比例仅为12%，其余都是加强葡萄酒。当时的主要酿酒葡萄是美国杂交品种伊莎贝拉，这种葡萄在葡萄根瘤蚜虫病和禁酒令中幸存下来。在经历了生产过剩和激烈的价格战后，新西兰于1986年开始大规模拔除葡萄树，但此后葡萄酒行业发展迅猛。如今，葡萄酒生产商数量增长至573家，同时，葡萄种植面积也从1989年的4000多公顷扩大到24660多公顷。新西兰3/4以上的葡萄园都集中在马尔堡（Marlborough）、吉斯伯恩（Gisborne）和霍克斯湾这三大产区。

长相思的天堂

从20世纪60年代起，葡萄酒文化开始在新西兰生根，葡萄酒行业经历了一段疯狂的发展期，仅在1986年因为政府的葡萄树拔除计划而暂时中断。20世纪70年代，葡萄酒行业深受来自盖森海姆的海尔姆特·贝克尔（Helmut Becker）教授的影响，他建议新西兰种植米勒–图高，人们使用这种葡萄酿造出一款口感平滑、果味浓郁的白葡萄酒。然而，直到20世纪80年代生产商才开始意识到新西兰的气候可以生产出更好的葡萄酒。

法国顶级葡萄酒多是用生长在边际气候下的葡萄品种酿制而成。新西兰也种植这些葡萄品种，并且仅用了20年时间就生产出世界级的长相思葡萄酒，可与卢瓦尔河谷的长相思葡萄酒相抗衡。新西兰也有可能使用勃艮第和波尔多品种酿造出出色的红葡萄酒和白葡萄酒。目前，新西兰种植最广的葡萄是长相思和霞多丽。红葡萄品种中，黑比诺的种植面积已经超过了梅洛和赤霞珠。优质的起泡酒以及芳香浓郁的雷司令、灰比诺和琼瑶浆等白葡萄酒，也为新西兰的葡萄酒增光添彩。

统计数据和气候

新西兰的七大葡萄酒产区覆盖1200千米，相当于从北非到巴黎的距离。根据加利福尼亚州阿

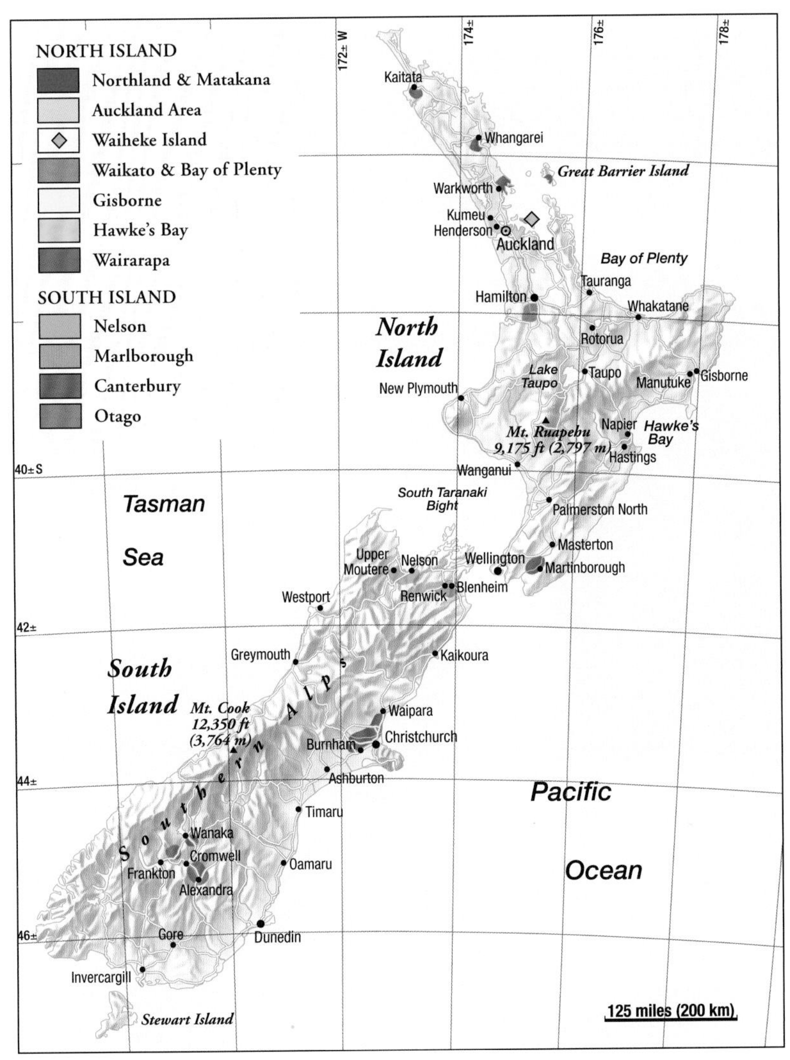

梅林和温克勒开发的积温分区法，新西兰与波尔多和勃艮第同属于1区。新西兰受海洋性气候影响，夏季凉爽，冬季温和，这种气候条件是新西兰葡萄酒生产商最大的优势。但是新西兰南北部气候差异显著。北部的奥克兰（Auckland）一带属于亚热带湿润性气候，而南部的奥塔哥属于大陆性气候。根据统计数据判断，奥塔哥气候过于寒冷无法出产优质葡萄酒，但事实并非如此。

新西兰降雨充沛，特别是南北二岛的西部地区。但是，偶尔的狂风暴雨会严重影响新西兰的葡萄收获。尤其是在排水性能较差的土壤上，过多的降雨会促进多余的叶子和新芽生长，导致枝叶稠密，进而引发葡萄树的真菌疾病。湿度问题加上大多数葡萄园土壤肥沃，新西兰在理查德·斯玛特（Richard Smart）博士的努力下率先通过树冠管理为葡萄树提供充足的阳光，确保良好的空气流通。与此同时，葡萄种植户们一直在寻找较为贫瘠、排水性能好的鹅卵石土壤。

生长在马尔堡多石的冲积土上的长相思品质独特，激发了世界各地对新西兰葡萄酒的兴趣

传统葡萄品种与现代酿酒技术

新西兰因其口味独特的长相思葡萄酒在国际市场上备受瞩目。如今，长相思的种植面积高达11000公顷，是新西兰种植最广的葡萄品种。新西兰出产的长相思葡萄酒果味浓郁，略带绿豆和青草以及芒果和西番莲的味道。

霞多丽在新西兰的主要葡萄酒产区都有种植，酿造的葡萄酒风味浓郁。没有经过橡木桶陈年的霞多丽干白葡萄酒口感清新，而勃艮第风格的霞多丽葡萄酒醇厚、复杂。

雷司令和托卡伊灰比诺的种植面积不断增长。两者都能酿造出精致的阿尔萨斯风格的干白葡萄酒。此外，雷司令还能用来酿造摩泽尔风格的白葡萄酒和美味的贵腐甜葡萄酒。白诗南作为一种混酿酒以及强劲的琼瑶浆葡萄酒在20世纪60年代逐渐没落，近些年大有卷土重来之势。

黑比诺是最受欢迎也是商业上最成功的葡萄品种，在马丁堡（Martinborough）、马尔堡、坎特伯雷（Canterbury）、尼尔森（Nelson）和奥塔哥等地区生产优雅的勃艮第风格红葡萄酒。赤霞珠是晚熟品种，在南岛无法生长，但在霍克斯湾和奥克兰附近的怀赫科岛（Waiheke Island）的砾石土壤上却生长茂盛。赤霞珠可以和梅洛混酿出一款波尔多风格的葡萄酒，在温暖的年份口感柔和、风格雅致、结构复杂。

不锈钢技术最早用于奶制品行业，后来被葡萄酒行业借鉴，其中白葡萄酒生产获益最大。如今，长相思葡萄酒在温控不锈钢酒罐中进行冷发酵已成为惯例。用同样的办法酿造霞多丽葡萄酒可以保存原有的果味，但使用传统法国技术如在新橡木桶中整串压榨、酒脚发酵、部分或完全苹果酸-乳酸发酵等，可以赋予霞多丽更复杂的口感。生产商的单宁控制技术日益精湛，生产出了更复杂的红葡萄酒。例如，黑比诺的生产过程中可以偶尔进行冷浸渍，同时使用全新或半新的法国橡木桶熟成，这样酿造出的葡萄酒品质更佳。

北岛

怀赫科岛的金水酒庄

奥克兰早期的葡萄酒行业发展很大程度上归功于19世纪晚期迁居此地在贝壳杉种植园工作的达尔马提亚人。今天，奥克兰依然是许多知名酒庄的所在地，包括行业巨头蒙大拿（Montana）酒庄以及百祺（Babich）、得利盖特（Delegat）、瑟勒斯（Selaks）、诺比罗（Nobilo）等从名字就可以看出源自欧洲的酒庄。如今，南部的产区地位日渐重要，奥克兰的辉煌已不复当初。不过，随着库姆河（Kumeu River）酒庄和科拉德（Collards）酒庄酿造出优质的霞多丽葡萄酒，怀赫科岛上的石脊（Stonyridge）酒庄和金水（Goldwater）酒庄展现出生产波尔多风格红葡萄酒的潜力，奥克兰产区再度崛起。虽然夏季气候潮湿，北岛的最北端和马塔卡纳（Matakana）仍然能够出产强劲浓烈的红葡萄酒。奥克兰东南部的小产区怀卡托（Waikato）和丰盛湾（Bay of Plenty）也有几家知名酒庄。它们的酿酒葡萄大部分来自于霍克斯湾和更靠南的产区。

与新西兰其他产区一样，奥克兰出产的葡萄酒也口感清爽

海湾产区

吉斯伯恩产区位于新西兰北岛东海岸的波弗蒂湾（Poverty Bay），一直难与更负盛名的霍克斯湾和马尔堡相抗衡。过去十年，这里的葡萄种植面积已增长至1950公顷。吉斯伯恩产区较为偏远，只有几家酒庄，其中玛塔维洛（Matawhero）酒庄和进行有机种植的弥尔顿（Millton）酒庄脱颖而出。该产区主要出产白葡萄酒，霞多丽是种植最广泛的葡萄品种。虽然吉斯伯恩被称为“霞多丽之都”，但这里并不是只为大公司生产桶装霞多丽葡萄酒。蒙大拿和克本斯（Corbans）酒庄出产的霞多丽葡萄酒都品质一流。

霍克斯湾产区位于新西兰北岛东海岸，吉斯伯恩的西南部，出产新西兰最好的波尔多风格红葡萄酒以及最好的霞多丽葡萄酒。过去10年间，这里的葡萄种植面积增长至4480公顷。赤霞珠、梅洛和霞多丽是主要种植品种，西拉也日渐流行起来。

霍克斯湾产区阳光充沛，但在秋季容易遭受严重的降雨侵袭，1988年和1995年就曾遭遇秋雨的困扰。内皮尔市（Napier）以西的内陆地区地形多样，既有肥沃的海岸冲击土，也有碎石土壤，还有像法国西南部梅多克产区那样排水良好的贫瘠砾石土壤。霍克斯湾产区有60多家酒庄，出产知名的霞多丽葡萄酒和风格独特的红葡萄酒。酒庄包括德迈（Te Mata）、帕斯克（C.J. Pask）、埃斯克谷（Esk Valley）、蒂阿瓦（Te Awa）、石头堡（Stonecroft）、新玛利（Villa Maria）、思兰尼（Sileni）以及圣山（Sacred Hill）等。

怀拉拉帕产区和黑比诺

凉爽干燥的怀拉拉帕（Wairarapa）产区位于新西兰首都惠灵顿（Wellington）以东，在过去十年间成长为新西兰最出色的新产区。怀拉拉帕曾是一个牧羊区，几个意志坚定的小种植户在这里获得了成功。马丁堡的碎石梯田非常适合黑比诺的生长，出产新西兰许多顶级黑比诺葡萄酒，特别是枯河（Dry River）、新天地（Ata Rangi）、马丁堡和帕利斯尔（Palliser）等酒庄。

怀拉拉帕产区还出产优质的霞多丽葡萄酒、香气浓郁的长相思葡萄酒以及用雷司令和托卡伊酿造的阿尔萨斯风格葡萄酒。这里分布着40多家小酒庄以及大量的餐厅、咖啡馆和旅馆，是最迷人的葡萄酒产区之一。

南岛

马尔堡产区凭借其长相思葡萄酒优秀的品质和独特的风味而享誉盛名。这里的长相思散发出芦笋和青豆的香气，同时拥有柑橘、芒果和西番莲的味道，在全世界独一无二。怀劳谷（Wairau Valley）和阿沃特雷谷（Awatere Valley）是马尔堡的子产区，在这多石、贫瘠的冲积平原上有100多家生产商，出产新西兰3/5的葡萄酒。马尔堡为凉爽的海洋性气候，白天阳光充足，夜晚天气寒冷，因此葡萄酸度较高。新西兰葡萄种植总面积为23000公顷，其中一半都在马尔堡产区。云雾之湾（Cloudy Bay）和蒙大拿是这里最著名的两个酒庄，但是还有许多其他酒庄也出产优质葡萄酒，其中包括猎人（Hunters）、丘顿（Churton）、杰克逊（Jackson）、怀劳河（Wairau River）、娃娃苏（Vavasour）、新玛利和席尔森（Seresin）等。除了长相思葡萄酒，该产区还生产顶级的霞多丽葡萄酒、雷司令葡萄酒和起泡酒，其中起泡酒用香槟葡萄霞多丽和黑比诺酿造。弗洛姆（Fromm）酒庄是酿造黑比诺餐酒的先锋，丘顿、新玛利和云雾之湾等酒庄生产的红葡萄酒也品质出众。

马尔堡的云雾之湾酒庄因杰出的长相思葡萄酒而闻名于世

湿冷难挡酒香

尼尔森产区毗邻新西兰多雨的西海岸，位于马尔堡以西75千米。该产区规模不大但发展迅速，28家酒庄主要出产霞多丽和长相思等白葡萄酒。这里的土壤类型与马尔堡相似，十年间葡萄酒产量翻了3倍，葡萄种植面积也达到700公顷。思菲（Seifried）酒庄毫无疑问是尼尔森产区最大的酒庄，而鲁道夫酒庄（Neudorf Vineyards）不仅是这里最好的酒庄，也是整个新西兰最好的酒庄之一。

坎特伯雷是新西兰第四大葡萄酒产区，其葡萄园集中在三个地区：美丽的克赖斯特彻奇市（Christchurch）周围的平原、怀帕拉（Waipara）周围的山区以及班克斯半岛（Banks Peninsula）。许多人认为这里过于寒冷不适合葡萄种植，但是在大卫·杰克逊（David Jackson）博士经过研究证明了这里的潜力后，该产区焕发了新的生机。这里面朝大海，气候凉爽，非常适合白葡萄品种的生长，尤其是霞多丽、雷司令和长相思。然而，这里最好的葡萄品种是黑比诺，酿造的葡萄酒风味浓郁，具有红莓等优雅的果香。坎特伯雷约有52家小酒庄，最知名的有飞马湾（Pegasus Bay）、丹尼尔·舒斯特尔（Daniel Schuster）和怀帕拉山丘（Waipara Hills）等。

壮观的葡萄园景色

如果你想参观世界上最美的原生态葡萄园，你必须到中奥塔哥（Central Otago）及其首府皇后镇（Queenstown）。中奥塔哥位于新西兰南部，湖泊众多，在这里你可以领略到海拔、纬度（南纬45°）、温度和辽阔所带来的震撼，当然还有美不胜收的景色。这里是游客的天堂，可以进行各项刺激的运动。中奥塔哥是新西兰发展最快的葡萄酒产区，81家酒庄主要生产霞多丽和黑比诺葡萄酒，是坎特伯雷产区的竞争对手。按照传统标准，中奥塔哥的气候条件不适合葡萄种植，但它凭借夏季的长时间日照和相对较少的降雨量证明了这里不仅可以种植葡萄，而且对于某些风格的葡萄酒来说是理想的产地。这里出产的霞多丽葡萄酒品质优秀，带有香瓜和柑橘的水果香气，而爱德华山（Mount Edward）、石英礁（Quartz Reef）、飞腾（Felton Road）和瑞本（Rippon）等酒庄出产的黑比诺单一品种葡萄酒也证明了黑比诺的潜力。

瓦纳卡湖（Lake Wanaka）湖畔的瑞本酒庄拥有世界上最好的黑比诺葡萄园之一。葡萄园沿瓦纳卡湖而建，背靠南阿尔卑斯山，采用有机种植法

新西兰的主要葡萄酒生产商

北岛

生产商：**Ata Rangi*******
所在地：**Martinborough**
16公顷，20公顷租赁葡萄园，年产量14.4万瓶
葡萄酒：Craighall Chardonnay，Sauvignon；Ata Rangi Pinot Noir，Célèbre
Clive Paton和Oliver Masters精益求精，使用低产葡萄酿造出香气浓郁的黑比诺葡萄酒和口感醇厚的波尔多风格混酿酒Célèbre。

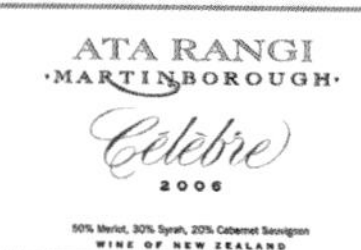

生产商：**Craggy Range Winery***-*****
所在地：**Hawke's Bay**
非自有葡萄，年产量140万瓶
葡萄酒：Sauvignon，Chardonnay，Pinot Gris，Riesling；Syrah，Pinot；Marlborough Sauvignon，Irongate Chardonnay，Cabernet Merlot
使用来自Gimblett Gravels、Martinborough和Marlborough的单一葡萄园葡萄酿造出独具特色的葡萄酒。知名葡萄酒包括长相思葡萄酒以及备受青睐的Prestige Collection，尤其是霞多丽葡萄酒Les Beaux Cailloux、梅洛葡萄酒Sophie和西拉葡萄酒 Le Sol。

生产商：**Dry River******
所在地：**Martinborough**
30公顷，年产量3万瓶
葡萄酒：Riesling，Pinot Gris，Chardonnay，Sauvignon；Pinot Noir，Syrah
酒庄的创始人Neil McCallum看到了Martinborough的巨大潜力，认为这里的梯田适合种植喜欢凉爽气候的葡萄品种，可以酿造出香气浓郁的白葡萄酒和黑比诺葡萄酒。该酒庄现由Julian Robertson所有。他精心打理葡萄园并严格控制产量，生产的葡萄酒品质一流。

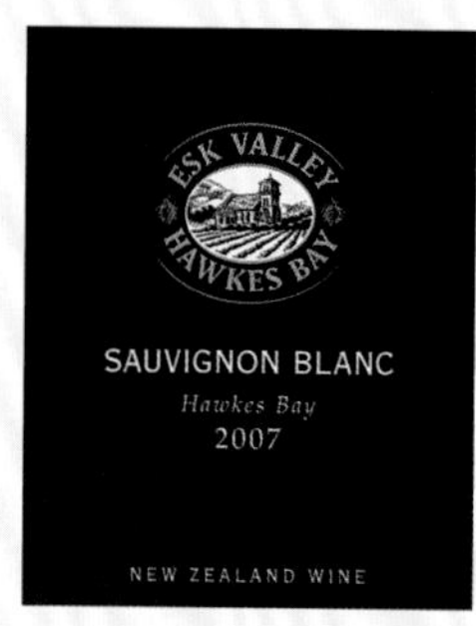

生产商：**Esk Valley Estate******
所在地：**Napier，Hawkes Bay**
面积不详，年产量36万瓶
葡萄酒：Chardonnay，Chenin Verdelho，Rosé，Merlot，Syrah
这家传统的精品酒庄创建于1993年，现在归Villa Maria酒庄的 George Fistonich所有。酿酒师Gordon Russell经验丰富、活力充沛，酿造一系列优质的单一品种葡萄酒，如优雅的西拉葡萄酒和波尔多风格的Terraces葡萄酒。在他的努力下，酒庄蓬勃发展。

生产商：**Kumeu River******
所在地：**Kumeu，Auckland**
30公顷，年产量36万瓶
葡萄酒：Chardonnay，Pinot Gris，MELBA，Pinot Noir
Brajkovich家族从1944年起就开始使用单一葡萄园葡萄酿造优质的霞多丽葡萄酒。黑比诺、梅洛和灰比诺葡萄酒也大获成功。

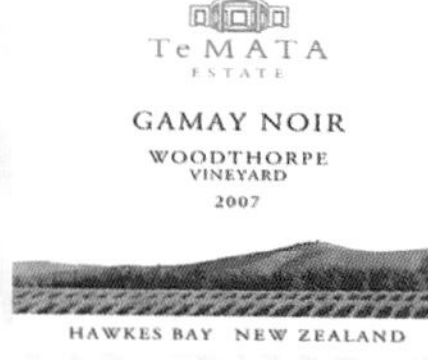

生产商：**The Millton Vineyard***-*****
所在地：**Gisborne**
30公顷，年产量14.4万瓶
葡萄酒：Chardonnay，Chenin，Riesling，Viognier，Malbec，Merlot-Cabernet
James Millton和Annie Millton是新西兰最早获得认证的有机种植户，他们于1984年创建该酒庄并因晚熟的雷司令和白诗南甜葡萄酒而迅速成名。他们在自己的葡萄园采用生物动力种植法。

生产商：**Palliser Estate***-*****
所在地：**Martinborough，Martinborough**
85公顷，非自有葡萄，年产量48万瓶
葡萄酒：Chardonnay，Riesling，Sauvignon，Pinot Gris，Noble Riesling，SFG；Pinot
该酒庄建于1984年，在酿酒师Richard Riddiford的努力下发展迅速。出产多种葡萄酒，包括Marlborough地区以外最好的长相思葡萄酒和优质的黑比诺葡萄酒。

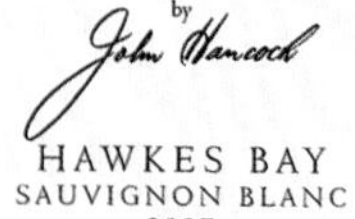

生产商：**Stonecroft Wines***-*****
所在地：**Hawke's Bay**
10公顷，年产量3.6万瓶
葡萄酒：Sauvignon，Chardonnay，Cabernet，Zinfandel，Syrah
Alan Limmer富有远见，早在1982年就开始推广西拉葡萄的种植，2000年后西拉葡萄酒大获成功。该酒庄产量较小，只生产高品质葡萄酒。

生产商：**Te Mata Estate******
所在地：**Hawke's Bay**
250公顷，年产量42万瓶
葡萄酒：Woodthorpe：Viognier，Chardonnay，Gamay；Colerain Cabernet-Merlot，Awatea Cabernet-Merlot，Bullnose Syrah
该酒庄建于1896年，现在由John Buck和妻子Wendy一起经营。出产多种葡萄酒，包括优雅的赤霞珠梅洛混酿酒Colerain、风格现代的霞多丽葡萄酒Elston以及西拉维欧尼混酿酒。

生产商：**Trinity Hill***-*****
所在地：**Hawke's Bay**
50公顷，非自有葡萄，年产量54万瓶
葡萄酒：Viognier，Arneis，Roussanne，Syrah，Tempranillo，Touriga Nacional，Cabernet-Cabernet Franc，Pinot Noir
这个出色的酒庄于1993年建于Gimblett Gravels的多石土壤，现在归Robyn Wilson、Trevor Janes和John Hancock所有。酒庄不断尝试新葡萄品种。

生产商：**Villa Maria Estate**-*****
所在地：**Auckland and Marlborough**
320公顷，年产量不详
葡萄酒：Chardonnay，Sauvignon，Riesling，Pinot Gris；Pinot，Cabernet/Merlot
该酒庄建于1961年，在George Fistonich的经营下成为新西兰乃至整个世界最有活力和创新精神的酒庄之一，出产的葡萄酒价格适中。葡萄酒种类众多，包括单一品种餐酒、优质珍藏酒和单一葡萄园葡萄酒，其中最出名的是长相思和黑比诺葡萄酒。

南岛

生产商：Cloudy Bay****
所在地：Blenheim，Marlborough
200公顷，非自有葡萄，年产量120万瓶
葡萄酒：Sauvignon，Te Koko，Chardonnay，Pelorus NV & Vintage Brut，Late Harvest Riesling；Bay Pinot Noir
从1985年起，由于成功的市场营销以及对品质的追求，该酒庄已成为长相思的标杆生产商。酒庄现归L.V.M.H.集团所有，继续出产高品质的长相思葡萄酒、黑比诺葡萄酒以及起泡酒Lelorus。

生产商：Escarpment Vineyard*—*****
所在地：Martinborough
24公顷，年产量不详
葡萄酒：Chardonnay，Pinot Blanc，Pinot Gris，Viognier，Pinot Noir
Larry McKenna是新西兰的黑比诺酿造专家，他于1999年和妻子Sue McKenna以及Robert Kirby和Mem Kirby一起创建了该酒庄。黑比诺和霞多丽葡萄酒品质出众、风土特色显著。

生产商：Felton Road Wines****
所在地：Bannockburn，Central Otago
30公顷，年产量12万瓶
葡萄酒：Riesling，Chardonnay，Pinot Noir
该酒庄由英国人Nigel Greening所有，自1997年起开始生产完美的黑比诺葡萄酒、口感浓郁的雷司令葡萄酒以及用有机葡萄酿造的独具特色的霞多丽葡萄酒。

生产商：Fromm Winery，La Strada****
所在地：Blenheim，Marlborough
18公顷，年产量8.4万瓶
葡萄酒：Chardonnay；Riesling，Pinot Noir，Merlot，Syrah
这家精品小酒庄由Georg Fromm和Pol Lenzinger经营，生产的葡萄酒口感浓郁、风土特征显著，特别是霞多丽、雷司令、西拉和黑比诺葡萄酒。

生产商：Hans Herzog Estate****
所在地：Marlborough
13公顷，年产量4.8万瓶
葡萄酒：Pinot Gris，Viognier，Montepulciano，Pinot Noir
瑞典夫妇Hans Herzog和Therese Herzog自1994年起开始采用可持续种植法，并酿造优质葡萄酒。他们出产Marlborough地区最好的波尔多混酿酒之一，以及一款口感怡人的蒙特普尔恰诺葡萄酒。

生产商：Isabel Vineyard*—*****
所在地：Renwick，Marlborough
60公顷，年产量21.6万瓶
葡萄酒：Sauvignon，Chardonnay，Riesling，Pinot Gris；Pinot Noir
该酒庄由Michael Tiller和Robyn Tiller建于1982年，以细腻的长相思和优雅的黑比诺葡萄酒闻名。

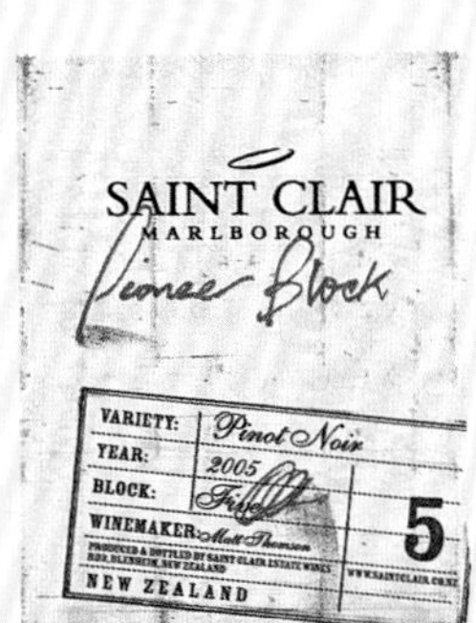

生产商：Jackson Estate*—*****
所在地：Marlborough
100公顷，年产量不详
葡萄酒：Sauvignon，Chardonnay，Riesling，Pinot Noir
自1988年起，John Stichbury和Jo Stichbury新开发了一款出色浓郁的长相思葡萄酒，以Green Lip和Grey Ghost品牌销售。

生产商：Mount Edward****
所在地：Central Otago
17公顷，年产量6万瓶
葡萄酒：Riesling；Pinot Noir
Duncan Forsyth、Alan Brady和John Buchanan从1998年起开始生产手工酿造的黑比诺和雷司令葡萄酒。

生产商：Neudorf Vineyards**—*****
所在地：Nelson
24公顷，非自有葡萄，年产量12万瓶
葡萄酒：Riesling，Chardonnay，Pinot Noir
酒庄主人Tim Finn和Judy Finn认为 Nelson的砾石黏土赋予他们的世界级葡萄酒出色的浓度、质地和矿物气息。

生产商：Pegasus Bay Vineyard，Winery and Restaurant*—*****
所在地：Waipara Valley，North Canterbury
46公顷，非自有葡萄，年产量31.2万瓶
葡萄酒：Chardonnay，Riesling，Sauvignon；Pinot Noir，Prima Donna，Cabernet-Merlot，Maestro（Cabernet），Main Divide
该酒庄由Donaldson家族建于1986年，生产的葡萄酒品质出众，如黑比诺葡萄酒、长相思和黑比诺混酿酒以及雷司令葡萄酒。

生产商：Quartz Reef****
所在地：Central Otago
15公顷，非自有葡萄，年产量10.8万瓶
葡萄酒：Bendigo Pinot，Pinot Noir，sparkling wine
该酒庄在奥地利酿酒师Rudi Bauer及其合作伙伴Clotilde Chauvet、Trevor Scott、John Perriam和Heather Perriam的管理下专注于酿造优质葡萄酒。

生产商：Rippon Vineyards****
所在地：Wanaka，Central Otago
15公顷，年产量4.8万瓶
葡萄酒：Riesling，Chardonnay，Sauvignon，Emma Rippon（SFG）；Pinot Noir
该酒庄由Rolfe Mills和Lois Mills创建于风景如画的Lake Wanaka，是世界上最美的酒庄之一。酿酒师Russell Lake延续酒庄传统，继续酿造优雅的黑比诺葡萄酒和香味浓郁的白葡萄酒。如今Mills夫妇开始采取有机种植法并且生产出口感细腻的葡萄酒。

生产商：Saint Clair Estate*—*****
所在地：Marlborough
100公顷，年产量360万瓶
葡萄酒：Riesling，Sauvignon，Pinot Gris，Merlot，Pinot Noir
这个迷人的酒庄由Ibbotson家族所有，出产长相思葡萄酒Pioneer Block和其他各种葡萄酒。

生产商：Wild Earth Wines****
所在地：Bannockburn，Central Otago
35公顷，年产量9.6万瓶
葡萄酒：Pinot Gris，Riesling，Sauvignon，Pinot Noir
这个由Quintin Quider和Avril Quider所有的家族酒庄使用低产葡萄酿造香气浓郁的葡萄酒。2006年开始采用有机种植法。

附录

词汇表

A.C.

Appellation Contrôlée的缩写，命名控制；另见“Appellation d'Origine Contrôlée”，原产地命名控制。

酸（Acid）

葡萄酒的重要成分，主要以酒石酸的形式存在于所有葡萄中；酸度平衡的前提下，可以赋予葡萄酒清爽的口感和长久的生命力。

酒庄（Adega）

葡萄牙语的酒庄。

阿玛罗尼（Amarone）

意大利由风干葡萄的果汁酿制而成的干型葡萄酒。

阿蒙蒂亚（Amontillado）

自然陈年的成熟干型菲诺雪利酒，也指混合甜雪利酒。

A.O.C.（Appellation d'Origine Contrôlée）

原产地命名控制，法国按地区定义葡萄酒的制度，全世界葡萄酒命名体系的原型；还规定了产量和种植方式。

香气（Aroma）

赋予葡萄酒独特“气味”或“酒香”的香味。

调配（Assemblage）

对优质葡萄酒（特酿酒）的混合，不同于“混合”。

涩味（Astringent）

舌头上毛茸茸的感觉，往往由单宁含量高引起。

奥斯布鲁（Ausbruch）

奥地利著名的甜葡萄酒，新希德尔湖鲁斯特小镇的特产。

精选型（Auslese）

德国葡萄酒法规定的Q.m.P.等级的类别之一，字面意思为“精选收获”；甜葡萄酒，葡萄汁含糖量高。

A.V.A.

American Viticultural Area的缩写，美国葡萄酒产地，法国原产地命名控制的美国版，按地理和气候区域定义葡萄酒，但不规定产量或葡萄品种。

Azienda Agricola

意大利术语，指采用自有葡萄酿制葡萄酒的酒庄，不同于采用收购葡萄酿制葡萄酒的“azienda vinicola”。

盒中袋（Bag in a Box）

葡萄酒以1升或以上的容量零售，盒内配有一个龙头，可以减缓剩余葡萄酒的氧化。

巴林（Balling）

南非用于测定葡萄汁浓度的系统，与美国的白利糖度等级类似。

小橡木桶（Barrique）

原指波尔多地区使用的桶型，现指葡萄酒贸易中国际通用的标准桶，容量为225升，用于红葡萄酒的陈酿及白葡萄酒的发酵和陈酿。

砧木

嫁接时承受另一品种葡萄树的植株根茎。

搅桶（Bâtonnage）

定期搅拌酒脚（发酵后残留的沉淀物），以确保桶内的氧气被带入桶底，防止成品酒的香气出现任何问题。

逐粒精选（Beerenauslese）

德国葡萄酒法规定的Q.m.P.等级的类别之一，字面意思为“精选果粒”；采用感染贵腐霉菌的葡萄酿造，甜度高。

膨润土

一种来源于火山岩的多孔性黏土，富含矿物质，用于改良白葡萄酒。

生物动力种植（法国）

有机葡萄种植方法，深受鲁道夫·斯坦纳理论的影响，是有机系统中最意识形态的一种，包括天文学要素。

生物酸转化

参见“苹果酸-乳酸转化”。

盲品

品酒术语，指在品尝葡萄酒时隐藏酒标信息。

浅红酒（Blush Wine）

美国对用深色葡萄酿制的酒体轻盈、口感甘甜的白葡萄酒或桃红葡萄酒的称呼；最受欢迎的是白仙粉黛葡萄酒。

大肚酒瓶（Bocksbeutel）

仅法兰克尼亚和葡萄牙生产商使用的扁圆形瓶子。

硫磺味（Böckser）

发酵过程中因操作不当而产生的硫磺味，类似臭鸡蛋的气味。

酒庄（Bodega）

西班牙语的酒庄。

葡萄酒生产商组织（Bodega Cooperativa）

西班牙葡萄酒生产商组织。

灰葡萄孢菌

一种侵袭葡萄并使其皱缩的真菌，会浓缩风味、糖和酸，可以生产出一种口感复杂的甜葡萄酒，即贵腐葡萄酒，其中最知名的包括苏玳产区滴金酒庄的葡萄酒、德国塞克特和匈牙利托卡伊。

瓶内发酵

起泡酒的生产工艺，第二次发酵在瓶内进行；另见“香槟法”。

瓶内熟成（瓶内陈年）

在酒瓶内而不是酒罐或酒桶中熟成葡萄酒。

装瓶就绪

指葡萄酒已充分陈年，可以装瓶。

装瓶液

香槟生产过程中，通过添加称为再发酵液（liqueur de tirage）的混合物来实现最重要的二次发酵。装瓶液包括酒液、少量溶解的蔗糖和酵母。

酒香（Bouquet）

葡萄酒所散发的全部香气。

精品酒庄

小规模的生产商，以小批量的方式精心酿造葡萄酒，大多价格不菲；与工业规模的酒厂形成鲜明对比。

白利糖度（Brix）
主要在美国使用的糖度测量体系，由制糖业改编而来，用于测量密度，进而测量葡萄汁浓度。另见“巴林”。

干型（Brut）
指残糖含量低于15克/升的起泡酒类型，通常用于表示非常干的起泡酒。

桶装酒（Bulk）
以木桶装运的葡萄酒。

新酒酒馆（Buschenschank）
奥地利的“Straußwirtschaft”，自产的葡萄酒按杯出售。

灌木型葡萄树
澳大利亚和南非一些地区发现的灌木型葡萄树，不在铁丝网架上栽培（另见“种植系统”），但有一个短树干，其上的枝条呈圆形排列；也称高杯状葡萄树。

二氧化碳
CO_2，碳酸；一种常见的气体，发酵过程中产生的副产品。

二氧化碳浸渍法（Carbonic Maceration）
通过碳酸软化和发酵葡萄的过程，用于生产酒体轻盈、果味浓郁且适宜年轻时饮用的红葡萄酒；将完整无损的葡萄放入添加了碳酸的容器中，加入少量葡萄糖（右旋糖）开始发酵。

卡瓦（Cava）
西班牙起泡酒，采用传统的方法在瓶内发酵；字面意思为“地窖”。

酒窖（Cave）
法语中的酒窖。

酒窖（Chai）
法国西南部地区对酒窖的称呼，有些酒窖在地面上。

与室温相同（Chambrer）
法语词，意为“允许呼吸”，即打开葡萄酒，使之与空气接触达到室温。

香槟酿造法
参见“香槟法”。

加糖法（Chaptalization）
在发酵前加糖，以提高酒精浓度；不是每一种葡萄酒都允许加糖。

查马法（Charmat Method）
起泡酒生产中的罐式发酵工艺，第二次发酵在压力罐而不是酒瓶中进行。

酒庄装瓶（Château-bottled/Estate-bottled）
酒标术语，以表明葡萄酒是在同一地方种植、酿造和装瓶；也适用于合作社生产的葡萄酒，但不可用于散装葡萄酒。

波尔多红葡萄酒（Claret/Clairet）
原是中世纪诺曼底英语，指产自高地地区的淡色红葡萄酒，通过波尔多运输。在英国，该词后来指代波尔多葡萄酒或波尔多风格的葡萄酒，而不是高地地区（贝尔热拉克或加亚克）。如今，“Clairet”一词在法国又被用来指代浅色的波尔多葡萄酒。

澄清（Clarification）
葡萄酒的澄清，帮助其稳定；在葡萄酒中加入澄清剂，使其与混浊物质或其他多余的颗粒结合，并一起作为沉淀物降至酒底。

经典（Classico）
意大利精确划分的地理区域，经典葡萄酒的葡萄必须来自这些区域。

风土（Climat）
法国，特别是勃艮第地区，根据气候和地理特征来描述葡萄园地块的术语。

克隆品种
从基因相同的母株上繁殖出的葡萄藤蔓。

葡萄园（Clos）
法语中被墙壁或树篱包围的葡萄园。

冷浸渍（Cold Soak）
常用于黑比诺，即在发酵开始前，将葡萄低温放置在酒罐中数日，使葡萄中的色素和香气分子释放到葡萄汁中。

制桶厂
制桶匠——制造和修理酒桶的人工作的地方。

郁金香杯（Copita）
西班牙雪利酒杯，也用于品酒。

软木塞味（Corked）
受有缺陷的软木塞影响的葡萄酒，通常会渗透2-4-6三氯苯甲醚，由霉菌引起。

年份（Cosecha）
西班牙语的“年份”，即生产年份。

葡萄种植户（Cosechero）
西班牙语的“葡萄种植户”。

混合（Coupage）
简单葡萄酒的混合，不同于“调配”；隐藏缺点而不是展现优点。

覆盖作物
葡萄园中除葡萄树外种植的另一种作物，以改善土壤条件。

起泡酒（Crémant）
法国采用传统瓶内发酵法酿造的起泡酒，但不产自香槟地区。另见“香”。

佳酿酒（Crianza）
西班牙葡萄酒，只有在小橡木桶中陈酿一定时间后才可出售。

葡萄园或其所产的葡萄酒（Cru）
字面意思为“生长”，引申为优秀的葡萄园地或其出产的葡萄酒。

冷冻萃取法（Cryoextraction）
人工复制生产甜白冰酒所需的自然条件的做法。

栽培品种（Cultivar）
植物学名词，指除南非外，在葡萄酒世界不广泛使用的栽培品种。

种植体系
葡萄树的培形和修剪方法多种多样，具体选择取决于葡萄品种、地理位置和葡萄树的生命力。以前，自由站立的灌木式或高杯状葡萄种植较为流行，但现在大多数葡萄藤都攀附在铁丝网或木桩上，一方面防止枝条和藤叶垂落地面，另一方面促进空气流通，避免病害。若想丰收葡萄，必须拉设铁丝。除高杯式和居由式外，最重要的栽培体系包括伦兹・摩塞尔（Lenz Moser）、高登式、棚架式、U型和斯科特・亨利（Scott Henry）。

特酿（Cuvée）
高品质葡萄酒的混合液，见“调配”；在起泡酒生产中，是指葡萄的第一道压榨汁。

滗酒（Decant）
将葡萄酒从酒瓶中缓慢倒入另一容器中，旨在给葡萄酒增加氧气或将其与沉淀物分离。

滗酒法（Decanting Method/Transvaser）
起泡酒的生产方法，与香槟法一样，在酒瓶中进行二次发酵。为避免冗长而昂贵的除渣过程，将葡萄酒倒入压力容器中，经过过滤后，在背压装瓶装置的帮助下根据所需的补液装瓶。短期或长远来看，这种技术昂贵的过程很可能被更实用的使用酵母球的方法所取代。

除渣（Dégorger/Dégorgement）
去除起泡酒中的沉淀物。

品酒（Dégustation）

D.O.C.（Denominacão de Origem Controlada）
葡萄牙优质葡萄酒的原产地命名控制。

D.O.（Denominación de Origen）
西班牙优质葡萄酒原产地命名控制。

D.O.C.（Denominazione di Origine Controllata）
意大利优质葡萄酒原产地命名控制。

D.O.C.G.（Denominazione di Origine Controllata e Garantita）
意大利优质葡萄酒的顶级原产地命名控制。

除渣（Disgorgement）
参见“除渣”（Dégorger）。

酒庄（Domaine）
法语中的酒庄。

酒庄（Domäne）
德语中属于国家的葡萄酒庄园。

补液（Dosage）
法语中添加到起泡酒中的葡萄酒和糖的混合物或葡萄汁；去除沉淀物后在葡萄酒中添加补液，以提升适当的甜度。

饮用温度
饮用葡萄酒的理想温度。

干的（Dry）
形容葡萄酒缺乏甜度。

冰酒（Eiswein）
德国和奥地利特产，甜度和酸度都较高，由-7° C或更低温度下采摘和压榨的葡萄酿制而成。

Élevage
法语词，无直接对应的英语翻译，指在发酵和装瓶期间的酿酒步骤。

散装（En Vrac）
法语词，用于大量购买的非瓶装葡萄酒，主要由大型托运人购买。

葡萄酒酿造学（Enology）
葡萄酒酿造的科学。

强化（Enrichment）
增加葡萄酒酒精浓度的过程，最初和现在通常都是通过加糖法提高酒精浓度。

起泡酒（Espumante）
葡萄牙语的起泡酒；采用传统方法酿制的葡萄酒在瓶中熟成12个月后被称为“珍藏酒”（reserva），24个月后为“超级珍藏酒”（super reserva），36个月后为“特级珍藏酒”（velha或grande reserva）。

酒庄装瓶（Estate-bottled）
参见“酒庄装瓶”（Château-bottled）。

乙醇
酒精的学名，葡萄酒中醉人的成分。

萃取物
葡萄酒中所有非挥发性物质的总和，如酸、矿物质、糖、酚和甘油。

猎鹰级（Federspiel）
奥地利瓦豪地区的葡萄酒种类，用以描述酒体中等的优雅葡萄酒；另见“芳草级”和“蜥蜴级”。

发酵（Fermentation）
指在酿酒过程中，葡萄中的糖分转化为酒精和碳酸，葡萄汁转化为葡萄酒的环节。

过滤（Filtration）
用过滤器从葡萄酒中快速分离固体的技术。在高品质或高价值的葡萄酒中使用存在争议，因为这可能导致色调的流失，并去除葡萄酒中有用的物质。“薄膜过滤”和“板框过滤”之间的区别是使用硅藻土助滤剂或其他粉末。另见“沉淀”。

下胶（Fining）
去除葡萄酒中多余颗粒的过程。另见“澄清”。

余味（Finish）
饮用葡萄酒后在口腔残留的味道；停留的时间越长越好。

菲诺（Fino）
清淡、酒精浓度低的干雪利酒。

酵母花（Flor Yeast）
自然形成，来自地窖空气中存在的野生酵母，可保护正在发展的葡萄酒免受过多氧气的影响，同时赋予经典菲诺特有的坚果风味。有时，酵母花分解并沉入酒桶底部，从而使葡萄酒更直接地暴露于氧气中并加深颜色，这种雪利酒被称为阿蒙蒂亚。

土地规整（Flurbereinigung）
20世纪中期西德葡萄酒行业的一次重组，影响了超过一半的种植面积；为便于管理重新规划了葡萄园。

加强葡萄酒（Fortified Wines）
波特、雪利、马德拉、马拉加、马沙拉、巴纽尔斯、里韦萨特葡萄酒等。

加强（Fortify）
添加酒精以停止葡萄汁发酵并增加葡萄酒的酒精含量，尤其是波特酒、雪利酒和马德拉酒。

狐臊味（Foxy）
明显的湿毛皮气味，美国杂交葡萄的特点，尤其是纽约州种植的康科德葡萄。

起泡酒（Frizzante）
意大利起泡酒。

特级珍藏（Garrafeira）
具有传奇色彩的术语（字面意思为“酒窖”），指陈年时间较长的葡萄牙葡萄酒，至少在酒桶中熟成两年（红葡萄酒）或酒桶中熟成一年及酒瓶中熟成一年（白葡萄酒）。

高杯式（Gobelet）
一种不使用法国常用的铁丝结构来培养葡萄藤的方法（见种植体系）；藤蔓低垂，形似高脚杯。

嫁接砧木
承受另一葡萄品种接穗的葡萄砧木，以改良接穗品质。

特级葡萄园或其所产的葡萄酒（Grand Cru）
法语中的意思是“伟大的生长”；常用来形容勃艮第和阿尔萨斯的优质葡萄酒，指一组特定的优质葡萄园。

特级珍藏（Gran Reserva）
西班牙葡萄酒分级制度，特级珍藏红葡萄酒必须在小橡木桶中陈酿至少两年，然后在酒罐或酒瓶中陈酿三年后方可出售。特级珍藏白葡萄酒至少橡木桶陈酿六个月，再酒罐或酒瓶陈酿四年。

生长（Growth）
特定葡萄酒或葡萄酒类型的术语；“cru”的译文。

热度日数（Heat Degree Days）
由阿梅林和温克勒在美国加利福尼亚州引入的气候分类系统，在加州和澳大利亚至关重要。该系统通过累计日平均温度与基准温度10℃的差值，显示葡萄生长季每月的热度日数。

公顷
公制面积单位，相当于10000平方米或2.47英亩。

百升
公制容积单位，100升或26美制加仑。

庄园；葡萄园（Herdade）
葡萄牙语，指非常大的庄园或葡萄园，尤指在特茹或阿连特茹地区。

新酒（Heuriger）
奥地利语，同法国的“Nouveau”，可以从当年的11月11日零售至第二年末，大部分在新酒酒馆（Straußwirtschaft）出售。新酒酒馆在奥地利被称为“Buschenschänke”。另见新酒（Nouveau）、新酒（Novello）和期酒（Primeur）。

霍克（Hock）
莱茵葡萄酒或德国葡萄酒的总称；一部17世纪英语戏剧中霍赫海姆葡萄酒（Hochheimer，莱茵高霍赫海姆地区的葡萄酒）的英语化名称霍克摩尔（hockamore）的简称。

杂交葡萄（Hybrid Vines）
两个葡萄品种属于不同的种类，也称“种间杂交”，其目的是将不同种类的优点结合到一个品种中。

冰酒（Ice Wine）
与德国和奥地利冰酒的酿造方式完全相同，葡萄在葡萄藤上熟透后，随着冬季的到来，夜间气温开始下降，葡萄就会结冰。加拿大生产商尤其喜欢用威代尔等品种的冰冻葡萄酿制带有甘美口感和异域辛香的葡萄酒。

I.G.T.（Indicazione Geografica Tipica）
地区餐酒，意大利葡萄酒的一个分类等级，创建于1992年，主要指品质优良的餐酒。

综合种植
旨在很大程度上不使用杀虫剂，以保护益虫和环境。

耶罗波安瓶（Jeroboam）
容量为标准瓶的4倍，即3升，相当于两个“马格南瓶”。

大罐酒（Jug Wine）
美国柜台上大罐中出售的葡萄酒，即开瓶而不是瓶装的；常在玻璃水瓶中出售。

珍藏型（Kabinett）
德国葡萄酒法中Q.m.P.级别的最基本类型。

克洛斯特新堡比重（Klosterneuburg Must Gauge）
葡萄酒比重的计量单位；1° KMW等于每千克葡萄汁中含有10克天然糖。

酒脚（Lees）
发酵后残留在酒罐中的死亡酵母细胞或沉淀物。

珍藏葡萄酒（Library Wines）
少量出售的年份较久的葡萄酒。

甜葡萄酒（Liquoreux）
指通常用感染贵腐霉菌的葡萄酿制而成的甜葡萄酒。

U型种植体系（Lyre System）
参见“种植体系”。

浸渍（Maceration）
在发酵过程中对葡萄果皮、果籽和果梗进行浸泡，以增加酚类物质的萃取。

二氧化碳浸渍（Macération Carbonique）
使用二氧化碳酿造出酒体轻盈、果香浓郁的红葡萄酒，在年份较短时饮用。将未经压榨的完整葡萄置于充满二氧化碳的桶中，使其进行皮内发酵，释放出特别强烈的香气。

马德拉化（Madeirization）
由马德拉葡萄酒衍生而来，形容陈年过久的葡萄酒。

马格南瓶（Magnum）
相当于两个标准瓶，即1.5升。

苹果酸-乳酸转化
通过乳酸菌将苹果酸转化为更柔和的乳酸，目的是降低葡萄酒中（可感知的）酸含量；又称生物降酸。

残渣（Marc）
压榨（白葡萄酒）或发酵（红葡萄酒）后在葡萄酒压榨机中残留的固体渣滓，也可蒸馏成白兰地。另见“果渣”。

酒帽（Marc Cap/Cap of Skins）
红葡萄酒发酵过程中聚集在容器顶部的葡萄果皮和其他固体物质，必须将其浸入葡萄汁中，并一起搅拌。另见“踩皮”（Punchdown）。

果浆（Mash）
轻度压榨的葡萄，与葡萄汁一起被置于发酵罐中；酿造红葡萄酒时，葡萄带皮发酵。

果浆加热（Mash Heating）
通过将葡萄浸入液体中（可能通过加热），使其软化以及分解或发酵。发酵前将果浆加热至70° C左右，以释放果皮中的色素。很少用于高价值的葡萄酒。

熟成（Maturing/Affinage）
葡萄酒上市前在酒瓶中继续成熟。

梅里蒂奇（Meritage）
指美国特酿酒，由几种葡萄，通常是波尔多品种酿造而成；由“merit”（优点）和“heritage”（传承）两词构成。

香槟法（Méthode Champenoise）
生产起泡酒的方法（源自香槟的酿造方法），在酒瓶中进行二次发酵。另见“瓶内发酵”。

传统法（Méthode Traditionelle）
香槟法的另一名称。

微生物
在酒罐中持续加入少量氧气，甚至在生物降酸开始前，旨在代替橡木桶陈年的部分过程；广泛用于法国许多酒庄。

微氧化
由葡萄酒学家和马迪朗葡萄酒商帕特里克·迪库尔诺发明的一种酿酒方法，即将极少量且经过仔细测量的氧气吹入酒罐或酒桶中。

Mischsatz
奥地利葡萄酒，由生长在同一葡萄园的不同葡萄品种制成，同时采摘和加工。

甜葡萄酒（Moelleux）
法语词，指中等甜度的葡萄酒。

口感
美国术语，用于描述葡萄酒在味蕾上的整体印象。

葡萄汁（Must）
未发酵的葡萄汁（经过第一道压榨后的葡萄酒原料）。

终止发酵（Mutage）
通过加入酒精或二氧化硫中断发酵。

葡萄酒商（Négociant）
法语中的葡萄酒商。

贵腐菌
参见“灰葡萄孢菌”。

气味（Nose）
葡萄酒的综合气味，共分四类。

新酒（Nouveau）
法国葡萄酒术语，指用当季葡萄酿造后不久即可零售的葡萄酒；另见“新酒”（Heuriger）、“新酒”（Novello）和“期酒”（Primeur）。

新酒（Novello）
意大利葡萄酒术语，指用当季葡萄酿造后不久即可零售的葡萄酒；另见“新酒”（Heuriger）、“新酒”（Nouveau）和“期酒”（Primeur）。

奥斯勒度（Oschsle）
葡萄汁比重的计量单位，名称源自物理学家费迪南德·奥斯勒。比重为1.09的葡萄汁含糖量为90奥斯勒度。该计量单位在德国和瑞士使用。

葡萄酒酿造学（Oenology）
“Oenology”是“Enology”的另一种拼法。

葡萄酒之国（Oinotria）
希腊人在地中海沿岸推广葡萄种植时，对意大利的称呼，字面意思为“依附立柱的葡萄树之地”，泛指葡萄酒之国。

欧罗索（Oloroso）
一种酒体丰满、口感浓郁的干型雪利酒，与菲诺同属雪利酒的基本类型；常用于混酿简单的甜型雪利酒。

感官品评
指品鉴（葡萄酒）的过程。

氧化
葡萄酒与过量氧气接触时发生的化学反应，葡萄酒失去新鲜度并改变颜色。该过程可以在酒瓶中进行，甚至可以在酒桶中或未发酵时进行。

帕洛-科尔达多（Palo Cortado）
稀有的干型雪利酒，口感介于欧罗索和阿蒙蒂亚之间。

单性结实
在植物学中，单性结实是指未经受精而形成无籽果实的现象。有时葡萄树可以不经授粉就发育结果，果实粒小无籽，成熟后含糖量高。

自然风干（Passerillé）
将葡萄留在葡萄藤上自然风干（贝阿恩地区的酿酒特色）。

帕赛托（Passito）
意大利使用葡萄干酿制葡萄酒的方法。

PH值
酸度的测量单位。pH值越低，葡萄酒的酸度越高，pH7是中性值（如清水）。

酚类物质
从葡萄皮中提取的物质，赋予红葡萄酒色泽和质地。

葡萄根瘤蚜
葡萄树最危险的敌人，会攻击葡萄树根部并将其摧毁。1860年从美国传至欧洲；大多数美洲种葡萄都具有抗蚜性，而欧洲种葡萄则深受其害，为欧洲的葡萄酒行业带来了致命打击。将欧洲葡萄品种嫁接到美洲抗蚜砧木上是防止感染的唯一途径。20世纪80年代，美国因使用没有抗蚜性的砧木，爆发葡萄根瘤蚜疫情。

踩皮（Pigeage）
红葡萄酒发酵过程中将酒帽搅拌和再次浸泡。过去常用于黑比诺，但现在也用于许多顶级葡萄酒。

多酚
葡萄酒中的化学成分，存在于色素、单宁和味道物质中；对人体有益。

果渣（Pomace）
葡萄压榨后残留在压榨机中的果肉残渣；原专指苹果泥。

优质（Premium）
英语国家和其他葡萄酒产国的优质葡萄品种及用它们酿制而成的葡萄酒的标志。优质品种包括霞多丽、长相思、赤霞珠、梅洛和西拉。

压榨（Pressing）
压榨发生在酿酒过程的不同阶段，有许多不同的技术，如大多数生产商采用的水平压榨，即通过冲头将葡萄汁压出旋转压榨筒的多孔筒。气控压榨是水平压榨的最新技术，这种方法是向压榨筒中的气囊充入空气，将葡萄挤向筒壁。

期酒（Primeur）
期酒，指用当季葡萄酿造后不久即可零售（但并未交付）的法国葡萄酒。另见“新酒”（Heuriger）、“新酒”（Nouveau）和“新酒”（Novello）。

控制编号（Prüfnummer）
德国葡萄酒术语，指德国和奥地利优质葡萄酒（等同于V.d.Q.）标签上的控制编号，在检测完葡萄酒品质后授予。

踩皮（Punchdown）
“pigeage”的美国术语。

纯培养酵母
用培养的酵母进行发酵，转化葡萄酒中的葡萄汁；其反应比葡萄自身的酵母更容易预测，而后者的发酵较难控制。

优质葡萄酒（Qualitätswein）
区别于简单餐酒，指具有原产地名称的优质葡萄酒；大致等同于法语的“vin de qualité”和英文的“fine wine”。

庄园；葡萄园（Quinta）
葡萄牙语的庄园或葡萄园，类似法国的“château”。

换桶（Racking）
将澄清的葡萄酒泵入空容器，以去除剩余沉淀物的过程。

陈年风味（Rancio）
用于描述陈年强化葡萄酒和白兰地的香气，令人联想到核桃壳，是出色品质的标志。

还原反应
氧化的反义词，密闭条件下的化学反应。采用还原法酿造的葡萄酒特别新鲜、芳香。

折射计
一种光学精密仪器，用于测量葡萄酒的比重，以评定其成熟度。

淋皮（Remontage）
在红葡萄酒的生产过程中，从酒罐中抽取葡萄汁，浇灌在酒帽上，以确保葡萄渣和葡萄汁充分接触，尽可能地从葡萄皮中萃取色素和香气（澳大利亚使用旋转发酵罐系统）。

珍藏（Reserva）
西班牙和葡萄牙特定年份葡萄酒的品质等级，必须满足特定的要求：西班牙红葡萄酒的陈酿时间至少为36个月（其中12个月在橡木桶中），白葡萄酒的陈酿时间至少为24个月（其中6个月在橡木桶中）；葡萄牙珍藏葡萄酒的酒精含量必须比规定的最低水平高0.5%。

残糖
发酵过程中未转化为酒精的糖分，赋予葡萄酒天然甜度。

反渗透

指使水或果汁等其他液体通过半透膜以过滤杂质的净化过程。在葡萄酒酿造中，这是一个过滤过程，葡萄汁沿着过滤膜循环，但不会渗透；压差仅允许水通过。

转瓶（Riddling）

法语中称为“remuage”，香槟法中的一道程序，即将沉淀物摇晃至瓶颈进行除渣。

珍藏（Riserva）

意大利葡萄酒的品质等级，类似西班牙的“reserva”。

沉渣（Sediment）

酒瓶中沉淀的单宁和色素，可以通过滗酒分离。另见“酒脚”。

塞克特（Sekt）

带有官方控制编号的德国分级起泡酒；在奥地利，适用于任何起泡酒。奥地利的优质起泡酒被称为“Qualitätssekt”。

马撒拉选择法（Sélection Massale）

即葡萄园中最好的葡萄藤通过筛选而出，不同于克隆选择法，后者对单一幼苗进行繁殖，基因结构相同。

沉淀（Settlement/Deposit）

一种自然过程，即允许葡萄酒或葡萄汁中不需要的固体缓慢沉降至容器底部。另见“过滤”。

硅藻土

用于澄清葡萄酒的二氧化硅的晶体形式。

浸皮（Skin Contact）

“macération pelliculaire”或“macération préfermentaire”，即将压榨好的葡萄汁与果皮接触的过程，以从果皮中提取味道元素；多用于白葡萄酒，而红葡萄酒则使用“冷浸渍”一词。

蜥蜴级（Smaragd）

奥地利瓦豪地区的葡萄酒种类，指成熟、浓烈的葡萄酒。另见“芳草级”和“猎鹰级”。

索雷拉（Solera）

酿造加强型葡萄酒，尤其是雪利和马德拉的系统，以年复一年获得相同的品质。其方法是将木桶中陈年的葡萄酒混合调配。索雷拉是梯形序列木桶中的最底层，上一层是培养阶段的克里亚德拉，最顶层是放置阶段的索贝达贝拉（sobretabla）。出产雪利酒须从索雷拉中抽取酒液并进行装瓶，再从克里亚德拉层抽取酒液补充索雷拉，索贝达贝拉中则注入新酒。

侍酒师（Sommelie）

法语的侍酒师。

起泡葡萄酒（Sparkling Wine）

所有碳酸葡萄酒的总称，无论天然起泡与否。

迟摘型（Spätlese）

德国葡萄酒法中Q.m.P.等级的其中一类，字面意思为“晚收”。

比重

表示浆果的成熟程度。德国和瑞士的计量单位为奥斯勒，奥地利为克洛斯特新堡（K.M.W.）。在许多国家，葡萄酒的品质等级根据规定的葡萄汁最低比重进行评估。

起泡酒（Spumante）

意大利语的起泡酒。

稳定（Stabilization）

指当葡萄酒中所有不需要的颗粒、悬浮物和浑浊物被清除，在酒瓶中看似清澈且无气体形态时所达到的一种状态。

除梗机

发酵前去除葡萄果梗的机器。

斯特恩（Steen）

白诗南葡萄在南非的名称，最广泛种植的葡萄品种；用于与其他葡萄品种调配生产白兰地和雪利。

芳草级（Steinfeder）

奥地利瓦豪地区葡萄酒的分类，指芳香轻盈的葡萄酒。另见“猎鹰级”和“蜥蜴级”。

新酒酒馆（Straußwirtschaft）

德国巴登、法兰克尼亚、符腾堡及奥地利的一种酒馆，每年在规定时期内销售自产葡萄酒。入口处会悬挂扫帚，以显示何时营业。除葡萄酒外，还提供简餐。另见“新酒”（Heuriger）。

硫磺

在葡萄酒酿造过程中做多种用途，如保护葡萄藤、为木桶杀菌，或作为防腐剂。

酒脚上（Sur Lie）

法语词，用于描述卢瓦尔河谷密斯卡岱和大普隆葡萄酒，指将葡萄酒与酒桶内的酒脚一起熟成，然后不经过滤就装瓶。该过程可以增添更多风味。

单宁（Tannin）

葡萄酒中的一种植物元素，具有收敛效果。对红葡萄酒的陈年至关重要。单宁在年轻红葡萄酒中尤为明显，但随着酒龄的增长开始变得柔和。

酒石酸

由于葡萄酒中酸的降解而产生的沉积在酒瓶底部的晶体，不会影响葡萄酒的品质。

茶色（Tawny）

对波特酒而言，“茶色”一词表示该酒已经在木桶中陈酿数年。普通茶色波特酒必须在波特桶（木制长容器）中平均熟成7年。其他类别包括10年、20年和30年的茶色波特酒。

酒庄（Tenuta）

意大利语的酒庄。

风土（Terroir）

在法国，农业区内的土壤和微气候会赋予其农产品独特的特征。

烘烤（Toasting）

木桶制作过程中的一道程序，赋予葡萄酒烘烤味。

转移法（Transvasier Method）

起泡酒的生产方法，与传统香槟法一样，在酒瓶中进行二次发酵。为避免随之而来的昂贵且漫长的除渣过程，将葡萄酒倒入加压容器中，并在那里进行过滤，然后在反压装置的帮助下，补液装瓶。

贵腐精选（Trockenbeerenauslese/T.B.A.）

德国葡萄酒法律中Q.m.P.等级的其中一类，字面意思为“精选的干浆果”。德国和奥地利品质上乘的甜葡萄酒。

树干系统

葡萄栽培的一种形式，每根枝条萌发十几个芽苞，葡萄藤被培育成巨大的树干。另见“种植体系”。

典型性（Typicité）

品酒术语，指葡萄酒具有其葡萄品种和产区风土的典型特征，由其出产的地理位置所决定。

品种级（Varietal）

用以描述以其主要酿酒葡萄命名的葡萄酒。

V.D.Q.S.
法国葡萄酒命名体系中的优良地区餐酒，等级介于地区餐酒和法定产区葡萄酒之间。

植物味（Vegetative）
指葡萄酒因未充分熟成而具有未成熟的绿色蔬菜味。

转色期（Veraison）
指葡萄成熟过程的中间阶段，期间葡萄的颜色由绿色开始进行转变。

V.D.P.（Verband Deutscher Prädikatsweingüter）
德国顶级酒庄协会，由约200家以品质著称的葡萄酒商组成的注册协会。

V.S.O.（Vin de Calitate Superioara cu Denumire de Origine）
罗马尼亚表示原产地的优质葡萄酒的名称。

V.S.O.C.（Vin de Calitate Superioara cu Denumire de Origine Si Trepte de Calitate）
罗马尼亚表示原产地和品质等级的优质葡萄酒的名称。

车库酒（Vin de Garage）
一种产量低、品质优并经常以最高价格出售的葡萄酒。第一款也是最著名的车库酒产自圣爱美浓的瓦兰德鲁酒庄。

利口酒（Vin de Liqueur）
用葡萄汁制成，并通过加入足量酒精遏制发酵过程。

V.S.（Vin de Masa/Regiune Superioara）
罗马尼亚优质葡萄酒的名称。

稻草酒（Vin de Paille）
一种浓烈的甜白葡萄酒，其酿酒葡萄在稻草堆上风干。

V.Q.P.R.D.（Vin de Qualité Produit dans des Régions Déterminées）
泛指欧洲的原产地葡萄酒。在法国，包括法定产区葡萄酒（A.O.C.）和优良地区餐酒（V.D.Q.S.）。

V.D.T.（Vin de Table）
日常餐酒，法国最低级别的葡萄酒。

V.D.N.（Vin Doux Naturel）
天然甜葡萄酒，法国南部的加强型葡萄酒。

葡萄树剪枝（Vine Pruning）
大量修剪枝条，以促进生长并提高品质。

葡萄酒酿造（Vinification）
从将葡萄运送至酿酒厂至装瓶的葡萄酒生产过程。

V.C.P.R.D.（Vino de Calidad Producido en Región Determinada）
西班牙指定产区优质葡萄酒（另见“V.Q.P.R.D.”），包括法定产区葡萄酒（D.O.）和优质法定产区葡萄酒（D.O.Ca.）。

圣酒（Vin Santo）
托斯卡纳的经典餐后葡萄酒，由风干的葡萄制成，经过氧化陈年，口感或干或甜（残糖含量不等）。

愉悦之酒（Vin de Plaisir）
精心酿制、口感柔和、价格合理的葡萄酒。

年份（Vintage/Millésime）
酿酒葡萄生长年份的术语，或泛指与葡萄生长气候和生长周期相关的年份品质，甚至可用于形容产自杰出年份的葡萄酒（年份葡萄酒），或者对香槟而言，即使没有产自特定年份，也可用于形容陈年香槟（年份香槟）。

葡萄属（Vitis）
植物家族葡萄科50属之一，有22种，其中包括欧亚种，下有约8000个栽培品种。

根颈枝
直接从树干生长出来的旺盛但不结果的枝条。

白秋葡萄酒（Weißherbst）
德国由单一葡萄品种制成的桃红葡萄酒；会在酒标上进行注明。

酒庄；酿酒厂（Winery）
指葡萄酒生产及其设施，或整个葡萄酒庄。

温克勒体系（Winkler Scale）
加利福尼亚基于平均温度的葡萄种植气候分类系统，将葡萄酒产区分为五个区域。

酵母
微生物，其中一些可以促使葡萄汁发酵。另见“纯培养酵母”。

产量
葡萄收获后出产的葡萄酒数量。

葡萄酒年份

对葡萄酒年份的评级既不考虑气候对各葡萄品种的不同影响，也不深究不同地区微气候的作用，因此只能是综合而定。

* 年份差
** 年份良好
*** 年份优秀
**** 年份出色

法国

波尔多

2007年**
夏季气候恶劣，但采摘月份气候喜人；梅多克产区尤为出色。

2006年*–**
气候多变，9月温暖潮湿；只有顶级生产商才能出产优质葡萄酒。

2005年****
伟大的年份，梅多克、格拉夫及利布尔讷产区的葡萄酒口感强劲而又均衡；苏玳葡萄酒品质卓越。

2004年*–**
气候严峻，产量高，但成熟度不均且不够。

2003年**–***
气候炎热、干燥，梅洛葡萄酒品质受损。

2002年*–**
降雨多，葡萄酒口感怡人、酒体轻盈，缺乏陈年潜力，但梅多克北部的葡萄酒表现不凡。

2001年**–***
葡萄成熟不均，甜葡萄品种品质出色。

2000年***–****
1999年**–***
1998年**–***
1997年**

早期优秀及出色的年份：1990年、1989年、1982年、1979年、1978年、1975年、1971年、1970年、1967年（苏玳）、1966年、1964年、1961年（！）、1959年、1955年、1953年、1952年、1949年、1947年、1945年、1937年（苏玳）、1929年、1928年、1921年（苏玳）、1900年。

勃艮第

2007年**–***
夏季凉爽，9月温暖，黑比诺品质不均，但部分白葡萄酒表现出色。

2006年**
夏季炎热，8月凉爽，白葡萄酒口感怡人，红葡萄酒品质不均。

2005年****
红葡萄酒品质卓越，口味浓郁、结构复杂；白葡萄酒口感饱满、成熟。

2004年**
黑比诺果味浓郁，部分白葡萄酒品质出色，但产量过高。

2003年**–***
气候炎热，葡萄酒酒体饱满，但往往口感失衡。

2002年****
出产经典葡萄酒的年份，白葡萄酒和红葡萄酒都具有较强的陈年潜力，尤其是在夜丘地区。

2001年*–**
品质极为不均，成熟度不够，但许多夜丘葡萄酒表现不凡。

2000年**–***
1999年***
1998年**
1997年**–***

早期优秀及出色的年份：1990年、1978年、1971年、1969年、1964年、1962年、1959年、1955年、1953年、1952年、1949年、1948年、1947年、1945年。

罗讷河谷和朗格多克-鲁西荣

2007年***
罗讷河地区产量较高，葡萄酒酒体平衡、口感怡人；南部产量较低，部分红葡萄酒品质出众。

2006年**–***
葡萄酒不够醇厚，但果味浓郁、口感均衡。

2005年****
红葡萄酒和教皇新堡葡萄酒的年份，陈年潜力强。

2004年***
成熟度高，尤其是罗讷河谷南部和鲁西荣地区。

2003年**–****
气候炎热干燥，葡萄酒品质不均，但许多红葡萄酒具有出色的陈年潜力。

2002年*–**
气候潮湿、不利，但鲁西荣地区依然出产了部分口感均衡的白葡萄酒和品质出众的红葡萄酒。

2001年***–****
南部地区的出色年份，部分红葡萄酒口感强劲、结构坚实、层次丰富。

2000年**–****
1999年***
1998年***
1997年**

早期优秀及出色的年份：1995年、1989年、1988年、1985年、1983年、1982年、1981年、1979年、1978年、1970年、1967年、1966年、1961年、1959年、1953年、1949年、1945年。

意大利

皮埃蒙特

2007年***–****
收成早、产量低，但葡萄成熟度高，尤其是内比奥罗葡萄。

2006年***–****
虽然9月非常凉爽，但葡萄酒成熟度高、结构好。

2005年**–***
10月10日前的葡萄酒口感浓郁，但迟摘葡萄酒有些问题。

2004年
正常、迟摘，单宁成熟；产量适中的酒庄生产的葡萄酒品质出众。

2003年**–***
相比内比奥罗，炎热干燥的气候更适合巴贝拉。

2002年*–**
恶劣的气候和冰雹造成了巨大损失，但依然出产了一部分优质巴罗洛葡萄酒。

2001年
理想的气候和成熟条件造就了陈年潜力强的优质红葡萄酒。

2000年****
1999年***
1998年****
1997年****

早期优秀及出色的年份：1990年、1989年、1988年、1985年、1982年、1980年、1979年、1978年、1974年、1971年、1970年、1964年、1961年、1958年、1947年。

托斯卡纳

2007年***–****
低降雨量，无极端气温，葡萄酒成熟、浓郁。

2006年***–****
成熟、均匀；红葡萄酒酒体丰满、结构坚实。

2005年**
品质不均，陈年潜力有限。

2004年***–****
春季温和，夏季多变，秋季稳定，葡萄酒单宁结构良好，口感优雅，陈年潜力强。

2003年**–***
春霜、炎热及干燥等温度极端的一年，品质不均，陈年潜力适中。

2002年*–**
艰难的条件意味着巨大的付出才有可喜的收获。

2001年*–**
霜冻、降雨、冰雹、炎热及湿冷的9月，虽然后期阳光明媚，但对葡萄而言为时已晚。

2000年**
1999年***–****
1998年***
1997年****

早期优秀及出色的年份：1990年、1988年、1986年、1985年、1983年、1982年、1980年、1979年、1978年、1975年、1971年、1970年、1967年、1964年、1961年、1958年、1955年、1945年。

德国

2007年***–****
产量高、成熟佳，特别是在阿尔、摩泽尔和莱茵河地区。

2006年**–***
阿尔河谷红葡萄酒品质出众，法兰克尼亚葡萄酒也表现不凡，其他葡萄酒品质从中等到优秀不等。

2005年**–****
阳光明媚的一年，采收极早，摩泽尔和纳河地区葡萄酒品质出众，莱茵高、阿尔和法兰克尼亚葡萄酒也品质优秀。

2004年**–***
相对正常的一年，品质稳定优秀，尤其是在莱茵河和摩泽尔地区。

2003年**–****
气候炎热，部分红葡萄酒品质出众，白葡萄酒口感失衡。

2002年**–***
经典白葡萄酒的年份，红葡萄酒相对逊色。

2001年***
2000年**
1999年**–***
1998年**–***

早期优秀及出色的年份（这些年份的代表作，主要是雷司令葡萄酒，可能仍然表现不俗）：1990年、1989年、1988年、1986年、1985年、1983年、1981年、1979年、1976年、1975年、1971年、1964年、1959年、1953年、1949年、1945年。

西班牙

里奥哈

2007年***–****
收成喜人的一年，成熟期长，口感均衡。

2006年***
气候潮湿，但季末干燥、明媚，加上刻意减产，葡萄酒品质均衡。

2005年***–****
天遂人愿，产量高、品质佳。

2004年****
夏季凉爽，成熟缓慢，单宁细腻。

2003年**
气候炎热干燥，葡萄酒品质不均。

2002年*–**
产量低，品质不均，只有少数优质葡萄酒。

2001年****
葡萄果粒小，葡萄酒口感浓郁、结构坚实。

2000年**
1999年**–***
1998年**–***
1997年**

早期优秀及出色的年份：1995年、1994年、1989年、1988年、1987年、1985年、1982年、1981年、1978年、1976年、1975年、1973年、1970年、1968年、1964年（！）、1959年、1952年。

杜埃罗河岸

2007年***
昼夜温差显著，单宁成熟、香气浓郁。

2006年**–***
采摘晚，成熟不均，但依然有几款优质葡萄酒。

2005年***–****
夏季非常干燥，部分红葡萄酒口感浓郁。

2004年****
伟大的年份，葡萄酒陈年潜力强。

2003年***
相比其他地区，这里的葡萄树更耐热、耐干，但葡萄酒成熟更快。

2002年**
葡萄成熟不均，即使在河岸地区，有时也没有完全成熟。

2001年****
理想的生长条件，葡萄酒品质出众。

2000年**–***
1999年***
1998年***
1997年**

早期优秀及出色的年份：1996年、1995年、1994年、1989年、1987年、1986年、1985年、1983年、1982年、1981年、1978年、1974年、1970年、1964年。

葡萄牙

2007年**–***
夏季凉爽潮湿，白葡萄酒口感清爽，红葡萄酒酒体轻盈，杜罗地区完美收官。

2006年**

较早开始的高温气候持续至8月，部分葡萄酒酒体失衡；阿连特茹地区产出最佳。

2005年***–****

杜奥和杜罗地区的红葡萄酒品质出众。

2004年***

总体品质均衡，部分杜罗葡萄酒品质出众。

2003年**–***

气候炎热，南部葡萄酒表现欠佳。

2002年*–**

葡萄成熟度不够，部分白葡萄酒品质优秀。

2001年**–***

品质不均；百拉达地区的葡萄酒品质最佳。

2000年****
1999年**–***
1998年**–***
1997年****

早期优秀及出色的年份：1995年、1985年、1983年、1980年、1977年（！）、1970年、1966年、1963年（！）、1960年、1955年、1950年、1948年、1947年、1945年、1935年、1934年、1931年、1927年、1924年、1922年、1920年、1912年、1908年、1904年、1900年。

南非

2007年**–***

凉爽地区的白葡萄酒品质优秀，斯泰伦博斯的赤霞珠葡萄酒也表现不凡。

2006年**–****

白葡萄酒的年份，尤其是白诗南。

2005年*–**

气候恶劣、潮湿，紧随其后的是长时间的高温；红葡萄酒口感浓烈。

2004年**–***

采摘晚，白葡萄酒和红葡萄酒口感均衡，尤其是早熟的葡萄品种。

2003年***–****

红葡萄酒的年份，虽然品质略有不均。

2002年*–**

葡萄生长出现问题，葡萄酒品质不均、欠佳。

2001年**–***

气候炎热干燥，适宜出产酒体饱满的红葡萄酒。

2000年***
1999年*–***
1998年***–****
1997年**–****

早期优秀及出色的年份：1995年、1989年、1988年、1987年、1986年、1984年。

加利福尼亚州

2007年***–****

气候多变：温和、凉爽、炎热；小果粒酿造出了口感浓烈的葡萄酒。

2006年**–****

继凉爽的春季后，气候炎热；品质不均；纳帕谷地区表现出色。

2005年***–****

气候凉爽，生长周期长，产量高、品质佳。

2004年**–***

没有问题的年份，采收早，但鲜有葡萄酒令人过齿难忘。

2003年**–***

艰难的一年，产量低，部分白葡萄酒品质优秀。

2002年***

理想的气候条件，红葡萄酒单宁细腻。

2001年****

杰出的年份，红葡萄酒口感浓郁。

2000年*–**
1999年**–****
1998年**–***
1997年**–****

早期优秀及出色的年份：1994年、1987年、1986年、1985年、1984年、1981年、1979年、1978年、1975年、1974年、1971年、1970年、1968年、1966年、1958年、1951年、1946年。

澳大利亚

2007年*–***

艰难的一年，干旱、霜冻、丛林火灾；产量低，品质不均。

2006年**–***

春季凉爽，之后气候炎热，但葡萄酒品质优秀。

2005年***

气候多变，但依然出产部分优质葡萄酒。

2004年**–***

气候多变，品质不均，玛格丽特河、库纳瓦拉及雅拉谷地区的葡萄酒最为出色。

2003年***–****

气候干燥，但依然不乏优质葡萄酒，尤其是霞多丽。

2002年***

初期气候凉爽，秋季温暖干燥，部分红葡萄酒品质优秀，陈年潜力强。

2001年***–****

高温后的适时降温造就了一些品质出众的红葡萄酒。

2000年**
1999年***
1998年***–****
1997年**–****

早期优秀及出色的年份：1991年、1989年、1988年、1987年、1986年、1984年、1983年、1982年、1981年、1979年、1976年、1975年、1971年、1966年、1963年、1962年

图片版权

插图

All photos by Armin Faber and Thomas Pothmann, Düsseldorf except those listed below.

地图

Studio für Landkartentechnik, Detlef Maiwald, Norderstedt

图样

Elisabeth Galas, Cologne

例外情况

© AKG, Berlin: 23 top, 24 top / Photo: Werner Forman: 16 top / Photo: Erich Lessing: 16 bottom
© Ben-Joseph, Michael, Herzelia: 742 top, 743, 744
© Beer, Günter, Barcelona: 300, 302 bottom, 303 bottom, 311 top, 313, 591
© Bildarchiv Preussischer Kulturbesitz, Berlin: 18 left
© Bodegas Castaño: 631
© Bodegas Pirineos: 603
© Budd, Jim, London: 794, 795
© Carmel: 742 bottom
© Celliers des Templiers: 14
© Chateau Ste. Michelle: 799 bottom
© CIVS, Chambéry: 299
© Dieth & Schröder Fotografie, St. Johann: 716 bottom: 717–719
© Dominé, André, Trilla: 80, 82, 88, 89 top right, bottom left, 90 left, 93 top left, center right, 94 top right, bottom left, 96 top, 111 center right, bottom left, 115 außer except box, 184, 186, 187, 189, 192, 198 bottom, 199, 212 bottom, 220 top, 238 top, 251 bottom right, 285 top left, bottom, 295, 302 top, 304, 305 top, 306 bottom, 308, 316, 324 bottom, 325 top, 571, 572 top, 578, 596 bottom center, bottom left, 606, 607, 610 bottom, 614–618, 632, 636, 637 bottom, 638, 639, 640 bottom, 648, 688, 689 top, 759 top, 789, 791 top, 798, 804-805, 810 bottom, 813-816, 820, 821 left, 827 top right, 828
© Doluca: 736, 737
© dpa, Frankfurt a. M.: 26, 27
© Enate: 602 bottom
© Fédération Française des Syndicats de Liège: 684
© Forschungsanstalt Geisenheim / Photo: Dr. B. Berkelmann: 101 bottom, 103 bottom left / Photo: Prof. H. Holst: 99 top, 100 right, 102 top right, bottom, 103 top left, bottom right, 104–106 / Photo: Lehmann: 102 top left, bottom / Photo: Lorenz: 103 top right / Photo: B. Loskill: 100 left / Zeichnung: B. Loskill: 107
© Germanisches Nationalmuseum, Nuremberg: 20
© Gallo: 817
© Graham: 664, 665 top
© Gütkind, C. S., Wolfskehl, K., "Das Buch vom Wein", 1927, Munich: Hyperion-Verlag, (S. 32, 34, 35): 21
© Hamilton-Russell: 777 top left
© Hartmann, Ulli, Bielefeld: 624, 625
© Herrera, Mariano, Barcelona: 853
© Hulton Getty, London: 454 top
© ICEX, Madrid / Photo: C. Navajas: 87 bottom right, 579 bottom / Photo: I. Muñoz-Seca: 84 top left, 579 center / Photo: C. Tejero: 85 bottom right
© Image Company, Thesaloniki / Photo: Heinz Troll: 721–732
© Kavaklidere: 738, 739
© Krieger, Joachim, Neuwied: 645, 649 bottom, 654, 657, 660, 661 bottom, 662 top, 663, 665 bottom, 672–674, 681
© Ksara: 740, 741 bottom left
© KWV Cellars: 768
© laif, Cologne / Photo: Zanettini: 435
© Martin-von-Wagner-Museum der Universität Würzburg / Photo: K Öhrlein: 17
© Marufuji Winery: 785
© Mercian Winery: 784 bottom
© Michigan Wine Institute / Photo: Steve Sadler: 797
© Robert Mondavi: 826 top, 827 center, bottom
© Napa Valley Wine Commission: 822
© Neethlingshof: 763 top right
© Rose, Anthony, London: 836 top, 838 bottom, 840, 841, 842 top, 843 top, 849 bottom, 851, 882 top, 883, 885 bottom
© Saint-Gobain, Courbevoie: 140
© Sandemann: 640 top left
© Scala S.p.A., Florence: 18 right, 19
© Scope, Paris / Photo: Jacques Guillard: 128, 129
© Seguin Moreau, Cognac: 131 top
© Slowakische Zentrale für Tourismus, Berlin: 705
© Stermann, Thorsten, Cologne: 642, 643
© South American Pictures, Woodbridge / Photo: Tony Morrison: 852, 853
© StockFood, Munich / Photo: J. Lehmann: 11 / Photo: Gandara: 357
© StockFood / CEPHAS: Photo: N. Blythe: 784 top, 779, 786, 787 / Photo: N. Carding: 714, 715 / Photo: Christodolo: 842 bottom / Photo: A. Jefford: 741 top, bottom right / Photo: K. Judd: 85 top left / Photo: R. und K. Muschenetz: 825, 843 bottom / Photo: Mick Rock: 85 top right, center left, bottom left, 86 top right, center, bottom left, 87 top left, center, 243, 346, 367, 420, 423 bottom, 443 bottom, 567, 568 top, 569, 574 top, 656, 691, 701, 713, 734, 796, 832 / Photo: M. Taylor: 749
© Südtiroler Weinwerbung: 84 bottom left
© Supp, Eckhard, Offenbach: 162, 168 bottom, 172 bottom, 351, 358, 362, 368, 371–373, 382 bottom, 397, 398, 400, 419, 430 top, 431–433, 435, 438, 541 bottom, 551 top, 592, 593 bottom
© Tandem Verlag GmbH /
Photo: G. Beer: 51, 130 bottom, 131 bottom, 132, 133, 165, 221, 303 top, 310, 311 bottom, 315, 330, 331, 396, 602 top, 620–622, 627–630, 702, 703, 748 / Photo: H. Claus: 200, 201, 204, 206, 212 top, 213, 275–279, 283, 286 right, 290, 318, 319 top, 321, 323 / Food Photo Cologne: 716 top / Photo: R. Halbe: 576–577 / Photo: R. Stempell: 97, 347, 370, 388, 392 except box, 429, 439, 634, 635, 693 top right, 694–698 / Photo: J. Zimmermann: 783
© Ullstein Bilderdienst, Berlin: 119 bottom
© Vignobles D'Alsace, Coll. Civa Colmar / Photo: Zvardon: 170, 171
© Washington Wine Commission: 799 top, center

致谢

This book could never have been produced without the understanding and cooperation of growers, wine shippers and viticultural organizations in every wine-growing country. Our sincere gratitude is due to all of them.

We should also like to thank the following people, who have given advice and practical assistance in the production of the book: Erich Andrey, Lingerz; Javier Ausás, Penafiel; Marie-Pierre Bories, Villeneuve-de-la-Rivière; Jim Budd, London; Ray and Emiko Kaufman, Sonoma; Heinz Hebeisen, Madrid; Andreas Keller, Zürich; Martin Kössler, Nuremberg; Perta Mayer, Karlsruhe; Andreas März, Lamporecchio; Victor Rodríguez, Madrid; Alejandra Schmedes, Haro; Christina Tierno, Roa de Duero; Alexandre Wagner, Paris

Also Anne Marbot, C.I.V.C.; Hazel Murphy, Wine of Australia; Katharine O'Callaghan, New Zealand Wine; Françoise Peretti, Wine of Argentina; Sue Pike, Wines of Chile; Jean-Charles Servant, B.I.V.B.; Riette Steyn, Swasea; Julia Trustram-Eve, English Wine Producers; Laurent Overmans, our food stylists and Pamela Bober, Mareile Busse, Ina Kalvelage, Stefanie Rödiger and Claudia Voges for tireless commitment.